航天科技图书出版基金资助出版

行 星 科 学
（更新第二版）

Planetary Sciences

Updated Second Edition

［美国］　伊姆克·德帕特（Imke de Pater）　著
杰克·乔纳森·利斯奥尔（Jack J. Lissauer）

李飞　倪彦硕　郭璠　李炯卉　杜颖　王硕　黄晓峰　译

中国宇航出版社
·北京·

著作权合同登记号：图字：01－2023－1242 号

版权所有 侵权必究

图书在版编目（CIP）数据

行星科学：更新第二版 /（美）伊姆克·德帕特
(Imke de Pater)，（美）杰克·乔纳森·利斯奥尔
(Jack J. Lissauer) 著；李飞等译 . -- 北京：中国宇
航出版社，2024.4

书名原文：Planetary Sciences(Updated Second Edition)

ISBN 978 - 7 - 5159 - 2387 - 1

Ⅰ.①行… Ⅱ.①伊… ②杰… ③李… Ⅲ.①行星—研究 Ⅳ.①P185

中国国家版本馆 CIP 数据核字(2024)第 089400 号

责任编辑	侯丽平	封面设计	王晓武

出版发行　**中国宇航出版社**

社　址	北京市阜成路 8 号　邮　编　100830	版　次	2024 年 4 月第 1 版
	(010)68768548		2024 年 4 月第 1 次印刷
网　址	www.caphbook.com	规　格	787×1092
经　销	新华书店	开　本	1/16
发行部	(010)68767386　　(010)68371900	印　张	60.5　彩　插　56 面
	(010)68767382　　(010)88100613 (传真)	字　数	1558 千字
零售店	读者服务部　　(010)68371105	书　号	ISBN 978 - 7 - 5159 - 2387 - 1
承　印	北京中科印刷有限公司	定　价	188.00 元

本书如有印装质量问题，可与发行部联系调换

航天科技图书出版基金简介

航天科技图书出版基金是由中国航天科技集团公司于 2007 年设立的，旨在鼓励航天科技人员著书立说，不断积累和传承航天科技知识，为航天事业提供知识储备和技术支持，繁荣航天科技图书出版工作，促进航天事业又好又快地发展。基金资助项目由航天科技图书出版基金评审委员会审定，由中国宇航出版社出版。

申请出版基金资助的项目包括航天基础理论著作，航天工程技术著作，航天科技工具书，航天型号管理经验与管理思想集萃，世界航天各学科前沿技术发展译著以及有代表性的科研生产、经营管理译著，向社会公众普及航天知识、宣传航天文化的优秀读物等。出版基金每年评审 2 次，资助 30～40 项。

欢迎广大作者积极申请航天科技图书出版基金。可以登录中国航天科技国际交流中心网站，点击"通知公告"专栏查询详情并下载基金申请表；也可以通过电话、信函索取申报指南和基金申请表。

网址：http：//www. ccastic. spacechina. com

电话：(010) 68767205，68767805

推荐序

人类认识宇宙的第一步就是了解我们所生活的太阳系内的天体。最早古人通过裸眼观测太阳、月亮、金木水火土等各大行星以及彗星；伽利略发明望远镜后，最开始用它来观测月球和木星及其卫星；太空时代到来以后，随着深空探测技术的不断发展，近距离甚至"零距离"对地外天体的探测彻底改变了我们对太阳系的认知；自 20 世纪 90 年代起，人们已经发现了数十颗太阳系以外的行星，它们将人类的视野从太阳系拓展到系外星系，进一步丰富了行星研究的内涵。

行星科学脱胎于天文学，发展至今，不断演化为一门相对独立的学科，主要研究行星及其卫星、小行星、彗星等天体以及行星系的基本特征、形成和演化规律，具有非常强的交叉科学特征，它以地球科学和天文学为支柱，涉及天文学、天体物理学与地质学、地球物理学、气象学、大气科学以及空间科学、等离子物理学等方面。行星科学是当今科学前沿之一，是国家科技战略的重要组成部分，是国家自然科学水平和综合国力的集中体现。

我国行星科学起步较晚，早期我们没有自己的深空探测数据，只能采用国外的数据和极少的赠送样品开展研究。然而，自 2007 年嫦娥一号发射以来，我国深空探测开始跨越式发展，行星科学的发展态势被极大地扭转。依托我国的探月工程和行星探测工程，"嫦娥""玉兔""鹊桥""天问""祝融"获取了大量的科学探测数据，为科学研究提供了宝贵的第一手"素材"，中国的行星科学迎来了新的时代，取得了诸多研究成果。有的成果是富有创新性的，举两个典型的例子，在月球方面，与当年仅有的 1 g 月球样品相比，嫦娥五号共采集了 1 731 g 样品，并定期发布给科学家进行研究。我国科学家通过对样品的研究，证明至少在 20 亿年前月球仍然存在火山作用，这极大地延长了月球的"地质生命"，改变了月球岩浆在 30 亿年前就已停止地质活动的传统认知，对于解答月球的起源与演化这一月球科学基本问题做出了重要贡献；在火星方面，我国科学家利用天问一号的科学数据，揭示了现今火星浅表精细结构和物性特征，为深入认识火星地质演化与环境、气候变迁提供了重要依据。

我国的行星科学取得了长足的发展，已经进入了重要的机遇期，正在构建完善行星科学研究体系，从科学探测任务、基础前沿研究和先进探测技术等方面布局。在国际环境越来越复杂的今天，行星科学和深空探测作为人类科技的制高点，已成为各个大国竞相追逐的目标。他山之石，可以攻玉。坦率而言，我国现有的行星科学研究队伍是很薄弱的，深空探测的队伍也需进一步壮大，特别是青年科技工作者，以及本科生、研究生，还需要系统地学习行星科学的先进成果，知其然并知其所以然，方能消化为我所用。航天五院总体设计部的几名中青年同志深刻地意识到系统掌握行星科学前沿成果对于促进我国行星科学和深空探测的重要意义，虽然他们已经在月球和火星探测等方面取得了连战连捷的成果，又在紧张繁忙地进行后续任务的研制，仍然不辞劳苦，完全利用业余时间，历时三载将国外荣获钱布利斯天文学著作奖的《行星科学》优秀教材引入国内。

　　行星科学是一门复杂的交叉性科学，涉及行星大气、行星地质学、行星等离子物理学、行星的形成等多个方面，而各个方面又差异较大，想学精、学透一个方面很难，想全方位地观其概貌也需要长时间的沉淀。美国两位行星科学家基于行星科学数十年的研究，历经十余载编纂而成本书，对行星科学进行了全方位系统论述，并不断根据科研进展加以修订，与时俱进。对于学习行星科学的同学来说，这是一本非常好的入门级教材与工具书。

　　未来，中国的深空探测将会以更快的速度向前发展，体系逐步完善，技术更加先进；而在我们中国人去深入探测月球、火星、小行星、木星以及太阳系内其他天体时，一定会获得更多原创性的科学成果，为解开行星起源与演化，以及生命和宜居性等做出中国人特有的贡献，为中国迈向航天强国奠定坚实的基础。

译者序

我国的月球探测任务自 2004 年嫦娥一号立项以来已经走过了 20 年的历程。2007 年嫦娥一号成功绕月成为我国航天事业发展的第三座里程碑[①]，随后嫦娥二号实现了我国首次日地拉格朗日点探测、近地小行星飞越探测，嫦娥三号实现了我国首次月球软着陆与巡视探测，嫦娥四号在世界范围内首次实现月球背面软着陆、巡视和通信中继，至 2020 年嫦娥五号首次实现我国地外天体采样返回，月球探测工程历经 16 载完成了前三期"绕、落、回"的目标。2021 年，天问一号作为行星探测工程的先锋，在世界上首次实现了一次任务对火星"绕、着、巡"的壮举，迈出了我国星际探测征程的重要一步，实现了从地月系到行星际的跨越，在火星上首次留下了中国人的印迹，成为我国航天事业发展的又一具有里程碑意义的进展。2024 年，嫦娥六号完成世界首次月背采样和返回，将来自南极—艾特肯盆地的月壤带回地球，科学成果将极大丰富人类对月球的认知。

随着我国月球与深空探测的发展，我们作为一线科研人员，无论是在当前的型号研制还是在推动未来型号立项中都体会到工程目标和科学目标的结合愈发紧密，对科学探测仪器的要求愈发严格。我们深刻感受到亟需补充行星科学知识的短板，只有加深对任务科学目标的理解，方能设计出更好的深空探测任务，支撑人类对新疆界的探索。

本书原著第一版是德帕特教授（Imke de Pater）和利斯奥尔教授（Jack J. Lissauer）在行星科学相关领域数十年工作研究基础上，结合自身科研、教学成果，历经十余年编纂而成的。在本书第一版出版十年后，两位作者又在 2010 年根据教材应用情况和科研进展，修订出版了本书的第二版，并于 2015 年更新了当时的最新研究进展。这本教材与其他专著相比，其优势在于博采各家所长，历经多届学生锤炼。

我们团队中的成员在海外求学、访问过程中接触到了这本教材及其配套课程，并把它介绍给同事们作为工作参考。通过我们工作中的实际应用，大家一致认为这本教材具有内容丰富、科学基础坚实、可读性强等特点，并配有大量习题可以帮助读者加深理解，让人获益匪浅，对航天科研人员有极大的帮助。因此尽管工作十分繁忙，我们依然决定自 2021 年起利用业余时间翻译此书，希望能够把这本优秀的教材介绍给国内诸多从事月球与深空探测的科研人员，与各位同事共同加深对行星科学知识的理解。

行星科学作为一门新兴交叉学科，其形成离不开 20 世纪 60—70 年代的第一次国际深空探测热潮。近年来我国月球与深空探测的发展，使得我国的行星科学学科建设也进入了蓬勃发展的机遇期。随着行星科学一级学科的建设，博士学位授予点的设立，会有越来越多的青年学子投身于相关研究领域。我们注意到当前市面上常见的国内行星科学教材仅有

[①] 前两座里程碑分别是人造地球卫星、载人航天飞行。

两本，尽管本书难以覆盖行星科学的最新研究成果，但我们希望此书的出版能够为从事行星科学教学的教师、初入科研道路的研究生和高年级本科生们提供有益参考。一本涵盖内容比课程大纲更加丰富的教材对学生大有裨益，有积极性的学生会更有兴趣，从而突破课堂的常规要求。

当前，我国的探月工程、行星探测工程稳步推进，我国首次载人登月也预计于 2030 年前实现。学习行星科学的青年学子和从事行星科学研究的青年科技工作者们将会是我国建设航天强国的主力军。希望在建设航天强国的道路上，我们设计的探测器能够更有力地支持我国和全世界的科学家们对浩瀚宇宙的探索，也希望未来有学子读过这本书后投身我国月球与深空探测领域进行工程研制和科学研究，更希望未来我国科研工作者在编写教材时用到我们所设计的探测器得到的科学探测成果。

在策划本书的翻译和具体实施过程中，我们得到了叶培建院士、杨孟飞院士、北京空间飞行器总体设计部、中国宇航出版社的支持，并获得航天科技图书出版基金资助，特此致谢。

本书在各位译者的分工与合作下完成：前言李飞译，第 1 章李飞译，第 2 章倪彦硕译，第 3 章黄晓峰译，第 4 章李炯卉译，第 5 章郭璠译，第 6 章倪彦硕译，第 7 章李炯卉译，第 8 章倪彦硕译，第 9 章杜颖译，第 10 章黄晓峰译，第 11 章黄晓峰译，第 12 章李飞译，第 13 章倪彦硕译，附录李飞、王硕译，原书索引中英文名词对照李飞、倪彦硕译，全书由倪彦硕、李飞统稿。行星科学的内容涉猎广泛，我们在翻译过程中参考了 GB/T 30114.4—2014《空间科学及其应用术语》《英汉导弹与航天词典》《英汉天文学名词》及其网络版（https：//nadc. china - vo. org/astrodict/)、《中国大百科全书》第三版网络版（https：//www. zgbk. com/)、术语在线（https：//www. termonline. cn/index）等资料，并结合专业习惯、既有习惯对各种专业名词进行翻译，对于部分术语标注了对应的英文。此外，为符合我国科技工作者的阅读习惯，我们对书中的符号均尽量按照 GB/T 3102.11—1993《物理科学和技术中使用的数学符号》的要求表述。本书的参考文献标注采用了行星科学领域最为常见的著者-出版年制，符合 GB/T 7714—2015《信息与文献参考文献著录规则》的要求。

本书所涵盖内容的广度远远超出了译者的专业领域。在本书审校过程中，幸有马月华（第 1 章）、程彬（第 2 章）、张曦（第 3 章）、李成（第 4 章）、张晓静（第 5 章）、杨蔚（第 6 章、第 8 章）、曹浩（第 7 章）、周文翰（第 9 章、第 10 章）、刘晓东（第 11 章）、谭先瑜（第 12 章）、白雪宁（第 13 章）等专家学者提出了宝贵意见，并且得到原著作者对一些问题的进一步解释与帮助，译者不胜感激。由于译者水平有限，难免会出现纰漏和错误，我们在此也恳请各位读者在使用本书过程中不吝赐教，通过电子邮件（kuokuolee@163.com）对发现的问题批评指正。我们将在 http：//github. com/BraveJohn07/Errate - of - Planetary - Science - ZH - CN 发布本书勘误。

译者

2024 年于航天城

本书简介

本获奖教材为物理学领域的研究生提供了权威性的介绍，它解释了支配行星运动和特性的各种物理、化学和地质过程。

在保持本书现有的组织和架构下，第二版教材的更新版使用了最新的数据（截至2014年年中）进行修订和改进。本书更新了许多图表用来说明最新的探测成果。新增的附录 G 着重说明自第二版首次出版（2010 年）以来的最新发现，并按章节顺序进行了汇编。其中包括卡西尼号（Cassini）、开普勒号（Kepler）、信使号（MESSENGER）、火星勘测轨道器（MRO）、月球勘测轨道器（LRO）、探测灶神星的黎明号（Dawn）、好奇号（Curiosity）等探测器的观测结果以及诸多地基观测结果。

本书附有 300 多道习题，可以帮助学生运用书中所涵盖的概念。这本教材是天文学、行星科学、地球科学领域研究生课程用书的理想选择，也可作为研究人员的参考书。书中许多图片的彩色版本、补充说明文本的视频剪辑和其他资源都可以通过登录网站（www.cambridge.org/depater）进行访问。

伊姆克·德帕特（Imke de Pater）是加州大学伯克利分校天文系和地球与行星科学系教授，也是荷兰代尔夫特理工大学航空航天工程学院教授。她的研究工作始于观测和模拟木星的同步辐射，随后详细研究了木星的大气层。1994 年，她领导了全球观测舒梅克-列维 9 号彗星与木星撞击的活动。目前，她正在采用红外谱段的自适应光学技术、使用高角度分辨率的数据来研究巨行星及其环和卫星系统。

杰克·乔纳森·利斯奥尔（Jack J. Lissauer）是 NASA 艾姆斯研究中心的空间科学家，也是斯坦福大学的顾问教授。他主要的研究兴趣是行星系统的形成、太阳系外行星的探测、行星动力学和混沌、行星环系统和星周盘/原行星盘。他是 6 颗行星的开普勒-11 星系的首要发现者，并和其他科学家共同发现了围绕光线微弱的 M 型矮星运行的首批 4 颗行星、两个广大而稀薄的尘埃环和两颗围绕天王星运行的小型内卫星。

《行星科学》一书荣获了 2007 年钱布利斯天文学著作奖（Chambliss Astronomical Writing Award）。这是一个由美国天文学会（American Astronomical Society，AAS）颁发给学术界天文学书籍的奖项，其书籍主要作为高年级本科生或研究生的教材。

前　言

第一版前言

从古代到 19 世纪，对太阳系天体的研究一直是天文学的主要分支。艾萨克·牛顿（Isaac Newton）等人对行星运动的分析有助于揭示宇宙运行的原理。虽然望远镜最初在天文学上的应用主要是研究行星，但在 19 世纪和 20 世纪初，望远镜和探测器技术的发展给恒星和星系天体物理学带来了巨大的进步。在这一阶段，我们大大提高了对地球及其与其他行星关系的理解。在过去的 40 年间，伴随着月球任务和行星际探测，太空时代的到来彻底改变了我们对太阳系的认知。自 1995 年以来，人们已经发现了数十颗太阳系以外的行星，这些巨大的系外行星轨道与我们太阳系中的巨行星轨道完全不同，它们的发现推动了对行星形成过程的研究。

目前，行星科学已成为一个主要的交叉学科领域，其将天文学/天体物理学与地质学/地球物理学、气象学/大气科学，以及空间科学/等离子物理学等方面结合在一起。我们知道有一万多个小天体①围绕太阳和巨行星运行。人们已经将许多天体作为一个个独立的世界而不仅仅作为光点进行了研究。我们现在认识到，太阳系包含了比先前的想象更具活力和快速演化的天体群。在数十个已成像的天体上的撞击坑数据表明，撞击在太阳系的演化中，尤其是在行星形成时期非常重要。包括陨石和小行星的成分以及水星的高体密度等其他证据都表明，更大能量的撞击已经破坏了天体。在当前的时代，诸如 1994 年舒梅克-列维 9 号彗星与木星碰撞等较轻微的撞击仍在继续发生。动力学研究打破了自牛顿时代以来一直占据主导地位的规律性"发条装置"的太阳系图景。现在认为，共振和混沌的轨道变化对于许多小天体的演化很重要，甚至可能对部分大行星的演化起到重要作用。

行星科学作为天文学的一个子领域，其重要性再次显现，这表明接触一些太阳系的研究是培养天文学家的重要组成部分。由于行星科学与地球物理学、大气和空间科学的关系密切，因此对行星的研究为地球科学家提供了进行比较研究的独特机会。

本书包含的内容体量很难被一年的研究生课程所覆盖。此外，许多教授更愿意使用补充材料来更深入地介绍自己喜欢的主题。大多数使用本书的学生可能要上一个学期的课程，而且许多人是本科生。尽管从表面上看行星科学的许多方面是相互联系的，并且我们在各章之间进行了广泛的交叉引用，但我们还是尝试使课程聚焦于更有限的主题，并以此

---

① 对太阳系小天体（Solar System Small Body，SSSB）的观测技术在原著第一版出版后的 20 余年来突飞猛进。截至 2023 年 9 月，已发现超过 130 万个太阳系小天体，并且这个数字还会不断增长。参见 IAU Minor Planet Center，Latest Published Data［OL］，［2023 - 09 - 24］https：//minorplanetcenter.net/mpc/summary。——译者注

方式组织教材内容。所有学生都应掌握第 1 章以及第 2 章和第 3 章的第 1 部分。第 2 章的其余部分对第 9 章至第 13 章特别有用，对第 11 章和第 12 章的某些部分至关重要。第 3 章的其余部分对第 4 章至关重要，对第 5 章、第 6 章、第 9 章和第 10 章有用。第 6 章需要用到第 5 章的部分内容。第 7 章可能是技术性最强的一章。第 8 章包含第 9 章和第 12 章中所需的必要材料，第 9 章和第 10 章的某些部分紧密相关。尽管观测技术的细节不在本书的讨论范围之内，但我们认为让学生熟悉各种观测方法非常重要。因此，我们在第 9 章中包含了观测技术的总体概述。

在公式和文本中，通常使用各种符号来表示变量和常数。一些变量与文献中的标准符号具有唯一的对应关系，而其他变量由不同的作者以不同的符号表示，所以许多符号具有多种用法。因为不同领域的标准符号有所不同，所以行星科学的交叉学科性质使这个问题更加严重。我们努力通过使用标准符号（有时通过使用非标准下标进行增补或使用手写体印刷，来尽量避免意义的重复）来减少书中用法的混乱，并最大程度地为学生查阅文献提供最佳途径。附录 A 中列出了本书所使用的符号。

如果在正文中加入高质量的彩图，将会大大增加本书的制作成本，进而提高价格。因此，我们尽可能使用单色插图，并在单独的章节使用彩色插图。为了便于在书中对照看图，我们在正文中使用单色插图和图题，对应的彩图和图号位于彩插部分。

我们认为，如果学生能够自己上手解决问题，他们对物理概念的学习以及对太阳系特性的感悟将大大增强。因此，本书每一章的末尾都包含了大量习题。我们根据概念上的难易程度对问题进行了排序：对于最简单的问题（E），大多数高年级科学专业的本科生都可以掌握；实际上，这部分题目中有一些只需把数字代入公式中就能得到结果。中等难度的问题（I）涉及更复杂的推理，因此是面向研究生的。一些难度较大的问题（D）非常具有挑战性。需要注意的是，题目的排序与所需的计算量无关，大多数研究生解决某些简单问题要比中等难度问题花费更多的时间。

本书所涵盖内容的广度远远超出了作者的专业领域。因此，许多同事的意见令我们受益匪浅。迈克尔·阿赫恩（Michael A'Hearn）、詹姆斯·鲍尔（James Bauer）、艾丽丝·伯曼（Alice Berman）、唐纳德·德保罗（Donald DePaolo）、约翰·迪克尔（John Dickel）、卢克·多恩斯（Luke Dones）、马丁·邓肯（Martin Duncan）、斯蒂芬·格拉姆施（Stephen Gramsch）、罗素·赫姆利（Russell Hemley）、比尔·哈伯德（Bill Hubbard）、唐纳德·亨腾（Donald Hunten）、安迪·英格索尔（Andy Ingersoll）、雷蒙德·让洛兹（Raymond Jeanloz）、大卫·卡里（David Kary）、莫妮卡·克雷斯（Monika Kress）、李太枫（Typhoon Lee）、珍妮特·卢曼（Janet Luhmann）、杰弗里·马西（Geoffrey Marcy）、杰伊·梅洛什（Jay Melosh）、比尔·内利斯（Bill Nellis）、尤金妮娅·鲁斯科（Eugenia Ruskol）、维克多·萨弗罗诺夫（Victor Safronov）、马克·肖沃特（Mark Showalter）、大卫·史蒂文森（David Stevenson）、约翰·伍德（John Wood）和多萝西·伍拉姆（Dorothy Woolum）等人给出了特别有用的建议。我们要特别感谢初期的编辑凯瑟琳·弗拉克（Catherine Flack），在她的帮助下这本书更具可读性。一批学生学习了本书各章的草稿，并做了还不够成熟的习题集，我们很高兴与他们讨论并得到他们的建议。本书与快速发展的行星科学领域一样，仍需不断完善；因此，我们欢迎读者订正、更新以及提出其他宝贵意见，以便我们改进将来的版本。剑桥大学出版社在其网站上建立了本书的网页：www. cup. cam. ac. uk/scripts/textbook. asp。此页面包括勘误表、各项更新的内容、书中部分黑白图片的彩色版本，以及许多包含多种太阳系信息的链接。

我们将此书献给我们的父母和老师，献给多年来给予我们鼓励和支持的家人、朋友和同事，献给已长大成为小伙子的弗洛里斯·范勃鲁盖尔（Floris van Breugel），在他的记忆中母亲一直在编写此书。

伊姆克·德帕特 和 杰克·乔纳森·利斯奥尔

于加利福尼亚州伯克利

1999 年 12 月

第二版前言

自从《行星科学》第一版编写和出版以来，人类对太阳系的知识有了突飞猛进的发展（希望对它们的理解也有如此进展），有关系外行星的数据也有所增加。因此，我们对本书多处进行了大幅修订和更新。但本书的主要目的仍与 20 年前我们第一次构想本书时相同：为学生/读者带来全面介绍行星科学的高水平入门书，使他们理解行星科学与相关学科之间的关系；让大多数研究文献易于理解；获得行星科学初级的教学背景。许多研究人员（包括我们自己！）也发现它非常有用，可便捷地查阅参考行星活动的过程和数据。

当提交本书第一版初稿时，我们列出了所有已知行星卫星的基本物理和轨道特性；等到我们审查清样时，又发现了木星和土星的 20 多个小型外卫星，当时仅将这些新发现的卫星称为卫星群。现在，新发现的小卫星数量如此之大，即使增加了卫星轨道特性表的长度，也只包括了大约一半的已知卫星。

由于现在已对数百个柯伊伯带天体作为独立的自然天体进行研究，因此将对这些天体的讨论从第 10 章（彗星）移至第 9 章（之前称为小行星，现在称为微型行星）。但是有关柯伊伯带天体转移到内太阳系的动力学论述仍然保留在第 10 章中讨论，因为在这个过程中它们展现出了彗星的活动特性。至今我们尚未对奥尔特云天体进行过原位观测，因此继续把有关奥尔特云的内容放在第 10 章。

在我们撰写本书第一版时，科学家们发现了第一批系外行星，我们把这个话题放在简短的最后一章，作为后续的思考。科学家现在已经掌握了有关系外行星的大量信息，并且这一知识体系现在包含了有关行星形成过程的重要线索和约束条件。因此，我们在这一版中将关于系外行星的讨论移至第 12 章，随后在第 13 章中讨论行星的形成。

本书新版大幅改进了原有附录。缩略词在行星科学领域较为常用，因此我们在附录 B 中列出本书中使用的缩略词。在新的附录 E 中讨论了一些关键的观测技术，重点放在研究太阳系天体（除了太阳和地球）的常用方法，而不是在天文上研究更远天体或地质学上的方法；适用于某些特定天体（例如小天体和系外行星）的技术则在对应章节中讨论。由于过去半个世纪以来行星研究的复兴主要是由于发射了探测器对遥远的天体进行近距离观测，所以我们在附录 F 中介绍了火箭技术，并列出了最重要的月球和行星探测任务。最后不能不提的是，科学是一个快速发展的领域，附录 G 展示了 2009 年发布的精选太阳系图像；我们计划在本书今后的新版本中，总结最新的研究进展并更新这一附录。

　　近年来，互联网已广泛使用。对于本书第一版，我们仅在网上发布了勘误表。如今，书中的大量图片可在本书的网站（www.cambridge.org/depater）下载，其中许多都是彩色图片，也有一些视频。在网站上有相关视频的图在标题旁用 ▓ 表示，有彩色图片的在标题旁用 ▓ 表示。

　　许多同学和同事对本书第一版以及第二版各章节草稿提出了意见，这让我们受益匪浅。正文的大部分内容以及各章末尾的许多习题已得到修订、阐明和/或更新。达娜·巴克曼（Dana Backman）、比尔·波特克（Bill Bottke）、戴夫·布莱恩（Dave Brain）、迈克·迪桑蒂（Mike DiSanti）、托尼·多布罗夫洛斯基（Tony Dobrovloskis）、登顿·埃贝尔（Denton Ebel）、艾莉森·法默（Alison Farmer）、比尔·费尔德曼（Bill Feldman）、乔纳森·福特尼（Jonathan Fortney）、理查德·弗伦奇（Richard French），帕特·哈米尔（Pat Hamill），约普·霍特库珀（Joop Houtkooper）、奥林卡·胡比基（Olenka Hubickyj）、叶永炬（Wing Ip），玛格丽特·基弗森（Margaret Kivelson）、罗伯·利利斯（Rob Lillis）、马克·马利（Mark Marley）、保罗·马哈菲（Paul Mahaffy）、哈普·麦克斯温（Hap McSween）、朱莉·摩西（Julie Moses）、弗朗西斯·尼莫（Francis Nimmo）、拉里·尼特勒（Larry Nittler）、戴夫·奥布莱恩（Dave O'Brien）、卡维·帕列文（Kaveh Pahlevan）、德里克·理查森（Derek Richardson）、亚当·肖曼（Adam Showman）、史蒂夫·斯奎尔斯（Steve Squyres）、格伦·斯图尔特（Glen Stewart）、查德·特鲁希略（Chad Trujillo）、莱恩·泰勒（Len Tyler）、伯特·弗米尔森（Bert Vermeersen）、基斯·韦尔滕（Kees Welten）、乔希·温（Josh Winn）、凯文·扎恩勒（Kevin Zahnle）等人在本书编写第一版过程中提出了特别有帮助的建议，在此对他们的支持表示感谢。

伊姆克·德帕特 和 杰克·乔纳森·利斯奥尔

于加利福尼亚州伯克利

2009 年 5 月 1 日

更新第二版的前言（2015 年）

　　行星科学是一个活跃的研究领域，我们对太阳系中的行星和较小天体的认知正在迅速增加，系外行星这个新兴学科也正在高速发展。因此，关于行星科学的纲要还无法完全跟上最新的发展。在此次重印过程中，我们更正了错误，修订了表格，并在正文中更新了部分数据。附录 G 中介绍了大量新的内容，这样就无需重新编排正文，从而避免提高成本。

目　录

第1章 绪 论

苏格拉底：我们把天文学定为青年必学的第三门功课，你意下如何？

格劳孔：我当然赞同。对年、月、四季有较敏锐的理解，不仅对于农事、航海有用，而且对于行军作战也一样是有用的。

苏格拉底：真有趣，你显然担心众人会以为你正在建议一些无用的学科。

——柏拉图，《理想国》（第七卷）

几千年来，夜空、月亮和太阳的奇观使人类着迷。古老的文明尤其被数个璀璨的"星辰"所吸引，它们在数量更多的恒星（从地面上看相互之间是静止的）之间移动。希腊人使用 πλανητης（意为游荡的星星）一词来指代这些天体。来自世界各地的人们，例如中国人、希腊人和阿纳萨齐人[①]，他们古老的绘画和手稿证明了他们对彗星、日食和其他天象的兴趣。

16 和 17 世纪的哥白尼—开普勒—伽利略—牛顿革命彻底改变了人类对太阳系维度和运行的看法，包括天体的相对大小和质量以及使它们彼此运行在轨道上的力。在接下来的几个世纪中，人类对天体的认识逐步发展，但直到太空时代来临，行星科学才迎来了新的革命。

1959 年 10 月，苏联探测器月球 3 号（Luna 3）传回了月球背面的首批照片（附录 F），行星探测的时代开始了。在接下来的 30 年里，探测器访问了太阳系中所有 8 颗已知的类地行星和巨行星，包括我们所处的地球。这些探测器传回了有关行星、行星环和卫星的数据。探测器获取了许多天体的图像，揭示了之前在地球上拍摄的图像中永远无法推测出的细节。从紫外谱段到红外谱段的光谱揭示了行星和卫星上以前未被发现的气体和地质特征，而无线电探测器和磁强计则探测了许多行星周围的巨大磁场。行星及其卫星已经作为独立的天体为我们所知。行星和卫星表面、大气和磁场的多样性，甚至让最有想象力的研究人员都感到惊讶。人们在土星环中观察到了意想不到的结构类型，并且在所有 4 颗巨行星周围都发现了全新的环和环系统。一些新发现已经得到解释，而另一些发现的神秘面纱尚未被揭开。

迄今为止，探测器已经近距离探索了 6 颗彗星和 11 颗小行星，并且已经进行了多次研究太阳和太阳风的任务[②]。太阳的引力范围延伸至已知最远的行星——海王星——距离的数千倍。然而，对太阳系广阔外围区域的探索如此之少，以至于仍有许多天体有待探

[①] 阿纳萨齐人（Anasazi），或称古普韦布洛人（Ancestral Puebloans），属于北美西南地区的古代印第安文明，主要分布在美国亚利桑那州的北部高原。——译者注

[②] 这是原作者撰写本书第二版时的数据，现在数据已经较当时进一步增加。——译者注

测，其中可能包括一些行星大小的天体。

目前，已知有数以千计的行星围绕太阳以外的恒星运行。虽然我们对这些系外行星的了解远远少于我们对太阳系中行星的了解，但显而易见的是，许多系外行星的总体特性（轨道、质量、半径）与围绕太阳运行的所有天体均不相同，因此促使我们修改行星形成和演化的部分模型。

本书探讨了已经掌握的知识以及一些当今仍处于行星科学研究前沿的悬而未决的问题。主题涵盖了行星、卫星和较小天体的轨道、自转和体积特性；引力相互作用、潮汐和天体之间的共振；行星大气的化学和动力学，包括云物理学；行星地质学和地球物理学；行星内部；磁层物理学；陨石；小行星；彗星；行星环动力学。然后，本书介绍了系外行星研究这一新兴且迅速发展的领域。最后，将当前对太阳系和系外行星特性和过程的认识，与天体物理数据和正在研究中的恒星、行星形成模型相结合，以发展行星系统起源的模型。

1.1　太阳系的组成

什么是太阳系？人类天然的地心视角会给出一个高度扭曲的画面，因此最好将这个问题表述为：一个客观的观察者从远处会看到什么？当然是太阳；太阳的光度是木星总光度（反射＋发射）的 4×10^8 倍，而木星是太阳系中第二亮的天体。太阳的质量占已知太阳系质量的 99.8% 以上。如果以此衡量，太阳系可以被认为是太阳加上一些碎片。然而，通过其他衡量标准，这些行星并非微不足道。太阳系中超过 98% 的角动量来自行星的轨道运动。此外，太阳是一种与行星完全不同的天体，它是一个由核心的核聚变提供能量的等离子体球，而太阳系中较小的天体由分子物质组成，部分天体为固态。这本书的重点是阐述围绕太阳运行的碎片。这些碎片由巨行星、类地行星和众多不同的较小天体组成（图 1-1~图 1-3）。

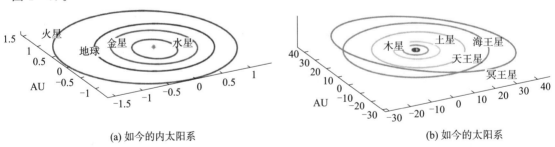

（a）如今的内太阳系　　　　　　　　　　　（b）如今的太阳系

图 1-1　▨▨ 按比例显示的（a）4 颗类地行星（b）太阳系八大行星和冥王星的轨道。由于 4 颗类地行星的距离相对较近，而外太阳系中的间距要大得多，因此两图中的比例不同。坐标轴以 AU 为单位。请注意冥王星轨道相对于大行星轨道的大倾角。视频展示了过去 300 万年来，行星之间的相互摄动造成的轨道变化（第 2 章）。图 2-14 显示了根据相同积分方法得到的行星偏心率变化图。[图片来源：乔纳森·莱文（Jonathan Levine）]

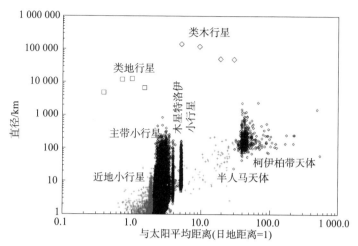

图 1-2　围绕太阳运行的天体清单。类木行星主宰外太阳系，类地行星主宰内太阳系。小天体往往集中在轨道稳定或至少轨道寿命长的区域。［图片来源：约翰·斯宾塞（John Spencer）］

(a)

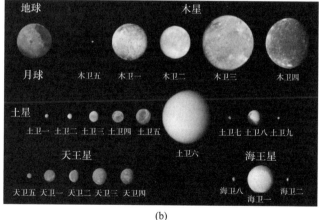

(b)

图 1-3　（a）按比例绘制的行星图像，按距太阳的距离排序。［图片来源：国际天文学联合会/马丁·科恩梅瑟（Martin Kornmesser）］（b）4 颗巨行星的大卫星和月球的图像，按距离行星由近及远的顺序绘制。需要注意的是，这些卫星的大小、反照率和表面特征的差异很大；大多数卫星为球形，但图中一些最小天体的形状非常不规则。［图片来源：保罗·申克（Paul Schenk）］

1.1.1　巨行星

木星主宰着我们的行星系统。它的质量为地球质量（$M_\oplus$）的 318 倍，超过所有其他已知太阳系行星总和的两倍。因此，太阳系也可以近似视为由太阳、木星和一些碎片组成。其中最大的碎片是土星，质量接近 $100M_\oplus$。土星和木星一样，主要由氢（H）和氦（He）组成，二者都可能拥有一个质量约为 $10M_\oplus$ 的重元素"核"。第三和第四大行星是海王星和天王星，它们的质量大约是土星的六分之一。这些行星属于不同的类别，它们的大部分质量来自天体物理中三种常见的"冰"的组合［水（H_2O）、氨（NH_3）、甲烷（CH_4）］以及"岩石"（主要由硅酸盐和金属组成的高温冷凝物），但它们大部分的体积都被质量相对较低（$1\sim4M_\oplus$）的氢-氦（H-He）为主的大气所占据。最大的 4 颗行星统称为巨行星；木星和土星被称为气态巨行星，半径分别约为 70 000 km 和 60 000 km，而天王星和海王被称为冰巨星（尽管"冰"以流体而非固体形式存在），半径约25 000 km。4 颗巨行星都拥有强大的磁场。这些行星分别以大约 5 AU、10 AU、20 AU 和 30 AU 的距离绕太阳运行。（1 AU 表示 1 个天文单位。一个围绕太阳的轨道周期为一年的无质量（仅用于说明）粒子，其轨道的半长轴定义为 1 个天文单位。由于地球有一定的质量，因此地球轨道的半长轴略大于 1 AU。）

1.1.2　类地行星

剩下的已知"碎片"的总质量不到最小巨行星的五分之一，它们的轨道角动量也小得多。这些碎片由太阳系中的所有固体组成，尽管其质量很小，但包含各种各样的天体。这些天体在化学、地质、动力学方面都存在有趣的现象，并且至少一个天体存在有趣的生物学现象。在这个群体中，层次结构继续存在，有两个大型类地行星[①]——地球和金星，每个行星的半径约为 6 000 km，分别距太阳约 1 AU 和 0.7 AU。太阳系还包含两个小型类地行星：火星半径约 3 500 km，距离太阳约 1.5 AU；水星半径约 2 500 km，距离太阳约 0.4 AU。4 个类地行星都有大气。类地行星的大气成分和密度差异很大，水星的大气层非常稀薄。虽然金星的大气在类地行星中质量最大，但按照巨行星的标准依然微不足道。地球和水星都有一个内禀磁场，有迹象表明火星在遥远的过去曾拥有磁场。

1.1.3　微型行星和彗星

柯伊伯带（Kuiper belt）是海王星轨道以远由大量的冰/岩石类小天体组成的圆盘。柯伊伯带中两个最大的成员是阋神星（136199 Eris）和冥王星（134340 Pluto）。其中，阋神星的日心距（即与太阳的距离）在 38 AU 到 97 AU 之间变化，而冥王星的日心距在 29 AU 到 50 AU 之间变化。阋神星和冥王星的半径均超过 1 000 km。冥王星被认为拥有大气。柯伊伯带中诸多较小的成员也已经被编入目录，但即使针对较大尺寸的天体，对这

---

① 在本书中，"类地"（terrestrial）一词用于表示类似地球或与地球相关的意思，这是行星科学和天文学的惯例。地球科学家和生物学家通常使用同一个词来表示与陆地的关系。

么遥远天体的普查也是不完整的。小行星（asteroid）是指那些半径小于 500 km 的微型行星，主要位于火星和木星的轨道之间。

太阳系其他地方还存在更小的天体，例如围绕行星运行的卫星以及彗星。彗星（comet）是富含冰的天体，当受到太阳充分加热时其上的物质会脱落。彗星被认为是在巨行星区域内或附近形成的，然后"储存"在奥尔特云（Oort cloud）中，或者在柯伊伯带，或者在离散盘（scattered disk）中。奥尔特云是距离太阳约 $(1\sim5)\times10^4$ AU 的近球形区域。黄道离散天体（scattered disk object）具有中等至较大偏心率的轨道，轨道全部或部分位于柯伊伯带内。整个奥尔特云中半径大于 1 km 的彗星总数估计约为 $10^{12}\sim10^{13}$ 个。柯伊伯带中半径大于 1 km 的天体总数估计约为 $10^8\sim10^{10}$ 个。离散盘和奥尔特云中天体的总质量和轨道角动量的不确定性超过一个数量级[①]。根据当前估计的上限，遥远的不可见冰天体的质量与整个行星系统中观察到天体的质量相当。

围绕太阳运行的已知最小天体（例如尘埃颗粒）已被整体观测到，诸多尘埃颗粒在行星轨道平面上共同形成的微弱条带被称为黄道云（zodiacal cloud），但尚未通过遥感方式对尘埃颗粒开展过个体探测。

1.1.4 卫星和环系统

太阳系中一些最有趣的天体围绕行星运行。在质量上仅次于类地行星的天体是巨行星和地球的 7 个主要卫星。两颗行星卫星——木卫三和土卫六——比水星略大，但由于它们的密度较小，因此质量还不到水星的一半。土卫六的大气层比地球的大气层稠密。海卫一是海王星迄今为止最大的卫星，它的大气密度要小得多，但它的风力足以强烈扰乱从其表面间歇泉喷出颗粒的路径。科学家已在其他几颗行星的卫星上探测到非常稀薄的大气，包括月球、木卫一和土卫二。

科学家已在太阳系的大多数行星以及许多柯伊伯带天体和小行星的周围观测到了天然卫星。巨行星都有大型卫星系统，由大卫星和/或中卫星以及许多较小的卫星和环组成 [图 1-3 (b)]。大多数在其行星附近运行的较小卫星都是由探测器在飞越过程中发现的。除海卫一外，所有主要卫星都以顺行方式（prograde，即与行星自转方向一致）围绕各自的行星运行，并靠近行星的赤道面。小型近邻卫星也只运行在小倾角、小偏心率轨道上，但在主卫星系统之外运行的小卫星既可以绕行星顺行也可以绕行星逆行，而且通常运行在大倾角和大偏心率轨道上。地球和冥王星各有一颗大卫星：月球质量略高于地球质量的 1%，而冥卫一的质量略高于冥王星的 10%。这些卫星可能是由于地球和冥王星遭受巨大撞击而形成，当时太阳系同现在相比还相当年轻。火星的两颗小卫星在小倾角、小偏心率的轨道上运行。

4 颗巨行星都有环系统，主要位于距离行星中心约 2.5 倍行星半径内。但在其他方面，4 个环系统的特性却大相径庭。土星环明亮而宽阔，充满了密度波、环缝和"轮辐"等结

---

① 其下限小于 0.1 倍估计值，上限大于 10 倍估计值。——译者注

构。木星环非常微弱，主要由小颗粒组成。天王星有 9 个狭窄的不透明环以及由稀薄尘埃组成的宽阔区域，它们在接近天王星赤道所定义的轨道平面内运行。海王星有 4 个环，两个窄环和两个微弱的、较宽的环；海王星环系统中最引人注目的部分是环弧，它们是窄环中的明亮部分。与行星际尘埃一样，科学家尚未通过遥感手段直接观测到单个环颗粒。

1.1.5　重要参数列表

八大行星的轨道和体积特性见表 1-1～表 1-3。表 1-4[①]给出了 8 颗行星的所有内卫星以及半径估计为 10 km 以上的外卫星的轨道根数和亮度。表中列出的许多轨道参数在 2.1 节中定义。这些卫星的自转周期和物理特性都在表 1-5 中给出。一些最大的微型行星、小行星和柯伊伯带天体的属性在表 9-1 和表 9-2 中给出，微型行星的卫星在 9.4.4 节中讨论。

表 1-1　太阳系行星轨道平根数和符号

行星	符号	a/AU	e	i/(°)	Ω/(°)	ϖ/(°)	λ_m
水星	☿	0.387 098 80	0.205 631 75	7.004 99	48.3309	77.4561	252.2509
金星	♀	0.723 332 01	0.006 771 77	3.394 47	76.6799	131.5637	181.9798
地球	⊕	1.000 000 83	0.016 708 617	0.0	0.0	102.9374	100.4665
火星	♂	1.523 689 46	0.093 400 62	1.849 73	49.5581	336.6023	355.4333
木星	♃	5.202 758 4	0.048 495	1.303 3	100.464	14.331	34.351
土星	♄	9.542 824 4	0.055 509	2.488 9	113.666	93.057	50.077
天王星	♅	19.192 06	0.046 3	0.773	74.01	173.01	314.06
海王星	♆	30.068 93	0.008 99	1.77	131.78	48.12	304.35

　　λ_m 是平经度，所有数据为 J2000 历元，出自 Yoder(1995)。
　　冥王星从 1930 年被发现到 2006 年被归类为行星，它也有一个官方符号♇。月球的符号是☽。

表 1-2　类地行星：物理数据

	水星	金星	地球	火星
平均半径 R/km	2 440±1	6051.8(4±1)	6371.0(1±2)	3 389.9(2±4)
质量/(10^{27}g)	0.330 2	4.868 5	5.973 6	0.641 85
密度/(g/cm³)	5.427	5.204	5.515	3.933(5±4)
扁率 ϵ			1/298.257	1/154.409
赤道半径/km			6378.136	3397±4
自转周期	58.6462 d	−243.0185 d	23.934 19 h	24.622 962 h
平均太阳日/d	175.942 1	116.749 0	1	1.027 490 7
赤道重力/(m/s²)	3.701	8.870	9.780 327	3.690
极重力/(m/s²)			9.832 186	3.758
核心半径/km	约 1 600	约 3 200	3 485	约 1 700

---

　　① 表 1-4 中给出了卫星的英文名称和中文译名。后文再涉及这些卫星时不再重复列出。——译者注

第 1 章　绪　论

续表

	水星	金星	地球	火星
形状偏移 $(R_{CF}-R_{CM})$/km		0.19 ± 0.01	0.80	2.50 ± 0.07
偏移(纬度/经度)		$11°/102°$	$46°/35°$	$62°/88°$
自转倾角/(°)	约 0.1	177.3	23.45	25.19
绕恒星公转周期/yr	0.240 844 5	0.615 182 6	0.999 978 6	1.880 711 05
逃逸速度 v_e/(km/s)	4.435	10.361	11.186	5.027
几何反照率	0.106	0.65	0.367	0.150
$V(1,0)$[a]	-0.42	-4.40	-3.86	-1.52

所有数据源自 Yoder (1995)。

[a] $V(1,0)$ 表示距离 1 AU 且 0°相位角时的等价视星等。

相位角等于 ϕ 时的视星等 m_v 由 $m_v = V(1,0) + C\phi + 5\log_{10}(r_{\odot\,AU}r_{\Delta\,AU})$ 计算，其中 C 是相位系数，$r_{\odot\,AU}$ 是行星距离太阳的距离（单位 AU），$r_{\Delta\,AU}$ 是观察者距离行星的距离（单位 AU）。

表 1-3　巨行星：物理数据

	木星	土星	天王星	海王星
质量/(10^{27}g)	1898.6	568.46	86.832	102.43
密度/(g/cm³)	1.326	0.6873	1.318	1.638
赤道半径(1 bar)/km	$71\,492 \pm 4$	$60\,268 \pm 4$	$25\,559 \pm 4$	$24\,766 \pm 15$
极半径/km	$66\,854 \pm 10$	$54\,364 \pm 10$	$24\,973 \pm 20$	$24\,342 \pm 30$
体积平均半径/km	$69\,911 \pm 6$	$58\,232 \pm 6$	$25\,362 \pm 12$	$24\,624 \pm 21$
扁率ϵ	$0.064\,87$ $\pm 0.000\,15$	$0.097\,96$ $\pm 0.000\,18$	$0.022\,93$ ± 0.0008	0.0171 ± 0.0014
自转周期	$9^h55^m29^s.71$	$10^h32^m35^s \pm 13^a$	-17.24 ± 0.01 h	16.11 ± 0.01 h
静水扁率[b]	$0.065\,09$	$0.098\,29$	$0.019\,87$	$0.018\,04$
赤道重力/(m/s²)	23.12 ± 0.01	8.96 ± 0.01	8.69 ± 0.01	11.00 ± 0.05
极重力/(m/s²)	27.01 ± 0.01	12.14 ± 0.01	9.19 ± 0.02	11.41 ± 0.03
自转倾角/(°)	3.12	26.73	97.86	29.56
绕恒星公转周期/yr	11.856 523	29.423 519	83.747 407	163.723 21
逃逸速度 v_e/(km/s)	59.5	35.5	21.3	23.5
几何反照率	0.52	0.47	0.51	0.41
$V(1,0)$	-9.40	-8.88	-7.19	-6.87

多数数据源自 Yoder (1995)。

[a] 土星的旋转周期源自 Anderson and Schubert (2007)；其真实不确定度远远大于所列的形式误差，因为不同的测量技术产生的值彼此相差达数十分钟。

[b] 静水扁率由引力场和磁场旋转率推导得出。

表 1-4　大行星的卫星：冲日时的轨道数据和视星等

卫星	$a/(10^3\,\mathrm{km})$	轨道周期/天	e	$i/(°)$	m_v
地球的卫星					
月球	384.40	27.321 661	0.054 900	5.15[a]	−12.7
火星的卫星①					
火卫一 (Phobos,福波斯)	9.375	0.318 910	0.015 1	1.082	11.4
火卫二 (Deimos,得摩斯)	23.458	1.262 441	0.000 24	1.791	12.5
木星的卫星②					
木卫十六 (Metis,墨提斯)	127.98	0.294 78	0.001 2	0.02	17.5
木卫十五 (Adrastea,阿德剌斯忒亚)	128.98	0.298 26	0.001 8	0.054	18.7
木卫五 (Almathea,阿玛尔忒娅)	181.37	0.498 18	0.003 1	0.388	14.1
木卫十四 (Thebe,忒拜)	221.90	0.674 5	0.017 7	1.070	16.0
木卫一 (Io,伊俄)	421.77	1.769 138	0.004 1f	0.040	5.0
木卫二 (Europa,欧罗巴)	671.08	3.551 810	0.010 1f	0.470	5.3
木卫三 (Ganymede,盖尼米德)	1 070.4	7.154 553	0.001 5f	0.195	4.6
木卫四 (Callisto,卡利斯托)	1 882.8	16.689 018	0.007	0.28	5.6
木卫十三 (Leda,勒达)	11 160	241	0.148	27[a]	19.5
木卫六 (Himalia,希玛利亚)	11 460	251	0.163	28.5[a]	14.6
木卫十 (Lysithea,莱西萨)	11 720	259	0.107	29[a]	18.3
木卫七 (Elara,伊拉拉)	11 737	260	0.207	28[a]	16.3
木卫十二 (Ananka,阿南刻)	21 280	610	0.169	147[a]	18.8
木卫十一 (Carme,加尔尼)	23 400	702	0.207	163[a]	17.6

① 火卫一的名字 Phobos 意为害怕,火卫二的名字 Deimos 意为恐惧。这两颗卫星是亨利·马丹根据《伊利亚特》中战神阿瑞斯两个儿子的名字建议命名的,参阅 Madan(1877)和 Hall(1878)。——译者注

② 木星的卫星以希腊神话/罗马神话中宙斯/朱庇特的情人、女儿、其他相关女性命名。——译者注

续表

卫星	$a/(10^3\,\mathrm{km})$	轨道周期/天	e	$i/(°)$	m_v
木卫八 (Pasiphae,帕西法尔)	23 620	708	0.378	148[a]	17.0
木卫九 (Sinope,希诺佩)	23 940	725	0.275	153[a]	18.1
土星的卫星①					
土卫十八 (Pan,潘)	133.584	0.575 05	0.000 01	0.000 1	19.4
土卫三十五 (Daphnis,达佛涅斯)	136.51	0.594 08	0.000 03	0.004	21
土卫十五 (Atlas,阿特拉斯)	137.670	0.601 69	0.001 2	0.01	19.0
土卫十六 (Prometheus,普罗米修斯)	139.380	0.612 986	0.002 2	0.007	15.8
土卫十七 (Pandora,潘多拉)	141.710	0.628 804	0.004 2	0.051	16.4
土卫十一 (Epimetheus,厄庇墨透斯)	151.47[b]	0.694 590[b]	0.010	0.35	15.6
土卫十 (Janus,雅努斯)	151.47[b]	0.694 590[b]	0.007	0.16	16.4
土卫一 (Mimas,弥玛斯)	185.52	0.942 421 8	0.020 2	1.53f	12.8
土卫三十二 (Methone,墨托涅)	194.23	1.009 58	0.000	0.02	23
土卫四十九 (Anthe,阿尔库俄尼得斯)	197.7	1.037	0.02	0.02	24
土卫三十三 (Pallene,帕勒涅)	212.28	1.153 7	0.004	0.18	22
土卫二 (Enceladus,恩克拉多斯)	238.02	1.370 218	0.004 5f	0.02	11.8
土卫三 (Tethys,忒堤斯)	294.66	1.887 802	0.000 0	1.09f	10.3
土卫十四 T- (Calypso,卡吕普索)	294.66[b]	1.887 802[b]	0.000 5	1.50	18.7
土卫十三 T+ (Telesto,忒勒斯托)	294.66[b]	1.887 802[b]	0.000 2	1.18	18.5
土卫四 (Dione,狄俄涅)	377.71	2.736 915	0.002 2f	0.02	10.4

---

① 土星的卫星以希腊神话、北欧神话、因纽特神话和凯尔特神话中的巨神命名。——译者注

续表

卫星	$a/(10^3\,km)$	轨道周期/天	e	$i/(°)$	m_v
土卫十二 T+ （Helene，海伦）	377.71[b]	2.736 915[b]	0.005	0.2	18.4
土卫三十四 T− （Polydeuces，波吕丢刻斯）	377.71[b]	2.736 915[b]	0.019	0.18	23
土卫五 （Rhea，瑞亚）	527.04	4.517 500	0.001	0.35	9.7
土卫六 （Titan，提坦）	1 221.85	15.945 421	0.029 2	0.33	8.4
土卫七 （Hyperion，许珀里翁）	1 481.1	21.276 609	0.104 2f	0.43	14.4
土卫八 （Iapetus，伊阿珀托斯）	3 561.3	79.330 183	0.028 3	7.52	11.0[c]
土卫九 （Phoebe，福柏）	12 952	550.48	0.164	175.3[a]	16.5
土卫二十 （Paaliaq，波里阿科）	15 198	687	0.36	45[a]	21.2
土卫二十六 （Albiorix，阿尔比俄里克斯）	16 394	783	0.48	34[a]	20.4
土卫二十九 （Siarnaq，西阿尔那克）	18 195	896	0.3	46[a]	20.0
天王星的卫星 ①					
天卫六 （Cordelia，科迪利亚）	49.752	0.335 033	0.000	0.1	24.2
天卫七 （Ophelia，欧菲莉亚）	53.764	0.376 409	0.010	0.1	23.9
天卫八 （Bianca，碧安卡）	59.166	0.434 577	0.000 3	0.18	23.1
天卫九 （Cressida，克莱西达）	61.767	0.463 570	0.000 2	0.04	22.3
天卫十 （Desdemona，苔丝狄蒙娜）	62.658	0.473 651	0.000 3	0.10	22.5
天卫十一 （Juliet，朱丽叶）	64.358	0.493 066	0.000 1	0.05	21.7
天卫十二 （Portia，鲍西娅）	66.097	0.513 196	0.000 5	0.03	21.1
天卫十三 （Rosalind，罗斯兰）	69.927	0.558 459	0.000 6	0.09	22.5

---

① 天王星的卫星以威廉·莎士比亚（William Shakespeare）和亚历山大·蒲柏（Alexander Pope）所著文学作品中的人物命名。——译者注

续表

卫星	$a/(10^3\,\mathrm{km})$	轨道周期/天	e	$i/(°)$	m_v
天卫二十七 (Cupid,丘比特)	74.393	0.612 825	~0	~0	25.9
天卫十四 (Belinda 贝琳达)	75.256	0.623 525	0.000	0.0	22.1
天卫二十五 (Perdita,珀迪塔)	76.417	0.638 019	0.003	~0	23.6
天卫十五 (Puck,迫克)	86.004	0.761 832	0.000 4	0.3	20.6
天卫二十六 (Mab,麦布)	97.736	0.922 958	0.002 5	0.13	25.4
天卫五 (Miranda,米兰达)	129.8	1.413	0.002 7	4.22	15.8
天卫一 (Ariel,艾瑞尔)	191.2	2.520	0.003 4	0.31	13.7
天卫二 (Umbriel,乌姆柏里厄尔)	266.0	4.144	0.005 0	0.36	14.5
天卫三 (Titania,提泰妮娅)	435.8	8.706	0.002 2	0.10	13.5
天卫四 (Oberon,奥布朗)	582.6	13.463	0.000 8	0.10	13.7
天卫十六 (Caliban,凯列班)	7 231	580	0.16	141[a]	22.4
天卫二十 (Stephano,斯蒂芬诺)	8 004	677	0.23	144[a]	24.1
天卫十七 (Sycorax,西科拉克斯)	12 179	1288	0.52	159[a]	20.8
天卫十八 (Prospero,普洛斯彼罗)	16 256	1978	0.44	152[a]	23.2
天卫十九 (Setebos,塞提柏斯)	17 418	2225	0.59	158[a]	23.3
海王星的卫星①					
海卫三 (Naiad,那伊阿得)	48.227	0.294 396	0.00	4.74	24.6
海卫四 (Thalassa,塔拉萨)	50.075	0.311 485	0.00	0.21	23.9
海卫五 (Despina,黛丝碧娜)	52.526	0.334 655	0.00	0.07	22.5

① 海王星的卫星以希腊神话/罗马神话中波塞冬的后代、其他海神、海仙女(宁芙)命名。——译者注

续表

卫星	$a/(10^3\,\text{km})$	轨道周期/天	e	$i/(°)$	m_v
海卫六 （Galatea，伽拉忒亚）	61.953	0.428 745	0.00	0.05	22.4
海卫七 （Larissa，拉里萨）	73.548	0.554 654	0.00	0.20	22.0
海卫八 （Proteus，普罗透斯）	117.647	1.122 315	0.00	0.55	20.3
海卫一 （Triton，特里同）	354.76	5.876 854	0.00	156.834	13.5
海卫二 （Nereid，内勒德）	5 513.4	360.136 19	0.751	7.23[a]	19.7
海卫九 （Halimede，阿利墨德）	15 686	1875	0.57	134[a]	24.4
海卫十一 （Sao，萨娥）	22 452	2919	0.30	48[a]	25.7
海卫十二 （Laomedeia，拉俄墨得亚）	22 580	2982	0.48	35[a]	25.3
海卫十三 （Neso，妮索）	46 570	8863	0.53	132[a]	24.7
海卫十 （Psamathe，普萨玛忒）	46 738	9136	0.45	137[a]	25.1

数据源于 Yoder（1995），并根据 Showalter and Lissauer（2006）、Jacobson et al.（2009）、Nicholson（2009）、Jacobson（2010）、http：//ssd.jpl.nasa.gov 和其他数据源进行更新。

除另有注释外，i 是相对母行星赤道的卫星轨道面倾角。

缩写：T，特洛伊卫星，与主卫星有相同的半长轴，但是在经度上超前（＋）或落后（－）约 60°；f，受迫偏心率或受迫倾角。

[a] 相对于行星的日心轨道测量，因为太阳（而不是行星扁率）控制着这些远距离卫星的局部拉普拉斯平面。

[b] 因共轨天平动而变化，所示数值为长期平均值。

[c] 随轨道经度变化很大，所示数值为平均值。

表 1-5　行星卫星：物理特性和自转率

行星/卫星	半径/km	质量/$(10^{23}\,\text{g})$	密度/(g/cm^3)	几何反照率	自转周期/天
地球	$6378^2 \times 6357$	59 742	5.515	0.367	0.997
月球	1737.53 ± 0.03	734.9	3.34	0.12	S
火星	$3396^2 \times 3376$	6419	3.933	0.150	1.026
火卫一	13.1×11.1×9.3(±0.1)	1.063×10^{-4}	1.90	0.06	S
火卫二	(7.8×6.0×5.1)(±0.2)	1.51×10^{-5}	1.50	0.07	S
木星	$71\,492^2 \times 66\,854$	1.8988×10^7	1.326	0.52	0.414
木卫十六	(30×20×17)(±2)			0.06	S
木卫十五	(10×8×7)(±2)			0.1	S
木卫五	(125×73×64)(±2)			0.09	S

续表

行星/卫星	半径/km	质量/(10^{23} g)	密度/(g/cm^3)	几何反照率	自转周期/天
木卫十四	(58×49×42)(±2)			0.05	
木卫一	1821.3 ± 0.2	893.3 ± 1.5	3.53 ± 0.006	0.61	S
木卫二	1565 ± 8	479.7 ± 1.5	3.02 ± 0.04	0.64	S^a
木卫三	2634 ± 10	1482 ± 1	1.94 ± 0.02	0.42	S
木卫四	2403 ± 5	1076 ± 1	1.85 ± 0.004	0.20	S
木卫六	85 ± 10	0.042 ± 0.006			0.324
木卫七	40 ± 10				0.5
土星	60 268^2×54 364	5.6850×10^6	0.687	0.47	0.44
土卫十八	17×16×10	5×10^{-5}	0.41 ± 0.15	0.5	S
土卫三十五	(4.5×4.3×3.1)(±0.8)	8×10^{-7}	0.34 ± 0.21		
土卫十五	21×18×9	7×10^{-5}	0.46 ± 0.1	0.9	S
土卫十六	68×40×30	0.001 6		0.9	S
土卫十七	52×41×32	0.001 37		0.9	S
土卫十一	65×57×53	0.0053		0.8	S
土卫十	102×93×76	0.019		0.8	S
土卫一	208×196×191	0.38	1.15	0.5	S
土卫三十二	1.6±0.6				
土卫三十三	3×3×2				
土卫二	257×251×248	0.65	1.61	1.0	S
土卫三	533±2	6.27	0.99	0.9	S
土卫十四	15×11.5×7			0.6	
土卫十三	16×12×10			0.5	
土卫四	561.7 ± 0.9	11.0	1.48	0.7	S
土卫十二	22×19×13			0.7	
土卫三十四	(1.5×1.2×1.0)(±0.4)				
土卫五	764 ± 2	23.1	1.24	0.7	S
土卫六	2575 ± 2	1345.7	1.88	0.21	约 S
土卫七	(180×133×103)(±4)	0.054	0.6	0.2~0.3	C
土卫八	746×746×712	18.1 ± 1.5	1.09	0.05~0.5	S
土卫九	109×109×102	0.083	1.64	0.08	0.387
天王星	25 559^2×24 973	8.6625×10^5	1.318	0.51	0.718
天卫六	13 ± 2			0.07	
天卫七	16 ± 2			0.07	
天卫八	22 ± 3			0.07	
天卫九	33 ± 4			0.07	

续表

行星/卫星	半径/km	质量/(10^{23}g)	密度/(g/cm³)	几何反照率	自转周期/天
天卫十	29 ± 3			0.07	
天卫十一	42 ± 5			0.07	
天卫十二	55 ± 6			0.07	
天卫十三	29 ± 4			0.07	
天卫十四	34 ± 4			0.07	
天卫十五	77 ± 3			0.07	
天卫五	240(0.6)×234.2(0.9)×232.9(1.2)	0.659 ± 0.075	1.20 ± 0.14	0.27	S
天卫一	581.1(0.9)×577.9(0.6)×577.7(1.0)	13.53 ± 1.20	1.67 ± 0.15	0.34	S
天卫二	584.7 ± 2.8	11.72 ± 1.35	1.40 ± 0.16	0.18	S
天卫三	788.9 ± 1.8	35.27 ± 0.90	1.71 ± 0.05	0.27	S
天卫四	761.4 ± 2.6	30.14 ± 0.75	1.63 ± 0.05	0.24	S
海王星	24 764² × 24 342	1.0278×10⁶	1.638	0.41	0.671
海卫五	74			0.06	
海卫六	79			0.06	
海卫七	104×89(±7)			0.06	
海卫八	218×208×201			0.06	
海卫一	1352.6 ± 2.4	214.7 ± 0.7	2.054 ± 0.032	0.7	S
海卫二	170 ± 2.5			0.2	0.48

多数数据源于 Yoder（1995），并根据 http：//ssd.jpl.nasa.gov、Pocro et al.（2007）、Jacobson et al.（2008）、Thomas et al.（1998，2007）、Thomas（2010）和 Pilcher et al.（2012）进行更新。

缩写：S，同步旋转；C，混沌旋转。

[a] 木卫二的冰壳旋转速度可能略快于同步旋转。

1.1.6 日球层

所有行星的轨道都位于日球层（heliosphere）内，日球层是指包含太阳产生的磁场和等离子体的空间区域。太阳风（solar wind）由从太阳向外传播的超声速等离子体组成。太阳风在日球层顶（heliopause，日球层的边界）与星际介质融合在一起。

日球层主要由太阳风质子和电子组成，在 1 AU 处的典型密度为 5 个质子/cm³（与距离平方成反比），太阳风在太阳赤道附近的速度约为 400 km/s，但在靠近太阳两极的速度约为 700～800 km/s。相比之下，局部星际介质的密度小于 0.1 个原子/cm³，主要包含氢原子和氦原子。相对于邻近恒星的平均运动，太阳的运动速度大约为 26 km/s。因此，日球层以大约这个速度在星际介质中运动。人们认为日球层的形状像一滴泪珠，在下风向有一个尾巴（图 1-4）。星际离子和电子通常在日球层周围流动，因为它们不能穿过太阳磁力线。然而，中性粒子可以进入日球层，因此星际氢原子和氦原子沿下游方向穿过太阳系，典型速度为 22 km/s（对于氢原子）～26 km/s（对于氦原子）。

日球层顶的内侧就是终端激波（termination shock），太阳风在这里减速。由于太阳风压力的变化，激波的位置相对于太阳在径向上移动，与太阳 11 年的活动周期一致。旅行者 1 号于 2004 年 12 月在距离太阳为 94.0 AU 的位置穿越了终端激波；旅行者 2 号于 2007 年 8 月在距离太阳约 83.7 AU 的位置（多次）穿过激波。当旅行者 2 号仍在日球层鞘（heliosheath，位于终端激波和日球层顶之间）中时，旅行者 1 号于 2012 年穿过日球层并进入星际介质（附录 G.7）。

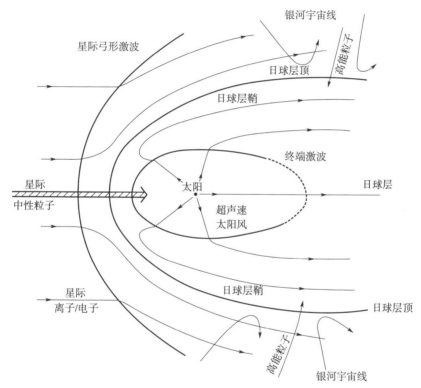

图 1-4 泪珠状日球层的示意图。在日球层内，太阳风径向向外流动，直到遇到日球层顶，即太阳风主导区域和星际介质之间的边界。弱宇宙射线被日球层顶偏转，但高能粒子穿透该区域进入太阳系内部。（改编自 Gosling 2007）

1.2 行星的属性

我们对于太阳系天体（包括行星、卫星、彗星、小行星、环和行星际尘埃）具体特征的所有认知终归都来自于观测，无论是来自地面或地球轨道卫星的天文观测，还是来自行星际探测器获得的近距离探测（通常是原位探测）数据。人们可以或多或少地直接从观测中确定以下特征的数值：

1）轨道；

2）质量，质量分布；

3）尺寸；

4）自转和方向；

5）形状；

6）温度；

7）磁场；

8）表面成分；

9）表面结构；

10）大气结构和组成。

在多种理论的帮助下，这些观测结果可用于限定行星的特性，例如整体组分和内部结构，这两个特性是建立太阳系形成模型的关键因素。

1.2.1　轨道

在 17 世纪早期，约翰内斯·开普勒[①]直接从观测中推导出了行星运动的三大"定律"：

1）所有行星围绕太阳运动的轨道都是以太阳为焦点的椭圆。

2）对于给定的行星，行星和太阳的连线在单位时间内扫过的面积相等。

3）行星绕太阳公转轨道周期 P_{orb} 的平方与其半长轴 a 的立方成正比，即 $P_{orb}^2 \propto a^3$。

开普勒轨道由 6 个轨道根数唯一指定，a（半长轴）、e（偏心率）、i（倾角）、ω（近点幅角，或用 ϖ 表示近点经度）、Ω（升交点经度）和 f（真近点角）。轨道根数在图 2-1 中以图形方式定义，并在 2.1 节中详细讨论。这些根数中，前面比后面更基本：a 和 e 完整定义了轨道的大小和形状，i 给出了轨道平面相对于某个参考平面的倾斜角度，近点经度 ϖ 和升交点经度 Ω 确定了轨道的方向，f（或者 t_ϖ，过近点时间）给出了行星在给定时刻轨道中的位置。使用其他轨道根数也可以确定轨道，例如，如果已知太阳和行星的质量，则轨道完全由行星在给定时刻相对太阳的位置和速度（同样是 6 个独立的标量）确定。

开普勒定律（或更准确的版本）可以从 17 世纪后期发现的牛顿运动定律和万有引力定律推导出来（2.1 节）。相对论效应也会影响行星轨道，但与行星相互施加的引力摄动相比，它们很小（习题 2.15）。

所有行星和小行星都按照与太阳自转相同的方向围绕太阳旋转。它们的轨道平面通常彼此相差几度，并靠近太阳赤道面。为便于观察，一般相对于地球的公转轨道面（称为黄道面）测量轨道倾角。从动力学上讲，最好的选择是不变平面，它通过质心并垂直于太阳系的角动量矢量。太阳系的不变平面与木星轨道平面几乎重合，木星轨道平面相对于黄道

---

① 约翰内斯·开普勒（Johannes Kepler，1571 年 12 月 27 日—1630 年 11 月 15 日），德国天文学家、数学家。开普勒曾在奥地利格拉茨的一家神学院担任数学教师，后来成了天文学家第谷·布拉赫的助手，并最终成为神圣罗马帝国的皇家数学家。他还曾经在奥地利林茨担任过数学教师及华伦斯坦将军的顾问。此外，他在光学领域做了基础性的工作，发明了一种改进型的折光式望远镜（开普勒望远镜）。他根据第谷的观测数据发现了开普勒定律，主要著作有《新天文学》（*Astronomia Nova*）、《世界的和谐》（*Harmonices Mundi*）、《哥白尼天文学概要》（*Epitome Astronomiae Copernicanae*）。开普勒星（1134 Kepler）以他的名字命名。——译者注

面倾斜 1.3°。本书遵循标准惯例，测量日心轨道相对于黄道面的倾角以及行星轨道相对于行星赤道面的倾角。太阳的赤道面相对于黄道面倾斜 7°。在八大行星中，水星的轨道倾角最大，$i = 7°$。（然而，因为轨道倾角实际上是一个矢量，这两个倾角接近并不意味着水星轨道位于太阳赤道面内。实际上，水星轨道相对于太阳赤道面倾斜 3.4°）。与之相类似，大多数主要卫星的轨道都靠近行星赤道面。许多围绕太阳和行星运行的较小天体的轨道倾角要大得多。此外，一些彗星、小卫星和海王星的大卫星海卫一以逆行的方式（retrograde，与太阳/行星的自转方向相反）围绕太阳/行星运行。我们观测到行星系统的大部分是"平坦"的[①]，这可以通过行星形成模型来解释，该模型假设行星在围绕太阳运行的圆盘内演化而成（第 13 章）。

1.2.2 质量

一个天体的质量可以从它施加在其他天体上的引力推导出来。

• 卫星轨道：天然卫星的轨道周期和开普勒第三定律的牛顿广义形式［式（2-13）］结合，可用于求解质量。得到的结果实际上是行星和卫星质量的总和（再加上所考虑的轨道内侧所有卫星的质量），但是除地球/月球和包含冥王星/冥卫一在内的各种微型行星以外，卫星的质量与行星相比通常非常小。该方法的不确定性主要源于半长轴的测量误差，时间误差可以忽略不计。

• 如何测量没有卫星的行星质量呢？每颗行星的引力都会对所有其他行星的轨道产生摄动。由于距离较远，因此引力小得多，所以这种方法的精度不高。但需要注意的是，海王星正是由于它对天王星的轨道摄动而被发现的。这种技术仍然用来对一些大型小行星的质量进行最佳估计（尽管在某些情况下相当粗糙）。摄动法实际上可以分为两类：短期摄动和长期摄动。短期摄动的特例是小行星之间的单次近距离飞越。可以针对所考虑天体的各种假定质量计算轨道，并拟合观察到的另一天体的路径。长期摄动的最佳例证是根据锁定在稳定轨道共振中的卫星相对位置周期性变化，推导出质量（第 2 章）。

• 探测器跟踪数据给出了确定访问过的行星和卫星质量的最佳方法，因为可以非常精确地测量传输的无线电信号的多普勒频移和周期。环绕任务提供的长时间基线比飞越任务具有更高的精度。一些外行星卫星质量的最佳估计方法是：把旅行者号图像的精确短期摄动测量，与旅行者号跟踪数据和/或来自长期地基观测的共振约束相结合。

• 对土星的一些小型内卫星质量的最佳估计，来自它们在土星环中共振激发的螺旋密度波的振幅或它们在附近环物质中产生的密度尾流。这些过程将在第 11 章中进行讨论。

• 通过估计由释放的气体和尘埃的不对称逃逸引起的非引力力（第 10 章），并将它们与观测到的轨道变化进行比较，可以粗略估计某些彗星质量。

非球对称质量分布的引力场与相同质量点源产生的引力场不同。结合自转周期，这种偏差可用于估计旋转体中质量的中心集中程度（第 6 章）。不对称天体引力场与质点引力

---

① 即天体基本运行在同一个平面内。——译者注

场的偏差在离天体最近的地方最明显，也最容易测量（2.5 节）。为了确定精确的引力场，可以利用探测器跟踪数据以及卫星和/或偏心的环的轨道。

1.2.3　尺寸

太阳系天体尺寸和形状的范围分布较广。天体的大小可以通过多种方式测量：

· 天体的直径是它的张角（以弧度为单位）和它与观察者的距离的乘积。太阳系内天体的距离很容易通过轨道估计出来；然而，由于在地球上观测的分辨率有限，导致张角测量存在很大的不确定性。因此，对于没有被行星际探测器近距离成像的天体，通常通过其他技术给出最佳测量结果。

· 太阳系天体的直径可以通过观测被这个天体遮掩的恒星来进行推算。恒星相对于遮掩天体的角速度可以通过轨道数据计算出来，包括地球公转和自转的影响。从一个特定位置观测掩星，将掩星的持续时间乘以它的角速度和距离，可以得到天体投影轮廓的弦长。三条相距较远的弦足以确定一个球形行星的尺寸。如果行星的形状不规则，则需要多条弦的信息，并且需要多个相距较远的望远镜对同一掩星事件进行观测。该技术对于尚未被探测器访问过的小天体特别有用。非常明亮的恒星的掩星并不常见，需要适当的预测以及大量的观测活动以获得足够的弦的信息（即使某些观测地点被阴云笼罩）；因此，掩星直径测量法仅适用于太阳系中极少数的已知小天体。

· 雷达回波可用于确定天体的半径和形状（附录 E.7）。由于雷达信号强度随着与天体的距离 r 以 $1/r^4$ 衰减（信号从雷达天线到达天体以 $1/r^2$ 衰减，从天体返回雷达天线以 $1/r^2$ 衰减），因此雷达只能研究相对较近的天体。雷达对于研究固态行星、小行星和彗核特别有用。

· 一种测量天体半径的极佳方法是发送着陆器到天体表面，然后使用轨道器进行三角测量。这种方法以及雷达技术也适用于具有大量大气的类地行星和卫星。

· 可以结合可见光和红外波长的光度观测来估计天体的大小和反照率。在可见光波长下，可以测量从天体反射的太阳光；而在红外波长下，可以测量天体自身的热辐射（详见第 3 章和附录 E.3）。

一旦知道天体的质量和大小，就很容易确定天体的平均密度。通过天体的密度可以大概了解它的组成，然而必须要考虑行星和大卫星发生的高压造成的压缩，对小天体而言应考虑大量空隙的可能。例如，4 颗巨行星的低密度（约 1 g/cm³）表明其组成物质的平均分子量很小。类地行星的密度（3.5～5.5 g/cm³）表明其由岩石物质组成，并包括一些金属。巨行星周围大多数中卫星和大卫星的密度在 1～2 g/cm³ 之间，说明其为冰和岩石的组合。彗星的密度约为 1 g/cm³ 或更低，说明其组成为相当松散的脏冰。

除了密度之外，还可以利用天体的质量和大小来计算逃逸速度［式（2-21）］。逃逸速度与温度一起可用于估计行星保持大气的能力。

1.2.4　旋转

简单的自转是一个矢量，与自转角动量有关。行星本体的倾角（或轴倾角）是其自转角动量与其轨道角动量之间的夹角。倾角小于 90°的天体被称为顺行 (prograde) 自转，倾角大于 90°的天体称为逆行 (retrograde) 自转。可以使用多种技术确定天体的自转：

• 确定行星本体自转轴和周期最直接的方法是观察表面的标记如何随圆盘的转动而运动。不幸的是，并非所有行星都具有这样的表面特征。此外，如果使用大气特征，风可能会导致推导的周期随纬度、高度和时间而变化。

• 具有一定磁场的行星会将带电粒子捕获在行星的磁层中。这些带电粒子在电磁力的作用下加速并发射射电波。由于磁场在经度上不均匀，并且磁场随着行星（可能是大部分）共同自转，所以这些射电信号的周期就等于行星的自转周期。对于没有可探测固体表面的行星，通常认为磁场周期比云特征变化周期更为根本 (7.5.5.1 节)。

• 天体的自转周期通常可以通过观测其光变曲线 (lightcurve) 的周期性来确定，光变曲线给出了总圆盘亮度随时间变化的函数。光变曲线的变化可能是反照率差异的结果，或者由天体不规则形状投影面积的差异造成。不规则形状的天体每自转一个周期产生的光变曲线有两个非常相似的最大值和两个非常相似的最小值，而反照率的变化则没有这种对称性。因此，在通过光变曲线分析确定的自转周期中，有时存在两倍的模糊性。大多数小行星都具有双峰光变曲线，表明主要变化是由形状造成的，但由于半球反照率和局部地形的微小变化，可以相互区分出这些峰。

• 只要知道天体的半径，就可以通过测量行星圆盘上的多普勒频移，粗略估计出自转周期和自转轴。这可以在可见光下被动完成，也可以使用雷达主动完成。大多数围绕太阳运行的天体的自转周期在 3 小时到几天之间。水星和金星的自转几乎可以肯定都受到太阳的潮汐作用而减慢，从而产生了例外——它们的自转周期分别为 59 天和 243 天。八大行星中的六颗以顺行方式自转，倾角为 30°或更小。金星以逆行方式自转，倾角为 177°，天王星的自转轴非常靠近天王星的轨道面。由于行星引起的潮汐，大多数行星卫星的自转与其公转周期相同 (2.6.2 节)。

1.2.5　形状

多种不同的力共同决定了天体的形状。天体自身的引力会让其形状趋于球体，因为球体是引力势能最小的形状。构成天体物质的强度可以保持天体形状的不规则性，这些不规则的形状可能是由吸积、撞击或内部地质过程产生的。天体自身引力的影响随着天体尺寸的增加而增加，较大的天体往往形状更圆。一般来说，平均半径大于 200 km 的天体比较圆，较小的天体可能形状比较奇怪［图 1-5 (a)］。

行星的自转与其扁率之间存在一定的关系，因为自转产生了离心力，导致行星在赤道处凸出，在两极处扁平。一个理想的流体行星将被塑造成一个椭球体。对于密度低且自转速度快的行星，其极向扁率 (polar flattening) 最大。扁率计算公式 $\epsilon \equiv (R_e - R_p)/R_e$，其中 R_e 和 R_p 分别是赤道半径和极半径。以土星为例，它的扁率约为 0.1，在一些图像上很容易辨别出极向扁率［图 1-5 (b)］。

天体的形状可以通过以下方式确定：

- 通过地面或探测器直接成像。
- 利用在不同地点的恒星掩星试验观测到的弦长（1.2.3 节）。
- 雷达回波分析（附录 E.7）。
- 光变曲线分析。为精确测量需要从不同视角获得多条光变曲线（图 9-4）。
- 中心闪光（central flash）的形状，即有大气天体的中心经过被遮掩恒星前方时观测到的形状。中心闪光由大气折射的光线聚焦引起，只有在偶然的观测条件下才能看到（附录 E.5）。

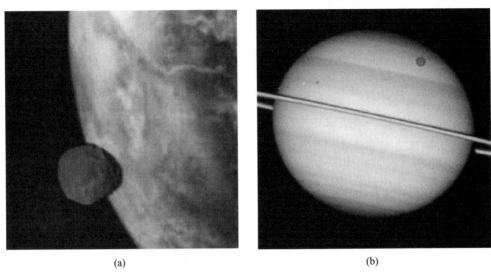

(a)　　　　　　　　　　　　(b)

图 1-5 　（a）在近球形的火星边缘的背景下，形状不规则的小卫星火卫一的图像。相对于火星，火卫一看起来比实际大得多，因为苏联的探测器福布斯 2 号在拍摄这张照片时，距离火卫一比火星更近。（b）哈勃望远镜于 2009 年 2 月 24 日拍摄的土星图像，距土星春分点前不到 5 个月。以小倾角观察土星环，环的阴影投在土星上且恰好在环的上方。可以看到 4 颗卫星正在凌日（部分遮住照射到土星的太阳光）；从左到右分别是土卫二、土卫四、土卫六和土卫一；也可以看到土卫二和土卫四的影子。请注意这颗低密度、快速自转的行星呈明显的扁率。（图片来源：NASA/STSci/哈勃望远镜作品集）

1.2.6　温度

一颗行星的平衡温度可以通过太阳日照能量和向外再辐射能量之间的平衡来计算（第 3 章）。然而，对于许多行星而言，内部热源起到了重要作用。此外，温度可能随着昼夜、纬度和季节而变化。温室效应是指由于大气对可见光辐射（太阳的主要输出）的透过率远大于来自行星的红外辐射的透过率，形成了所谓的热"毯"，这使某些行星表面的温升远高于平衡黑体值。例如，由于金星云层的高反照率，金星单位面积上吸收的太阳能实际上比地球少；因此（因为与太阳加热相比，金星和地球的内部热源可以忽略不计），金星的有效辐射温度低于地球。然而，由于温室效应，金星的表面温度升高至约 730 K，远高于地球表面温度。

使用温度计直接进行原位测量，可以准确估计天体可到达（外部）位置的温度。天体辐射的热红外光谱也是其表面或云顶温度的良好指示。大多数固体和液体行星的物质都可以表征为近乎完美的黑体辐射体，其发射峰值位于近红外到中红外波长。对发射辐射的分析有时会在不同波长处得出不同的温度。这可能是由于天体表面不同位置的温度组合造成的，例如极地与赤道的差异、反照率变化或者火山热点（如木卫一上看到的情况）。此外，大气的不透明度随波长而变化，这使我们能够遥感探查行星大气中的不同高度。

1.2.7 磁场

移动的电荷可以产生磁场。流经固体介质的电流会迅速衰减（除非介质是超导体，然而行星内部为高温，所以其不可能是超导体）。因此，内部产生的行星磁场一定来自知之甚少的发电机（dynamo）过程，该过程只能在行星流体区域中运行；或者来自剩磁（remanent ferromagnetism），剩磁由锁定为整齐构型的固体原子上结合的电荷产生。人们认为剩磁不可能产生大的磁场，因为除了剩磁预计会在较短的时间尺度内衰减之外（与太阳系的年龄相比），还要求行星的大部分铁在冷却通过居里点的很长一段时间内受到一个（方向上）几乎恒定的磁场作用（当温度低于铁磁材料的居里点时，磁矩在磁畴内部分对齐）。磁场也可能由太阳风（主要由带电粒子组成）和行星内的导电区域或其电离层之间的相互作用而产生。

可以使用原位磁强计直接测量磁场，或者通过测量加速电荷效应产生的辐射（射电发射）进而间接测量磁场。局部极光的出现（即由带电粒子进入行星高层大气中引起的发光现象）也表明行星存在磁场。行星的磁场可以近似等效为偶极子磁场，用扰动来解释行星磁场的不规则性。所有 4 颗巨行星，以及地球、水星和木卫三，其内部都产生了磁场。金星和彗星的磁场是由太阳风与其大气/电离层中带电粒子之间的相互作用产生的，而火星和月球则具有局部地壳磁场。木星磁场在木卫二和木卫四附近的扰动表明这些卫星内部存在咸海（7.5.4.9 节）。土卫二上的间歇泉活动扰乱了土星的磁场（7.5.5.1 节）

1.2.8 表面组成

天体表面的组成可以从以下方面得出：

• 光谱反射率数据。从地球上可以观测到天体的光谱；然而，紫外波长的光谱只能在地球大气层以外观测到。

• 热红外光谱和热射电数据。尽管难以解释，但这些测量值包含有关天体组成的信息。

• 雷达反射率。此类观测可以通过在地球或行星附近的探测器开展。

• X 射线和 γ 射线荧光。如果天体没有厚厚的大气层，则可以通过环绕行星轨道的探测器（或者理论上，甚至可以是飞越的探测器）进行测量。详尽的测量需要探测器着陆到天体表面。

• 表面样品的化学分析。可以对通过自然过程（陨石陨落）或探测器带到地球的样品进行分析，或者通过探测器进行原位分析。其他形式的原位分析包括质谱、电导率和热导率测量。

行星、小行星和卫星的组成显示出其与日心距离的相关性，离太阳最近的天体具有最大浓度的致密物质（往往是难熔的，即具有高熔点和高沸点）和最小浓度的冰（更易挥发，即具有低得多的熔点和沸点）。

1.2.9　表面结构

不同的行星或卫星表面结构差异很大。有多种方法可以确定行星表面的结构：

• 大尺度结构（例如，山脉）可以通过成像探测，或者使用可见光/红外/射电被动探测，或者使用雷达成像技术主动探测。最好在不同入射角条件下进行成像，以便将倾角（坡度）效应与反照率差异分开。

• 小尺度结构（例如，晶粒尺寸）可以从雷达回波亮度和反射率随相位角的变化中推导出来，其中相位角定义为从天体看到的太阳和观察者之间的角度。尺寸远大于观测光波长的天体，它的亮度通常随着相位角的减小而缓慢增加。对于非常小的相位角，亮度增加更快，这种现象称为冲效应（opposition effect）（附录 E.1）。

1.2.10　大气

大多数行星和部分卫星都被明显的大气所包围。巨行星如木星、土星、天王星和海王星基本上都是巨大的流体球，它们的大气以 H_2 和 He 为主。金星有一个非常浓厚的 CO_2 大气层，云层很厚以至于在可见光波长下无法看到金星表面；地球的大气层主要由 78% 的 N_2 和 21% 的 O_2 组成，而火星的 CO_2 大气层更为稀薄。土星的卫星土卫六有一个浓密的富含氮的大气层，非常有趣的是它包含了多种有机分子。冥王星和海王星的卫星海卫一都有一个以 N_2 为主的稀薄大气；而木星的卫星中以火山活跃著称的木卫一，大气主要由 SO_2 组成。水星和月球的大气层都非常稀薄（$\leqslant 10^{-12}$ bar）；水星的大气以原子 O、Na 和 He 为主，而月球大气的主要成分是 He 和 Ar。彗星彗发的气体成分本质上是逃逸过程中的临时大气。

大气的组成和结构（温度-压力剖面曲线）可以通过以下方式确定：可见光波长的光谱反射数据，红外和射电波长的热光谱和光度测量，恒星掩星剖面，原位质谱仪和通过大气/表面探测器发回到地球的无线电信号的衰减（附录 E）。

1.2.11　内部

行星的内部无法直接进行观测。然而，借助上述讨论的可观测参数，可以得出有关行星整体组成及其内部结构的信息。

除了实际上可以拆解并进行分析的极小天体外（如陨石等，第 8 章），天体的整体组成（bulk composition）不是一个可观察的属性。因此，必须从各种直接和间接的线索和约束中推导出整体组成。最基本的约束是基于行星的质量和尺寸。仅使用这些约束条件，再加上从实验室数据和量子力学计算得出的物质特性，就可以证明木星和土星主要由氢组成。这仅因为所有其他元素的密度太大，不符合约束条件（除非内部温度远高于在准稳态下观察到的有效温度）。然而，这种方法只能对主要由最轻元素组成的行星给出明确的结果。对于所有其他天体来说，估计整体组成最好根据模型以及对宇宙起源丰度的合理假设（1.4 节、第 8 章和第 13 章）。模型包括质量、半径、表面和大气成分、天体的日心距离（位置信息非常有用，因为它让我们了解行星形成时期该区域的温度，从而知道哪些元素可能会凝结）等。

行星的内部结构在一定程度上可以从它的引力场和自转速度推导出来。根据这些参数，可以估计出质量在行星中心处的集中程度。引力场可以通过探测器的跟踪以及卫星或环的轨道来确定（第 2 章）。如果地震仪可以放置在具有固体表面的行星上，就可以获得其内部结构的详细信息，就像阿波罗宇航员在月球上所做的那样。地震波在行星内部传播的速度和衰减取决于密度、刚度和其他物理特性（第 6 章），而这些特性又取决于成分、压强、温度和时间。内部边界的反射和折射提供有关分层的信息。从理论上讲，气态行星的自由振荡周期也可以给出内部属性的线索，就像当前的日震学提供有关太阳内部的重要信息一样。火山活动和板块构造的证据约束了行星表面以下的热环境。能量输出提供了有关行星内部热结构的信息。

对于受到显著的随时间变化的潮汐形变影响的卫星，其响应取决于它们的内部结构。对此类卫星的重复观测可以揭示其内部特性，包括在某些情况下存在地下流体层。将高度测量与卫星重力测量相结合，可以显示冰卫星表面下的横向不均匀性，从而指示火山源和构造结构。

运动的电荷产生磁场。虽然如月球磁场这样微弱的磁场可能是剩磁磁性造成的，但人们认为极强的行星磁场需要在行星内部存在导电流体区域。中心偶极子磁场可能在行星核心内部或附近产生，而高度不规则的偏移磁场则可能在更靠近行星表面的区域产生。

1.3　恒星的属性和寿命

行星与恒星密切相关，恒星是行星更大、更明亮的"伴侣"。恒星的引力主导着行星运动（第 2 章）。我们的恒星——太阳——发出的光是大多数行星的主要能量来源（第 3 章），而太阳能的输入主导着行星天气（第 4 章）。太阳风影响并控制着行星磁层（第 7 章），而太阳加热是彗星活动的原因（第 10 章）。此外，上几代的恒星产生了构成类地行星的大部分元素（13.2.2 节），而且恒星和行星共同形成（1.4 节和第 13 章）。因此，了解恒星的一些基本特性对于了解行星大有裨益。有关恒星、行星和称为褐矮星的中等质量天体之间物理特性差别的更多详细信息请参见 12.1 节。

恒星是气体和等离子体（电离气体）组成的巨大球体，它们从表面辐射能量，并通过内部的热核聚变反应释放能量。恒星的内部结构主要由引力和压力之间的平衡来决定。聚变反应速率对温度极其敏感（13.2.2 节），因此内部极小的升温会使恒星更快地释放核能。恒星会维持在准平衡状态，因为如果内部变得太冷，恒星核会收缩并升温；而如果内部变得太热，压力就会增加，核会膨胀和冷却。

在恒星持久的主序（main sequence）阶段，核中的氢逐渐"燃烧"（聚变成氦）以保持压力平衡。大质量的恒星比小质量的恒星亮度要高得多，因为需要更大的压力和更高的温度来平衡它们更大的引力。沿着主序带，恒星的光度 $\mathcal{L}\star$ 大致上与恒星质量 $M_\star$ 的四次方成正比

$$\mathcal{L}\star \propto M_\star^4 \tag{1-1}$$

由于核中的氢燃料量随着恒星的质量近似线性增加，因此恒星的寿命与恒星质量的立方成反比。图 1-6 更准确地显示了恒星质量和光度之间的关系。大质量恒星比小质量恒星更大，但大质量恒星能够辐射更多能量的另一个同样重要的原因在于，它们比小质量恒星更热（更蓝）。能量辐射的物理学问题将在 3.1.1 节中讨论。

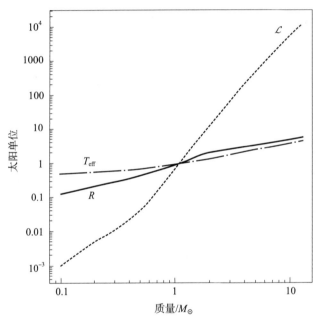

图 1-6　零龄主序星的半径（实线）、辐射温度（点线）和光度（短划线）的对数与恒星质量的函数关系图。所有恒星都被认为具有太阳的成分，并且所有量值都与当前时期的太阳成比例。模型范围从 $0.1M_\odot$ 到 $13M_\odot$，使用 CESAM 代码生成（Morel 1997）。［图片来源：杰森·罗（Jason Rowe）］

恒星的质量范围从 $0.08M_\odot$（太阳质量）到略高于 $100M_\odot$。更小的天体无法在其核心维持足够的聚变以平衡引力收缩（12.1 节），而高光度产生的辐射压力会吹走更大质量天体的外层。小质量恒星比大质量恒星更为常见，但因为大质量恒星的亮度要高得多，所以可以从更远的地方看到它们，而且大多数肉眼可见的恒星质量都比太阳的质量大。

尽管恒星的光度变化范围覆盖多个数量级（图 1-7），但在其他方面，恒星是一种相

对而言同种类的天体。恒星由内部聚变反应维持的热压力抵抗引力坍缩[①]；它们质量的范围略超过 3 个数量级。相比之下，即使是对行星最保守的定义，仅在太阳系内就包含了非常多样化的行星家族。其中包括水星，一种主要由铁和其他重元素组成的致密天体；木星，一种流体天体，其质量比水星大近 4 个数量级，主要由氢和氦组成。在有些行星定义中，还包括冥王星和质量超过木星 10 倍的太阳系外天体（第 12 章），这将行星质量范围扩大到超过 6 个数量级。

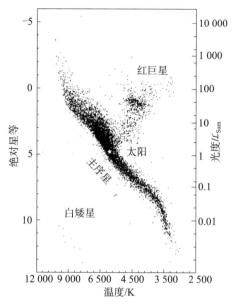

图 1-7 依巴谷星表中具有最准确已知距离和星等（即附近的明亮恒星）的单颗恒星的赫罗（H-R）图。（改编自 Perryman et al. 1995）

恒星的光度在恒星的主序阶段缓慢增长，这是因为聚变增加了核心中的平均粒子质量，需要更高的温度产生的压力以平衡引力。一旦核心中的氢完全耗尽，核心就会坍缩。氢燃烧发生在包围富氢核心的物质形成的壳上。恒星的光度显著增加，它的外层膨胀并冷却，导致恒星变成了一颗红巨星（red giant）。如果恒星的质量至少是太阳质量的 60% 左右，那么它的核心就会变得炽热和致密，足以让氦聚变成碳和氧〔由于两个电子无法占据相同的量子态而产生电子简并压力（electron degeneracy pressure），在较小的恒星中，电子简并压力在过低的温度下会停止恒星收缩〕。存在类似于主序的氦燃烧平衡阶段，但它持续的时间相当短，因为这时恒星更明亮（需要更大的热压力来平衡恒星更致密核心的引力），而氦燃烧释放的能量比氢燃烧少得多（图 13-1）。因此，氦燃料比氢燃料消耗得更快。

在太阳质量量级的恒星中，电子简并压力阻止恒星达到聚变所需的温度，从而产生比

① 一些具有恒星质量的天体，如白矮星和中子星，已经耗尽了它们的核燃料，把它们称为恒星残余物而不是恒星更为恰当。

碳和氧质量更大的元素。白矮星是中小质量恒星的残余物，其中电子简并压力为阻止引力坍缩提供了主要支持。但在大质量恒星中，核聚变会一直持续到核心产生最稳定的铁原子核。铁元素之后的核聚变不能释放出任何能量，因此发生核心坍塌，迅速释放出巨大的引力能。这种能量为超新星爆炸提供燃料，释放出恒星产生的部分重元素，将其融入下一代恒星和行星中，并留下中子星或黑洞的残骸。

1.4　太阳系的形成

有关太阳系形成的问题是行星科学中最具智力挑战性的问题之一。通过观测可以获得太阳系现状的直接信息，但对于太阳系的起源只有间接的线索。因此，虽然从时间顺序的角度把太阳系形成的章节放在本书开头是合理的，但我们还是将其放到最后，以便在我们尝试进行"拼图"时，读者可以掌握更多的线索。尽管如此，但对于学生来说，从当前可接受的行星形成模型的简要概述开始还是很有用的，因为它提供了一个用于解释无法观测的行星特性的框架，例如行星内部（第6章）和太阳系外行星（第12章）的组成。它激发了对陨石等天体的研究（第8章）。虽然这种安排有一点循环推理的意味，但它强调了科学发展不是线性的，在拼图中放置一个新的碎片，需要从已拼好的拼图中获取视角，但有时也需要修改一些已接受的想法。

太阳系中行星近似在同一平面和近似圆形的轨道，有力地证明了行星在一个扁平的环日盘（circumsolar disk）内形成的理论。天体物理学模型表明，这种圆盘是分子云的旋转核坍缩形成恒星的自然副产品。近年来，在年轻恒星周围存在太阳系尺寸盘的观测证据显著增加，年轻恒星光谱中的红外过量（infrared excess）现象表明原行星盘的寿命为 10^6 至 10^7 年。

银河系包含许多分子云（molecular clouds），其中大部分都比太阳系大几个数量级。分子云是星际介质中温度最低、密度最大的区域。分子云是不均匀的，其最密集的区域被称为核。分子云的核是当前时代的恒星形成的地点。即使是旋转非常缓慢的分子云的核也有非常大的自旋角动量，以至于无法坍缩成恒星尺寸的天体，因此坍缩核中的很大一部分物质落在旋转支撑的盘上，而此盘围绕着压力支撑的（原始）恒星运行。这个盘与正在成长的恒星具有相同的初始元素组成。在距离中心恒星足够远的地方温度非常低，以至于大约 $1\% \sim 2\%$ 的物质为固体形式，要么是残留的星际颗粒，要么是在盘内形成的凝聚物。对于 $1M_\odot$ 的恒星，几个天文单位内的这种尘埃主要由岩石形成的化合物组成，而在温度更低、距离更远的区域，固体形式存在的冰［水（H_2O）、甲烷（CH_4）、一氧化碳（CO）等］的数量与岩石数量相当。

在下坠阶段，由于撞击盘的气体的特定角动量与维持开普勒自转所需的角动量不匹配，因此盘非常活跃并且可能高度湍动。引力的不稳定性以及黏性和磁力作用可能会加剧这种活动。当下坠明显减慢或停止时，盘变得更加静止。与盘中气体成分的相互作用会影响小尺度固态天体的动力学，而人们对从微米级尘埃到千米级星子的生长仍然知之甚少。

陨石（第 8 章）、微型行星（第 9 章）和彗星（第 10 章），其中大部分从未被合并到行星尺寸的天体中，最好地保存了太阳系成长演化这一重要时期的记录。

原行星盘内较大固体天体的动力学得到了较好的描述。原行星盘中千米量级和更大尺度星子的开普勒轨道受到的主要摄动，来自引力相互作用和物理碰撞。这些相互作用导致星子的吸积（在某些情况下是侵蚀和破碎）。最终，固态天体在内太阳系聚集成类地行星，而在外太阳系中，行星核的质量是地球质量的数倍。这些巨大的核能够通过引力吸引并保留来自太阳星云的大量气态物质。相比之下，类地行星的质量不足以吸引和保留这些气体，目前它们稀薄大气中的气体来自吸收至固体星子中的物质。

太阳系轨道上运行的行星彼此之间非常接近，以至于在行星成长的最后阶段，可能包含行星或行星胚胎在不稳定轨道上的合并或弹射的过程。然而，外行星轨道的小偏心率表明某些阻尼过程也必须参与其中，例如许多小星子的吸积/弹射或与原行星盘内残余气体的相互作用。

随着研究人员更多地了解太阳系中的各个天体和天体类别，以及行星生长的仿真变得更加复杂，关于太阳系形成的理论正在被修订和改进（希望如此）。探测其他恒星周围的行星带来新的挑战，要求我们发展一种适用于所有恒星系统的行星形成的统一理论。在第 12 章和第 13 章中将更详细地讨论这些理论。

1.5　延伸阅读

以下材料对太阳系进行了很好的非技术性概述，并附有许多美丽的彩色图片：

Beatty，J. K.，C. C. Peterson，and A. Chaikin，Eds.，1999. The New Solar System，4th Edition. Sky Publishing Co.，Cambridge，MA and Cambridge University Press，Cambridge. 421pp.

以下材料提供了简洁但详细的概述，包括作者对太阳系各种天体的绘画复制品：

Miller，R.，and W. K. Hartmann，2005. The Grand Tour：A Traveler's Guide to the Solar System，3rd Edition. Workman Publishing，New York. 208pp.

以下材料是对太阳系的概述，重点在于大气和空间物理学：

Encrenaz，T.，J. - P. Bibring，M. Blanc，M. - A. Barucci，F. Roques，and Ph. Zarka，2004. The Solar System，3rd Edition. Springer - Verlag，Berlin. 512pp.

以下两份材料对于本科非科学专业的读者是很好的综述参考：

Morrison，D.，and T. Owen，2003. The Planetary System，3rd Edition. Addison - Wesley Publishing Company，New York. 531pp.

Hartmann，W. K.，2005. Moons and Planets，5th Edition. Brooks/Cole，Thomson Learning，Belmont，CA. 428pp.

以下材料提供了大量主题的简短摘要，从矿物学到黑洞，其复杂程度与本书相当：

Cole，G. H. A.，and M. M. Woolfson，2002. Planetary Science：The Science of

Planets Around Stars，Institute of Physics Publishing，Bristol and Philadelphia. 508pp.

以下材料详细介绍了行星上和行星形成过程中的化学过程：

Lewis，J. S.，2004. Physics and Chemistry of the Solar System，Second Edition. Elsevier，Academic Press，San Diego. 684pp.

以下百科全书是对本书的一个很好的补充：

Spohn，T.，D. Breuer，and T. V. Johnson，Eds.，2014. Encyclopedia of the Solar System，3rd Edition. Academic Press，San Diego. 1311pp.

在以下材料中可以找到广泛的行星数据表：

Yoder，C. F.，1995. Astrometric and geodetic properties of Earth and the Solar System. In Global Earth Physics：A Handbook of Physical Constants. AGU Reference Shelf 1，American Geophysical Union，1 – 31.

有关本书更新的信息，请登录网站：http：//ssd. jpl. nasa. gov.

1.6　习题

习题 1.1 E

因为行星之间的距离远大于行星的大小，所以很少有太阳系的图表或模型完全按比例进行绘制。然而，假设你为上二年级的侄女所在班级进行天文学讲座/演示，你决定使用普通物体构建一个太阳系的比例模型来说明太空的广阔和近乎空旷。你首先选择了一个玻璃弹珠（1 cm 直径）来代表地球。你还可以使用哪些其他物体？必须将它们间隔多远？与太阳系最近的恒星半人马座比邻星距离我们 4.2 光年，在你的模型中会把它放在哪里？

习题 1.2 E

巨行星的卫星系统通常被称为"微型太阳系"。通过计算将木星、土星和天王星的卫星系统与行星系统进行比较。

（a）计算行星质量的总和与太阳质量之比，以及木星系、土星系和天王星系的类似比例，其中使用各行星的质量作为主质量。

（b）计算行星轨道角动量之和与太阳自转角动量之比。可以假设所有行星的轨道为圆形且轨道倾角为 0°，并忽略行星自转和卫星存在的影响。

（c）使用各行星的质量作为主质量，对木星系、土星系和天王星系重复（b）中的计算。

（d）根据太阳半径来计算行星轨道的半长轴，根据木星半径计算木星卫星轨道的半长轴。木星系的比例模型与习题 1.1 中的行星系统模型相比如何？

习题 1.3 I

一颗行星如果始终保持相同的半球指向太阳，那么它一定在每个轨道周期内沿顺行方向自转一圈。

（a）画图证明，这种行星的自转周期（在惯性系中）或恒星日（sidereal day）等于其轨道周期，而这种行星的太阳日（solar day）的长度是无限的。

（b）地球沿顺行方向自转。地球在每个轨道周期内必须自转多少圈才能每年有365.24 个太阳日？通过将地球的恒星日自转周期（表 1-2）的长度与平太阳日的长度进行比较，验证计算结果。

（c）如果一颗行星沿逆行方向在每个轨道周期内自转一圈，那么它在每个轨道周期内将有多少个太阳日？

（d）确定一颗行星上太阳日和恒星日长度的一般公式。使用该公式确定水星、金星、火星和木星上太阳日的长度。

（e）对于偏心轨道上的行星，太阳日或恒星日的长度以一年为周期循环变化。哪一个会有变化，为什么？计算地球上最长的一天的长度。最长的一天比同类型的平均一天长多少？

习题 1.4 I

出于同样的原因，平太阳日的长度不完全等于地球的恒星自转周期（习题 1.3），月份的长度不等于月球围绕地球的恒星轨道周期。一个月在物理上指的是什么？计算平（天文）月的长度。

习题 1.5 I

如果你已经阅读了前两道习题，那么现在可能已经猜到，一年的长度并不完全等于地球绕太阳公转一圈所需的时间。年的通常用法是指季节重复的平均时间长度，这被称为回归年（tropical year）。季节的变化主要是地球围绕太阳运动的结果，但季节也受到地球自转轴方向逐渐变化的影响。导致地球自转轴进动的主要原因是月球和太阳对地球赤道隆起施加的力矩。由此产生的日月岁差（lunisolar precession）的周期约为 26000 年。（其他行星施加的力矩也会影响地球自转轴方向。这些力矩很重要，因为它们会引起地球倾角的准周期性变化，如图 2-19 所示，但它们对地球自转轴的进动速率的影响很小。）

（a）画一张系统图，并用它推导出回归年长度、恒星年（sidereal year）长度和进动周期的公式。恒星年比回归年长。用这个事实来推导地球日月岁差的方向。

（b）计算恒星年的长度，并分别以回归年、天数为单位表示。请注意，虽然回归年和恒星年之间的相对误差远小于太阳日和恒星日之间的差异，但它仍然几乎是儒略历和格里高利历之间差异的两倍。

习题 1.6 E

当月球遮挡了太阳的整个圆盘（光球）时，就会发生日全食，这使观察者只能看到太阳延伸的大气——日冕。当月球遮住太阳的中心部分时，就会发生日环食，但在月球周围可以看到一个狭窄的太阳光球环。

（a）利用表 1-1、表 1-4、表 1-5 和表 C-5 中的数据，说明地球围绕太阳的轨道和月球围绕地球的轨道的偏心率使两类日食都可以从地球表面看到。

（b）日全食和日环食哪个发生得更频繁，为什么？

第 2 章　动力学

> 如果人类的研究不能用数学来证明，那么它就不能被称为真正的科学。
>
> ——列奥纳多·达芬奇

1687 年，艾萨克·牛顿[①]证明了两个球体在相互引力作用下的相对运动可以用简单的圆锥曲线来描述：用椭圆表示有界轨道，用抛物线或双曲线表示无界轨道。尽管可以直接描述两个物体之间的基本相互作用，但是其他引力体的引入产生了丰富多样的动力学现象。本章将介绍太阳系天体（行星、卫星、小天体和尘埃）的基本轨道性质及其相互作用。本章还提供了太阳系中重要动力学过程的几个例子，并为描述本书其他章节中所详细讨论的一些现象奠定了基础。

2.1　二体问题

2.1.1　开普勒定律

约翰内斯·开普勒通过详尽分析自己观测的行星轨道，得出了以他名字命名的行星运动三大定律。

1) 开普勒第一定律：行星绕太阳运动的轨道是以太阳为焦点的椭圆。

如果用 a 表示半长轴（最大和最小日心距离的平均值），$2b_m$ 表示椭圆的短轴长度，$e \equiv (1 - b_m^2/a^2)^{1/2}$ 表示轨道偏心率，f 表示真近点角，即行星近日点（行星与太阳距离最近处）与行星瞬时位置关于日心的夹角，那么可以把日心距（即行星到太阳的距离）$r_\odot$ 表示为

$$r_\odot = \frac{a(1 - e^2)}{1 + e\cos f} \qquad (2-1)$$

上述变量之间的关系如图 2-1 (a) 所示。

---

① 艾萨克·牛顿爵士（Sir Isaac Newton，1643 年 1 月 4 日—1727 年 3 月 31 日），英国政治人物、物理学家、数学家、天文学家、自然哲学家。1687 年发表《自然哲学的数学原理》（*Philosophiae Naturalis Principia Mathematica*），阐述了万有引力和三大运动定律，由此奠定现代物理学和天文学，并为现代工程学打下了基础。他通过论证开普勒行星运动定律与他的引力理论间的一致性，展示了地面物体与天体的运动都遵循着相同的自然定律；为日心说提供了强而有力的理论支持，是科学革命的一大代表。

在力学上，牛顿阐明了动量和角动量守恒的原理。在光学上，他发明了反射望远镜，并基于对三棱镜将白光发散成可见光谱的观察，发展出了颜色理论。他还系统地表述了冷却定律，并研究了声速。在数学上，牛顿与莱布尼茨分享了发展出微积分学的荣誉。他也证明了广义二项式定理，提出了"牛顿法"以趋近函数的零点，并为幂级数的研究做出了贡献。艾萨克·牛顿星（8000 Issac Newton）以他的名字命名。——译者注

2）开普勒第二定律：行星和太阳连线在单位时间扫过的面积 $\mathcal{A}$ 相等（图 2-2）

$$\frac{\mathrm{d}\mathcal{A}}{\mathrm{d}t} = 常数 \tag{2-2}$$

这个常数速率的值可以用于区分不同的行星。

3）开普勒第三定律：行星绕太阳运动的周期 P_{yr}（单位：年）的平方等于其轨道半长轴 a_{AU}（单位：AU）的立方

$$P_{yr}^2 = a_{AU}^3 \tag{2-3}$$

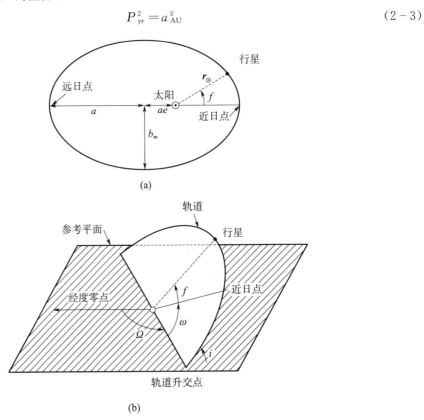

(a)

(b)

图 2-1　（a）椭圆轨道的几何形状。太阳在一个焦点上，矢量 $r_\odot$ 表示行星的瞬时日心位置（即 $r_\odot$ 是行星与太阳的距离）。椭圆的半长轴是 a，偏心率是 e，椭圆的半短轴是 b_m。真近点角 f 是行星近日点与其瞬时位置之间关于日心的夹角。（b）三维轨道的几何示意。i 是轨道的倾角，Ω 是升交点经度，ω 是近日点幅角。（改编自 Hamilton 1993）

2.1.2　牛顿运动定律和万有引力定律

虽然开普勒定律最初是通过仔细观察行星运动推测出来的，但后来证明它们可以由牛顿运动定律和万有引力定律推导出来。考虑质量为 m_1 的天体在瞬时位置 r_1 处的具有瞬时速度 $v_1 \equiv \mathrm{d}r_1/\mathrm{d}t$，其动量为 $m_1 v_1$。由牛顿第二运动定律给出合力 $\boldsymbol{F}_1$ 产生的加速度为

$$\frac{\mathrm{d}(m_1 \boldsymbol{v}_1)}{\mathrm{d}t} = \boldsymbol{F}_1 \tag{2-4}$$

牛顿第三定律指出作用力等于反作用力，因此两个天体受到的力大小相等方向相反

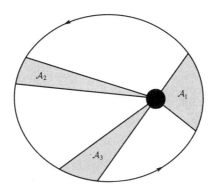

图 2-2 开普勒第二定律示意图。(Murray and Dermott 1999)

$$F_{12} = -F_{21} \tag{2-5}$$

式中，F_{ij} 表示天体 j 对天体 i 施加的力。万有引力定律指出，质量为 m_2、位置 r_2 的天体受到质量为 m_1 天体给它的吸引力

$$F_{g12} = -\frac{Gm_1 m_2}{r^2}\hat{r} \tag{2-6}$$

式中，$r \equiv r_1 - r_2$ 是 2 点到 1 点的矢径，G 是万有引力常数，$\hat{r} \equiv r/r$。

由牛顿运动定律可以推导出两个相互吸引天体的相对运动方程（参见习题 2.1）

$$\mu_r \frac{d^2 r}{dt^2} = -\frac{G\mu_r M}{r^2}\hat{r} \tag{2-7}$$

式中，μ_r 是约化质量，M 是总质量。

$$\mu_r \equiv \frac{m_1 m_2}{m_1 + m_2} \tag{2-8}$$

$$M \equiv m_1 + m_2 \tag{2-9}$$

因此，相对运动完全等价于一个约化质量为 μ_r 的粒子绕一个固定的中心质量 M 运动。在二体问题下，牛顿对开普勒定律推广为：

1）两个天体绕以它们共同质心为焦点的椭圆运动。质心位置为

$$r_{CM} = \frac{m_1 r_1 + m_2 r_2}{M} \tag{2-10}$$

2）两个天体的连线在单位时间内扫过的面积相等（两个天体各自和共同质心的连线也符合该定律）。这是角动量 L 守恒的结果

$$\frac{dL}{dt} = 0 \tag{2-11}$$

式中

$$L = r \times mv \tag{2-12}$$

3）两个天体绕它们共同质心运动的周期为

$$P_{orb}^2 = \frac{4\pi a^3}{G(m_1 + m_2)} \tag{2-13}$$

当 $m_2/m_1 \to 0$ 时，式（2-13）约化为开普勒第三定律。习题 2.2 的内容就是推导广义牛顿形式的开普勒定律。

2.1.3　轨道根数

太阳占太阳系已知质量的 99.8% 以上。从式（2-6）可以看出，物体所施加的引力与其质量成正比。因此，我们可以近似认为行星和许多其他天体的运动仅受一个固定中心质点的影响。对于像行星这样的天体，它们关于太阳的运动是有界的，因此到中心的距离不能任意远，它们轨道的一般解是式（2-1）所描述的椭圆。式（2-1）中的半长轴 a 和偏心率 e 决定了轨道的形状[①]。

轨道面虽然在空间中是固定的，但是相对于不同的基准面有不同的方向。通常基准面会选择地球绕太阳的轨道面，即黄道面，或者是系统中最大天体的赤道面，或者是不变平面（垂直于系统总角动量的平面）。轨道的倾角 i 是基准面和轨道面之间的夹角；i 的范围是 $0°$ 到 $180°$。传统上，与主天体旋转方向相同轨道的倾角被定义为 $0° < i \leqslant 90°$，称为顺行轨道；沿相反方向运行的轨道被定义为 $90° < i \leqslant 180°$，称为逆行轨道。

对于日心轨道，通常以地球轨道面而不是太阳赤道面为基准。轨道和参考平面有两个交点，天体在这两个点分别向上穿过平面（升交点）和向下穿过平面（降交点）。在参考平面中选择一个固定的方向，这个方向与升交点方向的夹角称为升交点经度 Ω。对于日心轨道，Ω 从春分点[②]开始，绕基准平面法向测量。

到升交点方向的直线和到近点（两个物体在轨道上最接近的点，对于绕太阳的轨道称为近日点，对于绕地球的轨道称为近地点）方向的直线之间的夹角称为近点幅角 ω。ω 从升交点开始，沿升交点到降交点方向测量[③]。

真近点角 f 给出了指定行星的近点与其瞬时位置之间的夹角。

因此，六个轨道根数 a、e、i、Ω、ω 和 f 唯一地指定了物体在空间中的位置（图 2-1）。前三个轨道根数 a、e 和 i 通常被称为主要轨道根数，因为它们描述了轨道的大小、形状和倾斜程度。

对于两个质量已知的天体，指定了中心天体的位置、速度和它们相对运动的轨道根数相当于指定了两个天体的位置和速度。有时为了方便会使用其他轨道根数进行替代，例如，近点经度

$$\varpi \equiv \Omega + \omega \tag{2-14}$$

常用于代替 ω，过近点时间 t_ϖ 经常用于代替 f，来确定天体在轨道中的位置。平均运动（平均角速度）

$$n \equiv \frac{2\pi}{P_{\text{orb}}} \tag{2-15}$$

---

① 原文没有这句话，而后面提到了轨道六根数，故译者在此增加一句话，便于读者理解。——译者注

② 春分点是太阳沿黄道运行过程中，自南向北穿越赤道时的交点，同时也是赤经的原点。赤经是观测者用于描述天体在天空中视位置的一个坐标。

③ 原文"近点幅角从春分点开始计算"是错误的，特此修正。——译者注

和平均经度

$$\lambda = n\,(t - t_\varpi) + \varpi \tag{2-16}$$

也经常用于确定轨道性质。有关其他经常用到的轨道根数，可参阅 Danby（1988）中的详细讨论。

2.1.4　有界和无界轨道

一对天体要绕着它们共同的质心在一个圆形轨道上运动，它们必须彼此被拉得足够靠近以平衡惯性。定量地分析，如果把问题看作是两个天体在以角速度 n 旋转坐标系中的稳定状态，引力就必须平衡离心力（centrepugal force，非惯性力）。使质量为 μ_r 的物体以速度 v_c 在半径 r 的圆轨道中持续运动所需的向心力（centripetal foce）是

$$\boldsymbol{F}_c = \mu_r n^2 \boldsymbol{r} = \mu_r \frac{v_c^2}{r} \hat{\boldsymbol{r}} \tag{2-17}$$

令式（2-17）等于质量为 M 的中心天体所提供的引力，可以得到圆轨道速度

$$v_c = \sqrt{\frac{GM}{r}} \tag{2-18}$$

系统的总能量 E 是一个守恒量

$$E = \frac{1}{2}\mu_r v^2 - \frac{GM\mu_r}{r} = -\frac{GM\mu_r}{2a} \tag{2-19}$$

式中，中间过程的第一项是系统动能，第二项是系统势能。对于圆轨道，式（2-19）中第二个等号可由式（2-18）推导。

如果 $E < 0$，势能的绝对值大于动能，系统运动有界：天体在椭圆轨道上绕中心天体运动。对式（2-19）进行简单的变换可以得到椭圆轨道上距离中心天体（即焦点处）r 处的速度满足

$$v^2 = GM\left(\frac{2}{r} - \frac{1}{a}\right) \tag{2-20}$$

式（2-20）被称为活力公式[①]。

如果 $E > 0$，动能大于势能，系统运动无界。轨道在数学上用双曲线描述。

如果 $E = 0$，动能和势能大小相等，轨道是抛物线。如果让式（2-19）中的总能量等于零，可以计算出椭圆轨道任意处的逃逸速度

$$v_e = \sqrt{\frac{2GM}{r}} = \sqrt{2}\,v_c \tag{2-21}$$

对于圆轨道，很容易证明系统的动能、总能量大小都等于势能的一半［习题 2.5（b）］。从椭圆轨道时间平均意义上也可以证明这个命题［式（2-77）］。

如上所述，二体问题的轨道形状是椭圆、抛物线还是双曲线，取决于能量分别是负数、零还是正数。这些曲线统称为圆锥曲线，如图 2-3 所示。式（2-1）推广为同时适

[①]　活力公式同样适用于抛物线轨道（$a = \infty$）和双曲线轨道（$a < 0$）。——译者注

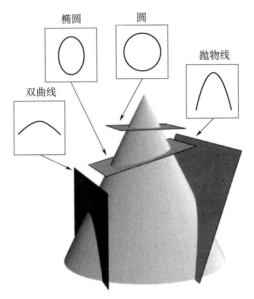

图 2 - 3　圆锥曲线示意图。（Murray and Dermott 1999）

用有界和无界轨道的形式为

$$r = \frac{\zeta}{1 + e\cos f} \tag{2-22}$$

式中，r 和 f 与式（2-1）中含义一致，e 是广义偏心率，ζ 是常数。对于有界轨道，$e < 1$，$\zeta = a(1 - e^2)$，但是广义偏心率可以取任意非负数。对于椭圆轨道，广义偏心率和 2.1.1 节中的定义没有区别。对于抛物线轨道，$e = 1$，$\zeta = 2q$，其中 q 是近心距，即到焦点的最小距离。对于双曲线轨道，$e > 1$，$\zeta = q(1 + e)$；如果 $e \gg 1$，轨道是一个几乎没有弯曲的双曲线，近乎于直线。对于所有的轨道，三个方向角 i、Ω 和 ω 都与椭圆轨道中的定义一致。

　　轨道能量可以由轨道半长轴唯一确定［式（2-19）］，轨道角动量 L 还受到轨道偏心率的影响

$$|\boldsymbol{L}| = \mu_r\sqrt{GMa(1 - e^2)} \tag{2-23}$$

　　圆轨道的角动量可以很容易由式（2-18）推导。当半长轴一定时，圆轨道的角动量最大，这是因为当偏心轨道的 $r = a$ 时，速度大小虽然和圆轨道一致（因为能量守恒），但是速度方向并不完全垂直于两个天体的连线。

2.1.5　行星际探测器

　　向太阳系另一个天体发射的探测器必须获得足够的能量，从而摆脱地球引力［式（2-21）］，并且相对于地球仍能以足够快的速度移动，使其新的日心轨道与另一个天体的轨道相交。无论是要飞越，还是成为轨道器、大气探测器抑或是着陆器，探测器以相对低的速度接近目标天体都是有利的。共面圆轨道之间的转移可以通过霍曼转移轨道实现，霍曼

转移轨道是与两个圆轨道相切的椭圆轨道。霍曼转移轨道的近点距离等于内圆轨道的半径，远点距离等于外圆轨道的半径。利用活力公式（2-20），可以计算出探测器离开地球附近的速度［习题 2.4（a）］和接近目标天体的速度。在许多情况下，霍曼转移轨道在行星际旅行中需要的火箭推进剂最少。

　　发射到金星或火星的探测器轨迹通常很接近霍曼转移轨道，但其他目标通常通过更复杂的轨迹到达（图 2-4）。由于能够抵达水星的轨道在地球逃逸过程中所需速度太大［习题 2.4（e）］，迄今为止发送到水星的两个探测器都依赖于金星引力辅助，利用金星的引力改变探测器的日心轨道（实质上是将其从地球-金星转移轨道转换为金星-水星转移轨道）。木星引力辅助已经被用来把探测器送到土星和更远的地方。对于前往外太阳系目标的探测器，采用霍曼转移轨道所需的时间可能过长［习题 2.4（d）］，因此使用了偏心率更大的轨道，尽管这样做的代价是离开地球时需要更多推进剂，并且抵达目标时的相对运动速度更大。

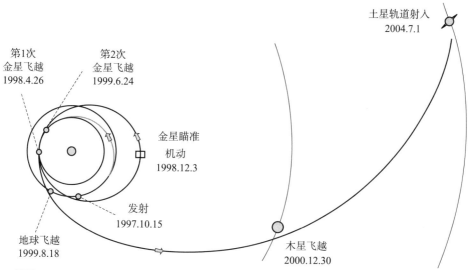

图 2-4　从太阳系平面上方的惯性系中观察到的卡西尼探测器轨迹示意图。轨道的初始部分，从地球发射到第一次金星飞越，类似于霍曼转移轨道。从地球到木星飞越，然后再飞向土星的轨道与霍曼转移轨道有很大的不同，这是因为转移到外太阳系行星所需能量最低的轨迹通常需要很长的时间。［图片来源：恩斯特·施拉玛（Ernst Schrama）］

　　上述讨论涉及化学火箭，它燃烧（施加推力）很快，因此可以迅速改变轨道（附录 F.1）。电推进火箭可以有效节省推进剂，但其推力施加非常缓慢，只能逐渐改变探测器的轨迹。电推进探测器的日心轨迹通常呈螺旋形。

2.1.6　引力势

　　在许多情况下，把引力场表示成引力势 $\Phi_g(r)$ 会带来便利。引力势 $\Phi_g(r)$ 定义为

$$\Phi_{\mathrm{g}}(\boldsymbol{r}) \equiv -\int_{\infty}^{r} \frac{\boldsymbol{F}_{\mathrm{g}}(\boldsymbol{r}')}{m} \mathrm{d}\boldsymbol{r}' \qquad (2-24)$$

通过反演式（2-24），可以看出引力加速度是引力势的梯度

$$\frac{\mathrm{d}^{2}\boldsymbol{r}}{\mathrm{d}t^{2}} = -\nabla\Phi_{\mathrm{g}}(\boldsymbol{r}) \qquad (2-25)$$

通常 $\Phi_{\mathrm{g}}(\boldsymbol{r})$ 满足泊松方程

$$\nabla^{2}\Phi_{\mathrm{g}} = 4\pi\rho G \qquad (2-26)$$

在真空中，$\rho = 0$，因此 $\Phi_{\mathrm{g}}(\boldsymbol{r})$ 满足拉普拉斯方程

$$\nabla^{2}\Phi_{\mathrm{g}} = 0 \qquad (2-27)$$

2.2　三体问题

引力并不局限于太阳与行星或单个行星及其卫星之间的相互作用，而是所有天体都能感受到彼此的引力。两个相互吸引的天体的运动是完全可积的（completely integrable，即每个自由度存在一个独立的积分或约束）。如上所述，两个天体的相对运动轨迹是简单的圆锥曲线。然而，当系统中加入更多的天体时，需要额外的约束来确定运动。由于没有足够的运动积分可用（习题 2.6），因此除非在某些极限情况下，即使是三个引力相互作用天体的轨迹也无法解析推导。一般的三体问题相当复杂，如果不借助数值积分很难取得进展。幸运的是，由于天体之间的质量有巨大差异，并且它们的轨道近似圆形和共面（对于太阳系中大多数的情况来说，这个近似相当精确），因此可以充分简化问题，从而获得一些重要的解析结果。

如果其中一个天体的质量可以忽略不计（例如小行星、行星环中的粒子或人造卫星），则这个天体可看作一个粒子（test particle），其对其他天体的影响可以不予考虑，由此产生的更简单的系统称为限制性三体问题（restricted three-body problem）。如果两个大质量天体的相对运动是一个圆，我们称之为圆限制性三体问题（circular restricted three-body problem）。限制性三体问题的另一种情况，其中一个天体的质量比另外两个天体的质量大得多，但是两个小天体的质量没有限制，这个问题被称为希尔问题（Hill's problem）。还有一个独立的简化是假设三个天体都在同一平面内运动，即平面三体问题（planar three-body problem）。这些假设可以进行各种组合，但是这些假设并不完全独立（习题 2.7）。本节中给出的大多数结果仅对圆限制性三体问题严格成立，但对于太阳系中存在的许多轨道构型，它们是一个很好的近似。

2.2.1　雅可比积分和拉格朗日点

对三体问题的研究首先考虑一个理想的系统。在这个系统中，两个大质量天体围绕着它们的共同质心绕圆形轨道运动。引入比前两个天体小得多的第三个天体，这样就可以假设它对其他两个天体的轨道没有影响（可看作一个粒子）。

选择两个大天体的连线作为 x 轴，两个大天体的质心作为坐标原点。可以看出这个

坐标系是一个非惯性的旋转坐标系，坐标系随两个大天体绕 z 轴旋转。设两个大天体之间的距离为 1，位置坐标分别为 $\boldsymbol{r}_1 = [-m_1/(m_1+m_2), 0]$，$\boldsymbol{r}_2 = [m_2/(m_1+m_2), 0]$，并且令它们质量之和、引力常数也都等于 1。因此旋转坐标系的角频率也等于 1（习题 2.8）。

为方便起见，假设 $m_1 \geqslant m_2$，在太阳系的绝大多数情况中，$m_1 \gg m_2$。粒子的位置为 $\boldsymbol{r}$，因此 $|\boldsymbol{r}-\boldsymbol{r}_i|$ 是 m_i 到粒子的距离。粒子在旋转坐标系中的速度表示为 v。

雅可比[①]通过在旋转坐标系中分析修正的能量积分，得出了下列圆限制性三体问题中的运动常数

$$C_{\mathrm{J}} = x^2 + y^2 + \frac{2m_1}{|\boldsymbol{r}-\boldsymbol{r}_1|} + \frac{2m_2}{|\boldsymbol{r}-\boldsymbol{r}_2|} - v^2 \tag{2-28}$$

式（2-28）右侧的前两项是离心势能的 2 倍，接下来两项是引力势能的 2 倍，最后一项是动能的 2 倍；C_{J} 称为雅可比积分。需要注意的是，位于远离两个大天体并且在惯性系中缓慢移动的天体具有较小的 C_{J}，因为重力势能项很小，离心势能几乎完全抵消了粒子在旋转坐标系中运动的动能。

对于给定的雅可比积分，式（2-28）规定了粒子在旋转坐标系中速度大小关于位置的函数。由于 v^2 不能为负，因此对于给定的 C_{J}，$v=0$ 的曲面约束了粒子的轨迹（需要注意的是，粒子的运动区域不必是有限的）。这种零速度面（在平面问题中是零速度线），在讨论圆限制性三体问题的拓扑结构时非常有用［图 2-5（e）］。

拉格朗日[②]发现，在圆限制性三体问题中，存在五个特殊的点，当粒子以相对旋转坐标系静止的状态放在这个点时受力平衡。这五个点后来被称为拉格朗日点。其中三个拉格朗日点（L_1、L_2 和 L_3）位于 m_1 和 m_2 的连线上。零速度曲线在三个共线拉格朗日点处相交，这三个点是旋转坐标系中总势能（离心势能＋引力势能）的鞍点。另外两个拉格朗日点（L_4 和 L_5）与两个大天体形成等边三角形［图 2-5（a）～（d）］。两个三角拉格朗日点共同形成了对应 C_{J} 最小的零速度曲线。所有五个拉格朗日点都位于两个大天体的轨道平面上。

当粒子略微偏离三个共线拉格朗日点时会持续不断偏离，因此这三个点是不稳定平衡点。三角拉格朗日点是势能的极大值点，但是当两个大天体的质量满足式（2-29）时，科氏力的作用可以让这两个点变得稳定。

$$\frac{(m_1+m_2)^2}{m_1 m_2} \gtrsim^{③} 27 \tag{2-29}$$

太阳系中所有质量比冥王星-冥卫一系统大的已知情况都符合式（2-29）的约束。L_4

---

① 卡尔・古斯塔夫・雅各布・雅可比（Carl Gustav Jacob Jacobi，1804 年 12 月 10 日—1851 年 2 月 18 日），德国数学家。他对椭圆函数、动力学、微分方程、行列式和数论均有基础性贡献。雅可比星（12040 Jacobi）以他的名字命名。——译者注

② 约瑟夫・路易・拉格朗日（Joseph Louis Lagrange，1736 年 1 月 25 日—1813 年 4 月 10 日），法国籍意大利裔数学家、天文学家。他在数学、物理、天文领域做出了重大贡献，其成就包括拉格朗日中值定理，创立拉格朗日力学等，著有《分析力学》（*Mécanique Analytique*）。拉格朗日星（1006 Lagrangea）以他的名字命名。——译者注

③ $\gtrsim$ 表示约大于，全书同。—— 译者注

和 L_5 点线性稳定所需的精确约束为[1]

$$\frac{m_1}{m_2} > \frac{25 + \sqrt{621}}{2} \approx 25 \qquad (2-30)$$

式（2-30）的推导和进一步细节可参见 Danby（1988）。如果在 L_4 和 L_5 点的粒子受到轻微摄动，会在旋转坐标系下发生前后摆动[2]。有趣的是，尽管位于 L_4 和 L_5 点的粒子具有如此低的雅可比积分 C_J，以至于单看雅可比积分它们在平面中没有禁行域，可以运动到平面中任何位置，但是它们仍然在这些势能极大值处长期稳定！

L_4 和 L_5 点在太阳系中非常重要。例如，特洛伊小行星就位于日-木系统的三角拉格朗日点；还有一些小行星在日-海王星系统的 L_4 点处摆动；一些较小的小行星，包括尤里卡星（5261 Eureka）是火星特洛伊小行星。在土星和土卫三、土卫四分别形成的系统的三角拉格朗日点附近也发现了土星的小卫星。地-月系统的 L_4 和 L_5 点也是未来空间站的潜在站址。

2.2.2　马蹄形轨道和蝌蚪形轨道

假设卫星在圆形轨道上绕行星运动。一个位于卫星轨道内部的粒子具有较高的角速度，并且相对于卫星以相同的旋转方向运动。在卫星轨道外的粒子具有较小的角速度，并且相对于卫星以相反的方向运动。当外层粒子接近卫星时，粒子被拉向卫星，从而失去角动量。如果半长轴的初始差别不太大，粒子就会下降到比卫星轨道低的轨道上。然后粒子在运行方向上逐渐远离卫星。同样地，较低轨道上的粒子在追上卫星时被加速，导致向外运动进入更高、速度更慢的轨道。像这样的轨道环绕着 L_3、L_4 和 L_5 点，在旋转坐标系中呈马蹄形 [图 2-5（b）]，因此它们被称为马蹄形轨道。土星的小卫星土卫十和土卫十一就跳着这样的舞，每四年改变一次轨道（图 2-6）。由于土卫十和土卫十一质量接近，希尔近似比上面使用的限制性三体形式更精确，但动力学相互作用本质上是相同的。

由于 L_4 和 L_5 点是稳定的，因此物体可以分别围绕这些点振动；这种在旋转坐标系中的不对称拉长形状的轨道被称为蝌蚪形轨道 [图 2-5（a）]。蝌蚪形轨道在 L_4 和 L_5 点的摆动宽度正比于 $(m_2/m_1)^{1/2}r$，马蹄形轨道的变化宽度正比于 $(m_2/m_1)^{1/3}r$，其中 m_1 是主天体质量，m_2 是次天体质量，r 是两个天体之间的距离。对于土星的质量 $M_h = 5.7 \times 10^{29} \text{g}$，典型的卫星质量 $m_2 = 10^{20} \text{g}$（半径 30 km，密度约 1 g/cm³），距离 $2.5R_h$，蝌蚪形轨道摆动的幅度大约是 ±3 km，马蹄形轨道摆动的幅度大约是 ±60 km。

2.2.3　希尔球

次天体的引力主导范围的近似极限可由其希尔[3]球的范围给出

---

① 原文此处误写成 $(m_1 + m_2)^2 / m_1 m_2$，实际应为 m_1/m_2，翻译时进行了纠正。——译者注

② 也叫特洛伊天平动。——译者注

③ 乔治·威廉·希尔（George William Hill，1838 年 3 月 3 日—1914 年 4 月 16 日），美国天文学家、数学家。提出了希尔球的概念与希尔方程，对天体力学和常微分方程理论做出了重大贡献。1905 年，亨利·庞加莱明确承认了他的工作的重要性。1909 年，希尔"基于他在数学天文学方面的研究"被授予英国皇家学会的科普利奖章。希尔星（1642 Hill）以他的名字命名。——译者注

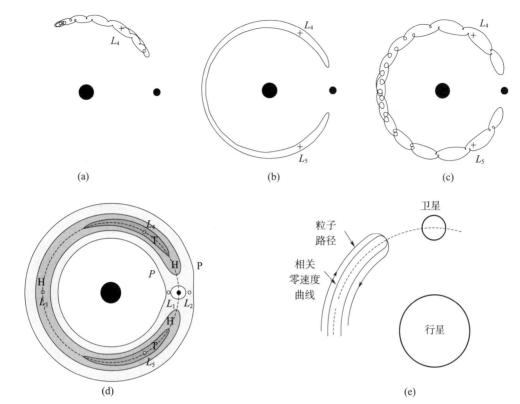

图 2-5 说明圆限制性三体问题中轨道各种性质的示意图。所有的情况都显示在以主天体为中心，与两个大天体共同旋转的坐标系中。（a）在旋转坐标系中观察的粒子蝌蚪轨道示例；（b）与（a）类似，但适用于小偏心率的马蹄形轨道；（c）如（b）所示，但粒子的偏心率较大 ［图（a）～（c）改编自 Murray and Dermott 1999］；（d）三个雅可比常数 C_J 值的拉格朗日平衡点和各种零速度曲线。质量比 $m_1/m_2 = 100$。拉格朗日平衡点 $L_1 \sim L_5$ 的位置由小空心圆表示。以次天体为中心的白色区域是次天体的希尔球。虚线表示半径等于次天体半长轴的圆。字母 T（蝌蚪）、H（马蹄形）和 P（通过）表示与曲线相关的轨道类型。每个曲线（阴影）包围的区域是具有相应 C_J 值粒子的禁行域。临界马蹄形曲线实际上通过 L_2，临界蝌蚪曲线通过 L_3。马蹄形轨道可以存在于这两个极端之间 ［图片来源：卡尔·默里（Carl Murray）］；（e）显示马蹄形轨道与其相关零速度曲线之间关系的示意图。粒子在旋转坐标系中的速度随着接近零速度曲线而下降，并且不能穿过该曲线。（Dermott and Murray 1981）

$$R_H = \left[\frac{m_2}{3(m_1 + m_2)}\right]^{1/3} a \tag{2-31}$$

式中，m_2 是次天体（行星或卫星）的质量，m_1 是主天体（恒星或行星）的质量。位于行星希尔球边界的粒子受到来自行星的引力影响，该引力相当于太阳对行星的作用力与对粒子作用力之间的潮汐差。希尔球面延伸到 L_1 点，当 $m_2 \ll m_1$ 时基本上确定了洛希瓣（11.1 节）的范围。能够长期稳定绕行星运行的轨道是那些位于行星希尔球边界内的轨道；所有已知的自然卫星都位于这一区域。稳定的日心轨道总是在任何行星的希尔球之外 ［图 2-7，式（2-38）］。彗星和其他天体以极低的速度进入行星的希尔球，可以作为临时卫星在一段时间内保持与行星的引力联系（图 2-8）。

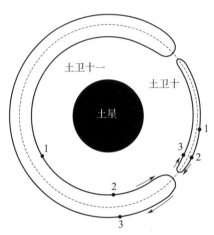

图 2-6　土卫十和土卫十一的共轨系统在两颗卫星平均运动旋转坐标系内的摆动示意图。除了摆动弧的径向范围被放大了 500 倍和卫星的半径被放大了 50 倍之外，这个系统按比例绘制。弧的径向宽度比（以及方位角范围）等于土卫十和土卫十一的质量比（约 0.25）。（Tiscareno et al. 2009）

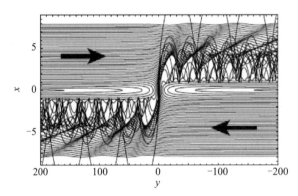

图 2-7　次天体（$m_2 \ll m_1$）附近 80 个粒子的轨迹［显示在以次天体（圆形）轨道围绕主天体旋转的坐标系中］。图的比例在径向（x）方向相对于方位角（y）方向放大，两个方向上的数值以次天体希尔球半径为单位给出。次天体位于原点，L_1 和 L_2 点位于（$y = 0$，$x = \pm 1$）处。粒子均以 $\mathrm{d}x/\mathrm{d}t = 0$（即圆形轨道）开始，$y = \pm 200$。箭头指示它们在遇到次天体之前的运动方向。主天体位于（$y = 0$，$x = -\infty$）。在惯性系中，次天体和粒子都从右向左移动。（改编自 Murray and Dermott, 1999）

2.2.4　行星的远距离卫星和准卫星

　　位于行星希尔球内部的卫星轨道，如果卫星运动方向和行星自转相同，则归类为顺行轨道；如果卫星运动方向和行星自转相反，则归类为逆行轨道。然而，对于非常远距离的卫星，更重要的动力学标准是它们和行星绕太阳运行在同一方向（顺行）还是相反方向（逆行）。

　　逆行轨道上的卫星与行星之间的距离比顺行轨道的稳定得多，且逆行轨道上的卫星距离更远（表1-4）。实际上，在很远的距离上，逆行轨道会转变为第三种类型的共轨行为，

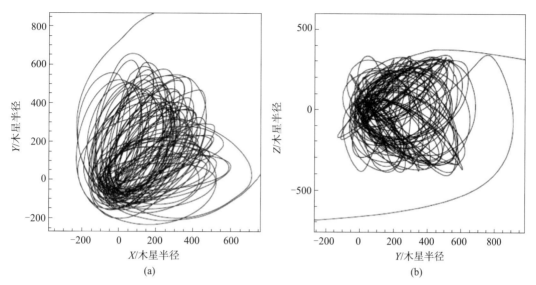

图 2-8 一个粒子围绕木星运动的轨道。粒子最初围绕太阳运行，被临时捕获到一个持续时间异常长的 (140 年)、不稳定的围绕木星的轨道。(a) 轨道在木星绕太阳轨道平面上的投影。(b) 轨道在垂直于木星轨道平面上的投影。(Kary and Dones，1996)

即所谓的准卫星。准卫星围绕太阳运行的轨道周期与行星相同，但由于它们有较大的轨道偏心率，从行星上看，它们在其希尔球以外的逆行轨道上运行。需要注意的是，准卫星通常在 0° 附近摆动（行星的轨道经度），而马蹄形轨道的摆动角度约为 180°，蝌蚪形轨道的摆动角度约为 60° 或 300°。

目前，没有已知的准卫星占据稳定轨道。然而，一些较小的小行星在围绕地球或金星的临时准卫星轨道上运行。需要注意的是，在一个具有显著偏心率的轨道上的行星，理论上可以有一颗准卫星，它以更圆的轨道绕恒星运行。

2.3 摄动和共振

在太阳系中，一个天体通常会对某些特定物体产生主导的引力，由此产生的运动可以被认为是在其他天体微小摄动下，绕一个主天体的开普勒轨道运动。本节将讨论这些摄动对轨道运动影响的一些重要例子。

太阳系轨道演化的许多讨论都是以摄动理论为基础。这种方法将引力势写成描述天体围绕太阳独立开普勒运动的部分，加上受到其他影响摄动的部分（称为摄动函数）。摄动函数中包含了直接项和间接项：直接项表示行星和粒子之间的相互作用，间接项则反映了行星引力对太阳运动的影响。例如，如果 m_2 和 m_3 是绕一个公共中心天体运动的质点，相对于中心天体的瞬时位置 r_2 和 r_3，那么 m_2 对 m_3 作用的摄动函数 $\mathcal{R}$ 可以写成

$$\mathcal{R} = -Gm_2 \left(\frac{1}{|r_2 - r_3|} - \frac{r_2 \cdot r_3}{r_2^3} \right) \qquad (2-32)$$

式中，括号中的第一项是直接项，第二项是间接项。m_2 对 m_3 的作用力为 $\boldsymbol{F} = -m_3 \nabla \mathcal{R}$。在多行星系统中，天体受到总摄动函数可以表示成式（2-32）右侧各天体单独对其摄动影响之和的形式。布劳威尔和克莱门斯详细讨论了摄动函数及其傅里叶展开式，以及在行星动力学中的应用 (Brouwer and Clemence，1961)。

2.3.1　规则与混沌运动

一般来说，可以把摄动函数关于问题中的小参数（如行星质量与太阳质量之比、偏心率和倾角等），或者关于天体的其他轨道根数，包括平经度（即天体在其轨道上的位置），进行展开，并试图求解由此得到的轨道根数随时间变化的方程。然而，在 19 世纪末，庞加莱证明了这些摄动级数通常是发散的，并且只在有限的时间跨度上有效。计算机上的直接积分表明，对于某些初始条件，轨道是规则的，摄动级数可以很好地描述其轨道根数的变化，而对于其他初始条件，轨道是混沌的，在其运动中没有限制（图 2-9）。混沌系统的演化对于初始条件极其敏感，以至于即使它在数学意义上严格确定，其行为实际上也不可预测。

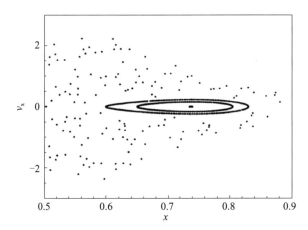

图 2-9　平面圆限制性三体问题中四种不同粒子轨迹的截面曲面。这些点表示每次粒子以正 y 速度通过 $y=0$ 平面时，粒子的 x 坐标和 x 速度。四个粒子的 C_J 值相同，但初始条件不同。其中三条轨迹是规则的，并在图上产生明确的拟周期模式。这些不相连的点都代表了第四个粒子的轨道，这是一个混沌轨道，因此在相空间中的限制较少。(Duncan and Quinn，1993)

混沌轨道有一个关键特征，在这里将用作混沌 (chaos) 的定义：在混沌区域内，两条轨道无论在相空间（可以使用位置和速度等坐标或更复杂的轨道根数集来定义）中多接近，通常都会在时间上呈指数级发散。在给定的混沌区域内，这种发散的时间尺度通常不依赖于初始条件的精确值！对于规则轨道，两个初始状态具有差距 $d(0)$ 的粒子之间的差距 $d(t)$ 缓慢增加，$d(t) - d(0)$ 随时间 t 的幂级数增长（通常呈线性增长）。而对于混沌轨道

$$d(t) \sim d(0) \, \mathrm{e}^{\gamma_c t} \tag{2-33}$$

式中，γ_c 是李雅普诺夫[①]特征指数（Lyapunov characteristic exponent），γ_c^{-1} 是李雅普诺夫时间尺度（Lyapunov timescale，图 2-10）。从混沌的定义中，可以看到混沌轨道对初始条件非常敏感，以至于在几个李雅普诺夫时间尺度内，轨道详细的长期行为都丢失了。在初始条件下，即使小到 10^{-10} 的微小摄动也会在大约 20 倍李雅普诺夫时间尺度内导致 100% 的差异。然而，在太阳系天体轨道演化的模拟中发现大量混沌行为的一个有趣特征是，主要轨道根数发生大变化的时间尺度通常比李雅普诺夫时间尺度长许多数量级。

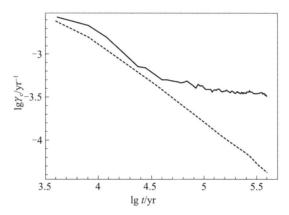

图 2-10　以李雅普诺夫特征指数 γ_c 为特征的规则轨道（下方曲线，近似直线）和混沌轨道（上方曲线）之间的区别。这两条轨道都接近于木星的 3∶1 共振，并且它们在椭圆限制性三体问题下进行了积分。对于混沌轨道，$\lg\gamma_c$ 关于 $\lg t$ 的曲线最终在 γ_c 值等于初始相邻轨道发散的李雅普诺夫时间尺度的倒数处趋于平缓，而对于规则轨道，当 $t\to\infty$ 时，$\gamma_c\to 0$。（Duncan and Quinn, 1993）

　　在像太阳系这样的动力学系统中，混沌区域不是随机出现的，但许多混沌区域与轨道运动的频率相关联。在这些轨道中，特征频率的比值可以被有理数充分地逼近，即接近共振。这些共振中最简单的是所谓的平均运动共振，其中两个天体的轨道周期之比是有理数（例如，具有 $N/(N+1)$ 或 $N/(N+2)$ 形式，其中 N 是整数）。下面给出了此类共振结果的一些例子。在 2.4 节中定义了长期共振，并指出了它们与太阳系稳定性的关系。

　　上面的讨论适用于不接近任何大质量次天体的轨道。近距离接近可能导致高度混沌和不可预测的轨道，如图 2-11 所示巨大的、遥远的半人马小天体凯龙星[②]未来可能的行为。这些行星穿越轨道不需要共振就可以是不稳定的，通常无法通过一个恒定的李雅普诺夫指数进行很好的表征。

---

　　① 亚历山大·米哈伊洛维奇·李雅普诺夫（俄语：Александр Михайлович Ляпунов，拉丁化：Aleksandr Mikhailovich Lyapunov，1857 年 6 月 6 日—1918 年 11 月 3 日），俄国应用数学家和物理学家，研究方向包括微分方程、力学、数学物理和概率论。他以在动力系统的稳定性方面做出的贡献而闻名，这一稳定性被命名为李雅普诺夫稳定性。李雅普诺夫星（5324 Lyapunov）以他的名字命名。——译者注

　　② 凯龙星（小行星编号 2060 Chiron，彗星编号 95P/Chiron），也可译为喀戎星。为避免和冥卫一卡戎（Charon）混淆，本书中统一按照凯龙星进行翻译。——译者注

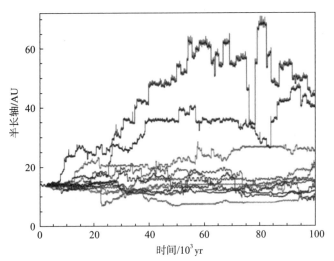

图 2-11 ⊙ 从 11 个数值积分看凯龙星（2060 Chiron）轨道半长轴的未来演化。模拟天体的初始轨道根数相差约 $1/10^6$。凯龙星的轨道目前与土星和天王星的轨道相交，并且没有任何共振机制避免其接近任何一颗行星。凯龙星的轨道高度混沌，在 $<10^4$ 年的时间里严重发散。[图片来源：L·多恩斯（L. Dones）]

2.3.2　共振

虽然天体轨道上的摄动通常很小，但它们有时并不能被忽略。如果需要高精度的轨道计算，例如预测恒星掩星或定位探测器，则必须将其纳入短期计算。大多数长期摄动本质上是周期性的，它们的方向随天体的相对经度或天体轨道根数的某些更复杂的函数振荡。如果受迫振动的频率与固有频率相等或接近相等，微小的摄动也可以产生大影响。在这种情况下，摄动会持续增加，很小的外部影响会随着时间的推移而增强，从而产生大幅度、长周期的响应。以下是一个受迫共振的例子，它发生在许多物理系统中。

考虑一个一维受迫谐振子，它的运动方程是

$$m\frac{\mathrm{d}^2 x}{\mathrm{d}t^2} + m\omega_0^2 x = F_\mathrm{f}\cos\omega_\mathrm{f}t \tag{2-34}$$

式中，m 是谐振子的质量，F_f 是驱动力的振幅，ω_0 是振子固有频率，ω_f 是驱动力频率。式（2-34）的解为

$$x = \frac{F_\mathrm{f}}{m(\omega_0^2 - \omega_\mathrm{f}^2)}\cos\omega_\mathrm{f}t + C_1\cos\omega_0 t + C_2\sin\omega_0 t \tag{2-35}$$

式中，C_1 和 C_2 是由初始条件确定的常数。注意如果 $\omega_\mathrm{f} \approx \omega_0$，即使 F_f 很小，也会发生大振幅、长周期的响应。此外，如果 $\omega_\mathrm{f} = \omega_0$，式（2-35）不再适用。在这种共振情况下，式（2-34）的解为

$$x = \frac{F_\mathrm{f}}{2m\omega_0}t\sin\omega_0 t + C_1\cos\omega_0 t + C_2\sin\omega_0 t \tag{2-36}$$

式（2-36）右侧第一项中间的 t 会令 x 持续增加。通常这种线性增长会受到非线性项的影响，这些非线性项没有体现在上面提供的例子中。然而，有些摄动会具有长期分量。

2.3.2.1　轨道共振实例

太阳系中有许多非常精确的轨道周期比。木卫一环绕木星的周期是木卫二的一半，木卫二环绕木星的周期又是木卫三的一半。木卫一和木卫二总是在木卫一经过自身近木点时发生相合（卫星在其围绕行星的轨道上处于同一经度）。这种精确的比值怎么可能存在？毕竟，有理数在实数轴上的测度为零，这意味着从实数轴上随机选取一个点，它为有理数的概率为零！答案在于，轨道共振可以通过稳定的"锁"保持在适当的位置，这是由非线性效应引起的，它在谐振子的简单数学推导中没有表现出来。潮汐退行（2.6 节）使卫星产生共振，卫星之间的非线性相互作用可以使它们保持共振。稳定机制超出了本书的范围，读者可以参见 Peale（1976）的解释。

其他共振锁的例子包括希尔达小行星和木星，特洛伊小行星和木星，海王星和冥王星，以及土星的一些卫星，如土卫十和土卫十一，土卫一和土卫三，以及土卫二和土卫四。黄道离散天体和半人马小天体的平均轨道运动共振也可以受外行星的影响而不断变化。共振摄动可以迫使天体进入偏心和/或倾斜轨道，这可能导致它们与其他天体发生碰撞；这被认为是造成小行星带柯克伍德间隙的主要机制（见下文）。木星和土星的几个卫星具有显著的由共振产生的强迫偏心，在表 1-4 中用符号 f 表示。

卫星在粒子自引力盘上的共振摄动可以产生螺旋密度波。土星环的许多共振处都可以观测到密度波；它们解释了土星 A 环的大部分结构。和密度波类似，弯曲波是由垂直于环平面的共振摄动所引起，这些摄动来自于轨道倾斜于环的卫星。在土星环中观测到了由土卫一和土卫六激发的螺旋弯曲波。在第 11 章将更详细地讨论共振效应的这些表现。

2.3.2.2　主带小行星中的轨道共振

小行星半长轴的分布似乎与木星的平均运动共振有明显的关联 [图 9-1（a）]。在这些共振中，粒子绕太阳公转的周期与木星轨道周期之比是一个小整数比。特洛伊小行星与木星 1：1 轨道共振，这些小行星在木星运行轨道前方或后方 $60°$ 的 L_4 和 L_5 点附近进行小振幅（蝌蚪）天平动，因此不会接近木星。另一个由共振提供保护机制的例子是与木星 3：2 轨道共振的希尔达小行星和与木星 4：3 共振的图勒星（279 Thule）。希尔达小行星关于其临界幅角 $3\lambda' - 2\lambda - \varpi = 0°$ 处进行天平动（临界幅角是表示共振构型的轨道根数组合），其中 λ' 是木星的经度，λ 是小行星的经度，ϖ 是小行星的近日点经度。这样，每当小行星与木星相合时（$\lambda = \lambda'$），小行星都靠近自身的近日点（$\lambda' \approx \varpi$），远离木星。

用共振来解释小行星主带的柯克伍德间隙和外小行星带的普遍损耗，比理解其他共振的保护机制要困难得多。一个需要大量研究的特征是与木星 3：1 共振的间隙。早期的研究发现，大多数以小偏心率初值开始的轨道是规则的，在 5×10^4 年的时间尺度上，偏心率或半长轴的变化很小。在 20 世纪 80 年代，杰克·威兹德姆[①]指出，在共振附近的轨道可以保持小偏心率（$e<0.1$）近 100 万年，然后偏心率突然增加到 $e>0.3$。这说明了在后面讨论的仿真中经常出现的一个重要特征：在相对快速地"跳跃"到大偏心率之前，粒子可以在小偏心率状态中保持数百倍李雅普诺夫时间。

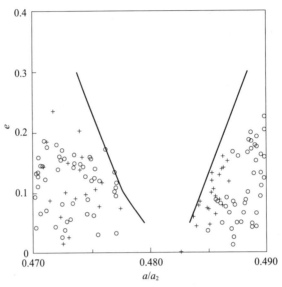

图 2-12　a-e 平面上木星 3∶1 共振区域附近的混沌区的外部边界显示为直线。编号小行星的位置用圆圈表示，帕洛玛-莱顿巡天调查（Palomar - Leiden Survey，PLS）小行星（其轨道不太确定）用加号表示。注意观察到的 3∶1 柯克伍德间隙与理论预测极好对应。（改编自 Wisdom 1983）

　　混沌区的外部边界与 3∶1 柯克伍德间隙的边界吻合良好（图 2-12）。由于在间隙中以接近圆形的轨道开始运行的小行星可以获得足够的偏心率来穿越火星和地球的轨道，并且在某些情况下会获得更大的偏心率以至于撞到了太阳。类地行星的摄动效应被认为能够在相当于太阳系年龄的时间内清除与木星 3∶1 共振的小行星。其他共振的天平动宽度（临界幅角可以天平动的区间）和小行星带的 a-e 间隙之间也有很强的相关性（图 2-13）。

2.3.3　共振重叠准则和雅可比-希尔稳定性

　　对于近圆形和共面轨道，最强的轨道共振发生在粒子轨道周期与大质量天体周期之比为 N∶($N\pm1$) 的位置，其中 N 是整数。在这些位置，二者总是在轨道的同一位置相合，引力拖曳持续叠加（当主天体为椭球时，这些强共振的位置会发生轻微的位移，详见 2.5 节和第 11 章）。这些一阶共振的强度随着 N 的增加而增加，因为摄动更大，更接近次天

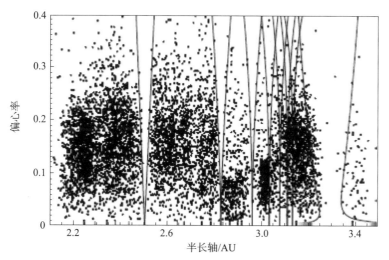

图 2-13 在主带小行星分布上叠加的强木星共振 $a-e$ 间隙的最大天平动宽度。注意间隙宽度和共振宽度之间的对应关系。（Murray and Dermott 1999）

体。在次天体轨道附近，一阶共振也变得彼此更加接近（习题 2.12）。当距离次天体足够近的时候，较大引力和较小间距的组合效应导致共振区域重叠；当粒子在各种共振的非线性摄动之间移动时，这种重叠可能导致混沌的出现。重叠共振的区域是关于行星轨道近似对称的，其宽度的一半 Δa_{ro} 由下式确定

$$\Delta a_{ro} \approx 1.5 \left(\frac{m_2}{m_1} \right)^{2/7} a \tag{2-37}$$

式中，a 是行星轨道的半长轴。式（2-37）的函数部分是解析推导的结果，前面的系数 1.5 是数值结果。

零速度面也可以用来证明圆限制性三体问题中这类轨道的稳定性。例如在 $m_2 \ll m_1$ 的时候，处在平面圆轨道并且半长轴和次天体之差大于

$$\Delta a_J = 2\sqrt{3} \left(\frac{m_2}{3m_1} \right)^{1/3} a \approx 3.5 R_H \tag{2-38}$$

的粒子永远无法进入次天体的希尔球，其轨道永远高于或低于次天体的轨道。习题 2.13 中对式（2-37）和式（2-38）给出的这项稳定性准则进行了分析。

2.4 太阳系的稳定性

本节将讨论动力天文学中最古老的问题之一：行星是否会一直处于近圆和近共平面的轨道上？

2.4.1 长期摄动理论

为了研究行星轨道的长期行为，一个富有成效的方法是对行星平均运动的摄动函数平

均化，从而得到摄动函数的长期项。在物理上，这种近似相当于用一根厚度不均匀的偏心线代替每颗行星，偏心线可以通过其他线的摄动来拉伸和旋转。如果将摄动函数进一步限制为最低阶项，则行星轨道根数的运动方程可以表示为一组耦合的一阶线性微分方程组。然后对这个系统进行对角化，找到合适的特征模态（即正弦波），以及相应的特征频率。因此，给定行星轨道根数的演化是特征模态的总和。随着高阶项的加入，方程不再是线性的。除了偏移的特征模态频率和涉及特征模态频率组合的项以外，有时也可能找到类似于线性解形式的近似解。长期数值积分证实并推广了许多最初用长期摄动理论导出的结果。

2.4.2　混沌与行星运动

上述讨论表明，如果行星相互摄动的质量、倾角和偏心率展开到一阶项，则轨道可以用周期项之和来描述，表明运动是稳定的。如果某些摄动展开到更高阶，情况仍然如此。然而，尽管摄动展开是小参数的幂级数展开，但行星间共振的存在将在展开项中引入非常小的分母［例如式（2-35）］。这样小的分母使得幂级数中的一些高阶项出乎意料地变大，破坏了级数的收敛性。在长期系统的构造中，有两个不同的点，在这两个点上共振会导致展开级数不收敛。第一个是平均运动。行星间的平均运动共振可以引入小的分母，在形成长期摄动函数时导致发散。第二，在适当的模态频率之间可能存在长期共振，例如远心点进动速率，这导致试图使用展开方法求解长期系统时出现问题。

一个由极小但有限质量的行星所组成系统的数学稳定性（即行星轨道将保持很好的距离，系统在无限时间内始终有界）已经得到证明，这类系统中的行星轨道与太阳系类似。然而，这个标准下系统不稳定的初始条件集是处处稠密的。也就是说，在相空间中，对于一个给定的初始条件总有一个任意接近的点，以该点为初始条件不能保证稳定性。因此，如果一个满足数学稳定性标准的系统受到摄动，即使摄动可以任意小，也不可能保持稳定。

从天文学的观点来看，稳定意味着系统始终保持有界（没有抛射），且在尽可能长但有限的关注期内不会发生行星合并，并且这个结果对于绝大多数（如果不是全部的话）足够小的摄动是稳定的。在后面的讨论中，我们将只关注天文意义上的稳定性。

摄动技术分析的复杂性和计算机的快速发展，引发了利用纯数值方法研究太阳系稳定性。图 2-14 显示了过去和未来 300 万年中所有八大行星的偏心率。水星的偏心率在 10^8 年的时间尺度上达到了更高的值（图 2-15），但是在这个时间间隔内，其他行星的偏心率并没有超出图 2-14 所示的范围。地球轨道半长轴在 ±300 万年以上的变化如图 2-16 所示。地球的半长轴相对于偏心率变化非常小，这也是所有八大行星共有的特征。

早期在百万年时间尺度上对巨行星轨道的数值积分与摄动计算进行了比较，显示了四大外行星的拟周期行为。而冥王星的行为则大不相同，足以启发我们进行进一步研究。我们发现 $3\lambda_P - 2\lambda_\Psi - \varpi_P$ 角处于周期为 20000 年的天平动中，其中 λ_P 和 λ_Ψ 分别是冥王星和海王星的平经度，ϖ_P 是冥王星近日点的经度。这种 2∶3 的平均运动共振阻止了冥王星与海王星的近距离接触，从而保护了冥王星的轨道。然而，数值积分表明冥王星的轨道不是拟

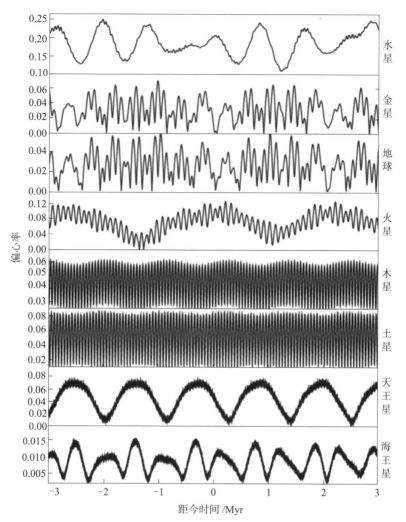

图 2-14　以当前历元为中心，八大行星偏心率在前后 300 万年时间范围中的变化。请注意水星和火星这两颗最小行星的变化幅度相对较大，$e_\oplus$ 与 $e_\venus$ 的振荡相关，$e_\jupiter$ 与 e_h 的振荡相关。绘图所用的是雅可比轨道根数，即相对于所讨论的行星、这颗行星内侧所有行星以及太阳本身的公共质心的轨道根数。[图片来源：汤姆·奎恩（Tom Quinn）；有关计算这些值所用积分的解释，请参见 Laskar et al. 1992]

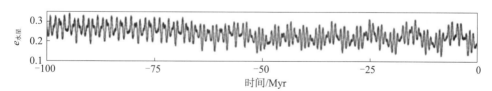

图 2-15　过去 1 亿年水星轨道偏心率的变化。积分包括太阳、所有八颗行星和广义相对论的一阶后牛顿力学效应；在过去 300 万年中，所有行星的偏心率在用于生成该图的积分中看起来与图 2-14 所示的相同。[图片来源：朱莉·加扬（Julie Gayon）]

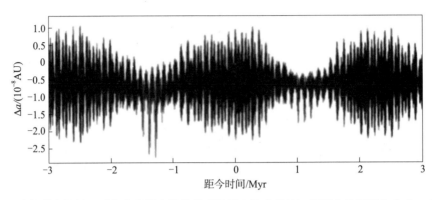

图 2 - 16　地球轨道半长轴（更准确地说法是地月系统质心的半长轴）以现在的历元为中心，在 600 万年内的变化。请注意纵轴的比例，它表明地球的半长轴在数百万年的时间尺度上变化只有几千米。这些数据来自用于绘制图 2 - 14 的积分。［图片来源：汤姆·奎恩（Tom Quinn）］

周期的。有证据表明冥王星的轨道根数存在非常长的周期变化，李雅普诺夫指数大约为 $(2000 万年)^{-1}$。尽管如此，没有研究显示出冥王星与海王星脱离共振的证据。

包括类地行星在内的长时间数值积分显示出惊人的高李雅普诺夫指数，大约为 $(500 万年)^{-1}$。如此大的李雅普诺夫指数无疑表明了混沌行为。然而，地球和冥王星运动的明显规律性，以及太阳系已经存活了 45 亿年的事实，意味着任何可能导致（高度混沌的）趋近的相空间路径都必须是狭窄的。尽管如此，计算显示轨道指数发散的 500 万年时间尺度，意味着初始条件下 10^{-8} 的误差将在 1 亿年中产生 100% 的经度差异。还应当牢记从测试粒子轨迹积分中吸取的经验教训，即系统中宏观变化的时间尺度可能比李雅普诺夫时间尺度大很多数量级。因此，目前太阳系在十亿年时间尺度上明显稳定，可能只是表明其在混沌意义上是一个动力学年龄年轻的系统[①]。由于行星摄动似乎能够在地质时间尺度上将太阳系带到不稳定的边缘，因此太阳系内的行星可能与一个成熟的行星系统（包含与围绕太阳运行的行星一样质量的行星）所预期的间距一样。虽然更密集的构型可能会长寿，但是行星形成过程（第 13 章）很可能不太支持产生一个能够让行星排布更密集，并且能够在十亿年尺度上生存的类似行星系统。

2.4.3　小天体的生存寿命

行星际空间广阔，但很少有天体在如此广阔的空间内运行。这些天体并不是随机分布的。相反，微型行星集中分布在几个区域（9.1 节）：海王星轨道以外的柯伊伯带、火星和木星轨道之间的小行星主带，日-木系统三角拉格朗日点周围的区域（2.2.1 节），以及可能在日-海王星系统三角拉格朗日点周围的区域。动力学分析表明，这些区域内的轨道

---

① 动力学年龄是指用动力学方法求得的天体系统（如双星、聚星、星团、星系团）的年龄。例如，根据速度和尺寸，测量系统从初始状态演化到当前状态的时间。——译者注

保持稳定的时间远远长于通过太阳系其他大多数位置的轨道所保持稳定的时间[①]。是什么原因导致太阳系其他区域的天体被移除？它们被移除的速度有多快？

　　穿过一个或多个大行星路径的轨道会因接近行星而受到行星产生的引力散射影响而迅速失稳，除非它们受到某种共振的保护（如冥王星）。在一对类地行星或一对巨行星之间轨道运行的小天体可以稳定更长的时间，但大多数天体在不到太阳系年龄的时间内，就被同样的共振重叠引起的混沌造成的摄动影响，进入与行星轨道交叉的路径，这使行星轨道在长时间尺度不可预测。轨道的寿命变化很大，即使在相空间中相当小的区域，随机分布的试验粒子的集合也会持续相当长的时间（图 2-17）。早期的损失率很大，但随着强共振附近的粒子被移除，剩余天体中的某一部分不稳定所需的时间越来越长。这种衰减率比放

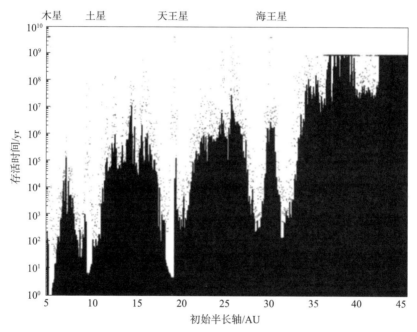

图 2-17　基于包括太阳和 4 个巨行星在内的数值积分，外太阳系中试验粒子的稳定性分布图。每个粒子存活的时间被绘制成粒子初始半长轴的函数。对于每个半长轴，有 6 个粒子从不同的经度开始运动。实心竖线标记了 6 个终止时间中的最小值。散点标记了其他 5 个粒子的终止时间。点的散布给出了粒子寿命在每个半长轴上的散布。巨行星的位置显示在图的顶部；这些半长轴附近粒子寿命的尖峰代表最初处于蝌蚪或马蹄形轨道的粒子。对于最初在海王星内部的粒子，积分扩展到 4.5×10^9 年，对于更远的粒子，积分扩展到 10^9 年。在整个积分过程中，只有少数最初位于海王星轨道内部的粒子幸存了下来，但在仿真的整个时间区间内，33 AU 以外的许多粒子和大约 43 AU 以外的所有粒子都留在非行星穿越轨道上。［图片来源：马特·霍尔曼（Matt Holman）；有关计算的详细信息，请参见 Holman 1997］

---

　　①　水星近日点内部的区域对行星摄动也相当稳定。在这个区域没有观测到的天体是由于宇宙形成的原因（在原行星盘如此热的区域形成天体比较困难，见 13.4 节和 13.5 节）。此外，在太阳附近的高轨道速度将导致非常具有破坏性的影响，当天体在这一区域轨道运行时，偶尔会受到到达太阳附近的彗星和小行星撞击。围绕水星轨道内侧运行的小天体轨道也会因强烈的太阳光压力而改变（2.7 节）。

射性衰变（8.6.1 节）等其他自然过程更为缓慢，例如，在放射性过程中，数量随时间呈指数下降。

2.5　绕椭球运动的轨道

到目前为止，都是把太阳系天体近似为质点，以便计算它们引力的相互作用。天体自身的引力作用使大多数足够大的天体近似于球对称。牛顿证明，球对称天体对其表面以外施加的引力，与天体中心相同质量质点所施加的引力相同（习题 2.16）。因此，质点近似法在大多数情况下均适用。然而，有几种力的作用导致天体产生了偏离球对称的质量分布。在太阳系中，自转、物理强度和潮汐力使一些天体偏离了球对称。非球形天体的引力场不同于质点的引力场，最大的误差通常出现在天体表面附近。

大多数行星几乎是轴对称的，它们与球形的主要区别在于由自转引起的赤道隆起。因此，本节将分析轴对称天体与球形偏差对其引力的影响。非轴对称天体的引力场在 6.1.4 节中讨论。

2.5.1　椭球体的引力势

分析轴对称行星引力场最便捷的方法，是利用式（2-24）所定义的牛顿引力势 $\Phi_g(r)$。因为 $\Phi_g(r)$ 在自由空间中满足拉普拉斯方程（2-27），行星外部的引力场可以展开成勒让德[①]多项式的级数［而不是适用于任意形状的完全球谐函数展开，详见式（6-6）和式（6-7）］

$$\Phi_g(r,\phi,\theta) = -\frac{Gm}{r}\left[1 - \sum_{n=2}^{\infty} J_n \mathrm{P}_n(\cos\theta)\left(\frac{R}{r}\right)^n\right] \qquad (2-39)$$

式（2-39）写成了标准的球坐标形式，ϕ 表示经度，θ 代表余纬，即行星对称轴和粒子矢量的夹角。$\mathrm{P}_n(\cos\theta)$ 是勒让德多项式，由以下方程给出

$$\mathrm{P}_n(x) = \frac{1}{2^n n!}\frac{\mathrm{d}^n}{\mathrm{d}x^n}(x^2-1)^n \qquad (2-40)$$

引力矩 J_n 由行星的质量分布决定（6.1.4 节）。因为原点选在质心处，因此引力矩 $J_1 = 0$。对于一个处于流体静力学平衡的非旋转流体，其引力势球对称，所有的引力矩 $J_n = 0$。如果行星的质量关于行星赤道对称分布，那么对于所有 n 取奇数的情况，J_n 都等于 0。

考虑一个在行星赤道平面上（$\theta = 90°$）距离行星中心距离为 r 的圆轨道上绕行星运动的较小天体，例如一个卫星或者行星环上的粒子，它运动的向心力必须由行星引力的径向分量提供［式（2-17）］，那么粒子的角速度 n 满足

---

① 阿德里安-马里·勒让德（Adrien-Marie Legendre，1752 年 9 月 18 日—1833 年 1 月 10 日），法国数学家。他的主要贡献在统计学、数论、抽象代数与数学分析，他是椭圆积分的奠基人之一。勒让德星（26950 Legendre）以他的名字命名。——译者注

$$rn^2(r) = \frac{\partial \Phi_{\mathrm{g}}}{\partial r}\bigg|_{\theta=90°} \tag{2-41}$$

如果粒子在赤道圆轨道上获得一个无穷小的位移，它将围绕这个参考圆轨道在水平和垂直方向上自由振荡，其径向振动频率（本轮频率）$\kappa(r)$ 和垂向振动频率 $\mu(r)$ 分别为

$$\kappa^2(r) = r^{-3}\frac{\partial}{\partial r}\left[(r^2 n)^2\right]$$

$$\mu^2(r) = \frac{\partial^2 \Phi_{\mathrm{g}}}{\partial z^2}\bigg|_{z=0} \tag{2-42}$$

2.5.2 质点轨道的进动

利用式（2-39）～（2-42），可以证明轨道频率、径向频率和垂向频率可以表示为

$$n^2 = \frac{Gm}{r^3}\left[1 + \frac{3}{2}J_2\left(\frac{R}{r}\right)^2 - \frac{15}{8}J_4\left(\frac{R}{r}\right)^4 + \frac{35}{16}J_6\left(\frac{R}{r}\right)^6 - \frac{315}{128}J_8\left(\frac{R}{r}\right)^8 + \cdots\right]$$

$$\kappa^2 = \frac{Gm}{r^3}\left[1 - \frac{3}{2}J_2\left(\frac{R}{r}\right)^2 + \frac{45}{8}J_4\left(\frac{R}{r}\right)^4 - \frac{175}{16}J_6\left(\frac{R}{r}\right)^6 + \frac{2\,205}{128}J_8\left(\frac{R}{r}\right)^8 + \cdots\right]$$

$$\mu^2 = 2n^2 - \kappa^2$$

$$\tag{2-43}$$

对于一个完全球对称的行星，$\mu = \kappa = n$。由于行星是椭球体，μ 会略大于轨道频率 n，而 κ 则会略小于轨道频率 n。因此，行星的椭球形状会使赤道面内和赤道面附近粒子轨道的近点经度沿轨道方向进动，使轨道节线退行[①]。因此，绕椭球体行星的轨道不是开普勒椭圆。然而，由于轨道和椭圆非常接近，它们通常可以由瞬时开普勒轨道根数描述。注意到近点经度进动速度和轨道节线退行速度分别为

$$\frac{\mathrm{d}\varpi}{\mathrm{d}t} = n - \kappa$$

$$\frac{\mathrm{d}\Omega}{\mathrm{d}t} = n - \mu \tag{2-44}$$

2.5.3 椭球受到的力矩

椭球行星内部质量非球形分布会让行星对绕它运行的卫星施加力矩，从而改变卫星的角动量，并因此让轨道平面产生进动。其他天体也会通过对应的反作用力对椭球行星施加力矩，并由此改变行星自转轴在惯性空间中的方向。

椭球行星所受到最强的力矩是由太阳施加的。在某些情况下，大型卫星的存在会影响力矩的大小，比如月球对地球的影响。太阳施加的力矩导致行星的自转轴进动，从而导致回归年[②]的长度（季节的周期性）和行星的轨道周期[③]（习题 1.5）之间出现差异，并且会

---

① 轨道平面因此产生进动。——译者注

② 也称太阳年，是由地球上观察，太阳平黄经变化 360°，即太阳再回到黄道上相同位置所经历的时间。——译者注

③ 即恒星年，是太阳在天球上回到对恒星而言相同位置上的时间，是地球绕太阳公转的实际周期。——译者注

改变极点在天球上的位置。因此，我们使用的北极星与古希腊人和罗马人不同。6.1.4.3
节中将进一步讨论进动。

　　当然，由其他行星的引力引起的行星赤道隆起上的力矩比相应的太阳所施加的力矩小
得多。由于这些摄动，火星自转轴倾角变化混乱，最大值高达 60°（图 2-18）。当行星自
转轴的倾角在 54°～126° 之间时，到达行星极点太阳能量的季节性平均通量大于到达赤道
的通量。

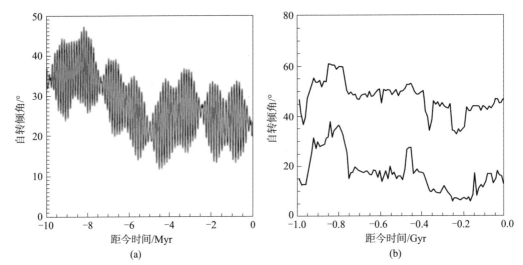

图 2-18　其他行星对火星赤道隆起所施加的力矩，造成火星自转轴倾角在不同时间尺度下的变化。（a）
火星自转轴倾角在过去 1000 万年中的变化；（b）过去 10 亿年间，火星自转轴倾角在每 1000 万年中的最
大值和最小值变化。因为这个系统的李雅普诺夫时间远小于 10 亿年，火星自转轴倾角无法在这个时间尺
度上准确计算，但是这种积分给出了随机情况中的一种可能。［图片来源：约翰·阿姆斯特朗（John
Armstrong），有关计算的细节可参阅 Armstrong et al. 2004］

　　月球稳定了地球的倾角；没有月球，地球的倾角也会有很大的变化，导致气候的巨大
变化。事实上，地球倾角在过去几百万年中发生的微小变化（图 2-19）与冰期有关。与
地球自转轴倾角和地球轨道偏心率变化相关的准周期性气候变化被称为米兰科维奇[①]周期
（Milankovitch cycles）。

2.6　潮汐作用

　　天体不同部位受到其他外部天体的引力不同，由此产生了所谓的潮汐力。天体所受的
合力决定其质心的加速度，但潮汐力可以使天体变形，并产生力矩改变天体旋转状态。随
时间变化的潮汐力，例如卫星在偏心轨道上所经历的潮汐力，会导致卫星出现潮汐弯曲，

---

　　① 米卢廷·米兰科维奇（Милутин Миланкович，拉丁化：Milutin Milanković，1879 年 5 月 28 日—1958 年 12 月
12 日），塞尔维亚土木工程师、地球物理学家和天文学家。因为冰河时期的研究而闻名；他提出了地球长期气候变化
和地球轨道的周期性变化关系。米兰科维奇星（1605 Milankovitch）以他的名字命名。——译者注

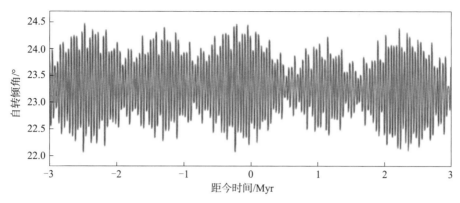

图 2-19　地球自转轴倾角在当前历元前后 300 万年间的变化。这些数据与绘制图 2-14 和图 2-16 所用的积分方法相同。[图片来源：汤姆·奎恩（Tom Quinn）]

从而导致内部产生热量[①]。

　　潮汐力对于行星结构和演化的许多方面都很重要。例如，在较短的时间尺度上，潮汐的时间变化（如在与所考虑的天体一起旋转的坐标系中所见）会产生应力，这些应力会使流体相对于行星上更坚硬的部分移动，就像我们熟悉的海洋潮汐。这些应力甚至会引发地震（虽然月球引起某些地震的证据是薄弱的和有争议的，但很明显，地球引起的潮汐是造成月震的一个主要原因）。在长时间尺度上，潮汐改变了行星和卫星的轨道和自转性质。潮汐和自转一起决定了大质量天体附近天体的平衡形状；请注意，许多在短时间尺度上表现为固体的物质实际上是在很长的地质时间尺度上的流体，例如地幔。在某些情况下，潮汐力会超过天体的内聚力（cohesive force），从而使天体撕裂。

2.6.1　潮汐力和潮汐隆起

　　考虑一个半径为 R 的近球形天体，其中心位于坐标原点，受到 $\boldsymbol{r}_0$ 处一个质量为 m 的质点的引力，$r_0 \gg R$。在 $\boldsymbol{r}=(x，y，z)$ 处，单位质量所受的潮汐力（即比潮汐力）是质点 m 在 $\boldsymbol{r}$ 处的拉力和在原点处拉力之差，即

$$\boldsymbol{F}_T(\boldsymbol{r}) = \frac{Gm}{|\boldsymbol{r}_0 - \boldsymbol{r}|^3}(\boldsymbol{r}_0 - \boldsymbol{r}) - \frac{Gm}{r_0^3}\boldsymbol{r}_0 \tag{2-45}$$

　　对于位于天体中心到质点连线（取这条连线为 x 轴）上的点，式（2-45）化为

$$F_T(\boldsymbol{r}) = \frac{Gm}{(x_0 - x)^2} - \frac{Gm}{x_0^2} \approx \frac{2xGm}{x_0^3} \tag{2-46}$$

式（2-46）最后一部分所用的潮汐近似可以通过中间表达式中第一项泰勒展开到前两项导出。式（2-46）表明，最低阶的潮汐力与受力体中心的距离成正比，与摄动天体距离的立方成反比。天体 $+x$ 部分受到的潮汐力指向 $+x$ 方向，$-x$ 部分受到的潮汐力指向 $-x$ 方向（图 2-20）。

　　[①]　这个过程也被称为潮汐加热。——译者注

从图 2-20 和式（2-45）中可以看出，x 轴以外物质沿 x 轴方向潮汐拉伸。如果天体是可变形的，它会在 x 方向上拉长。对于一个完美的流体天体，当计算中包括了自重、旋转产生的离心力和潮汐力时，天体表面如果是等势面，则必须具有延伸度（6.1.4.2节）。

例如，月球和地球相互之间的引力会导致潮汐隆起，沿着两个天体中心连线上升。近侧的凸起是受另一个天体引力较大的直接结果，而远侧凸起则是由于远侧所受引力小于自身中心所受引力所致。天体不同位置的离心加速度差也对潮汐隆起的大小有影响。

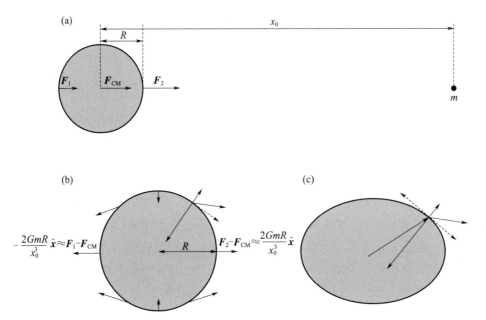

图 2-20　卫星对可变形行星的潮汐力示意图。（a）卫星对行星不同部分的引力；（b）实心箭头表示卫星引力与行星质心引力的差；（c）行星形状对卫星潮汐力的反应

月球的自转和绕地球的公转同步，因此月球总是以同一面面向地球，并且月球总是在那个方向上拉长。然而，地球的自转速度远远快于地月轨道周期。因此，地球指向月球的部分总在变化，并被潮汐力拉伸。与地球的固体部分相比，水更容易对这些变化的力做出反应，从而导致在海岸线看到的水位潮汐变化（习题 2.20）。由于地球自转和月球轨道运动的综合影响，月球大约每 25 小时经过一次地球给定的位置（习题 2.21），因此每天几乎有两个潮汐周期，我们看到的潮汐主要是半日潮。太阳也会在地球上引发半日潮，周期为12 小时，幅度略低于月球潮汐的一半［习题 2.22（a）］。当月球、地球和太阳大致一线时，潮汐的幅度达到最大值，这种情况每个月会出现两次，即月相为新月或满月时。当月球接近近地点和地球接近近日点时（后者发生在 1 月初），潮汐也会更大。

强烈的潮汐能显著地影响天体的物理结构。一般来说，行星对距离自身最近的卫星所施加的潮汐力，是太阳系天体感受到的最强潮汐力（除了小行星和彗星掠日或掠行星的情况以外）。在行星附近，潮汐非常强烈，它们可以撕裂一个流体（或聚集力弱的固体）天体。在这样一个区域，大卫星是不稳定的，即使是小卫星可以通过物质强度和摩擦结合在一起，也因潮汐而无法增长。这个区域的边界称为洛希极限。在洛希极限的内部，固体物质仍然以小天体的形式存在，我们看到的是环而不是大卫星。洛希极限的推导见 11.1 节。

2.6.2　潮汐力矩

潮汐耗散导致卫星和行星旋转速率和轨道的长期变化。虽然在没有外部力矩的情况下，一对相互旋转天体的总角动量守恒，但角动量可以通过潮汐力矩在旋转和轨道运动之间传递。轨道角动量由式（2-12）和式（2-23）给出。刚体旋转角动量由下式给出

$$\boldsymbol{L} = \boldsymbol{I} \boldsymbol{\omega}_{\mathrm{rot}} \tag{2-47}$$

式中，$\boldsymbol{I}$ 是天体的惯性张量，$\boldsymbol{\omega}_{\mathrm{rot}}$ 是天体的旋转角速度。旋转的动能为

$$E_{\mathrm{rot}} = \frac{1}{2} \boldsymbol{\omega}_{\mathrm{rot}}^{\mathrm{T}} \boldsymbol{I} \boldsymbol{\omega}_{\mathrm{rot}} = \frac{1}{2} \boldsymbol{\omega}_{\mathrm{rot}}^{\mathrm{T}} \boldsymbol{L} \tag{2-48}$$

惯性张量的各分量为

$$I_{jk} = \iiint \rho(\boldsymbol{r}) (r^2 \delta_{jk} - x_j x_k) \, \mathrm{d}\boldsymbol{r} \tag{2-49}$$

式中，$\rho(\boldsymbol{r})$ 代表密度，δ_{jk} 是克罗内克[①]函数，当 $j=k$ 时 $\delta_{jk}=1$，当 $j \neq k$ 时 $\delta_{jk}=0$。天体关于一个特定轴的转动惯量是如下定义的标量

$$I = \iiint \rho(\boldsymbol{r}) r_{\mathrm{c}}^2 \, \mathrm{d}\boldsymbol{r} \tag{2-50}$$

式中，r_{c} 是到轴的距离，积分范围是整个天体。对于一个质量为 m、半径为 R 的均质球，它关于过自身质心轴的转动惯量为

$$I = \frac{2}{5} m R^2 \tag{2-51}$$

式（2-51）参见习题 6.4（b）。对于向中心凝聚的天体，其转动惯量比 $I/mR^2 < 2/5$。表 6-2 列出了行星的转动惯量比。

如果行星是完美的流体，它们会立即对力的变化做出反应，卫星在行星上引起的潮汐隆起会直接指向卫星。然而，行星形状响应时间是有限的，这导致潮汐隆起滞后于行星上稍早指向卫星的位置（图 2-21）。如果行星的自转周期比卫星的轨道周期短，并且卫星处于顺行轨道，这种潮汐滞后会导致靠近卫星一侧的隆起指向卫星运动方向的前方，而卫星对靠近自己一侧隆起的引力比远离自己一侧隆起的引力更大，从而会降低行星自转速度。作用在卫星上的反作用力使其卫星轨道半径增加。逆行轨道上的卫星（如海卫一）和轨道周期小于行星自转周期的卫星（如火卫一），它们的轨道则由于潮汐力的作用而盘旋靠近行星（习题 2.23）。

---

① 利奥波德・克罗内克（Leopold Kronecker，1823 年 12 月 7 日—1891 年 12 月 29 日），德国数学家与逻辑学家。克罗内克星（25624 Kronecker）以他的名字命名。——译者注

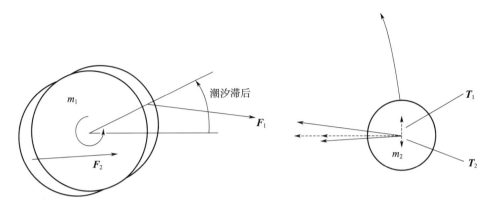

图 2-21　一颗行星作用在卫星上潮汐力矩的示意图。卫星顺行，且其轨道周期比行星的自转周期长。行星内部的耗散使得卫星在行星上引起的潮汐隆起在图示状态稍早的时候位于行星上离卫星最近和最远的地方。因为潮汐隆起有时间滞后，对于一个在缓慢顺行轨道上的卫星来说，行星隆起的方向总是指向卫星运动方向的前方。行星形状的不对称意味着它的引力不是中心力，因此它可以在月球上施加扭矩。行星远侧隆起对卫星公转施加了一个减速力矩 T_2，而近侧隆起对卫星公转施加一个更大的加速力矩 T_1，因此卫星受到的合力矩使其轨道向外演化

　　潮汐力矩取决于潮汐隆起的大小和滞后角。我们用 k_T 表示潮汐勒夫[①]数（tidal Love number），它表征天体在潮汐摄动下的弹性变形。比耗散因子 Q，表示潮汐隆起中储存的峰值能量与一个周期内耗散的峰值能量之比。用 ω_{rot} 表示转动角速度，用 n 表示轨道角速度，用 r 表示两个天体之间的距离，下标 1 和 2 分别表示主天体（行星）和次天体（卫星）。潮汐凸起的大小为 $k_{T_1} m_2 r^{-3}$，相位滞后为 Q_1^{-1}；给定大小和滞后角的隆起上的力矩也就是潮汐效应，与 $Gm_2 r^{-3}$ 成正比。考虑到所有这些因素以及行星的大小、力矩的方向和一个总常数，得出了描述卫星在行星上引起的潮汐隆起所产生扭矩的方程

$$\dot{L}_{2(1)} = \frac{3}{2} \frac{k_{T_1}}{Q_1} \frac{Gm_2^2 R_1^5}{r^6} \text{sgn}(\omega_{rot1} - n) \tag{2-52}$$

式中，当 $x > 0$ 时，$\text{sgn}(x) = 1$；$x = 0$ 时，$\text{sgn}(x) = 0$；$x < 0$ 时，$\text{sgn}(x) = -1$。式（2-52）给出了潮汐造成的角动量在行星自转和卫星公转间变化的速率。如果没有其他力矩，一个小偏心率轨道（$r \approx a$）的半长轴以

$$\dot{a} = 3 \frac{k_{T_1}}{Q_1} \frac{G^{1/2} m_2^2 R_1^5}{m_1^{1/2} a^{11/2}} \text{sgn}(\omega_{rot_1} - n) \tag{2-53}$$

的速率增加或减少［习题 2.23（a）］。

　　如果"卫星"被"恒星"取代，或者卫星和行星互换，上述论点仍然有效。事实上，行星的引力越强，意味着它们对卫星自转的影响越大，反之亦然。大多数（如果不是全部的话）主要的卫星的自转速度已经减慢到和自身公转同步旋转的状态，在这种状态下，卫

　　① 奥古斯塔斯·爱德华·霍夫·勒夫（Augustus Edward Hough Love，1863 年 4 月 17 日—1940 年 6 月 5 日），英国力学家。其因在弹性力学的数学理论方面工作而著名，著有《弹性力学的数学理论教程》（*A Treatise on the Mathematical Theory of Elasticity*）。——译者注

星总是以同一个半球面向行星，因此，这些卫星没有潮汐滞后现象。

在多种时间尺度上都有证据表明，潮汐效应减缓了地球自转速度。在双壳贝类和珊瑚的化石中观察到的生长带表明大约 3.5 亿年前每年有 400 天。日食时间记录表明，在过去的两千年里，一天的时间稍微延长了。使用原子钟进行的精确测量显示了地球自转速度的变化。然而，必须注意将长期潮汐效应与短期周期性影响分开。地球自转速度的长期下降大部分是由月球潮汐引起的，但在目前这个年代，太阳潮汐贡献了约 20% 的因素 ［习题2.22（b）］。

冥王星-冥卫一系统的演化更进一步。冥卫一的质量是冥王星的 1/9 到 1/8，比太阳系中任何一个质量更大的天体所观测到的次天体质量与主天体质量之比要大得多（表 1-5）。它们共同轨道的半长轴只有 19 636 km，仅为地月距离的 5%，比除火星-火卫一外的任何行星-卫星距离都要小（表 1-4）。冥王星-冥卫一系统已经达到了一个稳定的平衡状态，在这个平衡状态下，每一个天体围绕其共同质心旋转的时间长度都是相同的（习题2.28）。因此，冥王星总是以同一个半球面向冥卫一，而冥卫一也总是以同一个半球面向冥王星。

太阳潮汐使附近的水星产生了一个稳定的自转轨道共振，但这比大多数行星卫星的同步状态更为复杂。水星每绕太阳公转两周要自转三周（图 2-22）。存在这种平衡的原因是水星有一个小的永久（非潮汐）变形和一个高度偏心的轨道。在能量上，水星的长轴（转动惯量最小的轴）在每次经过近日点时都指向太阳是最有利的，这种结构与观测到的 3∶2 自转轨道共振一致。因此，水星上已知的最大地质特征卡洛里盆地 ［Caloris basin，图 5-49（a）、（b）］ 在水星经过近日点时交替朝向太阳或背离太阳，可能不是偶然现象，尽管确认因果关系有待于精确测量水星引力场。

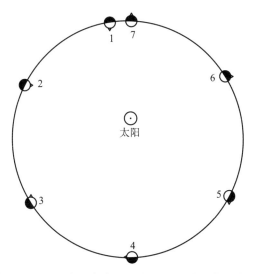

图 2-22　水星的自转和水星太阳日。水星自转和公转的 3∶2 共振使得水星在近日点总是以同一个轴指向太阳，并且水星的一个太阳日恰好是其公转周期（一个水星年）的 2 倍

如果水星转变成一个流体行星，它的永久变形将消失，太阳潮汐将进一步减缓水星的自转。然而，由于水星轨道的偏心率很大，同步旋转将无法实现。根据开普勒第二定律，

行星在近日点绕太阳公转的速度比在远日点快得多。对于水星来说，这两个速度差别会很大，以至于在很短的一段时间内，水星围绕太阳的角速度甚至比它现在的自转速度还要快。在这短暂的时间间隔内，太阳在水星上引起的潮汐隆起会沿着水星-太阳连线移动，因此太阳引力会让水星加速自转。由于潮汐对自转的影响与两个天体之间距离的 6 次方成反比［式（2-52）］，水星自转在短时间内的快速加速能够抵消太阳潮汐在大部分时间内对其自转的减缓效果。对于小的轨道偏心率 e，流体行星的平衡自转率由下式给出

$$\frac{\omega_{\text{rot}}}{n} = 1 + 6e^2 + \mathcal{O}(e^4) \tag{2-54}$$

式中，$\mathcal{O}$ 表示展开的余项和括号中的项同阶。和水星相比，可能是流体的大型近距离（太阳系外）行星（12.3 节）更直接地适用于式（2-54）。尽管如此，如果假设流体状态水星的自转周期增加到大约 70 天（大大高于目前 59 天的数值，但仍远低于它 88 天的公转周期），在近日点附近的太阳潮汐令水星增加的自转角动量和在轨道其他部分的减缓可以取得平衡。注意，在没有永久隆起的情况下，流体水星的平衡旋转速率会随着水星的轨道偏心率的增加和减少而变化，以响应其他行星的摄动（图 2-14），水星半长轴对行星摄动的响应变化非常小。

如果水星是一颗没有永久变形的固体行星，情况会更加复杂。固体天体对潮汐变化的反应不如流体天体快，因此，平衡旋转速率只能根据共振值取离散值。对于水星目前的偏心率，固体状态水星的自转周期应当为 88 天，但当水星的偏心率接近所能容许的最大值时，它的自转周期会转变成 59 天。然而，水星的实际自转速率会有一个更为复杂的行为，行星内部潮汐能的耗散率决定了它能以多快的速度达到当前平衡旋转速率。

太阳引力潮汐可能是金星自转非常缓慢的主要原因，但它们并不能解释为什么地球的姊妹行星会以相反的方向自转。太阳加热在金星浓厚的大气中产生不对称现象，称为大气潮汐，而太阳对这些大气潮汐的引力可能会阻止金星的太阳日变得比现在更长。潮汐力减缓了其他行星的自转速度，但速度太小，甚至在地质时期尺度上看也不明显。

2.6.3　潮汐加热

潮汐力矩除了传递角动量［式（2-52）］，还可以传递能量。能量传输率是角动量传输率的 n 倍。从式（2-19）和式（2-23）的导数与 a 的比值可以看出，对于一条扩大的圆轨道，其机械能变化与轨道角动量变化之比由 $\mathrm{d}E/\mathrm{d}L = n$ 给出。因此，由行星潮汐隆起产生的力矩不会（直接）改变卫星轨道的偏心率。

潮汐力随时间的变化可以导致行星体内部加热。从卫星上看，当行星在天空中移动时，具有非同步旋转的卫星潮汐隆起位置会发生变化。在偏心轨道上同步旋转的卫星经受两类潮汐力变化。潮汐隆起的幅度随卫星与行星的距离而变化，隆起的方向也因卫星以恒定速率（大小等于其平均轨道角速度）自转而变化，而瞬时轨道角速度则根据开普勒第二定律而变化。由于天体不是完全刚性的，潮汐力的变化改变了卫星的形状；由于天体也不是完全的流体，所以卫星在形状变化时会以热量的形式耗散能量。因此，在偏心轨道上或与其轨道周期不同步旋转的天体上，潮汐变化引起的内应力会导致某些天体产生显著的潮

汐加热，尤其是在木卫一上。如果没有其他力存在，由木星在木卫一上引起的潮汐变化导致的耗散将使木卫一轨道偏心率减小。木卫一的轨道将会接近圆形，即给定角动量［式（2-23）］的最低能量状态（最小半长轴），耗散的轨道能量被转换成热能。由于木卫一的轨道周期小于木星的自转周期，因此木卫一在木星上引起的潮汐隆起将木星的一些自转动能转移到木卫一的轨道上，导致木卫一向外螺旋远离木星［式（2-53）］。如上所述，这些力矩并不直接影响木卫一轨道的偏心率。然而，木卫一和木卫二之间存在 2:1 的平均运动共振锁定（表 1-4 和 2.3.2.1 节）。木卫一将它从木星得到的一些轨道能量和角动量传递给木卫二，并且由于木卫一的轨道周期小于木卫二的轨道周期，这种传递增加了木卫一的偏心率（习题 2.29）。这种强迫偏心保持了较高的潮汐耗散率，因此木卫一有较大的内部加热，这种加热表现为活跃的火山作用（5.5.5.1 节）。

2.7　耗散力和小天体的轨道

2.1 节～2.6 节中描述了太阳、行星和卫星之间的引力作用。在这本节中，我们将考虑太阳辐射、太阳风和气体拖曳的影响。引力作用在整个天体上，而其他力只作用在天体表面。因此，这些非引力对小天体的轨道有显著影响，因为小天体的表面积与体积之比很大。

太阳辐射的动力学效果可以分为四类：

1）光压。光压的作用可以让粒子（主要是微米尺度的尘埃）远离太阳。

2）坡印亭-罗伯逊阻力（Poynting-Robertson drag）。这种阻力可以让厘米尺度的粒子螺旋接近太阳。

3）雅可夫斯基效应（Yarkovsky effect）。由于表面不均衡的温度分布，这种效应可以改变米级到 10 km 量级尺度天体的轨道。

4）YORP 效应（YORP effect）。这种效应最大可以改变半径约 20 km 量级小行星的自转速率。

太阳风产生了一种和坡印亭-罗伯逊阻力形式类似的微粒阻力。微粒阻力对于亚微米级粒子最为重要。随后 5 个小节中将依次讨论上述内容，并在最后讨论气体阻力对轨道运动的影响。11.5.1 节中会分析太阳光压对尘埃绕行星运动的摄动。11.5.2 节中会讨论带电尘埃在行星环中的运动。10.2.1 节中会考虑彗星非对称质量损失导致的非引力项。

2.7.1　光压

光压主要作用于微米级的粒子。太阳辐射会对太阳系中所有天体产生一个排斥力 $\boldsymbol{F}_{rad}$，这个力可以表示为

$$\boldsymbol{F}_{rad} \approx \frac{\mathcal{L}_{\odot} A}{4\pi c r_{\odot}^2} Q_{pr} \hat{\boldsymbol{r}} \tag{2-55}$$

式中，A 是粒子的几何截面，$\mathcal{L}_{\odot}$ 是太阳光度，$r_{\odot}$ 是日心距离，c 是光速，Q_{pr} 是无量纲光压系数。光压系数同时考虑了吸收和散射，对于完全吸收的粒子，光压系数 $Q_{pr}=1$。对于大

粒子，Q_{pr} 的量级通常为 1，但对于远小于撞击辐射波长的粒子，$Q_{pr} \ll 1$。太阳坐标系和粒子坐标系之间的多普勒频移产生的相对论效应通常很小，在式（2-55）中已略去这个效应，但在 2.7.2 节中会考虑这些效应。

当天体大于入射光波长时，施加在它上面的光压与天体的投影面积 πR^2 成正比，而重力与天体质量 $4\pi \rho R^3/3$ 成正比，因此两者的比值为 $(\rho R)^{-1}$。对于日心轨道上的粒子，该比值用无量纲参数 β 表示，该参数定义为太阳光压与太阳引力之间的比值，即

$$\beta = \left| \frac{F_{rad}}{F_g} \right| = 5.7 \times 10^{-5} \frac{Q_{pr}}{\rho R} \tag{2-56}$$

式中，粒子半径 R 的单位为 cm，密度 ρ 的单位是 g/cm³。因为太阳光压和引力都以 $r_\odot^{-2}$ 的速度衰减，所以 β 和日心距离无关。太阳光压仅对于微米级和亚微米级粒子特别重要。特别小的粒子并不会受到光压的强烈影响，因为 Q_{pr} 随着粒子半径下降到太阳光谱的（可见光波长）峰值以下而减小（图 2-23）。太阳有效的引力为

$$F_{g有效} = \frac{-(1-\beta)GmM_\odot}{r_\odot^2} \tag{2-57}$$

即对于粒子而言，太阳的等效质量为 $(1-\beta)M_\odot$。很明显，$\beta > 1$ 的小粒子受到太阳辐射的排斥比受到太阳引力的吸收更强烈，因此很快就会逃离太阳系，除非它们受到某颗行星的引力束缚。一些以开普勒速度运行的"大型"天体会释放尘埃（图 10-1）；如果 $\beta > 0.5$，则太阳系中在圆轨道上运行的大天体释放的尘埃会从太阳系中喷出。在习题 2.32 中计算了偏心轨道上天体释放尘埃的临界 β 值。

太阳光压的重要性可以在彗星上看到（10.3 节）：彗尾总是指向远离太阳的方向。彗星的离子尾指向反太阳方向附近，因为离子被太阳风（10.5.2 节）拖曳，太阳风相对于轨道速度移动得很快。彗星的尘埃尾也比彗核离太阳更远，并且是弯曲的。尘埃颗粒最初具有与彗核相同的开普勒轨道速度，但由于太阳光压的影响，太阳对它们的净吸引力变小［式（2-57）］，因此它们相对于彗核缓慢地向外漂移。

2.7.2 坡印亭-罗伯逊阻力

坡印亭-罗伯逊阻力主要作用于微小的宏观粒子。在绕太阳运行的轨道上的粒子吸收太阳辐射，并在自己的参考系内各向同性地重新辐射能量。因此，粒子在太阳惯性系中优先向前辐射（并失去动量）（图 2-24）。这会导致粒子的能量和角动量减少，并导致轨道上的尘埃螺旋接近太阳。这种效应被称为坡印亭-罗伯逊阻力[①]。

考虑一个完美吸收、快速旋转的尘埃粒子。截面积为 A 的粒子吸收的太阳辐射通量

[①]　约翰·亨利·坡印亭（John Henry Poynting，1852 年 9 月 9 日—1914 年 3 月 30 日），英国物理学家。他最为知名的贡献为电磁场理论中坡印亭矢量及坡印亭定理，在天体物理、连续体物理等领域也有建树。1903 年，他在"以太理论"的基础上，提出太阳的辐射压可导致环绕其运行的物体被逐渐拉向太阳。坡印亭星（11063 Poynting）以他的名字命名。——译者注

霍华德·珀西·罗伯逊（Howard Percy Robertson，1903 年 1 月 27 日—1961 年 8 月 26 日），美国数学家和物理学家，对物理宇宙学和不确定性原理做出了贡献。罗伯逊在 1937 年使用相对论的概念，重新描述了坡印亭所述的效应。——译者注

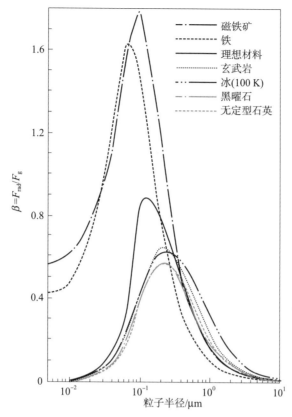

图 2-23　对于不同的材料，相对辐射压力 $\beta = |F_{rad}/F_g|$ 关于粒子半径的函数。图中的材料包括宇宙中 6 种常见物质和一种假设的理想材料，该材料吸收波长 $\lambda < 2\pi R$ 的所有辐射，但对较长波长完全透明，密度 $\rho = 3\ \mathrm{g/cm^3}$。大多数太阳能以波长为 $0.2 \sim 4\ \mu m$ 的光子形式辐射（图 3-2）。对于比光子波长大得多的粒子，曲线与粒子半径成反比，比例常数取决于粒子反射率。粒子与波长远大于粒子尺寸的光子相互作用较弱，因此小于约 $0.1\ \mu m$ 粒子的 β 值急剧下降。注意这些值只适用于绕太阳运行的粒子。围绕不同质量、光度和/或光谱类型恒星运行的粒子，它们的 β 值也会不同。（改编自 Burns et al. 1979）

等于

$$\frac{\mathcal{L}_\odot A}{4\pi r_\odot^2}\left(1 - \frac{v_r}{c}\right) \tag{2-58}$$

式中，$v_r = \boldsymbol{v} \cdot \hat{\boldsymbol{r}}$ 是粒子速度的径向分量（即平行于入射光的分量）。式（2-58）第二个因式表示太阳静止参考系和粒子静止参考系之间的多普勒频移；横向多普勒频移和 $(v_\theta/c)^2$ 同量级，远小于 1，故在此忽略。粒子吸收的通量被各向同性地向外辐射，可以在粒子运动坐标系中利用 $E = mc^2$ 写成质量损失率

$$\frac{\mathcal{L}_\odot A}{4\pi c^2 r_\odot^2}\left(1 - \frac{v_r}{c}\right) \tag{2-59}$$

当粒子以速度 $\boldsymbol{v}$ 相对太阳运动，在太阳静止坐标系中看粒子有动量通量[1]，因为粒子

---

[1]　单位时间内通过单位面积所传输的动量。——译者注

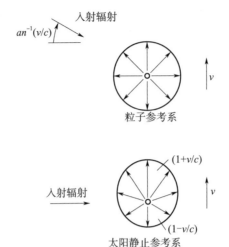

图 2-24　日心轨道上的粒子，在它自己的参考系中各向同性地重新辐射太阳能量通量，在太阳参考系中看粒子向前进方向优先发射更多的动量 p，因为向前进方向发射的光子的频率和动量因粒子的运动而增加。（改编自 Burns et al.，1979）

向前发射的动量比向后发射的动量大（图 2-24）。这个通量产生了一个让粒子减速的力

$$-\frac{\mathcal{L}_\odot A}{4\pi c^2 r_\odot^2}\left(1-\frac{v_r}{c}\right)\boldsymbol{v} \tag{2-60}$$

通过乘以 Q_{pr}，式（2-60）可推广到粒子反射和/或散射部分作用在自身的辐射的情况。在这种更一般的情况下，粒子上的合力为

$$F_{rad}=\frac{\mathcal{L}_\odot Q_{pr} A}{4\pi c r_\odot^2}\left(1-\frac{v_r}{c}\right)\hat{\boldsymbol{r}}-\frac{\mathcal{L}_\odot Q_{pr} A v}{4\pi c^2 r_\odot^2}\left(1-\frac{v_r}{c}\right)\hat{\boldsymbol{v}}$$

$$\approx\frac{\mathcal{L}_\odot Q_{pr} A}{4\pi c r_\odot^2}\left[\left(1-\frac{2v_r}{c}\right)\hat{\boldsymbol{r}}-\frac{v_\theta}{c}\hat{\boldsymbol{\theta}}\right] \tag{2-61}$$

式（2-61）的第一项表示辐射压力，第二项和第三项（包含粒子速度的项）表示坡印亭-罗伯逊阻力。

从上面的讨论中，可以很清楚地看到，由于亚微米尺寸的粒子受光压影响被快速吹出太阳系［参见式（2-57）及其上下文］，厘米尺寸的粒子受到坡印亭-罗伯逊阻力影响螺旋接近太阳，因此行星际空间中的小尘埃颗粒都被清除了。受坡印亭-罗伯逊阻力影响，轨道半长轴的平均衰减速率为

$$\frac{da}{dt}=-\frac{\mathcal{L}_\odot Q_{pr} A}{4\pi c^2 a}\frac{2+3e^2}{(1-e^2)^{3/2}} \tag{2-62}$$

轨道偏心率的衰减速率为

$$\frac{de}{dt}=-\frac{\mathcal{L}_\odot Q_{pr} A}{4\pi c^2 a^2}\frac{5e}{(1-e^2)^{3/2}} \tag{2-63}$$

在圆轨道上的粒子，其轨道衰减时间（单位：年）可以表示为

$$t_{pr}\approx 400\frac{r_{AU}^2}{\beta} \tag{2-64}$$

黄道光是一个以黄道面为中心的光带，它的亮度几乎和黑夜中的银河一样。在日落之后或日出之前，在太阳的方向上可以看到黄道光。产生大部分黄道光（红外和可见光波长）的粒子在 20 到 200 μm 之间，因此它们在地球轨道上的寿命约为 10^5 年，远低于太阳系的年龄。产生黄道光的尘埃颗粒主要来自小行星带（无数小行星之间发生多次碰撞）和彗星。柯伊伯带天体释放的一些颗粒由于坡印亭-罗伯逊阻力以螺旋路径向太阳系内侧运动，为产生黄道光提供了一小部分额外贡献。

2.7.3 雅可夫斯基效应

雅可夫斯基[1]效应主要作用于米级至 10 km 量级的天体。考虑一个受到太阳照射而升温的旋转天体，处于当地时下午/傍晚的半球一般来说会比处于当地时清晨的半球稍微热一点。假设处于清晨的半球温度是 $T - \Delta T/2$，处于傍晚的半球温度是 $T + \Delta T/2$，并且 $\Delta T \ll T$。垂直于天体表面一个面元 dA 的辐射作用力是

$$dF = \frac{2\sigma T^4 dA}{3c} \qquad (2-65)$$

式中，σ 是斯特藩-玻尔兹曼常数。对于一个半径为 R 的球形粒子，在轨道面上由于傍晚一侧比清晨一侧多辐射而产生的横向[2]反作用力是

$$F_Y = \frac{8}{3}\pi R^2 \frac{\sigma T^4}{c} \frac{\Delta T}{T} \cos\psi \qquad (2-66)$$

式中，ψ 是粒子的倾斜度，即粒子自转轴和轨道极轴方向的夹角。这个过程被称为雅可夫斯基效应。

对于自转方向和公转方向一致的天体（$0° \leqslant \psi < 90°$），雅可夫斯基力为正，会增加天体的公转轨道半长轴；对于自转方向和公转方向相反的天体（$90° \leqslant \psi \leqslant 180°$），雅可夫斯基力为负，会减小天体的公转轨道半长轴（和坡印亭-罗伯逊阻力造成的效果一样）。天体的公转也会产生类似的季节性雅可夫斯基效应，这是由于天体位于春/夏季节的半球和位于秋/冬季节的半球温度有差异造成的。

雅可夫斯基效应显著地改变了大小在米级到 10 km 量级的天体的轨道。利用纯引力模型，对半径约为 300 m 的近地小行星格勒夫卡星（6 489 Golevka）的轨道偏差进行测量，得到了雅可夫斯基力的首个直接观测证据。雅可夫斯基效应的另一个观测结果是，主带卡琳族（Karin）内天体的轨道根数分布与它们的大小相关，这个小行星族是 600 万年前一次破坏性碰撞产生的。雅可夫斯基效应在大多数陨石母体从小行星带传送到地球的过程中起着重要的作用，这个效应帮助它们进入轨道共振。彗星的不对称放气产生了一种类似于雅可夫斯基力的非引力项。10.2.1 节中会讨论非引力项对彗星运动的影响。

---

[1] 伊凡・奥西波维奇・雅可夫斯基（俄语：Иван Осипович Ярковский，拉丁化：Ivan Osipovich Yarkovsky，1844 年 5 月 24 日—1902 年 1 月 22 日），俄国土木工程师、天文学家。研究热辐射对于小行星等太阳系内小天体轨道的影响，并因此发展出了雅可夫斯基效应和 YORP 效应。雅可夫斯基星（35334 Yarkovsky）以他的名字命名。——译者注

[2] 横向是指与径向垂直的方向，和切向有所区别，请读者注意。——译者注

2.7.4　YORP 效应

YORP 效应主要影响非对称天体的旋转。阳光照射在非对称天体上，可以长期地改变天体的旋转状态。反射的光子以及被吸收和再辐射的光都会产生力矩，用首次发现和分析这种效应的科学家名字为这些力矩命名：雅可夫斯基-奥基夫-拉齐耶夫斯基-帕达克[①]效应（Yarkovsky – O'Keefe – Radzievskii – Paddack effect），通常简称为 YORP 效应（YORP effect）。在均匀反照率三轴椭球上作用的 YORP 力矩在一个旋转周期内平均为零，但对于楔形不对称或反照率不均匀的天体，YORP 力矩不会抵消。这些力矩就像微风让风车旋转一样影响天体旋转。

定量分析相当复杂，但检查 YORP 效应大小对天体大小的依赖性是很简单的。力矩与天体的面积（$\propto R^2$）和力臂（R）的乘积成正比，因此随 R^3 而变化，而天体的转动惯量随 R^5 而变化［式（2-50）和式（2-51）］。二者做商，则转速随 R^{-2} 变化。此外，小天体往往更不对称，因此 YORP 效应对天体大小的依赖性通常比这个量级分析的结果更明显。

尽管 YORP 力矩通常很小，但由于与光子再辐射相关的力很弱，以及太阳系中大多数天体的近似对称性，这些力矩会随着时间而累积。目前的估计表明，YORP 力矩对 $R \lesssim 20$ km 小行星的自转状态有显著影响。典型的半径 5 km 小行星的自转速率上升或自转下降发生在约 10^8 年的时间尺度上，当 YORP 力矩增加单独小行星的旋转角动量到一定程度时，自身赤道可以脱落物质，这可能会产生该小行星近距离的卫星（9.4.4 节）。

2.7.5　微粒阻力

微粒阻力影响亚微米级的尘埃。远小于 1 μm 的粒子会受到太阳风粒子的显著"拖曳"。这种效应可以用类似于上面坡印亭-罗伯逊阻力的方式来计算，只是能量-动量关系必须被非相对论粒子的能量-动量关系所取代

$$p_{sw} = \frac{2E_{sw}}{v_{sw}} \tag{2-67}$$

式中，v_{sw} 表示太阳风速度。太阳风携带的动量通量密度大约比电磁辐射携带的动量通量密度小 4 个数量级；因此，由于压力与动量通量密度成正比，太阳风的压力比光压小得多。然而，太阳风的像差角（由于接收体的运动而引起的发射源视位置的变化）$\arctan(v/v_{sw})$ 比太阳辐射的像差角 $\arctan(v/c)$ 大得多，因此太阳风产生了很大的阻力。微粒阻力与辐

---

① 约翰·阿洛伊修斯·奥基夫三世（John Aloysius O'Keefe Ⅲ，1916 年 10 月 13 日—2000 年 9 月 8 日），美国行星科学和天体地质学专家。他于 1958—1995 年间在 NASA 戈达德航天中心任职。奥基夫星（6585 O'Keefe）以他的名字命名。——译者注

弗拉基米尔·维亚切斯拉沃维奇·拉齐耶夫斯基（俄语：Владимир Вячеславович Радзиевский，拉丁化：Vladimir Vyacheslavovich Radzievskii，1911 年 6 月 30 日—2003 年 1 月 4 日），俄罗斯物理学家、天文学家、俄罗斯联邦功勋科学工作者。拉齐耶夫斯基星（3923 Radzievskij）以他的名字命名。——译者注

史蒂芬·帕多克（Stephen Paddack，1934 年—），美国航空航天工程师和教育家。帕多克星（5191 Paddack）以他的名字命名。——译者注

射阻力之比 β_{cp} 可表示为

$$\beta_{cp} = \frac{p_{sw}}{p_r} \frac{c}{v_{sw}} \frac{C_{Dcp}}{Q_{pr}} \qquad (2-68)$$

式中，C_{Dcp} 是微粒阻力系数。

注意，式（2-68）中的前两个分式的积等于太阳风的质量通量和太阳光子的等价质量通量（E/c^2）之间的比值。由于太阳通过光子发射损失的质量大约是通过太阳风损失的质量的 5 倍，对于足够大的颗粒，$\beta_{cp} \approx 0.2$，式（2-68）中的最后一项近似为 1。

图 2-25 显示了 β_{cp} 关于粒子半径的函数曲线。对于粒径 $\lesssim 0.1\ \mu m$ 的粒子而言，微粒阻力比辐射阻力更为重要，这些粒子受太阳辐射的影响很小，微粒阻力是这些非常小的尘埃粒子朝太阳螺旋运动的主要动力。

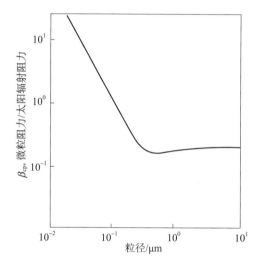

图 2-25 由太阳风引起的微粒阻力与太阳辐射阻力之比 β_{cp} 随粒径的变化。（Burns et al.，1979）

2.7.6 气体阻力

尽管多数情况下行星际空间可以被认为是真空，但在某些情况下，与气体的相互作用可以显著改变固体粒子的运动。这一相互过程的两个突出例子是：在太阳系形成过程中，行星与原行星盘的气态组分相互作用；由于行星大气延展所造成的阻力，使行星环中粒子的轨道衰减。

在实验室里，气体阻力会减慢固体物体的速度，直到它们相对于气体的位置保持不变。就行星动力学而言，情况更为复杂。例如，一个物体在环绕行星的圆形轨道上，由于静止大气的阻力而损失机械能，但这种能量损失会导致轨道的半长轴减小，这意味着这个物体实际上加速了！其他更直观的气体阻力效应是偏心率的减小，以及在存在气体密度最大的平面的情况下，相对于该平面的倾角减小。

尺寸大于气体分子平均自由程的物体会受到气动阻力

$$F_D = -\frac{C_D A \rho_g v^2}{2} \qquad (2-69)$$

式中，v 是天体相对于气体的速度，ρ_g 是气体密度，A 是天体的投影表面积，C_D 是无量纲阻力系数，除非雷诺数［式（4-49）］非常小，否则这个系数的量级为 1。较小的天体还会受到爱泼斯坦[①]阻力

$$F_D = -A\rho_g v v_。 \tag{2-70}$$

式中，$v_。$ 是气体的平均热速度。注意，由于阻力与表面积成正比，引力与体积成正比（对于恒定的粒子密度），气体阻力通常对小天体的动力学最为重要。

原行星盘的气态部分受到径向的负压梯度提供的支撑力，部分地抵消了一部分太阳引力。因此，维持平衡所需的离心力较小，气体的轨道速度低于开普勒速度。气体感受到的"有效重力"是

$$g_{eff} = -\frac{GM_\odot}{r_\odot^2} - \frac{1}{\rho_g}\frac{dP}{dr_\odot} \tag{2-71}$$

对于圆轨道，有效重力必须通过离心加速度 $r_\odot^2 n$ 来平衡。对于估计的原行星盘参数，气体的旋转速度比开普勒速度慢约 0.5%。气体阻力对星子吸积的影响在 13.5.2 节中讨论。

对于给定的气体密度，行星大气所产生的阻力比主要由离心支撑的星盘中的阻力更明显。因为大气几乎完全靠大气压支撑，所以气体和轨道粒子之间的相对速度很大。当大气密度随高度迅速下降时，粒子轨道一开始会缓慢衰减，但当它们到达较低的高度时，衰减会变得非常迅速（习题 2.34）。气体阻力是人造卫星在近地轨道上轨道衰减的主要原因。

2.8　绕变质量恒星运动的轨道

太阳的质量目前正在下降，它每年通过太阳风排出的物质略多于 $10^{-14}\,M_\odot$，通过光子光度发射的物质大约是原来的 5 倍（习题 2.35），而通过中微子发射的物质损失相对较小。恒星演化到主序星阶段以后，在膨胀的红巨星阶段通过巨大的恒星风以及超新星爆炸，可以减少更多的质量。非常年轻的恒星既吸积又喷射出大量的物质。光子和逃离太阳的大质量粒子之间相互作用的动力学结果在 2.7 节中进行了讨论。本节考虑恒星质量损失对行星轨道的直接影响。

行星轨道对恒星质量损失的反应定性地取决于质量损失发生的时间尺度。如果与行星的轨道周期相比，质量在短时间内丢失（超出行星的轨道），那么行星的瞬时位置和速度不变，但恒星质量的减少会影响行星随后的运动。这种情况在动力学上类似于开普勒轨道上一个较大的天体释放出一个小尘埃颗粒，恒星质量下降的分数是类似于式（2-56）中 β

---

① 保罗·索福斯·爱泼斯坦（Paul Sophus Epstein，1883 年 3 月 20 日—1966 年 2 月 8 日），美国数学物理学家。他因对量子力学发展的贡献而闻名。——译者注

的参数。因此，如果恒星突然失去一半以上的质量，一个最初的圆形轨道就会变成无界轨道[①]。较小量的"瞬时"恒星质量损失会导致偏心有界轨道，只要这种损失是对称发生的，这样恒星本身的速度就不会改变。

如果恒星的质量损失时间比行星轨道周期长，就像太阳一样，那么行星轨道会逐渐扩大。行星上没有施加其他力矩，因此它的轨道角动量〔方程（2-23）〕守恒。行星轨道的形状（偏心率）也保持不变，因此它的半长轴根据以下公式增加

$$\frac{\dot{a}}{a} = -\frac{\dot{M}_{\star}}{M_{\star}} \qquad\qquad (2-72)$$

2.9　延伸阅读

以下文献是一篇较好的介绍性文章：

Danby，J. M. A.，1988. Fundamentals of Celestial Mechanics，2nd Edition. Willmann - Bell，Richmond，VA. 467pp.

以下文献对行星动力学的许多重要方面进行了优秀的综述：

Murray，C.，and S. Dermott，1999. Solar System Dynamics. Cambridge University Press，Cambridge. 592pp.

以下文献给出了更为数学的方法：

Morbidelli，A.，2002. Modern Celestial Mechanics：Aspects of Solar System Dynamics. Taylor and Francis Cambridge Scientific Publishers，London. 368pp.

已停印，下载网址：https：//www - n. oca. eu/morby/celmech. pdf

下面的文献难度很大，但是包含了很难在其他地方找到的重要信息：

Brouwer，D.，and G. M. Clemence，1961. Methods of Celestial Mechanics. Academic Press，New York. 598pp.

下面的文献包含了勒让德展开和球谐函数相关的内容：

Jackson，J. D.，1999. Classical Electrodynamics，3rd Edition. John Wiley and Sons，New York. 641pp.

下面的文献详细讨论了太阳辐射和太阳风对小粒子运动的影响：

Burns，J. A.，P. L. Lamy，and S. Soter，1979. Radiation forces on small particles in the Solar System. Icarus，40，1 - 48.

其他有用的文献还包括：

Duncan，M. J.，and T. Quinn，1993. The long - term dynamical evolution of the Solar System. Annu. Rev. Astron. Astrophys.，31，265 - 295.

---

① 读者从式（2-21）可以知道：圆轨道上的逃逸速度是环绕速度的 $\sqrt{2}$ 倍，如果中心天体质量减少一半，由式（2-20）可知，所需的环绕速度就会变成原环绕速度的 $\sqrt{2}/2$ 倍，因此原环绕速度就会变成新的逃逸速度，轨道会变成无界轨道。——译者注

Peale，S. J.，1976. Orbital resonances in the Solar System. Annu. Rev. Astron. Astrophys.，14，215 - 246.

2.10　习题

习题 2.1 E

考虑两个相互吸引的天体，它们的质量分别为 m_1 和 m_2，位于 r_1 和 r_2 处。

（a）写出这些天体的运动方程。

（b）利用牛顿第三定律，证明系统的质心以恒定速度运动，并且天体的相对位置 $r = r_1 - r_2$ 按照如下方程变化

$$\frac{d^2 r}{dt^2} = -\frac{GM}{r^2}\hat{r} \qquad (2-73)$$

式中，$M \equiv m_1 + m_2$。由此可以将二体问题简化成等价一体问题。

习题 2.2 I

本题将完成在前一题中开始的对广义牛顿形式开普勒定律的推导。

（a）通过对 r 和式（2-73）取叉积并利用向量恒等式，推导系统的角动量守恒定律 $d(r \times v)/dt = 0$。通过写出极坐标系下的角动量，化简开普勒第二定律并计算扫过面积的恒定速率 dA/dt。

（b）通过对 v 和式（2-73）取点积，推导单位质量的能量守恒。把结果积分得到系统比能量 E 的表达式。

把结果写在极坐标系下求解 dr/dt。把结果取倒数并且两边同乘 $d\theta/dt$，然后利用比角动量 L 从表达式中消去角速度，得到如下的轨道空间关系

$$\frac{d\theta}{dr} = \frac{1}{r}\left(\frac{2Er^2}{L^2} + \frac{2GMr}{L^2} - 1\right)^{-1/2} \qquad (2-74)$$

对式（2-74）积分并求解 r。令积分常数等于 $-\pi/2$，定义 $r_0 \equiv L^2/GM$ [①]，并利用 $e = (1 + 2EL^2/G^2M^2)^{1/2}$ 得到

$$r = \frac{r_0}{1 + e\cos\theta} \qquad (2-75)$$

对于 $0 \leqslant e < 1$，式（2-75）表示极坐标中的椭圆。所以开普勒第一定律在二体牛顿近似中是精确的，尽管太阳自身在空间中不是固定的。注意如果 $E = 0$，那么 $e = 1$，式（2-75）描述了一条抛物线。如果 $E > 0$，那么 $e > 1$，轨道是双曲线。

（c）证明式（2-75）所描述椭圆的半长轴和半短轴分别为

──────────────

① 根据 GB 3101—1993《有关量、单位和符号的一般原则》，除号"/"前后的单项式分别是被除数和除数，本书默认采用这种表示。——译者注

$$a = \frac{r_0}{1 - e^2} \text{ 和 } b = \frac{r_0}{\sqrt{1 - e^2}} \qquad (2-76)$$

通过让 $\mathrm{d}A / \mathrm{d}t$ 的积分等于椭圆面积 $\pi a b$，计算轨道周期 P。注意得到的结果 $P = (4\pi^2 a^3 / GM)^{1/2}$ 和开普勒第三定律的区别在于太阳质量 m_1 换成了太阳和行星质量之和 M。

习题 2.3 E

棒球投手可以投出速度约 150 km/h 的快速球。如果一个球形小行星的密度是 $\rho = 3 \ \mathrm{g/cm^3}$，投手投球满足以下条件的小行星的最大尺寸是多少？

（a）逃离小行星进入日心轨道。

（b）达到 50 km 的高度。

（c）进入绕小行星运动的稳定轨道。

习题 2.4 I

本题将进行一些有助于规划到木星和其他行星探测器任务的计算。为了简化问题，可以假设行星绕圆轨道运行。

（a）计算与地球轨道、木星轨道分别相切的霍曼转移轨道在地球处相对地球的速度。

（b）忽略地球自转，计算从地球表面发射探测器到木星所需要的最小速度。

（c）考虑地球自转但是忽略地球的自转倾角，计算从地球赤道发射探测器到木星所需要的最小速度。

（d）计算探测器从地球沿霍曼转移轨道抵达木星所需时间。

（e）对于探测器沿霍曼转移轨道前往金星和水星，分别重复（b）中的计算。

习题 2.5 I

位力定理表明，对于一个有界自引力系统，其时间平均势能等于时间平均动能的－2 倍，即

$$\langle E_{\mathrm{G}} \rangle = -2 \langle E_{\mathrm{K}} \rangle \qquad (2-77)$$

（a）用文字和数学形式分别陈述 N 体系统的位力定理。

（b）验证圆轨道二体情况下的位力定理。

习题 2.6 I

完整地求解 N 体问题需要随时知道 $6N$ 个量，这些量表示每个粒子位置和速度或其他等价的"轨道根数"。一般地，系统有 10 个运动积分：6 个表示质心位置关于时间的函数，$x + vt$，3 个表示系统的角动量 L，以及 1 个表示系统的总能量 E。

（a）当前历元的经度为二体问题提供了 1 个独立的约束。还需要哪 1 个积分或独立约束才能完整地求解二体问题？

（b）圆限制性三体问题包括 1 个已求解的二体问题（忽略第三体的质量）。雅可比常数是圆限制性三体问题中第三体的运动积分。在平面圆限制性三体问题中，给出第三体的另外 2 个运动积分。

习题 2.7 I

2.2 节中列出了三体问题的几种简化：平面、限制性、圆、希尔。如果所有这些简化都是独立的，应该有 $2^4 = 16$ 种组合可能。然而实际上只有 12 种不同的可行情况，给出这 12 种情况的名称，说明为什么它们是可行的而其他 4 种组合不行。注意：希尔的原始论文有轨道共面的假设，但他的计算可以推广到非共面情况，这里采用更一般的希尔问题定义。

习题 2.8 E

证明若二体问题中，引力常数、天体相互旋转轨道的半长轴以及天体的质量之和都等于 1，则两个天体绕它们公共质心相互旋转的轨道周期等于 2π。

习题 2.9 I

本题考虑平面圆限制性三体问题中的轨道稳定性。恒星质量是行星质量的 333 倍，选择原点位于二者公共质心，行星位于 $(x = 1, y = 0)$ 的旋转坐标系。

（a）近似计算平衡点的位置。

（b）这些点中哪些是稳定的（如果有）？

（c）定量说明，在行星附近哪些区域，它的卫星可能有稳定轨道？小行星要想具有绕恒星运动的稳定轨道，需要避开哪些区域？

习题 2.10 I

动力天文学最伟大的成就之一是根据天王星轨道观测的不规则现象，预测了海王星的存在和位置。天王星的运动无法仅用（牛顿修正的）开普勒定律和当时已知行星的摄动准确解释。估计当天王星赶上并经过缓慢移动的海王星时，由于海王星引力作用而引起天王星位置的最大位移。分别以沿天王星轨道的千米为单位，和从地球上观测到的与天空相对的弧秒为单位写出计算结果。在计算中，可以忽略其他行星的影响（这些行星可以并且已经被精确地估计和分解到解中），并且假设天王星和海王星未受扰的轨道是圆形且共面的，忽略天王星对海王星的影响。注意：尽管天王星在半径和经度上的位移是差不多的，但由于几何因素，经度方向的位移产生了更大的可观测特征。

（a）假设天王星靠近海王星时释放的势能增加了天王星的半长轴，从而减慢了天王星的速度，可以得到一个非常粗略的结果。可以假设天王星的平均半长轴是所考虑时间区间起点和终点半长轴的平均值。记得采用这对行星相对运动的周期，而不仅仅是天王星的轨道周期。

（b）在计算机上用牛顿方程的数值积分得到精确的结果。

习题 2.11 E

解释如何运用李雅普诺夫特征指数 γ_c 区分规则轨迹与混沌轨迹，规则轨迹的 γ_c 取值是什么？

习题 2.12 E

一个小型行星绕恒星以半长轴等于 1 的轨道运行，计算和这个行星分别呈 2：1、3：2、99：98 和 100：99 共振的轨道位置。

习题 2.13 I

2.3.3 节中介绍了判断粒子绕行星运动轨道稳定性的两条准则：发生混沌的共振重叠准则，$\Delta a_{ro} \approx 1.5 (m_2/m_1)^{2/7}$；由雅可比积分排除粒子接近行星的准则，$\Delta a_J \approx 2\sqrt{3}\,(m_2/3m_1)^{1/3}$。

（a）简述两条稳定性准则在概念上的差异。

（b）当 m_2/m_1 取何值时两个准则等价？

（c）当 m_2/m_1 大于或小于该值时，定量描述不稳定边界附近轨道的差异。

习题 2.14 E

爱因斯坦[①]的广义相对论在概念上与牛顿万有引力定律有很大的不同，但在低速（相对于光速 c）、弱引力场（相对于物体坍缩成黑洞所需的引力场）限定下，广义相对论的模型可以简化为牛顿模型。

（a）计算下列天体的 v^2/c^2：

（i）水星的圆轨道速度；

（ii）水星在近日点的速度；

（iii）地球的圆轨道速度；

（iv）海王星；

（v）木卫一相对木星的速度；

（vi）木卫十六相对木星的速度；

（b）天体的施瓦西[②]半径为

---

① 阿尔伯特·爱因斯坦（Albert Einstein，1879 年 3 月 14 日—1955 年 4 月 18 日），出生于德国，拥有瑞士和美国国籍的犹太裔理论物理学家。他创立了相对论与量子力学，也是质能公式的发现者。他因发现了光电效应原理，获得 1921 诺贝尔物理学奖。爱因斯坦星（2001 Einstein）以他的名字命名。——译者注

② 卡尔·施瓦西（Karl Schwarzschild，1873 年 10 月 9 日—1916 年 5 月 11 日），德国物理学家、天文学家。他利用球对称首次求出了爱因斯坦场方程的精确解，是该方程关于黑洞的第一个结果。施瓦西星（837 Schwarzschilda）以他的名字命名。——译者注

$$R_{Sch} = \frac{2Gm}{c^2} \qquad\qquad (2-78)$$

当天体半径小于施瓦西半径时，天体内部的光无法逃逸。计算以下太阳系天体的施瓦西半径，并把结果和天体实际大小、绕它们运动的最近的（自然）天体半长轴进行比较：

(i) 太阳；

(ii) 地球；

(iii) 木星。

习题 2.15 E

前一题中已经表明，牛顿的万有引力定律对于太阳系中绝大多数情况是相当精确的。最容易观测到的广义相对论效应是轨道进动，因为在牛顿二体近似下没有这个进动。牛顿引力的一阶（弱引力场）广义相对论修正意味着一个小天体（$m_2 \ll m_1$）绕质量为 m_1 的主天体的轨道近点以

$$\dot{\varpi} = \frac{3\,(Gm_1)^{3/2}}{a^{5/2}(1-e^2)c^2} \qquad\qquad (2-79)$$

的速率进动。计算以下天体近点的广义相对论进动，并把答案表示成（″）/yr 的形式：

(a) 水星；

(b) 地球；

(c) 木卫一（绕木星的轨道）。

注意：水星近日点进动的平均观测结果为 56.00 （″）/yr，其中除了 5.74 （″）/yr 外，其他都是由于没有在距离太阳足够远的惯性系中观测所造成的。在这 5.74 （″）/yr 中，有 5.315 （″）/年是根据牛顿万有引力定律，由其他行星的引力摄动造成的。因此答案应该接近于二者之差，即 0.425 （″）/yr。这一速率与上述程序计算值之间的微小差异在观测和计算的不确定性范围内，也可能是受到太阳扁率所造成的极小影响。

习题 2.16 I

用多重积分法证明球对称物体外部的引力势与位于球中心的质量相同的点状粒子的引力势相同。

提示：将球体划分为同心球壳，然后将球壳细分为垂直于球体中心到引力势计算点方向的环。确定每个环的引力势，然后对角度积分求出球壳的引力势，最后在半径上积分以确定球体的引力势。

习题 2.17 E

土星是太阳系中形状最扁的主要行星，它的引力矩 $J_2 = 1.63 \times 10^{-2}$，$J_4 = -9.0 \times 10^{-4}$，$J_6 = 1.0 \times 10^{-4}$。在下列情况下，分别计算距离土星赤道上方且距离土星中心 $1.5R_h$ 和 $3R_h$ 位置圆轨道上粒子的轨道周期、拱线进动速率、交点退行速率：

(a) 完全忽略行星扁率；

(b) 仅考虑 J_2 项，忽略其他高阶项；

(c) 考虑 J_2、J_4 和 J_6 项。

习题 2.18 E

如果地月距离在当前值的基础上减半，那么：

(a) 忽略太阳潮汐影响，地球上目前最大的潮汐高度会变成原来的几倍？

(b) 考虑太阳潮汐影响，地球上目前最大的潮汐高度会变成原来的几倍？

习题 2.19 E

计算火星同步轨道的半长轴。把答案表示成火星半径（$R_\male$）的倍数，并将其和火卫一（$2.76R_\male$）、火卫二（$6.9R_\male$）的轨道进行比较。描述从火星上看这些卫星在天上的运动。

习题 2.20 I

估计月球在地球上引起潮汐的幅度。

提示：积分潮汐力来计算潮汐势。下一步，计算粒子在地球表面月球下点的潮汐势。最后，确定水必须升高的高度，使其相对于地球的引力势的变化大小等于其潮汐势。

习题 2.21 E

计算地球自转与月球公转的平均同步周期（相对构型重复所需的时间）。注意这等于两次月出之间的平均时间间隔。

习题 2.22 E

(a) 计算月球引起潮汐的高度和太阳引起潮汐的高度之比。

(b) 计算月球对地球的潮汐力矩和太阳对地球的潮汐力矩之比。

习题 2.23 I

(a) 由式（2-53）推导式（2-52）。

提示：利用式（2-23）的简化形式。

(b) 利用式（2-53），证明在同步轨道内侧的卫星经过 $t_{撞击}$ 后会撞击行星表面

$$t_{撞击} = \frac{2}{39} \frac{m_1}{m_2} \frac{Q_1}{k_{T1}} \frac{a_2^{13/2}(0) - 1}{n_1^*} \tag{2-80}$$

式中，$a_2 \equiv r/R_1$，$n_1^* \equiv (Gm_1/R_1^3)^{1/2}$。说明证明过程中用到的全部假设。

习题 2.24 E

如果月球的质量减小到当前的一半，那么：

(a) 月球远离地球的速度是目前的多少倍？

（b）忽略太阳潮汐影响，地球上目前最大的潮汐高度会变成原来的几倍？

（c）考虑太阳潮汐影响，地球上目前最大的潮汐高度会变成原来的几倍？

习题 2.25 I

如果一个卫星和一个行星初始的自转都快于它们相互旋转的周期，那么行星在卫星产生的潮汐会让卫星的自转减速，直至卫星的自转与二者相互旋转同步。卫星在行星上产生的潮汐也会让行星的自转减速。这两个潮汐都会让卫星和行星相互远离。

（a）仔细检查这个论述的细节并比较不同进程的时间尺度（使用插图）。

（b）当卫星和行星最初的旋转速度比它们共同的轨道周期慢时，上一问结果如何？

（c）当卫星处于逆行轨道时，即它的轨道角动量与行星的自转角动量相反，上一问结果如何？

习题 2.26 I

沿时间逆向推导月球轨道的演化。利用地月系统角动量守恒，推导出式（2-80）的一个变形。在计算中可以忽略太阳潮汐，但是要定性说明其影响。假设 k_{T1}/Q_1 保持不变，并使用双壳贝类化石的数据来确定该常数的值。把结果表示成 $a_2(t)$ 的形式，其中 a_2 以 $R_\oplus$ 为单位，t 以距今 10 亿年为单位。由于潮汐演化在天体更近的时候要快得多，结果应该表明在不到 40 亿年前，月球离地球相当近。这曾被认为是一个主要的问题，直到人们认识到今天地球上潮汐耗散的很大一部分是由浅海中水的晃动引起的，而在过去，当地球大陆构型不同时，k_{T1}/Q_1 可能会小得多。

习题 2.27 I

由于月球在地球上引起潮汐隆起的滞后，月球正在远离地球。这一过程将一直持续到地球上一天与一个阴历月一样长。

（a）忽略太阳摄动，这一天/月的周期是什么？为了计算地球的转动惯量，可以用均质球体来近似地球。如果误差小于 5%，也可以使用其他近似。以秒为单位表示答案。

（b）当一天和一个月相等时，比较月球轨道半径和地球希尔球的半径。

（c）定性分析太阳对地月系统潮汐演化的影响是什么？具体来说，月球是否会在离地球较近或较远的地方停止远离地球？这种影响是大还是小？解释一下。

习题 2.28 D

只有当行星和卫星的自转周期都与它们的共同轨道周期相等，并且自转方向和轨道运动方向相同时，一个受到潮汐耗散的行星/卫星系统才能达到真正的平衡状态。

（a）画出这个系统的示意图。

（b）证明系统对于给定的总角动量，一般有两种可能的平衡状态，一种是天体彼此靠近，大部分角动量存在于行星的旋转中；另一种是天体相距较远，大部分角动量存在于卫星的轨道运动中。

(c) 这样的系统能否稳定？在什么情况下这样的系统是稳定的？

(d) 这两种平衡状态能否存在于所有的行星/卫星系统中，为什么？

习题 2. 29 D

两个卫星受到潮汐力的影响，螺旋远离它们的行星。它们具有稳定的轨道共振锁定，因此轨道周期之比始终是一个常数（Peale 1976）。计算平衡状态（即假设卫星的轨道偏心率不变）下潮汐加热的可用能量。答案应当和以下参数相关：两个卫星的质量 m_{I} 和 m_{II}，行星的质量 m_p，两个卫星的角速度 n_{I} 和 n_{II}，行星对卫星各自施加的潮汐力矩（z 向分量）$\dot{L}_{\text{I}(p)}$ 和 $\dot{L}_{\text{II}(p)}$。

提示：利用角动量守恒和能量守恒

$$\frac{\mathrm{d}}{\mathrm{d}t}(L_{\text{I}} + L_{\text{II}}) = \dot{L}_{\text{I}(p)} + \dot{L}_{\text{II}(p)} \tag{2-81}$$

$$\frac{\mathrm{d}}{\mathrm{d}t}(E_{\text{I}} + E_{\text{II}}) = \dot{L}_{\text{I}(p)} n_{\text{I}} + \dot{L}_{\text{II}(p)} n_{\text{II}} - \mathcal{H} \tag{2-82}$$

式中，L_{I} 和 L_{II} 是卫星的轨道[①]角动量，E_{I} 和 E_{II} 是卫星的轨道能量，$\mathcal{H}$ 是加热速率。

习题 2. 30 E

计算 $\beta = 0.3$，半长轴 $a = 1$ AU 的尘埃粒子绕太阳运动的轨道周期。

习题 2. 31 I

一个 $\beta = \beta_0$ 的粒子以圆轨道绕太阳运动。这个粒子分裂成 $\beta = \beta_n$ 的小粒子，这些新粒子的偏心率和半长轴分别为多少？

习题 2. 32 I

(a) 证明一个位于偏心开普勒轨道上的天体在近日点处释放的尘埃可以逃逸出太阳系，如果它所受的光压和引力之比满足

$$\beta \geqslant \frac{1 - e}{2} \tag{2-83}$$

(b) 对在远日点释放的尘埃稳定性推导类似的表达式。

习题 2. 33 I

考虑土星环上一个位于 $1.5 R_{\text{h}}$，半径 $0.1\ \mu m$ 的冰粒子（$\rho = 1$ g/cm³）。

(a) 计算正午时刻粒子受到太阳和土星反射光的光压（土星的反射率为 0.46）。

提示：利用图 2-23 估计 Q_{pr}。

---

① 理论上应当包括卫星的自转角动量，但是自转角动量太小，所以可在此忽略。

（b）比较光压和太阳以及土星的引力。计算适当的 β。粒子将发生什么？（向外运动，向内运动，还是留在原轨道上？）

习题 2.34 I

本题关注地球轨道上人造卫星的轨道衰减，但是也适用于由于行星大气外延而造成的其他粒子衰减，例如天王星环上粒子的轨道衰减。

卫星的质量为 m，阻力截面 πR^2，初始位于半长轴 a_0 的圆轨道上。大气密度由 $\rho = \rho_0 \exp[-(a-a_0)/H]$ 给出，其中 H 是大气标高（4.1节）。假设阻力系数是 0.4，气动阻力方程为 $F_D = 0.4\rho\pi R^2 v^2$。

（a）假设 F_D 很小，计算半长轴在一圈轨道中的变化关于 F_D 的函数。

（b）计算 F_D 关于 a 的函数。

（c）利用（a）和（b）的结果，近似计算卫星轨道半长轴关于时间的函数。

习题 2.35 E

（a）利用爱因斯坦的著名方程

$$E = mc^2 \qquad\qquad (2-84)$$

计算太阳由于辐射光子的质量减少速率。

（b）估计太阳在 40 亿年中累积质量损失。可以假设太阳光度和太阳风保持不变，而太阳的中微子光度可以忽略不计。

第 3 章　太阳加热与能量传输

热力学三定律：

1）你无法获胜。

2）你无法实现收支平衡。

3）你无法退出。

——匿名

温度是行星物质最为基本的属性之一，在日常生活中屡见不鲜，比如季节、烹饪等。温度在化学和热力学最基本的概念中也很常见，例如，H_2O 在 273～373 K（标准大气压下）为液体，温度更高时为气体，冷却之后则为固体；硅酸盐大体上在更高的温度范围内具有类似的状态变化，甲烷在更低的温度下凝结和冻结。大多数物质加热后会膨胀，气体体积膨胀得最多；液态汞的热膨胀系数使其在 17 世纪至 20 世纪成为大多数温度计的"有效成分"。由特定原子混合组成的平衡态分子成分一般取决于温度（以及压强），混合物达到化学平衡所需的时间一般随着温度的升高而快速缩短。温度和气压的梯度引起了大气层的风（以及地球上的洋流）和对流活动，从而在行星大气及行星内部使流体物质混合。地球的固态地壳被地幔中的对流所拖曳，因此导致了大陆漂移。温度甚至可以影响天体的运行轨迹和旋转状态，如之前所讨论的雅可夫斯基和 YORP 效应（2.7.3 节和 2.7.4 节）。

温度 T 是衡量分子、原子和离子的随机运动能量的指标。对于理想气体，能量 E 可以表示为

$$E = \frac{3}{2}NkT \tag{3-1}$$

式中，N 为粒子数量，k 为玻尔兹曼常数。天体（给定区域内）的温度由一系列混合过程所确定。大多数行星本体的主要能量来源为太阳辐射，主要的损失机制为向空间的再辐射。本章将总结太阳加热和能量传输的机制。在接下来的章节将基于此讨论行星的大气、表面及其内部。

3.1　能量平衡和温度

行星本体主要通过吸收来自太阳的辐射而被加热，同时通过向宇宙空间辐射而损失能量。对于天体表面上的某个点，它仅在白天能被太阳照亮，但白天和夜晚却都在发生辐射。单位面积上的入射能量取决于与太阳的距离和当地的太阳高度角。因此，大部分的区域在日出之前保持最冷的状态，在当地中午稍后一段时间则处于最热的状态，并且在自转

倾角 $\psi < 54°$（或 $\psi > 126°$）时，极区比赤道地区要冷。

　　长期以来，大部分行星的本体向宇宙空间辐射的总能量与其从太阳吸收的总能量几乎相同；否则，行星将被加热或者冷却（木星、土星和海王星等巨行星却不遵循这个规律，这些天体辐射出的能量比吸收的能量要大得多，这是由于其内部正在冷却或正在向中心压缩）。尽管长期的全球均衡成为一个常态，但是空间和时间的波动却很大。能量的存储从白天到黑夜，从近日点到远日点，从夏天到冬天，还能够从星球上的一个区域传输到另一个区域。本章首先在 3.1.1 节中讨论基本定律，然后在 3.1.2 节中讨论影响全球能量平衡的因素。

3.1.1　热（黑体）辐射

　　电磁辐射包括多种波长的光子，如图 3-1 所示。电磁波在真空中传播时，频率 ν 与波长 λ 相关

$$\lambda \nu = c \tag{3-2}$$

式中，c 为真空中的光速，为 2.998×10^{10} cm/s。

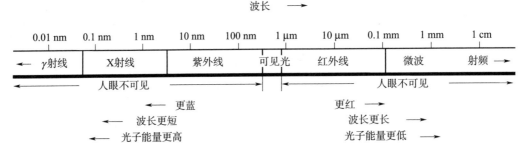

图 3-1　电磁频谱（改编自 Hartmann 1989）

　　大部分物体能发出频谱连续的电磁波辐射。这种热辐射能够由"黑体"辐射理论近似等效。黑体定义为一种能够吸收落于其上的所有辐射（包括所有的频率和入射角度等），而不对辐射进行反射或散射的物体。在相同的频率下，物体辐射发射的能力与其辐射吸收的能力相同。黑体辐射由普朗克[①]辐射定律（Planck's Law）描述

$$B_\nu(T) = \frac{2h\nu^3}{c^2} \frac{1}{e^{h\nu/kT} - 1} \tag{3-3}$$

　　$B_\nu(T)$ 为比强度或亮度 [erg/（cm^2·s·Hz·sr）]，h 为普朗克常数。图 3-2（a）给出温度范围从 $40 \sim 30\,000$ K 不同黑体的亮度作为频率的函数曲线。注意对于像太阳的天体，表面温度为 $5\,777$ K，亮度曲线的峰值在可见光波段 [图 3-2（b）]，而行星（约 $40 \sim 700$ K）的亮度曲线峰值在红外波段。太阳系大多数天体在谱段峰值附近的亮度均可由黑体曲线很好地近似。

　　① 马克斯·普朗克（Max Planck，1858 年 4 月 23 日—1947 年 10 月 4 日），德国物理学家，量子力学创始人。因发现能量量子获得 1918 年诺贝尔物理学奖。普朗克星（1069 Planckia）以他的名字命名。——译者注

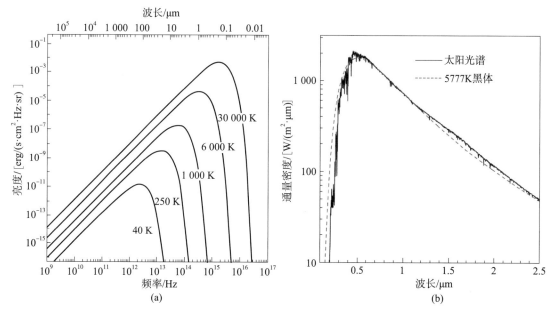

图 3-2 （a）从 40 K 至 30 000K 不同的温度下的黑体辐射曲线 $B_v(T)$，6 000 K 的曲线代表太阳光谱。（b）波长范围为 $0.1 \sim 2.5 \ \mu m$ 的太阳光谱，叠加了一条 5 777 K 的黑体光谱。（太阳数据来自 Colina et al. 1996）。

普朗克辐射定律的两个极限推导如下：

1）瑞利-金斯[①]定律（Rayleigh – Jeans law）：当 $h\nu \ll kT$ 时（例如行星本体的典型温度和射电波长）

$$e^{h\nu/kT} - 1 \approx \frac{h\nu}{kT}$$

式（3-3）能够近似为

$$B_\nu(T) \approx \frac{2\nu^2}{c^2}kT \tag{3-4}$$

2）维恩[②]定律（Wien law）：当 $h\nu \gg kT$ 时

$$B_\nu(T) \approx \frac{2h\nu^3}{c^2}e^{-h\nu/kT} \tag{3-5}$$

式（3-4）和式（3-5）比式（3-3）要简单，在它们可以应用的场景下更为易用。

求取在亮度 $B_v(T)$ 出现峰值的频率 ν_{max}，可通过将式（3-3）导数取为 0，$\partial B_v/\partial \nu =$

---

① 约翰·威廉·斯特拉特，瑞利男爵（John William Strutt, Baron Rayleigh, 1842 年 11 月 12 日—1919 年 6 月 30 日），英国物理学家。他与威廉·拉姆齐（William Ramsay）合作发现氩元素，并因此获得 1904 年诺贝尔物理学奖。他还发现了瑞利散射。瑞利星（22740 Rayleigh）以他的名字命名。——译者注

詹姆斯·霍普伍德·金斯爵士（Sir James Hopwood Jeans, 1877 年 9 月 11 日—1946 年 9 月 16 日），英国物理学家、天文学家、数学家。金斯星（2763 Jeans）以他的名字命名。——译者注

② 威廉·维恩（William Wien, 1864 年 1 月 13 日—1928 年 8 月 30 日），德国物理学家。他因为对于热辐射等物理法则的贡献，获得 1911 年诺贝尔物理学奖。威廉维恩星（48456 Wilhelmwien）以他的名字命名。——译者注

0。结果得到维恩位移定律

$$\nu_{max} = 5.88 \times 10^{10} T \qquad (3-6)$$

ν_{max} 单位为 Hz。

$$B_\lambda = B_\nu \left| \frac{d\nu}{d\lambda} \right| \qquad (3-7)$$

令 $\partial B_\lambda / \partial \lambda = 0$，黑体频谱峰值的波长为

$$\lambda_{max} = \frac{0.29}{T} \qquad (3-8)$$

λ_{max} 的单位为 cm（习题 3.1）。注意：$\lambda_{max} = 0.57 c / \nu_{max}$，由于实际上 $B_\lambda \neq B_\nu$，以波长表达的测量亮度峰值较以频率表达的亮度峰值更靠向蓝色。

天体辐射的通量密度 $\mathcal{F}_\nu$ [erg/（cm^2 · s · Hz）或 Jy][1] 如下（3.2.3.1 节）

$$\mathcal{F}_\nu = \Omega_s B_\nu(T) \qquad (3-9)$$

式中，Ω_s 为天体朝向的立体角。在一个具有均匀亮度 B_ν 的球体表面（例如，位于其中心的黑体辐射点源所引起的），通量密度为（习题 3.2）

$$\mathcal{F}_\nu = \pi B_\nu(T) \qquad (3-10)$$

通量 $\mathcal{F}$ [erg/（cm^2 · s）] 定义为将全部频率的通量密度进行积分

$$\mathcal{F} \equiv \int_0^\infty \mathcal{F}_\nu d\nu = \pi \int_0^\infty B_\nu(T) d\nu = \sigma T^4 \qquad (3-11)$$

σ 为斯特藩-玻尔兹曼常数[2]（Stefan - Boltzmann constant）。这种关系称为斯特藩-玻尔兹曼定律。需要注意的是，通量在某些文献中被定义为频率的函数，即通量密度（例如，Chamberlain and Hunten 1987，Chandrasekhar 1960）。

3.1.2　温度

通过测量某个天体一小段辐射（普朗克）曲线，可以确定这个黑体的温度。但这种方式通常不适用，因为大部分天体不是完美的黑体，其所展示出的频谱特性使得温度测量变得复杂。通常将观测到的通量密度 $\mathcal{F}_\nu$ 与亮温 T_b 联系起来，亮温 T_b 是在这个特定频率下具有相同亮度的黑体的温度 [即用 T_b 代替式（3-3）中的 T]。相反地，如果可以确定一个天体的所有频率上积分的总通量，则与发射出相同能量或通量 $\mathcal{F}$ 的黑体所对应的温度称为有效温度 T_e。

$$T_e \equiv \left(\frac{\mathcal{F}}{\sigma} \right)^{1/4} \qquad (3-12)$$

---

① 1 Jy（扬斯基）$\equiv 10^{-23}$ erg/（cm^2 · s · Hz）

② $\sigma \equiv 5.670\,4 \times 10^{-5}$ erg/（cm^2 · deg^4 · s）$= 5.6704 \times 10^{-8}$ W/（m^2 · deg^4），参见附录表 C-3。——译者注

约瑟夫·斯特藩（Jožef Štefan，1835 年 3 月 24 日—1893 年 1 月 7 日），奥匈帝国斯洛文尼亚裔物理学家、数学家、诗人。——译者注

路德维希·爱德华·玻尔兹曼（Ludwig Eduard Boltzmann，1844 年 2 月 20 日—1906 年 9 月 5 日），奥地利物理学家、哲学家。他发展了统计力学，并且从统计概念出发阐释了热力学第二定律。玻尔兹曼星（24712 Boltzmann）以他的名字命名。——译者注

天体所发射出的大部分辐射的频率范围可以通过维恩位移定律［式（3－6）］来估计。对于温度为 150～300 K（内太阳系）的天体，通常是中红外波长（10～20 μm），对于外太阳系 40～50 K 的天体，通常是远红外波长（60～70 μm）。

3.1.2.1　反照率和发射率

当天体被太阳照亮时，它会将一部分能量反射回太空（这使得天体可见），同时剩余的能量被吸收。原则上，可以确定在每个频率上有多少入射辐射被反射到太空；入射能量与反射、散射能量之和的比率称为单色反照率 $A_ν$（monochromatic albedo）。通过频率积分，天体反射或散射的总辐射与来自太阳的总入射光之比称为球面反照率 A_b（Bond albedo）。天体吸收的能量或通量决定了其温度，在 3.1.2.2 节将对其进行讨论。关于反照率，重要的是要考虑单位表面单元如何散射光。太阳光从行星上被散射出去，被望远镜所接收。四个相关的角：i 为入射光与行星表面法线的夹角；$θ$ 为望远镜接收到的反射光线（即沿视线的光线）与表面法线的夹角（图 3－3）；$φ$ 为从天体上看的相位角或反射角（图3－4）；散射角 $φ_{sc}$，定义为光子在散射时的方向变化。散射角和相位角相互关联

$$φ \equiv 180° - φ_{sc} \tag{3-13}$$

相位积分 q_{ph} 包含散射角的相位相关性

$$q_{ph} \equiv 2 \int_0^π \frac{\mathcal{F}(φ)}{\mathcal{F}(φ=0°)} \sin φ \, dφ \tag{3-14}$$

对于日心距小于 1 AU 的行星（水星、金星）和月球，可以从地球上对相位积分进行测量，因为反射角 $φ$ 在 0°到 180°之间变化。从地球上观测到的外行星相位角接近于 0°。利用观测到的从天体中心到边缘的变化数据可以在地球上恢复有关相位积分的附加信息，但只有借助于探测器数据才能确定完整的相位积分。

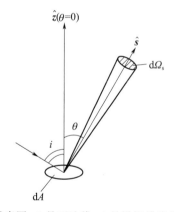

图 3－3　面元 dA 的几何示意图：$\hat{z}$ 是面法线，$\hat{s}$ 是沿视线光线，$θ$ 是光线与面法线的夹角

定义球面反照率

$$A_b = A_0 q_{ph} \tag{3-15}$$

A_0 表示几何反照率或正面反照率

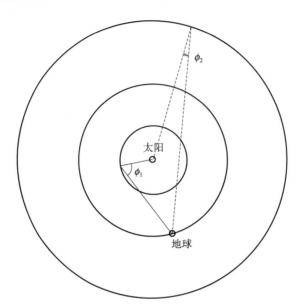

图 3-4　被太阳照射的天体对光的散射，以及地球接收到的辐射。对于纯后向散射辐射，相位角 $\phi = 0°$；而对于纯前向散射光，相位角 $\phi = 180°$。散射角 $\phi_{sc} = 180° - \phi$。有两颗行星：一颗在地球轨道内，相位角为 ϕ_1；另一颗在地球轨道外，相位角为 ϕ_2

$$A_0 = \frac{r_{\odot\,\mathrm{AU}}^2\,\mathcal{F}(\phi = 0°)}{\mathcal{F}_{\odot}} \qquad (3-16)$$

式中，$\mathcal{F}(\phi = 0°)$ 是相位角 $\phi = 0°$ 时从天体反射的通量。日心距 $r_{\odot\,\mathrm{AU}}$ 用 AU 表示，太阳常数 $\mathcal{F}_{\odot}$ 定义为 $r_{\odot\,\mathrm{AU}} = 1$ 时的太阳通量

$$\mathcal{F}_{\odot} = \frac{\mathcal{L}_{\odot}}{4\pi r_{\odot}^2} = 1.37 \times 10^6\,\mathrm{erg/(cm^2 \cdot s)} \qquad (3-17)$$

式中，$r_{\odot}$ 为日心距（cm），$\mathcal{L}_{\odot}$ 为太阳光度。$\mathcal{F}_{\odot}/r_{\odot\,\mathrm{AU}}^2$ 等于以 AU 表示的日心距 $r_{\odot\,\mathrm{AU}}$ 处的入射太阳通量。

　　几何反照率可以被认为是天体反射的辐射量与平坦的朗伯[①]表面（Lambertian surface）反射的辐射量之比，而平坦的朗伯表面是对全部波长漫反射的完美反射体。通常，从行星观测中确定一个称为 $I/\mathcal{F}$ 的量，其中 I 是频率为 ν 的反射强度，$\pi\mathcal{F}$ 是频率为 ν 时的入射太阳通量密度。根据这个定义，当在垂直入射下观察时，平坦朗伯表面的 $I/\mathcal{F} = 1$，因此当在相位角 $\phi = 0°$ 时观察，$I/\mathcal{F}$ 等于频率 ν 下的几何反照率。

　　如基尔霍夫[②]定律（Kirchhoff's law）所述，在相同的观察条件下，光滑的非散射球体在频率 ν 处的反射率 A_{ν} 和发射率 ϵ_{ν} 是互补的

---

　　①　约翰·海因里希·朗伯（Johann Heinrich Lambert，1728 年 8 月 26 日—1777 年 9 月 25 日），瑞士数学家、物理学家、天文学家和哲学家。他提出了宇宙存在其他行星系的假说，首度将双曲函数引入三角学，首先发表了 π 是无理数的证明。朗伯星（187 Lamberta）以他的名字命名。——译者注

　　②　古斯塔夫·罗伯特·基尔霍夫（Gustav Robert Kirchhoff，1824 年 3 月 12 日—1887 年 10 月 17 日），德国物理学家。他在电路、光谱学的基本原理均有重要贡献。基尔霍夫星（10358 Kirchhoff）以他的名字命名。——译者注

$$1 - A_\nu = \epsilon_\nu \tag{3-18}$$

如果存在散射，当在 4π 立体弧度上取平均时，反射率和发射率之和恒等于 1（能量守恒），但从特定角度观察时却不一定。

3.1.2.2　平衡温度

如果入射的太阳辐射（太阳常数）$\mathcal{F}_{in}$ 和向外再辐射的 $\mathcal{F}_{out}$ 平均而言是平衡的，那么可以计算出天体的温度。这个温度称为平衡温度。如果天体的温度完全由入射的太阳光通量决定，那么平衡温度等于有效温度。两个数值之间的任何差异都包含了有关该天体的有价值的信息。例如，木星、土星和海王星的有效温度超过其平衡温度，这意味着这些天体拥有内部热源（4.2 节和 6.1.5 节）。金星的表面温度远高于该行星的平衡温度，这是该行星大气中剧烈的温室效应的结果（4.2 节）。金星的有效温度由该行星寒冷的高层大气发出的辐射所主导。金星的有效温度与平衡温度相等，意味着金星的内部热源可以忽略不计。接下来用近似方程，讨论半径为 R 的快速旋转球形天体的太阳常数和再辐射的平均效应。本节末尾将提供更精确的方程，用于更详细的建模。

（球形）天体的日照半球接收到的来自太阳的辐射

$$\mathcal{P}_{in} = (1 - A_b)\frac{\mathcal{L}_\odot}{4\pi r_\odot^2}\pi R^2 \tag{3-19}$$

πR^2 表示拦截太阳光子的投影表面积。快速旋转的行星从其整个表面（即 $4\pi R^2$ 区域）进行能量再辐射

$$\mathcal{P}_{out} = 4\pi R^2 \epsilon \sigma T^4 \tag{3-20}$$

注意，入射的太阳辐射主要为光学波长（图 3 - 2），而行星的热辐射则主要为红外波长。发射率 ϵ_ν 在红外波长处通常接近 0.9，但在射电波长处却和 1 差得很远。根据太阳辐射和再辐射之间的平衡，$\mathcal{P}_{in} = \mathcal{P}_{out}$，可以计算出平衡温度 T_{eq}

$$T_{eq} = \left[\frac{\mathcal{F}_\odot}{r_{\odot \text{AU}}^2}\frac{(1 - A_b)}{4\epsilon\sigma}\right]^{1/4} \tag{3-21}$$

尽管这个简单的推导有许多缺点，但式（3 - 21）中的行星盘平均平衡温度给出了行星表面之下温度的有用信息。如果 ϵ 接近于 1，则平衡温度与次表层某一深度的实际（物理）温度相当。此处一般在地表以下 1 m 或更深，位于昼夜和季节温度变化剧烈的地层之下。这些层可以通过射频探测，在这些长波波段观测到的亮温可以直接与平衡温度进行比较。在式（3 - 21）的推导中，忽略了纬度和经度对太阳辐射分布的影响。这些影响的大小取决于行星的自转速度、倾角和轨道。纬度和经度的影响很大，例如，在那些没有大气且自转速度很慢，具有很小的轴向倾角，和/或绕太阳运行的轨道偏心率非常大的行星上。

在平衡温度的另一个极限中，可以思考一个缓慢自转天体的日下点。在这种情况下，式（3 - 19）中的表面积 πR^2 和式（3 - 20）中的 $4\pi R^2$ 都应替换为一个单位面积 dA。结果表明，慢自转天体的日下点平衡温度是快自转天体的圆盘平均平衡温度的 $\sqrt{2}$ 倍。用这种方法计算的日下点温度与实测的无大气天体的日下点表面温度具有较好的符合度。

对于更详细的建模，应考虑行星表面位置 (α,δ) 处每单位表面积 dA 入射的太阳通量

$$\frac{\mathcal{F}_{in}}{dA} = \int_0^\infty (-A_\nu)\frac{(\mathcal{F}_\odot)_\nu}{4\pi r_{\odot \mathrm{AU}}^2} \times \cos[\alpha_\odot(t)-\alpha]\cos[\delta_\odot(t)-\delta]\,d\nu \tag{3-22}$$

式中，$(\alpha_\odot,\delta_\odot)$ 是太阳的坐标，A_ν 是频率 ν 处的反射率。表面单元 dA 根据斯特藩-玻尔兹曼定律发出辐射

$$\mathcal{F}_{out} = \epsilon \sigma T^4 dA \tag{3-23}$$

发射率 ϵ_ν 取决于波长；对于与所考虑的波长相比体积较大的天体，发射率通常从十分之几到 1 不等。对于远小于波长（$R \lesssim 0.1\lambda$）的天体，则无法有效辐射。

3.2 能量传输

天体的温度结构由能量传输效率决定。能量传输有三种主要机制：传导、辐射和质量运动。通常，这三种机制中有一种主导并决定了任何给定区域的热分布。固体中的能量传输通常以传导为主，而辐射通常在空间和稀薄气体中占主导地位。质量运动在流体和稠密气体中非常重要，可以通过一种称为平流的过程来传递能量和其他特性。行星最重要的平流过程是对流，是由浮力而产生的垂直运动。在大气科学中，平流一词通常（主要）用于水平传输。

所有这三种能量传输机制在日常生活中均有经验，例如，在炉子上烧水时，整个锅包括把手（特别是金属）通过传导被加热，而锅里的水主要是通过上下运动的"对流"加热。这些运动以气泡的形式可见，气泡因为比周围的水轻而上升。热量从太阳传输到行星、卫星等，要通过辐射。尽管在这些例子中，占主导地位的传输机制是显而易见的，但这并不总是很容易确定；在行星内部的某些部分，能量传输主要由对流运动所主导，而在其他部分，传导是最为有效的。在一颗行星的大气层中，这三种机制通常都会遇到，尽管在一定的高度范围内，某一种特定的机制通常占主导地位。几乎所有进出行星本体的能量都是通过辐射传递的（木卫一是一个例外，木卫一通过潮汐耗散从其轨道接收到大量能量，见 2.6.3 节和 5.5.5.1 节）。本节将讨论这三种主要的能量传输机制，并在假设特定的热传输机制占主导地位的情况下，推导出表面或大气中的温度廓线方程。

3.2.1 传导

传导，即主要通过分子间的碰撞来传输能量的过程，在固体中相当重要，在稀薄的大气上部（热层上部）也很重要。在后一种情况下，平均自由程很长，原子交换位置的速度很快，因此热导率很大。这种高热导率往往会平衡这部分大气的温度。

太阳光在白天加热行星的表面，热量主要通过传导从表面向下传输。热流的流动速度，即热通量 Q [$\mathrm{erg}/(\mathrm{cm}^2 \cdot \mathrm{s})$]，由温度梯度 ∇T 和热导率 K_T 决定

$$\boldsymbol{Q} = -K_T \nabla T \tag{3-24}$$

热导率是衡量材料导热的物理能力。热容是将物质的温度提高 1 K 所需的热量。将分

子或摩尔热容 C_P 定义为在不改变压强（C_P： $dP=0$）或体积（C_V： $dV=0$）的情况下，将 1 mol 物质的温度提高 1K 所需的热量 Q。比热 c_P（或 c_V）是在不改变压强（或体积）的情况下，将 1 g 物质的温度升高 1 K 所需的能量。

$$m_{gm}c_P \equiv C_P \equiv \left(\frac{dQ}{dT}\right)_P \qquad (3-25)$$

$$m_{gm}c_V \equiv C_V \equiv \left(\frac{dQ}{dT}\right)_V \qquad (3-26)$$

式中，m_{gm} 是克摩尔[①]。次表层获得热量的速率由下式给出

$$\rho c_P \frac{\partial T}{\partial t} = -\frac{\partial Q}{\partial z} \qquad (3-27)$$

式中，ρ 为物质的密度。式（3-24）和式（3-27）共同推导出热扩散方程

$$k_d \frac{\partial^2 T}{\partial t^2} = \frac{\partial T}{\partial t} \qquad (3-28)$$

和热扩散系数

$$k_d = \frac{K_T}{\rho c_P} \qquad (3-29)$$

6.1.5.2 节的式（6-37）使用了式（3-27）～（3-29），来估算天体中温度梯度随时间 t 发生显著变化的一段深度。

昼夜温度变化的幅度和相位，以及地壳中关于深度的温度梯度，很大程度上取决于热惯量

$$\gamma_r \equiv \sqrt{K_T \rho c_P} \qquad (3-30)$$

热惯量可以衡量表面储存能量的能力。物质的热趋肤深度为

$$L_T \equiv \sqrt{\frac{2K_T}{\omega_{rot}\rho c_P}} \qquad (3-31)$$

式中，ω_{rot} 为天体自转角速度。昼夜温度变化幅度最大值发生在地表，次表层昼夜温度变化幅度呈指数衰减。热趋肤深度为变化幅度衰减到地表 $1/e$ 所对应的深度。此外，由于热量向下传递需要时间，次表层的日加热模式存在相位滞后。地表的温度在中午或之后不久达到峰值，而次表层则在下午晚些时候达到峰值温度。在夜间，表面冷却，变得比次表层更冷。然后热量从底层向上传输。然而，由于传导率是温度的函数［式（6-33）～（6-36）］，因此表面在夜间起到了隔热材料的作用，防止次表层过于迅速地冷却。图 3-5 说明了这种影响，它显示了水星上温度随深度和当地时间的变化。图 3-6 显示了在围绕太阳日心距为 0.4 AU 的圆形轨道上，一个假想的大型岩石天体的表面温度随当地时间的变化。图中给出了从 2 小时到 10^6 年不同自转周期下的温度曲线。这张图清楚地表明，峰值温度主要由日心距决定，而夜间半球的温度取决于行星的自转速率（和热惯量）。注意 $P_{rot}=2$ h 时，峰值温度从当地中午开始的时间延迟。这种延迟是由快速的自转速率和相对

---

① 克摩尔是以克为单位的摩尔分子的质量。1 mol 含有 $N_A \equiv 6.022 \times 10^{23}$ 个分子（N_A 是阿伏加德罗常数），其质量在数值上等于以原子质量单位（amu）表示的重量。因此，1 mol 最轻最常见的碳原子同位素的质量为 12 g。

较高的热惯量共同作用的结果。

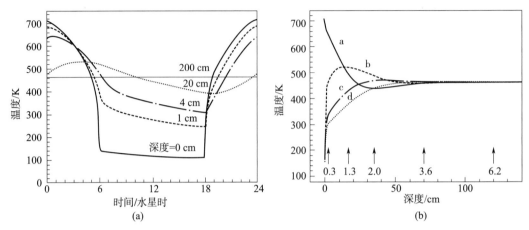

(a)　　　　　　　　　　　　　　(b)

图 3-5　（a）水星的赤道温度结构是当地正午后不同深度的日下点经度（即"热"经度）的函数；（b）同一地区一天中四个不同时间的垂直温度剖面：a) 中午；b) 黄昏；c) 午夜；d) 黎明。在不同的射电波长下探测不同的深度，如图底部的箭头所示（波长单位为 cm）。（Mitchell 1993）

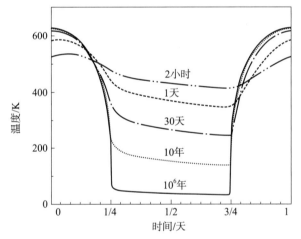

图 3-6　以日心距 0.4 AU、倾角 0°的圆形轨道绕太阳运行的固态连贯岩石天体的表面温度。曲线显示的是自转周期为 2 小时、1 天、30 天、10 年和 10^6 年的天体。假设以下参数进行计算：$A_b = 0.1$，$\epsilon_{ir} = 0.9$，$\rho = 2.8 \text{ g/cm}^3$，$\gamma_T = 36.9 \text{ mcal}/(\text{cm}^2 \cdot \text{K} \cdot \text{s}^{1/2})$，$\epsilon_r = 6.5$，且 $\tan\Delta = 0.02$。ϵ_r 和 $\tan\Delta$ 在 3.4 节定义。［图片来源：大卫·L. 米切尔（David L. Mitchell）］

　　注意，热惯量（3-30）取决于 $K_T c_P$ 的乘积，热趋肤深度（3-31）取决于 K_T/c_P 的比率以及天体的旋转角速度 ω_{rot}。火星和月球上的典型热趋肤深度约为 4 cm，水星上约为 15 cm。当热导率较低时，温度波动的振幅较大，但不会深入穿透地壳。如果热导率较高，则表面附近的温度变化较小，但会穿透次表层到更深处。尽管次表层的昼夜变化幅度可能很小，但对于具有明显自转轴倾角的行星，如地球和火星，季节性影响仍然很大。在水星日间加热具有重要作用的深度以下，温度随着经度具有一个有趣的变化。由于水星自转和公转轨道之间的 3∶2 共振，以及水星较大的轨道偏心率，日均太阳常数随经度变化显著（同样也随纬度变化）。沿水星赤道靠近经度 $\lambda = 0°$ 和 $180°$ 的区域（当水星位于近日点时的日下点经度）接收到的阳光平均约为经度 $90°$ 和 $270°$ 区域的 2.5 倍。夜间地表温度约为 100 K，与经度无关，但水星赤道附近的峰值（中午）地表温度在 $\lambda = 0°$ 和 $180°$ 时为 700 K，渐变至 $\lambda = 90°$ 和 $270°$ 时的 570 K。这种不均匀的加热模式产生了次表层温度的纵向变化，在温度的昼夜变化可以忽略的深度下，在经度 $0°$ 和 $180°$（T 大约 470 K）处的温度要高于 $90°$ 和 $270°$ 处（T 大约 350 K）。这种效应能够在射电波长约 3 cm 处观察得最为充分，此处日间加热循环的波动最小（图 5 - 50）。

3.2.2 对流

在稠密的大气、行星熔融的内部和原行星盘中，大尺度的流体运动，通常是最有效的热量传输方式，特别是对流。对流是由于温差在流体中造成的密度梯度而引起的运动。考虑一颗行星大气层中的一个小气团，它比周围环境稍微温暖一点。为了重新建立压力平衡，气团开始膨胀，因此其密度降低到低于周围环境的密度。这会导致气团上升。由于周围的气压随着高度的增加而减小，上升的气团膨胀并冷却。如果环境温度随高度迅速下降，这一气团的温度将保持高于周围环境，因此继续上升，向上输送热量。这个过程就是一个对流的例子。为了发生对流，温度必须随着气压的降低（在行星环境中向外部）而以足够快的速度降低，以使气团保持浮力。

能量传输以对流为主的大气温度结构遵循绝热递减率［式（3 - 34）］。地球对流层（也就是我们居住的大气层中大部分云层形成的区域）的温度梯度，通常接近一条绝热线（3.2.2.3 节）。由于这个递减率的推导是从流体静力平衡方程和热力学第一定律出发的，所以在下两小节中将讨论这两个概念。大气结构，即绝热递减率，随后在 3.2.2.3 节中推导。

3.2.2.1 流体静力平衡

行星大气的和行星内部的温度、压强和密度之间的关系是由重力和大气压力之间的平衡决定的，这种平衡称为流体静力平衡。考虑厚度为 Δz 且密度为 ρ 的"板"状物质。z 坐标定义向外为正（压强降低）。由于重量作用，这块板在其下方的板上产生力。每单位面积上，这个力形成一个压强。因此，穿过板的压强变化 ΔP，就是高度为 Δz 和密度 ρ 的圆柱体的重量

$$\Delta P = -g_p \rho \Delta z \tag{3 - 32}$$

总的来说，密度和重力加速度 g_p 都随高度变化，流体静力平衡方程的微分形式为

$$\frac{\mathrm{d}P}{\mathrm{d}z} = -g_p(z)\rho(z) \tag{3 - 33}$$

行星大气中温度、压强和密度（状态方程）之间的关系通常用理想气体定律（也可称为完美气体定律）来近似

$$P = NkT = \frac{\rho R_{gas} T}{\mu_a} = \frac{\rho k T}{\mu_a m_{amu}} \tag{3 - 34}$$

式中，N 是粒子数密度（cm^{-3}），R_{gas} 是理想气体常数（$R_{gas} = N_A k$，N_A 为阿伏加德罗数），μ_a 是平均分子质量（以原子质量单位表示），$m_{amu} \approx 1.67 \times 10^{-24} g$ 是一个原子质量单位的质量，略小于一个氢原子的质量。

3.2.2.2　热力学第一定律

热力学第一定律是能量守恒的表达式

$$dQ = dU + P\,dV \tag{3-35}$$

式中，dQ 为系统从周围环境吸收的热量，dU 为内能的变化（势能加动能之和），$P\,dV$ 是系统对环境所做的功，如系统的膨胀；P 是压强，dV 是体积 V 的变化。热摩尔热容 C_P 和 C_V 在上式（3-25）、（3-26）中定义，并变为

$$C_V = \left(\frac{\partial U}{\partial T}\right)_V \tag{3-36}$$

$$C_P = \left(\frac{\partial U}{\partial T}\right)_P + P\left(\frac{\partial V}{\partial T}\right)_P \tag{3-37}$$

下面假设 V 是比体积，包含 1 g 分子。微分理想气体定律给出

$$dV = \frac{k}{\mu_a m_{amu} P}dT - \frac{kT}{\mu_a m_{amu} P^2}dP \tag{3-38}$$

在理想气体中，两个热容［erg/（mol·K）］或比热［erg/（g·K）］之差由下式给出

$$C_P - C_V = R_{gas} \tag{3-39}$$

$$m_{gm}(c_P - c_V) = R_{gas} \tag{3-40}$$

用 R_{gas} 表示理想气体常数，m_{gm} 表示克摩尔的质量，见式（3-25）、（3-26）。如果在理想气体中，一个空气团绝热运动，即空气团和周围环境之间没有热量交换（$dQ = 0$），则热力学第一定律要求（习题 3.15）

$$c_V dT = -P\,dV \tag{3-41}$$

$$c_P dT = \frac{1}{\rho}dP \tag{3-42}$$

对式（3-42）积分得出干燥绝热气体的下列关系式

$$TP^{-(\gamma-1)/\gamma} = \text{常数} \tag{3-43}$$

$$P\rho^{-\gamma} = \text{常数} \tag{3-44}$$

这里 γ 定义为比热比（ratio of the specific heat），$\gamma \equiv c_P/c_V = C_P/C_V$。对于单原子、双原子和多原子气体，$\gamma$ 的典型值分别为 5/3、7/5 和 4/3。

3.2.2.3　绝热递减率

对于对流稍微不稳定的大气，我们可以利用上面的热力学关系和流体静力平衡方程（3-32）、（3-33）来获得其温度结构，或干绝热递减率（dry adiabatic lapse rate，习题 3.16）

$$\frac{dT}{dz} = -\frac{g_p}{c_P} = -\frac{\gamma-1}{\gamma}\frac{g_p \mu_a m_{amu}}{k} \tag{3-45}$$

地球上的干绝热递减率大约为 10 K/km。4.4.1 节表明，凝结潜热的作用降低了潮湿大气成云区的绝热梯度。

当温度梯度或递减率是超绝热（superadiabatic，大于绝热递减率）时，对流在能量传输方面非常有效。因此，在行星大气或流体内部，通过对流进行的能量传输能够有效地为温度随深度增加而升高的速率设置上限。当对流被平均分子质量的梯度或流动阻碍边界（如固体表面）抑制时，才可能存在实质性的超绝热梯度。

3.2.3　辐射

行星大气中的某些区域，气体的光学深度既不太大也不太小，这些区域中热量传输通常由辐射主导。通常在行星的对流层上部和平流层是这种情况（4.2 节）。辐射效率主要取决于所涉及物质的发射和吸收特性。为了建立辐射传输方程，人们需要熟悉原子和分子中的原子结构和能量转换，以及辐射"词汇"，如比强度[①]、通量密度和平均强度。在 3.2.3.4 节建立辐射传输方程之前，在 3.2.3.1 节总结了几个基本的定义；在 3.2.3.2 节～3.2.3.3 节介绍了原子和分子结构、能量跃迁以及爱因斯坦系数的基本背景。在 3.3 节导出了处于辐射平衡的大气的热结构和温室效应；在 3.4 节总结了固体的辐射传输方程。

3.2.3.1　定义

光子的能量和动量由下式给出

$$E = h\nu \tag{3-46}$$

$$\boldsymbol{p} = \frac{E}{c}\hat{s} \tag{3-47}$$

式中，h 是普朗克常数，c 是光速，ν 是频率，$\hat{s}$ 是指向传播方向的单位矢量。

在时间 dt 和频率范围 $d\nu$ 内，穿过立体角为 $d\Omega_s$ 的面元 $\hat{s} \cdot d\boldsymbol{A} = dA\cos\theta$ 的能量由下式给出，其中 θ 是曲面法线 $\hat{z}$ 与传播方向之间的夹角（见图 3 - 3）

$$dE = I_\nu \cos\theta \, dt \, dA \, d\Omega_s \, d\nu \tag{3-48}$$

式中，I_ν 为比强度（specific intensity），单位为 erg s^{-1} cm^{-2} sr^{-1} Hz^{-1}。在黑体发射的频率 ν 下辐射的比强度为

$$I_\nu = B_\nu(T) \tag{3-49}$$

用球面角（sr，即 rad^2）表示的立体角 $d\Omega_s$，其定义是在一个球体上的积分

$$\oint d\Omega_s = \int_0^{2\pi}\int_0^\pi \sin\theta \, d\theta \, d\phi = 4\pi \text{ sr} \tag{3-50}$$

平均强度 J_ν，或者辐射场的零阶矩，等于（利用变换 $\mu_\theta \equiv \cos\theta$）

$$J_\nu \equiv \frac{\oint I_\nu \, d\Omega_s}{\oint d\Omega_s} = \frac{1}{2}\int_{-1}^{1} I_\nu \, d\mu_\theta \tag{3-51}$$

---

① 也称谱强度（spectral intensity），指每单位波长或频率的强度。——译者注

辐射能量密度 u_ν 是在频率 ν 下单位体积的辐射能量。因为在真空中，光子以光速传播，所以

$$u_\nu = \frac{1}{c} \oint I_\nu \, \mathrm{d}\Omega_s = \frac{4\pi}{c} J_\nu \qquad (3-52)$$

通过对所有立体角积分，可以得到 $\hat{z}$ 方向频率 ν 的净通量密度 $\mathcal{F}_\nu$

$$\mathcal{F}_\nu = \oint I_\nu \, \mathrm{d}\Omega_s \oint I_\nu \cos\theta \, \mathrm{d}\Omega_s \qquad (3-53)$$

注意对于各向同性辐射场，净通量密度 $\mathcal{F}_\nu = 0$，因为 $\oint \cos\theta \, \mathrm{d}\Omega_s = 0$。将变量更改为 $\mu_\theta \equiv \cos\theta$，并对 ϕ 进行积分，式（3-53）变为

$$\mathcal{F}_\nu = 2\pi \int_{-1}^{1} I_\nu \mu_\theta \, \mathrm{d}\mu_\theta \qquad (3-54)$$

动量通量，沿着一条射线 $\hat{s}$ 方向的路径，在所有频率上积分，等于 $\mathrm{d}\mathcal{F}/c$。辐射压是动量通量在 $\hat{z}$ 方向上的分量

$$p_r = \frac{\mathcal{F}\cos\theta}{c} = \frac{2\pi}{c} \int_{-1}^{1} I_\nu \mu_\theta{}^2 \, \mathrm{d}\mu_\theta \qquad (3-55)$$

在各向同性辐射场中，$I_\nu(\mu_\theta) \equiv I_\nu$，辐射压等于

$$p_r = \frac{4\pi}{3c} I_\nu \qquad (3-56)$$

3.2.3.2　能量跃迁

原子或分子对光子的发射和吸收涉及能量状态的变化。每个原子由一个原子核（质子加中子）组成，原子核周围环绕着一团电子云。在半经典玻尔理论中，电子围绕原子核运行，使得离心力与库仑[①]力平衡

$$\frac{m_e v^2}{r} = \frac{Zq^2}{r^2} \qquad (3-57)$$

式中，m_e 和 v 分别是电子的质量和速度，r 是电子轨道的半径（假定为圆形），Z 是原子序数，q 是电荷。电子在轨道上的角动量为

$$m_e v r = n\hbar \qquad (3-58)$$

半径为

$$r = \frac{n^2 \hbar^2}{m_e Z q^2} \qquad (3-59)$$

式中，n 为一个整数，是主量子数（principal quantum number），且 $\hbar \equiv h/2\pi$。氢原子（$Z=1$）的最低能态半径（$n=1$）称为玻尔[②]半径（Bohr radius）：$r_{Bohr} = \hbar^2/m_e q^2$。主量子数

---

① 　查尔斯-奥古斯丁·德·库仑（Charles-Augustin de Coulomb，1736 年 6 月 14 日—1806 年 8 月 23 日），法国物理学家。他研究并总结了电荷之间的相互作用，得出了库仑定律。他在摩擦力方面也有深刻研究，对土力学发展影响巨大。库仑星（30826 Coulomb）以他的名字命名。——译者注

② 　尼尔斯·玻尔（Niels Bohr，1885 年 10 月 7 日—1962 年 11 月 18 日），丹麦物理学家。他发展了原子的玻尔模型，利用量子化的概念合理解释了氢原子的光谱。他因对原子结构和原子辐射的研究获 1922 年诺贝尔物理学奖。107 号元素（Bohrium）、玻尔星（3948 Bohr）以他的名字命名。——译者注

是径向量子数和角量子数之和：$n = n_r + k$。这些量子数定义了电子轨道的半长轴 a 和半短轴 b：$a/b = n/k$。轨道 n 的能量由下式给出

$$E_n = -\frac{Zq^2}{r} + \frac{Zq^2}{2r} = -\frac{Zq^2}{2r} \approx -\frac{\mathcal{R}Z^2}{n^2} \qquad (3-60)$$

式中，氢原子的里德伯[1]常数（Rydberg constant）$\mathcal{R} \equiv \mu_r e^4 / h^2$。约化质量 μ_r 在式（2-8）中定义，其中对应的 m_1 和 m_2 分别表示电子和原子核的质量。各种跃迁的频率可使用式（3-46）、（3-47）和（3-60）计算。图 3-7 给出了氢原子能级的例子。基态和更高能级之间的跃迁称为莱曼[2]系，其中莱曼 α 是 1 级和 2 级之间的跃迁，莱曼 β 是 1 级和 3 级之间的跃迁，以此类推。巴耳末[3]系、帕申[4]系和布拉克特[5]系分别表示 2 级、3 级和 4 级与更高级别之间的跃迁。如果电子没有束缚，原子会被电离。对于基态的氢，光子的能量 ≥ 13.6 eV 或波长小于 91.2 nm（莱曼极限，Lyman limit）可能使原子发生光致电离（photoionize，习题 3.17）。

泡利[6]不相容原理（Pauli's exclusion principle）指出，每个电子轨道由一组唯一的量子数指定，因此能级 n 的子能级总数，即 n 能级的统计权重或简并度，由下式给出

$$g_n = 2n^2 \qquad (3-61)$$

分子的能级比孤立原子的能级要多，因为原子核相对于彼此的旋转和振动需要能量。这种多样性导致了许多分子线。对于原子和分子结构的完整讨论，读者可以参考 Herzberg（1944）。

能级之间的跃迁可能导致光子的吸收或发射，能量 ΔE_{ul} 等于 u 和 l 两个能级之间的能量差。但是，跃迁只能在特定能级之间进行：它们遵循特定的选择规则。电子轨道之间的能量差以及与跃迁相关的光子频率随着 n 的增加而减小（图 3-7）。尽管在紫外或光学波长下可以观察到涉及基态的电子跃迁（$n = 1$），但高能级的跃迁（$n > 1$）、原子光谱中（超）精细结构以及分子旋转和旋转—振动跃迁都发生在红外或射电波长下，因为能级之间的间隔要小得多。因为每个原子/分子都有自己独特的一组能量跃迁，所以可以通过测

①　约翰内斯·罗伯特·里德伯（Johannes Robert Rydberg，1854 年 11 月 8 日—1919 年 12 月 28 日），瑞典物理学家。他观测了一些列元素的谱线，总结出具有普遍意义的光谱线里德伯公式。里德伯星（10506 Rydberg）以他的名字命名。——译者注

②　西奥多·莱曼（Theodore Lyman，1874 年 11 月 23 日—1954 年 10 月 11 日），美国物理学家。1906 年和密立根合作，在氢原子光谱的远紫外区发现了莱曼系，完善了氢原子光谱研究。莱曼星（12773 Lyman）以他的名字命名。——译者注

③　约翰·雅各布·巴耳末（Johann Jakob Balmer，1825 年 5 月 1 日—1898 年 3 月 12 日），瑞士数学家、物理学家。他在巴塞尔大学兼任讲师期间，寻找氢原子光谱的规律，写出了巴耳末公式，推算出当时已发现的氢原子全部 14 条谱线波长。巴耳末星（12755 Balmer）以他的名字命名。——译者注

④　路易斯·帕申（Louis Paschen，1865 年 1 月 22 日—1947 年 2 月 25 日），德国物理学家。1889 年建立帕申定律，1908 年发现氢原子光谱的帕申系。帕申星（12766 Paschen）以他的名字命名。——译者注

⑤　弗雷德里克·萨姆纳·布拉克特（Frederick Sumner Brackett，1896 年 8 月 1 日—1988 年 1 月 28 日），美国物理学家，1922 年发现氢原子光谱的布拉克特系。布拉克特星（12775 Brackett）以他的名字命名。——译者注

⑥　沃尔夫冈·欧内斯特·泡利（Wolfgang Ernst Pauli，1900 年 4 月 25 日—1958 年 12 月 15 日），奥地利理论物理学家。因泡利不相容原理获得 1945 年诺贝尔物理学奖。泡利星（13093 Wolfgangpauli）以他的名字命名。——译者注

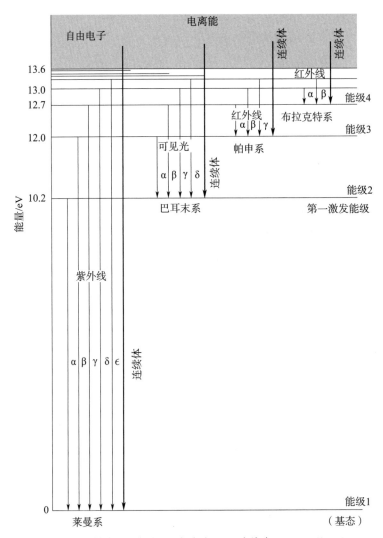

图 3 - 7　氢的能级和最低能级之间的一系列跃迁。（改编自 Pasachoff and Kutner 1978）

量吸收/发射光谱来识别大气或表面中的特定物质。根据海森堡[1]测不准原理，光子能够以与 ΔE_{ul} 稍有不同的能量被吸收/发射，产生有限宽度的曲线 Φ_ν，在 4.3.2 节更详细地讨论。

3.2.3.3　爱因斯坦系数

原子/分子气体如何保持其电子激发能级的分布（又称布居）与辐射场的平衡？原子可以吸收光子，使其处于更高的能量状态，如果处于激发状态，它可以自然地发射光子。

---

　　① 　维尔纳·海森堡（Werner Heisenberg，1901 年 12 月 5 日—1976 年 2 月 1 日），德国物理学家，量子力学创始人之一，哥本哈根学派代表性人物。他因为"创立量子力学以及由此导致的氢的同素异形体的发现"而获得 1932 年度的诺贝尔物理学奖。他对物理学的主要贡献是给出了量子力学的矩阵形式（矩阵力学），提出了海森堡不确定性原理和 S 矩阵理论等。海森堡星（13149 Heisenberg）以他的名字命名。——译者注

此外，当振子根据其相对于驱动力的相位吸收或发射能量时，辐射场可使处于高能量状态的原子转变为低能量状态，这一过程称为受激发射（stimulated emission）。

单位时间发射或吸收光子的概率可用爱因斯坦系数 A 和 B 表示。系数 A_{ul} 是单位时间内从高能级 u 到低能级 l 的自发辐射的概率；$B_{lu}J_\nu$ 是单位时间内吸收的概率，$B_{ul}J_\nu$ 是单位时间内受激发射的概率。所有概率都以频率表示。由于谱线线形 Φ_ν 的宽度有限，对于上述概率的平均强度 J_ν，应对曲线进行积分：$\int J_\nu \Phi_\nu \mathrm{d}\nu$。

在热力学平衡（thermodynamic equilibrium）状态下，下列公式是有效的。

1）辐射场服从

$$I_\nu = J_\nu = B_\nu(T) \tag{3-62}$$

2）吸收率和发射率是平衡的

$$N_l B_{lu} J_\nu = N_u A_{ul} + N_u B_{ul} J_\nu \tag{3-63}$$

3）能量态 i 的原子数密度 N_i 由气体的温度决定

$$N_i \propto g_i \mathrm{e}^{-E_i/kT} \tag{3-64}$$

g_i 为能级 i 的统计权重。N_l/N_u 的比值由玻尔兹曼方程（Boltzmann's equation）给出

$$\frac{N_l}{N_u} = \frac{g_l}{g_u} \mathrm{e}^{\Delta E_{ul}/kT} \tag{3-65}$$

上能级和下能级之间的能量差由式 $\Delta E_{ul} = E_u - E_l$ 给出。在低温下，大多数原子处于基态，而在更高的温度下，更高的能级被填充。玻尔兹曼定律的更一般形式为

$$N_i = \frac{N g_i}{Z_p} \mathrm{e}^{-E_i/kT} \tag{3-66}$$

N 是原子总数，Z_p 是配分函数

$$Z_p = \sum_j g_j \mathrm{e}^{-E_j/kT} \tag{3-67}$$

普朗克辐射定律式（3-3）可由上述公式和爱因斯坦关系导出

$$g_l B_{lu} = g_u B_{ul} \tag{3-68}$$

$$A_{lu} = \frac{2h\nu^3}{c^2} B_{ul} \tag{3-69}$$

与式（3-62）、（3-63）、（3-64）和式（3-65）、（3-66）、（3-67）相比，爱因斯坦关系不依赖于温度，因此无论介质是否处于热力学平衡，爱因斯坦关系均为有效。

质量吸收和发射系数 κ_ν 和 j_ν［单位为 erg/（g·s·sr·Hz）］变成

$$\kappa_\nu \rho = \frac{\Delta E_{ul}}{4\pi}(N_l B_{lu} - N_u B_{ul})\Phi_\nu \tag{3-70}$$

$$j_\nu \rho = \frac{\Delta E_{ul}}{4\pi} N_u A_{ul} \Phi_\nu \tag{3-71}$$

这里 Φ_ν 是谱线线形。注意，在式（3-70）中，与受激发射相加的是负的吸收系数。

3.2.3.4　辐射传输方程

当大气中能量传输的主要机制是光子的吸收和再发射时，温度-压强分布曲线以辐射

能量传输方程为主。气体云内的吸收和发射强度的变化 dI_ν 等于发射和吸收辐射之间的光强差，由下式给出

$$dI_\nu = j_\nu \rho ds - I_\nu \alpha_\nu \rho ds \tag{3-72}$$

在式（3-72）中，j_ν 是散射和/或热激发引起的发射系数，$j_\nu = j_\nu(散射) + j_\nu(热激发)$；$\alpha_\nu$ 为质量消光系数，吸收（包括受激发射）和散射都有助于消光，$\alpha_\nu = \kappa_\nu + \sigma_\nu$，这里 κ_ν 以及 σ_ν 分别是质量吸收系数和质量散射系数。

以 $\hat{z}$ 表示行星表面法线方向，$\hat{s}$ 和 $\hat{z}$ 之间的角度为 θ（图 3-3），得到 $ds = \sec\theta\, dz$。利用 $\mu_\theta \equiv \cos\theta$，式（3-72）变为

$$\mu_\theta \frac{dI_\nu}{d\tau_\nu} = -I_\nu + S_\nu \tag{3-73}$$

式中，光学深度 τ_ν 定义为消光系数的积分（沿 z 方向）

$$\tau_\nu = \int_{z_1}^{z_2} \alpha_\nu(z)\rho(z)dz \tag{3-74}$$

源函数 S_ν，定义为

$$S_\nu = \frac{j_\nu}{\alpha_\nu} \tag{3-75}$$

式（3-73）的形式解为（对于 $\mu_\theta = 1$）

$$I_\nu(\tau_\nu) = I_\nu(0) e^{-\tau_\nu} + \int_0^{\tau_\nu} S_\nu(\tau'_\nu) e^{-(\tau_\nu - \tau'_\nu)} d\tau' \tag{3-76}$$

式中，$I_\nu(0)$ 是通过吸收介质传播时衰减的"背景"辐射。在行星大气的辐射传输计算中，观察探测器进入大气层时通常定义光学深度不断增加，即在大气层的顶部 $\tau_\nu = 0$。式（3-76）则变为

$$I_\nu(0) = I_\nu(\tau_\nu) e^{-\tau_\nu} + \int_0^{\tau_\nu} S_\nu(\tau'_\nu) e^{-\tau'} d\tau' \tag{3-77}$$

对于更一般的情况，光学深度应该被替换为倾斜光学深度，即 τ/μ_θ。如果 S_ν 已知，可以求解式（3-75）得到辐射场。实际情形通常会更复杂，因为 S_ν 取决于强度 I_ν（例如通过散射）和/或介质温度，介质温度也部分取决于 I_ν。如果 S_ν 不随光学深度变化，式（3-75）简化为

$$I_\nu(\tau_\nu) = S_\nu + e^{-\tau_\nu}[I_\nu(0) - S_\nu] \tag{3-78}$$

如果 $\tau_\nu \gg 1$，那么 $I_\nu = S_\nu$，即发射强度完全由源函数决定。如果 $\tau_\nu \ll 1$，那么 $I_\nu \to I_\nu(0)$，即辐射强度由入射辐射定义。

本小节的其余部分将通过四个"经典"案例研究辐射传输方程，更明确地说是研究源函数 S_ν。这些例子有助于阐明辐射传输理论。

1）假设沿着视线方向有一团非发射的气体云，因此 $j_\nu = 0$。假设云的后面有一个辐射源。根据式（3-77），入射光 $I_\nu(0)$ 强度减小，结果得到的观测强度为

$$I_\nu(\tau_\nu) = I_\nu(0) e^{-\tau_\nu} \tag{3-79}$$

这种关系被称为朗伯指数吸收定律，也被称为比尔[①]定律（Beer's law）。如果气体云在光学上很薄（$\tau_\nu \ll 1$），式（3-79）可近似为：$I_\nu(\tau_\nu) = I_\nu(0)(1 - \tau_\nu)$。如果云层在光学上很厚（$\tau_\nu \gg 1$），辐射降低到接近零。

2）假设物质处于局部热力学平衡（local thermodynamic equilibrium，LTE），散射系数 $\sigma_\nu = 0$，且 $\kappa_\nu = \alpha_\nu$。如果物质与辐射场处于平衡状态，则发射的能量必须等于吸收的能量，如基尔霍夫定律所述

$$j_\nu = \kappa_\nu B_\nu(T) \tag{3-80}$$

式中，普朗克函数 $B_\nu(T)$，描述了热力学平衡中的辐射场。在这种情况下，源函数由下式给出

$$S_\nu = B_\nu(T) \tag{3-81}$$

原子/分子的能级根据玻尔兹曼方程（3-65）、（3-66）、（3-67）给出分布。

3）在这个例子中，j_ν 仅源于散射：$j_\nu = \sigma_\nu I_\nu$。我们接收到阳光是反射到我们所在方向的阳光（图 3-4）。一般来说，散射将辐射从一个特定的方向去除，并将其重定向或引入另一个方向。如果光子只与粒子发生一次相遇，这个过程称为单散射（single scattering）；多重散射是指多次相遇。散射辐射的角分布由散射相函数 $\mathcal{P}(\cos\phi_{sc})$ 给出，这取决于散射角 ϕ_{sc}。相位函数是归一化的，因此在球面上进行积分

$$\frac{1}{4\pi}\int \mathcal{P}(\cos\phi_{sc})\,\mathrm{d}\Omega_s = \frac{\sigma_\nu}{\alpha_\nu} \equiv \varpi_\nu \tag{3-82}$$

ϖ_ν 是单散射反照率，代表辐射中由于散射而损失的部分。如果质量吸收系数 κ_ν 等于零，单散射反照率等于 1。源函数可以写为

$$S_\nu = \frac{1}{4\pi}\int I_\nu \mathcal{P}(\cos\phi_{sc})\,\mathrm{d}\Omega_s \tag{3-83}$$

通常的散射相位函数如下。

• 各向同性散射

$$\mathcal{P}(\cos\phi_{sc}) = \varpi_\nu \tag{3-84}$$

在这种情况下，源函数变为：$S_\nu = \varpi_\nu J_\nu$。

• 瑞利散射相位函数

$$\mathcal{P}(\cos\phi_{sc}) = \frac{3}{4}(1 + \cos^2\phi_{sc}) \tag{3-85}$$

它代表了比光的波长小得多的粒子的散射，例如空气分子对太阳光的散射。

• 一阶各向异性散射

$$\mathcal{P}(\cos\phi_{sc}) = \varpi_\nu(1 + q_{ph}\cos\phi_{sc}) \tag{3-86}$$

式中，$-1 \leqslant q_{ph} \leqslant 1$。当 $q_{ph} = 0$ 时，散射是各向同性的；如果 $q_{ph} < 0$，则辐射为后向散射，如果 $q_{ph} > 0$，则辐射为前向散射。如果粒子大小相似或略大于散射光的波长，则辐

[①]　奥古斯特·比尔（August Beer，1825 年 7 月 31 日—1863 年 11 月 18 日），德国物理学家和数学家。——译者注

射主要为前向散射。

• 亨耶-格林斯坦[①]相函数

$$\mathcal{P}(\cos\phi_{sc}) = \frac{\varpi_\nu (1 - g_{hg}^2)}{(1 + g_{hg}^2 - 2 g_{hg}\cos\phi_{sc})^{2/3}} \tag{3-87}$$

式中，不对称参数 g_{hg} 表示 $\cos\phi_{sc}$ 的期望值：$g_{hg} \equiv <\cos\phi_{sc}>$。对于各向同性散射，$g_{hg} = 0$；对于前向（后向）散射，$g_{hg} > 0(<0)$。这种单参数相函数对非球形小粒子的散射具有很好的经验拟合，在行星科学中有着广泛的应用。米氏散射是从麦克斯韦[②]方程组（见 Van de Hulst 1957）中导出的球形粒子散射的解析理论，也经常被使用。

4）在局部热力学平衡和各向同性散射情况下，源函数 S_ν 变成（习题 3.20）

$$S_\nu = \varpi_\nu J_\nu + (1 - \varpi_\nu) B_\nu(T) \tag{3-88}$$

式中，$1 - \varpi_\nu = \kappa_\nu / \alpha_\nu$，为被介质吸收的辐射部分。

习题 3.20 至习题 3.23 中包含与大气中辐射传输相关的练习。例如，在习题 3.22 中，要求学生计算不同频率下火星的假想亮温。温度取决于行星大气层的光学深度；如果光学深度接近零或无穷大，问题本质上简化为上述情形 1）。如果光学深度更接近于 1，则来自行星盘和大气的辐射会对所观测到的强度有所贡献。

3.3　大气辐射平衡

对流层顶上方的区域行星平流层的能量传输（4.2 节），通常以辐射为主。如果总辐射通量与高度无关，则大气处于辐射平衡（radiative equilibrium）状态。本节将推导处于辐射平衡的大气的热分布曲线。

3.3.1　热分布

如果总通量 $\mathcal{F} = \int \mathcal{F}_\nu d\nu$ 随深度保持不变，则称大气处于辐射平衡状态，即

$$\frac{d\mathcal{F}}{dz} = 0 \tag{3-89}$$

这种大气中的温度结构可以从扩散方程（diffusion equation）得到，扩散方程是高度 z 处辐射通量的表达式。接下来将推导出一个近似于局部热力学平衡的、在光学上较厚的大气扩散方程：$I_\nu \approx S_\nu \approx B_\nu(T)$。假设大气处于单色辐射平衡状态，即

$$d\mathcal{F}_\nu/dz = 0 \tag{3-90}$$

---

① 路易斯·乔治·亨耶（Louis Geroge Henyey，1910 年 2 月 3 日—1970 年 2 月 18 日），美国天文学家。因在恒星结构和演化领域的科学贡献而闻名。亨耶星（1365 Henyey）以他的名字命名。——译者注

杰西·伦纳德·格林斯坦（Jesse Leonard Greenstein，1909 年 10 月 15 日—2002 年 10 月 21 日），美国天文学家。格林斯坦星（4612 Greenstein）以他的名字命名。——译者注

② 詹姆斯·克拉克·麦克斯韦（James Clerk Maxwell，1831 年 6 月 13 日—1879 年 11 月 5 日），英国物理学家，提出了将电、磁、光统归为电磁场现象的麦克斯韦方程组，在分子运动论方面也有建树。麦克斯韦星（12760 Maxwell）以他的名字命名。——译者注

将式（3-73）在球体上进行积分，得到［习题 3.24（a）］

$$\frac{\mathrm{d}\mathcal{F}_\nu}{\mathrm{d}\tau_\nu} = 4\pi(B_\nu - J_\nu) \qquad (3-91)$$

式中，$\mathcal{F}_\nu$ 是分层大气中穿过其中一层的通量密度。$\mathcal{F}_\nu$ 和平均强度 J_ν 均在 3.2.3.1 节中定义。将式（3-73）乘以 μ_θ，并在一个球体上积分[1]，得到 J_ν 和 $\mathcal{F}_\nu$ 的如下关系［习题 3.24（b）］

$$\frac{4\pi}{3}\frac{\mathrm{d}J_\nu}{\mathrm{d}\tau_\nu} = -\mathcal{F}_\nu \qquad (3-92)$$

将式（3-91）中设置 $\mathrm{d}\mathcal{F}_\nu/\mathrm{d}\tau_\nu = 0$，利用式（3-92）得到［习题 3.24（c）］

$$\frac{\mathrm{d}B_\nu}{\mathrm{d}\tau_\nu} = -\frac{3}{4\pi}\mathcal{F}_\nu \qquad (3-93)$$

对频率积分产生总辐射通量，或辐射扩散方程（radiative diffusion equation）

$$\mathcal{F}(z) = -\frac{4\pi}{3}\frac{\partial T}{\partial z}\int_0^\infty \frac{1}{\alpha_\nu}\frac{\partial B_\nu(T)}{\partial T}\mathrm{d}\nu \qquad (3-94)$$

式（3-94）可以通过使用平均吸收系数来简化，例如罗斯兰[2]平均吸收系数 α_R（Rosseland mean absorption coefficient）

$$\frac{1}{\alpha_R} \equiv \frac{\displaystyle\int_0^\infty \frac{1}{\alpha_\nu}\frac{\partial B_\nu}{\partial T}\mathrm{d}\nu}{\displaystyle\int_0^\infty \frac{\partial B_\nu}{\partial T}\mathrm{d}\nu} \qquad (3-95)$$

通过这种简化把辐射扩散方程写成

$$\mathcal{F}(z) = -\frac{16}{3}\frac{\sigma T^3}{\alpha_R \rho}\frac{\partial T}{\partial z} \qquad (3-96)$$

注意，如果温度梯度 $\mathrm{d}T/\mathrm{d}z$ 为负（即温度随高度降低），则通量在大气中向上移动。

应用式（3-12）和式（3-96），大气温度分布曲线为

$$\frac{\mathrm{d}T}{\mathrm{d}z} = -\frac{3}{16}\frac{\alpha_R \rho}{T^3}T_e^4 \qquad (3-97)$$

如果大气同时处于流体静力平衡和辐射平衡，并且它的状态方程由理想气体定律给出，那么其温度-压强关系为

$$\frac{\mathrm{d}T}{\mathrm{d}P} \approx -\frac{3}{16}\frac{T}{g_p}\left(\frac{T_e}{T}\right)^4 \alpha_R \qquad (3-98)$$

式（3-97）和式（3-98）是近似的，因为都使用了平均吸收系数。T 和 $B_\nu(T)$，以及许多吸收气体的丰度，在行星大气中随深度而变化。求解温度结构的最佳方法是求解所有频率下的传输式（3-73），并且要求通量 $\mathcal{F}$ 随深度为恒定的，如式（3-89）。

---

[1]　此处假设了比强度为各向同性，见习题 3.24（b）。——译者注
[2]　斯韦恩·罗斯兰（Svein Rosseland，1894 年 3 月 31 日—1985 年 1 月 19 日），挪威天体物理学家，理论天体物理学先驱。罗斯兰星（1646 Rosseland）以他的名字命名。——译者注

3.3.2　温室效应

如果一颗行星被光学厚度在红外波段很厚的大气所覆盖，那么它的表面温度会大大高于其平衡温度，这种情况被称为温室效应（greenhouse effect）。太阳光在光学波长处具有峰值强度［图 3-2、式（3-6）、式（3-7）和式（3-8）表示温度约 5 700 K 的黑体］，其进入在可见光波段相对透明的大气，对行星表面进行加热。温暖的行星表面在红外波段辐射其热量。这种辐射不会立即逃逸到行星际空间，而是被大气分子吸收，特别是 CO_2、H_2O 和 CH_4。当这些分子退激发时，红外波长的光子向随机方向发射。这一过程的净影响是大气（和行星表面）温度升高，直到太阳能输入和出射行星的通量达到平衡（图 3-8）。本小节计算处于辐射平衡的大气中的温室效应。由于我们关心的是红外波长的大气加热，此时行星本身就是能量源，因此，大气是从下面加热的，从而忽略了太阳光对大气气体的直接照射。

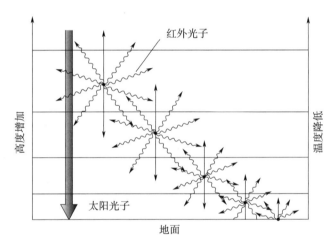

图 3-8　含有温室气体的大气辐射透射和散射的示意图。短波阳光穿过大气层，将能量传递到地表。相比之下，地表以更长的波长对能量进行再辐射，大部分辐射能量被大气中的温室气体向下辐射回去[1]。（Lunine 2005）

对于这种分析，使用双流近似（two-stream approximation）非常方便

$$I_\nu = I_\nu^+ + I_\nu^- \tag{3-99}$$

这里 I_ν^+ 和 I_ν^- 分别为频率 ν 下的向上和向下的辐射。通过一层的净通量密度变为

$$\mathcal{F}(z) = \pi(I_\nu^+ - I_\nu^-) \tag{3-100}$$

考虑大气为单色辐射平衡（$d\mathcal{F}_\nu/dz = 0$）和局部热力学平衡，并被从下方加热（即在大气层顶部 $I_\nu^- \equiv 0$）。地面向上的辐射强度 $I_{\nu g}^+$ 可以借助式（3-99）、式（3-100）和（3-91）（习题 3.25）表示为

---

① 原文此处用词为散射（scattering back downward）不正确。气体主要是热辐射，云和雾霾粒子才是散射。——译者注

$$I_{\nu g}^{+} \equiv B_{\nu}(T_g) = B_{\nu}(T_1) + \frac{1}{2\pi}\mathcal{F}_{\nu} \tag{3-101}$$

式中，T_1 是地面以上的大气温度。在大气层顶部向下和向上的强度为

$$I_{\nu 0}^{-} \equiv 0 = B_{\nu}(T_0) - \frac{1}{2\pi}\mathcal{F}_{\nu} \tag{3-102}$$

$$I_{\nu 0}^{-} = B_{\nu}(T_0) + \frac{1}{2\pi}\mathcal{F}_{\nu} = 2B_{\nu}(T_0) \tag{3-103}$$

式中，T_0 是上边界的温度，通常称为热表温度（skin temperature）。因此，大气顶部向上的强度是温度 T_0 下的不透明黑体发射强度的两倍。通过在 τ 下求解式（3-93），并使用式（3-102）

$$B_{\nu}(\tau) = B_{\nu}(T_0)\left(1 + \frac{3}{2}\tau_{\nu}\right) \tag{3-104}$$

可以得到亮度，也就是温度。通过斯特藩-玻尔兹曼定律，式（3-11）对频率进行积分并进行温度转换，得出

$$T^4(\tau) = T_0^{\ 4}\left(1 + \frac{3}{2}\tau\right) \tag{3-105}$$

天体的总辐射通量可通过式（3-103）对频率进行积分得到。该通量转化为有效温度 T_e

$$T_e^4 = 2T_0^4 \tag{3-106}$$

如果天体的温度完全由入射的太阳通量决定，则有效温度和平衡温度相等，即 $T_e = T_{eq}$。在大气层顶部，光学深度为 0，温度 $T_0 \approx 0.84 T_e$。通过结合式（3-105）和式（3-106），可以看到温度 $T(\tau)$ 等于光学深度 $\tau(z)=2/3$ 处的有效温度 T_e。因此，从大气有效深度（其中 $\tau=2/3$）能接收到连续辐射（习题 3.26）。

地面或表面温度 T_g 可由式（3-101）得出

$$T_g^4 = T_1^4 + \frac{1}{2}T_e^4 \tag{3-107}$$

注意有一个不连续性：表面温度 T_g 高于其上的大气温度 T_1。在真实的行星大气中，传导减少了这种差异。式（3-107）可利用式（3-104）和式（3-106）重写为

$$T_g^4 = T_e^4\left(1 + \frac{3}{4}\tau_g\right) \tag{3-108}$$

这里 τ_g 是地面的光学深度。式（3-108）表明，如果大气在红外波段的不透明度较高，辐射大气中的表面温度可能非常高。

金星的温室效应尤其强烈，金星表面温度达到 733 K，远高于约 240 K 的平衡温度。这种温室效应在土卫六和地球上也很明显，火星也有较小程度的温室效应。

然而，土卫六上的温室效应加热有一部分被平流层中小雾霾粒子的冷却所抵消，这些雾霾粒子阻挡了阳光中的短波，但对土卫六的长波热辐射则是透明的，这个过程被称为反温室效应。地球上在巨大的火山爆发后可以观察到类似的影响，如 1991 年菲律宾的皮纳图博火山爆发，向平流层注入了大量的火山灰。

对假设处于辐射平衡的大气进行的计算可能产生超绝热递减率（例如在行星的对流层中）。在这种情况下，发生对流并驱使大气结构成为绝热层，假设辐射−对流平衡（radiative−convective equilibrium），则可以更好地计算温度结构，其中对流层提供与辐射平衡下产生的数量相同的向上辐射通量，而对流层的温度结构是绝热的。与辐射平衡计算结果相比，由此计算出的温度在地表附近略低，而在高海拔地区则略高。

冰状物质允许阳光穿透地表以下几厘米或更深的地方，但对热红外辐射的再辐射则是大部分不透明的。因此，次表层区域可能会变得比预示的平衡温度更高。与大气捕获热红外辐射类似，这个过程被称为固态温室效应（solid−state greenhouse effect）。这一过程在诸如伽利略卫星和彗星等冰状天体上可能很重要。

3.4　表面辐射传输

行星的平衡温度可以由入射太阳辐射和向外辐射之间的平衡来确定，见式（3−19）和式（3−20）。热量主要通过传导向下传递（3.2.1 节），并且如果已知物质的反照率、发射率、热惯量和热趋肤深度，则可以确定地壳层中的热结构。行星的亮温，即在特定波长下发射相同能量的黑体的温度，可以通过对穿过地壳层的辐射传输方程（3−73）进行积分来计算。质量吸收系数 κ_ν 通常表示为

$$\kappa_\nu = \frac{2\pi\sqrt{\epsilon_r}\tan\Delta}{\rho\lambda} \tag{3−109}$$

式中，ϵ_r 是复介电常数的实部。物质的损耗角正切 $\tan\Delta$（loss tangent）为介电常数的虚部与实部之比。注意，介电常数通常与波长有关。根据经验确定，损耗角正切随物质密度近似线性增加。对于月球，波长在几毫米到 20 cm 之间时，$\tan\Delta/\rho \approx 0.007 \sim 0.01$。

物质的电趋肤深度 L_e（electrical skin depth）等于到达单位光学深度的深度

$$L_e = \frac{\lambda}{2\pi\sqrt{\epsilon_r}\tan\Delta} \tag{3−110}$$

电趋肤深度通常为 10 个波长的数量级。因此，在红外波段可以探测到表层，而在射电波段可以探测到地壳下几米深。因此，射电观测可以对温度昼夜变化的全部区域进行采样，通过对太阳加热和向外辐射进行模拟，然后利用模拟数据与射电数据的比较，可以限定地壳上部几米处的热学和电学特性。例如，通过这些方法，人们注意到水星的表面基本没有玄武岩（5.5.2 节）。

在 3.2.1 节讨论了当热量通过传导向下穿过地壳时，行星的次表层如何在白天被加热。次表层的辐射向上传输，并通过地表传输到太空中。如果 θ_i 是相对于表面法线的角度，在该角度处，来自表面下方的辐射撞击到表面上（图 3−9），可以使用斯涅尔[①]折射定律（Snell's law of refraction）来关联 θ_i 和透射角或发射角（朝向观察者）θ_t，以及反射

---

① 威理博·斯涅尔·范罗廷（Willebrord Snel van Royen，1580 年 6 月 13 日—1626 年 10 月 30 日），荷兰天文学家、数学家和物理学家。——译者注

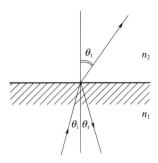

图 3 - 9　折射率 $n_2 < n_1$ 的两种介质界面辐射的折射和反射几何关系。相对于表面法线测量，θ_i 和 θ_r 分别为入射角和反射角；θ_t 是光线通过介质传输（折射）的角度

分量的传播方向 θ_r

$$\theta_i = \theta_r \tag{3-111}$$

$$\frac{\sin\theta_t}{\sin\theta_i} \equiv n = \frac{n_1}{n_2} = \sqrt{\frac{\epsilon_{r1}}{\epsilon_{r2}}} \tag{3-112}$$

n_1 和 n_2 是折射率，ϵ_{r1} 和 ϵ_{r2} 分别为两种介质的介电常数的实部。对于从行星表面以下进入太空的辐射（$n_2 = 1$），有 $n = n_1 = \sqrt{\epsilon_r}$，且 $\sin\theta_t > \sin\theta_i$。通过地表向太空传输的地下辐射等于 $1 - R_{0, p}(\theta_t)$，其中，地壳-真空界面处的菲涅耳反射系数 $R_{0, p}(\theta_t)$，它是频率 ν 下反射波与入射波能量之比。

假设表面完全光滑，则发出热辐射的每个偏振的极化方向的菲涅耳[①]反射系数如下

$$R_{\parallel} = \frac{\tan^2(\theta_i - \theta_t)}{\tan^2(\theta_i + \theta_t)} \tag{3-113}$$

$$R_{\perp} = \frac{\sin^2(\theta_i - \theta_t)}{\sin^2(\theta_i + \theta_t)} \tag{3-114}$$

式中，$R_{\parallel}$ 和 $R_{\perp}$ 分别表示在入射面内和垂直于入射面的方向的线极化。假设次表面辐射是非极化的，则频率 ν 处的发射率 $\epsilon_\nu(\theta_t)$ 为

$$\epsilon_\nu(\theta_t) = 1 - \frac{1}{2} R_{\perp}(\theta_t) - \frac{1}{2} R_{\parallel}(\theta_t) \tag{3-115}$$

利用辐射传输方程，假设源函数 S_ν 由普朗克函数 $B_\nu(T)$ 给出，极化 p 在频率 ν 上的亮温可以表示为

$$T_{B_p}(\theta_t) = [1 - R_{0, p(\theta_i)}] \int_0^\infty \frac{\rho_\nu(z)\alpha_\nu(z)T_b(z) e^{-\tau_\nu(z) / \sqrt{1 - \epsilon_r(z)^{-1}\sin^2\theta_i}}}{\sqrt{1 - \epsilon_r(z)^{-1}\sin^2\theta_i}} dz \tag{3-116}$$

$T_b(z)$ 表示深度 z 处的次表层亮温

$$T_b(z) = \frac{h\nu/k}{e^{h\nu/kT(z)} - 1} \tag{3-117}$$

---

① 奥古斯丁-让·菲涅尔（Augustin - Jean Fresnel，1788 年 5 月 10 日—1827 年 7 月 14 日），法国物理学家，波动光学理论的主要创建者之一。菲涅尔星（10111 Fresnel）以他的名字命名。——译者注

$T(z)$ 为深度 z 处的物理温度。虽然来自行星次表层的热辐射通常是非极化的，但出射辐射是极化的。极化向行星边缘的方向剧烈增强，并且当视角大于约 $70°$，出现一种称为菲涅耳临边变暗的效应（Fresnel limb darkening）。表面的粗糙度会降低极化和临边变暗效应。

从自由空间入射表面的波在垂直入射方向的菲涅耳系数为（习题 3.29）

$$R_0 = \left(\frac{1 - \sqrt{\epsilon_r}}{1 + \sqrt{\epsilon_r}}\right)^2 \tag{3-118}$$

自由空间中的反射波在布儒斯特[①]入射角（Brewster angle of incidence）$(R_{\parallel} = 0)$ 处，垂直于入射面的平面内呈线极化，即

$$\tan\theta_i = n = \sqrt{\epsilon_r} \tag{3-119}$$

如果入射平面波在入射平面内呈线极化，则在布儒斯特角处不会反射任何波。

3.5　延伸阅读

光谱学方面的参考书：

Bernath，P. F.，2005. Spectra of Atoms and Molecules. Oxford University Press，Oxford. 439pp.

Herzberg，G.，1944. Atomic Spectra and Atomic Structure. Dover Publications，New York. 257pp.

Townes，C. H.，and A. L. Schawlow，1955. Microwave Spectroscopy. McGraw-Hill，New York. 698pp.

详细讨论辐射传热的参考书：

Chandrasekhar，S.，1960. Radiative Transfer. Dover，New York. 392pp.

Rybicki，G. B.，and A. P. Lightman，1979. Radiative Processes in Astrophysics. John Wiley and Sons，New York. 382pp.

Shu，F. H.，1991. The Physics of Astrophysics. Vol. I：Radiation. University Science Books，Mill Valley，CA. 429pp.

Thomas，G. E.，and K. Stamnes，1999. Atmospheric and Space Science Series：Radiative Transfer in the Atmosphere and Ocean. Cambridge University Press，Cambridge. 517pp.

关于光散射的经典著作：

Van de Hulst，H. C.，1957. Light Scattering by Small Particles，Wiley，New York.

---

①　大卫·布儒斯特爵士（Sir David Brewster，1781 年 12 月 11 日—1868 年 2 月 10 日），英国数学家、物理学家、天文学家。他在光学领域贡献显著，研究了压缩所致的双折射现象，并发现了光弹性效应，发明了万花筒并改良了用于摄影的立体镜。他还发明了双筒照相机、两种偏振仪。大卫布儒斯特星（5845 Davidbrewster）以他的名字命名。——译者注

(Dover edition，1981，470pp.)

3.6　习题

习题 3.1 E

（a）以 λ 而不是 ν 的形式写出普朗克辐射定律 [式（3-3）]。

（b）使用（a）中的表达式推导式（3-7）。

习题 3.2 E

半径为 R 的球体，在距离观察者 r 处，具有均匀的亮度 B。如果光线与球体相交，则比强度等于 B，否则为零。利用式（3-53）和（3-54），用亮度 B 和 θ_c 表示通量 $\mathcal{F}$，θ_c 为观察者发出的光线与球体相切的角度（即从观察者的角度看，球所对的角度为 $2\theta_c$）。在球面上，$\mathcal{F}=\pi B$ [式（3-10）]。

习题 3.3 I

（a）求出 2.7 K 背景辐射在空间中的单向能量通量（提示：与辐射场处于热平衡状态的黑体与辐射场的温度相同），用 cgs 单位 [erg/（cm^2 • s）] 表示。注意，由于背景辐射（几乎）是各向同性的，所以所有方向上的净通量总和为零。

（b）银河系恒星（太阳除外），从太阳系看去，占据的总立体角约为 10^{-14} sr。假设一个典型的恒星有效温度为 10 000 K（权重偏向于蓝色恒星，因为蓝色恒星辐射了大部分能量），那么来自银河系恒星的单向能量通量是多少？

（c）计算地球轨道、海王星轨道和距离为 25 000 AU 的典型奥尔特云的太阳能通量。

习题 3.4 I

（a）尘埃颗粒被星际辐射场加热，而星际辐射场的温度为 T_{ISM}。如果颗粒是一个完美的黑体，它的温度也会是 T_{ISM}。颗粒的实际温度会比这个值高还是低，为什么？

（b）假设尘埃颗粒在紫外波段完全被星际辐射场加热，紫外通量为 2×10^6 光子/（cm^2 • s • nm）。辐射带宽为 100 nm，平均能量为 9 eV/光子。如果颗粒的辐射效率为 0.1%，则计算其温度。把答案和（a）的结果进行比较。

习题 3.5 E

计算月球的平衡温度：

（a）在整个月球表面的平均值（提示：假设月球是一个快速旋转体）。

（b）作为太阳高度的函数，假设月球是一个缓慢的旋转体。

习题 3.6 I

假设月球是一个倾角为零的快速旋转体，计算月球的平衡温度作为纬度的函数。

习题 3.7 E

行星发出的热辐射光谱比黑体光谱宽还是窄？为什么？

习题 3.8 E

天体以相同的效率发射和吸收任何给定频率的辐射。既然如此，为什么行星的温度取决于它的反照率？

习题 3.9 E

通过提供表面以下几个波长距离的温度信息，可以分析固态天体的热辐射。观测水星夜间半球约 10 cm 的深度，得到温度接近日平衡温度。由于辐射显然能够直接从被观测区域逃逸出来，那为什么在漫长的水星的夜间，它不会变得比这冷得多呢？

习题 3.10 I

（a）假设自转缓慢，忽略任何内部热源，作为太阳仰角的函数，计算每个行星的平衡温度。假设发射率$\epsilon = 1$。

（b）假设快速自转，忽略内部热源和行星倾角，作为纬度的函数，计算每个行星的平衡温度。

习题 3.11 E

（a）忽略内部热源并假设快速旋转，使用表 1-1、表 4-1 和表 4-2 中提供的数据计算所有八颗行星的平均平衡温度。

（b）每个行星的黑体光谱峰值在哪个波长？

习题 3.12 E

观测到木星的有效温度为 125 K，将观测到的温度与前面习题中计算出的平衡温度进行比较。造成这种差异的原因是什么（提示：考虑推导平衡温度时所涉及的假设）。

习题 3.13 E

观测到水星的表面温度在夜间为 100 K，在近日点的日下点（中午和赤道上）为 700 K。将这些温度与习题 3.10 和习题 3.11 中计算的值进行比较，并对结果进行评论。

习题 3.14 I

计算满月时地球平均温度与新月相比的预期增长（忽略日食）。地球位置的变化，或者月球反射和热辐射，哪个影响更大？

习题 3. 15 I

（a）证明在理想气体中，式（3-39）和式（3-40）成立。

（b）从式（3-35）～（3-40）推导出式（3-41）～（3-44）。

习题 3. 16 I

利用热力学关系和流体静力平衡方程，推导出干绝热递减率式（3-45）。

习题 3. 17 E

（a）计算氢原子发射的对应于莱曼 α、巴耳末 β 和布拉克特 α 的光子的波长和能量。

（b）计算从电子基态电离氢原子所需的光子的波长和能量。

习题 3. 18 I

证明在各向同性辐射场中 $I_\nu = J_\nu$。

习题 3. 19 I

（a）使用热力学平衡中原子氢气云的式（3-72）表明，吸收系数可以写成

$$\kappa_\nu \rho = \frac{\Delta E_{ul}}{4\pi} N_l B_{lu} (1 - e^{\Delta E_{ul}/kT}) \Phi_\nu \qquad (3-120)$$

（b）如果气体的温度是 100 K，计算莱曼 α 线中受激发射的相对权重（$n = 2 \to 1$）（提示：哪些能级被填充了）。

（c）如果气体的温度是 10^4 K，计算莱曼 α 线中受激发射的相对权重。

（d）如果气体的温度是 10^6 K，计算莱曼 α 线中受激发射的相对权重。

习题 3. 20 I

对于热力学平衡中的大气，推导源函数 S_ν 和强度 $I_\nu(\tau_\nu)$ 的表达式。

（a）散射可以忽略。

（b）其中散射是各向同性的。

习题 3. 21 I

（a）考虑一个光学深度厚（$\tau \gg 1$），距行星中心距离 $d \gg R_\oplus$ 的，处于热力学平衡的球形云。推导在球形云中心的观测强度 $I_\nu(\tau_\nu)$，把它表示成亮度 $B_\nu(T)$ 和光学深度 τ 的函数。

（b）亮温 T_b 是在这个频率下具有相同亮度的黑体温度。使用瑞利-金斯近似，得出 T_b、τ 和 T 之间的关系。这个近似在什么条件下成立？

（c）如果 θ 是指视线与表面的法线之间的夹角，确定观察到的强度在中心–边缘的变化。

（d）若 $\tau_\nu \ll 1$，回答（a）～（c）中关于光学上较薄的云的问题。

习题 3.22 E

火星的固体表面在所有波长下都是不透明的，周围是一个光学上较薄的大气层。大气吸收狭窄的光谱范围：它在波长 $\lambda_0 = 2.6\ \text{mm}$ 处的吸收系数很大，在其他射电波长处小到可忽略；因此对于大多数射电波长 λ_1，$\alpha_{\lambda_0} \gg \alpha_{\lambda_1}$。假设火星表面温度 $T_s = 230\ \text{K}$，大气温度 $T_a = 140\ \text{K}$（注意：对于本题的两问，可以使用适用于射电波长的近似值，即使它们在毫米波长下不是完全正确的）。

（a）在 λ_1 和 λ_0，观测到的亮温是多少？

（b）如果大气在这个波长的光学深度等于 0.5，在 λ 观测到的亮温是多少？

习题 3.23 E

假设有一颗温度为 T_p 的行星，周围环绕着温度为 T_a 的大气，其中 $T_a < T_p$。大气吸收的光谱线很窄；其频率吸收系数在 ν_0 处较大，在其他频率较小可忽略，如 ν_1，$\alpha_{\nu_0} \gg \alpha_{\nu_1}$。在频率 ν_0 和 ν_1 处观测这颗行星。假设普朗克函数在 ν_0 和 ν_1 没有大的变化。

（a）当观察行星盘的中心时，在 ν_0 还是在 ν_1 频率的亮温比较高？如果在边缘附近观察，是否也是如此？边缘被定义为固体行星外缘以外的大气。画一张"观察到的"光谱的示意图。

（b）对 $T_a > T_p$，重复上述步骤。

习题 3.24 I

（a）推导关于光学上较厚的大气的式（3-91），大气近似为热力学平衡（$S_\nu \approx B_\nu$）[提示：积分式（3-73），并使用式（3-51）和式（3-53）、（3-54）给出的 F_ν 和 J_ν 的定义]。

（b）将式（3-73）乘以 μ_θ，并在球体上积分推导式（3-92）[提示：使用辐射场的所有三个矩的定义，式（3-51）～（3-56）]。假设辐射是各向同性的，所以可以用式（3-56）和关系式 $I_\nu = J_\nu$（习题 3.15）。

（c）假设单色辐射平衡（$\mathrm{d}\mathcal{F}_\nu/\mathrm{d}z = 0$），利用式（3-91）和式（3-92）导出式（3-93）。

习题 3.25 I

（a）推导热力学平衡和单色辐射平衡大气的式（3-101）[提示：利用式（3-91）和双流近似]。

（b）证明大气顶部的辐射强度是处于大气顶部温度下的不透明黑体的发射强度的两倍

［式（3-103）］。

习题 3.26 I

考虑一个快速旋转的行星，大气处于辐射平衡。这颗行星位于日心距离 $r_\odot = 2$ AU 处；其球面反照率 $A_b = 0.4$，所有波长的发射率 $\varepsilon = 1$。假设行星完全由太阳辐射加热。

(a) 计算有效温度和平衡温度。

(b) 计算大气上边界的温度，其中 $\tau = 0$。

(c) 证明来自行星大气层接收到的连续辐射为从光学深度 $\tau = 2/3$ 处接收到的。

(d) 如果大气的光学深度 $\int_0^\infty \tau(z) \mathrm{d}z = 10$，确定这颗行星的表面温度。

习题 3.27 E

辐射压力系数 Q_{pr} 由下式给出

$$Q_{pr} = Q_{abs} + Q_{sca}(1 - \langle \cos\phi_{sc} \rangle) \tag{3-121}$$

式中，在只有前向散射的情况下，$<\cos\phi_{sc}> = 1$，在只有后向散射（反射）辐射时 $<\cos\phi_{sc}> = -1$。写下 Q_{pr} 的表达式，以及由于辐射压力和坡印亭-罗伯逊阻力而对于绕太阳运行的粒子施加的净力，粒子类型如下（提示：参见 2.7 节）：

(a) 完美的吸收体。

(b) 不吸收辐射且仅向前散射的粒子。

(c) 作为完美反射器的粒子（无吸收，仅后向散射光）。

习题 3.28 E

绘制式（3-84）、（3-85）、（3-86）和（3-87）中给出的散射相位函数。可以把图标归一化为 ϖ_ν（即 $\varpi_\nu = 1$）。对于亨耶-格林斯坦不对称参数，使用以下值：$h_{hg} = 0$，$+0.7$（适用于小尘埃粒子）和 -0.7。评述各种散射函数的异同。

习题 3.29 I

对于自由空间在法向入射到表面的波，推导菲涅耳系数［式（3-118）］，并确定法向入射的发射率 $\epsilon_\nu(\theta_t)$［提示：利用式（3-111）~（3-116）］。

习题 3.30 I

假设你正在观察谷神星表面上的一个点，观察角度 θ 为 0° 到 90°（θ 为视线和面法线之间的角度）。表面材料的介电常数 $\epsilon_r = 6$（注意在自由空间 $\epsilon_r = 1$）。绘制每个极化方向的菲涅耳系数图，以及总发射率作为 θ 的函数的曲线。评述得到的结果。

第4章 行星大气

凌晨，星宿移至天空的另一端，汇聚乌云的宙斯卷来呼啸的疾风，狂野凶虐的风暴，布起层层积云，掩罩起大地和海域。黑夜从天空降临。

——荷马，《奥德赛》，约公元前 800 年

大气是行星表面的气体部分。所有行星周围都探测到了大气，有些卫星周围也存在着大气，它们各有各的特点。有些行星的大气非常稠密，高密度的大气逐渐融为了行星内部流体的一部分。另一些则极其稀薄，以至于地球上最好的真空条件与之相比也显得很稠密。行星大气的组成各不相同：巨行星的大气组成与太阳类似，主要成分是氢气与氦气；类地行星和巨行星卫星的大气以氮气、二氧化碳，或二氧化硫、钠[①]等气体为主。然而，尽管各个天体大气不同，但它们受相同的物理和化学过程控制。例如，许多天体的大气中都有云形成，但由于可供凝结的气体不同，云的成分也大不相同。行星高层大气由光化学反应驱动演化，其细节取决于大气的具体成分。行星大气温度和气压的变化会形成风，风有强有弱，有层流、有湍流。本章将讨论行星大气的运行规律，并总结太阳系内天体大气的特征。

4.1 密度和标高

行星大气中温度、压强和密度之间的关系由重力和气压梯度力的平衡决定：一阶近似下，大气处于流体静力平衡状态（3.2.2.1 节）。利用流体静力平衡方程［式（3-33）］和理想气体定律［式（3-34）］，气压随海拔高度变化如下

$$P(z) = P(0) e^{-\int_0^z dr/H(r)} \qquad (4-1)$$

气压标高 H（pressure scale height）由下式给出

$$H(z) = \frac{kT(z)}{g_p(z)\mu_a(z)m_{amu}} \qquad (4-2)$$

式中，$g_p(z)$ 是高度 z 处重力引起的加速度，$\mu_a m_{amu}$ 是分子质量，k 是玻尔兹曼常数。因此，如果气压标高近似是常数，H 等于气压降低到原来 $1/e$ 的距离。H 值小表明大气压随高度降低较快。然而，气压标高通常随海拔高度而变化，也可将密度类似地表示为海拔高度的函数

$$\rho(z) = \rho(0) e^{-\int_0^z dr/H^*(r)} \qquad (4-3)$$

---

① 在一些条件下，钠以气体形式存在。——译者注

式中，$\rho(0)$ 是高度 $z=0$[①] 时的密度。定义密度标高 H^* 为

$$\frac{1}{H^*(z)} = \frac{1}{T(z)}\frac{\mathrm{d}T(z)}{\mathrm{d}z} + \frac{g_\mathrm{p}(z)\mu_\mathrm{a}(z)m_\mathrm{amu}}{kT(z)} \tag{4-4}$$

式中忽略了 μ_a 和 g_p 中梯度产生的项（通常很小）。注意，对于等温大气，$H^*(z) = H(z)$。表 4-1～表 4-3 显示了行星、土卫六、月球和冥王星等的近似气压标高。值得注意的是，对于大多数行星来说，H 的大小为 10～25 km，因为巨行星和类地行星的比值 $T/g_\mathrm{p}\mu_\mathrm{a}$ 相似。只有在水星、冥王星和各种卫星的稀薄表层大气中，气压标高才更大（习题 4.1）。

表 4-1 巨行星的基本大气参数

参数	木星	土星	天王星	海王星	参考文献
平均日心距/AU	5.203	9.543	19.19	30.07	1
几何反照率 $A_{0,\nu}$	0.52	0.47	0.51	0.41	1
几何反照率 $A_{0,\mathrm{ir}}$	0.274±0.013	0.242±0.012	0.208±0.048	0.25±0.02	3
球面反照率	0.343±0.032	0.342±0.030	0.290±0.051	0.31±0.03	3
相位积分	1.25±0.10	1.42±0.10	1.40±0.14	1.25±0.10	3
有效温度/K	124.4±0.3	95.0±0.4	59.1±0.3	59.3±0.8	2
平衡温度/K	110.0	81.3	58.4	46.3	计算[b]
温度（$P=1$ bar）/K	165.0	134.8	76.4	71.5	5
对流层顶温度/K	111	82	53	52	5
中间层温度/K	160～170	150	140～150	140～150	4
外逸层底温度/K	900～1 300	800	750	750	6,7
对流层顶气压/mbar	140	65	110	140	5
气压标高（1bar）/km	24	47	25	23	计算[c]
干绝热温度递减率（K/km,约 1 bar）	2.1	0.9	1.0	1.3	计算
能量平衡率[a]	1.63±0.08	1.87±0.09	1.05±0.07	2.68±0.21	计算

[a] 辐射到太空的能量/吸收的太阳能。

[b] 根据式（3-21）、表 1-1 和 $\epsilon=1$。

[c] 由式（4-2）计算。

1：Yoder (1995)；2：Hubbard et al. (1995)；3：Conrath et al. (1989b)；4：Chamberlain and Hunten (1987)；5：Lindar (1992)；6：Atreya (1986)；7：Bishop et al. (1995)。

---

① 平面 $z=0$ 的位置可以根据计算方便的需要选择。对于地球来说，经常选择平均海平面作为基准。对于巨行星通常选择压强 1bar 的位置。

表 4-2　金星、地球、火星和土卫六的基本大气参数

参数	金星	地球	火星	土卫六	参考文献
平均日心距/AU	0.723	1.000	1.524	9.543	1
几何反照率 $A_{0,\nu}$	0.84	0.367	0.15	0.21	1,3,4
球面反照率	0.75	0.306	0.25	0.20	1,2,3,4,5
表面温度/K	737	288	215	93.7	1,2,3
平衡温度/K	232	255	210	85	计算[a]
外逸层底[b]温度/K	270～320	800～1 250	200～300	149	2,6,7
表面气压/bar	92	1.013	0.006 36	1.47	1,2,3
地表气压标高（在 1bar 处）/km	16	8.5	11	20	计算[c]
干绝热温度递减率（K/km,约 1bar）	10.4	9.8	4.4	1.4	计算

[a] 用式（3-21）和 $\epsilon=1$ 计算。地球的全局和波长平均发射率为 0.96～0.98。

[b] 给出了金星、地球和火星的一系列数值,适用于一系列太阳活动（从低到高）。

[c] 用式（4-2）计算。

1：Yoder（1995）和 http://nssdc.gsfc.nasa.gov/planetary/；2：Chamberlain and Hunten（1987）。3：Fulchignoni et al.（2005）；4：Moroz（1983）；5：Hunten et al.（1984）；6：Waite et al.（2005）；7：Forbes et al.（2008）。

表 4-3　水星、月球、海卫一和冥王星的基本大气参数

参数	水星	月球	海卫一	冥王星	参考文献
平均日心距/AU	0.387	1.000	30.069	39.48	1
几何反照率 $A_{0,\nu}$	0.138	0.113	0.76	0.44～0.61	1,2,3,5
球面反照率	0.119	0.123	0.85	约 0.3～0.7	1,2,3,4,5
表面温度/K	100～725	277	38	约 40～60	1,2,3,5
平衡温度/K	434	270	32	39	计算[a]
外逸层底温度/K	600	270～320	100	58	4,6
表面气压/bar	几×10^{-15}	3×10^{-15}	1.4×10^{-15}	1.5×10^{-15}	1,2,3,4,5
地表气压标高（1 bar）/km	13～95	65	14	33	计算[b]

[a] 用式（3-21）和 $\epsilon=1$ 计算。

[b] 用式（4-2）计算。

1：Yoder（1995）和 http://nssdc.gsfc.nasa.gov/planetary/；2：Veverka et al.（1988）；3：Stern（2007）；4：Chamberlain and Hunten（1987）；5：McKinnon and Kirk（2007）；6：Krasnopolsky et al.（1993）。

4.2　热　结　构

行星大气的热结构 dT/dz 主要由能量传输效率决定,如 3.2 节所述。这一过程在很大程度上取决于大气的光学深度,光学深度由各种物理和化学过程决定。恒星大气是由内部加热的,而且大多数都非常热,以至于元素主要以原子形式存在。相比之下,行星大气

由分子气体组成，而且一部分行星大气是从顶部加热的。为了确定这种大气中的热结构，必须考虑可能直接或间接影响其温度的所有可能过程：

1）大气层的顶部受到太阳的照射。其中一部分辐射在大气中被吸收和散射。这个过程连同其他加热过程（4.2.1.1 节）、辐射损失和传导，基本上决定了大气层上部的温度分布。

2）来自内部热源的能量（巨行星）[①] 和行星表面或大气中尘埃吸收的阳光的二次辐射改变了温度分布（在某些情况下是主要过程）。

3）大气中的化学反应改变了它的组成，从而导致光学性质和热结构的变化。

4）云和/或光化学产生的霾层不仅改变大气的光学性质，而且通过释放（形成云层）或吸收（蒸发）潜热来改变局部温度。

5）一些行星和卫星上的火山和间歇泉活动可能会极大地改变它们的大气环境。

6）在类地行星和卫星上，大气和地壳或海洋之间的化学相互作用影响着它们的大气层。

7）地球的大气成分、光学性质和热结构受到生物化学和人为过程的影响。

尽管大气成分在行星/卫星之间变化很大，但除了最稀薄的大气外，温度结构在性质上是相似的，如图 4-1 所示。此图中的剖面将在 4.2.2 节中进行详细讨论；这里仅用一些术语做一般性总结。从行星表面向上移动（对于巨行星来说，是从深部大气向上移动），温度会随着高度的升高而降低：这部分大气被称为对流层（troposphere）。正是在这部分大气中，可凝结气体（通常是微量元素）形成了云。大气温度通常在对流层顶（tropopause）达到最低值，这个位置的气压接近约 0.1 bar。对流层顶以上的温度结构是倒转的，这个区域称为平流层（stratosphere）。平流层之上是中间层（mesophere），其特征是温度梯度随高度而减小。平流层和中间层的边界叫平流层顶（stratopause）。在地球、土卫六，也许还有土星上，中间层顶形成了第二个最低温度。中间层顶（mesopause）之上是热层（thermosphere），在热层中，温度随高度升高而升高，直至外逸层。外逸层中气体分子之间鲜有碰撞，快速移动的分子有相对较大的机会逃逸到行星际空间。外逸层底（大约距离地面 500 km）的高度约是气体平均自由程长度超过大气标高 H 的高度［式（4-73）］。

4.2.1 能量的来源和传输

4.2.1.1 热源

所有行星大气都受到太阳辐射的影响，太阳辐射通过吸收太阳光子来加热大气。由于太阳 5 700 K 黑体曲线峰值接近 500 nm，太阳的大部分能量输出在可见光波长范围内。这些光子加热了行星表面（类地行星）或大气层中光学深度中等的层（通常靠近云层）。行

---

① 在本书中用术语"内部热源"描述巨行星释放的原始热量，即行星从最初的高温状态缓慢冷却，在某些情况下被氦分异（6.1.5 节）所释放的能量补充。

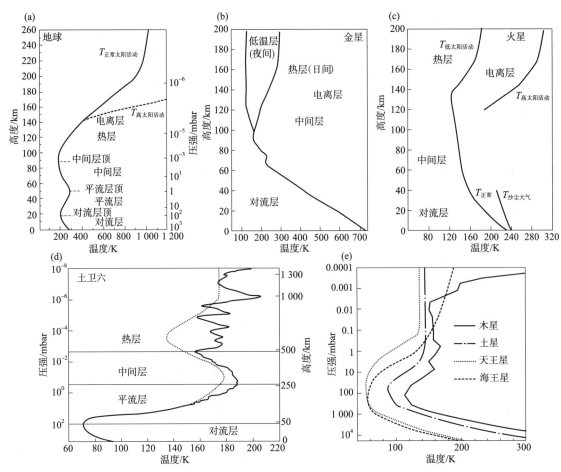

图 4-1 （a）地球，（b）金星，（c）火星，（d）土卫六和（e）木星、土星、天王星和海王星大气的近似热结构。每个行星大气中的温度-压强曲线是高度（金星、火星）或压强（气态行星）或两者（地球、土卫六）的函数。金星剖面来自 Seiff（1983）；火星剖面来自 Barth et al.（1992）；土卫六剖面来自 Fulchignoni et al.（2005）。（d）中的实线显示了惠更斯大气结构仪在探测器穿过土卫六大气层时的测量结果。虚线显示了 Yelle et al.（1997）的工程模型。这些巨行星的剖面是借助于 Lindal（1992）的射电掩星数据并对更深层进行绝热外推而建立的，除此之外用到的数据还有木星：伽利略探测器数据（Seiff et al. 1998），土星：卡西尼 CIRS 反演（Fletcher et al. 2007），天王星：斯皮策望远镜反演（Fletcher et al. 2008），海王星：斯皮策望远镜反演（Fletcher et al. 2008）

星表面或大气分子、尘埃粒子或云滴对太阳光的再辐射主要发生在红外波段，形成嵌入大气内部或下方的辐射源。内部热源也可能从底部加热大气层，这项机制对巨行星很重要。

即使在极紫外（extreme ultraviolet，EUV）波长范围（100～10 nm）的光子数量非常少，该波段下的太阳加热对高层大气非常有效。典型的 EUV 光子的能量在 10～100 eV 之间，足以电离大气中的几种成分（4.6.2 节）。电离产生的多余能量被过程中释放的电子带走，这些电子被称为光电子（photoelectron）。光电子直接或通过库仑碰撞引起的韧致辐射[1]与其他粒子碰撞并激发/电离。

除了太阳光引发的加热过程外，高层大气还可以通过带电粒子沉降（charged particle precipitation）被整体加热：带电粒子从上方（太阳风或行星磁层）进入大气层。在具有固有磁场的行星上，带电粒子的沉降仅限于高磁纬度的极光带（auroral zone，4.6.4 节）。直接粒子沉降对大气的加热远远超过上述光电子。尽管大部分加热是局部的，但热层风可以将热量分布到全球。

由行星电离层电流产生的焦耳[2]致热（Joule heating）在热层中也很重要。带电粒子碰撞（4.6.3 节）会产生焦耳热（电能耗散）。

4.2.1.2 能量传输

大气中的温度结构是由能量传输决定的。传输能量有三种不同的机制：传导、质量运动（如对流）和辐射。每一种机制均在 3.2 节中详细讨论。传导（conduction）在热层上部和外逸层非常重要，在离表面非常近的地方也很重要（如果存在表面）。碰撞倾向于使温度分布均衡，从而在外逸层中形成一个近乎等温的剖面。

在对流层，能量传输通常由对流（convection）驱动，因此温度分布接近绝热线。3.2.2.3 节中推导了干绝热递减率 [dry adiabatic lapse rate，式（3 - 45）]；云的形成由于凝结潜热而降低了温度梯度（4.4.1 节）。因此，对流有效地为温度随高度降低的速率设置了一个上限。然而，当对流由于大气的平均分子量发生变化，或由于大气中出现了流动抑制边界（例如表面）而被抑制时，也可能存在超绝热温度梯度。另外，在极端加热条件下也可能存在超绝热温度梯度，例如在炎热的夏季，地球上的沙漠上空，那里的地表可能限制近地表对流速度，从而限制通过对流将热量从地表带走的能力。这种超绝热梯度可以延伸到地表以上 300 m。

当能量传输的最有效方式是通过光子的吸收和再发射（即辐射，radiation）时，热分布由辐射能量传输方程控制。辐射平衡下的大气温度结构在 3.3 节 [式（3 - 97）] 中推导。

大气中任何部分的热结构都是由最有效的能量传输机制主导的。在第 3 章中，计算了能量通过对流 [式（3 - 45）] 或辐射 [式（3 - 97）] 传输的大气的热结构。哪个过程最有效取决于温度梯度 dT/dz。在热层脆弱的上部，能量传输主要由传导控制。在较深的层中，低至约 0.5 bar 的气压下，大气通常处于辐射平衡状态，而在该层之下，对流占主导地位。

4.2.2 热分布的观测

一个天体的温度可以通过观察其热能通量来确定 [式（3 - 12）]。如 3.1.2.2 节所

---

[1] 轫致辐射（Bremsstrahlung emission）或自由-自由辐射是带电粒子在另一带电粒子的库仑场中加速产生的电磁辐射。

[2] 詹姆斯·普雷斯科特·焦耳（James Prescott Joule，1818 年 12 月 24 日—1889 年 10 月 12 日），英国物理学家。他发现了热和功之间的转换关系，由此得到能量守恒定律并最终推导出热力学第一定律。焦耳星（12759 Joule）以他的名字命名。——译者注

述，将这些有效（观察到的）温度与其平衡值［式（3-21）］进行比较会很有意义。表 4-1～表 4-3 比较了不同天体的结果。观测到的木星、土星和海王星的有效温度远远大于平衡值，这表明它们存在内部热源。对于金星、地球和土卫六（以及火星的阳照面），由于温室效应，观测到的表面温度超过了平衡值（3.3.2 节）。

大气中的热结构可以通过对不同波长进行观测来确定。因为大气透明度与波长强相关，因此不同波长探测行星大气层的不同深度。虽然探测到的精确高度因行星而异，但可以在此做一些一般性的陈述。通常可以用光学和红外波段探测厚大气的浅层辐射部分。在 $P \gtrsim 0.5 \sim 1$ bar 的对流区域可以用红外和射电波段进行研究。在 $P \lesssim 10$ μbar 处的稀薄高层大气通常用紫外波段探测，或在紫外、可见和红外波段通过恒星掩星探测。图 4-1 显示了几个天体的大气剖面。对于类地行星和土卫六来说，这些数据来自于探测器和/或着陆器的原位测量，以及红外光谱和微波光谱的反演。对于巨行星，温度-气压剖面通过红外光谱反演，并结合旅行者号和其他探测器的紫外线和射电掩星反演得出。在大气的较深层，通常对应气压 $P > 1 \sim 5$ bar 的情况，通过紫外、可见光与红外遥感观测无法获得关于温度结构的直接信息，人们通常假设温度遵循绝热递减率。伽利略号探测器在木星大气中的原位观测显示，温度递减率接近于干绝热温度递减率。

4.2.2.1　类地行星和土卫六

（1）地球

地球的平均地表温度是 288 K，海平面上的平均表面气压是 1.013 bar。该温度比平衡值高 33 K，这一差异可归因于温室效应（3.3.2 节），这主要是由于水蒸气、二氧化碳（CO_2）和各种微量气体，包括臭氧（O_3）、甲烷（CH_4）和一氧化二氮（N_2O）的存在。

地球的对流层在赤道处延伸到 20 km 的高度，在两极上方下降到 10 km。在对流层顶上方，由于 O_3 的形成和存在，平流层中的温度随着海拔高度的增加而升高，O_3 在紫外和红外波段都能吸收辐射。在约 50 km 处的平流层顶上方，由于 O_3 生成量减少和对空间的 CO_2 冷却速率增加，温度随高度而降低。这个区域被称为中间层。第二最低温度出现在中间层顶，高度接近 80～90 km。地球平流层-中间层的温度结构是不寻常的；除了地球和土卫六（也许还有土星）外，一般厚大气的温度结构只有单一的最低温度。中间层之上是热层。热层通常是"热"的，因为它主要由原子或同核分子组成，不能有效辐射。在地球的热层中，温度随高度升高而升高，部分原因是吸收紫外线（O_2 光解和电离），但主要原因是原子/分子太少，无法通过发出红外辐射有效冷却大气。大多数红外辐射源于 O 和 NO，它们的辐射效率低于 CO_2。在热层的底部，有足够的 CO_2 气体来冷却大气。热层上部白天加热到 1 200 K 或更高，晚上冷却到约 800 K。

（2）金星

金星的低层大气（或称对流层）从地面一直延伸到可见云层的高度，约 65 km 处，这也是对流层顶的高度。金星表面温度和气压分别为 737 K 和 92 bar。假设在金星的轨道处有一个大小、球面反照率与金星相同、快速旋转的物体，其平衡温度仅约 240K，比观测到的金星表面温度低约 500 K。这种差异主要是由于金星巨大的 CO_2 大气造成的强烈温室效应。在探测云层顶部的红外波长处，观测到的温度约为 240 K，与根据太阳辐射平衡计算所预期的天体温度一致。从金星表面到约 45 km 处云层底部的平均温度递减率约 7.7 K/km，略小于平均绝热温度递减率 8.9 K/km。低层大气温度基本不随昼夜、纬度和时间变化，测量结果显示温度变化不超过约 5 K。

金星的中层大气（即中间层）从云层顶部延伸到约 90 km。在约 63 km 处，温度递减率急剧下降，在 63～75 km 高度之间，大气几乎是等温的。

在较高的海拔高度，热层中白天和夜晚的温度有明显的差异。在约 100 km 以上，白天温度开始上升，170 km 处达到约 300 K。夜晚的温度要低得多，为 100～130 K，这部分大气经常被称为金星冰冻层（cryosphere）。在冰冻层底部（海拔 90～120 km）存在一个相对温暖的层（180～220 K），这可能是由于昼夜半球间的风引起的绝热加热（4.5 节）。尽管金星离太阳很近，但热层的温升速率远小于地球。相对较小的温升速率归因于大浓度的 CO_2 气体，这是一种非常有效的辐射冷却剂。

（3）火星

火星表面的平均气压为 6 mbar，平均温度为 215 K，主要成分是 CO_2。然而，由于火星大气的低气压和低热容量，火星轨道大倾角和偏心率，火星表面温度表现出较大的纬度变化、日变化和季节变化。在中纬度地区，火星地表温度在夜间可以下降到约 200 K，白天峰值达到约 300 K。冬季极地的温度约 130 K，而夏季极地的温度可能达到约 190 K。在辐射-对流平衡模式中，没有云雾的 CO_2 大气的绝热递减率为 5 K/km，但火星观测到的递减率很少大于 3 K/km。火星表面显著的气压变化是由相当一部分大气 CO_2 凝结到火星的季节性极地冰盖上引起的（4.5.1.3 节）。

图 4-2 显示了火星表面和大气（海拔 25 km）的全球平均昼夜温度随火星年份的变化。温度通常在近日点最高（在火星太阳经度 $L_s = 180°～360°$），而在火星接近远日点时最低。沙尘暴在近日点附近很常见，造成气温的年际变化很大。在沙尘暴期间，大气（白天和晚上）总是比无尘条件下的温度高，而表面白天较冷，但晚上较暖和。利用勇气号和机遇号上的微型热发射光谱仪（Mini-TES），反演了火星表面上方约 2 km 高度的大气温度（通过反演 15 μm CO_2 波段的辐射）。这里的大气与火星表面的相互作用最为强烈。在下午，火星表面上方的温度梯度是超绝热的，而在夜间观测到逆温层。火星表面温度与太阳输入密切相关，而在太阳辐射和表面热量的驱动下，大气温度在白天持续变暖，直到与表面温度相等。根据海拔高度，最高大气温度滞后于最高土壤温度几个小时（海拔 1 m 处滞后 2.75 h，1km 处滞后 4.5 h）。

和金星一样，火星也没有平流层。在海拔 120 km 以上的火星热层中几乎是等温的，温度约为 160 K。同金星类似，低温是由于 CO_2 是非常有效的辐射冷却剂。

（4）土卫六

土卫六大气中的热结构已由惠更斯号探测器测定。在表面测得的温度和气压分别为 93.65 K 和 1.467 bar。这种温度是温室效应和反温室效应相互作用的结果（3.3.2 节）。由于土卫六平流层中的光化学气溶胶（4.6.1.4 节）吸收了大量阳光，并且在某些红外波

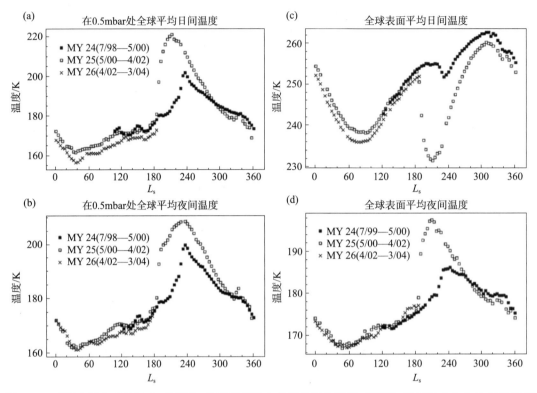

图 4-2　利用火星全球勘测者（MGS）轨道飞行器上的热发射光谱仪（TES）进行了 3 个火星年的热红外探测，得到了白天和夜间火星表面和大气的全球平均温度（0.5 mbar 压强或 25 km 高度）。一个约 20 K 的季节变化（随火星太阳经度 L_s 变化）是由火星的偏心轨道造成的，当火星位于近日点时（$L_s =$ 251°）太阳通量增强。在近日点附近普遍存在的沙尘暴会导致大气额外加热［图（a）和（b）］并增加夜间表面温度［图（d）］，而白天的表面温度会显著下降［图（c）］。如图所示，2001 年一场沙尘暴发生时（MY 25，$L_s =$ 210°），全球白天平均表面温度比一年前低 23 K，而夜间则高 18 K。（Smith 2004）

长下是透明的，因此它产生了反温室效应，使表面温度降低了 9 K。通过 N_2、CH_4 和 H_2 压强诱导吸收造成的温室效应使温度升高 21 K。这两种效应共同产生 12 K 的净温升。

　　从地面到 7 km 左右的海拔高度，土卫六对流层的温度梯度遵循干绝热递减率。在这个绝热层上 dT/dz 较小，但比湿绝热递减率大。对流层顶温度为 70.4 K，位于 44 km（0.115 bar）的高度，在 250 km 的高度上，温度上升到 186 K（平流层）。在大气的这个区域，碳氢化合物的旋转振动区的辐射失效，因此抑制了冷却，导致平流层温度升高。相比之下，在更高的高度，中间层中进入太空的辐射冷却能更有效地冷却大气，尽管温度并不像预测的那么低。第二个最低温度（152 K）出现在约 500 km 的高度，这可能标示了中间层顶的位置。在 500～1 000 km 的热层中，太阳极紫外（Extreme UltraViolet，EUV）加热非常重要；然而，由于 HCN 的辐射冷却，温度仍然相对较低，HCN 是热层中电离层化学的副产品。温度廓线的波动揭示了逆温层的存在，这个现象的背后可能有动力学机制，如重力波或重力潮汐。在约 1 200 km 以上高度的外逸层中，温度剖面是等温的，约 160 K。

4.2.2.2　巨行星

　　表 4-1 总结了表征巨行星大气热结构的各种参数。观测到的木星、土星和海王星的有效温度明显高于只有太阳辐射的温度预期。从能量平衡的角度看，这种过量的辐射意味着木星、土星和海王星所释放的能量大约是它们从太阳获得能量的两倍。这些行星释放出的多余热量源自行星形成以来的缓慢冷却与氦分异（尤其是土星，6.1.5 节和 6.4 节）。对于天王星来说，过剩热量的上限是该行星吸收太阳能的 14%。目前还不知道为何天王星的内部热源与其他三颗巨行星相比有如此大的不同。

　　所有四颗巨行星的热剖面都可能遵循对流层中的绝热层；对流层顶的气压大约在 50～200 mbar 之间。对流层顶温度从天王星和海王星的约 50 K 到木星的 110 K 不等。在更高的高度，平流层中温度随高度增加。平流层顶的气压约为 1 mbar，温度约为 150 K。平流层顶上方是一个接近等温的区域，即中间层。在 ≲1 μbar 的气压下，温度随高度的升高而显著升高，但巨行星热层中高温的能量机制还不完全清楚。

　　尽管接收到的太阳辐射和行星自身热源能量相差约 30 倍，但这四颗巨行星的中间层温度非常相似。平流层中的甲烷气体和光化学来源的尘埃或气溶胶在红外和紫外波段吸收辐射，而平流层/中间层内的 CH_4（甲烷）、C_2H_6（乙烷）和 C_2H_2（乙炔）能在 8～14 μm 的波长内进行有效的能量辐射。在 150 K 时，普朗克函数的峰值接近 19 μm，与 12.2 μm 乙烷带几乎没有重叠。所以如果大气温度较低，则冷却效率较低。当大气温度高于 150 K 时，由于 12.2 μm 跃迁更接近普朗克函数的峰值，冷却效率随着温度的升高而提高。因此，一个有效的温度调节机制将中间层温度保持在 150 K 附近。同样，H_3^+ 的辐射可以防止巨行星的热层变得比 1 100 K 高很多。

4.3　大气组成

　　行星大气的成分可以通过遥感测量，也可以用探测器上的质谱仪进行原位测量。在质谱仪中，气体分子的原子量和数密度是精确测量的。然而，分子并不是由其质量唯一确定的（除非测量精度比目前使用探测器所能做到的要高得多），同位素的变化使情况更加复杂。因此，大气成分是从现场测量、通过遥感技术进行的观测和/或关于最可能的原子/分子理论的组合中推断出来的，以符合实例数据。当前已经对金星、火星、木星、月球和土卫六（当然还有地球）的大气进行了原位测量。这些数据包含了大量有关大气成分的信息，特别是对那些不具有可观察光谱特征的微量元素和原子/分子（如氮气和惰性气体），可以非常精确地测量其含量。除了成本之外，这种测量的一个缺点是，它们只在某一特定时刻沿探测器的路径进行。着陆器可以测量更长时间，但只是在一个位置。因此，原位测量数据虽然极为宝贵，但可能并不总能代表整个大气层的大气组成。

　　光谱线测量要么在反射的阳光中进行，要么从物体的固有热辐射中进行。谱线的中心频率表示产生谱线的气体（原子和/或分子）成分，而谱线的形状包含有关气体丰度以及环境温度和压强的信息。最强的光谱线可用于检测少量微量气体（在巨行星大气中体积混合比$\lesssim 10^{-9}$）和极为稀薄的表层大气成分（水星 $P \lesssim 10^{-12}$ bar）。同时，可以获得高角度分辨率［通过常规观测技术从地面获得$\lesssim 0.5''$，通过自适应光学（adaptive optics）、斑点和干涉技术以及哈勃[①]望远镜获得更高的数量级］，因此可以测量行星观测截面上气体的空间分布。此外，谱线线形可能包含有关气体高度分布（通过形状）和风速场（通过多普勒频移）的信息。

这一节将讨论光谱和谱线线形，以及行星和各种卫星的大气组成。原子和分子谱线跃迁的基本原理参见 3.2.3 节。

4.3.1 光谱

光谱包括原子或分子能级间跃迁产生的发射线和吸收线（3.2.3 节）。在天体物理学中，当原子/分子从宽带辐射束中以特定频率吸收光子时，通常会看到吸收线，当它们发射光子时，通常会看到发射线。吸收线是指谱线中心强度 $\mathcal{F}_\nu$ 小于背景连续谱水平的强度 $\mathcal{F}_c$，$\mathcal{F}_{\nu_0} < \mathcal{F}_c$（图 4-3）；发射线则相反，$\mathcal{F}_{\nu_0} > \mathcal{F}_c$。对于行星，在反射太阳光光谱（紫外线、可见光和近红外波长）和热发射光谱（红外和射电波长）中都能看到原子和分子线吸收的影响（图 4-3）。行星、卫星、小行星和彗星之所以可见，是因为太阳光被它们的表面、云层或大气气体反射（图 4-4）。太阳光本身显示了大量的吸收线，也称夫琅和费[②]吸收光谱（Fraunhofer absorption spectrum），这是因为太阳大气外层（光球层）的原子吸收了来自较深较热层的部分阳光。如果照射在行星表面的所有阳光都反射回太空，那么除了行星运动引起的整体多普勒频移外，行星的光谱形状与太阳光谱相似［式（4-14）］，光谱显示出夫琅和费谱线。行星大气或表面的原子和分子可能以特定的频率吸收一些太阳光，从而在行星光谱中产生额外的吸收线。例如，天王星和海王星是蓝绿色的，因为这些行星大气中丰富的甲烷气体吸收了可见光谱中的红色部分，所以被反射回太空的主要是蓝色的阳光。

与太阳的情况一样，行星大气的大部分热辐射来自较深的暖层，可能被外层的气体吸收。在太阳的光球层中，温度随着高度的升高而降低，夫琅和费吸收线的强度降低。类似地，行星对流层中形成的光谱线也作为吸收线可被观测到。在行星大气的光谱中，线中心的光学深度总是比边缘或连续谱背景的光学深度大得多。谱线线形反映了探测高度处的温度和气压。在对流层中，温度随高度降低，因此对流层中形成的谱线在暖的连续背景下被吸收。相反，如果在对流层顶上方形成一条线，那里的温度随着高度的增加而增加，则在较冷的背景下可以看到这条线。因此，是否能看到发射线或吸收线取决于

---

① 埃德温·鲍威尔·哈勃（Edwin Powell Hubble，1889 年 11 月 20 日—1953 年 9 月 28 日），美国天文学家。他证实了银河系外其他星系的存在，并发现了大多数星系都存在红移的现象，建立了哈勃定律，是宇宙膨胀的有力证据（参见大爆炸理论）。他是公认的星系天文学创始人和观测宇宙学的开拓者。并被天文学界尊称为星系天文学之父。哈勃星（2069 Hubble）以他的名字命名。——译者注

② 约瑟夫·冯·夫琅和费（Joseph von Fraunhofer，1787 年 3 月 6 日—1826 年 6 月 7 日），德国物理学家，科学研究成果主要集中在光谱方面。1814 年，他发明了分光仪，在太阳光的光谱中，他发现了 574 条黑线，这些线被称作夫琅和费线。夫琅和费星（13478 Fraunhofer）以他的名字命名。——译者注

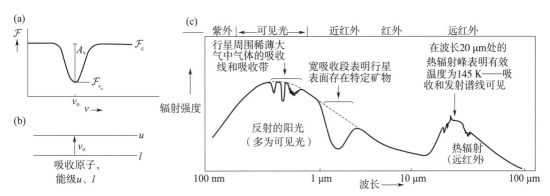

图 4-3　　（a）吸收线形示意图。连续谱水平的通量密度为 $\mathcal{F}_c$；在频率吸收线的中心 ν_0，通量密度是 $\mathcal{F}_{\nu_0}$，吸收深度为 A_ν。（b）原子中引起（a）中吸收线的上能级 u 和下能级 l 的简图。（c）一个有效温度为 145 K 的假想行星的光谱示例。光谱范围从紫外线到远红外波长。在较短的波长下显示出太阳的反射光谱。虚线表示没有吸收线和吸收带时的光谱。光谱已经被修正为太阳的夫琅和费光谱。在红外波段探测到行星的热辐射，那里可能同时存在吸收线和发射线。注意分子带的超精细结构。（改编自 Hartmann 1989）

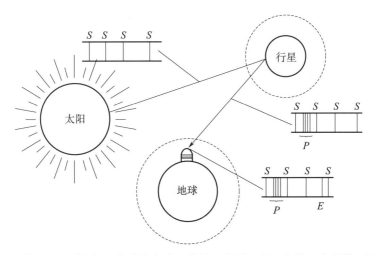

图 4-4　　有助于可视化对观测到的行星光谱的各种贡献的示意图。太阳光的吸收光谱（用 S 线表示）被反射到行星上，行星的大气层可能会产生额外的吸收/发射线。最后，在望远镜记录光谱之前，地球大气中可能会发生额外的吸收，由 E 线表示。（改编自 Morrison and Owen 2003）

谱线形成区域的温度-气压剖面。因此，在大气科学中，严格的说法不是发射线或吸收线，而是说当 $\mathcal{F}_{\nu_0} > \mathcal{F}_c$ 时为发射；$\mathcal{F}_{\nu_0} < \mathcal{F}_c$ 时为吸收。

　　由原子和分子的电子激发/退激发引发的能量跃迁主要在可见光和紫外波段观察到。原子振动引起的能量跃迁可以在红外和亚毫米波段观察到，而分子旋转引起的能量跃迁则可以在射电波段观察到。谱线线形的详细形状取决于产生谱线的元素或化合物的丰度，以及环境的压强和温度。吸收深度定义为

$$A_\nu \equiv \frac{\mathcal{F}_c - \mathcal{F}_{\nu_0}}{\mathcal{F}_c} \qquad (4-5)$$

用 $\mathcal{F}_c$ 表示连续谱背景的通量密度，$\mathcal{F}_{\nu_0}$ 表示吸收线中心的通量密度（图 4-3）。借助式（3-78）和 $S_\nu = 0$，可以写为

$$A_\nu = 1 - e^{-\tau_\nu} \qquad (4-6)$$

式中，τ_ν 是光学深度［式（3-74）］。

然而，并不是所有的谱线线形都有解析表达式。对于不能解析描述的谱线，定义测量等效宽度 EW

$$EW = \int_0^\infty A_\nu \, \mathrm{d}\nu = \int_0^\infty (1 - e^{-\tau_\nu}) \, \mathrm{d}\nu \qquad (4-7)$$

等效宽度等于谱线和连续谱之间的面积。对于吸收线，EW 等于与谱线吸收的总通量相同的全黑线（$\mathcal{F}_\nu = 0$）的宽度。谱线的吸收深度 A_ν 由光学深度 τ_ν 决定

$$\tau_\nu = \tau_{\nu_0} \Phi_\nu \qquad (4-8)$$

谱线中心的光学深度 τ_ν，由谱线中心的消光系数 α_ν 决定

$$\tau_{\nu_0} = \int_0^L N \alpha_{\nu_0} \, \mathrm{d}l = N_c \alpha_{\nu_0} \qquad (4-9)$$

式中，$N_c \equiv \int N \mathrm{d}l$ 是吸收材料的柱密度，谱线形状 Φ_ν 定义为

$$\Phi_\nu \equiv \frac{\alpha_\nu}{\alpha_{\nu_0}} \qquad (4-10)$$

α_ν 对应于频率 ν 处的消光系数（3.2.3.4 节）（请注意，当散射系数 $\sigma_\nu = 0$ 时，$\alpha_\nu = \kappa_\nu$）。

如果已知大气的热结构，谱线观测可以用来推导吸收材料的积分密度。如果谱线自身不能解析表达，但其形状已知，则可以使用 EW 测量。对于光学薄的谱线（$\tau \ll 1$），利用式（4-7）～（4-10）可写出

$$EW \approx \int_0^\infty \tau_\nu \, \mathrm{d}\nu = N_c \alpha_{\nu_0} \int_0^\infty \Phi_\nu \, \mathrm{d}\nu \qquad (4-11)$$

只要 $\tau_\nu \ll 1$，等效宽度随柱密度线性增加。当光学深度增加时，谱线线形变得饱和，等效宽度不能继续随柱密度线性增加。当 $\tau_\nu \gg 1$ 时，EW 与 N_c 的平方根成比例（习题 4.3～习题 4.5）。等效宽度随柱密度变化的曲线称为增长曲线（curve of growth），可用于从观测到的 EW 中确定元素丰度。在线性和平方根区域之间，增长曲线几乎是平坦的，即 EW 几乎与 N_c 无关。

4.3.2　谱线线形

发射线和吸收线的形状取决于元素或化合物的丰度，以及环境的压强和温度。因此，谱线被用来确定元素或化合物在特定高度的丰度或其在高度上的分布，以及所探测高度范围内大气的热结构。由于观测到的谱线中心取决于观测到的气体分子径向（沿视线）速度［多普勒频移，式（4-14）］，谱线观测也可用于测量风速场。本节将讨论在行星大气中遇到的最常见的谱线线形。

4.3.2.1　自然增宽：洛伦兹线形

发射线和吸收线总有一定的宽度。由于原子或分子处于激发态的时间有限，原子或分子的自然退激发给出了线的最窄分布。自然增宽的谱线线形由洛伦兹[①]线形（Lorentz profile）给出

$$\alpha_\nu = \alpha \frac{4\Gamma}{(4\pi)^2 (\nu - \nu_0)^2 + \Gamma} \qquad (4-12)$$

式中，Γ 是在频率 ν 上引起发射或吸收的所有状态的寿命的倒数（$\Gamma \propto 1/\Delta t \propto \Delta\nu$），$\nu_0$ 是中心频率，α 是光谱积分消光系数

$$\alpha = \int \alpha_\nu \mathrm{d}\nu \qquad (4-13)$$

4.3.2.2　多普勒增宽：福伊特线形

当一个原子在视线上有一个速度 v_r 时，它的发射线和吸收线的频率发生多普勒频移

$$\Delta\nu = \frac{\nu v_r}{c} \qquad (4-14)$$

如果原子向观察者移动，多普勒[②]频移为正（蓝移，blue shifted），如果原子向相反方向移动，多普勒频移为负（红移，red shifted）。在大气中，原子和分子向各个方向运动：径向速度通常可用麦克斯韦速度分布（Maxwellian velocity distribution）表示，即径向速度在 v_r 和 $v_r + \mathrm{d}v_r$ 之间发现原子的概率 $P(v_r)\mathrm{d}v_r$ 由下式给出

$$P(v_r)\mathrm{d}v_r = \frac{1}{\sqrt{\pi}} \mathrm{e}^{-(v_r/v_0)^2} \frac{\mathrm{d}v_r}{v_{r_0}} \qquad (4-15)$$

式中，$v_{r_0} = \sqrt{2kT/\mu_a m_{amu}}$，$\mu_a m_{amu}$ 是分子质量。每个粒子在它自己的参考系中吸收频率 ν，因此在惯性系中测得的吸收线形是多普勒频移后的频率（$\nu - \nu v_r/c$）。这种速度分布对谱线形状的净影响是谱线线形的加宽，可以通过将洛伦兹谱线线形与速度（麦克斯韦）分布进行卷积来计算

$$\alpha_\nu = \int_{-\infty}^{\infty} \alpha\left(\nu - \frac{\nu v_r}{c}\right) P(v_r)\mathrm{d}v_r \qquad (4-16)$$

其结果是福伊特[③]吸收线形（Voigt profile）

$$\alpha_\nu = \alpha \frac{1}{\sqrt{\pi}\,\Delta\nu_D} H(a, x) \qquad (4-17)$$

式中，多普勒宽度

$$\Delta\nu_D \equiv \frac{v_{r_0}\nu_0}{c} \qquad (4-18)$$

---

① 亨德里克·安东·洛伦兹（Hendrik Antoon Lorentz，1853 年 7 月 18 日—1928 年 2 月 4 日），荷兰物理学家。他以其在电磁学与光学领域的研究工作闻名于世，提出了洛伦兹变换。他于 1902 年获诺贝尔物理学奖。洛伦兹星（29208 Halorentz）以他的名字命名。——译者注

② 克里斯蒂安·安德列亚斯·多普勒（Christian Andreas Doppler，1803 年 11 月 29 日—1853 年 3 月 17 日），奥地利数学家、物理学家。他于 1842 年提出多普勒效应。多普勒星（3905 Doppler）以他的名字命名。——译者注

③ 沃尔德玛·福伊特（Woldemar Voigt，1850 年 9 月 2 日—1919 年 12 月 13 日），德国物理学家。——译者注

　　多普勒宽度是半功率下谱线的全宽除以 $2\sqrt{\ln2}$（习题 4.8）。福伊特函数 $H(a，x)$ 定义如下

$$H(a,x) \equiv \frac{a}{x} \int_{-\infty}^{\infty} \frac{\mathrm{e}^{-y^2}\mathrm{d}y}{(x-y)^2 + a^2} \qquad (4-19)$$

式中，$x \equiv (\nu - \nu_\circ)/\Delta\nu_D \equiv (\lambda - \lambda_\circ)/\Delta\lambda_D$；$y \equiv v_r/v_{r_\circ}$；$a \equiv \Gamma/4\pi\Delta\nu_D$。注意到 $H(a, x=0)=1$ 并且 $\int_{-\infty}^{+\infty} H(a, x)\mathrm{d}x = \sqrt{\pi}$。

　　当多普勒增宽占主导地位时，福伊特线形可以表示为

$$\alpha_\nu \approx \mathrm{e}^{-x^2} + \frac{a}{\sqrt{\pi}\,x^2} \qquad (4-20)$$

式中，第一项描述了多普勒增宽谱线的主要形状，谱线的形状是最大宽度约 $3\Delta\nu_D$ 的高斯分布，第二项描述了谱线尾部服从自然增宽谱线线形。

4.3.2.3　碰撞压强增宽

　　在稠密气体中，粒子间的碰撞占主导地位，并扰动电子的能级，使得频率稍低或稍高的光子可以引起激发/退激发。这会导致谱线线形增宽。谱线形状可以用洛伦兹线形表示 [式（4-12）]，所有状态的寿命的倒数 Γ 在频率 ν 上引起发射/吸收。在以碰撞为主的环境中，$\Gamma=2/t_c$，其中 t_c 是分子碰撞之间的平均时间。与狭长的洛伦兹线形不同（在洛伦兹线形中，Γ 是在没有碰撞的情况下寿命的倒数），碰撞增宽的分布有时被称为德拜谱线线形（Debye line shape）。

　　当压强增加时，分子与其他分子碰撞的相对时间增加，这些碰撞的影响变得更加重要。当一个分子发生碰撞时，它的几何结构会暂时改变，从而改变该分子可以吸收的光子范围的中心频率。在一个分子系综中，每个分子吸收的频率变化导致每个跃迁的线宽变宽。随着线宽的增加，各谱线可以（部分地）彼此重叠；当谱线宽度与各谱线之间的平均频率间隔相当时，谱线特征将会丢失。相反，分子吸收可以用一条宽的吸收线来表示。1945 年，范弗莱克[①]和韦斯科夫[②]根据在碰撞环境中吸收分子的量子力学方法，推导出了这种吸收的表达式。范弗莱克-韦斯科夫谱线线形（Van Vleck - Wesskopf line profile）如下

$$\alpha_\nu = \alpha\left(\frac{\nu}{\nu_\circ}\right) \times \left[\frac{4\Gamma}{(4\pi)^2(\nu-\nu_\circ)^2 + \Gamma^2} + \frac{4\Gamma}{(4\pi)^2(\nu+\nu_\circ)^2 + \Gamma^2}\right] \qquad (4-21)$$

　　注意，高频下的范弗莱克-韦斯科夫线形等于德拜（或洛伦兹）线形。在低频（射电波长）下，由负共振项引起的最后一项在线形上产生不对称性（图 4-5），使得在距离中心频率相等的距离处，高频尾部的吸收率大于低频尾部的吸收率。范弗莱克-韦斯科夫谱线形状中的这种不对称性模拟了观察到的谱线线形。如果谱线宽度由压强增宽决定，则范

---

　　① 　约翰·范弗莱克（John Van Vleck，1899 年 3 月 13 日—1980 年 10 月 27 日），美国数学家、物理学家。他因为对磁性和无序体系电子结构的基础性理论研究获得 1977 年诺贝尔物理学奖。——译者注

　　② 　维克托·弗雷德里克·韦斯科夫（Victor Frederick Weisskopf，1908 年 9 月 19 日—2002 年 4 月 22 日），美国犹太裔理论物理学家。——译者注

弗莱克-韦斯科夫谱线线形可广泛用于模拟行星大气中的谱线线形。

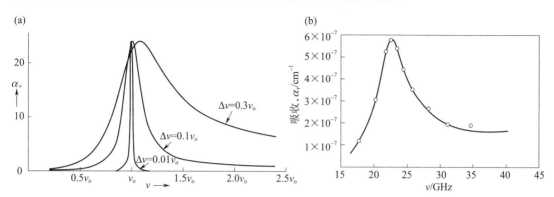

图 4-5　（a）各种谱线宽度 $\Delta\nu$ 下对范弗莱克-韦斯科夫（van Vleck-Weisskopf，VVW）谱线线形的计算结果，其中 $\Delta\nu$ 是谱线在半能量处宽度的一半（$1/2\pi t_c$）（来自 Townes and Schawlow 1955）。（b）空气中水蒸气的观测谱线线形（空心圆：H_2O 10 g/m³）与 VVW 谱线线形的比较。VVW 线形与数据拟合情况很好，除了在较高的频率处有一个小差异。（改编自 Becker and Aulter 1946）

　　在推导谱线形状时，范弗莱克和韦斯科夫假设碰撞之间的相对时间远大于碰撞所花费的时间。这一假设在压强 $P \gtrsim 0.5\sim1$ bar 时被打破，理论和观察到的谱线线形明显不匹配。在 20 世纪 60 年代中期，本-鲁文试图通过更复杂的量子力学方法来修正谱线线形，在这种方法中，他假设分子不断发生碰撞，并通过包括相邻跃迁之间的耦合效应来修正谱线线形，当单个谱线重叠时，耦合效应变得非常重要。由于分子间作用力仍然鲜为人知，本-鲁文[①]线形（Ben-Reuven line shape）中的各种系数通常是根据经验确定的。

　　我们注意到，光谱线的中心在大气中形成的位置通常比光谱线的尾部高。因此，观察到的线形可能由以下线形组成：高空的多普勒增宽线形（通常在压强 $P < 0.1$ mbar 时），往下到约 1 bar 水平的范弗莱克-韦斯科夫线形，以及更深处的本-鲁文线形。对于每种分子和行星大气，分别确定了多普勒或压强增宽线形占主导地位的精确压强水平。

4.3.3　观测结果

　　表 4-4～表 4-6 给出了各种天体的大气成分。将丰度（abundance）定为体积混合比，即给定成分在给定体积中的粒子分数密度（或摩尔分数）。

表 4-4　地球、金星、火星和土卫六的大气组成[a]

成分	地球[b]	金星	火星	土卫六[c]	参考文献
N_2	0.7808	0.035	0.027	约 0.95	1,2,3,4
O_2	0.2095	0~20 ppm	0.0013		1,2,5,6
CO_2	400 ppm	0.965	0.953	10 ppb	1,2,4
CH_4	2 ppm		10~250 ppb	0.014~0.049[d]	2,3,4,7,8,9

---

①　亚伯拉罕·本-鲁文（Abraham Ben-Renven），以色列特拉维夫大学化学学院教授。——译者注

续表

成分	地球[b]	金星	火星	土卫六[c]	参考文献
H_2O	<0.03[f]	30 ppm[e]	<100 ppm[f]	0.4 ppb	1,10,11
H_2O_2	1 ppb		18 ppb		2,12
Ar	0.009	70 ppm	0.016	28 ppm	2,3,4,8
CO	0.2 ppm	20 ppm[e]	700 ppm	45 ppm	2,11,13
O_3	约10 ppm[g]		0.01 ppm	189 ppm	1,2
C_2H_2	8.7 ppb				14,15
C_2H_6	13.6 ppb			121 ppm	14,15
C_3H_8	18.7 ppb			0.6 ppm	14,15,16
C_2H_4	11.2 ppb			40 ppm	14,15
C_3H_4				3.9 ppm	14
NO	<0.5 ppb		3 ppm		2
N_2O	0.35 ppm				1
SO_2	<2 ppb[f]	100 ppm			11,15
H_2SO_4		1~2.5 ppm			17
H_2	0.5 ppm		10 ppm	0.004	2,14
HCl		0.1 ppm[h]			11
HF		2 ppb[h]			11
COS		4 ppm			11
He	5 ppm	12 ppm			2
Ne	18 ppm	7 ppm	2.5 ppm	<0.01	2
Kr	1 ppm	0.2 ppm	0.3 ppm	<0.1 ppb	2,5,8
Xe	0.09 ppm	<0.1 ppm	0.08 ppm	<0.1 ppb	2,8

[a] 所有数字都是体积混合比（ppm：百万分之一；ppb：十亿分之一）

[b] 地球大气中除了所列的成分外，还有许多处于 ppb 水平的成分。

[c] HCN、HC_3N、C_4H_2、C_2N_2、C_6H_6 的上限为 5 ppm（参考文献14）。

[d] 0.0141：土卫六平流层；0.049：土卫六对流层。

[e] H_2O 在中间层为 0.8 ppm；在中间层，CO 增加到 >200ppm。

[f] 变量。

[g] 随海拔高度变化（图4-40）。

[h] 在中间层。

1：Salby（1996）. 2：Chamberlain and Hunten（1987）. 3：Yelle（1991）. 4：Coustenis and Lorenz（1999）. 5：Hunten（2007）. 6：Nair et al.（1994）. 7：Dowling（1999）. 8：Niemann et al.（2005）. 9：Formisano et al.（2004）；Mumma et al.（2004）. 10：Coustenis et al.（1998）. 11：Svedhem et al.（2007）. 12：Clancy et al.（2004）. 13：Flasar et al.（2005）. 14：Waite et al.（2005）（在 1200 km 高）. 15：Seinfield and Pandis（2006）. 16：Roe et al.（2003）（在 90~250 km 高）. 17：Butler et al.（2001）.

表 4 - 5　稀薄大气的组成

天体	成分	表面数量密度/cm^{-3}	参考文献	天体	成分	表面数量密度/cm^{-3}	参考文献
水星	O	4×10^4	1	木卫一[a]	SO_2	$10^{11} \sim 10^{12}$	7
	Na	3×10^4	1		SO	痕量	7
	He	6×10^3	1		Na	痕量	8
	K	500	1		O	痕量	8
	H	23(超热)	1		H	痕量	9
		230(热)	1		S	痕量	10
	Ca	约 30	2		S_2	痕量	11
	Mg		17		K	Na/K=10	12
月球	He	2×10^3(白天)	1,3,4		Cl	痕量	13
		4×10^4(夜晚)			NaCl	痕量	14
	Ar	1.6×10^3(白天)	1,3,4		H_2S	痕量	15
		4×10^4(夜晚)	1	土卫二[b]	H_2O	91%	16
	Na	70	1,3,4		CO_2	3%	16
	K	16	1,3,4		CO 或 N_2	4%	16
冥王星	N_2		5		CH_4	1.6%	16
	CO	痕量	5		C_2H_2	<1%	16
	CH_4	痕量	5		C_3H_8	<1%	16
海卫一	N_2		6				
	CH_4	痕量	6				

[a] 只列出中性成分；木卫一等离子体圆环中的离子成分见表 7 - 3。

[b] 卡西尼号上的 INMS 在土卫二南极喷发的羽流中探测到的成分。丰度表示为体积混合比。测量了 18、44、28 和 16 amu 处的主要质量峰，为鉴定提供了一些不确定性。

1：Hunten et al. (1988)；2：Bida et al. (2000)；3：Sprague et al. (1992)；4：Strom (2007)；5：Stern (2007)；6：Stone and Miner (1989)；7：Lellouch et al. (1990，1995)；8：Bouchez et al. (2000)；9：Strobel and Wolven (2001)；10：Feaga et al. (2002)；11：Spencer et al. (2000)；12：Brown (2001)；13：Feaga et al. (2004)；14：Lellouch et al. (2003)；15：Russell and Kivelson (2001)；16：Waite et al. (2006)；17：McClintock et al. (2009)。

表 4 - 6　太阳和巨行星的大气组成[a]

气体	元素[b]	原太阳值[c]	木星	土星	天王星	海王星	参考文献
主要气体							
H_2	H	0.835	0.864	0.88	约 0.83	约 0.82	1,2,3,4,5
He	He	0.162	0.136	0.119	约 0.15	约 0.15	1,3,5,6
可凝结气体							
H_2O	O	8.56×10^{-4}	$>4.2 \times 10^{-4}$	—	—	—	7
	在平流层		1.5×10^{-9}	$2 \sim 20 \times 10^{-9}$	$5 \sim 12 \times 10^{-9}$	$1.5 \sim 3.5 \times 10^{-9}$	8
	伽利略号，18~21 bar	4.2×10^{-4}				9	

续表

气体	元素[b]	原太阳值[c]	木星	土星	天王星	海王星	参考文献
CH_4	C	4.60×10^{-4}	2.0×10^{-3}	4.5×10^{-3}	0.023	0.03	4,5,9,10
	N	1.13×10^{-4}					
	微波数据[d]		7×10^{-5}	5×10^{-4}	$<1.5 \times 10^{-4}$	$<1.5 \times 10^{-4}$	11,12
NH_3	压强		1～2 bar	＞数 bar	＞10 bar	＞10 bar	
	伽利略号,＞8 bar	7×10^{-4}				7	
	S	2.59×10^{-5}					
	微波数据[d]			4.6×10^{-4}	3×10^{-4}	0.001	11
H_2S	压强			＞数 bar	＞10 bar	＞10 bar	
	伽利略号,12～16 bar	7.7×10^{-5}				7	

稀有气体

气体	元素[b]	原太阳值[c]	木星	土星	天王星	海王星	参考文献
^{20}Ne	Ne	1.29×10^{-4}	2.0×10^{-5}				7
^{36}Ar	Ar	2.84×10^{-6}	1.6×10^{-5}				7
^{84}Kr	Kr	3.33×10^{-9}	7.6×10^{-9}				7
^{132}Xe	Xe	3.26×10^{-10}	7.6×10^{-10}				7

不平衡物质

气体	元素[b]	原太阳值[c]	木星	土星	天王星	海王星	参考文献
PH_3	P	4.29×10^{-7}	5×10^{-6}	6×10^{-6}			13
GeH_4			6×10^{-9}	3.5×10^{-10}			13
AsH_3			2×10^{-10}	2.6×10^{-9}			13
CO^e			1.3×10^{-9}	1.8×10^{-9}	2.5×10^{-8}	1×10^{-6}	8
CO_2^e			2.5×10^{-10}	2.5×10^{-10}	4×10^{-11}	4×10^{-10}	8,14
HCN^e		探测到存在[f]					8

平流层中的光化学物质（约 1 μbar～10 mbar）

气体	元素[b]	原太阳值[c]	木星	土星	天王星	海王星	参考文献
CH_3			探测到存在	3×10^{-7}		7×10^{-9}	15
C_2H_2			$2 \sim 200 \times 10^{-8}$	$2 \sim 30 \times 10^{-7}$	$1 \sim 200 \times 10^{-8}$	$4 \sim 300 \times 10^{-9}$	15
C_2H_4			$5 \times 10^{-10} \sim 1 \times 10^{-6}$	3×10^{-9}	探测到存在	$3 \sim 50 \times 10^{-10}$	15
C_2H_6			$2 \sim 9 \times 10^{-6}$	$3 \sim 10 \times 10^{-6}$	2×10^{-8}	$1 \sim 3 \times 10^{-6}$	15
C_3H_4			3×10^{-9}	2×10^{-9}	2×10^{-10}	数 $\times 10^{-10}$	15
C_3H_8			$<1 \times 10^{-7}$	3×10^{-8}			15

续表

气体	元素[b]	原太阳值[c]	木星	土星	天王星	海王星	参考文献
C_4H_2			探测到存在	3×10^{-10}	2×10^{-10}	探测到存在	15
C_6H_6			2×10^{-10}	4×10^{-12}		探测到存在？	15

[a] 所有数字都是体积混合比（即摩尔分数）。

[b] 在巨行星中，O、C、N、S 和 P 元素分别以 H_2O、CH_4、NH_3、H_2S 和 PH_3 的形式存在。

[c] 这些元素的原太阳系数值来自 Grevesse et al. （2007）[①]。

[d] 通过射电频谱模型得出（如图 4-15）。

[e] 平流层中的物质（约 1 μbar～10mbar）。

[f] 在舒梅克-列维 9 号彗星撞击木星之后（5.4.5 节）。

1：Niemann et al. （1998）；2：Atreya （1986）；3：Conrath et al. （1989b）；4：Gautier et al. （1995）；5：Flasar et al. （2005）；6：Burgdorf et al. （2003）；7：Taylor et al. （2004）；8：Encrenaz （2005）；9：Wong et al. （2004）；10：Gautier and Owen （1989）；11：de Pater and Mitchell （1993）；12：de Pater et al. （2001）；13：Atreya et al. （1999，2003）；14：Burgdorf et al. （2006）；15：Moses et al. （2005）。

4.3.3.1 地球、金星和火星

地球大气主要由 N_2（78%）和 O_2（21%）组成。最丰富的微量气体是 H_2O、Ar 和 CO_2，但也已经确定了更多的气体（表 4-4）。火星和金星的大气成分主要是 CO_2，在每颗行星上占 95%～97%；氮气约占体积的 3%；最丰富的微量气体是 Ar、CO、H_2O 和 O_2。在金星上还发现了少量的 SO_2、H_2SO_4（硫酸）和一些卤化氢（HCl、HF）。火星上也发现了在地球平流层中大量存在的臭氧。这三颗行星大气组成的差异源于它们形成和演化过程的差异，例如温度、火山和构造活动以及生物演化的差异。

图 4-6 粗略显示了地球、金星和火星在 5～100 μm 之间的热红外光谱；这三个光谱由不同探测器获得。每个光谱都在约 15 μm 处（波数 667 cm^{-1}）显示了一个宽的 CO_2 吸收带。注意，尽管大气压差异很大，但三颗行星的吸收带宽度相似，因为分子吸收带由许多跃迁组成（图 4-3）。这些吸收带可以用来研究大气中不同深度的特性。在晴空环境下，当没有其他吸收体存在时，地球和火星的表面可被光谱远端尾部的波段（连续谱）探测。对于金星，探测的是云层而非表面。由于光学深度向波段中心增加，因此越靠近中心的波段探测的位置越高。由于谱线是在吸收带中观察到的，所以三颗行星上的温度都必然随着高度升高而降低。因此，在地球和火星上，对流层中肯定存在 CO_2。在地球上，在 CO_2 吸收线的中心有一个小的发射尖峰，表明地球的平流层中有一些 CO_2。平流层的温度随着高度的升高而升高，与对流层相反。地球光谱中其他突出的特征是 9.6 μm（1 042 cm^{-1}）处的臭氧和 7.66 μm（1 306 cm^{-1}）处的甲烷。与 CO_2 吸收带中的发射峰类似，臭氧线形中心也存在发射峰。光谱中有许多水的吸收谱线，这使得地球大气在某些谱段几乎不透明（例如，在波长 5～7.7 μm 处和波长大于 20 μm 的红外谱段，注意到 CO_2 波段阻止了 15 μm 附近的发射）。水的吸收谱线虽然强度较小，但在火星和金星的光谱中也能看到。

[①] 太阳的元素丰度有较大的变化，最新结果可参考 Asplund （2009）。——译者注

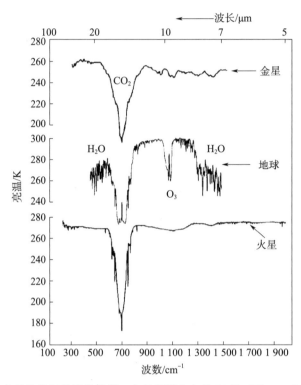

图 4-6　金星、地球和火星的热红外发射光谱。金星光谱由金星 15 号（Venera 15）记录，地球光谱由云雨 4 号（Nimbus 4）记录，火星光谱由水手 9 号（Mariner 9）记录。（改编自 Hanel et al. 1992）

　　由于行星大气中的发射/吸收线强烈地依赖于探测到的温度结构，因此即使吸收气体的浓度相似，不同位置的光谱也可能出现很大的差异。火星的一个例子如图 4-7 所示。在中纬度有一个明显的 CO_2 吸收带，与图 4-6 中相同；然而，在极区，CO_2 却显示为发射峰。假设行星表面是在谱线两侧波长上探测的，那么可以通过将黑体曲线拟合到背景水平来确定表面温度。如图 4-7 所示，中纬度光谱的背景水平与 280 K（火星表面预期温度）的黑体曲线相比明显降低。这种降低由火星大气中的尘埃引起，它吸收阳光并加热大气（通过传导），同时部分地保护了表面，使其免受阳光直射（图 4-2）。因此，CO_2 的特征在这幅图中不像在无尘条件下那么明显。广谱的吸收特性由悬浮的尘埃颗粒引起。北极极区光谱的背景水平可以用约 140 K 黑体曲线拟合，即火星条件下 CO_2 的凝结温度。由于地表上方的大气温度较高，CO_2 光谱显示为发射线。南极极区（接近夏季时）光谱的连续背景温度不能用单个黑体曲线拟合，但是通过两条曲线叠加可以很好地匹配：一条是约 140 K 的黑体曲线，约占视场的 65%；另一条是 235 K 的黑体曲线，覆盖其余视场[①]。显

――――――――――――――――――

　　① 请读者注意，这句话对应的图并非图 4-7 中间的南极热红外光谱，而是 Hanel et al.（1992）图 6.2.7c 和 Hanel et al.（1972）图 1. B。图 4-7 中的南极光谱是 Hanel et al.（1992）中的图 6.2.7b。140 K 对应火星气压下 CO_2 冰的平衡温度，235 K 对应表面无冰区域的辐射平衡温度（Hanel et al.，1992）。具体的拟合假设请读者阅读 Hanel et al.（1972）。——译者注

然，大约 1/3 表面积发生了 CO_2 冰升华，而 $60\%\sim70\%$ 仍然被 CO_2 冰覆盖。除 CO_2 外，南极极区光谱还显示了几条水发射线。

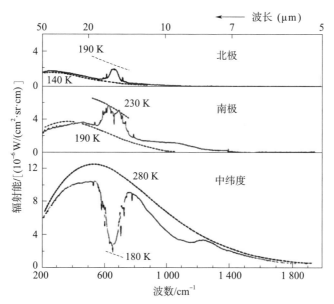

图 4-7　火星两极和中纬度的热红外光谱。这些数据是水手 9 号在南半球晚春时拍摄的。不同温度下的黑体曲线（不一定是最佳拟合）是为了进行比较。请注意，在极区光谱中能看到 CO_2 的发射线，而在中纬度能看到吸收线。（改编自 Hanel et al. 1992）

对火星和金星上一氧化碳（CO）的微波观测是对其大气热结构的重要探测。^{12}CO 线光学上很厚，而 ^{13}CO 线光学上很薄。图 4-8 显示了这两颗行星观测截面的平均谱形。火星上的 ^{12}CO 线形成于寒冷的大气层高处；因此，在连续谱背景下，在吸收线中可见谱线核心。发射翼出现在谱线的两侧，对应探测地表上方的大气。根据探测到的地表深处的物理温度以及表面发射率 $\epsilon < 1$，可以得到地表的亮温略低于其上方大气的物理温度。因此，在连续谱的背景中可以看到这条谱线的发射两翼。在金星上，毫米波长的连续发射源于金星的主要云层。金星上的 CO 谱线形成于中间层，远高于云层，那里的温度随高度而降低。因此，可以在金星的连续谱背景下看到 CO 的吸收线。

通过观察不同的谱线跃迁和/或不同的 CO 同位素，可以反演 CO 丰度和大气温度结构。火星大气中的 CO 丰度似乎相当稳定，不随时间变化，而温度结构变化却很大。比如，火星大气温度与大气中尘埃颗粒的数量有关。对金星大气中 CO 谱线的微波观测表明，金星大气的温度结构变化不大，但 CO 丰度存在明显的日变化，如图 4-8（c）所示。CO 谱线在夜间深而窄，但在白天除了在当地时中午前后均宽而浅，中午前后的光谱与夜间相似。这表明，在夜间和中午形成的气压比白天其他时间形成的低。因此，尽管 CO 是在白天 CO_2 光解后形成的，CO 丰度的极大值出现在夜间和中午的高海拔地区（4.6.1.2节）。这种预期和观测之间的差异可能由昼夜区域间的疾风造成，因为它可以将 CO 从日间区域输送到夜间区域（4.5.5.2节）。

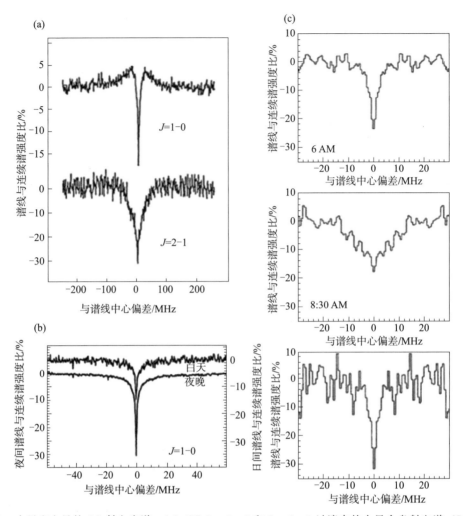

图 4 - 8　火星和金星的 CO 射电光谱。(a) CO $J = 1-0$ 和 $J = 2-1$ 过渡中的火星全盘射电谱 (Schloerb 1985)。(b) CO $J = 1-0$ 谱线中金星的全盘射电谱。图中显示了金星白天和夜晚的光谱 (Schloerb 1985)。(c) 金星上不同位置的 CO 光谱，地点由当地金星时标明。(de Pater et al. 1991a)

　　虽然金星的大气层和云层的光学厚度很大，但人们可以用射电波段和几个波长短于约 2.5 μm 的红外波段（在金星的夜晚）探测云层 [图 4 - 9 (a)]。在这些波长下，金星的大气层和云层是相对透明的，因此可以探测到深层大气或金星表面。在波长大于 2.8 μm 处，金星云层的热辐射显示出很强的二氧化碳吸收带（图 4 - 6）。在吸收带对应的波段中，可以探测到海拔更高、温度更低的区域（4.3.3.1 节）。

　　图 4 - 9 (b) 显示了金星的微波光谱。大约一半的微波不透明度归因于 CO_2 气体，而气体 H_2SO_4（硫酸）和 SO_2（二氧化硫）贡献了剩余的不透明度。在波长略大于 7 cm 处，金星的大气层是透明的，可以探测到它的表面。SO_2 和 H_2SO_4 的丰度很大程度上都集中于低层大气，在云层内部和下面。SO_2 气体可能为金星的硫酸云层提供了来源（4.6.1.2 节）。地基和探测器的测量都表明云顶的 SO_2 丰度随时间变化，其变化幅度超过一个数量级。这些变化

可能与火山爆发有关（5.5.3 节），或者也可能表明涡流扩散系数的变化（4.7 节）。

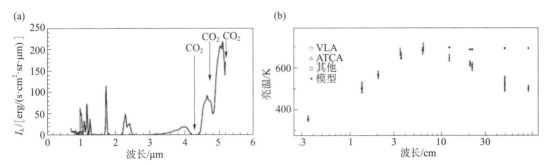

图 4 - 9　（a）伽利略号拍摄的金星暗面（靠近圆盘中心）的近红外光谱。在波长 $\lambda > 2.8\ \mu m$ 处，金星的硫酸云是不透明的，吸收了云中（$T_b \approx 235$ K）散发出的热量。CO_2 吸收带降低了黑体曲线在波长约 4.3 μm、4.8 μm 和 5.2 μm 处的强度。在短于 2.8 μm 的几个特定波长上，云层相当透明，可以探测到大气中较深的暖层，结果以发射线的形式显示（改编自 Carlson et al.1991）。（b）金星的微波光谱。在毫米波段可探测行星的云层，而表面则被略大于 7 cm 的波段探测到。（Butler and Sault 2003）

　　火星快车和几台地面望远镜对火星大气中甲烷气体的探测结果令人费解。观测到的甲烷丰度范围从 10 ppb 到 250 ppb，并且在时间（几周到几个月的时间尺度）和地点上都显示出很大的变化。由于 CH_4 的平均寿命为 $300\sim600$ 年，CH_4 的存在和变化需要一个强大的源和汇。现在关于这些发现是否真实的争论仍在继续，如果真是这样的话，它的成因可能是：火山活动、微生物生命或低温"蛇纹石化"（serpentinization）——一种岩石变质过程（5.1.2.3 节），其中超镁铁质岩石（例如橄榄石）通过水化和氧化转化为蛇纹石，从而释放甲烷气体。甲烷的潜在的汇是氧化和凝结，但这两种情况很难与观测结果相一致。

4.3.3.2　土卫六

　　1944 年，杰拉德·柯伊伯（Gerard Kuiper）在土卫六上发现了甲烷气体的吸收带，最终在这个相对较小的天体周围发现了大气。自从旅行者号飞越以来，我们知道 CH_4 只占土卫六大气层的百分之几（表 4 - 4），而土卫六的大气层和地球一样，主要由 N_2 气体组成，显示为强烈的紫外辐射。旅行者号和更近期的卡西尼号进一步揭示了大量碳氢化合物和腈的存在，它们在红外波段显示为显著的发射线（图 4 - 10）。由于这些谱线是在发射中出现的，它们一定在土卫六的平流层中形成，那里的温度随着海拔的升高而升高。

　　惠更斯探测器上的气相色谱质谱仪（Gas Chromatograph Mass Spectrometer，GCMS）在土卫六大气中下降时测量了大气成分。不同高度的结果如图 4 - 11 所示。注意 [36]Ar 的丰度很低，[38]Ar、Kr 和 Xe 未被探测到。这些结果的含义将在 4.9 节中讨论。在海拔 130 km 以下没有发现多少重烃，与预期相符（4.6.1.4 节）。然而，着陆后通过加热材料到高于背景温度约 70 K，在表面检测到许多碳氢化合物和腈的清晰特征。这些气体可能来自大气中析出的气溶胶粒子；这些微粒几十亿年的积累可能在地表形成了几百米厚的碳氢化合物层。着陆后甲烷丰度增加了约 40%，这有可能是由于地表存在液态 CH_4 与其他物质的混合物。

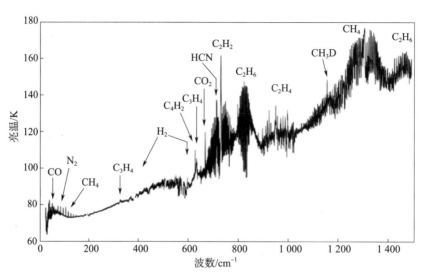

图 4 - 10　土卫六的热红外光谱，由卡西尼号/CIRS 获得。注意，碳氢化合物和腈的大量发射（即平流层）线叠加在一个平滑的连续谱上。（Coustenis et al. 2007）

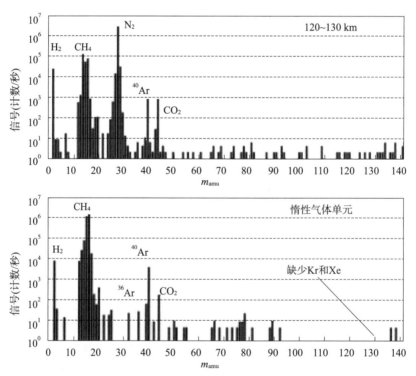

图 4 - 11　惠更斯探测器上的 GCMS 在土卫六大气中下降时测得不同高度的质谱数据（以计数/秒为单位）。光谱探测结果是高度 120～130 km 范围平均值（上图），惰性气体单元探测结果是高度 75～77 km 范围平均值（中图），表面光谱是撞击后 70 分钟平均值（下图）。（Niemann et al. 2005）

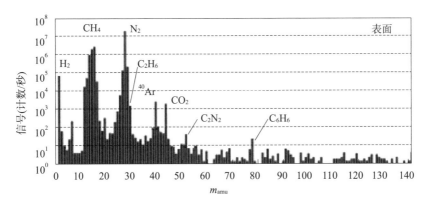

图 4-11 惠更斯探测器上的 GCMS 在土卫六大气中下降时测得不同高度的质谱数据（以计数/秒为单位）。光谱探测结果是高度 120～130 km 范围平均值（上图），惰性气体单元探测结果是高度 75～77 km 范围平均值（中图），表面光谱是撞击后 70 分钟平均值（下图）。（Niemann et al. 2005）（续）

从遥感和原位探测数据可以清楚地看出，土卫六的大气层呈现出丰富的大气化学产物，这在太阳系中是独一无二的。

4.3.3.3 具有稀薄表层大气的天体

所有行星和主要卫星都有某种表层大气，尽管其中许多大气层非常稀薄，对我们来说，这些区域基本上是真空。高能粒子（太阳风、磁层等离子体）和微流星体的连续"轰击"，在一个叫做"溅射"的过程中从行星表面激发出原子和分子（4.8.2 节）。从表面激发的粒子通常速度太低，无法逃离天体的引力场，并在天体周围形成一个延伸的"行星晕"或所谓的表层大气。水星、月球、许多冰冷的卫星和土星环周围都发现了这样的行星晕。其他可能导致大气形成（或改变）的过程包括火山（如木卫一）、间歇泉（如海卫一、土卫二）和冰的升华（如火星、冥王星、海卫一、木卫一）。下面简要总结了在一些较小的行星和较大的卫星周围观察到的稀薄表层大气。对于同等质量的大气，由于这些天体的重力较低，大气气压标高通常较大（表 4-3，习题 4.1），因此大气的厚度反而会增加。

（1）水星和月球

水星的表层大气非常稀薄，表面气压 $\lesssim 10^{-12}$ bar。水手 10 号上安装的辉光光谱仪观测氧、氦和氢原子时发现了大气。后来，地基望远镜探测到钠、钾和钙原子，它们在可见光波段都有很强的共振线。在水星大气中观察到的主要成分是 O、Na 和 He，在水星表面附近 He 的数量密度为数千原子/cm³，O 和 Na 的数量密度高达数万原子/cm³（表 4-5）。探测到的 K 和 H 数量密度都是几百个原子/cm³，Ca 的数量密度还要低一个数量级。2008 年 1 月，信使号第一次飞越水星时进行了原位质谱测量，结果表明水星电离的外逸层和等离子体环境中存在 Mg^+、Si^+、Fe^{2+} 和 S^+ 等离子。最令人感兴趣的是水族离子的确认，如 H_2O^+ 和 OH^-。在 2008 年 10 月 6 日的第二次飞越过程中，在水星的外逸层中切实地检测到了中性 Mg。钠、钾、钙、镁和氧可能来自水星表面，它们通过溅射被扬起到表层大气中（4.8.2 节）。相反，H 和 He 可能是从太阳风中捕获的（4.8.2 节），它们也是太阳风的主要成分。从表面溅射出的具有足够能量的中性物质被太阳辐射压力加速，如观测所示，在反太阳方向形成一个延伸的尾巴（10.4.2.3 节）。Na 发射（可能还有 Mg）在高纬度地区显示出明显峰值，而 Ca 则在赤道附近达到峰值。许多物质表现出局部增强和不对称性（例如南北不对称和晨昏不对称），表明有多种源和汇的过程。

阿波罗飞船上的质谱仪和紫外光谱仪在月球上探测到 He 和 Ar，其表面密度为向光面几千个原子/cm^3，背光面大一个数量级（表 4-5）。地基光谱测量显示 Na 和 K 的原子数量为几十个/cm^3。与水星一样，月球的大气层部分是由微陨石和高能粒子的溅射以及太阳风中的微粒形成的。

（2）冥王星和海卫一

冥王星和海卫一在许多方面非常相似：它们的大小相似，而且都非常寒冷（冥王星：冰覆盖区域约 40 K，较暗的表面区域最高 55～60 K；海卫一：霜降区约 38 K，暗区约 57 K）。然而，表面温度仍然足以部分升华 N_2、CH_4 和 CO_2。通过红外光谱在两个天体表面检测到了这些成分。这些气体的丰度可由蒸气压平衡方程计算（4.4.1 节）。冥王星在 1988 年（距离它到达近日点时间的一年之前）曾掩蔽过一颗 12 星等的恒星。在掩星过程中，这颗恒星逐渐消失而不是突然消失，后来又重新出现，表明冥王星存在大气，表面压强在 10～18 μbar 之间。因为 N_2 冰的含量是 CH_4 和 CO_2 冰的 50 倍，人们认为 N_2 可能是冥王星大气的主要成分。光谱测量显示冥王星大气中有微量的 CH_4（<1%）和 CO（<0.5%）气体，证实了人们的猜测。冥王星在 2002 年和 2006 年掩蔽了其他明亮的恒星。对这些掩星的观测显示，冥王星的大气层发生了重大变化。与预测相反，冥王星大气中的气压和密度增加了 2 倍，而大气温度保持不变。这些变化可能是由于季节性影响，以及冥王星热惯量的影响。

旅行者号探测器上的紫外光谱仪对气辉和掩星的测量显示，海卫一周围有大气层，表面压强为 14±1 μbar（1989 年）。当时，海卫一的南极被太阳照亮。海卫一的大气可能与冥王星的大气形成方式相同，可能是由升华的冰形成，也可能是在海卫一上探测到的间歇泉活动形成的（5.5.8 节）。海卫一的大气以 N_2 气体为主，表面附近有少量 CH_4（混合比约 10^{-4}）。20 世纪 90 年代的恒星掩星显示大气压强增加约 5 μbar，尽管当时相对于太阳的几何关系不太有利。压强的增加表明海卫一的表面有很高的热惯量，或者是季节性日照周期引起的海卫一反照率和发射率的变化。

（3）木卫一

木卫一是太阳系中唯一一个大气以 SO_2 为主的天体。虽然由旅行者号在火山热点上方首次探测到 SO_2 气体，但全球大气存在是通过地面射电测量结果确定的［图 4-12（a）］。典型的柱密度是 $10^{16}/cm^2$ 量级，即一个虽然稀薄但对于碰撞来说很厚的大气层。在火山羽流中密度往往更高（2～5 倍）。射电数据显示在前导半球区域性的覆盖率约 25%，大气温度约为 200 K，而后随半球似乎更热（约 400 K），覆盖率较低（约 8%）。关于木卫一大气主要来源的争论仍在继续，尽管很明显的是，火山和木卫一表面升华的 SO_2 霜（全球蒸气压平衡）都起了作用。到了夜晚，气温几乎瞬间下降，全球的 SO_2 大气坍塌。由于从地面只能观测到木卫一的昼半球，因此这样的事件只能在日食期间观测，即木卫一在木星的阴影中，或者通过行星际探测器观测。木卫一在日食时所拍摄的红外光谱显示，SO 的发射在 1.71 μm 的禁止电子跃迁区中（10.4.3.1 节），旋转温度约为 1 000 K [图 4 - 12 （b）]。这个发射带随时间变化很大，显然源自火山。

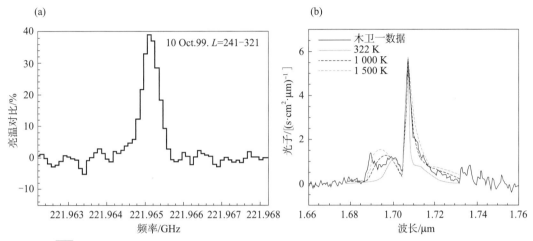

图 4 - 12　1999 年 9 月至 10 月木卫一上 SO_2 和 SO 的观测结果。（a）1999 年 10 月 10 日，用 IRAM 望远镜观测到了 221.965 GHz 处的 SO_2 谱线 （Lellouch et al. 2000）。（b）1.7 μm 处的圆盘平均 SO 发射带，拍摄于 1999 年 9 月 24 日，当时卫星在木星的阴影中。重叠绘制的是在 322 K、1 000 K 和 1 500 K 大气中的模式光谱。观测到的光子可能是从火山口喷出的 SO 分子发出的。（可能源自那个时期非常活跃的洛基火山，改编自 de Pater et al. 2002）

通过射电探测，第一次在全球范围内发现了 SO_2，其丰度约为 3% ～ 10%，符合 SO_2 的光化学模型（4.6 节）。这类模型还预测了相对大量的分子氧，但尚未被发现。已检测到原子 O 和 S 以及 Na、K 和 Cl。通过检测到 NaCl 表明，后面几种原子物质可能起源于火山（5.5.5.1 节）。

（4）冰卫星

木卫二的表面被水冰覆盖（5.5.5.2 节），大气中含有氧。溅射过程将木卫二表面的 H_2O 分子分解为氢气和氧气。氢气逃离了木卫二的低重力场，留下了富氧的大气层。哈勃望远镜的测量表明，通过分子氧的电子撞击离解激发原子氧，推测其柱丰度为 （1～10）× 10^{14}/cm^2 （P 约 pbar 量级）。Na 和 K 也被检测到，但 Na/K 比高于木卫一和陨石中的情况。木卫二上的碱金属元素可能起源于次表层海洋，在向表层输送过程中的分馏可能导致 K 的相对损失。

哈勃望远镜观测显示木卫三上的氧具有与木卫二相似的 O_2 柱密度，但是木卫三上的氧发射在两极附近达到了很强的峰值。在木卫三上未检测到碱金属，尽管溅射速率较低（相对于木卫二），但仍然表明木卫三表面的碱金属浓度低于木卫二。伽利略号观察到莱曼 α 发射，对应的 H 柱密度约 10^4/cm^2。

伽利略号的红外数据显示木卫四周围有一个 CO_2 大气层，其柱密度类似于木卫二和

木卫三上的 O_2 柱密度。虽然没有发现氧气，但伽利略号的射电掩星实验装置显示电离层的电子密度约为 $2×10^4/cm^3$，这是由 O_2 柱密度比木卫二和木卫三高约 100 倍引起的。

如 11.3.2 节所述，土卫二是土星 E 环的来源。E 环是一个尘埃环，主要由微米大小的物质组成。自从旅行者号飞越土星系以来，土卫二明亮而光滑的（年轻的）表面让人们猜测间歇泉活动可能是 E 环物质的来源。卡西尼号探测到了土卫二南极热裂产生的羽流，并用离子和中性质谱仪（Ion and Neutral Mass Spectrometer，INMS）原位测量了它们的组成（5.5.6 节）。羽流主要由 H_2O（$\gtrsim$90%）组成，还有约 3% 的 CO_2、约 1.6% 的 CH_4 和约 3% 的质量为 28 amu 的气体，可能是 CO 和/或 N_2。在土卫二上还观测到了痕量的乙炔和丙烷。

哈勃望远镜探测的高信噪比光谱在紫外波段发现了几个卫星上的氧化性气体，它们被锢囚在冰卫星表面上的微观孔隙内。特别地，在木卫四、木卫三和木卫二上发现了 SO_2，而波长 280 nm 附近的吸收带表明，在天王星的部分卫星和海卫一上存在 SO_2 和/或 OH。木卫三显示被捕获的臭氧，和氧气发射一样，在两极最强。在土卫五和土卫四上也探测到了臭氧。土星环主要由水冰组成（11.3.2.4 节），周围有羟基（OH）大气。哈勃望远镜在穿越环平面时（当环处于侧立位置时）的观察表明，OH 密度约为 500 分子/cm^3。卡西尼号 INMS 仪器在 A 环附近探测到原子和分子氧离子。

4.3.3.4　巨行星

四颗巨行星的大气层都很深，主要由分子氢（80%～90% 体积分数）和氦（10%～15% 体积分数）组成。根据大气对特定波长的不透明度，选用不同波长探测不同的高度。例如，当波长 λ<110 nm，H_2 吸收占主导地位，探测 nbar 压强水平的大气。在较长的紫外波长下，随着 H_2 不透明度的降低，碳氢化合物的吸收、瑞利散射和气溶胶的吸收/散射成为主导，并逐渐可以探测到更深层的大气。用 λ>160 nm 的波长可以观测到平流层下层和对流层上层。在可见光和近红外波段（图 4-13），云顶（及上方）反射的阳光占主导地位，而在较长波长处，可以观察到热（黑体）辐射。热红外辐射波段在 10 μm 左右，对来自压强水平位于 1 μbar 和 1 mbar 之间高度的碳氢化合物敏感，而 20 μm 左右的波段（氢气吸收）用于探测对流层顶正上方的平流层 [图 4-14、图 4-37（c）]。5 μm 左右的波段对应气体的不透明度非常低，人们可以在无云区域探测到几 bar 压强所对应的大气深度 [图 4-35（a），图 4-37（b）、（e）]。对远红外和（亚）毫米波段的连续谱吸收主要源自分子氢气碰撞导致的吸收和云粒子的吸收/散射。后者取决于粒子大小：如果粒子比波长小得多，则相对透明；如果粒子与波长相当或大于波长，则云层变得更不透明。更深层的大气可以用射电波段探测。射电波段的吸收主要源自氨气，它在波长 1.3 cm 处有一个很宽的吸收带。当波长大于 1.3 cm 时，大气不透明度大致随 λ^{-2} 的指数规律变化，所以可用长波辐射来探测巨行星更深层的大气（图 4-15）。

巨行星大气的组成以及元素的原太阳混合比见表 4-6。如果这些巨行星像太阳一样是通过原始太阳星云中的引力坍缩形成的，人们会认为这些行星的组成与表中引用的原太阳系数值近似（13.7 节）。但不管这些巨行星是通过引力坍缩形成的，还是通过内核吸积后

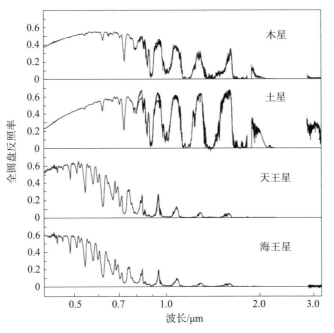

图 4-13　木星、土星、天王星和海王星的全圆盘反照率光谱。所有的光谱都有很强的 CH_4 吸收带。图中数据源自 1.5 m ESO 天文台在 0.4~1.05 μm 的数据（Karkoschka 1994）和 3 m IRTF 望远镜在 0.8~3 μm 的数据（Rayner et al. 2009）

气体的引力聚集形成的，人们都会认为这些行星大气中含有 83%~84% 的 H_2 和约 16% 的 He。除非它们在行星形成的晚期从星子那里获得了一层重元素，否则它们的内核元素会向上混合，并且/或者在内部会发生 H、He 分离（6.1.2.1 节、6.4.2 节）。在平衡条件下，元素 O、C、N 和 S 应以水蒸气、甲烷、氨和硫化氢的形式存在。精确估计这些平衡物质、氦、惰性气体的丰度以及同位素比率，将有助于完善巨行星的形成理论。

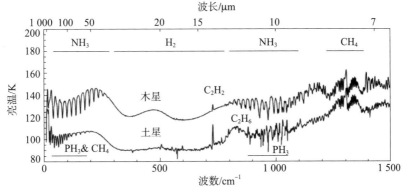

图 4-14　卡西尼号 CIRS 拍摄的木星和土星的热红外光谱。［图片来源：康纳·尼克松（Conor Nixon）和 NASA/GSFC/UMCP］

　　虽然 He 只被伽利略号在木星上直接测量过，但是通过结合热红外光谱和射电掩星剖面可以估计它的丰度（附录 E.5）。He 的详细混合比因行星而异，见表 4-6。He 的丰度与天王星和海王星上的原太阳值相似，但在木星（约 20%）和土星（约 35%）上似乎比原太阳值少很多，这种现象被称为氦损耗。这种氦损耗归因于 He 在 1～3 Mbar 压强下与金属氢不混溶，导致 He 向内核"沉降"（6.4 节）。

尽管微量气体 H_2O、CH_4、NH_3 和 H_2S 在可见光、紫外和/或红外波长下具有能量跃迁，但已证明很难确定这些物质的全球丰度。所有这些气体（除木星和土星上的 CH_4 外）都凝结在巨行星对流层的上层（4.4 节）。因此，要获得它们混合比的代表值，就需要探测云层下面，这在大多数波长下都是不可行的。因此，表 4-6 包含许多问号或空格。在所有四颗行星上，只获得了可靠的 CH_4 测量数据；伽利略号通过原位测量得到了木星上这四种微量气体数据。不过，探测器进入的是一个红外热点（infrared hot spot），这是木星大气层中一个非常"干燥"的区域，远不能代表整个木星。木星和土星上的 CH_4 丰度测量来自反射太阳光的光谱（图 4-13）和/或热红外观测（图 4-14），天王星和海王星上的 CH_4 丰度测量则来自反射太阳光的光谱和射电掩星测量间接获得（附录 E.5）。在木星上，CH_4 丰度大约是原太阳值的 4 倍，而对于轨道较远的巨行星来说，CH_4 的相对丰度更大。伽利略号在 15～20bar 压强范围内对木星大气进行了原位测量。在这些深层中，CH_4、NH_3、H_2O、Ar、Kr 和 Xe 的含量是原太阳值的 3～6 倍。正如预期的那样，由于 He 不混溶于金属氢中，He 和 Ne 的含量低于太阳值（Ne 会溶解在 He 中）。有些令人费解的是 H_2O 的混合比太低（约原太阳值 O 的 1/2），而所有其他重元素含量都比原太阳值要高。H_2O 含量在更深层也很可能会增强，而这种"氧损耗"可以是由探测器下降到红外热点区域的大气动力学过程（下降气流）引起的。

在射电波长下，可以探测到巨行星的可见云层内和远低于可见云层的高度，其中射电波长的不透明度大部分由氨气控制，一小部分由水蒸气控制。在天王星和海王星上，H_2S 对射电波长有显著吸收，部分的射电波段吸收也许还有 PH_3 的贡献。木星和天王星的微波光谱与各种模型计算结果如图 4-15 所示。由于吸收谱线被压强显著增宽到一定程度，巨行星的射电谱通常是个准连续谱。如果假设一颗巨行星的对流层温度呈绝热分布，那么可以反解微波数据得到氨气的高度分布。如果大气处于热化学平衡状态，微波数据还可以间接提供 H_2S 气体混合比的估计值（4.4.3.4 节）。例如，NH_4SH 云的形成是天王星和海王星上氨气明显大量损耗的原因。如果有足够的 H_2S，氨气几乎可以完全从云层上方的大气中去除。然而，大气是否处于热化学平衡还不清楚。将射电观测结果与伽利略号在木星上的原位测量结果进行比较表明，观测到的 NH_3 和 H_2S 的丰度廓线不能用简单的化学平衡过程解释，而可能是受到大气动力学的显著影响。因此，应谨慎使用表 4-6 中列出的 H_2S 值。

热红外光谱（图 4-14）显示了四颗行星上的 CH_4 发射线，这是一个明显的迹象，表明这些天体的平流层中也存在 CH_4 气体。虽然木星和土星的对流层永远不会低到 CH_4 凝结温度，但人们会认为天王星和海王星对流层上层的低温可能会形成一个有效的冷阱（cold trap），阻止 CH_4 上升到平流层（4.4.3.4 节）。太阳光在平流层分解 CH_4，随后的化学反应导致碳氢化合物的形成（4.6.1.3 节）。如图 4-14 所示，乙炔（C_2H_2）和乙烷（C_2H_6）的发射线在所有四颗行星上都被探测到，在海王星上尤为强烈。更复杂碳氢化合物的发射线也已被确定（表 4-6）。

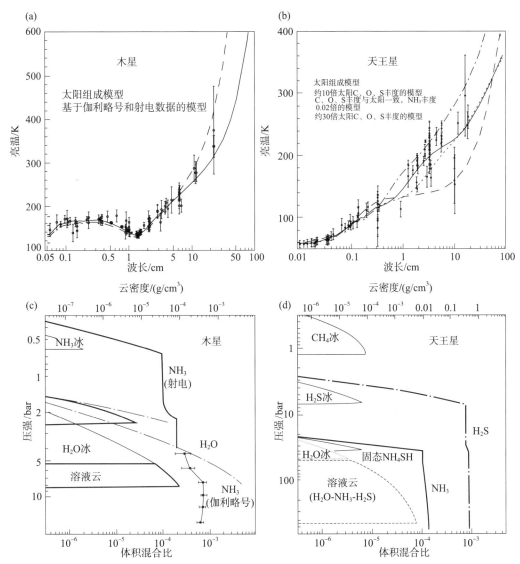

图 4-15 （a）木星的微波光谱（带误差带的点）。虚线是处于热化学平衡状态的大气模型，其成分近似于太阳。实线是木星深层大气的模型，H_2O 和 H_2S 的丰度是太阳的 5 倍左右，NH_3 的分布剖面与伽利略号探测器和射电测量 ［图（c）］一致。云的吸收被忽略，氨冰云采用 1‰的 NH_3 湿度。（de Pater et al. 2001、2005 和 Gibson et al. 2005）（b）天王星的微波光谱。虚线是处于热化学平衡状态的大气模型，其成分近似于太阳。实线和虚线是深部大气中，H_2O、H_2S 和 CH_4 丰度增强（因子分别为 10 和 30）的热化学平衡模型。在深部大气中，NH_3 保持在太阳 N 值 ［图（d），4.4.3.4 节］。上面的曲线是太阳组成的大气，除了 NH_3 减少到 1/50。所有的计算都忽略了云的吸收。数据点在波长 3.5 cm 处的扩散（Klein and Hofstadter 2006）是由天王星亮温在一个天王星年中的变化引起的 ［图 4-38（d）］。（de Pater and Mitchell 1993）（c）木星大气中云层的示意图，如模型大气计算所示 ［图（a）］。横轴顶部表示云密度，底部表示气体丰度；纵轴表示压强。根据热化学平衡计算，云密度为最大值。由于降水，实际密度较低。（de Pater et al. 2001）（d）天王星大气中云层的示意图，在那里天王星深部大气中 CH_4、H_2S 和 H_2O 的丰度是太阳中的 30 倍

除了碳氢化合物的发射线，热辐射光谱还显示出许多其他的吸收和发射特征。例如，在 $28.2\ \mu m$（$354\ cm^{-1}$）和 $16.6\ \mu m$（$602\ cm^{-1}$）的突出的宽吸收特征是由碰撞诱导的氢分子吸收引起的，如图 4-14 所示。氨吸收在木星和土星光谱中很显著；但是，在天王星和海王星的光谱中看不到氨的谱线信息。表 4-6 和图 4-14 总结了探测到的几种气体，但是如果假设大气处于热化学平衡状态，那么这些气体将不存在，说明巨行星的大气处于非热化学平衡状态（由大气动力因素导致）。例如，土星的光谱主要由磷化氢（PH_3）在 8.3～11.8 μm（$850\sim1\ 200\ cm^{-1}$）之间的吸收特性决定。其中一条谱线（$8.9\ \mu m$ 或 $1\ 118\ cm^{-1}$）在木星的光谱中也清晰可见，但木星上 PH_3 谱线以外的谱线被 NH_3 谱线所掩盖。甲锗烷（GeH_4）和砷化氢（AsH_3）的吸收带在木星和土星上相对没有云层和吸收气体的区域内可见。除了这些对流层成分外，在几个行星的平流层中还发现了 CO、CO_2、H_2O 和 HCN（表 4-6）。20 世纪 90 年代初，在海王星的 1 mm 和 2 mm 波段首次发现了显著的 CO 和 HCN 发射线，其丰度比热化学平衡模型预测的要高约 1 000 倍。

行星平流层中的非化学平衡物质可能从下面带上来（快速垂直对流，4.7.2 节），或从外面坠入。在四颗巨行星的平流层中都探测到了水蒸气，它不可能从它们的深部大气中传输出来，因为对流层上部的温度太低。H_2O 分子很可能源自外部。四颗巨行星都被环和卫星环绕；环、卫星以及行星际尘埃和陨石物质，可能为这些行星的高层大气提供了水源。在木星和海王星平流层中 CO 的丰度比对流层中要高一些，有人可能会说，这表明 CO 至少在一定程度上可能是从外部进入的。海王星平流层中相对较高的 HCN 丰度可以通过原位形成来解释，来自带有 CH_3 自由基与氮原子的化学反应，而后者可能来自海卫一，或者来自海王星内部深处的 N_2。再或者，海王星平流层中大量的 CO 和 HCN 可能预示着在过去曾有一次巨大的彗星撞击。

4.4　云

地球大气层中含有少量的水气（表 4-4）。如果水气的含量（或者，一般来说，考虑任何可冷凝物质）处于其最大蒸气分压，则称空气处于饱和（saturated）状态。在平衡条件下，空气中的水气含量不能超过如图 4-16（a）所示的饱和蒸气压曲线（saturated vapor pressure curve）。实线右侧（如 A 点）的气团中，分压约为 10 mbar 的水都是水气形式，而两个实线之间（如 B 点）的气团中存在液态水，在实线左侧（如 C 点）则是水冰。实线表示液体（右侧）和冰（左侧）的饱和蒸气压曲线。在这些线所对应的状态上，蒸发和凝结处于平衡［如果冰直接转化为气体，则称为升华（sublimation）；如果气体直接冷凝成固体，则称为凝华（deposition）］。符号 T_{tr} 表示冰、液体和蒸气共存的水的三相点。

考虑 A 点的一个蒸气压为 10 mbar、温度为 15 ℃的气团。如果气团被冷却，在第一次到达实线时（即 D 点）开始冷凝。进一步冷却后，蒸气分压沿曲线 $D-D'-T_{tr}$ 下降。在 3 ℃（D' 点）水蒸气分压为 7.6 mbar。进一步冷却至 0 ℃以下形成冰，冰在穿过第二条实线时开始形成。例如，$-10\ ℃$（C 点）对应蒸气分压为 2.6 mbar。

以这种方式形成的大量水滴和/或冰晶构成了云。其他行星上的云是由各种可冷凝气体组成，例如，除了 H_2O 之外，在巨行星上发现了 NH_3、H_2S 和 CH_4 云，在火星上发现了 CO_2 云。金星上的云层由 H_2SO_4 液滴组成。云可以通过改变辐射能量平衡来改变地表温度和大气结构。云能强烈反射太阳光，因此，云的存在减少了阳光入射的量，冷却了表面。云也能吸收入射的阳光，从而加热周围的环境。云海能阻挡来自地表和空气的红外辐射，增加温室效应（图 4 - 2）。大气的热结构受到云形成所产生的这些辐射效应和冷凝潜热释放的影响。云在行星的气象学，特别是在风暴系统的形成中（4.5 节）起着重要作用。云的形成将在下面的小节中讨论。

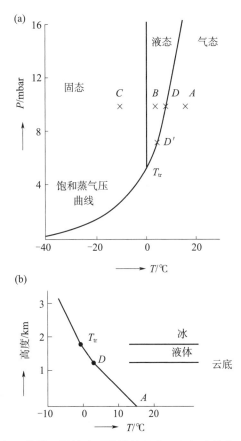

图 4 - 16　（a）水的饱和蒸气压曲线。纵轴表示沿横轴温度（以 ℃ 为单位）下的水蒸气的分压（详细讨论见正文）。（b）地球大气层温度结构的理想示意。在对流层下部，空气沿着干燥的绝热线。当一个气团内的水蒸气超过饱和蒸气压曲线［图（a）中的点 D］时，上升穿过大气的湿气团开始冷凝。大气中的温度分布遵循 D 和 T_{tr} 之间的湿绝热线，当穿过冰线交叉时，在 T_{tr} 处再次改变

4.4.1　湿绝热递减率

图 4 - 16（b）是地球对流层温度结构的理想示意图。对流层下部的温度梯度约为

10 K/km，压强根据式（4-1）下降。符号 A、D 和 T_{tr} 大致对应于图 4-16（a）中的相同点。地球对流层上升的湿空气团在从 A 上升到 D 时绝热冷却。在 D 点，气团中水蒸气饱和，液态水滴凝结出来。凝结过程释放热量：凝结潜热（latent heat of condensation）。这降低了大气递减率，如斜率从 D 到 T_{tr} 的变化所示。在 T_{tr} 下，大气温度为 0.01 ℃（273.16 K）时，由于形成了水冰，凝结潜热增加，进一步降低了递减率。

假设蒸气与液体或固体之间的蒸发和冷凝平衡，可以计算饱和蒸气压曲线。这个计算基于蒸气和液体/冰之间的平坦表面。如果表面是个像小液滴一样的曲面，分子更容易蒸发/升华，部分原因是表面张力增加。因此，微小液滴附近的饱和蒸气压略高于平坦表面的蒸气压。所以，除非存在冷凝核，否则空气通常过饱和（supersaturated）。在地球上，除非在较低的高度存在凝结核，空气在形成云层之前通常最多会过冷 20 K。

相对湿度是测量的蒸气分压与饱和空气分压之比。地球上的云相对湿度通常是（100±2)％，尽管已观察到与该值有相当大的偏差的情况。云层边缘的湿度可以低至70％，这是由湍流混合或夹卷干燥空气造成的。在云内层，湿度可高达107％。

温度 T 下的饱和蒸气压由克劳修斯-克拉珀龙[①]状态方程（Clausius - Clapeyron equation of state）给出

$$P = C_L e^{-L_s/R_{gas}T} \qquad (4-22)$$

式中，L_s 是潜热，R_{gas} 是气体常数，C_L 是常数。在 3.2.2.2 节中讨论的热力学方程［式（3-41）、（3-42)］因包含潜热释放而略有改变

$$c_V dT = -P dV - L_s dw_s$$
$$c_P dT = \frac{1}{\rho} dP - L_s dw_s \qquad (4-23)$$

w_s 表示每克空气中凝结出来的水蒸气的质量。对流大气中的温度梯度变成

$$\frac{dT}{dz} = -\frac{g_p}{c_P + L_s dw_s/dT} \qquad (4-24)$$

潜热被有效地添加到比热 c_P 中，导致干绝热递减率的降低。云存在时的温度递减率通常称为湿绝热递减率（wet adiabatic lapse rate）。在地球上（热带地区），湿绝热递减率为 5～6 K/km（习题 4.14），略高于干绝热递减率的一半。注意，湿绝热梯度永远不能超过干递减率。各种气体的 L_s 和 C_L 值可在 Atreya（1986）和《CRC 物理和化学手册》（Lide 2005）中找到。

4.4.2　地球上的云

地球对流层中的气团可能比周围的空气轻，因为它比周围的环境暖和或潮湿（习题

---

① 鲁道夫·克劳修斯（Rudolf Clausius，1822 年 1 月 2 日—1888 年 8 月 24 日），德国物理学家、数学家，热力学的主要奠基人之一。他于 1850 年首次明确提出热力学第二定律的基本概念，于 1855 年引进了熵的概念。克劳修斯星（29246 Clausius）以他的名字命名。——译者注

伯诺瓦·保罗·埃米尔·克拉珀龙（Benoît Paul Émile Clapeyron，1799 年 2 月 26 日—1864 年 1 月 28 日），法国物理学家、工程师。他进一步发展了可逆过程的概念，给出了卡诺定理的微分表达式，是热力学第二定律的雏形。——译者注

4.12)。这样的气团向上对流（3.2.2 节和 4.5.4.2 节）。当上升的空气温度下降到低于水蒸气的凝结或冻结温度时，就会形成水滴或冰晶。微小的（通常最多 10 μm）水滴和/或冰晶形成云。云主要形成于对流层，即大气中温度随高度降低的区域。由于凝结/冻结发生在特定的温度下，云的底部通常是平的。

4.4.2.1　形状

云的形状多种多样（图 4-17），主要由大气的稳定程度决定。当空气稳定时，形成广泛的平坦（分层）云层，在对流层下部称为层云（stratus），在对流层中部称为高层云（altostratus）。积云（cumulus）形成于不稳定的空气中。由于个别气团正在上升，因此积云看起来是白绒团状。小的浮云形成于不稳定空气的浅层，而塔式积云形成于不稳定空气的深层，它能产生雷暴。层积云（stratocumulus）有时出现在对流层下部。卷云（cirrus）和/或卷积云（cirrocumulus）出现在约 6 km 高的对流层上方。这些云是由冰晶组成的，有时显示出"马尾云"，尾巴是由落下的冰晶形成的长长的、延伸的图案。云不能通过对流层顶上升到平流层，因为当温度随高度升高时，对流停止。如果一场强对流风暴穿过对流层顶进入平流层，空气随后就会离开，形成一个"砧"的形状。

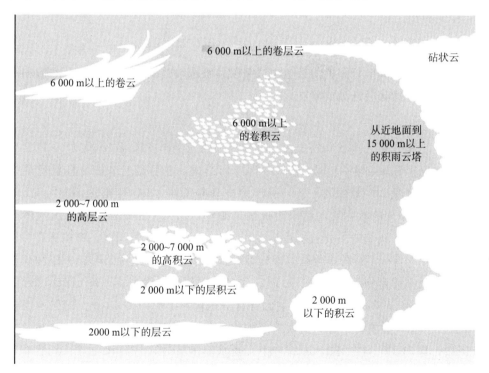

图 4-17　地球大气中常见的各种云的示意图。（改编自 Williams 1992）

4.4.2.2　形成与降水

云通常与降水有关：水滴和冰晶在重力的影响下下落，而大气黏性阻止自由下落。当这些力平衡时，水滴以收尾速度（terminal velocity）v_∞ 下落。对于比气体分子的平均自由程大的微粒，通过令气动阻力与重力相等得到收尾速度（2.7.6 节，也称沉降速度）

$$v_\infty \approx \frac{2g_p R^2 \rho_d}{9\nu_v \rho_g} \qquad (4-25)$$

式中，ρ_d 和 ρ_g 是微粒密度和大气密度，R 是微粒的半径，$\nu_v \rho_g$ 是大气的动力黏度（ν_v 是运动黏度）。终端速度与雨滴的大小（R^2）成正比。比气体分子的平均自由程小得多的微粒感受到的阻力较小，而典型（几毫米大小）雨滴的下落速度受到湍流的强烈影响，因此应修改式（4-25）（Jacobson 1999）。

云滴形成的最简单方法是蒸气直接冷凝，几个水分子偶然发生碰撞（均相成核，homogeneous nucleation）。这种水滴通常会立即蒸发（4.4.1 节）。相反，水滴通常在大气气溶胶或者云凝结核（异相成核，heterogeneous nucleation）上凝结形成。水滴形成后，生长相对较快（约 $0.1\ \mu m/s$），通过冷凝达到约 $20\ \mu m$，但它仍然比落在地上的水滴小得多。当水滴下落时，通过与较小微粒的碰撞而生长。水滴的生长速率与其投影表面积和相对于其他水滴的速度成正比（13.5 节）。一些水滴比其他水滴长得快得多，以雨、冰雹或雪的形式到达地面。尽管碰撞有助于水滴的生长，但它们也将水滴的大小限制在几毫米以内，因为较大的水滴通常在碰撞过程中会破碎。

4.4.3　其他行星上的云

地球上大多数的云由水滴和冰晶构成。尽管水蒸气在地球大气层中含量不多，但它是云的主要组成部分。其他行星上的云也由微量气体形成，当超过大气温度下的饱和蒸气压时，每一种微量气体都会结冰或凝结。

4.4.3.1　金星

在可见光、紫外和大多数红外波段，金星云层的光学厚度很厚（$\tau \gg 1$），以至于完全看不见行星表面。云颗粒由 H_2SO_4 和一些污染物组成。在可见光波段，金星呈现为一个亮黄色无特征的圆盘。在紫外波长下，可辨别出具有整体 "V" 字形的明显标记（图 4-18）。尽管云层中紫外吸收物质的精确组成尚未确定，但人们预计含硫和含氯气体以及雾霾将主导紫外吸收。金星的主要云层跨度在 $45\sim70\ km$ 的高度范围内，有些雾霾可以高达 $90\ km$，或低至 $30\ km$。根据云微粒的微物理性质，主云层可分为低层、中层和高层。颗粒大小从十分之几微米到约 $35\ \mu m$。然而，大多数颗粒大约为 $0.5\ \mu m$（在高层云中占优势）或半径 $1\ \mu m$；此外，中层云和低层云含有一些颗粒半径约为 $4\ \mu m$。这些水滴是在高海拔（$80\sim90\ km$）形成的，在那里太阳紫外线会使 SO_2 光解（4.6.1.2 节）和发生化学反应（例如，与 H_2O）导致 H_2SO_4 的产生。当水滴落下时，它们就会增长。然而，由于气温在较低的高度升高，水滴往往在 $45\ km$ 以下蒸发。在海拔 $30\ km$ 以下，温度太高，水滴不可能存在。

对于红外（$1\sim22\ \mu m$）和毫米波（约 $3\ mm$）波段，金星亮温的空间分布不均匀（图 4-18）。在毫米波长下，可以探测到金星的云层，那里的夜晚似乎比白天亮 10% 左右。这归因于 H_2SO_4 蒸气的空间变化（即云湿度）。近红外波段对金星夜半球的热辐射很敏感，而白天的辐射主要是反射阳光。夜间图像中的明亮标记揭示了金星云层的不均匀性，因为在云层较薄的地方，云层下面的热辐射会漏出（4.3.3.1 节）。在中红外波段，人们可以测量金星云层上方的温度。在这些波长下，两极通常是明亮的，周围有一个较冷的"项圈"［图 4 - 18 （b）］。

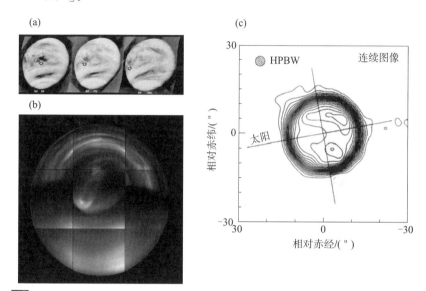

图 4 - 18　 不同波长的金星图像。（a）在紫外光下每间隔 7 小时拍摄的 3 张金星照片。可以看到云的特征从右到左的运动（由小箭头指示）。（水手 10 号/NASA：P14422）（b）2006 年 5 月 16 日金星南极的一幅拼接图。夜晚一侧（在顶部）是由 1.74 μm 的图像所组成，这个波长对在约 45 km 高度处的云层敏感。明亮的区域显示热辐射从下面漏出。白昼一侧（底部）由波长为 480 nm 的图像组成，并显示了高度约为 65 km 的云顶。中心部分图像在 3.8 μm 处获得，显示了南极的双旋涡，高度约60 km，周围是一圈"冷"空气。（金星快车/VIRTIS/ESA，R. Hueso，毕尔堡大学；ID 号码：SEMN8273R8F）（c）波长为 3 mm 的射电图像。在夜间，探测器探测到比白天更深、更温暖的云层，可能是因为相对湿度较低。这张图片代表了几个地球日的平均值。空间分辨率由半峰全宽（FWHM）表示。（de Pater et al 1991）

4.4.3.2　火星

火星表面的大气压远低于液态水的饱和蒸气压曲线，因此水要么以水气形式存在，要么以冰的形式存在。火星空气中的少量水气在距赤道地区 10 km 的高度形成了水冰云。这种云经常出现在火星火山附近［图 5 - 57 （a）］。在更高的高度，通常在约 50 km 附近，温度低到足以形成 CO_2 冰云（约 150 K）。

4.4.3.3　土卫六

根据温度结构和百分之几的甲烷混合比，可以预测土卫六对流层中部会形成甲烷云。然而，就像土卫六的表面一样，这些云层会被土卫六平流层中碳氢化合物的雾霾所掩盖（4.6.1.4 节）。在远离甲烷吸收带的红外波段，可以穿透雾霾从而"看到"表面和任何低空云层（5.5.6.1 节）。在 20 世纪 90 年代中期，对土卫六圆盘的平均红外光谱测量间接地表明，在对流层中存在甲烷云，覆盖的土卫六总表面积≤1%，尽管偶尔会有大风暴覆盖到约 10%。10 年后，装有自适应光学系统的 10 m 凯克①望远镜获得的图像（附录 E.6）揭示了土卫六南极附近的云层，当时南极处于夏季（图 4-19）。考虑到土星系统的倾角，南极是土卫六在夏至前后最温暖的区域，这可能会驱动云形成的对流。

对惠更斯号探测器进入地点的甲烷相对湿度剖面进行分析，并结合地面图像，表明土卫六在 25～35 km 的高度被一层薄薄的甲烷冰云覆盖。至少在上都（Xanadu）山脉附近，云层下有持续的甲烷小雨。在南部的中纬度地区（40°附近），还经常看到清晰的云层。这些云层可能受到土卫六的地形和/或其全球大气环流的影响从而被限制在了某一纬圈（4.5.5.4 节）。在土星春秋分点附近的热带纬度地区观测到了大型（但寿命很短）云层。卡西尼号在对流层上部的土卫六北极（冬季）上空发现了一大片乙烷云，在较低高度发现了一些较小的（可能是甲烷）云，这些云被假设为湖泊效应。在平流层和中层等更高的高度，存在明显的雾霾层 ［图 4-19（d），4.6.1.4 节）］。

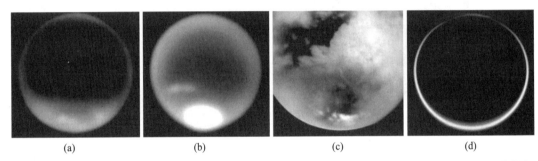

　　　　（a）　　　　　　　　　（b）　　　　　　　　　（c）　　　　　　　　　（d）

图 4-19　（a）2001 年 12 月 21 日，用凯克望远镜上的自适应光学系统拍摄的土卫六云层。图像数据是用一个只探测对流层（2.111～2.145 μm）的滤光片获得的。由于大气中的气溶胶散射，土卫六的圆盘边缘变亮。在土卫六南极附近可以看到一些小的云层。这些云层与霾不同，霾在 $-45°$ 以南普遍存在。（改编自 Roe et al. 2002）（b）2004 年 10 月 2 日，凯克望远镜使用与（a）中相同的设置拍摄的土卫六南极的巨大风暴。这张图片还显示了南部中纬度地区的云层。（图片来源：W. M. 凯克天文台自适应光学小组）。（c）2004 年 10 月 25 日，卡西尼号以 0.9 μm 波长拍摄的土卫六南极云层，分辨率为 4.2 km。（NASA/JPL/空间科学研究所，PIA06125）（d）当土卫六从后面被照亮时，高空的霾清晰可见。这种分离的霾层在全球都可见，它揭示了北半球一个不寻常的结构。这张照片在波长 460 nm 下拍摄，分辨率约为 8 km。（NASA/JPL/空间科学研究所，PIA06184）

4.4.3.4　巨行星

巨行星的大气层主要由 H_2 和 He 组成。在地球、金星和火星上，云是由微量气体，特别是 CH_4、NH_3、H_2S 和 H_2O 凝结而成。然而，用遥感技术很难确定云的组成。我们也不能直接"看到"上部云层下方的云，除非上部云层有一片透明区域或下部云层有明显的对流穿透。因此，对这些行星云层的讨论基本上是通过理论计算，基于（通常）已知的大气成分，以及实验室测量的可冷凝气体的饱和蒸气压曲线。巨行星大气的理论计算表明

---

　　①　凯克基金会是一个美国慈善基金会，支持美国的科学、工程和医学研究。它由苏必利尔石油公司（现为埃克森美孚公司的一部分）创始人兼总裁威廉·迈伦·凯克（William Myron Keck）于 1954 年创立。凯克基金会于 1985 年捐资建造此望远镜。——译者注

存在以下云层（图 4-15，表 4-6）。

1）在每颗行星的深部大气中，水形成水溶液云（aqueous solution cloud）：液态水与 NH_3 和 H_2S 溶解在其中。这种云预计将在 273 K 以上的温度下形成。当水的分压超过饱和蒸气压时，就形成了云。因此，云的底部或基准面的精确高度取决于水的混合比。如果水的丰度是太阳值的 5 倍，那么木星和土星上的水溶液云的基本水平分别约为 305 K 和 325 K；在天王星和海王星上，水的丰度很可能是太阳氧丰度的 10～30 倍，从而使水溶解云的基准面接近 400～450 K。注意，水溶液云在温度超过 650 K（水的临界点）时不可能存在；在这个温度以上，气态水和液态水之间没有一级相变。它变成了一种超临界流体，一种既不是气体也不是液体的状态。

2）$T \leqslant 273$ K 时，水冰形成。因此，水溶液云被一层水冰覆盖。

3）T 大约为 230 K 时，NH_3 和 H_2S 通过非均相反应凝结

$$NH_3 + H_2S \rightarrow NH_4SH \tag{4-26}$$

NH_4SH 云层底部的精确高度或温度/气压水平取决于 NH_3 和 H_2S 的丰度。NH_3 或 H_2S 这两种气体中丰度较少的气体通过该反应将被有效地从大气中去除［式（4-26）］；因此，NH_3 和 H_2S 存在于 NH_4SH 云上方。这也许可以解释为什么与 NH_3 相比，H_2S 从未通过遥感技术在木星和土星上被探测到（图 4-14）。伽利略号探测器已经在木星大气层的较深处原位探测到 H_2S 气体。

4）在接近 140 K 的温度下，NH_3 或 H_2S（无论哪个剩余）会凝结成自己的冰云。根据对四个巨行星大气成分的最佳估计（表 4-6），预计木星和土星上会形成 NH_3 冰，天王星和海王星上会形成 H_2S 冰。利用红外空间天文台（Infrared Space Observatory，ISO）卫星和卡西尼号探测器获得的直接光谱测量结果证实了木星上 NH_3 冰云的组成。

5）在天王星和海王星上，对流层上部的温度很低，足以形成 CH_4 冰（在约 80K 的温度下）。因此，木星和土星的上部可见云层可能由 NH_3 冰组成，而天王星和海王星的上部云层应该由 CH_4 冰组成。然而，对红外光谱的计算表明，在全球范围内，CH_4 云必须是光学薄的，而在 3～4 bar 的气压下，出现了一层光学厚的云，而后者很可能是 H_2S 冰云。在旅行者号的照片中看到的白色细云和在近红外图像中可见的离散云特征（图 4-38、图 4-39）是 CH_4 冰云。

尽管云的组成不易通过遥感技术直接测量，但可冷凝气体的高度分布或大气中的平均分子量给出了云层组成的间接信息。旅行者号上的射电掩星试验表明，天王星和海王星的大气平均分子量（气态）在气压 1.2～1.3 bar 之间下降，这可能是由 CH_4 冰云的形成引起的。云层底部的高度被用来计算 CH_4 混合比，约为太阳 C 值的 30 倍（习题 4.16）。如上所述，由于没有在这些波长处探测到全球光学厚的云，因此大部分云颗粒必然已经沉降。

由于在射电波长下，不透明度主要由 NH_3 气体提供，因此对微波光谱的分析可以得出这种气体的高度分布。如果丰度在特定高度发生变化，这可能表明 NH_3 冰或 NH_4SH 云的形成，如图 4-15（c）、图 4-15（d）所示。注意，原则上，由于一个 NH_3 分子与另

一个 H_2S 气体分子结合形成 NH_4SH ［式（4-26）］，因此 NH_3 高度剖面曲线也可用于确定 H_2S 的混合比（假设热化学平衡）。实际上，很难将伽利略号探测器的原位测量与热化学平衡假设下的微波观测和云形成联系起来（可能是因为探测器进入了木星的干燥地区）。

云的多波长图像以及大气动力学和气象学在 4.5.6 节中讨论。

4.5　气象学

每个人都熟悉"天气"，通常由太阳、风和云共同作用。在地球上有不同的季节，每一个季节都与特定的天气模态有关，而这些天气模态因地理位置而异。我们有时会经历长时间的干燥晴朗的天气，而在其他时候，会受到长时间的寒冷、长期暴雨、大雷雨、暴风雪、飓风或龙卷风的威胁。是什么导致了这种天气？如何推断出其他行星是什么天气？本节总结了由气压梯度（例如由太阳能加热引起的）和行星体旋转引起的空气基本运动。进一步讨论了空气的垂直运动，它通过绝热膨胀或收缩引起温度的变化。

4.5.1　受太阳加热产生的风

太阳加热的纬度不一致性在大气中产生气压梯度，从而形成了风。由太阳加热直接导致大气流动的一些例子是哈德利环流、热潮汐风和冷凝流。下面将分别讨论这些内容。行星自转对风的影响在 4.5.3 节中讨论。

4.5.1.1　哈德利环流

如果行星的自转轴大致垂直于黄道面，那么行星的赤道比其他纬度接收到更多的太阳能。热空气从赤道上升并流向气压较低的北方和南方地区。空气然后冷却、下沉，在低海拔处返回赤道。这种大气环流称为哈德利环流（Hadley cell circulation）。对于缓慢旋转或不旋转的行星，如金星，每个半球只有一个哈德利环流。如果行星自转加快，沿经圈的风就会偏转（图 4-20，4.5.3 节），单一的经圈环流模式遭到破坏。在地球上，每个半球有三个在经圈上平均分布的环流，最靠近赤道的环流称为哈德利[①]环流（图 4-21），由热力学直接驱动。每个半球的中间环流又叫费雷尔[②]环流（Ferrel cell）。费雷尔环流并非由热力学直接驱动，冷端空气在费雷尔环流上升，热端空气下沉。最靠近两极的第三个环流称为极地环流（polar cell）。巨行星旋转非常迅速，经圈间的温度梯度导致大量纬圈风。如果行星的自转轴不垂直于黄道面，哈德利环流就会从赤道移开，天气模式会随着季节变化。此外，在偏心轨道上有大自转倾角的行星（例如火星）可能在两个极区之间有较大的轨道平均差异。这种差异可被地形和其他表面特性放大。

---

① 乔治·哈德利（Geroge Hadley，1685 年 2 月 12 日—1768 年 6 月 28 日），英国律师和业余气象学家，提出了维持信风的大气机制。——译者注

② 威廉·费雷尔（William Ferrel，1817 年 1 月 29 日—1891 年 9 月 18 日），美国气象学家，提出了中纬度大气环流的详细解释。——译者注

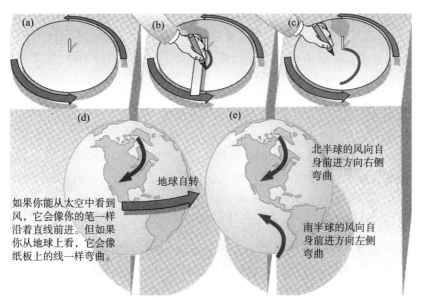

图 4-20 　科氏力的示意图：（a）逆时针旋转的转盘。（b）把直尺放在惯性空间的固定位置，在转台上画一条"直线"。（c）即使你画了一条直线，转盘上的线也是弯曲的。这是由科氏力引起的。（d）、（e）自转地球上的科氏力。地球自转用粗箭头表示。（Williams 1992）

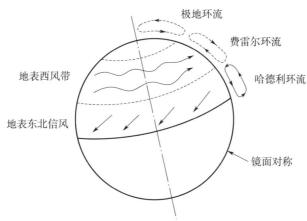

图 4-21 　地球哈德利环流简图。图中显示了三个环流，以及由地球自转引起的表面风。
（Ghil and Childress 1987）

4.5.1.2　热潮汐

　　如果一个行星的昼夜半球之间的温差很大，空气就会从白天炎热的一面流向夜晚凉爽的一面。这种风被称为热潮汐风（thermal tidal wind）。在低海拔地区会存在热潮汐的回流。因此，这种风的出现取决于一天中温度的变化率，$\Delta T/T$。为了估计这个数字，将太阳热量输入 $\mathcal{P}_{in}$［式（3-19）］与大气的热容量（习题 4.18）进行比较。

　　对于具有大量大气的行星，例如金星和巨行星，其变化率 $\Delta T/T$ 通常小于 1%。但对于大气层稀薄的行星来说，它可能很大。例如，在火星上，其变化率约为 20%（习题 4.18）。因此，预计只有在火星和大气稀薄的行星/卫星表面附近才会出现强烈的热潮汐风。在金星和地球上，热层中的热潮汐很强，远高于可见云层，因为那里的空气密度很低，昼夜温差很大。

4.5.1.3　冷凝流

在火星、海卫一和冥王星等天体上，两极的气体冬季凝华，夏季升华。这样的过程驱动了冷凝流（condensation flow）。在火星极点的夏季，CO_2 从表面升华，从而提高了大气中二氧化碳的含量。在极点的冬季，它会直接凝结到星球表面上，或者凝结到尘粒上，导致尘粒由于重量增加而掉落。火星季节间的大气压变化约为 20%（火星的偏心轨道造成了巨大的年度变化）。在海卫一和冥王星上，可冷凝气体 N_2 和 CH_4 可能在这些天体上引起冷凝流。这样的气流可以解释为什么一层新的冰层覆盖在海卫一大部分寒冷的赤道地区，而在温暖的地区却看不到冰盖。当冥王星接近近日点时，观测到冥王星反照率下降也可能是大量地面霜冻蒸发的证据（4.3.3.3 节）。木卫一上的 SO_2 在白天升华，在夜间凝结，这可能会推动快速（超声速）的昼夜风。

4.5.2　风的运动方程

风是由气压梯度引起的，它们被行星的自转所偏转。这是地球上遇到的和在其他行星上看到的风和风暴系统背后的基本概念。本节总结了描述空气运动的公式。在 4.5.3 节讨论恒定流的具体例子，在 4.5.4 节讨论湍流运动。

4.5.2.1　在惯性坐标系下描述

欧拉方程（Euler's equation）描述了由气压梯度和重力场引起的不可压缩非黏性流体的运动

$$\rho \frac{D\boldsymbol{v}}{Dt} = -\nabla P + \rho \, \boldsymbol{g}_\text{p} \qquad (4-27)$$

在式（4-27）中，使用了随体导数 D/Dt，它是惯性参考系中观察者的总时间导数

$$\frac{D}{Dt} \equiv \frac{\partial}{\partial t} + \boldsymbol{v} \cdot \nabla \qquad (4-28)$$

式（4-28）右侧的第一项是由流体的时间变化引起的局部导数，第二项是对流导数，即风的整体运动对物质的输送。如果黏性很重要，欧拉[①]方程必须用纳维-斯托克斯[②]方程

[①]　莱昂哈德·欧拉（Leonhard Euler，1707 年 4 月 15 日—1783 年 9 月 18 日），瑞士数学家、物理学家、天文学家、地理学家、逻辑学家和工程师，近代数学先驱之一。他首先利用数学而非几何方法解决动力学问题，被称为分析动力学之父。欧拉星（2002 Euler）以他的名字命名。——译者注

[②]　克洛德-路易·纳维（Claude-Louis Navier，1785 年 2 月 10 日—1836 年 8 月 21 日），法国工程师与物理学家。——译者注

乔治·加布里埃尔·斯托克斯爵士（Sir George Gabriel Stokes，1819 年 8 月 13 日—1903 年 2 月 1 日），英国数学家、物理学家。主要贡献在流体动力学、光学和数学物理学，曾任英国皇家学会会长。斯托克斯星（30566 Stokes）以他的名字命名。——译者注

(Navier – Stokes equation) 代替，对于运动黏度恒定的不可压缩流体，ν_v（cm^2/s）如下所示

$$\frac{D\boldsymbol{v}}{Dt} = -\frac{1}{\rho}\nabla P + \boldsymbol{g}_p + \nu_v \nabla^2 \boldsymbol{v} \tag{4-29}$$

除上述动量方程外，大气风的密度、压强、温度和速度的时间演化通过连续性和能量的（流体动力学）方程进行关联。质量守恒由连续性方程描述

$$\frac{\partial \rho}{\partial t} = -\nabla \cdot (\rho \boldsymbol{v}) \tag{4-30}$$

可以使用随体导数重写

$$\frac{D\rho}{Dt} = -\nabla \cdot (\rho \boldsymbol{v}) + \boldsymbol{v} \cdot \nabla \rho = -\rho \nabla \cdot \boldsymbol{v} \tag{4-31}$$

在不可压缩流体中，$D\rho/Dt = 0$，所以速度的散度等于 0，即 $\nabla \cdot \boldsymbol{v} = 0$。

如果没有传导或辐射的热交换，气体流动是等熵和绝热的。在更一般的条件下，当热交换时，需要用描述运动微元中能量守恒的方程来补充

$$\rho c_P \frac{DT}{Dt} = \nabla \cdot (K_T \nabla T) + \frac{DP}{Dt} + Q \tag{4-32}$$

式中，K_T 表示热导率，c_P 表示比热，Q 表示黏性耗散和辐射产生的热量。

4.5.2.2 在旋转坐标系下描述

由于所有行星都是旋转的，所以行星流体运动方程经常在旋转的参照系中表示。惯性系中的速度 $\boldsymbol{v}$ 等于

$$\boldsymbol{v} = \boldsymbol{v}' + \boldsymbol{\omega}_{rot} \times \boldsymbol{r} \tag{4-33}$$

$\boldsymbol{v}'$ 是旋转参考系中与旋转轴距离 $\boldsymbol{r}$（$r = R\sin\theta$，R 是行星的半径，θ 是余纬）处的速度，行星（即参照系）以角速度 $\boldsymbol{\omega}_{rot}$ 旋转。对式（4-33）求导得出

$$\frac{D\boldsymbol{v}}{Dt} = \left(\frac{D\boldsymbol{v}'}{Dt}\right) + \boldsymbol{\omega}_{rot} \times \boldsymbol{v} \tag{4-34}$$

$(D\boldsymbol{v}/Dt)'$ 是相对旋转观察者的随体导数。旋转参考系中的欧拉方程变为（习题 4.19）

$$\rho \left(\frac{D\boldsymbol{v}'}{Dt}\right)' = -2\rho\omega_{rot} \times \boldsymbol{v}' - \nabla P + \rho \boldsymbol{g}_{eff} \tag{4-35}$$

式中，有效重力

$$\boldsymbol{g}_{eff} = \boldsymbol{g}_p + \omega_{rot}^2 \boldsymbol{r} \tag{4-36}$$

对大多数行星来说 $\omega_{rot}^2 r \ll g_p$，所以 $g_{eff} \approx g_p$。

速度场的旋度是描述绕轴旋转的量，称为涡度[①]（vorticity），其定义为

$$\varpi_v \equiv \nabla \times \boldsymbol{v} \tag{4-37}$$

对于相对于行星表面（$\boldsymbol{v}' = \boldsymbol{0}$）静止的粒子或流体元素，或流体微元，涡度等于角速度的两倍（习题 4.20），即

---

① 流体力学中称涡量，本章遵循大气科学习惯翻译为涡度。——译者注

$$\varpi_v = 2\omega_{rot} \qquad\qquad (4-38)$$

在下面章节中将删除旋转坐标系中变量的上标撇号来简化记号。

4.5.3　水平方向的风

考虑一个薄的（垂直尺度 h 比水平尺度 ℓ 小得多，即 $h/\ell \ll 1$）不可压缩且无黏性的流体层。这种近似在旋转天体的大气中通常很有效，除了垂直密度梯度外，天体本身的旋转还有助于垂直稳定性。采用局部笛卡儿坐标系，其中 y 为表面到北向的坐标，x 为表面到东向坐标，z 为垂直于表面向上的坐标。沿 x、y 和 z 方向的风速通常分别表示为 u、v 和 w。大气大致处于流体静力学平衡状态，因此 $\partial P/\partial z \approx -\rho g_p$。这个梯度比水平方向上的气压梯度大得多，$\partial P/\partial z \gg \partial P/\partial x$，$\partial P/\partial y$。对于一个不旋转的行星，可以用尺度分析证明 W/h 与 U/ℓ 接近，其中 W 和 U 分别表示垂直和水平方向上的特征速度。

4.5.3.1　科氏力

因为行星自转，所以风不能从高压区直接吹到低压区，而是沿着弯曲的路径。在实验室中，借助转动平台可以观察到这种现象（图 4-20）。当平台旋转时，沿着固定在惯性空间中的直尺画一条线：该线以与平台旋转相反的方向产生弯曲。根据同样的原理，地球上的风（或任何其他顺行旋转的行星）在北半球向右偏转，在南半球向左偏转（在逆行旋转的行星上，北半球向左，南半球向右）。这被称为科里奥利[①]效应（Coriolis effect），而导致风弯曲的"假想力"被称为科里奥利力（简称科氏力，Coriolis force）。

科里奥利效应源于绕旋转轴的角动量守恒。一个位于余纬 θ 的气团角动量如下

$$L = (\omega_{rot} R \sin\theta + u)R\sin\theta \qquad\qquad (4-39)$$

式中，R 是行星的半径，u 是沿 x 轴的风速。如果一个最初相对于行星静止的气团在保持角动量的同时向极地移动，那么 u 一定在行星旋转的方向上增加，以补偿 $\sin\theta$ 的降低。因此，行星的自转使风垂直于其初始运动方向，加速度等于 $f_c\sqrt{u^2+v^2}$。科里奥利参数 f_c（Coriolis parameter）定义为垂直于对应纬度表面的行星涡度 ϖ_v

$$f_c \equiv 2\omega_{rot}\cos\theta = \varpi_v\cos\theta \qquad\qquad (4-40)$$

即使风向是变化的，但由于加速度总是垂直于风向，所以科氏力不做功，风速也不会改变。

地球上的哈德利环流在热带地区引起了众所周知的东北/东南信风，因为表面附近返回的哈德利环流被科氏力偏转向西方。类似地，在费雷尔环流的低空回流中，会出现中纬度的西风带（图 4-21）；然而，事实上情况更为复杂（4.5.5.1 节）。在巨行星上，科氏力随纬度变化梯度很大（称为 β-效应，在球形行星上，$\beta \equiv \varpi_v\sin\theta/R$），导致出现纬圈急流。4.5.5 节和 4.5.6 节中更详细地描述了各个行星上的风。

---

①　加斯帕尔-古斯塔夫·科里奥利（Gaspard-Gustave Coriolis，1792 年 5 月 21 日—1843 年 9 月 19 日），法国数学家、工程学家。以对科里奥利力的研究而闻名。他是首位将力在一段距离内对物体作用效果称为"功"的科学家。科里奥利星（16564 Coriolis）以他的名字命名。——译者注

科氏力的重要程度可以通过罗斯贝[①]数（Rossby number）$\mathfrak{R}_\circ$ 来判断，罗斯贝数描述水平风速 U 与科里奥利项之比

$$\mathfrak{R}_\circ \equiv \frac{U}{f_{\mathrm{C}}\ell} \qquad (4-41)$$

式中，ℓ 是长度尺度。因此，当科里奥利项很重要时，罗斯贝数很小。类似于对一个静止行星做尺度分析（见上文），可以显示旋转行星的 $W/h \approx \mathfrak{R}_\circ U/\ell$。因此，对于较小的罗斯贝数，$W \ll U$，旋转行星上的风基本上是水平的

$$\frac{\mathrm{D}\boldsymbol{v}}{\mathrm{D}t} = f_{\mathrm{C}}\boldsymbol{v} \times \hat{z} - \frac{1}{\rho}\nabla P \qquad (4-42)$$

4.5.3.2　地转平衡

在平行于表面的平面内，把矢量运动方程按切向分量 $\hat{t}$ 和法向分量 $\hat{n}$（正向向左）分解将会使后面的推导变得非常方便（图 4-22）。考虑一个稳定的流动（$\partial\boldsymbol{v}/\partial t = 0$），其中气压梯度力和科氏力相互平衡，这种情况称为地转平衡（geostrophic balance）。风沿着等压线（isobars）沿垂直于气压梯度的方向流动（图 4-23）。在这些情况下，速度 $\boldsymbol{v}$ 直接来自式（4-42）

$$\boldsymbol{v} = \frac{1}{\rho f_{\mathrm{C}}}(\hat{z} \times \nabla P) \qquad (4-43)$$

∇P 表示水平气压梯度。如果罗斯贝数 $\mathfrak{R}_\circ \ll 1$，地转近似通常是有效的。地转风的主要例子是地球对流层中的信风和西风急流（4.5.5.1 节），以及巨行星上的纬圈风（4.5.6节）。

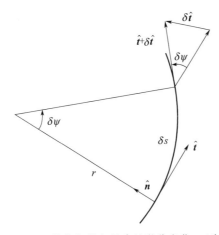

图 4-22　曲线坐标，显示单位切线矢量 $\hat{t}$ 的微分变化。（改编自 Holton 1972）

式（4-42）和式（4-43）可以用切向分量和法向分量重写如下（图 4-22）

---

① 卡尔-古斯塔夫·罗斯贝（Carl-Gustaf Rossby，1898 年 12 月 28 日—1957 年 8 月 19 日），瑞典-美国气象学家，芝加哥气象学派创始人。他首先以流体力学解释大气的大尺度运动。——译者注

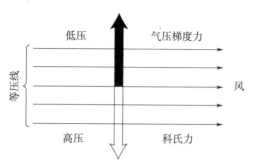

图 4 - 23　地转平衡：气压梯度力和科氏力相互平衡，风沿等压线流动。（Kivelson and Schubert 1986）

$$f_c \boldsymbol{v} \times \hat{\boldsymbol{z}} = -f_c v_h \hat{\boldsymbol{n}}$$

$$\frac{D\boldsymbol{v}}{Dt} = \frac{Dv_h}{Dt}\boldsymbol{t} + v_h \frac{Ds}{Dt}\hat{\boldsymbol{n}} = \frac{Dv_h}{Dt}\boldsymbol{t} + \frac{v_h{}^2}{r}\hat{\boldsymbol{n}} \tag{4-44}$$

式中，$v_h = \sqrt{u^2 + v^2}$ 表示水平风速。与流向相切和垂直的力的公式为

$$\frac{Dv_h}{Dt} = -\frac{1}{\rho}\frac{\partial P}{\partial s}$$

$$\frac{v_h{}^2}{r} = f_c v_h - \frac{1}{\rho}\frac{\partial P}{\partial n} \tag{4-45}$$

式（4-45）第二行描述了圆周运动中的离心加速度（图 4-24）。

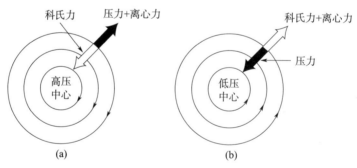

图 4 - 24　（a）地球北半球高压区（反气旋）；（b）地球北半球低压区（气旋）周围的等压线和风。（Kivelson and Schubert 1986）

对于纯纬圈流，速度沿 x 坐标轴，$u = v_h$。在赤道，纬圈风的离心力垂直于地面。在其他纬度上，离心力可以写为径向项加上切向项，后者朝向赤道：$u^2/(R\tan\theta)$。通常该项与地转项 $f_c u$ 相比非常小，并且气流处于地转平衡状态。当离心力 $u^2/r \gg f_c u$，它可以平衡由经圈气压梯度（图 4-25）引起的力，称为旋转平衡（cyclostrophic balance）。

唯一一颗"行星范围"旋转平衡非常重要的类地行星就是金星。在那里，云顶上方占主导地位的水平气压梯度是南北向的，气压向两极递减。金星云顶附近的风主要由东向西，周期为 4 天。由于金星 240 天自转一次，因此这些风处于特快自转（superrotation）状态。在这种情况下，离心力不能被忽略，事实上它平衡了大气压，所以风沿着等压线移

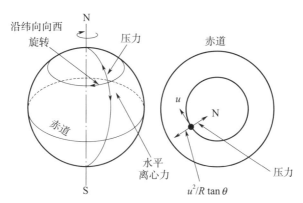

图 4 - 25　旋转平衡：赤道方向的水平离心力由极向压力平衡。纬圈风速由 u 表示，行星半径由 R 表示，余纬由 θ 表示。（改编自 Kivelson and Schubert 1986）

动。旋转平衡在土卫六上也很重要（土卫六的大气自转速度比土卫六自身自转快得多），而且在其他一些天体的赤道附近，旋转平衡同样起到重要作用。旋转平衡有时也在像风暴系统和涡旋这样的小尺度上实现。

4.5.3.3　热成风方程

通过结合流体静力平衡方程和地转平衡方程，可以将垂直风切变（wind shear，即风速随高度的变化）与沿等压线的温度变化联系起来。为此，可以方便地使用压强 P 而不是高度 z 作为垂直坐标。对于流体静力学平衡的大气［式（3 - 32）、（3 - 33）］，大地势（geopotential）Φ_g 如下

$$\Phi_g = \int_0^z g_p \mathrm{d}z = -\int_{P_0}^P \frac{\mathrm{d}P}{\rho} \tag{4-46}$$

在等压坐标中，地转风方程（4 - 42）变为

$$\boldsymbol{v} = \frac{1}{f_C} \hat{\boldsymbol{z}} \times (\nabla \Phi_g)_p \tag{4-47}$$

地转速度的垂直梯度可通过关于 P 的微分方程（4 - 47）得到

$$\frac{\partial \boldsymbol{v}}{\partial \ln P} = \frac{R_{gas}}{\mu_a f_C} \hat{\boldsymbol{z}} \times (\nabla T)_p \tag{4-48}$$

式中，R_{gas} 为普适气体常数，μ_a 为平均分子质量（单位：amu）。在这个推导中，利用了理想气体定律和气压高度关系。

式（4 - 48）称为热风方程（thermal wind equation）。热风方程可以在垂直方向积分，以计算在一定高度范围内纬圈风速差异随高度的变化。这种变化是由经圈温度梯度 $(\partial T/\partial y)_p$ 引起的。如果沿特定等压线的温度梯度和风速已知，它也可用于推导纬圈风在垂直方向的区域范围（习题 4.21）。即使水平温度梯度很小，如果风延伸到很深的地方，也会很猛烈；如果风的垂直范围很小，则只有当经圈温度梯度很大时，风才能很强。注意，在正压（barotropic）大气中，密度仅是压强的函数，密度和温度沿等压面是恒定的，没有热成风，即没有垂直切变。地转风随深度变化是恒定的。只有在斜压（baroclinic）大

气中（密度取决于压强和温度）才能找到垂直风切变。

4.5.4 风暴

4.5.4.1 湍流

到目前为止，已经讨论了稳定的、大规模的流体运动。实验室实验表明，湍流运动倾向于在无量纲雷诺[①]数（Reynolds number）$\mathfrak{R}_e$ 较大时出现

$$\mathfrak{R}_e \equiv \frac{\ell U}{\nu_v} > 5\,000 \tag{4-49}$$

式中，ℓ 和 U 分别是特征长度和特征速度，ν_v 是运动黏度。在地球对流层下部，ν_v 的典型值约为 $0.1\ \mathrm{cm^2/s}$。因此，对于 1 m 的长度尺度，$\mathfrak{R}_e$ 的临界值已经超过了 5 cm/s 量级的速度。因此，大气运动中将不可避免地出现湍流，特别是在大风切变、剧烈对流或地表"地形"变化附近的区域。可以通过加入变化、扰动和远离地转平衡的波浪运动来模拟大气扰动。

4.5.4.2 对流

位温（potential temperature）Θ 是沿绝热路径在 (T, P) 坐标中的量。它表示一团不饱和空气被绝热压缩或膨胀到压强 $P_0 = 1\ \mathrm{bar}$ 时的温度

$$\Theta \equiv T \left(\frac{P_0}{P} \right)^{(\gamma-1)/\gamma} \tag{4-50}$$

γ 表示比热比 c_P/c_V（假定为常数）。位温的垂直梯度是实际递减率和干绝热递减率之间的差值，等效位温中的垂直梯度是实际递减率和湿绝热递减率的差值。

$$\frac{\partial \Theta}{\partial z} = \frac{\Theta}{T} \left[\frac{\partial T}{\partial z} - \left(\frac{\partial T}{\partial z} \right)_{ad} \right] \tag{4-51}$$

如果 $\partial \Theta / \partial z < 0$，则递减率为超绝热，大气对流不稳定。这种大气中的小尺度湍流由自由对流（free convection）引起。如果位温梯度接近于零，则大尺度的风的流动主导局部效应，湍流只能由强迫对流（forced convection）引起，即在这种情况下，热量的传递由大气中的运动引起，而这些运动本身并不由"加热"（浮力）过程触发。

如 4.4.1 节所述，水气或其他可凝结气体的冷凝降低了大气的递减率。可以定义一个变量叫等效位温（equivalent potential temperature）Θ_e。等效位温中的垂直梯度与式（4-51）类似，是实际递减率和湿绝热递减率之间的差值。如果 $\partial \Theta_e / \partial z > 0$，则大气中的（层）对流绝对稳定。在干绝热层和湿绝热层之间具有递减率的层有条件不稳定。在有条件不稳定情况下，地球大气中上升气团的例子如图 4-26 所示。最初，上升的气团以干绝热递减率冷却，即比周围环境更快。一旦达到抬升凝结高度（lifting condensation level，LCL），气团冷却得更慢，温度梯度等于湿绝热层的温度梯度（注意，湿绝热层的斜率取决于高度，因为它取决于可用的凝结潜热）。在自由对流高度（level of free convection，

[①] 奥斯鲍恩·雷诺（Osborne Reynolds，1842 年 8 月 23 日—1912 年 2 月 21 日），英国物理学家。他最著名的研究是管道中流体从层流过渡到湍流的条件。雷诺星（12776 Reynolds）以他的名字命名。——译者注

LFC）之上，气团比周围的环境更温暖，因此继续上升。对于这个上升气团，可以转化为湿对流动能的浮力能量称为对流有效位能（convective available potential energy），通常简称为 CAPE。

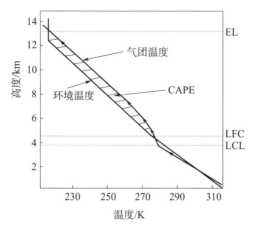

图 4-26　地球大气中上升气团的温度-高度剖面曲线示意图，可以看到自由对流高度（LFC）、抬升凝结高度（LCL）和对流有效势能（CAPE）。气团的温度低于 LCL 的是干绝热线，高于 LCL 的是湿绝热线。CAPE 等于由环境温度曲线和 LFC 和平衡高度（Equilibrium Level，EL）之间的湿绝热线所限定的面积，如图所示。在 EL 以上（靠近对流层顶），气团比环境温度低，停止上升。（Salby 1996）

　　大气的稳定性也可以从罗斯贝变形半径（Rossby deformation radius）和布伦特-韦伊塞莱[①]频率（Brunt – Väisälä frequency）评估出来。罗斯贝变形半径为

$$L_{\mathrm{D}} = \frac{Nh}{f_{\mathrm{C}}} \qquad (4-52)$$

　　L_{D} 是地转流中的一个典型水平尺度，其旋转效应与浮力一样重要，h 为考虑中的流动结构的垂直厚度，N 为浮力频率（buoyancy frequency）或布伦特-韦伊塞莱频率，是流体微元关于其平衡值上下振荡的频率

$$N = \sqrt{\frac{g_{\mathrm{P}}}{\Theta} \frac{\partial \Theta}{\partial z}} \qquad (4-53)$$

　　由于布伦特-韦伊塞莱频率取决于浮力的回复力，它提供了大气稳定性的度量。N 值越大，说明大气越稳定。在地球的平流层，$N \approx 0.02/\mathrm{s}$，在对流层中，它小了约 50%。

4.5.4.3　涡旋和涡度

　　类地行星上的局部地形可能引发静态涡旋（stationary eddy），这是一种不在大气中传播的风暴。在地球和火星的山脉上，以及地球上存在着巨大温差的海洋和大陆交界处，可

　　[①]　大卫·布伦特爵士（Sir David Brunt，1886 年 6 月 17 日—1965 年 2 月 5 日），英国威尔士气象学家。1949—1957 年曾任英国皇家学会副主席。南极布伦特冰架以他的名字命名。——译者注

　　维尔霍·韦伊塞莱（Vilho Väisälä，1889 年 9 月 28 日—1969 年 8 月 12 日），芬兰气象学家、物理学家。——译者注

以看到静态涡旋。

斜压涡旋（baroclinic eddy）可能在有地转气流的大气中形成，如果这种气流变得不稳定。为了分析这一点，在行星旋转坐标系中写出地转平衡流体（摩擦可以忽略不计）中流体涡度的方程

$$(2\omega_{\text{rot}} \cdot \nabla)v - 2\omega_{\text{rot}} \nabla \cdot v = -\frac{\nabla\rho \times \nabla P}{\rho^2} \qquad (4-54)$$

式（4-54）右侧为斜压项。如果大气是正压的，即密度不沿等压线变化，斜压项等于零。如果密度沿等压面变化，斜压项非零，可能形成斜压涡旋。例如，这种情况发生在两个流之间的过渡层中。只有顺行斜压涡旋（沿流动方向旋转）存在（图 4-27）。这种涡旋中的风沿着等压线流动，压力由科氏力和离心力的合力平衡 [式（4-45），图 4-24]。在气旋中，风围绕低压区域吹，而在反气旋中，风围绕高压区域吹。在地球、火星和巨行星的大气层中都观察到了气旋和反气旋。

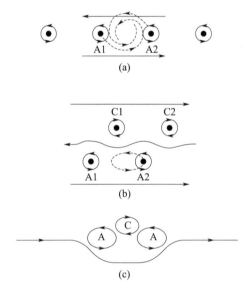

图 4-27　　（a）一排逆时针旋转的反气旋 A 嵌入东西切变流中，南侧有一股向东移动的急流（实线箭头），北侧有一股向西移动的急流。该构型是一个不稳定平衡态。虚线表示漩涡的运动。（b）由一排顺时针的气旋 C 组成的卡门涡街中的旋涡，位于反气旋 A 的北侧，并与之平行。这种涡旋结构对于涡旋合并是稳定的。实线和虚线如图（a）所示。（c）两个反气旋陷在向东移动的急流上的罗斯贝波波谷中的示意图。在反气旋之间是一个气旋，它阻止了反气旋的合并。（改编自 Youssef and Marcus 2003）

涡旋的位势涡度（简称位涡）ϖ_{pv} 与绕垂直轴的角动量成正比，是无摩擦绝热条件下的守恒量，其中 h_{i} 是等熵线（常数 Θ 代表的曲面）间距的度量

$$\varpi_{\text{pv}} \equiv \frac{\varpi_{\text{v}} + f_{\text{C}}}{h_{\text{i}}}$$

$$h_{\text{i}} = \frac{1}{g_{\text{p}}} \frac{\partial P}{\partial \Theta} \qquad (4-55)$$

由于位涡守恒，风暴系统在经圈上移动时会发生变化，以补偿科氏项 f_{C} 的变化。式

（4-55）表明，如果风暴改变纬度，风暴的垂直范围或自旋必须改变。这在一定程度上可以解释海王星大暗斑（Great Dark Spot，GDS）的消失 [图 4-39（a）]，它在旅行者时代被观察到向赤道方向缓慢漂移。如果风暴停留在同一纬度，但其垂直范围发生变化，风暴涡旋转速必须同时发生变化。例如，当风暴遇到一座山时，就会出现这种情况：风暴的底部被迫向上移动，因此风暴在高度上被压缩，并在水平方向上扩展，导致转速下降。当这个系统越过山时，它会下降并形成一个高大的空气柱，导致转速增加。

卡门涡街

木星大气的观测结果中（图 4-34）出现了纬圈风和一排排反气旋，它们在很长一段时间内似乎是稳定的。然而，计算机模拟显示情况并非如此。一个持续的纬圈气流并不稳定，且会分裂成一系列的小漩涡，例如木星所测得的南北风廓线。一旦出现一系列像木星南半球的白色椭圆漩涡，它们就会如图 4-27（a）所示合并。反气旋 A1 和 A2 位于两股急流的中间。即使是这个系统上有很小的扰动也会导致这两个气旋合并。例如，如果风暴 A2 在纬度上稍微向上移动，它就会被其上方的急流带到左侧。几周内，A2 和 A1 合并成一个风暴。在这个纬度的所有漩涡合并成一个风暴之前，这个系统是不稳定的。这也许可以解释木星大红斑（Great Red Spot，GRS）的形成和寿命。

上述结果与木星南半球明显稳定的白色反气旋椭圆形成鲜明对比。这些卵形气旋的持续存在需要一种防止合并的机制。如图 4-27（b）所示，如果在系统中加入一排气旋，与反气旋交替，气旋将击退任何靠得太近的反气旋。这种构型称为卡门[①]涡街（Kármán vortex street），反气旋与气旋纵向交错。在这种情况下，如果反气旋向上受到扰动，它上面的急流会像以前一样向左移动，但这次它会被顺时针的气流带着向下移动，直到它下面的急流把它移回原来的位置。计算机模拟表明，这种结构是长期稳定的，风暴会在经度方向来回振荡。如图 4-27（c）和图 4-28 所示，一个微小的扰动可能会使气旋 C 移动，反气旋 A 在这种情况下会迅速合并（4.5.6 节）。

4.5.4.4　飓风

地球上的飓风（hurricane）形成于热带地区的温暖海洋上方，当它们登陆后会因为风和温度发生变化而消散，同时也会改变当地的风和温度。它们猛烈的风、雨和巨浪会在沿海地区造成相当大的破坏。飓风是气旋，即低压天气系统。因为比周围的空气轻，所以潮湿气团上升（习题 4.12）。这种上升的空气留下一个低压区域。风冲进来以平衡压力，使空气和水都流向飓风"眼"。水在海洋较深处被带走（回流）。当湿空气上升时，它就会冷却，当温度下降到低于水的凝结温度时，形成水滴和/或冰晶。潜热释放，使空气团变热，从而增加了位温的梯度 $|\partial\Theta/\partial z|$，给空气向上运动"加油"。如果大气中没有垂直风切变，风暴系统可以达到很高的高度；否则风暴就会被撕裂。温度梯度在对流层顶反转，对

---

① 西奥多·冯·卡门（Theodore von Kármán，1881 年 5 月 11 日—1963 年 5 月 6 日），匈牙利裔美国工程师和物理学家。他主要从事航空航天力学方面工作，是工程力学和航空技术权威，对于 20 世纪流体力学、空气动力学理论与应用发展，尤其是在超声速、高超声速气流表征方面，以及亚声速与超声速航空、航天器设计，产生了重大影响。——译者注

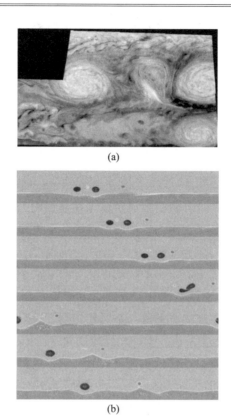

图 4-28 （a）伽利略号拍摄的木星白色反气旋椭圆，中间有气旋特征。这幅拼接图是由 1998 年拍摄的 756 nm、727 nm 和 889 nm 三个波段的图像构成。（NASA/JPL－加州理工，PIA00700）▨ （b）视频中的 7 帧，显示两个反气旋（视频中大的红色）和一个中间气旋（视频中小的蓝色）［如图 4-27（c）所示］被困在喷射流上的罗斯贝波的波谷中（由明暗颜色之间的界面表示）。三个旋涡作为一个稳定的单位一起向东移动，直到它们在东侧遇到一个比它们漂移慢的气旋。这三个旋涡击退了气旋，但受到了足够的扰动，它们中的气旋被喷射出来，让两个被困的反气旋合并。该图像是用周期域计算的，所以图像的左边缘与右边缘环绕相连。（改编自 Youssef and Marcus 2003）

流停止。在平流层风的帮助下，对流层顶的高压积聚有助于把气旋中心的空气吹走。

4.5.4.5 闪电

在地球、木星、土星，可能还有金星上，都观察到了由闪电引起的闪光。在土星和天王星上观测到的射电波长的静电放电（Saturn Electrostatic Discharge，SED；Uranus Electrostatic Discharge，UED）也可能由闪电引起（7.4.3 节）。闪电的基本机制是云滴的碰撞充电，然后是带电相反的小粒子和大粒子（重力）分离，从而发展成垂直电位梯度。这种方式可以分离的电荷量会有一个阈值；一旦产生的电场强到足以使中间的介质电离，就会发生雷击或放电，释放电场中储存的能量。只有当电场足够大，一个自由电子在穿越介质（即平均自由程）时能获得足够的能量，使与之碰撞的分子电离，产生的电子继续电离中性气体，直至产生指数级的电子和碰撞时，才会发生这种情况。这需要在电子的平均自由程上有大约 30 V 的电位差。

在地球大气中，闪电几乎总是与降水有关，尽管在火山爆发（和核爆炸）期间偶尔会发生大规模放电。以此类推，其他行星上的闪电只能在对流和冷凝同时发生的大气中出现。此外，像水这样的凝聚态物质必须能够进行碰撞电荷交换。其他行星（如金星）上的闪电可能是由活跃的火山活动触发的。在地球的沙尘暴中和火星上（很可能）已观测到静电放电。

4.5.4.6　大气波动

大气压扰动会以波的形式传播，其数学描述可通过在流体动力学方程中加入小扰动项推导。大气波动很重要，因为它们把一个地区的变化"传递"到另一个地区，因此它们可能会引起全球范围的天气模态变化。有几种类型的大气波，其中大部分在流体力学书籍中详细讨论。最简单的波是声波（sound wave 或 acoustic wave），它们是纵波，在天文学中称为 p 模，在地震学中称为 P 波（6.2.1.1 节）。

表面重力波（surface gravity wave）是一种常见的振荡，这种振荡形如一块石头掉进水中，在水面上的传播。它们在天文学中被称为 f 模。对于声波，空气的可压缩性提供了恢复力，对于重力，浮力提供了恢复力，浮力频率（也称布伦特-韦伊塞莱频率）由式（4-55）给出。如果重力波的波长与行星的半径相比较短，它们的行为就像深海表面的普通波。内重力波（internal gravity waves，g 模）被限制在大气的稳定分层部分。所有重力波都是垂直和水平传播的。各种地震波也可能穿过大气层（6.2.1 节）。大气潮汐（atmospheric tide）由太阳加热驱动（4.5.1 节），以及来自太阳和月球的引力效应驱动。

罗斯贝波（Rossby wave）或行星波是空气粒子的相对涡度与其行星涡度之间平衡变化的结果，通过位涡守恒产生［式（4-55）］。当一个气团移动到高纬度或低纬度时，这样的波就会被触发，导致科里奥利项改变。例如，当北半球一个向东移动的空气团（在顺行自转的行星上）向赤道偏转时，科里奥利项减小，因此该气团以气旋方式向上旋转［式（4-55）］。这会导致气团前面的气流向北偏转，所以它的轨迹会被偏转到极点，回到其原来的纬度。如果气团超过了它的纬度，它就会反气旋向上旋转，并向赤道方向偏转。科里奥利项随纬度的变化对原气团施加扭矩，从而提供恢复力，使气团能够围绕其不受扰的纬度来回移动。罗斯贝波通常相对于平均纬圈流向西传播（在顺行自转的行星上），虽然它的速度通常很低，只有 m/s 量级，但有时也可以达到每秒数百米。如在地球和木星上所见，罗斯贝波通常沿着向东的急流传播，并使流沿着固定的纬度线蜿蜒而行。

4.5.5　对类地行星的观测

4.5.5.1　地球

地球的全球大气风系统以哈德利环流圈为特征，每半球有三个环流圈。注意中间的费雷尔环流圈是在热力学间接意义上的循环（图 4-21）。科氏力给环流的经圈运动增加了一个纬圈分量，这在一定程度上是每个半球有三个环流圈而非一个的原因。一般来说，空气在赤道附近上升，在亚热带下降。下降的干空气使对流层变干，抑制对流，从而导致亚热带纬度普遍存在沙漠。在热带地区，哈德利环流的低空回流被科氏力向西偏转，从而导致热带地区的偏东信风。北半球和南半球信风的赤道方向气流导致两股气流在一区域的辐合，该区域称为热带辐合带（intertropical convergence zone，ITCZ）。这个区域延伸到以赤道为中心约10°纬度范围，以平静和弱风带为特征，没有主导风向，通常称为赤道无风带（doldrums）。热带辐合带沿线有深对流云、阵雨和雷暴。

在南北半球中纬度地区（大约20°～60°范围），对流层中的全球大气环流[①]以对流层上部的西风急流为特征。这些急流是纬圈风，自西向东流动，强度随高度增加，直至对流层顶。这股急流赤道方向的部分由科氏力对哈德利环流中极区方向流产生的向东加速所驱动。靠近地表的哈德利环流朝向赤道，因此科氏力引起的加速度向西，这些纬度的垂直风切变因此变得非常大。急流的极区方向部分与费雷尔环流重合。科氏力在对流层上部引起一个向西的加速，在地表附近引起一个向东的加速。然而，这些纬度带上斜压不稳定，不稳定的波动会将一个净向东的动量输送到气流中，因此纬圈气流在所有高度都是向东的（西风）。事实上，如果地球自转得更快，那么在任何时候，每个半球都可能有两个截然不同的中纬度西风急流（一个由科氏力驱动，一个由斜压不稳定驱动）。目前，在特定的经度和时间，人们可以零星地分辨出两种不同的急流。

地球的倾角导致全球环流模态在夏季和冬季之间发生变化。对流层上层的急流从高度高过对流层顶开始减弱。冬季，随着海拔升高至约25 km以上（或$P \lesssim 30$ mbar），西风再次增强，直至海拔约70 km（$P \approx 0.05$ mbar）。这种平流层/中间层急流被称为极夜急流（polar‑night jet），其速度在中间层较低处可达60 m/s。这股急流在冬季极区形成一个大的气旋涡旋。在夏季，对流层上层西风气流也随着对流层顶以上的高度减弱，约25 km以上的西风气流被东风取代，在中间层，东风加强到约70 m/s。因此，两个半球的急流方向相反。

行星波引起对流层和平流层/中间层的纬圈气流的大尺度扰动，使之偏离纬圈对称性。

沿着赤道，经圈温度梯度相对较小，科氏力较弱。信风驱动洋流，导致地表水沿太平洋赤道地区由东向西流动。海水被太阳加热，导致温暖的地表水在西太平洋积聚。这里的水位通常比东太平洋高0.5 m。西部暖湿气的蒸发导致风暴系统的形成。在系统的对流环流圈内部，潜热释放是热带环流的主要能量来源。热带地区除纬向平均的哈德利环流外，还存在季风环流和沃克[②]环流。季风环流（monsoon circulation）由地表温度的水平梯度驱动，在夏季，亚热带陆地比周围的海洋要温暖（如印度和澳大利亚北部），这种情况在冬季则相反。因此，陆地空气在夏季上升（带来雨水），在冬季下沉（干燥空气）。热带的沃克环流（Walker circulation）被不均匀加热驱动，空气在被加热的经度处上升（靠近非洲、印度尼西亚和南美洲），在较冷的经度处下沉（海洋）。

---

①　全球平均和时间平均的风型很难在某一天出现。由于局部气压的高低，每天的风型与全球平均环流有很大的偏差。

②　吉尔伯特·托马斯·沃克爵士（Sir Gilbert Thomas Walker，1868年6月14日—1958年11月4日），英国物理学家和统计学家。他精通数学，并将其应用于空气动力学、电磁学和时间序列分析等多个领域研究。他开发了自回归模型，对厄尔尼诺现象进行了开创性描述。他发现了以他名字命名的沃克环流。——译者注

沃克环流在季节间的时间尺度上变化。每 3～5 年信风就会减弱，沃克环流就会中断。东太平洋和西太平洋之间的压差减小，向西输送的水也减少了。最终，西部海拔较高，暖水开始向东移动，导致太平洋东部和中部海面温度升高，比其约 298 K 的正常温度高 $\gtrsim$ 1.5 K。这种现象被称为厄尔尼诺现象（EL Niño，西班牙语中的小男孩，以婴儿耶稣的名字命名，因为海洋变暖通常在圣诞节前后开始）。温度的微小变化会导致蒸发和潜热释放的巨大变化，这是克劳修斯-克拉珀龙方程［Clausius - Clapeyron equation，式（4 - 22）］中指数相关性的结果。这使得对流系统大幅东移，导致空气在中太平洋上方上升。这伴随着在西太平洋（低压→高压）和东太平洋（高压→低压）之间地表气压的变化，这种现象被称为厄尔尼诺南方涛动（El Niño Southern Oscillation），通过行星波传播到世界各地。厄尔尼诺对地球上的全球大气循环和天气模式产生了显著的影响，例如我们所经历过的异常雨季或旱季。

除了这些大尺度环流外，地球上的天气特点是斜压不稳定，它可以在地球上引起大风暴，有时会导致飓风和龙卷风。斜压涡旋的发展和运动也受到厄尔尼诺的影响。与动态斜压涡旋不同的是，静态涡旋由海洋和大陆之间的温差发展而来，发生在局部地形变化的地方，如山脉和火山。

地球气候及其随时间的变化，特别是与全球变暖有关的变化，最好借助大气环流模型（general circulation models，GCM）进行研究。这些模型解决了流体动力学方程，包括热力学（云层形成）、化学（如光化学）和大气与地表（大陆与海洋之间）的耦合。尽管这些模型越来越复杂，但准确预测未来 50～100 年的气候（全球变暖）仍然是一个挑战。

4.5.5.2　金星

在缓慢旋转的金星上，发现了一个"经典的"哈德利环流圈循环，即每半球一个环流圈。空气在赤道上方上升，在纬度约 60°附近下降，这是极环的边缘（4.3.3.1 节）。在金星云层中观测到强烈的向西（与行星自转方向相同）纬圈风，高度约为 60 km。风在 3～5 天内环行金星（约 100 m/s），因此是特快自转的。这些风的强度随着海拔高度的降低而线性减小，在表面只有约 1 m/s。特快自转纬圈风处于旋转平衡状态。

在更高的高度（比如在热层中），强烈的昼-夜风盛行，这是由于金星热层和冰冻层之间的温度梯度很大［图 4 - 1（b）］。典型风速为 100 m/s。金星对流层逆风和热层昼-夜风之间的过渡区还没有很好的研究。这种过渡发生在中间层，对于这个区域，可以用射电波长在 CO 分子的各种线跃迁中探测和用红外波长在 CO_2 分子谱线核心中使用外差光谱法探测。观测结果证实了理论上预测的在中间层上部的热潮汐（昼-夜风）。这些风也可以解释所观测到的 CO 丰度昼-夜变化（4.3.3.1 节）。

4.5.5.3　火星

火星夏季半球的空气上升，冬季半球的空气下沉。由于最热的纬度通常不与赤道重合，因此哈德利环流位置移动，并不局限于北半球和南半球。火星上有高度变化极大的局部地形，从很深的希腊盆地到奥林匹斯山和塔尔西斯山脊的顶部，导致了静止涡旋的形成，而斜压涡旋则形成于冬季半球。火星有大量的冷凝流，CO_2 在处于冬季的极地冻结，在处于夏季的极地上空升华。

由于火星的大气层稀薄，它对太阳加热的反应很快，导致强风穿过晨昏线。这些是热潮汐风（thermal tide wind），类似于金星热层强烈的昼-夜风。如果接近天体表面的风有一个盛行的方向和速度，可能会形成沙丘。在类地行星地球、金星和火星，还有土卫六上观察到了沙丘（5.5 节）。这些区域提供了当地盛行风向和风速的迹象。在干旱的行星上，当这样的风超过约 50~100 m/s，它们可能由于跃移（saltation）或者沙尘在尘卷风（dust devil）中上升引发局部沙尘暴。在跃移过程中，颗粒开始在表面跳跃；沙尘在尘卷风中上升是由于超绝热递减率的大气对流。这种尘卷风经常出现在地球上的沙漠地区。它们类似漏斗状的"烟囱"（底部狭窄，向顶部扩宽），旋转时热空气和沙尘通过"烟囱"上升。火星轨道器和着陆器/巡视器定期拍摄了尘卷风和它们的踪迹（图 4-29、图 4-30）。尘卷风直径可达数百米，高达数千米。它们最常发生在春季和夏季。它们通常在沙尘被清除的地方留下一条黑色的条纹（也可以看到浅色的条纹）。由于它们的旋涡运动，地表的移动轨迹时而扭曲或弯曲 [图 4-30（a）]。一旦进入空气中，沙尘会受到潮汐风助力，因为这些颗粒会吸收阳光并在局部加热大气。在短短的几周内，沙尘暴可能会变得如此之大，以至于包围整个行星 [图 4-30（b）]。这种全球性风暴可能持续数月，并对火星气候产生明显影响（图 4-2）。

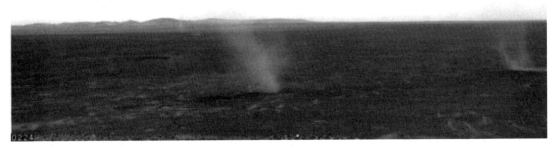

图 4-29　勇气号火星巡视器 2005 年 7 月 13 日在古瑟夫（Gusev）撞击坑中观测到的尘卷风。这些尘卷风在夏至前的午后很常见。（图片来源：NASA/JPL/得州农工大学）

火星大气环流模型被用来模拟沙尘、CO_2 和 H_2O 的季节性变化。不同大气区域之间的耦合有助于对高层大气中光化学和地表上下冰的形成的研究。大气环流模型是重建早期火星气候的关键，能用来理解火星气候如何随时间、大气成分和行星轨道和/或倾角的变化而演化。

4.5.5.4　土卫六

在地面可以用圆盘分辨外差法和微波光谱法来测量土卫六大气层中约 100 km 以上的风。观察到各种谱线频率的边缘到边缘的多普勒频移（C_2H_6 @ 12 μm、HC_3N @ 227.4 GHz、CH_3CN @ 220.7 GHz）。这表明在土卫六的平流层上部（海拔约 200~400 km）有高速风（100~200 m/s），在中间层下部（约 350~550 km）降到 60±20 m/s。在低海拔地区，通过惠更斯号上的多普勒风实验对风进行了确定。当惠更斯号穿

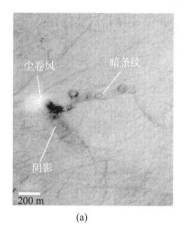

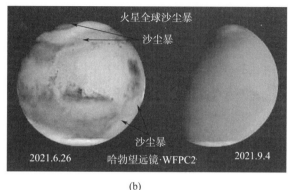

图 4 - 30　（a）火星全球勘测者观测的尘卷风（直径约 100 m）和轨迹。注意轨迹的卷曲形状，表示尘卷风的路径和旋转（MOC 图像 M1001267，NASA/JPL/马林空间科学系统）。　（b）南半球春天来临时哈勃望远镜拍摄的火星图像。6 月（左图）捕捉到了风暴在巨大的希腊盆地和北极附近的另一场风暴中萌发。在接下来的几个月里，地表特征变得模糊，到了 9 月（右图），地表已经无法分辨。[HST/NASA、J·贝尔（Bell）、M·沃尔夫（Wolff）、STScI/AURA]

过土卫六大气层下降时，甚长基线干涉测量（Very Long Baseline Interferometry，VLBI）网记录了探测器发出的射电信号（与卡西尼号的通信）。土卫六大气中的风影响了探测器下降过程中的水平速度，VLBI 网通过探测器发射频率的偏移（多普勒频移）来测量水平速度。这些测量结果显示，表面附近有微弱的前向风，速度在 100～150 km 的高度上升到约 100 m/s，在 60～80 km 的高度附近有很大的下降（最多下降到几 m/s）。

土卫六的大气环流模型是了解现在、未来和过去气候的关键。土卫六的表面很可能有足够低的热惯量，因此其表面温度受季节性的强制调节，而季节性强制又反过来控制着土卫六的全球环流。平流层中有一个经圈环流，其中空气在夏季半球上方上升，在冬季极点处下降，因此气溶胶在冬季极点上方的极地罩中积聚。一些化学物质（如乙烷）在平流层环流模式的下降分支中下降时，在平流层下部的气溶胶中凝结。这些凝聚的种类形成了冬季极地上空的云（例如在北极高度约 40 km 的乙烷云，4.4.3.3 节）。这种环流模式在两极之间反转，这种下降分支总是位于冬季极地上方。在夏季极地上方，大气环流模型显示在 50～200 km 的高度有一个次级环流圈，其中环流方向相反。

经圈环流向下延伸到对流层，下降的空气位于冬季极地上空。夏季半球上空的环流更为复杂，部分原因是甲烷凝结起了作用。在较低的 10～20 km 处，空气从赤道附近沿向上倾斜的路径上升到纬度约 45°，空气在这个纬度垂直上升约 20 km，并在较高高度与平流层经圈环流相连。空气在纬度约 60°下降。额外的次级环流出现在两极。纬度 40°～60°地区与地球上的热带辐合带（ITCZ）有些相似。大气环流模型正确地预测了云在接近夏至时出现在南极上方，此时表面温度达到最大值并触发剧烈对流。预计在中纬度（接近40°S）也会出现云层，并已经观测到。根据大气环流模型，对一个表面液态甲烷供应有限的天体进行计算，发现低纬度地区的表面可能很干燥，类似于地球上热带靠近两极方向的沙漠。这也许可以解释目前赤道和中纬度地区普遍没有云和液体的原因。不过，注意到数据在不断获取，对土卫六与这些纬度有关的图片可能在不久的将来发生变化。在 2008 年 4 月的几天里，赤道附近已经发现了一些云层。

4.5.6　对巨行星的观测

类地行星上的风速是相对于行星表面测量的。巨行星没有这样的固体表面，假设磁场"锚定"在行星内部，代表行星内部的"真实"旋转。这些行星上的风速相对行星磁场测量，磁场的旋转周期由低频射电辐射确定，如第 7 章所述。

在四颗巨行星上都观测到了高速纬圈风（图 4 - 31、图 4 - 32）。木星和土星在每个半球都有几个急流（木星上有 5～6 个，土星上有 3～4 个），其中赤道急流最强：木星约为 100 m/s，土星为 470 m/s；这两颗行星上的赤道急流都向东移动（比行星自转快）。在天王星和海王星上，赤道附近的风滞后于行星的自转，在海王星上向西吹，在天王星上向东吹（天王星逆行自转）。在天王星上，风速 ≲100 m/s，但是在海王星上达到约 350 m/s。在高纬度地区（天王星 ≳20°、海王星 ≳50°）风速变为与自转方向一致，达到约 200 m/s。

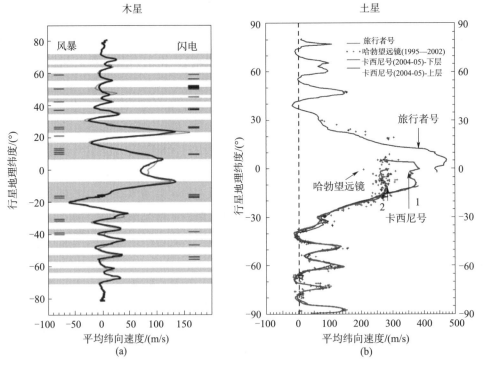

图 4 - 31　（a）木星的纬圈风。微弱的灰线是由旅行者 2 号（1979 年）图像得到的平均纬圈风曲线，而重黑线是由卡西尼号（2001 年）数据得到的曲线。灰色区域代表带，白色代表区域。同时给出了闪电和对流风暴的发生。（Vasavada and Showman 2005）　（b）土星的纬圈风。其中一条实线是根据旅行者 1 号和 2 号的图像（1980—1981 年；波长：宽带绿色）得到的平均剖面曲线。十字标记了 1995—2002 年哈勃望远镜数据得出的风速（波长：宽带红色）。另外两条实线是卡西尼号测量的数据（波长：1 为甲烷波段，2 为宽带红色波段）。风速基准为旅行者号基于土星千米波辐射（SKR）得到的土星自转周期所对应的各纬度线速度（垂直虚线）。（改编自 Del Genio et al. 2009）

　　巨行星上的纬圈风速几乎不随时间变化。例如，在木星上，尽管急流似乎与其白色区域和棕色带相关［图 4-31（a）］，带状结构有时会急剧改变形态（整个带状结构可能消失或改变颜色），而纬圈风速保持相对稳定。然而土星看起来不一样。如图 4-31（b）所示，自旅行者号飞越以来，赤道急流中的风速似乎已经减慢。不过，这些测量是在不同波长下获得的，也许探测到了大气中不同的雾霾/云。此外，雾霾层的高度随着时间的推移而变化：在哈勃望远镜-卡西尼号时代，它所处高度（约 70 mbar）比旅行者号飞越的时候（约 200 mbar）要更高。因此，图 4-31（b）中的各种测量表明了不同高度的风速，并揭示了速度随高度的衰减，这或多或少与热风方程（以及在木星上测量的）一致。

　　由于多年来观测角度的变化，可以测量到天王星从一个极区到另一个极区的风速分布图［图 4-32（a）］。在旅行者号时代，天王星的南极正对着太阳，而在 2007—2008 年，旋转的赤道和环平面则被从侧面观测。在过去的几十年里，风速分布图一直非常稳定。在海王星上，将每个纬度带内的数据合并后，曲线似乎也很清晰。不过，在个别纬度带内，云层大体上相对彼此移动，这在其他三个巨行星上是看不到的。

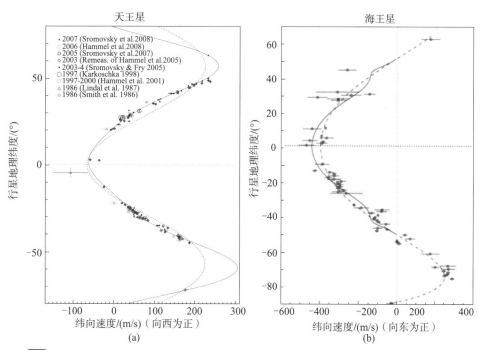

图 4-32　（a）天王星的纬圈风。1986—2008 年哈勃望远镜、凯克望远镜和旅行者号数据的数据汇编。虚线是旅行者号纬圈风廓线的对称拟合。实线是拟合所有数据的平均高阶多项式。（改编自 Sromovsky et al. 2009）（b）海王星纬圈风。这些数据是基于旅行者号图像中云特征和射电掩星结果的区间平均风速。虚线是对旅行者号观测数据的经验拟合，实线是对哈勃望远镜 1995—1998 年数据的经验拟合。（改编自 Sromovsky et al. 2001）

　　风的垂直范围和产生它们的机制（强迫模式）仍然是争论的话题。风可能像在地球上那样被限制在一个相对较薄的天气层，或可能在大气层中延伸很深。风可能受到下方的力

（深强迫模式，deep - forcing model），或从上面由太阳能加热（浅强迫模式，shallow - forcing model）。

　　有人认为，木星和土星的内部可能由许多被称为泰勒①柱（Taylor columns）的大圆柱组成，每个圆柱都以自身的速度旋转（图 4 - 33），而纬圈风则是这些圆柱体的表面表现形式。20 世纪 20 年代的实验室实验表明，旋转体中的流体确实倾向于与旋转轴对齐。从理论上讲，如果流体是正压的，可以从式（4 - 54）（小罗斯贝数，无摩擦）导出，这种柱的存在起源于地转流。这个模型在 20 世纪 70 年代被弗里德里希·赫尔曼·布塞②应用于木星和土星，并且得到了很多支持，因为木星和土星上的风都是围绕赤道对称的。不过，数值模拟显示，只有当这些深对流层属于木星外部 10％的薄壳时，才能产生类似于在木星上观测到的喷流。如第 6 章所述，氢在约 $0.9R_2$ 之内呈现出一种称为液态金属氢的状态，所以对流模型的应用仅限于木星外部的 10％半径以内。

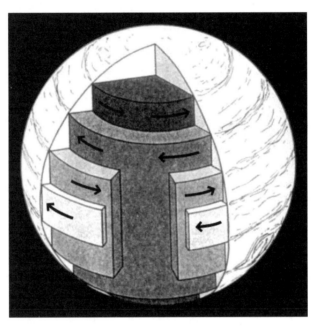

图 4 - 33　巨行星内部可能存在的大规模流动。每一个圆柱都有各自的旋转速率，巨行星上的纬圈风可能是这些气流的表面表现形式。（改编自 Ingersoll 1999）

　　这些风也可能完全由太阳辐射和木星的快速自转引起，就像在浅强迫模式中那样。在这种情况下，纬圈风可能被限制在高层大气中，就像在薄的天气层中一样，或者它们可能

---

　　①　杰弗里·英格拉姆·泰勒爵士（Sir Geoffrey Ingram Taylor，1886 年 3 月 7 日—1975 年 6 月 27 日），英国物理学家、数学家。他的研究领域包含流体力学和波理论。——译者注

　　②　弗里德里希·赫尔曼·布塞（Friedrich Hermann Busse，1936 年—）是德国拜罗伊特大学的名誉教授，也是加州大学洛杉矶分校地球物理和行星物理研究所的常驻教授。1962 年，他在慕尼黑大学获得博士学位，并在麻省理工学院和加州大学洛杉矶分校度过了博士后岁月。1970 年至 1984 年，他在加州大学洛杉矶分校担任教授，之后搬到拜罗伊特。他的研究兴趣为流体动力学及其在地球物理学和天体物理学中的应用。参见 Friedrich H. Busse. [OL]，[2023 - 04 - 16]，https：//physics. aps. org/authors/friedrich_h_busse——译者注

延伸到与深强迫模式一样深的地方。在这两种模式中，数值模拟都能产生木星和土星上观测到的大量急流。伽利略号探测器测量到风速随深度的增加而增加。但是，这种测量到的急流的结构不能用来区分强迫机制。急流可能来自浅强迫模式或深强迫模式，或两者的某种组合。

4.5.6.1 木星

图 4-34 显示了 1979 年旅行者 1 号拍摄的木星可见波长图像。白色亮条、棕色暗带和大红斑是木星的显著特征。在大红斑的正南方有三个大的白色椭圆，在南赤道带可以看到一排较小的白色椭圆。在北半球，这些涡旋中的环流几乎总是顺时针，在南半球则是逆时针，表明它们是高压系统。在这张图片上可以看到更多的细节，如雷暴、细丝、反气旋和气旋特征，所有这些都是高度动态大气的迹象。

图 4-34 🛰 1979 年旅行者 1 号拍摄的木星可见光彩色图像。白色亮条、棕色暗带和大红斑以及木卫一（靠近大红斑）和木卫二为突出的特征。在紧靠大红斑南侧的纬度上可以看到两个大的白色椭圆，在木卫二南部，白色反气旋椭圆卡门涡街与丝状气旋交错。（旅行者 1 号/NASA，PIA00144）

通过木星在阳光反射下的可见光图像与 5 μm 波长的热辐射图像比较（图 4-35），能看出光学上的颜色和 5 μm 波长图像的温度之间的强相关性。白色亮条通常比棕色暗带略冷，这表明白色亮条的云层比棕色暗带的云层更不透明。射电波段的不透明度主要由于氨气，云层（几乎）对于射电波段是透明的。总的来说，这些棕色暗带是射电亮的，说明氨气丰度相对较低，因此探测到了较深的暖层。综合所有的观测结果表明，白色亮条中的大气都在抬升，棕色暗带中的大气则在下沉。在气团抬升时，当其分压超过饱和蒸气曲线时，氨气凝结（NH_4SH，NH_3 冰）。干空气在带中下沉，这强制形成一个简单的条-带对流模式。由于棕色暗带的上方空气相对干燥，氨冰云层要么不存在，要么相当薄，因此在红外波段看不到。抬升/下沉的空气运动在条-带区域之间产生一个经圈温度梯度，从而驱动行星上的纬圈风（通过与科氏力的地转平衡）。

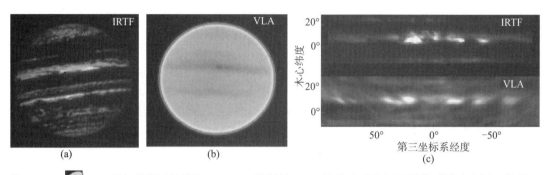

图 4 - 35 （a）用红外望远镜设施（IRTF）拍摄的 5 μm 波长木星热辐射图像 ［图片来源：格林·奥顿（Glenn Orton）］。（b）用甚大天线阵（VLA）拍摄的 2 cm 图像（de Pater et al. 2001）。IRTF 图像于 1995 年 10 月 3 日拍摄，VLA 图像于 1996 年 1 月 25 日拍摄。伽利略号探测器于 1995 年 12 月 7 日进入木星大气层。VLA 图像具有角度分辨率约 $1.4'' \approx 0.044 R_5$，积分时间 6～7 小时，因此看不出纵向结构。在此图中，"颜色"是颠倒的：圆盘内暗带代表高温，而行星周围的光亮"环"代表低温（边缘变暗）。（c）木星北赤道带两幅图像的详细比较，用新方式对射电数据进行了处理，以揭示其经向结构。（Sault et al. 2004）

不过，注意到简单的条内抬升运动和带内下沉的图像可能过于简化。卡西尼号探测到许多小型（通常直径几百千米）对流风暴，主要分布在暗带中。闪电似乎也仅限于暗带中 ［图 4 - 31 （a）］。因此，在下沉运动主导的暗带内，局部地区深层可能有强烈对流。这实际上可能是解释观测到的木星上可凝结气体高度分布的关键 ［图 4 - 15 （c）］。

图 4 - 35 （c）显示了北赤道带有纬圈分辨率的射电和红外图像之间的详细对比，其中包括几个红外热点（或干点）。射电热点（干燥空气，不含 NH_3 气体）和 5 μm（没有云）图像之间的相关性很完美，证实了热点是下沉气流的区域。伽利略号探测器在这些热点中最亮的地方进入木星大气层。因此，在所探测的最深水平（10～20 bar）原位测量的气体丰度可能比在更高水平测量的丰度更能代表整个木星的大气气体元素丰度。

大红斑（Great Red Spot，GRS）是乔瓦尼·多梅尼科·卡西尼[①]（Giovanni Domenico Cassini）在 1665 年第一次看到的。卡西尼所看到的是否是今天的大红斑还存在一些争论，因为在 19 世纪的某个时期没有看到任何红点。然而，从 20 世纪 80 年代和 90

---

① 乔瓦尼·多梅尼科·卡西尼（Giovanni Domenico Cassini，1625 年 6 月 8 日—1712 年 9 月 14 日），法国天文学家。出生于热那亚共和国（今意大利境内），在 1648—1669 年曾在旁扎诺天文台工作。1640 年起，担任博洛尼亚大学天文学教授，并在 1671 年巴黎天文台落成后成为该台的第一任台长直到去世。1673 年加入法国国籍。他在 1671—1684 年陆续发现了土卫三、土卫四、土卫五和土卫八，并注意到土星环的划分。1675 年，他发现土星光环中间有条暗缝，这就是后来以他名字命名的卡西尼环缝。他猜测光环由无数小颗粒构成，后被分光观测证实。1683 年 3 月起，卡西尼研究了黄道光，认为它是由于行星际尘埃反射太阳光引起的，不属于大气现象。1690 年，他在观测木星的大气层时发现木星赤道旋转得比两极快，因此发现了木星的较差自转（转动速度随半径不同）。卡西尼星（24101 Cassini）以他的名字命名。——译者注

年代的观察中得知，大红斑的外观在显著性、大小和形状上都会发生剧烈的变化，直至基本消失，因此这个系统可能非常长寿。大红斑以南的 3 个大的白色椭圆可以追溯到 20 世纪 30 年代，形成了卡门涡街的一部分。稳定这类涡街的气旋性涡旋展现为细长的丝状特征，交错在反气旋白色椭圆之间，并略靠北。1996—1998 年，三个漩涡——两个反气旋和一个气旋——紧密聚在一起移动 [图 4 - 28（a）]，而不是在经度上来回振荡。数值模拟表明，如果这些旋涡被困在罗斯贝波的槽中，它们可以作为一个独立的单元一起移动，如图 4 - 27（c）所示。槽的侧面猛烈挤压三个被困的旋涡，使得任何微小的扰动，例如与槽外旋涡的碰撞，都会导致气旋被推出槽外，从而使两个反气旋直接接触。两个反气旋一旦接触，几天之内就会合并。图 4 - 28（b）显示了一系列计算机模拟，将这个过程可视化。这种旋涡被捕获—气旋喷射—合并的情况可能先后发生在 1998 年和 2000 年，在旅行者时代十分显著的三个白色椭圆发生合并（图 4 - 34）。

在白色椭圆第二次合并后，生成的风暴仍然是白色的，但在 2005 年底变成了红色。这个新的红色椭圆在颜色上与大红斑相似（图 4 - 36）。图 4 - 36（a）右侧的小图从上到下分别显示了波长为 330 nm、550 nm 和 892 nm 的图像。在甲烷吸收带中的 892 nm 波长图像显示两个红色斑点都很亮，表明在高海拔地区有散射物质。低空的云层是暗的，因为这种波长的阳光被木星大气层中的甲烷气体吸收，因此阳光在进入大气层和反射出大气层的过程中会衰减很多。在 330 nm 处的图像显示这两个斑点都是暗的特征，这可能是由于同样的高空物质吸收了阳光所导致。图 4 - 36（b）是一幅红外波段的图像，显示了斑点彼此经过时的情况。5 μm 波长的插图显示两个地点都很冷，因此证实了它们的高海拔。这是反气旋涡旋的典型现象，两个风暴系统都被狭窄的"透明"区域所包围，来自深层的热量会从那里泄漏出去。不过，注意到与大椭圆（大红斑、新的红色椭圆）相比，小旋涡通常被 5 μm 图像中的环紧密围绕。

虽然白色椭圆的白色可能是由氨冰造成的，但没有人确切知道是什么造成了大红斑或新红色椭圆的红色。由于这两个斑点都高出周围的云层，颜色可能与斑点的高度有关，并由着色剂污染了冰粒所引起。污染物或着色剂（chromophore）可能是上层大气的一个微量组成部分，仅在高空云层相遇，也可能与旋涡从行星大气层深处卷起的物质有关。红色着色剂的潜在来源是磷化氢气体（PH_3）或硫化氢铵颗粒（NH_4SH），它们在被风暴系统带向上方后，会被太阳紫外线分解，并经过一系列的化学反应产生红色的着色剂（4.6.1.3 节）。另一个假设是红色粒子（可能是上面讨论的着色剂）通常覆盖着白色氨冰。如果温度超过冰的升华温度，凝结核的真实颜色就会显现出来。最后，颜色也可能仅仅是由粒径分布引起的。

每隔 10～40 年，木星似乎都会经历一次全球剧变（global upheaval），一段大气剧烈动荡时期会持续数年。有人提出，这样的剧变可能是气候循环的表现，颜色从白色到红色的变化只是所目睹的木星大气极为剧烈的变化之一。

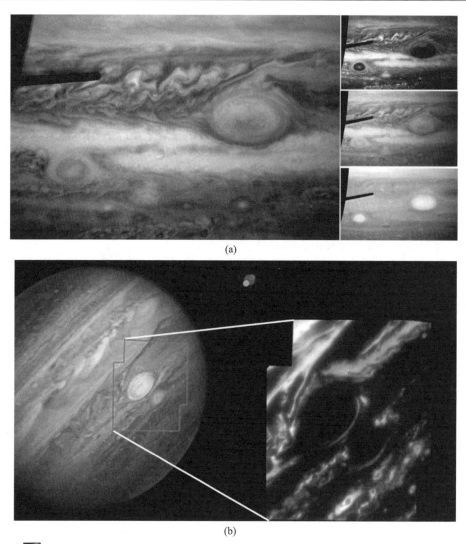

图 4-36　⊕　(a) 2006 年 4 月 25 日，哈勃望远镜高分辨率相机 ACS/HRC 拍摄的木星上的大红斑和红色椭圆的去投影图像。每个像素的经纬度为 0.05°，图像顶部正好位于赤道附近。此可视图像由红色（F658N）、绿色（F502N）和蓝色（F435W）滤镜图像制成。侧面的黑白小图像是哈勃望远镜 2006 年 4 月 24 日拍摄的不同波长的（从上到下分别为 330、550 和 892 nm）大红斑和红色椭圆去投影图像。图像上的黑色突起是 ACS 相机中的遮光条[①]。(b)［左］2006 年 7 月 21 日，夏威夷莫纳凯亚（Mauna Kea）的凯克 2 号望远镜拍摄了木星及木卫一的假彩色合成近红外图像，利用自适应光学技术使图像锐化。在以 1.29 μm 和 1.58 μm 为中心的窄带滤光片中拍摄的图像（在这张图像中以金色显示）探测到了木星上部云层反射的太阳光，这与在可见光中看到的云层是一样的。这张 1.65 μm 的窄带图像（蓝色）显示的是从云层上方的雾霾反射回来的阳光。［右］通过 5 μm 滤光片获得的两个红点特写镜头，滤光片对云层深处的热辐射进行采样。（改编自 de Pater et al. 2010）

---

①　ACS/HRC 的遮光条（occulting finger）可以遮挡来自明亮光源的眩光，以便可以观察到附近的昏暗光源。不过遮光条位置固定，所以无论是否使用，它都在那里。参见 Mars Image Showing the High Resolution Camera's "Occulting Mask"［OL］.［2023-07-30］. https://hubblesite.org/contents/media/images/2005/34/1804-Image.html——译者注

4.5.6.2　土星

卡西尼号拍摄的土星图像显示，这颗行星和木星一样，表现出各种各样的大气现象，尽管这些特征没有木星那么突出（图 4 - 37）。可以辨别出清晰的条带，通常有斑驳的纹理，有时在其边缘有旋涡。在南半球，靠近约 35°S，探测到了明亮的风暴爆发，表明存在湿对流。射电和等离子体波科学（Radio and Plasma Wave Science，RPWS）仪器已经探测到同步宽带（2~40 MHz）爆发，称为土星静电放电（Saturn Electrostatic Discharges，SED），这种爆发来自与风暴有关的闪电。

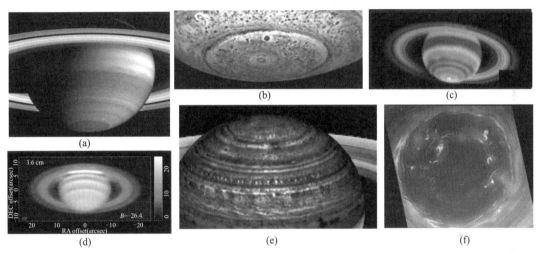

图 4 - 37　不同波长的土星图像。（a）卡西尼号在 727 nm 甲烷弱吸收波段的图像，突出了高海拔地区的云带。注意南极的黑点。（NASA/JPL/SSI，PIA5391）（b）卡西尼号的 VIMS 在 5 μm 波段拍摄的土星南极区域的热辐射。（NASA/JPL/亚利桑那大学，PIA11214）（c）凯克望远镜拍摄的土星及其光环在 17.65 μm 波长的热辐射。注意南极的亮点，与图（a）中的黑点形成对比。土星光环中粒子转入日间时是冷的，它们在整个日间被加热，到夜间半球时处于最热（最亮）。（NASA/JPL，PIA07008）（d）2002 年 9 月 27 日用甚大天线阵（VLA）观测到的土星深部大气热辐射，波长为 3.6 cm。为了突出圆盘上的结构，同时看到土星环（在反射的土星光中，11.3.2.2 节），整个圆盘减去约 130 K 亮度温度。（改编自 Dunn et al. 2007）（e）卡西尼号的 VIMS 拍摄的土星北半球的 5 μm 热辐射，显示在纬度 78° 附近有一个六边形的旋涡［图 4 - 46（b）］。接近 40°，注意清晰的亮条纹和间隔 3.5° 的 "珍珠串"，经度延展超过 60 000 km。这可能是由一个大的行星波引起的。（NASA/JPL，PIA01941）（f）土星南极涡旋的卡西尼号高分辨率图像，由 2008 年 7 月 14 日拍摄的 617 nm 和 750 nm 的图像制成，分辨率为 2 km。图像范围约 2 500 km。强烈的对流风暴在较亮的环内或飓风的 "眼壁" 处可见。（NASA/JPL/空间科学研究所，PIA11104）

5 μm 波长所成的图像对土星深部大气的热辐射很敏感，在没有云层的地区可以探测到。卡西尼号的 VIMS 在南半球和北半球观察到的图案都很惊人［图 4 - 37（b）和（e）］。每个极点都有一个巨大的旋涡。在北极上方，旋涡的形状是六边形的，可能是六边形的波型。南极涡旋类似于飓风（旋风），有一个清晰的 "眼壁"（eyewall），飓风在地球上的形态由一圈高耸的雷暴组成。一张高分辨率的卡西尼号图像［图 4 - 37（f）］揭示在旋涡眼内有许多小风暴系统，尽管在旋涡眼内整体清晰的气体表明大部分气体都正在下降。

在中红外波段（8～24 μm），对土星平流层和对流层上部的热辐射进行了观测。图 4 - 37（c）所示的数据表明，在土星的南方夏至之后，由于强季节性强制的结果，从赤道到南极，显示出了明显的暖化趋势。南极的热点与可见光和近红外波段的暗（即无云）点重合［图 4 - 37（a）］。辐射强迫和大气动力学（极地下沉气流）似乎都是解释平流层高温和对流层云低覆盖率的必要条件。

在土星北部夏季的射电观测（2～20 cm）显示，中北纬度出现亮度温度增强，表明不透明度降低，很可能是 NH_3 气体，这是射电波长不透明度的主要来源。旅行者号红外观测表明在中北纬度的氨冰云比其他纬度要薄，射电数据再加上旅行者号红外观测表明，气体在中纬度下沉，至少下降到约 5 bar 水平。在南方夏季采集的射电数据显示了南部纬度的一系列冷暖条带［图 4 - 37（d）］。对所有数据的联合详细分析将有助于确定土星大气的全球动态和季节变化。

4.5.6.3　天王星

在旅行者 2 号飞越期间，天王星似乎是一个相当"乏味"的行星，没有突出的云特征或对流风暴。由于天王星是躺着旋转的［图 4 - 38（a）］，基于一个简单的太阳辐射模型预计，天王星的两极应该比赤道温暖，高出约 6 K。然而，旅行者号红外测量表明，温度在所有纬度都是非常相似的，这表明在天王星的大气层或内部存在热量的再分配。其他三颗巨行星也具有类似的热量再分配，其中赤道区域接收了大部分热量，两极和赤道的红外辐射却也非常相似。然而，由于天王星的内部热源很小（6.1.5 节），很难对这个星球上

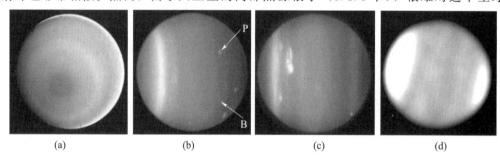

(a)　　　　　　　(b)　　　　　　　(c)　　　　　　　(d)

图 4 - 38　天王星不同波长的图像。　（a）1986 年旅行者 2 号的可见光图像，增强了反照率变化。（NASA/JPL）（b）2004 年 7 月凯克望远镜拍摄的 1.6 μm 波长图像，配备了自适应光学系统。在北半球（图片右侧）可以看到许多小云层，以及天卫十四和天卫十二（箭头所示）。这条微弱的直线由天王星光环的反射引起。［H·B·哈梅尔（Hammel）和 I·德帕特（de Pater）］（c）2007 年 8 月，凯克望远镜在天王星春分前几个月拍摄的 1.6 μm 波长图像。注意南半球明亮的风暴。（Sromovsky et al. 2009）（d）2005 年 5 月 26 日，用甚大天线在 1.3 cm 波长处观察到热辐射。该图利用约 7 个小时的数据制成，所以经向特征被行星的自转所掩盖。两极附近明亮的区域意味着两极上方相对缺乏吸收气体（H_2S、NH_3）。［图片来源：马克·霍夫施塔特（Mark Hofstadter）和布莱恩·巴特勒（Bryan Butler）］

的强对流进行解释。这一观点在旅行者号时代得到佐证，因其明显缺乏以旋涡和风暴系统形式出现的对流运动。然而，在 20 世纪 90 年代到 21 世纪，在度过约 42 年的黑暗之后，当北半球进入光照区，显著的云层特征变得可见［图 4-38（b）］。在 2007—2008 年春分前的几年里，南半球出现了引人注目的云。

图 4-38（c）所示的复杂云特征可能自 1994 年就存在了，但自 2005 年以来，它在形态上发生了巨大的变化。大约在同一时间，它开始向赤道移动，在那里它可能会消散［式（4-55）］。

大尺度的大气运动总是存在的，因为旅行者号的红外观测表明，在南半球纬度 20°～40° 之间的气体抬升，其他纬度的气体下沉。射电观测与这种全球环流是一致的，并表明两极均有下沉运动，下降到约 50 bar 的深处［图 4-38（d）］。

4.5.6.4　海王星

在可见光和近红外波段，海王星的外观明显不同于天王星。在旅行者 2 号时代（1989 年），海王星的特点是大暗斑（Great Dark Spot，GDS），南部一个较小的暗斑（DS2），以及一个被称为"滑板车"的小的亮云特征，移动速度比任何一个暗斑都快［图 4-39

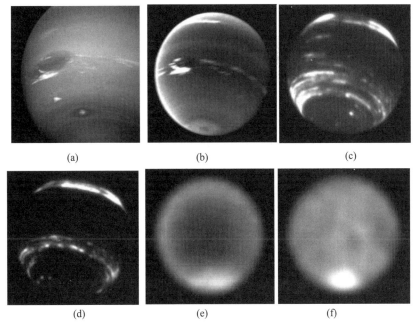

(a)　　　　　　　　　　　(b)　　　　　　　　　　　(c)

(d)　　　　　　　　　　　(e)　　　　　　　　　　　(f)

图 4-39　（a）1989 年，旅行者 2 号拍摄的海王星可见光波长图像，显示了大暗斑（GDS）、小暗斑和"滑板车"（暗斑之间的亮白云特征）。大暗斑位于大气中相对较深的位置，与高海拔的白色雾霾形成对比（NASA/JPL）。（b）旅行者 2 号在甲烷波段（890 nm）的图像显示，白云位于高空（NASA/JPL）。（c）2003 年 10 月 5 日，凯克望远镜获得的 1.6 μm 自适应光学图像，处在甲烷吸收带。（d）2003 年 10 月 3 日，凯克望远镜获取的 2.2 μm 自适应光学图像，其中可见甲烷气体吸收强烈。［图（c）、（d）摘自：de Pater et al. 2005］（e）凯克望远镜的长波光谱仪（LWS）获得的 11.7 μm 热红外图像，处在乙烷吸收带。圆盘边缘被明亮的南极照亮。（f）海王星深部大气的热辐射，用其大天线阵（VLA）在 2 cm 波长处观察到。［图（e）、（f）摘自：Martin et al. 2008］

（a）］。几年后，当哈勃望远镜对海王星成像时，这三个特征都消失了。自 20 世纪 90 年代末以来，哈勃望远镜和装有自适应光学系统的 10 m 凯克望远镜对这颗行星进行了定期成像（附录 E.6）。这些数据表明，海王星自 1989 年以来发生了巨大的变化，其外观随着时间的推移不断变化（图 4-39）。这些变化可能反映的是季节变化，正如中红外光谱特别是在乙烷发射带的变化所表明的。中红外观测表明，在 1985—2003 年之间，平流层有效温度增加约 20 K，2003 年以后气温开始下降。

中红外和射电波段的圆盘分辨图像［图 4-39（e）、（f）］显示海王星上有一个明亮的南极，即南极的平流层（在中红外波段探测）和气压低至几十巴的对流层似乎都是相对热的（根据射电波段观测结果）。这可能是大气中的全球环流模式造成的：与天王星一样，极地上方干燥空气的沉降使人能够在射电波长下探测到深的温暖位置，而平流层中类似的沉降可能导致其中的绝热加热。此外，与土星类似，南极上空平流层温暖的原因可能很简单：南方正处于夏季，南极沐浴在阳光中。不管平流层和对流层顶附近相对高温的起源如何，高温允许甲烷气体通过对流层顶向上对流进入平流层，而不会凝结成云（4.7.2.2 节）。

4.6　光化学

所有行星大气都受到太阳照射，太阳照射既能加热大气，又能改变大气的组成。通常，在远红外和射电波长（$\lambda \gtrsim 100 \ \mu m$）吸收的光子可以激发分子的最低量子态，即转动能级。红外波长（λ 约 $2 \sim 20 \ \mu m$）的光子可以激发振动能级，而可见光和紫外光波长的光子可以将原子和分子中的电子激发到更高的量子态。$\lambda \lesssim 1 \ \mu m$ 的光子可以将分子分解，这个过程称为光解离（photodissociation）或光解（photolysis）。更高能量的光子（$\lambda \lesssim 100 \ nm$）可使原子和分子光致电离（photoionize）。太阳黑体曲线［图 3-2（b）］在可见光波长处达到峰值，紫外线和高能光子的数量随着波长的减小而显著下降。太阳光子进入大气的深度取决于特定波长辐射的光学深度，这取决于云层、雾霾、瑞利散射（3.2.3.4节）和分子/原子吸收。由于高能光子的光学深度特别大，所以大部分光化学反应在高海拔区发生。如果通过光化学产生的特定种类的产率与其损失率平衡，则达到光化学平衡（photochemical equilibrium）。在下面的小节中，假设这些物质处于光化学平衡状态，在这些条件下得到了这些物质的海拔分布信息。

4.6.1　光解和复合

光解离通常发生在高海拔地区，而复合（recombination）是它的逆反应，在低海拔地区进行得更快。因此，解离和复合之间的平衡很可能会受到垂直扩散的影响。本节将讨论地球、金星、火星、土卫六和巨行星上最重要的光化学反应。

4.6.1.1　地球上的氧化学反应

地球大气中氧的光解离反应［下面的反应（1）］和复合反应［下面的反应（2）～（4）］可以写成如下形式。

光解离：

（1）$O_2 + h\nu \rightarrow O + O$，$\lambda < 175$ nm

海拔 z 处的产率

$$\frac{d[O]}{dt} = 2[O_2] J_1(z) \tag{4-56}$$

方括号中的化合物，例如 $[O]$，是指每单位体积的 O 原子数，$J_1(z)$ 中的下标 1 是指反应（1）。光解或光解离速率 $J(z)$ 由下式给出

$$J(z) = \int \sigma_{x_\nu} \mathcal{F}_\nu e^{-\tau_\nu(z)/\mu_\theta} d\nu \tag{4-57}$$

式中，σ_{x_ν} 是频率 ν 下的光子吸收截面，μ_θ 是太阳方向与当地垂线夹角的余弦，$\mathcal{F}_\nu$ 是撞击大气的太阳通量密度（单位：$cm^{-2} s^{-1} Hz^{-1}$）。氧在 20 km 高度的平均光解速率为 J_1（20 km）$= 4.7 \times 10^{-14}$/s；海拔 60 km 时，J_1（60 km）$= 5.7 \times 10^{-10}$/s。由于太阳光子的数密度随光学深度呈指数下降（因此随高度降低），根据气压定律 [式（4-1）]，氧分子数随高度增加而减少，因此氧原子浓度随高度增加。

复合，直接的双体反应：

（2）$O + O \rightarrow O_2 + h\nu$

这个反应是非常慢的，因此，氧的复合主要由三个过程控制：

（3）$O + O + M \rightarrow O_2 + M$

（4）$O + O_2 + M \rightarrow O_3 + M$

式中，M 代表任意大气分子，它吸收了反应中释放的多余能量。由于 M 和 O_2 的丰度遵循气压高度分布，如果存在原子氧，反应（3）和（4）在低海拔地区最有效。

（3）中 $[O_2]$ 的产率由下式给出

$$\frac{d[O_2]}{dt} = [O]^2 [M] k_{r3} \tag{4-58}$$

式中，反应速率 k_{r3}（cm^6/s）是三体反应过程的速率（下标 r3 代表反应（3））。反应速率取决于分子间的碰撞速率，而碰撞速率又取决于介质的温度。双体反应速率（cm^3/s）如反应（2），通常表示为

$$k_{r2} = c_1 \left(\frac{T}{300}\right)^{c_2} e^{-E_0/kT} \tag{4-59}$$

式中，E_0 是克服反应（2）潜在势垒的活化能（activation energy）。注意式（4-59）中的指数本质上是一个玻尔兹曼因子（3.2.3.3 节），如果 $E < E_0$，则不会发生复合。温度 T 的单位为开尔文（K），c_1 和 c_2 是常数。k_{r2} 的上限由气体动力学碰撞速率 k_{gk} 给出（其中每次碰撞都会发生反应）

$$k_{gk} = \sigma_x \overline{v}_0 \approx 2 \times 10^{-10} \sqrt{\frac{T}{300}} \tag{4-60}$$

式中，碰撞截面 σ_x 对于大气分子来说为 10^{-15} cm^2 量级，$\overline{v}_0$ 是粒子的平均（最可能）热速度（$\sqrt{2kT/m}$）。

对于反应（3）和（4）中的三体相互作用，k_{r2} 的速率必须乘以第三个分子与氧原子/分子同时碰撞的几率。碰撞的持续时间通常为 $2R/\overline{v}_o$，其中 R 是分子半径，通常为十分之几纳米。三体反应速率，即反应（3）的 k_{r3}，变成

$$k_{r3} = \frac{2R}{\overline{v}_o} k_{r2}^2 \approx 10^{-12} k_{r2}^2 \qquad (4-61)$$

可以证明，对于气体动力学碰撞（假设 $k_{r2} = k_{gk}$），如果大气密度比地球表面的值（洛施密特[①]数（Loschmidt's number），$n_o = 2.686 \times 10^{19}/\mathrm{cm}^3$）大 200 倍，上面的反应（2）和（3）将同样快速地进行（习题 4.30）。因此，三体相互作用通常可以忽略，除非双体反应速率异常低，即 $k_{r2} \ll k_{gk}$。因为氧复合的反应速率[反应（2）]非常低，$k_{r2} < 10^{-20}$ cm^3/s，因此，氧复合通常通过三体反应（3）进行（$k_{r3} = 2.76 \times 10^{-34} \mathrm{e}^{-(710/T)}$ cm^6/s）。

臭氧（Ozone, O_3）是在化学反应（4）中产生的，其中 $k_{r4} = 6 \times 10^{-34}(T/300)^{-2.3}\mathrm{cm}^6/\mathrm{s}$。臭氧对地球上的生命非常重要，因为它能有效阻止紫外线向地面的穿透。为了推断大气中臭氧的垂直分布，必须同时考虑导致臭氧形成和破坏的过程。在纯氧环境中，相关过程是查普曼[②]反应[Chapman reactions，反应（1）、（4）、（5）和（6）]，其中臭氧在反应（4）中形成，并被以下因素破坏。

光解离：

（5）$O_3 + h\nu \rightarrow O_2 + O$

　　　$\lambda \lesssim 310$ nm，$J_5(60\ \mathrm{km}) = 4.0 \times 10^{-3}\mathrm{s}^{-1}$，$J_5(20\ \mathrm{km}) = 3.2 \times 10^{-5}\mathrm{s}^{-1}$

或者反应：

（6）$O + O_3 \rightarrow O_2 + O_2$

　　　$k_{r6} = 8.0 \times 10^{-12}\mathrm{e}^{-2060/T}$ cm^3/s

原子氧和臭氧数密度的净变化为

$$\frac{\mathrm{d}[O]}{\mathrm{d}t} = 2J_1(z)[O_2] + J_5(z)[O_3] - k_{r6}[O][O_3] - k_{r4}[O][O_2][M]$$

$$\frac{\mathrm{d}[O_3]}{\mathrm{d}t} = k_{r4}[O][O_2][M] - k_{r6}[O][O_3] - J_5(z)[O_3] \qquad (4-62)$$

式中，J 和 k_r 的下标表示反应（1）～（6）。在化学平衡中，$[O]$ 和 $[O_3]$ 的净变化等于零。这导致原子氧和臭氧的高度分布（习题 4.28）为

$$[O] = \frac{J_1(z)[O_2]}{k_{r6}[O_3]}$$

$$[O_3] = \frac{k_{r4}[O][O_2][M]}{k_{r6}[O] + J_5(z)} \qquad (4-63)$$

大气中原子氧和分子氧以及臭氧的高度分布如图 4-40 所示。正如光解理论所预期

① 约翰·约瑟夫·洛施密特（Johann Josef Loschmidt，1821 年 3 月 15 日—1895 年 7 月 8 日），奥地利科学家，在热力学、光学、电动力学和化学领域做出了开创性的工作。洛施密特星（12 320 Loschmidt）以他的名字命名。——译者注

② 西德尼·查普曼（Sydney Chapman，1881 年 1 月 29 日—1970 年 6 月 16 日），英国数学家、地球物理学家。他的研究重点在于分子运动论、日地物理学和地球臭氧层。——译者注

的，氧原子的数量随着海拔高度的增加而增加，直到某一高度，而氧分子的数量随着海拔高度的增加而减少。臭氧的数密度峰值出现在 30 km 附近的高度。

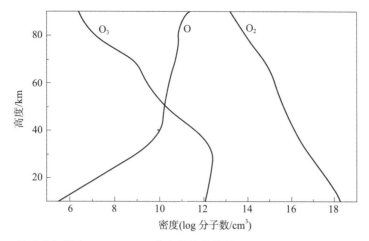

图 4 - 40　地球大气层中 O、O_2、O_3 密度的计算结果。(Chamberlain and Hunten 1987)

实际上，地球大气不是纯氧大气，除上述反应（5）和（6）外，也会发生臭氧的催化（catalytic）破坏。鉴于臭氧保护地球上的生命免受有害的太阳紫外线的伤害，目前许多研究致力于臭氧产生和破坏的化学过程。游离氢原子与臭氧高度反应，容易破坏臭氧。

（7）$H + O_3 \rightarrow OH + O_2$

$$k_{r7} = 1.4 \times 10^{-10} e^{-470/T} \ \text{cm}^3/\text{s}$$

地球上的游离原子氢由 H_2O 和 CH_4 开始的一系列化学反应产生，但在地球大气中并不十分丰富。

氮氧化物、氯和卤代甲烷是破坏臭氧的"重要"催化剂。这些分子与臭氧发生反应，并通过与大气中的氧发生反应而立即再生。因此，这些分子的丰度是恒定的。

（8a）$NO + O_3 \rightarrow NO_2 + O_2$

$$k_{r8a} = 1.4 \times 10^{-10} e^{-470/T} \ \text{cm}^3/\text{s}$$

（8b）$NO_2 + O \rightarrow NO + O_2$

$$k_{r8b} = 9.3 \times 10^{-12} \ \text{cm}^3/\text{s}$$

（9a）$Cl + O_3 \rightarrow ClO + O_2$

$$k_{r9a} = 2.8 \times 10^{-11} e^{-257/T} \ \text{cm}^3/\text{s}$$

（9b）$ClO + O \rightarrow Cl + O_2$

$$k_{r9b} = 7.7 \times 10^{-11} e^{-130/T} \ \text{cm}^3/\text{s}$$

与氟原子的反应影响并不大，因为 F 通过与 CH_4 的反应迅速转化为 HF；与 Cl 不同，该反应不会再生。Br 原子可能像 Cl 一样破坏臭氧。地球平流层中的氮氧化物（NO_x）导致臭氧丰度迅速下降。一氧化氮是由生物活动、雷暴、发动机废气和靠近地面的工业肥料产生的。在这些氮氧化物破坏臭氧层之前，它们必须被带到平流层。因此，不清楚对流层中氮氧化物产生的危害有多大；但是，对流层中氮氧化物实际可以通过形成原子氧在对流层局部产生臭氧。由于臭氧有高反应性和腐蚀性，臭氧在对流层低层是有害的。

银河和太阳宇宙射线穿透极冠导致自由原子氮处于激发态，从而引起平流层 NO 丰度的迅速增强。观测结果表明，极冠上空的 O_3 丰度确实与 NO 负相关。在太阳高活动期间，太阳风和日磁场很强，使地球免受银河宇宙射线的影响。这可能解释了臭氧丰度的 11 年周期。然而，太阳宇宙线在太阳耀斑爆发期间出现，与银河宇宙线不同步。

4.6.1.2　金星和火星上的反应

金星和火星上的主要大气成分是 CO_2，在太阳紫外线的影响下分解成 CO 和 O。

光解离：

（10）$CO_2 + h\nu \rightarrow CO + O$，$\lambda < 169$ nm

复合：

（11）$CO + O + M \rightarrow CO_2 + M$

由于复合速率 k_{r11} 非常慢，预计在金星和火星的大气中会有大量的 CO。此外，单个氧原子可以重组成分子氧。后一种过程的反应速率大约比 k_{r11} 大 $10^3 \sim 10^4$。分子氧的生成通过光解离来平衡［反应（10）］。尽管 CO 的复合率很低［反应（11）］，但在金星和火星上观测到的 CO、O 和 O_2 密度都很低。这一观测可能是由于 CO、O 和 O_2 的快速向下输运导致。在 OH 化学存在的情况下，CO 和 O 的复合速度更快，而水蒸气可以提供 OH 和 H。

光解离：

（12）$H_2O + h\nu \rightarrow H + OH$，$\lambda < 210$ nm

式中，OH 氧化 CO，因此 CO_2 可以重新通过以下反应回收。

氧化：

（13）$CO + OH \rightarrow CO_2 + H$

然而，火星大气中水的常规光解可能太慢。一种新的解释是在火星沙尘暴中通过电场产生 OH。通过反应（12）和（13）释放的氢原子最终可能导致过氧化氢（H_2O_2）的产生，过氧化氢可能冷凝（例如在尘埃颗粒上）并从大气中析出。在火星表面，H_2O_2 可以氧化其他物质，并从大气中去除 CO 和 CH_4。在金星上，氯和硫的催化，可能会有助于 CO 的复合。由于金星和火星上都有氧形成，人们可能会期望产生一些臭氧。臭氧的破坏与 H_xO_y 化学密切相关，导致除了火星处于冬季的极点附近以外，这两颗行星上几乎完全没有臭氧，火星处于冬季的极点上方温度很低，H_xO_y 产物冻结，有助于臭氧富聚。

金星云层由硫酸组成，硫酸由二氧化硫与（光化学产生的）氧气和水反应形成：

（14）$SO_2 + O \rightarrow SO_3$

（15）$SO_2 + H_2O \rightarrow H_2SO_4$

硫酸很容易在金星对流层上部凝结，产生一层光学厚的硫酸雾滴。

4.6.1.3　巨行星上的反应

在巨行星富氢大气的"可见"部分，N、C、S、O 和 P 以 NH_3、CH_4、H_2S、H_2O 和 PH_3 的形式存在。由于瑞利散射在紫外波段提供了一个很大的不透明度来源，这些种类的光解离只在对流层和平流层上部重要，也就是压强 $P \lesssim 0.3$ bar 的地方。下文总结了 NH_3、CH_4、H_2S 和 PH_3 的光解离和随后的化学反应的影响。

氨（ammonia）被 $\lambda < 230$ nm 光子光解，产生氨基自由基 $NH_2(X)$。大约 30% 的自由基循环回到 NH_3，其余的通过自反应 [即 $NH_2(X)$ 与 $NH_2(X)$ 发生反应] 形成联氨气体（N_2H_4）。联氨气体具有较低的饱和蒸气压，因此预计它会在对流层上部凝结，从而在巨行星的高层大气中形成尘埃和气溶胶。联氨预计会光解离和/或与 H 反应，形成可冷凝气体 N_2H_3。涉及 N_2H_3 的反应最终会产生 N_2，其对光解是稳定的。在木星和土星大气中对流层顶附近和上方观测到的 NH_3 丰度远低于光化学预期的饱和水平。在天王星和海王星上，对流层顶的温度很低，在一个气团上升到对流层顶之前，NH_3 就完全冻结了。因此，在外巨行星上，我们不期望也看不到 NH_3 光化学作用的证据。在舒梅克-列维 9 号彗星撞击木星后，在木星平流层探测到 NH_3 气体，对 NH_3 光解速率进行了测量。在一个最大的碎片（碎片 K）撞击后，在撞击点上方检测到 NH_3 气体。它随后的衰减与光化学破坏速率一致，即半衰期约 3 天。

甲烷（methane）气体被 $\lambda < 160$ nm 的紫外线光解，光解产物经过一系列复杂的化学反应。在 10 mbar～10 μbar 区域，形成碳氢化合物乙炔（C_2H_2）、乙烯（C_2H_4）和乙烷（C_2H_6）。乙烯很快被光解成 C_2H_2 或重新循环回 CH_4。乙烷也可以转化成 C_2H_2 或 CH_4，但反应速度是 C_2H_4 的 1/10 左右。因此，C_2H_4 的混合比预计将比 C_2H_6 和 C_2H_2 的混合比小一个数量级以上。在四颗巨行星上都发现了碳氢化合物。在木星上，C_2H_6 的测量值有几个 ppm，而 C_2H_2 和 C_2H_4 的混合比要小 1～2 个数量级。海王星上有相对丰富的碳氢化合物（4.7.2.2 节），这归因于快速垂直输送（CH_4 预计将在对流层顶附近凝结；4.4.3 节）。与化学反应一致，丙烷（C_3H_8）是高阶碳氢化合物中含量最高的。

硫化氢（Hydrogen sulfide）：如果在对流层和平流层上部存在 H_2S 分子，$\lambda < 317$ nm 的光子会分解 H_2S 分子。光解和随后的化学反应最终导致不同的硫同素异形体的形成，即纯硫的不同分子构型，包括链和环，从 S_3 到 S_{20}。也有望形成多硫化铵 [$(NH_4)_x S_y$] 和多硫化氢（$H_x S_y$）。这些化合物的颜色从红色到黄色不等，它们可能是木星和土星上褐色带的着色剂，也可能是木星的红色斑点的来源。

磷化氢（Phosphine，PH_3）不应该出现在巨行星的大气中，因为它应该在它们的大气深处（300 K $< T <$ 800 K）氧化成 P_4O_6，并溶解在水中。不过，磷化氢有在木星和土星上被发现。在更高的高度，磷化氢气体会被 160 nm $< \lambda <$ 235 nm 的光子光解。随后的化学反应可能最终导致红磷 P_4 的形成。然而，光化学的一个更可能的结果是磷化氢、氨和碳氢化合物（来自甲烷）结合，生成复杂的聚合物或化合物。

4.6.1.4　土卫六、冰卫星和木卫一上的反应

土卫六的大气层主要由氮气和少量甲烷组成。在地球上，氮气是非常惰性的。N_2 解离的主要来源是带电粒子的撞击，而不是光解。另一方面，甲烷气体很容易被太阳光子解离。甲烷的光化学原理与在巨行星上看到的类似，尽管它的效率更高，因为自由原子氢很容易逃离土卫六的重力场，所以含量要少得多。事实上，如果没有甲烷气体的（半连续）

供应，光解会在约 10^7 年内破坏这些分子，意味着甲烷气体具有持续的来源（4.9.1.2 节、5.5.6.1 节）。在巨行星上，预计会产生大量碳氢化合物，包括 C_2H_2、C_2H_4、C_2H_6，以及 C_3H_8、C_4H_{10} 等高阶碳氢化合物。离子化学，作为离子和分子之间的相互作用，也会导致碳氢化合物的产生，例如苯。

N 和 CH_4 之间的反应会形成 HCN、CN 和更复杂的腈，例如氰（C_2N_2）、氰基乙炔（HC_3N）、乙基氰化物（C_2H_3CN），以及可能的 HCN 聚合物。由于平流层温度较低，乙烷和其他光化学产生的复杂分子在土卫六的大气层中凝结形成一层浓密的烟雾。卡尔·萨根[①]及其同事在模拟土卫六大气所进行的实验中获得了这种黏糊糊的物质，这是一种红棕色粉末，称为托林（tholin）。在土卫六的冬天极区上方，由于几乎没有太阳光子和低温，气态和凝聚态（HC_3N、C_4H_2、聚乙炔和 HCN 聚合物）中的复杂分子会随着时间的推移而积聚，并在大气中形成富含烟雾颗粒的极冠。

这些烟雾颗粒最终沉淀下来，落到地面。随着时间的推移，它们可能已经形成了几百米厚的碳氢化合物层。气相层析质谱仪（GCMS）在惠更斯号探测器着陆并加热表面后，对大量碳氢化合物和腈类物质的检测，可能表明存在此类层（4.3.3.2 节）。

冰卫星的大气层必然含有少量水蒸气（4.3.3.3 节），这容易离解产生氧气。木卫一的大气中一定也含有氧气，因为 SO_2 会被光解离。因此，我们期望在所有这些卫星上都与地球类似，存在有氧光化学作用。事实上，哈勃望远镜在木卫三和几个土星卫星上探测到了臭氧，尽管这种臭氧可能是高能磁层粒子与卫星表面水冰相互作用的直接产物。

4.6.2　光电离：电离层

$\lambda \lesssim 100$ nm 的紫外线光子能使原子和分子电离。原子离子的辐射复合（如 $O^+ + e^- \rightarrow O + h\nu$）与分子重组相比非常缓慢。原子离子通常通过离子-中性反应转化为分子离子，分子离子再结合。因此，稀薄大气中的光解会导致电离层的形成，这是一个以存在自由电子为特征的区域。电离层中的电子密度由电离率和离子重组的速度决定，无论是直接的还是通过电荷交换间接的。每一颗有大量大气层的行星预期都有电离层。本节首先讨论地球的电离层，然后讨论和比较金星、火星和巨行星的电离层。

4.6.2.1　地球上的电离

地球上有四个不同的电离层：D、E、F_1 和 F_2 层（图 4-41）。D 层的标称高度约为 90 km，峰值电子密度约 $10^4/cm^3$。E 层集中在 110 km 左右，电子密度峰值比 D 层大一个数量级。F_1 层的峰值在 200 km 处，电子密度约为 $2.5 \times 10^5/cm^3$，F_2 层在 300 km 处，最大电子密度约为 $10^6/cm^3$。各层的高度和电子密度随时间变化很大，因为它们敏感地依赖

---

① 卡尔·爱德华·萨根（Carl Edward Sagan，1934 年 11 月 9 日—1996 年 12 月 20 日），美国天文学家、天体物理学家、宇宙学家、科幻小说及科普作家。他最著名的科学贡献是对地外生命可能性的研究，包括通过辐射从基本化学物质中生产氨基酸的实验演示。他构思了一个向太阳系外发射携带通用信息的探测器的想法，希望地外智慧生命能够收到并解读人类发出的通用信息。他在 1972 年发射的先驱者 10 号上安装了一块金质的蚀刻铭牌。次年发射的先驱者 11 号上也携带了一块同样的复制品。之后他不断改进，1977 年发射的旅行者号上携带的是一张旅行者金唱片。萨根星（2709 Sagan）以他的名字命名。——译者注

于太阳紫外线通量，这个通量每天变化很大。D 层和 F_1 层通常在夜间不存在，而 E 层和 F_2 层的电子密度通常在夜间小于白天。这些高度的典型中性密度可根据气压定律计算，同时考虑扩散分离（4.7 节）。计算结果指出中性气体的密度比电子密度要大很多数量级。

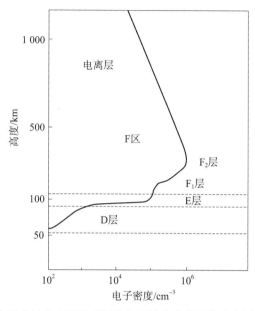

图 4 - 41　地球白天大气中电子密度以及电离层大致位置的示意图。(Russell 1995)

电离层各层之间是不同的，因为每一层的电离和复合过程不同。这是由于大气成分和吸收特性随海拔高度的变化引起的。与支配地球上每个电离层的物理过程相似，其他行星上的电离层区域有时用类似的字母表示。下面总结了支配不同层的各种过程。

E 层的特点是分子氧的直接光电离：

（16）$O_2 + h\nu \rightarrow O_2^+ + e^-$，$\lambda < 103$ nm

太阳日冕 X 射线也有助于电离 O、O_2 和 N_2，从而通过快速电荷交换（16）或原子-离子交换（17）产生 O_2^+ 和 NO^+ 离子：

（17）$N_2^+ + O_2 \rightarrow N_2 + O_2^+$

（18）$N_2^+ + O \rightarrow NO^+ + N$

重组主要通过解离重组发生：

（19）$O_2^+ + e^- \rightarrow O + O$

（20）$NO^+ + e^- \rightarrow N + O$

在白天，E 层的 O_2^+ 和 NO^+ 浓度大致相等。

F_1 区域形成的主要离子来自原子氧和分子氮：

（21）$O + h\nu \rightarrow O^+ + e^-$，$\lambda < 91$ nm

（22）$N_2 + h\nu \rightarrow N_2^+ + e^-$，$\lambda < 80$ nm

N_2^+ 的离解重组（$N_2^+ + e^- \rightarrow N + N$）非常罕见，因为 N_2^+ 通过上述（17）和（18）反应迅速转化为 N_2 和 NO^+。原子氧离子的辐射复合反应（$O^+ + e^- \rightarrow O + h\nu$，反应速率

$k_r \approx 3 \times 10^{-12} \, cm^3/s$）与原子-离子交换相比（大约快 10 倍）非常慢：

(23) $O^+ + O_2 \rightarrow O_2^+ + O$

(24) $O^+ + N_2 \rightarrow NO^+ + N$

接着是 O_2^+ 和 NO^+ 的快速解离重组［反应（19）和（20），其中 $k_r \approx 3 \times 10^{-7} \, cm^3/s$］。

F_2 区域对大多数电离光子来说是光学薄的。反应（21）是主要的电离过程。由于 O^+ 的辐射复合非常缓慢，并且在这些高海拔处分子密度很低［因此反应（23）和（24）不重要］，因此 F_2 区域的电子密度很高。

D 层的主要电离过程是 X 射线对 O_2 和 N_2 的光电离，以及莱曼 α 光子对 NO 的光电离。在接近 90km 的高度上，电子密度有一个明显的峰值，可能部分是由金属离子（Fe^+、Mg^+、Na^+、Al^+）引起的，这些离子也在该高度附近达到峰值。D 层的进一步特征在于存在 O_2^- 和更复杂的负离子。负离子是通过电子附着形成的，例如在氧分子之间的三体反应中：

(25) $O_2 + e^- + O_2 \rightarrow O_2^- + O_2$

以约 $5 \times 10^{-31} \, cm^6/s$ 的速度形成负离子。虽然 N_2 可以代替 O_2 作为催化剂，但附着率要低得多。这些负离子被太阳光（光剥离，photodetachment）或碰撞（碰撞剥离，collisional detachment）破坏，即电子从负离子中被移除。

尽管人们预计电离层在夜间会由于缺乏光致电离光子而消失，但观测表明电离层（特别是在 F_2 和 E 区域）仍然存在，即使电子和离子数密度降低。夜间存在电离层的部分原因是，相对于地球自转，复合速率特别是 O^+ 的复合速率很慢。然而，电离也由其他过程触发，特别是电子沉降、微陨石轰击和来自恒星的紫外光子。这些过程是夜间和极地电离的重要来源。

4.6.2.2　金星和火星上的电离

火星电离层的电子密度在海拔约 140km 达到最大值约 $10^5/cm^3$，在金星的电离层中为 3～5 倍（图 4-42）。由于这两种大气中的主要成分都是 CO_2，因此这种气体是电离的主要来源，这一过程与地球电离层的 E 层一样，通过阳光的直接光电离发生：

(26) $CO_2 + h\nu \rightarrow CO_2^+ + e^-$，$\lambda < 90 \, nm$

但是，这两颗行星上的主要的环境离子不是 CO_2^+，而是 O_2^+，因为它可以通过各种过程形成，而且这些过程都很快。

(27) 原子-离子交换：$O + CO_2^+ \rightarrow O_2^+ + CO$

(28) 或电荷转移：$O + CO_2^+ \rightarrow O^+ + CO_2$

(29) 紧接着：$O^+ + CO_2 \rightarrow O_2^+ + CO$

O_2^+ 和 CO_2^+ 均通过解离重组消失：

(30) $CO_2^+ + e^- \rightarrow CO + O$

(31) $O_2^+ + e^- \rightarrow O + O$

火星夜间半球的电子密度峰值约 $5 \times 10^3/cm^3$。与地球类似，这些相对较高的密度部分是由行星相对快速的自转引起的，尽管电子沉降和流星轰击产生的直接电离也可能起作用。

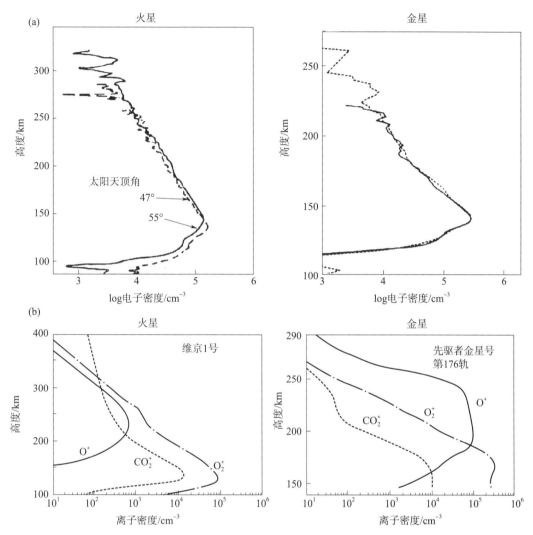

图 4 - 42　（a）火星和金星大气中的电子密度。（Luhmann et al. 1992）（b）观测到火星和金星上的离子密度。（改编自 Luhmann 1995）

　　尽管金星自转缓慢，但它有相当大的夜间半球电离层，电子密度峰值约为 $10^4/cm^3$。在夜间，主要离子是在约 $150\sim170$ km 的 O_2^+，O^+ 位于更高的高度。模型显示快速的水平输送（昼夜半球风，见 4.5.5.2 节）可将 O^+ 从日间半球带到夜间半球，然后下降到较低的高度。与 CO_2 的化学反应可能产生观察到的 CO_2^+ 密度［反应（29）］。当太阳风压较高时，电离层顶较低，朝向夜间的离子流被阻塞。在这些时候，电离层被限制在低于 200 km 的高度，并产生可能是主要电离剂的低能电子（约 30 eV）。

4.6.2.3　巨行星上的电离

　　氢分子是巨行星大气的主要组成部分，直接光电离产生：

　　（32）　$H_2 + h\nu \rightarrow H_2^+ + e^-$，$\lambda < 90$nm

　　（33）　$H_2 + h\nu \rightarrow H + H^+ + e^-$

（34）　$H + h\nu \rightarrow H^+ + e^-$

然而，巨行星电离层中的 H_2^+ 浓度非常低，因为 H_2^+ 经历了与氢分子的快速电荷转移相互作用：

（35）　$H_2^+ + H_2 \rightarrow H_3^+ + H$

H^+ 与两个氢分子同时作用时可形成 H_3^+。然而，在高于峰值电子密度的高度，氢气分子密度对于反应（35）来说太低。由于 H^+ 的辐射复合过程非常缓慢，H^+ 作为终端离子留在电离层中，同时伴随着大量的自由电子。H_3^+ 离子的离解复合非常迅速，因此预计这些离子不会在大气中停留很长时间。然而，已经有检测到 H_3^+ 发射谱的报告，特别是在极光区域，那里由于高能粒子的沉淀而提高了生成率。除了氢原子和分子外，这些巨行星的高层大气中还含有许多碳氢化合物和氦。例如，Atreya（1986）讨论了这些分子的光电离阈值和随后的化学反应。

通过探测器上的射电掩星实验（附录 E.5），测量了巨行星的电离层结构。木星电离层中典型的电子密度量级约为 $(5 \sim 20) \times 10^4 / cm^3$。当电离层密度作为高度的函数绘制时[图 4 - 43（a）]，可以分辨出许多层，其中一些层非常狭窄并且密集。在峰值电子密度的位置和量级上，数据显示出相当大的纬度变化、日变化和时间变化。

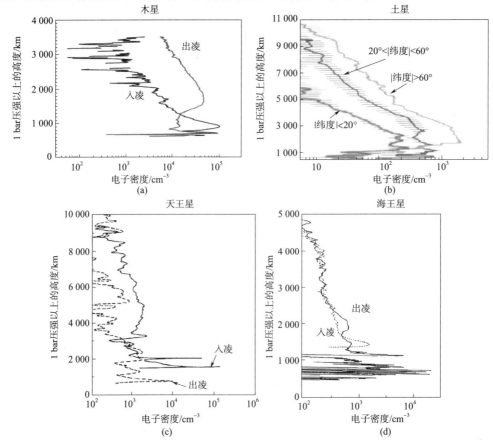

图 4 - 43　四颗巨行星电离层中的电子密度。(a) 改编自 Yelle and Miller（2004）；(b) 改编自 Kliore et al.（2009）；(c) 改编自 Lindal et al.（1987）；(d) 改编自 Lindal（1992）

在土星上，一些边界清晰的层中，典型的电子密度峰值范围从几万个电子/cm^3 到约十万个电子/cm^3。在天王星上，在几个清晰的层中，典型的电子密度从几千个电子/cm^3 到几十万个电子/cm^3。海王星的电离层与天王星相似，局部电离层的电子密度比标称值增强了一个数量级。在大多数电离层剖面中检测到的清晰电离层表明存在长寿命（原子，也许是金属）离子。

4.6.3 大气中的电流

如前几节所述，电离层中有许多带电粒子，既有带正电荷的离子，也有带负电荷的电子。这些粒子围绕行星内部或感应磁场的磁力线旋转（第 7 章）。电子和离子的电荷分离（例如由于扩散，4.7 节）产生电场。在没有碰撞的情况下，离子和电子在电场和磁场的影响下一起以式（7 - 69）给出的速度 v 移动。在离子寿命很长的高海拔地区（例如地球电离层的 F 区），这种类型的传输非常重要。在较低的高度，带电粒子的漂移运动只是暂时的，与另一个粒子的碰撞使电子/离子的路径发生偏离。因此，整体运动取决于碰撞与回旋加速器频率之比（7.3 节）。在地球上，离子的漂移或整体运动通常在 200 km 以下失效。由于离子与中性粒子的碰撞截面比电子与中性粒子之间的碰撞截面大得多，所以电子的整体运动失效的高度较低，在地球上约为 100 km。

在磁场和电场的影响下，离子和电子的相对漂移运动会产生一个满足欧姆[1]定律［式（7 - 16）］的电流 J。如果粒子之间的碰撞很重要，那么就存在一个由三个部分组成的有限电导率。

1）法向（也称直接或纵向）电导率（σ_o）平行于磁场

$$\sigma_o = \left(\frac{n_i}{m_i \nu_i} + \frac{n_e}{m_e \nu_e} \right) q^2 \tag{4 - 64}$$

2）彼得森电导率（σ_p）垂直于磁场

$$\sigma_p = \left[\frac{n_i \nu_i}{m_i (\nu_i^2 + \omega_i^2)} + \frac{n_e \nu_e}{m_e (\nu_e^2 + \omega_e^2)} \right] q^2 \tag{4 - 65}$$

3）霍尔电导率（σ_h）同时垂直于磁场和外加电场

$$\sigma_h = \left[\frac{n_e \omega_e}{m_e (\nu_e^2 + \omega_e^2)} - \frac{n_i \omega_i}{m_i (\nu_i^2 + \omega_i^2)} \right] q^2 \tag{4 - 66}$$

式中，q 是电荷，n_i 是数量密度，ν_i 是碰撞频率，ω_i 是回旋加速器频率（下标 i 代表离子，e 代表电子）。这些电导率分别产生了伯克兰[2]电流、彼得森[3]电流和霍尔[4]电流。一般来说，

---

[1] 格奥尔格·西蒙·欧姆（Georg Simon Ohm，1789 年 3 月 16 日—1854 年 7 月 6 日），德国物理学家。发现了电阻中电流与电压的正比关系，证明了导体的电阻与其长度成正比，与其截面积和传导系数成反比。欧姆星（24 750 Ohm）以他的名字命名。——译者注

[2] 克里斯蒂安·伯克兰（Kristian Birkeland，1867 年 12 月 13 日—1917 年 6 月 15 日），挪威科学家。他阐明了极光的原理。伯克兰星（16674 Birkelard）以他的名字命名。——译者注

[3] 彼得·奥鲁夫·彼得森（Peder Oluf Pedersen，1874 年 6 月 19 日—1941 年 8 月 30 日），丹麦工程师、物理学家。——译者注

[4] 埃德温·赫伯特·霍尔（Edwin Herbert Hall，1855 年 11 月 7 日—1938 年 11 月 20 日），美国物理学家，发现了霍尔效应。——译者注

$\sigma_。$与磁场平行，远大于彼得森电导率和霍尔电导率，且 $\boldsymbol{E}_{\parallel} \ll \boldsymbol{E}_{\perp}$。

电流通过带电粒子碰撞耗散电能，导致电离层的焦耳或摩擦加热。由横向于磁场的电流引起的焦耳加热率 Q_{J} 为

$$Q_{\mathrm{J}} = \boldsymbol{J}_{\perp} \cdot \boldsymbol{E}_{\perp} = \frac{J_{\perp}^{2}}{\sigma_{\mathrm{c}}} \tag{4-67}$$

对于柯林电导率

$$\sigma_{\mathrm{c}} = \frac{\sigma_{\mathrm{p}}^{2} + \sigma_{\mathrm{h}}^{2}}{\sigma_{\mathrm{p}}} \tag{4-68}$$

在地球上，高度积分的彼得森电导率和霍尔电导率白天约为 20 mho，晚上约为 1 mho。预计木星和土星上也会出现类似的结果，尽管不确定性非常大。这表明焦耳加热的大小可能与带电粒子沉降引起的加热相当。

4.6.4　气辉和极光

4.6.4.1　气辉

气辉（airglow）是由原子/分子发射而产生，这些原子/分子被极紫外辐射太阳光子或宇宙射线（微小贡献）直接或间接激发。气辉仅限于高海拔地区，在全球相对均匀。许多行星的昼半球都能观测到昼气辉（dayglow），昼气辉受氢原子的共振散射控制。在土星环和土卫六轨道上环绕土星的圆环中也探测到昼气辉。氢在高海拔中含量最丰富，因为扩散分离使最轻的元素留在最高的高度（4.7 节）。因此共振莱曼 α 散射使行星拥有一个广阔的冕（corona）。地冕从大气层外就可以看到。

除了由于莱曼 α 发射而明亮，木星在赤道上的亮度比简单共振散射的预期亮度更高。这种光亮在经度 100°处（木星磁经度系统Ⅲ中，7.5.4.1 节）达到峰值，称为氢隆起（hydrogen bulge）。这种隆起在向光面可见，在背光面也可见，不过强度有所降低。氢隆起意味着 H 原子局部增强，这可能由磁层效应引起（7.5.4.2 节）。

除了氢原子外，还从其他如 NO、CO 和分子 H、O、N 等成分中检测到了气辉。夜气辉（nightglow）：在地球、火星和金星上都检测到了 NO 的发射。金星还在 1.27 μm 波长处显示出非局部热力学平衡氧的夜气辉，这起源于热层中的昼夜半球间风的下降支中的氧原子复合（4.5.5.2 节）。

4.6.4.2　极光

极光（aurora）大致围绕着一颗行星的南北磁极形成椭圆形区域（图 4-44～图 4-46），通常被称为北极光或南极光。与气辉不同，当来自"外层空间"的带电粒子（通过碰撞）激发大气粒子时，就会触发极光发射。这些带电粒子沿磁力线，即以磁场定向电流的形式，进入大气（7.5.1.2 节）。由于穿过带电粒子"储存地"的磁力线的覆盖区域在磁极周围形成一个椭圆，因此发射发生在一个椭圆形区域，称为极光带。大气中的原子、分子和离子通过与沉淀粒子相互作用而激发，或者通过与这些粒子最初"碰撞"时产生光电子而激发。在退激发后，大气中的各种成分会发射光子，这些光子可以在可见光、红

外、紫外波段观察到，在木星和地球上，还可以在 X 射线波段观察到。

（1）地球

在地球上，极光现象非常壮观（图 4-44）。它们经常出现在高纬度（极光带）的夜空中，千变万化、五彩缤纷的画面占据了大部分天空。光亮可能呈现放射状、弧状（带或不带放射图案），也可能呈帘幕状。在地面和太空均进行了极光发射的研究，波长范围涵盖了 X 射线波长到射电波长。极光显然与地磁场的扰动有关（7.5.1.4 节），通常由太阳风波动引起，例如由太阳耀斑或日冕物质抛射触发的波动。从地面上看，北极光一般只在高纬度地区可见，但在强扰动时，有时在中纬度地区可以看到这种发射，赤道附近地区每世

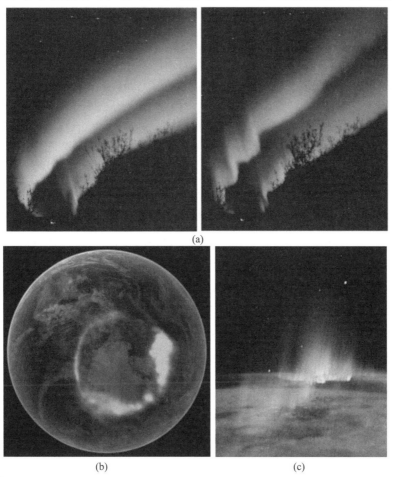

(a)

(b)　　　　　　　　　(c)

图 4-44　🖼　(a) 北极光的照片。左图于 1996 年 9 月 29 日 11 时 25 分在美国阿拉斯加州费尔班克斯拍摄。在北斗七星下面，人们可以看到一条双弧和一条正在发展的射线。几分钟后（右图），弧线变得不稳定，形成帘幕。两图曝光都持续了 10 s。（图片来源：J·科蒂斯（Curtis），阿拉斯加大学费尔班克斯分校地球物理研究所）(b) 磁层顶-极光全球探测成像卫星（Image satellite, Imager for Magnetopause-to-Aurora Global Exploration）于 2005 年 9 月 11 日拍摄的南极光，这是在一个强烈的太阳耀斑消失四天后拍摄的。照片拍摄于南极洲上空，采用紫外波段，并叠加在 NASA 地球观测系统获得的图像上。（图片来源：NASA）(c) 从航天飞机上拍摄的南极光。（图片来源：NASA）

纪大约可以看到一次。极光按性质可分为分立极光和扩散极光两种类型，扩散极光在天空的一个大区域可见，而分立的"弧"则是局部现象。极光发射通常在颜色、形状和强度上迅速变化。虽然发射看起来相当无序，但在大多数极光中可以看到一种特定的图案，称为极光亚暴（auroral substorm）。极光通常从一个相对暗淡的东西方向的弧开始。过上一段时间，也许几个小时，弧线向赤道移动，变得更亮，并可能产生射线。突然间，发射扩散到整个天空，并迅速移动（高达每秒几十千米），同时在外形和强度上发生巨大变化。这个阶段通常持续几分钟，然后开始恢复阶段，其间发射减弱，极光更加弥散。

地球极光中最显著的谱线和谱带来自氮和氧的分子和原子。极光所展现的可见光以绿色为主（禁止跃迁，10.4.3.1 节），以及 557.7 nm 和 630.0/636.4 nm 处的红色原子氧线。由于 557.7 nm 的跃迁是禁止跃迁，它们源于大气高处（约 200 km 以上），在那里与其他粒子的碰撞相对较少。蓝色发射由氮产生（波长 427.8 nm 和 391.4nm）。紫外波段的强线也主要由氮和氧引起。

（2）巨行星

在四颗巨行星上都探测到了极光。当前已经在红外线到 X 射线（图 4 - 45）的波长范围对木星极光进行了广泛研究，对极光十米波辐射（7.5.4.8 节）也进行了研究。由于与周围地区的温度和/或成分不同，极光区域内氨、甲烷、H_3^+ 和大量碳氢化合物的发射增加。在极光带内有几种分子分布呈现出空间变化。特别地，一个极光红外亮点的中心位于北半球 180°附近（固连在木星磁坐标系[①]，7.5.4.1 节），另一个亮点接近南半球 0°。紫外线和 H_3^+ 极光似乎有很好的相关性。H_3^+ 极光出现在高磁纬区，在距离木星较远处（$\gtrsim$ $30R_2$）与木星磁场相连。紫外线极光出现在所有经度上，把 H_3^+ 极光向赤道方向延伸。它们似乎由磁层区域的带电粒子沉降触发，这些区域距离磁层至少约 $15R_2$。哈勃望远镜图像（图 4 - 45、图 7 - 39）显示，微弱的紫外线辐射超过了木卫一的磁足迹，沿尾迹或等离子体的流动方向延伸约 60°。极光发射也与木卫三和木卫二的足迹有关。这些图像提供了带电粒子沿着连接木卫一、木卫三和木卫二与木星电离层的磁力线，进入木星电离层的直接证据，因为在这些磁力线的足迹处以及沿这些磁力线的足迹，发射增强（7.5.4 节）了。伽利略号已经在木卫一轨道直接探测到这种电流。

土星上的极光在形态上与地球和木星上的极光不同。紫外线极光变化缓慢（图 4 - 46），在早晨的部分最为突出，在那里，一些图案似乎与太阳风方向有关，但其他图案与行星部分共转。极光由于太阳风动压的（大量）增加而变亮（相当大），并与土星千米辐射（Saturn's Kilometric Radiation，SKR；7.5.5.4 节）显示出很强的关联性。后者起源于极光区，看起来固定在当地正午附近。卡西尼号的土星红外极光图像显示了一个明亮的

[①]　也称木星第三坐标系（Jupiter System Ⅲ（1965）coordinates，S3LH）。该坐标系与木星磁场固连，Z 轴为木星自转轴，X 轴指向木星的本初子午线（1965 年某一特定时刻的地木矢量方向），Y 轴方向 $Y = X \times Z$。因此这是一个左手坐标系。这个坐标系的旋转周期（9 h55 min29 s）是木星磁场的旋转周期，最初从地球上射电波长观测推断，并由探测器直接测量证实。这一周期在 30 年的观测中是恒定的，适用于行星内部产生磁场的巨大区域。木星第一坐标系的旋转周期为 9 h50 min30 s，是木星赤道±10°纬度范围大气的旋转周期；木星第二坐标系的旋转周期为 9 h55 min41 s，是木星高纬度大气的旋转周期。——译者注（参考文献：Owen 2023；Bagenal and Wilson 2016）

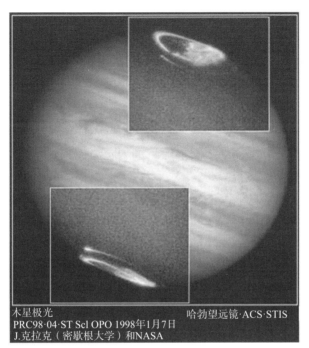

木星极光
PRC98·04·ST Scl OPO 1998年1月7日
J.克拉克（密歇根大学）和NASA
哈勃望远镜·ACS·STIS

图 4 - 45　木星可见光波段的合成哈勃望远镜图像，紫外线波段的南北极光重叠。注意木卫一在极光外产生的"光迹"，另见图 7 - 39。（图片来源：约翰·克拉克（John Clarke），NASA/HST）

环，以及环内部和外部的局部发射［图 4 - 46（b）］。红外极光发射可能表明两极温度较高，这只会影响红外极光亮度。这种温度升高可能是由于粒子沉降导致的加热增加引起的。

（3）小型固态天体

在赤道面上的场向电子和木卫一大气［伯克兰电流（Birkeland currents），4.6.3 节］的切点处，观察到了紫外发射的发光点（图 4 - 47）。由于倾斜的木星磁场经过木卫一，这些点在木卫一赤道周围上下摆动。背向木星的半球上的点比木星星下点亮，这可能是由于霍尔效应在对木星一侧产生热电子，从而导致电子和离子对流图案方向不对称。还探测到沿边缘的微弱辉光和延伸的光晕。由于图 4 - 47 中的哈勃望远镜图像是在原子氧 135.6 nm 波长的跃迁中拍摄的，因此该图像仅显示了激发的氧气，而图 5 - 79（b）显示了波长 350～850 nm 的所有发射，这使得区别火山和极光发射更为复杂。

哈勃望远镜和 10 m 凯克望远镜分别在紫外和可见光波段探测到木卫三上的原子氧极光。这些发射仅限于木卫三极光区，由沿木卫三自身磁力线运动的电子对 O_2 的离解激发产生。

最令人惊讶的也许是火星快车号探测到火星上的极光。在火星地壳磁场最大的地区观测到了 CO 和 CO_2^+ 的发射（7.5.3.2 节）。

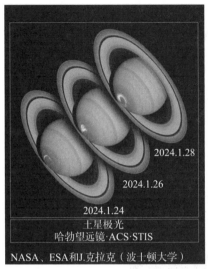 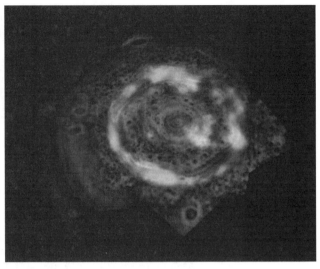

图 4-46　(a) 哈勃望远镜的土星紫外线极光图像。这颗行星和光环是在可见光波段拍摄的，而南极明亮的光圈是在紫外线波段拍摄的极光图像。连续几天拍摄的一系列图像显示，随着太阳风动压的巨大变化，亮度每天都在变化。［图片来源：约翰·克拉克（John Clarke）和 Z. 莱维（Z. Levay），NASA/ESA］(b) 2006 年 11 月卡西尼号上 VIMS 拍摄的照片。土星北极六边形波长为 5 μm 的热发射，与波长 4 μm 的极光发射叠加在一起。（NASA/JPL/亚利桑那大学，PIA11396）

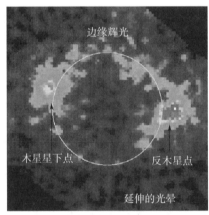

图 4-47　哈勃望远镜 135.6 nm 原子氧线上的木卫一图像。赤道发射是沿磁力线的电子与木卫一大气相互作用的结果。（改编自 Retherford et al. 2003）

4.7　分子和涡流扩散

上一节讨论了光化学反应如何改变大气成分；展示了如果已知相关反应的反应速率和光解速率，如何推断光化学衍生组分的高度分布。然而，理论上推导的这些成分的高度分布曲线很少与观测值完全一致。这至少在一定程度上是由气团的垂直运动（称为涡流扩散，eddy diffusion）和空气中单个分子的垂直运动（称为分子扩散，molecular diffusion）引起的。

4.7.1　扩散

大气中次要成分 i 的净垂直通量 Φ_i 可表示为

$$\Phi_i \equiv N_i v_u = -N_i D_i \left(\frac{1}{N_i} \frac{\partial N_i}{\partial z} + \frac{1}{H_i^*} + \frac{\alpha_i}{T(z)} \frac{\partial T(z)}{\partial z} \right) - N \mathcal{K} \frac{\partial (N_i/N)}{\partial z} \quad (4-69)$$

式中，N 是大气数密度，N_i 是组分 i 的数密度，D_i 是分子扩散系数，$\mathcal{K}$ 是涡流扩散系数，H_i^* 是每个大气成分 i 的密度标高［式（4-4）］。系数 α_i 是热扩散参数，$T(z)$ 是高度 z 处的大气温度。式（4-69）右侧前三项的物理解释如下。

$(1/N_i)(\partial N_i/\partial z)$：由数密度 N_i 中的梯度引起的分子扩散趋向于平滑密度梯度，推动组分的混合比随高度趋于恒定。例如，考虑地球大气中的 O/O_2 混合比。O/O_2 的高度曲线可根据 4.6 节中所述的化学反应来计算。分子扩散在高海拔地区（地球上 $z >$ 100 km）最有效，在那里 O 原子可被向下携带，使 O/O_2 比率随着高度增加而趋于平衡。在低海拔地区，氧原子结合成分子。此过程导致 $z > 100$ km 处的 O/O_2 比低于 4.6 节中所述化学的预期值。

$1/H_i^*$：分子浮力扩散，驱动大气向每个成分 i 的气压高度分布，H_i^* 为单个组分 i 的密度标高［式（4-4）］。因为标高变化系数为 $1/\mu_a$，重分子倾向于集中在较低的高度。粒子间的碰撞减缓了扩散过程，因此扩散只在高海拔地区有效。如上所述，在地球上 $z \geqslant$ 100 km 时，分子扩散是重要的。与 $\partial N_i/\partial z$ 引起的分子扩散相对比的是，分子浮力扩散在这些高海拔地区增强了 O/O_2 比，要高于仅从局部光化学平衡考虑的预期值。这两个过程的净影响是，在 100 km 左右的高度，单独考虑光化学因素，O/O_2 混合比低于预期，但在高于这一水平的高度，O/O_2 混合比更大。

$[\alpha_i/T(z)][\partial T(z)/\partial z]$：热分子扩散，$\alpha_i$ 为热扩散参数，由温度梯度触发（但注意，在 $1/H_i^*$ 中也存在温度依赖性）。

分子扩散系数 D_i 与大气数密度 N 成反比：$D_i = b_i/N$，b_i 为二元碰撞参数，最好通过经验确定。最大扩散速率出现在完全混合时，$\partial (N_i/N)/\partial z = 0$，这引出了极限通量 Φ_ℓ 的概念。对于温度梯度很小或没有温度梯度的大气，当轻气体流经背景大气时，极限通量可以写为

$$\Phi_\ell = \frac{N_i D_i}{H} \left(1 - \frac{\mu_{ai}}{\mu_a} \right) \approx \frac{N_i D_i}{H} \quad (4-70)$$

式中，H 是大气（压强）标高。利用 $D_i = b_i/N$，式（4-70）可近似为

$$\Phi_\ell \approx \frac{b_i (N_i/N)}{H} \quad (4-71)$$

二元碰撞参数（$cm^{-1} s^{-1}$）为

$$b_i = C_b T^q \quad (4-72)$$

式中，某些气体的参数 C_b 和 q 在表 4-7 中给出。净向外通量受扩散速率的限制，不能超过极限通量。极限流量仅取决于组分 i 的混合比和压强标高。为了计算地球大气中氢原子的极限通量（习题 4.32），需要考虑刚好低于均质层顶（即约 100 km）的所有含氢分子（H_2O、CH_4、H_2）的向上通量。所有含氢的分子在均质层顶的混合比约为 10^{-5}，这导致极限通量约为 $2\times10^8/$（$cm^2 \cdot s$）。

表 4-7　式（4-72）中各种气体的参数 C_b 和 q（cgs 单位）

气体 1	气体 2	C_b	q
	H_2	145×10^{16}	1.61
H	空气	65×10^{16}	1.7
	CO_2	84×10^{16}	1.6
	空气	26.7×10^{16}	0.75
H_2	CO_2	22.3×10^{16}	0.75
	N_2	18.8×10^{16}	0.82
H_2O	空气	1.37×10^{16}	1.07
CH_4	空气	7.34×10^{16}	0.75
Ne	N_2	11.7×10^{16}	0.743
Ar	空气	6.73×10^{16}	0.749

4.7.2　涡流扩散系数

式（4-69）右侧的最后一项是涡流扩散或湍流扩散，涡流扩散系数为 K。涡流扩散是一个宏观过程，与上面讨论的分子扩散和混合不同。如果大气对湍流不稳定，则可能发生涡流扩散，当雷诺数 $\Re_e > 5\,000$ 时会发生这种情况［式（4-（49）］。vl 的乘积给出了扩散系数 K 的粗略估计。假设 $\ell \approx H$，并且 v 介于 1 到 10^4 cm/s 之间，K 的数量级为 10^6 到 10^{10} cm^2/s。

湍流层顶（turbopause）或均质层顶（homopause）以下的大气以涡流扩散为主，而均质层顶以上的大气以分子扩散为主。在地球上，均质层顶约 100 km 高。如上所述，在高海拔地区，分子扩散变得很重要。在超绝热大气中，自由对流通常是大气垂直混合的主导运动。在亚绝热区域，涡流扩散可能由内部重力波或潮汐驱动。涡流扩散系数通常由观测到的示踪气体的高度分布来估计。

4.7.2.1　金星和火星

在金星和火星上层大气中观测到的 CO、O 和 O_2 丰度远小于用局部光化学方法估计的丰度（4.6.1.2 节）。在火星上，如果 CO 和 O 通过一种有效的涡流扩散机制向下传输，那么 CO 和 O 通过与 OH 的催化反应可能会进行得更快。如果涡流扩散系数 $K \approx 10^8$ cm^2/s，大约比地球平流层大两个数量级，则观测的 CO 和 O 的丰度可以匹配。在金星上，如果在 70～95 km 之间 $K \approx 10^5$ cm^2/s，观测可以匹配，并且如果 K 在更高的高度增加，也可以匹配。

4.7.2.2　巨行星

巨行星上的涡流扩散系数通常是根据甲烷气体和/或上层大气中的化合物的高度分布来估算的，而在平衡状态下，这些气体和/或化合物是不可能存在的。行星的莱曼 α 发射通常是由大气氢对太阳光子的共振散射引起的。由于甲烷气体是这些光子的强吸收体，因此莱曼 α 发射从甲烷均质层顶上方产生，其高度由涡流扩散系数决定：较大的值会使均质层顶升高，从而由于氢原子数量少而减小了莱曼 α 发射。

像 GeH_4 和 PH_3 这样的化合物在巨行星大气深处（$T>1\,000$ K）是稳定的。由于这些成分已经在木星和土星的对流层中被检测到，因此必然有快速的垂直混合机制将这些成分带上来，以阻止像氧化这样的其他转化过程。在天王星和海王星上，对流层顶的温度远低于甲烷气体的凝结点，因此对流层顶上方预计没有多少甲烷。任何通过对流层顶"冷阱"带上来的甲烷都会经历光化学反应，从而产生碳氢化合物，如 C_2H_2 和 C_2H_6。将观测到的碳氢化合物混合比与计算得到的碳氢化合物混合比进行比较，得到对流层顶扩散系数的估计值。

与天王星相比，海王星平流层中碳氢化合物的浓度要大得多，这表明海王星上的对流要强得多。或者，在中红外波段的高空间分辨率图像中显示的海王星温暖的南极［图 4-39（e）］，可能形成甲烷气体从更深层次上升到平流层的通道。

表 4-8 列出了行星和土卫六均质层顶附近涡流扩散系数的估计值。

表 4-8　均质层顶附近的涡流扩散系数[a]

行星	涡流扩散/(cm²/s)	压强/bar
地球	$(0.3\sim1)\times10^6$	3×10^{-7}
金星	10^7	2×10^{-8}
火星	$(1\sim5)\times10^8$	2×10^{-10}
土卫六	约 10^8	6×10^{-10}
木星	约 10^6	10^{-6}
土星	约 10^8	5×10^{-9}
天王星	约 10^4	3×10^{-5}
海王星	约 10^7	2×10^{-7}

[a] 所有参数来自 Atreya（1986）和 Atreya et al.（1999）。

4.8　大气逃逸

如果一个粒子的动能超过了引力势能，并且它沿着一个向上的轨道运动而不与另一个原子或分子的轨道相交，那么它就可能逃离大气层。发生逃逸的区域称为外逸层（exosphere），其下边界称为外逸层底（exobase）。外逸层底所在高度 z_{ex} 满足

$$\int_{z_{ex}}^{\infty} \sigma_x N(z)\mathrm{d}z \approx \sigma_x N(z_{ex})H =1 \tag{4-73}$$

假设标高 H 在外逸层中是恒定的。因为平均自由程

$$\ell_{fp} = 1/\sigma_x N \qquad (4-74)$$

所以外逸层底的高度 z_{ex} 处有 $\ell_{fp}(z_{ex}) = H$。因此，在外逸层内，分子/原子的平均自由程相当于或大于大气标高，因此具有足够上升速度的原子有相当大的逃逸机会。除了热逃逸或金斯逃逸外，还有各种非热过程也可能导致大气逃逸。

4.8.1　热（金斯）逃逸

对于处于热平衡的气体，速度遵循麦克斯韦分布函数

$$f(v)dv = N \left(\frac{2}{\pi}\right)^{1/2} \left(\frac{m}{kT}\right)^{3/2} v^2 e^{-mv^2/2kT} dv \qquad (4-75)$$

v 表示粒子的速度，m 表示粒子的质量，N 表示局部粒子（数）密度。在外逸层底及其下方，粒子间的碰撞将速度分布转化为麦克斯韦分布。在外逸层底上方，基本上没有碰撞，麦克斯韦速度分布尾部的粒子，具有速度 $v > v_e$，可能逃逸到太空中。麦克斯韦分布形式上可以扩展到无限速度，但由于高斯分布中的急剧衰减，几乎没有粒子的速度大于平均（最可能）热速度 $\overline{v}_o = \sqrt{2kT/m}$ 的四倍。

势能与动能之比称为逃逸参数，即

$$\lambda_{esc} = \frac{GMm}{kT(R+z)} = \frac{R+z}{H(z)} = \left(\frac{v_e}{v_o}\right) \qquad (4-76)$$

在外逸层底上方的麦克斯韦速度分布中，对向上的通量进行积分，得到通过热蒸发的逃逸率［原子/（cm²·s）］的金斯公式（Jeans formula）

$$\Phi_J = \frac{N_{ex} v_o}{2\sqrt{\pi}}(1 + \lambda_{esc})e^{-\lambda_{esc}} \qquad (4-77)$$

式中，下标"ex"表示外逸层底，λ_{esc} 是外逸层底的逃逸参数。地球的典型参数为 $N_{ex} = 10^5/cm^3$ 和 $T_{ex} = 900$ K。对于氢原子 $\lambda_{esc} \approx 8$，$\Phi_J \approx 6 \times 10^7/cm^2 s$，是地球上氢原子的极限通量［式（4-70）］的 1/4～1/3（习题 4.32）。注意，较轻的元素/同位素的损失速度比较重的要快得多。因此，金斯逃逸可以产生大量的同位素分馏。

对于一阶近似，金斯逃逸的计算可以用来预测一个天体是否有大气层（习题 4.33）。它还可以用来评估人们可能在天体上发现何种挥发性冰，因为是否存在这种冰取决于温度和重力（9.3.4 节）。

4.8.2　非热逃逸

金斯逃逸对于从一个天体大气层逃逸通量，给出了一个最低量的估计；非热过程通常控制着逃逸率。在这样的过程中［下文 1）～6）讨论］，中性粒子可以获得足够的能量逃逸到太空中。下面采用以下符号：i_2 = 分子；i，j = 原子；i^+，j^+ = 离子；e^- = 电子，* 表示过剩的能量。

1）离解和离解复合（dissociation and dissociative recombination）。当一个分子被紫外线辐射或撞击电子离解时，或当一个离子在复合时离解时，最终产物可能获得足够的能

量来逃离天体的引力

$$i_2 + h\nu \rightarrow i^* + i^*$$
$$i_2 + e^{-*} \rightarrow i^* + i^* + e^-$$
$$i_2^+ + e^- \rightarrow i^* + i^* \qquad\qquad (4-78)$$

2）离子-中性反应（ion - neutral reaction）。当原子离子与分子相互作用时，分子离子和快原子可能产生

$$j^+ + i_2 \rightarrow ij^+ + i^* \qquad\qquad (4-79)$$

3）电荷交换（charge exchange）。当快离子遇到中性离子时，可能发生电荷交换，离子失去电荷，但保留动能。新的中性离子可能有足够的能量来逃离天体的引力

$$i + j^{+*} \rightarrow i^+ + j^* \qquad\qquad (4-80)$$

这一过程在木卫一上起着重要作用，在其上，快速钠原子通过与磁层等离子体电荷交换产生（7.5.4.3 节）。

4）溅射（sputtering）。当一个快原子或离子撞击大气中的原子时，该原子可能获得足够的能量来逃离天体的引力。由于对离子加速比对原子加速容易得多，溅射通常是由快离子引起的。在一次碰撞中，原子向前加速（动量守恒），这个过程通常被称为撞击。溅射通常是指多次溅射过程，包括一连串的碰撞。无论是在稠密大气还是在稀薄大气中，以及在无气体的天体上，这种过程都很重要。在后一种情况下，高速离子/原子直接撞击表面，将一个或几个原子从地壳喷射到太空中。这样的原子可能没有足够快的速度逃逸到行星际空间，而是被困在一个"行星晕"中，也就是说，它们保持着与天体的引力联系。月球和水星的大气层部分是由溅射过程和流星撞击形成的（后者可能占主导地位）。水星和月球的外逸层底位于它们的表面。溅射在外行星卫星和环上也很重要。原子可以获得足够的能量逃逸到行星际空间

$$i + j^{+*} \rightarrow i^* + j^{+*}$$
$$i + j^* \rightarrow i^* + j^* \qquad\qquad (4-81)$$

5）电场（electric field）。电离层含有电场，因为电离气体的任何运动（由于太阳加热、潮汐等）都会产生电场。电场加速带电粒子，在碰撞时，带电粒子可能将动量传递给中性粒子。特别值得注意的是分子扩散过程（4.7.1 节），导致重的离子和轻的电子在某一高度上分离，在高层大气中产生垂直于"表面"的电位差或电场。这样的磁场会导致离子向上加速，而在极地地区，离子会引起极风。地球磁极上方 H^+ 和 He^+ 的耗尽是由于这种离子沿开放磁力线逃逸所致。

6）太阳风扫掠（solar wind sweeping）。在没有内部磁场的情况下，带电粒子可能直接与太阳风相互作用，这一过程称为太阳风扫掠。巨大的行星和地球有很强的内禀磁场，太阳风粒子的轨迹被偏转，绕磁场流动（7.1.4 节）。因此，这些行星和太阳风之间没有直接的相互作用。如果天体有电离层但没有内禀磁场，比如金星和彗星，太阳风和天体大气层之间就会发生粒子交换。粒子被太阳风在日下点捕获，并在边缘附近的风中消失。通过这个过程，一个无大气的天体可能会暂时捕获太阳风粒子。例如，水星大气中的氢和氦

原子，以及月球上的氦原子，都是从太阳风中捕获的。嵌入行星磁场中的卫星与磁层等离子体以类似的方式相互作用。

4.8.3　喷发和冲击侵蚀

部分早期太阳系的大气损失，是由冲击侵蚀和流体动力逃逸（或喷发）导致的。在当前时期，流体动力逃逸对某些天体来说很重要，比如冥王星。

当由轻气体（例如 H）组成的行星风夹带较重的气体时，就会发生流体动力逃逸（hydrodynamic escape）；根据金斯方程，这些气体本身不会逃逸。可以把行星风与太阳风做对比，在太阳风中，最初的亚声速气流经过一个速度等于声速的临界点（7.1.1 节）；在较大的日心距离，太阳风变为超声速。Chamberlain and Hunten (1987) 导出了大气中流体动力逃逸的表达式。他们假设轻气体的运动速度接近声速值，在这种情况下，其他成分具有很大的阻力。通过忽略式（4-69）中 dT/dz 和 K 的项，较重气体 Φ_2 的流出通量变为

$$\Phi_2 = \frac{N_2}{N_1}(\frac{m_c - m_2}{m_c - m_1})\Phi_1 \qquad (4-82)$$

式中，下标 1 和 2 分别指轻气体和重气体，m_c 由下式给出

$$m_c = m_1 + \frac{NkT\Phi_1}{bg_p} \qquad (4-83)$$

b 为二元碰撞参数（4.7.1 节）。逃逸要求 Φ_2 为正，因此 $m_2 < m_c$。如果 Φ_1 等于极限通量[式(4-70)]，$m_c = 2m_1$。

要保持大气处于喷发状态，需要向高层大气输入大量能量。太阳能通常不足以维持任何现今地球类型的大气处于喷发状态。计算表明，金星、地球和火星的早期大气可能经历了流体动力逃逸期，这由强烈的太阳紫外线辐射和强烈的太阳风引发。冥王星的大气温度约 100 K，由恒星掩星实验得出，冥王星可能经历流体动力逃逸。然而，由于冥王星的轨道是高度偏心的，在一个冥王星年中的大多数时间，大气处于冻结或坍塌状态。

冲击侵蚀（impact erosion）可发生在具有大量大气的天体受到大的冲击期间或之后。对于小于大气标高的撞击物，冲击加热气体在撞击物周围流动，能量分散在相对较大体积的大气中。但是，如果撞击物的高度大于大气标高，则大部分被撞击加热的气体会被吹走，因为撞击速度超过了从行星上逃逸的速度。吹向太空的大气质量 M_e 为

$$M_e = \frac{\pi R^2 P_0 \varepsilon_e}{g_p} \qquad (4-84)$$

式中，R 是撞击物的半径，P_0/g_p 是单位面积的大气质量。因此，可以逃逸的大气质量是撞击物扫过的质量乘以增强系数 ε_e

$$\varepsilon_e = \frac{v_i^2}{v_e^2(1 + \varepsilon_v)} \qquad (4-85)$$

式中，v_i 和 v_e 分别是撞击和逃逸速度，ε_v 是蒸发负荷参数，与撞击物的蒸发潜热成反比。ε_v 的典型值约为 20（流星）。当 $\varepsilon_e > 1$ 时发生明显的逸出。如果 $\varepsilon_e < 1$，蒸发负荷远大于冲击加热获得的能量，气体没有足够的能量逸出到太空中。在一个巨大的撞击坑事件的情况

下，从撞击坑喷出的物质也可能足够大，并包含足够的能量来加速大气气体逃逸的速度。这种大型撞击物可以清除撞击位置地平线以上的所有大气。

4.9　次级大气的历史

4.9.1　次级大气的形成

行星成长的初始阶段涉及固体物质的积累，而气体可能被困在这些固体中；化学反应可以产生挥发物，放射性核素可以衰变为挥发物。此外，如果一颗行星变得足够大，它可能会在引力作用下捕获气体。第 13 章详细讨论了行星及其大气层的形成。

巨行星的大气主要由 H 和 He 组成，微量的 C、O、N、S 和 P 分别以 CH_4、H_2O、NH_3、H_2S 和 PH_3 的形式存在。相比之下，类地行星和卫星的大气主要由 CO_2、N_2、O_2、H_2O 和 SO_2 组成。巨行星和类地行星之间的主要区别是重力，它允许巨行星吸积大量的在太阳系温度下仍为气态的常见气体（例如 H_2、He，表 8-1）。轻元素 H 和 He（如果最初存在的话）则会从类地行星的浅层引力势阱中逃逸出来。

本节认为类地行星和土卫六的大气层不可能是被引力俘获的原始大气的残余物，而一定是由以固体形式吸积的天体排出气体形成的。4.9.2 节将讨论地球、火星和金星"气候"的后续演变。

4.9.1.1　类地行星

在大气中，H_2 和其他挥发物之间可能发生以下化学反应：

$$CH_4 + H_2O \longleftrightarrow CO + 3H_2$$

$$2NH_3 \longleftrightarrow N_2 + 3H_2$$

$$H_2S + 2H_2O \longleftrightarrow SO_2 + 3H_2$$

$$8H_2S \longleftrightarrow S_8 + 8H_2$$

$$CO + H_2O \longleftrightarrow CO_2 + H_2$$

$$CH_4 \longleftrightarrow C + 2H_2$$

$$4PH_3 + 6H_2O \longleftrightarrow P_4O_6 + 12H_2$$

H 的损失使平衡向右移，从而使物质氧化。如果 H 大量存在，称大气为还原大气，如巨行星上的大气；如果 H 很少存在，则称大气为氧化大气，如类地行星上的大气。

如果类地行星的大气层是原始大气（从组成太阳的气体中吸积而来，类似于巨行星的形成；13.6 节），所有的 H 和 He 随后都会逃逸，这些大气中最丰富的气体是 CO_2（约 63%）、Ne（约 22%）和 N_2（约 10%），含有少量的羰基硫（OCS，约 4%；这种分子不是通过如上所列一个简单的反应形成）。此外，人们还可以预期 Ar、Kr 和 Xe 的浓度与太阳上的浓度相当。然而，这些元素的丰度与所观察到的完全不同。特别是，地球上的 Ne 含量很小，比这个模型预测的要少 10 个数量级。非放射成因的 Ar、Kr 和 Xe 也存在，但丰度比太阳组成大气的预期少 6 个数量级。这三种惰性气体太重，如果最初存在就无法通过热过程逸出，而且不能化学地限制在地球的凝结部分，像地球上的 CO_2 那样（见下文）。观测到的小丰度惰性气体构成了一个主要论点，即类地行星大气源于二次产生。二次大气可能产生于：（i）在行星的吸积阶段，当撞击引起强烈加热时，和/或（后期）吸积富含挥发性的小行星和彗星时；（ii）当整个行星熔化形成核心时；（iii）火山活动"稳定"排气时。

地球大气和火山玻璃中 Ar 同位素 $^{40}Ar/^{36}Ar$ 的比值可以用来推断气体何时释放到大气中。^{36}Ar 是一种原始同位素，只有在极低的温度（$\lesssim 30$ K）下才能与星子结合。相反，^{40}Ar 源于 ^{40}K 的放射性衰变，其半衰期为 12.5 亿年（表 8-3）。K 的稳定同位素和放射性同位素都存在于造岩矿物中。在 ^{40}K 的衰变过程中，产生的 Ar 只有在矿物熔化时才会释放出来。在火山玻璃气泡中测量到的 $^{40}Ar/^{36}Ar$ 比值大约是大气值 300 的 100 倍，这表明现在大气中的 ^{36}Ar 绝大多数或者从未存在于地幔中，或者在地球大部分吸积后的最初数千万年内从地幔中排出。

4.9.1.2　土卫六

一个令人费解的观测是，为什么土卫六有如此稠密的 N_2 大气层，而与土卫六大小相似的木星卫星却几乎没有大气层。由于惰性气体的丰度比太阳值低许多数量级，土卫六的大气层必然像类地行星的大气层一样源于二次产生。但是，大气层是在土卫六的吸积阶段形成的，还是在轰击时代晚期通过彗星撞击输送的，或是在土卫六的历史上通过稳定的火山喷发形成的？一个相关的问题是，形成土卫六的星子中的 N 是以 N_2 的形式存在，还是以氮化合物的混合物的形式存在，或是以 NH_3 冰的形式存在？在非晶质冰或笼形水合物中直接冷凝或捕获 N_2 的过程需要非常低的温度（<45 K），以至于惰性气体也同时会被捕获。因此，土卫六大气中惰性气体的缺失表明 N_2 一定以氮化合物和 NH_3 冰的形式输送。然而，这个结论并不能解决大气层何时形成，以及为什么只在土卫六形成的问题。

通过模拟彗星撞击的能量计算表明，彗星撞击所释放挥发物可以大致产生环绕土卫六的大气，但也可以同时侵蚀木卫三和木卫四周围原有的大气。然而，在土卫六上测得的 D/H 比与地球上的 D/H 比相似，比在彗星上观测到的 D/H 比要小（图 10-24）。因此，土卫六的大气层不可能在轰击时代晚期通过撞击形成。这一点，再加上对放射性同位素 ^{40}Ar 的检测（尽管其含量远低于地球大气中的水平）表明土卫六内部发生了一定的排气。

土卫六的 $^{14}N/^{15}N$ 比值远小于地球值，这一点可以通过大气逃逸过程中的分馏来解释。由此估计，土卫六早期的大气层密度是现在的 5～10 倍。然而，这样的损失和分馏应该也减少了 ^{12}C 相对于 ^{13}C 的含量，但是 $^{12}C/^{13}C$ 的比值与地球的值相似。因为光解会在约 10^7 年内毁掉土卫六大气层中所有的 CH_4（4.6.1.4 节），这表明，土卫六的大气层必然有一个连续的 CH_4 气体供应。尽管如此，土卫六大气的 C/N 比值仍远低于太阳值（1/4～1/3），表明 C 随着时间在大量流失。如果 C 没有流失到太空中，它肯定隐藏在某个地方，或以古老的气溶胶沉积物的形式，或者隐藏在地表以下（在地球上它是以碳酸盐岩的形式隐藏的，4.9.2.1 节）。这可能是储层连续或偶发地通过低温火山作用或间歇喷发供应 CH_4 气体。如果 N 确实是以 NH_3 冰的形式输送的，这种成分混合在水中，会降低水的冰点，促进土卫六上的低温火山作用。

4.9.2 气候演化

如第 3 章所述，行星的表面温度主要由太阳辐射、球面反照率和大气不透明度决定。在太阳系的历史中，太阳的光度一直在缓慢地增加。在约 45 亿年以前，太阳的光度可能比现在小 $25\% \sim 30\%$，这表明类地行星的表面温度较低。相比之下，虽然太阳的总能量输出比现在少，但它的 X 射线和紫外线辐射要大得多，太阳风也更强。太阳的金牛座 T 型星阶段也可能非常不稳定。除了太阳通量的变化外，行星的反照率也可能发生波动，因为行星云层、地面冰覆盖和火山活动的变化可能会显著改变其反照率。大气成分的变化，特别是温室气体的变化，也对气候产生了深远的影响。此外，周期性变化（即本书中讨论的米兰科维奇循环，2.5.3 节）或行星轨道偏心率及其旋转轴倾角的突然改变（例如由于大撞击），在气候演化中起着重要作用。特别是约 40 000 年和 100 000 年周期的地球冰期（图 4-48），可归因于米兰科维奇周期。

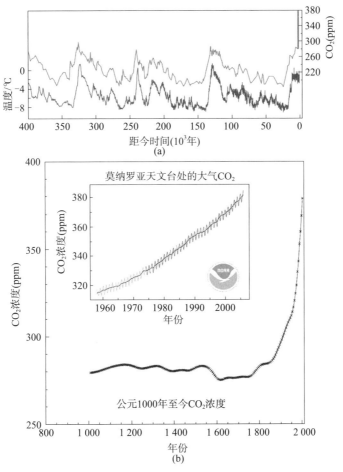

图 4-48　(a) 根据南极冰芯记录推断的过去 40 万年温度（下方曲线）和大气中 CO_2 浓度（上方曲线）的长期变化。（Fedorov et al. 2006）　(b) 过去 1000 年地球大气中的 CO_2 浓度（改编自 Etheridge et al. 1996），插入的小图是从夏威夷单个地点获得的数据得出的 CO_2 浓度。这张图显示了除了海洋振荡外，CO_2 浓度稳定增加。1974 年以前的数据由 C. D. 基林（Keeling）获得；1974—2006 年的数据来自 K. W. 托宁（Thoning）和 P. P. 坦斯（Tans）。（NOAA 地球系统研究实验室）

4.9.2.1　地球

尽管年轻太阳的亮度较小，但大约 40 亿年前地球上沉积岩的存在和可能没有冰川沉积物，表明地球可能相当温暖，甚至可能比今天更温暖。如果事实如此，这可能是由于温室效应的增加，因为大气中的 H_2O、CO_2、CH_4 和 NH_3 含量在排气的早期阶段可能更大。事实上，地球表面的温度在长时间内不会发生太大变化，因为地球表面的温度可以被 CO_2 的长周期循环来调节并稳定。CO_2 通过硅酸盐风化作用从大气-海洋系统中去除，称为尤里[①]风化反应（Urey weathering reaction），这是一种溶解在水中的 CO_2 与土壤中硅酸盐矿物之间的化学反应（图 4-49）。该反应释放出钙和镁离子，并将 CO_2 转化为碳酸氢盐（HCO_3^-）。碳酸氢盐与离子反应形成其他碳酸盐矿物[②]。钙的这种化学反应的例子如下所示

$$CaSiO_3 + 2CO_2 + H_2O \rightarrow Ca^{2+} + SiO_2 + 2HCO_3^-$$
$$Ca^{2+} + 2HCO_3^- \rightarrow CaCO_3 + CO_2 + H_2O \tag{4-86}$$

海底的碳酸盐沉积物被板块构造带向下方（5.3.2.2 节），并在地幔的高温/高压环境中转化回 CO_2

$$CaCO_3 + SiO_2 \rightarrow CaSiO_3 + CO_2 \tag{4-87}$$

火山喷出的气体使 CO_2 重回大气层。地表温度越高，风化速率越大，而通过温室效应，地表温度与大气中 CO_2 含量有关。这有效地实现了地球大气中 CO_2 丰度的自我调节。这种碳酸盐-硅酸盐风化循环在冰蚀恢复过程中的作用已得到充分确认。

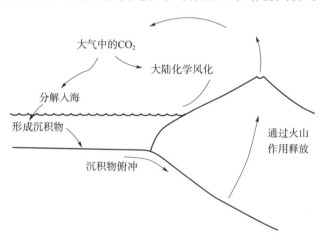

图 4-49　地球上 CO_2 循环示意图。CO_2 通过尤里风化反应从大气中去除，通过板块构造向下输送到地幔中，并通过火山活动回收到大气中。（Jakosky 1998）

地球大气中 O_2 的丰度主要是由于绿色植物的光合作用，可能再加上过去 H_2O 光解的

---

　① 哈罗德·克莱顿·尤里（Harold Clayton Urey，1893 年 4 月 29 日—1981 年 1 月 5 日），美国物理化学家。他因为发现氘获得 1934 年诺贝尔化学奖。他在原子弹的研制中发挥了重要作用，并对从非生命物质发展出有机生命的理论做出贡献。尤里星（4716 Urey）以他的名字命名。——译者注

　② 在地球上，海洋中的生物产生碳酸钙的外壳。

一小部分贡献，和随后 H 原子的逃逸。地球大气中的 O_2 在大约 22 亿年前上升到相当高的水平。碳酸铁（$FeCO_3$）和二氧化铀（UO_2）存在的沉积物可以追溯到 22 亿年前（图 4-50），并且在较为年轻的沉积物中不存在，这证明了过去 22 亿年地球大气中存在自由氧，因为现今的氧气会破坏这些化合物。海底的带状铁建造（banded iron formation，BIFs；图 G-1）提供了地球上 O_2 丰度低的最显著证据，这种沉积物由交替（几厘米厚）的氧化铁层（如赤铁矿和磁铁矿）和沉积物（如页岩和燧石）组成（5.1.2 节）。带状铁建造由沉积形成，这表明铁能够在古代海水中积累，这在现代富氧的海洋中是不可能发生的。由于带状铁建造在 18.5 亿年前的沉积物中很常见，但在较新形成的岩石中非常罕见，因此自由氧浓度在 20 亿年前一定很低。据推测，当时的 CH_4 气体是地球早期的主要温室气体。O_2 的增加与第一次大冰河期相吻合。而 O_2 的增加可能消除了许多 CH_4 气体，减少 CH_4 的光化学寿命，限制产甲烷菌（产甲烷古细菌）能够生存的环境。

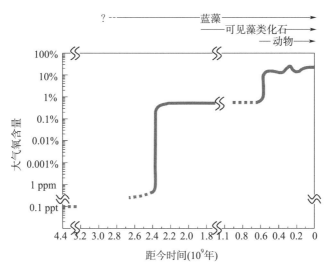

图 4-50　地球大气中 O 的丰度是时间的函数。地球大气层的氧化作用似乎是以一种高度不均匀的方式发生的。虽然 O_2 增加的总趋势已经确定，但对其丰度的定量估计却相当不确定，尤其是在更遥远的过去。最佳约束时代由曲线的实体部分表示，曲线中的间隙表示没有或非常弱约束的时代，虚线表示中度不确定的值。[图片来源：大卫·卡特林（David Catling）]

　　当前人类对地球大气演变的影响不容小觑。地球大气中的 CO_2 水平正以惊人的速度上升（图 4-48），正通过温室效应导致全球变暖。尽管温度升高也会增加风化率，但这些地球物理过程发生的时间比目前（主要是人为引起的）大气中 CO_2 快速积聚的时间要长得多。然而，已经测量到海水中 CO_2 的吸收（溶解）增加，导致海洋变得不那么碱性，即降低了海洋的 pH 值。这一过程被称为海洋酸化（ocean acidification），可能对海洋生态系统造成严重后果。此外，大气气体和污染物之间的化学反应也可能影响大气成分，其结果不同于任何确定的预测。人类已经对母行星的大气层开始了一个巨大的不经意的实验，这可能会对地球生命的未来产生可怕的后果。

4.9.2.2　火星

火星较小的体积可能是造成火星和地球之间气候差异的重要原因，就像这两颗行星的日心距差异一样。尽管当前时期火星表面不可能大量存在液态水，但火星上发现了众多的沟道、砂岩层以及只有在有水的情况下才能形成的矿物质。这些都表明火星的地表在过去存在流动的水（5.5.4 节）。这也表明火星的大气层在过去一定更稠密、更温暖。由于径流沟道仅限于古老、坑坑洼洼的地形，温暖的火星气候并没有延续到大约 38 亿年前重轰击时代的末期。对火星早期大气的估计表明，火星表面的平均气压约为 1 bar，温度接近300 K。广泛的火山作用、星子的撞击和构造活动一定提供了大量的 CO_2 和 H_2O 来源，而非常大的星子撞击也可能通过（反复）撞击侵蚀导致大气气体损失。除了大气逃逸到太空之外，火星还可能通过含碳（风化）过程、吸附到表土上和/或凝结到表面而失去大部分 CO_2。由于火星没有显示出地壳板块活动，CO_2 不能被收回大气层。由于表面没有液态水，风化作用已经停止，火星保留了一小部分 CO_2 大气。目前，火星上 H_2O 的丰度在很大程度上是未知的。大部分的水可能已经逸出，但最近的理论提及了火星上大量的地下水冰（5.5.4 节）。风化理论的一个潜在问题是火星表面明显缺乏碳酸盐。

气候变化也可能由火星轨道偏心率和倾角的变化引起。在地球上，这些参数以约 $10^4 \sim 10^5$ 年的时间尺度周期性变化，这可能是过去百万年冰河期和无冰期交替的原因。对于火星来说，这些参数的周期大约比地球大十倍，与平均值的偏差也要大得多。当倾角较大时，极地地区接收到更多的太阳光，而较大的偏心率增加了在近日点照射在夏季半球上的相对阳光量。火星极地的层状沉积物以及热带和中纬度的冰川（5.5.4 节）表明火星上已经发生了这种周期性的变化。

火星的塔尔西斯（Tharsis）地区有许多火山，它们的年龄似乎大致相同。这些火山的喷发增强了大气压，并通过温室效应提高了地表温度。然而，撞击坑的稀疏性意味着火山喷发发生在火星高地径流沟道形成之后。

4.9.2.3　金星

金星目前非常干燥，大气中的 H_2O 丰度只有万分之一。这大约是地球海洋中 H_2O 含量的 $1/10^5$。人们提出了各种各样的理论来解释金星缺水的原因。一种可能性是金星形成的时候就缺水，这可能由于在太阳原行星盘这个区域的物质由于热而缺水。但是，在吸积带和小行星/彗星撞击之间的星子混合可能为金星和地球提供了同样数量的挥发物（比如水）。在这种情况下，早期金星上可能有相当一部分的海洋。金星上的 D/H 比大约要比地球大 100 倍，这是金星曾经比现在湿润得多的有力证据。但是水去了哪里？水可以通过光解或化学反应分解成 H 和 O，H 会逃逸到太空中。然而，目前的逃逸率只有 10^7 H/（$cm^2 \cdot s$），这意味着在金星的整个生命周期中，只可能会逃逸 9 m 的海水。

金星失水的经典解释是通过失控的温室效应。图 4−51 显示了地球、火星和金星表面温度的演变，假设每颗行星的演化过程都从一个最初没有气体的行星开始，存在缓慢排放纯水蒸气的大气。当大气中水的蒸气压增加时，由于温室效应增强，地表温度升高。因此，温度升高和大气红外不透明度增加之间存在正反馈。金星的温度远远高于饱和蒸气压曲线所对应的温度，这是导致失控温室效应的一个因素：金星的所有水分都以蒸气的形式在大气中积聚。如果假设混合过程非常有效，水气将均匀分布在整个大气中，以至于在高海拔处被光解，随后氢原子从大气顶部逸出。

另一种解释金星失水的模型是潮湿的温室效应。这种模型，与失控的温室模型相比，依赖于湿对流。金星表面温度可能接近 100 ℃。对流将饱和空气向上输送。由于温度最初随高度增加而降低，水凝结出来，凝结潜热导致大气垂直递减率降低，并升高了对流层顶高度。在这种情况下，水蒸气自然到达高空，在那里被分离并逃逸到太空中。随着大气中水气的积聚，大气压增大，阻止了海洋沸腾。由于大气层顶部的水迅速流失，海洋继续蒸发。只要表面有液态水，CO_2 和 O_2 就会通过风化过程从大气中去除。一旦液态水消失，CO_2 就无法形成碳酸盐，从而在大气中积聚。

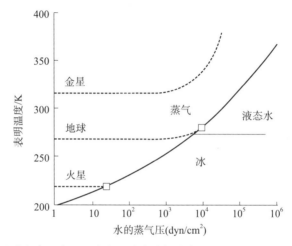

图 4 - 51 金星、地球和火星表面温度在纯净水蒸气大气中的演变。(Goody and Walker 1972)

4.9.3 小结

虽然类地行星和卫星的大气层在细节上都是不同的，但它们的形成可能都是由共同过程所致。所有大气主要通过行星内部排气形成，而单个天体的质量（重力）及其大气温度和成分是维持大气层的关键。随后的演化导致了成分和大气压的巨大变化。碳硅酸盐风化过程可能在金星、地球和火星上起着至关重要的作用，而地表温度和构造活动最终导致观测的差异。在太阳系形成晚期积累的星子可能既有侵蚀大气的作用，也能为行星提供额外的挥发性气体。巨行星周围的卫星形成于行星的局部亚行星盘内，那里的温度远高于行星可能捕获 N_2 和惰性气体的温度。因此，这些星子中的 N 会以氮化合物的形式存在，特别是 NH_3 冰。这种成分的脱气导致了土卫六稠密的 N_2 大气，而 CH_4 气体必须被低温火山作用或类似于地球水循环的气象循环持续或间断供应。由于涉及巨大的动能，任何在太阳系形成晚期撞击的星子都会侵蚀木星大型卫星木卫三和木卫四周围的原生大气，而这种撞击对于土卫六则能量较低，所以可能会增加而非减少卫星上的挥发性气体。

4.10　延伸阅读

关于天气的一本非科学专业好书：

Williams，J.，1992. The Weather Book. Vintage Books，New York. 212pp.

各行星大气的最新描述如下：

McFadden，L.，P. R. Weissman，and T. V. Johnson，Eds.，2007. Encyclopedia of the Solar System，2nd Edition. Academic Press，San Diego. 982pp.

几本关于（研究生水平）大气科学的书：

Atreya，S. K.，1986. Atmospheres and Ionospheres of the Outer Planets and Their Satellites. Springer – Verlag，Heidelberg. 224pp.

Chamberlain，J. W.，and D. M. Hunten，1987. Theory of Planetary Atmospheres. Academic Press，Inc.，New York. 481pp. Jacobson，M. Z.，1999. Fundamentals of Atmospheric Modeling. Cambridge University Press，New York. 656pp.

Salby，M. L.，1996. Fundamentals of Atmospheric Physics. Academic Press，New York. 624pp.

Seinfeld，J. H.，and S. N. Pandis，2006. Atmospheric Chemistry and Physics：From Air Pollution to Climate Change，2nd Edition. John Wiley and Sons，New York. 1203pp.

一篇有关行星大气起源和演化的综述：

Atreya，S. K.，J. B. Pollack，and M. S. Matthews，Eds.，1989. Origin and Evolution of Planetary and Satellite Atmospheres. University of Arizona Press，Tucson，Arizona. 881pp.

一本流体力学经典教材：

Pedlovsky，J.，1987. Geophysical Fluid Dynamics，2nd Edition. Springer – Verlag，New York. 710pp.

一篇关于木星大气动力学的优秀综述：

Vasavada，A. R.，and A. P. Showman，2005. Jovian atmospheric dynamics：An update after Galileo and Cassini. Rep. Prog. Physics，68，1935 – 1996.

4.11　习题

习题 4.1 E

估计地球、金星、火星、冥王星和土卫六表面附近的气压标高，以及木星和海王星 1 bar 水平的气压标高。针对计算结果的相同点和不同点发表看法。

习题 4.2 E

虽然在某些方面，地球和金星是"孪生行星"，但它们的大气层非常不同。例如，地球和金星的表面气压分别为 1 bar 和 92 bar。分别计算地球和金星大气的质量，以及大气占整个行星总质量的百分比。如果把地球上的海洋看作"大气层"一部分（如果地壳上所有的水都均匀地分布在地球上，那么这个全球海洋将会约 3 km 深），重新计算地球的这些数值。比较对这两颗行星的计算结果并发表你的看法。

习题 4.3 E

（a）证明在光学薄的介质中，等效宽度与吸收材料的柱密度成正比，而与分布曲线的形状无关。

（b）假设分布可以用福伊特（Voigt）曲线表示。证明光学薄的介质中等效宽度为

$$EW \propto \Delta v_D N_c \tag{4-88}$$

习题 4.4 I

推导饱和线等效宽度的表达式。假设一个福伊特线形，中心谱线和两侧谱线之间的光学深度差约为 10^4。中心谱线两侧的谱线可以忽略不计。定义频率 $x_1 = (\nu_1 - \nu_0)/\Delta \nu_D$，其中光学深度 $\tau_\nu = 1$。在 x_1 内部，谱线是完全饱和的，在 x_1 外部，谱线是光学薄的。证明其等效宽度为

$$EW \propto \Delta \nu_D \sqrt{\log N_c} \tag{4-89}$$

注意，等效宽度实际上对吸收材料的数密度不敏感。

习题 4.5 I

在光学深度厚介质中，福伊特线形中的两侧谱线变得非常重要。定义频率 $x_1 = (\nu_1 - \nu_0)/\Delta \nu_D$，因此 τ_ν 有吸收谱线（式（4-20）中的第二项）等于 1。用 a 和 τ_ν 表示频率 x_1。介质在 $|x| < |x_1|$ 频率处为光学深度厚，而在 $|x| > |x_1|$ 频率处为光学深度薄。证明等效宽度为

$$EW \propto \sqrt{N_c \Delta \nu_D} \tag{4-90}$$

习题 4.6 E

如果观察木星射电波段的热辐射，其中一个探测器探测到远低于该行星对流层顶的位置，边缘会变亮还是变暗，抑或从中心到边缘扫描该行星时辐射强度没有变化？解释理由。

习题 4.7 E

假设在红外波长 C_2H_2 和 PH_3 的跃迁谱线中观察土星。C_2H_2 线出现在发射端，PH_3

线出现在吸收端。

（a）这些气体在大气中的什么位置？

（b）在这些线中，行星的边缘比行星的中心亮还是暗？

习题 4.8 I

（a）多普勒增宽谱线的强度与 $e^{-(\Delta v/v_0)^2}$ 成正比，其中 $v_0{}^2 = 2kT/m$，$\Delta v = |v - v_0|$，m 是分子的质量，T 是温度，k 是玻尔兹曼常数，v 是速度。导出谱线分布的半幂次全宽公式

$$\Delta \nu = \frac{v_0 \nu_0}{c} 2\sqrt{\ln 2} \qquad\qquad (4-91)$$

（b）将式（4-86）、（4-87）与式（4-18）中多普勒宽度 $\Delta \nu_D$ 进行比较。

习题 4.9 E

假设本题所述的谱线是多普勒增宽的。

（a）计算代表木星高层大气中的 H 原子的半峰全宽[①]（单位：km/s）。可以假设温度 $T = 10^3$ K，上层大气只由 H 原子组成。

（b）计算代表火星大气层的半峰全宽，单位为 km/s。假设大气完全由 CO_2 分子组成，温度为 140 K。

（c）CO 是火星大气中的一种次要组分，CO/CO_2 的混合比约为 10^{-4}，CO 的半峰全宽是多少（单位：km/s）？

习题 4.10 E

为什么我们相信可以相当精确地计算出木星和土星可观测云层下方的温度与高度的关系曲线？绘制其中一个曲线，并描述它是如何得出的。如果应用于天王星，为什么推导这个曲线所用的假设是有问题的？

习题 4.11 I

在木卫一上观测到 222 GHz 发射的 SO_2 谱线。谱线峰值与连续谱背景的对比度为 18 K。半峰全宽为 600 kHz。木卫一的表面温度为 130 K；发射率 $\epsilon = 0.9$。谱线强度约为 $\alpha_{\nu_0} = 3.2 \times 10^{-22} (300/T)^{5/2}$（单位为 cm/分子）。接下来，假设大气是光学薄的，推导光学深度、数密度、温度和表面压强的近似值。可以假设观测值与圆盘的中心有关，并且平面平行大气近似适用。

（a）假设谱线展宽是由多普勒增宽引起的，计算大气温度 T_A。

（b）假设瑞利-金斯近似［式（3-4）］有效，计算木卫一大气中的光学深度。

（c）由半峰全宽计算多普勒宽度 $\Delta \nu_D$。

（d）使用上述答案，确定柱密度和表面压强（提示：转换多普勒宽度 $\Delta \nu_D \rightarrow \Delta \lambda_D$）。

---

① 指在函数的一个峰当中，前后两个函数值等于峰值一半的点之间的距离。——译者注

柱密度和表面压强的估计值应比公布值低大约一个数量级（4.3.3.3 节）。这种差异的原因在于对大气是光学薄的假设；对于光学厚的大气和更低的大气温度，估计值和公布值会更为一致。

习题 4.12 E

考虑地球大气层中的一团干燥空气。证明如果用等量的水分子代替部分空气分子（80% 的 N_2，20% 的 O_2），空气就会变轻并上升。

习题 4.13 E

在地球、木星、金星和火星的大气层中，计算干绝热递减率（单位：K/km）。假设金星和火星的大气层完全由 CO_2 气体组成；地球为 20% 的 O_2 和 80% 的 N_2；木星是 90% 的 H_2 和 10% 的 He。对每种大气中 γ 值做出合理的猜测。（提示：请参阅 3.2.2.3 节）

习题 4.14 I

按照下面的步骤（a）～（d），粗略地估计地球对流层下部的湿绝热递减率（K/km）。

（a）根据干绝热递减率确定 c_P（见上题）。

（b）设 $T = 280$ K，$P = 1$ bar。280 K 附近水的饱和蒸气压近似于克劳修斯-克拉佩龙（Clausius - Clapeyron）关系，$C_L = 3 \times 10^7$ bar，$L_S = 5.1 \times 10^{11}$ erg/mol。计算在 280K 饱和气中 H_2O 的分压。

（c）由于饱和大气中水的浓度随高度的下降比总压的下降快得多，因此可以通过将水的分压（单位：bar）乘以水的分子质量与空气的平均分子质量之比来估计 w_s（每克空气中水的克数）。确定 w_s 的值。

（d）估算湿绝热递减率。提示：注意使用的单位。式（4-22）中的潜热单位为 erg/mol，而式（4-24）中的是 ergs/g。

习题 4.15 I

NH_3 气体的饱和蒸气压曲线由式（4-22）给出，$C_L = 1.34 \times 10^7$ bar，$L_S = 3.12 \times 10^{11}$ erg/mol。

（a）如果 NH_3 体积混合比为 2.0×10^{-4}，计算 NH_3 凝结的温度。假设大气由 90% 的 H_2 和 10% 的 He 组成，压强为 1 bar。提示：将体积混合比转换为分压。

（b）如果 NH_3 体积混合比为 1.0×10^{-3}，计算 NH_3 凝结的温度。

习题 4.16 I

天王星大气中 CH_4 云的底部压强为 1.25 bar，温度为 80 K。饱和蒸气压曲线由式（4-22）给出，$C_L = 4.658 \times 10^4$ bar，$L_S = 9.71 \times 10^{10}$ erg/mol。假设大气成分为 83% 的 H_2 和 15% 的 He，推导出天王星大气中 CH_4 的体积混合比。把答案和碳的太阳体积混合比相比较。

习题 4.17 E

如果黏度 $\nu_v = 0.134\ \mathrm{cm^2/s}$，空气密度 $\rho_{空气} = 1.293 \times 10^{-3}\ \mathrm{g/cm^3}$，确定雨滴在地球大气层中的收尾速度。

（a）确定 $10\ \mu\mathrm{m}$ 半径雨滴的收尾速度。

（b）确定 $1\ \mathrm{mm}$ 半径雨滴的收尾速度。

（c）把答案和地球的逃逸速度比较一下。对于直径为几毫米的液滴，收尾速度是真实的下降速度吗？

习题 4.18 I

（a）推导仅受太阳加热的大气温度升高的分数表达式。提示：太阳热量输入〔式（3-19）〕与大气温度升高 ΔT 所需的热量相等。

（b）计算金星和火星表面附近当地中午到午夜之间温度变化的分数，$\Delta T/T$。

（c）计算金星和火星热层温度变化的分数，$\Delta T/T$。

习题 4.19 I

推导旋转参考系中不可压缩流体的纳维-斯托克斯（Navier-Stokes）方程。提示：考虑式（4-28）和式（4-33），注意流体是不可压缩的。

习题 4.20 E

证明行星的涡度等于其角速度的两倍〔式（4-38）〕。

习题 4.21 I

木星的纬圈风速度可以通过木星云层的以下特征在云顶测量。云顶的压强水平约 400 mbar。纬度 $\theta = 30°$ 的风速测量值为 100 m/s。这个纬度的经圈温度梯度 $\partial T/\partial \theta \approx 3\ \mathrm{K/(°)}$。假设木星的大气层由 90% 的 H_2 和 10% 的 He 组成。在 $0.4 \sim 4$ bar 范围内的平均温度可以取为 150 K。

（a）利用热风方程导出纬圈风消失的深度（单位：bar）。

（b）纬圈风消失的位置离云顶有多远（单位：km)?

习题 4.22 I

考虑一颗大气层可以近似于理想气体的行星。行星的倾角很小，从赤道到极点表面温度平滑地变化。如果大气密度仅仅是高度的函数，那么气压在地表上会发生变化，气体在向极方向加速。

（a）证明加速度 $\mathrm{d}v/\mathrm{d}t = -R_{gas} \nabla T/\mu_a$，其中 R_{gas} 是气体常数，μ_a 是平均分子质量。

(b) 利用地球的参数，赤道到极点的温差为 60 K，计算出一个气团从赤道"自由下落"到极点所需的时间。

习题 4.23 I

考虑上一个问题中描述的行星。行星旋转产生科氏加速度，在旋转参考系中测得：$dv/dt = -2\omega_{rot} \times v$，其中 ω_{rot} 是行星的自转速率。除了赤道之外，科氏加速度有水平分量。因此，移动的气团倾向于以半径约为 v/ω_{rot} 的圆运行。利用上一个问题中导出的自由落体速度，估计地球上纬度 $\theta = 30°$ 上这种运动的特征半径。对结果发表评论；自由落体速度是地球上风速的特征吗？

习题 4.24 I

考虑地球上地心纬度 $\theta = 20°$ 的风暴。风暴高度 $\ell = 1$ km，半径 100 km。

(a) 假设风暴以 50 km/h 的速度自转，即风暴中的风以这样的速度吹，计算风暴系统的位涡度。

(b) 如果风暴向北移动到纬度 $\theta = 45°$，并且风暴的垂直和水平尺度保持不变，计算其新的涡度（风速）。

习题 4.25 E

海王星的大暗斑在 1989 年旅行者 2 号飞越时很明显，但是这个暗斑在 20 世纪 90 年代中期消失了。如果风暴系统确实向赤道移动，请解释为什么风暴可能已经消失。

习题 4.26 E

(a) 计算地球大气层中允许湍流在超过大气层标高的尺度上发展的最小空气速度（取 $\nu_v = 0.134$ cm^2/s）。

(b) 如果流速为 10 cm/s，那么湍流运动的特征长度标度是多少？

习题 4.27 E

简要地、定性地解释为什么地球大气中的臭氧密度在 30 km 附近达到峰值，列出相关的反应。

习题 4.28 I

(a) 使用查普曼反应 [4.6.1.1 节中的反应 (1)、(4)、(5) 和 (6)]，导出式 (4-62)。

(b) 假设化学平衡，推导式 (4-63) 给出的海拔分布。

(c) 利用图 4-40 中 [O] 和 [O$_2$] 的数密度，计算地球大气中 20 km 和 60 km 高度 O$_3$ 分子的数密度。$z = 0$ km 时 [M] 的数密度等于洛施密特（Loschmidt）数。

习题 4.29 E

解释为什么土星和木星平流层中的 NH_3 混合比远低于基于饱和蒸气曲线的混合比。

习题 4.30 I

假设原子的复合以气体动力学碰撞速率进行，即两个氧原子直接复合成分子 $k_{r2} = k_{gk}$。比较两体反应和三体反应的复合速率，例如反应（2）和（3）中 O_2 的形成。提示：对于 O_2 的产生，可能需要使用类似于式（4-58）的公式，并计算等速率 $k_{r2} = k_{r3}$ 所需的分子数密度。

习题 4.31 E

在天王星和海王星的平流层中观察到碳氢化合物的云层或雾霾层。解释为什么在对流层顶上方而不是下方看到这些雾霾。

习题 4.32 I

极限通量是通过行星大气的最大扩散速率。对于混合良好的部分大气（即在均质层顶以下，对地球来说在 $z < 100$ km 处），可以通过假设相同的 N_i/N 值来计算极限通量。考虑一下地球大气中所有形式的 H 原子（H_2O、CH_4、H_2），其分数丰度为 $N_i/N \approx 10^{-5}$。

（a）计算来自地球大气层的含 H 分子（以及氢）的极限通量。可以使用空气中 H_2 的量来近似二次扩散系数（表 4-7）。提示：计算高度 $z = 100$ km 时的极限通量；为什么？

（b）计算 H 原子从地球逃逸的速率。

（c）比较（a）和（b）中的答案，并对结果发表评论。

习题 4.33 E

大气的存在与否首先取决于大气的金斯逃逸。为了验证这个说法，画一个 H 原子的标准化逃逸参数 λ_{esc}，作为八大行星、木卫一、木卫三、土卫六、土卫二、小行星谷神星、柯伊伯带天体冥王星、阋神星和伐楼那星日心距的函数。要计算相对温度，只需使用近日点的平衡温度（第 3 章），并令反照率为 0，发射率为 1。假设外逸层底高度 $z = 0$。对结果进行讨论。提示：可能需要使用表 1-1～表 1-5、表 9-1、表 9-2 和表 9-5。

习题 4.34 E

假设一个半径为 15 km 的物体以 30 km/s 的速度撞击一颗行星。假设蒸发负荷参数约为 20。

（a）计算撞击物撞击地球时被吹向太空的大气质量。

（b）计算撞击物撞击金星时被吹向太空的大气质量。

（c）计算撞击物撞击火星时被吹向太空的大气质量。

（d）将（a）～（c）中计算出的逸出气体质量表示为每个行星大气质量的分数，对结果发表评论。

习题 4.35 E

为什么火星大气中的 $^{15}N/^{14}N$ 比地球大气中的大？

习题 4.36 I

（a）解释碳循环如何调节地球上的气候变化。

（b）定性地解释为什么如果发生一场大规模的核战争，地球上的温度可能会降到远低于冰点的水平。这种情况被称为"核冬天"。

第 5 章　行星表面

"我们应举国齐心，实现伟大目标，在 20 世纪 60 年代实现载人登月并安全返回地球。"

——约翰·菲兹杰拉德·肯尼迪，美国总统，1961 年 5 月 25 日的国会演讲

"这是我的一小步，人类的一大步。"

——尼尔·阿姆斯特朗，美国宇航员，1969 年 7 月 20 日成为第一个踏上月球的人类

在太阳系中，四颗最大的行星都是气态行星，它们都有非常厚的大气层和无法被探测到的固态"表面"。除此之外，其他所有尺寸较小的行星，包括类地行星、小行星、行星卫星和彗星，都拥有固态的表面。这些天体表面所展现出的地质特征，既提供了它们形成的线索，又能显示出过去和现在的地质活动。不同天体的表面反射率差异很大：有些天体表面的反射率非常低（例如月球的月海、碳质小行星、彗星的彗核），而另一些天体的反射率则相对较高（例如木卫二、土卫二）。甚至可以在单个天体上观察到反照率的巨大变化（如土卫八）。有些天体表面几乎全部被撞击坑所覆盖（如月球、水星、土卫一），而另一些天体鲜有或者没有撞击迹象（木卫一、木卫二、地球）。类地行星和许多较大的卫星显示出过去存在火山活动的明显证据，其中某些星球（如地球、木卫一、木卫二、海卫一）目前甚至仍然活跃。过去的火山活动可能以不同形状和大小的火山（如地球、火星、金星）或大型凝固熔岩湖（如月球）的形式显现。大多数天体，甚至某些小行星，都有着类似断层、山脊和陡坎的直线状特征。然而，其他天体中没有一个能像地球一样有板块运动。为什么行星表面看起来如此不同，它们有什么相似之处？本章将回顾行星地质的作用过程。首先对岩石和矿物进行基本回顾，然后讨论岩浆（magma，深部熔融的岩石）的结晶作用。在 5.3 节和 5.4 节中讨论"塑造"行星表面的过程（如重力作用、火山作用、构造作用、撞击作用），在 5.5 节中总结特定天体的表面特征。

虽然行星的内部结构在第 6 章中进行了一些讨论，但本章还是需要引入一些基本术语。图 5-1 是地球内部结构的简要示意图，是根据地震学数据推断出来的。地球的地核由内核（inner core）和外核（outer core）组成，外核包裹着内核，其中内核是固态的铁镍，外核则是液态的金属。地核的直径约为地球直径的一半。地核之外约 3 000 km 厚度的区域主要是岩石地幔（mantle），其可分为上地幔、下地幔和将它们隔开的过渡带。上地幔之外是软流圈（asthenosphere），是一层炙热的、高黏性的"流体"；再往外是一层已冷却下来的富有弹性的岩石圈（lithosphere）。软流圈和地幔均具有高黏性，而地幔的黏性更高，因此软流圈就像刚性岩石圈和高黏性地幔之间的"润滑"层。岩石圈是一个弹性层，它会对"负载"做出反应，例如会在一个海洋岛屿的负载下弯曲。然而准确描述岩石

圈的术语有些混乱，因为需要依靠地球物理学中的分支学科才能精确定义。例如，除指弹性岩石圈之外，岩石圈还可以指机械岩石圈或热岩石圈，前者定义为在地质时间尺度（约 10^8 年）内保持板块连贯部分的物质（岩石）。由于材料的变形是由其黏度决定的，黏度随温度的升高而降低，因此岩石圈内只有温度低于约 1 400 K 的部分可以保持刚性的状态。在海洋之下，岩石圈的厚度从约 0 km（洋中脊）到约 100 km 不等，在大陆之下，岩石圈的厚度约 200 km。因为大陆下面的岩石圈厚得多，所以软流圈主要是在海洋下面发现的。

　　行星外层的"皮肤"是一层相当脆弱的地壳层，这是本章的主题。地球的地壳在海洋之下的平均厚度约 6 km，在大陆之下的平均厚度约 35 km。海洋地壳主要由玄武岩组成，比硅质（花岗质）大陆地壳密度更大。

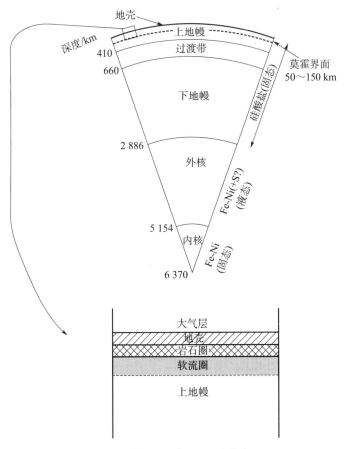

图 5 - 1　地球内部结构的示意图。（改编自 Putnis 1992）

5.1　矿物学与岩石学

　　岩石学（petrology）是一门研究岩石的成分、结构和成因的学科。由于固态行星的物质由岩石和冰组成，岩石由不同的矿物组成，因此作为行星科学家掌握一些岩石和矿物的基本知识是必不可少的。本节首先简要总结了矿物学的基础知识，然后回顾了各种类型的岩石，阐述岩石是如何形成的以及在哪里被发现的。

5.1.1　矿物

矿物（minerals）是天然存在的固态化合物，可以用机械的方法将构成岩石的不同矿物分离开来。每种矿物都以特定的化学成分或特定规则的原子排列结构为特征。分子的结合力由组成其原子的电子结构决定。一些原子（例如 Si、Mg、Fe、Ti）倾向于失去外层电子，产生带正电荷的离子（阳离子，cation），而其他原子（尤其是 O）可能会获得电子，产生带负电荷的离子（阴离子，anion）。原子是获得还是失去电子取决于元素的电子结构。大多数原子都有一个或多个松散结合的价电子，这些价电子可以被其他原子"共享"，用于填充电子壳层，从而降低所形成化合物的能量状态。这种原子间的相互作用决定了元素的化学行为。元素周期表（附录 D）显示了每个原子的价态。阳离子和阴离子之间的化学键被称为离子键（ionic bond），由电荷相反的粒子之间的静电吸引（库仑定律）而产生。例如矿物石盐（Na^+ 和 Cl^-）和氧化镁（Mg^{2+} 和 O^{2-}）。另一种类型的化学键是共价键（covalent bond），原子们在它们的外壳中共享电子。在金刚石中，每个碳原子被四个正四面体包围［图 5 - 2（a）］，这些原子通过共价键结合在一起。第三种结合力要弱得多，源自于范德华[①]力，是一种存在于固体中所有离子和原子之间的微弱的电吸引力。矿物中的结合力通常是上述三种类型的组合，决定了矿物的硬度。莫氏[②]硬度表（Mohs scale of hardness，表 5 - 1）中从 0 到 10，其中滑石粉硬度是 1，金刚石的硬度是 10。

矿物的特征是其化学成分和晶体结构的组合。如果一种物质构成原子的空间排列不同，则可以得到差异很大的不同矿物，即使它们的化学成分相同。典型的例子是都由 C 原子组成的石墨与金刚石。金刚石的 C 原子以共价键结合，是一种硬度极高的矿物，而石墨的硬度则非常低。石墨是一种层状结构，其中由 C 原子形成六边形的网状层，通过范德华力将这些层彼此结合在一起［图 5 - 2（b）］。

表 5 - 1　莫氏硬度表[a]

矿物	参数值	常见物质
滑石粉	1	石墨(0.6)
石膏	2	指甲(2.5)
方解石	3	铜币
萤石	4	

---

① 约翰内斯·迪德里克·范德华（Johannes Diderik van der Waals，1837 年 11 月 23 日—1923 年 3 月 8 日），荷兰物理学家。他因为在气体和液体状态方程方面的工作获得 1910 年诺贝尔物理学奖。范德华星（32893 van der Waals）以他的名字命名。——译者注

② 卡尔·弗里德里希·克里斯蒂安·莫斯（Carl Friedrich Christian Mohs，1773 年 1 月 29 日—1839 年 9 月 29 日），德国地质学家、矿物学家。他提出利用矿物的相对刻划硬度来划分矿物硬度的标准：在未知硬度的矿物上选定一个平滑面，用一种已知硬度的矿物加以刻划，如果未知矿物表面出现划痕，则说明未知矿物的硬度小于已知矿物；若已知矿物表面出现划痕，则说明未知矿物的硬度大于已知矿物。如此依次试验，即可得出未知矿物的相对硬度。——译者注

续表

矿物	参数值	常见物质
磷灰石	5	牙齿
正长石	6	窗户玻璃(5.5)
石英	7	钢锉(6.5)
黄玉	8	
刚玉	9	
金刚石	10	

ᵃ引自 Press and Siever（1986）等。

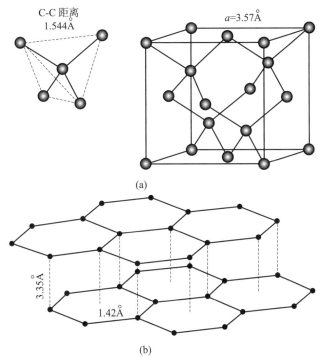

图 5-2　（a）金刚石的矿物结构：每个碳原子被其他四个碳原子包围成一个规则的四面体（如左图虚线所示）。金刚石（右图）是由这些四面体构成的。（Putnis 1992）（b）石墨的结构是由碳原子形成的六边形网状层构成的。在各层中，原子间的结合力很强，但各层之间的结合很弱。（Putnis 1992）

　　矿场中的矿物可通过其硬度（hardness）、沿某些平面的解理（cleavage）或断裂（如云母）、裂纹（fracture）、密度（density）、颜色（color）、光泽（luster）和条纹（streak，矿物被刮削时脱落粉末的颜色）来识别。尽管已知的矿物有几千种，每种都有其独特的性质，但它们中的大多数可以归为几个主要的化学类别。表 5-2 列出了这些类别。除了自然元素，如 Cu、Fe、Zn 等，矿物还可以由几种不同的原子组成，这些原子可组织成规则的晶体结构，如石英 SiO_2 或橄榄石（Fe，Mg）$_2SiO_4$。符号（Fe，Mg）表示元素 Fe 和 Mg 可以相互替代。矿物中原子的取代可以发生在大小和价相同的元素之间。

表 5－2　矿物的化学分类[a]

类别	阴离子定义	举例
天然元素	无	铜 Cu 金 Au
硫化物及类似化合物	S^{2-} 类似阴离子	黄铁矿 FeS_2
氧化物及氢氧化物	O^{2-} OH^-	赤铁矿 Fe_2O_3 水镁石 $Mg(OH)_2$
卤化物	Cl^-，F^- Br^-，I^-	岩盐 NaCl
碳酸盐及类似化合物	CO_3^{2-}	方解石 $CaCO_3$
硫酸盐及类似化合物	SO_4^{2-} 类似阴离子	重晶石 $BaSO_4$
磷酸盐及类似化合物	PO_4^{3-} 类似阴离子	磷灰石 $Ca_5F(PO_4)_3$
硅酸盐及类似化合物	SiO_4^{4-} 类似阴离子	辉石 $MgSiO_3$

[a] 引自 Press and Siever（1986）。

　　类地行星上最丰富的矿物类型是硅酸盐，即含有硅和氧的矿物，如石英、橄榄石、长石 $[(K, Na) AlSi_3O_8，CaAl_2Si_2O_8]$ 和辉石 $[(Mg, Fe) SiO_3]$。长石约占地球表层岩石的60%，其典型密度约 $2.7\ g/cm^3$，相对较轻。因此，长石倾向于在岩浆中向上漂浮，最终相对靠近行星表面。富钾长石被称为正长石，而斜长石富含钠和/或钙。石英和长石一样，在地球上非常丰富。石英的密度约 $2.7\ g/cm^3$，因此也存在于行星表面或靠近表面的位置。辉石大约占地壳的10%。它们的重元素含量相对较多，如镁和铁，因此辉石比长石更致密（$\rho \approx 2.8 \sim 3.7\ g/cm^3$）。这一类的常见矿物是普通辉石 $[Ca(Mg, Fe, Al)(Al, Si)_2O_6]$ 和顽火辉石（$MgSiO_3$）。橄榄石 $[(Fe, Mg)_2SiO_4]$ 是一种橄榄色的矿物，密度比辉石大，所以它会在岩浆中下沉。因此，橄榄石是地球深部形成岩石的重要组成部分，也被认为是地幔的主要组成部分。角闪石是一组（Mg，Fe，Ca）-硅酸盐，其密度略低于辉石，但具有更加非晶质的结构，约占地球地壳矿物的7%。例如普通角闪石 $[(Ca, Na)_{2 \sim 3}(Mg, Fe, Al)_5 (Si, Al)_8O_{22}(OH)_2]$。云母是钾、铝和/或镁的片状硅酸盐。云母最常见的例子是黑云母 $[$黑色至深棕色；$K(Mg, Fe)_3AlSi_3O_{10}(OH, F)_2]$ 和白云母 $[$银色，无色或白色，半透明；$KAl_2(AlSi_3O_{10})(OH, F)_2]$。

　　除硅酸盐外，地球上最丰富的矿物是氧化物，主要由金属（尤其是铁）和氧组成。常见的氧化铁包括磁铁矿（Fe_3O_4）、赤铁矿（Fe_2O_3）以及褐铁矿（$HFeO_2$）。磁铁矿具有黑色金属光泽；赤铁矿通常为红棕色或铁灰色和黑色；褐铁矿的颜色为黄褐色至深褐色，类似铁锈。这些矿物被认为是火星表面变红的成因。钛铁矿 $[(Fe, Mg)TiO_3]$ 是一种黑色不透明矿物，尖晶石（$MgAl_2O_4$）是月球月海区域不透明的主要成因。

地球上其他常见的矿物有黄铁矿（愚人金[①]，FeS_2）和菱铁矿（FeS），这两种矿物在行星内部可能都很丰富（6.1.2.3 节），因为它们的高密度（约 5 g/cm³）导致它们会在岩浆中下沉。黏土矿是含水的铝硅酸盐，它是地球和火星上侵蚀的主要产物，在碳质小行星（如谷神星）上也有发现。黏土矿可能含有大量的化学结合水。

在日心距约 4 AU 之外的外太阳系，冰占了太阳星云中凝聚物质质量的一半以上，因此是外太阳系矿物的重要组成部分。重要的冰包括水（H_2O）、二氧化碳（CO_2）、氨（NH_3）和甲烷（CH_4）。许多水还以水合矿物（hydrates mineral）的形式存在（如上文中提到的含水硅酸铝），而水冰可以以笼形包合物（clathrate）的形式存在，在笼形包合物中的客体分子充填在水冰晶格的笼形结构空间中。在外太阳系中其他重要的低温冷凝物是碳质矿物，其使物体表面呈现黑色和红黑色（反照率约 2%～8%）。乔托号探测器对哈雷彗星的原位测量揭示了 CHON 粒子的存在，这些粒子主要是 H、C、N 和 O 元素[②]的组合（10.3.5 节）

5.1.2　岩石

行星表面由固态物质组成，这些固态物质通常被称为"岩石"，是不同矿物的组合。根据形成的历史，岩石可分为四大类：原始岩石、火成岩、变质岩和沉积岩，每一类都将在下面的小节中详细讨论。在这些大类中，岩石可根据其组成的矿物和/或其结构（如构成岩石的颗粒的大小）进一步细分。一些岩石，如角砾岩（5.1.2.5 节），可能包含不同种类岩石的材料。

5.1.2.1　原始岩石

原始岩石是由直接从原始太阳星云中凝结出来的物质形成的。在行星、大卫星和小行星等天体内部的物质，由于经受了高温和高压而发生了显著的变化，而原始岩石没有经历过这些变化。原始岩石从未被过多地加热，尽管原始岩石的一些成分（例如球粒）在太阳系历史的早期可能已经相当热了。原始岩石在许多小行星表面很常见，大多数陨石都是原始岩石（8.1 节）。

5.1.2.2　火成岩

火成岩是地球和其他天体上最常见的经历过熔融的岩石。火成岩是岩浆（magma，即大量热熔岩）在冷却时形成的。冷却岩浆的物理和化学性质以及其内部矿物的结晶体在5.2 节中进行了讨论。这里描述了熔体[③]的最终产物，即在冷却过程中所产生的各种类型的岩石。岩石由地下（侵入岩 intrusive rocks，或深成岩 plutonic rocks）或地上（喷出岩extrusive rocks，或火山岩 volcanic rocks）的岩浆形成。地下深处的岩浆冷却缓慢，晶体有足够的时间生长。因此，由此产生的侵入岩粒度较粗，可以用肉眼很容易分辨出矿物

---

① fool's gold，愚人金，是指黄铁矿有类似于黄金的金色，常常被误认为是黄金。——译者注

② 指生命体中最常见的四种元素。——译者注

③ melt，熔体，即熔融状态的物质，文中特指岩浆。——译者注

（如普通花岗岩，图 5 - 3）。当岩浆穿过行星地壳喷发时，它通过向太空辐射热量得以迅速冷却。因此，火山岩显示出细粒的结构，其中个别的矿物只能通过放大镜才能看到。在急速冷却的情况下，岩石可能会"冻结"成玻璃状物质。黑曜石是一种快速冷却的火山岩，冷却速度太快以至于没有形成晶体结构（图 5 - 3）。这些经历急速冷却的岩石中的矿物不再以晶体的形式存在，而是呈现出非晶质的玻璃状结构。因此，岩石的结构取决于岩浆冷却的速度，而岩石的成分则取决于从熔体中结晶出来的矿物。

尽管主要岩石群的分类是基于其化学和矿物学组成，但出于实际目的，也可以简单地使用岩石的二氧化硅含量进行分类。两种基本的岩石类型是玄武岩和花岗岩，其中玄武岩含有 40%～50% 的二氧化硅（质量分数），花岗岩的含量更高（质量分数约为 70%）。除二氧化硅外，玄武岩主要由重矿物组成，如辉石和橄榄石。玄武岩有时被称为基性岩（basic rocks）或镁铁质岩（mafic rocks，来自 Mg、Fe）。超基性（超镁铁质）岩（ultrabasic rocks 或 ultramafic rocks，如橄榄岩，是行星地幔的主要成分）含有非常大比例的重元素。相比之下，在花岗岩中，长石［尤其是正长石（富钾长石）］以及石英是主要的矿物。因此，花岗岩也被称为长英质（felsic，来自长石）或硅质（silicic）岩石。花岗岩通常是浅色的，而玄武岩，尤其是超镁铁质玄武岩则是深色的。玄武质岩石可能是行星表面最常见的岩石，因为它们构成了地球和月球等天体上的熔岩（凝固岩浆）流。尽管花岗岩在地球上很丰富，但在其他行星上却不太常见。

图 5 - 4 以数据立方体的形式展现了各种岩石类型。横轴表示岩石的二氧化硅含量，纵轴表示矿物含量。后退轴（朝向立方体背面）表示颗粒尺寸。二氧化硅含量决定了岩石是长英质（花岗岩）还是镁铁质（玄武质）。颗粒的尺寸随着岩石冷却时间的延长而增大。侵入岩由大颗粒组成，而火山岩则由细颗粒组成。图 5 - 3 展现了一些岩石的实物照片。构成花岗岩的矿物通常有几毫米大小，主要由长石和石英组成。花岗岩的火山岩形式为流纹岩、浮石和黑曜石，按粒径递减顺序排列（黑曜石是一种玻璃，不含晶体）。玄武岩是一种细粒的镁铁质火山岩，主要由辉石矿物组成。深成岩的粗粒镁铁质岩石被称为辉长岩。纯橄榄岩（dunite）是一种超镁铁质岩石，几乎全部由矿物橄榄石组成。

喷出岩与火山活动直接相关。火山喷发的类型由岩浆的黏度（流体流动阻力的度量）决定，并取决于熔体的温度、成分（尤其是二氧化硅含量）和气体含量。通常，二氧化硅含量高的岩浆/熔岩（即长英质熔岩）具有高黏度，如果气体含量高，黏度会增加得更多。这种喷发是爆炸性的，典型温度约为 1 050～1 250 K，它们形成了厚厚的局部沉积物。相比之下，玄武岩熔体的流动性很强，喷发温度为 1 250～1 500 K，流动得又快又远；它们形成了大型熔岩层并填充低地，如月球月海和夏威夷的熔岩层。这些熔岩流通常颜色较深，与颜色较浅的长英质沉积物形成对比。

火山岩在外观和密度上的差异非常大，所以通常需要结合其结构和成分来识别其种类。在剧烈的爆炸过程中，熔岩被喷射到空气中并破碎，原因通常是由于气体的突然释放，这种现象在硅质岩浆中比在玄武质岩浆中更为常见。在如此猛烈的爆炸中产生的岩石被称为火山碎屑（pyroclasts），大小不一，可以是微米大小的火山灰（dust）、毫米大小的

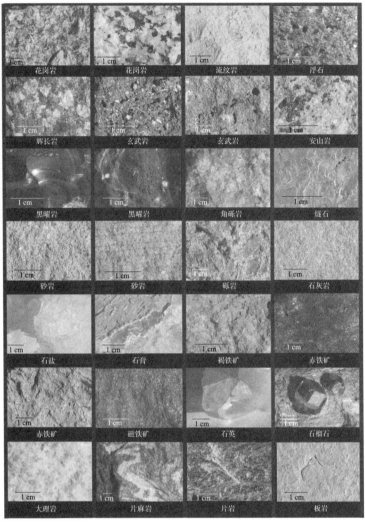

图 5 - 3　不同类型岩石的示例。通过这些示例可以看出重要岩石类型之间的差异。每一幅图像上都有一个近似的比例尺（1cm 的条形图）。岩石按类型（火成岩、沉积岩、变质岩）和粒度分类（图 5 - 4）。在某些情况下给出了两个示例，例如，颜色可能有很大差异（例如白色和粉色的花岗岩，深灰色和红色的赤铁矿）。在花岗岩（granite）样品中可以发现单个晶体（如石英、黑云母、白云母、斜长石），而在流纹岩（rhyolite）中只能看到小颗粒。浮石（pumice）是一种很轻的泡沫状岩石。辉长岩（gabbro）中的单个晶体较大，与花岗岩类似，而玄武岩（basalt）和安山岩（andesite）中的晶体较小。黑曜石（obsidian）是一种玻璃状岩石，没有晶体结构。砂岩（sandstones）是一种沉积岩，可以从颗粒外观（如灰色砂岩和亚利桑那粉红砂岩）清晰地识别出来，而砾岩（conglomerates）的颗粒则要粗得多。燧石（chert）是一种相对坚硬的沉积物。石盐（halite）和石膏（gypsum）是蒸发岩的代表性样品。磁铁矿（magnetite）是一种氧化铁。褐铁矿（limonite）和赤铁矿（hematite）是由黏土矿物形成的沉积物。矿物有时以大晶体的形式存在，如石英（quartz）和石榴石（garnet）晶体。图中显示了几种变质岩（底排）：大理石（Marble）、片麻岩（gneiss）、片岩（schist）和板岩（slate）。[弗洛里斯·范勃鲁盖尔（Floris van Breugel）用加州大学伯克利分校地质博物馆 K. 罗斯（K. Ross）提供的岩石样本所拍摄的照片]

火山砾（ash）和更大尺寸的火山弹/火山块（bombs）。许多火山碎屑呈玻璃状或细颗粒状，它们由突然喷出的岩浆快速冷却而产生。硅质熔体的含气量可能较高，且由于气体通常无法逸出，火山碎屑的碎片可能非常轻。这种泡状岩（vesicular rocks）的例子有浮石（pumice）或火山泡沫（volcanic foam），其中火山泡沫是一种海绵状的玻璃质岩石，有许多气泡或空穴（泡），由熔体中的气体形成。浮石很轻，能浮在水中。当火山碎屑撞击地面时，岩石可能在极热的温度下胶结在一起，形成火山凝灰岩（tuff）和角砾岩（breccias）。

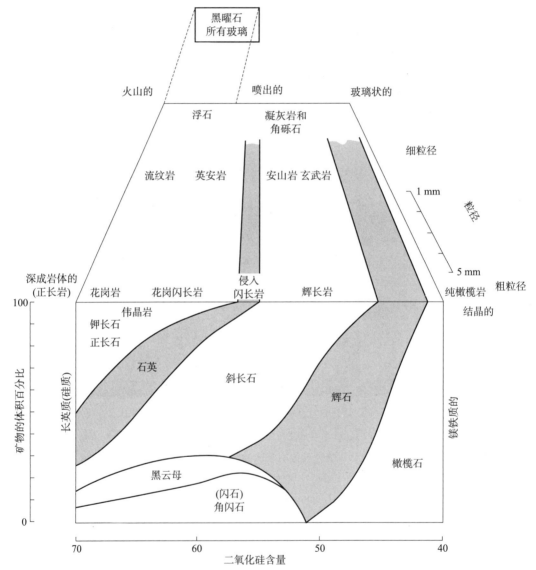

图 5-4　火成岩分类的立方体示意图。横轴表示岩石的二氧化硅含量（体积百分比），纵轴表示给定矿物的百分比。岩石的结构表示为与颗粒尺寸相关的函数，颗粒的尺寸轴（后退轴，朝向立方体背面）在立方体的顶部。二氧化硅含量为 70% 的花岗岩中含有约 25% 的石英（SiO_2）、少于 10% 的黑云母、角闪石和斜长石，以及 50% 的钾长石或正长石。细粒的花岗岩被称为流纹岩。二氧化硅含量较低的岩石更具镁铁质。橄榄岩由不同的辉石和橄榄石组成。橄榄石含量在 90% 以上的岩石称为纯橄榄岩。（Press and Siever 1986）

5.1.2.3　变质岩

由于来自地球内部的巨大力量对地球表面进行了大量的改造，许多岩石在受到高温和高压或被引入其他化学活性成分时其性质发生了变化。经历过这些变化的岩石被称为变质岩（metamorphic rocks）。这类岩石通常以岩石中占主导地位的矿物成分而命名，如大理岩（来自石灰岩或其他碳酸盐岩）、石英岩（来自石英）和角闪岩（角闪石），一些示例见图 5 - 3。变质作用既能在区域范围（regional scale）内发生，也可以仅在局部范围（local scale）内发生。在区域尺度上，岩石（火成岩、沉积岩、变质岩）在地表以下数千米处被极高的温度和压强转化。大区域或大面积的岩石可以通过这种方式发生变质。区域变质岩可以显示出叶理（foliation），这是一种由平行排列的矿物引起的片状结构，通常垂直于施加在岩石上的应力。例如由花岗岩转化的粗粒片麻岩，由页岩和/或花岗岩转化的中粒片岩，以及由页岩转化的细粒板岩。蛇纹石由蛇纹石矿物［含水镁铁硅酸盐，$(Mg,Fe)_3Si_2O_5(OH)_4$］组成，它是由海洋地幔橄榄岩中的富镁矿物橄榄石和辉石在相对较低的温度下经氧化作用形成的。板块构造运动将蛇纹岩带到了加利福尼亚海岸，因此这里的岩石被称为"加利福尼亚岩石"。在局部尺度上，岩石在靠近岩浆侵入的区域发生了转变，这主要是由热效应引起的。岩浆强行进入层状岩石或穿透岩石的缝隙或空洞。如果施加在岩石上的应力和温度足够高，岩石就会发生变质。例如角页岩，它是一种颗粒非常细的硅酸盐岩石。以这种方式形成的岩石有时被称为接触变质岩（contact metamorphic rocks）。岩石也可能由于撞击引起的冲击而发生变质，尽管这在地球上不像区域变质岩或接触变质岩那样常见。在几个撞击地点发现了冲击石英。

5.1.2.4　沉积岩

在有大气层的行星上，风、雨和液体（如水）的流动作用能够运输物质。沉积作用是这一运输过程的最后一个阶段，即物质沉淀在其他地方。这些沉积物可以形成新的沉积岩（sedimentary rocks，图 5 - 3）。这些碎屑（detrital）沉积物是由自然的力量从一个地方运输到另一个地方，例如在岩石被侵蚀后产生的碎屑通过风或水被运输至其他地方。这些物质的成分就是先前存在的岩石和矿物的碎片，因此被称为碎屑状的（clastic，在希腊语中意思是碎屑状的）碎片。在运输岩石碎片时，运输的效率与矿物的大小和重量有关。由于有分选过程，岩石可以形成不同的结构，岩石的颗粒可以很粗也可以非常细。粗颗粒碎片例如砾石，胶结在一起可以形成砾岩（conglomerates）。中等颗粒砂子可以形成砂岩（sandstone），细颗粒黏土和粉土可胶结成泥岩（mudstone）或页岩（shale）。页岩和砂岩中的单个颗粒由于侵蚀作用可以变得非常圆。页岩和砂岩是地球上最丰富的两种沉积岩。页岩占地球沉积物的 70%，而砂岩占 20%。剩下的 10% 主要由石灰岩组成，这是一种化学沉积物，下面将对其进行简要讨论。

岩石的成分可以通过与其他化学成分（例如存在于大气中的化学成分）的相互作用而发生改变。这种作用所产生的沉积物被称为化学沉积物（chemical sediments）。例如石灰石（$CaCO_3$）和白云石［$CaMg(CO_3)_2$］，来源于尤里风化反应（Urey weathering reaction，4.9.2 节），其中溶解在水中的 CO_2 与土壤中的硅酸盐矿物反应形成碳酸钙或方解石（calcite）。需要注意的是，地球上大多数碳酸盐来自于生物的沉积，即海洋生物所产生的动物贝壳。蒸发岩（evaporite）是一种岩石材料，它来自液体经蒸发后留下的沉积物，如石盐、普通盐（NaCl）；或者硫酸盐矿物，如石膏（$CaSO_4 \cdot 2H_2O$）。蒸发岩可以把其他岩石结合在一起形成松散易碎的岩石。另一种沉积物是由黏土矿物、含水铝硅酸盐（如赤铁矿和褐铁矿）形成的。它们在地球和火星上的侵蚀产物，以及外太阳系小行星和天体的含碳物质中都非常丰富。

5.1.2.5　角砾岩

角砾岩（breccias）是由尖锐的角状碎片所胶结而成的"破碎岩石"。这些岩石可能源自流星撞击，在撞击过程中和撞击后，碎片在高温高压下被"黏在一起"。因此角砾岩覆盖在许多撞击坑的底部。由单一类型岩石碎片组成的角砾岩称为单矿物角砾岩（monomict breccias），多矿物角砾岩（polymict breccias）则由不同类型岩石碎片的混合物组成。角砾岩也可能在地壳构造上形成，例如沿着断层带。

5.2　岩浆冷却

岩浆的成分、压强和温度决定了岩浆冷却时最终形成的是何种矿物。本节将讨论熔体的相图以及在岩浆冷却过程中发生反应的一般顺序。

5.2.1　岩浆相变

岩浆在冷却和结晶时所经历的状态可以在相图（phase diagram）上显示，与 4.4 节中讨论的水和其他可冷凝气体的相图类似。为了简单起见，假设岩浆在平衡条件下结晶。利用系统的吉布斯[①]自由能（Gibbs free energy）G，或者吉布斯自由能的变化 ΔG，可以对岩浆相变的发生进行最佳预测

$$G \equiv H - TS$$
$$\Delta G \equiv \Delta H - T\Delta S \tag{5-1}$$

式中，T 表示温度，S 表示系统的熵（定义在后面）。

焓（enthalpy）用 H 表示，定义为内能 U（储存在原子间键结中的势能加上原子振动的动能）与作用在系统上的功 PV 之和，其中 P 表示压强，V 表示体积，即

$$H = U + PV \tag{5-2}$$

纯元素的焓被定义为零，而矿物的焓是从单个元素形成矿物所需的焓或"热"的变化。如果形成矿物需要能量，则反应过程是吸热的（endothermic），生成焓为正。如果反应过程释放出能量，则是放热的（exothermic），生成焓为负。生成焓与系统的热容 C_P 有

---

① 乔赛亚·威拉德·吉布斯（Josiah Willard Gibbs，1839 年 2 月 11 日—1903 年 4 月 28 日），美国科学家。他在物理学、化学以及数学领域都做出了重大的理论贡献，其中在有关热力学的实际应用研究奠定了物理化学基础。吉布斯还通过系综理论给出了热力学定律的一种微观解释，由此成为统计力学的创建者之一。吉布斯星（2937 Gibbs）以他的名字命名。——译者注

关，C_P 定义为在保持恒压的条件下将 1 mol 材料的温度升高 1 K 所需的热量［式（5 -
25）、（3 - 26）、（3 - 36）、（3 - 37）］

$$\left(\frac{\partial H}{\partial T}\right)_P = \left(\frac{\partial Q}{\partial T}\right)_P \equiv C_P \tag{5-3}$$

系统在温度为 T_1 时的焓等于

$$H = H_0 + \int_0^{T_1} C_P \mathrm{d}T \tag{5-4}$$

式中，H_0 为在温度 $T = 0$ K 时系统的焓。

熵（entropy），用 S 表示，当矿物从一个相或结构转变到另一个相或结构时，它是测量矿物有序状态变化的量。对于热力学可逆过程，熵的变化等于系统吸收热量 $\mathrm{d}Q$ 相对于温度 T 的比值

$$\mathrm{d}S = \frac{\mathrm{d}Q}{T} \tag{5-5}$$

这样一个系统在温度为 T_1 时的熵由下式给出

$$S = S_0 + \int_0^{T_1} \frac{C_P}{T} \mathrm{d}T \tag{5-6}$$

式中，S_0 为在温度 $T = 0$ K 时系统的熵。

对于 $S_0 = 0$ 的完美晶体，所有原子都处于基态。在加热一个热力学可逆的样品并将其冷却到原始温度后，熵的变化将为零。然而，对于任何自然过程，熵的变化总是正的（$\mathrm{d}S > 0$），这意味着如果矿物在转变过程中变得更有序（$\mathrm{d}S < 0$），那么在这个过程中释放的热量一定会增加环境的无序性。

吉布斯自由能常被用来评价样品的相变状态。图 5 - 5 显示了熔体液相 l 和固相 s 的吉布斯自由能随温度变化的曲线图。自由能最低的相是稳定相。在临界温度 T_c 下，两个相的曲线发生了交叉，而熔体在进一步加热或冷却时则会发生相变。相变会引起焓 H 的变化，即发生相变潜热（latent heat of transformation，4.4.1 节）

$$\Delta H = T \Delta S \tag{5-7}$$

在恒定的压强下，样品的转变或相变仅会在冷却或加热时发生，因为两个相的自由能在 T_c 时是相等的。实际中，转变可能是可逆的（reversible），例如样品在冷却时发生相变，而在加热时又可以回到原来的状态；也可能是不可逆的（irreversible），当温度梯度被反转后，样品没有转变回原来的状态。转变能否可逆除了温度外，还取决于所涉及过程的动力学或反应速率。不可逆过程一个典型的例子是金刚石和石墨。金刚石形成于地壳深处，那里的高压和高温有利于形成这种紧密的结构；当金刚石被带到地表时，其并不会转化为石墨，即使石墨在地表条件下的吉布斯自由能比金刚石低。这是因为金刚石在室温和室压下转化为石墨的速率很低，即使经过数十亿年的时间，变化也很小。

大多数熔体可以由多种成分组成。这种熔体的总吉布斯自由能由单个成分的能量决定

$$\begin{aligned} G &= \Delta G_{\mathrm{mix}} + \sum(f_i G_i) \\ &= \Delta H_{\mathrm{mix}} - T \Delta S_{\mathrm{mix}} + \sum(f_i G_i) \end{aligned} \tag{5-8}$$

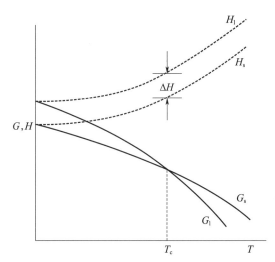

图 5-5 溶液的液相和固相的吉布斯自由能 G 和焓 H 随温度变化的曲线图。自由能最低的相为稳定相。当温度 $T > T_c$ 时，溶液为液相；当温度 $T < T_c$ 时，溶液为固相。（改编自 Putnis 1992）

式中，f_i 表示第 i 个组分的分数浓度。混合项 G_{mix} 代表不同组分发生混合时，系统的熵和焓的变化。从统计参数可以看出

$$\Delta S_{mix} = -n_s R_{gas} \sum (f_i \ln f_i) \tag{5-9}$$

式中，n_s 表示原子/分子能够进行置换的结构点的数量，R_{gas} 是理想气体常数。由于 $f_i < 1$，$S_{mix} > 0$，因此吉布斯自由能降低，有利于形成固溶体（solid solution）。在理想固溶体中，$H_{mix} = 0$，G_{mix} 则完全由混合物的熵决定。对固相中组分 i 的化学势（chemical potential）或部分摩尔自由能（partial mole free energy）进行如下定义

$$\mu_i = G_i + R_{gas} T \ln f_i \tag{5-10}$$

理想固溶体中的吉布斯自由能（$\Delta H_{mix} = 0$）为

$$G = \sum (\mu_i f_i) \tag{5-11}$$

图 5-6 显示了双组分溶液自由能的曲线，$G = \mu_A f_A + \mu_B f_B$。如果考虑液相＋固相溶体的自由能曲线，则只有在每个相中各组分的化学势相同时，液相和固相才能共存。图 5-7 给出了二元熔体结晶的示例，显示了冷却过程中液体和固体溶液在不同温度下的自由能 [图 5-7（a）～（e）]。相图 [图 5-7（f）] 显示了液相线（liquidus）和固相线（solidus），它们分别定义了混合物完全为液态或固态的"边界"。

相图可能非常复杂；固体和/或熔体在某些温度下可能变得不互溶（彼此不溶）；固相在不同温度下可能以不同形式存在；物质的熔点可能在特定熔体存在时降低（eutectic，共晶行为），可能会形成中间产物等等。例如，图 5-8 中所示的 $MgO-SiO_2$ 系统包含几个不同的固相，如方镁石（MgO）、镁橄榄石（Mg_2SiO_4）、顽火辉石（$MgSiO_3$）、二氧化硅（SiO_2）多晶型、晶石和菱铁矿。根据成分和温度，熔体可能以单一液相（高温）或许多不同的固相和/或液相存在。存在哪种固相取决于冷却熔体的温度和原始成分。

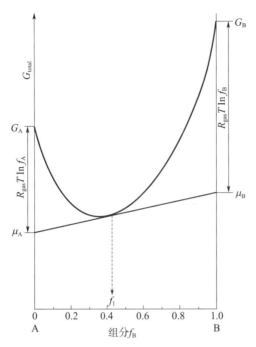

图 5-6　一种由组分 A 和 B 组成的理想固溶体的吉布斯自由能曲线。x 轴表示溶液中组分 B 的占比。y 轴表示吉布斯自由能 G_A 和 G_B，分别为溶液中 A 占 100%（即 B 占 0%）和 B 占 100% 的情况。组分 f_B 曲线的任意一条切线（如图中所示的 f_1）与两条自由能坐标轴的截距值为每种成分的化学势，用 μ_A 和 μ_B 表示。则总自由能由 $\mu_A f_A + \mu_B f_B$ 之和给出［式（5-11）］。（改编自 Putnis 1992）

5.2.2　结晶与分异

　　上一节展示了冷却熔体的物理和化学特性是复杂的。因为在二元系统中，岩浆或熔融的"岩石"可在很大的压强和温度范围内结晶。当熔体冷却时，结晶物质和岩浆的成分不断变化。从岩浆中结晶出来的矿物，以及它们结晶的顺序，取决于压强、温度和成分，以及它们如何随系统从液相变为固相。当岩浆冷却时，现有晶体或成核种子开始生长。由于结晶潜热使当地环境变暖，因此生长的速率会受到约束。这种热量必须从晶体中去除才能使晶体持续生长。另一方面，如果温度降低得太快，岩浆就会变得非常黏稠，无法为晶体提供足够的物质继续生长。地质学家通过对火成岩和半熔融熔岩的分析，以及在实验室进行岩石熔化和熔体冷却实验，来研究冷却岩浆。

　　更复杂的是，岩浆在平衡条件下通常不会冷却。结晶物质可能与岩浆不平衡，或者重晶体可能在岩浆中下沉，这一过程称为分异（differentiation）。对于后一种情况，晶体基本上在熔体中被除去。对于前一种情况，如果晶体不能平衡，则可能形成带状晶体。带状晶体由富含成分 A 的岩芯组成，外层围着一层地幔（称为边缘，rim），外层逐渐变为富含成分 B。例如，在斜长石熔体中，钙长石（$CaAl_2Si_2O_8$）的熔融温度［如图 5-7 中成分 A 的二元熔体］高于钠长石（$NaAlSi_3O_8$），形成具有富钙岩芯和富钠边缘的斜长石。

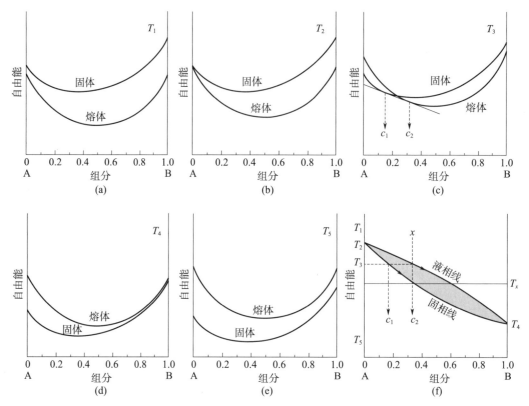

图 5-7　二元熔体在温度从 T_1（最高）到 T_5（最低）下的自由能-成分曲线序列。所得的相图如图 (f) 所示。在高温 T_1 下，如图 (a)，液态的自由能比固态的自由能低，因此岩浆完全熔化。在低温 T_5 下，如图 (e)，固体的自由能在各处都比液态低，因此混合物完全是固体结构。随着熔体的不断冷却，从图 (a) 中的温度 T_1 开始，当达到温度 T_2 时，固体 A 首先冷凝出来 [图 (b)]。当到更低的温度 T_3 时 [图 (c)]，在一定的成分范围内 G_{solid} 要比 G_{melt} 低。固态和液态的共存成分可定义为两条曲线的公切线，这里即 $\mu_{c_1} = \mu_{c_2}$ [图 (c)]。图 (f) 中的平衡相图由公共切点的轨迹组成，并确定了各温度下共存相的成分。液相和固相曲线分别定义了混合物处于完全液态或固态的"边界"。例如，考虑图 (f) 中 x 点处，即 B 成分占比为 c_2 的熔体。在熔体冷却后，垂直虚线与液相线在温度为 T_3 时相交，此时有成分占比为 c_1 的固体形成了晶体。当熔体进一步冷却时，固体和液体的成分被不断地调整或重新平衡，且混合体的成分由温度 T 时的水平线与液相线和固相线的交点给出。液体和固体的组成基本上遵循液相和固相曲线。在 T_x 温度下，整个熔体凝固成固体，其成分等于原始熔体的成分（c_2）。如果原始熔体在开始时成分 B 的浓度较高，则熔体的温度必须降低更多才会发生整体凝固。（改编自 Putnis 1992）

　　1928 年，鲍温[①]根据实验室结果提出了一个岩浆冷却的一般理论，即分离结晶（fractional crystallization）和岩浆分异（magmatic differentiation）。他提出的反应系列如图 5-9 所示。从高温超镁铁质岩浆开始，橄榄石晶体首先凝结出来。由于这些晶体很重，

　　① 诺曼·李维·鲍温（Norman Levi Bowen，1887 年 6 月 21 日—1956 年 9 月 11 日），加拿大岩石学家，发现了鲍氏反应系列。他 1912 年至 1937 年工作于卡内基科学研究所，1946 年任美国地质学会会长，1949 年当选英国皇家学会院士，1941 年获彭罗斯奖章，1950 年获沃拉斯顿奖章，月球上的鲍文-阿波罗月坑以他的名字命名。——译者注

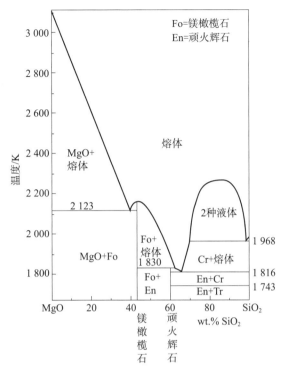

图 5-8　MgO-SiO₂ 系统的相图，包含方镁石（MgO）、镁橄榄石（Mg₂SiO₄）、顽火辉石（MgSiO₃）和二氧化硅（SiO₂）的相。在非常高的温度下，$T > 2\,270\ \text{K}$ 时，熔体在整个组分占比范围内以单相存在。当 $T < 2\,270\ \text{K}$ 时，在富硅端熔体变得不互溶，因此富硅和富镁液体共存。在图中富镁的一侧，方镁石（MgO）在 $T \leqslant 3\,070\ \text{K}$ 时结晶出来。在 $T \leqslant 2\,120\ \text{K}$ 时，除方镁石外，在 SiO₂ 含量 $\leqslant 40\%$ 的熔体中镁橄榄石也会结晶出来；在 1\,830 K 时，在 SiO₂ 含量为 $40\% \sim 60\%$ 的熔体中，镁橄榄石和顽火辉石在没有方镁石的情况下出现。注意镁橄榄石的共晶行为：纯镁橄榄石在 2\,170 K 下熔化，而在混合物中，熔点则降低了 50 K。在硅含量更高的熔体中，SiO₂ 在约 1\,770 K 结晶为不同的多晶型石英（方石英 Cr 和磷石英 Tr）。（改编自 Putnis 1992）

下沉到了岩浆房的底部，因此通过岩浆分异作用可以将它们从熔体中去除。剩余熔体为玄武岩成分。在进一步冷却后，辉石凝结并分化出来，留下更多含有安山岩成分的熔体（二氧化硅含量更高，图 5-4）。然后角闪石和黑云母出现，岩浆剩余成分的硅含量越来越高。如果晶体留在了冷却熔体中，它们可能与岩浆发生反应，因而发生变化。例如，如果橄榄石晶体没有沉淀下来，它们就会通过与冷却熔体的相互作用转化为辉石，在这种情况下地球上就不会有太多的橄榄石。

　　在冷却富含二氧化硅的熔体时，富含钙的斜长石（钙长石）首先结晶，同时在较低的温度下，晶体逐渐变得越来越富钠（钠长石）。由于长石相对较轻，它们往往漂浮在岩浆的顶部。冷却岩浆逐渐变得越来越富硅化，最终形成了花岗岩（钾长石、白云母和石英）。在冷却过程中的任何时候，如果熔体到达地表，产生的岩石就会具有"冻结"的熔体成分。所以，如果熔体在冷却过程的早期到达地表，就形成了玄武岩。如果岩浆在冷却过程中稍后才到达地表，则会含有相对较多的二氧化硅。

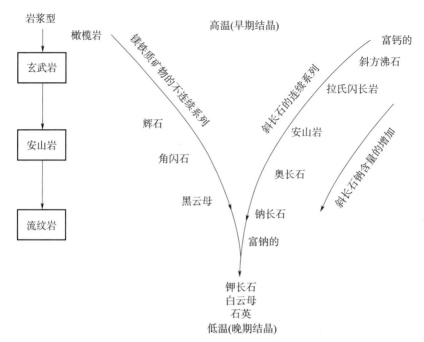

图 5 - 9　分离结晶和岩浆分异的鲍氏反应系列（Bowen's reaction series）。岩浆遵循分离结晶的双重路径：不连续的镁铁质系列和连续的斜长石系列。（Press and Siever 1986）

鲍温的分离结晶和岩浆分异反应系列是基于实验室中火成岩熔化和冷却的实验结果提出的。然而，在地幔冷却岩浆中发生的反应序列往往要复杂得多，研究仍在进行中。通常，岩石是部分熔融而非完全熔融，即使在一个岩浆房中，温度范围也很广。温度的差异可能产生化学分离。虽然对流运动可能会混合不同成分的岩浆，但有些熔体是不互溶的，因此一个岩浆房内可能会有多种不同成分的熔体。这些熔体会各自产生自己的结晶产物。

除了岩浆的结晶作用外，重要的是要考虑物质的熔化过程。例如，在地球的俯冲板块的地区，俯冲板块上的沉积物在一定的温度和压强下熔化。水的存在大大降低了某些物质的熔化温度。富水的硅质岩浆可能是由地壳重熔产生的，冷却后可能产生更多的花岗岩类岩石。

5.3　表面形貌

行星、小行星、卫星和彗星的表面显示出明显的形态特征，如山脉、火山、撞击坑、盆地、（熔岩）湖泊、峡谷、断层、悬崖等。这些特征可能是由内生（endogenic，天体内部的）或外生（exogenic，天体外部的）过程造成的。本节总结了行星上常见的内生过程。在 5.4 节中将讨论外生过程，特别是撞击坑形成过程。本章的最后一节简要总结了在各种太阳系天体上观测到的特征，这些特征可以告诉我们这些天体的形成和演化过程。

5.3.1　重力和自转

重力无处不在。它想把一切都拉"下"来，把一个行星塑造成一个完美的球体，一个达到流体静力平衡的天体。在最大的尺度上，与重力竞争最好的对手是自转产生的离心力。对于行星大小（半径超过几百千米）的天体来说，与球形的最大偏差是由自转引起的极区扁平化（6.1.4 节）。只有重力场较弱的小天体才会有非常不规则的形状（图 9-5、图 9-15、图 9-24 和图 5-86、图 5-94）。通过将椭圆绕其短轴旋转而生成的曲面是一个被称为椭球体（ellipsoid）的等势面。大地水准面（geoid）[①]（6.1.4 节）是最符合地球平均海平面的等势面。由于月球和太阳的潮汐效应引起的海平面变化通常是 $\pm$（$1 \sim 1.5$）m。在木卫一上，这种每日的振幅变化可能达几十米。

行星的表面形貌（topography）是相对于行星大地水准面来测量的。行星表面的局部结构能否承受重力作用取决于其物质的密度和强度。尽管物质的下坡运动是由重力引起的，但这种运动是否发生，取决于斜坡的坡度与静止角（angle of repose）的比较，静止角是某种材料能够支撑的最大坡度。静止角主要取决于摩擦力。如果将沙子堆积在沙箱里，则不论沙堆有多大，它们的坡度都是一样的，但如果换成是细砂、砾石或鹅卵石，那坡度就不同了。因此，静止角取决于材料的类型，"颗粒"的大小和形状，水和空气的含量，以及温度。如果山坡的坡度大于其静止角，则会发生滑坡、泥石流或岩崩等物质的崩坏作用（mass movements 或 mass wasting）。但是，即使在坡度没有超过静止角的斜坡上，物质也可以以滑塌运动（如滑坡、雪崩）或缓慢而连续蠕动（如冰川、熔岩流）的形式向坡下迁移。这种下坡迁移可以由内部或外部过程引起的地震活动（地球上的地震、月球上的月震等）触发。降水和液体的存在，例如地球上的水和土卫六上的甲烷，也在下坡运动中起到重要作用。探测器观测表明，崩坏作用是一个广泛的表层地质作用，滑坡的行为或特征（例如长高比）似乎对重力和物质特性非常不敏感。

5.3.2　构造地质学

构造活动由一颗行星物质的流变学或流变性控制。从技术上讲，流变学（rheology）研究材料的变形和流动，而流变性（rheidity）则是指一种物质的流动能力。实际上，流变学通常被用作是流变性的同义词，在这里将流变学作为一个利用经验推导的量，它决定了一种材料的应力/应变关系。应力和压强一样，定义为单位面积的受力。由施加应力（如载荷）引起的材料变形可通过无量纲的应变来表征

$$\epsilon_{ij} = \frac{1}{2}\left(\frac{\partial u_i}{\partial x_j} + \frac{\partial u_j}{\partial x_i}\right) \tag{5-12}$$

式中，u_i 表示变形的分量或位移。弹性材料会对应力做出反应，如果载荷消失，则弹性材料将恢复其原来的状态。如果是对黏性材料施加应力，只要应力施加在材料上，材料就会以缓慢、平滑的方式变形或流动。当应力消失时，流动就会停止，因为材料的固有阻力

[①]　大地水准面，又称海平面。——译者注

（黏度）会阻止变形。一种材料的黏度取决于施加的应力、应变速率和温度。如果一种材料的黏性应变和弹性应变之比大于 1 000，则材料通常表现为"流体"。一种材料是弹性的还是黏性的还取决于所涉及的时间尺度。例如，地幔在短时间尺度内表现为弹性，但在（地质学的）长时间尺度上表现为黏性。这类材料可认为是黏弹性材料。材料的（动态）黏度与刚性之间的比值称为（指数）黏弹性松弛时间（viscoelastic relaxation time），即

$$t_{rx} \approx \frac{\nu_v \rho}{\mu_{rg}} \tag{5-13}$$

式中，$\nu_v \rho$ 表示动态黏度，μ_{rg} 表示材料的刚性。在低温下，材料通常很脆，但在断裂前表现为弹性行为。在高温下，材料表现为韧性行为，这意味着它在断裂前会经历相当大的变形。

5.3.2.1 构造特征

任何引起地壳变形（包括拉伸或压缩变形）的地表运动，都称为构造活动（tectonic activity）。许多行星（类地行星、大多数的主要卫星和小行星）都显示出由于表层收缩和/或扩张而引起的地壳运动的迹象，这通常是由于地壳的加热或冷却而引起的。考虑将一颗正在形成的行星看成是一团炽热的岩浆。行星的外层与寒冷的外部空间直接接触，因此首先会通过辐射热量冷却，在炽热的岩浆上形成薄薄的地壳。当地壳冷却时，其就会收缩。地幔中的对流传热可能使"热羽流"四处移动并局部加热地壳，导致地壳发生局部膨胀。行星的内部通过热对流和热传导冷却，在地壳足够薄的地方，炙热的岩浆可以穿透地壳发生火山喷发。岩浆在地壳上增加的重量可能会导致地壳的局部凹陷，比如金星上的"冕状物"[①]。

地壳上的伸展和挤压力导致褶皱和断层作用。常见构造变形如图 5 - 10（a）所示。褶皱作用（folding）是指一个原本为平面的结构被弯曲。断层作用（faulting）涉及破裂。如果地壳由于压缩或膨胀运动而破裂，形成的裂缝就称为断层（faults）。这种运动可以是上下运动，如由拉应力引起的正断层（normal faults）和压应力引起的逆断层（reverse faults）。在走滑断层（strike - slip faults）中，地壳运动主要是在水平方向上进行的，例如在两个构造板块彼此平行滑动时可见［穿过加利福尼亚州的圣安德烈亚斯（San Andreas）断层］。

在非常大的地震后，断层的位移可达约 30m 量级。如果不涉及地壳运动，这些裂缝可称为节理（joints）。沿着这些节理，岩石相对较弱，因此特别容易受到侵蚀和风化作用。一个壮观的例子是美国魔鬼柱国家公园中的柱状玄武岩柱［图 5 - 10（b）］。

褶皱和断层有助于塑造行星的表面，其作用效果是独特的地质特征。典型的例子是地堑（grabens）和地垒（horsts）。地堑是一个相对于周围地块在高程上降低的拉长断块［图 5 - 10（a）］，而地垒是一个抬升的断块。陡坎是由断层作用或侵蚀过程形成的陡峭悬崖。许多天体显示出细沟，这些细沟是细长的沟渠，或形状曲折，或相对平直，均可以是

---

① 在行星地质学中，冕状物（Corona，复数形 Coronae）是行星表面的一种卵形结构。这种结构出现在金星和天卫五上。此种地形可能是由地表下热物质上涌而形成的。——译者注

构造形成（例如断层作用）或火山形成［例如坍塌的熔岩管和月球上的哈德利月溪（Hadley Rille），图 5 - 21（a）］。褶皱和断层作用也会导致山脊的形成，例如地球上许多大陆上的山脊。

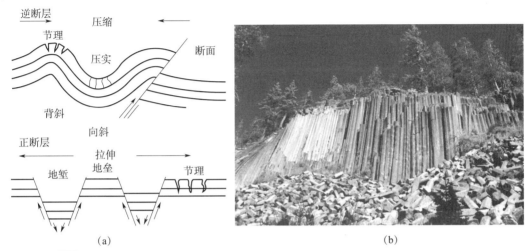

图 5 - 10　　（a）显示常见构造变形（如断层）以及地堑和地垒形成的示意图。(Greeley 1994)（b）美国加利福尼亚州魔鬼柱国家公园的垂直玄武岩柱。［（图片来源：库珀（Cooper），维基媒体共享］

5.3.2.2　板块构造论

对地球上大陆的形状和运动的研究产生了板块构造（plate tectonic）的概念。各大洲似乎结合在一起，就像一个拼图（图 5 - 11），目前的理论表明，大约 2 亿年前只有一块巨大陆地，称为盘古大陆（Pangaea）。从那时起，各大洲开始相互远离，这一过程被称为大陆漂移（continental drift）。这种运动是由"板块构造"引起的。岩石圈由 15 个大板块组成，这些板块每年相对移动几厘米，有时甚至高达 20 厘米。板块的当前运动可以用甚长基线干涉测量法（Very Long Baseline Interferometry，VLBI）来测量，VLBI 使用类星体（距地球数十亿光年的高亮度天体）作为固定射电源。也可以用基于卫星测距技术的全球定位系统（Global Positioning System，GPS）来测量。通过这些技术测得的板块运动速度与用地质方法从海洋岩石圈磁场中得到的速度一致（7.6 节）。因此，板块运动在过去的百万年里几乎没有改变！在超级大陆盘古大陆存在之前，一定有更多的大陆在组合和分裂。这些海洋盆地的打开和关闭的旋回（与超级大陆的形成和分裂相辅相成）被称为威尔逊[①]旋回（Wilson cycle）。威尔逊旋回是地球上地质时间旋回周期中最长的。需要注意的是，虽然威尔逊旋回的典型周期是 3 亿至 5 亿年，但 6 亿年前超级大陆的形成并不是以固定的时间间隔发生的。

板块构造是由地幔中的对流引起的，这导致了一个大规模的环流模式，而板块"骑"

---

① 约翰·图佐·威尔逊（John Tuzo Wilson，1908 年 10 月 24 日—1993 年 4 月 15 日），加拿大地球物理学家和地质学家，因对板块构造论的贡献而在全世界享有声誉。——译者注

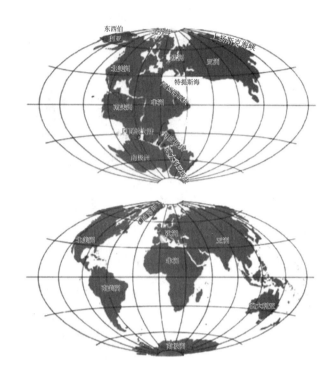

图 5-11　地球大陆漂移：2 亿年前，地球大陆组合成了一个拼图——一个名为盘古大陆（Pangaea，又称泛大陆）的超级大陆（上图）。(Press and Siever 1986)

在上面。这种环流有时可比作传送带。尽管地幔对流和板块构造的驱动力仍然是一个争论的话题，但很明显，板块在洋中脊处彼此后退（图 5-12），热岩浆在裂谷处上升并填充空隙。当岩浆到达地表时，它凝固并成为海洋板块的一部分。物质在远离洋中脊的过程中进一步冷却，导致大洋岩石圈板块增厚。冷板块的边缘到达大陆板块时会发生俯冲。这种活跃的板块边缘（active plate margin）称为俯冲带（subduction zone）。这种俯冲（负浮力）"拉"在板块上，而这种板块拉力（slab-pull）则可能是地幔对流的驱动力，因为俯冲板块被探测到一直深入/穿过下地幔（6.2.2.1 节）。因此，板块在洋中脊被拉开。由于这里上升的岩浆源于上地幔，而不是下地幔，因此洋脊推动（ridge-push）机制（板块被上升的热岩浆推开）并不能为地幔对流提供主要驱动力。然而，存在一个被动洋脊推力分量，即热上涌的地幔物质会产生一个高峰［脊，图 5-12（a）］，新形成的刚性板块通过重力从中滑离。无论是板块拉张机制还是洋脊推张机制，洋中脊都会产生新的洋底，板块的后退称为海底扩张（sea floor spreading）。在板块相遇的地方，它们相互碰撞（可比作一条满是原木的河流），或者在转换断层处相互滑动。这些"碰撞"导致了地震。地震释放的能量 E 可以用里氏[①]震级 $\mathcal{M}_R$ 量化

---

①　查尔斯·弗朗西斯·里克特（Charles Francis Richter，1900 年 4 月 26 日—1985 年 9 月 30 日），美国物理学家、地震学家。曾任职于加州理工学院，与同事宾诺·古登堡共同创立了判定地震震级的里氏地震震级，并于 1935 年首次使用这一度量方式。——译者注

$$\log_{10} E = 12.24 + 1.44 \, \mathcal{M}_R \tag{5-14}$$

里氏 7.5 级（大）地震释放 10^{23} ergs。

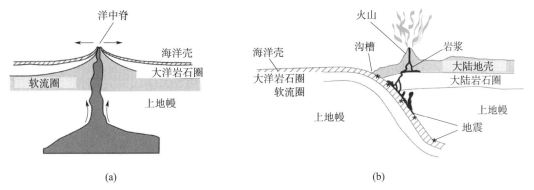

图 5 - 12　板块构造示意图。（a）海底扩张：板块在洋中脊处相互后退，岩浆上升并填满空隙；（b）俯冲带：在两个岩石圈板块（至少其中一个是大洋板块）的聚合性板块边缘，较重的大洋板块俯冲，火山在这种俯冲带附近形成

　　海洋板块（岩石圈＋地壳）比大陆板块（约 200 km）薄（0～100 km），而且密度更大，因为它们是由玄武岩组成的，而大陆地壳是由较轻（更多的花岗岩）材料组成的。当大洋板块和大陆板块相互挤压时，大洋板块将俯冲或潜入在大陆板块之下，至少对于活跃的板块边缘是如此。在被动边缘，大洋板块和大陆板块是并置而非俯冲。山脉和火山形成于俯冲带的大陆一侧，海沟形成于大洋一侧 ［图 5 - 12（b）］。当海洋板块下沉时，其"表面"上的沉积物（如海洋动物的骨头和页岩、河流中的沙子）被挤压和加热，从而形成新的变质岩，而在更深处，变质岩由于熔点较低会熔化。这形成了沿断层线的火山（最初形成）的连续岩浆源。由于水降低了岩石的熔化温度，凝固的上升岩浆 ［图 5 - 12（b）］形成了更多的花岗岩类岩石。北加州—俄勒冈州—华盛顿的喀斯喀特山脉就是这样形成的，整个太平洋边界都被这种类型的火山包围，统称为环太平洋火山带（Ring of Fire）。海洋岩石圈的再循环通常发生在大约 1 亿年的时间尺度上（习题 5.5）。

　　构造板块没有严格划分为大洋板块和大陆板块，许多板块是两种类型的组合。当两个板块相遇时，它们也可以彼此并排滑动，如加利福尼亚的圣安德烈亚斯断层。以色列也存在类似的易发地震断层线，那里的地震多次摧毁了古老的"圣经"城镇，如贝特谢安（Bet She'an）和杰里科（Jericho）。由于大洋板块的重量足以俯冲，当两个大洋板块相遇时，其中一个板块就会下沉。这可能会形成火山岛，比如阿拉斯加的阿留申群岛。当两个大陆板块相互挤压时，由于具有浮力，它们会发生屈曲，从而形成山脉，如喜马拉雅山脉。

　　板块构造是地球所独有的，在太阳系其他任何天体上都看不到。较小的行星和大型卫星是迅速冷却的（如水星、火星和月球），形成了厚厚的岩石圈板块。这些行星的构造特征主要是垂直运动，具有地堑和地垒等特征。金星显示了局部横向构造运动的证据，但没有板块构造的证据。金星板块构造的缺失被归因于缺水，因此其表面温度很高，导致地壳太硬，无法分裂成板块。地球内部的水被认为在板块构造中起主要作用，它降低了岩石的强度，致使岩石圈破裂。基于火星的地质、岩石学和磁场测量结果（7.5.3.2 节），有人认为这颗行星可能在其历史早期有板块构造，尽管这些理论存在很大争议。木卫二显示的特征可能与地球上看到的洋中脊最为相似（图 5-81）。但是木卫二上的条纹是由于内部的冰或水上升填充了表面局部应力所产生的裂缝而形成，形成方式和驱动力（潮汐作用）与地球的板块构造不同。

5.3.3　火山活动

许多行星和几个卫星都显示出过去火山活动的迹象，而一些天体（特别是地球、木卫一和土卫二）上的火山一直到今天仍然活跃（图 5-13、图 5-75、图 5-91）。火山爆发可以通过掩盖旧的特征和创造新的特征来彻底改变行星的表面。火山作用也能影响甚至创造大气（4.3.3.3 节）。本节将讨论什么是火山活动，它在哪里被发现，以及它如何改变地表。讨论的重点是地球，这是一颗火山活跃的行星，已经被进行了详细的研究。

火山活动的一个先决条件是地壳下面存在像岩浆这样的容易浮起物质。有几种热源可以实现这一点（6.1.5 节）：（i）行星在形成和不断分化重物质和轻物质的过程中，通过吸积可以产生热量；（ii）天体之间的潮汐相互作用会产生大量的热量，例如木卫一；（iii）放射性核素是所有类地行星的重要热源。

地球的上地幔是由高温主要是未熔化、受压的岩石组成，它表现为一种高黏性流体。也就是说，当考虑到至少几百年的时间尺度时，上地幔物质是流动的，但在较短的时间尺度上，它移动得不多（习题5.8）。覆盖在地幔上的固体岩石圈和地壳可以比作高压锅或浓缩咖啡机上的盖子。在热岩中形成的岩浆，比周围固体岩石的密度低，因此具有浮力可以上升。岩浆可通过表面的任何裂缝或薄弱结构被推出来。

在地球上区分了三种类型的火山作用。这三种类型中有两种与板块构造有关：沿洋中脊的喷发和俯冲带中的喷发（5.3.2 节，图 5-12）。第三种类型的火山作用是在热地幔"羽流"上方发现的，这是位于地壳较弱且岩浆可以穿透的地方（6.2.1.1 节）。这类岩浆非常热——羽流被认为起源于靠近核幔边界的地方，似乎与板块构造没有联系（尽管对此有一些争论）。当板块在炽热的岩浆柱上移动时，岩浆在海洋中形成岛屿，如夏威夷群岛链。

火山喷发的类型取决于岩浆的化学成分和物理性质。水、二氧化碳和二氧化硫等挥发性化合物在高温高压下溶解在岩浆中。当温度和压强下降时，即当岩浆接近地表时，这些挥发物质从中释放出来。火山作用的类型，爆破性（explosive）与喷发性（effusive，岩浆在表面的非爆炸性挤出）主要取决于岩浆的黏度，这取决于其成分，尤其是二氧化硅含量。二氧化硅含量越高，熔融温度越低，黏度越高。在低黏度玄武岩熔体中，挥发物可以上升并以气泡的形式自由逃逸到空间中，而在高黏度硅质岩浆中，气泡不能上升，而是随岩浆向上携带，导致表面的爆炸性喷发。

图 5 - 13　　地球上火山活动的例子。(a)、(b) 照片显示的是 1980 年大爆炸前后的圣海伦斯火山。这座火山位于美国华盛顿州，沿着太平洋和北美板块的边界。[图片来源：美国地质勘探局（USGS）/喀斯喀特火山观测站]　(c) 1983 年 9 月 6 日，夏威夷基拉韦厄（Kilauea）火山的普乌沃喔-库派雅纳哈（Puù Òò - Kupaianaha）喷发时的照片，这是在喷发开始 5 个月后的第 8 次喷发。[图片来源：J. D. 格里格斯（J. D. Griggs）和美国地质勘探局/夏威夷火山观测站]

　　玄武岩浆在 1 250～1 500 K 的温度下喷发。由于其低黏度，玄武岩浆的流动性非常强，可以在数小时内覆盖广阔的（数平方千米）地区，形成广泛的熔岩流，如在夏威夷、月球，以及金星和火星上所看到的。除了黏度和地形外，熔岩流的特征还取决于喷发速率（定义为喷口瞬时输出的熔岩量）和渗出速率（定义为自喷发开始以来侵位的熔岩总量除以喷发开始以来的时间）。夏威夷的玄武岩流被称为渣状熔岩（'a'ā lava）或结壳熔岩（pāhoehoe）。'a'ā 是夏威夷语，听起来像"啊啊"，就像光着脚走过这参差不齐的熔岩时所发出的呼喊声。pāhoehoe 也是夏威夷语，意思是"黏稠的"。两个熔岩流的照片如图 5 - 14 所示。结壳熔岩是一个闪闪发光的光滑表面，部分被渣状熔岩覆盖，这是一个非常粗糙、锯齿状和破碎的熔岩流。

图 5 - 14　　夏威夷的熔岩流：夏威夷基拉韦厄火山海岸平原上，发光的渣状熔岩在结壳熔岩上前进。（美国地质勘探局火山灾害计划）

　　与之相反的是高黏度的硅质岩浆，如流纹岩，在 1 050～1 250 K 的温度下喷发。这些熔岩流得很慢，像牙膏一样从管子里渗出。这样的火山活动形成了穹顶丘（domes），穹顶丘可能主要由黑曜石组成。例如，在加州的莫诺湖和沙斯塔山附近可以看到这样的"玻璃山"。

　　火山喷发可以来自狭长的裂缝，也可以来自中央火山口或管道。最壮观的喷发是熔岩喷泉（fire fountains），出现在富含溶解气体的玄武岩岩浆中。在地球上这样的喷泉可能有几十到几百米高。裂缝喷发如发生在洋中脊，会产生大熔岩，可以覆盖广泛地区。这些地区被称为熔岩平原（lava plains）或熔岩高原（lava plateaus）。月海是熔岩平原的一个典型例子（图 5 - 15）。局部喷发形成火山的"峰"，经常伴随着大量熔岩喷出或渗出并向山下流动。

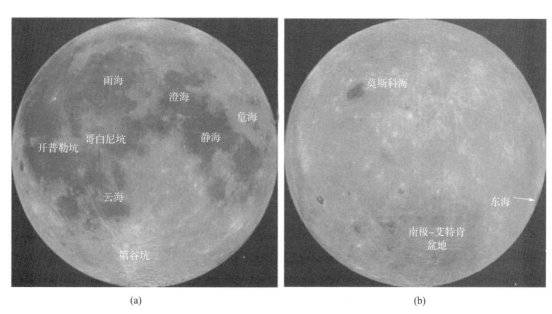

(a)　　　　　　　　　　　　　　　　　(b)

图 5-15　克莱门汀号探测器拍摄的月球正面（a）和背面（b）的图像。（图片来源：美国地质勘探局）

火山活动可以形成许多不同类型的地貌。火山渣锥（cinder cones）和飞溅锥（spatter cones）是由喷发火山口周围的碎屑物质（如煤渣、灰烬和巨石）所形成的锥形小山，高达几百米。锥的轮廓由静止角决定。盾状火山（shield volcano）是坡度平缓的火山，由从中央喷口流出的低黏度熔岩构成（图 5-16、图 5-17）。这些火山可能很大；已知最大的盾状火山是火星上的奥林匹斯山（Olympus Mons），高约 25 km，底部直径约 600 km。地球上最大的盾状火山是夏威夷的莫纳罗亚（Mauna Loa）火山，从山顶到位于海中的底部距离约 9 km，底部直径约 100 km（图 5-18）。当火山交替地喷发熔岩和火山碎屑时，就形成了复合锥（composite cones）火山，这是最常见的大型大陆火山类型，如维苏威火山（Vesuvius）、埃特纳火山（Mount Etna）和圣海伦火山（Mount St. Helens）。

水蒸气是地球上火山气体的主要成分（60%～95%），其次是二氧化碳（10%～40%）。硫通常以 SO_2 的形式存在，尽管在较低温度（700 K）下，硫可能以 H_2S 的形式存在。火山气体通常携带微量的氮、氩、氢和氖，有时还携带铁、铜、锌和/或汞等金属。虽然水蒸气是地球上火山气体的主要组成部分，但其他天体上的火山爆发和羽流可能是由其他气体驱动的，例如木卫一的二氧化硫。

仅排放气体和蒸气而没有熔岩或火山碎屑物质的喷发通常标志着火山活动的最后阶段。只排放气体和蒸气的通风口称为火山喷气孔（fumaroles）。被岩浆加热的地下水可以产生温泉（hot springs）和间歇泉（geysers，图 5-19），它们可以在地球上的火山区中见到，比如黄石国家公园。它们也在土卫二上由卡西尼号探测器发现（图 5-91），也可能发生在木卫二（木星的伽利略卫星之一）上。旅行者号探测器在海王星最大的卫星海卫一上拍摄到了液态氮间歇泉的图像（图 5-98）。

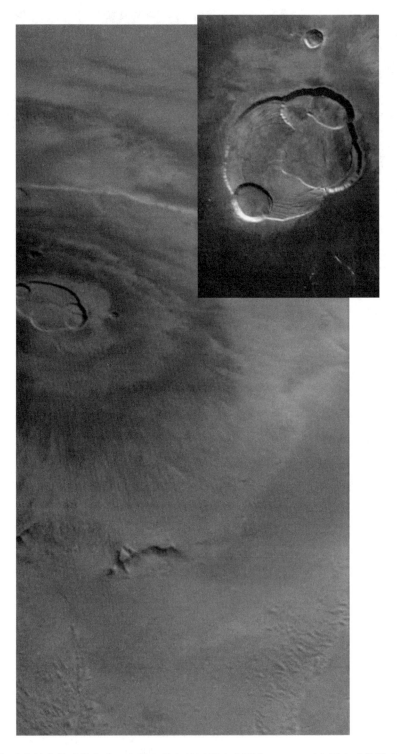

图 5-16　太阳系中最大的盾状火山：火星上的奥林匹斯火山图片（NASA/火星全球勘测者）显示了火星快车拍摄的山顶火山口的图像。[ESA/DLR/柏林自由大学，G. 诺库姆（G. Neukum）]

图 5-17　计算机生成的金星表面三维视图，显示了 8 km 高的玛阿特火山。该图像基于麦哲伦号探测器获得的雷达数据生成。图片前景中，熔岩流延伸数百千米，穿过断裂的平原。垂直比例被放大了 22.5 倍。（NASA/JPL，PIA00254）

火星、金星和地球的山峰高度

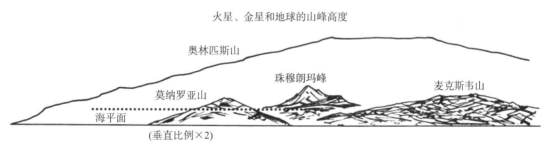

图 5-18　火星（奥林匹斯山）、地球（莫纳罗亚山和珠穆朗玛峰）和金星（麦克斯韦山）上火山/山脉的比较。（Morrison and Owen 1996）

图 5 - 19　美国黄石国家公园众多的间歇泉之一。[图片来源：威尔·范勃鲁盖尔（Wil van Breugel）]

　　大多数火山的山顶都有火山口。火山口位于喷口的中心，当引起喷发的压力消失时，中心区域塌陷，形成了火山口。由于原来的火山口壁很陡，它们通常在喷发后塌陷，使火山口扩大到喷口直径的几倍。火山口有几百米深。意大利的埃特纳火山（Mount Etna）有一个直径 300 m、深 850 m 的中央喷口。小型的火山口（≤1 km）被称为沉降坑（pit crater），更小的被称为沉陷洼地（collapse depressions）。破火山口（calderas）是大型的盆地状火山洼地，大小从几千米到 50 千米不等。这种火山洼地是由于下伏岩浆房的坍塌造成的。火山爆发后，当岩浆房变空时，它的顶部，即火山口底部，可能会坍塌。随着时间的推移，火山口壁会被侵蚀，洼地内可能会形成湖泊。许多年后（这可能需要 $10^5 \sim 10^6$ 年）新的岩浆可能会进入岩浆房，将火山口底部推高，整个过程可能再次开始。几个破火山口显示出多次喷发的迹象。这种复活的火山口（resurgent calderas）的例子有怀俄明州的黄石火山（Yellowstone Caldera）、墨西哥的瓦勒斯火山（Valles Caldera）、俄勒冈州的魁特湖（Crater Lake）和阿拉斯加的阿尼亚查克火山（Aniakchak Caldera）（图 5 - 20）。火山爆发后，当熔岩流冷却收缩时，可能会形成收缩裂缝。有时，当熔岩流的源头被切断，外层凝固时，熔岩就会流出，形成熔岩管（lava tubes）或熔岩洞（lava caves）。例如，在夏威夷和北加州就发现了这样的洞穴。月球雨海的哈德利月溪［图 5 - 21（a）］是一条蜿蜒的细沟，可能是顶部坍塌的熔岩管。这样以陡峭的边槽为特征的火山结构，也被称为熔岩渠（lava channels）。

　　火山地形的特征和形态取决于岩浆的黏度、温度、密度和成分，行星的重力、岩石圈压强和强度，以及大气的存在和性质。地球拥有各种各样的火山特征，其中许多特征以及其他形式的火山作用已经在其他行星、卫星和小行星上被发现。

图 5 - 20　美国阿拉斯加州的阿尼亚克恰克火山口就是一个火山口复活的例子。火山口形成于 3500 年前，直径 10 km，深 500～1 000 m。随后的喷发在火山口底部形成了穹顶丘、火山渣锥和爆炸凹坑。［图片来源：M. 威廉姆斯（M. Williams），国家公园管理局，1977］

(a)　　　　　　　　　　　　　　　(b)

图 5 - 21 　　　 （a）哈德利月溪（Rille）[①] 是月球上一条典型的蜿蜒月溪，靠近亚平宁山脉的底部。溪流从一个小火山口开始向下流动。这幅图像的实际范围大约是 130 km×150 km（NASA/月球轨道飞行器 IV - 102H3）；（b）在夏威夷，熔岩倾泻在喷发口（背景）附近结构成熟的熔岩通道中（1984 年 3 月 28 日）。［图片来源：R. W. 德克尔（R. W. Decker）和美国地质勘探局］

5.3.4　大气对地形的影响

　　大气层可以深度改变行星体的面貌。如果地表的大气压和温度高到足以使水等液体存在，那么就可能有海洋、河流和降水，它们通过机械和化学的相互作用来改变地貌。在"干燥"地区，例如目前在火星和地球上的沙漠，风会带走尘埃颗粒并侵蚀岩石。随着时间的推移，这些过程使一个星球的地形"变平"：高的区域逐渐被磨损，低的区域逐渐被填满。这个过程被称为分级（gradation），物质被崩坏作用（mass wasting）带走。分级的主要驱动力是重力（5.3.1 节、6.1.4 节）。尽管所有固态天体上都会出现分级和崩坏作用，但表面大气和液体的存在增强了这些过程，并产生了特殊的表面特征，下文将对此进行更详细的讨论。除了崩坏作用，地壳和大气之间还有许多化学相互作用。它们因行星而异，因为其取决于大气和地壳成分、温度和气压，以及生命的存在。巨大的大气层除了可以改变表面形貌外，还可以保护行星表面免受碎片（特别是小型和/或易碎的撞击物）以及宇宙射线和电离光子的撞击。

　　本节总结了地球上由水和风引起的最常见的形态特征。这些特征是与其他行星进行比较研究的基础。

5.3.4.1　水的影响

　　地球上的大气温度和气压接近于水的三相点，所以水可以以蒸气、液体和冰的形式存

---

　　① Rille，月溪，通常用来描述月球表面任何一个类似于通道的狭长凹陷。拉丁语的名词是 rima，复数 rimae。一条月溪通常可以有几千米宽、几百千米长。——译者注

在。虽然目前地球在这方面是独一无二的，但在火星形成后的前 5～20 亿年中，水可能在火星表面自由流动；同时土卫六的表面显示出明显的河流特征，尽管其是由液态碳氢化合物而不是水产生的。木卫二的冰壳下很可能有一个巨大的海洋。行星表面的液体，无论是水、碳氢化合物还是熔岩，都倾向于向坡下流动，流动速度由黏度、地形和行星的重力决定。除了液体本身，流体还能输送固体物质，例如岩石侵蚀的沉积物。流速越快，所能输送的颗粒或岩石就越大。最大的颗粒通常靠近流体底部，并可能在表面上滚动和滑动，而最细的颗粒（水流的情况下为黏土）可能在整个流体中悬浮。最细的颗粒被带到最远的地方，这是一个筛选过程，产生了本书 5.1.2 节中描述的各种沉积岩。

流动模式包含当地地形和下伏岩石表面特征的信息。各种模式与特定的地形有关（图 5-22）。树枝状结构表明坡度较缓，水沿坡从小的河道流下，并在较大的河流中积聚。放射状模式与穹顶丘特征有关，通常起源于火山。环状特征与穹顶丘或盆地有关。对其他行星上流动模式的形态进行分类，可以找到流动模式的起源和局部表面形貌的线索。

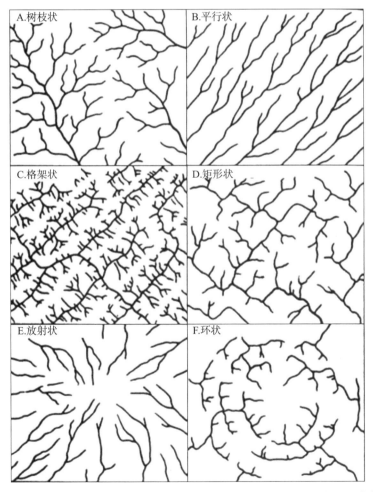

图 5-22　霍华德的地球排水模式分类方案小结。树枝状：排水时的缓坡。平行状：中等至陡坡。格架状：平行断裂的区域。矩形状：直角节理和/或断层。放射状：火山、穹顶和残余侵蚀特征。环状：构造穹隆和盆地。（改编自 Howard 1967）

　　除了地表的流水外，地表之下的地下水也可能留下深刻的痕迹。一些岩石可溶于水（如石灰石、石膏、盐），形成岩溶地貌[①]（karst topography），其表现为各种大小的地陷、岩河谷，或者像干草堆或尖岩一样的形态。从下面向上渗透的地下水也会导致特殊的排水模式。最终，干涸的湖床或海滩（playas）可与以前的湖泊、沼泽或海洋联系在一起，而海崖和海滩则标志着海洋的海岸线。

　　太阳系中大多数天体的温度都远低于冰点，这使得冰成为行星表面的重要组成部分。永冻层的融化和冻结在一些天体的表面留下了一种典型的多边形图案，例如地球和火星（图 5-64）。这种图案是地面在寒冷时（冬天）收缩造成的，在夏天会形成充满融化水的空间。在冬天，这些水再次冻结，从而使裂缝扩大。

　　尽管水冰是整个太阳系中占主导地位的冰物质，但在行星系统的最外层，甲烷、氨或二氧化碳的冰可能与地球上的水冰具有相似的作用。例如，火星上的二氧化碳在冬季极地上空冻结，而在夏季升华。火星两极的温度很低，足以形成永久性的水冰冰帽[②]，而火星赤道附近的水蒸气在夜间结冰，白天升华。土卫六表面的温度接近甲烷的三相点，因此甲烷的蒸气、液体和冰可以共存。在冥王星和海卫一上，氮冰在冬季形成，在夏季升华。冰可以被认为是一种向坡下移动的"假塑性流体"。在地球上，发现了山谷冰川（valley glacier）和冰盖（ice sheet），以及过去冰川作用的形态特征，如与水流平行的 U 形山谷、凹槽和条纹，以及位于流体头部、类似圆形剧场形状的冰斗（cirque）。冰中通常含有尘埃和岩石，这些都是冰融化或升华时留下的。尘埃和岩石可能沉积，被融化的水带走，或被风吹走。沉积物的形态包含了有关冰川的信息，因此也包含了地表地形和过去气候的信息。

5.3.4.2　风的影响

　　大多数有大气层和表面的行星都会受到风成作用（aeolian）或风过程的影响。在地球上，这种过程在沙漠和沿海地区最为明显。风可以输送物质，最小的颗粒，如黏土和粉土（60 μm）会悬浮（suspended）在大气中。较大的尘埃和颗粒（约 60～2 000 μm）会通过跃移（saltation）运输，跃移即尘埃颗粒的间歇性"跳跃"和"反弹"运动。更大的颗粒通过表面蠕动（surface creep）进行运输，颗粒在地面上被滚动或推动。风能带走的尘埃量取决于大气密度、黏度、温度、表面组成和表面粗糙度。当风吹过一大片沙区时，首先会在沙面上形成涟漪，然后形成沙丘。因为风产生的湍流随着表面粗糙度的增加而增大，所以风在这个过程中变得更强（正反馈）。风能输送的尘埃量取决于大气密度和风力。在地球上，如果风速达到约 50 km/h，每天可以在 1m 宽的沙漠带上移动半吨沙子；风速增加时，输送的沙量不仅会随之增加，而且增加的速率会超过风速增加的速率。在大的陆地沙尘暴中，1 km³ 的空气可能携带 1 000 t 的尘埃。因此，如果沙尘暴覆盖数千平方千米，数百万吨的尘埃就可以悬浮在空气中。在低大气密度的行星上，需要更强的风才能输送物

---

　　① 又称喀斯特地貌。——译者注
　　② 冰帽（ice cap）是一块巨型的圆顶状冰，覆盖小于 50 000 km² 的陆地面积（一般常见于高原地区）。覆盖面积超过 50 000 km² 的叫做冰盖（ice sheet）。——译者注

质。为了能输送同样的物质，火星上的风需要比地球上的强一个数量级。

风会侵蚀和塑造土地。它们通过清除松散颗粒侵蚀土地，从而降低（deflating）地表。当风中充满沙子时，沙子会通过喷砂（sandblasting）磨损并塑造岩石。这会导致岩石的侵蚀和圆化。风成地貌最著名的例子是沙丘（dune）[图 5 - 23（a）、（b）]。任何阻碍风力的障碍物，如一块大岩石，都可能形成沙丘，沙粒会沉积在障碍物的背风面。沙丘的形状可以用来确定当地的风型。沙丘存在于沙漠和沿海地区，那里风力强劲，颗粒物质丰富。在火星、金星和土卫六上也发现了沙丘，而火星和金星上发现了风条痕（wind streaks）[图 5 - 23（c）]。

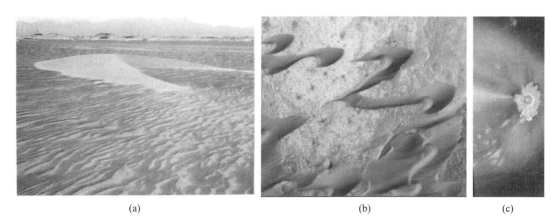

(a) (b) (c)

图 5 - 23　（a）地球上位于秘鲁的小型新月形沙丘。盛行风的风向是从左到右。沙丘在暗色粗粒的涟漪表面移动。沙漠表面的浅色蜿蜒条纹是小涟漪的滑动面，在那里轻的、细粒度的沙子被暂时困住。（美国地质勘探局跨部门报告，1974 年）（b）火星上大瑟提斯地区[①]的尼罗火山口（Nili Patera, Syrtis Major）暗沙丘的航拍照片。沙丘的形状表明，风一直在从右/右上角向左下角稳定地输送暗色沙子。这幅照片的宽度是 2.1 km。（NASA/火星全球勘测者，MOC2 - 88）（c）麦哲伦号拍摄的金星上直径 30 km 的阿迪瓦尔撞击坑（Adivar crater）及其周围地形的雷达图像。撞击坑的溅射物由于粗糙断裂岩石的存在而显得明亮。更广阔的区域受到了撞击的影响，特别是在撞击坑的西部。雷达中所探测的明亮物质，包括撞击坑以西的喷射状条纹，在周围的平原上延伸了超过 500 km。明亮区域周围有马蹄形或抛物面形的较暗条纹。这些不寻常的条纹只有在金星上才能看到，其可能是撞击坑物质（流星体、喷出物或两者都有）和高层大气的高速风相互作用的结果。产生条纹的精确机制尚不清楚。（NASA/麦哲伦号，PIA0083）

5.3.4.3　化学反应的影响

行星的大气和表面之间的相互作用会导致风化（weathering），这一过程取决于大气层和表面岩石的成分。地球上的风化过程通常是由两部分组成，岩石的机械风化（mechanical weathering）或碎裂，以及岩石碎块的化学风化（chemical weathering）或衰变。许多铁硅酸盐（如辉石）通过与氧和水的相互作用缓慢风化或氧化，会呈现出铁锈

---

① 大瑟提斯高原（Syrtis Major Planum），更常见的名称是大流沙，是火星上一个明显的暗区，坐落于北方低地和南方高地之间，中央位于北纬 8.4°、东经 69.5°，是一座低缓的盾状火山，曾被认为是平原。它呈现黑色是因为玄武岩未被沙子覆盖。——译者注

色。水合作用在行星表面是一个更普遍的过程，因为它只需要水的存在。因此，在一些小行星上发现水合矿物也就不足为奇。有些矿物（如长石）与水接触时会部分溶解，留下一层黏土。方解石和一些镁铁质矿物可能会完全溶解掉。在沙漠中，化学风化的产物（如二氧化硅、碳酸钙和氧化铁）可能构成一种坚硬的表层地壳，称为硬壳层（duricrust）。这种硬化的土壤也出现在了火星表面，如在维京号和火星探测漫游者任务的着陆点。这些颗粒的胶结过程通常伴随着像盐一样的蒸发物的形成（5.1.2.4 节）。盐与液态水一起被运输，通常在毛细作用的辅助下（从更深处的盐水或冰储层）向上或（从表面的霜或露水）向下迁移。水分蒸发后，盐分被留在了土壤中，使土壤被加固。

　　生命的存在可能会对行星的表面形貌产生深远的影响，这一点从地球上就可以知道。植物覆盖了大部分的大陆地壳，改变了反照率（甚至随季节变化）、大气和土壤组成以及当地气候。植物增加了土壤中的物质并影响了侵蚀作用。人类通过建筑和采矿项目，改变大气成分等，对地表形态产生了很大影响。甚至微生物也会局部改变大气和土壤的成分，例如通过新陈代谢。由于这些效应目前只适用于地球，本书将不再进一步讨论。

5.4　陨石撞击

　　尽管在太阳系中，天体之间的距离（与其大小相比）很大，但碰撞在地质时间尺度上经常发生。撞击速度通常极高，以至于撞击是非常剧烈的事件，喷出物（ejecta）会从撞击位置向外抛出，通常在表面留下一个持久的凹陷。太阳系所有具有固态表面的天体上都会产生撞击坑（impact craters），在四颗类地行星、许多卫星、小行星和彗星上都已被观测到。撞击坑是地质不活跃且没有稠密大气天体上的主要地貌，其中包括绝大多数的小天体。人们只需通过一个普通的望远镜或一副好的双筒望远镜来观察月球，就可以看到月球表面覆盖着撞击坑，这些撞击坑是由流星体在过去 44 亿年撞击月球形成的。地球受到了更高的撞击通量（由于引力聚焦），但由于板块构造和侵蚀，导致地球上大多数的撞击坑都消失了。

　　撞击坑涉及从撞击物（impactor）到撞击目标的几乎瞬时的能量转移。如果目标像地球一样有稠密的大气层，则撞击物在撞击前被视为火球或火流星（bolide）。高速碰撞是常见的，碰撞能量由两个碰撞天体的相对轨道运动的动能提供，而当两个天体相互靠近时，引力势能会增加这些动能。大型流星体在地球上的典型撞击速度为 $10 \sim 40$ km/s，而长周期彗星的撞击速度可能高达 73 km/s（习题 8.1）。所以撞击能量的特征量级大约是 10^{12} erg/g。这比化学炸药和人类消耗食物所释放的比能量大了一个数量级以上（TNT 约 4×10^{10} erg/g），但比核爆炸物的比能量小了六个数量级。例如，一个直径为 30m 的镍铁流星体撞击产生的能量是几个 10^{23} ergs，相当于几百万吨（兆吨）TNT。这一能量与里氏 8 级［式（5-14）］大地震的能量相当，但请注意，撞击能量并未完全转化为目标天体物质的动能。尽管如此，碰撞能量也是非常巨大的，撞击物通常会产生一个比其本身大得多的洞

（撞击坑）。亚利桑那州的撞击坑（图 5 - 24），直径约 1 km，深 200 m，由一个 30 m 的镍铁陨石撞击形成，撞击时间仅有一分钟！

(a)

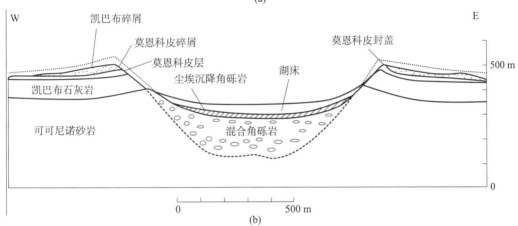

(b)

图 5 - 24　（a）亚利桑那州的撞击坑。这个撞击坑直径 1 km，深 200 m。［图片来源：D. 罗迪（D. Roddy），美国地质勘探局/NASA］（b）撞击坑的横截面。（Melosh 1989，源自 Shoemaker 1960）

　　撞击坑形成的研究使用了天文和地质数据，这些数据与在地球、月球和更遥远的太阳系天体上所看到的撞击坑形态有关。在实验室已经利用小型（mm ～ cm）抛体（projectile）进行了高超声速（hypersonic）的撞击实验。对常规爆炸和核爆炸产生的撞击坑的研究也采集了广泛的能量样本。数值模拟在撞击过程和撞击坑的研究中具有重要价值。1994 年，天文学家目睹了舒梅克-列维 9 号彗星（Comet Shoemaker - Levy 9）与木星的一系列大撞击，使撞击理论得到了验证和完善（5.4.5 节）。2005 年，深度撞击任务将一颗 370 kg 的"探测器"以 10.3 km/s 的速度撞向了坦普尔 1 号彗星（Comet Tempel 1）；彗星附近的伴飞器和地球上以及地球附近的各种望远镜都监测了这一事件（10.4 节）。

5.4.1　撞击坑形貌

撞击坑可根据其形态分为四类：

1）微型撞击坑（microcrater）或凹坑（pit）（图 5 - 25），是微流星体或高速宇宙尘埃颗粒撞击岩石表面而形成的亚厘米级撞击坑。只有在没有大气的天体上才能发现凹坑。中央的洞经常被玻璃质覆盖。

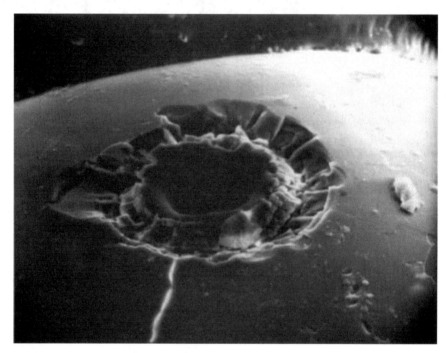

图 5 - 25　直径为 30 μm 的微型撞击坑。这是阿波罗 11 号带回地球的月球玻璃球的扫描电子探针照片。[图片来源：D. 麦凯（D. McKay），NASA S70 - 18264]

2）小型撞击坑或简单撞击坑（simple crater）（图 5 - 26），通常直径达几千米，呈碗状。一个简单撞击坑的深度（从底部到边缘）通常大约是其直径的 1/5，尽管这一比值会由于表面物质强度和表面重力的不同而发生变化。

3）大型撞击坑。大型撞击坑更为复杂，它们通常有一个平坦的底面和一座中央峰，而边缘的内部则是阶地（图 5 - 27）。复杂撞击坑（complex crater）的直径从几十千米到几百千米不等。简单撞击坑和复杂撞击坑之间的过渡尺寸在月球上大约是 12 km，尺寸与重力加速度 g_p 成反比，因为重力是导致瞬间形成的简单撞击坑转变为复杂撞击坑的原因。撞击坑复杂形貌的最小尺寸还取决于目标表面物质的强度。月球、火星和水星上撞击坑的尺寸在 100 至 300 km 之间，呈现出一座多峰组成的同心环（峰环），而不是一座单一的中央峰。峰环的内圈直径通常是坑边缘直径的一半。中央峰被峰环取代的撞击坑的大小，与小撞击坑和复杂撞击坑之间的过渡直径的大小相同。有关复杂撞击坑属性的更多详细信息，以及对其形成的讨论，请参阅 5.4.2.3 节。

图 5 - 26　这张照片显示了直径 2.5 km 的林奈（Linné）简单撞击坑，其位于月球澄海（Mare Serenitatis）的西部 。[NASA/阿波罗全景照片（AS15 - 9353）]

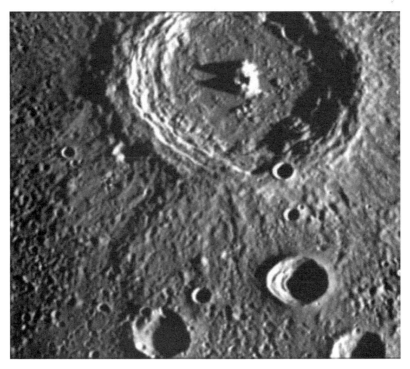

图 5 - 27　一个直径 98 km 的复杂水星撞击坑的特写镜头，其特征包括相对平坦的火山口底部、中心山峰和阶梯状的坑壁。注意前景中较小的撞击坑（直径 25 km）也是阶梯状。这张照片（FDS80）是水手 10 号第一次飞越水星时所拍摄。（NASA/JPL/西北大学）

4）多环盆地（multiring basin）。多环盆地（图5-28）是由同心环组成的系统，其覆盖面积远大于上述的复杂撞击坑。内环通常由山丘组成，大致形成一个圆形，撞击坑的部分底部可能被熔岩淹没。在某些情况下，不清楚哪个外圈是真正的撞击坑边缘。

冰行星/卫星上的撞击坑与岩石行星上的撞击坑显示出了系统性的差异，如中央峰形成时撞击坑的最小尺寸。此外，在冰卫星上没有看到过峰环撞击坑。这些差异大概是因为物质性质的不同。

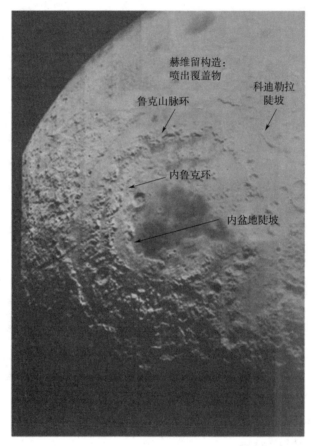

图5-28 月球东海的照片，这是一个多环盆地撞击坑。（NASA/月球轨道器4号194 M）

5.4.2 撞击坑的形成

撞击坑的形成过程由一系列快速现象组成，从撞击物第一次撞击目标开始，至撞击坑周围最后一块碎片落下为止。通过识别三个阶段有助于理解撞击过程：撞击事件始于接触和压缩阶段（contact and compression stage），然后是溅射或挖掘阶段（ejection or excavation stage），最后是坍塌和变形阶段（collapse and modification stage）。这三个阶段如图5-29所示，下面将讨论无大气行星的情况。大气的影响在5.4.3节进行了总结。

中

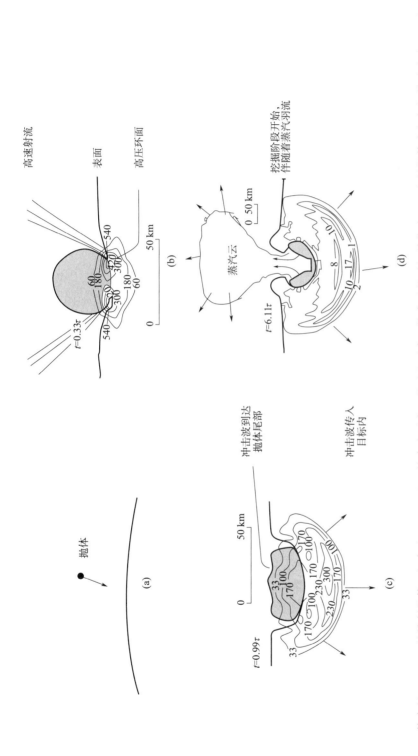

图 5－29　一枚半径 23.2 km 的铁制抛体以超高速（15 km/s）撞击岩石表面的过程示意。撞击后的时间单位为 τ，它是抛体直径与初始速度之比，这里约为 3 s，压强等值线以 GPa（10^9 Pa＝10^{10} dyne/cm²）①标记。(a) 抛体接近目标。(b) 一个超高压圆环在抛体和目标间（垂直撞击）接触圆的中心形成。受到严重冲击物质的物质以数 km/s 的速度向外喷射。(c) 冲击波传播到目标和抛体中。后者的冲击波已经到达了抛体的尾部。当抛体被稀疏波解压时，它会熔化或汽化（取决于初始压强）。(d) 开始挖掘阶段，发生于蒸气羽流离开撞击地点之前。（改编自 Melosh 1989）

① 达因（dyne）在物理学中是一个力的单位，特别用于厘米-克-秒（CGS）单位系统，其符号是 dyne，命名自希腊文 δυναμις，意思是"力量"。1dyne 等于 10^{-5} N。更进一步，达因可以定义为"使质量 1g 物体的加速度为 1 cm/s² 所需要的力"。——译者注。

5.4.2.1　接触和压缩阶段

当流星体与行星碰撞时，相对动能以冲击波的形式传递给两个天体，其中一个冲击波传播到行星，另一个冲击波传播到抛体。一颗典型流星体与一颗类似地球的行星撞击速度约为 10 km/s 量级（等于或大于行星的逃逸速度）。由于地震波在岩石中的速度只有几千米每秒，因此撞击速度为高超声速。

冲击波的传播可以用兰金-雨贡纽条件[①]（Rankine - Hugoniot conditions）来模拟，该条件与穿过冲击波前沿的物质的密度、速度、压强和能量有关。兰金-雨贡纽方程是从质量守恒、动量守恒和能量守恒导出的，可以写成

$$\rho(v - v_p) = \rho_0 v$$
$$P - P_0 = \rho_0 v_p v \qquad\qquad (5-15)$$
$$E - E_0 = \frac{P + P_0}{2}\left(\frac{1}{\rho_0} - \frac{1}{\rho}\right)$$

式中，ρ 和 ρ_0 为压缩和未压缩密度；P_0 和 P 是冲击前后的压强；v 是激波速度；v_p 是激波后的粒子速度；E_0 和 E 分别是激波前后单位质量的内能。这种冲击波的作用情况如图 5 - 30 所示。

流星体与固体表面碰撞所涉及的压强可以从兰金-雨贡纽方程中得出，在低速碰撞中

$$P \approx \frac{1}{2}\rho_0 c_s v \qquad\qquad (5-16)$$

式中，c_s 为声速，即

$$c_s = \sqrt{\frac{K_m}{\rho_0}} \qquad\qquad (5-17)$$

式中，K_m 是材料的体积模量（见 6.2.1.1 节）。岩石中的声速是几千米每秒。高速撞击中

$$P \approx \frac{1}{2}\rho_0 v \qquad\qquad (5-18)$$

岩石通常被压缩到几毫巴以上的压强。冲击波起源于第一次接触点，并将目标和抛体的物质压缩到极高的压强。超高压区域［图 5 - 29（b）］集中在抛体与目标之间的接触点上。

冲击波系统的几何形状会由于目标和流星体上自由表面的存在而改变，例如与空气或行星际介质接触物质的外表面。自由表面不能承受应力状态，因此会在冲击波的后方形成（释放）稀疏波（rarefaction waves）。当抛体中的冲击波到达其后表面时，会从表面反射稀疏波。稀疏波以声速穿过受冲击的抛体，从而将抛体物质的压强减低至接近零。只要冲击波和随后的稀疏波穿过抛体，接触和压缩阶段就会持续，对于尺寸在 10 m～1 km 之间的流星体，持续时间通常是 1～100 ms（习题 5.10）。

一旦受到严重冲击，目标和抛体物质的混合物会被稀疏波减压，就会以数千米每秒的

[①]　兰金-雨贡纽条件是指激波两侧状态间所满足的关系式，其名称源于英国工程师、物理学家威廉·约翰·麦夸恩·兰金（William John Macquorn Rankine，1820 年 7 月 5 日—1872 年 12 月 24 日）与法国工程师、物理学家皮埃尔·昂利·雨贡纽（Pierre Henri Hugoniot，1851 年 6 月 5 日—1887 年 2 月）。——译者注

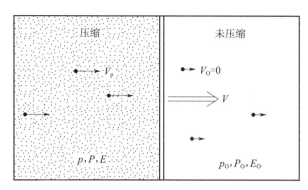

图 5 - 30 被冲击波穿过的介质的示意图，图中表示了压缩和未压缩介质中的各种量［式（5 - 15）］。（Melosh 1989）

速度向外喷射（jets）。这种喷射几乎是在抛体击中目标的瞬间发生的，通常在抛体完全压缩时结束。冲击波以半球形向目标传播，可成为地震波而被探测到（6.2 节）。

大多数岩石从超过约 600 kbar 的压强突然减压时都会汽化。由于受到冲击的物质的初始压强可能非常高，抛体在减压后可能几乎完全熔化或汽化，并且在稀疏波通过后不久，抛体的残余物会以蒸气羽流（vapor plume）或火球（fireball）的形式离开弹坑。

5.4.2.2 喷射或挖掘阶段

减压后，只要初始压强足够高，抛体和目标区就会汽化。蒸气羽流或火球向上和向外绝热膨胀，使一个距离为 r 的气团被加速

$$\frac{\mathrm{d}^2 r}{\mathrm{d} t^2} = -\frac{1}{\rho_g} \frac{\mathrm{d} P}{\mathrm{d} r} \tag{5 - 19}$$

式中，ρ_g 是气体的密度。同时，冲击波传播进入目标时会膨胀和减弱。冲击波会逐渐退化为应力波，以物质的声速传播。冲击波后面的稀疏波使物质减压，并引发亚声速挖掘流（excavation flow），从而形成了撞击坑。根据撞击坑的大小和表面重力的不同，物质的挖掘可能会持续几分钟。可以根据重力波周期的波长等于撞击坑的直径 D，粗略地估计挖掘撞击坑所需的时间，即撞击坑的形成时间 t_{cf}（对于挖掘受重力控制的撞击坑，如大于几千米的撞击坑），即

$$t_{cf} = \left(\frac{D}{g_p}\right)^{1/2} \tag{5 - 20}$$

瞬态空腔约 1/3 深度的物质会被挖掘出来。低于该深度的物质会被向下推进，而高于该深度的地层则被向上弯曲，要么被挖掘，要么被向上提升，形成撞击坑的壁面或边缘（rim）。通常相对较小的撞击坑（月球上直径 ≲15 km 的撞击坑）的边缘高度和深度（从底部至边缘）与坑直径的关系分别为

$$h_{rim} \approx 0.04D（小撞击坑）$$
$$d_{br} \approx 0.2D（小撞击坑） \tag{5 - 21}$$

对于更大的撞击坑，由于重力会引起包括边缘和撞击坑塌陷等各种形态的变化，将不再遵循上述关系。

从撞击坑中挖掘出的岩石和碎片，其喷射速度远远低于压缩阶段流体状物质的初始"喷射"速度。喷出物沿着弹道式、近似抛物线的轨迹被向上向外抛出（图 5-33，2.1节），并在与撞击坑一定距离处再次撞击表面，该距离为

$$r = \frac{v_{\mathrm{ej}}^2}{g_{\mathrm{p}}}\sin2\theta \qquad (5-22)$$

式中，r 为距离，v_{ej} 为喷射速度，g_{p} 为重力加速度，θ 为相对于地面的喷射角度。岩石在空气（或太空）中停留了一段时间 t，即

$$t = \frac{2v_{\mathrm{ej}}}{g_{\mathrm{p}}}\sin\theta \qquad (5-23)$$

式（5-22）和（5-23）是对于"平地"的近似值，只对比行星逃逸速度慢得多的喷出物有效，$v_{\mathrm{ej}} \ll v_{\mathrm{e}}$。对于速度更高的喷出物，需要考虑行星的曲率。

稀疏波使物质大致向上移动，而原始物质则以径向速度远离撞击点。因此，挖掘流形成一个向外扩张的喷射幕（ejecta curtain），其形状为倒锥体，其侧面与目标表面的角度约45°（图 5-31）。撞击早期发生于撞击点附近，因此喷射速度在早期的挖掘过程中最高（可达几千米/秒）。撞击坑的侧面持续膨胀，直到所有的撞击能量被黏性耗散和/或喷出物带走。由此产生的撞击坑会比抛体大很多倍。撞击坑近似为半球形，直至达到最大深度后才向水平方向扩大。喷出物在撞击坑周围会形成一个喷出覆盖物（ejecta blanket），其覆盖从撞击坑边缘到 1～2 倍半径的区域（图 5-28、图 5-32、图 5-33、图 5-36），并覆盖了旧的表面。当喷出物落下时，向外的动量被保留了下来，因此物质在停止之前就会在水平方向滑动，从而改变表面。喷出覆盖物的形态由次表层的物质决定。

  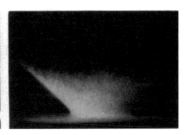

图 5-31　实验室中进行的小型撞击实验，挖掘流形成向外扩张的锥形喷射幕。大行星撞击中的挖掘流被认为与该结果非常相似。[图片来源：P. H. 舒尔茨（P. H. Schultz）]

火星上的一些喷出覆盖物在形态上看起来像泥石流，会使人联想到流体物质。人们想到了各种各样的流体，包括撞击加热时被液化的次表层冰，撞击释放的被吸附的二氧化碳，以及被困的空气。

撞击过程中一些岩石被挖掘出来，这些岩石在撞击地表时可能会形成次级撞击坑（secondary craters）。因为喷出物会沿着弹道轨迹运动，所以行星的质量越大，次级撞击坑会与主撞击坑的距离越近 [式（5-22），习题 5.11、习题 5.12]。次级撞击坑的大小取决于喷出物的质量和撞击速度，以及被撞物的材料。由于喷出物的撞击速度低于原始撞击

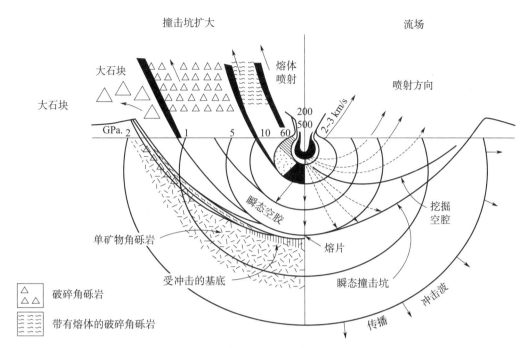

图 5-32 一个不断扩大的撞击坑在改变之前的横截面示意图。图中左侧显示了各种物理改变的机制。从撞击位置喷出的物质大部分是熔融的；从更远的地方喷出的物质主要是固体，更大的块体从更远的距离射出。留在撞击坑下方的物质也会受到不同程度的改变，包括熔化和形成角砾岩（5.1.2.5 节）。图中右侧显示了颗粒的流动场。（Taylor 1992）

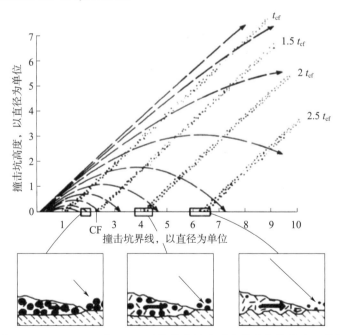

图 5-33 在时间为 $1t_{cf}$、$1.5t_{cf}$、$2t_{cf}$ 和 $2.5t_{cf}$ 时从撞击坑中喷出的碎片的轨迹（弹道），t_{cf} 是由式（5-20）给出的撞击坑形成时间。（改编自 Melosh 1989）

物，因此次级撞击坑的形态会有所不同，但差异往往很小。次级撞击坑通常出现在主撞击坑喷出覆盖物的外面，并且可能在距离主撞击坑很多倍半径远的地方被发现。月球上相对年轻的撞击坑（≲10亿年）会从主撞击坑向外辐射出明亮的射纹（rays）。这些射纹在很大的表面区域都是可见的（图5-34），可延伸至10倍撞击坑半径的距离。许多（但并不是所有）的次级撞击坑与明亮的射纹存在联系。射纹主要由当地局部物质组成，这些物质被原撞击坑喷出物的再次撞击而翻转。随着时间的推移，射纹会消失，可能的原因是太阳风的辐射损伤（太空风化，9.3.2节）。

图5-34　月球上年轻的第谷撞击坑射纹。射纹几乎在整个半球都可见。（图片来源：加州大学利克天文台）

在挖掘阶段结束时，撞击坑被称为瞬态空腔（transient cavity）。此时撞击坑的形状取决于流星体的大小、速度、成分、撞击角度、行星的引力，以及撞击坑形成时表面的物质和结构。挖掘所需的能量约为 D^4，因为挖掘物质的质量与撞击坑直径的三次方成正比，再加上离开撞击坑所必须移动的距离，即为四次方。因此，撞击坑的尺寸大致与流星体的动能成比例

$$D \propto E^{1/4} \qquad\qquad (5-24)$$

式（5-24）可描述为能量标度（energy scaling），意味着撞击坑的大小只取决于撞击的能量。能量的确是决定撞击坑大小的最重要因素，但其他因素也同样重要。

根据经验推导出的更普遍的标度律为（以 mks 为单位）

$$D \approx 2\rho_m{}^{0.11}\rho_p{}^{-1/3}g_p{}^{-0.22}R^{0.11}E_K{}^{0.22}(\sin\theta)^{1/3} \qquad\qquad (5-25)$$

式中，ρ_p 和 ρ_m 分别为行星（被撞目标）和流星体的密度，R 为抛体的物理半径，E_K 为撞击

（动能）能量，θ 为相对局部水平面的撞击角度。E 的 0.22 次方约等于式（5-24）中 E 的 1/4 次方。对于固定的抛体撞击能量，抛体质量越大（动量越高），形成的撞击坑尺寸越大，会引入式（5-25）中的 ρ_m 和 R 项，以及与 E 存在稍小的显示相关性。撞击能量需要与行星的引力相抗衡，从而引入了 g_p 项。被挖掘物质的质量随 $D^3\rho_p$ 的变化而变化。撞击角度越浅，撞击动能与表面的耦合效果越差；虽然只有非常倾斜的撞击（与水平夹角大约在 10° 内）才会产生不对称的撞击坑，但撞击方向与垂向偏离较小的角度可显著减小撞击坑的尺寸和喷出覆盖物的不对称性。从式（5-25）可以看出，地球上一个典型的撞击坑的尺寸大约是撞击流星体的 10 倍。

5.4.2.3　撞击坑的塌陷与变化

在所有的物质被挖掘出来之后，撞击坑会由于行星重力引起的地质作用而发生改变，重力会把多余的物质向下拉，同时也会使撞击坑底部压缩的物质松弛。撞击坑的最终形状取决于撞击坑的原始形态、大小、行星的引力以及所涉及的物质。5.4.1 节总结了撞击坑的四种基本形态类型。简单撞击坑和复杂撞击坑之间的过渡尺寸与行星的重力成反比，并取决于物质强度、熔点和黏度等。

复杂撞击坑以中央峰和阶梯状边缘为特征。在挖掘过程结束后不久，残留在撞击坑中的碎片向下移动并返回中心，而撞击坑底部则受到了压缩岩石的反弹，可能导致中央峰或峰环的形成。中央峰的形成可能类似于液滴对流体的冲击，如图 5-35 所示。初始撞击坑形成后 ［图 5-35（d）］，中央峰出现 ［图 5-35（e）］ 并增长 ［图 5-35（e）～（g）］。峰的坍塌 ［图 5-35（h）］ 触发了第二个同心环的形成（第一个是撞击坑的边缘），同心环向外传播。固体表面上可能的类似过程如图 5-36 所示。反弹在撞击坑被完全挖掘之前就开始了，中央的隆起"冻结"而形成了中央峰。对于更大的撞击坑来说，中央峰会由于过高导致坍塌，触发了一个向外传播的圆环，这个圆环"冻结"成了一个峰环。虽然还不完全清楚这一过程的细节，但峰环必须在撞击坑物质静止之前形成。

在物质被挖掘出来后，撞击坑的边缘会坍塌（slump），并向外移动，因此增大了撞击坑的直径，填满了撞击坑的底部，并以阶地的形式形成坑壁。观察表明，这些阶地是在岩石"凝固"之前形成的，此时岩石由于受到撞击而产生"震动"，其表现出类似液体的行为。整个坍塌过程通常需要几分钟。

一些撞击坑的性质随尺寸的不同而变化。对于月球上尺寸在 15 km 到 80 km 之间的撞击坑，中央峰的高度 h_{cp}（以 km 为单位）通常会随着撞击坑直径 D（以 km 为单位）的增加而增加

$$h_{cp} \approx 0.000\,6D^2 \qquad\qquad (5-26)$$

对于较大的月球撞击坑，中央峰的最高点约 3 km，因此中央峰通常低于边缘 ［式（5-21）］。中央峰的宽度约为撞击坑直径的 20%。在直径大于 140 km 的撞击坑中，在撞击坑中会形成一圈峰环。这圈峰环大约位于撞击坑中心与边缘的中间。在一些撞击坑中，可以同时看到中央峰和峰环。与简单撞击坑和复杂撞击坑之间的过渡类似，从有中央峰的撞击坑到有峰环的撞击坑之间的过渡是由引力引起的，因此行星之间的变化与 $1/g_p$

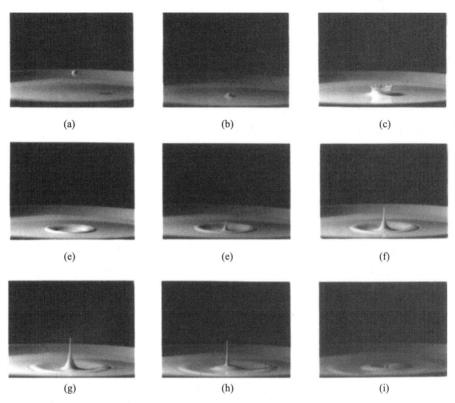

图 5-35　一滴牛奶撞击牛奶和奶油 50/50 混合物的一组照片。撞击后立即形成一个喷射幕［（c）］，喷射幕形成了"撞击坑"的墙。在最初的"撞击坑"形成后［（d）］，中央峰出现［（e）］并增长［（f）、（g）］。峰的塌陷［（h）］触发了第二个向外扩张的环［（i）］的形成。　［图片来源：R. B. 鲍德温（Baldwin）；霍尼韦尔摄影产品公司吉恩·温特沃斯（Gene Wentworth）拍摄］

成比例。因此，在金星和地球上的过渡发生的撞击坑直径比月球要小。

　　一些复杂的撞击坑具有中心坑（pit）而不是中央峰。这种中心坑可以在木卫三和木卫四上直径超过 16 km 的撞击坑中看到。中心坑的形成可能是由冰面和次表层区域的特性引起的。

　　东海盆地（Orientale basin）（图 5-28）是月球最年轻、保存最好的多环盆地。盆地的中心被四个环包围：内盆环（Inner Basin Ring），直径 $D \approx 320$ km；内鲁克山脉（Inner Rook Ring），$D \approx 480$ km；外鲁克山脉（Rook Mountains），$D \approx 620$ km；科迪勒拉山脉（Cordillera Mountains），$D \approx 920$ km。可能还有一个 $D \approx 1\,300$ km 的山脉。外鲁克山脉和科迪勒拉山大约有 6 km 高。外鲁克山脉可能形成了最初撞击坑的边缘，尽管撞击坑边缘很可能位于该环的内部。在多环盆地中，环似乎形成于最初撞击坑的边缘之外，而复杂撞击坑中的峰环则总是形成于撞击坑的边缘之内。此外，峰环的内外坡是对称的，而多环盆地的外环是不对称的，具有陡峭的内坡和平缓的外坡。相邻环的半径之比约为 $\sqrt{2}$，尽管尚未就这一数字的普遍性或重要性达成共识。在其他行星和卫星上的多环盆地也与月球

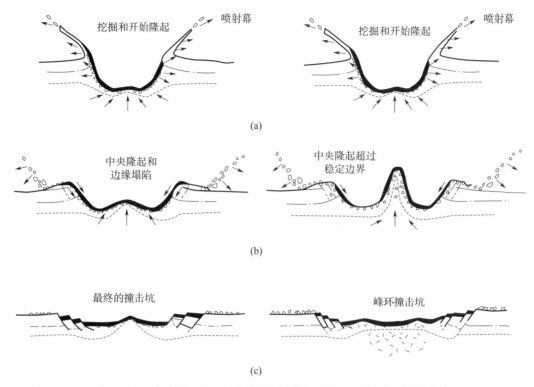

图 5-36　（a）～（c）中央峰（左侧）和峰环（右侧）的形成示意图。（改编自 Melosh 1989）

相似，但在细节上有所不同。木卫四上的瓦尔哈拉（Valhalla）结构有十几个环，陡峭的坡面面向外部而不是内部。尚无一种理论能够解释多环盆地的成因。一种可能的解释是这些环是由涟漪效应形成的，正如复杂撞击坑中的峰环。另一种理论将环的形成归因于层状介质中的撞击坑塌陷，这种介质的材料强度随着进入行星的深度而降低，例如在一颗行星上，岩石圈板块覆盖在一种类似流体的介质（例如地球的软流圈）之上。

撞击坑的进一步改变发生在很长的时间尺度上，即几个月—几年—几千万年。侵蚀和微流星体的撞击慢慢地将撞击坑的边缘侵蚀掉，使撞击坑被消除或变平。地球上一个 1 km 大小的撞击坑的抗侵蚀寿命 $\lesssim$ 100 万年。均衡调整（6.1.4.4 节）在大型撞击坑中可能很重要，撞击坑底部可能会被抬升，以解决因挖掘撞击坑所造成的质量不足。在冰卫星上，撞击坑受塑性的冰流作用而被压平或慢慢消失。木卫三和木卫四上的许多大型撞击坑可能已经消失，并在表面留下模糊的、变色的圆形斑块，称为变余结构（palimpsest）。在撞击坑区域内的火山活动和构造运动的力可以在（相当）晚的阶段改变撞击坑。月球上的许多撞击盆地都被玄武岩的熔岩淹没了。然而，这种淹没发生的时间要晚得多，与撞击事件无关。熔岩流的黏度非常低，大约是地球上的十分之一。因此，它们可以覆盖很大面积，形成薄熔岩层（10～40 m）。目前已经发现了一些小的火山穹顶丘，但大多数底部非常光滑。月海的火山爆发可能比其他地方多，因为这里的地壳最薄（6.3.1 节）。

对其他天体上撞击坑的分析提供了有关该天体表面和表面以下物质的信息。最直接的例子是撞击坑的中央峰及其周围的喷出覆盖物，其由最初位于地下的物质形成。撞击坑的数量、形状和尺寸也提供了有关表面成分/物质和撞击物体的信息，将在本节下文和 5.5 节中进一步讨论。

5.4.2.4 风化层

巨大的撞击可能会使地壳破裂，影响深度可至地表以下约 30 km，而较小的撞击只能影响地壳上部的几毫米至几厘米。数百万年或数十亿年的陨石撞击的累积效应粉碎了基岩，从而在没有大气的天体表面形成了一层厚厚的碎石和尘埃。这层物质被称为风化层（regolith，希腊语中意为多岩石的层），在类地行星上也被称为"土壤"，尽管风化层的性质与土壤的性质非常不同。大多数行星都被一层厚厚的风化层覆盖。由于流星体的数量呈现出陡峭的尺寸分布，因此撞击对行星表面影响随深度的增加而迅速下降。以当今的陨石轰击率，在过去的 10^6 年里，月球上一半的风化层已经被翻到了 1 cm 的深度，而在大多数地方，最上面的 1 mm 已经被翻了几十次。风化层的厚度取决于下伏基岩的年龄。在约 35 亿年的古老月海，风化层通常有几米厚，而在 44 亿年的古老月球高地，风化层深度则远远超过 10 m。较大撞击产生的喷出物形成了 2～3 km 厚的巨大风化层（mega-regolith），由许多米级大小的巨石组成。由于较高的（过去或现在的）气压和温度，风化层可能在深处黏结。

5.4.2.5 撞击坑总结

以下特征与撞击坑事件有关。

• 主撞击坑：形成于撞击过程的撞击坑。

• 喷出覆盖物：从撞击坑喷出的碎片，可覆盖至撞击坑边缘向外一倍直径的区域。喷出覆盖物的外观取决于被撞击目标的次表层特性。例如，月球上的喷出覆盖物主要由巨石组成；相比之下，火星上的一些喷出覆盖物显示出流体运动的迹象。

• 次级撞击坑：由从主撞击坑所喷出的高速岩石块的再次撞击而形成。

• 射纹：从撞击坑向外"辐射"的明亮线性特征。射纹向外延伸约 10 个撞击坑直径，次级撞击坑可能聚集在射纹周围。

• 撞击坑链：次级撞击坑的线状阵列，这些撞击坑通常大小相似且有重叠，有时沿着主撞击坑发出的射纹形成。当流星体被一颗行星的潮汐力破坏并在碎片散开之前撞击到月球上时，就会形成一连串的主撞击坑。

• 角砾岩 [图 5-37（b）、（c）] 和熔融玻璃：高温高压矿物、熔融玻璃和角砾岩（碎块胶结在一起的岩石，5.1.2.5 节）在撞击坑内部形成并排成一条线。

• 风化层：被（微型）流星体和二次撞击破碎或碾碎的岩石。

• 聚焦效应：较大的撞击可以产生足够振幅的表面波和体波，它们可以在整个行星上传播。在具有地震低速核的行星中，波"聚焦"在对极（antipode，撞击点正对面的点）。如果撞击非常剧烈，冲击波仍然有足够的能量可大幅度改变地形。在岩石天体对极区域，原本的地貌会被崎岖的等宽山丘和狭窄的线性波谷叠加和改变。这种效应在水星和月球上可以清楚看到。目前，还没有明确的证据表明撞击会对冰质天体产生对极影响。

(a)

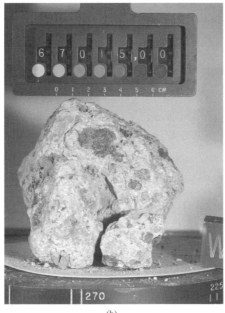

(b)

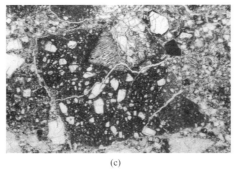

(c)

图 5-37 　(a) 阿波罗 15 号带回地球的月海玄武质岩石，样本 15016。该岩石在 33 亿年前结晶，许多小泡（气泡）是由玄武岩浆喷发前溶解在其中的气体形成的。（NASA/约翰逊中心）。　(b) 阿波罗 16 号宇航员采集的月球高地角砾岩，样本 67015。该岩石被称为多晶岩，因为它包含许多先前存在的岩石碎片，其中一些本身就是角砾岩。大约 40 亿年前它被压缩成一块连贯的岩石。（NASA/约翰逊中心）。　(c) 偏振光透射下图（b）样品的岩相薄片（2～3 mm 宽）。[图片来源：保罗·斯普蒂斯（Paul Spudis）]

　　• 侵蚀和破坏：能量充足的撞击会严重侵蚀目标甚至产生灾难性的破坏。破坏一个行星大小的目标天体并使其解体所需的撞击能量远远大于产生一个直径约等于目标天体直径的撞击坑所需的能量。

5.4.3　大气冲击的影响

　　迄今为止，我们讨论了无大气天体的撞击。如果目标像地球和金星一样被稠密的大气层所包围，则撞击可能会发生很大的改变。抛体在大气层中下落时可能会完全蒸发，永远不会落到地面上；或者可能会碎裂成许多碎片，这种碎裂被认为是金星上撞击坑群（crater cluster）的成因。在月球表面没有观察到类似的特征。小流星体的速度会被大气阻力减慢，因此它只会以一个终端速度（terminal velocity，4.4.2.2 节）撞击表面。更大的流星体会在空中爆炸，不会形成单个撞击坑。这些过程在 8.3 节进行了量化描述。本节将考虑大气传输对撞击坑形成过程的影响。

　　不仅大气层会影响抛体，而且在爆炸过程中和爆炸后，抛体也会明显扰动大气层。尘埃和蒸气来源于爆炸的流星，它们与周围的大气气体处于化学不平衡状态，同时它们也能释放出相当大的能量，其中大部分能量会立即转化为热量。动力学相互作用和化学相互作用都很重要。

5.4.3.1　穿过大气层

　　流星体会被大气阻力减慢，大气阻力与大气冲压成正比（$0.5\rho v^2$）。与流星体的内部强度相比，大气阻力可能非常大。因此，流星经常分裂并成群落下。被冲压分解的流星体在大气中的飞行速度会迅速降低，但残留的流星群仍会撞击地面并产生一个撞击坑或一个撞击坑散布的区域（图 8–15）。流星体解体的影响通常反映在撞击坑的形态上。

　　流星体在大气中下落时遭遇的大气质量为 $\sigma_\rho A/\sin\theta$，其中 σ_ρ 是单位面积大气的质量，A 是物体的横截面积，θ 是下落轨迹与行星表面的夹角。当流星体遇到的大气质量约等于它的自身质量时，其速度会大大降低。非常小的流星体在撞击表面之前会降低到接近终端速度［式（4–25）］。因此，一般铁流星体的半径必须超过 1 m，才能以高超声速撞击地球（习题 5.17）。

　　然而，当流星体穿过大气层时，它们的大小并不是恒定不变的。当流星体的外表被加热到足以熔化甚至气化的温度时，其表面物质就会脱落。该过程被称为烧蚀（ablation），8.3 节将进行详细讨论。流星体以 ≲100 m/s 速度撞击地球会产生一个与其本身直径相等的小孔或坑。在稍微更高的速度下，产生的洞会比流星的尺寸大，而在高超声速下的撞击则会产生撞击坑，如 5.4.2 节中所述。

　　当流星体以超声速穿过大气层时，会在前方形成弓形激波，气体将被极大地压缩。即使抛体没有击中行星表面，这类流星体的冲击波也可能是毁灭性的，并能留下明显的撞击痕迹。1908 年 6 月 30 日，一颗半径约 40 m 的流星在一次空爆中解体，产生的冲击波将西伯利亚通古斯河附近约 2 000 km² 的森林夷为平地。麦哲伦号在金星上探测到了几个雷达暗部特征，其中一些与撞击事件有关。这些特征可能是未撞击到地面的流星的冲击波造成的。

5.4.3.2　火球

在高速撞击之后，热气体羽流立即离开撞击地点，并随后在低层大气中产生冲击波，这股热气体羽流被称为"火球"（fireball）[①]。火球绝热膨胀，其半径可根据其初始压强 P_i 和体积 V_i 计算，假设 $PV^\gamma =$ 常数，其中 γ 为比热容比，通常等于 1.5。由于蒸气较热，其密度比周围环境低，火球会在浮力的驱动下上升。在羽流或喷出物中向上携带的细粉尘可能会在地球大气层中悬浮数月至一年，这可能会阻挡阳光和吸收向外的红外辐射，对地球气候产生深远的影响（5.4.6 节）。如果撞击物的尺寸超过大气高度（地球大气约 10 km，4.8.3 节），大部分被冲击加热的空气可能会被吹离地球进入太空中。

5.4.4　撞击坑的空间密度

虽然大多数无大气天体都有撞击坑的迹象，但不同天体的撞击坑密度（单位面积的撞击坑数量）有很大的差别。撞击坑的尺寸-频率分布（size‐frequency distribution）将单位面积内的撞击坑数量量化为撞击坑大小的函数。各种天体的撞击坑尺寸-频率分布示例如图 5 - 38 所示。有些表面（包括月球、水星和土卫五）撞击坑似乎达到了饱和（saturated），即撞击坑非常密集，平均每一次额外的撞击都会抹去一个现有的撞击坑，行星表面已达到"稳定状态"。其他天体，如木卫一和木卫二，则几乎没有撞击坑。为什么撞击坑的密度范围如此之大？这些变化一定是由撞击频率和撞击坑清除的综合效应引起的，这两个主题将在下面讨论。

5.4.4.1　撞击坑成坑率

月球表面显示了自月壳凝固以来陨石撞击的累积效应。月球撞击坑的尺寸-频率分布如图 5 - 38（a）所示。对于月球可以用放射性同位素定年法，通过测量各种由阿波罗和其他月球着陆器带回的岩石样本，准确确定表面某些区域的年龄（8.6 节）。九个不同的任务共带回了 382 kg 的月球岩石和月壤样本（表 F - 1）。将这些样本的绝对年龄进行比较，可确定月球历史上的撞击坑成坑率，如图 5 - 38（a）所示。月球最古老的地区（月球高地，约 44.5 亿年）撞击坑达到饱和，而较年轻的地区（月海，约 30～35 亿年）撞击坑密度则较低。考虑行星积聚过程，不难理解这种差异（第 13 章）。在太阳系的早期，由于在行星周围有更多的游离天体，因此在行星形成时期的撞击频率最高。这一时期被称为早期轰击时期（early bombardment era）。撞击频率在最初的 10.5 亿年迅速下降，在过去的 30 亿年里，撞击坑通量基本保持不变。

目前，月球上 $D>4$ km 撞击坑的成坑率约 2.7×10^{-14} 个/（km² · 年），通过观测和外推穿越地球轨道的小行星和彗星的分布，可以获得速率因子大约为 3。将这个速率外推至火星的情况，与火星全球勘测者观察结果一致，1999 年至 2006 年之间，在面积约 2×10^7 km² 的区域上形成了约 20 个直径为 2～150 m 的撞击坑。

34 亿年前的撞击坑成坑率明显大于 38 亿年前。但是，这些数据不足以唯一限制太阳

[①]　不幸的是，fireball 这一术语也被用来描述一颗燃烧着穿过大气层飞向行星表面的巨大流星，即火流星。

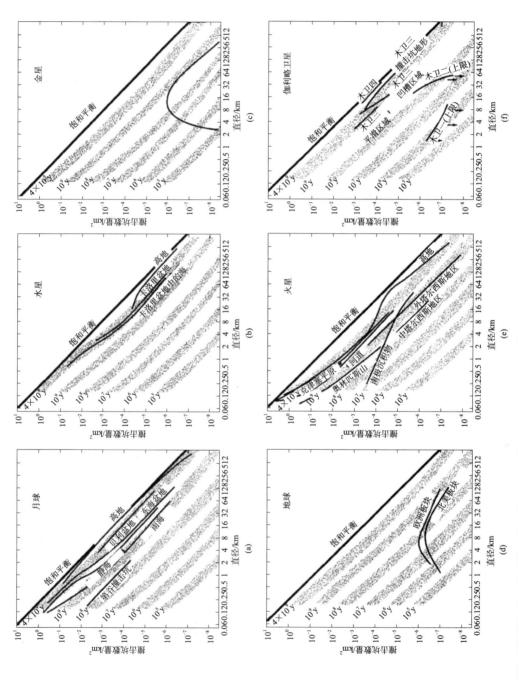

图 5-38　撞击坑密度与撞击坑直径的关系图（不同的撞击坑尺寸-频率），分别为 (a) 月球，(b) 水星，(c) 金星，(d) 地球，(e) 火星，(f) 伽利略卫星。（Hartmann 2005）

系前 7 亿年的撞击坑成坑率。一个单调的模型表明，月球上 $D > 4$ km 的撞击坑累计密度可以粗略地用下式估计

$$N_{cum} \sim 2.7 \times 10^{-5} [t + 4.6 \times 10^{-7} (e^{qt} - 1)] \tag{5-27}$$

式中，N_{cum} 以 km^{-2} 表示；t 是表面的年龄，单位为 10 亿年；而 $q = （45 亿年）^{-1}$。然而，在阿波罗和月球任务带回月岩以及月球陨石中，大部分的撞击熔化可追溯到 38 亿～39 亿年前。这表明在那时月球可能经历了一场末期大灾难（terminal cataclysm），也被称为晚期重轰击（late heavy bombardment），撞击坑成坑率大大超过了之前的几亿年（图 5-39）。假设发生了这种情况，晚期重轰击使撞击坑成坑率出现峰值，但依据式（5-27），其撞击坑成坑率仍低于早期（尽管不是最早）。撞击坑的尺寸分布（图 5-38）也提供了撞击物的尺寸-频率分布的历史记录。

表 5-3 总结了给定尺寸的撞击物最后一次撞击地球的时间——一些数字是基于特定事件的数据，而另一些数字是基于平均撞击频率的统计参数。当前时期的撞击率如图 5-47 所示。根据观测到的小行星和彗星的尺寸分布，预计如今的地球大约每 1 亿年会被半径 5 km 的天体撞击一次。较小撞击物的撞击频率更高：半径为 2.5 km 的撞击物平均约每 1 000 万年撞击地球一次，半径为 200 m 的撞击物平均约每 10 万年撞击地球一次。请注意，图 5-47 中所示的大多数撞击频率小于表 5-3 中给定尺寸撞击物最后一次的撞击时间的倒数。预计两者相比会有两倍的差异，因为通常预期当前正处于两次撞击的中间时期，并且在两次撞击期间使用的估计技术中存在一些固有的不确定性。然而，调查个体样本的差异提供了有趣的见解。像通古斯事件那样大规模的撞击发生在一个世纪前似乎是偶然的。6 500 万年前使恐龙灭绝的 K-T 撞击（5.4.6 节）似乎是过去几十亿年来地球上规模最大的撞击事件之一，但这一点很难确定，因为地球的大部分地壳都是海洋性的，并在约 2 亿年前内俯冲到了地幔中（5.3.2.2 节）。未包含在近地天体数据中的长周期彗星也可能对大于或等于这种能量的撞击做出过重大贡献。最后，太阳系历史前 10 亿年的撞击率比当前时期大得多，可以解释 ≳38 亿年前发生的巨大撞击。

5.4.4.2　撞击坑消除

目标天体的重力和物质强度会影响撞击坑的大小和形状。黏性松弛（viscous relaxation）设定了一个表面特征可以被识别为撞击坑的时间上限，尽管这个时间可能超过太阳系的年龄。还有许多其他过程在塑造、修改和消除/去除撞击坑方面发挥更大的作用。火山活动是一个重要的内生过程，它通过弯曲、破坏或覆盖部分地壳，将撞击坑从视线中移除。在木卫一上没有看到撞击坑，撞击坑的缺席归因于木卫一极其活跃的火山活动。由撞击、火山爆发或大气温度变化（例如温室效应，3.3.2 节）可能引发次地表物质熔化，会显著缩短撞击坑的寿命。板块构造是地球上一个移除撞击坑的主要过程，它在约 1 亿年的时间尺度上"回收"了地球的海洋地壳（5.3.2.2 节）。非板块构造过程影响了各种行星和卫星上的撞击坑。地壳的其他内生变化，例如地壳的（局部）收缩或膨胀，和/或山脉的形成，也可以移除或修改现有的撞击坑。大气（和海洋）风化缓慢侵蚀撞击坑，包括机械（例如水流和风流）和化学的相互作用。

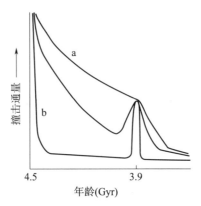

图 5 - 39　　月球和地球早期撞击通量可能的演化曲线示意图。曲线 a 是在行星吸积之后的一段相对较长的猛烈轰击时期。曲线 b 显示了行星吸积后撞击率急剧下降，随后是 39 亿年前的强烈灾难性轰击时期（称为晚期重轰击）。请注意，垂直轴没有给出刻度，显示的变化可能是数量级的改变。虽然人们普遍认为，约 38.5 亿年以前的撞击率有所下降，但在这之前，撞击通量随时间变化的精确"形状"仍是未知的，这张图上的各种曲线表明了这一点。（改编自 Kring 2003）

　　除了内生的消除过程外，撞击坑还可能被外生过程破坏和侵蚀。撞击可能击中一个原先存在的撞击坑并摧毁它，或者可以用喷出物覆盖旧的撞击坑。撞击造成的地震振动（seismic shaking）可以在局部或全球范围内摧毁撞击坑。地震振动对很小的天体影响很大。

　　小撞击坑比大撞击坑更容易被消除。行星表面上的撞击坑越密集，一次撞击可能摧毁的撞击坑就越多。最终，行星表面的撞击坑达到统计平衡，即平均形成一个新坑就会摧毁一个旧坑。相同数量撞击物的进一步轰击不会导致撞击坑的尺寸-频率分布发生任何进一步的长期变化。即这样的行星表面，撞击坑达到了饱和。因为小撞击坑比大撞击坑更容易被摧毁，所以最小的撞击坑通常首先达到饱和。然而，在一些天体上，例如木卫四（5.5.5.3 节），内生过程在摧毁小撞击坑方面比大撞击坑更有效，其表面布满了中大型撞击坑，被小撞击坑覆盖的面积要小得多。

　　微流星撞击对无大气天体有侵蚀作用，被称为喷砂（sandblasting）和表土混合（gardening）。类似的溅射效应（sputtering）是由低能离子引起的（keV 范围，太阳风、磁层，见 4.8.2 节）。如 5.4.2.4 节所述，微流星体撞击在风化层的形成中发挥了作用。带电粒子和紫外光子的影响也为风化层的形成过程做出了贡献，尽管它们分别在通过辐解和光解局部改变表面化学成分方面的作用更为重要。如果表面由被碳产物污染的水冰组成，则带电粒子和/或高能光子可能会使分子解离和/或使原子/分子从冰中分离进入大气或冕状物（4.8.2 节）。最轻的原子（例如 H）可能会在此过程中获得足够的能量以摆脱天体的引力，从而留下了较暗的物质。因此，含冰的表面往往会随着时间的推移而变暗，这种影响在太阳系外层行星的卫星、半人马天体和彗星上清晰可见。

5.4.4.3　地层学

　　地层学（stratigraphy）是研究地质事件的时间序列和事件之间年代关系的学科。对给定行星表面上的撞击坑进行简单计数，可以粗略估计其年龄。大约 45 亿年前形成的天体表面布满了撞击坑。由于太阳系中的所有大型天体都是在大约 45 亿年前形成的，因此可以知道，如果一个天体表面的年龄小于 45 亿年，就发生过某些特殊事件。例如，当月球上的平原（月海）被熔岩淹没时，任何先前存在的撞击坑都会被覆盖并消失。当熔岩凝固时，新的撞击坑开始累积，撞击坑的数量就代表熔岩最后一次凝固后表面的年龄。因此，可以确定撞击坑较少区域相对于撞击坑密集区域的年代。几个天体显示出由内生过程引起的明显线性特征。有时这些特征会穿过或切割一个预先存在的撞击坑，而另一些则似乎被撞击坑部分地抹去了（图 5-40）。这些特征的地层学提供了有关各种事件发生年代的序列信息。此外，对撞击坑本身的外观研究可以提供有关撞击事件顺序的信息。例如，撞击坑坑壁和中央峰可能随着时间的推移而坍塌，一张好的撞击坑图像可以揭示这些事件的顺序。

　　地层学一词起源于对层状岩层的层序和相关性的研究。在其他天体上，有隆起的地层特征（例如撞击坑坑壁），这些形态不仅提供了事件年代的信息，还提供了地壳层和相关作用力的信息。

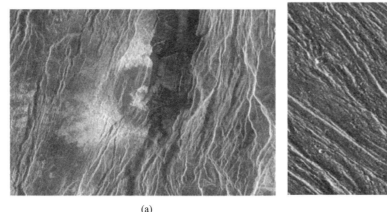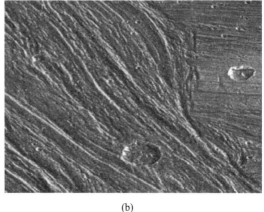

(a)　　　　　　　　　　　　　　　　　　　　(b)

图 5-40　地层学研究实例：（a）麦哲伦号雷达拍摄的金星"半撞击坑"的图像，位于贝塔区的瑞亚山和忒伊亚山之间的裂谷中。该撞击坑的直径为 37 km，自形成以来就被许多裂缝或断层切割。撞击坑的东半部在一条断层谷的形成过程中被摧毁，这条断层谷宽 20 km，明显非常深。（NASA/麦哲伦号，PIA0100）（b）尼普尔沟地区是木卫三明亮地形的一个例子，显示了多组山脊和凹槽的复杂模式。这些特征的交叠揭示了复杂的年代关系。太阳从东南方向（右下角）照亮了表面。在这张图片中，一组年轻的西北-东南走向的凹槽穿过，明显破坏了位于图片右侧的古老的东西走向特征。该地区有许多撞击坑；图片底部的大撞击坑直径约 12km。（NASA/伽利略号轨道器，PIA01086）

5.4.4.4　通过撞击坑确定年代

　　岩石凝固后经过的时间通常可以在实验室里用射电测量法测定（8.6 节）。虽然这项技术已被证明在确定地球岩石、陨石和月球样品的年龄方面非常有用，但它目前无法在大多数行星表面应用。

　　一些岩石和行星表面的相对年龄可以用上面讨论的地层学技术来估计，但用于确定行星和卫星表面相对年龄的最常用技术是利用表面撞击坑的空间密度。这样撞击坑的年龄可以从遥感成像观测中推断出来。

　　天体表面成为固体的时间越长，它所接触的撞击物的综合通量就越大，因此其表面撞击坑的预期数量也越多。然而，根据所观察到的撞击坑的尺寸-频率分布来估计表面年龄存在许多固有的复杂性。如5.4.4.1节所述，在太阳系历史上，撞击坑成坑率非常不均匀。撞击坑可以通过包括后续撞击（5.4.4.2节）在内的各种过程被去除。不同的表面物质也会影响撞击坑的产生和破坏。

　　撞击坑的产生速度因天体而异，甚至在单个天体的表面上也有很大差异。例如，大多数常规卫星的自转周期与其轨道周期同步（表1-5），因此同一个半球始终面向行星，并且卫星表面上的一个位置，即向点（apex），始终沿着卫星轨道的前方。如果撞击的主要来源是日心轨道上的天体（小行星和彗星），那么卫星向点附近的表面很可能比另一侧的背点（antapex）更频繁地形成撞击坑。理论上可能由于几个因素会产生向点-背点的不对称（习题5.18）。然而，在撞击坑记录中，这种不对称的证据很少。对这种明显不一致的一种可能解释是，一些卫星在最后一次的全球变化后已经发生了重新定向。

　　撞击坑成坑率在不同的撞击物之间也可能有很大的差异。日心天体经过巨行星附近时的轨道会因这些行星的引力摄动而发生显著改变。由于这种引力聚焦，内部卫星会受到更多的撞击，特征撞击速度也更高。此外，在离行星较近的卫星上，向点-背点的不对称性更大。然而，这些影响的大小取决于撞击物群的动力学性质。例如，在高度偏心轨道上的长周期彗星受到行星摄动的影响要小于以较慢速度接近行星的半人马彗星。

　　估计不同行星的相对撞击坑成坑率更具挑战性，特别是在比较内太阳系行星和外太阳系天体时。例如，位于木星强烈共振区附近的一颗大型主带小行星的解体，可能会使内太阳系的撞击坑成坑率出现峰值，但不会大幅提高外太阳系行星卫星的撞击坑成坑率，因为这些卫星主要受到来自海王星轨道以外天体的影响。

　　假设用一个模型描述撞击物的密度和尺寸分布在整个太阳系中随时间的变化，并使用月球作为"参考基准"，可以从图5-38所示的图中估计天体的年龄。这种撞击坑定年（crater dating）技术被广泛使用，因为它通常是唯一能确定天体表面年龄的方法。关于撞击频率和尺寸分布的最简单假设不包含随位置或时间的变化。这种假设显然过于简单。太阳系内撞击物的数量和速度分布各不相同。已知穿越地球轨道的小行星中不到五分之一也经过水星的轨道内侧。然而，由于太阳的引力聚焦，撞击物速度的增加，以及水星较弱的引力场，导致水星表面单位面积的撞击坑成坑率约为地球的一半。由于有更多的小行星穿过火星轨道，火星上的撞击坑成坑率略高于地球。地球和火星上绝大多数的撞击坑都是小行星带产生的撞击物造成的，而巨行星卫星上的大多数撞击坑是由来自外太阳系的撞击物造成的，这些撞击物在太阳系的大部分历史时期都在海王星轨道之外。地球的引力聚焦［见式（13-23）］使每单位面积上撞击大气层顶部的流星体数量（撞击率）略高于月球。行星的引力聚焦效应使距离行星最近卫星的撞击率最大。据估计，木卫一目前的撞击坑成坑率是木卫四的 2～3 倍，而木卫四目前的撞击坑成坑率大约是月球的 1～2 倍。土星和天王星最大卫星的撞击坑成坑率与伽利略卫星相似。月球除了撞击频率随位置变化外，撞击坑的频率和撞击物的尺寸分布随着时间的推移发生了巨大的变化［图 5 - 39、图 5 - 38（a）］；其他天体的情况可能有所不同。

即使预计的撞击坑成坑率相同，或者可以估计相对的成坑率，其他过程也会使根据成坑率确定表面年龄的工作复杂化。撞击坑的饱和是逐渐接近的，而不是一下子就能达到的。均匀的撞击坑概率会产生随机的成坑率，随机表明统计上的变化（习题5.19）。次级撞击坑实际是聚集在一起的，比随机分布更不均匀。因此，不均匀的撞击坑空间分布并不一定表明表面年龄不均匀。事实上，在旅行者号拍摄的土卫五（土星中等大小卫星）部分区域的高分辨率图像中，中等大小的撞击坑更趋向于均匀分布而不是随机分布，这意味着饱和效应支配着任何可能的表面年龄差异。

撞击坑的尺寸分布也可以提供撞击物群体的信息。月球和火星上最古老、撞击最严重区域的撞击坑分布，与利用来自小行星带的大量天体以与尺寸无关方式撞击所推导的结果一致。相比之下，金星、月球和火星上撞击不太严重的区域，撞击坑的尺寸分布与当前内太阳系的流浪天体（外推到更大尺寸）一致；虽然这个撞击物群体主要也来自小行星带，但其中的小尺寸撞击物比大尺寸撞击物更多，因为作为撞击的喷出物（9.4 节），小尺寸撞击物更易于通过雅可夫斯基力（2.7.3 节）运输。

5.4.5　舒梅克-列维 9 号彗星撞击木星

1993 年，卡罗琳·舒梅克[①]、尤金·舒梅克[②]与大卫·列维[③]合作，发现了他们的第 9 颗彗星——舒梅克-列维 9 号彗星（Comet Shoemaker - Levy 9，或 SL9）。SL9 非常特别：它由 20 多个独立的彗星碎片组成（图 5 - 41），这些碎片围绕木星而非太阳运行。轨道计算表明，这颗彗星在 1930 年前后被捕获到一个不稳定的木心轨道上。1992 年 7 月，这颗彗星的近木点距离木星中心约 1.3 倍木星半径，在洛希极限之内（11.1 节）。结果，SL9 被木星强大的潮汐力撕裂，之后单独的碎片形成了彗星特征（彗发和彗尾），并继续绕木星飞行，每个碎片都运行在自己的准开普勒轨道上。两年后彗星的下一个近木点会在木星表面以下，因此每个碎片都会与木星相撞。撞击持续了 6 天，发生在木星背离地球的半球

---

　① 卡罗琳·珍·斯贝勒蒙·舒梅克（Carolyn Jean Spellmann Shoemaker，1929 年 6 月 24 日—2021 年 8 月 13日），美国天文学家。她共发现 32 颗彗星（个人彗星发现纪录）和超过 500 颗小行星。卡罗琳星（4446 Carolyn）以她的名字命名。——译者注

　② 尤金·摩尔·舒梅克（Eugene Merle Shoemaker，1928 年 4 月 28 日—1997 年 7 月 18 日），美国地质学家、天文学家。他曾是阿波罗 11～13 号任务的月球地质首席研究员，并且还参与了美国宇航员的训练，被列为阿波罗计划的候选登月地质学家，但由于被诊断患有肾上腺疾病而落选。他于 1997 年在澳大利亚考察过程中因车祸身亡，1999 年他的部分骨灰随月球勘探者号撞击月球南极附近的撞击坑，该撞击坑后来以他的名字命名为舒梅克撞击坑。舒梅克一生共发现 183 颗小行星。舒梅克星（2074 Shoemaker）和会合-舒梅克号探测器（NEAR - Shoemaker）均以他的名字命名。——译者注

　③ 大卫·霍华德·列维（David Howard Levy，1948 年 5 月 22 日—），加拿大天文学家、科学作家。他独立或与他人合作发现了 23 颗彗星。列维星（3673 Levy）以他的名字命名。——译者注

上，距离东部（黎明）边缘只有几度。伽利略号探测器正在前往木星的途中，在距木星1.6 AU 的位置可以直接看到撞击地点。这是人类目前唯一一次直接目睹的巨大撞击过程。本节简要总结观测结果。

图 5-41　哈勃望远镜拍摄的舒梅克-列维 9 号彗星在撞击木星前大约 2 个月的图像。请注意，每个碎片，都是一颗小彗星，有自己的彗尾。[图片来源：哈尔·韦弗（Hal Weaver）和 T. 埃德·史密斯（T. Ed Smith），HST/NASA]

　　通过利用不同波长的地面数据和伽利略号探测器数据，以及对详细撞击过程的数值模拟，确定了一系列事件，详见图 5-42 中绘制的光变曲线，以及图 5-43 中的示意图。第一次观测到的事件是一个短暂的闪光，持续几十秒，这是撞击的第一先锋（first precursor），被解释为彗星碎片的彗尾首次撞击木星大气层时所引发的流星雨（图 5-42、图 5-43、图 5-44）。当碎片穿过大气层时，它被破坏并蒸发了。它的大部分动能都沉积在其最终所处的位置，位于气压为几巴的大气深度附近。虽然探测的灵敏度不足，无法捕捉到流星的踪迹，但伽利略号确实在爆炸后立即探测到了火球，这是一个在地球上无法观测到的事件。伽利略号测量到的温度约为 8 000 K，与爆炸时超过 10 000～20 000 K 的温度一致。

　　第二个观测到的事件是火球（前方有一个冲击波），即热物质羽流（plume）的热辐射，它上升回到彗星的"烟囱"[进入路径，图 5-42、图 5-43（b）]。这种热气体含有相当一部分的原始彗星气体，与类似质量受到震激的木星气体混合，后面跟着的是从压强有几巴深的地方流出的几乎纯木星气体。只要羽流上升到木星的"边缘"上（即对地球局部区域可见），火球的热辐射就可在可见光和红外波段看到；此时火球仍处于木星黎明前的阴影中 [图 5-43（b）、图 5-44]。第二次闪光是突然开始的，持续约 7 s，正如预期的那样，是一个直径为 100～200 km 的火球，以 10～15 km/s 的速度上升。闪光强度的衰减代表了上升、膨胀的火球的快速冷却（主要是绝热冷却，并可通过辐射冷

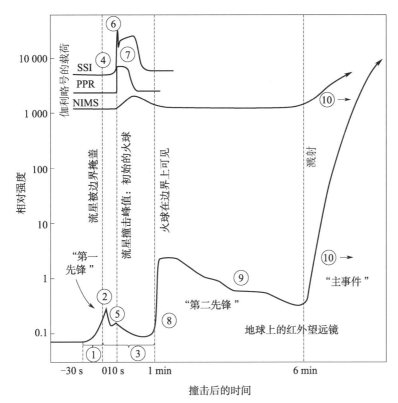

图 5 - 42　前 6～8 分钟 SL9 的光变曲线示意图。①～③：彗发流星雨（有时称为先导发射）；④和⑥：火流星进入木星大气；⑤：可能是彗尾尘上火流星辐射的反射；⑦：火球；⑧：羽流在边缘上方变得可见；⑨：羽流冷却；⑩：羽流再入大气层。（Harrington et al., 2004）

却增强）。

　　羽流到达木星云层顶部上方约 3 000 km 的高度，然后又落下。一旦羽流上升到足够高从而在反射的阳光下可见，就可以用哈勃望远镜对羽流及其随后坍塌到大气中的过程进行成像［图 5 - 44 （b）］。物质飞溅到大气中会在红外波长处剧烈增亮，这发生在第一次闪光后 6 分钟［图 5 - 42，图 5 - 44 （a）］，并持续约 10 分钟。这表明大气在急剧升温，伽利略号和地基望远镜同时观测到了这一现象。热量是由羽流物质像"降雨"般落到大气中产生的，降落动能冲击的垂直分量加热了大气。

　　由于物质下落到大气中的切向速度分量在再入激波中保持不变，羽流物质会在大气中水平滑动，因此"撞击区"会在径向迅速扩展，在几分钟内的覆盖范围远远超过 10 000 km。快速羽流物质在近水平轨道上的立即再入引发了横向冲击，在少数情况下产生了第三先锋（third precursor）和向外传播热的"环"，其尺度远大于哈勃望远镜所拍摄的撞击位置（图 5 - 45）。这个环在 3.08 μm 波段可见［通常被称为麦格雷戈环（McGregor's ring），以其发现者命名］。

　　撞击后，哈勃望远镜的图像（图 5 - 45）显示撞击部位具有特殊的形态。每个撞击地点在入口处都有一个棕色圆点，周围环绕着一个或两个暗色环，其以 400～500 m/s

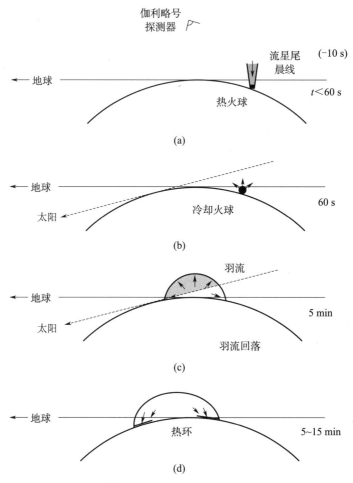

图 5-43　SL9 撞击期间的几何关系示意图。每幅图中标出了撞击后的时间 t。（改编自 Zahnle 1996）

的速度向外传播（两个环的内部如果存在其他环的话，其会更模糊，移动得更慢）。在西南方向可以看到一轮巨大的新月，有时被称为"撞击喷出物"。虽然撞击现象在木星云层的映衬下，在可见光波段显得很暗，但在近红外波段却很亮（图 5-45），表明有物质在高海拔存在（远高于可见的云层，4.5.6.1 节）。这种物质大部分是亚微米大小（$0.3\ \mu m$）的灰尘，可能是由于冲击加热大气中的甲烷而产生的碳质物质或"煤烟"。撞击形态可以结合羽流物质的弹道轨迹、科氏力（Coriolis force，4.5.3.1 节）以及物质在撞击后约 $20\sim30\ \mathrm{min}$ 的水平"滑动"现象来解释。撞击之后是几次反弹（bounces），辐射会周期性变亮，这是由于物质从大气层顶部"反弹"出来，第二次或第三次重新进入大气层并冲击加热造成的。

　　撞击的影响并没有在大气层中停止。火球穿过大气层上升到电离层。大气、电离层和磁层之间通过冲击、羽流和木星辐射带中捕获粒子的沉淀而发生了耦合（7.5 节）。这种耦合改变了木星俘获辐射带，将电离物质放置在了磁力线上，以及在高层大气产生了从红

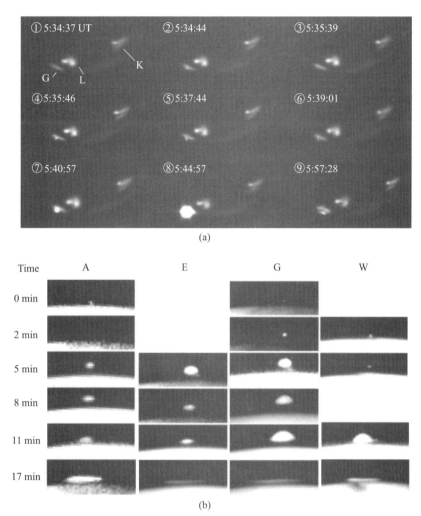

(a)

(b)

图 5-44　（a）凯克望远镜在 2.3 μm 波段观测到的 SL9 碎片 R 与木星撞击的图像，每幅图都是影像中的一帧，其标注了世界时。图中只显示了木星的南半球，显示了撞击点 G（在黎明边缘出现）、L 和 K。木星在 2.3 μm 波段是暗色的，因为大气中的甲烷和氢气吸收了太阳光（入射和反射）。撞击点是明亮的，因为一些撞击物质位于高海拔，高于大多数 2.3 μm 光谱的吸收气体。（Graham et al. 1995）（b）哈勃望远镜拍摄一系列的图像，显示了流星雨（时间 $t = 0$ min）、羽流热辐射（$t = 2$ min）、羽流（在阳光下）上升（$t = 5$ min）、扩散（$t = 8 \sim 11$ min）和在 SL9 碎片 A、E、G 和 W 撞击后的塌陷（$t = 17$ min）。羽流在完全塌陷后持续滑动。注意 $t = 5$ min 时，E 和 G 的撞击所产生的热喷射管的辐射。（改编自 Hammel et al. 1995；哈勃望远镜/NASA）

外到紫外和 X 射线波长范围内的各种辐射（7.5 节）。

　　母体的潮汐破裂和撞击的计算机模型分析表明，为了匹配彗星碎片的数量和彗星链的长度与时间的关系函数，单个碎片的直径必须 ≲1 km，密度约为 0.5～0.6 g/cm³。一个碎片撞击所涉及的动能是几个 10^{27} ergs ［式（5-9）］，相当于大约 100 万 Mt TNT 的爆

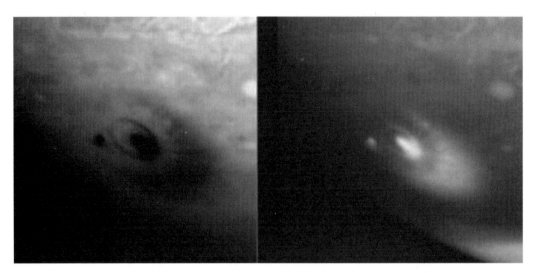

图 5-45　1994 年 7 月 18 日，在 SL9 最大碎片之一的 G 撞击后约 1.75 h，由哈勃望远镜拍摄的两张木星的照片。左图通过绿色滤光片（555 nm）拍摄，右图通过近红外甲烷滤光片（890 nm）拍摄。注意，撞击点在甲烷吸收带的近红外波长处显得明亮，在可见光波长处显得黑暗。G 撞击点周围有同心环，中心点的直径为 2 500 km。最外层厚环的内缘直径为 12 000 km。G 撞击点左侧的小斑点是 20 h 前由较小碎片 D 的撞击所造成的。[图片来源：海蒂·B. 哈梅尔（Heidi B. Hammel），哈勃望远镜/NASA]

炸能量。历史上最大的核弹爆炸当量约为 60 Mt TNT 当量，大多数核弹都远远低于 1 Mt。地球上的大型火山喷发可能达到 100～1 000 Mt 的 TNT。即使如此，这些仍是强大的撞击！

有证据显示 2009 年 7 月木星被一颗半径约为 100～200 m 的天体击中。这次撞击所产生痕迹的形态与中等大小 SL9 碎片留下的痕迹非常相似，业余天文学家在撞击后一天内就发现了撞击痕迹（既没有发现撞击物，也没有发现撞击事件）。光谱观测分析显示，撞击的天体很可能是一颗小行星。

5.4.6　大灭绝

保存完好的月球撞击历史，加上广泛观测到的舒梅克-列维 9 号彗星与木星的撞击，使我们不安地意识到被流星体撞击的危险。由于地壳不断更新，撞击坑相对罕见，很难被找到或识别出来。然而，对小行星、彗星和行星际尘埃的研究表明，地球每年"清扫"了 1 万吨微陨物质。流星，主要是厘米大小和更小的物质，坠入地球大气层是一个常见的景象，特别是在 8 月 10 日（英仙座流星雨），11 月 17 日（狮子座流星雨），12 月 11 日（双子座流星雨），1 月 1 日（象限仪座流星雨）。一项计算表明每年约有 7 240 颗质量超过 100 g（半径 2 cm）的陨石落到地面，也就是说每 10 万年每平方千米就有一次坠落。

撞击地球大气层的最小流星体在撞击地面前会被大气阻力减慢到较低的速度或者被气化。巨大的撞击物可以熔化行星的外壳，并完全消灭生命。

空爆产生冲击波的破坏范围大致相当于爆炸释放能量的三分之一。然而，被空爆摧毁区域的大小取决于爆炸的高度和能量，因为高空爆炸产生的冲击波可以在到达地面之前消散，而低空爆炸产生的冲击波从爆炸的正下方非常倾斜地接近地面。1908 年的通古斯事件，一颗半径约 40 m 的石陨石产生了能量约 4 Mt 的空爆，夷平了约 2 000 km² 的森林。该面积大约相当于这种爆炸能量所能摧毁的最大面积，因为爆炸发生在产生破坏性影响的最佳高度附近。除了直接破坏，撞击还可能对全球气候产生巨大影响。

月球可能在大约 45 亿年前形成于一个圆盘中，这个圆盘由火星或更大尺寸的天体与原始地球撞击而产生（13.11 节）。那时，行星刚刚形成，周围仍有许多星子撞击行星表面，中等规模的撞击可能并不罕见。为了评估当前年代的撞击概率，首先调查了过去 10 亿年中撞击地球的中等大小（几千米大小）撞击物的证据。

根据岩层中的化石记录，在过去 5 亿年中，许多动植物物种几乎同时灭绝，这一过程被称为大灭绝（mass extinctions）。最引人注目的大灭绝之一发生在约 6 500 万年前，恐龙和其他大量动植物物种突然从地球上消失。这一事件标志着白垩纪（K）时期的结束和第三纪（T）时期的开始，被称为 K–T 界线[①]。在 K–T 界线的沉积物中发现的铱含量远远高于正常水平（10～100 倍），这有力表明这次大灭绝是由地球之外的原因所导致的。后来在尤卡坦半岛发现的希克苏鲁伯撞击坑（Chicxulub crater，图 5 - 46）是令人信服的证据，证明 K–T 界线和恐龙灭绝确实是由一个约 10 km 大小的天体撞击导致。希克苏鲁伯撞击坑在地表已不可见，但可以通过重力异常测量进行研究（6.1.4 节）。撞击坑似乎有多环盆地的形态：一个直径 $D \approx 80$ km 的峰环，一个 $D \approx 130$ km 的内环和一个 $D \approx 195$ km 的外环。

一个 $R \approx 10$ km 大小的天体以约 15 km/s 的速度撞击所涉及的能量，大约比舒梅克-列维 9 号彗星的单个碎片撞击所涉及的能量大两个数量级。如 5.4.2 节所述，当火流星撞击表面时，应有两个冲击波远离撞击点传播。一个冲击波应该已经传播到基岩中，而另一个应向后传播进入撞击物。紧接着，一股巨大的汽化岩石羽流（即火流星）上升到太空中，使尘埃和岩石沿着弹道轨道发射，将它们带到地球周围很远的地方。在这种特殊情况下，人们认为在这个火流星之后会有第二股羽流，这是由于地表以下约 3 km 的石灰岩层受震激突然释放二氧化碳气体所致。在中心上升到中央峰之前，空腔本身可能已经达到约 40 km 的深度。山峰变得如此高大以至于坍塌，从而引发了几个向外扩张的环和山脊。与此同时，撞击坑坑壁继续向外扩张。短暂存在的空腔的直径约 100 km。

喷出物重新进入大气层产生的热量很可能点燃了全球的森林大火。此外，还可能形成大量硝酸（HNO_3）和硫酸（H_2SO_4），随雨水降下（酸雨），杀死动植物，并溶解了撞击地点周围大片区域的岩石。由于撞击发生在半岛上，巨大的海啸波（在墨西哥和古巴发现的岩石中有记录）向外扩散，在袭击佛罗里达和墨西哥湾海岸时，必定摧毁了现在的墨西哥和美国的大片地区。由火球带起的细尘在到达地表之前在大气中悬浮了好几个月。这可

---

① 现称为白垩纪（K）–古近纪（Pg）界线（K–Pg 界线）。——译者注

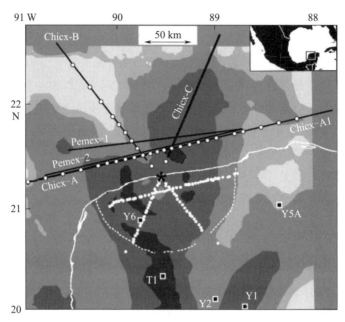

图 5 - 46　希克苏鲁伯地震实验。实线表示海上反射线，白点表示广角接收机。阴影显示布格重力异常（Bouguer gravity anomaly，6.1.4.4 节）；这个撞击坑有一个约 30 mGal 的圆形低重力区域。白色虚线标记了碳酸盐"平台"中沉孔的位置。方形表示井的位置；Y6 约 1.6 km 深，T1、Y1、Y2 和 Y5A 约 3～4 km 深。所有半径均使用星号作为标称中心进行计算。（Morgan et al. 1997）

能会使整个地球的天空变暗，并阻止阳光照射到地表，因此地表温度连续数月降至冰点以下。一旦天空放晴，由于 H_2O 和 CO_2 等温室气体含量的增加，气温可能已经上升到令动植物不适的高水平。这种全球的极端高温—低温—高温循环将摧毁距离撞击地点很远的许多动植物物种。关于 K - T 影响后果的另一个模型表明，温室效应很小，但硫酸缓慢（多年）产生使温度保持了几十年的低温（几十开尔文），这可能对植物和动物生命产生类似的破坏性影响。

　　随着撞击物尺寸的增加，撞击将有更大的潜力杀死单个生物体乃至消灭整个物种；这种撞击也会越来越罕见。如果注入平流层的尘埃量足以在几个月内产生全球范围内大于 2 的光学深度，则可使全球表面温度下降约 10 K。产生 2 的光学深度需要大约 10^{16} g 尘埃，是上个世纪任何一次大型火山喷发所产生尘埃的一百倍（例如 1991 年的皮纳图博火山，Mt. Pinatubo）。如此多的尘埃需要通过能量为 10^5～10^6 Mt 的撞击才能注入平流层，即半径为 500 m～1 km 的石质小行星以 20 km/s 速度撞击所产生的能量。这种影响大约每百万年发生一次（图 5 - 47）。表 5 - 3 的最后两列显示了撞击对行星和生命的影响。

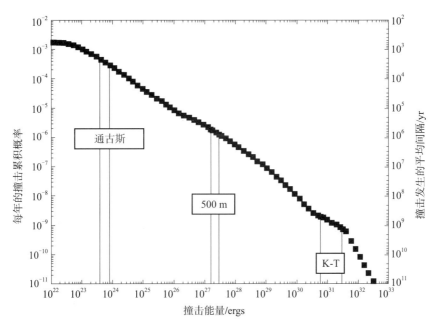

图 5 - 47　在当前的年代，各种动能的撞击物撞击地球大气层顶部的频率。图中分别标出了半径为500 m、具有 K - T 和通古斯撞击能量的撞击物。这些估计是利用观测到的近地天体（NEOs）分布做出的。其他有关信息请参阅 9.4.1 节和 Stuart and Binzel（2004）。［图片来源：斯科特·斯图尔特（Scott Stuart）］

表 5 - 3　对行星和生命的影响[a]

撞击物尺寸	示例	最近一次发生的时间	对行星的影响	对生命的影响
$R > 2\,000$ km	月球形成事件	45 亿年前	行星熔化	驱除挥发物毁灭地球上的生命
$R > 700$ km	冥王星 谷神星（边界）	≳43 亿年前	地壳熔化	毁灭地球上的生命
$R > 200$ km	灶神星（大型小行星）	约 39 亿年前	海洋蒸发	生命也许在地表下幸存
$R > 70$ km	凯龙星 （最大的活动彗星）	38 亿年前	海洋上部 100 m 蒸发	透光层承受高温高压可能会破坏光合作用
$R > 30$ km	海尔-波普彗星	约 20 亿年前	大气和表面加热至约 1 000 K	大陆被烧灼
$R \gtrsim 10$ km	K - T 撞击物 爱神星 （最大的近地小行星）	6 500 万年前	大火、沙尘，黑暗 大气/海洋的化学成分改变 更大的温度波动	一半的物种灭绝
$R > 2$ km	地理星	约 500 万年前	肉眼可见的厚尘 臭氧层受到威胁 明显的降温	光合作用中断，显著灭绝

续表

撞击物尺寸	示例	最近一次发生的时间	对行星的影响	对生命的影响
$R > 500$ m	约 1 000 个近地小天体 博苏姆维湖①	约 50 万年前	持续数月的高空尘埃 有一些降温	大规模的作物歉收； 许多个体死亡，但 很少有物种灭绝； 文明受到威胁
$R > 200$ m	毁神星（边界）	约 5 万年前	海啸	海岸破坏
$R > 30$ m	陨石撞击坑	1908 年 6 月 30 日	主要为局部地区影响 次要为行星半球的尘埃大气	报纸头条； 增加出生率的浪漫 日落

[a]改编自 Lissauer（1999）与 Zahnle and Sleep（1997）

5.5　单个星球的地表地质学

地面和太空遥感技术的结合，使我们可以详细观察许多太阳系天体的地质情况，可以通过成像、光度测定、偏振测定、热和反射光谱，以及射电和雷达观测等遥感技术确定地表特征。附录 E 对这些技术进行了更为详细的讨论。虽然地面的空间分辨率（≳0.3″）与天体的大小相比（从<1″，到最大为 1′的金星）相对较差，但现在可以使用哈勃望远镜或在大型地面望远镜上使用斑点成像和/或自适应光学技术获得约 0.05″量级的空间分辨率数据。然而，目前能获得的最高质量图像通常来自探测器的飞越、环绕或着陆探测（附录 F）。例如，卡西尼号和伽利略号分别传回了土星系统和木星系统的壮观景象；火星探测漫游者（Mars Exploration Rovers，MER）在火星表面巡视以及火星快车和火星勘测轨道器（Mars Reconnaissance Orbiter，MRO）进行火星全球覆盖遥感，传回了火星的壮观图像。深度撞击（Deep Impact）任务展示了坦普尔 1 号彗星（9P/Tempel 1）的表面，会合-舒梅克号探测器（Near-Earth Asteroid Rendezvous Shoemaker，NEAR-Shoemaker）和日本隼鸟号探测器（Hayabusa）分别传回了爱神星（433 Eros）和糸川星（25143 Itokawa）表面精美的图像。

每一个被详细研究过的太阳系天体都有自己的特点。每一个固态天体表面都有其自身的地质特征，通常与其他任何已知天体的地质特征截然不同。但也有相似之处，包括许多已知的地球特征，如火山构造、地质构造、大气效应（如风和冷凝流）和撞击坑等。本节将讨论类地行星和许多卫星的表面特征。在 9.5 节中回顾了少数已进行高分辨率成像的小行星的地质特性，在 10.6.5 节中总结了探测器造访过的彗星的表面特征。

从太空看，地球和其他行星非常相似，但由于海洋的存在，地球的颜色明显不同（图 5-48）。地球表面褐色的地块称为大陆，而极地地区主要是白色冰原。由于全球变暖，北极极冠正在迅速缩小。全球变暖是地球大气中温室气体含量增加的结果（4.9.2.1 节）。

---

①　博苏姆维湖（Lake Bosumtwi）是陨石撞击坑积聚雨水而成，是加纳唯一的天然湖泊，位于库马西东南约 30 km，也被称为世界上最圆的天然湖泊，且湖体呈圆锥形，属世上罕见。——译者注

图 5 - 48　 1990 年 12 月 11 日，伽利略号探测器在距离约 2.5×10^6 km 拍摄的地球照片。印度位于顶部，澳大利亚位于中央的右侧。下部是阳光照耀的白色南极洲大陆。在右下角可以看到南太平洋奇特的气象锋。（NASA/伽利略号，PIA0012）

我们已经从太空以不同的波长和雷达技术绘制了地球的地图，这些数据非常有价值，因为可以将其与利用非常相似技术所获得的其他行星图像进行比较。由于本章中使用了地球作为原型，并且已经展示了许多地球特征的照片，因此在这里只讨论其他太阳系天体，并在适合的条件下将它们与地球进行比较。

5.5.1　月球

用肉眼可以分辨出月球上两种主要的地质单元：占月球表面 80% 以上、反照率为 11%～18% 的明亮高地（highland）或月陆（terrae），以及覆盖月球表面 16%、反照率为 7%～10% 的暗色平原或月海（maria）（图 5 - 15）。月海集中在面向地球的半球上。月球上主要的地形是撞击坑。在月球高地上布满了撞击坑，直径从微米（图 5 - 25）到数百千米不等（如东海盆地，图 5 - 28）。一些尺寸较大的年轻撞击坑显示出明亮的射纹和次级撞击坑形态。高地明显可以追溯到约 44 亿年前的早期轰炸时代 [图 5 - 38 (a)]。相比之下，月海的撞击坑较少，因此应是在更晚时期形成的。

一些月海覆盖了一部分撞击盆地，这些盆地似乎更古老，例如位于雨海盆地内的雨海（Mare Imbrium）。对阿波罗任务和月球（Luna）任务所带回的岩石进行放射性同位素定年分析（8.6 节），结果表明月海的年龄通常在 31～39 亿年之间。对月球样品的进一步分析表明，月海由细粒的、有时呈玻璃体状的玄武岩组成，富含铁、镁和钛。所有这些结果加在一起表明，月海的玄武岩起源于月表以下数百千米的地方，且必定是在 31～39 亿年前的火山活动中形成的。当火山活动进行时，形成的熔岩湖会迅速冷却和凝固，这可以从岩石中矿物的玻璃质和小颗粒的存在得到证明。克莱门汀号探测器的探测数据表明，被熔岩淹没的月海非常平坦，坡度只有不到 1 m/1 km；这些月海是典型的低洼地带。由于大型撞击盆地是由高能撞击形成的，因此月壳很可能在月表以下数千米处发生断裂。炽热的岩浆可能从裂缝中渗出，淹没了撞击盆地的低洼地区。从表面上可以看到的是一些小的火山穹顶丘和火山锥。

月球上最明显的地形结构是南极艾特肯盆地（South Pole‑Aitken Basin），这是在月表可辨别的最古老的撞击特征。它的直径为 2 500 km，最深处位于月球参考椭球（即月球的大地水准面，6.3.1 节）以下 8.2 km，从盆地边缘顶部到撞击坑底部高度相差 13 km。这是已知整个太阳系中最大、最深的撞击盆地。月球上的最高点位于参考椭球上方 8 km 处，位于月球背面的高地上，毗邻南极艾特肯盆地。

月球两极附近的一些区域处于永久阴影中，可能会保持 40 K 的低温。1998 年，月球勘探者号探测器（Lunar Prospector）所携带的中子谱仪的测量结果表明，在月球两极的撞击坑阴影区中存在氢，且可能赋存在水冰中（附录 E.9）。但是从地球上进行的雷达观测结果则没有显示出厚冰沉积的迹象（与水星相比，5.5.2 节）。此外，日本宇宙航空研究开发机构（Japan Aerospace Exploration Agency，JAXA）的月亮女神号[①]（SELENE）任务使用探测器携带的一台高灵敏度相机，利用从边缘散射的太阳辐射观察永久阴影区撞击坑，在约 10 m 的分辨率下并没有检测到高反照率物质。因此，如果冰确实存在，则其必须以微小晶体的形式与土壤混合，估计其浓度按重量计大约为 1.5%。LCROSS（Lunar Crater Observation and Sensing Satellite，月球观测和传感卫星）似乎已经证实了这种冰晶的存在，该卫星于 2009 年 10 月 9 日撞击了位于月球南极附近卡比厄斯撞击坑（Cabeus）中的一块永久阴影区。撞击产生了蒸气羽流，其光谱展现了若干个包括水和羟基分子在内的吸收峰特征。因为月球总体上非常干燥，该撞击坑和其他永久阴影坑中的挥发物可能是在月球形成很久之后由彗星和小行星带入。在 LCROSS 撞击的几个月之前，印度空间研究组织（Indian Space Research Organisation，ISRO）的月船 1 号探测器上的月球矿物学测绘仪（Moon Mineralogy Mapper，M³）检测到了 2.8～4 μm 谱段附近的吸收特征，表明月球风化层上部的几毫米中广泛存在含 OH^- 和 H_2O 的物质。这表明宇宙射线的持续轰击可能在撞击坑永久阴影区内冰的形成方面发挥了作用，为其提供了氢元素。

阿波罗任务表明，高地的月壳已经历过许多次撞击而粉碎。微流星体对破碎岩石的持续撞击形成了一层细粒径的风化层，其深度超过 15 m。月海也被风化层覆盖，但由于月海较年轻，风化层只有 2～8 m 深。许多月球岩石都是多晶角砾岩（图 5‑37），为不同类型的岩石通过撞击过程胶结在一起的状态。角砾岩和月壤中都含有在撞击过程中产生的光滑玻璃球体或哑铃体。月球高地通常缺乏富含铁和钛等重矿物的岩石，岩石以斜长岩（anorthosites）为主，由富含钙的斜长石或钙长石组成（5.2.2 节）。阿波罗任务揭示了月

---

① 日语为かぐや，意为辉夜，因此也称为辉夜姬号（KAGUYA）。——译者注

球岩石中一种不同寻常的化学成分，称为克里普岩（KREEP），以其矿物成分命名：钾（K）、稀土元素（Rare Earth Elements，REE；原子序数 57～70 的元素，见附录 D）和磷（P）。

在某些地方，克里普岩中稀土元素的富集程度比球粒陨石高 1 000 倍。在岩浆的结晶过程中，稀土元素被排除在主要矿物相之外，如橄榄石、辉石和斜长石，因此克里普岩可能是全球岩浆系统的最终结晶产物。这一点可以从铕（$_{63}$Eu）丰度异常得到印证，与其他稀土元素相比，克里普岩和月海玄武岩中的铕均已耗尽，而在高地中铕的含量则较高。与其他稀土元素和其他不相容元素（6.2.2.1 节）如钾（K）、铀（U）、钍（Th）、磷相比，铕很容易被斜长石吸收。由于斜长石较轻，它会漂浮在岩浆上（5.2.2 节），形成月壳。因此，克里普岩的存在以及铕丰度异常，提供了早期月球全球岩浆海洋结晶的化学证据。尽管对于是整个月球还是仅有月球外层被熔化和分异仍然有一些争论，但与地壳和地幔相比，亲铁元素（如 Fe、Mg）的相对贫化和亲石元素（如 Ca、Al、Ti）的增加表明存在全球岩浆海洋，其分异会导致月球富铁核心的形成（6.3.1 节）。构成高地的斜长岩等主要矿物相的结晶过程可能完成于 44.4 亿年前，而克里普岩残留物最终凝固则完成于约 43.6 亿年前。

尽管撞击坑的形成是迄今为止月球上最重要的地质过程，但月球上也有火山作用和构造的明确证据。火山作用在月海中最为明显，还有一些其他特征显示了火山熔岩流的证据。图 5 - 21 所示的蜿蜒（哈德利）月溪被认为是一条塌陷的熔岩通道。构造特征如直月溪（straight rille），类似于地堑断层，可能是由于扩张或收缩而形成的。月球没有（过去或现在）板块构造的证据。约 30 亿年前，月球上的地质活动逐渐减少，然而月亮女神号的探测结果表明，月球背面的火山活动可能会偶发性持续到 25 亿年前。潮汐和热所诱发的月震会持续在月球上发生。

5.5.2　水星

从外表看，水星的表面与月球相似，因为两个天体上的主要地形特征都是撞击坑［图 5 - 49（c）］。然而，如下文所述，这两个天体在细节上存在显著差异。与月球相比，水星上类似尺寸的撞击坑更浅，且次级撞击坑和喷出覆盖物距离主撞击坑更近。这两种差异都是由于水星表面更大的重力造成的。在水星布满撞击坑的地形上散布着表面平滑的坑间平原（intercrater plains），在某些方面类似于月球的月海；但与月海相反，水星上的撞击坑几乎没有明亮的区域。

到目前为止，水星上观测到的最大特征是直径 1550 km 的卡洛里盆地（Caloris Basin）［图 5 - 49（a）］，这是一个巨大的环形盆地，类似于月球上的大型撞击盆地。由于水星的 2∶3 自转轨道共振（2.6.2 节），该盆地在水星轨道每隔一圈的近日点时直接面向太阳。盆地被一个 2 km 高的山脉环抱。形成卡洛里盆地的撞击所产生的冲击波被认为是卡洛里对跖点的不规则或"怪异"地形的成因，该地形由杂乱的岩石块和山丘组成。

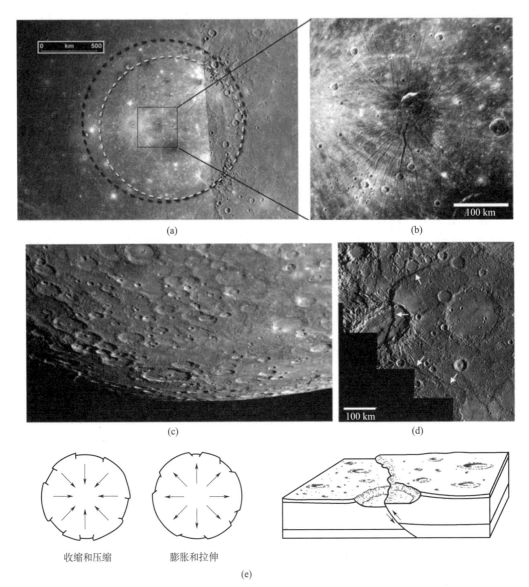

收缩和压缩　　　　　膨胀和拉伸

(e)

图 5-49　（a）水星最大撞击盆地卡洛里盆地的合成图像。1974 年，水手 10 号拍摄了该盆地的东半部图像，那是当时唯一受阳光照射的区域。信使号在 2008 年 1 月 14 日第一次飞越水星时，拍摄了该盆地的西半部图像。这张合成图像显示，卡洛里盆地（外虚线圈，直径 1 550 km）比最初从水手 10 号数据（内虚线圈，直径 1 300 km）推导的尺寸更大。（b）放大了中央的黑框，展示了卡洛里盆地中心的细节图像。径向的沟可能是由于卡洛里盆地形成后填充坑底物质的拉伸造成的。　（NASA/信使号，PIA10383；Murchie et al. 2008）（c）2008 年 1 月 14 日，信使号从 200 km 外拍摄的水星南极图像。在右下角可以看到行星的南部边缘。左边是明暗界线，一个凸起的撞击坑边缘刚刚捕捉到了最后一缕阳光。（NASA/信使号，PIA10187）（d）水星显示出明显的叶状断崖，如小猎犬号断崖（Beagle Rupes），是一条长约 600 km 的断崖（白色箭头），它使一个直径 220 km 的撞击坑的坑底和坑壁发生了偏移。熔岩似乎淹没了这个撞击坑，撞击坑随后在断崖形成之前由于皱脊而发生了变形。相比之下，黑色箭头指向一个直径约 30 km 的撞击坑，它应当是后来形成的。　（NASA/信使号，Solomon et al. 2008）　（e）断崖形成的示意图。（Hamblin and Christiansen 1990）

水星表面显示出独特的悬崖或断崖（rupes），为数百千米长、高度从几百米到几千米不等的直线特征［图 5 - 49（d、e）］。这些叶状的断崖是水星上最显著的构造特征，它们以看似随机的方向穿越所有地形。这些断崖的成因可能是冷却所导致的全球范围内的收缩，其中包括部分核心凝固，就像干苹果皮上的皱纹。目前认为，水星在全球范围内的收缩导致其半径减少了约 4 km。

水星上平坦的平原与月球一样，是在晚期重轰炸时代形成的，也就表明它们的历史不超过 38 亿年，而多撞击坑的高地则起源于早期轰炸时代之前。尽管平原和高地之间的表面反射率相似，但信使号探测器（MESSENGER，MErcury Surface，Space ENvironment，GEochemistry and Ranging，水星表面、空间环境、地球化学和测距）揭示了平原是由火山形成的确凿证据。例如，可以看到各种火山特征，如喷口、沉积物和盾状火山（沿着南卡洛里盆地内边缘，直径约 100 km）。卡洛里盆地的中心是一个放射状地堑构造，称为万神殿堑沟群［Pantheon Fossae，图 5 - 49（b）］，有数百个地堑，宽达几千米，长度超过 100 km。这种结构可能是地表之下上升的岩浆造成的，在地面之下，物质的挖掘可能引发了熔融。挖掘释放了对下伏岩石的压力，从而降低了熔化温度。该结构会让人想起金星上的火山构造（5.5.3 节）。

水星上的火山活动似乎很普遍。平坦的平原似乎填满了撞击坑和围绕在撞击坑的边缘。火山平原可能有几千米厚。但是水星火山流的成分与月球和地球上的玄武岩流非常不同，这可以解释火山流为何颜色更亮。水星缺乏富含铁和钛等重元素的玄武岩物质（图 5 - 50）。构成月海表面绝大部分不透明物质的钛铁矿［$(Fe, Mg) TiO_3$］似乎在水星上基本不存在。

对水星高度未压缩密度（6.3.2 节）最可能的解释是，在其形成早期（13.6.1 节），行星地幔的一部分被巨大撞击（或许多较小的高速撞击）剥离。撞击也会"蒸发"掉更易挥发的元素，留下的地壳成分主要是非常难熔的物质。由于水星表面似乎缺乏重元素，覆盖或形成平坦平原的熔岩一定起源于接近地壳的地方，与之相比，形成月球月海的熔岩则是源于月表之下深处的玄武岩。

水星的倾角是 0°，因此其两极接受不到多少阳光。实际上一些区域的撞击坑底部会处于永久阴影中，温度远低于 100 K。雷达回波表明，水星的两极出现了异常大的反射信号，这归因于水冰的存在[①]。信使号首次飞越水星时（2008 年 1 月），发现了水星外大气层中的水衍生离子，可能与雷达探测到的水冰有关。详细的雷达图像（图 5 - 51）显示，北极附近的冰区与可见的撞击坑密切相关。在一个离太阳如此近的行星上存在水冰似乎是反常的，正常来说水星应像月球一样非常干燥。但是彗星和富含挥发物的小行星持续地撞击水星，虽然撞击物中的挥发物会迅速气化，但其中一些物质可能并没有逃脱水星的引

---

① 近年来对月球的相关研究表明，雷达圆极化比（CPR）与石块丰度之间存在着明显的相关性，提请读者注意。Fa and Cai（2013）的模型与观测比较结果表明，雷达异常撞击坑内部 CPR 过高是由月表与月壤层内石块二次散射引起的。Fa and Eke（2018）系统分析了月表所有直径大于 2.5 km 的撞击坑，结果表明月球极区与非极区雷达异常坑 CPR 统计特征不存在明显差异，极区雷达异常坑的数量并没有偏多。——译者注

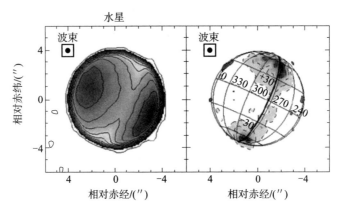

图 5 - 50　用甚大天线阵望远镜（Very Large Array radio telescope，VLA）观测到的水星（左图）在 3.6 cm 波长处的射电图像。轮廓线代表的间距为 42 K（最大值的 10%），最低轮廓线为 8 K（虚线为负值）。探测光束的大小为 0.4″，等于水星半径的 1/10。观测期间水星的几何形状、太阳方向和晨线（虚线）叠加显示在右图上。此图显示了观测数据减去模型数据后的残差。请注意，左图中较深的灰色为热发射最大值，但在右图则为最小值。有效的探测深度约 70 cm（图 3 - 5）。两个 "热" 经度（在近日点面向太阳的经度）在左图中清晰可见（3.2.1 节）。右图显示了两极和沿着阳照面一侧昏线的低热区。轮廓线间隔（右图）的步长为 10 K，大约是图像中均方根噪声的 3 倍。根据这些图像确定物质的损耗角正切似乎远小于月球（3.2.1 节）。这可能是水星表面缺乏玄武岩物质的证据。（Mitchell and de Pater，1994）

力。水分子可能会在表面上 "跳跃"，直到它们到达极区，在那里它们会被冻结并保持长时间的稳定。在温度 $T < 112$ K 时，水冰可在数十亿年内保持稳定（缓慢地气化）。然而计算表明，为了能合理解释雷达数据，需要非常大量的冰物质来源才能形成厚冰层（$\gtrsim 50$ m）。假设在早期和晚期重轰炸时代，陨石物质在水星上的分布与预期一致，形成的冰层可能只会有大约 20 cm 厚！但是一些巨大的彗星或富含挥发物的小行星可能会显著改变这些结果。

5.5.3　金星

虽然金星被厚厚的云层覆盖，可见光无法穿透，但可以从一些红外波长和几厘米更长波长范围的射电对其表面进行探测（4.4 节）。金星表面的全球地图是利用地面和太空的雷达实验绘制的。几颗金星探测器（Venera）已在表面着陆，并传回了照片（图 5 - 52）。这些照片中的景象为橙色，因为浓密多云的大气散射并吸收了阳光中的蓝色成分。照片显示了暗色的表面和轻微侵蚀的岩石，但这些岩石不像典型的地球岩石那样光滑。着陆点的岩石成分与各种地球的玄武岩相似。

麦哲伦号使用雷达获得了最为详细的（空间分辨率约 0.2～1 km）几乎覆盖金星全球表面的数据。金星表面的一小部分被高地所覆盖，这是一个大洲大小的火山起源区域，高度远高于平均地表 [3～5 km，图 6 - 22（a）]。四个主要高地 [伊什塔尔（Ishtar）高地、阿佛洛狄忒（Aphrodite）高地、阿尔法（Alpha）区和贝塔（Beta）区] 总共覆盖了约 8% 的地表。地表约 20% 的地区为低海拔平原，约 70% 的地区为丘陵地带。总的来说，

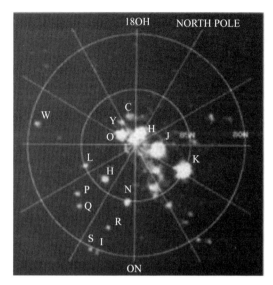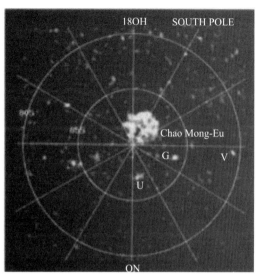

图 5-51　由阿雷西博射电天文台获得的水星北极（左图）和南极（右图）的雷达图像。雷达的明亮特征被解释为冰层。它们的位置与两极的撞击坑相对应。这些撞击坑的底部处于永久阴影中，因此足够冷，冰可在数十亿年内保持稳定。（Harmon et al.，1994）

图 5-52　金星 14 号（Venera 14）着陆器拍摄的金星表面图像。着陆器于 1982 年 3 月 5 日在金星 13°S、310°E 着陆。它从金星表面传回了 60 min 的信号，然后就由于金星表面高温而损毁。金星着陆器进行的化学分析表明，大多数金星岩石（包括该处显示的岩石）都是玄武质的，因此为黑色或灰色。它们看起来松软或扁平，被少量的土壤隔开。在每张照片的底部都可以看到着陆器的部分（上图是 1 个机械臂，下图是 1 个镜头盖）。由于金星 14 号的广角相机以倾斜的弧线扫描，因此此景观看起来被扭曲了。地平线出现在两幅图像的左上角和右上角。［图片来源：卡尔·皮特斯（Carle Pieters）和俄罗斯科学院］

大部分地表位于行星平均半径的 1 km 以内。最高和最低的地表特征间的高程差约为 13 km，这与地球相似［喜马拉雅山海拔约 8 km，海洋深度约 5 km；莫纳罗亚（Mauna Loa）火山在海底以上约 9 km］。然而，表面积随高程变化的直方图显示，这两颗行星的分布非常不同（图 5-53）：地球呈双峰分布，反映了海洋和大陆之间的分界线，而金星则呈现一个以零千米附近为中心的单峰。这种单峰直方图强烈否定了板块构造的存在。

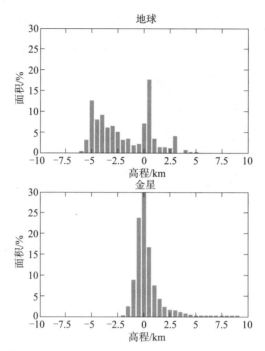

图 5-53　地球和金星的海拔直方图（以 0.5 km 为单位），按面积标准化。注意地球的多峰特征和金星的单峰特征。（Smrekar and Stofan 2007）

　　雷达反射系数从低地的约 0.14 到高地的约 0.4 变化。雷达反射率高的区域通常与低射电亮温或低射电发射率相关。射电发射率和雷达反射率可能与材料的介电常数有关（3.4 节）。雷达测量的金星盘面的平均介电常数约为 5，这是典型岩石（花岗岩、玄武岩）的介电常数值，没有证据表明介电常数大约能低至 2（这是多孔表面材料的介电常数值）。这表明金星表面主要由干燥的固体岩石组成，部分表面最多可能覆盖几厘米厚的土壤或尘埃。高地的介电常数远远超过 20～30，表明含有金属和/或硫化物材料，如黄铁矿。另一种解释是，高介电常数也可能是由嵌入干燥土壤中岩石的散射效应引起。

5.5.3.1　火山作用

　　除了上面提到的四个高地之外，麦哲伦号还发现了金星上 1 000 多个火山构造。其中包括许多像穹顶丘的山，很可能是盾状火山；许多圆形扁平的穹顶丘，在峰顶有一个小坑；以及一些特殊的结构，包括煎饼状穹顶丘、冕状物和蛛网膜地形。低洼平原被火山沉积物覆盖，可能是由类似玄武岩岩浆的大规模喷发产生的，在体积上与印度的德干玄武岩平原（Deccan Trap）相当。德干玄武岩平原由一片 $\gtrsim 2$ km 厚的高原组成，覆盖面积约 50 万 km^2。

　　煎饼状穹顶丘（pancake-like dome）［图 5-54（a）］的直径约 20～50 km，高度约 100～1 000 m。从形态上看，它们类似于地球的流纹岩-英安岩穹顶丘（"玻璃"山，由黑曜石组成），由非常厚（富含二氧化硅）的熔岩流组成，熔岩流源自相对平坦地面上的开口，因此熔岩会向各个方向向外流动。虽然金星的穹顶丘可能并非由富含二氧化硅的熔岩组成，但熔岩流必定是高黏性的，因此会与在金星其他地方所看到的玄武岩流不同。这些穹顶丘顶部的复杂裂缝表明，外层在内部岩浆活动完全停止之前就冷却了，导致表面的拉张（因此破裂）。穹顶丘也可能是由岩浆推动地表向上而形成的，之后近地表岩浆撤回到更深的地层，导致穹顶丘表面的塌陷和破裂。雷达图像的明亮边缘表明穹顶丘的斜坡上存在岩石碎片。平原上的一些裂缝穿过穹顶丘，而其他裂缝似乎被穹顶丘覆盖。这表明作用过程在穹顶状山丘形成之前和之后均有发生。

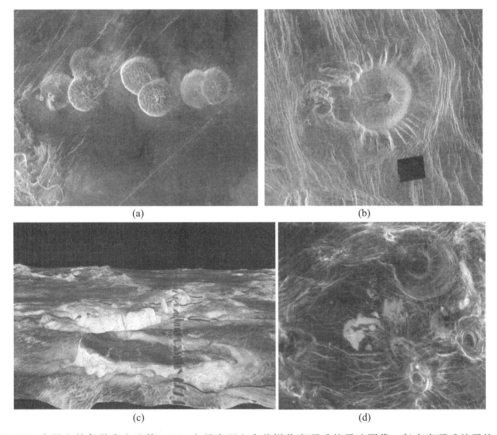

(a)　　　　　　　　　　　　(b)

(c)　　　　　　　　　　　　(d)

图 5 - 54　金星上的各种火山地貌。（a）金星表面七个煎饼状穹顶丘的雷达图像，每个穹顶丘的平均直径约 25 km，最大高度 750 m。（NASA/麦哲伦号，PIA00215）（b）金星上奇特的火山构造，昵称为"蜱虫"，底部宽约 66 km，有一个直径 35 km 的相对平坦、略凹的山顶。这座火山的侧面以放射状的山脊和山谷为特征，呈凹槽状。在西边，火山结构的边缘被黑色熔岩流渗透，熔岩源自一个山顶的浅坑。火山顶以西 10 km 处有一系列连在一起的坍塌坑。火山和西面的凹坑被直径达 70 km 的微弱同心线性特征所包围。一系列北—西北走向的地堑围绕火山并向东偏转；这些地堑与火山凹槽边缘的相互作用在图像中产生了独特的扇形图案。（NASA/麦哲伦号，PIA00089）（c）前景为阿泰特冕状物（Atete Corona）的透视图，这是一个约 600 km×450 km 椭圆形火山构造特征。（NASA/麦哲伦号/JPL/美国地质调查局，PIA00096）（d）这是一张金星雷达图像，展示了暗色平原上的"蛛网膜"。这些蛛网膜地形的尺寸从约 50 km 到 230 km 不等。（NASA/麦哲伦号，P37501）

冕状物（coronae）［图 5 - 54（c）］是大型的圆形或椭圆形结构，具有同心多脊地形特征，直径从约 100 km 至 1 000 km 以上。它们主要位于火山平原内，被认为是在金星地幔内岩浆的热上涌作用而形成的。蛛网膜（arachnoids）地形［图 5 - 54（d）］看起来像蜘蛛坐在相互连接的裂缝上，中心区域的直径为 50～150 km，通常海拔较低，好像塌陷了一样，与外侧的放射状线性构造相融合。蛛网膜地形的形状相似，但尺寸通常比冕状物小。它们可能是冕状物形成的前兆。延伸数千米的雷达亮线可能是金星地幔的岩浆上升流，其将表面向上推而形成"裂缝"。星形（novae）地貌具有径向断裂图案，没有中心冕状物的特征。

麦哲伦号的图像进一步揭示了火山平原上的数百条熔岩渠道，其中一些有数百千米长。还有一些是狭长（2 km 宽）的地貌，类似于月球上蜿蜒的月溪。这些渠道有时会结束于平原上的三角洲状分流。其中一条特别的渠道——巴尔提斯峡谷（Baltis Vallis），长6 800 km，是太阳系中已知最长的蜿蜒峡谷[①]（图 5 - 55）。

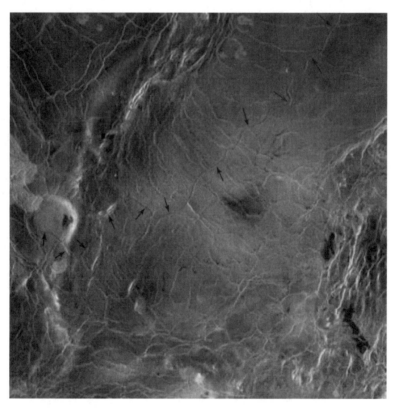

图 5 - 55　金星巴尔提斯峡谷（Baltis Vallis）的一段（箭头所示，图中显示部分约 600 km），这是太阳系已知的最长峡谷。（NASA/麦哲伦号，PIA00245）

---

① 一些材料中会误把火星上的水手峡谷（Valles Marineris）称为太阳系最长的峡谷，实际上巴尔提斯峡谷长度近 7 000 km，比水手峡谷（大于 4 000 km）长得多，是目前太阳系已知最长的峡谷地形。——译者注

金星目前是否仍然活跃尚不清楚。大气中二氧化硫丰度的巨大时间变化被归因于可能的火山爆发，但金星快车（Venus Express）的数据对这一假设提出了质疑（4.3.3.1 节）。

5.5.3.2　构造

麦哲伦号的雷达图像显示，金星表面经历了多次火山和地壳构造变形。撞击坑的分布表明，火山对表面的更新作用在局部地区非常高效，但也相当偶然。显著的构造特征包括长长的线性山脊和应变模式，它们可以相互平行，也可以相互交叉，可延伸数百千米。这些构造变形反映了地壳对地幔动力学过程的响应。火山活动前后的构造变形都很明显。虽然没有证据表明金星上存在一个行星范围的构造板块系统，但可能存在一些局部的"构造板块"活动。

5.5.3.3　侵蚀

沉积物的形成和侵蚀在金星上不如在地球和火星上重要，因为金星的大气层极其稠密和炎热。大气会阻止小型流星体撞击表面，而这一过程在没有大气的天体上是侵蚀和风化层形成的主要来源。金星上缺少水和热循环，这限制了风化过程，而且由于地表附近几乎没有风（风速 $\lesssim 1$ m/s），因此几乎没有风的侵蚀。风化、风和水会侵蚀地球上的岩石，而在火星上目前主要是高速风侵蚀。尽管金星表面附近的风速极低，但麦哲伦号发现了一些必须由风引起的形态特征，例如障碍物背风侧的风条痕［图 5 - 23（c）］和大撞击坑附近的沙丘区域。风条痕和沙丘区域提供了金星盛行风的信息。由于金星大气层的密度是地球大气层的 90 倍，所以即使是缓慢的风也可能会使大量的沙子移动。

5.5.3.4　撞击坑和表面年龄

撞击坑的数量和尺寸分布（图 5 - 38）表明金星的表面比火星年轻，但比地球更古老。典型的年龄估计从数亿年到十亿年不等。撞击坑在金星表面似乎是随机分布的，这表明大多数地区的年龄非常相近。因此，金星可能经历了重大的全球表面更新。金星的岩石圈非常厚（6.3.3 节），可能约 200 km，因此，在金星地幔中的放射成因生热过程，其热量的逃逸速度比产生速度低。在某个时刻，厚厚的岩石圈可能会破裂，并沉入过热的具有浮力的地幔。一旦下沉开始，地壳块的下沉速度可能会达到每年 20～50 cm，因此地壳会在 10^8 年内完全更新。或者，地壳可能很薄，地壳的薄片会偶然脱落并下沉，而地壳则会因全球火山喷发事件而缓慢更新。

大于约 15 km 的撞击坑通常是圆形复杂撞击坑，具有多个中央峰和峰环（图 5 - 56）。较小的撞击坑具有复杂的坑底，通常呈簇状出现，表明流星在金星稠密的大气层中解体。没有发现直径小于 3 km 的撞击坑。能形成如此小撞击坑的抛体一定会在大气层中被击碎或被大幅减速。撞击坑周围的喷出覆盖物通常延伸到约 2.5 倍撞击坑半径。在雷达图像中，喷出覆盖物看起来像一个明亮的花瓣图案。这样的图案只有在金星上才能看到，因为金星的大气层很厚，喷出物不能飞得很远。然而，喷出物的覆盖范围比简单弹道分析所预计的要远得多。由于倾斜撞击，喷出物的图案通常是不对称的，缺失的部分位于向上的方向。在一些情况下，熔岩流与喷出物相关。在许多地方可以看到雷达暗纹，其中一些环绕着撞击坑。这些条纹是非常光滑的区域，可能是由细粒物质的沉积或表面的粉碎所形成的。粉碎起因可能是一颗流星产生的大气冲击波或压力波，而流星本身可能已在大气中完全破碎，就像地球的通古斯事件一样（5.4.3.1节、5.4.6节）。

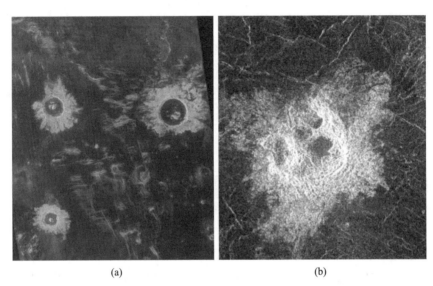

(a)　　　　　　　　　　　　　　　　(b)

图 5-56　金星上撞击坑的例子。(a) 3 个直径在 37～50km 之间的撞击坑，位于断裂平原区域，显示出流星体撞击坑的许多典型特征：边缘粗糙（明亮）的物质，看起来像不对称的花瓣，以及阶梯状的内壁和中央峰。在拼接图像的东南角可以看到许多圆顶，尺寸为 1～12 km，可能是由火山活动造成的。（NASA/麦哲伦号，PIA00214）(b) 金星上一个不规则的撞击坑，直径约 14 km。这个撞击坑实际上是由四个边缘相互接触的独立撞击坑组成的。非圆形的边缘和多个丘状地面可能是流星体在穿过稠密的金星大气层时破碎和分散的结果。破碎后，流星体碎片几乎同时撞击表面，形成了撞击坑群。（NASA/麦哲伦号，PIA00476）

5.5.4　火星

19 世纪末和 20 世纪初利用望远镜对火星表面进行了一些观测，所绘制的详细图纸中包含了一些长而直的线性特征，天文学家称之为"河道"或"运河"［图 5-57（b）］。大约在同一时间，火星的极冠被发现，并被观察到会随季节变化，让人想起地球上的极地冰冠。冰冠、运河和其他季节性变化使一些科学家确信火星上存在生命。虽然我们现在知道这颗红色行星的表面目前不适宜人类居住，但地下是否有生命或过去是否有生命的问题仍是今天火星探测计划的核心。

5.5.4.1　火星全球地貌

许多环绕轨道运行的探测器都对火星进行了详细的测绘，揭示了南北半球之间显著的不对称性。在火星全球勘测者号（Mars Global Surveyor，MGS）上进行的火星轨道器激光高度计（Mars Orbiter Laser Altimeter，MOLA）实验非常生动地揭示了这种不对称性（图 5-58）。这颗行星的一半（主要在南半球）受到了严重的撞击，并高出"标称"表面

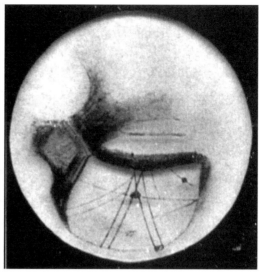

图 5 - 57 　(a) 1999 年 4 月/5 月哈勃望远镜拍摄的火星图像。中间的黑色特征是大瑟提斯高原。在瑟提斯以南，靠近行星边缘，可以看到一个巨大的圆形地貌，即希腊盆地。图片中，火星有一部分被地表霜和水冰云填满。在火星右侧边缘，傍晚时分，在埃律西昂（Elysium）火山的周围形成了云层。另外还可注意到火星北极周围的沙丘圈。[史蒂夫·李（Steve Lee）、吉姆·贝尔（Jim Bell）、迈克·沃尔夫（Mike Wolff）和 HST/NASA]（b）帕西瓦尔·罗威尔[①]的火星示意图之一，展示了他所描绘的火星"运河"的细节。他认为大多数运河是成对的

高度（即火星大地水准面，零高度被视为 MOLA 获得的平均赤道半径 $3\,396.0 \pm 0.3$ km）$1 \sim 4$ km。另一个半球相对平滑，处于或低于"标称"表面高度。这两个半球之间的地质分界线被称为火星分界（the crustal dichotomy），其特点是地质复杂，悬崖突出。从表面上看，高地上布满撞击坑，点缀着较年轻的坑间平原，在外观上类似于月球和更小的天体。然而，在细节上，火星的地形和撞击坑与月球等相比完全不同。

除了全球的不对称之外，火星最引人注目的外观特征是塔尔西斯地区包括奥林匹斯山（Olympus Mons）在内的四座大型盾状火山，以及一个巨大的峡谷系统——水手峡谷（图 5 - 66）。火山活动和构造作用在火星的历史上非常重要。虽然火星的尺寸较小，但这些火星特征的规模使地球上类似的地质结构相形见绌。图 5 - 18 展示了奥林匹斯山的照片，以及与地球上最大的火山莫纳罗亚火山的尺寸对比。火星相对较低的表面重力和冷而厚的岩石圈使得这些如此高耸的山得以存在，而如果这些高山出现在地球和金星上，由于更大的表面重力（以及地球上的构造板块运动），这些高山可能就会坍塌。塔尔西斯地区宽约 $4\,000$ km，高出火星平均地表 10 km。三座巨大的盾状火山比塔尔西斯地区还要再高出

---

① 帕西瓦尔·罗伦斯·罗威尔（Percival Lawrence Lowell，1855 年 3 月 13 日—1916 年 11 月 12 日），美国天文学家、商人、作家与数学家。罗威尔曾经将火星上的沟槽描述成运河，并且在美国亚利桑那州的弗拉格斯塔夫建立了罗威尔天文台，最终促使冥王星在他去世 14 年后被人们发现。罗威尔星（1886 Lowell）、冥王星上的罗威尔区（Lowell Regio）、月球和火星上的罗威尔撞击坑以他的名字命名。——译者注

15 km，而奥林匹斯山是太阳系中最大的火山，其底部约为 600 km，高出周围的高原 18 km，总高度 27 km。塔尔西斯高原被线性细沟和裂缝包围。这座巨大的火山区位于赤道附近，这是合理的。如果在其他地方形成这样一个巨大的凸起，则对于处于自转的火星，大量过剩的质量将导致火星自转轴发生变化（真极移，6.1.4.3 节），从而使火星恢复自转的平衡。在塔尔西斯高地形成之前，对火星自转稳定性的计算表明，自转轴的位置可能已经发生了非常大的变化（几十度）。

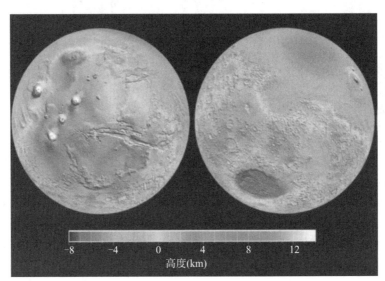

图 5-58　根据火星轨道器激光高度计（MOLA）数据构建的火星不同方向的彩色全球地形图。右图中最引人注目的是火星分界（北部平原和南半球撞击坑之间的界线）和希腊撞击盆地（深蓝色）。左图显示的是塔尔西斯高原（Tharsis）和水手峡谷（Valles Marineris）。（D. 史密斯，NASA/MGS - MOLA，PIA02820）

　　水手峡谷是一个由地壳构造形成的峡谷系统，从塔尔西斯向东延伸 4 000 km。峡谷深 2～7 km，最宽处＞600 km。该峡谷系统可能是由伴随塔尔西斯地区形成或抬升的构造活动，通过岩浆从下方向上推动地面形成的。当塔尔西斯地区上升时，周围的地壳被拉伸，导致产生了断层和裂缝，并伴随着滑坡。这一过程可能解释了水手峡谷具有长直壁或断层崖的成因。同时，这一过程可能为地下水进入峡谷开辟了通道，这可以解释峡谷中似乎是由侵蚀和沉积而引起的现象，如许多环绕火星运行的探测器拍摄的照片所示（图 5-65、图 5-66）。

　　对撞击坑密度的研究结果表明火星的高地是古老的（约 44.5 亿年），而平滑的北半球则要年轻得多（30～35 亿年）。然而基于各种观察结果，目前看来平原最初的形成时间应与高地的形成时间大致相同，但后来被覆盖，部分可能被南部高地的侵蚀物质所覆盖，或通过火山喷发被更新，类似月球的月海。很明显，在被更新平原之下的地壳年龄和更新时间，可为包括火星分界、塔尔西斯高原和北部平原成因在内的火星地理演化研究提供线索。关于火星分界形成主要包括两个主要学说，一种说法是巨型撞击导致；另一种说法是大规模的地幔对流，导致一个半球上升而另一个半球下沉。由于北部平原呈椭圆形，而非圆形，因此最初排除了巨型撞击假说。然而，最近的计算表明，对于倾斜的（30°～60°）行星尺度撞击，当撞击速度高达火星逃逸速度的两倍时，可以产生一个偏心率与观测数据相匹配的盆地。如果撞击是真实存在的，那么这个北极盆地（Borealis basin）将会成为太阳系中最大的撞击盆地。

虽然存在流入平坦平原的灾难性流出水道（见下文），表明火星的北部低地曾被广阔的海洋覆盖，但这一假说仍存在争议。虽然在地形数据中已经确定了几条长度超过 1 000 km 的古海岸线（paleoshoreline），但它们似乎并不像浩瀚的海洋应该的那样——在相同的引力势面上。但计算表明，如果那时火星朝向另一个不同的方向，则海岸线可以在等引力势面上。这些计算表明，在塔尔西斯高地形成后，火星的方向发生了改变，极点沿着一个连接现在两个极点的大圆移动，约向塔尔西斯高地以东移动了 90°。沿着这条线移动会使塔尔西斯高地保持在赤道上（6.4.3 节）。但一些问题仍然存在，如果平原被海洋覆盖，应如何解释其细微的地形起伏。

5.5.4.2　霜、冰和冰川

火星表面的大气压约为 6 mbar，温度约 130～300 K（4.2.2.1 节）。由于表面气压较低，H_2O 仅能以水蒸气或冰的形式存在（4.4.3.2 节）。水蒸气的年平均柱密度[①]在 10～20 可沉淀微米[②]之间，在夜间结冰并在火星表面形成一层薄薄的霜（图 5 - 69）。这种霜在日出后立即升华。在两极，水被永久冻结成冰（图 5 - 59）。在冬季，两极的温度下降到 CO_2 的冰点以下，因此 CO_2 会冷凝形成季节性干冰极冠（4.5.1.3 节）。CO_2 气体要么直接冷凝在火星表面上，要么在空气中冷凝到凝结核上（如尘埃颗粒），然后降落到火星表面。在冬天，冰盖延伸到纬度约 60°处。冰在夏天升华，并留下了尘埃。2008 年 5 月 25 日，凤凰号探测器成功着陆在塔尔西斯地区以北的纬度 68°的区域。在约 5 个月后，凤凰号观察到北极地区从夏季变为秋季。

随着时间的推移，CO_2 的升华和冷凝产生了一种由尘埃和冰组成的层状结构，如探测器拍摄的图像所示（图 5 - 60）。北部冰冠的干冰在夏季完全升华，留下了永久性的水冰冰冠，直径约 1 000 km。在南方，CO_2 永远不会完全消失，留下一个永久的南方冰盖，直径约 350 km，由永久性的干冰和约 15% 的水冰混合组成，而陡峭的悬崖几乎全部由水冰组成。这个残存的南极冰冠显示了火星南极特有的沉积和烧蚀事件的历史。北部的冰冠被巨大的沙丘环绕，这表明南北两极的沙尘暴有所不同。两极冰冠之间的差异归因于火星轨道的偏心率、倾角和近日点季节的周期性变化。在目前的年代，北方的夏天比南方的夏天更热，但时间更短。

虽然极区冰沉积的存在并不令人惊讶，但几十年前，在分析了维京号拍摄的图像后，中纬度冰川沉积的概念首次被提出时，被认为是极具争议的。然而，随着火星快车拍摄的

---

① 柱密度（column density），是观察者和被观察物体之间的干预物质数量的度量。——译者注

② 可沉淀微米（precipitable micron），是柱密度的单位，1 可沉淀微米 $= 3.34 \times 10^{18}$ cm^{-2}。——译者注

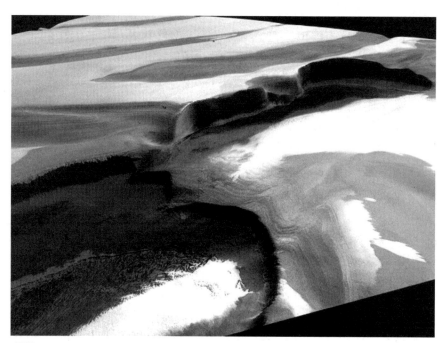

图 5 - 59　🪐 利用火星快车上的高分辨率立体相机（High - Resolution Stereo Camera，HRSC）获得的北极冰冠局部的模拟透视图。这张图片显示了一层层的水冰和尘埃，以及 2 km 高的悬崖。火山口状结构和沙丘区域中的黑色物质可能是火山灰。（ESA/DLR/柏林自由大学，G·诺库姆）

图像（通过 HRSC 获得），这些冰川曾经活动的证据在不断积累。对于热带和中纬度地区最近地质时期反复发生的冰川作用，这些图像提供了减少分歧的证据。图 5 - 61 展示了一个 3.5～4 km 高的山体模拟透视图，其中有黏性物质流通过一个狭窄的凹口，从一个撞击坑流向下一个撞击坑。火星快车的照片进一步揭示了在奥林匹斯山悬崖底部的岩石冰川特征，这些悬崖位于覆盖着碎片的古老冰川之上。这些图像表明，物质流中的冰与碎片的比率很高，在火星寒冷干燥的条件下表明这些冰很可能来自大气。撞击坑统计提供了多个冰川时代存在的证据，最近一次是在奥林匹斯山，发生在仅几百万年前。这些低纬度的冰川时期可能是由火星倾角的变化引起的（图 2 - 18，4.9.2 节），其偏离标称值的偏差可能比地球大得多。除了冰川时期反复发生的证据外，火星快车的数据还通过撞击坑的尺寸-频率分布揭示了火山活动在 200 万年前才开始。

　　如 5.5.4.3 节所述，有强有力的证据表明，虽然目前的大气压较低，但是水可能已经在火星表面流动。如果是真的，水去了哪里？它是逃逸到太空中，还是仍然以地表下的永久冻土形式存在？2001 年火星奥德赛号上的中子谱仪的数据显示，两极的残余冰冠延伸至南北纬 50°，其水的质量分数为 20%～100%。凤凰号在挖掘时确实遇到了一些水冰。此外在两个中纬度位置发现了冰储层，水质量分数为 2%～10%（图 5 - 62）。

5.5.4.3　火星上的水

　　目前，许多研究都集中在表面或直接在地下寻找水、液体和冷冻水。如上所述，在目前

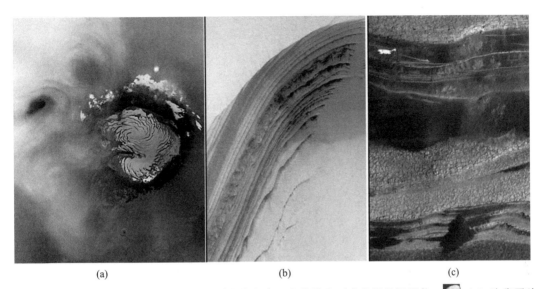

图 5 - 60　火星的北极和南极地区大面积覆盖着由冰和尘埃混合而成的层状沉积物。🖴（a）这张照片显示了火星的整个北极冰冠，周围是沙丘，由 MGS - MOC 于 2006 年 10 月拍摄。该图像的分辨率约为 7.5 km。在左上角可以看到环形云，常见于北方夏季的中期，通常在一天的晚些时候消散。夏季冰冠展示了许多裸露的岩层和陡峭的悬崖，其中一些在相邻的图片中以更高的分辨率显示。（NASA/JPL/马林太空系统公司）🖴（b）MGS - MOC 于春季拍摄的火星北极冰盖侵蚀峭壁上的霜冻覆盖层。一些岩层被认为是附近沙丘中黑色沙子的来源。这张照片覆盖了大约 3 km 宽的区域，由来自左下角的阳光照亮。（NASA/JPL/马林太空系统公司）🖴（c）这张图片展现了火星北极峡谷（Chasma Boreale）的北极层状沉积物的底层。这张照片是由 NASA 的火星勘测轨道器（MRO）的高分辨率成像科学实验相机（HiRISE）于 2006 年 10 月拍摄的。分辨率为 64 cm，成像的区域宽为 568 m。（NASA/JPL/亚利桑那大学，PIA01925）

的气候条件下，火星上不可能存在液态水（4.4.3.2 节，4.9.2 节）。但自 1971 年水手 9 号任务以来，基于水曾在这颗寒冷星球上流动的形态学特征的证据越来越多。一些科学家认为，即使在今天，这种情况也可能发生。下面总结了火星曾经比今天湿润得多的形态学证据。

（1）撞击坑

许多火星撞击坑的喷出覆盖物似乎是"流动"到它们当前的位置 ［图 5 - 63（a）］，而不是沿着弹道轨迹进入太空。这表明撞击会使表面流化。带有流化喷出覆盖物的撞击坑称为壁垒型撞击坑（rampart crater）。因此，与月球和水星相比，火星地壳中一定有很大一部分的水冰，或者至少在早期轰炸时代有地下冰。此外，火星上的撞击坑通常比月球和水星上看到的要浅，而且撞击坑（岩石和边缘）显示出大气侵蚀的迹象，尽管没有地球上的侵蚀严重。火星全球勘测者的图像显示一些撞击坑坑壁（见下文的冲沟）边缘存在渗液的证据，也显示了过去的"池塘"的证据，即一些撞击坑底部有积水，形成了池塘。在火星上观测到的多边形结构 ［图 5 - 64（a）］是地球上典型的冰楔多边形特征，其通过地表水季节性（或偶发性）的融化和冻结而形成 ［图 5 - 64（b）］。

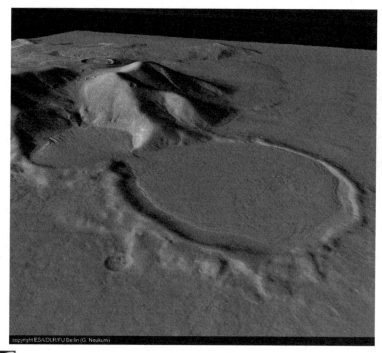

图 5 - 61　虽然在极区发现了冰沉积，但正如所料，低纬度冰川的证据也在积累。这张火星快车的 HRSC 图像为模拟的透视图，展示了希腊区 3.5～4 km 高的山体，物质通过一个狭窄的凹口，从一个撞击坑流向下一个撞击坑。火星快车在 590 km 的高度拍摄了这张图像，分辨率为 29 m。（ESA/DLR/柏林自由大学，G. 诺库姆）

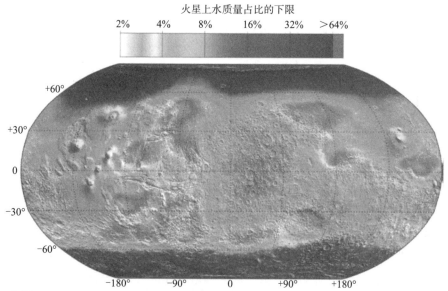

图 5 - 62　这张地图显示了火星表面含水量的估计下限。这些估算值来自超热中子通量，由火星奥德赛的伽马射线光谱仪的中子谱仪组件测量获得。超热中子通量对土壤上层的氢含量敏感（5.5.1 节）。（NASA/JPL/洛斯阿莫斯国家实验室）

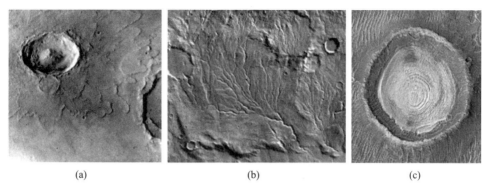

图 5-63　（a）火星尤蒂撞击坑（Yuty，直径 18 km）周围的喷出沉积物由许多重叠的裂片组成。这种类型的喷射物形态是火星赤道和中纬度地区许多撞击坑的特征，但与月球上小撞击坑周围的情况不同。（NASA/维京号环绕器图片 3A07）（b）火星上的这些河道类似于地球上的树状排水模式，地球上的水在很长一段时间内以缓慢的速度作用。这些河道合并在一起形成更大的河道。由于山谷网络仅限于出现在火星上相对古老的区域，因此它们的存在可能表明火星在其早期历史曾拥有更温暖、更湿润的气候。图中所示区域约 200 km 宽。［图片来源：布莱恩·费斯勒（Brian Fessler），NASA/维京号环绕器火星数字图像地图的图像］（c）斯基亚帕雷利盆地一个古老撞击坑中的沉积岩层。撞击坑宽 2.3 km。当太阳从左边照射时，可以看到撞击坑中部的台面顶部比其他阶梯层高。（NASA/JPL/马林空间科学系统）

（2）河道

火星最古老的地形包含数量庞大的河道，外观类似于地球上的树枝状河流系统［图 5-63（b）］，水在很长一段时间内流速缓慢。单段河道的长度通常小于 50 km，宽度可达 1 km，整个树状系统的长度可达 1 000 km。撞击坑边缘和火山有时会被这样的河道侵蚀。除了这些树枝状系统外，火星上还有其他的河流特征，例如巨型河道系统或外流河道（outflow channel），从高地开始，流入北部低平原（图 5-65）。其中一些河道宽几十千米，深几千米，长数百至数千千米。外流河道中存在泪滴状的"岛屿"，表明有大量的水流淹没了平原。虽然一些火星河道可能是由熔岩流形成，但大多数（树枝状和外流）河道的形态表明，它们一定是由水（即持续的液体流）切割而成。由于火星的排水系统缺乏流入较大山谷的小型溪流，因此这些河道可能是由地下水而不是由雨水的径流造成的。

（3）冲沟

图 5-67（a）显示了可能是最吸引人的图像，图中展示了地下水流动以及可能由流体渗流和地表径流引起的形态特征。位于斜坡边缘（例如在撞击坑、山谷或山的侧壁上）正下方的"头部凹地"似乎是其下方沉积裙（depositional apron）的"来源"。大多数沉积裙都有一个主河道和一些次河道，从凹地的下坡顶点处发出。这些河道在最高点开始宽而深，向下倾斜逐渐变细，并且绕过了障碍物。这些特征明显不同于涉及诸如颗粒流或雪崩等"干燥"物质运动的地貌。火星的冲沟与地球的地貌类似，其中必须包含一种诸如水的低黏度流体，无论其是纯净的、咸的、酸性的还是碱性的，其来源可能是地下水或冰，可能是通过一种诸如南极的干旱河谷（Antarctic Dry Valleys）中发生的毛细管作用。虽然这些冲沟不是唯一需要液态水才能形成的地貌，但有趣的是，对这些冲沟的观察结果表明

(a)

(b)

图 5 - 64 　 （a） 2008 年 5 月 25 日，NASA 的凤凰号火星着陆器拍摄的火星北极地区的广阔平原，位于北纬 68°、东经 234°。平坦的地形上散布着小石块，并呈现出多边形的图案，与地球上的永冻土地形相似。（NASA/JPL 加州理工学院/亚利桑那大学） 　 （b） 挪威斯匹次卑尔根（Spitsbergen）东北部永冻土的多边形图案与火星上所见的极为相似。虽然这张照片显示了大量的地表水，但这一过程可能发生在地表下，而水要少得多。（NASA/可视地球数字图书馆，O. 英格尔森）

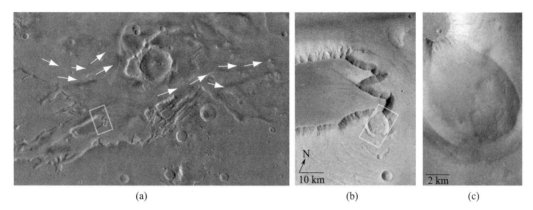

(a)　　　　　　　　　　(b)　　　　　　　　　(c)

图 5 - 65　卡塞峡谷群（Kasei Vallis）外流河道系统的一部分图像。（a）维京号的大比例视图展现了形成"岛屿"的流动模式（见箭头）。图中的大白框显示了维京 1 号成像的区域［（b）］，而小白框则显示了（c）中 MGS - MOC 成像的区域。在这张全景图靠上部中心的大撞击坑的直径为 95 km。（c）显示了一个直径为 6 km 的撞击坑，该撞击坑曾被约 3 km 的火星"基岩"所掩埋。撞击坑的一部分是由 10 亿年前卡塞峡谷群的洪水挖掘出来的。撞击坑从卡塞峡谷群中的一个"岛"下面探出。这座台地是洪水和随后环绕撞击坑悬崖的小滑坡共同造成的。（美国地质勘探局维京 1 号拼接图；Viking 226a08；MOC3404）

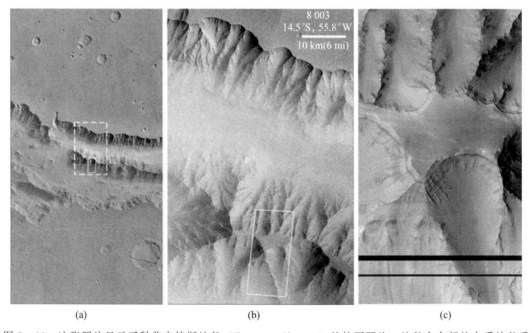

(a)　　　　　　　　　　(b)　　　　　　　　　(c)

图 5 - 66　这张照片显示了科普来特斯峡谷（Coprates Chasma）的特写照片，峡谷在东部的水手峡谷系统中，水手峡谷在火星表面的不同位置有许多层状露头（outcrop）。（a）和（b）中的图像给出了（c）中高分辨率 MGS - MOC 图像的背景图像。白色框给出了高分辨率图像的大致尺寸和位置。图中最高的地形是（c）中心附近相对平滑的高原。山坡从这片高原向北和向南倾斜，形成了宽阔的、布满碎石的冲沟，其间有岩石突起。在凸起和冲沟的陡坡上可以看到多个岩层，厚度从几米到几十米不等。（NASA/MGS - MOC 8003）

它们都必定非常年轻：这些冲沟上没有重叠的撞击坑，并存在一些部分掩盖风成地貌的特征——表明这是最近（地质学上）才形成的。对火星全球勘探者工作 10 年间所拍摄的图像进行比较，发现了不久之前在南半球中纬度至少形成了两个浅色调的冲沟沉积［图 5 - 67（b）］。这些冲沟的形态表明沉积物在发生迁移。因此，也许即使在今天，地下液态水储层也可能在短暂的爆发中冲破地壳，实现对岩屑的下坡运输。我们注意到，与通常在灰尘覆盖的斜坡上所看到的深色条纹相比，这些浅色调沉积物（图 5 - 68）看起来截然不同，其可能是由干燥的颗粒流引起的。这些斜坡上最暗的条纹通常是最年轻的；随着时间的推移，它们会被尘埃覆盖。

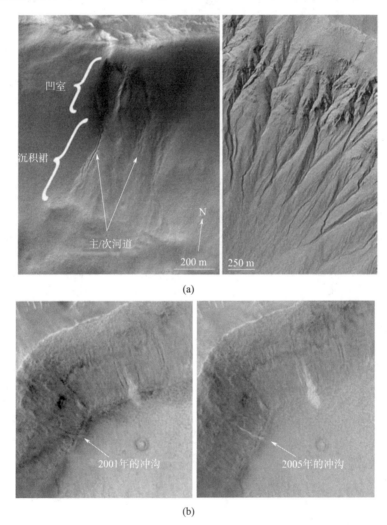

图 5 - 67　（a）火星冲沟地貌的例子。其特点是有一个剧院形状的"凹地"，下坡逐渐变窄，坡下面是裙。裙似乎是由上方的河道或冲沟向下运输的物质组成。右边是一些这类河道的大比例视图。（M03 _ 00537，M07 _ 01873；Malin and Edgett，2000）（b）比较 2001 年（左）和 2005 年（右）两张 MGS - MOC 拍摄的图像，照片中的冲沟位于塞壬台地（Terra Sirenum）的一个撞击坑中。一片新的浅色调沉积物出现在一个原本不起眼的冲沟中。（NASA/JPL/马林空间科学系统，PIA09027）

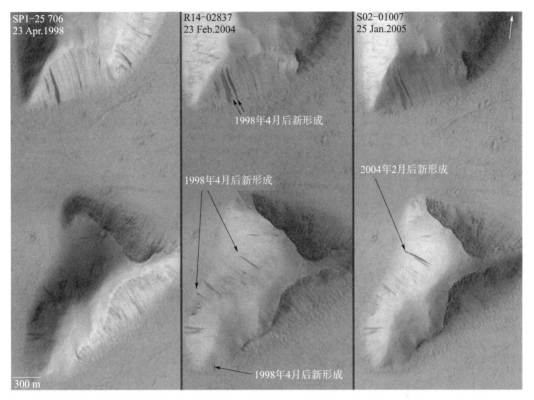

图 5 - 68　火星上出现新的斜坡条纹是经常发生的事件。新的条纹总是暗色的。这张图片展示了 1998 年 4 月至 2005 年 1 月在埃律西昂/刻耳柏洛斯地区山坡上拍摄的几个例子。（NASA/JPL 马林空间科学系统，PIA09030）

5.5.4.4　着陆点的地质情况

20 世纪 70 年代末，维京号着陆器和随后几十年的各种火星巡视器和着陆器（表 F - 2）所拍摄的火星表面原位照片显示，火星表面呈现红色，巨石散落在细粒土壤表面，这种土壤是一种富含铁的"黏土"（如铁锈，5.3.4.3 节），使火星呈现红色。在靠近表面的地方，这种黏土有时会被盐等蒸发岩材料胶结在一起，形成一层坚硬的壳，称为硬壳层（duricrust）。在巨大的沙尘暴期间（4.5.5.3 节），微米大小的风化层颗粒会被狂风携带围绕着火星旋转。因此，在沙地上出现沙丘和涟漪很常见 ［图 5 - 23（b）］。巡视器还拍摄了岩石中的凹槽（flutes）、扇贝状凹陷和狭窄的纵向凹槽，这些可能是由携带尘埃的风造成的。

1997 年，火星探路者号在阿瑞斯峡谷（Ares Vallis）着陆，这是一块"洪水平原"，旅居者号火星车（Sojourner）随后在那里四处移动并分析岩石。该地区确实类似于地球上在灾难性洪水后所看到的沉积平原，有半圆形的鹅卵石，各处零散分布着砾岩。许多岩石表现出反照率的变化，岩石底部 5～7 cm 的位置比顶部颜色浅，这可能是因为曾经土壤的水平面较高，而后被灾难性洪水冲走。

图 5-69　　1979 年 5 月 18 日清晨（火星当地时间），维京 2 号着陆器在乌托邦平原（Utopia Planitia）着陆区拍摄的火星表面照片。图中显示了岩石和土壤上覆盖着一层新的水冰。在这张照片中所看到的冰非常薄，可能只有几十微米厚。（NASA/维京 2 号着陆器，PIA00533）

　　火星探测漫游者（Mars Exploration Rovers，MER）勇气号和机遇号于 2004 年 1 月抵达火星。虽然任务设计名义上为 90 个火星日，但勇气号持续了 2 000 多个火星日，而机遇号在 4 000 个火星日之后仍在四处移动。两辆火星车都配备了一整套仪器，其中包括一台用于研磨岩石的工具，以及各种用于分析岩石的光谱仪。这里注意到，在表面放置巡视器的同时，几个探测器利用遥感技术观测火星，这对大气和地质调查都有利。勇气号降落在古谢夫撞击坑（Gusev crater），这是一个平底、直径 160 km 的撞击坑，在约 40 亿年前很可能是一个湖泊，通过一条河道与北部低地相连。令人惊讶的是，在这里并没有发现沉积岩。由于这些岩石在 30 多亿年之前就已经沉积，因此它们可能都被最近的火山和/或风成过程掩埋。事实上，古谢夫撞击坑的岩石成分大多为玄武岩，其结构也指向火山起源。这些岩石主要受冲击和风的作用而风化。土壤中含有弱结合的粉尘团块，富含橄榄石。这表明物理风化与化学过程相比占主导地位。勇气号行经一些小的撞击坑到达了"哥伦比亚山"（Columbia Hills）（图 5-70）。在接近过程中，勇气号发现岩石和土壤发生了变化。岩石在外观上基本呈颗粒状，哥伦比亚山地区的岩石和土壤中的盐分相对丰富，表明这里与着陆点附近的岩石相比存在显著的水蚀变。

　　机遇号降落在子午高原（Meridiani Planum）上的伊格尔撞击坑（Eagle crater），之所以选择这个着陆点，是因为火星全球勘测者号上的热发射光谱仪（thermal emission spectrometer，TES）显示该地区 15%～20% 的区域含有赤铁矿。虽然赤铁矿可以以各种方式形成，但它通常涉及液态水的作用。由于火星车的主要目标是寻找液态水的证

图 5-70　📷 勇气号在 2006 年冬季工作期间拍摄的视图（彩图显示的视图比黑白图更大）。远处（850 m 外）是赫斯本德山（Husband Hill），山前是一片暗色的沙丘和色调较浅的"本垒"（home plate）。前景是风成的涟漪，还有一块多孔玄武岩。（NASA/JPL 加州理工学院/康奈尔大学）

据，因此无论是过去还是现在，这里似乎都是一个适合进行更深入调查的区域。机遇号降落在一块 30～50 cm 高的基岩露头附近［图 5-71（a）］，该基岩以精细的（毫米大小）层理为特征。基岩的主要成分为砂岩，由玄武质岩石风化产生的物质组成，含有百分之几十（按重量计）的硫酸盐矿物，如硫酸镁、硫酸钙、硫酸铁黄钾铁矾[（K,Na, X^{+1}）Fe_3（SO_4）$_2$（OH）$_6$]以及赤铁矿。此外，还检测到了 Cl 和 Br，其比率在不同岩石之间的变化超过两个数量级，表明蒸发过程存在变化。机遇号发现了一些小的（直径 4～6 mm）灰色/蓝色球状物（"蓝莓"），由质量大于 50% 的赤铁矿组成。它们分散在露头上，部分嵌入了露头中，有时多个会融合在一起。这些球状物很可能是矿物从饱和水的岩石中沉淀出来所形成的结核。基岩中的小空隙或孔洞（vug）也表明过去曾存在水；岩石中的可溶性物质（如硫酸盐）溶解在水中，留下了孔洞。当岩石发生部分溶解或风化时，赤铁矿的结核会从基岩中脱落，覆盖了平原。在子午高原，富含硫酸盐的沉积岩位于一米厚的砂层之下，这些沉积岩可能记录了一段与我们今天所知的火星环境截然不同的气候历史。那时，液态水非常有可能覆盖火星表面，至少是间歇性的，而在气候湿润期之后则是蒸发和干燥。

5.5.4.5 过往生命迹象？

如上文和 4.9.2 节所述，火星在其历史早期的气候必定非常不同。当火星表面有流动的水时，气候可能适合生命的发展。因此，维京号着陆器通过许多不同的实验寻找生命。除了简单的相机外，维京号还通过一些仪器寻找大气和土壤中的有机化学物质和代谢活动，例如，通过向土壤中添加营养物质，寻找生物（我们所知的生命）产生的化学副产品。然而探测并没有发现生命的迹象。火星的土壤中没有任何有机分子。回想起来，这应该在意料之中，因为火星土壤直接暴露在太阳紫外线的辐射下，而紫外线会分解任何有机分子。为寻找代谢活性而设计的实验给出了一些积极性的结果，但如今这些结果被归因于一些在火星矿物中不被人熟知的反应性化学状态，其是由太阳紫外线辐射产生的。

陨石 ALH 84001 是在南极洲发现的一块火成岩，形成于 45 亿年前的火星上（8.2 节），具有一些化学和形态学特征，这些特征在最初被认为是古火星上可能存在微生物生命的痕迹。根据陨石停止在宇宙射线中暴露的时间判断，这块岩石可能在大约 1 600 万年前被撞击抛入太空，并在 13 000 年前落入南极洲。这块岩石含有微小的碳酸盐矿物球状体，其可能是由富含二氧化碳的火星地下水沉积在裂缝中形成。在这些球状体的内部及其附近含有 PAHs（多环芳烃碳氢化合物，polycyclic aromatic hydrocarbons；樟脑球就是其中的一个例子），当暴露在温和的高温下时，PAHs 可通过死亡生物体的转化而形成。然而 PAHs 在星际介质中含量丰富，在磁铁矿等矿物存在的情况下，可以很容易通过一氧化碳/二氧化碳与氢的反应形成。在碳酸盐球状体中发现了由地球上的细菌制成的微小（<0.1 μm 长）完美的纯磁铁矿晶体。氧化铁和硫化铁这两种看似不相容的矿物的共存也表明了微生物的作用，除非球状物是在极端高温下形成的。最近的研究表明，火星磁铁矿中的原子面与周围碳酸盐矿物的原子面对齐，这表明磁铁矿可能是岩石在被撞击过程中受到冲击加热形成，而不是在微生物的内部。

(a)

(b) (c)

图 5 - 71 （a）2006 年 2 月 26 日，机遇号拍摄的厄瑞玻斯撞击坑（Erebus Crater）西边的"佩森"（Payson）露头的全景。可以在约 1 m 厚的撞击坑壁上看到层状岩石。在露头的左侧，基岩顶部有一层平坦且富含球状体的土壤薄层。（NASA/JPL 加州理工学院/美国地质勘探局/康奈尔大学，PIA02696）（b）被称为"蓝莓"的小球体（毫米大小）散布在机遇号着陆点附近的岩石露头上。岩石显示出精细的层状沉积物，侵蚀加剧了这一点。蓝莓是一层层排列的，表明这些球状体是由之前潮湿的沉积物所形成的结核。（NASA/JPL/康奈尔大学，PIA05584）（c）一系列尖头特征，高几厘米，宽不到 1 cm，突出在坚忍撞击坑（Endurance crater）扁平岩石的边缘。这些特征可能是流体通过裂缝运移、沉积矿物时形成的。填充裂缝的矿物会形成由较硬材料组成的矿脉，其侵蚀的速度比岩石板慢。"蓝莓"散布在整个地区。（NASA/JPL/康奈尔大学，PIA06692）

5.5.4.6　火卫一和火卫二

火星的两颗卫星火卫一和火卫二于 1877 年由美国海军天文台的老阿萨夫·霍尔[①]
（Asaph Hall Sr.）发现。它们的反照率 A_v 约 0.07，光谱特性与碳质小行星相似。火卫一
的密度为 $1.9\ \mathrm{g/cm^3}$，火卫二的密度为 $2.1\ \mathrm{g/cm^3}$，均与谷神星相似，表明是由岩石和冰
的混合物组成。火卫一的环火轨道距火星为 $2.76\ R_{\mathrm{o}^\prime}$（$R_{\mathrm{o}^\prime}$ 为火星半径），正好在同步轨道
内，而火卫二的环火轨道距火星为 $6.92 R_{\mathrm{o}^\prime}$。两颗卫星的旋转同步。这两颗卫星的图像如
图 5-72 所示，它们都很小（表 1-5），形状非常不规则，这并不奇怪。

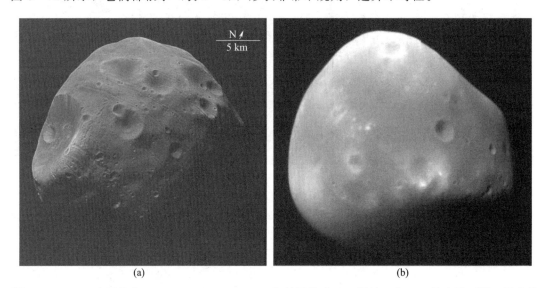

图 5-72　（a）火星快车（Mars Express）于 2004 年拍摄的火卫一照片，火卫一是火星两颗卫星中较
大的一颗。空间分辨率为 7 m。（ESA/DLR/柏林自由大学，G. 诺库姆）（b）2009 年 2 月 21 日拍摄的
火卫二图像，空间分辨率为 20 m。（HiRISE/MRO NASA/JPL/亚利桑那大学，PIA1826）

火卫一表面布满撞击坑，接近饱和。撞击坑的形状与月球非常相似。最大的撞击坑直
径约 10 km，几乎等于火卫一的半径；如果撞击物再大一点，火卫一可能会被粉碎。令人
感兴趣的是表面的线性凹陷或凹槽，通常深 10～20 m，宽 100～200 m，长 20 km。这些
凹槽集中在火卫一前导半球的顶点，很可能是由撞击火星表面而射入太空的物质所形成的
（次级）撞击坑链。维京号通过热红外测量得到了火卫一的热惯量，表明火卫一被非常松
散的细粒风化层所覆盖，类似于月球土壤。一些沟槽的深度表明，某些地方的风化层深度
可能超过 100 m。虽然最初一些或所有的喷射物可能已经从这个微小的卫星上消失（$v_e \approx$
8 m/s），但只有微米大小的尘埃能逃过引力的再次捕获。这些尘埃颗粒的轨道会被辐射
力改变（2.7 节），因此它们可能不会再次撞击火卫一。从火卫一和火卫二侵蚀下来的颗
粒应该会在火星周围形成环（比较 11.6 节）。由于没有检测到任何此类环，这表明它们一

[①]　阿萨夫·霍尔（Asaph Hall，1829 年 10 月 15 日—1907 年 11 月 22 日），美国天文学家，他除了发现火卫一和
火卫二，还测定了土星自转周期。他在 1879 年获得了英国皇家天文学会颁发的金质奖章。为纪念他，月球表面和火卫
一南极附近各有一座撞击坑被命名为霍尔撞击坑。——译者注

定非常稀薄。

火卫二的表面非常光滑，并显示出显著的反照率斑点，从 6% 到 8% 不等。图像还显示了一个 11 km 宽的凹陷，它是火卫二平均半径的两倍。目前尚不清楚这一特征是否是撞击坑，也不清楚是否有证据表明火卫二可能是由两个或两个以上的天体组合而成的，即碎石堆。火卫二上的撞击坑部分或全部被沉积物填满，沉积物向下移动到低洼的撞击坑中。许多撞击坑可能以这种方式被掩埋，这或许可以解释为什么火卫二的撞击坑看起来不像火卫一撞击坑分布的那么密集。

5.5.5　木星的卫星

木星四颗最大卫星的尺寸，从略小于月球的木卫二，到太阳系中最大的卫星木卫三（图 5 - 73），它们统称为伽利略卫星，以 1610 年发现它们的伽利略·伽利雷[①]命名。木卫三的尺寸略大于水星，但质量却不到水星的一半。木卫一、木卫二和木卫三被锁定在 4：2：1 的轨道共振中（拉普拉斯共振）。从组成上看，伽利略卫星代表了一个多元化的群体，木卫一为岩石质，主要成分与地球类似；木卫三和木卫四的主要成分是岩石和水冰，二者质量比约为 1：1。从地质学角度来看，伽利略卫星的种类更加多样：木卫一是太阳系中火山活动最活跃的天体；木卫二被一片辽阔的海洋所覆盖，海洋顶部覆盖着一层水冰；木卫三有着多样而复杂的地质历史，并在自身内部产生了磁场；虽然木卫四的表面布满了 10 km 以上的撞击坑，但几乎没有小撞击坑。

图 5 - 73　伽利略卫星：木卫一、木卫二、木卫三和木卫四，按距木星从近到远顺序显示（从左到右）。所有卫星的分辨率都达到了 10 km。图像拍摄于 1996 年 6 月（木卫一和木卫三），1996 年 9 月（木卫二）和 1997 年 11 月（木卫四）。（NASA/伽利略号 PIA01299）

---

① 伽利略·伽利雷（Galileo Galilei，1564 年 2 月 15 日—1642 年 1 月 8 日），意大利物理学家、数学家、天文学家及哲学家。伽利略首先把实验引进力学，利用实验和数学相结合的方法确定了包括自由落体定律在内的一系列重要力学定律。他阐述了梁的弯曲试验和理论分析，正确提出了梁抗弯能力和几何尺寸的力学相似关系。伽利略是第一位用望远镜观测天体取得大量成果的科学家，发现了月球表面凹凸不平，木星的四颗卫星，太阳黑子和太阳自转，及金星和木星的盈亏现象。他用实验证实了哥白尼的学说，著作《关于托勒密和哥白尼两大世界体系的对话》（Dialogo sopra i due massimi systemi del mondo，tolemaico e copernicano）触怒了教会，他因此被宗教裁判所宣判有罪，并被威胁放弃自己的学说。伽利略星（697 Galilea）以他的名字命名。——译者注

5.5.5.1　木卫一

　　木卫一的质量和密度与月球非常相似，但这两个天体的表面看起来却大不相同。月球表面基本上布满了撞击坑，但在木卫一上却没有发现一个撞击坑，这表明木卫一表面非常年轻（≲几百万年）。这种外观上的区别主要是由于月球和木卫一所处的动力学环境不同。另一个重要的区别是，木卫一比月球含有更多的中度挥发性元素，如钠和硫（尽管月球的挥发物含量较少，但其密度还是低于木卫一，因为它的铁含量也很低，见 6.3.1 节和 13.11 节）。反射光谱（图 5-74）表明，木卫一的地壳主要由含硫物种组成，尤其是由 SO_2 组成的霜。木卫一的多种颜色赋予了它壮观的视觉效果（图 5-75），这可归因于多种硫的同素异形体（硫原子组成不同的分子结构，包括链和环，如 S_2-S_{20}）和元素硫与其他物质混合的亚稳态多晶型。与这些挥发性物质相比，许多深色火山口的光谱表明存在超镁铁质矿物，如辉石和橄榄石。

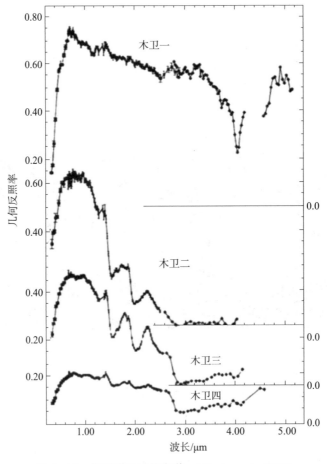

图 5-74　伽利略卫星的光谱。（Clark et al. 1986）

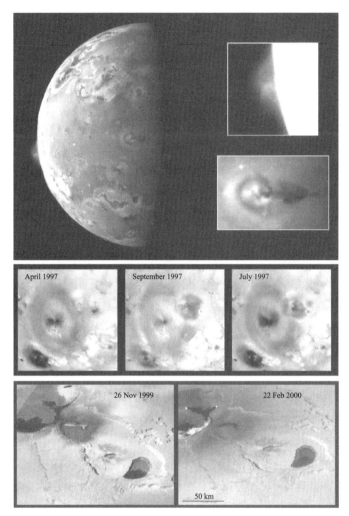

图 5 - 75 　🛰️ （a）1997 年 6 月 28 日，木卫一明亮的边缘（见右上插图）上出现了 140 km 高的羽流，在皮兰火山口（Pillan Patera）上空喷发。第二片羽流是在位于昏线附近的普罗米修斯火山（Prometheus）（见右下插图）。75 km 高的羽流的阴影延伸到喷发口的右侧，靠近亮环和暗环的中心。羽流的蓝色是由微米级尘埃颗粒的光散射造成的，这也使得羽流的阴影略带红色。（NASA/伽利略号轨道器，PIA00703）🛰️ （b）1997 年 4 月 4 日、1997 年 9 月 19 日和 1999 年 7 月 2 日拍摄的佩蕾火山（Pele）照片显示了木卫一表面的巨大变化。1997 年 4 月至 9 月，在佩蕾火山东北部的皮兰火山口周围新形成了一个直径 400 km 的黑点。两座火山中心以南的羽流沉积也发生了变化，可能是由于两个大羽流之间的相互作用导致。1999 年的图片显示了进一步的变化，例如佩蕾火山新的红色物质覆盖了部分皮兰火山口。皮兰西北部的雷电火山口（Reiden Patera）新发生了一次喷发，沉积形成了一个黄色的环。（NASA/伽利略号，PIA02501）🛰️ （c）陀湿多火山口（Tvashtar Patera）的两张照片。在 1999 年和 2000 年初的几个月里，喷发地点发生了变化。左图中红色和黄色的熔岩流是基于（饱和）成像数据的图示。右图是基于 5 种颜色的合成图像。（NASA/伽利略号，PIA02584）

　　月球所处的环境相对温和，外部应力或潮汐加热作用可以忽略不计。目前月球上唯一的主要表面重塑过程是撞击坑形成。月球表面以撞击坑特征为主，并具有数十亿年前在月球仍然温暖时所形成的内生特征（火山盆地和山脉）。相比之下，木卫一不断受到来自木星的变化潮汐力的弯曲和加热（2.6.2 节），这使木卫一变形为三轴椭球体（半径约 1 830 km×1 819 km×1 816 km），长轴指向木星，最短轴为木卫一的自转轴。因此，木卫一存在约 11 km 的永久性潮汐膨胀。由于木卫一处于偏心轨道，因此膨胀凸出部分会相对于木卫一本体移动，其振幅会随径向距离变化，在近木点达到最大。这些变化每天都会使木卫一的形状发生扭曲，振幅达到了几十米。由于木卫一并不是完全弹性的，因此扭曲会导致内部发生大量能量耗散，致使木卫一的全球热通量值约为地球的 25 倍。沉积在木卫一内部的潮汐热太大，以至于无法通过热传导或固态热对流消除。因此木卫一内部发生了熔化，熔岩通过巨大的火山喷发出地表。在木卫一的表面分布着 400 多个破火山口，尺寸从几千米到≥200 km 不等。来自破火山口的熔岩流能长达数百千米，表明熔岩的黏度很低，就像地球上的玄武岩熔岩一样。此外木卫一还显示了各种可能与强烈火山活动有关的地质特征（图 5-76）。然而，木卫一上的山脉与太阳系其他地方的火山并不相似。它们是数千米高的崎岖山脊（最高 17 km），似乎是由大块地壳隆起形成的（图 5-76），这一过程可能是由木卫一极其活跃的火山活动促成的。其他明显起源于火山的地质特征是由层状物质形成的高原，以及许多不规则的洼地或火山喷口，可能有几千米深。还有大量的深色熔岩流和明亮的沉积物，由二氧化硫霜和/或其他含硫物质组成，这些沉积物没有明显的地形起伏（图 5-77）。

　　地面和探测器在近红外波段的观测揭示了木卫一是一个被许多热点（hot spots）覆盖的天体。伽利略号的近红外测绘光谱仪（Near Infrared Mapping Spectrometer，NIMS）对火山附近的 150 多个热点进行了成像［图 5-77（b）］，而通过地基观测获得的红外波段的斑点和自适应光学图像则显示了在日食（木星阴影）时木卫一上的 20 多个热点［图 5-78（b）］。探测器在可见光和紫外波长的图像还显示了在木卫一日食时的火山羽流和极光辉光［图 5-79（b）］。这些辉光是木卫一大气和羽流中的原子（可能是中性氧和钠）与分子（可能是 SO_2）发出的，由木星磁层中的电子激发引起（7.5.4 节）。热点通常与可见光波段的低反照率区域相关，并且似乎是随机地出现和消失。只有一些热点与火山羽流相关：旅行者号和伽利略号总共观测到了 17 处火山羽流，其中 4 处可能是永久性特征，在相隔多年后仍被几颗探测器观测到。羽流通常以 SO_2 气体和尘埃为主，还检测到了少量一氧化硫（SO）、二硫（S_2）、硫（S）和氯化钠（NaCl）。在木卫一最大的羽流中，微小的、约 10 nm 大小的颗粒所形成的尘埃流，可在离木星很远的行星际空间被探测到（9.4.7 节）。

　　黑体辐射与近红外（1～5 μm）光谱的拟合分析表明，各个热点由不同温度的区域组成，热点具有一个小的（最多几平方千米）热"核心"，并具有数百千米范围的温度稍低区域。检测到的最高温度表明了岩浆的熔融温度。地球玄武岩流的温度通常为 1 200～1 500 K。早期（旅行者号）的报告表明，低温的（≤650 K）硫火山作用可能在木卫一上

图 5 - 76　2001 年 10 月，伽利略号拍摄到了木卫一托希尔山（Tohil Mons）的全貌（左上）。这座山高出木卫一表面 5.4 km。托希尔山的东北部有两座破火山口。从右侧照亮的高山和破火山口的高分辨率图像显示在全景拼接图中，以与低分辨率图片相同的方向（对角线）打印。从右上角到左下角覆盖的总面积为 280 km，分辨率为 50 m。左下角的图片显示了大量山体滑坡的迹象。虽然小型、深色的火山口离山壁很近，但在火山口的地面上没有发现滑坡碎屑。也许破火山口底部最近被熔岩重新覆盖，或者它实际上是一个熔岩湖，碎片会在其中下沉。右下角的图像显示了蒙吉贝罗山（Mongibello Mons），即图像左侧的锯齿状山脊。这条山脊高出木卫一平原 7 km。这些棱角分明的山脉被认为相对年轻，而较老的山脉的地形则更为柔和，比如这张图片上部中心附近的隆起。在这些山脉之间可以看到一座 250 m 高的悬崖。该图像覆盖东西向 265 km 的区域，分辨率为 335 m。（NASA/伽利略号，PIA03527，PIA03886）

广泛存在；与之相反，伽利略号的图像和高分辨率的地面图像表明木卫一热点的典型温度对于硫火山作用来说太高（≳900 K），这表明木卫一上的火山作用应类似于地球上的硅酸盐火山作用。几个低温火山区可能以次生硫火山作用为主，硫矿床通过从下方注入热硅酸盐熔化和活化。有趣的是，对一些木卫一热点的观察表明其温度超过了 1 700 K，说明火山作用是由超镁铁质岩浆（例如科马提岩，komatiites）驱动的，这种火山作用在地球上已经有数十亿年没有发生过。除了温度，还可以通过将观测光谱的时间序列与模拟火山喷发的合成光谱进行比较，来估计新热点的年龄和喷发方式。因此，热点为木卫一的加热和冷却机制、羽流背后的驱动力以及内部、表面和地下层的组成提供了重要线索。

木卫一的火山喷发可分为三种：流动主导型或称为普罗米修斯类（Promethean），爆炸主导型或称为皮兰类（Pillanean），以及火山内部喷发型（intra - Patera）或称洛基类（Lokian volcanism）。

1）普罗米修斯和阿米拉尼火山中心是流动主导型喷发的典型例子。这些喷发的特点是具有一个持续时间很长的熔岩流，由隔热的熔岩管或熔岩板供给，每天几平方千米的旧熔岩可能被新的熔岩流覆盖（图 5 - 77）。据估计，基于持续热点的全球更新的速率约为

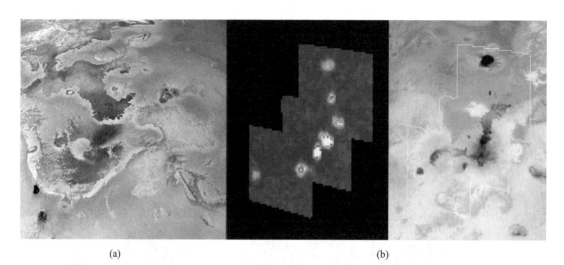

(a)　　　　　　　　　　　　　　　　　　(b)

图 5-77　⚉　(a) 木卫一的高分辨率图像显示了巨大的熔岩流和其他火山地貌。在该地区发现了几个高温火山热点，表明熔岩流或熔岩湖中存在活跃的硅酸盐火山作用。图片左上角的大型深色熔岩流长达 400 多千米，类似于地球上的古代洪水玄武岩和月球上的泥灰熔岩。这张照片拍摄于 1996 年 11 月 6 日，覆盖范围宽 1 230 km 的区域，可识别的最小特征为 2.5 km。（NASA/伽利略号，PIA00537）。(b) 木卫一上的阿米拉尼（Amirani）熔岩流（右图），长 300 km，由许多单独的熔岩流组成；最年轻的熔岩流是最热的，在左侧 5 μm 红外图像中以亮点显示。该图像中，阿米拉尼包含了两个最亮的点和另外两个距离亮点最近的点。图中还显示了木卫一的另外三座活火山，图中左下角和顶部的活火山都与右图中黑色、大致呈圆形的区域相关。（NASA/伽利略号，PIA03533）

0.1~1 cm/年。这些更新通常与高度小于 200 km，底部直径为几百千米的小型爆炸羽流相关。这些羽流一次可能持续数年，并可在地表上横向迁移。从 1979 年旅行者号飞越到 1996 年伽利略号获取第一张图像的期间，普罗米修斯火山的羽流移动了约 100 km。这些羽流可能是缓慢前进的热熔岩挥发 SO_2 冰的结果。羽流的形态表明物质被喷射进入了弹道轨道，速度约 0.5 km/s，这比地球上典型的喷射速度高了约 5 倍。

　　2）爆炸主导型喷发以高能、高温（1400 K）喷发为主要特征，通常持续数天至数周，而喷发活动能以较低的强度持续数月。例如皮兰火山（Pillan）、陀湿多火山（Tvashtar）、苏尔特火山（Surt）和佩蕾火山（Pele）［图 5-75（b）、(c) 和图 5-78］。这些喷发通常会显示有羽流，其高度＞200 km，底部的宽度＞1 000 km。这些羽流留下了大量火山碎屑沉积物。其中最值得注意的是一个直径数百千米的红色沉积物的环，它可能由红色的硫同素异形体组成，通过聚合 S_2 生成，S_2 是佩蕾火山羽流中检测到的一种气体。这些高温事件可能是由液态硫驱动的，液态硫可能被几千米深处的热硅酸盐加热到 1 000 K 以上。高温使硫发生了相变（液体→气体），驱动了火山喷发。2007 年，新视野号探测器获得了陀湿多火山羽流的详细图像（图 5-79）。羽流形态并非弹道轨迹，使用流体动力学模型可以很好地模拟它，包括羽流顶部的气体激波。

　　3）一些火山中心最具火山内部喷发的特征，例如熔岩湖，当部分熔岩湖倾覆时会触发喷发。佩蕾火山和洛基山是这类熔岩湖最好的例子。洛基山是木卫一可见光图像上的显著特征（图 5-78、图 5-80），是最持久的能量热点，利用模型分析其喷发速率约为 10^4 m³/s。洛基山红外亮度的变化可通过一个玄武岩熔岩湖的模型解释，当熔岩湖的浮力变得不稳定时，其硬表面就会翻转，这一过程始于熔岩湖的西南端，并在马蹄形的破火山口周围传播。洛基山的实测温度很少超过 1 000 K。相比之下，佩蕾火山的温度超过 1 700 K，它是一个小很多的熔岩湖，喷发速率较低（约 300 m³/s），但是有一股巨大、微弱的羽流，其中沉积了 2）中提到的亮红色物质（环）。随着时间的推移，这种红色物质会褪色，因此这样的环表明这是最近（数周至数月）发生的羽流活动。

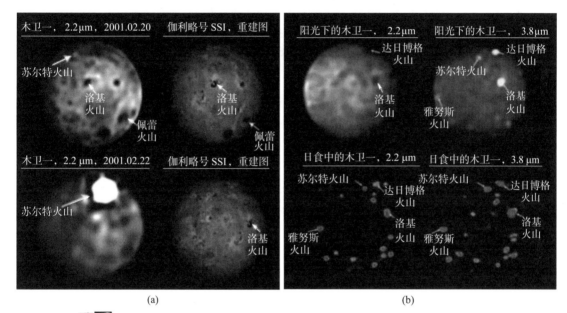

(a)   (b)

图 5-78   利用凯克望远镜上的自适应光学系统拍摄的各种红外波段的木卫一图像。使用各种反卷积算法对所有图像进行了反卷积（"锐化"）处理。图中典型的空间分辨率约 140 km。（a）UTC 2001 年 2 月 20 日拍摄的木卫一 2.2 μm 图像（上图）及两天后的图像（下图），与基于伽利略号-旅行者号数据的可见光图像（通过 IMMCE 网站创建）在同一视角下进行比较，图中显示了几座火山。2 月 20 日至 22 日，苏尔特火山（Surt）爆发，这是有记载以来木卫一上最猛烈的一次喷发。这座火山释放的能量是 1992 年埃特纳火山（Mt. Etna）的 6 500 倍。（改编自 Marchis et al.，2002）（b）UTC 2001 年 12 月 18 日拍摄的 2.2 μm（左）和 3.8 μm（右）的木卫一图像。上图为阳光下的木卫一。在这两种波长下，木卫一发出的光主要为其反射的太阳光。由于太阳在 3.8 μm 处的强度比 2.2 μm 处低，并且 3.8 μm 更接近典型热点黑体曲线的峰值，因此在 3.8 μm 波长处的热点比 2.2 μm 处的热点更容易识别。请注意，一些火山（洛基、达日博格）在 3.8 μm 处显示为热点，但在 2.2 μm 处显示为低反照率特征。底部为日食中的木卫一。木卫一进入木星阴影 2 小时后的图像。没有太阳光的反射，微弱的热点都可以分辨出来。两个波长之间的亮度差表明了光斑的温度。洛基火山（Loki）和达日博格火山（Dazhbog）都是低温的热点，在 3.8 μm 处非常明亮（约 500 K）。另一方面，苏尔特火山和雅努斯火山（Janus）在 2.2 μm 处也非常明亮，表明其温度较高（约 800 K）。（改编自 de Pater et al.，2004a）

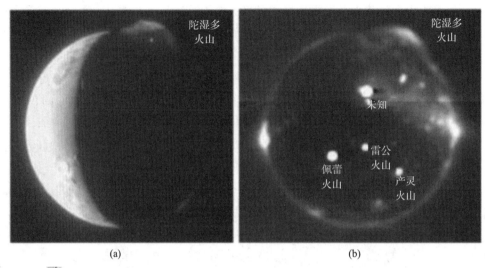

图 5 - 79 ✏ （a）2007 年 2 月 28 日，新视野号探测器上的远距离勘察成像仪（Long Range Reconnaissance Imager，LORRI）拍摄的陀湿多（Tvashtar）火山喷发（2006—2007 年）的图像。木卫一白昼面被过度曝光，从而显示出羽流的微弱细节。在木卫一夜晚面，在喷发的"中心"，可见热熔岩辉光的亮点。另一个羽流可能来自产灵（Masubi）火山，在右下边缘上方被木星照亮，在 2 点钟位置可以看到第三个非常微弱的羽流。在昏线（明亮的垂直线）的正上方可以看到一片高原（高 4.5 km），以及它南侧的一座山。（b）LORRI 拍摄的木卫一日食中的图像，只显示了炽热的熔岩（最亮的光点），以及木卫一稀薄的大气层和火山羽流中的极光。木卫一圆盘的边缘被极光所勾勒，极光由木星磁层的强烈辐射轰击木卫一（参差不齐的）大气层时产生。陀湿多火山的羽流在木卫一边缘可见，几个较小的羽流显示为分散在行星圆盘上的漫射辉光。在圆盘标记区域的左右两侧，明亮的光芒在木卫一的边缘闪烁，电流将木卫一连接到木星的磁层。这两幅图像都是由波长在 350 到 850 nm 之间拍摄的图像合成的。（NASA/APL/SWRI，PIA09250，PIA09354）

5.5.5.2 木卫二

木卫二比月球稍小，密度也较低。它的表面非常明亮，具有近乎纯净水冰的光谱特性。结合光谱和密度信息的分析表明，木卫二是一个主要由岩石构成的天体，具有一个厚约 100～150 km 的 H_2O "壳"。表面形貌中的细节表明，H_2O 层下部的一部分必定是液体，同时通过测量木卫二附近的木星磁场（7.5.4.9 节）也得出了最令人信服的相同结果。这种液态海洋由潮汐加热维持，并将冰壳与木卫二内部分离。因此，外壳的旋转速度可能略快于同步旋转。观测结果表明，外壳多转一圈的时间跨度可能需要 5 万年。

木卫二的冰壳有多厚？撞击坑的特征表明其厚度约 20 km，根据底辟①中暖浮冰的对流上升流估算得出的冰壳厚度给出了与之一致的结果，暖浮冰形成了"透镜体"（图 5 - 81）。相比之下在一些地方，如"混沌"地形（图 5 - 82），则看起来像是液态海水上升到了表面，即融化并穿透了冰层，在这种情况下估计冰壳的厚度 ≤ 6 km。根据海洋和冰壳的

---

① 底辟（diapirs）指一种能够移动而且还有延展性的侵入岩石，因受外力被挤入到上面岩层中。——译者注

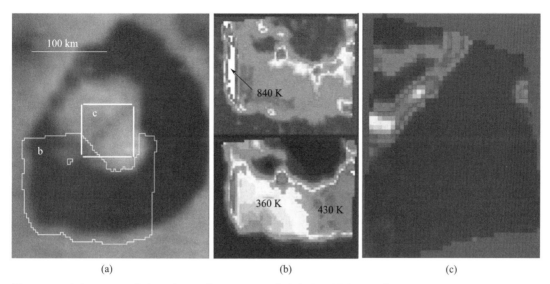

图 5 - 80　直径 200 km 的火山喷口和洛基（Loki）熔岩湖在不同波长的详细视图。（a）在可见光下拍摄的图像（伽利略号/SSI），概括显示了右侧红外 NIMS 图像的区域。（b）2001 年 10 月 16 日，在木卫一夜间拍摄的洛基南部的两张 NIMS 温度图。右下角图像的波长为 4.4 μm，右上角图像的波长为 2.5 μm。空间分辨率为 2 km。（c）这张 4.7 μm 的热图（拍摄于木卫一的夜间侧）显示，在 SSI 图像中，岛上的深色"河道"也在发出热量。（NASA/JPL 伽利略号、PIA02595 和 PIA02514）

厚度，推测潮汐变形随时间变化的振幅可以达到 1～30 m，因此如果可以测量这种变形，就可以直接测量出冰壳的厚度。

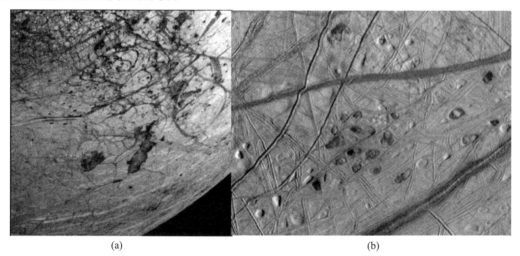

图 5 - 81　（a）木卫二的南半球：左图上部显示了"楔形"区域的南部范围，该区域经历了大规模的破坏。锡拉暗斑（Thera Macula）和色雷斯暗斑（Thrace Macula）是深色的不规则特征，位于阿格诺尔条纹（Agenor Linea）的东南部，该条纹长约 1 000 km。该图像覆盖了约 675 km×675 km 的区域，可以分辨出的最精细的细节大约有 3.3 km 宽。（NASA/伽利略号，PIA00875）　（b）木卫二表面布满了红色斑点和浅坑。这张照片上的斑点和凹坑大约有 10 km 宽。（PIA03878；NASA/JPL/亚利桑那大学/科罗拉多大学）

与木卫一和月球等表面相比，木卫二的表面相对平坦。伽利略号只发现了几个撞击坑，这表明木卫二的表面非常年轻（几千万年至最多数亿年），表面可能仍在活跃地进行更新。这些撞击坑的中央峰高度不超过 500 m，最年轻的特征通常显示出最高的起伏。木卫二表面的大部分地质特征都是由昼夜潮汐应力引起的。最古老的地形以脊状平原（ridged plain）为特征，这些平原通常布满了纵横交错的较年轻条纹（band）。在较高分辨率下，脊线（图 5-81、图 5-82）通常表现为两条由"V"形槽分隔的平行脊线。有时它们表现为三段条纹。它们可以长达数千千米，通常宽 0.5～2 km。这些特征的形成机制尚不清楚。脊线可能是地壳膨胀形成的，也可能是两个冰板块稍微分开时形成的。较热的、泥泞的或液体的物质可能被推上裂缝，形成了一个山脊。泥浆的颜色为褐色，表明其由部分岩石物质、水合矿物、黏土或盐组成。另一种可能是通过向上推两个板块的边缘，两个板块相互挤压的压缩可能以类似的方式形成了脊。有一些证据表明，这些脊上有过去的间歇泉或火山活动，会导致脊上新近出现一条或多条冰线。

尽管大多数脊线呈直线状，但其中的一些看起来则是弯曲的，就像摆线一样［图 5-81（a）］。摆线形状是由于昼夜应力导致表面裂纹扩展的结果，产生了弯曲而非直线的特征。深色和灰色的条纹在表面交错（图 5-83），可将它们比作地球上的大洋中脊，因为这些带似乎已经被拉开，而表面下方较暗的物质则填补了空隙。与地球上的构造板块运动不同，在木卫二上没有发现任何俯冲带。混沌地形是木卫二表面最年轻的特征之一，如图 5-82 所示。这些特征的形态类似于千米大小的冰块或冰板"漂浮"在较软/淤泥状的冰上。其中一些破碎的板块已经旋转、倾斜和/或移动。它们可以像拼图一样重新组装。在这些地区，海水可能已经到达地表，并摧毁了部分原始冰壳。

其他有趣且非常年轻的特征是暗斑［lenticulae，拉丁语意为雀斑；图 5-81（b）］。它们的形态表明其起源于底辟中暖浮冰的对流上升流，有点类似于熔岩灯。如果底辟到达表面，可能会观察到"穿顶"；如果底辟没有穿透到表面，而是削弱/融化其上方的冰然后下沉，则可能会导致凹陷。显然，木卫二液态海洋的存在致使形成了一个具有迷人形态的表面。当加入低温火山活动的可能性时，木卫二便成了推测各种生命形式可能存在的主要目标，人们可能不会对此感到惊讶，因为这与地球上早期微生物的生命形式类似，这些生命可能在深海热喷口繁衍。

5.5.5.3 木卫三和木卫四

木星外侧的两颗伽利略卫星与内侧两颗相比，天体类型完全不同。它们密度较低，意味着含有大量的水冰。然而可以注意到，这些天体表面附近的冰的温度非常低，与地球上的冰相比，这些冰的行为更像岩石。木卫四和木卫三的大尺寸意味着具有足够高的压强，使得冰必然被显著压缩，因此，与相同密度的较小天体相比，木卫三和木卫四冰的比例可能更大。在这两个天体的光谱中也观察到了冰（图 5-74），但受污染程度比木卫二表面的冰严重得多，而木卫二的冰会从下面定期"刷新"。木卫三（1.94 g/cm³）和木卫四（1.85 g/cm³）之间的密度差异比单靠压缩作用可以解释的要更大，所以木卫四的水冰含量可能略高。这两个天体的表面差异很大（图 5-73），这可能与它们内部的差异有关。木

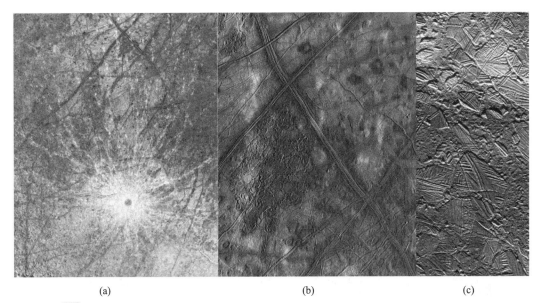

(a)　　　　　　　　　　　　(b)　　　　　　　　　　　　(c)

图 5 - 82　（a）图中心下方直径 26 km 的浦伊尔撞击坑（Pwyll）很可能是木卫二表面最年轻的主要特征之一。中央暗点的直径约 40 km，明亮的射纹从撞击点向各个方向延伸超过 1 000 km。从图中还可以分辨出几种称为"三条带"的深色线条，因为它们有一条明亮的中央条纹，周围环绕着深色的物质。这些带相互交叉的顺序可以用来确定它们的相对年龄。这张图片的覆盖宽度为 1 240 km。（NASA/伽利略号轨道器，PIA0211）　（b）这张木卫二的图像显示了穹顶和山脊等表面特征，以及一个地形混乱的地区，其中包括了一些地壳板块，这些板块被认为已经分裂并"漂流"到了新的位置。这张图像覆盖了木卫二表面约 250 km×200 km 的一个区域［（a）中的浦伊尔撞击坑以北可见"X"形山脊］。（NASA/伽利略号轨道器，PIA01296）　（c）图像显示了木卫二康纳马拉（Conamara）地区薄且混乱的冰壳的一小块区域，混乱的地形特征显示在（b）中。该图像显示了表面增强颜色与冰结构的相互作用。白色和蓝色勾勒出了浦伊尔大撞击坑形成时喷出的冰粒尘埃所覆盖的区域。可以看到几个直径 500 m 的小撞击坑。这些撞击坑可能是由形成浦伊尔的撞击中抛出的大块完整冰块所形成的。未覆盖的表面呈红棕色，这是由于当地壳被破坏时，地壳下方释放的水蒸气所携带和传播的污染物造成的。冰面的原始颜色可能是深蓝色，在木卫二其他大片区域中可以看到。图像覆盖面积 70 km×30 km，图中的北指向右方。（NASA/伽利略号，PIA01127）

卫三有明显的分异，而木卫四则可能更为同质（6.3.5.1 节）

　　木卫三和木卫四上都有撞击坑，它们通常比月球上的撞击坑更平坦，有些还表现出独特的特征，这是由于冰壳的黏度相对较低（与岩石相比）。直径≲2~3 km 的撞击坑呈现出典型的碗状形态（5.4.1 节），而在更大尺寸的撞击坑中，会出现中央峰。然而，直径超过约 35 km 的撞击坑的中心是凹坑，而不是山峰，在更大的尺寸（≳60 km）下，一些年轻撞击坑的中心是圆形的穹顶。表面的裂缝表明这些特征的起源类似于熔岩穹顶——撞击坑形成后，中心的热黏性冰被迅速挤出。在某些情况下，唯一能分辨的是一大片明亮的圆形斑块，有的周围有同心环，而有的周围没有。这些地貌被称为变余结构

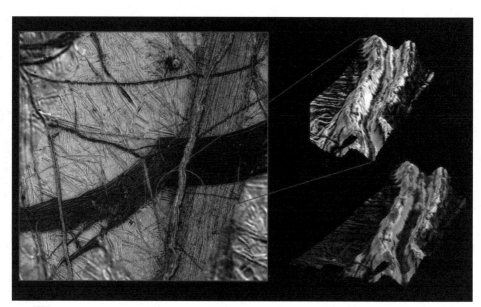

图 5 - 83　　木卫二上有一个东西向（北面在右边）的双脊，中间有一个很深的槽，穿过较老的背景平原和深色的楔形条纹。在众多的裂缝和条纹处，地壳可能已经被拉开。有时，表面以下的深色物质可能会溢出并填满裂缝。计算机生成的三维透视图（右上角）显示，明亮的物质可能是纯的水冰，在山脊顶部和斜坡上普遍存在，而大多数深色的物质可能是与硅酸盐或水合盐混合的冰，其仅限于较低的区域，如谷底。这些山脊高出周围平原 300 多米。两个山脊之间有一个约 1.5 km 宽的山谷。左边图像的空间分辨率约 26 m。（NASA/伽利略号轨道器，PIA01664）

（palimpsests）。其类似于直径数百千米的大型撞击盆地，但完全没有任何地形起伏，这可能是由于流动的地下冰引起的松弛造成的。木卫三和木卫四都有许多明亮的撞击坑。这些撞击坑可能相对年轻，它们的高反照率是由撞击地点喷出的新鲜冰造成的。相比之下，木卫三上的一些撞击坑底部颜色异常暗，而另一些则显示出深色的喷射物。撞击坑底部的深色成分可能是形成撞击坑的撞击物的残余物质，或者撞击物可能冲破了明亮的表面，使木卫四表面下的深色层暴露出来，这些深色层在小范围内显示出衰弱/崩塌的迹象，这可能是地壳的挥发性成分升华所产生的。这种退化似乎会掩埋和/或摧毁撞击坑，并或许可以解释为何木卫四表面明显缺乏亚千米大小的撞击坑（图 5 - 84）。

　　木卫三的地质情况非常复杂。在低分辨率下，木卫三看起来像月球，因为暗区和亮区都可见（图 5 - 73）。然而，与月球相反，木卫三表面的深色区域是最古老的区域，布满了撞击坑且接近饱和。虽然浅色地形上的撞击坑较少，但数量仍比月球表面多。因此，虽然浅色地形一定比深色地形年轻，但它们可能仍然相当古老。浅色地形具有平行山脊和凹槽的复杂系统特征 ［图 5 - 85（a）］，宽达数十千米，可能高达几百米。这些特征显然是内生的，可能与地球上的地堑具有类似的起源（张力）。这种构造被认为是典型的冰卫星构造形式，因为在其他一些冰天体（如木卫二、土卫二和天卫五）上也发现了类似的构造模式。通常可以看到较年轻的沟槽或断层覆盖在较老的沟槽上，而表面上的平滑带可能是低温火山作用（cryovolcanism）的证据，即火山活动涉及冰而不是硅酸盐。

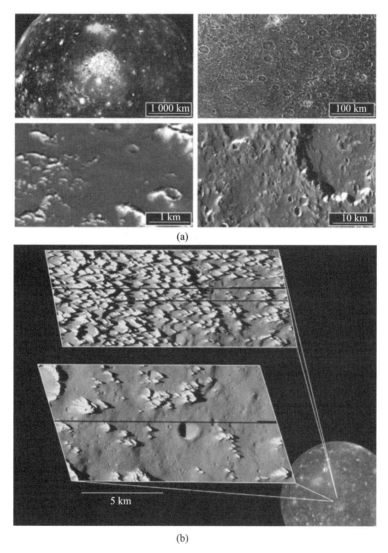

图 5 - 84 （a）木卫四的四个视图，分辨率逐渐升高。在半球视图（左上，4 400 km×2 500 km）中，表面显示了许多小亮点，中央是瓦尔哈拉（Valhalla）盆地。区域视图（右上角，10 倍更高分辨率）显示这些点是撞击坑。局部视图（右下角，同样是 10 倍更高分辨率）不仅显示了较小的撞击坑以及较大撞击坑的详细结构，还显示了一层光滑的深色物质层，似乎覆盖了大部分表面。在这张木卫四表面的最高分辨率（30 m，面积 4.4 km×2.5 km）的视图中，特写画面（左下角）呈现出令人惊讶的平滑度。（NASA/伽利略号轨道器，PIA0297）（b）在木卫四的阿斯加德（Asgard）多环撞击坑以南的一个区域，发现了许多明亮、锋利的结（knobs），大约 80～100 m 高。它们可能是由数十亿年前一次重大撞击所抛出的物质组成。这些结或尖顶覆盖着冰，但也含有一些较暗的尘埃。随着冰的侵蚀，深色物质似乎会向下滑动，并在低洼地区累积。从撞击坑的数量来看，下图显示了一些较古老的地形。这张图片表明，随着时间的推移，尖顶会逐渐被侵蚀。（NASA/JPL/亚利桑那州立大学，PIA03455）

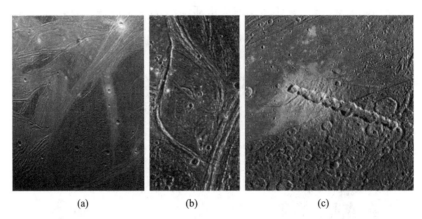

　　　　　　　　(a)　　　　　　　　　　　　(b)　　　　　　　　　　　　(c)

图 5 - 85　　（a）木卫三的马里乌斯区域（Marius Regio）和尼普尔沟（Nippur Sulcus）区域的视图，显示了这颗卫星上典型的暗色和明亮的沟槽地形。更古老、受撞击更严重的深色地形上布满了沟壑，浅槽可能是古代巨大撞击的结果。明亮的沟槽地形更为年轻，是通过构造作用形成的，可能与冰火山作用有关。图像覆盖了一个约 664 km×518 km 的区域，分辨率为 940 m。　　（NASA/伽利略号轨道器，PIA0618）（b）图像中心 80 km 宽的透镜状特征位于马里乌斯区域的边界，这是一个靠近尼普尔沟［如（a）所示］的古老暗色地形区域。在附近明亮地形中形成这些结构的构造强烈影响了当地的暗色地形，形成了不寻常的结构，如图中所示。这一特征的透镜状外观可能是由于表面的剪切导致，这些区域彼此滑动且轻微旋转。图片覆盖约 63 km×120 km，分辨率为 188 m。　　（NASA/伽利略号轨道器，PIA01091）（c）木卫三上由 13 个撞击坑组成的链状撞击坑可能是由一颗彗星形成的，该彗星在经过木星时被木星的潮汐力撕成了碎片。在彗星解体后不久，这 13 块碎片迅速相继撞向木卫三表面。撞击坑形成于明亮地形和暗色地形之间的明显边界。在暗色的地形上很难分辨出任何喷射物的沉积物。这可能是因为撞击将深色物质掘起并混合到了喷射物中，在深色的背景下，产生的混合物并不明显。图像覆盖 214 km×217 km，分辨率为 545 m。（NASA/伽利略号轨道器，PIA0610）

5.5.5.4　木星的小卫星

　　与伽利略卫星相比，木星的其他卫星都非常小。它们的总质量约为木卫二的 1/1 000，而木卫二是伽利略卫星中最小的一颗。

　　在木卫一轨道内探测到四颗卫星。1892 年，爱德华·巴纳德（Edward Barnard）发现了这些卫星中最大的一颗（图 5 - 86）——木卫五，其平均半径为 83.5 km。它的形状明显是非球形的（表 1 - 5），呈深红色，布满了撞击坑。木卫五拥有两个直径分别为 90 km 和 75 km 的大型撞击坑，除了两座山之外，这些撞击坑的深度可能在 8～15 km 之间。木卫五的密度较低，为 $0.86±0.1$ g/cm³，可能是一个岩石天体，表明其可能由"碎石堆"组成。由于对这种多孔体的撞击会迅速减弱（9.4.2 节），因此更容易理解为什么木卫五会有几个几乎是其一半大小的撞击坑。低密度本身就表明了一段剧烈碰撞的历史。木星的其他几颗内侧卫星，木卫十四、木卫十六和木卫十五，也都是暗红色的。木卫十四位于木卫五的外部，比木卫五更小（平均半径 49.3 km）、更圆。木卫十六和木卫十五的体积更小，位于木星主环的外缘附近。这四颗卫星显然都与木星尘埃环的形成有关（11.3.1 节、11.6.3 节）。

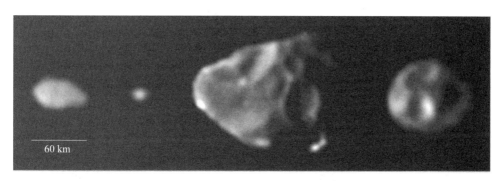

图 5 - 86　四颗小尺寸、形状不规则的"环"卫星，它们的轨道位于木星环系统的内侧。卫星的相对尺寸是正确的。从左到右，按距离木星由近及远的顺序依次的是木卫十六、木卫十五、木卫五和木卫十四（图中上为北向）。（NASA/伽利略号，PIA0076）

这些小卫星的轨道特性表明，它们是由围绕原始木星的尘埃和气体盘凝聚而成，而不是在之后被捕获的。根据木卫十六与木卫十五的近距离，木卫五的低密度，以及它们与木星环的紧密联系判断，推测现在的卫星最初可能是一个较大天体的碎片，这一假设得到了以下观察的佐证：木星环约 15% 的光学深度由半径为 $\gtrsim 5$ cm 的母体造成（11.3.1 节）。木卫五和木卫十四轨道的非零倾角已经由过去与木卫一的共振相互作用得到了解释。在这种情况下，木卫一最初形成于 4～5 倍木星半径之间，然后由于与木星的潮汐相互作用而向外迁移到现在的位置。在这一过程中，木卫一的共振位置也向外移动，计算表明，当木卫一的 3：1 共振位置经过木卫五时，会导致木卫五的轨道倾角增大到与观测一致的值。

木星的外侧卫星距离木星比伽利略卫星远得多。它们处于高度偏心、倾斜且通常为逆行的轨道上。它们统称为"不规则"卫星。截至 2009 年初，已有 54 颗此类卫星被发现。这些天体的轨道根数并不是随机分布，而是呈现出动力学分组特性。已经确定了五个这样的"家族"。这些家族中的每一个都很可能是由一个天体（根据光谱判断，很可能是一颗小行星）在被木星捕获后分裂而成。木星过去也曾捕获过木星族彗星。已知的一些这样的天体［如舒梅克-列维 9 号彗星；5.4.5 节，图 5 - 85（c）］在被逐出木星系统或与木星或卫星碰撞之前，已经绕木星运行了数十年。

5.5.6　土星的卫星

土星共有 62 颗卫星（截至 2009 年 11 月统计），其中许多将在以下小节中讨论。土卫六是迄今为止观测到的最大卫星，其半径为 2 575 km。除了土卫六，还专门用了一整节来介绍土卫二，它无疑是土星系中最神秘的卫星。

5.5.6.1　土卫六

1655 年，克里斯蒂安·惠更斯发现了土星最大的卫星土卫六。土卫六的大小与木卫三、木卫四和水星相当。土卫六的平均密度为 1.88 g/cm³，属于"冰"卫星。土卫六周围是一个稠密的大气层（表面气压 1.44 bar），主要由氮和少量但重要的甲烷组成。大气中含有一层浓密的光化学烟雾层（4.6.1.4 节），因此无法利用遥感通过可见光波长探测土卫六表面。但烟雾层在较长波长下是透明的，因此可以在甲烷吸收带之外的红外波长下对表面进行成像。这类图像（图 5 - 87）显示了显著的地表反照率变化。

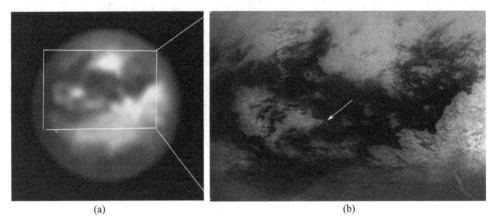

(a)　　　　　　　　　　　　　　　　(b)

图 5 - 87　（a）2005 年 1 月 14 日，在惠更斯号探测器下降一天后，用凯克望远镜上的自适应光学系统获得的一张波长为 2.06 μm 的土卫六表面图像。（改编自 de Pater et al. 2006c）（b）卡西尼号 938 nm 波长处绘制了土卫六表面区域的地图，该区域的大致范围如（a）所示。经纬度覆盖范围大约为西经 120°～240°，纬度为南纬 45°～北纬 30°。惠更斯号的着陆点用箭头表示。（NASA/JPL 卡西尼号，PIA08399）

　　卡西尼号探测器抵达土星后，释放惠更斯号探测器穿过土卫六大气层，此时环绕器/穿透器的联合观测揭示了一个被液体侵蚀的表面，并且可能被低温火山作用重新覆盖（图 5 - 88）。许多河道穿过了不同类型的地形。雷达探测明亮的河流可能布满巨石，而雷达探测暗色的河道则表明存在液体或光滑沉积物。一些河流有支流，惠更斯号拍摄的河流系统类似于三角洲 ［图 5 - 88（a）］。这些特征表明河流可能通过降雨形成，而雨可能以液态碳氢化合物的形式存在。然而，探测器没有发现任何液体。惠更斯号着陆时，利用探头下方的贯入仪测量了作为穿透深度函数的力 ［图 5 - 88（c）］。将这些图表与实验室数据进行比较表明，探测器降落在一种类似于湿黏土、沙子或雪的物质上。着陆后，气相色谱-质谱仪（GCMS）测量到甲烷气体的增加，也表明表面是"潮湿"的（另见 4.3.3.2 节中的讨论）。

　　虽然在土卫六的低纬度表面上没有看到液体，但有明显的证据表明，在高纬度地区，湖泊中充满了碳氢化合物液体（图 5 - 89）。据观察，这些湖泊的深度和面积随时间变化。两极上空的雷达探测暗区的覆盖面积超过 600 000 km²，约占土卫六总表面积的 1%。然而，即使所有这些雷达探测的暗特征都充满了液体，也不足以用类似于地球水文循环的方式来解释土卫六的甲烷循环（4.6.1.4 节、4.5.5.4 节）。

　　卡西尼号的雷达在 2007 年 12 月获得的图像中（占土卫六表面的 22%）仅检测到五个明显是撞击坑的特征。另外的几十个特征可能也是撞击坑，但对这些特征的解释并不明确。与撞击坑生成速率模型的比较结果表明，土卫六的表面很年轻，可能只有几千万年，肯定不到一亿年。因此，土卫六显然是一颗地质活跃的卫星，具有很高的表面更新率。这与它表面上许多光滑的雷达探测明亮的"流"非常吻合，这让人想起了低温火山熔岩流。

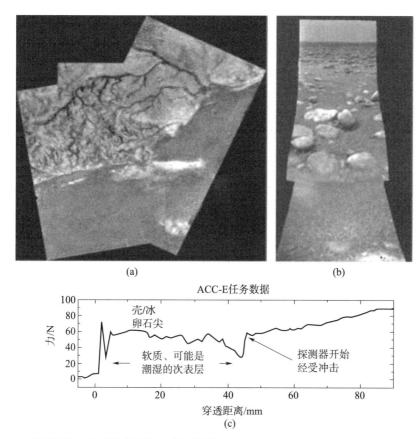

图 5 - 88 （a）惠更斯号上的下降成像仪/光谱辐射计（Descent Imager/Spectral Radiometer，DISR）的三帧拼接图显示了从 6.5 km 的高度拍摄的"海岸线"和河道的壮观景象。这个明亮的"岛"大约长 2.5 km。（NASA/JPL/ESA/亚利桑那大学，PIA07236）（b）着陆后，惠更斯号上的 DISR 获得了土卫六表面的照片，其中包括 10~15 cm 大小的岩石，可能由冰构成。（ESA/NASA/JPL/亚利桑那大学，PIA06440）（c）探针器贯入仪测得的力随穿透深度变化的曲线图。0 mm 深度附近的初始峰值可能由卵石或冰壳引起，而曲线的形状表明表面既不坚硬也不蓬松。表面很可能类似于湿（甲烷）黏土、沙子或雪。（改编自 Zarnecki et al.，2005）

一个宽约 180 km 的潜在盾状火山已经被确认，中心具有直径约 20 km 的破火山口，以及从破火山口向外辐射的蜿蜒河道和/或山脊。在赤道地区发现了许多纵向沙丘，在雷达回波和红外波段都是深色的（图 5 - 90）。这些沙丘都沿着东西方向，长达数千千米。它们似乎在雷达上出现了明亮的、可能是升高的特征。沙丘的方向已用于推导风向，与预期相反，风向是向东而不是向西（4.5.5.4 节）。

为了最终解决甲烷气体如何重新供应到土卫六大气层这一首要问题，需要确定土卫六的表面组成，以及确定是否存在持续的低温火山作用。土卫六的体密度表明其表面结冰。然而，由于其大气层的干扰，要从光谱上验证这一点很有挑战性。此外，如果气溶胶在数

图 5-89　土卫六北极附近液态烃湖泊的卡西尼雷达图像。湖泊比周围地形更暗，表明存在低（有时为零）后向散射区域。雷达图像的条带被缩短，以模拟从其西面的一个点看到的最高纬度区域的斜视图。（NASA/JPL/美国地质勘探局，PIA09102）

亿到数十亿年的时间里一直在沉降，那么土卫六表面可能会被几百米的碳氢化合物或托林[①]覆盖，这可能会覆盖水冰（4.6.1.4 节，4.3.3.2 节）。

---

① 托林（英语 tholin，来自古希腊语 θολός，意为"不清澈的"）是一种存在于远离恒星的寒冷星体上的物质，是一类共聚物分子，由原初的甲烷、乙烷等简单结构有机化合物在紫外线照射下形成，但它并不是单一的纯净物，并没有确定的化学分子或明确的混合物与之对应。托林的外观通常为浅红色或棕色。在今日的地球自然环境下托林无法形成，但在外太阳系以冰组成的天体表面有极大的含量。（维基百科编者，2021）——译者注

图 5 - 90　2006 年 9 月 7 日，卡西尼号雷达仪器绘制的土卫六表面的一部分。左边的撞击坑直径约 30 km。该撞击坑具有一个中央峰，而深色的底部则表示光滑和/或高吸波物质。图中右边是纵向沙丘，它们构成了土卫六赤道深色区域的大部分。这些特征向东延伸，长约 100 km，宽 1～2 km，间隔距离相似，高约 100 m。它们围绕图像中的明亮特征（可能是高耸的地形障碍物）弯曲，随风而行。与地球上的沙（硅酸盐）丘不同，这些沙丘可能是固体有机颗粒或覆有有机物质的冰。（NASA/JPL 卡西尼号轨道器，PIA09172）

5.5.6.2　土卫二

土卫二位于土卫一和土卫三之间，是一颗最引人注目、最神秘的卫星。这颗卫星的部分区域布满了撞击坑，但表面的大部分区域几乎没有撞击坑。土卫二最年轻的区域可能不超过一百万年，而最古老的地形可能有几十亿年的历史。土卫二的表面反射率非常高，约为 100%，这意味着土卫二具有新鲜、未受污染的冰。土卫二的体积密度为 1.6 g/cm³，可能有一个岩石核心（$R \approx 170$ km，$\rho \approx 3$ g/cm³）和约 80 km 厚的冰壳。与木卫三和木卫二一样，土卫二的地壳显示出沟槽地形区域，表明了构造的过程，同时较平滑的部分可能会被水流重新覆盖。

虽然根据旅行者号的数据（11.3.2 节），土卫二的间歇泉活动和喷发被认为是土星 E 环物质的可能来源，但出人意料的是，卡西尼号发现从土卫二南极散发出巨大的蒸气、尘埃和冰。这些羽流来自土卫二南极区域的"裂缝"，被称为老虎条纹（tiger stripes）（图 5 - 91），卡西尼号的复合红外光谱仪（Composite Infrared Spectrometer，CIRS）在该区域沿一些最亮的老虎条纹探测到至少 180 K 的温度，远高于南极区其他地方 72 K 的背景温度。当飞越羽流时，卡西尼号上的离子和中性质谱仪（Ion and Neutral Mass Spectrometer，INMS）测量到一种气体成分，其中包含（91 ± 3）%的水、约 3% 的二氧化碳、4% 的氮气或一氧化碳以及 1.6% 的甲烷。羽流中的粒子速度约 60 m/s，远低于逃逸速度（235 m/s）。只有大约 1% 的粒子可以逃逸，而这些逃逸物为土星纤细的 E 环提供了物质（11.3.2 节）。这些羽流可能是 E 环中大部分物质的来源。

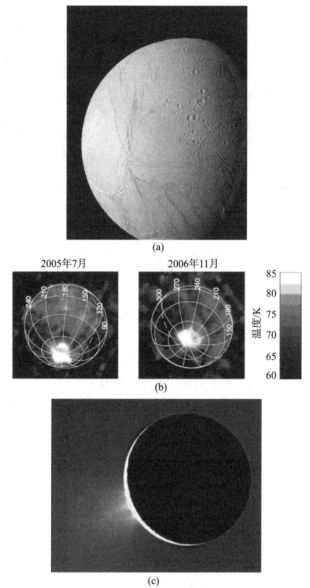

(a)

(b)

(c)

图 5-91　（a）这张照片主要展示了土卫二的南半球，包含了在图片底部具有蓝色"老虎条纹"的南极地形。南极地区被明显且连续的褶皱和山脊链所包围，几乎没有撞击坑，也没有大块岩石或巨石，可能是由冰构成的。图中土卫二的其他部分布满了撞击坑，其中一些地区的古老的撞击坑显得有些原始，但在另一些地区则明显松弛。这幅图由卡西尼号拍摄的 21 帧图像拼接组成，是以土卫二 46.8°S、188°W 为中心的正交投影，图像的分辨率为 67m。（NASA/JPL/SSI，PIA07800）　（b）左图：土卫二的表面温度模型，只取决于对太阳光的吸收。右图：一张土卫二全球温度图，依据辐射波长在 9～16.5 μm 之间的测量结果绘制，空间分辨率为 25 km。正如预期的那样，赤道附近的最高温度为 80 K；而南极达到了 85 K，温度比预期高 15 K。复合红外光谱仪数据表明，北极小面积的区域温度超过了 180 K。（NASA/JPL/GSFC/SWRI，PIA09037）　（c）卡西尼号探测到了从土卫二老虎条纹中散发出的蒸气、尘埃和冰羽［（a）］。这些羽流被太阳背光照亮。这些喷流是间歇泉，从加压的地下液态水储层中喷发出来。（NASA/JPL/SSI，PIA07758）

在土卫二上观测到的间歇泉活动需要大量的热源，其成因仍然是个谜。原始热或放射性衰变生成的热量是不够的，而由土卫二与土卫四的 2∶1 轨道共振激发的轨道偏心所产生的潮汐加热，可能只能勉强提供所需热量。由于羽流主要由水组成，在温度超过273 K的情况下，它可能会从地表以下的液态水室中喷发出来。氨在水中的溶解可能会降低海洋近表面假定液体的温度。羽流成分进一步表明，在假定的海底，笼形水合物（5.1.1 节）的脱气可能起到一定作用。由于笼形水合物的分解释放能量，这个过程可能有助于解决能量难题。此外，当一些气体在表面凝结时，这种能量以凝结潜热的形式重新出现。不过，如 6.3.5.2 节所述，如果喷流由底辟"驱动"，则液态海洋可能不是必需的。

5.5.6.3　土星的其他中等尺寸卫星

除土卫二外，土星还有五颗中等尺寸的近球形卫星（图 5 - 92、图 5 - 93）。这些卫星的半径从略低于 200 km（土卫一）到 750km（土卫五），密度从略低于 1 g/cm³（土卫三）到高达 1.6 g/cm³（土卫二），显然都是冰天体。土星的大多数卫星都非常明亮，反照率 A_v 在 0.3～1.0 之间。所有规则卫星[①]的表面光谱都显示了水冰。所有这些卫星都是相对呈球形，这表明它们的内部在历史上某个时期的黏度相对较低。

各种探测器拍摄的详细图像表明，每颗卫星都有其独特的特征。土卫一、土卫三和土卫五的表面都布满了撞击坑。土卫一的特点是在其前导半球[②]中心附近有一个巨大的撞击坑，直径约 135 km，尺寸是土卫一本体的三分之一。撞击坑深约 10 km，中央峰高约 6 km，因此撞击物的宽度必定有大约 10 km。土卫三表面有一条长约 2 000 km 的山谷或低谷的复合体，名为伊萨卡峡谷（Ithaca Chasma），它围绕着土卫三延伸了其周长四分之三的距离。这个系统由构造活动产生，这可能是由产生奥德修斯（Odysseus）撞击坑的巨大撞击所引发，奥德修斯撞击坑的直径为 400 km。土卫三上的撞击坑往往比月球或土卫一上的撞击坑更平坦，这可能是因为其结冰表面的黏性松弛作用。土卫四表面的反照率变化比土卫五大得多，几乎是土卫五的 2 倍，但变化远没有土卫八的半球不对称那么极端。土卫四和土卫五的后随半球相对较暗，覆盖着细小的白色条纹，可能是雪或冰。它们的前导半球明亮、平淡，布满撞击坑，但土卫四的撞击坑密度在不同地区有很大的差异。这表明其必定发生了大规模的表面更新。土卫一、土卫四和土卫五的表面都有裂缝，表现为狭窄的浅槽。这些细小的条纹可能是由沿着裂缝挤压的霜和冰形成的。

土卫八是一个奇怪的天体，它的后随半球的亮度约是前导半球的 10 倍（$A_v \approx 0.5$ 相对于 $A_v \approx 0.05$）。它的后随半球和极区覆盖着冰，与土卫五的撞击坑表面非常相似。土卫八前导半球的深色物质仍然困扰着科学家。这种物质略带红色，可能由有机的含碳化合物组成，看起来像是涂了一层暗色的物质，上面没有任何较亮的标记。雷达测量显示这个

[①]　规则卫星（regular satellites），在天文学是指有较密切的顺行轨道，以及较小的轨道倾角或离心率的天然卫星。相对于被捕获的不规则卫星，它们被认为是原生的卫星。——译者注

[②]　前导半球（leading hemisphere）和后随半球（trailing hemisphere），被潮汐锁定的星球始终有一面面对它所围绕旋转的大星球，一面背对它所围绕旋转的大星球；因此也始终有一个面面对它自身轨道运动的方向，一个面背对它自身轨道运动的方向。面对它自身轨道运动方向的称为前导半球，背对自身轨道运动方向的称为后随半球。——译者注

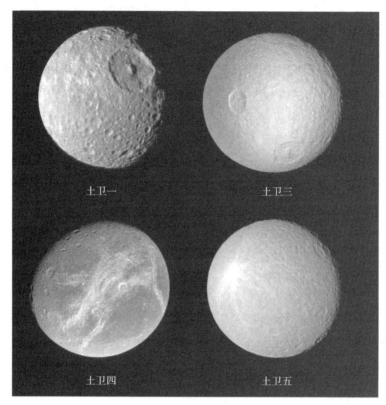

图 5 - 92 土星内侧除土卫二之外的中等大小卫星的图像。土卫一表面满是撞击坑，图中显示了直径
140 km 的赫歇尔撞击坑（PIA06258）。土卫三显示了它背对土星一侧的半球。直径 450 km 的撞击盆地
奥德修斯（Odysseus）的边缘位于东侧，使得东侧看起来比其他地方更平坦。这里看到的其他大型撞击
坑是佩涅洛佩（Penelope）（中间偏左）和墨兰提俄斯（Melanthius）（中间偏下）（PIA08870）。土卫四
的后随半球显示出许多明亮的悬崖。右下角是一个名为卡珊德拉（Cassandra）的特征，显示了向多个方
向延伸的直线射纹（PIA08256）。土卫五撞击坑饱和的表面显示出一个大的明亮斑点和放射状条纹，这
可能是地质上最近的一次撞击，在土卫三表面喷射出明亮、新鲜的冰喷射物时产生的（PIA08189）。（所
有图像均由卡西尼号拍摄，NASA/JPL/SSI）

涂层非常薄（几十厘米）。目前尚不清楚物质是来自土卫八的内部还是外部。由于土卫八
处于前导位置，它可能只是清扫来自土星磁层的"灰尘"，比如深色卫星土卫九的灰尘。
然而，在土卫八明亮的一面，有几个撞击坑的底部看起来是黑色的，它们似乎没有被其他
撞击坑破坏。例如，没有浅色物质由于其他撞击而暴露出来。这证明了黑色物质可能起源
于土卫八的内部。土卫八最显著的地形特征是一条长约 1 300 km 的神秘山脊，有些地方
高达20 km，几乎与地理赤道完全重合（图 5 - 93）。撞击坑的数量表明这座山脊很古老。
在许多没有山脊的地方都可以观察到孤立的山峰。

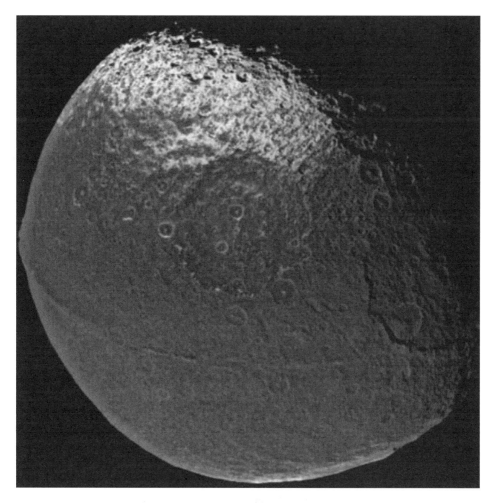

图 5 - 93　图中显示了土卫八的前导半球，其亮度约为后随半球的 1/10 左右。一个宽 400 km 的古老撞击盆地显示在行星圆盘中心的正上方。沿着赤道有一道明显的地形脊，宽 20 km，从土卫八的西部（左侧）一直延伸到右侧的昼夜边界。在左边的地平线上，山脊的峰顶比周围地形高出至少 13 km。（卡西尼号，NASA/JPL/SSI，PIA06166）

5.5.6.4　土卫九

土卫九是目前所知的土星不规则卫星中最大的一颗，也是不规则卫星中唯一一颗已经获得表面清晰图像的卫星。土卫九很暗（$A_v \approx 0.06$），类似于 C 型小行星和彗星。土卫九的密度（1.6 g/cm³）表明其是一个由冰和岩石组成的天体。水冰是通过地基光谱观测探测到的，同时卡西尼号发现了土卫九表面存在 CO_2 冰和有机物质。这些发现，再加上逆行轨道（指向捕获源头），表明土卫九可能起源于柯伊伯带。卡西尼号的图像（图 5 - 96）显示了土卫九亮度的异常变化，在一些撞击坑的斜坡和底面显示出明亮的物质，很可能是冰，除此之外土卫九是一个极其暗的天体。一些撞击坑呈现出几层交替的明暗物质，这可能是由于在撞击坑形成期间，从撞击坑中抛出的喷出物掩埋了原有的表面（原本覆盖着冰），在上面又覆盖了一层相对较薄、较暗的沉积物。与其他巨行星一样，土星也有大量相对距离较远的不规则卫星（距离高达 20×10^6 km）。其中大部分卫星是通过使用大视场的地基观测发现的。这些卫星通常运行在高度偏心和倾斜的轨道上，且轨道通常是逆行的，这表明它们是被土星捕获的，而不是在土星的子星云内形成的。

5.5.6.5　土星的小型规则卫星

除了上述七颗卫星外，土星还有大量的小卫星。土星的大部分小型规则卫星是由旅行者号和卡西尼号探测器发现的，而其中一些卫星是在地球穿过土星环平面时通过地基观测发现的。当地球穿过土星环平面时，从地面只能看到土星环的"边缘"，因此土星环实际是不可见的。在这段时间里，可以探测到土星主环系统附近的微小卫星。

土星所有的小型内侧卫星均形状怪异，撞击坑遍布，反照率与土星的大卫星相当（图 5-94）。其中两颗小卫星土卫十和土卫十一的轨道相同，每 4 年调换一次位置（2.2.2 节）。土卫十四和土卫十三位于土星-土卫三系统的 L_4 点和 L_5 点，而土卫十二和土卫三十四位于土星-土卫四系统的 L_4 点和 L_5 点。土卫十五是一个围绕土星 A 环外边缘运行的小卫星。土卫十六和土卫十七分别位于土星 F 环的内、外边缘，在"塑造"F 环古怪的外观方面起着关键作用（11.4 节）。卡西尼号探测器在土卫一和土卫二的轨道之间发现了土卫三十三和土卫三十二。土卫三十三位于一个微弱的尘埃环中。土卫十八和土卫三十五分别在恩克（Encke）和凯勒（Keeler）环缝内运行。这些环内卫星的密度非常低，低于水的密度（表 1-5）。如此低的密度意味着卫星的孔隙度非常高。

土卫七的形状很奇怪，尺寸约为 400 km×250 km×200 km，表面布满了撞击坑，这些撞击坑似乎被深度侵蚀过（图 5-95）。土卫七不规则的形状意味着它是一颗更大天体的碰撞残留物。土卫七是唯一一颗具有混沌旋转特性的卫星。

图 5-94　土星最小的规则卫星，从最内侧的土卫十八向外侧依次排列，图中为真实的相对比例。所有卫星图像均由卡西尼号拍摄。[NASA/JPL/SSI；图片来源：彼得·托马斯（Peter Thomas）]

5.5.7　天王星的卫星

天王星的五颗中等大小的"经典"卫星（表 1-5，图 5-97）是在太空时代之前被发现的，它们运行在天王星的赤道平面内或赤道平面附近，赤道平面相对天王星公转轨道平面倾斜了 98°。它们的半径从最内侧天卫五（最内侧的大卫星）的 235 km 到天卫三的接近 800 km 不等。

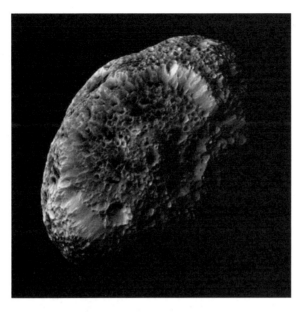

图 5 - 95　土卫七是土星极不寻常的卫星之一，呈现混乱的翻滚状态，并受到了严重的撞击侵蚀。土卫七可能非常多孔；从图中角度来看，土卫七实际更像一块海绵，而不是一块坚硬的岩石。它的颜色也很不寻常，呈现粉褐色，可能来自外侧更远卫星的残骸。（卡西尼号，NASA/JPL/SSI，PIA07740）

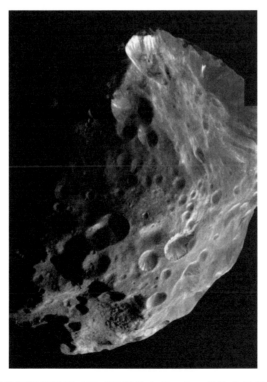

图 5 - 96　这幅土卫九的拼接图像揭示了卫星不规则的地形。在一些撞击坑的斜坡和底部可以看到不寻常的亮度变化，显示了明暗交替的层状沉积物存在的证据。（卡西尼号，NASA/JPL/SSI，PIA06073）

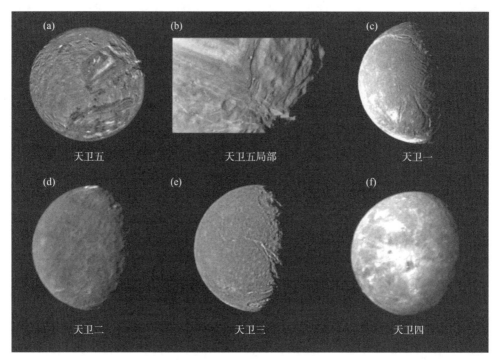

图 5 - 97　　（a）天卫五显示了两种截然不同的地形。一种是古老的、凹凸不平的起伏地形，反照率相对均匀；与之形成对比的是一种年轻的、复杂的地形，其特点是具有高达 20 km 的亮带、暗带、陡坎、山脊和悬崖，如（b）中的"V"形特征所示。（PIA01490）（c）天卫一的大部分可见表面由受撞击相对严重的地形组成，这些地形被断层崖和断层边界山谷（地堑）横切，如图所示，其由四幅高分辨率（2.4 km）图像拼接而成。一些最大的山谷部分被较年轻的沉积物填满。（PIA01534）（d）天卫二是天王星较大卫星中最暗的一颗，似乎经历了最少的地质活动。注意顶部的亮环，其直径约140 km，位于卫星的赤道附近。这可能是霜冻沉积，可能与撞击坑有关。就在这一特征的下方，在明暗界线上有一个直径约 110 km 的撞击坑，其有一个明亮的中央峰。（PIA00040）（e）天卫三是天王星最大的卫星，布满了撞击坑，并有突出的断层谷，长 1 500 km、宽 75 km。在右侧中心的山谷中，朝向太阳的山壁非常明亮，表明其为较年轻的霜冻沉积。顶部可见一个突出的撞击坑。（PIA00039）（f）天卫四冰封的表面被撞击坑覆盖，其中的许多撞击坑被明亮的射纹包围。圆盘中心附近有一个巨大的撞击坑，其有着一个明亮的中央峰，底部覆盖着非常暗的物质。这可能是在撞击坑形成后的某一时刻，富含冰和碳的物质喷发到了撞击坑的底部。另一个引人注目的地形特征是一座高约 6 km 的巨大山峰，从左下边缘向外微露出。（PIA0034）（所有图像均由 NASA/JPL 的旅行者 2 号拍摄）

　　天卫五是五颗经典卫星中最小、最靠近天王星的一颗，与土卫二几乎一样大，其表面异乎寻常。天卫五一些地区受撞击非常严重，这在一个体积小、温度低的天体上是意料之中的。然而，其他地区只有几个撞击坑和一个令人惊奇的内生地形，称为冕状物（coronae），其特征是近乎平行的亮带和暗带，陡坡和山脊的集合，不同类型的地形之间有非常清晰的边界。目前，对于这种地形类型的巨大多样性，没有很好的解释。一种理论提及潮汐加热，认为可能是几亿年前由于轨道的偏心共振引发了混沌激振。表面特征可能是由不完全的分异和对流模式造成的。也有人认为，天卫五在其历史早期曾由于一次灾难性的撞击而发生破坏，而后随着一些最初的岩石核心碎片落回冰覆盖层的表面而重新堆积。地形上的差异可能是由于某些地区物质的下沉造成的，在那里，重核心物质在外部重新堆积，随后又沉入中心。

距离天王星第二远的卫星是天卫一。天卫一显示出明显的局部更新迹象，但没有天卫五明显。天卫一的地形年龄差异很大，但整个表面似乎比三颗外侧经典卫星上最古老的地形都要年轻。天卫一存在一个全球性的断层系统，并存在流动的证据，可归因于冰火山作用。天卫二虽然与天卫一的尺寸相当，但这颗卫星上遍布撞击坑，其表面似乎是天王星系中最古老的。天卫二几乎没有或根本没有构造活动的证据。天卫三的大部分区域都布满了撞击坑；但一些区域表面具有更光滑的物质和更少的撞击坑，意味着存在局部表面的更新。天卫三的表面被一个广泛存在的断层网络所切割。天卫四的表面主要是撞击坑，但有几个高反照率的特征和断层迹象。

天王星最大四颗卫星的密度明显高于同等尺寸的土星卫星。这些卫星的未压缩密度估计为 $1.45 \sim 1.5$ g/cm^3。高密度导致了这样一种说法，即这些卫星很可能形成于天王星周围的圆盘中，卫星大部分的氧以 CO 而不是 H_2O 的形式存在，因此相对于土星星云而言，天王星圆盘的水被耗尽。虽然这种说法看似合理，但实际原因仍然非常不确定，因为其他天体可以以各种奇怪的方式获得异常的密度。请特别注意土星中等大小卫星的密度，其范围很大（表 1-5）。

已知有 13 颗小卫星在天卫五轨道的内侧围绕天王星运行。旅行者 2 号的图像展现了其中的 11 颗微型卫星，最小的两颗卫星天卫二十六和天卫二十七是用哈勃望远镜发现的。天卫六和天卫七是天王星 ϵ 环（主环中最亮和最外层的环）的两个"守护卫星"，控制着环的内外边界（11.3.3 节）。最大的小卫星是天卫十五，半径 $R \approx 80$ km。天卫十五比五颗大型卫星都要暗，形状稍不规则，表面布满撞击坑。有九颗卫星的轨道距离天王星在 59 200 km 至 76 400 km 之间，统称为"鲍西娅群"（Portia group），以其最大成员天卫十二命名。轨道计算表明，这一系列卫星是混沌和动态不稳定的，它们可能是一颗更大卫星的残骸。这些天体都很暗，颜色从中性色到微红色，表明有含碳物质。由于微流星体的撞击和溅射，它们的表面可能会随时间的推移而变暗，冰被升华，而留下了较暗的物质（4.8.2 节）。天卫二十六是一颗特别有趣的卫星，因为它的轨道位于天王星最外环——μ 环的中心，μ 环与土星的 E 环有一些相似之处（11.3.3 节）

迄今为止，已经在距离天王星以远约 20×10^6 km 的范围内发现了不规则卫星。与其他巨型行星的不规则卫星一样，许多卫星也处于逆行和/或高度偏心的轨道上。这些卫星很可能是被捕获的天体。

5.5.8　海王星的卫星

在旅行者号飞越海王星之前，已知的海王星卫星只有两颗，海卫一和海卫二。这两个天体都有着"不同寻常"的轨道。海卫一运行在 $14.0R_\Psi$ 的轨道上，轨道的偏心率非常小（$e < 0.000\ 5$），相对于海王星的赤道偏斜了 159°，因此海卫一的轨道是逆行的。因为这种

奇怪的轨道，海卫一被普遍认为是从柯伊伯带捕获而来的。海王星的自转轴相对其绕日轨道倾斜了 28.8°，同时海卫一的倾斜轨道绕海王星的赤道面进动，因此海卫一会经历持续约 600 年的复杂季节循环。海卫二在顺行轨道上绕海王星运行，其半长轴为 $219R_\Psi$，轨道相对海王星的赤道倾斜了约 27°，更重要的是，较拉普拉斯平面[①]（基本上是海王星的轨道平面）倾斜了 7.2°。该轨道是所有已知的卫星中偏心率最大的，$e=0.76$。海卫二是一个小卫星，半径约为 170 km，形状非常圆。

海卫一是已知海王星卫星系统中最大的卫星（图 5-98），其尺寸略小于木卫二。它有一个稀薄的氮气大气层，含有微量的甲烷气体（混合比约 10^{-4}，4.3.3.3 节）。海卫一是所有行星卫星中观测到表面温度最低的，为 38 ± 4 K。南半球的极冠非常明亮，反照率约为 0.9，赤道区域更暗更红。虽然它大部分的地表覆盖着一层薄薄的氮和甲烷冰，但并没有完全掩盖住下面的地形。海卫一的西半球看起来像"甜瓜"，凹坑或浅坑密集，被山脊或断裂系统穿过。这种地形可能有很长的反复破裂和某种形式的黏性冰火山作用历史。这是海卫一上最古老的地形，但由于它的撞击坑比天王星和土星卫星小得多，所以在地质学上必定很年轻。海卫一的前导半球由一个平滑的表面组成，表面有大的破火山口和/或熔岩湖。这种地形可能有几十亿年的历史。形成平坦平原的结冰物质，其黏性要比在后随半球上看到的小，表明两者的化学成分不同，可能是氨。在冰熔岩湖附近明显存在多个层面的冷却和停滞现象。一些地方看起来好像是在火山流体冷却后形成了一个固体盖子，之后盖子下面的流体排出，导致盖子发生了部分的凝固和融化。当地势较低的新熔岩湖经历类似的过程时，就会形成一层层"盖子"，看起来像是坍塌的破火山口。目前，尚不清楚海卫一上的地貌是由熔岩湖的排水形成的，还是由坍塌的破火山口形成的。极地地区覆盖着 N_2 冰，这些冰会在春季蒸发（4.5.1.3 节）。冰呈微红色，表明含有有机化合物。在这些区域，可以看到大量相对较暗的条纹（反照率比周围环境低 10%～20%）。这些条纹中至少有两条似乎是活跃的间歇泉羽流，可能由液氮驱动。羽流上升约 8 km，然后被风吹向西部。据观察，这种羽流的长度超过 100 km。虽然间歇泉的加热机制尚不清楚，但阳光可能会起到一定作用，因为检测到所有四个间歇泉都位于南极地区，在那里，表面会持续受到太阳的照射。太阳光与地下的固态温室效应相结合（3.3.2 节），可能会将冰加热几度，导致地下氮蒸气压升高，从而产生类似间歇泉的气体和尘埃喷发。

旅行者号在海王星的环系统内和附近发现了六颗卫星。其中最大的是海卫八，半径为

---

① 拉普拉斯面，Laplace plane，以其发现者皮埃尔-西蒙·拉普拉斯（Pierre-Simon Laplace，1749 年 3 月 23 日—1827 年 3 月 5 日）的名字命名，是卫星的瞬时轨道平面绕其轴线进动的一个平均平面或参考平面。拉普拉斯是法国著名天文学家和数学家，对天体力学和统计学的发展举足轻重。拉普拉斯 1799 年出版了巨著《天体力学》（Mécanique céleste）的头两卷，主要论述行星运动、行星形状和潮汐，书中第一次提出了"天体力学"的学科名称。1802 年出版第三卷，论摄动理论。1805 年出版第四卷，论木星四颗卫星的运动及三体问题的特殊解。1825 年出版第五卷，补充前几卷的内容。该书是经典天体力学的代表著作。拉普拉斯的另一部著作《宇宙系统论》（Exposition du système du monde）提出了太阳系星云说：太阳系最初是一个灼热旋转的星云，因冷却凝缩，旋转速度加快，使星云呈扁平状，赤道部分突出。当离心力超过引力时逐次分裂出许多环状物。现知土星、天王星、木星和海王星有这样的环状物便是证据，这种环叫拉普拉斯环。最后星云中心部分凝聚成太阳，各个环状物碎裂并凝结成为围绕太阳运行的地球和其他行星；月球和其他卫星以相同方式由行星分裂而成。拉普拉斯星（4628 Laplace）以他的名字命名。——译者注

200 km，略大于海卫二。其他卫星的半径在 27～100 km 之间。所有这些卫星都是暗色的且形状不规则。

在距海王星 50×10^6 km 的地方也发现了不规则卫星。

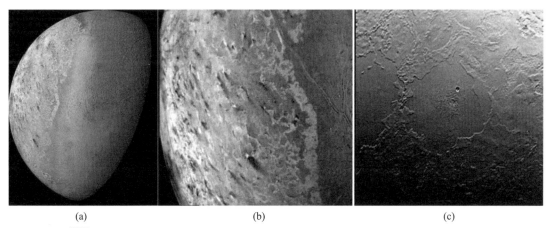

　　　　　　(a)　　　　　　　　　　　　　　(b)　　　　　　　　　　　　　　(c)

图 5 - 98　（a）海王星最大卫星海卫一的全球彩色拼接图。颜色是通过橙色、紫色和紫外滤光片拍摄的图像合成，以红色、绿色和蓝色显示，并组合成此彩图。海卫一的表面覆盖着氮冰，而南极冰盖（左侧）上的粉红色沉积物可能含有甲烷冰，甲烷冰在阳光下会发生反应，形成粉红色或红色化合物。黑色条纹可能是巨大的间歇泉状羽状物沉积的含碳尘埃。蓝绿色带一直延伸到海卫一赤道附近；它可能由相对新鲜的氮霜沉积物组成。绿色区域包括所谓的"哈密瓜"地形和一组"冰火山"景观。（NASA/旅行者 2 号，PIA00317）（b）这张海卫一南极地形图显示了大约 50 条深色"风纹"。观察到一些羽流起源于黑点，羽流直径数千米，有些长度超过 150 km。这些黑点可能是喷口或间歇泉，在这些喷口或间歇泉中，气体从地表下方喷发，将暗粒子带入海卫一的大气层。然后，西南风将这些尘埃输送到大多数喷口的东北部，形成了逐渐变薄的沉积物。（NASA/旅行者 2 号，PIA0059）（c）这张海卫一的照片直径约 500 km。它包括两个凹陷，可能是古老的冲击盆地，它们已被洪水、融化、断层作用和塌陷广泛改造。似乎发生了几次填充和部分移除物质的事件。底部凹陷中部的粗糙区域可能标志着最近的物质喷发。该地区只有少数几个撞击坑，这表明海卫一内部驱动的地质作用占主导地位。（NASA/旅行者 2 号，PIA01538）

5.6　延伸阅读

有关太阳系的一般书籍已在第 1 章列出。

关于矿物相和岩浆冷却的背景材料总结如下：

Putnis，A.，1992. Mineral Science. Cambridge University Press，Cambridge. 457pp.

关于地球和其他行星的一般地质学/地球物理学的书籍如下：

Fowler，C. M. R.，2005. The Solid Earth：An Introduction to Global Geophysics. 2nd Edition. Cambridge University Press，New York. 685pp.

Greeley，R.，1994. Planetary Landscapes，2nd Edition.

Chapman and Hall，New York，London．286pp．

Grotzinger，J.，T. Jordan，F. Press，and R. Siever，2006．

Understanding Earth，5th Edition．W. H. Freeman and Company，New York．579pp．

Lopes，R. M. C.，and T. K. P. Gregg，Eds.，2004．Volcanic Worlds，Springer - Praxis，New York．236 pp．

Turcotte，D. L.，and G. Schubert，2002．Geodynamics，2nd Edition．Cambridge University Press，New York．456pp．

以下是一本关于撞击坑的优秀专著：

Melosh，H. J.，1989．Impact Cratering：A Geologic Process．Oxford Monographs on Geology and Geophysics，No. 11．Oxford University Press，New York．245pp．

以下材料反映了伽利略号任务之后对木星系统的认识：

Lopes，R. M. C.，and J. R. Spencer，Eds.，2007．Io after Galileo：A New View of Jupiter's Volcanic Moon．Springer，Praxis Publishing，Chichester，UK．342pp．

Bagenal，F.，T. Dowling and W. McKinnon，Eds.，2004．Jupiter：The Planet，Satellites，and Magnetosphere．Cambridge University Press，Cambridge．719pp．

特别推荐以下章节：

Harrington，J.，et al.：Lessons from Shoemaker - Levy 9 about Jupiter and planetary impacts．

Burns，J. A. et al.：Rings and inner small satellites．

McEwen，A. S. et al.：Lithosphere and surface of Io．

Greeley，R. et al.：Geology of Europa．

Pappalardo，R. T. et al.：Geology of Ganymede．

Moore，J. M. et al.：Callisto．

Schenk，P. M. et al.：Ages，interiors，and the cratering record of the Galilean Satellites．

这本百科全书的几章详细讨论了行星和卫星的地质情况：

McFadden，L.，P. R. Weissman，and T. V. Johnson，Eds.，2007．Encyclopedia of the Solar System，2nd Edition．Academic Press，San Diego．982pp．

以下是一本吸引人的"小说"，讲述了关于恐龙灭绝撞击说的发展历史：

Alvarez，W.，1997．T. Rex and the Crater of Doom．Princeton University Press，Princeton，NJ．185pp．

5.7　习题

习题 5.1 E

（a）确定硅含量为 60% 的英安岩的大致矿物成分和结构。（提示：使用图 5 - 4）

（b）确定黑曜岩、浮岩、流纹岩和花岗岩大致的二氧化硅含量、矿物成分和结构。解释相似之处和不同之处。

（c）确定辉长岩和玄武岩大致的二氧化硅含量、矿物成分和结构。与（b）中的答案进行比较，并对结果进行评论。

习题 5.2 I

（a）借助热力学第一定律［式（3 - 35）］，证明焓可以写成

$$dH = dQ + VdP \tag{5 - 28}$$

（b）证明对于理想化的热力学可逆过程，吉布斯自由能的变化可以表示为压强和/或温度的函数，如下所示

$$dG = VdP - SdT \tag{5 - 29}$$

习题 5.3 E

碳酸钙（$CaCO_3$）以两种多晶型存在：方解石和文石。在下文中，计算在 298 K 的温度和 1 atm 的压强下碳酸钙将以哪种形式（或相）存在。方解石在 298 K 温度和 1 atm 压强下的焓为 $-12.073\ 7 \times 10^{12}$ erg/mol，对于文石来说是 $-12.077\ 4 \times 10^{12}$ erg/mol。方解石的熵为 91.7×10^7 erg/（mol·K），文石的熵为 88×10^7 erg/（mol·K）。

（a）计算文石→方解石的焓变化，温度为 298 K，压强为 1atm。反应吸热还是放热？

（b）计算相同转换的熵变化（文石→方解石）。

（c）确定哪种形式的碳酸钙在 298 K 的温度和 1atm 的压强下是稳定的。

习题 5.4 I

考虑翡翠+石英→钠长石的系统（$NaAlSi_2O_6 + SiO_2 \rightarrow NaAlSi_3O_8$），热容的温度依赖性通常表示为

$$C_p = c_1 + c_2 T + c_3 T^{-2} + c_4 T^{-1/2} \tag{5 - 30}$$

式中，c_1、c_2、c_3、c_4 为常数。在室温和 1 atm 压强下，对于上述系统的常数和熵的值如表 5 - 4 所示［单位为 erg/（mol·K）］。298K 下翡翠+石英→钠长石转变的焓变化为 $+12.525 \times 10^{10}$ erg/（mol·K）。

（a）计算系统在 298 K 温度下的稳定相。

（b）计算系统在 1 000 K 温度下的稳定相。

表 5-4　压强 $P = 4$ atm 下的翡翠＋石英→钠长石系统常数[a]

矿物	$S_{298} \times 10^9$	$c_1 \times 10^{10}$	$c_2 \times 10^5$	$c_3 \times 10^{10}$	$c_4 \times 10^{10}$
钠长石	2.074	0.4521	−1.336	−1276	−3.954
翡翠	1.335	0.3011	1.014	−2239	−2.055
石英	0.415	0.1044	0.607	34	−1.070

[a] 引自 Putnis (1992)。

习题 5.5 E

如果岩石圈板块以平均 6 cm/yr 的速度移动，则地壳的典型循环时间是多少？（提示：根据一个板块在地球表面的运动来计算循环时间。如果有若干个板块在地球表面移动，答案会有什么变化？）

习题 5.6 E

旅行者 1 号探测器在木卫一上探测到 9 座活火山。如果假设木卫一上平均有 9 座火山在活动，每座火山的平均喷发速度为 50 km³/yr，计算：

（a）木卫一的平均更新率（cm/yr）。

（b）木卫一表面之下 1 km 内完全更新所需的时间。

习题 5.7 E

假设一个孩子在一个面向大海的荒芜沙滩上留下一辆玩具卡车，多年后又回来取回它。海滩通常会有强风吹向内陆。画出玩具卡车周围形成的沙丘。

习题 5.8 E

计算地球上地幔物质流动的典型时间尺度。动态黏度约 10^{21} Pa·s，剪切模量约 250 GPa。

习题 5.9 E

（a）计算地球被直径为 10 km 的岩石流星体撞击时的动能和压力（$\rho = 3.4$ g/cm³，$v_\infty = 0$）。

（b）计算撞击木星的相同流星体的动能，假设撞击物在距离木星很远的地方速度为零。

（c）计算舒梅克-列维 9 号彗星的碎片（$\rho = 0.5$ g/cm³，$R = 0.5$ km）以木星的逃逸速度撞击木星所涉及的动能。

（d）以里氏震级表示（a）～（c）的能量，并将其与普通地震进行比较。

习题 5.10 E

（a）压缩阶段的持续时间通常比撞击物下落距离等于其自身直径所需的时间长几倍。

计算 $R=10$ m 和 $R=1$ km 的流星体在 $v=15$ km/s 时撞击地球的压缩阶段的持续时间。

（b）假设流星体是密度 $\rho=3$ g/cm³ 的石质天体，估算这些碰撞所涉及的压力。

习题 5. 11 E

考虑一块直径 300 m 的铁流星体（$\rho=7$ g/cm³）撞击月球。

（a）计算流星体以 $v=12$ km/s 撞击月球时所涉及的动能。

（b）估算正面撞击产生的撞击坑大小，以及相对于局部水平面的撞击角为 30° 的撞击坑大小。

（c）如果撞击过程中岩石从撞击坑中被挖掘出来，其典型的喷射速度为 500 m/s。计算距离主撞击坑有多远可以找到次级撞击坑。

习题 5. 12 E

重复习题 5.11 中关于水星的相同问题，评论相似之处和不同之处。

习题 5. 13 E

月球被习题 5.11 中的流星体击中后，在挖掘阶段从撞击坑中挖掘出许多岩石。

（a）如果喷射速度为 500 m/s，岩石相对于地面的喷射角为 25°、45° 或 65°，计算岩石飞行的时间。

（b）计算（a）中三块岩石达到的最大离地高度。

习题 5. 14 E

水星上与给定尺寸的主撞击坑相关的次级撞击坑，通常比月球上更靠近相同尺寸的主撞击坑。据推测，这是由于水星更大的引力减少了喷射物的移动距离。

（a）通过计算月球和水星表面喷射物的"投掷距离"定量验证这种差异，喷射角为 45°，喷射速度为 1 km/s。

（b）水星上的典型撞击物的撞击速度比月球上的大。为什么这种差异不能抵消上面讨论的表面重力效应？

习题 5. 15 E

（a）确定岩石流星体（$\rho=3$ g/cm³）形成的撞击坑的直径，流星体的直径为 1 km，以 45° 角（忽略地球大气层）、15 km/s 的速度撞击地球。地球表层的密度取 3.5 g/cm³。

（b）如果流星体直径为 10 km，则根据（a）确定撞击坑的直径。

（c）如果两个流星体撞击月球而不是地球，确定它们产生的撞击坑的直径（$v=15$ km/s）。

习题 5. 16 I

（a）对于一块年龄为 44.4 亿年的月球高地区域，计算尺寸超过 4 km 的撞击坑的平均密度（km^{-2}）。

（b）对于一块年龄为 10 亿年的月球表面，计算尺寸超过 4 km 的撞击坑的平均密度（km^{-2}）。

（c）如果在一块月海区域，尺寸超过 4 km 撞击坑的平均密度为 9×10^{-5} km^{-2}，计算该区域大致年龄。

习题 5.17 I

（a）确定铁流星体（$\rho = 8$ g/cm^3）以超声速撞击地球的最小半径。

（b）确定组成相似的类流星体穿过金星大气层撞击金星的最小半径。

（c）如果撞击速度等于逃逸速度，计算两颗行星上流星体产生的撞击坑的大致尺寸。在金星和地球上有没有观测到比这个尺寸更小的撞击坑？

习题 5.18 E

（a）对于以 $v_\infty = 5$ km/s 接近木星的撞击物群，计算在木卫四向点（apex）和背点（antapex）附近单位面积内的碰撞比率。可以假设木卫四运行在一个圆形轨道上，忽略卫星的引力，但不要忽略木星对撞击物的引力。

（b）考虑（a）中的情况，计算撞击时单位质量的动能比。

（c）用木卫一代替木卫四进行重复计算。

（d）对以 $v_\infty = 15$ km/s 接近木星的长周期彗星，重复（a）和（b）中的计算。

习题 5.19 E

（a）画一个 5×5 的网格，每个网格的中心均匀分布着 25 个撞击坑。可以将撞击坑表示为圆形（大大小于网格的正方形）或点。

（b）绘制相同的网格，但在每个网格正方形内随机放置一个撞击坑的中心。使用随机数生成器计算每个网格点的坐标。

（c）在网格中随机放置 25 个撞击坑，因为在大多数情况下都会产生撞击坑。

（d）如果表面的一部分比另一部分古老得多，那么按集群分布放置 25 个撞击坑。

（e）对于利用撞击坑空间分布来确定行星表面相对年龄的方法发表看法。

第 6 章　行星内部

"在地表以下 0.5 至 0.6 倍地球半径处，构成地球的物质的性质发生了非常显著的变化。"

——理查德·迪克森·奥尔德汉姆，1913 年

在前两章中，我们讨论了行星的大气和表面地质。行星的这两个区域都可以直接从地球和/或太空观测到。但是，关于行星内部我们了解多少呢？我们无法直接观察行星内部。对于地球和月球，地震数据揭示了波在地/月表深处的传播，从而提供了有关内部结构的信息（6.2 节）。通过将遥感观测结果与内部模型预测的可观测特征进行比较，推导出所有其他天体的内部结构。相关观测结果是天体的质量、尺寸（由此还可得到密度）、旋转周期和几何扁率、引力场、磁场特征（或没有磁场）、总能量输出以及大气层和/或表面的组成。宇宙化学为天体的组成提供了额外的限制，而有关高温和高压下物质行为的实验室数据对于行星内部模型非常宝贵。量子力学计算被用来推断元素（尤其是氢）在实验室无法达到的压强下的行为。

本章将讨论如何从观测结果推断天体内部结构的基础知识。正如所料，巨行星、类地行星和冰卫星的内部结构有很大的差异。此外，这些类型中每一个不同的个体，其内部结构也有明显差异。

6.1　行星内部模型

用于提取天体内部结构信息的关键观测量是天体的质量、尺寸和形状。采用质量和尺寸一起估计平均密度，可以直接用来推导关于天体组成的部分一阶估计。对于小天体，密度 $\rho \lesssim 1 \text{ g/cm}^3$ 意味着冰和/或多孔天体，而这种密度的大行星主要由氢和氦组成。密度 $\rho \approx 3 \text{ g/cm}^3$ 表示岩石天体，而密度较高（未压缩密度）[①] 表示存在较重的元素，特别是铁，它是宇宙中最丰富的重元素之一（表 8-1）。天体的形状取决于它的尺寸、密度、材料强度、旋转速度和历史（包括卫星的潮汐相互作用）。如果施加在天体内部幔和壳的重量足以使其变形，那么天体就是近似球形的。任何不旋转的"流体状"天体都会呈现出球体的形状，这与最低能量状态相对应。请注意，在本文中，"类流体"一词是指在地质年代上（即 $\gtrsim$ 数百万年）可变形的特性，也称为塑性（plasticity）。行星的形状或轮廓取决于材料的流变性（rheology，5.3.2 节）和天体的旋转速度。旋转会使可变形的天体稍微

[①]　未压缩密度：物质不被上覆层的重量压缩时，固体或液体行星的密度。

变平，使其形状变为椭球体，即在引力和离心力共同作用下的平衡形状。典型密度 $\rho =$ 3.5 g/cm^3，材料强度 $S_m = 200$ MPa 的岩体，如果 $R \gtrsim 350$ km，则近似为球形；对于形状奇特的铁质天体，最大半径大约为 220 km（习题 6.2）。

本节将讨论大到足以达到流体静力平衡（3.2.2.1 节）的天体的内部结构。为了计算引力和压力之间的平衡，必须知道引力场以及一个状态方程，这个状态方程与行星内部的温度、压强和密度有关。状态方程取决于构成行星的各种物质的组成关系。此外，行星内部热量的来源、损失和传输机制对于确定天体的热结构至关重要，而热结构又是推导天体内部结构的一个重要参数。

6.1.1　流体静力平衡

首先，球体的内部结构是由重力和压力之间的平衡决定的，假设流体静力平衡 [hydrostatic equilibrium，参见式（3-32）、（3-33）] 为

$$P(r) = \int_r^R g_p(r')\rho(r')\mathrm{d}r' \tag{6-1}$$

式（6-1）可以在 $\rho(r)$ 已知的情况下计算整个行星的压强（表 6-1 总结了行星和月球的中心压强和温度）。如果整个行星内部密度都是恒定的，那么行星体中心的压强 P_c 由下式给出（习题 6.3b）

$$P_c = \frac{3GM^2}{8\pi R^4} \tag{6-2}$$

式（6-2）提供了中心压强的下限，因为密度通常随距离 r 的增大而减小。这种方法可以很好地估计相对较小的、密度几乎均匀的天体，例如月球，其中心压强（仅）为 45 kbar。另一种快速估算方法是假设行星由一块材料组成，在这种情况下，中心压强是先前估算值的两倍 [习题 6.3（b）]。由于单板（single slab）方法高估了大部分积分区域的重力，行星中心的实际压强通常介于这两个值之间。另一方面，如果行星是极度中心凝聚的，密度会朝着行星中心急剧增加，使用单板模型计算的压强与实际值相比可能仍然偏低。通过分析发现，根据单板模型计算的地球中心压强与 3.6 Mbar 的实际值非常吻合（习题 6.3）。这是因为地球的密度随距离变化，而密度向地球中心增加正好补偿了对引力的高估。使用单板模型，木星的中心压强仍然被低估了 3/4，因为木星在其中心附近非常密集（现实模型显示木星的中心压强大约为 80 Mbar）。

准确估计一颗行星的内部结构需要对行星的组成进行假设，以及了解物质的状态方程和组成关系。了解整个内部的温度结构也很重要，它由内部和外部（如潮汐摩擦）热源、热传输和热损失机制决定。热源与行星或卫星的形成历史密切相关。计算内部模型必须用到所有这些信息，然后可以对照观察结果检查，并迭代细化。

表 6-1　行星和月球的密度及中心性质

行星	赤道半径/km	密度/(g/cm^3)	未压缩密度/(g/cm^3)	中心压强/Mbar	中心温度/K
水星	2 440	5.427	5.3	约 0.4	约 2 000

续表

行星	赤道半径/km	密度/(g/cm³)	未压缩密度/(g/cm³)	中心压强/Mbar	中心温度/K
金星	6 052	5.204	4.3	约 3	约 5 000
地球	6 378	5.515	4.4	3.6	6 000
月球	1 738	3.34	3.3	0.045	约 1 800
火星	3 396	3.933	3.74	约 0.4	约 2 000
木星	71 492	1.326		约 80	约 20 000
土星	60 268	0.687		约 50	约 10 000
天王星	25 559	1.318		约 20	约 7 000
海王星	24 766	1.638		约 20	约 7 000

　　数据来源于 Hubbard（1984）、Lewis（1995）、Hood and Jones（2000）、Guillot（1999）和 Yoder（1995）。

6.1.2　组分关系

　　为了建立行星内部的真实模型，需要知道行星内部物质的相态随温度和压强的变化关系。在 5.2 节中，证明了物质的状态，即物质是处于固态、液态还是气态，取决于环境的温度和压强。原则上，熔融温度 T_m 是组分压强的函数，可以通过求解方程（5.2.1 节）来确定

$$G_\ell(T_m, P) = G_s(T_m, P) \tag{6-3}$$

式中，G_ℓ 和 G_s 分别是物质在液相和固相下的吉布斯自由能。林德曼[①]判据（Lindemann criterion）指出，当晶格中离子的热振荡幅度成为晶格中离子平衡间距的重要部分时（约 10%），物质就会发生熔化。当热振荡与 T/Z^2 成正比时，熔化温度 T_m 可近似为

$$T_m \approx \frac{Z^2}{150 r_s} \tag{6-4}$$

式中，r_s 是一种测量晶格中离子平衡间距的度量（以原子单位表示），Z 是原子序数。林德曼判据适用于原子密堆结构的简单晶体。图 6-1 显示了不同元素的 T_m 和压强 P 之间的近似关系。

　　在低压下，许多物质的化学反应和相变是众所周知的，因此推导经验组分关系相对容易。然而，行星内部的压强和温度可能非常高，在这样的环境中，很难预测一种物质是处于固相还是液相。此外，如 5.2 节所述，元素混合物发生化学反应取决于环境的温度和压强，共晶[②]行为（eutectic behavior）起作用，相图可能变得相当复杂。稳定系统是吉布斯自由能取极小值的系统。通常，在某个临界温度以上，溶液处于单一液相，而在此温度以下，不同成分的液相和固相可能共存。在类地行星内部的温度和压强条件下，人们通常期

---

　　① 弗雷德里克·亚历山大·林德曼（Frederick Alexander Lindemann，1886 年 4 月 5 日—1957 年 7 月 3 日），英国物理学家。——译者注

　　② 是指两个不同化学物质或元素，在以某一特定比例混合后，能够在比各自熔点还要低的温度下，进行加热熔合，形成均匀的混合物。——译者注

望化合物（例如金属/亲铁[①]矿物与硅酸盐/亲石[②]矿物）发生化学分离。

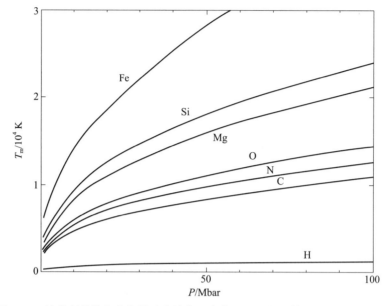

图 6 - 1　计算所得的各种常见元素熔化温度关于压强的函数。（Hubbard 1984）

　　高压下的实验可以用各种技术进行，为了达到不同压强所使用的技术也不一样。实验室中为了把岩石挤压到约 100 kbar 的压强，并加热到 1 200～1 400 K，通常使用液压机。为了达到略高于 1 Mbar 的静态压强（图 6 - 2），可以使用金刚石砧压机。在金刚石砧压机中，样品被挤压在两颗直径为 350 μm 的金刚石之间。高压可以保持数周、数月或更长时间。由于金刚石是透明的，所以在压缩和加热时可以看到样品，并且可以调节温度。≳1 Mbar 压强的测量可以使用冲击波实验（图 6 - 3）或强激光。不幸的是，冲击波实验中高压状态的持续时间通常不到 1 μs，岩石样品在这个过程中遭到破坏。然而，在这些实验中，温度可以达到数千 K，接近行星内部的普遍温度。美国桑迪亚国家实验室的磁性"Z"加速器是一个巨大的 X 射线发生器，在那里达到了极高的温度和压强，氘发生了聚变。然而，目前压强远高于 5～10 Mbar 的条件在很大程度上还要依靠理论论证来估计。

　　下面的小节将讨论组成行星的物质的各种状态，并将发现与已知的行星内部联系起来。6.2 节、6.3 节和 6.4 节详细描述了各个行星内部。

---

　　①　亲铁元素是那些容易沉入地核的元素，因为它们很容易以固溶体或熔融状态溶解在铁中。——译者注
　　②　亲石元素是那些留在地表或靠近地表的元素，因为它们很容易与氧结合，形成不会沉入地核的化合物。——译者注

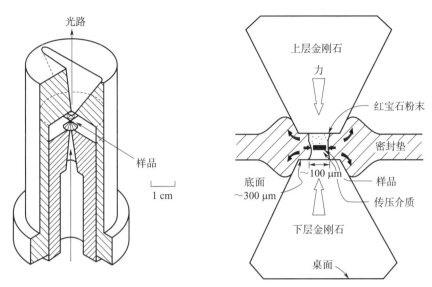

图 6-2 左：金刚石压腔的示意图。两个单晶宝石级金刚石被压缩在活塞-圆筒组件中。样品放置在金刚石相对的点之间，由于表面积小，可以达到极高的压强（约 1 Mbar）并保持很长时间。因为金刚石是透明的，所以样品在从远红外到硬 X 射线和 γ 射线的波长范围内"可见"。右：样品和传压介质的细节。嵌入的细粒红宝石粉末（粒度 ≲5 μm）的光谱可以精确测定温度和压强。（Jeanloz 1989）

图 6-3 美国劳伦斯·利弗莫尔国家实验室 60 英尺长的两级轻气（通常是氢气）炮的照片。该设备用于通过冲击波实验获得各种材料的状态方程，并研究撞击事件。（图片来源：劳伦斯·利弗莫尔国家实验室）

6.1.2.1　氢和氦

巨行星的典型温度范围从对流层顶的 50～150 K 到行星中心的 7 000～20 000 K，而压强范围从外层大气的接近零到行星中心的 20～80 Mbar。图 6-4 显示了氢在各种压强和温度下的相图。这张图是根据许多不同小组的实验和理论计算得出的，还远不够完整。当压强低于约 4 Mbar，氢以分子形式存在。当压强高于约 4 Mbar，温度低于约 1 000 K 时，可能存在从绝缘分子 H_2 到金属分子 H_2，最后到量子金属的连续转变。量子金属的性质，以及它是流体还是固体还不得而知。在木星中，分解（$H_2 \rightarrow 2H$）开始于 $0.95R_2$ 附近，并在约 $0.8\,R_2$ 处完成。由于分解 H_2 需要能量，所以温度在相对较宽的压强和半径范围内几乎保持恒定。流体在这些高压强下（Mbar）被紧密堆积，以至于分子之间的距离与分子的大小相当，因此它们的电子云开始重叠，电子可以从一个分子跳到另一个分子或从一个分子渗透到另一个分子。在 0.1～1.8 Mbar 压强和高达 5 000 K 温度下的冲击波实验表明，流体分子氢的电导率单调增加，并在 1.4 Mbar 压强下达到金属的最小电导率。因此，在温度 ≳2 000 K 和压强 ≳1.4 Mbar 时，液态氢的行为类似于一种金属，处于一种称为液态金属氢（fluid metallic hydrogen）的状态（图 6-4）。在木星，这种转变发生在半径约 $0.90R_2$ 的地方。这种流体中的对流被认为产生了木星和土星周围观察到的磁场。在 $P \gtrsim$ 4 Mbar 时，预计分子氢会分解成原子金属状态。然而，还没有关于金属分子氢分解成金属原子氢的测量。在更高的温度下，理论预测氢要么高度简并，要么形成等离子体。这种转变是否如高温电离所预期的那样是连续的，还是密度和熵不连续的一级相变，还不得而知。如果发生相变，就会在金属氢区域和分子氢区域之间形成对流屏障，影响化学相之间的混合，因此观测到的大气丰度可能无法表征行星的整体组成。

巨行星主要由氢和氦的混合物组成。在木星和土星的内部，预计氢都是液态金属。氦只有在远高于巨行星的压强下才能转变成液态金属。只有在温度和压强足够高的情况下，氢和氦才能充分混合。在较低的温度和压强下，氢和氦的液相不会混合。图 6-5 显示了氢和氦的混溶性随温度和氦丰度变化的计算结果。图中显示了四种不同压强的曲线，两相在曲线上方完全混合，在曲线下方则分离。考虑到木星和土星内部的温度和压强，预计氦和氢不会完全混合。木星大气中观测到的氦氢比略小于太阳的比值，而土星大气中的氦则更为亏损。这些亏损归因于金属氢区内的氦分离。因为在给定压强下，土星内部的温度总是低于木星，所以土星内部的不混溶效应比木星内部更强（6.4.2 节）。

6.1.2.2　冰

水冰是太阳系外部天体的主要组成部分。根据环境的温度和压强，水冰至少可以呈现 15 种不同的结晶形式，其中许多如图 6-6 中的水相图所示。尽管水分子不会改变其特性，但在更高的压强下，分子会更紧密堆积，因此各种晶型的密度从普通冰（晶型Ⅰ）的 0.92 g/cm³ 变化到接近晶型Ⅵ和Ⅷ三相点的冰Ⅶ的 1.66 g/cm³。冰卫星内部的温度和压强范围从表面的 50～100 K 到内部几百 K 和几十 kbar。因此，人们预计这些卫星上会有各种各样的冰。巨行星的绝热线用点划线表示在图 6-6 上。在较高的温度，高于 273 K 的中等压强下，水是液体。水的临界点（$T = 647$ K，$P = 221$ bar）用 C 表示；高于此温

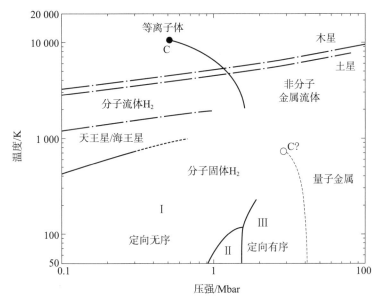

图 6-4　高压下氢的相图，显示从分子氢到金属氢的转变。在低温下（对太阳系的行星来说是不现实的），当压强低于约 4 Mbar，氢以电绝缘固体（Ⅰ、Ⅱ 或 Ⅲ 区域）的形式存在。当压强 ≳4 Mbar，分子氢被认为会变成（固态）分子金属氢，在更高的压强下会变成量子金属。量子金属是流体还是固体尚不得而知，更高压强下的转变温度（如果有的话）目前还无法确定。在更高的温度下，氢分解成等离子体（或高度简并），这种转变更可能是连续的。一个临界点 C 存在于 0.5 Mbar 和 10 000 K 附近。第二个临界点可能存在于 3 Mbar 和 1 000 K 附近。巨行星的绝热线用点划线表示。［图片来源：美国华盛顿卡内基研究所的斯蒂芬·A. 葛兰西（Stephen A. Gramsch）；行星的绝热线由威廉·B. 哈伯德（William B. Hubbard）提供］

度，气态和液态水之间没有一级相变，水成为超临界流体，其特征是既不是气态也不是液态的物质，性质与我们周围环境中的水截然不同。

　　纯水会略微电离成 H_3O^+ 和 OH^- 离子。在较高的温度和压强下，电离作用增强。由水、异丙醇和氨的混合物组成的"合成天王星"的冲击波数据显示，这种混合物在超过 200 kbar 的压强下电离，形成导电流体。在相同的高压条件下，这种混合物的电导率与纯水的电导率基本相同。电导率很高，足以解释观测到的天王星和海王星磁场的存在。当压强超过 1 Mbar 时，冰组分离解，流体变得相当"硬"，即密度对压强不太敏感。

　　除了水冰之外，人们预计外行星和卫星中还含有大量的其他"冰"，如氨、甲烷和硫化氢。这些冰的相图可能和水的相图一样复杂。尽管已经对其中一些成分进行了高达 $0.5 \sim 0.9$ Mbar 的实验，但它们在高压下的研究不如水冰充分，而且这些不同冰的混合物的特征研究更少。

6.1.2.3　岩石和金属

　　岩浆（即熔融岩石）的相图在 5.2 节中进行了讨论，结果非常复杂。不同的元素和化合物以不同的方式相互作用，这取决于岩浆的温度、压强和成分。从地球岩石、相图模

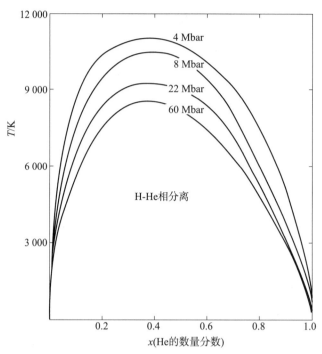

图 6 - 5　氢和氦的相分离（phase separation）在不同压强下关于温度的函数。在每种情况下，曲线下方都表示二者分离状态。（Stevenson and Salpeter 1976）

型、实验室实验和地球内部密度剖面的不连续性（6.2 节）等方面，我们对地幔和地核的组成有了合理的认识。地球上地幔的主要矿物是橄榄石［（Mg，Fe）$_2$SiO$_4$］和辉石［（Mg，Fe）SiO$_3$］，它们共同构成了橄榄岩（peridotite）。以镁为主，摩尔浓度［Mg/（Mg+Fe）］为89。实验表明，在更高的压强下，分子变得更紧密，从而导致晶格结构中原子的重组。这种将原子/分子重新排列成更紧密的晶体结构的过程涉及密度的增加，并且具有相变的特征。一个常见的例子是碳，它在低压下以石墨的形式存在，在高压下以金刚石的形式存在。在约 50 km（约 15 kbar）深度处，玄武岩转变为榴辉岩（eclogite），即玄武岩中某些矿物的结构发生变化，如辉石转变为石榴石。由于这种转变只发生在地球表面约 50 km 深处的几个"点"上，冷的大洋岩石圈板块在这些"点"俯冲进入地幔（6.2.2 节），因此在这个深度没有测量到全球性的地震不连续面。在约 400 km 深处测量了全球性的地震不连续面，在该深度，矿物橄榄石通过放热反应转变为尖晶石结构（即林伍德石，MgSiO$_4$）；在约 660 km（0.23 Mbar）深度，林伍德石通过吸热反应分解为镁方铁矿［（Mg，Fe）O］和钙钛矿相［（Mg，Fe）SiO$_3$］。理论上，虽然我们把这种矿物称为钙钛矿，但它的成分类似于辉石，结构类似于钙钛矿，即 CaTiO$_3$。钙钛矿在约 1.25 Mbar 的压强下是稳定的（靠近核幔边界，6.2.2 节），可能是地球内部的主要"岩石"。在更高的压强下，具有正交或立方晶体结构的钙钛矿转变为后钙钛矿，其特征是更接近八面体的片状结构，密度增加约 1%。

　　尽管地核的密度比铁镍合金的密度低 5%～10%，但地核的主要成分几乎肯定是铁和

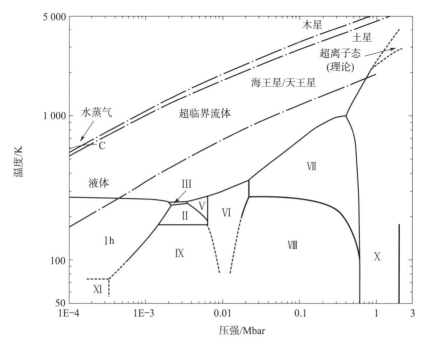

图 6-6　冰卫星和巨行星的相关温度和压强下的水相图（巨行星的绝热线以点划线给出）。冰的各种晶形由罗马数字 Ⅰ-Ⅻ 表示，其中 Ⅰh 中的"h"表示普通冰的六边形晶形（地球上所有的天然冰雪都是 Ⅰh 形式）。亚稳态的冰 Ⅳ 和 Ⅻ 未显示（分别位于 Ⅱ 的上角和 Ⅴ 的中间）。水的临界点用 C 表示。[图片来源：美国华盛顿卡内基研究所的斯蒂芬·A. 葛兰西（Stephen A. Gramsch）；行星的绝热线由威廉·B. 哈伯德（William B. Hubbard）提供]

镍（6.2.2.2 节）。这表明地核由铁和镍与低密度物质（可能是硫、氧或氢）混合而成（6.2.2.2 节）。铁在 200 kbar 压强以下的相图是众所周知的，可以分出四种不同的固相。在金刚石压腔中用激光加热法测定了高达 2 Mbar 的铁的熔化曲线。冲击压缩实验已经用于更高的压强。尽管在理解铁在高压下的行为方面已经取得了很大的进展，但各种实验的细节还没有完全一致。

　　在温度低于约 700 K 的原行星云中，铁与水和硫化氢反应生成氧化亚铁和硫化亚铁。在一个较大的天体中，氧化亚铁主要与岩石中的镁硅酸盐结合，如橄榄石和辉石。然而，硫化亚铁预计会与铁一起下沉至地核。这可以解释为什么地核的密度比纯铁低。铁和硫的合金具有共晶行为，这表明混合物可以在远低于铁或硫化亚铁各自熔点的温度下完全熔融。在 1 bar 的压强下，铁在 1 808 K 的温度下熔融，硫化亚铁在 1 469 K 的温度下熔融，而 27％硫和 73％铁的铁硫合金（类似太阳成分的混合物，接近共晶混合物）在 1 262 K 的温度下熔融。在压强高达 100 kbar 的情况下，这种共晶混合物的熔化温度比纯铁的熔化温度降低了近 1 000 K。

6.1.3　状态方程

　　状态方程是一个与压强、密度、温度和成分相关的表达式，即 $P = P(\rho, T, f_i)$。在压强低于约 50 bar 的行星大气中，可以使用完全（理想）气体定律，参见式（3-34）。这个简单的方程在更高的温度和压强下不适用，因为分子不能再被视为无限小的球体。当分子间距减小到 0.1~0.2 nm 时，范德华力变得重要，原子/分子开始相互作用。在更高的压强下，可能形成液体和固体，矿物相可能发生变化，单个原子和分子的电子结构可能发生改变。状态方程通常由室温下的测量值推导，再加上基于冲击波、激光和/或金刚石压腔实验的高温高压数据。

在像巨行星一样富含氢的环境中，氢分子的电子云在高压下开始重叠，这增加了导电性。在约 1.4 Mbar 的压强下，氢进入分子金属状态，称为金属氢（6.1.2.1 节）。在全压电离气体（fully pressure ionized gas，$P \gtrsim 300$ Mbar）的极限下，氢可能以原子形式存在，电子开始简并，而且压强与温度相互独立。尽管电子简并的压强远高于行星内部所遇到的压强，但这种情况下质量-密度关系的简短讨论对 6.4 节中巨行星的讨论是有启发的（12.1 节）。

在有限的压强范围内，通常可以用多方球（polytrope）状态方程很好地近似行星内部物质的状态方程

$$P = K_{\mathrm{po}} \rho^{1+n_{\mathrm{po}}} \tag{6-5}$$

式中，K_{po} 和 n_{po} 分别是多方常数（polytropic constant）和多方指数（polytropic index）。在压强非常低时，$P \to 0$，$1/n_{\mathrm{po}} \approx \infty$；而在高压极限下，$1/n_{\mathrm{po}} = 3/2$，$P \propto \rho^{5/3}$。

对于由不可压缩物质组成的行星，其质量与半径的关系式为 $R \propto M^{1/3}$。当行星上增加的物质足够多时，物质被压缩，半径增加得更慢。一种物质组成的球有一个可以达到的最大尺寸，再增加更多的质量会使它收缩（12.1 节、习题 12.1、图 6-25）。对于与太阳组成成分类似的行星，木星的大小接近这类行星的最大值。在 12.1 节中讨论的褐矮星比木星稍小。

6.1.4 引力场

行星或卫星的引力场包含内部密度结构的信息。通过跟踪探测器在天体附近的轨道，或根据环绕行星运行的卫星和环的近点进动率，可以高精度地确定引力场。下面将展示如何从引力场中获取天体内部结构的信息。

通过求解拉普拉斯方程（2-27），可以得到天体的引力势

$$\Phi_{\mathrm{g}}(r, \phi, \theta) = -\left[\frac{GM}{r} + \Delta\Phi_{\mathrm{g}}(r, \phi, \theta) \right] \tag{6-6}$$

式中，$\Delta\Phi_{\mathrm{g}}$ 表示引力势与流体静力平衡中非旋转流体所对应引力势的任何偏差

$$\Delta\Phi_{\mathrm{g}}(r, \phi, \theta) = \frac{GM}{r} \sum_{n=1}^{\infty} \sum_{m=0}^{n} \left(\frac{R}{r} \right)^{n} (C_{nm}\cos m\phi + S_{nm}\sin m\phi) P_{nm}(\cos\theta) \tag{6-7}$$

式（6-6）和式（6-7）写成了标准的球坐标形式，其中 ϕ 表示经度（或方位位置）、θ 表示纬度的余角、R 表示平均半径、M 表示天体质量、$P_{nm}(\cos\theta)$ 表示 n 级 m 阶关联勒让

德多项式[①]，其定义为

$$P_{nm}(x) = \frac{(1-x^2)^{m/2}}{2^n n!} \frac{d^{n+m}}{dx^{n+m}}(x^2-1)^n \tag{6-8}$$

注意 $P_{n0}(x) = P_n(x)$ 已在式（2-40）中给出。斯托克斯系数 C_{nm} 和 S_{nm} 由内部质量分布决定。内部质量分布受到天体自转和潮汐变形的影响

$$C_{nm} = \frac{2-\delta_{0m}(n-m)!}{MR^n(n+m)!} \int_E \rho r^n P_{nm}(\cos\theta)\cos m\varphi \, dV$$

$$S_{nm} = \frac{2-\delta_{0m}(n-m)!}{MR^n(n+m)!} \int_E \rho r^n P_{nm}(\cos\theta)\sin m\varphi \, dV \tag{6-9}$$

式中，ρ 是密度，δ_{0m} 是克罗内克函数，当 $m=0$ 时 $\delta_{0m}=1$，当 $m \neq 0$ 时 $\delta_{0m}=0$，E 是行星整个体积。由式（2-47）～（2-50）可以得出，斯托克斯系数和转动惯量、惯性积相关。例如，可以证明斯托克斯系数 C_{20} 和 C_{22} 与天体绕长度 $A > B > C$ 的三个正交轴转动惯量 I_A、I_B、I_C 有关，并且短轴平行于自转方向

$$C_{20} = \frac{I_A + I_B - 2I_C}{2MR^2}$$

$$C_{22} = \frac{I_B - I_A}{4MR^2} \tag{6-10}$$

大多数行星都接近轴对称，它们和球的主要形状差别在于由旋转引起的赤道隆起。在这种情况下，质心坐标系中所有的 $S_{nm}=0$，对于所有 $m \neq 0$，$C_{nm}=0$。由此可以把式（6-7）化简为式（2-39），其中定义带谐系数（又称引力矩）J_n

$$J_n \equiv -C_{n0} \tag{6-11}$$

对于流体静力平衡的非旋转流体，引力矩 $J_n = 0$，引力势化简为 $\Phi_g(r,\phi,\theta) = -GM/r$。处于流体静力平衡的旋转流体，对于所有奇数 n 都有 $J_n = 0$，这对于巨行星是非常好的近似。但是，为了对类地行星和卫星建立精确的引力场模型，需要球谐函数展开[式（6-7）]中更多的项。例如，地球引力场建模中用到了级数和阶数都大于 360 的球谐系数。

6.1.4.1　等势面

在旋转体中，有效引力小于在非旋转行星上计算的引力，因为旋转产生的离心力指向行星外侧（2.1.4 节）。因此，行星上的等势面，即地球上的大地水准面（geoid）[②] 和火星大地水准面（areoid），必须由引力势 Φ_g 和旋转或离心势 Φ_c 之和得出

$$\Phi_g(r,\phi,\theta) + \Phi_c(r,\phi,\theta) = 常数 \tag{6-12}$$

[①]　GB/T 3102.11—1993《物理科学和技术中使用的数学符号》中所规定的关联勒让德函数表示为 P_n^m，P_{nm} 和 P_n^m 的关系为，$P_{nm} = (-1)^m P_n^m$。关联勒让德函数 P_n^m 与勒让德函数 P_n 之间的关系为

$$P_n^m(x) = (-1)^m (1-x^2)^{m/2} \frac{d^m}{dx^m} P_n(x)$$

原文中式（6-8）右侧第一项分子上 $(1-x^2)$ 的指数写为 m，应为 $m/2$，译时进行了改正。——译者注

[②]　地球的大地水准面从平均海平面开始测量。

式中，$\Phi_g = -GM/r$，Φ_c 定义为

$$\Phi_c = -\frac{1}{2}r^2\omega_{rot}^2\sin^2\theta \tag{6-13}$$

式（6-13）可以改写成用半径和赤道扁率表示的形式，以便更容易将式（6-7）或（2-39）中的斯托克斯系数与行星的自转联系起来（习题 6.6）

$$\Phi_c = \frac{1}{3}r^2\omega_{rot}^2[1 - P_2(\cos\theta)] \tag{6-14}$$

通过求解式（6-12），可以得到等势面到行星中心的距离 $r(\theta)$ 和表面重力 $g_p(\phi, \theta)$ 关于余纬 θ 的函数

$$g_p(\theta) = (1 + C_1\cos^2\theta + C_2\cos^4\theta)g_p(\theta = 90°) \tag{6-15}$$

式（6-15）被称为参考重力公式，$g_p(\theta = 90°)$ 是赤道重力。因为地球的 Φ_g 和 Φ_c 都有较高的精度，系数 C_1 和 C_2 在地球上可以精确计算（$C_1 = 5.278\,895 \times 10^{-3}$，$C_2 = 2.346\,2 \times 10^{-5}$）。确定其他行星的系数并不简单，因为需要对引力场和自转速率都有良好的认识。自转速率可能很难确定，因为对于具有光学意义上浓厚大气层的行星（巨行星、金星），通过对特征旋转的测量得到的是大气而非内部的自转周期。对于巨行星而言，观测非热射电辐射是判断行星内部自转周期的有效手段（但请注意土星自转速率的不确定性，7.5节），而雷达技术可用于确定被稠密大气覆盖固体的自转速率。

6.1.4.2　引力矩

（1）处于流体静力平衡的轴对称行星

由密度均匀的不可压缩流体组成的轴对称旋转行星呈麦克劳林[①]球体（Maclaurin spheroid）的形式。麦克劳林球体绕其短轴的转动惯量大于等体积球体的转动惯量，使得具有这种形状的旋转体的总能量（引力势能加上旋转动能）低于具有相同旋转角动量的球体[②]。极扁率由物质的旋转速率和流变性（5.3.2 节）确定，并通过流体勒夫数或潮汐勒夫数来量化，勒夫最初于 1944 年为均质弹性体导出勒夫数

$$k_T = \frac{3}{2}\left(1 + \frac{19\,\mu_{rg}}{2\rho g_p R}\right)^{-1} \tag{6-16}$$

式中，R 是半径，ρ 是密度，g_p 是重力加速度，μ_{rg} 是刚度或剪切模量。注意对于流体，$\mu_{rg} = 0$，$k_T = 3/2$。可以证明 J_2 和 k_T、q_r 成正比

$$J_2 = \frac{1}{3}k_T q_r \tag{6-17}$$

无量纲量 q_r 表示天体表面离心力和引力的比值

$$q_r \equiv \frac{\omega_{rot}^2 R^3}{GM} \tag{6-18}$$

---

①　科林·麦克劳林（Coin Maclaurin，1698 年 2 月—1746 年 6 月 14 日），英国数学家，在几何和代数领域做出重大贡献。麦克劳林星（13213 Maclaurin）以他的名字命名。——译者注

②　快速旋转的自引力不可压缩流体呈雅可比椭球（Jacobi ellipsoid）的形式。雅可比椭球是三轴椭球，因此它的转动惯量比体积和引力势能相当的麦克劳林椭球还要大。

对于密度均匀分布的天体，$k_T = 3/2$，$J_2 = 0.5q_r$。通常行星内部的密度越靠近中心越大，所以 $J_2 < 0.5q_r$（习题 6.7）。J_2 和 q_r 之比称为响应系数 Λ_2（response coefficient），表示了行星对自身旋转的响应

$$\Lambda_2 \equiv \frac{J_2}{q_r} = \frac{1}{3}k_T \tag{6-19}$$

Λ_2 包含了行星内部质量空间分布的信息：具有高密度核的旋转行星的 Λ_2 值较小，而具有更均匀密度分布的天体的 Λ_2 值较大。对于密度均匀的不可压缩流体，$\Lambda_2 = 0.5$（习题 6.7）。

从流体静力平衡行星的等势面的解可以看出，几何扁率 ϵ 与自转周期和 J_2 项有关（习题 6.8）

$$\epsilon \equiv \frac{R_e - R_p}{R_e} \approx \frac{3}{2}J_2 + \frac{q_r}{2} \tag{6-20}$$

式中，R_e 和 R_p 分别表示行星的赤道半径和极半径。由式（6-17）和式（6-20）可知，扁率 ϵ 和 J_2 与 q_r 的量级相同。对于处在流体静力平衡的快速旋转的天体，高阶的带谐项正比于 q

$$J_{2n} \propto q_r^n \tag{6-21}$$

因此，这类行星的高阶带谐项和 J_2 相比都很小，所以更难确定。然而，由于引力矩的阶数越高反映的是离行星表面越近的质量分布（图 6-7），所以 J_2 和 J_4 是确定天体内部结构的重要参数。

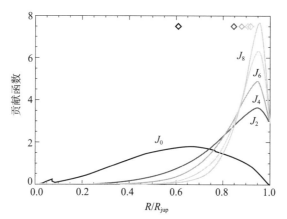

图 6-7 ![] 木星引力矩随木星半径变化的贡献函数。顶部的菱形显示对应于每个矩的中位半径。J_2 对行星内部的贡献最大，每一个较高阶矩只对外层越来越敏感。J_0 相当于行星的质量。每个引力矩的不连续性是由核/包层（约 $0.07R_{2l}$）和富氦/贫氦（金属/分子）转变（约 $0.77R_{2l}$）引起的。（改编自 Guillot 2005）

由于斯托克斯系数和 J_2 可以用惯性积和转动惯量来表示，因此可以导出一个近似代数方程来说明转动惯量、转动和 J_2 之间的关系，这就是众所周知的拉道-达尔文近似

（Radau – Darwin approximation）[1]

$$\frac{I}{MR^2} = \frac{2}{3}\left(1 - \frac{2}{5}\sqrt{\frac{5q_r}{2\epsilon} - 1}\right) \tag{6-22}$$

上式中使用了沿极轴的转动惯量，这是最大的转动惯量。如果行星的密度 ρ 是均匀的，$I = 0.4MR^2$（习题 6.4），对于一个空心的球，$I/MR^2 = 0.667$。如果行星的密度 ρ 随着深度增加，$I/MR^2 < 0.4$。因为致密的化合物容易下沉，也因为物质在更高的压强下会被压缩，所以通常行星内部越靠近中心，密度越大。

表 6 – 2 显示了行星和几个大卫星的 J_n、q_r、Λ_2 和 I/MR^2 值。如上所述，推导了流体静力平衡下旋转行星的引力矩与内部密度分布之间的关系。利用地球 J_2 和 q_r 的测量值，可以发现表 6 – 2 中列出的"实际" I/MR^2（从 6.2.2 节地球密度分布的"最佳"近似值推导）接近从式（6 – 22）计算的平衡值。对于火星，平衡值略高（0.375）。这种差异归因于没有处于重力均衡[2]的塔尔西斯隆起（6.3 节）。巨行星处于流体静力平衡和快速旋转状态，Λ_2 和 I/MR^2 的值较小表明，其密度随着接近中心明显增加。

水星和金星的情况不同。这些行星的自转周期很长（因此 q_r 值很小），因此非流体静力效应（例如地幔对流）对 J_2 的贡献比自转效应大得多。实际上，根据式（6 – 22）计算的 I/MR^2 与"实际"值（习题 6.5）有很大不同。

表 6 – 2　引力矩和转动惯量的比值

天体	J_2 ($\times 10^{-6}$)	J_3 ($\times 10^{-6}$)	J_4 ($\times 10^{-6}$)	J_6 ($\times 10^{-6}$)	q_r	Λ_2	I/MR^2	C_{22} ($\times 10^{-6}$)	参考文献
水星	60 ± 20				1.0×10^{-6}	60	0.33		1
金星	4.46 ± 0.03	-1.93 ± 0.02	-2.38 ± 0.02		6.1×10^{-8}	73	0.33		1
地球	1082.627	-2.532 ± 0.002	-1.620 ± 0.003	-0.21	3.45×10^{-3}	0.314	0.331		1
月球	203.43 ± 0.09				7.6×10^{-6}	26.8	0.393	22.395	1,2
火星	1960.5 ± 0.2	31.5 ± 0.5	-15.5 ± 0.7		4.57×10^{-3}	0.429	0.365		1
木星	14696.4 ± 0.2		-587 ± 2	34 ± 5	0.089	0.165	0.254		1
土星	16290.7 ± 0.3		-936 ± 3	86 ± 9	0.151	0.108	0.210		4
天王星	3343.5 ± 0.1		-28.9 ± 0.2		0.029	0.114	0.23		1
海王星	3410 ± 9		-35 ± 10		0.026	0.136	0.23		1

---

① 让·查尔斯·鲁道夫·拉道（Jean Charles Rodolphe Radau，1835 年 1 月 22 日—1911 年 12 月 21 日），法国天文学家、数学家。——译者注

查尔斯·高尔顿·达尔文（Charles Galton Darwin，1887 年 12 月 18 日—1962 年 12 月 31 日），英国物理学家，是生物学家查尔斯·达尔文之孙。——译者注

② Isostatic equilibrium，也称 Isostasy，地壳均衡，是一个地质学上的术语，是指地球岩石圈和软流圈之间的重力平衡。——译者注

续表

天体	J_2 ($\times 10^{-6}$)	J_3 ($\times 10^{-6}$)	J_4 ($\times 10^{-6}$)	J_6 ($\times 10^{-6}$)	q_r	Λ_2	I/MR^2	C_{22} ($\times 10^{-6}$)	参考文献
木卫一	1860 ± 3				1.7×10^{-3}	1.08	0.378	558.8	3
木卫二	436 ± 8				5.02×10^{-4}	0.87	0.346	131.5	3
木卫三	128 ± 3				1.91×10^{-4}	0.67	0.312	38.3	3
木卫四	33 ± 1				3.67×10^{-5}	0.90	0.355	10.2	3

表中提到的参考文献：1：Yoder（1995）和 http：//ssd. jpl. nasa. gov/；2：Konopliv et al.（1998）；3：Schubert et al.（2004）；4：Anderson and Schubert（2007）。

（2）三轴椭球天体

月球和伽利略卫星的自转与轨道周期同步，因此除了自转外，潮汐力还会影响其形状，从而影响引力场（2.6.2 节）。相关的主要球谐系数是式（6-7）和式（6-10）中的四极子 C_{20}（或 J_2）（动态极扁率）和 C_{22}（动态赤道扁率）系数。同步旋转卫星呈（近）三轴椭球形状，三个轴的长度 $A > B > C$，其中长轴沿行星-卫星连线方向，短轴平行于旋转轴。如果卫星处于流体静力平衡状态，则四极子系数取决于 k_T、q_r 和 q_T

$$C_{22} = -\frac{1}{12} k_T q_T \tag{6-23}$$

$$J_2 = \frac{1}{3} k_T \left(q_r - \frac{1}{2} q_T \right) \tag{6-24}$$

式中，潮汐系数 q_T 定义为

$$q_T \equiv -3 \left(\frac{R_s}{a^3} \right)^3 \frac{M_p}{M_s} \tag{6-25}$$

R_s 和 M_s 分别是卫星的半径和质量，M_p 是行星质量，a 是卫星和行星的距离，或当卫星轨道偏心率很小时表示卫星的轨道半长轴。对于一个处于流体静力平衡且公转与自转同步的天体，$q_T = -3q_r$，$J_2 = 10C_{22}/3$（习题 6.9）。因此同时测得 J_2 和 C_{22} 就可以确定一个卫星是否处于流体静力平衡。例如，月球就没有处于流体平衡状态；它的引力场是由内部不均衡的质量分布所决定的。

6.1.4.3　质量异常的影响

（1）进动

如前所述，天体自转形成赤道隆起。外力在天体的赤道上产生合力矩（例如与太阳引力相互作用），从而导致自转轴旋转，即自转轴相对于遥远恒星的位置发生改变；这种自转轴的旋转称为进动（2.5.3 节）。例如，太阳、月球和其他行星在地球赤道上产生合力矩，导致地球自转轴的进动（岁差）周期为约 26 000 年。由于太阳和月球相对于地球赤道隆起的运动产生了力矩变化，因此在自转轴上叠加了摆动，称为章动。月球轨道进动对章动的影响最大，周期为 18.6 年。

天体进动的角速率 Ω_{rot} 等于施加在其上的力矩除以其旋转角动量 ω_{rot}，和天体的转动惯量有关

$$\Omega_{\mathrm{rot}} = \frac{3Gm\sin2\psi}{2r^3\omega_{\mathrm{rot}}}\left(\frac{I_{\mathrm{C}} - I_{\mathrm{A}}}{I_{\mathrm{C}}}\right) \qquad (6-26)$$

式中，m 是摄动天体（月球、太阳）的质量，r 是与摄动天体的距离，ψ 是天体赤道与摄动天体轨道平面的夹角（在太阳对地球影响的情况中，该夹角是地球自转轴倾角）。对轴对称行星（$I_B = I_A$）的进动和 J_2 进行测量，可以得到转动惯量 I_{C} 和 I_{A}，这是获取天体内部结构信息所必需的参数。

（2）极移

前面的小节讨论了处于旋转平衡的天体。本节主要考虑由旋转和潮汐引起的天体的极轴和赤道扁平化，这些都取决于沿主轴的转动惯量。对于固体天体，即使仅限于 2 级斯托克斯系数，可以发现 C_{21}、S_{21} 和 S_{22} 与不沿主轴的转动惯量有关。这些系数非零值的天体不处于旋转平衡状态，并经历无力矩进动，即摆动（另见 9.4.6 节）。

在这种无力矩进动中，角动量守恒。行星（例如地球）自身在空间中重新定向，而自转轴相对于遥远的恒星保持不变。而在地球坐标系中看，自转轴似乎在地球上"漂移"，这种现象被称为极移。在地球上，需要区分视极移和真极移，其中真极移最为显著（对其他行星和卫星也很重要），因为它是相对于深部地幔测量的（例如使用热地幔柱作为参照系，6.2.2 节）。大的质量异常将导致极轴相对于地球整体的完全重新定向，而极移的周期性必然是由质量的周期性位移引起的。例如在地球上，冰原的生长和衰退，地幔和/或地核对流的变化，构造板块运动，以及大气风和洋流的（季节性）变化都导致了极移，其幅度和周期各不相同（以米为单位的年位移）。大气压的季节性变化导致约 5 m/年的摆动，而冰川期后的反弹（6.1.4.4 节）是导致长期极移的主要原因，其量级为约 1 m/年。

6.1.4.4　重力均衡

相对于大地水准面的重力测量偏差提供了有关地壳和地幔结构的信息。在 18 世纪，人们已经认识到，尽管构成山脉的陆地面积很大，但即使在高山附近，测量的地球表面重力场也没有实质性地偏离扁球体。这一观察结果引出了重力均衡（isostatic equilibrium）的概念，它基于阿基米德原理和流体静力平衡理论（3.2.2.1 节）。

图 5-1 和图 5-12 显示了地球最外层或外壳的示意图。坚硬的表层——岩石圈（lithosphere），位于热的、高黏性的"流体"层——软流圈（asthenosphere）和上地幔（5.3.2 节）之上。岩石圈本身的顶部是较轻的地壳，与大陆相比，地壳较轻且较厚（20～80 km，$\rho = 2.7$ g/cm³），而在海洋之下的地壳则更致密且更薄（平均厚约 6 km，$\rho = 3.0$ g/cm³）。可以将这张图片与漂浮在水中的冰山进行比较：冰山漂浮，因为被淹没的部分比被排出的水轻。阿基米德原理指出，部分或全部浸在流体中的任何物体，都会受到竖直向上的浮力，其大小等于物体所排开流体的重力，即图 6-8 中大陆地壳的 $g_{\mathrm{p}}\rho_{\mathrm{m}}b$，$\rho_{\mathrm{m}}$ 是地幔的密度。这也等于物体本身的重量，即大陆地壳的 $g_{\mathrm{p}}\rho_{\mathrm{c}}h$，假设地壳的密度为 ρ_{c}（流体静力平衡）。

重力均衡简单地说就是一个漂浮的物体将自身重量转移到它所漂浮的物质之上。就像漂浮在水中的冰山一样，处于重力均衡状态的山脉也会因其下方质量的不足而得到补偿，

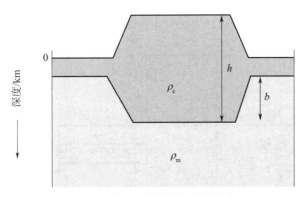

图 6 - 8　说明重力均衡概念的示意图。

因为淹没在上地幔中的山脉部分比被置换的地幔物质要轻。同样，处于重力均衡的海洋和撞击盆地在更深的地方也有额外的质量。深层质量的不足或增加可通过假设重力均衡来计算（图 6 - 9）。艾里[①]假设（Airy's hypothesis）中所有地壳层的密度都相同，$\rho_A = \rho_B = \rho_C$，而流体地幔物质的密度 ρ_m 较大（$\rho_c < \rho_m$）。重力均衡是通过改变 A、B 和 C（粗实线）区域的地壳高度来实现的（习题 6.10）。在普拉特[②]假设（Pratt's hypothesis）中，所有区域的地壳基准面深度相同（图 6 - 9 中的虚线），并且由于 A、B 和 C 区域中的密度不同而达到均衡（$\rho_A \neq \rho_B \neq \rho_C$，习题 6.11）。

　　在使用重力测量来确定一个区域是否处于重力均衡之前，需要对数据进行一些校正。除了地表重力随纬度的变化外［式（6 - 15）］，还必须考虑大地水准面以上的高度 h，即进行测量的高度 $g_p(\text{obs})$（$h \ll R$，R 为行星半径）。如果假设从海平面到海拔高度 h 只有空气存在，这种修正称为自由空气修正 Δg_{fa}（free - air correction），等于 $2GMh/R^2$（习题 6.12）。自由空气重力异常（free - air gravity anomaly）定义为

$$g_{fa} = g_p(\text{obs}) - g_p(\theta)\left(1 - \frac{2h}{R}\right) \qquad (6 - 27)$$

式中，$g_p(\theta)$ 表示参考大地水准面处的重力［式（6 - 15）］。如果在整个行星的测量纬度上有一大块岩石，则自由空气修正系数应根据岩石的引力 $2\pi G\rho h$ 进行修正，其中 ρ 是密度，h 是参考大地水准面上方岩石的高度。这种修正称为布格[③]修正（Bouguer correction），Δg_B。根据地形图，使用地形修正系数 δg_T，可以考虑与均匀岩片的偏差。通过这些校正，将布格异常 g_B（Bouguer anomaly）定义为观测重力减去观测位置的理论值

　　① 乔治·比德尔·艾里爵士（Sir George Biddell Airy，1801 年 7 月 27 日—1892 年 1 月 2 日），英国数学家、天文学家。1835—1881 年任英国皇家天文学家。——译者注
　　② 约翰·亨利·普拉特（John Henry Pratt，1809 年 6 月 4 日—1871 年 12 月 28 日），英国数学家、天文学家。——译者注
　　③ 皮埃尔·布格（Pierre Bouguer，1698 年 2 月 16 日—1758 年 8 月 15 日），法国数学家、地球物理学家、大地测量学家和天文学家，发现了布格重力异常。布格星（8190 Bouguer）、火星和月球上的布格撞击坑以他的名字命名。——译者注

$$g_B = g_p(\mathrm{obs}) - g_p(\theta) + \frac{2MGh}{R^2} - 2\pi\rho Gh + \delta g_T \tag{6-28}$$

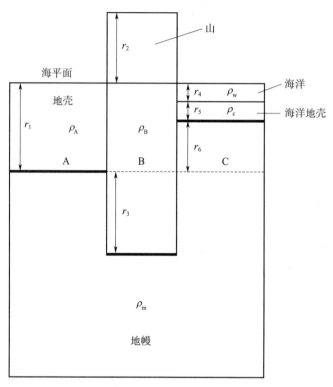

图 6-9 本图说明了艾里假设和普拉特假设。图中显示了三个区域：A、B 和 C。在艾里假设中，地幔上升到每个区域中的粗实线所在的位置，密度 ρ_m 大于地壳的密度。地壳密度 $\rho_A = \rho_B = \rho_C$。山的质量由高度 r_3 的地幔所补偿，而海洋地壳 r_5 被额外的质量层 r_6 所补偿。在普拉特假设中，地幔处于由虚线表示的恒定水平，密度 $\rho_A \neq \rho_B \neq \rho_C$（习题 6.10 和习题 6.11）。

　　密度分布的横向变化导致重力异常，即自由空气异常和布格异常。此外，这种变化会导致测量的大地水准面相对于参考大地水准面的偏差［式（6-15）］。这种差异，即被测大地水准面半径减去参考大地水准面半径，被称为大地水准面高度异常 Δh_g（geoid height anomaly），它与被测引力势 $\Delta\Phi_g$［式（6-7）］异常有关

$$g_p(\theta)\Delta h_g = -\Delta\Phi_g \tag{6-29}$$

　　对于均衡密度分布的情况，大地水准高度异常表示为

$$\Delta h_g = -\frac{2\pi G}{g_p(\theta)} \int_0^D \Delta\rho(z)z\,\mathrm{d}z \tag{6-30}$$

　　$\rho(z)$ 表示深度 z 处的异常密度；D 表示补偿深度，在补偿深度以下，假设密度没有水平梯度。向下测量深度为正，$z = 0$ 对应大地水准面。有效引力总是垂直于大地水准面，因此，如果存在引力负异常或引力势正异常（质量亏损），则在大地水准面中有一个凹槽，如果存在引力正异常或引力势负异常（质量过剩），则在大地水准面中有一个凸起。

　　地面重力可以通过人造卫星或天然卫星轨道参数的微小变化和雷达高程测量来估计。通常用大地水准面高度异常的等值线表示一个行星的重力图，它显示了表面等势面相对于行星平均表面（地球上的海平面）的高低。

　　如本节开头所述，尽管存在较大的地形特征，但测得的地球表面重力场与参考大地水准面偏差不大。因此，自由空气异常接近于零（$g_{fa} \approx 0$），因为它应该是一个处于流体静力平衡的行星。然而，大型陆地上的布格异常为负，因为布格异常"校正"了海平面以上过量的质量，但没有考虑海平面以下的质量缺口。如果地形特征得到均衡补偿，则是这种质量缺陷补偿了上面多余的质量。地表地形和重力的关联程度可以用均衡补偿的多少来解释，这些信息可以用来获得行星岩石圈和地幔的信息。

　　在使用大地水准面图提取这些信息之前，需要做一些假设。例如为了计算布格异常，即使忽略小地形因子 δ_T，也需要高精度地了解局部地形。此外，必须知道底层结构的密度（艾里和普拉特假设；习题 6.10 和习题 6.11）。最后，到目前为止已经默认了静态结构；然而，地幔中存在对流，有上升和下降运动的区域。上升物质较热，因此密度低于邻近区域，而下沉物质则相反。此外，地表也受到影响：上升物质上方有山脊或山脉，而下沉物质上方有凹陷。这种综合效应通常表现为上升物质区域上方的微小正重力异常和大地水准面高度异常，因为地表偏转引起的正异常大于低密度引起的负异常。然而，在物质下沉的地方，地幔的黏性对重力和大地水准面高度的影响很大。因此，大地水准面净异常是正异常还是负异常，取决于"动态"地表地形和地幔中密度效应的微妙抵消，地表地形受到地幔中黏性结构的影响也与此相关。

　　图 6 - 10 显示了叠加在地球地图上的地球大地水准面形状。这是一张相对低阶（$J_2 \sim J_{15}$）的重力图，与其他行星的重力图相当。虽然大地水准面中有明显的构造，但与地形没有关系。然而，该构造似乎与构造特征（如洋中脊和俯冲带）有很好的相关性，并且一定是由地幔对流和深俯冲（"动态均衡"）引起的。

　　如图 6 - 10 所示，低阶重力图基本上揭示了行星的动态性。当包含高阶球谐函数时，重力和地形显示出更高的相关性，这是因为小面积尺度上的地形通常没有得到很好的补偿。这些地图提供了地幔黏度和岩石圈厚度的信息。尽管地球表面的变化通常会导致下方流体地幔的均衡调整，但由于地幔的高黏度，这种调整可能需要数千年的时间。一个很好的例子是冰期后地壳反弹（post - glacial rebound），即在约 21 000 年前的最后一个冰河期，由于冰盖的巨大重量而被压制的陆地普遍上升的现象。随着冰的融化和消融，陆地开始上升。这种影响在低阶重力图上确实可见（例如加拿大下方）。

　　正如将在讨论单个行星（6.3 节）时看到的，地形图和地球低阶重力图之间的相关性很差，这是非常独特的。大多数其他天体的重力场和地形之间都表现出较好的相关性。

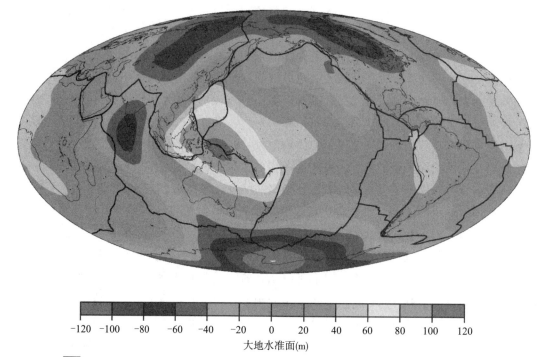

大地水准面(m)

图 6 - 10　 观测到的大地水准面（$J_2 \sim J_{15}$）叠加在地球地图上，等高线高度从 -120 m（靠近南极）到 $+120$ m（澳大利亚北部）。(Lithgow - Bertelloni and Richards 1998)

6.1.5　内部热量：来源和损耗

在 4.2.2 节中比较了巨行星的平衡温度（即仅考虑太阳辐射加热的行星温度）和它们观测到的有效温度（表 4 - 1）。这一比较表明，木星、土星和海王星的实际温度比仅通过太阳加热所解释的温度要高，由此认为这些行星拥有内部热源。根据测得的 75 erg/（cm² · s）的热通量，地球也必须有一个内部热源。本节将讨论可能的内部热源，以及传输能量并最终将其输送到太空的机制。表 6 - 3 总结了所有行星的热流参数。

表 6 - 3　热流参数

天体	T_e/K	T_{eq}/K	H_i/[erg/(cm² · s)]	L/M/[erg/(g · s)]	参考文献
太阳	5 770		6.2×10^{10}	1.9	1
碳质球粒陨石				4×10^{-8}	1
水星		446			3
金星		238			3
地球		263	75	6.4×10^{-8}	1,3,4
月球		277	约 18	约 10^{-7}	3,5
火星		222	40	9×10^{-8}	1,3,4
木卫一		92	$1\,500 \sim 3\,000$	约 10^{-5}	

续表

天体	T_e/K	T_{eq}/K	H_i/[erg/(cm^2 · s)]	L/M/[erg/(g · s)]	参考文献
木星	124.4	113	5 440	1.8×10^{-6}	1,2,3
土星	95.0	83	2 010	1.5×10^{-6}	1,2,3
天王星	59.1	60	<42	$<4 \times 10^{-8}$	1,2,3
海王星	59.3	48	433	3.2×10^{-7}	1,2,3

　　表中提到的参考文献，1：Hubbard（1984）；2：Hubbard et al.（1995）；3：表 4 - 1 和表 4 - 2；4：Carr（1999）；
5：Turcotte and Schubert（2002）。

6.1.5.1　热源

（1）引力影响

　　行星形成过程中的物质吸积可能是最大的热源之一（13.6 节，习题 13.27、习题 13.28）。天体大致以逃逸速度撞击正在形成的行星，产生的热量为每单位质量 GM/R。单位体积增加的能量等于 $\rho c_p \Delta T$，其中 c_p 是比热（每克物质），ρ 是密度，ΔT 是增加的温度。半径为 $R(t)$ 的行星表面的能量增益，必须等于在 R 处获得的引力能量 $GM(R)/R$ 与在一段时间 dt 内辐射出去的能量 σT^4（3.1 节）之间的差值，在这段时间内，天体增加了一层厚度 dR

$$\frac{GM(R)\rho}{R}\frac{dR}{dt} = \sigma[T^4(R) - T_0{}^4] + \rho c_p[T(R) - T_0]\frac{dR}{dt} \tag{6-31}$$

式中，T_0 是吸积物质的初始温度。如果吸积很快，大部分热量还没来得及辐射到太空就被"储存"在行星内部，因为随后的撞击会"掩埋"它。行星内部的最终温度结构进一步取决于吸积体的大小和内部热传递（13.6.2 节，习题 13.19～习题 13.22）。

　　1）巨行星。木星、土星和海王星这些巨行星的内部热源可归因于引力能，要么来自行星形成过程中所产生原始热量的逐渐逸出，要么来自之前或正在进行的分异。行星体的光度 L 由三部分组成：L_v 是反射的阳光（主要在可见光波长），L_{ir} 是行星吸收并在红外波长上重新发射的入射阳光，L_i 是行星的固有光度。对于类地行星 L_i 非常小，但是对于气态巨行星木星、土星和海王星，其内部光度与 L_{ir} 相当。有效温度 T_e 是通过对所有红外波长的发射能量进行积分得到的，因此它由 L_{ir} 和 L_i 组成。平衡温度 T_{eq} 是行星在没有内部热源的情况下的温度（3.1.2.2 节）。因此行星的固有光度等于

$$L_i = 4\pi R^2 \sigma(T_e^4 - T_{eq}^4) \tag{6-32}$$

　　如果假设内部热通量仅代表行星形成期间储存原始热量的泄漏，可以把平均内部温度变化率 dT_i/dt 表示为

$$\frac{dT_i}{dt} = \frac{L_i}{c_V M} \tag{6-33}$$

式中，M 是行星质量，c_V 是相同体积的比热。对于金属氢，$c_V \approx 2.5k/m_{amu}$ [单位为 erg/（g · K）]，其中 k 表示玻尔兹曼常数，m_{amu} 表示原子质量单位。

　　木星的过剩光度与过去引力收缩/吸积释放的能量一致。相比之下，土星内部结构的

详细模型，包括演化轨迹（如下面讨论的天王星和海王星的情况）表明，仅凭原始热量不足以解释土星的过剩热量。额外的热量损失可以用氦和氢的区别来解释，这个过程同时解释了观测到的土星大气中氦丰度相对于太阳值的亏损。由于土星的质量比木星要小，因此它的内部深处比木星更冷，土星金属氢的温度在几十亿年前就已经下降到氢和氦相分离的水平。相比之下，木星内部的氦只是"最近"才变得不混溶。因此，土星内部的氦早已稳定地从金属氢区域"雨点般地"流向土星核。这个过程释放的能量可以解释土星观测到的 L_i。

对于天王星和海王星，比热可以用 $c_V \approx 3k/(\mu_a m_{amu})$ [单位为 $erg/(g \cdot K)$] 来近似，μ_a 是平均原子量，对于冰物质大约是 5 amu。因此，海王星的温度在太阳系寿命期间下降约 200 K（习题 6.18），这与绝热行星的内部温度（几千开尔文）相比是很小的。热演化由式（6-33）描述，该方程可用于确定内部蓄热体的哪一部分产生了所观察到的光度。如果对流（部分）受到抑制，例如如果内部存在稳定的分层，则该分数 f 小于 1。图 6-11 显示了在天王星和海王星形成之后，f 和初始比值 $(T_e/T_{eq})_i$ 之间的关系。图中上下曲线对应于现今观测光度的上下限。因此，天王星曲线的下限对应于一颗形成后 45 亿年达到零热流的行星。这条曲线左边的任何参数选择都是不可接受的，因为这对应的状态无法维持解释天王星磁场存在所需的发电机的情况（6.4.3 节）。似乎不可能找到一个既满足天王星又满足海王星热演化曲线的参数选择。

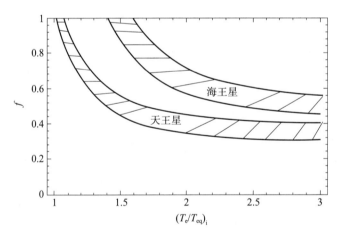

图 6-11　满足天王星和海王星光度的初始蓄热体的分数 f 与行星初始内部热能之间的关系图。后者可采用有效温度和平衡温度之间的初始比值 $(T_e/T_{eq})_i$ 进行量化。每颗行星的上下曲线对应于观测到的现今光度的上下限，因此阴影区域所示的参数空间给出了观测到的每颗行星光度的可接受拟合。（根据 Hubbard et al. 1995）

由于行星的吸积作用，两颗行星的内部温度最初可能都很高，因此 f 必须远小于 1，天王星为 0.4，海王星为 0.6。这表明在天王星半径 $0.6R_{\delta}$ 和海王星半径 $0.5R_{\Psi}$ 内的对流被抑制。这两颗行星之间的差异似乎很小，但可能导致两颗行星所观测到内在光度的差异。

2）类地行星。如式（6-31）所示，如果吸积很快，行星内部会变得非常热。然而，

对于所估计的 10^8 年的类地行星吸积时间来说，吸积热很少（习题 13.19），除非大量巨大的撞击将热量埋藏在地表以下（13.6.2 节）。然而，即使是特别包括了由分异释放的额外能量和由液体外核凝结释放的潜热之后，单靠吸积加热也并不能解释类地行星和较小天体的热量收支。单靠引力能量还不足以使较小的小行星和卫星造成轻重物质的分离，然而其中一些天体的内部是有分异的（5.2 节）。如下文所述，放射性元素的衰变，以及对某些固体天体而言的潮汐加热和欧姆加热可能提供重要的额外能源。

（2）放射性衰变

放射性衰变被认为是类地行星、卫星、小行星和外太阳系冰天体内部的重要热源。如果说元素的放射性衰变是当前所测量热流的主要贡献，那么这些元素的半衰期必须很长，大约在 10 亿年左右。^{235}U、^{238}U、^{232}Th 和 ^{40}K 的寿命分别约为 7.1 亿年、45 亿年、139 亿年和 14 亿年。这些同位素以百万分之几的水平存在于地壳中，产生的能量平均大约为 10 erg/（$cm^2 \cdot s$）。这些元素在地幔中的含量要少两个数量级，但由于地幔的体积比地壳的体积大得多，所以地幔中产生的热量对总热量输出有显著影响。只有 20% 的地球放射性加热发生在地壳中。在过去，放射性元素产生的热量更大，而且这些元素在最初 10～20 亿年中释放的总能量似乎足以融化地球和金星（这并不意味着地球因放射性加热而分异，只是放射性加热在早期一定很重要）。短寿命放射性核素，特别是半衰期为 74 万年的 ^{26}Al，早期产生的热量很高，但很快就会消失。目前，碳质球粒陨石放射性衰变释放的总热量约为 4×10^{-8} erg/（$g \cdot s$），仅略低于地球总热流 [6.4×10^{-8} erg/（$g \cdot s$）]。在行星形成时，长寿命放射性核素产生的热量要大一个数量级（习题 13.24、习题 13.25）。目前，地球大约一半的热量输出被认为是由放射性热产生，而另一半则来自于其长期冷却。

（3）潮汐加热和欧姆加热

潮汐力的时间变化可导致行星体内部加热，详见 2.6.3 节。对于大多数天体来说，这种潜在的能量来源比由于引力收缩或放射性加热而产生的能量要小得多。然而，对于木卫一、木卫二和土卫二这些卫星来说，潮汐加热是主要的能源来源（2.6.3 节、5.5 节）。潮汐加热在过去对海卫一可能很重要，对木卫三也可能很重要。

欧姆加热是由如第 7 章讨论的感应电流的耗散引起的。在年轻太阳的活跃金牛座 T 型星阶段（13.3.4 节），欧姆加热可能足以熔化原行星盘某些区域的小行星大小的星子。

6.1.5.2　能量传输和热损耗

能量传输决定了行星内部的温度梯度，就像在行星大气中一样。温度梯度由传热最有效的过程决定。热量传输的三种机制是传导、辐射和质量运动，质量运动主要是对流（3.2 节）。传导和对流在行星内部的能量传输中非常重要，而在将能量从行星表面输送到太空中，以及在不透明度很小但有限的行星大气中进行能量传输的情况下，辐射非常重要。

（1）传导和辐射

热流 Q [erg/（$cm^2 \cdot s$）] 由傅里叶热定律给出 [式（3-24），3.2.1 节]。传导是在固体物质（如类地行星的地壳层以及小行星和卫星等较小天体内部）中传输能量的最有效方式。能量可以通过自由电子或较重的粒子，或光子（photons）或声子（phonons）来传输，声子对应于晶格振动激发的波。良好的热导体是具有大量自由电子的材料，如金属。在缺乏金属的材料中，如硅酸盐，热传输主要由声子控制，声子中的能量由传播的弹性晶格波携带。这些波的传播随着温度的升高而减小，因为晶体中的非简谐性（anharmonicity）随着温度的升高而增加，从而导致波的散射。在高温下，光子对热量的辐射传输变得更加重要。在低温下，光子平均自由程很小，光子场中的总能量与振动热能相比很小；但光子场中的能量与 T^3 成正比，因此在高温下变得很可观。因此，未压缩硅酸盐中的热导率 K_T 表示为晶格热导率 K_L 和辐射热导率 K_R 之和［单位：erg/（cm^2 · s · K）］

$$K_T = K_L + K_R \tag{6-34}$$

式中

$$K_L = \frac{4.184 \times 10^7}{30.6 + 0.21T} \tag{6-35}$$

$$K_R = \begin{cases} 0 & (T < 500 \text{ K}) \\ 230(T - 500) & (T > 500 \text{ K}) \end{cases} \tag{6-36}$$

通过热扩散系数 k_d（3.2.1 节）

$$\ell \approx \sqrt{k_d t} \tag{6-37}$$

可以快速计算由传导引起的温度变化的重要性。其中 ℓ 是长度标度，温度梯度的变化经过时间 t 在这个长度上变得显著，热扩散率由式（3-29）给出。习题 6.20 计算了典型岩体的热扩散率和标度长度 ℓ。在太阳系的整个历史中，这样一个天体的温度梯度仅在几百千米的范围内受到传导的影响。因此，小行星和卫星等较小天体的温度结构可以通过热传导在太阳系的整个历史中改变，但行星大小的天体不可能通过热传导损失很多原始热量。

（2）对流

如 3.2 节所述，对流是由物质的上升和下沉运动引起的：热物质上升到更高高度的较冷区域，冷物质下沉。只有当浮力释放能量的速率超过黏性力耗散能量的速率时，对流才能进行。这个准则用瑞利数 $\mathfrak{R}_a$（Rayleigh number）表示

$$\mathfrak{R}_a = \frac{\alpha_T \Delta T g_p \ell^3}{k_d \nu_v} > \mathfrak{R}_a^{\text{crit}} \tag{6-38}$$

式中，α_T 是热膨胀系数；ΔT 是厚度层 ℓ 上超过绝热梯度的温差；$\mathfrak{R}_a^{\text{crit}}$ 是临界值，通常量级为 500～1 000。仅当运动黏度 ν_v 有限时，瑞利数可以超过临界值。由于液体和气体的黏度很小，在行星为气体或液体的地区，对流很可能是能量传输的主要方式，比如在巨行星和地球的液体外核。包括岩石在内的许多材料在施加的应变率下都会变形（5.3.2 节）。因此，如果对流的特征时间尺度小于地质时间尺度，则能量可能通过行星幔内的固态对流进行传输。经验证明，如果 $\mathfrak{R}_a \gg \mathfrak{R}_a^{\text{crit}}$，对流和传导所携带的热通量与单独传导所携带的热通量之比用努塞尔数表示，其近似等于

$$\mathcal{N}_u \equiv \frac{Q(\text{对流} + \text{传导})}{Q(\text{传导})} \approx \left(\frac{\mathfrak{R}_a}{\mathfrak{R}_a^{\text{crit}}}\right)^{0.3} \tag{6-39}$$

岩石的黏度很大程度上取决于温度。在低温下，黏度基本上是无限的，材料表现为固

体。在大约 1 100～1 300 K 的温度下，岩石的黏度足够低，以至于物质在地质时间尺度上"流动"。这就解释了为什么一颗行星的冷外层岩石圈是由固体岩石构成的，在那里能量通过传导传输，而在行星（幔）的深处，能量主要通过对流传输。

（3）热损失

固体天体通常通过壳向上传导和从表面辐射到太空而失去热量。在更深层，对于足够大的行星，固体在地质时间尺度上"流动"，能量可能通过对流传输；当对流发生时，通常比传导传输更多的热量。在上部的"边界"层中，热传输再次通过刚性岩石圈和壳向上传导。然而，仅仅传导可能不足以"排出"从下面传入的能量。在地球上，额外的热量通过板块边界的构造活动和洋中脊的热液循环而流失。在高火山活动期间，热量也可能通过火山喷发、喷口或热点受到损失。热点的热损失源在木卫一和土卫二上占主导地位；事实上，目前通过木卫一热点流出的总热量可能超过潮汐耗散产生的热量。

在巨行星中，热量通过对流在整个幔和大部分对流层中传输，而将热量辐射至太空在高海拔的平流层和低热层中起着重要作用。通过对有效温度的测量，可以知道木星、土星和海王星这些巨行星的内部能量来源与这些行星从太阳获得的能量相当（6.1.5.1 节）。

固体天体热流的测量要困难得多，因为可以测量温度或光度的行星外部在白天也被太阳加热，因此壳层也显示了白天太阳日照的影响，如 3.2.1 节所述。如果已知这些层的热导率，则原则上可以通过测量行星壳上层的温度梯度来确定热流。这种温度梯度原则上可以通过钻孔（地球、月球）或利用遥感技术获得。地球热通量的典型值为 75 erg/（$cm^2 \cdot s$），对应于固有光度 $L_i=3.84 \times 10^{20}$ erg/s，大约是 L_{ir} 和 L_v 之和的 1/5 000（习题 6.17）。从月球表面的钻孔来看，月球的热通量大约是地球的一半。与地球上的钻孔或矿井相比（深至 100～1 000 m），遥感技术最多只能探测地壳上部几米的样本，因此无法直接确定对白天加热敏感区域下方的温度梯度。因此，除了那些火山活动最活跃（木卫一、土卫二）和进行了原位测量的固体天体，人们通常不知道固体天体的热通量（表 6 - 3）也就不足为奇。

6.2　地球的内部结构

虽然地壳结构可以通过钻探等原位实验来确定，但地球深处的细节只能通过间接手段获得。获取地球内部信息最有力的方法来自地震学（seismology），即研究弹性波在地球上的传播。地震研究和重力测量的结合提供了地球内部的详细模型。

6.2.1　地震学

地震波可由地震、陨石撞击、火山或人为爆炸等引起。地震波可由地震仪（seismometer）探测，地震仪是一种灵敏的仪器，用来测量它们所在地面的运动。地震仪记录的垂直和水平地面运动如图 6 - 12 所示。许多地震仪分布在地球各处，从许多不同的"观察"点对波进行研究，所有数据汇集起来可用于通过地震层析成像（seismic tomography）推导出地球内部的结构，就像计算机轴向断层成像（computerized axial tomography，CAT）扫描一样。

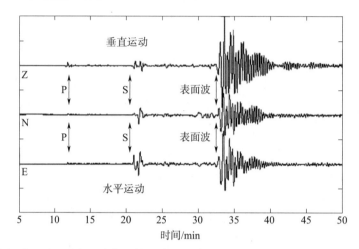

图 6 - 12　地震仪记录显示远距离地震产生的 P 波（纵波）、S 波（横波）和表面波，显示了垂直（Z）和水平（N=向北，E=向东）运动。（加州大学伯克利分校地震实验室）

6.2.1.1　地震波

体波（body waves）是通过行星内部传播的地震扰动，而表面波（surface waves）是沿着表面传播的。体波遵循斯涅尔定律（Snell's law），在物质密度变化的界面处反射和传播。地震波的体波可分为 P 波和 S 波（图 6 - 13）。P 波是一次波、推力波或压力波，其中物质的单个粒子在波传播方向上来回振荡。它们是纵波，类似于普通声波，当它通过时，会导致物质压缩和拉伸。第一个 P 波传播迅速，在第一个 S 波之前到达地震台站。S 波是二次波、震动波或横波，其振荡方向与传播方向垂直。它们类似于在绳子上产生的波，也类似于电磁波，当它通过时，会导致物质剪切和旋转。

表面波仅限于地球近表层。与体波相比，这些波的振幅更大，持续时间更长，而且由于它们的速度低于体波的速度，因此它们到达地震仪的时间较晚（图 6 - 12）。勒夫波（L波）的运动是完全水平的，但波的传播是横向的［图 6 - 14（a）］。在瑞利波（R 波）中，粒子的运动是一个垂直的椭圆，因此这种运动可以被描述为"地滚波"［图 6 - 14（b）］。这些波与水波有许多相似之处，其振幅随深度呈指数衰减。

纵波和横波的方程可由弹性理论推导（例如可参见 Fowler 2005）。P 波的压缩波动方程为

$$\frac{\partial^2 \Phi}{\partial t^2} = v_P{}^2 \ \nabla^2 \Phi \tag{6-40}$$

S 波的旋转波动方程为

$$\frac{\partial^2 \bar{\psi}}{\partial t^2} = v_S{}^2 \ \nabla^2 \bar{\psi} \tag{6-41}$$

式中，v_P 和 v_S 是 P 波和 S 波的速度。介质的位移 x 可以表示成标量势 Φ 的梯度和矢量势 $\bar{\psi}$

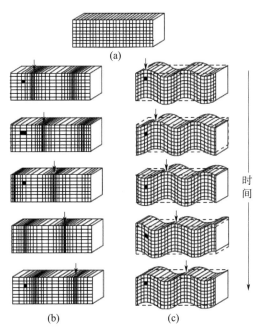

图 6-13　地震波中的 P 波和 S 波示意图：（a）未受扰的网格；（b）一个传播中的 P 波，其中粒子沿波的运动方向来回振荡；（c）粒子在 S 波中垂直于波运动方向振荡。（Phillips 1968）

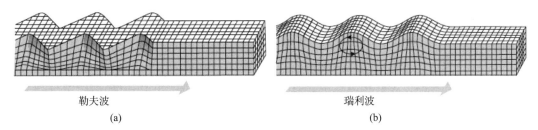

图 6-14　地震波中的表面波：（a）勒夫波；（b）瑞利波。（Fowler 2005，Bolt 1976）

的旋度之和

$$\boldsymbol{x} = \nabla \Phi + \nabla \times \bar{\psi} \tag{6-42}$$

　　P 波和 S 波的速度与介质的热动力学性质相关（详见 Fowler 2005），即

$$v_{\mathrm{P}} = \sqrt{\dfrac{K_{\mathrm{m}} + \dfrac{4}{3}\mu_{\mathrm{rg}}}{\rho}} \tag{6-43}$$

$$v_{\mathrm{S}} = \sqrt{\dfrac{\mu_{\mathrm{rg}}}{\rho}}$$

式中，ρ 是密度，μ_{rg} 是剪切模量（6.1.4.2 节），K_{m} 是材料在定熵 S 下的体积模量（bulk modulus）或者（绝热）不可压缩模量

$$K_{\mathrm{m}} \equiv \rho \left(\dfrac{\partial P}{\partial \rho} \right)_{S} \tag{6-44}$$

如果行星内部是绝热的，化学上是均匀的，那么材料的体积模量变为

$$K_{\mathrm{m}} \approx \rho \, \frac{\mathrm{d}P}{\mathrm{d}\rho} \tag{6-45}$$

从上述方程可知 K_{m}、v_{P} 和 v_{S} 关系如下

$$\frac{K_{\mathrm{m}}}{\rho} \approx v_{\mathrm{P}}^{2} - \frac{4}{3} v_{\mathrm{S}}^{2} \tag{6-46}$$

体积模量是描述压缩材料所需的应力或压强的度量，因此它涉及材料体积的变化。剪切模量是在不改变材料体积的情况下改变材料形状所需应力的度量。注意，v_{P} 取决于 K_{m} 和 μ_{rg}，因为 P 波涉及材料体积和形状的变化，而 v_{S} 仅取决于 μ_{rg}，S 波不涉及体积的变化（图 6-13）。由于 $K_{\mathrm{m}} > 0$，P 波的传播速度比 S 波快：$v_{\mathrm{P}} > v_{\mathrm{S}}$。波速是根据波从震源到地震仪的传播时间来测量的。震中是垂直于震源上方地面上的点。在液体中，$\mu_{\mathrm{rg}} = 0$，因此，S 波不像 P 波那样能通过液体传播。由于在地球的地核外核中没有探测到对应于 S 波传播的地震相位，因此可知外核为液态（图 6-15）。实际上，当一个 S 波入射到外核时，它的一部分被反射，而另一部分则以 P 波的形式传播（S→P 波转换）。K_{m} 和 μ_{rg} 都依赖于密度，但它们增加的速度比 ρ 快。由于密度向行星中心增加，P 波和 S 波的速度都随深度增加。此外，由于密度沿波的路径变化，根据斯涅尔定律，路径是弯曲的（向上，因为 ρ 随深度增加）。由于 v_{P} 和 v_{S} 可根据地震数据确定为深度的函数，由式（6-46）可以直接确定密度关于深度的函数。

6.2.1.2　自由振荡

当一根绳子一端被固定并以适当的频率上下运动时，就可以产生静止的驻波（standing wave）。这种波可以在任何弹性体中产生。与其他波相比，驻波可能会持续很长时间。在日常生活中，人们在演奏乐器时（如小提琴、风琴或只是敲钟），就会利用这种物理现象。在行星上，一场大地震会诱发驻波，导致行星"像钟一样响"持续数天至数月。这种振动显示出大量的模态，其中一些模态如图 6-16 所示。这种运动要么是径向（上下）的，要么是与物体表面相切的，分别产生球型模态（$_{n}S_{m}$，spheroidal mode）和环型模态（$_{n}T_{m}$，toroidal mode），其中 n 表示主阶数，代表径向驻波节点（即根本不移动的位置）的数量（$n = 0$ 是基本模态），m 表示角阶数，代表纬度上的节点数。最简单的球型振荡是地球作为一个整体的纯径向膨胀和收缩，如 $_{0}S_{0}$ 模式所示。基本的球型振荡等效于瑞利波干涉产生的驻波。基本的环型振荡相当于勒夫波的干涉，并且涉及表面在相反方向上的扭曲。在地球上，自由振荡的周期在 100 s 到 1 h 之间；在大地震（$\mathcal{M}_{\mathrm{R}} > 8$）后的几个月内会持续记录这些振荡。

表面波具有频散特性，即其速度取决于频率。频散曲线是速度与频率的关系曲线，它提供了地壳和上地幔中速度结构的许多信息，因此密度和刚度是地球深度的函数。自由振荡的周期将这些频散曲线延长到更长的周期（约 3 000 s 而不是几百秒），从而有助于更好地约束整个地球内部结构的模型。

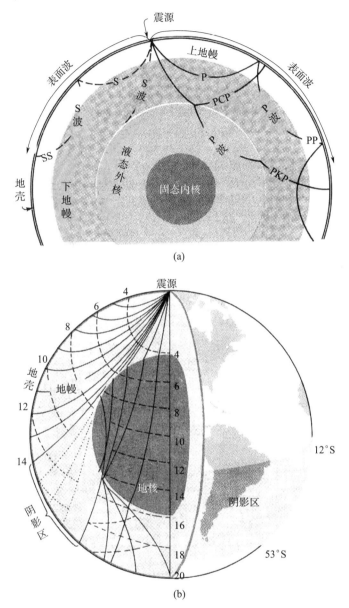

图 6-15 （a）地震波在地球上传播的示意图，叠加在由地震学实验确定的内部结构示意图上。表面波沿近地表层传播，而 S 波和 P 波则通过地球内部传播。从地壳反射的波称为 SS 波或 PP 波。当一个 S 波入射到外核时，它的一部分被反射，另一部分作为 P 波传播；S 波本身不能通过液体物质传播。P 波在核幔界面既有折射波（PKP 波），也有反射波（PCP 波）。由于波速在地球内部不断发生变化（除了界面处的突变），波径是弯曲的而不是直线。（b）地震波的另一种表现形式，其中的阴影区是一个 P 波因为被地核偏转而无法到达的区域。（Press and Siever 1986）

地球上的地震波通常与地震有关。然而，即使多年的地震资料显示并没有发生过地震，但地球也似乎总是"嗡嗡作响"，这显然是由空气在地面上不断流动造成的。

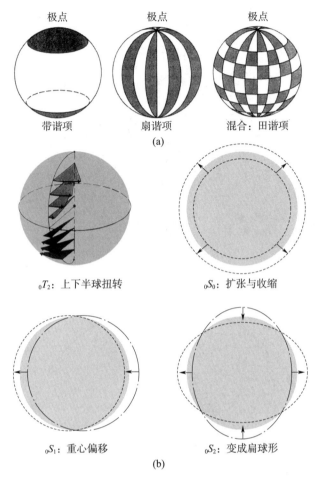

图 6-16 （a）地球上某些自由振荡的表面运动。亮和暗的区域在任何时刻位移都相反。它们被节点和线分隔开，在这些节点和线之间没有任何移动。（b）振荡模式的例子。在环型模态 T 中，运动与地球表面相切；在球型模态 S 中，运动主要是径向的。（改编自 Brown and Mussett 1981）

　　除了地球，太阳和月球上也观察到了自由振荡。尽管对木星上的这种振荡进行了多次搜索，特别是在舒梅克-列维 9 号彗星撞击期间和撞击之后（5.4.5 节），但是一次自由振荡也没有发现。

6.2.2　密度分布

　　行星中的密度分布 $\rho(r)$ 可由流体静力平衡方程［式（6-1）］和绝热且化学均匀行星中体积模量 K_m 的定义［式（6-45）］得出（习题 6.21）

$$\frac{\mathrm{d}\rho}{\mathrm{d}r} = -\frac{GM\rho^2(r)}{K_m r^2} \tag{6-47}$$

由于 K_m/ρ 可由地震波速度 v_P 和 v_S［式（6-43）］确定，因此可以从地表向下对亚当斯-威廉姆斯[①]方程［Adams - Williams equation，式（6 - 47）］进行积分，以确定地球的密度结构，假设行星为自压缩模型（self - compression model），每个点的密度仅由其上层的压缩所致。相关质量是半径 r 内的质量 $M(r)$，由下式给出

$$M(r) = M_\oplus - 4\pi \int_r^{R_\oplus} \rho(r)r^2 \mathrm{d}r \qquad (6-48)$$

式中，$M_\oplus$ 和 $R_\oplus$ 分别是地球的质量和半径。计算结果取决于顶层的密度。用这个模型似乎不可能找到一个详细满足地震波速度的密度结构，这一点也不足为奇。这些速度在特定深度显示出明显的"跳跃"，例如在核幔边界，这表明密度存在突变。地震数据（例如时间-传播距离、表面波频散曲线和自由振荡周期）以及地球引力势（例如质量、转动惯量）已用于推导图 6 - 17 所示的"初步参考地球模型"（Preliminary Reference Earth Model，PREM）。

在深度小于 3 000 km 处，密度以及 v_P 和 v_S 随着深度的增加而增加。人们可能会注意到，在深度小于 200 km 处，随着深度的增加，上述量出现了一个小的下降，这可能不是真实情况，而是由于分辨率不足以正确反演数据所造成的。在约 3 000 km 深处出现一个突变边界，S 波完全消失，P 波速度明显减慢。这个边界被解释为固体地幔和液体外核之间的界面，因为 S 波不能通过液体传播。除了 S 波消失外，对大地震激发的地球自由振荡的分析也表明地球的地核存在液态的外核。该模型与地球自转轴章动的大地测量观测相吻合，形成了外核是液体的第三个证据，因为外核的黏度必须相对较低才能解释这些数据。在约 5 200 km 深处，还有一个不连续面，被解释为地核的液体外核和固体内核之间的边界，P 波速度在此处增加。对地震自由振荡的分析最终表明，内核必须具有一定的刚性，密度比外核高约 0.5 g/cm³。尽管 S 波在外核边界消失，但它们可以穿过内核（这在地震记录中被视为 PKIKP 波）。

岩石圈内地壳和地幔之间的边界称为莫霍[②]界面（Mohorovičić discontinuity）。大陆地壳主要由花岗岩组成，底部有辉长岩，而大洋地壳则完全由玄武质岩石组成。大陆地壳的厚度从活动边缘的＜20 km 到喜马拉雅山下的 70~80 km 不等。洋壳的厚度在洋中脊处为 0 km，平均值约为 6 km。地壳是岩石圈的上部，位于一个叫做软流圈的塑性层上。岩石圈冷而坚硬，而软流圈与下面的地幔相比黏度相对较低。岩石圈通常被模拟成一个弹性层，它在载荷（如冰盖）作用下弯曲，而软流圈则流动。剪切波速度在岩石圈与软流圈的过渡处有所降低。如图 6 - 17 (b) 所示，在地球深度小于 670km 处，波速随深度逐步增加。这是由于材料的相变导致密度的变化，进而导致速度的变化，例如：橄榄石→林伍德石→钙钛矿（6.1.2.3 节）。

[①]　利森·希伯林·亚当斯（Leason Heberling Adams，1887 年 1 月 16 日—1969 年 8 月 20 日），美国地球物理学家。其主要成就是对暴露在高压下材料特性的研究，他利用这些研究得出了有关地球内部性质的信息。——译者注

　　厄金斯·道格拉斯·威廉姆森（Erskine Douglas Williamson，1886 年 4 月 10 日—1923 年 12 月 25 日），英国地球物理学家。——译者注

[②]　安德里亚·莫霍罗维契奇（Andrija Mohorovičić，1857 年 1 月 23 日—1936 年 12 月 18 日），克罗地亚气象学家及地震学家，现代地震学创立者之一。莫霍罗维契奇星（8422 Mohorovičić）以他的名字命名。——译者注

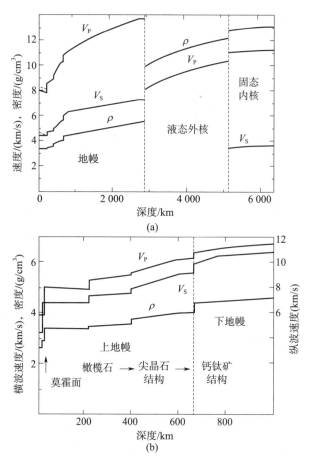

图 6 - 17　由杰翁斯基和安德森给出的初步参考地球模型（参见 Dziewonski and Anderson 1981）。（a）地震纵波和横波的速度，以及密度在地球内部的变化。（b）（a）中最上层 1 000 km 的放大视图。（改编自 Pieri and Dziewonski 1999）

6.2.2.1　地幔动力学

　　地球岩石圈被划分为约 15 个准刚性板块，这些构造板块随海底扩张和大陆漂移的运动表明，它们以对流模式"骑在"地幔的顶部。5.3.2.2 节中讨论了板块构造以及驱动地幔循环的力。在第 5 章中没有讨论关于地幔对流延伸到什么深度的争议：它是否如某些地震速度模型所建议的那样向下延伸到核幔边界（即整个地幔对流），还是如地球化学数据所建议的那样，在上地幔和下地幔中存在单独的对流模式？

　　一般认为，当地球形成时，其组成基本上是均匀的，类似于在挥发性差的球粒陨石中发现的那样。然而，与地壳和下地幔相比，上地幔似乎缺乏不相容成分[①]，包括一些稀土元素和惰性气体元素。这些元素在上地幔中的浓度估计值来自洋中脊，而下地幔则假定取

---

　　①　不相容成分是不能与矿物结合的元素，因为它的价态或离子半径与构成矿物的主要元素不相容。在部分熔融过程中，这些元素会集中在岩浆里。

自某些洋岛玄武岩。这些海洋岛屿，例如夏威夷群岛，被称为火山"热点"。它们形成于狭窄的（100 km）地幔柱中上升的热地幔物质。当岩石圈板块在地幔柱上方移动时，这些地幔柱彼此之间的相对运动似乎不大。板块运动导致岛链的形成，而不是单一的火山岛。夏威夷群岛岛链就是一个例子，最年轻的岛屿夏威夷岛的东南端火山活动仍然活跃。夏威夷的下一个岛屿（罗希海底山，其顶部目前仍在水下 1 000 m 深处）已经在夏威夷岛东南方向孕育。

相比之下，填充洋中脊的岩浆温度较低，这些岩浆慢慢渗出，填充后退的大洋板块留下的空隙。地震资料表明，这种物质起源于上地幔，而一些火山岛则是由地幔柱形成的，可能起源于下地幔，可能靠近核幔边界。如果上地幔和下地幔普遍发生过混合，那么整个地幔中稀土元素应当和惰性气体元素的浓度相同，因此洋中脊和洋岛玄武岩应该相同。但是没有观察到二者相同，因此地球化学数据似乎支持下地幔和上地幔存在单独对流模式的理论。此外，洋岛与洋岛之间测量的同位素丰度变化表明，下地幔相当不均匀。因此，下地幔的对流效率可能远低于上地幔；如果地幔中的黏度随深度增加，则可以解释对流效率的差异。

地震层析成像技术已经产生了详细的地幔三维地震速度模型。图 6 - 18（a）显示了不同深度的 S 波速度异常。蓝色表示高于平均地震速度的区域，红色表示低于平均速度的区域。由于地震速度随温度升高而降低，蓝色区域被解释为低温区域，红色区域被解释为高温区域（这种解释完全忽略了地表观察到的岩石类型变化）。在 175 km 深处，可以看到一个延伸的低温区域，该区域从北美洲到南美洲，在欧洲和印度尼西亚之间，穿过南亚。这些低温地区对应于大陆的稳定部分［称为"克拉通[①]"（craton）］，这些大陆在构造上长期处于惰性状态（≳10⁹年），因此温度较低，并且在断层扫描中是"快速"的区域。在许多深度上都可以看到清晰的高/低温结构。在某些地方，构造可以在很大的深度上相互关联，如图 6 - 18（b）所示。在地质时间尺度（数百万年）上，热物质上升，而冷物质（大陆除外）下沉。低温区域实际上相当于活动边缘的俯冲板块。图 6 - 18（b）显示了 100 km 深度的地震模型（上图），以及穿过地壳和地幔直至核幔边界的垂直切片，位于南太平洋"汤加-克尔马德克"俯冲带（沿绿线）对应纬度处。在横截面上，低温区域与向西倾斜的板块有关。在横截面的东端，高温区域与太平洋超级海隆相对应。横截面上的线对应于 670 km 深处上地幔和下地幔之间的间距。从这张图上看，似乎有些冷热模式一直延伸到核幔边界，在那里，冷（蓝色）条纹表明岩石圈板块在地质上年轻的地区（例如马里亚纳俯冲带）持续通过地幔下降了 4 000～5 000 万年，在地球上较老地区（如汤加俯冲带）则持续下降了高达 1.8～1.9 亿年。然而，也有地震模型的例子，下降板块在核幔边界以上约 1 300 km 处或 670 km 的不连续处停止。

地幔最底部处于核幔边界上方的 150～200 km，被称为 D″区。该地区在地震波速度方面表现出强烈的横向不均匀性，包括"超低"波速的薄斑块。整体非均质性表明化学非均

---

① 源于希腊语 κράτος，意为强度、力量。——译者注

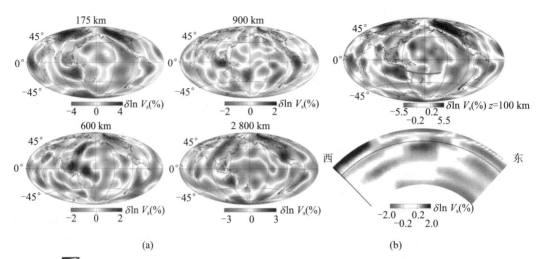

图 6-18 地球地震层析成像图。（a）地震模型 SAW12D 的四个深度剖面。（Li and Romanowicz，1996）（b）地震模型图 SAW18B16。上图显示了 100 km 深处的模型，下图显示了汤加-克马德克俯冲带纬度处南太平洋绿线的横截面。剖面中 670 km 处的线对应于上地幔和下地幔之间的分离，而垂直切片向下延伸至核幔边界。（Megnin and Romanowicz 2000）

质性（例如硅酸盐/氧化物比率）、温度异常和/或钙钛矿到后钙钛矿的相变或熔融。化学变化可能是岩石地幔和液态金属外核相互作用的结果，也可能是俯冲板块的"墓地"。实验室实验表明，岩石地幔中的氧化物与液态金属发生剧烈反应，因此地幔可能会慢慢溶解到地核外核中，在地幔底部形成局部熔融的斑块。另一方面，具有高导电性的核幔边界金属合金的空间变化可能引发温度异常。这两个过程都可以解释观测到的超低地震波速度，这似乎表明从核幔边界有上升的狭窄（≲40 km 宽）热（速度比平均值低≳10％）岩浆"地幔柱"。这些地幔柱将向外传输能量，从而导致地核冷却。如前所述，它们可能以海洋岛屿的形式浮出水面。因此，这一观点表明，地球表面的某些过程与发生在核幔边界的过程有关。

　　因此，基于地震层析成像的模型和基于地球化学数据的模型似乎不兼容。然而，有一种理论可以同时满足这两组数据：计算机模型表明，对流在发生相变的边界处发生改变，这与对流通过分层大气受到抑制非常相似（4.2.1.2 节）。俯冲的物质板块下沉到这样一个边界，质量在这里聚集。当达到临界质量时，物质突然穿过边界，就像"雪崩"。由地震层析成像支持的计算机模型表明，这种雪崩可能已经发生，并可能一路穿过地幔坠落到核幔边界。因此，可能存在部分分层对流，但在整个地幔中也存在一些跨层的物质混合，因此分层对流和整个地幔对流之间的区别变得模糊。这仍然是一个活跃的研究领域。

6.2.2.2　地核

　　如前所述，地核由固体内核和液体外核组成，原子量接近铁。由于铁是太空中最丰富的重元素之一（由于恒星核合成，13.2 节），而且由于金属陨石中的金属通常以铁为主，所以最合理的说法似乎是内核是一种亲铁合金。由于外核的密度比纯铁（或镍铁）的密度

低约 $5\%\sim10\%$，因此一定存在一些较轻的元素。可能的"污染物"是硫、氧、硅酸盐、碳和/或氢（6.1.2.3 节），其中一些可能通过核幔边界的化学反应渗入外核。这些较轻元素的存在进一步降低了地核的熔化温度，形成了目前所观测到的大液体外核。由于从 45 亿年前地球形成以来，地球总体上正在冷却，人们可能会期望外核物质凝结到内核，这一过程应该会释放能量（从潜热中释放出来，习题 6.25）。这些热量可能会驱动外核的对流，这对地球磁场的形成至关重要（6.2.2.3 节）。

地震波沿南北方向传播时，通过内核的速度略快于东西方向。这种各向异性的原因尚不清楚，但它可能与内核的晶体结构有关。在地核中普遍存在的高压下，铁形成了六边形的密堆晶体，由于固态对流的作用，这些晶体可能排列成一定的方向。与旋转轴相比，地震"快车道"的方向倾斜了约 $10°$，最近的研究表明，这条轴沿着地理北极画出了一个圈，内核的旋转速度似乎比地球其他部分略快（每年可能达到零点几度）。为什么内核的旋转速度与固体地球的其他部分不同？这是一个复杂的问题，可能与流体外核和地球磁场之间的联系有关。当流体从外核下沉时，它的旋转速度增加（角动量守恒），流体中的磁力线被向前拖曳（相比于 13.4.2 节中讨论的磁制动效应）。由于磁力线穿过内核，内核的旋转速度会稍微加快。另一种模型是，月球和太阳的潮汐力矩使地幔的自转速度逐渐减慢，而这些力矩只与内核弱耦合，因为外核的黏度很低。

6.2.2.3　地磁场

行星周围磁场的存在对该行星的内部模型构成了限制。如第 7 章所述，一般认为磁场由磁流体发电机产生，在那里行星内部的电流产生磁场，就像盘绕的铜线中的电流一样。然而，尽管计算机模型在模拟地球磁场（包括磁场反转）方面取得了重大进展，但这一过程的细节还不清楚。

地球磁场的地质历史从岩石中含铁晶体的方向看得最为明显。为了解释这一点，从洋中脊入手：那里数百万年来岩浆不断上升，形成了新的地壳。因此，最年轻的物质直接出现在洋中脊的顶部，地壳年龄随着离洋中脊距离的增加而增加。因此，洋底在洋中脊周围对称地排列着"地层"，通过调查距洋中脊不同距离的物质可以建立地质记录。玄武质岩浆富含铁，冷却岩浆或熔岩中的任何含铁矿物都会与地球磁场呈磁性排列。当冷却到低于磁性"冻结"（居里）温度时，这个方向被锁定。因此，通过分析含铁矿物与洋中脊距离的函数关系，可以原则上确定地球磁场的地质历史。磁性晶体的取向产生平行于洋中脊的条纹图案。这些变化由磁化方向的变化引起，其中磁取向从一条磁条纹到另一条磁条纹的方向发生变化。这些磁场方向的变化表明了地球磁场方向的倒转。地球"磁场倒转"的另一条证据来自古地磁场研究，通过研究确定了世界许多地区的古老岩石的磁性和年龄。根据这些记录，科学家们已经能够重建地球磁场的历史，而且很明显，磁场倒转在地质时间尺度上相当普遍；它们似乎是在 10^5 年到几百万年之间的不规则间隔发生的。

如果一颗行星有内禀磁场，它的内部一定有一个流动、对流并且导电的区域。由于地球的外核是流动的，可能是对流的，而且是导电的（因为铁是它的主要成分），所以地球的磁场一定起源于外核。因此，行星周围是否存在内部产生的磁场就给其内部模型增加了约束。

6.3 其他固体天体的内部

地震数据只适用于地球和月球。人们可以用这些天体作为原型，并为其他固体天体的内部结构建立模型，模拟本章引言中总结的可观测参数。本节将总结目前对月球、类地行星和一些外太阳系卫星的了解。小行星和彗星分别在第 9 章和第 10 章讨论。巨行星的内部结构如 6.4 节所述。

6.3.1 月球

对月球转动惯量的测量结果表明月球的 $I/MR^2 = 0.393\ 2 \pm 0.000\ 2$，仅比均质球的 0.4 略小。将实测的 I/MR^2 与地震数据拟合的模型表明，月球的平均密度为 $3.344 \pm 0.003\ \text{g/cm}^3$，月壳密度较低（$\rho = 2.85\ \text{g/cm}^3$），平均厚度在 $54 \sim 62\ \text{km}$ 之间，还有一个半径 $R \lesssim 300 \sim 400\ \text{km}$ 的铁核（$\rho = 8\ \text{g/cm}^3$）。对月核的估计与对月壳中大的局部磁场的测量是一致的（7.5.3.3 节）。

1994 年发射的克莱门汀号探测器（Clementine）利用激光测距装置和微波发射器详细测量了月球重力场和表面地形。由微波多普勒跟踪确定了重力和大地水准面高度异常，由激光测距确定了地形。地形和重力异常图如图 6-19 所示。月球重力模型显示，等势面通常在低纬地区升高，在靠近两极的地方降低。假设月壳密度为 $2.8\ \text{g/cm}^3$，计算布格重力校正系数，并从自由空气异常中减去，以确定地下密度分布。如果把布格异常中的所有偏差都归因于月壳厚度的变化，那么这些数据就产生了如图 6-19（c）所示的相对月壳厚度图。图中假设月幔的密度为 $3.3\ \text{g/cm}^3$，月壳厚度的平均参考值为 64 km。

图 6-19 所示的地图显示，高地在引力上是平滑的，表明这里存在像地球大多数地区一样的均衡补偿。月球盆地也表现出广泛的均衡补偿，月球正面的一些盆地（例如雨海盆地）有明显的重力高点，被称为质量瘤。图 5-15 显示了一张月球照片，上面标注了许多有趣的地质特征。月球盆地中的重力高点表明，从这片区域被熔岩淹没以来，这里的月球岩石圈非常强。撞击后月幔物质的局部抬升和后来致密的月海玄武岩的增加一定是造成高重力的原因。年轻、大型、多环盆地上的高重力区域，如东海（Mare Orientale），其布格异常为 $+200\ \text{mGal}^{①}$，被负异常环包围（比东海小 100 mGal），而负异常环的外围还有一个正异常环（比东海大 $30 \sim 50\ \text{mGal}$），表明玄武岩溢流和撞击后月幔隆起引起的岩石圈弯曲。另一方面，毗邻东海的艾特肯盆地几乎完全补偿。盆地的均衡补偿与盆地的大小和年龄之间没有相关性，因此在盆地形成和玄武岩填充时，岩石圈的强度必然表现出较大的空间变化。这一结论在日本月亮女神号探测器最近重力数据的基础上得到了加强。该数据表明，在质量瘤形成的晚期重轰击时代，月球背面岩石圈一定比正面岩石圈更强。在一阶近似下，重力差异可以解释为由地壳厚度变化引起。假设月壳密度不变，背面月壳

---

① $1\ \text{mGal} = 10^{-3}\ \text{cm/s}^2$。

（68 km）平均比正面月壳（60 km）厚。月海下的月壳通常较薄，危海下的最小厚度接近
0 km，东海下的最小厚度为 4 km，艾特肯盆地（Aitken basin）下的最小厚度为 20 km。
最厚的月壳有 107 km，位于月球背面一个高地下方。

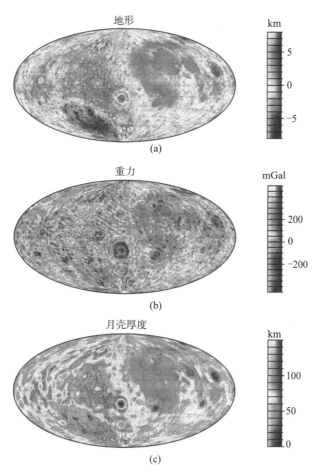

图 6 - 19　月球地形图（单位：km）、自由空气重力异常图（单位：mGal）和月壳厚度图（单位：
km）（a）基于克莱门汀号数据的 GLGM - 2 地形模型。（Smith et al. 1997）（b）LP75G 重力模型
（Konopliv et al. 1998）。这个模型还包括来自月球探勘者号的数据。（c）采用 GLTM - 2 地形模型和
LP75D 重力模型的单层艾里补偿月壳厚度模型。后一种模式修正了在确定月壳厚度时主要撞击盆地中
存在的月海玄武岩。（Hood and Zuber 2000）

　　月球的内部结构在很大程度上是由阿波罗任务几个着陆点的月震测量结果确定的。与
地球相比，地球的地震起源于接近地表的地方，月球地震起源于月球深处（约 1 000 km
深）和接近月表的地方。深处（700～1 000 km）的月震通常是由地球造成的潮汐引起，
尽管这种月震也可能发生在离月表较近的地方。陨石撞击是月震的另一个常见来源。需要
注意的是，由于月球没有太多大气层，这种撞击在月球上比在地球上要多。月壳在经历两
个星期寒冷的月夜后被太阳照射时，产生的热胀也会触发月震。月球的自由振荡需要很长
的时间来抑制，这表明着月球几乎没有水分，也缺乏其他挥发物。图 6 - 20 显示了从各种

地震实验中推断出的 P 波月震速度剖面［图 6 - 20（a）］和月球内部结构示意图［图 6 - 20（b）］。浅层（近月表）速度归因于溅射物覆盖层。从月表到约 20 km 深，S 波和 P 波的速度稳定增加。从 20 km 到 60 km 深，P 波的平均速度大约 6.8 km/s，表明这一区域为斜长岩成分。这一区域的月壳厚度从月海处不到几千米到高地处超过 100 km 不等。月背的月壳平均较厚，导致月球的质心相比其几何中心在地月连线方向向地球偏移 1.68 km ±50 m［图 6 - 20（b）］。这种偏移可能是由岩浆结晶过程中形成的不对称性造成的。

在 300～500 km 深度处似乎有轻微的地震速度反转，这表明随深度增加可能产生了化学梯度，例如铁/（铁＋岩石）的相对比率增加。月壳以下约 500 km 的区域被称为上月幔。其成分以橄榄石为主。500 km 一直到约 1 000 km 为中月幔，主要成分和地幔一样是橄榄石和辉石。到达该深度的 S 波和 P 波平均速度分别为 $v_S \approx 4.5$ km/s 和 $v_P \approx 7.7$ km/s。S 波在更深层的衰减可能意味着月球的下月幔部分熔融。在月球表面约 1 000 km 以下没有发现月震。P 波的速度在月表约 1 400 km 以下降低了约 1/2，表明月球有一个富含铁的核。尽管最后一次测量仅来自一次相对较弱的陨石撞击，但观察发现，虽然月球自身现在没有磁场，不过许多月球样品似乎已在强磁场环境中凝固约 30～40 亿年，表明月球有一个小的金属内核。一个半径 $R \leqslant 300 \sim 400$ km 的月核就可以满足所有的可用数据结果。

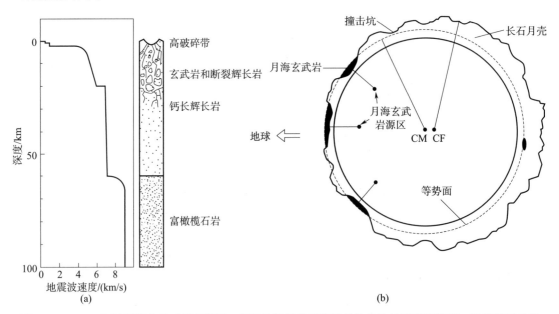

图 6 - 20　（a）阿波罗任务月球行走期间，宇航员使用月震仪测量的 P 波月震速度剖面。测量结果的解释如右图所示。（参考 Hartman 2005，利用 Taylor 1975 的数据）（b）绘制了赤道面上月球内部结构的示意图，显示了月球质心（CM）相对形心（CF）向地球偏移（图中放大了偏移的比例）。（Taylor 2007）

6.3.2　水星

不幸的是，目前还没有太多关于水星的数据可以用来推断其内部结构。直到最近，水手 10 号探测器三次飞越的照片和其他测量资料，以及雷达实验和其他地基观测资料提供了所有可用的数据。虽然信使号探测器在 2008 年 1 月、10 月以及 2009 年 10 月经过水星，但目前还没有任何关于水星内部结构的更新。

雷达数据揭示了水星特有的自转和公转周期 3∶2 共振（2.6.2 节），这个共振使得水星的自转周期为 59 天。水星的质量只有地球的 1/20，但是却有很高的体密度，$\rho = 5.43 \text{ g/cm}^3$（未压缩密度为 5.3 g/cm^3），这表明水星大约 60％ 的质量由铁组成（习题 6.27），这个含量是球粒陨石铁含量的两倍。模型显示水星的铁核半径是其整体半径的 75％。外层 600 km 是水星幔，主要由岩石物质组成，最外层 200 km 是岩石圈，温度低于 1 100～1 300 K ［图 6-21（a）］。这类行星的转动惯量为 $I/MR^2 = 0.325$。通过测量 J_2 和水星自转轴的进动可以得出转动惯量 ［式（6-10）、（6-21）］，从而约束了这颗行星可能的内部结构。

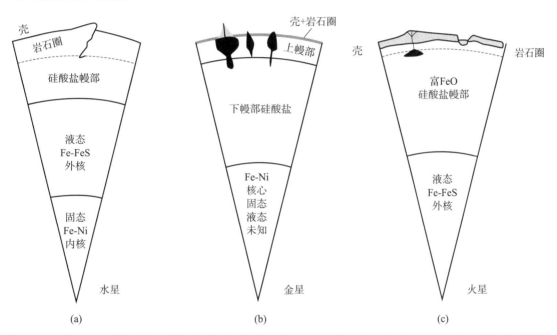

图 6-21　基于对内部结构的"最佳猜测"模型所绘制的（a）水星、（b）金星和（c）火星内部结构示意图

由于没有一个大的岩石幔，人们认为水星在形成末期被一个大的天体击中。撞击溅射并可能蒸发了水星幔的大部分，留下一颗富含铁的行星。当大铁核开始冷却时发生收缩，并导致坚硬的外壳塌陷，形成了遍布水星的独特陡坎（5.5.2 节）。远红外和射电观测表明，水星普遍缺乏富含铁和钛的玄武岩；这些元素在水星表面的丰度甚至低于月球高地。这表明，在水星形成的早期，深部广泛的火山活动就已经停止。如果事实如此，这表明铁核的冷却非常缓慢，因此部分铁核仍可能处于熔融状态。

利用雷达测量已经高精度确定了水星自转轴的指向（2.11′±0.1′）。在水星 88 天的轨道周期内，其自转速率的变化表明存在一个由太阳施加的力矩导致的小振荡或天平动。这种受迫振荡的振幅意味着水星的幔必须与核分离，因此水星的外核必须是液态的。外核可能由铁和硫化亚铁的混合物组成。只需百分之几的硫含量就会降低外核的熔化温度，使其保持液态，但也会使内核凝固。与地球相似，凝固释放出足够的能量来保持外核的对流，这是维持磁流体发电机系统的必要条件，该系统可以在水星周围产生可探测到的磁场（7.5.2 节）。

6.3.3　金星

金星在大小和平均密度上与地球非常相似，表明这两颗行星的内部结构相似。苏联着陆器的观测显示金星表面的成分是玄武岩，加强了上述论点。金星的平均未压缩密度略小于地球（表 6-1，大约小 3%）。与地球形成对比的是，金星不具有内禀磁场，这意味着其幔和/或核中不存在对流金属区。金星核是完全固结的吗？与地球相比，金星的平均密度略低，这表明它可能缺乏一些丰富的重元素。根据太阳系起源的理论，金星可能比地球含有更少的硫，因为它形成于太阳星云的一个较温暖的区域。如果真是这样，金星核比地核含有更少的硫化亚铁。由于硫化亚铁降低了铁的熔化温度，没有这种化合物可能会导致铁核完全固结。或者，行星密度之间的差异可能是分异的星子随机分裂的结果。与固结的核形成对比的是，金星核也可能为液态，但不存在对流。在地球上，驱动液体外核对流的一个主要能量来源来自固体内核和液体外核之间的相变（习题 6.25）。核心物质的凝固释放了能量，推动了地核的对流。如果金星上没有这个相界，即使核完全为液态，也可能没有对流。从麦哲伦号和先驱者号金星轨道器的多普勒跟踪数据中对金星引力场的测量似乎支持金星核是液体的假设。如果幔的温度高于核的温度，这种情况会抑制而不是触发核中的对流，可以对液态核中不存在对流提供另一种解释。虽然这样的情况听起来可能有悖常理，但下面推断金星上可能就是如此。

金星上的低地和高地有时被比作地球上的洋底和大陆，尽管金星地区的组成和详细地形与地球上的大不相同。这两颗行星最大的区别是金星上没有行星范围的构造板块活动（图 5-53）。地球上的水在驱动板块构造中起着关键作用。水削弱了岩石的硬度或强度，降低了岩石的熔化温度。因此，地球岩石圈中的水被认为是板块构造形成的必要条件。金星的大气层和岩石极为干燥，这很可能是由于金星表面温度极高，流失了所有的水（4.9.2.3 节）。干燥的岩石即使在相对较高的温度下也保持着很高的硬度，因此金星的岩石圈不会破裂，而且根据重力测量得出的结论，可能和地球的岩石圈一样厚。

在地球上，板块构造是热量损失的主要途径。在没有板块运动的情况下，热点和火山活动可能更为重要。事实上，金星上有许多火山地貌，包括巨型火山、小穹丘和冕状构造（5.5.3 节）。然而，所有这些特征加在一起最多可以解释金星内部产生热量中约 20%～30% 的损失。因此，金星内部正在缓慢升温，与地球相反。地球表现出活跃板块构造（active lid mantle convection），金星则可能没有构造板块（stagnant lid convection），在这种模式下，冷岩石圈阻挡了来自下方的热量。假设大部分放射性加热发生在幔而不是核，这可能导致热幔覆盖在相对较冷的核上。尽管当岩石圈变得过于致密时，其碎片可能会断裂，但这种过程并不是一种非常有效的冷却机制。导致地球上构造板块对流的数值模型表明，在金星条件下，岩石圈有可能完全俯冲，即每隔几亿年就出现一次"灾难性表面更新”事件[①]（5.5.3 节）。

　　金星的重力场与其地形高度相关（图 6 - 22），表明岩石圈的强度足以支撑地形。尽管有些高地可能部分受到均衡补偿，但大多数高地并非如此，而且似乎受到大型地幔柱的补偿。

6.3.4　火星

　　火星的大小介于月球和地球之间，其平均密度为 3.93 g/cm³，比一颗完全由球粒陨石组成的行星的预期要大。一个更有趣的比较是火星幔的未压缩密度为 3.55 g/cm³，与地球的 3.34 g/cm³ 相比，表明火星幔中有更丰富的铁。据估计，氧化亚铁的质量丰度在 16%～21% 之间，是地球上地幔（7.8%）的两倍多。对火星陨石的分析（第 8 章）得出火星幔的氧化亚铁绝对浓度为 18%（按重量计）；在不同着陆点的表面上获得了类似的值。事实上，火星的红色由较多的铁锈（氧化铁）造成，这在其他星球上是没有的。尽管火星表面和火星幔中的铁含量远大于地球上的铁含量，但与球粒陨石相比，火星上部区域的铁含量仍然很低（球粒陨石标准化铁值为 0.39），这可能是由于铁-硫化亚铁分离到地核引起的。

　　火星表面温度较低，说明岩石圈相对较厚（习题 6.29），这与观测到没有构造板块活动是一致的。早期大部分的热量损失可能由火山活动造成，正如几个大型盾形火山的存在所表明的那样。这些大型火山进一步表明，喷发的岩浆黏度较低，例如富含氧化亚铁（质量分数为 25%）的熔岩。岩浆可能起源于约 200 km 的深度（习题 6.30），这是火星幔中的一个区域，可能类似于地球的软流圈。

　　火星全球地形图揭示了一个惊人的现象：南北半球海拔相差约 5 km［图 6 - 23（a），5.5.4 节］。火星的最佳拟合参考椭球体的中心在火星质心以南约 3 km 处，如果不以此作为基准，则大部分南北半球的不对称也随之消失。全球重力图［图 6 - 23（b）］显示，火星大地水准面与地形高度相关，表明地形特征没有均衡补偿。例如，塔尔西斯地区的重力明显 ≳ 1 000 mGal。局部质量瘤出现在撞击盆地的中心，而水手峡谷显示出明显的质量缺陷。这些特征表明火星可能具有一个厚的刚性岩石圈。假设布格重力异常与地壳厚度的变化直接相关，图 6 - 23（c）显示这种变化的一阶近似与火星的地形密切相关。例如，地壳在北半球和希腊盆地最薄，而在塔尔西斯地区最厚。

　　塔尔西斯地区位于赤道上并不是一个巧合。即使它形成于不同的纬度，真极移也会改变行星的方向，使其进入旋转平衡。如重力图所示，塔尔西斯隆起并非处于流体静力平衡状态。通过将“真实”转动惯量 $I/MR^2 = 0.365$ 与基于流体静力平衡假设直接从测量的引力矩 J_2 计算的转动惯量 $I/MR^2 = 0.377 \pm 0.001$ 进行比较，也可以很明显看出这点。较小的数值基本上是基于对 J_2 的测量（通过跟踪在轨探测器），以及根据火星上的着陆器和探

---

　　① 也称灾难更新（catastrophic resurfacing），是一种解释金星表面撞击坑分布的学说，指金星经历了一次全球性的表面更新，随后火山和构造活动变得非常弱。与之相对的学说是均匀更新（equilibrium resurfacing），认为金星表面存在持续的岩浆活动或者构造活动（杨安等，2020）。——译者注

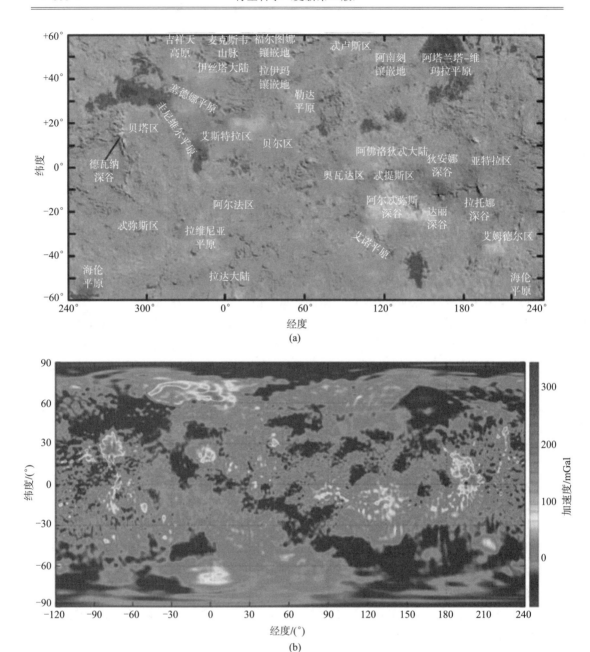

(a)

图 6-22 　(a) 麦哲伦号的雷达高度计数据显示的金星表面墨卡托投影图。麦克斯韦山脉，金星上最高的山区，比平均海拔高出 12 km。[图片来源：彼得·福特（Peter Ford），NASA/麦哲伦号]（b）金星的自由空气重力图，注意与图（a）中金星地形高度相关，例如贝塔区和阿尔塔区的地形高点同时也是高重力点，而低洼的平原则显示为低重力点。（Konopliv et al. 1999）

测器获取的数据确定的行星进动率。采用考虑了火星重力场、转动惯量和太阳潮汐变形的模型，可测得潮汐勒夫数 $k_T = 0.153 \pm 0.017$，该值表示火星半径在 1 520～1 840 km 之间，其核至少部分为液体。由于没有内禀磁场，如果核是由铁和硫化亚铁的混合物组成，

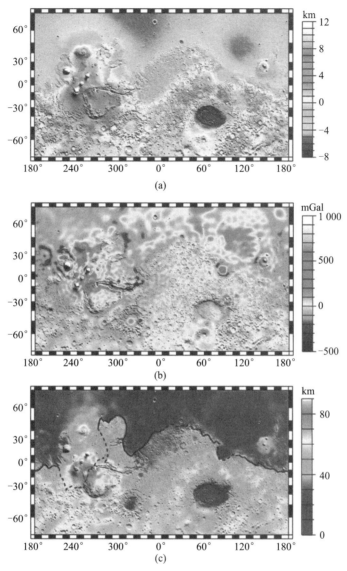

图 6 - 23　（a）火星局部地形、（b）自由空气重力和（c）地壳厚度之间的关系。注意地形和重力之间的良好相关性：地形高点，如塔尔西斯地区，显示出较大的重力正异常和厚地壳；相比之下，地形低洼的希腊盆地显示出较大的重力负异常，地壳较薄。（Zuber et al. 2000）

那么它可能完全是流体，正如实验室测量所预期的那样。

如 5.5.4 节所述，关于火星上的北部平原是否曾被远古海洋覆盖尚存在争论。反对这一理论的主要证据是，已发现的几千千米的古海岸线并不是沿着引力势相等的表面。然而，如果一个真极移事件改变了火星的自转轴指向，在塔尔西斯隆起形成并重新移动到赤道之后，一个古老的海洋可能已经覆盖了平原，使得海岸线确实像预期的那样沿着静水等势面。

6.3.5 巨行星的卫星

大卫星（半径超过数百千米）的密度从约 1 g/cm³ 到约 3.5 g/cm³ 不等，这表明有的卫星几乎是纯冰，而有的卫星主要是由岩石构成。这些天体的组成显然取决于它们的形成地。在外太阳系的冰线之外，即太阳星云外部的表面温度低到足以使水凝结，从而使天体在形成阶段吸积冰，这反映在相对较低的体积密度上。然而，巨行星的次级星云可能离行星过近，导致无法形成冰，因此木星附近的木卫一和木卫二等卫星尽管形成于原始太阳星云本身的冰线之外，但主要还是由岩石构成。下面将详细讨论一些较大卫星的内部结构。

6.3.5.1 伽利略卫星

木卫一的平均密度为 3.53 g/cm³，这个密度表示其主要成分是岩石和铁。表面成分的直接光谱信息表明木卫一表面没有水冰，富含二氧化硫霜和其他含硫物质。此外，还发现了辉石和橄榄石等镁铁质矿物。如 2.6 节和 5.5.5 节中所述，木卫一是太阳系中火山活动最活跃的天体，其热流是地球的 20～40 倍（表 6-3），这一特征归因于与木星强烈的潮汐相互作用，同时与木卫二和木卫三处于拉普拉斯共振状态。因此，木卫一的内部必然非常热且部分熔化。木卫一的喷发温度通常为 1 200～1 400 K，偶尔超过 1 800 K。再加上伽利略号探测器对木卫一转动惯量的测量结果 $I/MR^2 = 0.378$，表明木卫一是元素分异的天体，较重的元素集中在核心。由于受到潮汐力和旋转力的影响，假设木卫一已松弛到平衡形状，它详细形状和重力场的组合对确定其内部特性提供了进一步约束。事实上，测量显示木卫一如预期一样是一个三轴椭球体，长轴指向木星，短轴与旋转轴对齐。虽然无法从数据中推导出木卫一内部结构的唯一模型，但有足够的约束来支持以下的整体情况。

如果木卫一的核心单纯由铁-镍组成，其半径可以小到木卫一半径的 1/3；如果木卫一的核心由铁-硫化亚铁（和镍）的共晶混合物组成，则它的半径可以大到木卫一半径的约 1/2。由于木卫一没有内禀磁场，所以它的核心可能完全是固态或液态的。在木卫一核心上覆盖着一个热硅酸盐幔，顶部是一个可能密度较低的壳＋岩石圈［图 6-24（a）］。岩石圈必须足够坚固，以支撑卫星上观测到的高度＞10 km 的高山（图 5-76），但同时它必须允许高热流通过。因此木卫一的壳/岩石圈必须足够冷到能够长期承受弹性应力，又要足够热到可以解释热流。木卫一的壳/岩石圈可能约 30～40 km 厚，而"热管"机制可能以岩浆的形式通过裂缝上升来输送热量。这一过程可能导致大量熔岩冲破地表，覆盖较老较冷的熔岩流，最终混合回部分熔融的幔。与木卫一全球表面重铺速率相对应的物质平流约 1 cm/年，确实可以形成一个相对较厚的冷表层，其强度足以支撑卫星观测到的高度＞10 km 的高山。观测到的喷发温度与全球 10%～20% 的熔体分数一致，局部熔体分数可能更高。所有的熔体可能都集中在一个软流圈中，厚度可能有几十到约 100 km。然而，是否存在软流圈在一定程度上取决于大部分潮汐热在幔或表面附近的消散位置，而这一点尚不得而知。

木卫二的平均密度为 3.01 g/cm³，表明它由岩石和冰组成，其中岩石的幔/核占质量的 90% 以上［图 6-24（b）］。木卫二的转动惯量比 $I/MR^2 = 0.346$，表明它是一个分异的中心凝聚天体。岩石状且很可能是脱水的幔上覆盖着厚厚的水壳，而木卫二可能有一个金属内核。水层的厚度至少为 80 km，但不超过 170 km，而核心部分的覆盖范围可能在木卫二半径的 12%～45%。确切的尺寸取决于核心的成分（铁-镍、铁-硫化亚铁-镍或其他混合物）和水壳的厚度。伽利略号的图像 ［图 5 - 81 (c)］ 表明木卫二的壳由漂浮在液态海洋或软冰层上的薄冰盖或板块组成；这些图片让人想起地球上北极地区的一块冰。伽利略号的图像还表明木卫二可能存在非同步旋转（5.5.5.2 节），这意味着外壳必须与幔分离，说明两者之间有一个液体层。伽利略号磁强计的数据最有力地证明了木卫二冰冷的壳下存在一个液态海洋，它揭示了木卫二周围磁场中的扰动，这与被咸海洋覆盖的天体所预期的扰动是一致的（7.5.4.9 节）。在液态海洋上方的冰壳底部，潮汐能的消散可能足以维持海洋的液态。

木卫三的平均密度 $\rho = 1.94$ g/cm³，说明它是岩石和冰的混合物且二者质量相当。它的转动惯量 $I/MR^2 = 0.312$，表明它的质量主要集中在中心。木卫三具有内禀磁场，让人联想到一个液态金属核心，很可能还具有一个小的固态内核（7.5.4.9 节）。最符合木卫三重力、磁场和密度数据的模型是一个三层内部模型，其中每一层都是约 900 km 厚。这些模型包括一个液态金属核，周围有一个硅酸盐幔，其顶部有一个厚冰壳 ［图 6 - 24 (c)］。冰在约 150 km 深处（2 kbar）可能为液态，温度（253 K）相当于水的最低熔点。由于高压下的水冰具有许多不同的相态（图 6-6），冰也具有不同的密度，所以一层液态水可以夹在两层不同形式的冰之间。伽利略号的射电多普勒数据揭示了几个重力异常，说明冰面或冰面下可能有大量的岩石，如果有木卫三液态海洋的话，这些岩石也可能在海底。

木卫四的平均密度 $\rho = 1.83$ g/cm³，这表明它的冰含量一定比木卫三大，这与伽利略卫星从内到外冰含量增加的趋势一致。它的转动惯量 $I/MR^2 = 0.355$，略小于由压强压缩但成分均匀的冰和岩石混合物的预期值，但远大于木卫三。木卫四如果处于流体静力平衡，可能会部分分异，有一层冰壳（几百千米）和一层冰/岩石幔，接近卫星中心密度略大。伽利略号上的磁强计发现了磁场扰动，这表明木卫四内部存在和木卫二类似的咸海（7.5.4.9 节）。和木卫三的情况类似，这样的海洋可能存在于约 150 km 深处。

6.3.5.2　土星的卫星

土星的规则卫星显示出各种各样的密度（表 1 - 5）。土卫六是土星已发现卫星中最大的卫星，其密度也最大，部分原因在于幔部深处的冰被压缩。与木星的伽利略卫星形成对比的是，土星中等大小的规则卫星的密度并没有表现出密度随距离的单调变化的趋势，也没有与质量密切相关。土卫二是土星规则卫星中密度第二大的卫星，它太小而无法承受压强引起的显著压缩；因此，它的密度为 1.61 g/cm³，表明它的岩石（以质量计）比冰多一点。相比之下，邻近的（稍大的）土卫三的密度只有 0.96 g/cm³，这表明它几乎是纯的水冰。由于土卫三的表面主要是水冰，而且土卫三的体积太大，没有足够的孔隙度，因此水冰与密度较低、更易挥发的冰和一些岩石的混合体构成土卫三是不可能的。土星微小的、形状不规则的内卫星的密度甚至比土卫三密度还低，但这些卫星内部的压强非常小，它们

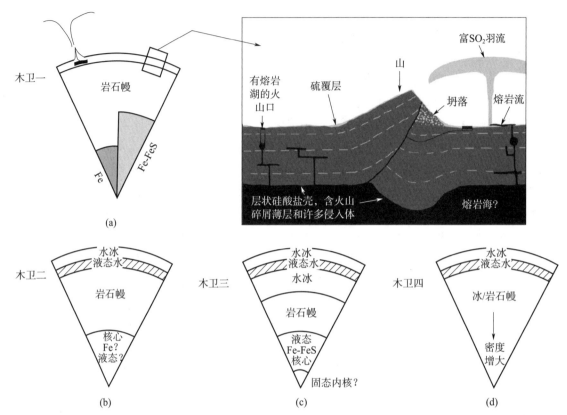

图 6-24　对四颗伽利略卫星内部结构的最佳估计。（木卫一的图片源自 McEwen et al. 2004）

的低密度可能由高孔隙度造成，即在小（微观孔隙）或大（宏观孔隙）长度尺度上有大量的空隙。

　　土卫六的平均密度是 1.88 g/cm^3，这表明岩石与冰的质量比大约为 0.55。内部应该分异成岩石（＋铁）核心，大约占半径的 60%～65%，还有一个富含冰的幔。如 4.9.1.2 节和 5.5.6 节中所述，土卫六大气中存在的甲烷气体需要一个活跃的来源，它可以是土卫六表面液体的形式（通过类似于地球水循环的甲烷循环）或通过冰火山作用。如果土卫六上确实存在冰火山作用，那么在其表面下一定有液体，例如以地下海洋的形式存在。存在这种海洋的证据越来越多，尽管最初的问题是如果土卫六的潮汐耗散与全球被海洋广泛覆盖的卫星（在表面或内部）预期的潮汐耗散一样高，如何解释土卫六 3% 的轨道偏心率。如此大的偏心率不能像木卫一一样通过与其他卫星的共振来维持。

　　卡西尼号雷达测量显示土卫六的自转速率在 2004 年至 2007 年间增长率为 0.36°/年。这种变化可能是由土卫六表面和土卫六稠密大气之间的角动量季节性交换造成的，前提是卫星的冰壳通过地下海洋（例如，富含液氨的水层）与核分离。氨必不可少，因为它降低了海洋的融化温度。通过土星次级星云（13.11.1 节）中形成卫星的模型进一步预测了它的存在。最近的土卫六模型计算了卫星随时间的热演化及其内部和轨道之间的耦合关系，包括冻结的地下海洋对潮汐耗散率和轨道演化的影响。这个模型可以将观测到的偏心率与

地下海洋的存在相协调。在模型中，土卫六上的甲烷以甲烷水合物的形式储存（5.1.1
节）在海洋上方的冰壳内，并间断释放，向大气注入新鲜甲烷气体。冰壳的典型厚度约为
60～100 km，海洋的厚度约为 100 km。

　　卡西尼号在土卫二南极探测到极端的间歇泉活动（5.5.6 节），蒸气、尘埃和冰组成
的巨大的羽流从土卫二南极附近的巨型构造特征"老虎条纹"中散发出来。尽管预计存在
一些热源，但也很难解释在这个相对较小（半径约 250 km）的卫星上出现的次表层海洋。
潮汐加热源于它与土卫四的 2：1 平均运动共振，并且可能由于与土卫十的相互作用和来
自岩石核心的一些放射对热量进一步增强。不过，加热必须足够才能引起一些地质活动。
此外，海底水合物的分解（一种放热反应）可能会驱动间歇泉。或者少量的潮汐加热足以
诱发冰底辟（ice diapirs），即较热的浮力物质（糊状冰或液体）通过冰壳向上移动，在冰
面上"爆炸"成射流。底辟现象会导致深度的质量亏损，所以可以解释为什么喷流发生在
南极而不是赤道。根据冰壳的刚性，质量亏损将由地形高点（没有太大刚性的岩石圈）补
偿，或将产生净重力负异常（刚性岩石圈，无补偿）。在后一种情况下，真极移将改变卫
星的方向，使喷流发生在极区（南极）。

6.3.5.3　天王星和海王星的卫星

　　天王星最大五颗卫星的平均密度约为 1.5 g/cm³，表明它们是由冰/岩石混合物组成的
天体。考虑到这些天体的大小，即使没有来自形成时的吸积热，放射性热也足以将这些天
体区分为具有冰/硅酸盐幔的岩石核心和冰壳，除非它通过固态对流向外散热。根据天体
的大小和环境（潮汐加热），幔可以是固体，也可以是部分液体。如果存在少量的氨，液
态层存在的可能性就会增加，因为共晶水-氨混合物的熔化温度远低于纯水冰的熔化温度。

　　海卫一的密度为 2.05 g/cm³，表明除了木卫一和木卫二外，它比巨行星的其他大中型
卫星的岩石比例要大得多。木卫三、土卫六和木卫四的密度几乎与海卫一相同，但这三颗
质量更大的卫星内部的冰会因为受到更大的压强导致压缩。海卫一的质量和密度与冥王星
相似，这与海卫一在太阳星云中形成并随后被海王星捕获的模型一致（13.11.1 节）。

6.4　巨行星的内部结构

6.4.1　巨行星的建模

　　巨行星的体积密度表明它们主要由轻元素组成。太阳系中最大的两颗行星通常被称为
气态巨行星，尽管组成这些巨行星的元素在木星和土星内部普遍存在的高压下已经不是气
体。类似地，天王星和海王星经常被称为冰巨星，但构成这些行星大部分质量的天体物理
学意义上的冰（如水、甲烷、硫化氢和氨）是流体而非固体。请注意，氢和氦必须构成木
星和土星的主体，因为在合理的温度下，没有其他元素能有如此低的密度，但天王星和海
王星可能（尽管可能性不大）主要由"岩石"和氢/氦的混合物组成。

　　在 6.1.3 节中注意到，任何材料的球体都有一个最大尺寸；如果加入更多的物质，天
体的半径就会减小。下面推导纯氢气球体的最大半径。考虑式（6-5）给出的状态方程，

多方指数 $n=1$，因此 $P=K\rho^2$。在这种特殊情况下，半径与质量无关。因此，当更多的质量被添加到天体上时，材料会被压缩，这样它的半径就不会改变。当 $n=1$ 时，方程可以解析求解，而计算结果与基于更详细的压强-密度关系的计算结果一致。对流体静力平衡方程［式（6-1）］积分得出以下密度分布

$$\rho = \rho_c \left[\frac{\sin(C_K r)}{C_K r} \right] \tag{6-49}$$

式中，ρ_c 是天体中心的密度。

$$C_K = \sqrt{\frac{2\pi G}{K}} \tag{6-50}$$

天体的半径 R 由 $\rho = 0$ 定义，所以 $\sin(C_K R) = 0$，$R = \pi / C_K$。通过对更精确的状态方程进行拟合，可以得到多方常数 $K = 2.7 \times 10^{12}\ \mathrm{cm}^5 / (\mathrm{g \cdot s^2})$，由此可以得到行星半径 $R = 7.97 \times 10^4\ \mathrm{km}$。这个数字和行星的质量无关。这样一个氢球体的半径略大于木星的平均半径 $6.99 \times 10^4\ \mathrm{km}$，明显大于土星的平均半径 $5.82 \times 10^4\ \mathrm{km}$。这表明太阳系两颗最大的行星主要但并非完全由纯氢组成。

利用低压试验数据和特别高压下的理论模型，可以证明一个由重元素依靠自引力组成的冷球的最大半径可以近似为

$$R_{\max} = \frac{Z \times 10^5}{\mu_a m_{\mathrm{amu}} \sqrt{Z^{2/3} + 0.51}} \qquad （单位为 \mathrm{km}） \tag{6-51}$$

式中，Z 是原子序数，$\mu_a m_{\mathrm{amu}}$ 是原子质量。这个方程给出了纯氢球的最大半径为 $82\,600\ \mathrm{km}$，纯氦球的最大半径为 $35\,000\ \mathrm{km}$。对于更重的元素，最大半径还会更小。图 6-25 显示了通过精确（经验）状态方程进行数值计算，得到不同材料的零温物质球体的质量-半径关系图。巨行星的大致位置如图所示，其半径是从行星中心到行星赤道平均 1 bar 水平的距离。观测到的大气种类形成了一个边界条件，用于选择在巨行星内部结构模型中的元素。木星和土星的大气组成接近太阳的组成，它们在图 6-25 中半径-质量图上的位置表明，木星和土星内部的组成也应该接近太阳的组成。第 12 章（图 12-1）给出了考虑行星形成过程中收缩和冷却的更真实（非零温度）模型的计算结果。

在精确的模型中，观测到的旋转速率和推断的密度（根据质量和半径的测量）用于拟合重力场。这些模型还要满足行星磁场特征、内部热源以及附近存在的大型卫星的约束。行星的质量可以从探测器跟踪数据中精确确定，半径可以从恒星掩星和/或探测器图像中测量。行星的自转速率更难确定，因为通过测定反照率特征得到的是大气现象自转的信息。气态巨行星本体的自转周期被假定为其磁场的自转周期，通常可以通过地基（木星）或探测器射电观测来确定（第 7 章）。首先，这些数值与行星扁率和引力矩的测量值是一致的。行星内部物质的分布 $\rho(r)$ 可以从响应系数 Λ_2，或转动惯量比 I/MR^2 得出，这些结果都表明所有四颗巨行星都是中心凝聚的。

正如预期的那样，探测器的测量结果表明，这些巨行星所有奇数 n 的引力矩 J_n 都非常小。第二个矩 J_2 与行星的自转有关，而更高阶的引力矩表明行星的形状与旋转的扁球体有进一步的偏差。所有四颗巨行星的 J_2 和 J_4 都已得到测量，而木星和土星的 J_6 也已通

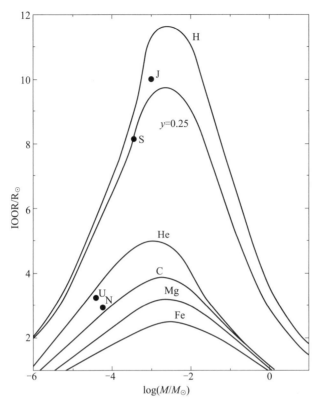

图 6 - 25　使用精确（经验）状态方程数值计算的不同材料球体在零温度下的质量-半径关系图。从顶部开始的第二条曲线是 75％氢、25％氦（质量分数）的混合物；所有其他曲线都是针对完全由一个元素组成的行星。巨行星的大致位置如图所示。(Stevenson and Salpeter 1976)

过观测确定（表 6 - 2）。这些矩为确定详细的模型提供了有价值的约束。行星内部需要存在导电和对流的流体介质才能符合观测到的强内磁矩，而这些行星的任何内部热源都很可能是引力造成的（6.1.5.1 节）。

　　由于上述建模的结果都不唯一，因此不同的模型之间会存在很大的差异。总的来说，模型显示巨行星中重（$Z>2$）物质的总量大约在 10～30 倍 $M_\oplus$ 之间，其中一些物质必须位于行星中心附近以满足引力矩约束。下面将讨论这四颗行星最可能的内部结构，但需要注意的是，由于研究仍在进行中，一些细节可能会在未来发生变化。

6.4.2　木星和土星

　　木星和土星的内部结构要满足质量、半径、自转周期、扁率、内部热源，以及引力矩 J_2、J_4 和 J_6 的约束。大多数木星模型预测的是一个相对较小的致密核，包含 5～10 倍 $M_\oplus$。然而，也有一些模型预测没有核，还有一些模型预测更大的核。土星的核可能比木星的大一些。虽然单独估计核的质量很难，但很明显，木星和土星的总质量有约 15～30 倍 $M_\oplus$。高原子序数（$Z>2$）物质分布在整个核和大气层中，因此总体而言，木星的高原子序数物质含量是太阳组成成分的 3～5 倍，土星的是 2～2.5 倍。这种增强与对行星大气的观测一致（4.3.3.4节）。木星和土星的核可能由大量的铁和岩石组成，其中一部分最初是在行星固体吸积形成时合并的，而更多的部分可能是后来通过重力沉降增加的。幔物质可能含有大量由 H_2O、NH_3、CH_4 和含 S 物质构成的"冰"。木星和土星内部结构的示意图如图 6-26 所示。

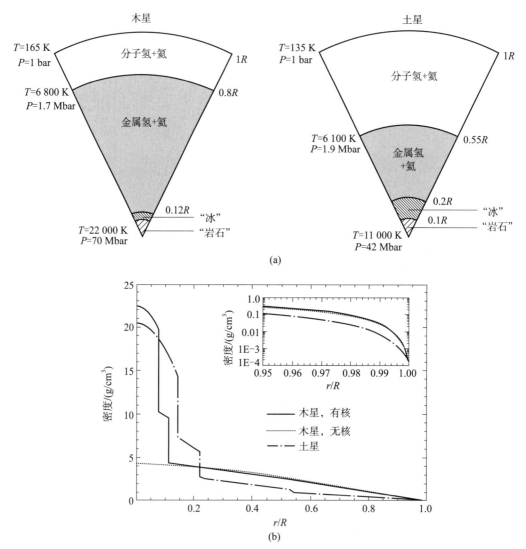

图 6-26 （a）木星和土星内部结构的模型，假设是完全对流的氢-氦大气层（绝热模型）。（改编自 Guillot et al. 1995）；（b）密度关于木星和土星标准化半径的函数模型。分子氢区的氦缺乏，加上金属氢区的富集，导致土星在 $0.55R_h$ 时的密度变化很小。对于木星给出了有核和无核模型的结果。（改编自 Marley and Fortney 2007）

木星拥有一个强大的磁场，土星则被一个较弱的磁场包围（7.5节）。如 6.1.2.1 节所述，理论和实验室实验表明，木星和土星内部的氢以液态金属氢的形式存在，这是一种高度导电的流体。类似于地球外液核的磁流体发电机理论模型（7.6.1节），人们期望在金属氢区域产生电磁流，从而产生磁场。由于土星的质量比木星小，因此金属氢区域的范围更小，很容易解释其磁场较弱的原因。

木星和土星释放的能量远大于从太阳获得的能量。多出的能量被认为源于内部热源。如 6.1.5.1 节所述，这种内部热量的来源很可能是引力。对于木星来说，模型表明大部分的热量来源于过去的引力收缩/吸积。目前，木星仍在以约 3 cm/年的速率收缩，内部以 1 K/百万年的速率冷却。对于土星来说，多余热量的很大一部分（大约一半）源于氦释放的引力能，氦与金属氢不混溶，会滴到核心上。氦的缓慢"排出"也解释了与太阳中的含量（表 4-6）相比，土星大气中这种元素的亏损。由于木星大气中氦元素丰度略低于太阳，因此这种分离过程也可能"最近"开始在木星上出现。由于木星和土星的大气层几乎都是完全对流的，因此对流层顶以下的热结构可能非常接近绝热模型。

6.4.3 天王星和海王星

天王星和海王星的质量-密度关系（图 6-27）表明它们与木星和土星有很大的不同。虽然所有四颗行星 $Z > 2$ 元素的总质量非常相似，但天王星和海王星的元素相对于氢的丰度比太阳的元素丰度提高了 30 倍以上。氢和氦的总质量只有 $M_\oplus$ 的几倍，但它们在天王星和海王星的体积上占主导地位。

海王星比天王星小 3%，而它的质量比天王星大 15%，因此密度比天王星的体积密度高 24%。海王星的响应系数 Λ_2 比天王星的稍大一些，这表明一颗行星的中心凝聚程度较低。这两颗行星的内部模型目前还没有得到很好的约束。如图 6-27（b）所示，根据可用数据拟合可以得到一系列模型。其中一些模型有一个超过行星半径 20% 的核，但另一些模型根本没有核。幔由"冰"组成，约占行星质量的 80%。行星半径最外层的 5%～15% 构成了一个富含氢和氦的大气层。因为天王星和海王星都有一个内禀磁场，它们的内部必须导电且对流。尽管行星内部的压强和温度都很高，但在行星内部的大部分地方，压强都没有高到可以形成金属氢的水平。因此，天王星和海王星内部的导电性必须归因于其他物质。由于高温和高压，冰幔可能是热的、稠密的、液态的、离子型的水的"海洋"，其中含有甲烷、氨、氮和硫化氢。在实验室对这种人造天王星混合物进行的冲击波实验显示，它的导电性足够高，足以建立一个能够产生观测到的磁场的电磁流系统（6.1.2.2 节）。

平衡温度和有效温度的比较表明，海王星必须有一个大的内部热源，而天王星的内部热源即使有也非常小（4.2.2.2 节）。天王星观测到的上限与仅由放射性衰变预期的热流一致。这种热源的差异是"公认的"理论，用来解释行星大气中观测到的大气动力学和碳氢化合物种类的差异（4.5.6 节，4.7.2 节）。一个有趣的问题是，这两颗行星的演化过程应当相当相似，为什么在这方面却如此不同？这两颗行星在最初吸积时一定是热的。可能由于两颗行星之间密度梯度的细微差异，天王星内部的对流受到抑制。如果对流抑制发生在约 60% 天王星半径以内和约 50% 海王星半径以内，那么所有观测到的特征都可以解释。这种成分梯度可能是由大星子 $[(0.1～1)M_\oplus]$ 的后期吸积所引起，它们在撞击时破碎，只能与已经存在的物质部分混合。

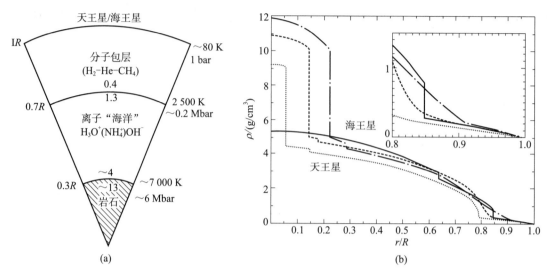

图 6-27　（a）天王星和海王星内部的示意图（根据 Stevenson 1982）；（b）三个海王星和一个天王星内部模型的密度作为归一化半径的函数。实线、虚线和点划线代表了可能的海王星模型的范围，其中核可能不存在或最多延伸到半径的 20%。点线代表一个天王星模型。由于海王星的质量更大，它的密度比天王星在每个分数半径更稠密。插图更详细地显示了从富氢大气到冰幔的过渡区域。（Marley and Fortney 2007）

　　尽管天王星和海王星上的离子海洋在行星内部延伸得很深，但缺乏对流不仅抑制了质量和能量从行星核到外层的传输，而且还阻止了 0.5～0.6 倍行星半径范围内磁场的产生。因此，天王星和海王星的磁场应该通过一个类似于在地球、木星和土星周围产生磁场的过程，起源于在 0.5～0.6 到 0.8 倍行星半径之间的离子海洋薄壳内。这可以解释这些行星磁场的巨大偏移和倾斜（第 7 章）。

　　天王星和海王星大气中的氦丰度与太阳成分大气中的氦丰度相似，而木星和土星上的氦丰度比太阳上的要小。如果氢确实被限制在天王星和海王星的外层，金属氢就不会形成，因此氦就不会从氢中分离出来。然而，一些模型表明大量的氢和氦与行星内部深处的冰物质混合在一起。当压强 ≳ 几兆巴时，氢变成金属氢，氦应该分离出来。只有在行星的内部深处才能达到这些高压水平，而刚刚认为对流在行星内部这个区域可能受到抑制。因此，在这些深层和大气之间没有质量（或能量）的传递，并且氦的分异效应（如果存在的话）在大气中可能不会被注意到。

　　根据 D/H 比的测量，可以提出核、幔和大气物质之间平衡的推测，这和前文中提到的对流和质量传输受到抑制相反。观察到的 D/H 比约为 1.2×10^{-4}，大约比原始值，以及木星和土星的 D/H 比高一个数量级，与地球和彗星上的数量级相似。这些高 D/H 比可能来自行星中的冰化合物，或者来自行星内部深处的冰，而这需要质量传输，因此需要对流（对流在当前时期受到抑制，但在过去可能有所不同），或者这些高 D/H 比源于最初形成天王星和海王星的冰星子。在后一种情况下，不需要通过深层内部和外层之间的有效混合过程来解释观测到的高 D/H 比，因为星子在整个形成行星过程中沉积了高 D/H 比的冰。

这两种情况的结果是，天王星和海王星大气中的 D/H 比可能不是一个能很好给出这些行星内部深层的混合程度的指标。

6.5　延伸阅读

以下文献从行星的角度对地球进行了简短的非技术性综述：

Pieri，D. C.，and A. M. Dziewonski，2007. Earth as a planet：surface and interior. In Encyclopedia of the solar system，2nd Edition. Eds. L. McFadden，P. R. Weissman，and T. V. Johnson. Academic Press，San Diego. pp. 189 – 212.

虽然本书包含了大部分与地球表面结构有关的资料，但下面列出的更高阶的书中有关地震学和地球内部的章节是一个很好的介绍：

Grotzinger，J.，T. Jordan，F. Press，and R. Siever，2006. Understanding Earth，5th Edition. W. H. Freeman and Company，New York. 579pp.

以下书籍是关于地球内部物理学的标准教材：

Fowler，C. M. R.，2005. The Solid Earth：An Introduction to Global Geophysics，2nd Edition. Cambridge University Press，New York. 685pp.

Lambeck，K.，1988. Geophysical Geodesy：The Slow Deformations of the Earth. Oxford Science Publications. 718 pp.

Schubert，G.，D. L. Turcotte，and P. Olsen，2001. Mantle Convection in the Earth and Planets. Cambridge University Press，New York. 456pp.

Turcotte，D. L.，and G. Schubert，2002. Geodynamics，2nd Edition. Cambridge University Press，New York. 456pp.

下面是一本关于地核、磁场和磁场反转的书籍：

Jacobs，J. A.，1987. The Earth's Core. 2nd Edition. Academic Press，New York. 416pp.

下面是一本关于地震学的优秀书籍：

Stein，S.，and M. Wysession，2003. An Introduction to Seismology，Earthquakes and Earth's Structure. Wiley – Blackwell，Oxford. 498pp.

关于所有行星内部结构的一本好书（虽然有些内容已经过时了）：

Hubbard，W. B.，1984. Planetary Interiors. Van Nostrand Reinhold Company Inc.，New York. 334pp.

以下文献讨论了巨行星和伽利略卫星的内部结构：

Guillot，T.，D. J. Stevenson，W. B. Hubbard and D. Saumon，2004. The interior of Jupiter. In Jupiter：Planet，Satellites and Magnetosphere. Eds. F. Bagenal，T. E. Dowling，and W. McKinnon. Cambridge University Press，Cambridge. pp. 19 – 34.

Hubbard，W. B.，M. Podolak，and D. J. Stevenson，1995. The interior of

Neptune. In Neptune and Triton. Ed. D. P. Cruikshank. University of Arizona Press，Tucson，pp. 109 – 138.

Marley，M. S.，and J. J. Fortney，2007. Interiors of the giant planets. Encyclopedia of the Solar System，2nd Edition. Eds. L. McFadden，P. Weissman，and T. V. Johnson. Academic Press，San Diego. pp. 403 – 418.

Moore，W. B.，G. Schubert，J. D. Anderson，and J. R. Spencer，2007. The interior of Io. Io After Galileo：A New View of Jupiter's Volcanic Moon. Springer – Praxis，Chichester，UK，pp. 89 – 108.

Schubert，G.，J. D. Anderson，T. Spohn，and W. B. McKinnon，2004. Interior composition，structure and dynamics of the Galilean satellites. In Jupiter：Planet，Satellites and Magnetosphere. Eds. F. Bagenal，T. E. Dowling，and W. McKinnon. Cambridge University Press，Cambridge. pp. 281 – 306.

Stevenson，D. J.，1982. Interiors of the giant planets. Annu. Rev. Earth Planet. Sci.，10，257 – 295.

6.6　习题

习题 6.1 E

针对以下情况计算引力势能：

（a）半径为 R、密度为 ρ 的均质球体。

（b）一个质量和半径都和（a）情况相同的球体，但是质量分布不同，这个球体有一个半径为 $R/2$、密度为其幔部 2 倍的核。

习题 6.2 E

假设如果应力超过材料强度，物体会被充分压缩。如果材料能在天体半径很大范围内被压缩，那么物体将呈现球形（非旋转流体的最低能量状态）。

（a）计算一个中心被充分压缩的岩石天体的最小半径。假设未压缩密度 $\rho = 3.5$ g/cm³，材料强度 $S_m = 200$ MPa。

（b）如果（a）中的材料只在包含了天体一半质量的范围内被充分压缩，计算岩石天体的最小半径。

（c）对于未压缩密度 $\rho = 8.0$ g/cm³，材料强度 $S_m = 400$ MPa 的铁质天体，重复（a）和（b）中的计算。

（d）计算冰天体的最小半径。

习题 6.3 E

利用流体静力平衡方程估计月球、地球和木星中心的压强。

（a）把星球近似为厚度为星球半径 R 的一块材料。假设引力 $g_p(r) = g_p(R)$，取平均密度 $\rho(r) = \rho$。

（b）假设每个星球的密度在其内部为常数，推导星球内部压强关于到中心距离 r 的表达式［提示：最终得到的答案应该是式（6-2）］。

（c）尽管在（a）和（b）中得到的压强不完全正确，但是可以得到合理的量级。把答案和 6.1.1 节中更复杂的估计比较，并评价得到的结果。

习题 6.4 I

（a）由式（2-50）可知，转动惯量和密度相关。如果密度 ρ 是距离 r 的函数，证明对于一个球形天体

$$I = \frac{8}{3}\pi \int \rho(r) r^4 \, \mathrm{d}r \tag{6-52}$$

（b）对于密度分布如习题 6.1（a）和（b）中所述的天体，计算转动惯量并表示成 MR^2 的倍数。

习题 6.5 E

（a）证明旋转球体上考虑离心加速度的净重力加速度 $g_{\mathrm{eff}}(\theta)$ 为

$$g_{\mathrm{eff}}(\theta) = g_p(\theta) - \omega_{\mathrm{rot}}^2 - r\sin^2\theta \tag{6-53}$$

式中，ω_{rot} 表示球体的自转角速度，g_p 是引力加速度，θ 是到行星中心的余纬。

（b）对于地球、月球和木星，分别计算离心加速度和引力加速度之比。

习题 6.6 E

把式（6-13）重写成勒让德多项式的形式。

习题 6.7 E

（a）利用式（6-16）和式（6-17），证明对于均匀密度分布有 $J_2 = 0.5 q_r$。

（b）对于一个密度向中心增加的行星，证明 $J_2 < 0.5 q_r$。

（c）对地球、月球和木星计算响应系数并评价结果。

习题 6.8 E

证明对于处于流体静力平衡的旋转液体天体，其几何扁率 ϵ 等于 $1.5 J_2 + 0.5 q_r$。

习题 6.9 E

（a）由拉道-达尔文近似，对地球、金星、木星和月球分别计算转动惯量比。将结果同表 6-2 中的值进行比较，并评价其相似性与不一致性。

（b）比较表 6-2 中伽利略卫星和月球的 J_2 和 C_{22}。这些天体是否处于流体静力平衡？

习题 6.10 I

考虑图 6-9 中：地球大陆地壳的厚度为 r_1，山顶的高度为 r_2，海洋的深度为 r_4，海洋地壳的厚度为 r_5。假设大陆地壳、山脉和海洋地壳的地壳密度相等。地壳的密度是 ρ_c，地幔的密度是 ρ_m，水的密度是 ρ_w。可以进一步假设 $\rho_w < \rho_c < \rho_m$。

（a）假设存在均衡补偿：山被高度 r_3 的质量缺陷所补偿，海洋地壳被高度 r_6 的额外质量层所补偿，推导 r_3 和 r_2 之间的关系，以及 r_6 和 r_4 之间的关系。这些假设被称为艾里假设。

（b）如果山高 6 km，计算质量缺陷 r_3 的高度。假设 $\rho_w = 1\ \mathrm{g/cm^3}$，$\rho_c = 2.8\ \mathrm{g/cm^3}$，$\rho_m = 3.3\ \mathrm{g/cm^3}$。

（c）如果海洋深度和海洋地壳厚度都是 5 km，计算 r_6。

习题 6.11 I

除了艾里假设以外，关于均衡补偿还有另一种假设称为普拉特假设。普拉特假设大陆和海洋地壳（包括山脉和海洋）底部的深度相同，即等于 r_1（图 6-9 中的虚线），并且通过 A、B 和 C 区域之间密度（即 ρ_A、ρ_B 和 ρ_C）的变化达到均衡。（水的密度 $\rho_w = 1\ \mathrm{g/cm^3}$）

（a）推导密度 ρ_A、ρ_B、ρ_C 和高度 r_1、r_2、r_4 之间的关系。

（b）如果地壳厚 30 km，山高 6 km，$\rho_A = 2.8\ \mathrm{g/cm^3}$，计算山＋地壳的密度 ρ_B。

（c）如果海洋深度 5 km，计算 ρ_C。

习题 6.12 I

（a）推导自由空气修正的表达式。即参考大地水准面上的重力 g_p 和海拔高度 h 处重力之差。可以假设 h 远小于行星半径 R。

（b）如果考虑余纬 θ 处一个密度为 ρ、高度为 h 的水平无限大岩石的引力，给出余纬 θ 处自由空气修正系数的变化情况。

习题 6.13 E

（a）计算地球上海拔每增加 1 km 的自由空气修正 Δg_{fa}。

（b）考虑山脉的密度为 $2.7\ \mathrm{g/cm^3}$，确定地球上海拔每增加 1 km 的布格修正 Δg_B。

习题 6.14 I

为了计算山脉和海洋上方的大地水准面异常，密度异常相对于参考结构测量。利用艾里假设，把密度 ρ_c 的地壳作为参考结构，根据习题 6.10 计算出赤道处山和海洋上的大地水准面高度异常。

习题 6.15 I

地球内部结构可以近似为两层：一个半径为 $0.57R_\oplus$ 的均质地核，外面包着一层均质地幔。地球的平均密度为 5.52 g/cm^3，转动惯量比 $I/MR^2 = 0.331$，并且处于流体静力平衡。

（a）利用转动惯量方程，确定地核和地幔的密度。

（b）利用一个有两层结构（核＋幔）行星的流体静力平衡方程，确定地球中心的压强，并与习题 6.3 中得到的结果进行比较。

习题 6.16 E

（a）假设热流为 75 erg/（cm^2·s），计算地球每年损失的总内部能量。

（b）如果在太阳系的整个寿命期内中热流为常数，并且没有热流从地球逃逸，计算地球的温度。岩石的典型比热 $c_P = 1.2 \times 10^7$ erg/（g·K）。

习题 6.17 E

比较地球的固有光度（L_i）或热通量 [75 erg/（cm^2·s）] 与太阳光反射的光度（L_v）和红外辐射的光度（L_{ir}）。假设地球的反照率是 0.36。注意，温室效应可以忽略，并且红外发射率的值与此无关（提示：利用 3.1.2 节）。评价结果，以及评估通过太空遥感技术探测地球固有光度的可能性。

习题 6.18 I

（a）假设行星的光度没有变化，利用有效温度和平衡温度，计算在太阳系寿命期内每个巨行星内部温度的下降。

（b）能用这项技术来估计这些行星最初的温度吗？如果可以，请提供估计结果；如果不可以，请解释为什么。

习题 6.19 I

计算冥王星内部辐射热与吸收太阳辐射的比值。可以假设冥王星由 6∶4 的球粒陨石和冰的混合物组成，它的反照率是 0.4。

习题 6.20 E

如果能量传输主要通过传导，则计算在下面指定的时间尺度内岩石天体中温度梯度受到显著影响的深度。假设表层由未压缩的硅酸盐组成，并使用式（6-34）～（6-36）估算导热系数。取热容 $c_P = 1.2 \times 10^7$ erg/(g·K)，密度 $\rho = 3.3$ g/cm^3。

（a）假设温度 300 K，时间尺度为 1 天（这给出了地壳中有日温度变化的大致深度）。

（b）假设温度 300 K，时间尺度为太阳系的年龄。

（c）假设温度 10 000 K，时间尺度为太阳系的年龄。

（d）评价以上结果。可以认为能量在整个地球上的传输仅仅是通过传导进行的吗？

习题 6.21 E

根据流体静力平衡方程和体积模量 K 推导亚当-威廉姆斯方程（6-47）。

习题 6.22 E

（a）利用图 6-17 确定 P 波从震中传播到地球上最远点所需的时间。

（b）利用图 6-17 估算 P 波和 S 波从震中传播到地球上 60°以外一点所需的时间。忽略折射，即假设波沿直线传播。

（c）定性说明并用图表解释折射会如何改变（b）中计算的值。

习题 6.23 I

假设凌晨两点整，从下面传来的强烈震动把你惊醒。整整 4 秒钟后，一个强烈的水平晃动开始，你从床上摔了下来。

（a）解释这两种运动类型。

（b）如果 P 波和 S 波的平均速度分别是 5.8 km/s 和 3.4 km/s，计算你距离震中的距离。可以假设震源在表面。

（c）用文字和图片解释，要精确定位震中需要多少测量值。

习题 6.24 E

由于地幔中的对流运动，地球上的大陆以每年几厘米的速度相对漂移。

（a）假设地幔中的典型体运动为 1 cm/年，计算与地幔对流有关的总能量。

（b）计算地球自转动能。

（c）计算地球公转动能。

习题 6.25 I

地球液体外核中的流体运动被认为是产生地球磁场的电流来源。到目前为止，这些运动最可能的能量来源是地核内的对流。地核含有很少的放射性物质，所以其他一些过程必须提供这种对流所需的浮力。目前已经提出三种机制：1）地核顶部地幔的能量损失；2）在内部固体核心和外部流体核心之间的边界处，由于镍和铁的凝结而释放的潜热；3）由于液体中密度较大的部分凝结而导致的外核底部物质密度的降低。

机制 2）最容易定量研究，但是也需要一些简化假设。包括地球固体内核的大小和它的年龄估计（$1.0 \sim 3.6 \times 10^9$ 年），目前估计内核的增长速率为 0.04 cm/年。假设熔融潜热不受 Mbar 级压强或者镍/铁从含有更多挥发性元素的溶液中凝结的影响，估计这一过程在一年中释放的能量。

习题 6.26 I

（a）目前地球内部通过放射性衰变产生能量的速度是多少（假设地球由球粒陨石构

成，答案以 erg/年为单位)？

（b）地球吸收了多少太阳能？同样，答案以 erg/年为单位。

（c）将上面计算的能量与每年地震释放的平均能量约 10^{28} erg 进行比较和评论。

习题 6.27 E

水星的平均密度 $\rho = 5.43$ g/cm^3，这个值非常接近它的未压缩密度。如果水星完全由岩石（$\rho = 3.3$ g/cm^3）和铁（$\rho = 7.95$ g/cm^3）组成，计算水星铁的质量分数丰度。

习题 6.28 E

假设木星卫星上"岩石"密度等于木卫一的平均密度，水冰的密度是 1 g/cm^3。

（a）其他伽利略卫星的岩石和冰的组成比例分别是多少？

（b）这个计算对木卫二来说是准确的，但是低估了木卫三和木卫四的冰含量，为什么？

习题 6.29 I

岩石圈被定义为行星上幔部的固体外层。如果温度 $T \lesssim 1\,200$ K，上幔部是固体。地球的热导率为 $K_T = 3 \times 10^5$ erg/（cm·s·K），平均热流为 75 erg/（cm^2·s）。假设金星和火星的参数相同。计算地球、金星和火星的岩石圈厚度（提示：这三颗行星的表面温度是多少？）。评论差异，并解释金星和火星缺乏板块构造活动的原因。

习题 6.30 E

假设火星上的盾形火山是由火星岩石在约 1\,100 K 情况下，部分熔融形成的。密度比周围岩石密度低大约 10%，岩浆从地表上升，形成 20 km 高的塔尔西斯地区。假设岩浆柱下方岩浆房的压强等于该深度的环境压强，计算火星表面下方岩浆房的深度。

习题 6.31 E

根据观测到的扁率 0.017，赤道半径 24\,766 km，$J_2 = 3.4 \times 10^{-3}$，计算海王星的自转周期。将答案与海王星大气现象的典型自转周期（18 小时）和磁场的典型自转周期（16.11 小时）进行比较。并评价计算得到的结果。

习题 6.32 I

假设木星和土星都是纯氢球，满足 $P = K\rho^2$，$K = 2.7 \times 10^{12}$ cm^5/(g·s^2)。

（a）确定行星的转动惯量。

（b）假设它们都有一个密度为 10 g/cm^3 的核，木星的转动惯量比 I/MR^2 为 0.254，土星为 0.210。确定这些核的质量。

第 7 章　磁场和等离子体

> "磁性的秘密，给我解释一下！没有比爱与恨更大的秘密了。"
>
> ——约翰·沃尔夫冈·冯·歌德，《上帝、心灵与世界》

大多数行星周围都有巨大的磁性结构，称为磁层（magnetosphere）。磁层通常比行星本身大 10～100 倍，从而形成了太阳系中除了日球层之外最大的结构。太阳风绕着这些"磁泡"流动并与之相互作用。行星的磁场可以通过磁流体发电机过程在行星内部产生（如地球、巨行星和水星的磁场），也可以通过太阳风与行星体电离层的相互作用而产生（如金星和彗星的磁场）。大尺度剩磁在火星、月球和一些小行星上也很重要。

行星磁层的形状由其磁场强度、经过磁场的太阳风以及磁层内带电粒子的运动决定。带电粒子存在于所有的磁层中，其密度和成分因行星而异。这些粒子可能起源于太阳风、行星电离层；也可能源于那些轨道部分或全部位于行星磁场内的卫星及行星环。这些带电粒子的运动产生电流和大尺度的电场，进而反过来影响磁场，并影响粒子在磁场中的运动。

对行星磁层的大部分信息来自于探测器的原位测量。不过，一些磁层中的原子和离子也可以通过紫外波段和可见光波段的光子辐射在地球上观测到。被加速的电子辐射出射电波长的光子，其频率从几千赫兹到几千兆赫兹不等。在 20 世纪 50 年代初，人们探测到了从木星传来的约 10 MHz 的射电辐射，首次证明了除地球以外的行星也可能具有强大的磁场。

7.1　行星际介质

7.1.1　太阳风

1951 年，路德维希·比尔曼[①]根据彗星离子尾始终指向远离太阳方向的观测结果，首次提出存在来自太阳的微粒辐射，即太阳风。离子尾与太阳-彗星连线之间的角度 ϕ 由彗星的轨道横向速度 v_θ 和太阳风粒子速度 v_{sw} 的比值决定

$$\tan\phi = \frac{v_\theta}{v_{sw} - v_r} \tag{7-1}$$

式中，v_r 是彗星速度的径向分量。可以证明 $\phi \lesssim 5°$（习题 7.1）。

若在日食期间对太阳进行观测，则可以观测到日冕（corona，图 7-1）。日冕由变化

---

① 路德维希·弗朗茨·本尼迪克特·比尔曼（Ludwig Franz Benedict Biermann，1907 年 3 月 13 日—1986 年 1 月 12 日），德国天文学家。他对天体物理学和等离子体物理学做出了重要贡献，发现了比尔曼电池。他在 1947 年预言了"太阳微粒辐射"的存在。比尔曼星（73640 Biermann）以他的名字命名。——译者注

剧烈的磁控环（loop）和流光（streamer）组成，其中包含着热等离子体在 EUV 和 X 射线图像中可见。在靠近太阳表面的低日冕和色球层（chromoshpere）中，存在着明亮的日珥（prominence）。日珥是由较冷物质组成的细长云，它如同被悬挂在由剪切或扭曲的磁场而形成的"吊床"中。太阳黑子（sunspot）是太阳表面的黑点，通常成对出现。其温度（$T \approx 4\,000$ K）低于平均光球温度（$T \approx 5\,750$ K），因而呈黑色。黑子中的磁场强度高于周围区域，因此在黑子与其周围区域之间存在近似的压力平衡。每一对黑子中的两个黑点具有相反的极性，这与锚定在太阳黑子上的环状磁性结构相符。有时只能看到一个黑点，这种情况是由于其附近存在相反的极性，但其强度不足以形成太阳黑子。一些太阳黑子以复杂的群组出现，称为活动区（active region）。

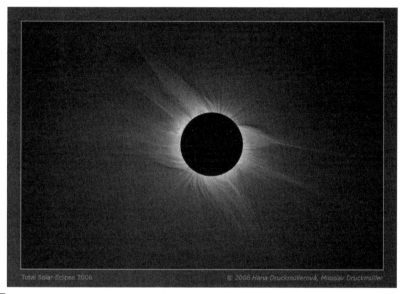

图 7-1　🌀　2006 年 3 月 29 日的日全食。黑暗的中心是月亮，它正处于地球与太阳之间。可以看到从太阳向外延伸的明亮白色流光，那是因为太阳光被流光中的电子散射向地球。这张照片是由哈娜·德鲁克穆勒娃在土耳其卡帕多细亚地区格雷梅市附近拍摄的，由 63 幅可见波长图像组成。图像处理显示出了日冕等离子体的微弱羽流，这些羽流勾勒出了磁力线，既有流光中的环形结构，也有太阳两极附近的极向磁场。有关更多图像和特写视图，请参见：http://www.zam.fme.vutbr.cz/~druck/Eclipse/Index.htm.［图片来源：哈娜·德鲁克穆勒娃（Hana Druckmüllerová）和米洛斯拉夫·德鲁克穆勒（Miloaslav Druckmüller）］

　　太阳黑子的数量以 11 年为一个周期变化（图 7-2）。在一个周期中，一对黑子中的前导黑子[①]往往表现出相同的极性。前导黑子的极性以及太阳整体磁场每 11 年翻转一次。太阳极区的散射场是太阳最主要的大尺度场，散射场由该周期中衰变太阳黑子的残余物组成。太阳黑子对的平均倾斜方向确保了在整个周期的大部分时间里太阳两极呈现相反的极

---

　　①　太阳黑子对中位于日面西边（即就太阳自转方向来说位于前面）的称为前导黑子，位于日面东边的称为后随黑子。——译者注

性。除了太阳黑子数量以 11 年为周期变化外，太阳活动极大期（即太阳活动周期内太阳黑子数量最大的时期）和太阳活动极小期的太阳黑子数量也随时间而变化 ［图 7 - 2 (b)］。在大约 1645 年到 1715 年之间，几乎看不到太阳黑子，这表明太阳处于相对不活跃的时期。这一时期被称为蒙德极小期（Maunder minimum），与称为小冰期（Little Ice Age）的气候时期相吻合（4.9 节）。

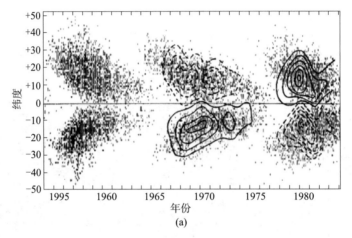

(a)

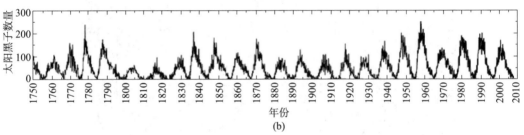

(b)

图 7 - 2　（a）太阳黑子的空间分布随时间的变化，显示为熟悉的蝴蝶图。图中，可以看出 11 年的太阳黑子周期。等高线勾勒出径向磁场，倍数为 0.27 Gs（高斯）。实线表示正磁场值，虚线表示负磁场值。（Stix 1987）（b）1750—2007 年太阳黑子数量随时间的变化。请注意 11 年的周期性以及周期间的变化。（由 NOAA/NESDIS 网站编制）

　　太阳的 X 射线图像揭示了日冕内的大量结构 ［图 7 - 3 (a)］。X 射线图像中明亮区域为稠密的热等离子体，该等离子体被低日冕闭合磁场环路上捕获的高能电子加热。X 射频图像中较暗区域基本没有发射 X 射线的热等离子体，该区域称为冕洞（coronal hole）。冕洞区域的磁力线向行星际空间打开，因而粒子可以向空间自由逃逸，形成和/或"补给"太阳风。在地球轨道及以外的空间，太阳风的平均速度在太阳活动极大期约为 400 km/s；在太阳活动极小期，靠近黄道区域的太阳风平均速度约为 400 km/s；但在较高的太阳纬度，太阳风平均速度通常为 750～800 km/s。在这段时间里，太阳两极附近有巨大的冕洞，太阳风就是从那里产生的。太阳风由质子和电子以大致相等的比例混合而成，还有少量较重的离子。密度大致随日心距离呈平方反比关系。太阳风在地球轨道上典型的离子密度是 6～7 个质子/cm^3，温度约为 10^5 K，磁场强度通常为 （5～7）×10^{-5} Gs（表 7 - 1）。

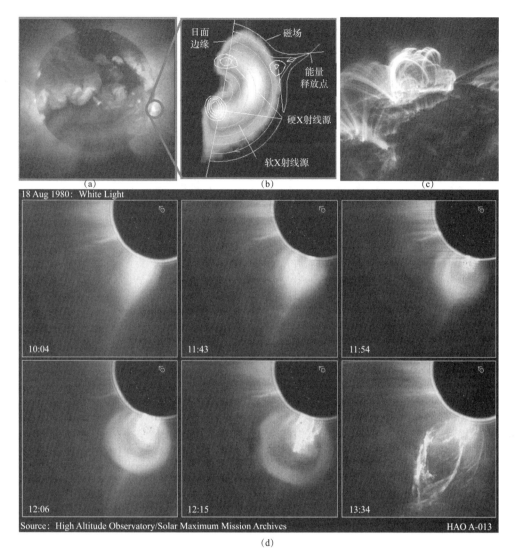

图 7-3　🛰　（a）1992 年 1 月 13 日阳光号（Yohkoh）探测器在软 X 射线中观测到的太阳。X 射线明
亮区域表示温度超过 $2×10^6$ K。这些区域通常处在太阳黑子或活动区域之上。最暗的区域是冕洞，通
常位于太阳两极上方。这些冕洞有时向下延伸到低纬度地区。（阳光号科学团队）（b）与太阳耀斑相关
的极度加热现象扩展视图。太阳的磁场将等离子体圈闭在环中，X 射线亮区代表在太阳耀斑中被加热
和加速的等离子体。（太阳数据分析中心，戈达德航天飞行中心）📷　（c）这张日珥图像是由"过渡区
和日冕探测器"（TRACE）在 FeIX 谱线上拍摄的。它清楚地显示出了如（b）中所示的磁环结构。这
张照片上展示出了极不寻常的细节。（NASA）（d）1980 年 8 月 18 日的一系列图像展示了日冕物质抛
射（CME）的形成过程，通过日冕流光的扭曲，由其下方的日珥破裂引起。日珥物质与原始日冕流光
物质一起被向外吹；13：34 帧上明亮的丝状结构是日珥的残余部分。每一帧右上角的暗圈是太阳活动
极大期任务（Solar Maximum Mission，SMM）日冕仪的掩星盘，它比日面大 60%。（图片来源：琼·
伯克派尔（Joan Burkepile），美国国家大气研究中心高山天文台）

表 7-1　在 1 AU 处的太阳风特性[a]

	最概然值	5%～95%范围
密度/(个质子/cm³)	5	3～20
速率/(km/s)	375	320～710
磁场(γ)	5.1	2.2～9.9
电子温度/(10^5 K)	1.2	0.9～2
质子温度/(10^5 K)	0.5	0.1～3
声速/(km/s)	59	41～91
阿尔文速度/(km/s)	50	30～100

[a] Gosling (2007)。

　　有时，大型太阳暗条活动或日珥喷发是与日冕物质抛射（coronal mass ejection，CME）相关联的，如图 7-3 (d) 所示。在典型的日冕物质抛射期间，约 10^{15}～10^{16} g 太阳物质以不同的喷射速度注入太阳风。对于一个很慢的日冕物质抛射事件，物质喷射速度约为 50 km/s；对于一个极快速的事件，物质喷射速度超过 2 500 km/s。在慢事件中喷出的粒子被加速到当地的太阳风速，而来自快速日冕物质抛射的粒子则被减速。速度远大于当地平均太阳风速的日冕物质抛射通常被称为行星际日冕物质抛射（interplanetary coronal mass ejection，ICME）。由于行星际日冕物质抛射活动压缩了它前面的太阳风而形成了一个激波阵面。日冕物质抛射经常与太阳耀斑（solar flare）一起发生，届时日冕 X 射线和紫外线辐射在低日冕和色球层相对局部化的区域突然增强几个数量级。太阳耀斑很可能是由磁场重联而触发的（7.2 节，图 7-10），这个过程会释放能量，从而使粒子加速。在太阳黑子活动最活跃的年份，主要太阳耀斑大约每周发生一次，弱耀斑和日冕物质抛射每天发生几次。在太阳活动极少的年份，这种较弱的事件可能每周发生一次。

7.1.1.1　帕克模型

　　1958 年，尤金·帕克[①]预测存在持续的太阳风，假设粒子沿着径向方向从太阳向外流动，"拖着"太阳磁场一起，就像磁力线被"冻结"在了太阳粒子流中一样[②]。在帕克模型中，日冕和行星际介质之间的压差是太阳风向外加速的主要原因。帕克使用连续性方程和动量方程，以理想气体定律作为状态方程（假设温度恒定），计算太阳风速。他的解族如图 7-4 所示。其中两个解显示粒子在日冕中的起始速度就是超声速，这与观测结果不符。另一个解显示粒子保持亚声速运动，与相距太阳的距离无关。根据该解，速度在临界半径 r_{cr} 处达到最大值，并在较大距离处减小［有关详细讨论，参见 Kivelson and Russell (1995) 中 Hundhausen 的章节］[③]

---

　　① 尤金·纽曼·帕克（Eugene Newman Parker，1927 年 6 月 10 日—2022 年 3 月 15 日），美国太阳和等离子体物理学家。20 世纪 50 年代，他提出太阳风的存在，太阳系外磁场将呈帕克螺旋状，这些预测后来被探测器测量证实。1987 年，帕克提出了纳米耀斑的存在，这是解释日冕加热问题的主要候选者。2017 年，NASA 以他的名字命名了帕克太阳探测器，这是 NASA 第一个以在世者命名的探测器。——译者注

　　② 即磁冻结效应。——译者注

　　③ 请读者注意，与空间物理学中的大多数文本不同，本章和本书的公式均采用厘米-克-秒制单位。

$$r_{cr} = \frac{GM_\odot}{2c_s^2} \tag{7-2}$$

式中，c_s 是声速，即

$$c_s = \sqrt{\frac{\gamma P}{\rho}} = \sqrt{\frac{\gamma k T}{\mu_a m_{amu}}} \tag{7-3}$$

　　γ 是比热比（对于太阳风 $\gamma \approx 5/3$），T 表示温度（在日冕中 $T \approx 2 \times 10^6$ K，在 $r=1$ AU 处，$T \approx 10^5$ K）。因此，地球轨道上的声速约为 60 km/s 且 $r_{cr} \approx R_\odot$。由于太阳风的速度在超过 r_{cr} 的距离上不随着距离的增加而减小，因此唯一有效的解是第四条曲线，该曲线显示太阳风从低速度（亚声速）开始，在临界半径处变为超声速。

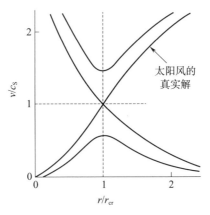

图 7-4　帕克对描述太阳风外流方程的四个解。其中标注出了关于太阳风的真实解。（改编自 Parker 1963）

　　太阳风的膨胀沿径向向外，而太阳在其"下方"自旋。每一种类似流体的太阳风元素都有效地"拖动"着一条特定的磁力线，该磁力线一端系于太阳。因此，太阳风磁场呈现出近似于阿基米德螺旋的形式，如图 7-5 所示。在地球的轨道上，磁场的径向和周向分量大致相等，每个分量强度为 10^{-5} Gs 量级。由于通过太阳周围任何封闭表面的总磁通量一定为零，向内和向外的磁通量一定相互平衡。探测器测量表明，向内和向外的通量存在系统性的分布，因此行星际有以向外通量为主的区域和以向内通量为主的区域。不同的磁性区域通过磁场连接到太阳表面的不同区域——通常对应不同的冕洞。然而，由于太阳最大尺度磁场主要为偶极场，太阳风或日球层中的磁场通常以正（向外）半球和负（向内）半球的形式存在。日球层电流片（heliospheric current sheet）将磁极相反的两个半球分开。日球层电流片实际上是太阳磁赤道向日球层的延伸。在太阳活动极小期，太阳磁偶极子大致与太阳的自转轴对齐。在太阳黑子周期的其他阶段，特别是活动周期的下降阶段，磁偶极子与自转轴之间的倾角可以很大。在这些情况下，太阳的自转导致日球层电流片扭曲，形成像芭蕾舞裙一般形态［图 7-5（b）］。

　　来自不同冕洞的粒子流通常具有不同的速度，因此在太阳风中"碰撞"并产生螺旋状压缩。整个磁场和流场结构随太阳自转而旋转。图 7-6 显示了 1963/1964 年由 IMP-1 探

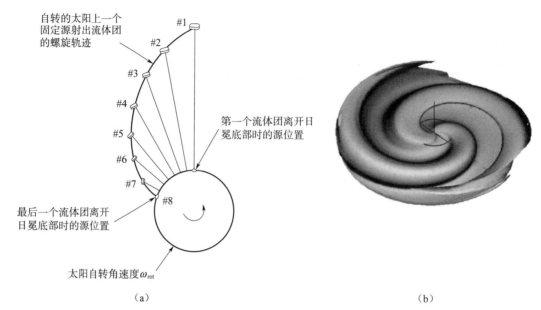

图 7-5　（a）表现太阳风粒子运动轨迹的阿基米德（或帕克）螺旋。（Hundhausen 1995）（b）当太阳的大尺度偶极子相对于黄道面倾斜时，太阳的自转导致日球层电流片变成波浪状，这种波浪状被太阳风带入行星际空间。帕克螺旋清晰可见。（根据 http：//imhd. net/stereo 绘制）

测器[①]观测到的磁性区域结构。随着时间的推移，这些磁性区域结构随着太阳上的条件变化而变化。当太阳自转时，太阳系中不同的天体会被不同的磁性区域扫过。太阳风磁场方向的突然逆转和流场的突然变化可能是离子彗尾（10.5.2 节）中出现的"断裂"事件以及某些磁层扰动发生的原因。

　　如 1.1.6 节所述和图 1-4 所示，日球层在星际介质中形成一个"气泡"。其边界（即日球层顶，heliopause）位于太阳风压与星际介质风压平衡的位置（类似于磁层顶，见7.1.4 节）。日球层顶的内部是终端激波（termination shock），太阳风在此被减慢到亚声速。各种边界的精确位置随太阳风压的变化而变化。图 7-7 给出了旅行者 2 号某次穿越终端激波时的情况。

7.1.1.2　空间天气

　　行星际空间是一个充满复杂过程、有时甚至是剧烈过程的区域。高速的太阳风和行星际日冕物质抛射前的行星际激波将局部粒子加速获得非常高的能量。虽然普通的太阳风粒子通常需要几天才能到达地球，但通过太阳耀斑射出的类似宇宙射线的高能粒子可能在事件发生后不到一小时就到达地球。地球环境对太阳活动和不断变化的行星际介质的反应称为空间天气（space weather）。而日冕物质抛射和太阳耀斑对行星际介质和地球环境的影响称为空间天气风暴（space weather storm）。空间天气（一种等离子体效应）不应与

---

　　①　行星际监测平台（Interplanetary Monitoring Platform），是探索者计划（Explorers program）的一部分，主要目标为研究行星际等离子体和行星际磁场。——译者注

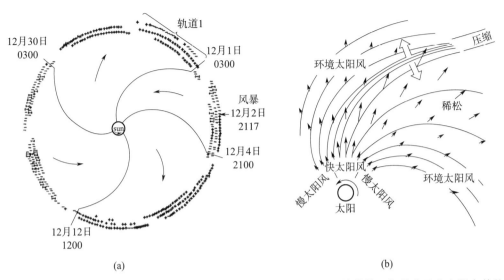

图 7 - 6　　(a) IMP - 1 在 1963/1964 年观测到的行星际场中的磁性区域结构。加号表示从太阳向外的磁场。(Wilcox and Ness 1965) (b) 高速太阳风区域与环境太阳风之间的相互作用。高速太阳风的束缚不那么紧密。(Hundhausen 1995)

9.3.2 节中讨论的太空风化 (space weathering，一种物质处理效应) 混淆。

　　由于空间天气对航天器运行和通信系统以及一些地面电子设备产生影响，因此格外重要。由快速日冕物质喷射加速的粒子可以直接损坏暴露的电子设备，并间接导致通信中断。这种太阳风扰动会触发磁暴 (7.5.1.4 节)，激发整个磁层，并驱动大规模电流，可导致电力系统瘫痪。增强的极光沉降与由电场驱动的"焦耳热"效应使地球上层大气受热并膨胀，从而增大了对近地卫星和"太空垃圾"的阻力，导致其轨道发生变化。这种变化可能会（暂时地）导致航天器"丢失"。部分地面无线电通信系统有赖于地球电离层对无线电波的反射。当电离层被太阳耀斑或日冕物质抛射"改变"时，此类通信会暂时中断或被扰乱。此外，地面磁场变化所产生的电流可损坏电网中的变压器和长导电电缆。

7.1.2　建立太阳风模型

7.1.2.1　流体行为

　　在一级近似下，可以认为太阳风由一个完全电离的氢等离子体组成，其质子和电子数量大致相等，因此在大空间尺度上是电中性的。理想情况下，我们希望模拟粒子的集体效应，而不是单独跟踪每个粒子。由于处理的是带电粒子，长程电磁力很重要。原则上，远距离分离的粒子可能会相互影响，导致无法建立太阳风集体行为的模型。因此，需要确定电中性有效的长度尺度，或者粒子之间有效"屏蔽"的距离。

　　在真空中，带有电荷 q 的带电粒子周围的静电势可以描述为：$\Phi_V = q/4\pi r$。在等离子体中，该电荷与其他质子和电子的相互作用会扭曲电势

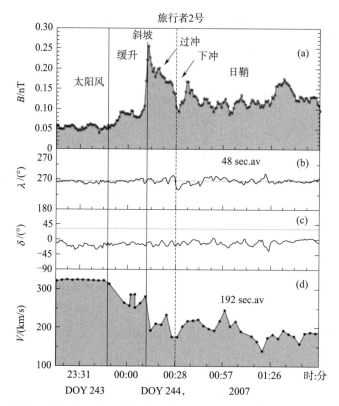

图 7-7　2007 年 8 月 31 日至 9 月 1 日，旅行者 2 号在 83.7 AU 处多次穿过日球层中的终端激波。图（a）和图（d）分别显示了第三次穿越（TS-3）期间的磁场强度和速度的变化。磁场方向［图（b）和图（c）中的方位角 λ 和仰角 δ］没有变化。磁测量的时间分辨率为 48 s；对于太阳风的速度，测量分辨率为 192 s。磁场强度剖面显示了超临界准垂直激波的经典特征：按顺序为"缓升""斜坡""过冲""下冲"和较小的振荡。在 TS-3 的"斜坡"段观察到等离子体波。（Burlaga et al. 2008）

$$\Phi_V = \frac{q\,e^{-r/\lambda_D}}{4\pi r}$$

$$\lambda_D = \sqrt{\frac{kT}{N_e q^2}} = 6.9\sqrt{\frac{T}{N_e}} \qquad （单位为 cm）$$

(7-4)

式中，λ_D 是德拜[①]长度（Debye length）。

在式（7-4）中，N_e 和 q 分别是电子数密度和电荷，k 是波尔兹曼常数，T 是温度，r 是与带电粒子的距离。当 r/λ_D 较大时，电势减小到接近零，粒子的效应不明显。因此，电荷附近带电粒子效应使该电荷的影响范围以指数方式减小。带电粒子对其周围的影响范围以德拜长度 λ_D 来度量。在太阳风之中，$\lambda_D \approx 10$ m（距离太阳 1 AU 附近），与典型的太

───────────

① 彼得·约瑟夫·威廉·德拜（Peter Joseph William Debye，1884 年 3 月 24 日—1966 年 11 月 2 日），荷兰物理学家、物理化学家。1913 年，他扩展了玻尔的原子结构理论，引入了椭圆轨道。1923 年他提出一种理论来解释康普顿效应，即当 X 射线与电子相互作用时其频率偏移。1936 年获诺贝尔化学奖。德拜星（30852 Debye）以他的名字命名。——译者注

阳风长度尺度相比非常小。为了使屏蔽有效，德拜球内的粒子数 $N_D = 4\pi N_e \lambda_D^3 / 3$ 必须很大。在太阳风中，$N_D \approx 10^{10}$。因此，太阳风确实可以被认为是一种理想的等离子体或电离气体，其邻近的相互作用可以忽略。作为一种气体，等离子体温度、数密度和压强可以通过理想气体定律简单关联：$P = NkT$，式中，N 为电子＋质子的粒子总数（即等于 $2N_e$）。然而，由于相邻电荷的德拜球部分重叠，等离子体也表现出流体行为，其集体行为可以使用流体动力学方程进行建模。因此，太阳风可以被视为无碰撞流体。然而，由于等离子体由带电粒子组成，电场和磁场因此很重要。事实上，行星际磁场也将太阳风粒子"结合"在一起，加强了其流体行为。因此，流体动力学方程需要稍加修改，继而使用磁流体动力学（magnetohydrodynamics，MHD）方程。通常，磁流体动力学方程描述等离子体的宏观行为，即对电场、磁场和重力场的响应，包括等离子体密度和体流速度。

7.1.2.2　磁流体动力学

连续性方程（质量守恒）表示为

$$\frac{\partial \rho}{\partial t} + \nabla \cdot (\rho v) = 0 \qquad (7-5)$$

式中，ρ 为总质量密度。运动方程（动量守恒）表示为

$$\rho \left(\frac{\partial v}{\partial t} + v \cdot \nabla v \right) = -\nabla P + J \times B + \rho g_p \qquad (7-6)$$

式中，P 是等离子体的热压，J 是电流，B 是磁场，g_p 是重力加速度。如果等离子体不是中性的，则应在式（7-6）的右侧添加一个电场力项。

等离子体中的能量守恒表明

$$\frac{\partial U}{\partial t} + \nabla \cdot J_u = 0 \qquad (7-7)$$

式中，U 表示能量密度，分别由动能、磁能和热能组成，即

$$U = \frac{1}{2} \rho v^2 + \frac{B^2}{8\pi} + \frac{P}{\gamma - 1} \qquad (7-8)$$

式中，γ 表示比热比。能量通量矢量 J_u 由下式给出

$$J_u = v \left(\frac{1}{2} \rho v^2 + \frac{\gamma P}{\gamma - 1} \right) + \frac{c}{4\pi} E \times B \qquad (7-9)$$

式中，E 表示电场。该通量矢量包含动能和热能的传输，以及静压和辐射压（坡印亭矢量）所做的功。

7.1.2.3　激波

从 7.1.1 节中可以明显看出，太阳风不是稳定的连续粒子流。许多间断和激波通过介质传播，例如行星际日冕物质抛射和太阳耀斑所引起的间断和激波。激波改变了它所经过的介质状态。在激波参考系中，上游速度为超声速，而激波下游速度为亚声速，介质密度较高。在未磁化的等离子体中，激波下游的密度可能比上游介质中的密度高出四倍（习题 7.5）。由于太阳风是一种无碰撞的等离子体，因此激波也是无碰撞的。质量、动量和能量通量在激波中守恒

$$[\rho v_\perp] = 0$$

$$\left[\rho v_\perp v + P + \frac{B_\parallel{}^2}{8\pi} - \frac{B_\perp B_\parallel}{4\pi}\right] = 0$$

$$\left[\rho v_\perp \left(\frac{\gamma}{\gamma-1}\frac{P}{\rho} + \frac{1}{2}v^2\right) - \frac{B_\parallel}{4\pi}(B_\perp v_\parallel - B_\parallel v_\perp)\right] = 0 \qquad (7-10)$$

$$[B_\perp v_\parallel - B_\parallel v_\perp] = 0$$

$$[B_\perp] = 0$$

方程组（7-10）中的中括号表示其中所述的量从激波一侧到另一侧产生的差值。⊥符号表示（垂直）穿过该激波的流量，∥符号表示平行于该激波的流量。该激波或跳跃方程称为兰金-雨贡纽关系（Rankine - Hugoniot relations，可与 5.4.2.1 节对比），将激波前后的密度、压强、温度和磁场强度联系起来。间断（discontinuity）和激波（shock）都可用兰金-雨贡纽关系来描述。

7.1.3　麦克斯韦方程

为了讨论太阳风与行星的相互作用，需要回顾相关的电磁方程。在磁化等离子体中，带电粒子的运动以及电场和磁场的存在都通过麦克斯韦方程（Maxwell's equations）联系起来。质子和电子以相反方向绕磁力线旋转。如果磁场指向观察者，质子似乎以顺时针方向绕磁场旋转，电子逆时针旋转。这些带电粒子的相对流动形成电流（导线中的电流是由从负电压到正电压的电子流引起的；但是，通过导线的电流定义为相反方向的流，即由向负电压流动的带正电粒子所给出的流）。

麦克斯韦方程如下：

（i）泊松[①]方程（Poisson's equation）将电场 $\boldsymbol{E}$ 与电荷密度 ρ_c 联系起来

$$\nabla \cdot \boldsymbol{E} = 4\pi\rho_c \qquad (7-11)$$

（ii）没有磁荷，因此磁场 $\boldsymbol{B}$ 的散度为零

$$\nabla \cdot \boldsymbol{B} = 0 \qquad (7-12)$$

（iii）法拉第[②]定律（Faraday's law）描述了时变磁场和空间变化电场之间的关系

$$\nabla \times \boldsymbol{E} = -\frac{1}{c}\frac{\partial \boldsymbol{B}}{\partial t} \qquad (7-13)$$

法拉第定律与楞次[③]定律（Lenz's law）有关，楞次定律指出，电路中感应电流所产生

---

①　西梅翁·德尼·泊松（Siméon Denis Poisson，1781 年 6 月 21 日—1840 年 4 月 25 日），法国数学家、物理学家。他的研究领域包括统计学、复分析、偏微分方程、变分法、分析力学、电磁学、热力学、弹性力学和流体力学。他在反驳菲涅尔的光波动理论时预测了泊松点。泊松星（12874 Poisson）以他的名字命名。——译者注

②　迈克尔·法拉第（Michael Faraday，1791 年 9 月 22 日—1867 年 8 月 25 日），英国物理学家。他在电磁学及电化学领域做出诸多重要贡献。他发现了电磁感应的原理，发明了电动机的雏形。法拉第星（37582 Faraday）以他的名字命名。——译者注

③　海因里希·弗里德里希·埃米尔·楞次（Heinrich Friedrich Emil Lenz，1804 年 2 月 24 日—1865 年 2 月 10 日），俄国德裔物理学家、地球物理学家。他总结了安培的电动力学与法拉利的电磁感应线形，提出了楞次定律。——译者注

的磁场方向与产生电流的磁通量的变化相反。然而，楞次定律只适用于刚性导体，而不适用于空间等离子体等可变形系统，因此本章不使用楞次定律。

（iv）经麦克斯韦修正的安培[①]定律（Ampere's law）将磁场中的空间变化与电流 J 和时变电场联系起来，即

$$\nabla \times \boldsymbol{B} = \frac{4\pi}{c}\boldsymbol{J} + \frac{1}{c}\frac{\partial \boldsymbol{E}}{\partial t} \qquad (7-14)$$

通常，在行星磁场中 $\partial E/\partial t$ 与其他任何一项相比都非常小，安培定律可以近似为

$$\nabla \times \boldsymbol{B} \approx \frac{4\pi}{c}\boldsymbol{J} \qquad (7-15)$$

导电体或等离子体在行星际磁场中的运动会产生电流 J，如欧姆定律（Ohm's law）所示

$$\boldsymbol{J} = \sigma_{\circ}\left(\boldsymbol{E} + \frac{\boldsymbol{v} \times \boldsymbol{B}}{c}\right) \qquad (7-16)$$

式中，$\sigma_{\circ}$ 是等离子体的电导率，v 是等离子体速度，B 是行星际磁场矢量。在像太阳风这样的高导电等离子体中，$\boldsymbol{J}/\sigma_{\circ} \approx 0$，因此

$$\boldsymbol{E} \approx -\frac{\boldsymbol{v} \times \boldsymbol{B}}{c} \qquad (7-17)$$

因此，如果存在电场，等离子体必须流动。相反，如果等离子体流动，则必须存在电场。

麦克斯韦方程组（7-13）和（7-15）可与欧姆定律［式（7-16）］相结合，得出磁感应方程（magnetic induction equation）

$$\frac{\partial \boldsymbol{B}}{\partial t} = \nabla \times (\boldsymbol{v} \times \boldsymbol{B}) + \frac{c^2}{4\pi\sigma_{\circ}}\nabla^2 \boldsymbol{B} \qquad (7-18)$$

磁感应方程将磁场的时间变化与磁场在流体中的对流和扩散联系起来。右边的第一项是场线与运动流体的对流，第二项是场通过流体的扩散。如果对流项远小于扩散项，则磁感应方程简化为（磁）扩散方程

$$\frac{\partial \boldsymbol{B}}{\partial t} = \frac{c^2}{4\pi\sigma_{\circ}}\nabla^2 \boldsymbol{B} \qquad (7-19)$$

从中可以推导出磁场逐渐衰减的特征欧姆耗散时间（Ohmic dissipation time）

$$t_{\mathrm{d}} = \frac{4\pi\sigma_{\circ}\ell^2}{c^2} \qquad (7-20)$$

ℓ 表示特征长度尺度。根据这个方程式，地球磁场会在 $10^4 \sim 10^5$ 年内消失（习题7.29）。在另一种极端情况下，如果介质的电导率非常大，则对流项占主导地位

$$\frac{\partial \boldsymbol{B}}{\partial t} = \nabla \times (\boldsymbol{v} \times \boldsymbol{B}) \qquad (7-21)$$

---

①　安德烈-马里·安培（André-Marie Ampère，1775 年 1 月 20 日—1836 年 6 月 10 日），法国物理学家、数学家，经典电磁学创始人之一。他提出载流导线中电流与其产生磁场的关系，即安培定律。安培星（10183 Ampère）以他的名字命名。——译者注

可以证明（例如 Boyd and Sanderson 1969 所述），这一说法相当于说，随着时间的推移，通过与局部流体一起运动的闭环回路 A 的磁通总量是恒定的

$$\Phi_{\mathrm{B}} = \int_A \boldsymbol{B} \cdot \mathrm{d}\boldsymbol{A} = 常数 \tag{7-22}$$

这说明不管表面积 A 发生什么变化，例如收缩或拉伸，通过该区域的磁通量保持不变。因而，穿过该表面的磁力线可能会移动得更近或更远，但它们会在介质中随着流体而移动。这与磁力线冻结在等离子体中的说法是一样的。行星际介质中的磁场就是这样随太阳风移动。

与流体动力学中的雷诺数〔式（4-49）〕类似，磁雷诺数 $\mathfrak{R}_{\mathrm{m}}$（magnetic Reynolds number）可用于评估扩散项与对流项的重要性

$$\mathfrak{R}_{\mathrm{m}} = \frac{t_{\mathrm{d}} v}{\ell} \tag{7-23}$$

用 t_{d} 表示特征扩散或欧姆耗散的时间〔式（7-20）〕，ℓ 表示长度尺度，v 表示流体速度。当 $\mathfrak{R}_m$ 较大时，欧姆扩散时间较长，对流项占主导地位。

7.1.4　太阳风-行星相互作用

所有行星体都在一定程度上与太阳风相互作用，如图 7-8 所示。对于没有本征磁场的天体，相互作用取决于天体和/或其大气的导电性。岩石天体（如月球和大多数小行星）是不良导体。在这种情况下，太阳风粒子直接撞击该天体并被吸收。行星际磁力线只是在该天体中扩散。紧靠天体后面的尾迹几乎没有粒子〔图 7-8（a）〕。

太阳风与导电天体的相互作用更为复杂。如果行星体具有高导电性，那么由于等离子体会绕导体流动，则行星际磁力线会覆盖在行星体周围〔图 7-8（b）〕。电场〔式（7-16）、（7-17）〕在天体中产生感应电流（$\boldsymbol{J} = \sigma \boldsymbol{E}$），进而干扰行星际磁场。磁场和等离子体流中的扰动以阿尔文波（Alfvén waves）的形式传播出去（7.4.2 节）。

如果一个导电性差的天体有大气但没有内部磁场，太阳风就会与大气相互作用。这种相互作用主要是带电粒子之间的相互作用，即与行星电离层的相互作用，但电荷交换也起作用（4.8.2 节）。在电荷交换中，太阳风中的质子或其他离子将其正电荷转移到行星原子上。这种电荷交换通常在同种原子之间发生。行星原子与太阳风交互作用后成为带电粒子，而失去电荷的太阳风离子则作为高能中性原子（Energetic Neutral Atom，ENA）飞走。

由于磁场随太阳风等离子体移动，暴露在磁场中的大气离子被太阳风加速并拾取。如果星体具有广泛的电离层（是良导体，$\sigma_{\mathrm{o}} \neq 0$），则会产生电流，阻止磁场在星体中扩散〔图 7-8（c）〕。这种情况产生了一种磁性结构，非常类似于太阳风与磁化行星相互作用产生的磁性"空腔"。金星、火星和彗星等天体都揭示了这种感应磁层。然而，当太阳风压大于电离层等离子体热压时，所有这些天体都显示出太阳风磁场穿透电离层，因此屏蔽只是部分的，并且随着行星际条件的变化而变化。土星磁层中的土卫六也表现出类似的行为。

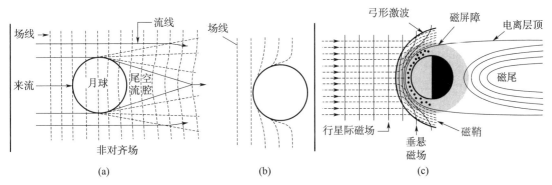

图 7-8 太阳风与不具有内部磁场的各种行星体的相互作用。(a) 不导电天体；(b) 导电天体；(c) 有电离层的天体。(改编自 Luhmann 1995)

在行星面向太阳的一侧，超声速太阳风与该星体带电粒子群的相互作用形成了弓形激波（bow shock）。这种激波的产生类似于湖面上快艇前形成的弓形波。在这两种情况下，静止流（太阳风或水）并不"知道"障碍物存在，因为障碍物和介质之间的相对速度大于相关波的速度（水的情况下为表面波，太阳风的情况下为磁声波）。在弓形激波处，太阳风等离子体从超声速转变为亚声速，速度减慢，密度增加，同时夹带的行星际磁场强度增加。弓形激波的下游区域称为磁鞘（magnetosheath）。弓形激波和其中的磁鞘可能是不对称的，这取决于太阳风磁场的方向。

在弓形激波的内部，在磁鞘的内部，发现了一个称为磁堆积边界（magnetic pileup boundary）、覆盖层边界（mantleboudary）或耗尽层（depletion layer）的边界。由于行星际磁场的堆积和悬垂，这一边界的特点表现为强的、高度组织的磁场。对于没有内部磁场的行星，其最内边界是电离层顶（ionopause）。在电离层顶以上，热离子和电子的密度迅速降低。在某种意义上，这个边界可以与下面讨论的磁层顶相比较。由于太阳风质子似乎没有穿透磁堆积区，磁堆积区也被与磁层顶相比较。电离层顶位于电离层压力与外部等离子体压力（磁＋热＋冲压压力）相平衡的区域，而在堆积区域成为纯磁压力。在行星障碍物后面形成的太阳风尾迹充满了内部磁鞘场，这些磁鞘场在吸收了一些电离层等离子体后下沉到尾迹中。该区域称为感应磁尾（induced magnetotail）［图 7-8（c）］。

如果天体像水星、地球和巨行星一样有一个内部磁场，太阳风会与天体周围的磁场相互作用。它将磁场限制在太阳风中的一个"腔体"内，称为磁层（magnetosphere）。行星磁场在一级近似下类似于偶极子磁场，类似于条形磁铁产生的磁场。地球磁场的示意图如图 7-9 所示。在面向太阳一侧，超声速太阳风与磁场的相互作用类似于与大气/电离层障碍物的相互作用。在弓形激波处，太阳风等离子体减速到亚声速，并在磁层障碍物周围平滑流动。磁层的形状取决于磁场的强度和流经磁场的太阳风。磁层边界称为磁层顶（magnetopause）。太阳风的压力塑造了磁场的"鼻子"，而太阳风流将磁场延伸成一条尾巴，也称为磁尾（magnetotail）。磁层中的磁尾由两个极性相反的尾瓣组成，如果偶极子轴垂直于太阳风流，两个尾瓣则在偶极子赤道平面上由中性片隔开。等离子体或电流片位于两个波瓣的接口处。

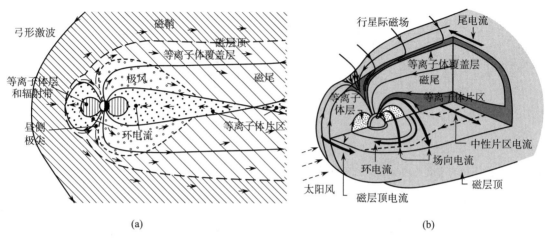

图 7-9　地球磁场的 2D 和 3D 示意图，显示了电流、磁场和等离子体区域。（a）2D 侧视图：实心箭头线表示磁场线，粗长虚线表示磁层顶，箭头表示等离子体流的方向。对角线阴影表示太阳风/磁鞘中的等离子体或直接源自太阳风/磁鞘的等离子体。外向电离层等离子体用空心圆圈表示；实心点表示热等离子体在尾部加速，垂直阴影表示共旋等离子体层。（改编自 Cowley 1995）（b）3D 剖视图：粗箭头表示电流，等离子体片和等离子体球由不同的阴影表示，磁场线由带箭头的线表示，箭头指示磁场方向。（Russell 1995）

日下赤道附近磁层顶的大致位置可以通过太阳风的冲压压力 P_{sw} 和磁层内的压力 P_m 之间的平衡来计算

$$P_{sw} = P_m \qquad (7-24)$$

式中

$$P_{sw} \approx \rho v^2 \qquad (7-25)$$

ρ 代表太阳风中的离子体密度，且

$$P_m = \frac{B^2}{8\pi} + P \qquad (7-26)$$

P 是热气体压力。由于磁层中的压力主要由磁场强度决定，压力平衡表现为以下约等关系

$$(\rho v^2)_{sw} \approx \left(\frac{B^2}{8\pi}\right)_m \qquad (7-27)$$

左侧的参数与太阳风有关，右侧的参数与磁层有关。地球磁层顶的典型脱体距离（standoff distance）为 $6 \sim 15 R_\oplus$（习题 7.4）。

地球弓形激波脱体距离 $\mathcal{R}_{bs}$ 的经验公式表示为

$$\mathcal{R}_{bs} = \mathcal{R}_{mp}\left(1 + 1.1\frac{(\gamma-1)\mathcal{M}_0^2 + 2}{(\gamma+1)\mathcal{M}_0^2}\right) \qquad (7-28)$$

式中，$\mathcal{R}_{mp}$ 表示磁层顶的脱体距离，γ 表示比热比，$\mathcal{M}_0$ 表示磁声波马赫数（magnetosonic Mach number），定义为

$$\mathcal{M}_0 \equiv \frac{v_{sw}}{\sqrt{c_A^2 + c_s^2}} \tag{7-29}$$

式中，c_s 表示声速 [式 (7-3)]，c_A 表示阿尔文速度 (Alfvén speed)

$$c_A = \frac{B}{\sqrt{4\pi\rho}} \tag{7-30}$$

地球弓形激波脱体距离的典型值为 (10～20) $R_\oplus$ (习题 7.4)。弓形激波与磁层顶之间的最小距离经验值可由下式给出

$$\Delta = 1.1 \frac{\rho_{sw}}{\rho_{bs}} \mathcal{R}_{mp} \tag{7-31}$$

式中，ρ_{bs} 表示激波后方的密度。

如前所述，无数的激波和间断通过行星际介质传播。这种受冲击 (或扰动) 的太阳风密度和速度高于普通太阳风。当太阳风激波撞击到磁化行星的弓形激波和磁层顶时，会诱发多重激波和波。太阳风能量通过传播到/穿过磁层的波传递到行星的磁场。由于太阳风之中的大量波动 (表 7-1)，太阳风和磁层之间的相互作用非常活跃。

7.2　磁场形态

太阳风压力在面向太阳的一侧造成地球磁层的压缩，而经过地球磁场的太阳风在行星后面沿径向拉伸磁力线，并形成磁尾 (图 7-9)。在行星附近磁场几乎不被太阳风变形的区域，发现了范艾伦辐射带 (Van Allen radiation belts)，即磁层中高能带电粒子被捕获的区域。这些粒子绕着磁力线旋转并上下反弹，同时它们绕着地球漂移 (7.3.1 节)。在正常的平衡条件下，这些粒子无法从磁层逃逸。

磁尾中分隔极性相反的磁力线的薄片区域称为中性片区 (neutral sheet) 或电流片区 (current sheet)。由于磁力线反转，中性片区附近的磁场强度最小；为了维持磁层中的压力平衡，该区域等离子体密度最大。此外，中性片区可能发生磁场重联 (field line reconnection) 或磁场湮灭 (field line annihilation) (图 7-10)。磁场重联释放的能量加速/激发等离子体。极冠 (polar cap) 中的磁力线与行星际磁场 (interplanetary magnetic field，IMF) 相连，这些相连的磁力线的数量取决于行星际磁场相对于行星磁场的方向。平均而言，磁尾中的重联与昼侧的等离子体层顶的重联相平衡 (7.3.3.2 节，图 7-17)。

行星的磁场强度通常以其磁偶极矩 $\mathcal{M}_B$ 表示，单位为 Gs·cm³。表 7-2 总结了地球磁层及其他磁层的典型参数。需要注意，地球、土星、天王星和海王星的"表面"磁场强度 (巨行星的表面定义为气压=1 bar 处) 都约为 0.3 Gs；然而，由于巨行星的半径比地球大得多，它们的磁偶极矩比地球的磁偶极矩大 25～500 倍。木星拥有最强的磁偶极矩，比地球强近 20 000 倍。地球和水星上的北磁极靠近行星的地理南极，因此，磁力线从行星的南半球出来，进入北半球。木星和土星的北磁极位于北半球。

地球和巨行星的磁层顶脱体距离通常大于 6～10 个行星半径。然而，对于水星而言，

人们认为磁层顶有时会被推压到表面，在这种情况下，太阳风会直接与行星表面发生相互作用。

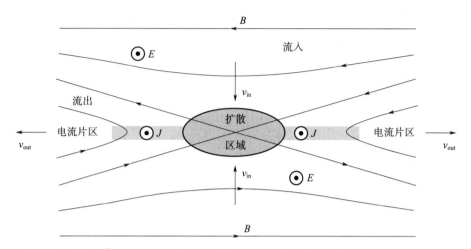

图 7-10　根据斯威特机制[①]，发生在 X 型磁中性线上的磁重联。等离子体和磁场从图示的顶部和底部流入（v_{in}），并向侧面流出（v_{out}）。等离子体在扩散区不与磁场相连。（改编自 Hughes 1995）

表 7-2　行星磁场的特征

	水星	地球	木星	土星	天王星	海王星
磁矩（$M_⊕$）	$4×10^{-4}$	1^a	20 000	600	50	25
偶极子赤道处的表面 B/Gs	0.0033	0.31	4.28	0.22	0.23	0.14
最大值/最小值[b]	2	2.8	4.5	4.6	12	9
偶极子倾斜和感应[c]	$+14°$	$+10.8°$	$-9.6°$	$0.0°$	$-59°$	$-47°$
偶极子偏移（R）		0.08	0.12	约 0.04	0.3	0.55
黄赤交角	$0°$	$23.5°$	$3.1°$	$26.7°$	$97.9°$	$29.6°$
太阳风角度[d]	$90°$	$67°\sim114°$	$87°\sim93°$	$64°\sim117°$	$8°\sim172°$	$60°\sim120°$
磁层顶距离[e]（R）	1.5	10	42	19	25	24
观测到的磁层大小（R）	1.4	$8\sim12$	$50\sim100$	$16\sim2$	18	$23\sim26$

根据 Kivelson and Bagenal (2007)。

[a] $\mathcal{M}_⊕ = 7.906×10^{25}$ Gs · cm³。

[b] 最大与最小表面磁场强度之比（对于中心偶极子场，该值为 2）。

[c] 磁性轴和旋转轴之间的角度。

[d] 在一个轨道周期内，太阳的径向和行星的旋转轴之间的角度范围。

[e] 磁层尖端磁层顶的典型脱体距离，以行星半径表示。

---

①　彼得·艾伦·斯威特（Peter Alan Sweet，1921 年 5 月 15 日—2005 年 1 月 16 日），英国天文学家。他于 1956 年提出，两团磁场方向相反的等离子体彼此靠近后，可以在比平衡长度标度短得多的尺度上发生阻性扩散。——译者注

7.2.1 偶极子磁场

极坐标系中偶极子的磁场可由下式描述（图 7-11）

$$B_r = \frac{-2\mathcal{M}_B}{r^3}\cos\theta$$

$$B_\theta = \frac{\mathcal{M}_B}{r^3}\sin\theta \qquad\qquad (7-32)$$

$$B_\phi = 0$$

式中，r、θ 和 ϕ 分别表示径向、纬向和周向（向东）方向的坐标。场线位于子午面，其特征完全由赤道点的距离 r_e 和经度或方位角 ϕ 确定（图 7-11）

$$r = r_e\sin^2\theta$$

$$\phi = \phi_0 = 常数 \qquad\qquad (7-33)$$

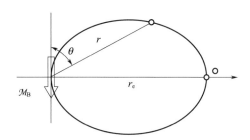

图 7-11　偶极子磁场中的场线示意图。（改编自 Roederer 1970）

沿磁力线的小弧长 $\mathrm{d}s$ 由下式给出

$$\mathrm{d}s = \sqrt{\mathrm{d}r^2 + (r\mathrm{d}\theta)^2} = r_e\sin\theta\sqrt{4 - 3\sin^2\theta}\,\mathrm{d}\theta \qquad\qquad (7-34)$$

沿磁力线的磁场强度为

$$B(\theta) = B_e\frac{\sqrt{4 - 3\sin^2\theta}}{\sin^6\theta} \qquad\qquad (7-35)$$

式中，磁赤道中的磁场强度 B_e 由磁偶极矩 $\mathcal{M}_B$ 确定

$$B_e = \mathcal{M}_B/r_e^3 \qquad\qquad (7-36)$$

7.2.2 多极子展开

虽然行星的磁场可以用偶极子作为一阶近似，但对于所有磁层来说，与简单偶极子磁场的偏差都很显著。与行星引力场的数学描述类似，行星的内禀磁场可以描述为标量势 $\Phi_V(r,\theta,\phi)$ 的梯度

$$\boldsymbol{B} = -\nabla\Phi_V \qquad\qquad (7-37)$$

式中，r、θ 和 ϕ 分别是相关点的行星中心坐标系坐标：径向距离、余纬和东经。磁标量势由以下表达式表示

$$\Phi_V = R\sum_{n=1}^{\infty}\left(\frac{R}{r}\right)^{n+1}T_n \qquad\qquad (7-38)$$

式中，R 是行星的半径，函数 T_n 如下

$$T_n = \sum_{m=0}^{n} [g_n^m \cos(m\phi_i) + h_n^m \sin(m\phi_i)] P_n^m(\cos\theta) \tag{7-39}$$

g_n^m 和 h_n^m 是决定磁场形态的高斯[①]系数（Gauss coefficient），P_n^m 是施密特正交化[②]（Schmidt-normalized）的关联勒让德多项式

$$P_n^m(x) = N_{nm}(1-x^2)^{m/2} \frac{d^m P_n(x)}{dx^m} \tag{7-40}$$

式中，若 $m=0$，则 $N_{nm}=1$；若 $m \neq 0$，则 $N_{nm}=[2(n-m)!/(n+m)!]^{-1/2}$。

$n=1$ 的项称为偶极子项，$n=2$ 的项称为四极子项，$n=3$ 的项称为八极子项，以此类推。需要注意的是，这些项随距行星距离 r 以 r^{-n} 减小。因此，高阶项在行星的"表面"附近作用最大。对于仅由三个偶极子项 g_1^0、g_1^1 和 h_1^1 组成的磁场，其磁矩 $\mathcal{M}_B$、相对于自转轴的倾角 θ_B 和磁北极的经度 λ_{np} 为

$$\mathcal{M}_B = R^3 \sqrt{(g_1^0)^2 + (g_1^1)^2 + (h_1^1)^2}$$

$$\tan\theta_B = \sqrt{\left(\frac{g_1^1}{g_1^0}\right)^2 + \left(\frac{h_1^1}{g_1^0}\right)^2} \tag{7-41}$$

$$\lambda_{np} = 180° - \tan^{-1}\left(\frac{h_1^1}{g_1^1}\right)$$

如果选择参考系使轴 $\theta=0$ 与磁偶极子轴对齐，且子午线 $\phi=0$ 位于磁北极的经度，则式（7-39）中的（1，1）项为 0，且与纯偶极子场的偏差更容易识别。这个新参考系中的四极项（2，0）和（2，1）可以理解为主偶极子的位移。四极项（2，2）引起磁场明显的经度相关倾斜，即磁赤道平面的扭曲，周期为 180°。高阶项对磁场形态有相似的影响，尽管其强度和周期有所不同。

上面的方程式显示了如何从数学上近似计算行星内部电流系统产生的磁场。实际上，磁场偏离了这种理想形态，因为磁层内部和附近的电流本身会产生电场和磁场（7.1.3 节），从而扭曲磁力线。这些效应随着 r 的增加而增加。因此，总磁场可以更好地表示为

$$\boldsymbol{B}_{总} = -\nabla\Phi_V + \boldsymbol{B}_{外部} \tag{7-42}$$

行星磁层的特征参数如表 7-2 所示。木星和土星的磁场几何结构与地球相似，自转轴和磁轴夹角 10° 以内，磁场可一阶近似为偶极子。天王星和海王星的磁层非常不规则，

---

①　约翰·卡尔·弗里德里希·高斯（Johann Carl Friedrich Gauss，1777 年 4 月 30 日—1855 年 2 月 23 日），德国数学家、物理学家、天文学家、大地测量学家。高斯利用在最小二乘法基础上创立的测量平差理论，计算天体的运行轨迹，并用这种方法测算出了小行星谷神星的运行轨迹，从而使天文学家重新发现了因发现者生病耽误观测而丢失的谷神星。高斯后来将这种方法发表在其著作《天体运动论》（*Theoria Motus Corporum Coelestium in Sectionibus Conicis Solem Ambientium*）中。高斯的座右铭是"少而精"（Pauca sed matura）。高斯星（1001 Gaussia）以他的名字命名。——译者注

②　艾哈德·施密特（Erhard Schmidt，1876 年 1 月 13 日—1959 年 12 月 6 日），德国数学家。在线性代数中，如果内积空间上的一组向量能够组成一个子空间，那么这一组向量就称为这个子空间的一个基。格拉姆-施密特正交化提供了一种方法，能够通过这一子空间上的一个基得出子空间的一个正交基，并可进一步求出对应的标准正交基。——译者注

磁轴和行星的自转轴之间的角度很大。7.5 节详细讨论了单个行星磁层的大尺度结构。

7.3　磁层中的粒子运动

磁层充满了带电粒子：质子、电子和离子。表 7 - 3 总结了在每个磁层中检测到的主要成分。在地球磁层中，发现的主要是氧和氢离子；在木星的磁层中，还增加了大量的硫离子；在土星的磁层中，水族离子凸显；在海王星的磁层中，H^+ 和 N^+ 都已经被探测到。值得注意的是，离子密度存在巨大变化：在天王星和海王星的磁层中，最大离子密度只有 2～3 个质子/cm^3，而在地球和木星的磁层中，部分区域内离子密度测量值超过几千个/cm^3。所有的磁层也包含大量的电子；平均而言，磁层等离子体的电荷近似为中性。粒子分布函数几乎是麦克斯韦函数［式（4 - 15）］，即热平衡分布。不过，粒子分布有一个明显的高能尾，在某些磁层中粒子能量可以高达数百 MeV。

等离子体的空间分布取决于等离子体的来源和损耗，以及粒子在行星磁场中的运动。在平衡状态下，带电粒子的运动完全由磁场结构、行星的重力场、离心力、大尺度电场和粒子的荷质比 q/m 决定。本节将详细讨论带电粒子在稳定磁层中的运动，并总结了等离子体的源和汇。

表 7 - 3　行星磁层的等离子体特征

	水星	地球	木星	土星	天王星	海王星
最大密度/（个/cm^3）	1	1 000～4 000	＞3 000	约100	3	2
组成	H^+	$O^+,H^+,N^+,$ He^+,He^{2+}	$O^n+,S^n+,$ SO_2^+,N^+,Cl^+	$O^+,H_2O^+,$ H^+	H^+	H^+
主要来源	太阳风	电离层、太阳风	木卫一	环、土卫二、土卫三、土卫四	大气	海卫一
产生率/（离子/s）	?	2×10^{26}	＞10^{28}	10^{26}	10^{25}	10^{25}
离子寿命	分钟	天[a]，小时[b]	10～100 天	1 月～数年	1～30 天	1 天
等离子体运动受控于	太阳风	自转[a]，太阳风[b]	自转	自转	太阳风+自转	自转（+太阳风?）

根据 Kivelson and Bagenal（2007）。

[a] 等离子体层内部。

[b] 等离子体层外部。

7.3.1　绝热不变量

质量为 m 的非相对论带电粒子在磁场中的一般运动符合如下规律

$$m\frac{d^2r}{dt^2}=F+\frac{qv\times B}{c} \qquad (7-43)$$

q 是元素电荷，c 是光速。在没有外力（$F=0$）的情况下，该方程简化为洛伦兹力

$$F_L=\frac{qv\times B}{c} \qquad (7-44)$$

洛伦兹力导致粒子围绕回旋中心（gyrocenter）快速旋转。外力改变粒子的简单圆周运动，导致了三个分量（图 7-12）：（a）围绕磁力线的旋转；（b）沿磁力线的反弹运动；以及（c）垂直于磁力线的漂移运动。粒子的轨迹可以近似为半径 R_L 围绕瞬时回转中心的圆周运动加上回旋中心（也称为导向中心）的位移 $\boldsymbol{r}_g$

$$\boldsymbol{r} = \boldsymbol{r}_g + \boldsymbol{R}_L \tag{7-45}$$

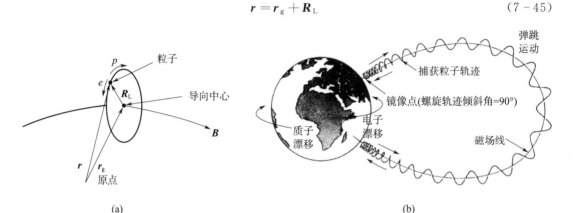

图 7-12 带电粒子的基本运动：（a）回旋（螺旋）运动；（b）沿磁力线的反弹运动和围绕地球的漂移运动。（Lyons and Williams 1984）

7.3.1.1 第一绝热不变量

绕磁力线的回旋运动是绕导向中心的圆周运动。洛伦兹力提供了粒子绕磁力线运动的向心力。回旋半径（gyro radius）或拉莫尔半径（Larmor radius）为（习题 7.8）

$$|\boldsymbol{R}_L| = \left| \frac{c\boldsymbol{p}_\perp}{qB} \right| = \left| \frac{mc\boldsymbol{v} \times \boldsymbol{B}}{qB^2} \right| \tag{7-46}$$

式中，$\boldsymbol{p}_\perp$ 是垂直于磁力线的动量，$p_\perp = mv\sin\alpha$，其中 m 表示质量；α 表示粒子的瞬时投掷角，即运动方向与局部磁力线之间的角度。粒子以频率 n "环绕"磁力线运动，回旋/回转/拉莫尔频率的定义如式（7-47）所示（习题 7.8）

$$n = \frac{v_\perp}{2\pi R_L}$$
$$\omega_B \equiv 2\pi n = \frac{v_\perp}{R_L} = \left| \frac{qB}{mc} \right| \tag{7-47}$$

对于地球内部辐射带中约 100 keV 的电子，其拉莫尔半径和周期的典型值分别为约 100 m 和数 μs；对于质子而言，其拉莫尔半径和周期的典型值是电子的 1 836 倍（即质子与电子的质量比）。

如果磁场的变化在一个回旋半径和一个回旋周期内很小，即粒子在几乎静止的磁场中旋转，那么通过粒子轨道的磁通量 Φ_B 是恒定的：$d\Phi_B/dt = 0$。由此可以导出一个运动常数 μ_B（习题 7.9），称为第一绝热不变量（first adiabatic invariant）。

$$\mu_B = \frac{p_\perp^2}{2m_0 B} \tag{7-48}$$

这里 m_0 表示粒子的静止质量。上式适用于非相对论和相对论粒子；对于后者，$p_\perp$ 中的质量是相对论质量，其中 γ_r 表示相对论修正系数，即

$$m = \gamma_r m_0$$

$$\gamma_r \equiv \frac{1}{\sqrt{1 - v^2/c^2}} \tag{7-49}$$

对于非相对论性粒子，第一绝热不变量等于粒子绕磁力线作圆周运动所产生的磁矩 μ_b。对于相对论粒子，$\mu_B = \gamma_r \mu_b$（习题 7.9c）。

第一绝热不变量可以用粒子的动能 E 来表示

$$\mu_B = \frac{E \sin^2 \alpha}{B} \tag{7-50}$$

对于相对论粒子，粒子能量的第一绝热不变量为（习题 7.9）

$$\mu_B = \frac{E^2 + 2m_0 c^2 E}{2m_0 c^2 B} \sin^2 \alpha \tag{7-51}$$

注意，μ_B 在非相对论极限方程（7-51）中简化为方程（7-50）。

7.3.1.2 第二绝热不变量

考虑粒子在没有电场的情况下沿着磁力线运动，在这种情况下粒子的动能 E 守恒。第一绝热不变量的守恒表明，当粒子移动到更大的场强时，投掷角 α 增大，直到在镜像点 $\alpha = 90°$。粒子在这一点上转向，即沿场线"反射"回来，如下面的物理术语所述。在磁赤道处，投掷角最小。对于局限于行星磁赤道的粒子，投掷角 $\alpha_e = 90°$。对于 $v_\perp \neq 0$ 且沿场线移动的粒子，会受到沿磁力线方向的场强梯度 $\nabla_\parallel \boldsymbol{B}$ 的影响（图 7-13）。由于（偶极子的）磁力线聚集在较高的纬度，粒子会经历一个矢量方向与磁场平齐的洛伦兹力

$$\boldsymbol{f}_{L\parallel} = \frac{q\, \boldsymbol{v}_\perp \times \boldsymbol{b}_r}{c} \tag{7-52}$$

式中，$\boldsymbol{b}_r$ 的方向为沿粒子的拉莫尔半径方向（图 7-13）。洛伦兹力 $\boldsymbol{f}_{L\parallel}$ 沿 $\boldsymbol{B}_c$ 的方向，始终与 $\nabla_\parallel \boldsymbol{B}$ 方向相反。洛伦兹力降低粒子沿场线的速度，直到粒子在镜像点处的速度达到零，在该点处粒子转向并向相反方向移动。这种瞬时的与磁场平齐的洛伦兹力使粒子在两个镜像点之间的场线来回反弹。

如果在一个反弹周期内磁场的变化很小，则可以导出第二个运动常数，称为第二绝热不变量（second adiabatic invariant），J_B。第二绝热不变量是粒子在镜像点 s_m 和 s_m' 之间沿磁力线的动量积分，$p_\parallel = mv \cos\alpha$，即

$$J_B = 2 \int_{s_m}^{s_m'} p_\parallel \, \mathrm{d}s \tag{7-53}$$

对于地球内部辐射带中约 100 keV 的电子，一个典型的反弹周期约为 0.1 s。我们定义积分 $I_B = J_B / 2mv$，如果速度 v 恒定，则 I_B 为不变量

$$I_B = \frac{J_B}{2mv} = \int_{s_m}^{s_m'} \left(1 - \frac{B_s}{B_m}\right)^{1/2} \mathrm{d}s \tag{7-54}$$

式中，B_s 和 B_m 分别为局部场强和粒子镜像点的场强。

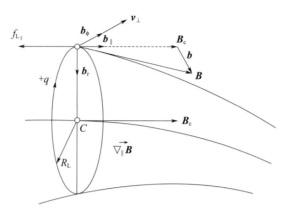

图 7 - 13　与磁场对齐的洛伦兹力的作用使粒子沿磁场线螺旋运动。（Roederer 1970）

由于第一绝热不变量是常数，则当粒子径向向内扩散时，其能量增加。在平衡状态下，第二绝热不变量 $J_B = 2mvI_B$ 也是常数。因此，由于粒子的动能，也就是 v 发生了变化，积分 I_B 也将随之发生变化。由于第一和第二绝热不变量均为常数，因此以下组合也应为不变量

$$K_B = \frac{J_B}{2\sqrt{m_0\,\mu_B}} = I_B\sqrt{B_m} = \int_{s_m}^{s'_m}\sqrt{B_m - B_s}\,\mathrm{d}s = 常数 \qquad (7-55)$$

已知 r_1 位置的 α_{e_1}，$r_1 > r_2$，计算 r_2 位置的赤道投掷角 α_{e_2}，则需要计算式（7-55）中的积分。这可以通过场线追踪或数值计算来实现。然而，很容易证明当粒子径向向内扩散时，投掷角势必增加（习题 7.12）。因此，离行星越近，粒子的赤道投掷角通常越接近 90°。

7.3.1.3　第三绝热不变量

局限于磁赤道的粒子（$\alpha_e = 90°$）沿着恒定磁场强度的轮廓线绕行星漂移（7.3.2 节）。如果磁场在一个漂移周期的时间尺度上变化很小，那么由粒子轨道包围的磁通量 Φ_B［式（7-22）］是运动的一个常数，称为第三绝热不变量（third adiabatic invariant）。在行星磁层中，第一和第二绝热不变量通常是守恒的，但第三绝热不变量经常被破坏。

7.3.2　磁层中的漂移运动

通过式（7-44）和式（7-45），粒子的导向中心位置 r_g 可以写成

$$\boldsymbol{r}_g = \boldsymbol{r} - \frac{mc}{qB^2}\boldsymbol{v}\times\boldsymbol{B} \qquad (7-56)$$

任何瞬时力 $\boldsymbol{F}_i$ 都会改变粒子的速度

$$\mathrm{d}\boldsymbol{v} = \frac{1}{m}\int \boldsymbol{F}_i\,\mathrm{d}t \qquad (7-57)$$

从而导致回旋中心位置发生变化

$$\mathrm{d}\boldsymbol{r}_g = \frac{mc}{qB^2}\mathrm{d}\boldsymbol{v}\times\boldsymbol{B} = -\frac{c}{qB^2}\boldsymbol{B}\times\int\boldsymbol{F}_i\,\mathrm{d}t \qquad (7-58)$$

如果 $\boldsymbol{F}$ 是 $\boldsymbol{F}_i$ 的时间平均值，则导向中心位置的变化会导致粒子运动发生漂移，漂移速度为 $\boldsymbol{v}_F$

$$\boldsymbol{v}_F = \frac{c\boldsymbol{F} \times \boldsymbol{B}}{qB^2} \qquad (7-59)$$

注意，漂移速度垂直于施加在粒子上的力和磁场方向。此外，如果 $\boldsymbol{F}$ 与电荷无关，给定同样的力 $\boldsymbol{F}$，则质子和电子向相反的方向漂移。质子和电子在磁场中受到垂直于磁力线的力影响，产生的一般运动如图 7-14 所示。由于受到力的作用，粒子拉莫尔半径产生增大和减小，从而引起了粒子的漂移运动。

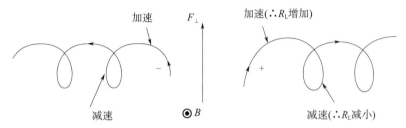

图 7-14　垂直于磁力线的力引起带电粒子在磁场中的一般运动。磁场垂直于纸面向外。（Roederer 1970）

7.3.2.1　$\boldsymbol{B}$ 梯度漂移

行星磁层中的磁场强度随着相距行星距离的增加而减小。因此，场强的总体梯度由平行于和垂直于场线的分量组成：$\nabla \boldsymbol{B} = \nabla_{\parallel} \boldsymbol{B} + \nabla_{\perp} \boldsymbol{B}$。场强的梯度会产生一个力

$$\boldsymbol{F} = -\mu_b \nabla \boldsymbol{B} \qquad (7-60)$$

式中，μ_b 表示磁矩，$\mu_b \equiv \mu_B$。由梯度 $\nabla_{\perp} \boldsymbol{B}$ 引起的力使带电粒子在行星周围漂移。如果磁场在漂移期间变化很小，漂移轨道所包围的磁通量是守恒的［第三绝热不变量，式（7-22）］。漂移速度 $\boldsymbol{v}_B$ 等于

$$\boldsymbol{v}_B = \frac{\mu_b c \boldsymbol{B} \times \nabla \boldsymbol{B}}{qB^2} \qquad (7-61)$$

粒子沿垂直于力线和垂直于磁梯度的方向运动。

考虑一个偶极子场和局限于磁赤道平面的粒子，即赤道投掷角 $\alpha_e = 90°$。因为磁场强度与 r^{-3} 成正比，粒子受到场强梯度 $\nabla_{\perp} \boldsymbol{B}$ 引起的力。这种情况如图 7-15 所示。漂移运动是由于磁场强度的变化导致粒子拉莫尔半径的增加和减少（请注意与图 7-14 的差异）。质子和电子朝相反的方向漂移，每一个都沿着恒定磁场强度的轮廓线（等高线）。在地球磁场中，电子绕地球向东漂移，质子向西漂移。这些粒子的漂移运动产生了一种称为环电流（ring current）的电流系统，其峰值位于约 $5R_{\oplus}$ 处，环电流粒子的典型漂移周期约为 2 h。环电流产生的磁场在环以内朝向南方，因此降低了地球表面的磁场强度［式（7-13）、（7-14）；习题 7.17］。

磁力线到行星中心的最大距离由麦基文[①]参数（McIlwain's parameter）表示，在偶极

---

① 　卡尔·麦基文（Carl McIlwain），加州大学圣迭戈分校物理学教授。——译者注

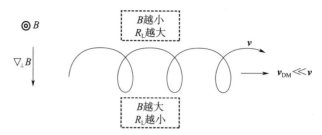

图 7 - 15　赤道质子（$\alpha_e = 90°$）由于磁场中的梯度而产生的漂移运动。（Lyons and Williams 1984）

子场中，该参数定义为

$$\mathcal{L} = \left(\frac{\mathcal{M}_B}{R^3 B_e}\right)^{1/3} \qquad (7-62)$$

用 $\mathcal{M}_B$ 表示磁偶极矩，B_e 是磁赤道的磁场强度，即沿给定磁力线的最小磁场强度。对于中心偶极子场，$\mathcal{L}$ 表示以行星半径为单位从行星中心到场线赤道点的实际距离。如果径向扩散不存在或非常小，且场近似轴对称，则粒子会反弹并在行星周围漂移，其漂移踪迹"描绘"出了漂移壳（drift shell）。在纯偶极场的情况下，对于具有相同行星中心距离的粒子，这些漂移壳是相似的，即使它们具有不同的赤道投掷角 α_e。对于多极磁场，情况并非如此，漂移壳取决于 α_e 和粒子的起始点。这种效应称为壳层简并（shell degeneracy）或壳层分离（shell splitting，7.5.1.2 节）。

7.3.2.2　场线曲率漂移

沿场线移动的粒子，会受到与磁场平齐的洛伦兹力影响而沿场线上下反弹，此外，还会受到场线曲率漂移的影响。如果导向中心沿着弯曲的场线运动（图 7 - 16），则向心力等于

$$\boldsymbol{F}_c = \frac{m v_{\parallel}^2}{R_c} \hat{n} \qquad (7-63)$$

式中，$\hat{n}$ 是沿场线曲率半径 R_c 方向向外的单位矢量。场线的曲率半径通常比粒子的拉莫尔半径大得多，即 $R_c \gg R_L$。这会导致曲率漂移

$$\boldsymbol{v}_c = \frac{mc\, v_{\parallel}^2}{q R_c B^2} \hat{n} \times \boldsymbol{B} \qquad (7-64)$$

这种漂移运动垂直于场线的曲率半径和场线本身，与梯度 $\boldsymbol{B}$ 漂移的方向相同。

7.3.2.3　引力场引起的漂移

行星磁场中的粒子也会受到来自行星引力的影响，$\boldsymbol{F} = m\boldsymbol{g}_p$

$$\boldsymbol{v}_g = \frac{mc}{qB^2} \boldsymbol{g}_p \times \boldsymbol{B} \qquad (7-65)$$

这种引力"摄动"使粒子垂直于引力和磁力线移动。与电场和磁场强度梯度相比，这种漂移运动通常较小。

7.3.2.4　电场引起的漂移

当磁层中存在电压变化或存在电场时，粒子会受到力的影响

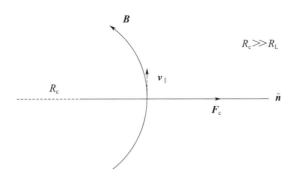

图 7 - 16　场线曲率的几何示意（7.3.2.2 节）

$$F = qE \tag{7 - 66}$$

产生漂移速度

$$v_{\mathrm{E}} = \frac{cE \times B}{B^2} \tag{7 - 67}$$

带电粒子沿垂直于场线 B 和电场 E 的方向运动；质子和电子的运动方向相同。大尺度电场在行星磁层中起着重要作用（7.3.3 节）。$E \times B$、∇B 以及曲率漂移力共同主导磁层中粒子的漂移运动。

7.3.3　电场

带电粒子在磁层中的整体漂移运动受磁场强度梯度、磁力线曲率和电场的共同影响。前两种力导致局限于赤道上的粒子在 B 的等值线上绕行星漂移。与磁力线平行的电场向相反的方向加速电子和质子/离子，产生场向电流，这通常会迅速减少任何 $E_{\parallel}$。垂直于磁力线的电场使离子和电子都向同一方向漂移；这样的流动并不会降低电位差，这样的大范围电场是可以稳定存在的。在每个行星磁层中存在的两个大尺度电场是共转电场和对流电场。

7.3.3.1　共转电场

行星的自转会在其磁层中产生一个径向向内或向外的电场：共转电场［欧姆定律，式（7 - 17）］

$$E_{\mathrm{cor}} = -\frac{v \times B}{c} = -\frac{(\omega_{\mathrm{rot}} \times r) \times B}{c} \tag{7 - 68}$$

在上述方程式中，假设等离子体速度 v 等于行星的自旋角速度 ω_{rot} 和行星中心距离 r 的乘积。由于行星的电离层随行星旋转，场向电流将连接电离层和磁赤道中的旋转等离子体（7.5.4.6 节）。电场的方向取决于磁场的方向和行星的旋转方向。对于地球来说，共转电场向内，对于巨行星来说则向外。

7.3.3.2　对流电场

流经地球磁层的太阳风将磁力线拉伸，形成磁尾。行星际磁场向南情况下的太阳风和地球磁层之间的相互作用如图 7 - 17 所示。在这种情况下，行星际磁场与地球磁场近似反向平行，行星际磁力线和地磁力线之间必然发生重联（图 7 - 10）。这就产生了开放场线，它的一端连接到地球上的一个极地区域，而另一端延伸到行星际空间。磁力线的行星际部分受太阳风影响绕着地球磁场拉伸。这个磁通管上的等离子体感应到电场 $E \propto v_{sw} \times B_{sw}$。磁力线沿反太阳方向穿过图 7 - 17 中编号的位置，形成磁尾。磁通量的回流通过尾部的重联实现。在这幅正午–午夜子午线图中，两条原本开放的场线（图 7 - 17 中的 6）在尾部重新连接，形成一条新的闭合场线。地球自转将磁力线带回到面向太阳的一侧，而开放的磁力线（图 7 - 17 中的 7′）继续沿着磁尾向下流动。各编号磁通管投影的路径如图 7 - 17（b）所示。因为这种循环类似于热对流循环，所以由这个过程产生的晨昏电场被称为对流电场（convection electric field）。在地球上，这个电场从晨指向昏；在像木星这样磁场指向北方的行星上，对流电场从昏指向晨。

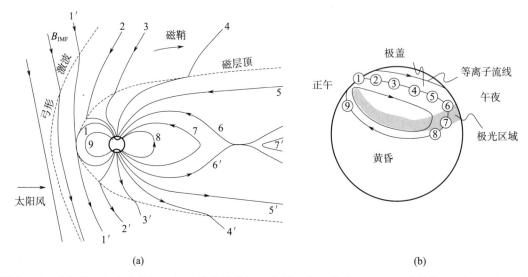

(a)　　　　　　　　　　　　　　　　　　(b)

图 7 - 17　太阳风（向南的磁场）与地球磁层的相互作用。重联发生在磁层的"鼻部"、场线 1 和 1′ 之间，以及地磁尾 6 和 6′ 之间。图（b）显示了各编号场线在北半球的投影路径。（Hughes 1995）

　　这种大规模的对流电场导致地球磁层中的带电粒子在低磁纬度时向太阳方向漂移，在高纬度时向中心平面（电流片）漂移（图 7 - 9）。因此，晨昏电场诱发了磁层等离子体的大规模全球环流，等离子体从近地球移动到尾部的电流片，一旦到达电流片，它就会朝着太阳的方向返回地球。当粒子向行星漂移时，它们的第一和第二绝热不变量是守恒的，而第三绝热不变量通常被破坏。因此，当粒子向磁场强度较高的区域移动时，其能量会增加[式（7 - 50）、（7 - 51）]。能量的增加来自电场，因此来自太阳风。粒子可以通过这种方式获得相当大的能量。典型的太阳风质子的能量约为 10 eV（T 约为 10^5 K），而地球的行星际磁场强度约为 5×10^{-5} Gs。转化为第一绝热不变量 $\mu_B \approx 0.2$ MeV/Gs，这意味着进入地球磁层的太阳风电子仅通过绝热扩散就能在地球表面获得近 0.2 MeV 的能量（习题 7.14）。

7.3.3.3 粒子漂移

通过对共转电场和对流电场强度的比较，可以看出磁层环流主要是由太阳风驱动还是由行星自转驱动。此外，磁场梯度和磁力线曲率会引起另一个全局粒子漂移。可以用以下形式表示磁层粒子的总漂移

$$v_{\mathrm{D}} = \frac{\boldsymbol{B} \times \nabla \Phi_{\mathrm{eff}}}{B^2} \tag{7-69}$$

式中，Φ_{eff} 是由于对流电场、共转电场和 $\nabla \boldsymbol{B}$ 而产生的有效电势，即

$$\Phi_{\mathrm{eff}} = \Phi_{\mathrm{conv}} + \Phi_{\mathrm{cor}} + \Phi_{\nabla B} \tag{7-70}$$

式中

$$\Phi_{\mathrm{conv}} = -E_0 r \sin\phi$$
$$\Phi_{\mathrm{cor}} = \frac{-\omega_{\mathrm{rot}} B_0 R^3}{r} \tag{7-71}$$
$$\Phi_{\nabla B} = \frac{\mu_B B_0 R^3}{q r^3}$$

在上式中，B_0 是磁赤道处的表面磁场强度，R 是行星的半径，r 是粒子的行星中心距离，E_0 是晨昏电场。坐标 ϕ 是在磁赤道上从行星-太阳方向向着黄昏侧测量的。因为对流势 Φ_{conv} 随着距离的增加而增加（$\propto r$)，而行星自转所产生的电势随着距离的增加而降低（$\propto r^{-1}$)。在行星附近，共转占主导地位，而太阳风引起的对流在距离较远时更为重要。在具有强磁场的快速旋转行星（如木星和土星）的磁层中，等离子体循环很可能由行星旋转主导，而太阳风控制着旋转速度较慢的行星（如水星）周围较小磁场中的等离子体流（习题 7.15)。在地球上，内部磁层由自转控制，而外部磁层由太阳风驱动。

考虑到地球磁层中带电粒子的各种漂移运动，一旦知道粒子的能量和初始位置，就可以预测粒子的轨迹。图 7-18 显示了在黄昏子午线以 1 keV 的能量注入地球磁层的质子和电子的漂移路径。电场使质子和电子向同一方向漂移。晨昏电场使粒子朝着太阳运动，而共转电场使粒子在闭合的等势线上绕地球漂移。梯度 $\boldsymbol{B}$ 漂移导致质子绕地球向西移动，电子绕地球向东移动。电子的梯度 $\boldsymbol{B}$ 漂移运动与共转电场引起的漂移方向相同。对于低能粒子（能量<1 keV)，电场漂移占主导地位，而对于高能粒子（能量>100 keV)，梯度 $\boldsymbol{B}$ 漂移更为重要。具有中等能量的质子可能不会完全绕地球轨道运行。图 7-18 (b) 中的轨道是在黄昏子午线的几个位置上注入的能量为 1 keV 的质子的轨道。从 $< 5R_{\oplus}$ 起，共转电场使它们以类似于电子的轨道绕地球向东旋转。与能量相关的梯度 $\boldsymbol{B}$ 漂移在任何时候都可以忽略不计。从 $(5 \sim 7)R_{\oplus}$ 开始的质子在向东漂移的过程中得到足够的加速，最终梯度 $\boldsymbol{B}$ 漂移接管并使它们在同样的夜侧向西旋转。质子随后减速，电场漂移在某个时刻再次主导。因此，这些粒子沿着不环绕地球的封闭漂移路径运动。在更远的距离上，对流场总是占主导地位（习题 7.16)。

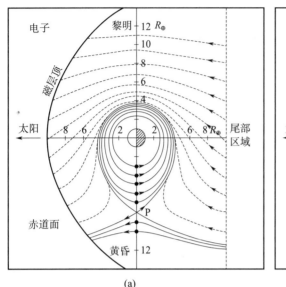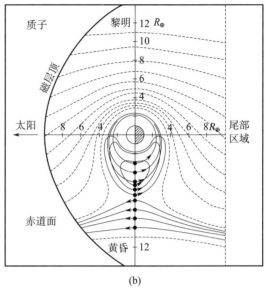

图 7 - 18　在地球磁场中 $\alpha_e = 90°$ 时带电粒子的运动。虚线：晨昏电场的等势线。这些曲线表示对流区域中"零能量"粒子的漂移路径（箭头方向）。实线：电子［（a）］和质子［（b）］沿黄昏子午线（点处）注入 1 keV 能量的漂移路径。（Roederer 1970）

7.3.4　粒子的源和汇

7.3.4.1　等离子体的来源

　　磁层等离子体有几个来源，每个来源的相对贡献因行星而异。带电粒子可以起源于宇宙射线、太阳风、行星的电离层以及部分或全部嵌入磁层的卫星/环。尽管电离层粒子通常被行星引力束缚，但一些带电粒子会沿着磁力线逃逸到磁层中（4.8.2 节）。微流星体、带电粒子和高能太阳光子的溅射可能会导致原子和分子从卫星/环中喷出（4.8.2 节）。如果这些粒子电离，就会使磁层等离子体变得丰富。

　　行星磁层嵌入在太阳风中。太阳风粒子只要进入磁层，就会使行星磁场附上等离子体。在地球磁层中探测到的质子、电子和氦核表明太阳风是地磁层等离子体的丰富来源。太阳和银河宇宙射线也可以进入磁层，主要发生在高纬度地区，并且与能量相关。

　　行星际粒子可以通过漂移或重联过程进入磁层：

　　1）如 7.1.4 节所述，太阳风将行星的磁力线拉向反太阳方向，形成磁尾，快速流动的太阳风在磁尾的行星际一侧，磁层等离子体则在内部。当两种接触的流体试图通过切向不连续性彼此滑动时，可能会诱发开尔文 - 亥姆霍兹[①]不稳定性（Kelvin - Helmholtz instability），这种不稳定性表现为表面上的涟漪，类似于风中飘扬的旗帜，以及风吹过湖面时引起的涟漪。当快速太阳风经过磁层时，它会在磁层边界或磁层顶引起涟漪。这些涟漪导致 **B** 中的一个分量垂直于太阳风流，从而在局部建立起电场，增强对流电场。这个例子展示了一个太阳风粒子扩散到行星磁层的机制。带电粒子也可以从太阳风扩散或梯度/曲率漂移到磁层中。

2）每当行星际磁场有一个与行星磁场反平行的分量时，就可能发生磁重联（图 7 - 10）：磁力线合并在一起，太阳风粒子可以通过磁中性点进入磁层。它们不仅以这种方式进入，而且在这个过程中也在加速。磁力线重联可能发生在日侧磁层顶和磁尾中性层。通常，当行星际磁场与行星磁场反平行时，粒子进入日侧磁层顶的"鼻子"。然而，与这一普遍接受的观点相反，在地球磁层中由 5 颗卫星组成的 THEMIS[②] 舰队发现，当太阳行星际磁场与地球磁场平行时，日冕物质抛射之后有大量粒子涌入。这些粒子可能是在高纬度地区进入的，那里的局部地球磁场和行星际磁场是反平行的，因此可能会发生重联。

7.3.4.2　粒子损失

卫星、环和大气既是磁层等离子体的源，也是汇。撞击固体表面的粒子通常会被吸收因而从磁层丢失。类似地，如果一个粒子进入大气中碰撞厚度较大的部分，它会被"捕获"，不会返回磁层。带电粒子沿磁力线进行螺旋反弹运动（图 7 - 12）。粒子在镜像点反射，如果该点位于电离层/大气中或其下，与大气粒子的多次碰撞会使磁层粒子被大气"捕获"。这个镜像点的位置取决于粒子的初始投掷角 α_e，即粒子在磁赤道中的运动方向与当地磁场线之间的角度。将粒子的损耗锥（loss cone）α_l 定义为赤道粒子在不被吸收的情况下可以具有的最小投掷角。如果粒子的赤道投掷角为 $|\alpha_e| \leqslant |\alpha_l|$ 或 $\sin^2\alpha_e < \sin^2\alpha_l$，其预测的镜像点位于大气层以内或大气层以下。因此，这些粒子会从磁层中消失。

另一个损耗过程是由磁层离子的电荷交换引起的（4.8.2 节）。磁层离子大致与行星共转。因此，它们在大的行星中心距离上的速度远高于中性粒子的开普勒速度（习题 7.11）。如果这样的离子与中性粒子发生电荷交换，新形成的离子将获得周围等离子体的旋转速度，并留在磁层中。然而，如果变成中性粒子的前离子的共旋速度超过逃逸速度，它会成为快速中性粒子并从该系统中逃逸出去。

7.3.5　粒子扩散

粒子在磁层中和通过磁层的扩散是一个重要的过程：如果没有粒子扩散，辐射带将是

---

① 开尔文男爵威廉·汤姆森（William Thomson，1st Baron Kelvin，1824 年 6 月 26 日—1907 年 12 月 17 日），英国数学物理学家、工程师，也是热力学温标（绝对温标）的发明人，被称为热力学之父。开尔文星（8003 Kelvin）以他的名字命名。——译者注

赫尔曼·路德维希·费迪南德·冯·亥姆霍兹（Hermann Ludwig Ferdinand von Helmholtz，1821 年 8 月 31 日—1894 年 9 月 8 日），德国物理学家、医生。他在流体动力稳定性等多个科学领域做出巨大贡献。亥姆霍兹星（11573 Helmholtz）以他的名字命名。——译者注

② THEMIS：Time History of Events and Macroscale Interatcions during Substorms（亚暴中事件的时间历史和宏观相互作用探测任务）

空的，除非有一个原位（in situ）源。径向扩散（radial diffusion）使粒子穿过场线移动，而投掷角扩散（pitch angle diffusion）使粒子的镜像点沿场线移动。第一种机制将粒子从其起源地传输到磁层中的其他区域，而投掷角散射可以被视为丢失粒子的主要方式。它会导致粒子的投掷角分布扩散，迫使一些粒子进入损失锥。

径向扩散是由磁层中的大尺度电场驱动的，例如太阳风诱导的对流场，它在相对平静的地球磁场中主导扩散。在木星和土星的磁层中，共转电场主导着扩散，尽管注意到，木星和土星磁层中的许多转移都是通过磁通管（flux tube）或离心力驱动的交换不稳定性（centrifugally driven interchange）发生的。在这里，密度更高的磁通管向外滑动，与密度较低的磁通管交换位置。这可以与瑞利-泰勒不稳定性（Rayleigh - Taylor instability）相比较，在瑞利-泰勒不稳定性中，当流体与较重的流体叠加时，会变得不稳定，较重流体会像"手指"一样穿透较轻的流体或沉于较轻的流体之下。在旋转主导重力的磁层区域，磁通管交换导致质量向外传输，以等离子体手指的形式"可见"。在木卫一等离子体环附近的木星磁层中已经发现了这种特征。

等离子体片中的等离子体不稳定性，磁场随时间的变化，以及行星高层大气/电离层中的风，都会诱发随机变化的电场（7.1.3 节），从而影响粒子扩散。这导致粒子以随机运动的方式穿过磁层，使其可以向内和向外扩散。由于外磁层某处有一个粒子源，而行星大气中有一个汇，质子和电子的整体扩散是向内的，正如探测器原位观察到的那样。对于木星磁层中的重离子，向外扩散占主导地位。

在类偶极子场（即内磁层）中，当粒子径向向内扩散时，第一和第二绝热不变量守恒表明粒子的赤道投掷角增大。因此预计离地球更近的粒子将更多地局限于磁赤道。不同于粒子投掷角的缓慢变化，还存在着随机变化。粒子间的碰撞（与大气粒子的库仑散射、电荷交换）或波-粒子相互作用都可以引起随机的粒子投掷角扩散。

7.4 磁层波动现象

介质中的扰动可以诱导以特定速度传播的波，并将能量从一个区域转移到另一个区域。磁层包含大量的等离子体，由大尺度磁场贯穿，因此会产生大量的波，在地球和四颗巨行星的磁层中都观察到了这些波。尽管在大小、磁场方向、能源和等离子体含量方面存在巨大差异，但在所有五个磁层中都存在许多相同类型的波模式，尽管辐射的相对和绝对强度因行星而异。

波通过与等离子体发生能量转换可以增长或衰减。由于波会干扰渗透等离子体的电场和/或磁场，因此可以使用偶极子电场天线、搜索线圈或其他类型的磁强计等进行原位（in situ）检测。等离子体波的频率通常等于或低于等离子体中的特征频率（如下文讨论的等离子体和混合频率）。这种波通常不会传播很远。等离子体还可以产生更高频率的电磁波，这些波超过介质的最高特征频率（电子等离子体频率），称为射电波（radio wave）。足够高频率的射电波可以从产生它们的等离子体中逸出，因此可以远程检测到。频率远低

于自然等离子体频率的波称为磁流体动力学（magnetohydrodynamic，MHD）波。MHD
波是等离子体中频率最低的波。对等离子体和射电波的原位和遥感观测都获得了大量关于
其起源和传播介质的信息。本节将简要讨论这些波的一些性质，既不推导方程，也不深入
研究等离子体物理，只是让读者体会在磁层和太阳风中丰富多样的波。

7.4.1　一般波动方程

电磁场和热压共同控制着磁化等离子体的动力学。为了方便起见，通常分别推导冷等
离子体和热等离子体的波动方程。与热等离子体相比，冷等离子体中的热压可以忽略（以
便简化方程）。通常，电磁场和/或气体中的扰动很小，可以对控制方程线性化以求解波的
性质。高频扰动以平面波的形式传播

$$e^{i(\boldsymbol{k} \cdot \boldsymbol{x} - \omega_0 t)} = \cos(\boldsymbol{k} \cdot \boldsymbol{x} - \omega_0 t) + i\sin(\boldsymbol{k} \cdot \boldsymbol{x} - \omega_0 t) \qquad (7-72)$$

式中，$\boldsymbol{k}$ 是波矢量（$k = 2\pi/\lambda$，λ 为波长），ω_0 为角频率，$\omega_0 = 2\pi\nu$，ν 为波的频率。如果

$$x = x_0 + \frac{\omega_0 t}{k_x} \qquad (7-73)$$

则指数的辐角是常数。因此，在随波的相速度（phase velocity）移动的位置，解是恒定的

$$v_{\text{ph}} = \frac{\mathrm{d}x}{\mathrm{d}t} = \frac{\omega_0}{k_x} \qquad (7-74)$$

波能以群速度（group velocity）传播

$$v_{\text{g}} = \nabla_k \omega_0 = v_{\text{ph}} + \nabla_k v_{\text{ph}} \qquad (7-75)$$

在非色散介质中，相速度不依赖于波长，波的相速度和群速度是相同的。

7.4.2　磁流体动力学波、等离子体波和射电波

色散关系（dispersion relation）将角频率 ω_0 与波矢量 $\boldsymbol{k}$ 联系起来。色散关系的一个
常见例子是自由空间中以光速传播的电磁波

$$\omega_0 = kc \qquad (7-76)$$

类似地，声波在气体中以声速 c_s 传播。

在冷等离子体中，色散关系可以从麦克斯韦方程组（7.1.3 节）和磁流体动力学关系
（7.1.2.2 节）中推导出来。在热等离子体中，需要使用动力学理论，其中考虑了单个粒
子的动力学。色散关系表明，等离子体可以支持多种电磁波（包括 $\boldsymbol{E}$ 和 $\boldsymbol{B}$ 中的扰动波）、
静电波（仅限于 $\boldsymbol{E}$ 中的扰动波）和磁声波。许多波在自然等离子体频率下激发或与之共
振，例如式（7-47）中给出的电子和离子回旋频率 ω_{Be} 和 ω_{Bi}；又比如电子和离子等离
子体频率 ω_{pe} 和 ω_{pi}，即在没有磁场的情况下，电子和离子围绕其平衡位置振荡的频率

$$\omega_{\text{p}} = \left(\frac{4\pi N q^2}{m}\right)^{1/2} \qquad (7-77)$$

式中，N 表示离子或电子密度，m 表示离子或电子质量（m_i、m_e），q 表示电荷。第三组固
有频率由上、下混合共振频率 ω_{UHR} 和 ω_{LHR} 给出

$$\omega_{\text{UHR}} = \sqrt{\omega_{\text{pe}}^2 + \omega_{\text{Be}}^2}$$

$$\omega_{\text{LHR}} = \sqrt{|\omega_{\text{Be}}\omega_{\text{Bi}}|} \tag{7-78}$$

一个等离子体对波动的最大响应频率是电子等离子体频率 ω_{pe}（习题 7.27）。频率 $\omega_{\circ} > \omega_{\text{pe}}$ 的波会逃逸出去，并可以远程在射电波长观测到（7.4.3 节）。这种高频（射电）波的色散关系为

$$\omega_{\circ}^2 = \omega_{\text{pe}}^2 + k^2 c^2 \tag{7-79}$$

在自由空间中，式（7-79）简化为式（7-76）。射电波的相速度取决于介质的介电性质，因为 ν_{ph} 与介质的折射率 n 成反比

$$n = \frac{ck}{\omega_{\circ}} = \frac{c}{\lambda\nu} \tag{7-80}$$

利用式（7-79）和式（7-80），可以将电子等离子体频率以及电子密度与传播的射电波联系起来（习题 7.28）

$$n = \sqrt{1 - \frac{\omega_{\text{pe}}^2}{\omega_{\circ}^2}} \tag{7-81}$$

上式表明，当 $n \to 0$，射电波不以电子等离子体频率及以下频率传播，因为当 $n^2 < 0$ 时波无法传播。因此，通过扫频接收器，可以确定介质的等离子体频率。如果波穿过一种 ω_{pe} 随位置变化的介质（例如电离层中的高度），那么当 $n = 0$ 时，波将被反射。电离层探测仪（ionosonde）以不同的频率从地面发射和接收无线电信号，利用这种技术来确定地球电离层中电子密度的高度分布。

等离子体波的频率等于或低于特征等离子体频率。这些波仅在局部产生和存在。等离子体波可以通过探测器原位探测。这些波通常以它们出现的区域（例如极光嘶声），等离子体的自然频率（例如上下混合波、电子和离子回旋波），或它们作为音频信号处理并通过扬声器播放时发出的"声音"（哨声、合声、嘶声、狮吼声）来命名。相比之下，射电波通常以其频率范围（例如千米辐射）命名。

等离子体中出现的最低频率波是磁流体动力学（MHD）波，其频率远低于自然等离子体频率。在冷等离子体中，我们发现了两种模式的 MHD 波。第一种是剪切阿尔文波（shear Alfvén wave），这是一种规则的阿尔文波，会导致场线弯曲。扰动都垂直于 $\boldsymbol{B}$，就像沿着吉他弦传播的波一样。这些阿尔文波以如下（相）速度传播

$$v_{\text{ph}} = \frac{\omega_0}{k} = c_A \cos\theta \tag{7-82}$$

c_A 表示阿尔文速度［式（7-30）］，θ 表示波矢量 $\boldsymbol{k}$ 和磁场 $\boldsymbol{B}$ 之间的角度。不同于相速度，群速度沿着磁场方向。第二种波为压缩波（compressional wave），以阿尔文速度传播

$$v_{\text{ph}} = \frac{\omega_0}{k} = c_A \tag{7-83}$$

与（剪切）阿尔文波不同，压缩波就像声波一样，改变流体的密度和磁压力。由于在热等离子体中，等离子体压力的强度可能与磁压力相当，因此色散关系取决于声速和阿尔文速度。这将式（7-83）更改为两种模式

$$\left(\frac{\omega_0}{k}\right)^2 = \frac{1}{2}\left\{c_s^2 + c_A^2 \pm \left[(c_s^2 + c_A^2)^2 - 4c_s^2 c_A^2 \cos^2\theta\right]^{1/2}\right\} \tag{7-84}$$

分别称为快速 MHD/磁声模式（正号）和慢速 MHD/磁声模式（负号）。

7.4.3　射电辐射

四颗巨行星和地球都是低频（千米波长）的强射电源。最强的行星射电辐射通常起源于极光区域附近，与极光过程密切相关。图 7-19 显示了四颗巨行星和地球射电辐射的平均归一化光谱。木星是最强的低频射电源，其次是土星、地球、天王星和海王星。

本节将讨论射电辐射的总体（或背景）方面。7.5 节中汇总了每颗行星的具体情况。

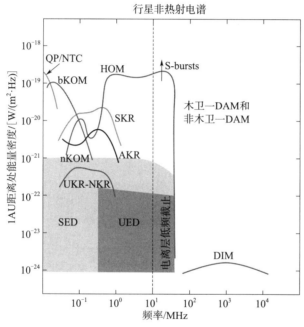

图 7-19　🪐四颗巨行星和地球射电辐射峰值通量密度谱的比较。所有的发射量都按照距离该行星 $r =$ 1 AU 的距离进行了测量。图中显示的木星辐射包括准周期爆发（QP）、非热连续介质（NTC）、宽带和窄带千米辐射（bKOM、nKOM）、百米辐射（HOM）、十米辐射（DAM）和分米辐射（DIM）。土星的千米辐射被命名为 SKR，其静电放电发射被标记为 SED。地面极光千米辐射被命名为 AKR。UKR 和 NKR 分别指天王星和海王星的千米辐射。天王星的静电放电标记为 UED。（改编自 Zarka and Kurth 2005）

7.4.3.1　低频射电辐射

（1）回旋脉泽辐射

频率为几 kHz 至 40 MHz（木星）的射电辐射通常归因于电子回旋脉泽辐射，由行星磁场极光区的 keV（非相对论）电子发射。辐射以回旋或拉莫尔频率 ω_B [式（7-47）] 发射。辐射的传播取决于辐射与局部等离子体的相互作用。由于等离子体的电磁特性，这些粒子的振荡会导致传播的辐射（即电磁波）和局部等离子体之间的复杂相互作用。例如，只有当局部回旋频率大于电子等离子体频率 ω_{pe}［式（7-81）］时，辐射才能逃离其起源区域。这同样设定了通过地球电离层传播的极限约 10 MHz。如果局部回旋频率低于电子等离子体频率，波就会被局部捕获并放大，直到到达一个可以逃逸的区域。回旋脉泽不稳定性也要求 ω_B/ω_{pe} 呈大比例。行星磁层中的极光区域就以这种条件为特征。极光射电辐射的传播模式（或极化）是所谓的 X 模式[①]，极化（辐射的电矢量方向）取决于磁场的方向。如果源区磁场指向观察者，则发射为右旋圆极化（RH）；如果源区磁场指向相反方向，则发射为左旋圆极化（LH）。[②]

回旋辐射以偶极子模式辐射，其中波束向前弯曲。由此产生的辐射像一个空心锥形图案，如图 7-20 所示。在粒子平行运动的方向上，沿圆锥体轴的辐射强度为零，并在某个角度 Ψ 达到最大值。理论计算表明，Ψ 非常接近 90°。然而，由于电磁波离开源区时的折射，使得观测到的张角通常要小得多，只有约 50°。

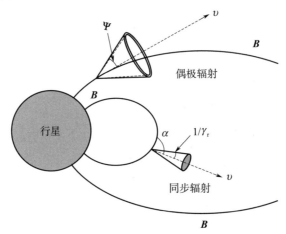

图 7-20　磁场中的辐射模式。给出了极光区附近非相对论电子的回旋（偶极子）辐射引起的空心锥图案。电子沿着行星的磁力线回旋下降。空心圆锥体开口半角由 Ψ 所示。在低磁纬度的辐射带中，显示了单个相对论电子的瞬时辐射锥。粒子的瞬时运动方向与磁场之间的角度，通常称为粒子的投掷角 α，如图所示。射电发送辐射进入一个半宽为 $1/\gamma_r$ 的窄锥体

回旋脉泽不稳定性源于少量 keV 电子的能量，这些电子具有垂直于磁场方向的正斜率分布函数。最近对地球极光千米级辐射源区的观测揭示了"马蹄形"电子分布，它为射电波的产生提供了一个高效（1%量级）的自由能源。这种分布被认为是由极光加速区平行电场、小投掷角电子的损失以及反射电子的捕获共同影响而产生的。通过这种机制在行星磁层中产生的射电辐射通常会显示出一系列令人困惑的频率-时间谱峰值，包括频率上升

---

① 我们区分寻常模式（ordinary，O 模式）和非寻常模式（extraordinary，X 模式）下的传播。O 模式传播的色散关系不取决于磁场，而 X 模式的色散关系取决于磁场。

② 当辐射在垂直于磁场方向的平面中的电矢量旋转与在传播方向上前进的右手螺旋方向相同时，称为右旋圆极化。因此，当观察者面向传播方向观察时，旋转是逆时针的。右旋圆极化被定义为正极化；左旋圆极化为负极化。在某些情况下，磁离子射电辐射以寻常模式（O）传播。在这种模式下，极化是反向的。回旋加速器脉泽不稳定性理论确实承认了在普通模式下发射的可能性。然而，这种情况并不常见。

或下降的窄带辐射、急剧截止以及更多类似连续的辐射。虽然人们普遍认为，频率上升或下降的辐射与沿磁力线向下或向上移动的微小源有关（因此，与回旋加速频率较高或较低的区域有关），但对于这种精细结构没有普遍接受的理论解释。

（2）其他类型的低频射电辐射

虽然回旋脉泽不稳定性产生的射电辐射在任何行星磁层中都是迄今为止最强烈的，但还有其他类型的低频射电辐射也令人感兴趣。其中最普遍的可能是所谓的非热连续辐射，它是由源等离子体频率附近的静电波中的波能转换为射电波而产生的，通常以普通模式传播。术语"连续体"最初被指定为这类辐射，因为当周围的太阳风密度较高时，它们可以在非常低的频率下产生，并束缚在外磁层的低密度空腔中。由于不同频率的多个源和移动磁层壁上的多次反射混合在一起，辐射谱往往会呈现均匀化。

在更高的频率下，在内磁层密度梯度上会产生上混合共振（upper hybrid resonance，UHR）频率的辐射。这些辐射可以直接传播到远离辐射源的地方，并显示出复杂的窄带辐射谱。它们最早在地球上发现，在所有被磁化的行星上，以及木卫三的磁层中都有发现。

另一种行星射电辐射与一种常见的太阳发射机制密切相关，涉及朗缪尔波（Langmuir wave），即等离子体频率下的电子等离子体振荡。朗缪尔波可以在等离子体频率或其谐波下转换为射电辐射，从而产生微弱的窄带辐射。朗缪尔波是行星弓形激波上游太阳风的共同特征。

（3）大气闪电

行星的射电辐射有时与大气闪电有关。闪电放电除了产生可见的闪光外，还产生宽带脉冲射电辐射。如果该脉冲的频谱延伸到电离层等离子体频率以上，且大气中的吸收不太大，则远距离观测者可以检测到频谱的高频端。在雷暴期间，在地球上用调幅收音机探测到的"干扰"也是同样的现象。

在大气中由闪电放电触发的最常见的波是哨声模波（whistler mode wave），在所有五个磁层中以及在木卫三的磁场中都观测到了哨声模波。哨声模波的相速度几乎与电子的回旋运动相匹配。由于最高频率的波传播速度最快，到达观测者的频率会随着时间的推移而降低（图 7 - 21），与音调降低的口哨声类似。频率降低的速率与等离子体密度有关。

7.4.3.2　同步辐射

与 keV 级电子产生的低频辐射不同，同步辐射是由相对论电子（MeV 级能量，$v \approx c$）绕磁力线旋转而产生的。本质上，发出的辐射由电子在绕场线螺旋运动时加速所发射的光子组成。这种辐射具有很强的指向性，在张角为 $1/\gamma_r$ 的圆锥体内指向前方（图 7 - 20）

$$\frac{1}{\gamma_r} = \sqrt{1 - \frac{v^2}{c^2}} \qquad (7-85)$$

v 表示粒子的速度，c 表示光速。相对论光束因子 $\gamma_r = 2E$，E 为 MeV 级的能量。辐射存在于很宽的频率范围（图 7 - 22），但在 $0.29\nu_c$ 时显示最大值，ν_c 为临界频率，单位为 MHz

$$\nu_c = \frac{3}{4\pi} \frac{q\gamma_r^2 B_\perp}{m_e c} = 16.08 E^2 B_\perp \qquad (7-86)$$

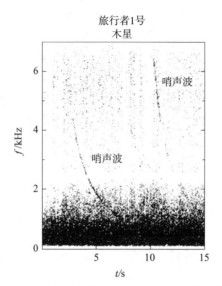

图 7-21　旅行者 1 号观测到的木星磁层中哨声模波的光谱图。在光谱图中，较强烈的波由较暗的阴影表示。（Kurth 1997）

式中，能量 E 以 MeV 为单位，场强 $B_\perp$（垂直于视线的分量）单位为 Gs。辐射是极化的，电矢量的方向取决于局部磁场的方向。木星是目前唯一观测到这种辐射的行星。木星的同步辐射由地面射电望远镜和卡西尼号所观测，这些观测间接地提供了一些关于木星强辐射带的最全面信息。

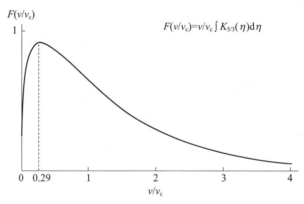

图 7-22　被束缚在磁场中的单个电子所发射的同步辐射功率谱。其中，$K_{5/3}$ 是一个变形贝塞尔函数。（Ginzburg and Syrovatskii 1965）

7.5　不同行星体的磁层

7.5.1　地球

　　地球的磁层如图 7-9 所示。弓形激波由超磁声速太阳风与地球磁层相互作用产生，位于面向太阳的一侧约 $15R_\oplus$。弓形激波后面的湍流亚声速区域是磁鞘。磁层顶将磁鞘与地球磁场隔绝，边界位于沿地球-太阳方向约 $10R_\oplus$，并将太阳风等离子体与地球磁场分离。太阳风将磁力线拉伸，形成磁尾。中平面是一个磁场反转区域，极性相反的磁场在此相遇，发生重联。这里接近零的磁压被更高的等离子体压力所平衡。该区域被称为电流片，嵌入在等离子体片中。在离地球更近的地方发现了稳定粒子捕获区域——等离子体层和辐射带（范艾伦带），后者包含高能粒子。

如 7.3 节所述，磁层中的带电粒子沿着绕磁力线螺旋运动，并在镜像点反射。粒子绕地球的漂移由磁场强度的梯度和磁力线的曲率引起。它们的漂移轨道会因电场的存在而改变，尤其是共转电场和对流电场。对于纯偶极场，粒子的运动轨迹可以解析表达；由于观测到的行星磁场比偶极场复杂，因此需要对粒子轨迹进行数值描述。此外，磁层对太阳风的变化不断做出响应，使对磁场和其中等离子体的详细建模变得更加复杂。

7.5.1.1 南大西洋异常

在内辐射带中，相对偶极子场最重要的偏差来自地球内部磁场的高阶矩。在地球表面，南美洲东海岸附近的磁场最弱，这是地球磁场的一个特征，被称为南大西洋异常（South Atlantic Anomaly）。由于粒子沿着磁场恒定的路径绕地球漂移，因此它们在南大西洋异常区比在其他经度处更接近地球表面。

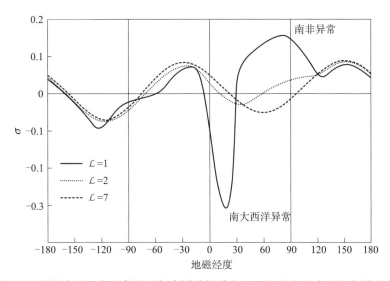

图 7-23 在所示的不同距离处，与纯偶极磁场中漂移轨道相比，粒子在地球磁场中漂移路径的偏差。偏差用以下公式表示：$\sigma = \mathcal{L}^2 \left(\dfrac{\partial^2 B/\partial s^2}{\partial^2 B/\partial s^2 \big|_{\text{dipole}}} - 1 \right)$。（改编自 Roederer 1972）

图 7-23 显示了在距离 $\mathcal{L}=1$、2 和 7 时，地球磁层（仅包括地球内部磁场）中约束在赤道附近的粒子漂移曲线与纯中心偶极子场中粒子漂移曲线的偏差。很明显，最大的偏差发生在行星附近；而南大西洋异常区是一个突出的区域，在其中粒子漂移轨道的高度要相对低得多。高能范艾伦带粒子在南大西洋异常带中以如此低的高度通过地球，会严重影响

航天器在低地球轨道通过该区域时的性能（问题 7.18）。在 $\mathcal{L}=7$ 时，最大的变化由偶极子场与地球中心的偏移引起（注：这忽略了磁层电流对磁场的影响，在这个距离上，磁层电流的影响很大）。

如 7.3 节所讨论，当粒子过于靠近地球时，它们可能会在大气中消失。沿着粒子的漂移轨道（图 7-23），其损失锥随地心经度而变化。在南大西洋异常附近，粒子的损失锥最大，因此，所有赤道投掷角小于南大西洋异常处损失锥的粒子在绕地球漂移期间都会从磁层中移除。当粒子在一个偏移的偶极子场中绕行星漂移时，该粒子的镜像点可能在某些经度远高于行星的大气层，但在其他经度则位于大气层内。如果磁场向北或向南移动，大气损失锥是不对称的。粒子在漂移轨道上遇到的最大损失锥约束着被捕获粒子的分布；该损失锥称为漂移损失锥（drift loss cone）。

7.5.1.2 磁层电流

图 7-9（b）显示了地球磁层中的主要电流系统。磁场梯度和曲率漂移导致地球磁场中的质子绕地球向西漂移，电子绕地球向东漂移。这种漂移会产生大范围的电流，称为环电流（ring current）。部分环电流在中间磁层中途部分绕地球流动。部分环电流的两端通过场向电流（field-aligned currents）或伯克兰电流（Birkeland currents）连接到电离层，并通过电离层中的电流形成电路。在磁层顶极尖区以下的纬度发现了查普曼-费拉罗电流（Chapman-Ferraro currents），其尾流（tail current）在磁尾的高纬度区域 ［图 7-9（b）］。对流电场在赤道面附近诱导产生一个穿过磁尾的晨昏电流，在图 7-9（b）中称为中性片电流（neutral sheet current）。由于电流会产生磁场，与内部磁场结构相比，各种电流系统会在地磁场中引起显著的扰动。例如，环电流在粒子轨道内产生了一个向南的磁场，削弱了这里的磁场，正如在地球表面的测量所证实的那样。查普曼-费拉罗电流会产生一个向北的磁场，这会加强地磁场，尤其是在昼半球，而向西的尾流会削弱尾部的磁层磁场。因此，后两种电流导致昼夜半球磁层之间的系统性差异，从而影响粒子漂移轨道。此外，对于不同投掷角的粒子，效果也不同。赤道投掷角较小的粒子在夜半球比昼半球漂移得更远，而限制在磁赤道平面内的粒子则相反。7.3.2.1 节中讨论了这种漂移壳层分裂（drift-shell splitting）现象。

7.5.1.3 磁层等离子体

地球磁场主要被质子、电子、氧离子、氦离子和氮离子所占据。这些成分表明这些粒子来自太阳风和电离层。各种等离子体区域如图 7-9 所示。磁鞘等离子体穿透到极尖区的低空，极尖区实际上是磁层顶的凹痕或间隙。极盖中开放的磁力线为磁鞘等离子体进入磁层提供了一条路径，从而填充了高纬度地区。在镜像点反射后，尖区粒子可以进入地磁尾并形成等离子体幔（与通过尾磁层顶"泄漏"的磁鞘等离子体一起）。由于太阳风引起的对流电场，产生一个大规模的磁层"环流"，使得低纬度的粒子被驱动到朝向太阳的方向，而在高纬度则有一个反太阳方向的流。等离子体地幔中的粒子因此向中平面漂移，而电流片中的粒子要么向地球漂移（当从发生尾部重联的中性 X 点朝向地球时，图 7-17），要么远离地球。在后一种情况下，粒子最终进入太阳风。电流片中的等离子体被加速，并如下所述使等离子体片中充满热等离子体。由低能质子和单电离氧原子组成的极风（polar wind）从高纬度电离层流出。像极风一样，$\mathcal{L} \lesssim 4$ 以内的等离子体层（plasmasphere）充满了冷电离层等离子体。

（1）等离子片和电流片

等离子片的中心部分——电流片中的典型等离子体参数约为 0.3 个粒子/cm³，离子能量在几至几十 keV，电子能量是离子能量的 1/2～1/3 倍。这远远高于典型的磁鞘（几百 eV）或超热逃逸电离层（几 eV）等离子体的能量。因此，等离子体片和电流片中的等离子体必须以某种方式被加速。由于对流电场与中性片电流平行，它使携带该电流的粒子加速。因此，电流片中的粒子从太阳风的减速中获得能量。能量输入约为太阳风通过一个面积等于日侧磁层顶横截面的区域所携带总能量通量的 2%～20%（7.3.3.2 节；习题 7.13）。为了理解能量如何转移到等离子体片中的磁层粒子上，需考虑磁尾中的粒子轨迹。由于磁场在电流片上发生剧烈变化（**B** 改变方向，并且在中心约等于 0），绝热不变量守恒不再有效。粒子在电流片的上方和下方围绕场线进行正常的螺旋运动。然而，当接近磁场反转区域时，它们的圆周运动会根据磁场方向而变化。这会导致粒子在电流片内发生振荡运动，从而使得粒子基本上被局限在该区域。电子向黎明侧运动，质子向黄昏侧运动。晨昏对流电场对这个方向运动的粒子加速，从而给它们提供能量。如果 **B** 在中平面上为零，粒子会被捕获并持续激发，直到它们到达电流片的边缘，并从磁尾丢失。高能粒子只能在电流片中找到，而不能在更为宽广的等离子体片中找到。然而，磁场在中平面中有一个小的向北分量，它使电流片中的粒子转向地球并离开中平面。因此，电流片中粒子的能量输入为等离子体片中的所有粒子形成了一种重要的加速机制。只有在重联点的地球一侧进入电流片的粒子被激发并被捕获在磁层中；在重联点尾部进入电流片的粒子被带到尾部，并从磁尾丢失。

（2）等离子体层

等离子体层（plasmasphere）位于 $\mathcal{L} \lesssim 4$ 以内，与辐射带或范艾伦带占据的空间区域相同。等离子体层通过等离子体层顶（plasmapause）与等离子体片分离。等离子体层充满了来自电离层的冷稠密等离子体。低能（$\lesssim 1$ keV）粒子的运动主要由共转电场和对流电场控制，而高能（$\gtrsim 100$ keV）粒子的运动主要由 **B** 梯度漂移控制（7.3.3 节）。在黄昏侧，当绕地球运行的粒子速度与朝向太阳方向的粒子速度相等时，等离子体层中会由于对流电场出现一个"隆起"（图 7-18），如观测所见。对流电场的强度随着行星际磁场和太阳风的变化而波动。因此，等离子体层的大小和形状随着时间的推移并不恒定。如果对流电场突然增加，等离子层顶会向内移动，因此原本在等离子体层内的粒子，现在处于使它们往向日侧磁层顶漂移的轨迹上。外层"剥落"大约需要 20 个小时。在这段时间里，等离子体层的隆起部分朝正午方向旋转。

更具能量的粒子漂移主要由磁场梯度控制，磁场梯度令带正电的粒子向西运动，令电子向东运动。如上所述（7.3.2.1 节、7.5.1.2 节），这会产生环电流。能量较高的粒子不能像能量较低（较冷）的粒子那样穿透磁场并接近地球，因此通常等离子体片中较热的等离子体不会穿透等离子体层。然而，由电场波动（例如对流电场）引起的等离子体径向扩散，往往会降低粒子群中的径向梯度。

除了等离子体层的大小随着对流电场的增加而减小之外，等离子体层顶也发生了变形，在夜间更加靠近地球，但在黎明侧和黄昏侧则更加远离地球。这种变形通过场向伯克兰电流与电离层耦合，这些电流在黎明侧从电离层向上流动，在黄昏侧向下流入电离层（图 7 - 9）。这些形成了地球中磁层的部分环电流，并诱导了一个昏-晨方向的电场穿过内磁层，有效地保护了内磁层免受对流（晨-昏）电场的影响。

（3）范艾伦带

1958 年，詹姆斯·阿尔弗雷德·范艾伦[①]从美国发射的第一颗卫星探索者 1 号（Explorer 1）获得的数据中发现了地球辐射带。范艾伦带是太空中充满高能粒子的区域，这些粒子可以深入致密材料，从而损害航天器的仪器和人类。如前文所讨论，这些带中的所有粒子都对环电流有贡献。范艾伦带由两条主带组成（图 7 - 24）：内带以 $\mathcal{L} \approx 1.5$ 为中心，以高能质子和电子为特征（图 7 - 25），而外带的中心位于 $\mathcal{L} \approx 4$ 附近，不含高能质子。在 $\mathcal{L} \approx 2.2$ 有一个区域，其间高能电子的数密度最小，由电子与哨声模波的相互作用引起，其中电子被有效地"散射"到大气中（否则被捕获在范艾伦带中）（图 7 - 24、图 7 - 25）。

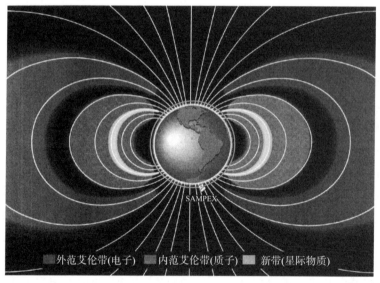

外范艾伦带(电子)　内范艾伦带(质子)　新带(星际物质)

图 7 - 24　🌓地球范艾伦带示意图。内辐射带（以 $\mathcal{L} \approx 1.5$ 为中心）和外辐射带（以 $\mathcal{L} \approx 4$ 为中心）的特征是电子能量呈双峰分布。在这个特别的表现形式中，显示了内辐射带（$\mathcal{L} = 2$）内的一条狭窄带，由异常宇宙线（ACR）组成，如 1991 年强烈的太阳风暴后所见。（Mewaldt et al. 1997）

对于地球辐射带粒子数量的贡献，有各种各样的源，其中以电离层和太阳风为主。地

___

① 詹姆斯·阿尔弗雷德·范艾伦（James Alfred Van Allen，1914 年 9 月 7 日—2006 年 8 月 9 日），美国空间科学家。他和他的研究生设计了探索者 1 号上的微陨石探测器和宇宙射线实验。他曾担任 24 颗地球卫星和行星任务科学研究的首席科学家。——译者注

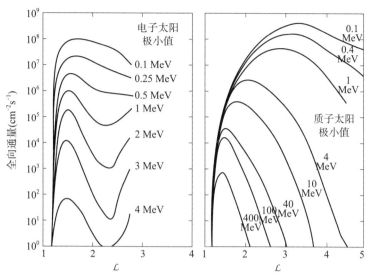

图 7-25　在太阳风活动的平静阶段，范艾伦带中高能电子和质子的空间分布。(改编自 Wolf 1995)

球电离层是氧和氮的主要来源，而电离层和太阳风都对质子密度有贡献。在太阳活动较低的时期，等离子体片中的 O^+/H^+ 比较低，而在磁活动增强的时期，氧离子的浓度几乎与 H^+ 的浓度一样高。这表明，在平静期，磁层中的粒子数量主要由太阳风粒子控制，而在活动期，大部分粒子来自地球电离层。

如前文指出，典型的太阳风粒子的能量太低，无法形成内磁层中能量最高的粒子（数百 MeV）。具有如此高能量的质子可能来自高能中子，这些中子是大气中通过与宇宙射线碰撞而产生的。当这些中子离开大气层时，它们可能会在穿过磁层的过程中衰变。这种衰变过程产生高能质子（约几百 MeV）和低能电子（约几百 keV）。

高能质子和电子也可能被激波所注入和/或加速，比如行星际日冕物质抛射（ICMEs）或太阳耀斑引起的激波（7.1 节）。在 1991 年 3 月极端强烈太阳风暴之后，太阳异常和磁层粒子探测器（Solar Anomalous Magnetospheric Particle Explorer，SAMPEX）在 $\mathcal{L} \approx 2$ 处发现了一个"新"辐射带，充满高能多电荷离子（主要是 O，带有一些 N、Ne，以及少量 C）和电子。O、N、Ne 和 C 离子的相对丰度与行星际异常宇宙射线（anomalous cosmic rays，ACR）的相对丰度相似，后者是单电荷离子，所具有的能量高达数十 MeV/核子（银河宇宙线被完全剥离，具有更高的能量）。这个"新"辐射带持续了好几个月才慢慢消散。

当太阳附近的星际原子电离（通过太阳紫外线辐射或与高能行星际粒子碰撞）时，可能会产生行星际异常宇宙射线。一旦电离，这些粒子就会被太阳风从太阳吹走。在日球层边界处，它们可能再次被加速，然后以低能（数百 MeV）宇宙射线的形式重新进入日球层。然而，旅行者号探测器并没有在约 90 AU 处观察到终止激波附近行星际异常宇宙射线的能谱变化或通量强度变化（1.1.6 节），因此行星际异常宇宙射线的精确加速机制仍然不清楚。然而，这些行星际异常宇宙射线和磁层中的重离子之间的关联似乎已经得到了很好的证实。除了类似的 C∶N∶O 丰度比，地球磁层中的重离子密度与行星际异常宇宙射线通量也有很好的相关性。两者随时间变化的因子都达到 3～4，且都与太阳黑子数呈负相关。

7.5.1.4　磁层亚暴

高可变的太阳风和行星际磁场（IMF）的极性变化使地球磁层成为一个动态环境。特别是当一个行星际日冕物质抛射接近地球，而行星际磁场转向南方时（即与地球磁场相反，图 7-17），磁层可能会发生重大而暂时的变化。在这段时间里，磁层有序的变化序列被称为磁层亚暴（magnetospheric substorm），通常持续约一小时，并可能在约几个小时的时间尺度内重复。亚暴期间最早可见的现象之一是极光活动增强，极光带向低纬度移动（4.6.4 节）。

当一个强大的行星际日冕物质抛射撞击地球磁场，同时行星际磁场转向南方（并保持这种极性数小时到数天）时，地球表面的磁场强度可能会降低多达几个百分点。这种地磁或磁层扰动称为磁暴（magnetic storm）。磁暴通常以 D_{st} 指数表征，即全球磁场强度变化的瞬时平均值。磁暴特征的典型示例如图 7-26 所示。最初，当行星际激波以及其后的行星际日冕物质抛射（增强的动态压力）首次撞击磁层（并导致磁层顶电流增加）时，地球表面的场强略有增加。昼半球磁场重联（向南的行星际磁场）导致太阳风将磁通量输送到夜半球，给磁尾带来了很大的压力。磁尾的重联（图 7-17）会触发一股流向地球（恢复昼半球的磁通量）和反太阳方向的流。有时，这种流包含嵌入磁场中的等离子体“气泡”，称为等离子体团（plasmoid）。

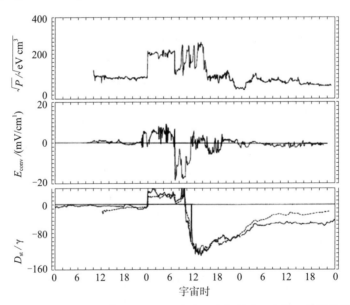

图 7-26　1967 年 2 月 15—17 日，D_{st} 指数记录的磁暴对地球的影响（实线，底部曲线）。顶部曲线显示太阳风动态压力，中间曲线显示太阳风晨昏电场。底部曲线中的虚线是根据太阳风的速度和密度以及行星际磁场的南北分量对 D_{st} 指数的预测。（改编自 McPherron 1995）

激波发生后数小时，D_{st} 降低，这被称为风暴的主阶段，通常持续大约一天。D_{st} 的降低由环电流的增加引起。环电流的增加由朝向地球的等离子体流增强引起。随后是恢复阶段，可以持续很多天，这是由辐射带中的粒子逐渐流失造成的，例如，由于增强的波活动和径向扩散导致粒子通过投掷角散射进入损耗锥中。虽然这些大尺度现象可以用定性的方式来解释，但还没有理论能够对磁层亚暴期间触发的所有事件的详细顺序进行解释。

2003 年 11 月 11 日发生了一场异常强烈的太阳风暴。在这段时间里，外辐射带向内移位，从大约 $\mathcal{L} \approx 4$ 内移到 2.5，持续两周。内辐射带充满了高能电子，达到了 1991 年太阳风暴（7.5.1.3 节）期间看到的程度。正如人们对高磁活动时期所预料的那样，等离子体层顶比静止时期离地球更近。在恢复阶段，外等离子体层在大约几天的时间中逐渐重新填充。虽然传统观点认为，这种强磁（亚）风暴发生在行星际磁场朝南时，但忒弥斯任务（THEMIS，2007 年 6 月）发现，当太阳磁场与地球磁场平行时，大量粒子进入地球磁层（7.3.4.1 节）。

7.5.1.5 射电观测

地球也是非热射电辐射源，许多地球轨道卫星都对其进行了近距离和远距离研究。极光千米辐射（auroral kilometric radiation，AKR）是地球上的回旋脉泽辐射（7.4.3.1 节），非常强烈；总功率为 10^7 W，有时高达 10^9 W；强度与地磁亚暴高度相关，因此被太阳风间接调制。它起源于夜半球的极光区和昼半球极尖区的低海拔区，具有较高频率，并传播到较高的海拔区和较低频率区。典型频率在 $100 \sim 600$ kHz 之间。由于极光千米辐射由极光电子产生，它可以作为极光活动的指标。而且，由于已经对地球极光电子组分和产生的射电辐射进行了大量原位研究，可以将对这一辐射过程的理解应用到其他行星的类似辐射，尽管尚未对这些行星进行原位研究。

地球也是非热连续辐射源。在低于太阳风等离子体频率以下，该辐射被限制在磁层内（7.4.3.1 节）。频谱直到局部等离子体频率都相对平滑，通常在几 kHz 的范围内。等离子体频率下连续辐射的低频下限给出了等离子体密度的精确测量，由于航天器充电效应，这一量通常很难直接测量。在太阳风等离子体频率以上，连续辐射频谱显示出大量的窄带发射，从几十 kHz 到有时高达几百 kHz。

7.5.2 水星

基于水手 10 号的两次近距离飞越，我们知道水星拥有一个类似地球的小磁层。水星的磁轴和自转轴的交角在 10° 以内。在通常的太阳风条件下，水星的内禀磁场足够强，足以使太阳风远离其表面（$1.3 \sim 2.1 R_\odot$）。然而，当太阳风压增加时，行星际粒子可能会直接撞击水星表面。

地球和水星在磁层形态上具有相似性，两者的磁层形态都是由与太阳风的相互作用"塑造"的，且其中的等离子体流由太阳风诱导的对流所主导，而两者之间的差异使水星的磁场独一无二。微小的水星在其磁层中占据的相对体积比地球和巨行星要大得多。这表明在其他行星磁层中看到的稳定捕获区（即辐射带）在水星上无法形成。水星磁层的示意图如图 7-27 所示，图中的虚线，叠加了地球磁场中的辐射带和等离子体层。如图所示，它们将位于水星表面之下。

　　水星和地球之间的另一个重要区别是几乎没有大气层和电离层。电离层通常会影响行星的电场和磁场，从而间接影响带电粒子的传输。它还可以作为磁层中的等离子体源（7.3.4节）。太阳风是水星磁层等离子体的主要来源，根据对钠和其他元素辐射的地基观测，从水星表面释放或溅射的行星离子也是水星磁层等离子体的来源之一（4.3.3.3节、4.8.2节）。等离子体片中的等离子体密度比地球磁层中的等离子体密度高大约10倍，大约相当于水星轨道和地球轨道上太阳风密度的差异。靠近午夜处，等离子体片几乎触及水星表面。对流电场可能会导致粒子从磁尾向行星扩散，并通过昼半球的磁层顶被吹到太阳风中。然而，这些理论只是我们对地球磁层知识的延伸。在信使号和贝皮科伦坡号探测器绘制出水星的环境图之前，人们尚无法准确描述或完全理解水星磁场中的物理过程。

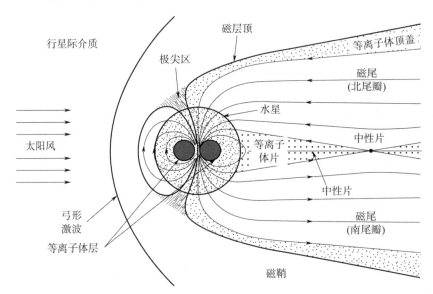

图 7-27　水星和地球，按比例缩放，使它们的磁层占据相同的体积。类似地球的内磁层和辐射带的很大一部分将位于水星表面之下。（Russell et al. 1988）

7.5.3　金星、火星、月球

7.5.3.1　金星

　　金星没有内部磁场，但太阳风与金星电离层的相互作用产生了一个磁场，该磁场对太阳风形成一个障碍，如 7.1.4 节所述。电荷交换将太阳风能量置于大气中，并将质量（重离子）置于太阳风中。紫外太阳光的光电离使大气原子被电离，相应的对太阳风"质量装载"，使其减速。磁鞘中的行星际磁力线覆盖在金星周围，并在金星后面形成一条感应磁尾。这条磁尾由两个极性相反的尾瓣组成，在外观上与地球的磁尾非常相似，只是它的"极性"由覆盖的行星际磁场方向控制，就像彗星的尾巴一样。因为没有内禀偶极子场，金星周围没有长期捕获的粒子。

7.5.3.2　火星

太阳风与火星的相互作用在某些方面与金星的相互作用非常相似，但在其他方面又有所不同。火星全球勘测者（MGS）的磁场实验最令人惊讶的结果是探测到了非常强的局部磁场。在约 100 km 高度测得的最强磁场强度为 16 mGs，再加上周围的电离层压力，足以抵挡并偏转火星上的太阳风。在这种相互作用中形成了几个等离子体边界，包括一个太阳风等离子体减慢的弓形激波，一个保护上层大气免受太阳风质子影响的类似磁层顶的边界，以及一个在其下非磁性区域行星离子密度迅速增加的离子层顶。和金星一样，太阳风磁力线被压缩，覆盖在弓形激波下方的行星障碍周围。

火星上的局部磁场由地壳剩磁引起。大多数较强的源位于剧烈撞击坑高地（图 7 - 28），火星地壳南北分界线的南部。有证据表明，在一些较年轻的巨型（≳1 000 km）撞击盆地（例如希腊、乌托邦和阿尔盖尔）内，地壳磁化很少或没有，而较老的类似大型盆地（例如阿雷斯、代达利亚）则被剧烈磁化。当它们旋转至行星被阳光照射的一侧时，强烈的地壳磁场会扰乱障碍边界的位置。

通过后来形成的较小撞击坑的密度来估计这些盆地的年龄，可以说，火星在其形成的最初数亿年中有一个磁场发电机，其磁矩相当于或大于目前地球的发电机。当这台发电机仍在运行时，古火星地壳（由冷却岩浆或撞击后熔体形成）冷却到其磁性矿物的居里点（Curie point）以下时被大量磁化。当火星的地核到地幔热通量减少到足以阻止地核内的湍流对流时，发电机作用停止，全球磁场在约 5 万年以内消散。这个过程大约发生在 39～41 亿年以前。随后，火山作用和大的撞击对地壳进行了重新加热和冲击，消除了这些区域（如图 7 - 28 中的塔尔西斯火山区）先前地壳的磁化。

图 7 - 28 进一步显示了一个有趣的"条纹"磁图案，位于西经约 120°和 210°之间，其中可以看到长达 2 000 km 的交变磁极性带。在地球上也发现了类似的磁线条，不过位于海平面，沿着洋中脊，并且与海床扩张和地球偶极场的反复反转有关。因此，一些研究人员将这一观察结果解释为，火星可能在最初的数亿年中有过板块构造。在那里，像地球上一样，来自下方的岩浆填补了两个板块分离形成的空隙。经过居里点冷却后，新的地壳会留下火星的磁极性印记。火星上磁线条的水平长度尺度约为 100 km。如果板块以大约每年 8 cm 的速度分离，火星上磁场反转的频率将与地球上的所见相当。但是对于火星和地球，45 亿年前的板块运动速率和磁场反转频率显然可能已经大不相同。这种解释的一个缺陷是没有发现扩散中心，比如沿洋中脊（地球地壳磁场的极性在此处两侧对称）的扩散中心。

对条纹状磁场图案的另一种解释是，曾经完整的磁化地壳"分裂"成一系列狭长的"板块"，在外观上可能类似于塔尔西斯地区附近的线性断裂或细沟（5.5.4.1 节）。来自下方的岩浆将填满裂缝，偶极磁场图案将破碎板块之间的间隙桥接（就像将条形磁铁碎裂时）。因此，这将会最终形成数百到数千千米长的类似偶极场的"轨迹"。这些轨迹之间的区域类似于太阳风障碍边界高度处的磁层"极尖"区域（如地球极地区域）。太阳风等离子体可以自由地进入这些极尖区域，同时被排除在地壳偶极子状磁场区域之外。火星全球

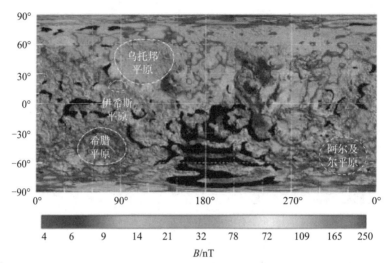

图 7 - 28　根据火星全球勘测者（MGS）的电子反射计数据绘制的火星平滑磁场图。对数色标表示
185 km 高度处的地壳磁场强度，叠加在 MGS 上的激光高度计数据得出的地形图上。色标的下限是明确
识别的地壳特征的阈值，而色标的上限是饱和的。黑色表示半径为 100 km 范围内测量值少于 10 个的区
域。这些区域存在闭合的地壳磁场，因此太阳风电子无法穿透到探测器所在的探测高度。图中显示了四
个最大的可见冲击盆地（虚线圈）。（改编自 Lillis et al. 2008）

勘测者和火星快车最近的结果确实表明，太阳风等离子体在磁极尖区向下穿透到了低海拔
（200 km 以下），而在相同海拔高度上的强地壳场区域，没有这种等离子体存在。在夜半
球，高能电子穿透低空产生了极光，正如火星快车所观察到的一样。

7.5.3.3　月球

　　月球上有强局部化表面磁场斑块，强度在几十到 2 500 μGs。这些斑块似乎与大型年
轻撞击盆地的对跖点区域有关，如危海、澄海和雨海盆地（5.5.1 节）。这些斑块和"旋
涡"反照率标记之间也存在有趣的联系。后者被认为是由于引起表面的空间风化效应的太
阳风离子被部分屏蔽（尽管微流星体与离子在空间风化中的相对重要性仍存在争论）。

　　在撞击盆地对跖点区域，磁场斑块的存在表明，地壳磁化与大型撞击盆地的形成有
关。形成这些盆地的超高速撞击可能会在撞击后几分钟内产生一个围绕月球的等离子体
云，它会压缩并放大对跖点上所有先前存在的磁场。地震波和撞击喷出物在几十分钟内到
达对跖点，此时地壳在放大的磁场中受到冲击和磁化。这个模型要求月球在 36～39 亿年
前具有一个全球磁场，因此推测月球有一个磁发电机。从阿波罗号返回的样品中获得的古
地磁数据也表明了月球具有早期磁场，其表面磁场强度约 0.1～1 Gs。考虑到最近对月球
铁核的存在及其大小的估计（6.3.1 节），似乎月球在大约 40 亿年前存在磁发电机是相当
合理的。

7.5.4　木星

　　在 20 世纪 50 年代末，在探测到木星发出的非热射电信号后，首次提出木星周围存在

磁场的假设（7.4.3 节）。但早在探测器穿越木星磁层之前，就通过光学辐射在木卫一附近探测到了中性钠原子，随后地基观测很快探测到了钾和电离硫（图 7 - 29）。截至 2010年，已有 7 个探测器飞越木星（先驱者 10 号和 11 号，以及旅行者 1 号和 2 号、尤利西斯号、卡西尼号、新视野号），还有伽利略号绕木星运行了近 8 年。通过遥感和/或原位探测，这些探测器详细研究了行星磁场和伽利略卫星的等离子体环境。来自近地和地基望远镜的密集监测项目丰富了现有的数据库。与地球（和水星）不同，地球的大规模等离子体流主要由太阳风诱导的对流电场驱动，而木星和土星磁层中的等离子体流主要由共转电场控制。

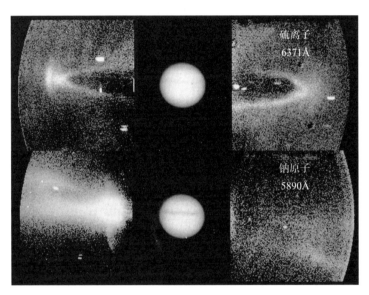

图 7 - 29　木卫一等离子体圆环的 S^+ 的图像（顶部）和中性钠云图像（底部）。每张图片的中心为木星，这颗行星通过中性密度滤光片成像。[图片来源：尼克·M. 施耐德（Nick M. Schneider）和约翰·T. 特劳格（John T. Trauger）]

7.5.4.1　木星磁场形态

木星磁层的一般形式与地球相似，主要是一个类似偶极子的磁场，其倾角相对于旋转轴约为 10°，但其尺寸要大三个数量级以上。如果肉眼可见，木星的磁层在天空中看起来会比月球大几倍。磁尾延伸超过了土星轨道之外，有时，土星会被木星的磁层所吞没。图7 - 30 显示了磁层的图形表达形式，表 7 - 2 列出了表征磁场的量。木星磁层通常分为内磁层（$\lesssim 10R_刀$）、中间磁层 $[(10 \sim 40)R_刀]$ 和外磁层（$\gtrsim 40R_刀$）。与地球的范艾伦带类似，在木星附近也有辐射带（radiation belt），其高度 $\mathcal{L} \lesssim 2.5$。其中充满了电子、质子和氦离子。与木卫一轨道重合的是等离子体环（7.5.4.4 节）。在约 $20R_刀$ 处，位于中间磁层中，等离子体不再随着木星共转，随着离行星距离的增加，等离子体越来越滞后于共转。外磁层是一个大的圆盘状区域，其特征是等离子体由于离心力向外流动，形成等离子体盘，或磁盘。

当从木星磁场中减去一个最合适的位移偶极子时，可以很容易识别出偶极子磁场的偏

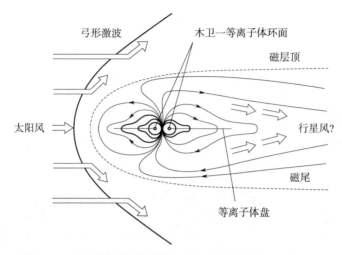

图 7 - 30　木星磁层的示意图。（Kivelson and Bagenal 1999）

差。在木星的"表面"上有弱磁场和强磁场的区域。图 7 - 31 中绘制了几条磁场线。磁通管（flux tube）A 和 B 在磁赤道平面上的横截面积相同。然而，磁通管 B 固定在弱磁场区域，而磁通管 A 连接到强磁场。因此，磁通管 B 的足印比磁通管 A 大得多，这使得通过磁通管 B 的电离层等离子体流与通过磁通管 A 的相比得到增强。这是所开发的磁异常模型（magnetic anomaly model）的实质，该模型用以解释木星磁层中的许多观测现象。在这个模型中，磁异常是指木星北半球磁场强度的降低，中心位于木星经度[①]$\lambda_{\mathrm{III}} \approx 260°$附近。该地区被称为活跃地带（active sector）。

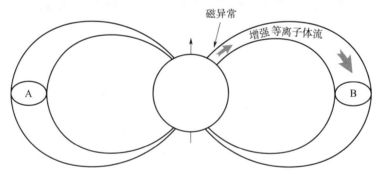

图 7 - 31　来自木星"表面"的磁通管：磁通管 A 和 B 在赤道处的横截面积相同。磁通管 B 固定在弱磁场区域，A 固定在强磁场区域。（Hill et al. 1983）

木星的磁异常影响了木星磁层中等离子体的分布。如前文所述，与其他经度相比，电离层等离子体流在活跃地带得到增强，木星电离层的高度积分电导率在此也有所增强。此外，由于反射高度的降低导致更大的粒子损失锥，粒子轰击产生的电离率在活跃地带也最大。这就解释了为什么木星极光通常在活跃地带的经度上最亮。除了极光的经度不对称，

———————————

①　木星的中央子午线经度系统 CML Ⅲ 基于其磁场的旋转周期（7.5.4.8 节），磁北极的经度 λ_{np} 为 $\lambda_{\mathrm{III}} = 201°$。

磁异常模型还解释了观察到的许多经度不对称现象。例如，在行星际介质中有一个众所周知的相对论电子"定时"调制。这些电子似乎起源于木星。因为电子主要是通过尾部释放到行星际空间，该过程解释了这种"定时"调制现象。当活跃地带对着尾部时，逃逸到行星际空间的高能电子数达到最大值。

7.5.4.2　氢隆起

共振散射氢莱曼 α 线在远离活跃地带约 180° 经度处增强，靠近磁赤道（或者更具体地说是粒子的漂移赤道）。这表明存在一座"氢原子山"，通常被称为氢隆起（hydrogen bulge），这是木星独有的特征。在活跃地带，中性粒子的电离以及由此产生的木卫一等离子体环的质量加载是最大的。向心力将等离子体向外推，产生与行星共转的电场图案。该场诱导了一种共转的对流图案，使得等离子体在活跃地带向外移动，在远离该区约 180° 经度方向向内移动。向内对流导致热磁层等离子体撞击木星大气，将 CH_4 和 H_2 分解成氢原子，从而形成氢隆起。

7.5.4.3　木卫一的中性云

虽然钠和钾只是木卫一中性云的微量元素，但这些原子很容易被共振太阳散射激发，因此首先被探测到。中性云的主要成分是氧原子和硫原子，但对它们的观测比较困难。钠云形状像香蕉，指向前方（图 7 - 32）。由于中性原子沿着开普勒轨道运行，那些离木星最近的原子运行得最快，这就形成了向前指向的香蕉状云。

来自木卫一表面的 SO_2 霜升华、火山作用和溅射在这颗卫星周围形成了一个稀薄的、但具有碰撞性的厚大气层（图 7 - 32，4.3.3.3 节）。与木星磁层共转的离子的典型速度为 75 km/s，因此很容易超过木卫一，木卫一绕木星运行的开普勒速度为 17 km/s。离子通过碰撞级联过程与木卫一的大气层相互作用。一些大气分子直接逃逸到中性云中，另一些首先在卫星周围形成"溅射电晕"（4.8.2 节）。

中性云的范围由单个原子的寿命决定（习题 7.20）。中性粒子可以通过光电离、电子碰撞电离、弹性碰撞或电荷交换而电离。木卫一附近中性粒子的光电离非常缓慢：O 和 S 的典型寿命为几年，SO_2 约为一年，Na 约为一个月。这些时间比其他过程的生存时间长得多，其他过程本质上为碰撞。虽然在远离木卫一的低密度区域计算碰撞率相对直接，但在卫星附近则更为复杂。中性粒子对抗电子碰撞电离的寿命取决于电子的密度和温度。粒子寿命通常很短；Na 和 K 通常持续约 1 h，氧为 55 h，硫约为 10 h。新产生的离子被加速到共转速度，虽然从中性云中消失，但增加了木卫一等离子体圆环的质量和密度，将在下一节详细讨论。由于木卫一轨道内的等离子体较冷，电子碰撞电离在这里的效率较低，因此木卫一的中性云优先处于木卫一轨道内。

根据等离子体密度，弹性碰撞和电荷交换也会终止中性粒子的寿命。与通过电子碰撞电离（55 h）相比，氧原子更有可能通过电荷交换（典型寿命为 18 h）或弹性碰撞（13 h）电离。在弹性碰撞中，一个快离子撞击一个缓慢的中性粒子，以几乎垂直于等离子体流的方向将其高速送出（具体结果取决于撞击角度）。在电荷交换反应中，共转的离子从中性粒子上剥离出一个电子。中性粒子被电离并加速到共转速度，同时前一个离子变成一个非

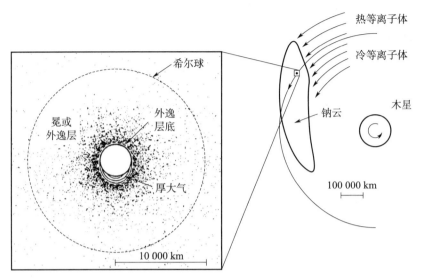

图 7-32　木卫一钠云和大气/光晕的示意图。右边是钠云和共转等离子体，用箭头指示。左侧（与右侧相比放大了 40 倍）显示了木卫一的附近：由等高线（在阳光照射的半球上）显示了碰撞的浓密大气。薄薄的冕光或外逸层用圆点表示。虚线显示了希尔球的位置。（Schneider et al. 1987）

常快的中性粒子，穿过磁层飞出。

　　中性钠线的详细图像显示了喷射流、扇形和环形；它们由快速的钠原子产生，粒子以每秒数十千米的速度运动。在更大的尺度上，木星被一个巨大的圆盘状钠云包围，延伸到几百 R_{2l} 之外。这种云很可能是通过位于木卫一等离子体环和中性云中粒子之间的电荷交换，或弹性碰撞而从磁层抛出的快速中性粒子形成的（7.5.4.4 节）。因此，尽管电子碰撞电离、弹性碰撞和电荷交换形成了慢中性粒子的汇，但后两个过程也提供了快中性粒子的源。快中性粒子的另一个主要来源可能是含钠分子（如 NaCl）的离解复合和离解。

7.5.4.4　木卫一的等离子圆环

　　原位观测以及地基可见光和紫外波段的观测都提供了木星磁层重离子的丰富信息。这些离子集中在一个围绕行星的圆环中，中心位于木卫一轨道附近 $5.9R_{2l}$ 处（图 7-29）。对称平面是离心赤道，它穿过磁力线上距离木星最远的点。这个盘面与磁赤道的角度大约为 3°，和旋转赤道的角度大约为 7°。精确的平衡点取决于离子的质量和能量。圆环的垂直范围取决于离子的温度和质量。在一级近似下，等离子体密度 $N(z)$ 随着离赤道的距离 z 呈指数下降

$$N(z) \approx N_0 e^{-(z^2/H^2)} \tag{7-87}$$

式中，标高 $H \approx \sqrt{2kT_i/3m_i n^2}$ ，n 是轨道旋转速率，m_i 和 T_i 是离子种类 i 的质量和温度。

　　在木卫一的等离子体环中检测到的主要种类是离子氧（上至 O^{3+}）、离子硫（上至 S^{4+}）、离子氯（Cl^+、Cl^{2+}）和二氧化硫（SO_2^+）。使离子可以被检测的激发过程，是通过

与电子的碰撞实现的。禁止跃迁[①]（光波长度）和容许跃迁均已得到观察，并用于确定圆环中的电子密度和温度。典型的最大电子密度为每立方厘米几千个。据估计，维持观察到的等离子环的离子产率约为每秒 $10^{28} \sim 10^{29}$ 个。

对粒子密度和温度的测量显示，在 $5.7R_2$ 内部（在 $5.3R_2$ 内部急剧下降）有一个冷内环（几 eV）和一个大约到 $(7 \sim 8)R_2$ 的热外环（约 80 eV）。热外环在纬度上比冷内环要宽得多（习题 7.21）。虽然来自冷内环的辐射被限制在光学波长范围内，但在热外环观察到了光学和紫外发射。由于木卫一是这种等离子体的源，物质必须从卫星向内和向外传输。

在等离子体的离心力帮助下，木卫一向外的径向传输很迅速（10～100 天）。这个过程的细节尚不清楚。一些研究人员倾向于离心驱动的交换，在这种交换中，密度更高的磁通管向外移动，与密度更低的磁通管交换位置（7.3.5 节）。一片相对较薄的暖（10～100 eV）等离子体片，以硫和氧离子为主，充满了等离子体片。密度从环内的几千个粒子 $/cm^3$ 到接近 $20R_2$ 的几个粒子 $/cm^3$。等离子体片中向外流动的等离子体在木星磁层上产生一个晨昏方向电场（注：与太阳风引起的昏晨电场相反），具有许多可观察的效应，如下文所述。从木卫一向内的径向传输很慢，允许离子有足够的时间冷却。这种扩散可能是由木星电离层中的电流驱动的。

通过 S^+ 离子辐射对环进行的地基观测（图 7 - 29）显示了强度和现象的时间变化。这种变化的一部分可以归因于行星磁场的观察几何关系的变化，但环的时间平均亮度分布在强度和位置上显示出明显的东西方向不对称。圆环在黄昏（西方，远离）一侧的强度最大，在黎明（东方，接近）一侧的强度最小。黎明一侧的峰值强度总是位于木卫一的平均 $\mathcal{L}$ 壳层上，而黄昏一侧的最大强度则向木星内侧移动了约 $0.4R_2$。这些特征被认为是由晨昏电场造成的，这些电场由起源于木卫一圆环并向磁尾流动的等离子体引起。电场在粒子漂移轨道的一半轨道内对粒子加速，引起圆环黄昏端向内运动。由于激发环辐射的电子的绝热压缩，环在这里变亮。粒子在漂移轨道的后半段会失去能量，因此黎明一侧不会受到影响。

除了圆环中的东西方向不对称，圆环的强度和现象都会随着时间而变化。环面的密度峰值在 $5.7R_2$ 附近，形成了"条带"（图 7 - 29 的左侧），在某些年份表现得非常明显，而在其他年份几乎消失。圆环和条带在"活跃地带"中总是最亮的。中性环的强度及其快速钠的喷射状特征也是高度时变的。

7.5.4.5　正反馈机制

木卫一火山活动的增加将增强中性云密度，从而增强木卫一等离子体环。圆环中的带电粒子构成了粒子的一个组成部分，这些粒子与卫星碰撞，并通过溅射对中性云进行补充。因此，等离子体密度的增加会增加溅射速率，产生正反馈机制（或称失控模型），从而给等离子体环提供物质。然而，即使已经观察到在钠发射爆发后，等离子体环中的离子

———————————

① 　参见 10.4.3.1 节脚注①。

密度增加，磁层还是以某种方式施加了一种稳定机制，防止等离子体环失控增长。

7.5.4.6　电离层耦合

磁层、等离子体环和木星电离层之间的耦合通过场向电流发生，场向电流将等离子体环和木星电离层相连接，如图 7-33 所示（另请参见图 7-41）。这种电流的存在已通过哈勃望远镜图像直接"显示"，其中极光的发射沿着木卫一磁通管的足迹（图 7-39），并且伽利略号（4.6.4.2 节）已对这种电流进行了原位检测。通过这些电流，电离层试图在整个磁层中驱使共转。事实上，在约 $5R_{2}$ 之内，观测到磁层与行星处于刚性共转状态，但在更远的距离上，磁层与共转存在显著的偏离。在木星距离为 $(6 \sim 10)R_{2}$ 的情况下，等离子体的旋转速度落后于共转速度约 $1\% \sim 10\%$，而在超过 $20\,R_{2}$ 时，角向等离子体流的恒定速度约为 200 km/s。

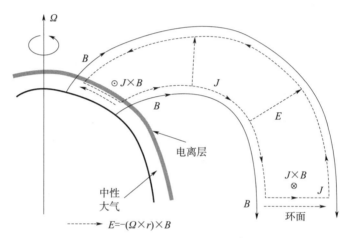

图 7-33　沿木卫一磁通管木星磁层和电离层之间的耦合示意图：木卫一和木星电离层之间的伯克兰电流系统。（Bagenal 1989；改编自 Belcher 1987）

电离层、磁层和等离子体环之间存在复杂的三向耦合。太阳光加热使电离层中的弱电离气体流动，产生电流和电场，从而影响磁层中的粒子运动。相反，磁层中粒子的质量加载和径向运动也会驱动电离层中的电流，而粒子沉降会改变电离层的电导率。磁层和电离层中的任何电流都可以用欧姆定律［式（7-16）］来表示。在电离层中，垂直于磁力线的电导率 σ_0 很大，但在电离层正上方的磁层 $\sigma_0 \approx 0$。然而，沿磁力线的电导率很大，磁力线可以被视为等电位（$\boldsymbol{E} \cdot \boldsymbol{B} = 0$）。任何注入磁层的等离子体都会被加速，直至与行星共转，因为新带电的粒子会受到共转电场（指向木星）影响，这会导致行星周围的 $\boldsymbol{E} \times \boldsymbol{B}$ 漂移。因此，粒子被加速到共转速度。

共转电场还引起向外的径向电流，在电子和带正电的离子之间产生较小的径向分离，从而诱导了一个与共转电场相反的电场。向外的径向电流形成了伯克兰电流，必须在木星的电离层中闭合（图 7-33），$\boldsymbol{J} \times \boldsymbol{B}$ 力驱动等离子体共转。然而，电离层并非一个完美的导体，因此需要一个电场来迫使电流通过。这个场映射到磁层，形成一个与共转电场相反的场，相当于降低了共转速度。

一般来说，每当 J/σ_0 在电离层中变得显著时，等离子体可能会不再共转。这种情况可能会被诱发，举例来说，如果磁层中的等离子体密度在局部显著增加，例如由质量加载过程所引起，或者如果电离层中的电导率显著改变，例如由粒子沉降或陨石撞击所引起。有趣的是，1994 年舒梅克-列维 9 号彗星与木星的撞击（5.4.5 节）并未导致任何可见的环辐射变化。

7.5.4.7　木星的同步辐射

木星发出的同步辐射波长在几厘米到几米之间（频率 $\gtrsim 40$ MHz）。20 世纪 60 年代对木星单个自转期间同步辐射总强度和极化特性变化的观察（所谓的光束曲线，图 7-34）已经表明木星的磁场近似为偶极形状，并相对于自转轴倾斜约 $10°$，大多数电子被限制在磁赤道平面内。研究发现，这颗行星的同步辐射总通量密度随时间变化显著（图 7-35）。在某种程度上，这些变化似乎与太阳风参数有关，特别是太阳风冲压，这表明太阳风可能会影响进入木星内部磁层的电子供应和/或损失。除了总通量密度的变化外，射电频谱也会发生变化（图 7-36）。

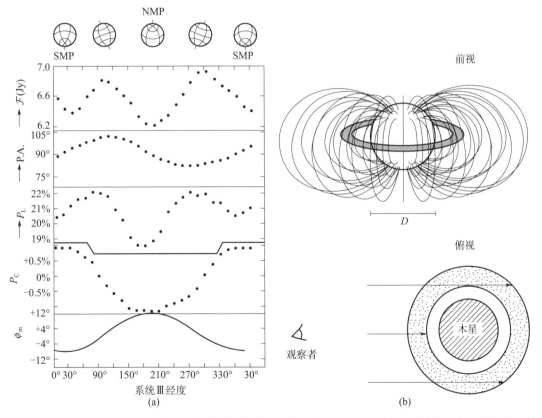

图 7-34　（a）木星自转引起的同步辐射调制示例。行星的方位显示在顶部；不同的曲线显示了总通量密度 $\mathcal{F}$、电矢量的位置角 P. A、线极化和圆极化的程度 P_L 和 P_C，以及地球的磁纬度 ϕ_m。该纬度可通过以下公式计算：$\phi_m = D_E + \theta_B \cos(\lambda - \lambda_{np})$，$D_E$ 为地球磁偏角，θ_B 是木星磁轴和自转轴的夹角，λ 是中央子午线经度，λ_{np} 是磁北极的中央子午线经度。（de Pater and Klein 1989）（b）从正面和顶部观察木星磁场中高能电子的示意图。（de Pater 1981）

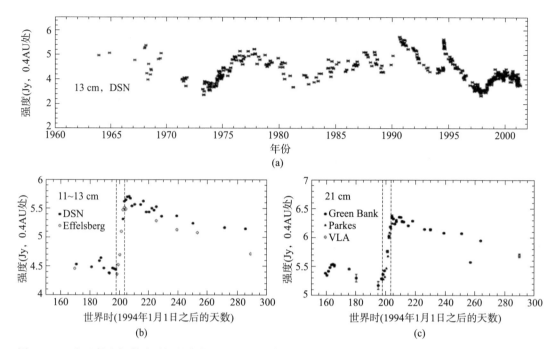

图 7 - 35　木星射电辐射随时间的变化。（a）1963 年至 2001 年初 13 cm 波长的射电强度图。1969 年 2 月之后的数据是 M. J. 克莱因利用 NASA 深空网的天线进行的 NASA/JPL 木星巡查观测（Klein et al. 2001）。1968 年 7 月以前的数据是用帕克斯和南希射电望远镜取得的。1994 年的峰值是由舒梅克-列维 9 号彗星与木星的撞击造成的。（b）、（c）下部的两个图显示了舒梅克-列维 9 号彗星撞击期的展开视图，其中显示了在波长 11～13 cm［（b）］和 21 cm［（c）］处获取的数据。请注意，11 cm 数据的强度略小于 13 cm 的强度（图 7 - 36）。舒梅克-列维 9 号彗星与木星的撞击发生在 1994 年 7 月 16 日—22 日，（b）和（c）中用垂直虚线表示。［后一组数据由 Klein et al.（1995）、Bird et al.（1996）和 Wong et al.（1996）采集］

　　1994 年用甚大阵列（VLA）获得的木星同步辐射图像如图 7 - 37（a）所示。这张图像获得的波长为 20 cm，空间分辨率约为 $6''$ 或 $0.3R_2$。两个主要辐射峰 L 和 R 是由辐射电子环的视线积分产生的［7 - 34（b）］。由于木星的同步辐射在光学上很薄，人们可以利用层析成像技术从整个木星自转期间获得的数据中提取射电发射率的三维分布。图 7 - 37（b）中的例子显示，大部分同步辐射集中在磁赤道附近，由于木星磁场中的高阶矩，磁赤道像薯片一样弯曲。在图 7 - 37（a）中，在高纬度地区明显可见的次级发射区，显示为主环以北和以南的发射环。这些发射是由镜像点处的电子产生的，揭示了沿磁力线的大量电子的存在，这些电子在穿过磁赤道的 $\mathcal{L}$ 约为 2.5 的磁力线处上下弹跳。这种发射可能受木卫五"引导"。木卫五轨道附近的一部分电子的运动方向发生了变化，这可能是由于与木卫五附近的低频等离子体波（伽利略号穿过木卫五轨道时检测到了这种等离子体噪声）相互作用引起的，以及通过与木星环中的尘埃相互作用引起的，同时常规的同步辐射损耗也会导致电子运动方向的微小变化。

　　图 7 - 36 显示了从 74 MHz 到 $\gtrsim 20$ GHz 的木星同步辐射射电频谱。电子的能量分布

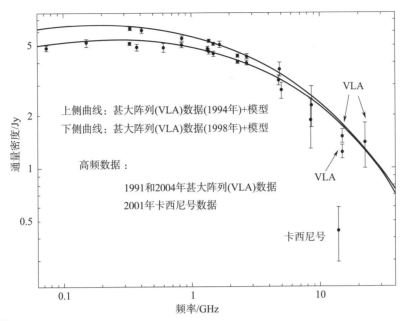

图 7 - 36　1994 年 6 月、1998 年 9 月和 2004 年 7 月测得的木星射电频谱。叠加了不同的模型计算。（改编自 Kloosterman et al. 2007）

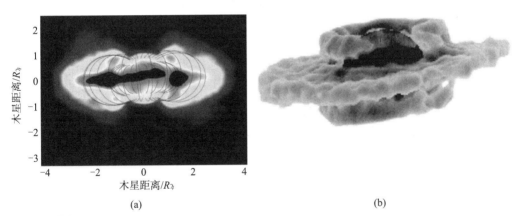

(a)　　　　　　　　　　　　　　　　　　　(b)

图 7 - 37　(a) 用甚大阵列（VLA）在经度 $\lambda_{\rm III}$ 约为 312° 的地方拍摄 20 cm 波长下木星辐射通量密度的图像，其空间分辨率为 $0.3R_{2\!\!\!\!/}$。几个磁力线（在 $\mathcal{L}=1.5$ 和 $\mathcal{L}=2.5$ 处）被叠加起来。（改编自 de Pater et al. 1997）(b) 行星表面射电辐射率的三维表示。这些数据是用甚大阵列（VLA）在 20 cm 的波长下拍摄的。中心子午线经度为 140°。(de Pater and Sault 1998)

通常用幂律表示

$$N(E)\mathrm{d}E \propto E^{-\zeta}\mathrm{d}E \tag{7-88}$$

所以观测到的辐射通量密度取决于频率

$$\mathcal{F}_\nu \propto \nu^{-(\zeta-1)/2} \tag{7-89}$$

　　木星的射电频谱表明，木星辐射带中的电子不遵循简单的幂律 $N(E) \propto E^{-\varsigma}$。在同步辐射区之外，在木卫一轨道 $6R_{J}$ 处，电子能量谱似乎遵循双幂律，$N(E) \propto E^{-0.5}(1 + E/100)^{-3}$，与先驱者号的原位测量结果一致。径向扩散、投掷角散射、同步辐射损耗，以及卫星和木星环的吸收都会改变电子能谱。叠加在数据上的射电频谱是从这样的模型推导出来的。

　　如图 7-35 所示，木星同步辐射的总通量密度随时间显著变化。当舒梅克-列维 9 号彗星与木星相撞时（5.4.5 节），观测到了显著增加（约 20%）。同时，射电频谱变强，射电辐射的空间亮度分布发生显著变化。这些变化基本上是由彗星碎片在木星大气中爆炸所引起的。这些爆炸触发了激波和电磁波向磁层传播，进而影响了辐射电子，例如突然在粒子扩散中引发百万倍的增强（参见 Harrington et al. 2004，以及其中的参考文献了解详情）。

7.5.4.8　木星的低频射电观测

　　木星拥有所有行星中最复杂的低频射电频谱，如图 7-38 所示，具体如下所述。

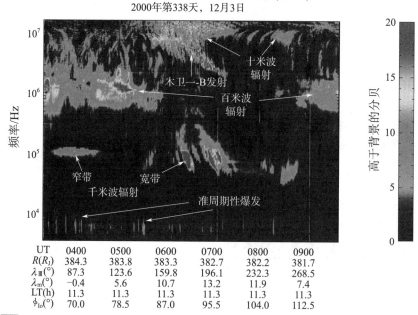

图 7-38　木星低频射电辐射的动态能光谱（卡西尼号探测器观测）。颜色用于显示时间-频率平面中的辐射强度。沿 x 轴的指示：UT 为世界时；$R(R_{J})$ 为以 R_{J} 为单位测量的距离；λ_{III} 为木星中央子午线经度（单位：度）；λ_{m} 为磁纬度（单位：度）；LT（h）为地方时间；ϕ_{Io} 为木卫一的相位（单位：度）。（改编自 Lecacheux 2001）

（1）十米波（DAM）辐射和百米波（HOM）辐射

　　自 20 世纪 50 年代早期发现以来，人们一直在地面上例行观测木星 DAM（十米）辐射，其频率在 40 MHz 以下。偶尔会观察到低至 4 MHz 的频率。频率上限由极光区域的局部磁场强度决定：由北极地区频率为 40 MHz 的 RH（右旋圆极化）辐射推测出当地磁场强度约为 14 Gs，由南极地区频率为 20 MHz 的 LH（左旋圆极化）辐射推测当地磁场强度约为 7 Gs。

频率-时间域中的动态谱虽然极其复杂，但是有序。在分钟级时间尺度上，辐射呈现为一系列弧的图案，如图 7 - 38 上方的十米波辐射。在一场风暴中，这些弧都朝向相同方向，并被解释为相干回旋加速辐射。木卫一似乎调制了一些发射：当木卫一位于其轨道上相对于木星和观察者的某些位置时，爆发的强度和发生的概率都会增加。非木卫一辐射源于木星极光附近，由电子产生，这些电子沿磁场线从中磁层或外磁层朝向木星电离层移动。进入大气的粒子会"消失"。这些粒子可能会通过碰撞在局部激发原子和分子。这些被激发的原子和分子在退激发时，在紫外和红外波长下显示为极光（4.6.4.2 节）。其他电子沿场线反射回来，并产生 DAM，它们沿场线的运动在射电辐射中以弧的形式反射，即随频率漂移。与木卫一相关的辐射是在通过木卫一的磁通管所占区域或其附近产生的（类似但较弱的，是起源于通过木卫三磁通管的辐射，可能还有木卫四）；（图 7 - 39）。

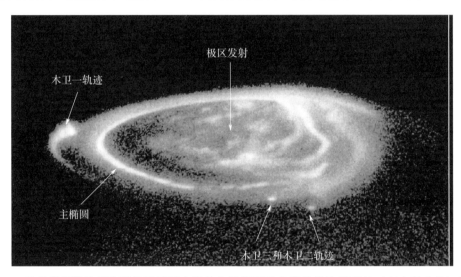

图 7 - 39　哈勃望远镜拍摄的图像显示了木星的伽利略卫星在紫外线波长下的（在木星北极）极光轨迹。木星极光的主椭圆和极区辐射也在图中注明。这张照片拍摄于 1998 年 11 月 26 日。[NASA/ESA，约翰·克拉克（John Clarke）]

HOM 辐射除了在较低的频率下被发现之外，在许多方面与 DAM 无法区分。HOM 的频率从几百 kHz 到几 MHz，局部最大值接近 1 MHz。HOM 的源区一定比 DAM 的源区离木星更远。除此以外，像 DAM 一样，HOM 主要以非常规模式辐射，很可能由回旋加速脉泽不稳定性产生。

因为木星的偶极矩相对自转轴倾斜约 10°，大多数木星的射电辐射都表现出很强的旋转调制。鉴于木星是一个"气态"巨行星，这种调制被认为是该行星内部深处自转的最佳标记。内部的旋转周期很重要，例如，因为这提供了一个旋转坐标系，相对于此可以对大气风进行测量。根据早期的射电观测，1965 年，国际天文学联合会确定木星的内部自转周期为 9 h 55 min 29.71 s；这被称为系统 Ⅲ（1965）周期 [系统 Ⅰ 指木星赤道附近

（−10°＜纬度＜＋10°）云层的旋转周期，系统Ⅱ指纬度＜−10°和＞＋10°的周期]。1997年，根据 35 年的地基 DAM 观测（9 h 55 min 29.685 s±0.004 s），对这一周期进行了改进；2009 年，利用先驱者号、旅行者号、尤利西斯号和伽利略号探测器持续 25 年的数据，从磁偶极场的旋转推导出旋转周期为 9 h 55 min 29.704 s±0.003 s。

（2）千米波辐射（KOM）

在几 kHz 到 1 MHz 之间，几个探测器探测到了木星的宽带（bKOM）千米辐射和窄带（nKOM）千米辐射（图 7 - 38）。bKOM 的低频截止值约 20 kHz（有时低至约 5 kHz），很可能是由通过木卫一等离子体环的辐射传播决定的。这些辐射源位于高磁纬度，在地方时似乎是固定的。北磁极附近的前瓣与同一源的"后瓣"具有相反的极化。窄带辐射比宽带持续时间更长（多达几个小时），被限制在 50～180 kHz 的较小频率范围，强度平稳上升和下降。窄带事件的回归周期表明，该辐射源比木星的自转滞后 3%～5%，这首次表明，与其他低频辐射不同，该辐射是由等离子体环外缘附近不同的辐射源产生的。伽利略号和尤利西斯号的研究表明，这些辐射是全球磁层动力学事件的一部分。这些辐射会突然激发，并持续几个行星自转周期，最后，它们逐渐消失。

（3）甚低频辐射（VLF）

旅行者号探测器在木星磁层探测到频率低于 20 kHz 的连续辐射，包括辐射的逃逸和捕获形式。如 7.4.3 节所述，如果辐射不能通过高等离子体密度磁鞘传播，则辐射可能被捕获在磁腔内。已经在几百 Hz 到约 5 kHz 的范围内观察到这种捕获辐射现象。其探测到的频率偶尔达到 25kHz，这表明太阳风冲压的增加导致了磁层的压缩。在磁层外自由传播的辐射的低频截止值与磁鞘中的等离子体频率相对应，并且似乎与太阳风冲压压力有很好的相关性。这种逃逸成分以复杂的窄带能谱为特征，这归因于等离子体频率附近的静电波线性或非线性转化为自由传播的电磁波。线性机制有利于寻常模式辐射，但捕获的辐射似乎是寻常辐射和异常辐射的混合，可能来自磁层和磁层顶高密度区域的多次反射。

正如尤利西斯号所观察到的，准周期（QP）或木星Ⅲ型辐射（与太阳Ⅲ型爆发类似，因为它们的色散能谱形状相似）通常每隔 15～40 min 发生一次；然而，伽利略号和卡西尼号都没有发现这种辐射具有特别明显的周期性（图 7 - 38）。这种辐射很可能起源于两极附近。伽利略号和卡西尼号探测器在太阳风中不同位置同时进行的测量，观察到了类似的准周期特征，这表明这种辐射是频闪式的，而不是与行星一起旋转的类似于旋转探照灯式的。在磁层内，准周期爆发可以表现为对连续辐射的增强。在磁鞘中，高密度的等离子体使爆发的低频成分色散，从而产生特征Ⅲ型能谱形状。尤利西斯号观测到 40 分钟的准周期爆发与高能（1 MeV）电子有相关性。钱德拉号在极光区的 X 射线中检测到了类似的周期，尽管这与准周期爆发本身没有显示出直接关联。这些观察表明，准周期爆发与一个重要的粒子加速过程有关，但这种关系的细节和过程的细节仍然难以捉摸。

7.5.4.9　伽利略卫星带来的磁场扰动

伽利略卫星环绕木星运行的同时深入到木星的磁层（距离从木卫一的 $6R_J$ 到木卫四的约 $27R_J$）。伽利略号探测器已对伽利略卫星的周围环境进行了原位观测。一个重大的意外发现是在所有四颗伽利略卫星附近都发现了木星磁场的明显变化。在穿过木卫一的等离子体尾迹时，探测器观察到环境磁场强度的大幅度下降，如果木卫一拥有自己的磁场，表面磁场强度约为 17 mGs，与木星磁场反向对齐，则可以解释该现象。然而，这种解释并不唯一，因为木卫一附近电流系统也可以在磁强计数据中诱发类似的磁扰动。

相比之下，伽利略号的磁强计和等离子体波测量的结果都证明，木卫三是一个具有内禀磁场的卫星。磁强计数据显示，木卫三的内禀磁场在赤道表面的强度为 7.6 mGs，相对于它的自转轴倾斜 10°。木卫三的偶极矩与木星的磁矩反向对齐。伽利略号显示出丰富的等离子体波频谱（图 7 - 40），与所预期的行星磁层相似。它也是 15～50 kHz 的非热窄带射电发射源，与木星的逃逸连续发射非常相似。然而，在所有巨行星和地球的极光区域都可以看到的更强烈的回旋脉泽辐射，在木卫三却不存在。这几乎可以肯定是因为电子等离子体频率大于回旋频率，因此，回旋脉泽不稳定性不会发生。

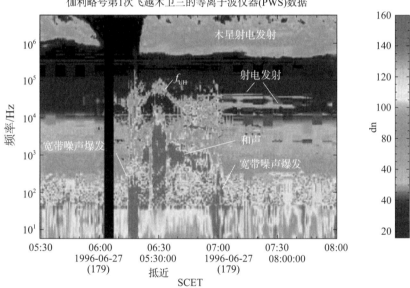

伽利略号第1次飞越木卫三的等离子波仪器(PWS)数据

图 7 - 40　伽利略号近距离接近木卫三期间观测到的动态射电频谱［频率 vs. 探测事件时间（SCET）］。木卫三和木星磁层之间的强烈相互作用有力地证明了木卫三周围存在一个小磁层。标记为 f_{UH} 的噪声带处于高混杂波共振频率，对应等离子体密度约为 100 个粒子/cm³。相互作用周期开始和结束时的宽带爆发是磁层顶等离子体波特征的典型表现。抵近后的带内发射是电子回旋谐波发射，它在地球上对极光的产生有贡献。以最近距离为中心的明亮宽带辐射和能谱图中被标记为"和声"的辐射是哨声模辐射。这些辐射的最大频率对应伽利略号穿越区域的最大磁场强度约为 4 mGs。能谱图中主要延伸到木卫三相互作用区右侧的窄带射电辐射是已知的第一个行星卫星射电辐射。行星卫星的射电辐射与地球及外行星（包括木星）上的射电辐射相似。(Gurnett et al. 1996)

当伽利略号通过木卫二时，木卫二附近的磁场在强度和方向上均有变化。如果假设木卫二的表面下有一层导电物质，可将这个特征建模为对木星时变磁场的电磁响应。虽然木星的磁场本身随时间大致恒定，但从木卫二上看，木星磁场在木卫二赤道平面上的投影随着木星的旋转而变化。这种时变磁场可以在导电介质中引起感应电流［式（7-13）］。这种电流，反过来会产生次级磁场，这种磁场在木星的磁场中表现为可以观测到的扰动。伽利略号多次接近木卫二时测量到的磁场扰动，以及木卫二破裂的冰表面图像，表明导电层可能是木卫二（冰）地壳正下方约 100 km 处的深咸海（5.5.5.2 节、6.3.5.1 节）。

伽利略号通过木卫一、木卫二和木卫三时，磁强计检测到明显特征，与此相反，在木卫四附近只检测到微小的磁场强度变化。与木卫二的情况一样，如果木卫四具有一个深的咸海洋，可以很好地模拟后一个特征，考虑到其内部结构的限制，这是一个合理的模型（6.3.5.1 节）。

7.5.5 土星

土星的磁层在大小上介于地球和木星之间。赤道处的磁场强度略低于地球表面的磁场强度。然而，土星大约比地球大 10 倍，距离太阳大约比地球远 10 倍；这两个因素都导致土星周围的磁层比地球周围的大得多。最引人注目的是土星磁轴和自转轴之间近乎完美地对准。其偶极场的中心与北极略微偏移 $0.04R_h$。

7.5.5.1 土卫二带来的质量加载

五颗中等大小的冰卫星（土卫一、土卫二、土卫三、土卫四和土卫五）位于土星的内磁层，位于 $(3 \sim 9)R_h$ 之间。土星的主环系统主要由水冰组成，位于 $2.27R_h$ 内（11.3.2 节）。带电粒子的溅射和陨石的撞击导致形成了富含氧的中性云（H_2O、OH、O、H），以及环绕土星的等离子体环，这是所有经过的探测器都观察到的。然而，卡西尼号揭示了土星 E 环附近氧密度的巨大变化（$\gtrsim 50\%$），这归因于土卫二上间歇泉活动的变化（5.5.6.2 节）。

土卫二上间歇泉的第一个直接证据来自卡西尼号的磁强计数据，该数据表明这个卫星周围具有弯曲或拖曳的磁力线（图 7-41），表明存在类似在木卫一上观察到的质量加载过程（7.5.4.3 节）。电荷交换相互作用控制着从土卫二羽流到磁层等离子体的质量加载；电子碰撞和光电离所起的作用要小得多。新形成的离子被场向电流加速到共转速度（7.5.4.4 节、7.5.4.6 节；图 7-33），从土星电离层中获取角动量。

人们可能会认为，靠近土卫二轨道的磁通管上的离子总质量比更远的磁通管上的要大，这导致了一个被称为磁通管交换或离心交换的过程。土卫二附近的这种不稳定性可能会导致双单元对流模式（two-cell convection），如图 7-41（c）所示。过去曾用该模式解释磁层中的各种旋转调制（例如导致氢隆起的木星磁异常模型，见 7.5.4.1 节、7.5.4.2 节）。卡西尼号已经观测到土卫二轨道附近的等离子体密度的纵向不对称性，这可能是由上述对流模式引起的。

土星磁层中性气体云的主要来源是土卫二上的间歇泉羽流。当磁层等离子体穿过中性气体时［图 7-41（c）中的（a）到（b）］，其密度通过中性气体的电离而增加［质量加载 dm/dt，图 7-41（b）］。因此，在与等离子体盘一起旋转的坐标系中，离心力 $F_c(2)$ 大于 $F_c(1)$。这会在对流图案的"重"区域触发等离子体的径向外流，这种流也称为"等

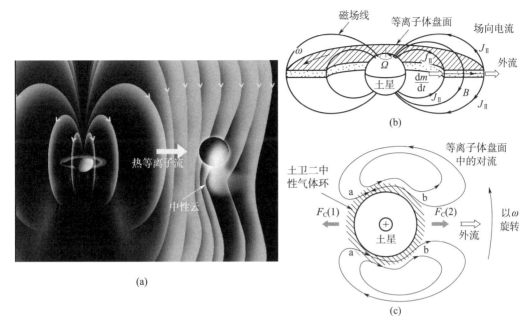

图 7 - 41　（a）土卫二周围磁力线弯曲的概念图，这种弯曲是由土卫二羽流和磁层等离子体相互作用产生的电流引起的。利用磁强计数据可推断存在中性云从土卫二南极喷出。（NASA/JPL，PIA07370）（b）土星等离子体盘通过场向电流与其电离层的耦合（与图 7 - 33 相比）。等离子体盘以角速度 ω 旋转。（c）与等离子体盘共转的双单元等离子体对流模式，这可能导致等离子体密度的纵向调制。当等离子体流过中性气体环面时，由于捕获电离的离子，其密度增加。离心力之差 $F_{\rm C}(2) - F_{\rm C}(1)$ 驱动了对流（由于质量密度的增强，$F_{\rm C} \propto m\omega^2 r$），即对流模式从"重"的区域径向向外流动。［（b）和（c）引自 Gurnett et al. 2007］

离子体舌"。等离子体盘的旋转通过场向电流耦合到电离层上［7.5.4.6 节，图 7 - 33、图 7 - 41（b）］。质量加载和/或电离层电导率的变化可能导致等离子体滞后于共转。几位研究者认为，所观测到的与磁场旋转波动同步的土星射电辐射旋转周期的变化（7.5.5.4 节），可归因于共转滑动，这种滑动由质量加载率变化导致。

7.5.5.2　辐射带

卫星和环都是等离子体的源和汇（7.3.4 节）。探测器飞越探测的带电粒子数据通常会在卫星附近，或经过一颗卫星穿过的 $\mathcal{L}$ 壳时，显示出清晰的吸收特征。事实上，首先提出存在木星环就是基于先驱者 11 号带电粒子数据中的吸收特征。类似地，当先驱者 11 号穿越土星磁层时，数据中具有一个不明确的质子吸收特征，对其几种解释之一是在约 $2.8 R_{\rm h}$ 处存在一个微弱的环，旅行者号后来在此处发现了 G 环。由于土星环位于行星的旋转赤道上，并与其磁赤道重合，它们是有效的磁层等离子体的吸收器。困在 A 环外边缘的捕获粒子强度急剧下降。因此，主辐射带位于环外，显示出不同卫星的清晰（吸收）特征。A 环内部几乎没有带电粒子。然而，一个有趣的发现是，卡西尼号上的磁层成像仪（Magnetospheric Imaging Instrument，MIMI）发现了 D 环内部存在一个由高能中性原子

(energetic neutral atoms，ENA）组成的内辐射带。这条带是通过一个双重电荷交换过程来解释的：来自主辐射带的 ENA 向土星方向传输，在进入土星的外大气层时被电离并被捕获。通过电荷交换，它们可以转化回 ENA，电离过程可以重复。这种双重（或多重）电荷交换形成低空 ENA 辐射区域，即内辐射带。

7.5.5.3　土卫六

土卫六绕土星运行的距离约 $20R_h$。由于土星的磁层边界相对于土星时远时近，由太阳风冲压压力变化引起，土卫六有时嵌入土星的磁层，有时则位于太阳风内。在宁静的太阳风条件下，土卫六位于土星的磁层内，那里的气流为亚磁声速，预计不会形成弓形激波。等离子体流与土卫六稠密大气的预期相互作用由等离子体流的大气-离子质量加载控制，随后等离子体流会减慢，土卫六周围的磁力线会拖曳。因此产生了一个"磁层"，就像彗星（10.5 节）、金星和火星一样，尽管其相对规模要小得多。由于在其一侧半球上会优先捕获离子（由于电场和曲率漂移），磁场必然呈现高度不对称。卡西尼号上的 MIMI 显示，土卫六附近有强烈的 ENA 发射，这是由与土卫六上层大气的电荷交换相互作用引起的。土卫六下游侧的辐射最强，这可能是因为有限的回旋半径，从而导致下游侧的质子转化为 ENA 时不会遇到土卫六大气中的高密度中性气体区域。与预期相反，在磁层中几乎没有发现氮。这表明，土卫六大气层所产生的氮必然完全逃离了磁层。

7.5.5.4　射电观测

土星的非热射电能谱由几个部分组成，如图 7-42 所示并如下所述。

（1）土星千米波辐射（SKR）

土星的千米波辐射以宽带辐射为特征，100% 为圆极化，覆盖的频率从 20 kHz 到几百 kHz。在频率-时间域中显示时，有时组成类弧形结构，与木星的十米波辐射（DAM）弧类似 [见图 7-42（a）]。卡西尼号揭示了复杂的精细结构，这也是木星和地球回旋脉泽辐射的典型特征 [图 7-42（b）]。和地球上的情况一样，SKR 辐射源似乎主要固定在高纬度地区的早晨至正午区域，但也出现在其他地方时。SKR 强度与太阳风冲压压力之间有很强的相关性，可能表明太阳风在持续向土星的低海拔极尖区转移。哈勃望远镜的高分辨率土星极光图像与 SKR 之间的详细比较表明，紫外线极光斑点的强度与 SKR 之间存在强烈的相关性。

尽管 SKR 辐射随时间变化很大，但从旅行者号的数据中得出了清晰的 10 h 39 min 24 s ±7 s 的周期，该数据被用作该行星的自转周期。由于该辐射与土星的磁场有关，而土星磁场为轴对称，旋转调制的成因仍然是个谜，尽管可能是土星磁场中高阶矩的间接证据。然而，更神秘的是，尤利西斯号和卡西尼号测量的 SKR 调制周期在几年或更短的时间尺度上变化了 1% 或更多（几分钟）。这表明土星的射电自转率不能准确反映其内部的自转，这与其他巨行星的射电周期截然不同。这种变化可能是由于土卫二（南极羽流）的质量加载导致磁力线上的等离子体滞后于共转而产生的。或许更为有趣的是，在射电旋转周期中发现了南北不对称，起源于南方极光区的 SKR 周期看起来比北方的 SKR 周期短约 0.2 h。两个周期（约 10.6 h 和 10.8 h）均比根据重力场数据确定的土星内部自转周期要长（表 1-3）。

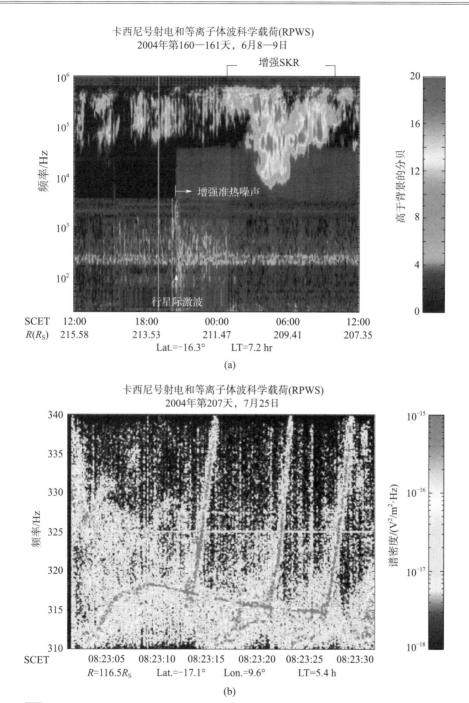

图 7 - 42　💾　（a）2004 年 6 月 8 日 20 时 30 分左右，卡西尼号监测到行星际激波引起土星 SKR 辐射动态能谱的强烈增强。（b）卡西尼号获得的 SKR 高时间分辨率和光谱分辨率记录显示了 SKR 光谱中的复杂结构，这也是木星和地球回旋加速脉泽辐射的典型情况。该频谱图显示了一系列快速上升的辐射（约 10 kHz/s），显然是由带有轻微负漂移的窄带音调触发的。明显触发发射之间的间隔时间为 78 s。获取声音可访问 http：//cassini. physics. uiowa. edu/space - audio/cassini/SKR2/. （改编自 Kruth et al. 2005）

（2）甚低频辐射（VLF）

卡西尼号在土星的磁层内时，探测到了频率低于 2～3 kHz 的低水平连续辐射（捕获辐射）。在更高的频率下，辐射可以逃逸，并且似乎集中在狭窄的频带中。人们认为，捕获辐射和窄带射电辐射产生机制相同，即来自高混杂共振频率附近的静电波的模式转换。但是，源位置尚未确定。特别是，有人提出的一个源与土星的冰卫星有关。

2004 年 7 月 1 日，在卡西尼号通过土星系统内部区域期间，射电和等离子体波科学仪器（RPWS）在 A 环和 B 环上的等离子体密度极小区检测到许多窄带辐射。目前尚不清楚这些窄带辐射如果存在，是否与距该行星较远处测量到的窄带辐射有关联。

（3）土星静电放电（SED）

土星静电放电（Saturn electrostatic discharge，SED）是一种强烈的、非极化的脉冲事件，从几百 kHz 到旅行者号 PRA 实验的频率上限（40.2 MHz），持续几十毫秒，也曾由卡西尼号探测器检测到。单个爆发中的结构在时间尺度上一直向下延续到旅行者号的时间分辨率限制 140 μs，这表明 SED 源小于 40 km。在旅行者时代，SED 发射事件大约每 10 h 10 min 发生一次，与 SKR 中的周期性明显不同。与 SKR 不同，SED 源相对于行星-探测器的连线是固定的。发射可能是静电放电事件，对应于土星大气中的闪电。一些 SED 事件与卡西尼号在土星大气中观测到的云系统直接相关。然而，与旅行者号相比，卡西尼号发现 SED 更不常见。卡西尼号能够在数月内见不到这些放电。也许这是一种季节性效应，或者与大气（或电离层，如果传播是一个问题）上的环阴影的范围有关。

7.5.6　天王星和海王星

我们对天王星和海王星磁层的了解仅限于旅行者 2 号探测器在 1986 年（天王星）和 1989 年（海王星）短暂飞越这些行星时获得的信息。因此，我们没有对该区域进行不同季节的观测，也无法检测在时间尺度上超过几周的任何其他变化。

7.5.6.1　天王星的磁场

天王星磁轴与其自转轴形成一个约 60° 的夹角。这比水星、地球、木星和土星都要大得多，这些行星的磁偏角都在约 10° 之内。天王星磁心的位置偏离行星中心约 $0.3R_{\delta}$，形成如图 7-43 所示的构形。请注意，在面向太阳一侧反射的粒子比在相反半球反射的粒子在大气中消失的几率要大得多。由于天王星的自转轴几乎垂直于黄道面，所以在旅行者 2 号飞越时，从太阳风的角度看，磁场的几何结构与地球非常相像。如图 7-44 所示，随着行星的旋转，磁尾围绕行星-太阳连线摆动，行星的磁极也随之摆动。磁层顶的驻点在约 $18R_{\delta}$，所以天王星的五颗主要卫星都位于天王星的磁层内，尽管与其磁赤道相距较远。由于后者，这些卫星可能对天王星的磁层贡献不大。

事实上，天王星的磁层根本不包含太多等离子体。观测到的质子和电子的密度约为 $0.1～1$ 个/cm^3。等离子体的主要来源是天王星向外延伸的中性氢冕的电离，而太阳风可能是等离子体的第二个来源。由于行星旋转和磁场方向的几何结构，磁层中的等离子体运动相当复杂。等离子体与天王星共转（约 17 h），并在几天内通过太阳风驱动的对流在磁

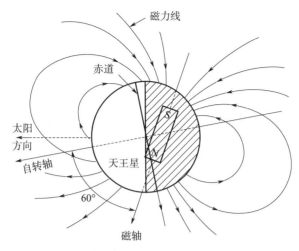

图 7 - 43　天王星偏移偶极磁场的示意图（Ness et al. 1991）

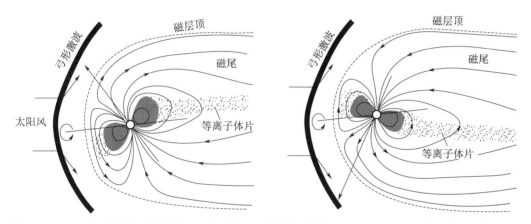

图 7 - 44　1986 年旅行者 2 号飞越天王星时天王星磁层的示意图。左右两图相隔半个行星自转周期。（Bagenal 1992）

层中循环（尽管天王星快速自转）。

7.5.6.2　海王星的磁场

　　海王星的磁轴与自转轴夹角为 $47°$，而其自转轴的倾角约为 $30°$。磁偶极子的中心相对于行星中心偏移了 $0.55R_\Psi$，与天王星的情况相比更大。海王星的自转轴和磁轴之间的偏角产生了一种独特的磁场结构。当磁场随行星旋转时，会遇到两种极端情况，如图 7 - 45 所示。有时磁场与地球、木星和土星的磁场相似，尾部的磁场被分成两个极性相反的尾瓣，被等离子体片隔开。旋转半个周期后，磁场拓扑为"极对"结构，磁极指向太阳。在这种情况下，磁场的拓扑结构非同寻常，具有一个圆柱形的等离子体片，指向行星方向的磁力线在其外，远离行星方向的磁力线在其内。磁极面向太阳，太阳风直接流入行星的极尖区。行星偶极场的较大偏移（可以转化为四极矩），加上高阶矩的存在，导致天王星和海王星的"表面"磁场强度具有很大的空间变化（表 7 - 2）。

　　虽然可能有人认为海王星的卫星海卫一是海王星磁层中氢和氮离子的来源，但观测到

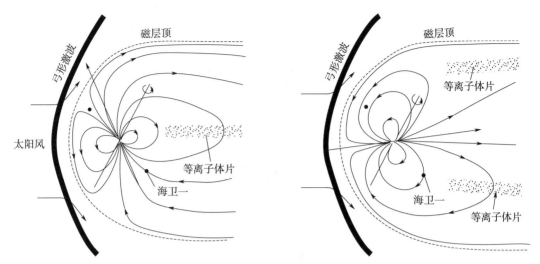

图 7 - 45　1989 年旅行者 2 号与海王星交会时海王星磁场结构的两种极端情况的示意图。左右两图相隔半个行星自转周期。(Bagenal 1992)

的密度非常低，为 $\lesssim 0.1$ 个/cm^3 至靠近行星（$\lesssim 2R_{\Psi}$）时的几十个/cm^3。H$^+$ 和 N$^+$ 分别以中性和离子的形式通过溅射过程从海卫一逃逸。N$^+$ 从海卫一向内移动，甚至可以在 $\mathcal{L} \approx$ 1.2 发现。氢云围绕着海卫一，密度约为 500 个/cm^3，向内延伸至 $\mathcal{L} \approx 8$。这种云是 H$^+$ 的来源，H$^+$ 从发源地向内移动。

　　理论预测了太阳风驱动对流的累积效应，会导致磁赤道上等离子体向太阳方向的净传输。然而，由于当磁场结构与地球磁场结构相似时对流最强，因此对流与经度强相关。等离子体可能会朝向行星或远离行星移动，这取决于其经度。对流也会导致等离子体密度随经度的变化。旅行者 2 号的轨道不太适合检测等离子体密度中的任何纵向不对称。然而，观察到的结果仅有等离子体向内传输，这与迄今提出的任何对流模型都不一致。

7.5.6.3　射电观测

　　与土星的射电辐射一样，天王星和海王星的射电辐射（图 7 - 46 和图 7 - 47）中存在明显的平滑和突变的成分，这些辐射可能起源于行星的南部极光区域。然而，这些行星的磁场相对于它们的自转轴大角度倾斜（天王星 47°，海王星 59°），因此极光区域不在自转极附近。通过发射的周期性测定了两个行星的自转周期，天王星为 17.24±0.01 h，海王星为 16.11±0.02 h。发射频率的上限取决于（并可以用来推测出）行星的表面磁场强度。

　　我们还收到了来自天王星的脉冲爆发，类似于土星的 SED 事件，被称为 UED 或天王星静电放电事件。与 SED 相比，它们的数量更少，强度也更低。如果这些发射是由闪电引起的，那么低频截止频率表明日侧半球电离层电子密度峰值约为 6×10^5 个/cm^3。除了宽带辐射，这两颗行星还存在捕获的连续辐射和窄带辐射。

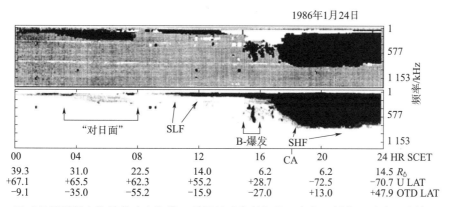

图 7-46 天王星低频射电发射的动态能谱。顶图显示发射极化，白色（黑色）对应于右旋（左旋）极化信号。底图显示了发射的强度。到天王星的距离（R_{δ}）、行星中心坐标系下的纬度（U-LAT）和在偏移倾斜偶极子模型（OTD-LAT）中的磁纬度在底部标明。（Desch et al. 1991）

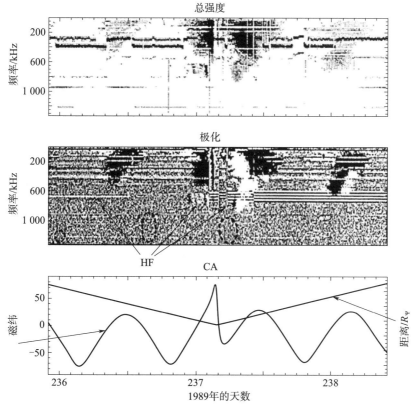

图 7-47 旅行者 2 号最近飞越点附近 60 小时内海王星的动态能谱。上图显示强度，黑色增加表示强度增加。中图显示极化：白色表示左旋（LH）极化，黑色表示右旋（RH）极化。底图显示了观测时探测器的磁纬度和距离。CA 代表最近飞越点，HF 代表更高频率的发射。（Zarka et al. 1995）

7.6　磁场的产生

7.6.1　磁发电机理论

　　行星周围的磁场不能由行星内部的永磁产生。铁的居里点接近 800 K（6.2.2.3 节）；在较高的温度下，铁失去磁性。由于行星内部温度要高得多，所以行星深处的所有铁磁性材料都失去了永磁性。此外，永磁会逐渐衰减 ［式（7-20）］。在大洋中部裂谷附近观察到的剩磁图案表明，地球磁场的方向在最近的地质年代中经历了几次频繁的反转；而永磁铁不会呈现这种方式。古老岩石磁化的古地磁证据表明，地球磁场至少存在了约 35 亿年，而且古地磁的强度通常是当前强度值的两倍以内（磁场反转期间除外），因此必然存在着一种能够持续产生磁场的机制。行星内部的电流是行星磁场的唯一可能来源。地球的外核是液态镍铁，具有很高的导电性；类似地，木星和土星的内部也是流体和导电的（金属氢），天王星和海王星有很大的离子幔。所有这些行星中都可能存在电流，一般认为行星磁场是由磁流体发电机（magnetohydrodynamic dynamo）产生的，这一过程会强化已经存在的磁场。

　　只要电导率不为零 ［式（7-16）］，电流就会在相对于磁场移动的流体中产生。当磁力线在流体中扩散时，随着流体的局部运动，磁力线往往会发生对流和变形（图 7-48）。缓慢演变的磁场由磁感应方程（7-18）描述。显然，如果磁场强度 $B=0$，流体运动不会导致磁场的自发出现。磁感应方程以及完整的运动方程，控制着发电机磁场的行为。

　　将行星视为具有内部热源的导电流体的理想旋转球。热源会产生热梯度，从而导致流体对流。由于角动量守恒，行星内部的旋转速度比外部快。因此，流体内部有差动旋转。在一个对流单元 ［图 7-48（a）］ 中，流体沿对流涡轴径向向外运动，周围区域一般有回流。因此，液体在底部汇聚到单元轴上，并在顶部发散。与流体汇聚部分相关的科氏力使流体绕会聚涡轴局部旋转，旋转方向与整体旋转方向相同，类似于气旋中的运动。旋涡顶部发散减缓了流体的旋转运动，甚至可能使其旋转方向反转。

　　行星的磁力线根植于其内部。行星导电部分的差动旋转导致磁力线卷起 ［图 7-48（b）］：这个环形场可能比原始极向场（极区场线）强一百倍。然而，由于相关电流的电阻耗散，极向场和环向场都会衰减。对流涡旋可以通过再生极向场来维持整个偶极子场，如图 7-48（c）所示。对流流体运动在环形场中形成一个回路，其磁场与极向场方向相同，从而加强行星的磁场。这就是磁发电机理论的精髓。

　　尽管这一理论是在 20 世纪中叶提出的，但支配地球动力学的复杂非线性磁流体动力学方程一直无法求解。直到 20 世纪 90 年代中期，两位研究人员开发了一种自洽的三维计算机代码，利用地核的真实特性描述了地球磁场的动态演化。该模拟表明，包括磁场极性自发反转在内的地球发电机模型是有效的（7.6.2 节）。涉及导电对流流体的地球发电机理论告诉我们，如果旋转行星内部包含驱动对流的热源，则该行星必然具有内部磁场。我们已经看到，这一说法适用于巨行星，也适用于地球和水星。

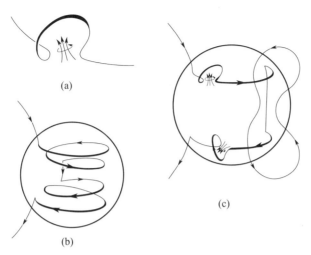

图 7 - 48　（a）随着流体的局部运动，磁场线会呈现对流的趋势并且其形状会发生扭曲。在对流单元内，流体沿着涡流的轴线发生径向向外的运动，周围区域通常有回流。因此，流体在底部汇聚，在顶部发散。（b）行星的差动旋转导致磁力线卷起。（c）对流涡流可以通过再生极向场来维持整个偶极场：对流流体的运动在环形场中产生一个环，其磁场方向与极向场相同。（Levy 1986）

与行星的引力场类似，可以进一步推测，行星磁场的偶极子项是在天体内部深处感应的，而强的高阶项意味着一个更靠近表面的源（天王星和海王星）。

7.6.2　磁场的可变性

地球磁场的细节在剔除偶极子场后才能最优地展示出来。地球磁场除去偶极子场的剩余部分或其更高阶矩，可视为大约有十几块大陆大小的区块分布在全球各地。偶极子场和这些高阶磁区块都随时间变化。在当前时代，磁偶极子向西移动，并在大约 2000 年内完成一整圈。磁区块似乎在大约 1000 年的时间尺度上发展和消失。根据洋脊和火山熔岩流岩石样品中的磁极性推断，磁场在 10^5 年到几百万年之间的不规则间隔内发生极性反转（6.2.2.3 节）。很明显，地球磁场不是静态现象；它在不断变化，尽管所涉及的时间尺度与人类的寿命相比很长。由于磁场是由地球内部的电流产生的，因此原则上可以理解其强度和模式的变化。然而，尽管三维计算机模拟确实预测了这种磁场反转的发生，磁场反转和磁极的其他偏移都没有得到充分的解释。在地质时间尺度上，反转发生得非常快，以至于很难找到保存此类变化记录的岩石。从稀疏的记录来看，在磁场逆转的最初几千年中，磁场强度似乎降低到了原来的 1/4～1/3，不过磁场还是保持着原有的方向。然后，磁场在地面上以约 30°的幅度来回摆动几次，最后两极对调。之后，强度再次增加到其正常值。然而，这些事件中磁场结构变化的细节尚不清楚。

其他行星周围的磁场是否也发生了类似的变化尚不清楚。我们知道太阳磁场每 11 年反转一次，如 7.1 节所述。我们还知道，在火星形成后的最初数亿年里，火星一定存在磁发电机效应。还有一种理论认为火星可能也有磁场反转（7.5.3.2 节）。在这些行星中，只有木星的磁场可以通过其射电辐射在地球上观测到。然而，距离第一次探测到木星的射电辐射，仅仅过去了半个世纪。我们需要更长的时间基线来观察其磁场的变化。此外，由于射电辐射既取决于磁场结构，也取决于粒子分布，因此很难将这两者区分开来。

7.7　延伸阅读

关于太阳风、磁层和空间天气的优秀综述文章可以在以下网站上找到：

McFadden，L.，P. R. Weissman，and T. V. Johnson，Eds.，2007. Encyclopedia of the Solar System，2nd Edition. Academic Press，San Diego. 982pp. 推荐以下章节：

Aschwanden，M. J.：The Sun

Gosling，J. T.：The solar wind

Luhmann，J. G. and S. C. Solomon：The Sun – Earth connection

Kivelson，M. G. and F. Bagenal：Planetary magnetospheres

对木星磁层和极光的综述，以及对舒梅克-列维9号彗星与木星的影响的完整综述可参阅：

Jupiter：Planet，Satellites and Magnetosphere Eds. F. Bagenal，T. E. Dowling，and W. McKinnon，2004. Cambridge University Press，Cambridge.

关于巨行星磁层和火星磁场的综述论文：

Bagenal，F.，1992. Giant planet magnetospheres. Annu. Rev. Earth Planet. Sci.，22，289 – 328.

Brain，D. A.，2006. Mars Global Surveyor measurements of the martian solar wind interaction. Space Science Reviews，126，77 – 112.

Kurth，W. S.，and D. A. Gurnett，1991. Plasma waves in planetary magnetospheres. J. Geophys. Res.，96，18 977 – 18 991.

关于磁层物理和等离子体物理的基本书籍：

Boyd，T. J. M.，and J. J. Sanderson，2003. The Physics of Plasmas Cambridge University Press，Cambridge. 532pp.

Kivelson，M. G.，and C. T. Russell，Eds.，1995. Introduction to Space Physics. Cambridge University Press，Cambridge. 568pp.

Lyons，L. R.，and D. J. Williams，1984. Quantitative Aspects of Magnetospheric Physics. Reidel Publishing Company，Dordrecht. 231pp.

Roederer，J. G.，1970. Physics and Chemistry in Space. 2：Dynamics of Geomagnetically Trapped Radiation. Springer – Verlag，Berlin. 166pp.

Schulz，M.，and L. J. Lanzerotti，1974. Physics and Chemistry in Space. 7：Particle Diffusion in the Radiation Belts. Springer – Verlag，Berlin. 215pp.

7.8　习题

习题 7.1 E

考虑一颗绕太阳开普勒轨道的彗星，近日点距离为 0.3 AU，远日点距离为 15 AU，假设太阳风速为 400 km/s。分别计算在近日点和远日点时，离子尾和太阳–彗星连线的夹角。

习题 7.2 E

计算地球轨道上太阳风的声速和阿尔文速度。将答案与安静的太阳风速进行比较。

习题 7.3 I

（a）假设静态太阳风特性（表 7–1），计算太阳风中碰撞之间的平均自由程。将这个数与地球磁层的大小和弓形激波的厚度进行比较。

（b）如果碰撞之间的平均自由程远大于系统的典型尺寸，则等离子体是无碰撞的。根据这个定义，太阳风是无碰撞等离子体吗？解释为什么尽管如此，太阳风经常被视为流体。

习题 7.4 I

假设静态太阳风特性（表 7–1），计算地球磁层顶和弓形激波的近似距离。将地球磁场近似为偶极子场，表面磁场强度为 0.3 Gs。可以忽略外磁层中的等离子体密度。

习题 7.5 I

证明在速度垂直于激波的理想非磁化气体中，下列公式成立

$$\frac{\rho_1}{\rho_2} = \frac{(\gamma+1)P_1 + (\gamma-1)P_2}{(\gamma-1)P_1 + (\gamma+1)P_2} \tag{7-90}$$

式中，下标 1 指波前条件（即太阳风），下标 2 指波后条件（即磁鞘）。计算单原子气体在强激波条件下（$P_2 \gg P_1$）的比值 ρ_2/ρ_1。

习题 7.6 I

假设平行于弓形激波的太阳风中的磁场和速度都为 0，太阳风的密度是 5 个质子/cm³、磁场为 5×10^{-5} Gs，温度为 2×10^5 K，太阳风速为 400 km/s。计算磁鞘中的密度、速度、温度和磁场强度。

习题 7.7 E

木星磁场的高斯系数为：$g_1^0 = 4.218$，$g_1^1 = -0.664$；$h_1^1 = 0.264$ Gs。计算磁偶极矩、

磁角和自转角之间的夹角、磁北极的经度。

习题 7.8 I

通过平衡向心力和洛伦兹力，导出拉莫尔半径和拉莫尔频率的公式。

习题 7.9 I

（a）如果磁场在一个回旋半径和周期内变化很小，则穿过粒子轨道的磁场通量是恒定的。推导第一绝热不变量的公式［式（7-48）］。

（b）证明对于非相对论粒子，绝热不变量 μ_B 等于粒子的磁矩 μ_b，磁矩由粒子绕磁力线圆周运动产生。

（c）证明对于相对论粒子，$\mu_B = \gamma_r \mu_b$。

（d）对于非相对论和相对论粒子，用能量而不是动量表示第一绝热不变量［式（7-50）和（7-51）］。

（e）证明在低能量时，对于相对论粒子和非相对论粒子，这两个表达式是等价的。

习题 7.10 I

考虑一个质子在地球磁场中，距离 $\mathcal{L} = 3$。假设地球磁场可以近似为一个偶极子，磁矩 $\mathcal{M}_B = 7.9 \times 10^{25} \, \mathrm{Gs \cdot cm^3}$，该偶极子位于行星中心，并与旋转轴对齐。

（a）如果粒子赤道投掷角分别为 $\alpha_e = 60°$、$\alpha_e = 30°$、$\alpha_e = 10°$，计算粒子镜像点处的磁场强度。

（b）计算（a）中三种情况下镜像点的纬度。

（c）将（a）中的答案与表面磁场强度进行比较，并对结果进行评论。

习题 7.11 I

考虑一个质子和一个电子在地球磁场中，距离 $\mathcal{L} = 2$。这两个粒子都被限制在磁赤道上，能量为 1 keV。假设地球磁场的性质如习题 7.10 所述。

（a）计算每个粒子的回旋周期。

（b）计算每个粒子的漂移轨道周期。

（c）计算绕地球的轨道速度，并将其与相同地心距离（$\mathcal{L} = 2$，假设为圆形轨道）下中性粒子的开普勒速度进行比较。叙述如果离子发生电荷交换会发生什么。

习题 7.12 I

考虑一个粒子在偶极子场中，距离 $\mathcal{L} = 6$，该粒子径向向内扩散，直到 $\mathcal{L} = 2$。镜像点的纬度用 θ_m 表示；镜像点的位置和场强在 $\mathcal{L} = 6$ 分别为 s_{m1} 和 B_{m1}，在 $\mathcal{L} = 2$ 分别为 s_{m2} 和 B_{m2}。

（a）假设镜像点 s_{m1} 和 s_{m2} 的磁纬度 θ_m 相同，分别计算在镜像点和赤道处磁场的相对

强度 B_{m1}/B_{m2} 和 B_{e1}/B_{e2}。

（b）计算从 $\mathcal{L}=6$ 向内扩散到 $\mathcal{L}=2$ 时粒子动能的增加量。

（c）在 $r_1=\mathcal{L}=6$ 和 $r_2=\mathcal{L}=2$ 两个位置，用 B_{m1} 和 B_{e1} 表示不变量 $K_B=I_B\sqrt{B_m}$。根据这个表达式，你认为 B_{m1} 和 B_{m2} 在同一纬度 θ_m 吗？解释你的理由。

习题 7. 13 E

地球上黄昏侧和黎明侧之间的总电压降 Φ_{conv} 可以估计为

$$E_{conv}=\frac{\Phi_{conv}}{2R_{pc}}=v_{pc}B_{pc} \tag{7-91}$$

下标 pc 代表经过极盖的开放磁力线穿过的区域，即极光椭圆内磁极周围的区域。这导致电位降低 20～200 kV，平均值约为 50 kV（习题 7.16）。

（a）计算对流电场引起的穿过地球磁层的总电位降。

（b）计算在未受干扰的太阳风中（$v_{sw}=400$ km/s，$B_{sw}=5\gamma$），距离等于尾部直径（$50R_{\oplus}$）的电位降。

（c）比较（a）和（b）中的答案，确定与地磁场重联的 IMF 磁通量的比例。提示：如果所有的 IMF 磁通量都与地磁尾重联，那么电位降将等于（b）中的答案。

习题 7. 14 E

假设木星的磁场可以近似为磁矩 $\mathcal{M}_B=1.5\times10^{30}$ Gs·cm^3 的偶极子磁场，木星附近的太阳风磁场强度约为 2×10^{-6} Gs。计算太阳风质子进入木星磁层并向内扩散直到 $\mathcal{L}=1.5$ 的能量增益。提示：假设太阳风速为 400 km/s，计算质子的能量。

习题 7. 15 E

（a）对于地球磁层黎明侧和黄昏侧附近粒子，估算临界半径 r_{cr}，在临界半径以内共转主导对流（典型地磁参数见习题 7.10）。答案用 $R_{\oplus}$ 表示。

（b）对于木星磁层黎明侧和黄昏侧附近粒子，计算临界半径 r_{cr}，在临界半径以内共转主导对流，使用习题 7.14 中规定的磁场参数。答案用 R_{2_1} 表达。评论地球和木星临界半径之间的差异。

习题 7. 16 I

（a）计算在 $\mathcal{L}=2$ 和 $\mathcal{L}=4$ 时，地球磁层黎明侧和黄昏侧能量为 50 keV 的质子的有效势。

（b）计算在 $\mathcal{L}=2$ 和 $\mathcal{L}=4$ 时，地球磁层黎明侧和黄昏侧能量为 200 keV 的质子的有效势。

（c）计算在 $\mathcal{L}=2$ 和 $\mathcal{L}=4$ 时，地球磁层黎明侧和黄昏侧能量为 200 keV 的电子的有效势。

（d）计算上述粒子的漂移速度，并对结果进行评论（用文字描述在地磁场中漂移的粒子的情况）。

习题 7.17 I

解释为什么环电流会削弱地球表面的磁场。

习题 7.18 E

描述在 $2\,000$ km 高度绕地球赤道运行的航天器的轨道如何受到南大西洋异常的影响。提示：将粒子的开普勒轨道速度与轨道速度进行比较。

习题 7.19 I

（a）计算金星电离层顶的位置。假设大气压强根据气压定律（第 4 章）随高度下降，表面气压为 90 bar。根据第 4 章中的各种大气曲线，对温度做出合理的估计。假设太阳风速为 400 km/s，太阳风密度为 10 个质子/cm^3，行星际磁场强度为 1×10^{-4} G。

（b）计算火星电离层顶的位置，假设表面气压为 6 mbar，并从第 4 章中给出的曲线估算大气温度。假设太阳风密度和行星际磁场强度与日心距离 $r_{\oplus}^{-2}$ 成正比。太阳风速的值是多少？

（c）比较（a）和（b）的结果，并对比较进行评论。

习题 7.20 E

（a）计算木卫一等离子体圆环中的离子撞击木卫一时所涉及的能量。提示：计算木卫一和离子的轨道速度，假设两者都以 $6R_2$ 的行星中心距离绕木星轨道运行。

（b）如果钠原子的寿命只有几个小时，那么计算木卫一中性钠云的大小。

（c）用文字解释为什么香蕉形状的中性钠云是向前指向。

习题 7.21 I

（a）计算木卫一的冷内环和热外环中硫和氧离子的标高。

（b）如果离子密度为 $3\,000$ 个粒子/cm^3，并且环从 $(5.3\sim7.5)R_2$ 呈放射状延伸，估算木卫一的离子产生率，假设纬度范围等于标高的两倍。

习题 7.22 E

（a）如果磁场强度为 0.8 Gs，计算以 20 cm 波长辐射的电子的典型能量。

（b）如果磁场强度为 0.8 Gs，计算以 6 cm 波长辐射的电子的典型能量。

（c）如果辐射电子的能量分布是平的，给出观察到的辐射随波长的分布。

（d）以上数据适用于木星的磁层。假设该行星的磁场类似于偶极子场，其参数如习题 7.14 所述，计算（a）和（b）中同步辐射在磁层中的发射位置。

习题 7. 23 E

木星在频率 $\nu < 40\ \mathrm{MHz}$ 发射出强极化辐射爆发。这种辐射被认为起源于木星云顶附近，并归因于回旋辐射。

（a）为什么辐射是回旋辐射而不是同步辐射？

（b）计算木星云顶的磁场强度。

习题 7. 24 E

土星静电放电发射（SED）爆发中的结构可以在 $140\ \mu\mathrm{s}$ 的时间尺度上进行区分。推导出这种发射源的大小尺度。

习题 7. 25 E

海王星的磁偶极矩为 $2.14 \times 10^{27}\ \mathrm{Gs \cdot cm^3}$。海王星十米波辐射的截止频率为 $1.3\ \mathrm{MHz}$。

（a）计算与截止频率对应的磁场强度。

（b）将（a）中计算的磁场强度与海王星表面偶极子磁场强度进行比较。解释两者的区别。

习题 7. 26 I

推导出驻阿尔文波频率随磁场强度和等离子体密度变化的表达式。假设 l 是场线的长度，n 是谐波的数量。

习题 7. 27 E

计算磁层的 6 个自然等离子体频率，其中磁场强度为 $0.3\ \mathrm{Gs}$，等离子体密度为 20 个质子/$\mathrm{cm^3}$。假设粒子的能量为 $20\ \mathrm{kHz}$，并且只有质子和电子（$N_\mathrm{p} = N_\mathrm{e}$）。

习题 7. 28 I

电磁波的色散关系由式（7 – 79）给出。

（a）用 $\omega_\circ$ 和 ω_pe 表示折射率 n。

（b）假设空间中有两个天线：其中一个天线作为发射机，另一个接收信号。证明：通过扫频信号频率，可以得出两个天线之间的等离子体密度。

习题 7. 29 E

如果地球磁场不会再生，计算磁场耗散需要多长时间。

第8章 陨 石

"我宁可相信这两个耶鲁教授撒了谎，也不相信石头会从天上掉下来。"

——托马斯·杰斐逊（据不可靠传言），美国总统，1807 年

  陨石是从天而降的岩石。它在撞击大气层之前是一个流星体（或者，如果它足够大的话，是一颗小行星），在与大气摩擦加热到炽热状态时是一颗流星。流星在穿过大气层时爆炸被称为火流星（bolide）。降落前或降落时被目击到的是降落型陨石（falls），而那些在野外找到的是发现型陨石（finds）。

  对陨石的研究有着悠久而丰富的历史。陨石坠落已经被观察和记录了许多世纪（图8-1）。据记载，最古老的陨石坠落是 861 年 5 月 19 日在日本坠落的直方陨石。铁陨石是一些原始社会的重要原料。然而，即使在启蒙运动期间，许多人（包括科学家和其他自然哲学家）也很难接受石头可能会从天而降的说法，陨石坠落的报道有时也像今天的不明飞行物"目击"一样受到怀疑。在对 1800 年前后欧洲一些观测和记载充分的坠落进行研究之后，陨石的地外起源得到了普遍承认。在同一时期最先发现的 4 颗小行星（即亚行星大小的天体），为科学家接受某些岩石的地外起源提供了一个概念框架。

图 8-1　描绘 1492 年 11 月 7 日阿尔萨斯地区恩西赛姆镇（Ensisheim）附近陨石坠落的木刻画。德语标题的直译是 "92 年落在恩西赛姆外的雷霆石"。这颗陨石是有记录以来最古老的降落型陨石，至今仍有可用的物质

陨石提供了可以在地球实验室分析的地外样本。绝大多数的陨石都是小行星的碎片，它们从未发展到接近行星尺度的状态。原始陨石来自从未熔化的星子，其中含有中等丰度的铁。大多数富含铁的陨石可能来自于分异星子的内核（5.2.2 节），贫铁陨石可能来自于分异星子的外层。由于小天体的冷却速度比大天体快，大多数陨石的母体要么从未变得很热，要么在太阳系历史的早期冷却凝固。因此，许多陨石保存了太阳系早期历史的记录，这些历史在地球等地质活跃的行星上已经消失。陨石为理解行星系统的形成提供了线索，这是大多数陨石研究的重点，也是本章的重点。

8.1　基本分类和陨落统计

传统的陨石分类是基于它们的外观。许多人认为陨石是金属块，因为金属陨石与普通的陆地岩石有很大的不同。博物馆也倾向于专门收藏金属陨石，因为大多数人觉得这些形状奇特的镍铁块看起来很有趣。金属陨石主要由铁组成，其中含有大量的镍和少量的其他亲铁元素（易与熔融态铁结合的元素，如金、钴和铂）；因此，金属陨石被称为铁陨石。不含大量金属的陨石被称为石陨石，对于未经训练的人来说，很难区分石陨石与陆地岩石。金属和岩石成分含量相当的陨石称为石铁陨石。

一个更基础的分类方法是基于陨石母体的历史分类。大多数铁陨石和石铁陨石以及一些被称为无球粒陨石的石陨石（与下文所述的球粒陨石形成对比）来自分异的母体（即经历了不同密度相关的相分离的母体，5.2 节）。分异的天体经历了一个自身大部分处于熔融状态的时期。在这个时期，天体大部分的铁沉入中心，带走了亲铁元素（一小部分被分析的铁陨石可能形成于冲击导致的局部熔融）。无球粒陨石的主体成分富含亲石和/或亲硫元素。亲石元素倾向于在熔体的硅酸盐相中富集，亲硫元素倾向于在熔体的硫化物相中富集。亲石元素和亲硫元素的丰度在地壳中也是较高的。相对于太阳系初始的难熔元素组成，无球粒陨石的铁和亲铁元素明显降低。原始陨石没有经历分异，它们直接由太阳星云凝聚物和幸存的星际颗粒组成，在某些情况下其性质由于经历了含水过程（表明液态水曾经存在于母体中）和/或热过程（表明母体在某个时候温度相当高）而发生变化。在原始陨石中，硅酸盐、金属和其他矿物生长在一起。原始陨石之所以被称为球粒陨石，是因为它们大多含有小的、接近球形的火成包裹体，这些由熔融液滴凝固而成的火成包裹体被称为球粒（chondrules）。有些球粒为玻璃状，表明它们冷却得非常快。除了最易挥发的元素外，所有球粒陨石的组成与太阳光球层的组成非常相似（图 8 - 2）。由于陨石成分比太阳成分更容易测量，因此对球粒陨石的分析提供了对太阳系大多数元素的平均成分的最佳估计（表 8 - 1）。陨石的密度从 1.7 g/cm³ 的原始塔吉什湖碳质球粒陨石（2000 年 1 月 18 日落在加拿大）至 7～8 g/cm³ 的铁陨石不等。

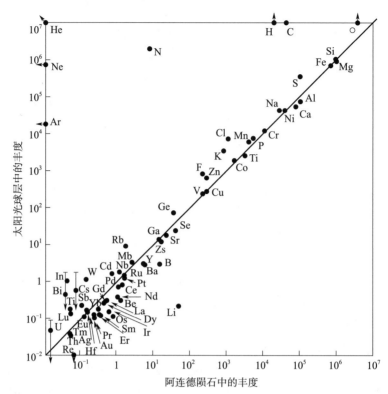

图 8-2　太阳光球层中元素的丰度与阿连德（Allende）CV3 球粒陨石中元素的丰度的关系。大多数元素非常接近等丰度线（以硅为 10^6 进行归一化）。一些挥发性元素位于这条线之上，可能是因为它们在陨石中亏损（而不是在太阳中富集），而只有锂基本上位于这条线之下；锂在太阳光球层中亏损是因为它被太阳对流带底部附近的核反应所破坏。

表 8-1　元素丰度

元素[a]		太阳系中[b]（原子数/10^6 Si）	CI 型碳质球粒陨石中（质量分数）	元素[a]		太阳系中[b]（原子数/10^6 Si）	CI 型碳质球粒陨石中（质量分数）
1	H	2.431×10^{10}	21.0 mg/g	12	Mg	1.02×10^6	95.9 mg/g
2	He	2.343×10^9	56 nL/g	13	Al	8.41×10^4	8.50 mg/g
3	Li	55.5	1.46 μg/g	14	Si	1.00×10^6	106.5 mg/g
4	Be	0.74	25.2 ng/g	15	P	8370	920 μg/g
5	B	17.3	713 ng/g	16	S	4.45×10^5	54.1 mg/g
6	C	7.08×10^6	35.2 mg/g	17	Cl	5240	704 μg/g
7	N	1.95×10^6	2.94 mg/g	18	Ar	1.03×10^5	888 pL/g
8	O	1.41×10^7	458.2 mg/g	19	K	3 690	530 μg/g
9	F	841	60.6 μg/g	20	Ca	6.29×10^4	9.07 mg/g
10	Ne	2.15×10^6	218 pL/g	21	Sc	34.2	5.83 μg/g
11	Na	5.75×10^4	5.01 mg/g	22	Ti	2 420	440 μg/g

续表

元素[a]		太阳系中[b] (原子数/10⁶ Si)	CI 型碳质球粒陨石中 (质量分数)	元素[a]		太阳系中[b] (原子数/10⁶ Si)	CI 型碳质球粒陨石中 (质量分数)
23	V	288	55.7 μg/g	55	Cs	0.37	185 ng/g
24	Cr	1.29×10^4	2.59 mg/g	56	Ba	4.35	2.31 μg/g
25	Mn	9170	1.91 mg/g	57	La	0.44	232 ng/g
26	Fe	8.38×10^5	182.8 mg/g	58	Ce	1.17	621 ng/g
27	Co	2320	502 μg/g	59	Pr	0.17	92.8 ng/g
28	Ni	4.78×10^4	10.6 mg/g	60	Nd	0.84	457 ng/g
29	Cu	527	127 μg/g	62	Sm	0.25	145 ng/g
30	Zn	1230	310 μg/g	63	Eu	0.095	54.6 ng/g
31	Ga	36	9.51 μg/g	64	Gd	0.33	198 ng/g
32	Ge	121	33.2 μg/g	65	Tb	0.059	35.6 ng/g
33	As	6.09	1.73 μg/g	66	Dy	0.39	238 ng/g
34	Se	65.8	19.7 μg/g	67	Ho	0.09	56.2 ng/g
35	Br	11.3	3.43 μg/g	68	Er	0.26	162 ng/g
36	Kr	55.2	15.3 pL/g	69	Tm	0.036	23.7 ng/g
37	Rb	6.57	2.13 μg/g	70	Yb	0.25	163 ng/g
38	Sr	23.6	7.74 μg/g	71	Lu	0.037	23.7 ng/g
39	Y	4.61	1.53 μg/g	72	Hf	0.17	115 ng/g
40	Zr	11.3	3.96 μg/g	73	Ta	0.021	14.4 ng/g
41	Nb	0.76	265 ng/g	74	W	0.13	89 ng/g
42	Mo	2.6	1.02 μg/g	75	Re	0.053	37 ng/g
44	Ru	1.9	692 ng/g	76	Os	0.67	486 ng/g
45	Rh	0.37	141 ng/g	77	Ir	0.64	470 ng/g
46	Pd	1.44	588 ng/g	78	Pt	1.36	1.00 μg/g
47	Ag	0.49	201 ng/g	79	Au	0.2	146 ng/g
48	Cd	1.58	675 ng/g	80	Hg	0.41	314 ng/g
49	In	0.18	78.8 ng/g	81	Tl	0.18	143 ng/g
50	Sn	3.73	1.68 μg/g	82	Pb	3.26	2.56 μg/g
51	Sb	0.33	152 ng/g	83	Bi	0.14	110 ng/g
52	Te	4.82	2.33 μg/g	90	Th	0.044	30.9 ng/g
53	I	1	480 ng/g	92	U	0.0093	8.4 ng/g
54	Xe	5.39	31.3 pL/g				

[a] 这些估计的不确定性通常比所引用的位数更大。利用 Lodders（2003）给出的同位素丰度，将 Anders and Grevesse（1989）的主要同位素值换算为所有同位素，从而计算陨石中惰性气体元素的浓度。Lodders（2003）的所有其他数据也列出了不确定性。

[b] 放射性衰变后的原太阳物质。

　　大多数球粒陨石可归入根据成分和矿物学所确定的三个不同类别之一，这些类又分为不同的群。挥发成分最富集的球粒陨石按质量计含有高达百分之几的碳，被称为碳质球粒陨石（carbonaceous chondrite）。碳质球粒陨石分为八大类，其成分略有不同，分别用 CI、CM、CO、CV、CR、CH、CB 和 CK 表示。最常见的原始陨石是普通球粒陨石（ordinary chondrite），主要根据它们的铁/硅比进行分类：H（高铁含量）、L（低铁含量）和 LL（低铁含量、低金属，即存在的大部分铁被氧化）。第三类原始陨石，顽火辉石球粒陨石（enstatite chondrite），以其主要矿物（$MgSiO_3$）命名。这些高度还原的球粒陨石也根据其铁丰度进行了划分，并用 EH 和 EL 表示。鲁木路提（Rumuruti）球粒陨石群（表示为 R）不属于上述三种类别。鲁木路提球粒陨石是氧化程度最高的无水球粒陨石群，其球粒比普通球粒陨石少，不含金属，且含有大量的铁橄榄石。各种陨石中铁的丰度及其矿物学位置如图 8-3 所示。

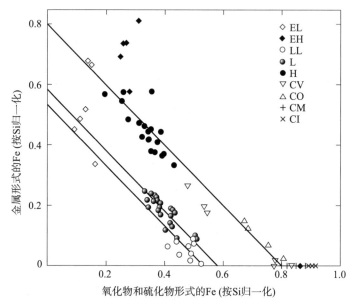

图 8-3　金属铁/硅比和氧化（主要是硅酸盐）铁/硅比的函数关系图。陨石的整体铁/硅比决定了其所在的对角线，而铁的氧化状态决定了其在该对角线上的位置

　　尽管球粒陨石从未熔化，但它们在某种程度上经历了"行星"环境（即类似小行星的母体）中的热变质作用、冲击、角砾岩化作用（破碎和重组）和通常涉及液态水的化学反应。球粒陨石的岩相类型从挥发性最强的原始陨石到热稳定性最好的球粒陨石分为 1 型～6 型（图 8-5）。3 型球粒陨石（图 8-4 和图 8-5）似乎在行星环境中变化最小，并提供了关于原行星盘内条件的最佳数据。球粒陨石从 2 型到 1 型表现出逐渐增多的水蚀变，所有已知的水蚀变球粒陨石都是碳质球粒陨石。1 型球粒陨石中缺乏球粒，这些球粒要么从未出现过，要么已经被含水过程完全破坏。相比之下，在 3 型以上的球粒陨石中变质蚀变程度依次增加，有时会用 7 型表示经历了部分熔融的陨石。球粒陨石所经历的热过程通常由撞击所致。

(a)   (b)   (c)

图 8-4 各种球粒陨石的照片，比例尺用厘米和英寸标注。(a) 布朗菲尔德 (Brownfiled) H3.7 普通球粒陨石，于 1937 年落在得克萨斯州。布朗菲尔德陨石中可以看出非常小的球粒、高反射金属和硫化物颗粒；(b) 帕纳利 (Parnallee) LL3 普通球粒陨石，于 1857 年落入印度。切割面清楚地显示出轮廓清晰的球粒和稍大的碎屑。帕纳利的变质程度与布朗菲尔德非常相似，但其质地要粗糙得多；(c) 维加拉诺 (Vigarano) CV3 碳质球粒陨石，于 1910 年落入意大利。维加拉诺有漂亮的球粒。它也包含了大型的富钙铝前太阳系颗粒 (CAI)，这些前太阳系颗粒在这张照片中呈白色

    铁陨石主要是根据其镍和中等挥发性微量元素锗和镓的丰度分类。成分差异与观察到的结构差异相关。铁的晶体结构也取决于陨石冷却的速度。这些有趣的结构，例如著名的魏德曼花纹[①] (Widmanstätten pattern，图 8-6)，提供了有关陨石母体的信息。

    石铁陨石有两类：与铁关系密切的橄榄陨铁；与无球粒陨石关系密切的中铁陨石。橄榄陨铁 (图 8-7) 由铁镍合金网络组成，围绕着通常 5～10 mm 大小的橄榄石球粒。橄榄陨铁起源于火成岩，它们可能形成于金属熔融区域和岩浆房（橄榄石可能在其中形成并沉入底部）之间的交界，例如，在核-幔界面。中铁陨石 (图 8-8) 含有金属和岩浆岩的混合物，类似于钙长辉长无球粒陨石。

    无球粒陨石存在几种不同类型，可能来自不同组成和大小的分异（或至少局部熔融）小行星的不同区域。少数已知的无球粒陨石来自两个较大的天体：月球和火星（8.2 节）。

---

    ① 又称维斯台登构造、汤姆森结构。——译者注

    阿洛伊斯·冯·贝克·魏德曼施泰登 (Alois von Beckh Widmanstätten，1753 年 7 月 13 日—1849 年 6 月 10 日)，奥地利印刷业商人和科学家。1808 年魏德曼施泰登以火焰加热一片陨石切片时，独立发现了陨石上一些让他惊讶的花纹，也就是现在所称的"魏德曼花纹"。魏德曼星 (21564 Widmanstatten) 以他的名字命名。——译者注

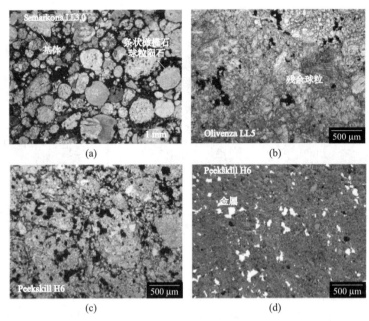

图 8-5　具有代表性的球粒陨石样品的薄片显微照片，显示了不同球粒陨石群之间的岩相变化。（a）在平面偏振光下，塞马尔科纳（Semarkona）LL3.0普通球粒陨石显示出被不透明基质包围的大量不同结构的球粒。塞马尔科纳陨石于1940年落在印度。（b）奥利文萨（Olivenza）LL5普通球粒陨石显示了重结晶LL球粒陨石的结构，其中可识别一些残余球粒，但球粒边界不如塞马尔科纳陨石中的尖锐。奥利文萨陨石于1924年落在西班牙。（c）皮克斯基尔（Peekskill）H6球粒陨石在平面偏振光下的特性。皮克斯基尔陨石是一种重结晶的普通球粒陨石，其原始结构已被基本破坏，球粒边界不易辨认。皮克斯基尔陨石于1992年10月9日落在美国纽约州北部。（d）反射光下的皮克斯基尔陨石，从中可以看出这块陨石含有7％体积的金属（质量占20％）。（Weisberg et al.，2006）

图 8-6　马尔塔赫厄（Maltahöhe）铁陨石的酸蚀表面。表面可以看出魏德曼花纹，这是在小行星的核缓慢冷却过程中，镍原子扩散到固体铁中而形成的几种铁镍合金的共生体。［图片来源：杰夫·史密斯（Jeff Smith）］

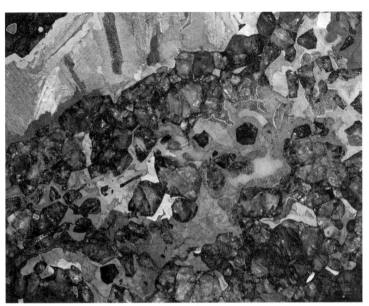

图 8 - 7　  塞姆坎（Seymchan）橄榄陨铁的照片，这个陨石于 1967 年在西伯利亚发现。一个连续的铁镍金属网络就像一个框架，支撑着富镁橄榄石颗粒。成像截面宽 8.3 cm。[图片来源：劳伦斯·加维（Laurence Garvie）]

图 8 - 8　埃斯特维尔（Estherville）中铁陨石的照片，这个陨石于 1879 年落在美国爱荷华州。注意埃斯特维尔陨石的角砾岩结构，铁镍金属与看似随机混杂的石质碎屑混合在一起。比例尺以厘米和英寸为单位标注，陨石的大小约为 30 cm

已收集和编目陨石的相对丰度并不能代表穿过地球轨道的流星体情况。观测到陨落后收集的绝大多数陨石是石陨石，其中大部分是球粒陨石（表 8-2）。在南极冰原上发现了更大比例的石陨石，这可能是因为石陨石比铁陨石更易碎。流星碎片在被观察到陨落时被视为一个物体，但如果在南极发现，它们可能会被多次计数，因为冰流破坏了碎片散落区域的证据（图 8-15）。铁陨石在非南极地区的发现更为普遍，因为它们更耐风化，而且对于非专家来说，它们也更容易被识别为陨石，或者至少是不寻常的物体。

表 8-2　陨石类型和数量（截止到 2008 年 9 月）

	陨落数	陨落频率/%	非南极地区发现	南极地区发现[a]
总数	1 070	—	9 582	15 660
石陨石	1 009	94.3	8 648	15 495
球粒陨石	916	85.6	7 964	15 802
碳质球粒陨石	42	3.8	319	494
无球粒陨石	87	8.1	684	413
火星陨石	4	0.4	53	9
月球陨石	0		93	19
石铁陨石	12	1.1	139	56
铁陨石	49	4.5	795	109

数据源于陨石通报数据库（Meteoritical Bulletin Database, http://tin. er. usgs. gov/meteor/metbull. php）。

[a] 仅列出编目良好的南极陨石搜索（ANSMET）结果。

每年撞击地球大气层的宇宙碎片总质量通常为 $10^{10} \sim 10^{11}$ g。尽管千米大小和更大天体的罕见撞击在很长时间尺度上主导了平均通量，但总质量中的大部分是半径约 $1 \sim 100$ μm 的尘埃和微流星体。

8.2　来源区域

陨石由它们的地外起源确定。从理论上讲，可以从地球上敲下一块岩石，让它脱离地球引力，绕太阳运行一段时间，然后再撞击地球。这样的天体也会被称为陨石，尽管它起源于地球。然而，这类岩石需要在不蒸发成气体的情况下被加速至逃逸速度才能逃离地球。此外，即使真的有这种情况，也很难将这类岩石鉴定为陨石，因为鉴定陨石的证据是宇宙射线轨迹、宇宙射线产生的稀有同位素以及可能的熔壳（图 8-13 和图 8-14）；实际上也从未发现过这样的陨石。不过在许多地方发现了由熔融物质撞击地球表面而形成的似曜岩[①]。似曜岩发现地点的地理分布和似曜岩中缺乏宇宙射线轨迹表明这些岩石没有逃逸，而是很快回落到地球表面。

根据与阿波罗样品的比较，几十块无球粒陨石，其中许多是斜长质角砾岩，显然源自月球。类似数量的无球粒陨石，包括 4 个降落型陨石（约占所有已知降落型陨石的 0.4%）

---

① 　tektite，又称玻璃陨石，冲击玻璃。——译者注

都属于 SNC 类陨石［辉玻无球粒陨石（shergotites）、辉橄无球粒陨石（nakhlites）和纯橄无球粒陨石（chassignites）①］，它们源自火星。图 8-9 显示了在南极洲发现的一块 SNC 陨石。这些岩石是年轻的，大多数结晶年龄小于 1.3×10^9 年（陨石年龄的测量使用放射性元素定年法，关于这项技术的详细描述参见 8.6 节）。关于 SNC 陨石源自火星的令人信服的证据，来自于它们的惰性气体丰度，以及惰性气体和氮气的同位素比，与维京号着陆器在火星大气中测量结果十分相似。南极洲还发现了一块年龄为 4.5×10^9 年的非 SNC 火星陨石②。这颗名为 ALH84001 的岩石被广泛研究，因为它具有一些有趣的特征（包括类似于地球上生物产生的磁铁矿），这些特征最初被解释为火星上古代生命的证据（5.5.4.5 节）。理论研究表明，撞击体从火星溅射出未气化的岩石要比从地球溅射出容易得多，因为火星逃逸速度不到地球逃逸速度的一半。

图 8-9　🐢 火星陨石 ALHA77005 的切面。这块岩石含有深色橄榄石晶体和浅色辉石晶体，以及一些撞击熔体，这些物质可能是从火星表面溅射逃逸时产生的。立方体（W）的棱长为 1 cm（NASA/JSC）

　　绝大多数（＞90%）的陨石来自小行星带的亚行星大小的天体。有两类已知天体会穿越地球的轨道：彗星和小行星。虽然大多数天体要么属于彗星，要么属于小行星，但这两类天体的分界线无论是利用轨道特征还是物理特征都不像人们曾经认为的那样清晰。陨石是不是彗星耗尽挥发物后的形态？一些原始的球粒陨石可能是，但"进化"的天体（无球粒陨石，铁陨石）一定来自小行星（或其他岩石天体）。将几种类型陨石反射光的光谱与小行星光谱进行比较，得出许多密切的对应关系（图 8-10）。这能够确定有关小行星组成的许多事实，这些事实很难或几乎不可能通过地球遥感获得。

―――――――――――

　　①　其英文名称源于各自第一批陨石的发现地谢尔卡蒂（Sherghati，印度）、奈克拉（Nakhal，埃及）和沙西尼（Chassigny，法国）。——译者注

　　②　"火星陨石"一词也适用于在火星表面观察到的似乎起源于其他天体的岩石。这类岩石提供了有关大气稀薄的行星捕获陨石以及火星表面过程的信息。但与其他陨石不同的是，它们不容易用于实验室研究，在本书中将不再进一步讨论。同样，阿波罗任务宇航员带到地球的月球样品中，也有两颗微小的、不起眼的球粒陨石。

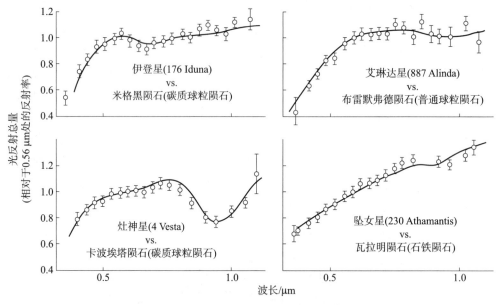

图 8-10　四颗小行星的反射光谱（带误差条的点）与实验室测定的陨石光谱（实心曲线）的比较。
(Morrison and Owen 1996)

　　只有一小部分陨石的轨道在撞击地球前能够确定，这些陨石中的大部分都是普通球粒陨石。所有这些轨道的近日点都接近地球轨道；大多数轨道都穿过小行星带，但仍位于木星轨道以内（图 8-11）。一个半径约 2 m、名为 2008TC₃ 的快速旋转不规则天体在撞击地球大气层前 20 小时被探测到。它在大约 37 km 的高空爆炸，在苏丹瓦迪哈勒法到喀土穆之间一个名为"第六站"（Almahata Sitta）的火车站附近发现了 4 kg 源于这颗小行星的碳质球粒陨石。2008TC₃ 撞击前轨道的半长轴 $a=1.308$ AU，近日点距离 $q=0.9$ AU。

　　确定单个陨石源于特定的小行星很困难，但可以确定陨石源于哪一类小行星。灶神星的光谱在大型小行星中独一无二，与 HED 无球粒陨石的光谱非常相似（图 8-10）；灶神星的轨道位于内小行星带（表 9-1），这使得撞击产生的碎片更容易运送到地球。因此，灶神星很可能是这些有趣的和经过充分研究的分异陨石的来源（8.7.1 节）。在地球 4.7 亿年的沉积岩中发现了大量的 L 型球粒陨石，它们具有较短的宇宙射线年龄，表明其较短的寿命，且是较小的碎片（8.6.5 节）；而最近坠落的 L 型球粒陨石的典型宇宙射线年龄要长得多。许多 L 型球粒陨石具有约 4.7 亿年的 ^{39}Ar—^{40}Ar 的气体滞留年龄（8.6 节），表明当时发生了一次重大的冲击事件。这些数据表明 L 型球粒陨石与花神星族小行星或葛冯星族小行星有共同的起源。花神星族小行星（9.5 节，图 9-14）由一颗 $R\gtrsim100$ km 的小行星破碎而产生；葛冯星族小行星的母体 $R\gtrsim50$ km。L 型球粒陨石与这两族小行星之间相关联的证据来自：1）从两个小行星族轨道扩展的动力学年龄约 5 亿年；2）L 型球粒陨

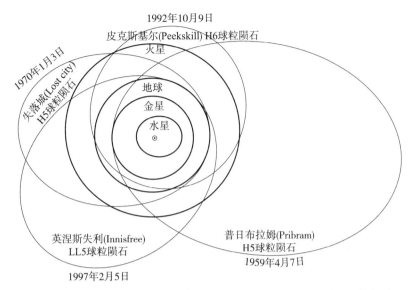

图 8 - 11　前四颗撞击前已精确计算轨道的陨石[①]。这四颗陨石在撞击前得到了足够好的观测，可以计算出精确的轨迹。这四颗陨石都是经过变质处理的球粒陨石，岩相类型如图所示。2002 年 4 月 6 日坠落的新天鹅堡陨石的推断轨道与普日布拉姆陨石的轨道几乎相同，因此，当实验室分析发现新天鹅堡陨石是一种 EL6 顽火辉石球粒陨石时非常令人惊讶。（改编自 Lipschutz and Schultz 1999）

石与许多花神星族和葛冯星族小行星之间的光谱相似性；3）许多花神星族小行星位于 ν_6 长期共振的位置附近（其近日点进动率等于土星近日点的进动率，2.4 节），以及葛冯星族小行星位于木星 5：2 平均运动共振的位置附近，这两种共振都为天体穿越地球轨道提供了有效的输运机制。

　　一个大型天体从主带到达地球的典型时间比太阳系的年龄要长得多，除非这个天体处于某些强共振位置附近。坡印亭-罗伯逊阻力（2.7.2 节）非常小的流星体移动到共振位置附近，从而可以将它们输送到特征寿命为 10^7 年的地球穿越轨道；雅可夫斯基效应（2.7.3 节）可以将 1 m 到 10 km 的天体输送到相同的共振位置附近。穿越地球轨道的小行星是陨石的另一个来源，这种小行星的典型生命周期大约是 10^7 年，与宇宙射线暴露年龄一致（8.6.5 节）。但请注意，这些动力学寿命远小于太阳系年龄（9.1 节）的地球轨道穿越小行星也需要有一个来源。

8.3　陨落现象

　　流星体接触地球大气时的速度从 11 ～73 km/s 不等，通常源自小行星的流星体速度约 15 km/s，源自彗星体的流星体速度约 30 km/s（习题 8.1）。在这样的速度下，流星体

　　[①]　很多陨石在撞击之前是不知道轨道的。这 4 颗是最早实现先观测到并计算了轨道，然后再撞击地球被人们回收的陨石。——译者注

单位质量有相当大的动能，如果它转化为热量足以使自身完全蒸发。

在行星大气层稀薄的上部，气体分子独立地与快速移动的流星体碰撞。对于大型流星体而言，与这种稀薄气体的相互作用在动力学上是微不足道的，但却能大大延缓微小流星体的运动［式（8-3）］。小于 $10\sim100~\mu m$ 的微流星能够将从这种阻力中获得的热量快速辐射掉，从而能够落到地面。这些非常小的粒子被称为微陨石。

微陨石是通过在平流层飞行的特别装备的喷气式飞机以及在格陵兰岛、南极洲和海底的某些地点发现的沉积物中回收的。通过元素和同位素丰度可以证实这些尘埃来自地球以外。在平流层中收集的大多数高度多孔、易碎的聚集体，如图 8-12（a）所示，都来自行星际尘埃粒子（Interplanetary Dust Particles，IDPs），这些粒子很可能曾经包含在寒冷、易挥发的天体（如彗星）中。在地球表面收集的微陨石往往更大、更连贯［图 8-12（b）］，大多数是源于小行星的行星际尘埃粒子。

微陨石根据它们在大气中的变化程度分类。宇宙球粒（cosmic spherules）是完全熔化的物体，而含有颗粒的微陨石则没有熔化。基于体积组成、碳含量以及孤立橄榄石和辉石颗粒的组成，细粒微陨石可能与碳质球粒陨石有关。与碳质球粒陨石有关的微陨石似乎是与普通球粒陨石有关的微陨石的数倍。这与陆地收集的较大陨石的丰度比率形成鲜明对比（表 8-2）。

流星的表面被它产生的大气激波辐射加热。流星的温度很少显著高于 2 000 K，因为这个温度足以使铁和硅酸盐熔化。因为液体蒸发或只是从流星上脱落，所以烧蚀过程本身提供了一个有效的温度调节机制。烧蚀只在速度 $v > v_c$ 时才重要，其中铁陨石的临界速度 v_c 约为 3 km/s。高于临界速度时，辐射冷却所释放能量不足以防止流星表面的物质熔化。流星质量的减少速率由下式给出

$$Q\frac{\mathrm{d}m}{\mathrm{d}t} = -\frac{1}{2}C_H\rho_g Av^3\left(\frac{v^2 - v_c{}^2}{v^2}\right) \tag{8-1}$$

式中，Q 代表烧蚀热，A 是流星在运动方向的投影面积，C_H 是传热系数。注意式（8-1）和气动阻力方程（2-69）之间的相似性。C_H 在地球大气 30 km 高处约为 0.1，并在更低的高度上随大气密度成反比变化。对于石陨石和铁陨石，烧蚀热大约为 5×10^{10} erg/g。大多数可见的流星都在大气中完全气化。炽热的大气气体（等离子体）和被烧蚀的陨石物质发出的光形成了大气中熟悉的流星轨迹。大多数可见的流星来自毫米和厘米大小的天体。流星体的一部分到达地面所必需的初始质量取决于它的初始速度、撞击角和成分。流星的表面会变得很热，足以将岩石熔化到约 1 mm（铁陨石可以熔化到约 1 cm，因为铁具有更高的导热性）。然而，在这个炽热的外壳内部，温度保持在 260 K 附近（习题 8.6），因此陨石在撞击地球表面几分钟后就会变冷。陨石表面熔化并发生巨大变化（图 8-13 和图 8-14），被重新磁化，但陨石内部基本未受干扰。

更大的宇宙入侵者继续以高超声速进入行星大气层中密度更大的区域，因此它们会在它们前面的气体中引发激波。流星的前表面受到平均压强 P，其近似公式如下

$$P \approx \frac{C_D\rho_g v^2}{2} \tag{8-2}$$

图 8 - 12　（a）曾经是行星际尘埃粒子（IDP）的微陨石的扫描电子显微镜图像。注意蓬松的分形结构（与图 13 - 15 比较）。（图片来源：唐纳德·布朗利（Donald Brownlee））（b）从南极风成沉积物中回收的一组微陨石和宇宙球粒。颗粒被固定在环氧树脂中，并抛光暴露出一个横截面。所有的图像都是背散射电子显微照片，其中更亮的颜色意味着更高的原子序数。第一排，从左到右：（1）典型的棒状橄榄石结构宇宙球粒，由较亮的富铁玻璃和磁铁矿微晶隔开的深色橄榄石条。当球粒陨石成分的熔体快速结晶时，就会产生这种特征结构。这些球状物类似球粒。（2）一种被玻璃和亮磁铁矿颗粒包围的由橄榄石组成的强风化球体。（3）和（4）两种典型的相对未风化的微陨石，保存着细粒、玻璃状和富碳基质，以及镁铁质硅酸盐、铁镍金属和硫化物，并沿边缘和裂缝进行了一些氧化。第二排，从左到右：（5）玻璃状的宇宙球粒，没有再结晶，只有一些碎片沿着外表面。（6）蓬松的热蚀变微陨石，显示富挥发性基质熔化，在较暗、较难熔（因此熔化较少）区域周围产生明亮（富铁）玻璃。这个颗粒像（4）一样，在一些表面显示出明亮的富磁铁矿的玻璃边缘。（7）由橄榄石、辉石和装点有亮磁铁矿微晶的边缘熔融玻璃组成的火成微陨石。一些小泡仍然存在，表明未完全熔化。（8）具有高度泡状结构的微陨石，由于强烈的热蚀变、挥发和富含挥发性的宿主［可能是类似（3）或（4）的微陨石］的熔融。许多微陨石学家认为，当（a）中的大颗粒在大气进入时发生热变化并通过夹杂在地球沉积物中压实时，已经形成了类似于（3）、（4）和（6）的颗粒。［图片来源：拉尔夫·哈维（Ralph Harvey）］

式中，v 是流星的速度，C_D 是阻力系数（对于球体近似等于 1），ρ_g 是大气当地密度。当这个压强超过流星的压缩强度时，流星就有可能破碎并解体（习题 8.3），由此产生的碎片形成了一个散落带（图 8-15）。这个压强对流星产生减速影响，但流星同时还受到行星重力带来的加速影响，因此其速度变化为

$$\frac{\mathrm{d}\boldsymbol{v}}{\mathrm{d}t} = -\frac{C_D \rho_g A v}{2m}\boldsymbol{v} - g_p \hat{\boldsymbol{z}} \qquad (8-3)$$

式中，m 是流星质量，g_p 是行星重力加速度，$\hat{\boldsymbol{z}}$ 是向上方向的单位矢量。式（8-3）给出了在均匀重力场中的气动阻力 [式（2-69）]。如果一颗流星通过一个质量等于它自身质量的大气层柱，它将损失相当大一部分的初始动能。

图 8-13　这块位于美国印第安纳州拉法叶的辉橄无球粒陨石（火星陨石）重 800 g。它显示了一个保存精美的熔壳。在它快速穿过大气层的过程中，空气的摩擦熔化了它的外表。这些线条描绘了从运动顶点流出的熔化岩石珠的轨迹。（图片来源：史密森学会）

图 8-14 碳质球粒陨石 ALHA 77307，发现于南极洲。陨石的圆形表面是在穿过地球大气层时形成的，随后的冷却产生了表面的裂纹。旁边作为参照物的立方体边长为 1 cm。（NASA/JSC）

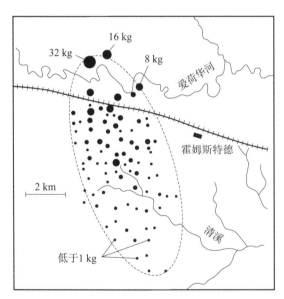

图 8-15 1875 年 2 月 12 日发生在美国爱荷华州霍姆斯特德的陨石雨的散落带。流星运动方向在图中为向上稍偏左方向。请注意，较大的物体不易受大气阻力的影响，落在图中左上角椭圆的远端。（改编自 Farrington，1915）

在入射角较小的情况下，流星体可能会像打水漂一样从大气层跳回太空。1972 年 8 月 10 日在北美西部观测到的一个火球是由这样一个流星的掠过引起的，估计质量约为 4×10^6 kg。有未经证实的报告说，1996 年观测到一颗流星从地球大气层跳出，并绕地球继续运动不到一圈之后重新进入大气层并陨落在南加州。

厘米到米级大小流星体的命运主要取决于它们进入大气层时的垂直速度 v_{z_0}。这个尺寸范围内快速移动（$v_{z_0} > 15$ km/s）的流星体倾向于被烧蚀掉，而缓慢移动的（$v_{z_0} <$

10 km/s）类似物体往往被空气制动到终端速度 v_∞，此时重力与大气阻力平衡

$$v_\infty = \sqrt{\frac{2g_{\rm p}m}{C_{\rm D}\rho_{\rm g}A}} \qquad\qquad (8-4)$$

大小为 $1\sim 10$ m 的石流星容易在大气中破碎，碎片经历空气制动到终端速度 ［式（8-4）］，并且人们通常在散落带中找到许多散落的碎片。$10\sim 100$ m 大小的石流星继续在大气中以高速向更深和密度更高的位置运动，在那里它们可能被稠密大气的冲击压力所破坏。1908 年发生的西伯利亚的通古斯大爆炸（约 5×10^{23} erg，相当于 10 Mt TNT）可能是由一个直径为 $50\sim 100$ m 的石流星在距地球表面 $5\sim 10$ km 破裂引起的（5.4.6节）。大于 100 m 的流星体通常以很高的速度到达地面，因为即使它们被与大气相互作用产生的冲击压力压平，与它们碰撞的气体总量仍然远小于它们自身质量。相比之下，铁陨石具有很强的内聚力，相当大尺寸范围的铁陨石都可以以足够的速度到达地球表面，形成撞击坑，比如美国亚利桑那州著名的巴林杰陨石坑（图 5-24）。超高速撞击行星表面形成的撞击坑在 5.4 节中有详细描述。行星大气的冲击侵蚀在 4.8.3 节中进行了讨论。

8.4　化学和同位素分馏

　　陨石为地面实验室提供了可供研究的最古老和最原始的岩石。对陨石的分析为说明行星本身是如何、何时以及由何种物质形成的提供了重要的线索。从陨石中获得的有关太阳系早期条件的主要信息包括陨石的化学和同位素组成，以及单个陨石不同部分之间和不同陨石之间的组成变化。本节将提供一些理解这些结果所需的基本地球化学背景。在 8.6 节中讨论了如何利用观测到的一些变化来确定陨石的年龄。陨石的矿物学结构也给出了太阳系早期条件的信息，在一些陨石中检测到的剩磁也是如此；这些内容在 8.5 节和 8.7 节中介绍。

8.4.1　化学分离

　　原子在足够热的气体或等离子体中会充分混合。如果有足够的扩散时间来消除初始梯度，并且湍流大到能够防止大质量物质的重力沉降，那么气体通常会在分子水平上充分混合。然而，固体往往很少混合，保留了它们固化时获得的分子组成。当固体从气体或熔体中形成时，分子倾向于与矿物学意义上相容的对应物聚合，形成不同的矿物。这些矿物的元素组成可能与混合物的整体组成有很大不同（5.2 节）。气体中的冷凝可以产生小颗粒，它们彼此不均匀地混合。熔体中的结晶可以使材料发生更大的分离，产生具有大规模不均匀性的样品。在更大的尺度上，熔体中的化学分离和密度相关沉降的结合导致行星分异（5.2 节）。不过大多数情况下，每种元素的同位素组成在矿物相中通常保持一致。

　　对已知最原始陨石的分析表明，无论是同位素还是元素，形成行星的物质在大尺度上混合得很好。总的化学差异主要源于原行星盘内的温度变化。同位素均一性的例外情况被

用来确定太阳系的年龄（8.6 节），并表明至少有少量的前太阳系颗粒[①]完好无损地存活下来，在并入星子之前从未熔化或蒸发（8.5 节、8.7 节和 10.4.4 节）。

8.4.2　同位素分馏

虽然同一元素的不同同位素在化学上几乎完全相同，但有几种物理和核过程可以产生同位素的不均一性。对这些不同的过程进行分类，对于使用从陨石中获得的同位素数据至关重要。对颗粒间同位素差异的一种解释是，它们来自于从未混合过的不同储层，例如，星际颗粒，它们是在星系不同部分由不同核合成（nucleosynthesis）历史的物质形成的。这一解释对理解行星的形成有着深远的影响，因此还必须考虑其他过程。

同位素可以通过质量相关过程相互分离。这些过程可以和重力相关，例如较轻的同位素从行星大气中优先逃逸，或者可以和分子力相关，例如氘（相对于普通氢）优先与重元素结合，这是由于氘的质量更大而产生的能量稍低的结果。对于像氧一样具有三种或三种以上稳定同位素的元素，质量分馏很容易识别，因为分馏程度与质量差异成正比。我们可以将 $^{17}O/^{16}O$ 比率的差异与 $^{18}O/^{16}O$ 比率的相应差异进行对比。氧的质量分馏导致各点形成线的斜率为 0.52（图 8 - 16；分馏斜率略大于 1/2，因为 17/16＞18/17）。陨石数据与这条线的偏差可能是由于丰富的（因而光学深度较厚的）同位素 $^{12}C^{16}O$ 在光解作用下的自屏蔽所致（4.6 节）。另一种解释涉及化学非质量分馏，这可能是因为一些含有多个氧原子的气态化合物的稳定性在对称情况（所有氧原子都是 ^{16}O）和不对称情况（即含有 ^{17}O 或 ^{18}O）之间的差异导致。

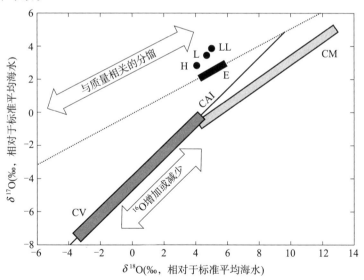

图 8 - 16　三种稳定氧同位素在不同太阳系天体中的分布图。图中显示了同位素丰度相对于标准（地球）平均大洋水（SMOW）的变化，单位为千分之一相对变化。虚线表示在地球样品中观察到的与质量相关的分馏模式。（Kerridge 1993）

①　即在太阳形成前就已经存在的颗粒。——译者注

核过程也会导致同位素的变化。其中最重要的是放射性衰变，它将放射性母同位素转变成稳定的子同位素，从而产生同位素差异。宇宙射线会产生各种各样的核反应。来自局部放射作用的高能粒子也可能诱发核转变。

8.5　球粒陨石的主要成分

球粒陨石含有非常接近太阳中元素丰度比（小于 2 倍）的难熔元素（图 8-2）。碳质球粒陨石的难熔元素和中等挥发性元素的丰度更接近太阳中的元素丰度。CI 球粒陨石在元素组成上与太阳最为相似。然而读者需要注意，即使是挥发分最丰富的碳质球粒陨石，其高挥发性元素氧、碳和氮（当然还有极易挥发的惰性气体和氢）相对太阳中的含量也极低。同位素比率的规律则更加显著，几乎所有的差异都可以通过放射性衰变（产生了大量子核素）、宇宙射线诱导的原位核合成或质量分馏来解释（8.4.2 节）。然而，这一规律的细微偏差表明，太阳星云中的物质并没有在原子水平上完全混合。

球粒陨石中包含少量的显然早于原太阳星云的小凝聚体，它们一部分形成于恒星流，另一部分则可能积聚在星际介质中。这些小凝聚体在球粒陨石中所占的体积比例微不足道，但在科学上却是至关重要的组成部分。许多前太阳系颗粒是富含碳的星尘，以纳米金刚石、石墨和碳化硅（SiC）的形式出现。前太阳系颗粒的其他常见类型包括硅酸盐、刚玉（Al_2O_3）、黑铝钙石（$CaAl_{12}O_{19}$）和尖晶石（$MgAl_2O_4$）。

球粒陨石从约 4.56×10^9 年前最初开始吸积就没有熔化。尽管这些原始陨石代表了原行星盘中物质的同位素和元素（挥发物除外）混合良好的样品，但它们在小尺度上很不均匀。除了球粒外，许多球粒陨石还含有钙铝前太阳系颗粒（CAI），这是一种富含钙和铝的难熔包裹体。球粒和 CAI 嵌入在所有球粒陨石中存在的深色细粒基质（matrix）中。球粒陨石由不同百分比的包裹体（CAI、球粒）和不同数量的中等挥发性元素形成。一些球粒陨石最多约 20% 的质量由铁镍金属组成。

球粒是体积很小的球形火成岩（即从熔体中凝固），通常大小为 0.1～2 mm，主要由难熔元素组成（图 8-17）。其含量范围为球粒陨石质量的 0～80%，丰度取决于成分类别（CI 球粒陨石既不含球粒，也不含 CAI）和岩相类型。球粒在岩相类型 1 中完全不存在（它们可能已被水过程破坏），并且在类型 5 和类型 6 中由于热变质作用导致的重结晶而发生严重退变；最原始的球粒出现在 3 型球粒陨石中（图 8-4 和图 8-5）。从矿物学性质推测球粒冷却非常快，在 10 分钟到几个小时不等的时间内从峰值温度约 1 900 K 下降到约 1 500 K。球粒多种多样，有各种各样的大小和组成。然而，在单个陨石中观察到球粒性质（大小和组成）有强相关性。这些相关性，再加上单个原始陨石中球粒和基质的成分互补性（除挥发物外，球粒和基质综合在一起的成分几乎与太阳相近，而它们分别和太阳比较又有很大不同），这意味着在并入更大的天体之前，球粒在原行星盘中并没有很好地混合。

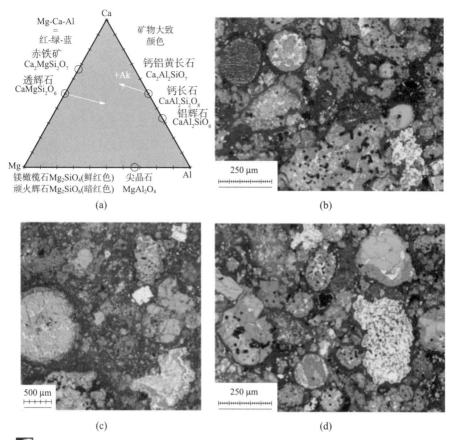

(a)

(b)

(c)

(d)

图 8 - 17　两种碳质球粒陨石薄片的 X 射线复合 RGB（Mg - Ca - Al）元素图。这些图像是用美国自然历史博物馆的电子探针拍摄的。（a）显示各种颜色和矿物之间对应关系的键（三角图）。黑色区域是金属或硫化物颗粒。（b）维加拉诺（Vigarano）CV3 碳质球粒陨石的图像，分辨率为 7 μm。注意左边的大斑状橄榄石球粒，左上角到右上角的宏晶 CAI 碎片。靠近顶部的一块在黄铁矿中有尖晶石（紫色）。右下角的大型层状 CAI 内部为黄长石/钙长石/辉石，内沿为尖晶石 MgAl$_2$O$_4$，外沿为透辉石。（c）和（d）是卡因萨斯（Kainsaz）CO3 碳质球粒陨石的图像，分辨率为 2 μm。（c）左侧橄榄石球粒的玻璃中（绿色-蓝色）中有富含 FeO 的橄榄石（暗红色）。紧挨着它的是一个圆形斑状橄榄石-辉石球粒，带有较亮（较高的镁硅比）的红色橄榄石和较暗的红色（较低的镁硅比）辉石，以及蓝绿色富钙、富铝硅酸盐玻璃中的富钙辉石（透辉石）绿色晶体。右下角为结节状 CAI，富铝相被富钙辉石包围。比例尺右上角是一个金属颗粒（此处金属为黑色），周围是红色橄榄石边缘。这种结构在 CO 球粒陨石的变形橄榄石聚集体（Amoeboid Olivine Aggregate，AOA）中并不少见。（d）中有一个大的、结节状的 CAI，其中含有富含尖晶石的岩芯，周围有透辉石和黄长石（钙铝黄长石＋钙镁黄长石混合物），也可能有钙长石。上方中部类似物体的颗粒尺寸要小得多。大块 CAI 正上方的大型斑状橄榄石球粒主要由大橄榄石晶体、少量玻璃和一些镁辉石（顽火辉石）组成。另外三个球粒位于比例尺右侧，最大的球粒主要由含有橄榄石的大型辉石颗粒构成，左侧是漂浮在蓝绿色玻璃（曾经是液体）中的自形小橄榄石。图中还存在少量富钙辉石。这些岩石中几乎所有的球粒都含有金属，例如比例尺上方的大型斑状橄榄石球粒。［图片来源：丹顿·埃贝尔（Denton Ebel）］

复合球粒看上去像是两个或更多的球粒连接在一起。大多数复合球粒可能是由部分熔融的物体碰撞产生的。其他复合球粒由原生球粒和原生球粒构成，原生球粒几乎完全包裹在一个较大次生球粒中。次生球粒被认为是吸积在原生球粒表面的细粒尘埃经过加热和熔化形成的。许多球粒的边缘已经熔化，为多重加热事件提供了额外的证据。

CAI 为浅色包体，尺寸通常为 1～10 mm［图 8-4（c）］。它们由非常难熔的矿物组成，包括大量的钙和铝，以及丰富的高原子序数元素，这些元素在 CAI 中的富集程度明显大于球粒陨石本体中的富集程度。CAI 在 CV 球粒陨石中最为丰富，在大多数其他种类的原始陨石中也有发现。它们是太阳系中形成的最古老的物质之一。A 型 CAI 极难熔，大多数 A 型 CAI 没有熔化过。B 型 CAI 的难熔性略低于 A 型 CAI，所有 B 型 CAI 都曾熔化过。尽管如此，CAI 与球粒相比仍然是一类成分和尺寸更为均匀的物质。与球粒不同的是，CAI 在成分上与其母岩内的其他组分不互补。许多 CAI 具有在核心 CAI 形成后 30 万年内形成的熔化边缘。这些边缘在比母岩更富氧的环境中凝固。在这个次生过程中，CAI 内部没有加热到接近熔化的程度，这表明加热过程非常短。很明显，原行星盘是一个非常活跃的地方！在 CAI 的边缘上可以看到灰尘（通常与基体相似）。有些球粒被类似的边缘包围。母体过程很可能会影响到其中一些边缘。

构成大多数球粒陨石主体的细粒（10 nm～5 μm）基质材料的特征因岩相类型而异。3 型球粒陨石基质的平均粒径为 0.1～10 μm。球粒陨石基质似乎含有来自各种来源的物质，包括前太阳系颗粒，原行星盘的直接凝聚物，以及破碎球粒和 CAI 的尘埃。少数蚀变较小的碳质球粒陨石具有硅酸盐基质，主要由结晶镁橄榄石（Mg_2SiO_4）和顽火辉石（$MgSiO_3$）以及非晶质硅酸盐组成。这些成分似乎是太阳星云的冷凝物，其中的晶体矿物以大约 1000 K/h 的速度冷却到 1300 K。在大多数球粒陨石中，许多颗粒已被增生后的水或热过程所改变。

橄榄石［$(Mg，Fe)_2SiO_4$］、斜方辉石［$(Mg，Fe)SiO_3$］和单斜辉石（或透辉石，$CaSiO_3$、$MgSiO_3$ 和 $FeSiO_3$ 的一种固溶体）是大多数普通球粒陨石和 3 型及更高型的碳质球粒陨石中最常见的矿物；蛇纹石［$(Mg，Fe)_3Si_2O_5(OH)_4$］最常见于 1 型和 2 型碳质球粒陨石；磁铁矿（Fe_3O_4）存在于很多种类和类型中。普通球粒陨石中的其他常见矿物为斜长石（5～10 wt%），以及约 5 wt% 陨硫铁（FeS）。

球粒陨石质多孔（Chondritic Porous，CP）行星际尘埃颗粒（Interplanetary Dust Partecles，IDPs）是一种极细粒度的亚微米颗粒，在成分上类似于富挥发性的球粒陨石。大多数 CP-IDPs 可能来自彗星。CP-IDPs 的一个常见成分是嵌有金属和硫化物的玻璃（Glass with Embedded Metal and Sulfides，GEMS）；GEMS 是亚微米颗粒，含有大量 10～50 nm 的铁镍金属和铁镍硫化物颗粒。一些 GEMS 的同位素比值不同于球粒陨石的平均值，因此指示了它们的前太阳系起源。

8.6 放射性核素定年法

对于一个给定的陨石可能会测出不同的年龄，不过所有年龄都是由放射性核素定年法确定的。

　　陨石最基本的年龄是它的形成年龄，通常简称为年龄。形成年龄是陨石（或其组分）从熔融或气相状态凝固以来的时间长度。大多数陨石的年龄为 $(4.55\sim4.57)\times10^9$ 年，但也有少数陨石的年龄要年轻得多。确定陨石形成年龄的技术是基于长寿命放射性同位素的放射性衰变。这些技术参见 8.6.2 节。与测量绝对年龄相比，单个球粒陨石的相对年龄可以利用短寿命的灭绝同位素定年法更精确地测量。这项技术可用于确定球粒陨石最长约 5×10^6 年的形成间隔，详见 8.6.3 节。

　　一些惰性气体的同位素（如氦、氩和氙）由放射性衰变产生。随着时间的推移，这些同位素会在岩石中积累，但如果岩石破裂或受热，这些同位素可能会丢失。此类放射性气体的丰度可用于确定岩石的气体保留年龄。这些气体的保留年龄通常小于形成年龄，但对于某些岩石来说这两个年龄相等。较轻的惰性气体比较重的惰性气体更容易扩散，这表明保持束缚需要更低的封闭温度（closure temperature）。因此，一些事件导致岩石中大部分氦的流失，而氩的流失很少，从而导致陨石中氦的保留年龄小于氩的保留年龄。

　　物质在并入太阳星云之前经历核合成的最后时期与凝结之间的时间也可以通过同位素测量来估算。8.6.4 节中描述了用于获得此类估算的技术。最后，宇宙射线引发的核反应可以用来确定陨石作为一个小天体在太空中存在的时间，以及它到达地球的时间（8.6.5 节）。

8.6.1　放射衰变

　　许多自然产生的核素是放射性的，也就是说，它们自发地衰变为通常质量较小的其他元素的核素。放射性衰变率可以精确测量，因此衰变产物的丰度是精确的计时器，可以用来重现许多岩石的历史。每一个放射性衰变过程都会释放能量，由此产生的热量会导致行星体的分异。最常见的放射性类型是 β 衰变（即原子核发射电子）和 α 衰变〔即发射一个氦原子核（由两个质子和两个中子组成）〕。

　　当原子核发生 β 衰变时，核内的中子转化为质子，原子序数增加 1；核子总数（质子加中子）保持不变，因此原子核的原子质量数不变，而原子核的实际质量则略有下降。β 衰变的一个例子是铷的同位素转化为锶的同位素：$^{87}_{37}\mathrm{Rb}\rightarrow{}^{87}_{38}\mathrm{Sr}$；元素符号左上角显示的数字是核素的原子量（核子数），左下角的数字（通常省略，因为它与元素名称冗余）是原子序数（质子数）。富质子的原子核可以经历逆 β 衰变（正电子发射），原子序数减少 1；一个密切相关的过程是电子俘获，原子的内部电子被原子核俘获；这两个过程都将质子转化为中子。正电子发射或电子俘获的一个衰变示例为 $^{40}_{19}\mathrm{K}\rightarrow{}^{40}_{18}\mathrm{Ar}$；然而，钾 40（β）衰变为钙（$^{40}_{20}\mathrm{Ca}$）的概率是其衰变为氩的概率的 8 倍。

　　当原子核经历 α 衰变时，其原子序数减少 2，原子质量减少 4；一个 α 衰变的例子是铀衰变到钍：$^{238}_{92}\mathrm{U}\rightarrow{}^{234}_{90}\mathrm{Th}$。一些重核通过自发裂变产生衰变，产生至少两个质量比氦大的核以及更小的碎片。自发裂变是 $^{238}_{92}\mathrm{U}$（以及现在几乎灭绝的 $^{244}_{94}\mathrm{Pu}$）的另一种衰变模式，通常会产生氙和较轻的副产品。

单个放射性原子衰变所需的时间不是固定的；然而，每种放射性核素都有一个特征寿命。原子核在规定时间区间内衰变的概率并不取决于原子核的年龄，因此，如果不产生这种核素的新原子，则对于给定放射性核素，样本中剩余原子数呈指数下降。这一过程发生的时间尺度可以用一种核素的平均寿命 t_m 或衰变常数 t_m^{-1} 来表征。母核素在 t 时刻的丰度与其在 t_0 时刻的丰度相关

$$N_p(t) = N_p(t_0) e^{-(t-t_0)/t_m} \tag{8-5}$$

核素的半衰期 $t_{1/2}$（即核素衰变 50% 所需要的时间）也可以用于定量描述衰变速率。半衰期和平均寿命之间的关系为

$$t_{1/2} = \ln 2 \ t_m \tag{8-6}$$

表 8-3 给出了太阳系早期事件中常用核素的半衰期。放射性衰变产生的许多核素本身是不稳定的。在许多情况下，这些子核素的半衰期比母核素短。产生稳定或接近稳定核素的连续放射性衰变序列称为衰变链。两个在陨石演化中很重要的衰变链是

$$^{238}_{92}\text{U} \xrightarrow[t_{1/2}=4.47\times10^9\text{yr}]{\alpha} {}^{234}_{90}\text{Th} \xrightarrow[21.4\text{d}]{\beta} {}^{234}_{91}\text{Pa} \xrightarrow[6.75\text{h}]{\beta} {}^{234}_{92}\text{U}$$

$$\xrightarrow[2.47\times10^5\text{yr}]{\alpha} {}^{230}_{90}\text{Th} \xrightarrow[8\times10^4\text{yr}]{\alpha} {}^{226}_{88}\text{Ra} \xrightarrow[1600\text{yr}]{\alpha} {}^{222}_{86}\text{Rn}$$

$$\xrightarrow[3.8\text{d}]{\alpha} {}^{218}_{84}\text{Po} \xrightarrow[3\text{m}]{\alpha} {}^{214}_{82}\text{Pb} \xrightarrow[27\text{m}]{\beta} {}^{214}_{83}\text{Bi} \xrightarrow[19.9\text{m}]{\beta} {}^{214}_{84}\text{Po}$$

$$\xrightarrow[1.64\times10^{-4}\text{s}]{\alpha} {}^{210}_{82}\text{Pb} \xrightarrow[21\text{yr}]{\beta} {}^{210}_{83}\text{Bi} \xrightarrow[5\text{d}]{\beta} {}^{210}_{84}\text{Po}$$

$$\xrightarrow[183\text{d}]{\alpha} {}^{206}_{82}\text{Pb}(稳定) \tag{8-7}$$

$$^{235}_{92}\text{U} \xrightarrow[t_{1/2}=7.1\times10^8\text{yr}]{\alpha} {}^{231}_{90}\text{Th} \xrightarrow[25.5\text{h}]{\beta} {}^{231}_{91}\text{Pa} \xrightarrow[3.25\times10^4\text{yr}]{\alpha} {}^{227}_{89}\text{Ac}$$

$$\xrightarrow[21.6\text{yr}]{\beta} {}^{227}_{90}\text{Th} \xrightarrow[18.5\text{d}]{\alpha} {}^{223}_{88}\text{Ra} \xrightarrow[11.43\text{d}]{\alpha} {}^{219}_{86}\text{Rn} \xrightarrow[4\text{s}]{\alpha} {}^{215}_{84}\text{Po}$$

$$\xrightarrow[1.8\times10^{-3}\text{s}]{\alpha} {}^{211}_{82}\text{Pb} \xrightarrow[36\text{m}]{\beta} {}^{211}_{83}\text{Bi} \xrightarrow[2.15\text{m}]{\alpha} {}^{207}_{81}\text{Tl}$$

$$\xrightarrow[4.8\text{m}]{\beta} {}^{207}_{82}\text{Pb}(稳定) \tag{8-8}$$

注意，每一条链的第一次衰变需要 10 亿年的时间量级，但随后的衰变要快得多。

表 8-3　特定核素的半衰期

母核素	可测稳定子核素	半衰期 $t_{1/2}$
长寿命放射性核素		
^{40}K	^{40}Ar, ^{40}Ca	12.5 亿年
^{87}Rb	^{87}Sr	480 亿年
^{147}Sm	^{143}Nd, ^{4}He	1060 亿年
^{187}Re	^{187}Os	440 亿年
^{232}Th	^{208}Pb, ^{4}He	140 亿年

续表

母核素	可测稳定子核素	半衰期 $t_{1/2}$
^{235}U	$^{207}Pb, ^4He$	7.04 亿年
^{238}U	$^{206}Pb, ^4He$	44.7 亿年
灭绝放射性核素		
^{10}Be	^{10}B	140 万年
^{22}Na	^{22}Ne	2.6 年
^{26}Al	^{26}Mg	72 万年
^{36}Cl	$^{36}Ar, ^{36}S$	30 万年
^{41}Ca	^{41}K	10 万年
^{53}Mn	$^{53}3Cr$	360 万年
^{60}Fe	^{60}Ni	150 万年
^{92}Nb	^{92}Zr	3500 万年
^{107}Pd	^{107}Ag	650 万年
^{129}I	^{129}Xe	1600 万年
^{146}Sm	^{142}Nd	6800 万年
^{182}Hf	^{182}W	900 万年
^{244}Pu	$^{131-136}Xe$	8200 万年

8.6.2 岩石定年法

随着时间流逝，岩石中放射性母核素的丰度 $N_p(t)$ 随着母核素衰变为子核素［如果最初的衰变产物是式（8-7）和式（8-8）中的短半衰期不稳定元素，那么还会进一步衰变成孙核素］而减少。子核素的丰度可以表示为

$$N_d(t) = N_d(t_0) + \xi[1 - e^{-(t-t_0)/t_m}]N_p(t_0) \qquad (8-9)$$

式中，分支比（$0 < \xi \leqslant 1$），表示衰变为所考虑子核素的母核素的比例分数。分支比是给定核素的一个基本性质。在多数情况下 $\xi = 1$。

当前丰度 $N_d(t)$ 和 $N_p(t)$ 是可测量的量。母核素初始丰度 $N_p(t_0)$ 可以利用式（8-5）用所测丰度和岩石年龄 $t - t_0$ 表示。式（8-5）和式（8-9）的组合只产生了一个方程，却有两个未知数（$t - t_0$）和 $N_d(t_0)$。如果独立确定子核素的"初始"（非放射产生的）丰度 $N_d(t_0)$（当岩石凝固时的丰度），那么就可以确定母核素的初始丰度和岩石年龄 $t - t_0$。

岩石凝固期间的化学分离会产生不均匀样品，通过对这些样品进行分析可以确定岩石中核素初始丰度和岩石年龄。考虑岩石中含有母元素与子元素的不同比例的两个样本，假设系统可以被视为封闭的（即岩石固化后没有迁移），样品分析提供了每个样品 $N_d(t_0)$ 和 $t - t_0$ 之间的关系。$t - t_0$ 对于这两种元素都是相同的，并且每种元素的同位素在岩石凝固时都充分混合。因此，通过测量与子同位素相同元素的非放射性同位素的丰度（例如 Rb-

Sr 定年的^{86}Sr），可以计算相同样品中 $N_d(t_0)$ 的比率，由此给出了解决三个未知量所需的第三个方程式。在实践中，通常使用等时线图（图 8-18）分析多个样品并通过图形求解。由于锶同位素的丰度比在整个陨石中是相同的，而由于化学分馏，^{87}Rb/^{86}Sr 在不同矿物之间有所不同，显示这些丰度比之间关系的曲线图将在 $t=t_0$ 时产生一个常数［图 8-18（a）中的虚线］。然而，随着岩石年龄增加，^{87}Sr/^{86}Sr 与 ^{87}Rb/^{86}Sr 成比例增加。这在等时线图上产生了当时所对应的（可测量）斜率［习题 8.14（a）］

$$\frac{\mathrm{d}(^{87}\mathrm{Sr}/^{86}\mathrm{Sr})}{\mathrm{d}(^{87}\mathrm{Rb}/^{86}\mathrm{Sr})} = e^{-(t-t_0)/t_m} - 1 \tag{8-10}$$

因此，等时线图上的斜率给出了岩石的年龄，截距表示子核素的初始丰度。最好采用等时线定年法，因为如果系统受到干扰，则数据不会沿直线下降，这样就知道所得到的年龄不可靠。

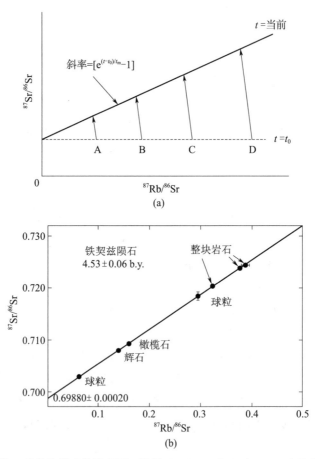

图 8-18　（a）^{87}Rb-^{87}Sr 系统的等时线示意图。阶段 A、B、C 和 D 在 $t=0$ 时具有相同的初始^{87}Sr/^{86}Sr 比率，但^{87}Rb/^{86}Sr 比率不同。假设系统保持封闭状态，这些比值按箭头所示演变，从而定义了等时线，t 为岩石年龄。（b）铁契兹（Tieschitz）非平衡 H3 球粒陨石的^{87}Rb-^{87}Sr 等时线。（Taylor，1992）

操作上，使用式（8-10）最难的部分，也是导致最大不确定性的部分，是测量当前时期子核素和母核素的丰度。对 $t_{1/2}$（尤其是 β 衰变且半衰期长的核素）和分支比 ξ 了解不够充分也造成了额外的不确定性。

铀的长寿命同位素 ^{235}U 和 ^{238}U 通过一系列衰变，最终分别变成铅同位素 ^{207}Pb 和 ^{206}Pb [式（8-7）和（8-8）]。通过上述铷/锶定年技术，并使用非放射性铅同位素 ^{204}Pb 作为稳定对比，可以单独分析这些衰变链以估算年龄。不过利用这两条衰变链可以获得更准确的定年。在这个分析过程中通常使用两种技术，习题 8.14（b）描述了其中一种方法，仅需测量铅同位素即可定年。球粒陨石的放射性同位素定年集中在 4.56×10^9 年左右。大多数分异陨石的年龄相似，但也有许多陨石相对年轻，在某些情况下还要更年轻。这些结果及其影响在 8.7 节中进行了更详细的讨论。

8.6.3　灭绝核素定年法

绝对辐射定年要求岩石中留有可测量的母核素。对于可以追溯到太阳系形成时期的岩石，这表明母核素寿命较长，而这些核素由于衰变速率低，无法给出高精确度的定年。对于由单一均匀混合储层材料形成的岩石，利用岩石中不再存在的短寿命放射性核素的子产物，可以更精确地确定岩石的相对年龄。此外，灭绝核素可用于估计核合成和岩石形成之间的时间（8.6.4 节）。

在球粒陨石中已检测到 Al/Mg 之比与 ^{26}Mg 相对丰度（$^{26}Mg/^{24}Mg$）过量之间的相关性。由于镁的非放射性同位素相对丰度（$^{25}Mg/^{24}Mg$）正常（或者在修正 $^{25}Mg/^{24}Mg$ 中发现的任何与质量有关的分馏后存在过量，参见 8.4.2 节），因此该过量不是质量分馏的结果。铝的稳定同位素 ^{27}Al 是一种常见的核素，但较轻的同位素 ^{26}Al 的衰变时间比太阳系的年龄要短得多（^{26}Al 逆 β 衰变为 ^{26}Mg 的半衰期为 720 000 年）。如果一块陨石或其碎片在千万年前凝固时含有 ^{26}Al，那么这种同位素的衰变将产生多余的 ^{26}Mg，具体的量与局部铝丰度成正比，比例常数是凝固时 ^{26}Al 的丰度分数。如果 ^{26}Al 起源自太阳形成以前，并且铝的同位素在原行星盘中充分混合，则可以确定不同样品的相对年龄，其精度显著高于 ^{26}Al 的半衰期。

利用灭绝核素 ^{26}Al 和 ^{53}Mn 可以很好地估算岩石结晶变化的相对时间，这些核素的初始丰度表明 CAI、球粒和原始陨石的形成间隔小于等于 500 万年。诸如 ^{60}Fe 和 ^{182}Hf 这样的灭绝核素则表明一些星子的快速形成和分异（8.7.1 节）。

另一个灭绝核素是 ^{129}I，它的 β 衰变产物为 ^{129}Xe，半衰期为 1600 万年。因为氙是一种惰性气体，它在陨石中比碘稀有得多，所以即使最初陨石中的碘只有一小部分具有放射性，岩石中 ^{129}Xe 的含量也可能大幅度增加。通过计算过量（超出典型太阳系氙同位素混合比）^{129}Xe 与 ^{127}I 丰度之比，可以估算出在陨石中 I 和 Xe 停止迁移时放射性碘的比例。假设碘同位素在原行星盘中充分混合，这一比例会以可预测的方式随时间下降。由于所测原始陨石 $^{129}Xe/^{127}I$ 的比值基本相同，大约等于 2，因此它们的稳定过程大约经历了 2×10^7 年。由于碘和氙是挥发性的，它们在岩石结晶后可能移动，因此只能提供岩石实际结晶时间的上限。

8.6.4　最终核合成到冷凝的时间

大多数比硼重的原子核在恒星（包括超新星爆炸）中形成，或源自恒星核合成产物的放射性衰变；高能粒子和光子的轰击在核嬗变中也起着重要作用（13.2 节）。有些同位素（如 ^{26}Al）可以在许多不同的情况下形成，而另一些同位素的形成则需要非常特殊的条件。例如，非常重的核素只在超新星爆炸中产生。不同环境产生的核合成会造成不同的同位素丰度，最终反映为太阳系物质中各种同位素的相对丰度。通过灭绝核素的特征，可以确定特定环境中核合成的最后阶段与太阳系物质凝结和固化之间的时间。一些短寿命核素可用于限定太阳和行星形成的星系区域的性质以及这一过程的时间尺度。

8.6.4.1　快（中子捕获）过程重元素

重元素的快（中子捕获）过程核合成[①]发生在中子通量足够高的情况下，即轻微不稳定的原子核在俘获中子之前没有时间进行 β 衰变（13.2.2 节）。因此，这个快速过程产生了富含中子的原子核，一般认为这种过程发生在某些类型的超新星中。根据超新星模型，可以估算快过程核合成中所产生某些类似核素的比率。

为了确定太阳系物质最后一次快过程核合成与陨石凝结之间所经过的时间，考虑两个化学相似的快过程，以相同速率所产生的两对短寿命和长寿命核素——（^{244}Pu, ^{238}U）和（^{129}I, ^{127}I）——的初始太阳系丰度。根据陨石数据推断，它们在太阳系形成时的丰度比为：^{244}Pu/^{238}U = 0.007 [$t_{1/2}$（^{244}Pu）= 8.2×10^7 年]；^{129}I/^{127}I = 0.0001 [$t_{1/2}$（^{129}I）= 1.6×10^7 年]。^{244}PU 和 ^{129}I 的半衰期之比为 5，因此，如果在太阳系形成之前以相同速率发生核合成，则相对丰度之比也应为 5。实际观察到的相对丰度之比为 70，表明快过程核合成在陨石凝固前约 8 000 万年就已停止（习题 8.17）。这大约是在太阳到银河系中心距离上的分子云从一个旋臂到下一个旋臂所需的时间。大多数恒星是在分子云通过旋臂时被压缩而形成的。能够进行快过程核合成的大质量恒星的寿命只有几百万年，因此，最后一次注入新的快过程核素可能发生在形成太阳系的星云倒数第二次穿过螺旋臂期间或之后不久。

8.6.4.2　短寿命轻元素

^{26}Mg 过量和铝丰度之间所观测到的相关性（8.6.3 节）强有力地表明，^{26}Al 存在于早期太阳系（至少存在于某些区域）中，相对于稳定同位素 ^{27}Al 丰度大约为 5×10^{-5}。注意，由于铝相当丰富（表 8-1），这部分放射性铝可能为早期太阳系中的星子熔化提供了大量热源（习题 8.18）。

在许多同位素正常的大型包裹体中检测到 ^{26}Al 衰变产生的 ^{26}Mg。^{26}Mg 过量与铝丰度之间的相关性表明，在早期太阳系中存在未灭绝的 ^{26}Al，这要求 ^{26}Al 的核合成与太阳系内固体形成之间的时间间隔最多为几百万年。请注意，这比 8.6.4.1 节中讨论的距最后一次快过程核合成后的间隔要短得多。这与"产生 ^{26}Al 的天体物理环境比产生快过程核素的天体

---

①　又称 R-过程。——译者注

物理环境更广泛"的理论模型一致。伽马射线观测表明，当前银河系中有"丰富"的 ^{26}Al，这表明它可以大量形成。在球粒陨石中看到的 ^{26}Al 也可能是由活跃的年轻太阳释放的高能粒子产生的，这些粒子轰击了距离太阳在几个太阳半径以内的颗粒。在陨石中也发现了 ^{41}Ca（$t_{1/2}=10$ 万年）衰变产生的过量 ^{41}K。在一些陨石样品中观察到的 ^{41}K 和 ^{26}Mg 之间的相关性表明其母核素 ^{41}Ca 和 ^{26}Al 具有共同来源。

8.6.4.3 前太阳系颗粒

在球粒陨石中发现的一些同位素异常表明，这些颗粒在原行星盘形成之前就存在，而不是源于太阳系内的放射性衰变。在一些小型富碳相原始陨石中发现的几乎纯浓度的氖重同位素 ^{22}Ne，可能来自钠衰变（^{22}Na，$t_{1/2}=2.6$ 年）。其他大于太阳系平均值但不是纯 ^{22}Ne 的区域可能是由恒星风注入氖造成的。含有较多重氖的颗粒可能在富含碳的恒星、超新星爆炸和可能的新星爆发产生的外流中凝结。一些以 SiC 为主的晶粒含有过量的 ^{49}Ti，这与钒钛比有关；这种异常现象可能是由超新星爆炸喷出物内含有 ^{49}V（$t_{1/2}=330$ 天）的颗粒凝结而成。一些前太阳系颗粒显示出比任何太阳系凝聚体都高的 ^{26}Al 初始丰度。在前太阳系颗粒中也已鉴定出短寿命核素 ^{41}Ca、^{44}Ti 和 ^{99}Tc 的衰变产物。

在恒星大气和外流中形成的前太阳系颗粒中的同位素丰度有时可以表明它们所起源的恒星的年龄和质量。其中一些星尘显然是在超新星中形成的，而其他的前太阳系颗粒则是从后主序渐近巨星支[①]（Asymptotic Giant Branch，AGB）恒星中散发出来的。因此，原始陨石包含了银河系核合成历史的信息。因为太阳系形成时，有一些颗粒形成于当时就已有几十亿年年龄的恒星中，通过研究这些颗粒得出了银河系 90 亿年的年龄下限。

8.6.5 宇宙射线暴露年龄

银河宇宙射线是能量极高的粒子（约 87% 的质子，约 12% 的 α 粒子，以及约 1% 的重原子核），它们具有足够的能量在与之碰撞的粒子中产生核反应。宇宙射线和它们产生的高能次级粒子在岩石中平均相互作用深度约 1 m，因此它们不会影响任何大型小行星中的大部分物质。陨石暴露于宇宙射线的总量表明它"独自"或至少在小行星表面附近的时间有多长。

通过测量陨石中某些几乎完全由宇宙射线产生的稀有核素丰度，可以确定宇宙射线暴露年龄（cosmic-ray exposure ages）。其中一些核素是惰性气体，如 ^{21}Ne 和 ^{38}Ar，而另一些是短寿命放射性核素，如 ^{10}Be 和 ^{26}Al。各种核素的产生速率取决于陨石成分和表面以下的深度。比较同一类的不同陨石有助于确定产生速率。如果陨石暴露的时间远远超过特定核素的半衰期，则放射性核素在产生和衰变之间达到平衡丰度。综合这些信息可以用来确定许多陨石的深度和暴露年龄。

碳质球粒陨石的典型宇宙射线暴露年龄为 $10^5 \sim 10^7$ 年，其他石陨石为 $10^6 \sim 10^8$ 年，石

---

① 渐近巨星支是赫罗图中低温、高光度恒星的区域。这是恒星演化阶段中，所有低到中等质量恒星〔（0.6～10）$M_\odot$〕生命后期所经历的过程。——译者注

铁陨石为 10^8 年，铁陨石为 $10^8 \sim 10^9$ 年。材料强度决定了暴露年龄的差异，因为材料强度决定了天体破裂或表面侵蚀的速度。另一个可能导致铁陨石和石铁陨石更大暴露年龄的因素是作用在它们上面的雅可夫斯基力（2.7.3 节）比作用在石陨石上的力弱。雅可夫斯基力可以帮助小天体进入共振轨道，在共振轨道内，巨行星的摄动可以增加小天体的轨道偏心率，使它们成为穿越地球轨道的小天体（9.1 节）。通过将陨落次数除以该等级陨石的典型宇宙射线年龄，可以估算在内太阳系形成的不同类型的米级大小或者更小的流星体的相对数量。铁陨石的强度使其在太空、大气进入、地面等许多阶段都比球粒陨石更容易留存。铁陨石也更容易被识别（南极洲除外，在那里，冰盖上的任何岩石都是独特并且起源成疑的），这使得它们在陨石收藏中的比例更高。然而，宇宙射线暴露年龄表明，即使是陨落统计数据也大大高估了太阳系内部主要由铁组成的小碎片的百分比。推断出的非随机宇宙射线年龄表明某些陨石群经历了重大分裂，并由此产生了大量碎片。

陨石的落地年龄（terrestrial age）是指陨落后的时间，即陨石在地球上存在的时间。热沙漠陨石的风化外观和其地球年龄相关，但南极陨石不存在这种相关性。确定陨石落地年龄的最佳方法是测量宇宙射线产生的两种短寿命放射性核素的相对丰度（需要两种核素的数据以消除宇宙射线通量随深度变化的影响）。热沙漠陨石的落地年龄通常小于 5 万年，尽管一些无球粒陨石的年龄有 5 万年至 50 万年，并且一些铁陨石在地球上存在的时间更长。南极陨石的落地年龄一般小于 50 万年，尽管少数南极球粒陨石和铁陨石的年龄有数百万年。落地年龄的分布可以用来缩小陨石流入的可能变化范围。

8.7　陨石中的行星形成证据

太阳系中的小天体不像大行星那样承受了那么多的热量或压力，它们仍然处于一种更原始的状态。因此，陨石提供了有关行星形成时期的环境条件和物理化学过程的详细信息。这些信息与原行星盘内的时间尺度，热和化学演化，混合，磁场，以及晶粒生长有关。可以识别的过程包括蒸发、冷凝、局部熔融和分馏，包括来自气体的固体和不同固体之间。

利用陨石可以将太阳系的起源时间精确到太阳系年龄的万分之二。球粒陨石质固体形成于太阳系最初 500 万年历史内。根据叶夫雷莫夫卡陨石（Ефремовка，拉丁文转写 Efremovka）和西北非（NWA）2634 CV3 陨石中 CAI 的 $^{207}Pb/^{206}Pb$ 定年，太阳系的年龄为 $(4.568\pm0.001) \times 10^9$ 年；通过其他核素系统和其他 CAI 测定的年龄与之类似。某些类型球粒的年龄与 CAIs 的年龄无法区分，而其他类型球粒的凝固时间似乎晚了几百万年。来自分异母体的陨石通常稍微年轻一些。几乎所有的陨石都比已知的月球岩石（约 30～44.5 亿年）和地球岩石（$\lesssim$40 亿年，一些高稳定性矿物锆石颗粒的年龄上限有 44 亿年）更古老。

除了可能由质量分馏、放射性衰变或宇宙射线辐照造成的变化之外，大多数陨石群中的绝大多数元素在同位素组成上是相同的；因此，太阳星云内的物质一定混合得较为

充分。单个陨石之间以及陨石与地球之间同位素组成的差异产生了有关形成陨石的单个
分子和颗粒形成位置的信息。一些颗粒具有非常高的 D/H 比（与宇宙值相比），这种分
馏表明陨石形成于非常冷的星际分子云中。其他颗粒在许多元素中具有非宇宙同位素比
率，这表明恒星外流时发生凝结，例如超新星爆炸喷出物中的凝结（13.2 节）。因此，
陨石除了含有在我们太阳系内形成或显著加工的物质外，似乎还含有恒星外流和星际凝
结物。

8.7.1　来自不同天体的陨石

在一些无球粒陨石中发现的同位素异常意味着星子的快速分异和再结晶。^{60}Ni 是 ^{60}Fe
（$t_{1/2}$ 约 150 万年）的稳定衰变产物，其含量与 HED 无球粒陨石（Howardite - Eucrite -
Diogenite，古铜钙无球粒陨石-钙长辉长无球粒陨石-古铜无球粒陨石）中的铁丰度相关[①]。
HED 起源于灶神星（或可能是另一个分异的星子），并且曾经熔融过。因此，当星子重新
凝固时，一定存在 ^{60}Fe。这意味着分异发生在核合成后的几个 ^{60}Fe 半衰期内。在 HED 陨
石中也发现了 ^{26}Al 留下的特征，使用灭绝的 ^{53}Mn 和 ^{182}Hf 进行的年代测定也表明，HED
母体在已知最古老的太阳系物质（CAIs）凝固后的 300～500 万年内形成和分异。一些铁
陨石具有铪-钨（^{182}Hf –^{182}W）特征，表明其母体在 CAIs 形成后 ≲150 万年时间内分异，
并且相同分异陨石也给出了相当的铅同位素年龄。因此，最古老的分异陨石似乎至少与大
多数球粒一样古老。这表明大的星子和小的颗粒同时存在于原行星盘中，尽管不一定在同
一位置。

从矿物的结构和成分可以推断出岩石的冷却速度，以及冷却时所承受的压力和重力
场。因此可以估计陨石原始母体的大小。通过了解早期太阳系中熔化的天体的大小（以及
它们可能因陨石中挥发物的存在或缺乏而相对于其他天体增生的位置），可以更好地认识
导致分异的热源。

重放射性原子核的自发裂变（如 ^{244}Pu），以裂变径迹（fission track）的形式在晶体材
料内引起辐射损伤。这种损伤在高温下往往会因为退火而消失，退火温度因矿物而异。对
于不同退火温度的陨石矿物，其裂变径迹密度差异可以用冷却历史来解释。陨石矿物中保
留的放射性惰性气体（8.6.3 节）类似于裂变径迹，同样可用于估算冷却历史。

已分异陨石的成分和结构，如无球粒陨石、铁陨石和橄榄陨铁，反映了小行星母体内
的火成分异过程（即大规模熔融）。看起来好像一些半径 ≲100 km 的小天体在分异。吸积
能和长寿命放射性核素都不能提供足够的热源。可能的热源包括已灭绝的放射性核素 ^{26}Al
和 ^{60}Fe，以及电磁感应加热。电磁感应加热发生于物体内产生涡流并通过焦耳热耗散的过
程。陨石母体穿过巨大的金牛座 T 型星太阳风（13.3 节）时可能会产生电流，并因此受
到电磁感应加热。尽管这一机制存在许多不确定性，但离太阳最近的天体会产生最大的热
量，其中半径在 50 到 100 km 之间的天体产生的热量可能最大。在原始陨石中所观察到最

---

① 　镍和其他几种元素比铁本身更具亲铁性，因此在分异的核中更富集，在幔和壳中更贫乏。

大的 $^{26}Al/^{27}Al$ 浓度所对应的放射衰变能量足以熔化半径小至 5 km 的球粒陨石星子（在无球粒陨石中推断出的最大 ^{60}Fe 丰度所对应的放射衰变能量只能提供一个非常弱的热源）。短寿命放射性核素本身不会提供足够的能量来熔化 CAI 形成后 $\gtrsim 200$ 万年（^{26}Al 半衰期的三倍）形成的任何半径的球粒陨石星子，但它们可能导致不太剧烈的热过程。许多铁陨石的形成年龄表明，它们母体的形成时间较早，能够被 ^{26}Al 衰变产生的能量熔化。球粒年龄与含有球粒的原始陨石的变质程度正相关，这也支持 ^{26}Al 是早期形成星子的主要热源这一论述。

如果铁陨石的母体形成于内太阳系，则可以解释为什么来自分异体核心的铁陨石的年龄很大，以及为什么很少有来自此类天体幔部的纯橄榄岩（5.1.2.2 节）陨石。在这种情况下，这些天体的幔部在类地行星的生长过程中由于碰撞而被剥离并粉碎，但一小部分星子的残余核心散落到小行星带中，并在这个由后来形成的天体主导的区域一直生存到现在。

8.7.2　原始陨石

大多数被观察到坠落的陨石都是球粒陨石，它们从未熔融过，因此比分异的陨石更好地记录了原行星盘内的情况。事实上，球粒陨石中一些颗粒比太阳系更早形成，因此也保存了自身经历恒星大气、风、爆炸和星际介质的记录。这些颗粒在进入原行星盘期间可能因为经过热冲击气体层而受到影响。前太阳系颗粒和太阳星云凝聚形成了球粒和 CAIs 的前身，随后被加热至熔点，许多结块的边缘因此熔化，并且/或者由于高速碰撞而破碎。最终，它们被纳入到星子中，在 700～1 700 K 温度下经历无水过程（尤其是岩相类型 4～6）和/或在较低温度下经历水热过程（主要是岩相类型 1 和岩相类型 2）。一些球粒陨石还显示了最近（地质学意义上）发生冲击过程的证据。

球粒陨石的全岩组成差异与元素的挥发性密切相关。几乎所有的情况下都是更易挥发的元素更少；然而，在某些顽火辉石和普通球粒陨石中，非常难熔的材料相对于硅而言含量会亏损。在球粒陨石中可以看到非常难熔材料（CAIs）的小包裹体，但尚未发现这种难熔成分的大块陨石。镁硅酸盐和铁镍金属凝结温度约为 1 300 K。在大多数球粒陨石中，元素随挥发性增加而逐渐减少（图 8-19）。如果每颗陨石都是在同一个特定温度的平衡态下形成的，那么对于凝结温度高于这个值的元素，其相对丰度将同太阳中该元素的相对丰度一致，而更易挥发的元素将几乎不存在。只有那些在非常接近局部平衡温度的温度下冷凝的元素（大多数化合物的饱和蒸气压在其 50% 冷凝温度附近随温度迅速变化，见 4.4 节），或者那些只与稀有元素形成难熔化合物的元素，含量才会减少几十个百分点。实际观测到的元素随挥发性增加而逐渐减少的模式（图 8-19）表明，单个陨石的成分是在比较大的温度范围中凝结的。来自不同位置的颗粒聚集在一起，以产生此类混合物，或者形成类地行星和小行星的大部分物质冷却到 1 300 K 左右，而气体和固体成分保持良好的混合，随后随着物质进一步冷却，气体也随之消失。在气体完全消失之前，小行星区域的显著冷凝持续到 $\lesssim 500$ K。大体积类地行星和已分异小行星的元素亏损与这一结论一致，尽管它们受到的约束较少。

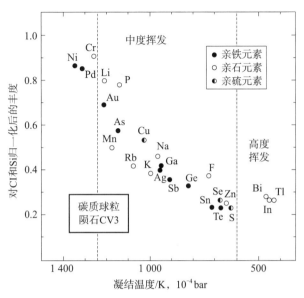

图 8 - 19　将 CV 球粒陨石中，中等挥发性元素的丰度与其相对于 CI 球粒陨石中硅的丰度进行比较，并根据元素在太阳组成气体中的凝结温度绘制。随着凝结温度的降低，丰度逐渐减少，这表明单个陨石的成分是在多种环境中凝结或改变的。元素丰度不依赖于元素的地球化学特征，这表明陨石在吸积之后没有完全熔化。(Palme and Boynton 1993)

　　球粒陨石的矿物组成表明太阳星云内氧逸度（丰度分数）fO_2 有很大的变化。顽火辉石球粒陨石形成于高度还原的环境中，而 CAI 边缘则在 fO_2 含量高达太阳成分 10^4 倍的环境中凝固。大多数 CAIs 似乎形成于富氧气体中，而大多数球粒却并非如此。富碳尘埃的蒸发（这会将氧气隔离在 CO 中）和/或 H_2O 移入冰星子可以在局部产生还原性更强的条件。氧化条件可能是由于原行星盘内局部富氧的尘埃和冰与富氢气体的比率增加，或是撞击产生的蒸气云和/或 H_2O 的光化学破坏所致。

　　碳质球粒陨石中的剩磁表明，在原行星盘中的某些位置存在强度为 1～10 Gs 的磁场。高温成分中记录的磁场在球粒之间是各向异性的，因此磁化可能发生在球粒并入陨石母体之前。这种磁性的可能来源包括原行星盘内的发电机，由太阳风带出的太阳场。如果球粒在原太阳附近冷却时温度低于居里点，这种磁性也可能来源于太阳场本身。

　　同位素比值的高度均匀性表明大部分太阳星云都处于充分混合的状态，但有一些小小的例外表明，星云中有些东西没有混合或从未蒸发。氧同位素比值显示出相对较大的变化，这无法通过原始球粒陨石内部和陨石群之间的质量相关分馏来解释（图 8 - 16）；这些数据通常表明在星云阶段中存在未完全混合的不同储库，尽管在某些情况下，通过光化学过程依然可能发生非质量相关分馏（8.4.2 节）。氧气为什么特别？氧是高温和低温阶段中唯一常见的元素（除了硫，硫在陨石中表现出的非质量相关分馏更弱）。如果气体和颗粒充分混合，可能会产生氧同位素变化，但在太阳星云中颗粒从未完全蒸发的部分，两者之间不存在同位素平衡。

没有强有力的证据表明任何宏观（≳10 μm）晶粒起源自太阳形成之前。然而，在一些球粒陨石中发现了微小的富碳颗粒（大部分≪10 μm），它们清楚地代表了幸存的星际物质（图 8-20）。这些颗粒起源自太阳形成之前的明确证据来自它们的同位素组成，这些同位素组成在微量元素（如 Ne 和 Xe）以及更常见的元素 C、N 和 Si 中都是异常的。虽然富含碳的碳化硅和石墨颗粒最为明显，但在陨石中发现的大多数星际颗粒都是硅酸盐。星际颗粒的存在，以及它们保留惰性气体的能力，限制了它们从星际云到陨石母体的"旅程"中所经历的热环境和化学环境。有些颗粒显然从未被加热到 1 000 K 以上，并且它们在暴露于富氧环境任何阶段的温度都比此低得多。

一些难熔包裹体含有多个元素的同位素异常，这些元素似乎是通过单个（或特定组合）核合成过程产生的（13.2.2 节）；特定的核合成环境因颗粒而异。这些异常意味着星际颗粒在各种环境中形成，并在进入原行星盘后幸存下来。

在碳质球粒陨石内的有机物质中观察到的 D/H 比远高于太阳值（在某些颗粒中，D/H 比是太阳中的 1 000 倍以上），并且 $^{15}N/^{14}N$ 之比也高。在温暖的太阳星云中，这种量级的分馏即使能实现也很困难。相反，这些复杂的碳氢化合物或其前身被认为是在极冷的星际云中（能够产生高 D/H 比）通过离子-分子反应形成的。要么是大量星际颗粒幸存下来，要么是含有碳氢化合物分子的气体温度没有高到可以发生同位素平衡。这表明陨石中的某些物质从未被加热到球粒和 CAI 所经历的 ≳1 500 K 温度。

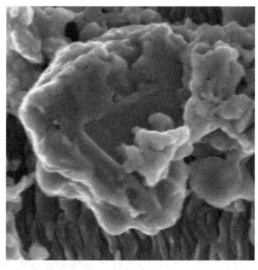

图 8-20　从默奇森（Murchison）陨石中提取的微小的碳化硅（SiC）前太阳系颗粒（直径 1 μm）的图像。这张非常高分辨率的二次电子图像是用扫描电子显微镜获得的。蠕虫状背景显示了不属于颗粒一部分的箔基板。[图片来源：斯科特·梅森杰（Scott Messenger）]

8.7.3　球粒和钙铝包体的形成

陨石学中存在一个主要的概念空白：整体的星云冷却和固体沉降的时期如何与产生球粒和 CAI 的非常快速的加热事件相联系。CAI 的组成意味着约 1 400~1 500 K 的平衡温度（图 8 - 21）。而大多数球粒则含有各种挥发性物质，尽管相对硅而言低于太阳中的丰度。因此，就像球粒陨石全岩，单个球粒不能被视为任何单一温度下的太阳星云凝聚体。球粒的结构和 CAI 的熔化边缘表明，瞬态加热事件中温度特别高。球粒和 CAI 达到的峰值温度为 1 700～2 000 K。在星云密度下，氢分子在这个温度范围内发生分解。分解 H_2 的过程需要吸能，由此提供了一个有效的温度调节机制，防止熔融球粒和 CAI 被加热到更高的温度。

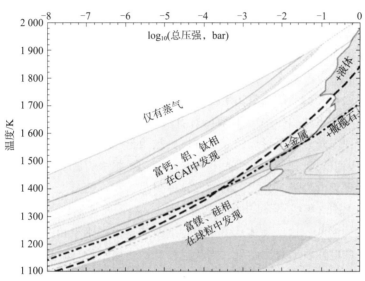

图 8 - 21　显示球粒和 CAI 主要成分的相图。不同的曲线显示了不同矿物的冷凝边界，并标记了最重要的成分。(Ebel 2006)

　　大量中等挥发性元素的存在表明球粒在平衡条件下没有熔化，这表明加热过程是局部且短暂的。如果球粒保持熔融超过几分钟，挥发性元素就会消失。如果球粒的前身是蓬松的尘埃球（正如大多数模型所假设的那样），那么加热间隔一定也很短。结构和矿物成分表明球粒的冷却速度为每小时 50～1 000 K，CAI 为每小时 2～50 K。球粒的快速加热和冷却表明这是局部过程造成的，因为星云的大部分区域无法快速冷却。

　　球粒和 CAI 的起源仍然是个谜。球粒加热的可能机制包括进入原行星盘或随后的过程中穿过吸积激波时的阻力，以及盘内的耀斑或闪电，受到强烈阳光加热的同时还有强大的金牛座 T 型星太阳风将它们从太阳附近吹走。在进入原行星盘的过程中，发生熔化需要预先存在比观测到的星际颗粒尺寸大得多的团块，并且可以通过远大于已检测到的同位素变化来证明。原行星盘相关的机制都面临着能量问题，即从距太阳 1 AU 以外的地方集中大量能量。如果球粒在自身形成位置附近并入陨石中，则最容易解释单个球粒陨石中球粒性质的同质性与球粒的总体多样性；如果球粒在太阳附近形成，则很难解释这种同质性。

　　原行星盘中的闪电可能为球粒和 CAI 的快速融化提供了能量。模型表明，类似于地球云中产生的闪电（4.5.4.5 节）可能发生在原行星盘的小行星区域内。球粒陨石中颗粒的大小分离可能是由气体对流或湍流，或由垂直于原行星盘中间平面的太阳重力分量产生的。这些移动的颗粒可能会像地球大气雷雨中的冰粒子一样转移电荷。大规模的电荷分离会一直持续到星云气体分解。对地球火山羽流和外行星大气中（4.5.6 节）闪电的观测表明，闪电可在多种环境中产生。

球粒形成的星云激波模型设想了气体被激波溢出，并突然被加热、压缩和加速。激波阵面是热的、压缩的、超声速的气体和较冷的、密度较低的、运动较慢的气体之间的尖锐不连续面（7.1 节）。激波可能发生在原行星盘内，例如，原太阳的高能爆发或稠密的气体团落在原行星盘上，冲击加热的时间尺度为秒级，与球粒和 CAI 的观测结果一致。然而，在原行星盘光深度较薄的区域，辐射冷却也可能会在几秒钟内发生，产生不同于观测结果的矿物特征。在原行星盘密集、多尘的区域内产生的大量球粒的激波，可能会减慢冷却速度，但与观测结果一致。

在原太阳附近，有足够的能量用于 CAI 和球粒形成所需的热过程。CAI、球粒及其边缘，可能是由磁离心驱动的金牛座 T 型星太阳风的气动阻力，将固体从原行星盘相对较冷的阴影区域提升到阳光直射下形成的。这种风已被用于从理论上解释伴星形成大量偶极外向流的观测结果，以及吸积所需的恒星和内盘的角动量损失（13.3.3 节）。在这个 X 风模型中，到达原行星盘内边缘三分之二的物质被原恒星吸积，三分之一在强大的恒星风中被喷射到星际空间（图 8-22）。对于偶极流的合理参数，固体达到的峰值温度类似于熔化 CAI 和球粒所需的温度。这些物体从恒星附近的高速排出产生了快速冷却，尽管尚不清楚它是否快到符合球粒性质的观测结果。当快速移动的尘埃颗粒（比更大的颗粒更容易与太阳风耦合）撞击球粒和 CAI 时，可能会形成边缘。小的固体颗粒会被风带到星际空间，大粒子会落回原行星盘的内部，并返回原恒星附近。部分大粒子会被原恒星吸积，而另一些则再次循环。CAIs 大小的物体将获得足够使它们能够落回原行星盘中行星区域的速度。球粒和 CAIs 的大小会随着原行星盘内的位置（较小的物体被抛得最远）以及原太阳风形成的时间而变化，因此可以理解单个陨石中球粒性质的相关性。

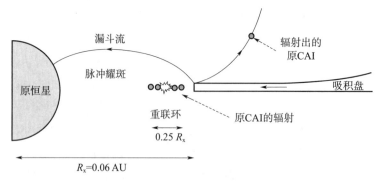

图 8-22　产生 CAI 的恒星 X 风模型中的磁场和气流示意图。（Chaussidon and Gounelle 2006）

对于单个陨石中球粒性质的相关性，以及球粒和基质之间的成分互补性，一个更简单的解释是，球粒形成的位置就在其并入较大天体的位置附近。原行星盘内的冲击加热目前是球粒起源的首选模型（尽管并未达成一致）。冲击比恒星加热更被认可，因为它们提供了局部形成的解释；冲击也比闪电更被认可，因为冲击导致的压缩产生了一个密度更高的环境（因此可能冷却速度不太快），而闪电可能通过热膨胀降低密度。目前还不清楚原行星盘内如何产生足够强的冲击。CAI 年龄和物理特征的更大均匀性，加上熔化这些非常难熔的物体所需的大量热量，意味着原太阳附近的加热模型更可能适用于 CAI 而不是球粒。

8.8 展望

除了本身的魅力之外，陨石还提供了大量关于行星形成时期条件的极其详细的数据。其中一些数据很容易解释。例如，辐射测量数据提供了太阳系年龄的估计值，精确到超过五千分之一（200 ppm）。其他数据提供了潜在的非常有价值的线索，但可能会有更多不同的解释。陨石的同位素组成近乎均匀，但并非完全均匀，这表明前太阳系颗粒发生了实质性的混合，但一些星际颗粒幸存了下来，而且行星形成的物质中也存在某些短寿命的放射性核素。原始陨石的局部矿物学和组分不均一性表明原行星盘内存在一个活跃的动力学环境，但解释这些数据的具体模型仍然是相当有争议的研究课题。

8.9 延伸阅读

以下文献是很好的非技术总结，并包含了许多非常好的照片：

Wasson，J. T.，1985. Meteorites：Their Record of Early – Solar – System History. W. H. Freeman，New York. 274pp.

McSween，H. Y.，Jr.，1999. Meteorites and their Parent Planets，2nd Edition. Cambridge University Press，Cambridge. 322pp.

Zinner，E.，1998. Stellar nucleosynthesis and the isotopic composition of presolar grains from primitive meteorites. Annu. Rev. Earth Planet. Sci.，26，147 – 188.

Taylor，S. R.，2001. Solar System Evolution，2nd Edition. Cambridge University Press，Cambridge. 484pp.

Lipschutz，M. E.，and L. Schultz，2007. Meteorites. In Encyclopedia of the Solar System，2nd Edition. Eds. L. McFadden，P. R. Weissman，and T. V. Johnson，Academic Press，San Diego，pp. 251 – 282.

以下书中有一章非常有用的综述内容：

Lauretta，D. S.，and H. Y. McSween，Eds.，2006. Meteorites and the Early Solar System Ⅱ. University of Arizona Press，Tucson. 942pp.

下面这篇论文汇集了各种不同观点：

Krot，A. N.，E. R. D. Scott and B. Reipurth，Eds.，2005. Chondrites and the Protoplanetary Disk. ASP Conference Series 341，Astronomical Society of the Pacific，San Francisco. 1029pp.

下面这篇文献提供了有关放射性同位素定年法的附加信息：

Tilton，G. R. 1988. Principles of radiometric dating. In Meteorites and the Early Solar System. Eds. J. F. Kerridge and M. S. Matthews. University of Arizona Press，Tucson. pp. 249 – 258.

下面这篇文献提供了更多有关利用特定同位素进行定年的细节：

Fowler，C. M. R.，2005. The Solid Earth，2nd Edition. Cambridge University Press，Cambridge. 685pp.

以下是三篇讨论太阳系形成的陨石线索的优秀论文：

Kerridge，J. F.，1993. What can meteorites tell us about nebular conditions and processes during planetesimal accretion? Icarus，106，135 – 150.

Palme，H.，and W. V. Boynton，1993. Meteoritic constraints on conditions in the solar nebula. In Protostars and Planets Ⅲ. Eds. E. H. Levy and J. I. Lunine. University of Arizona Press，Tucson，pp. 979 – 1004.

Podosek，F. A.，and P. Cassen，1994. Theoretical，observational，and isotopic estimates of the lifetime of the solar nebula. Meteoritics，29，6 – 25.

以下两篇论文提供了关于球粒陨石形成的两个很不一样的模型：

Shu，F. H.，H. Shang and T. Lee，1996. Toward an astrophysical theory of chondrites. Science，271，1545 – 1552.

Scott，E. R. D.，and A. N. Krot，2005. Thermal processing of silicate dust in the solar nebula：Clues from primitive chondrite matricies. Astrophys. J.，623，571 – 578.

8.10　习题

习题 8.1 I

计算具有如下日心轨道的陨石撞击地球大气层时的速度：

（a）和地球轨道非常类似，即 $v_{inf} \ll v_e$，$v_{impact} \approx v_e$。

（b）近日点 1 AU，轨道倾角 $i = 180°$ 的抛物线轨道。

（c）近日点 1 AU，轨道倾角 $i = 0°$ 的抛物线轨道。

（d）近日点 1 AU，轨道倾角 $i = 90°$ 的抛物线轨道。

（e）半长轴 $a = 2.5$ AU，偏心率 $e = 0.6$，轨道倾角 $i = 0°$ 的轨道。

（f）半长轴 $a = 2.5$ AU，偏心率 $e = 0.6$，轨道倾角 $i = 30°$ 的轨道。

习题 8.2 I

（a）计算一个半径 1 cm，密度 1 g/cm³，以 20 km/s 速度运动的陨石动能。

（b）假设这个陨石进入地球大气层时在 5 s 内以可见光形式辐射了 0.01% 的动能。在这段时间内陨石发光的功率是多少？分别用 erg/s 和 W 表述答案。

（c）这个陨石对于在 100 km 外观察者的视星等是多少？

习题 8.3 I

（a）计算在距离地球表面 100 km 高度以 10 km/s 速度运动的陨石受到的应力。

（b）对于距离地球表面 10 km 高度的情况，重复上述计算。

（c）对于运动速度为 30 km/s 的陨石，重复（a）和（b）中的计算。

（d）彗星的拉伸强度是 kPa 量级，球粒的强度大约 10 MPa，坚固的石质天体其强度大约 100 MPa，而铁质天体的有效强度大约 1 GPa。把这些拉伸强度分别和（a）～（c）中计算的应力进行比较分析。

习题 8.4 E

（a）如果一颗密度 $\rho = 8$ g/cm³ 的铁陨石在落到地面过程中所穿过的大气气体质量和自身质量相同，计算这颗陨石的大小。可以假设陨石是球体，垂直穿过大气层，并忽略烧蚀。

（b）对于密度 $\rho = 4$ g/cm³ 的球粒陨石重复上述计算。

（c）对于以 45°进入角穿过大气层的情况，重复（a）中的计算。

习题 8.5 E

对下列尺寸和密度的落石，计算其落到地表时的速度。

（a）$R = 10$ cm，$\rho = 8$ g/cm³。

（b）$R = 10$ cm，$\rho = 2$ g/cm³。

（c）$R = 100$ cm，$\rho = 2$ g/cm³。

（d）$R = 100$ μm，$\rho = 2$ g/cm³。

习题 8.6 E

（a）对于地球附近一个质量 M、密度 ρ、反照率 A 的流星体，计算其平衡温度。

（b）对于一个 $M = 10^9$ g，$\rho = 2.5$ g/cm³，反照率 $A = 0.05$ 的球粒陨石，和一个 $M = 10^6$ g，$\rho = 3$ g/cm³，反照率 $A = 0.3$ 的无球粒陨石，分别代入计算结果并比较分析。

习题 8.7 E

利用式（8-5）验证 t_m 的确是同位素的平均寿命。

习题 8.8 E

计算天然铀矿石中 ^{234}U 的丰度分数。提示：利用式（8-7）。

习题 8.9 I

（a）利用核衰变的表格数据（可以从《CRC 化学和物理手册》或互联网上获取），写出从 ^{244}Pu 到 ^{232}Th 的衰变链。

（b）继续完成衰变链直到出现一个稳定同位素。

习题 8.10

（a）利用式（8-7）和式（8-8）中给出的衰变链，估算陆相铀矿中 84—91 号元素的丰度下限。

（b）为什么只能给出下限？

（c）为什么对原子序数 $Z \leqslant 86$ 的元素估计的可靠性要小于那些有更高原子序数的元素？

习题 8.11 I

估算当前地球上存在的（自然产生的）^{244}Pu 的数量。提示：假设 4.56×10^9 年前，钚和铀的最长寿命同位素的丰度比 ^{244}Pu/^{238}U＝0.005，并且地球具有和球粒陨石中相同的铀丰度。

对自然界中不存在 Pu 这一普遍认识，发表你的看法。

习题 8.12 I

第 1—118 号元素均已在自然中发现或者在实验室中合成。本题将回答一系列有关哪些元素是自然产生的问题。

（a）哪些元素至少有 1 种稳定同位素？这些元素的原子序数是多少？注意：忽略可能存在的质子衰变，质子衰变可能会让所有的同位素在非常长的时间尺度上不稳定（$t_{1/2} > 10^{35}$ 年）。

（b）其他元素中哪些具有长寿命同位素，以至于它们至今在地球上仍可测得？

（c）除了（a）和（b）中的元素以外，有哪些元素是自然产生元素放射性衰变的产物？写出合适的衰变链以证明答案。注意：一些同位素的衰变路径不止一条。

（d）有非常少量的钚同位素 ^{244}Pu 自地球形成至今依然存在（习题 8.11）。^{244}Pu 的衰变是否增加了自然产生的元素？

（e）铀的自发裂变产生多种子核。虽然主要产物是氙，但还少量产生了两种没有稳定同位素的元素。请问这两种元素是什么？

（f）自发裂变释放的中子可以在铀矿石中引发核反应。几十亿年前，^{235}U 的浓度仍然足以引发链式反应，产生天然核反应堆，这些反应堆留下了同位素特征，并可以在富铀矿石中检测到。虽然现在 ^{235}U 的浓度不再足以产生链式反应，但 ^{235}U 自发裂变释放中子除去被 ^{238}U 吸收以外仍可以在 ^{235}U 中引发裂变。这些反应能增加了自然产生的元素吗？用 ^{244}Pu

捕捉中子怎么样?

习题 8.13 I

确定前一题（a）～（d）中每一问结果中丰度最小的元素以及地球上这些元素的总量。可以假设（a）和（b）中元素具有和球粒陨石中相同的元素丰度。

习题 8.14 I

（a）推导式（8-10）。提示：把式（8-5）和式（8-9）关于 $N_p(t_0)$ 求导。

（b）铀同位素 ^{235}U 和 ^{238}U 的主衰变模式最终分别产生铅同位素 ^{207}Pb 和 ^{206}Pb；中间衰变产物的寿命相对较短，因此包含的物质不多，见式（8-7）和式（8-8）。岩石凝固时，$^{207}Pb/^{204}Pb$ 与 $^{206}Pb/^{204}Pb$ 的等时线图是一个点。这些比率的等时线图后续如何随时间变化？定量回答并推导一个类似于式（8-10）的表达式。可以忽略少量（$<10^{-4}$）通过自发裂变而衰变的铀。提示：所有矿物中铀同位素丰度之间的比率是相同的，但铀与铅的比率是不同的。这种确定岩石年龄的技术称为铅-铅定年。

习题 8.15 I

在 CI 型碳质球粒陨石和陨石 X 中分别测得如表 8-4 所示的同位素丰度（原子数/10^6 个 Si 原子）：

表 8-4　CI 型碳质球粒陨石和陨石 X 中测得的同位素丰度

同位素	CI 型球粒陨石	陨石 X
^{204}Pb	0.0612	0.1224
^{206}Pb	0.603	?
^{207}Pb	0.650	2.63
^{235}U	6.49×10^{-5}	1.59×10^{-2}
^{238}U	8.49×10^{-3}	?

假设铀及其衰变产物只发生 α 和 β 衰变，并且没有发生质量相关的分馏。确定问号处的数值，并计算陨石 X 的年龄。

习题 8.16 E

本题将根据铼和锇的实际丰度数据计算岩石年龄。铼和锇有如下衰变关系

$$^{187}Re \xrightarrow[t_{1/2} = 4.16 \times 10^{10} \text{ yr}]{\beta} {}^{187}Os \qquad (8-11)$$

（a）表 8-5 中总结了一块特定岩石中不同矿物中测得的 Re 和 Os 同位素之比。以 $^{187}Re/^{188}Os$ 为横轴、$^{187}Os/^{188}Os$ 为纵轴将表中数据绘图。

表 8 - 5　岩石中不同矿物中测得的同位素丰度之比

$^{187}Re/^{188}Os$	$^{187}Os/^{188}Os$
0.664	0.148
0.669	0.148
0.604	0.143
0.484	0.133
0.512	0.136
0.537	0.138
0.414	0.128
0.369	0.124

（b）画一条尽可能接近所有点的直线，并将直线延伸至纵轴，以确定 $^{187}Os/^{188}Os$ 的初始比率。

（c）绘制并标记代表岩石的理论等时线，其 $^{187}Os/^{188}Os$ 初始比率与所研究的岩石相同。用这些线来估计岩石的年龄。

习题 8.17 I

估算太阳系物质最后一次快过程核合成与球粒陨石凝结之间的时间间隔（提示：假设没有持续的核合成，写出 $(^{244}Pu/^{238}Pu)$ / $(^{129}I/^{127}I)$ 丰度之比关于时间的函数。使用公式确定该比率从"稳态"值 5 增长到观测值 70 所需的时间。）

习题 8.18 I

计算生成足够热量以在 500 K 下熔化镁硅酸盐和铁的球粒陨石混合物所需的 ^{26}Al 丰度（分别用每克球粒陨石材料所需的质量，和与球粒陨石中 ^{27}Al 丰度的比值表示）。可以假设这颗小行星足够大，以至于在大部分 ^{26}Al 衰变过程中，热量损失可以忽略不计。

第9章 微型行星

"我已经宣布这是一颗彗星，但由于它没有任何星云相伴，而且它的运动是如此缓慢和均匀，我几次想到它可能是比彗星更好的东西。"

——朱塞佩·皮亚齐，在 1801 年 1 月 24 日评论他 23 天前发现的天体时如是说。这颗天体后来被确认为人类发现的第一颗微型行星：谷神星。

除了已知的八大行星外，还有无数较小的天体围绕太阳运行。这些天体既有引力微不足道的尘埃颗粒和小型黏连岩石，也有引力足够大到使其呈球形的矮行星（dwarf planet）。这些天体大多非常黯淡，但其中被称为彗星的天体在接近太阳时会释放气体和尘埃，其外观相当壮观（图 10-1）；彗星将在第 10 章中讨论。本章描述了各种各样非彗星小天体的轨道和物理特性，这些小天体围绕太阳运行，半径从几米到超过 1 000 km，统称为微型行星[①]。

微型行星占据着各种各样的轨道位置（图 1-2）。绝大多数微型行星运行在火星和木星轨道之间相对稳定的区域（小行星带，asteroid belt）、海王星轨道之外（柯伊伯带，Kuiper belt），或木星三角形拉格朗日点附近（特洛伊小行星，Trojan asteroid）。柯伊伯带是迄今为止最大的微型行星来源，包含了最大的天体。不过，小行星带中那些最大的天体比任何柯伊伯带天体（Kuiper Belt Objects，KBOs）都要亮得多，因为它们更接近地球和太阳 [式（10-3），$\zeta = 2$]。

不稳定区域发现的微型行星数量较少。这些天体大多与控制其动力学的八颗行星中的一颗或多颗的轨道相交或接近。那些靠近地球的微型行星被称为近地小行星（Near-Earth Asteroids，NEAs），那些围绕着巨型行星运行的微型行星被称为半人马天体。

小行星（asteroid）通常用于指代在地球轨道内到木星轨道外的距离上，围绕太阳运行的岩质微型行星。超过 20 万颗小行星已经被永久编目，而且每年都会增加。小行星的尺寸范围很大，最大的小行星是半径约 475km 的谷神星（1 Ceres）。其余最大的小行星为半径从 260～200 km 不等的智神星（2 Pallas）、灶神星（4 Vesta）和健神星（10 Hygiea）。表 9-1 列出了 20 颗最大的小行星。较小的小行星比较大的小行星数量多得多；半径在 R 和 $R+dR$ 尺寸的小行星数量约为 $R^{-3.5}$，这意味着小行星带的大部分质量在几个大型天体中。小行星带的总质量约为 $5 \times 10^{-4} M_{\oplus}$。

在海王星轨道之外的柯伊伯带与小行星带类似，但规模更大。柯伊伯带天体都是冰质

---

① 微型行星（minor planet）是 2006 年以前的国际天文联合会正式术语，包括矮行星、小行星、特洛伊天体、半人马天体和海王星外天体等。2006 年，国际天文联合会重新定义了行星，微型行星和彗星被重新按矮行星和太阳系小天体（small solar system bodies，SSSB）分类。——译者注

天体，最大的柯伊伯带天体比谷神星还要大一个数量级。柯伊伯带的总质量大约超过小行星带两个数量级。但柯伊伯带比小行星带距离地球和太阳都要远得多，所以对小行星带天体的了解远多于对柯伊伯带天体的了解。

冥王星（134340 Pluto）是第一颗被发现的也是迄今为止最亮的柯伊伯带天体，从1930 年到 2006 年被正式归类为行星；谷神星是首颗被发现（1801 年）的小行星带天体，也是目前为止小行星带中最大的天体，谷神星与随后发现的几颗小行星也曾被认为是行星。随着其他的柯伊伯带天体的发现，科学家开始了冥王星是否属于行星的争论。2006年 8 月，国际天文学联合会（IAU）通过了如下决议。

• 行星是满足如下定义的天体：1）在围绕太阳的轨道上运行；2）有足够的质量使其自身重力克服刚体力，呈现出流体静力平衡（接近球形）的形状；3）清除了其轨道周围的天体。

• 矮行星满足如下定义的天体：1）在围绕太阳的轨道上运行；2）有足够的质量使其自身重力克服刚体力，呈现出流体静力平衡（接近球形）的形状；3）没有清除其轨道周围的天体；4）不是卫星。

最近，国际天文学联合会决定将轨道围绕太阳运行，半长轴大于海王星的矮行星命名为类冥天体（plutoid）。

表 9 - 1　20 颗最大的小行星（$a < 6$ AU）

编号	名称	分类型	M_v	半径[a,b]/km	A_0	a/AU	e	i/(°)	P_{orb}/a	P_{rot}/h	轴倾角[b,c]/(°)
1	谷神星	C/G	3.34	467.6	0.09	2.766	0.080	10.59	4.607	9.075	9
4	灶神星	V	3.2	264.5	0.42	2.362	0.09	7.13	3.629	5.342	32
2	智神星	B	4.13	256	0.16	2.772	0.231	34.88	4.611	7.811	110
10	健神星	C	5.43	203.6	0.07	3.137	0.118	3.84	5.56	27.623	126
511	戴维星	C	6.22	163	0.05	3.166	0.186	15.94	5.63	5.13	65
704	泰拉莫星	F	5.94	158.3	0.07	3.062	0.15	17.29	5.36	8.727	60
52	欧女星	C	6.31	158	0.06	3.099	0.104	7.48	5.46	5.631	52
87	林神星	P/X	6.94	143	0.04	3.489	0.08	10.86	6.52	5.184	35
31	丽神星	C	6.74	127.9	0.05	3.149	0.22	26.32	5.59	5.531	150
15	司法星	S	5.28	127.7	0.209	2.644	0.187	11.74	4.3	6.083	157
16	灵神星	M	5.9	126.6	0.12	2.919	0.14	3.09	4.99	4.196	100
65	原神星	P/X	6.62	118.7	0.07	3.433	0.105	3.55	6.36	4.041	131
3	婚神星	S	5.33	117	0.24	2.668	0.258	13	4.36	7.21	60
88	尽女星	C/B	7.04	116	0.067	2.767	0.164	5.22	4.6	6.041	32
324	班贝格星	C	6.82	114.7	0.06	2.683	0.338	11.11	4.39	29.43	148

续表

编号	名称	分类型	M_v	半径[a,b]/km	A_0	a/AU	e	i/(°)	P_{orb}/a	P_{rot}/h	轴倾角[b,c]/(°)
624	赫克托星	D	7.49	112.5	0.025	5.229	0.023	18.19	11.96	6.921	115
451	忍神星	C	6.65	112.5	0.08	3.061	0.077	15.22	5.36	9.727	67
107	驶神星	C/X	7.08	111.3	0.05	3.476	0.078	10.05	6.48	4.844	29
532	大力神星	S	5.81	111.2	0.17	2.77	0.179	16.31	4.61	9.405	75
48	昏神星	C	6.9	110.9	0.06	3.11	0.075	6.55	5.49	11.89	63

所有轨道数据来自 http：//ssd. jpl. nasa. gov/。

[a]平均半径；大多数小行星基本上不是球形的。

[b]小行星半径和相对于黄道面的轴向倾角不确定度通常比所引用数字表明的要大得多。

[c]数据来自 http：//astro. troja. mff. cuni. cz/projects/asteroids3D/web. php 和 http：//vesta. astro. amu. edu. pl/Science/Asteroids。

　　陨石、小行星、柯伊伯带天体和彗星提供了关于太阳系形成的独特信息。小天体可以看做是经历了相对较少的内生地质演化的残余星子。柯伊伯带天体日心距离较大，因此受到的光照加热较少，这使得主要由冰组成的天体得以保存。然而，深度探测这些"残余星子"就会发现，基于对这些天体的了解，不能直接得出太阳系的形成/演化场景。例如，在第 8 章中已经看到，一些小行星在太阳系历史的早期就已熔化，而且在小行星带和柯伊伯带中有大量天体间的碰撞演化。碰撞演化使数据的解释变得复杂，但也可以对我们有利。例如，完整的天体可能在一次碰撞中被分解，这可以提供天体核心（铁陨石）的样本。

　　得益于光学和红外探测器灵敏度的增加、雷达技术的应用、地球轨道天文台数据的可用性、对几颗小行星和类似小行星的卫星（如火卫一和火卫二）或柯伊伯带天体（特别是海卫一）的飞掠探测，加上对爱神星（433 Eros）和糸川星（25143 Itokawa）的详细原位探测，过去几十年对微型行星的认识明显增强。

命名法介绍：

　　所有有唯一确定轨道的微型行星都按时间顺序用一个数字加一个名字来命名，如谷神星（1 Ceres）、班贝格星（324 Bamberga）、阋神星（136199 Eris）。天体被发现后，在确定轨道之前，有一个临时的名字。这种天体的标准命名与发现该天体的日期有关：名字以四位数字开始表示年，随后是空格，接着用一个字母表示半个月（A 表示 1 月 1 日—15 日，K 表示 5 月 16 日—31 日，I 不使用），紧随其后的另一个字母表示这半个月中发现的顺序（A 是第 1 个，W 是第 22 个，I 不使用）。第二个字母的循环通过下标表示。第一次循环下标为 1，然后下标为 2，以此类推。例如，2003UB$_{313}$ 表示该天体是在 UT 2003 年 10 月 16.00000 日—31.99999 日期间发现的第（25×313）+2＝7 827 个天体。在某些时期（特别是 9 月和 10 月，北半球午夜天空中黄道的位置更高），半个月中发现了超过 12 000 个天体（如微型行星 2005UJ$_{516}$）。彗星有不同的命名方式，见 10.1 节。

9.1　轨道

微型行星经常根据轨道特性分组。向远离太阳方向运动的近地天体通常都非常小，大多数只是因为距离近才容易被观测到。小行星带位于火星和木星轨道之间，包含了最亮的小行星；这一区域小行星数量比地球附近多得多，在可探测性方面足以弥补与地球和太阳距离更远的影响。距离更远一些的是与木星共享轨道的特洛伊天体，它们显然更难被探测到，因为它们距离太阳和观测者的距离更大，而且反照率更低。半人马天体占据着穿越一个或多个巨行星轨道的不稳定轨道——由于动力学寿命很短，它们是相当罕见的小行星群，但由于分布区域很大，一些大型天体也包括在内。尽管由于距离的原因难以观测，但太阳系中绝大多数的小天体都位于海王星轨道之外的柯伊伯带、离散盘和更远的奥尔特云中。

9.1.1　小行星

9.1.1.1　主带小行星（MBAs）

图 9-1（a）显示了 1～100000 号小行星中绝对星等[①]$M_v < 15$ 的小行星轨道半长轴分布。大多数小行星都位于主带，与日心之间的距离在 2.1AU 到 3.3AU 之间。主带小行星（Main Belt Asteroids，MBAs）偏心率的分布似乎可以很好地利用瑞利分布来描述［类似一维的麦克斯韦分布，式（4-15）］，表明它们处于某种准平衡状态

$$N(e) \propto \frac{e}{e_*} \exp\left(\frac{-e^2}{e_*^2}\right) \tag{9-1}$$

式中，平均偏心率 $e_* \approx 0.14$。许多小行星的大偏心率表明，其近日点和远日点所占据的区域明显比半长轴要宽广得多［图 9-1（b）］。小行星轨道与黄道面的平均倾角为 15°；同一平均值下，小行星轨道倾角的标准差大于瑞利分布的标准差。

图 9-1（a）中可以看出小行星轨道半长轴分布的间隙和集中情况。1867 年，丹尼尔·柯克伍德[②]首次发现了这种间隙，命名为柯克伍德间隙（Kirkwood gaps）。柯克伍德间隙与木星轨道共振位置吻合，如 4∶1、3∶1、5∶2、7∶3 和 2∶1 轨道共振。正如在 2.3.2.2 节中讨论的，如果一颗小行星围绕太阳运行的周期与木星的周期相等，那么该小行星轨道受到木星引力的强烈累积影响。巨行星的摄动会在共振位置周围产生混沌区，在那里小行星的偏心率被增大到足以穿过火星和地球轨道。这些小行星随后可能会因引力相

---

① 太阳系天体的绝对星等，定义为该天体距离观测者和太阳均为 1AU，且相位 $\phi = 0$ 时的视星等。

② 丹尼尔·柯克伍德（Daniel Kirkwood，1814 年 9 月 27 日—1895 年 6 月 11 日），美国天文学家。柯克伍德最重要的贡献是对小行星轨道的研究。1866 年，他指出小行星带上距太阳某些特定距离的地方几乎没有小行星分布，并发现了这些位置与木星的轨道共振有关，这些位置以他的名字命名为柯克伍德间隙。此外，他还最早提出流星雨源自彗星的碎片。他还提出了一个行星公转周期和彼此距离间的关系式，$n^2/n'^2 = D^3/D'^3$，其中 n 为公转周数，D 为行星与相邻的内外侧行星相合时，引力平衡点的距离，称为柯克伍德定律。该定律虽然与伯德定律不同，但最后也被观测证明是错误的。柯克伍德星（1578 Kirkwood）以他的名字命名。——译者注

互作用和/或与类地行星碰撞而被清除。长期共振，特别是小行星带内缘附近区域与土星的 ν_6 共振（小行星的拱点进动率等于土星的拱点进动率），也可以激发小行星进入大偏心率轨道。在某些情况下，偏心率可能会达到很高的值，以至于小行星最终会与太阳相撞，除非它们在接近太阳的过程中近日点靠近太阳光球时被潮汐撕裂或被热蒸发。

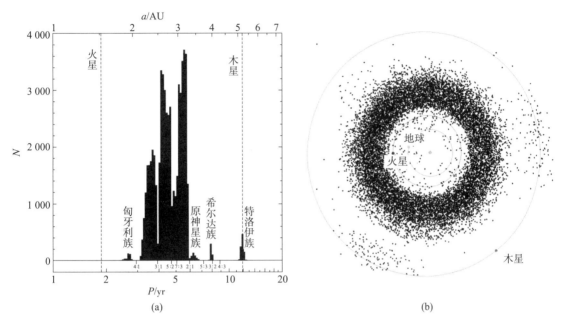

图 9-1 （a）1～100000 号小行星中 $M_v < 15$ 的小行星轨道周期直方图（相应的半长轴见图上方标尺），横坐标标尺为对数。火星和木星对应轨道周期和半长轴用垂直虚线表示，注意在木星的 1/4、1/2、2/5、3/7 和 1/3 轨道周期上分布的显著间隙。图勒星（Thule）位于与木星 4∶3 共振处。[图片来源：A. 多布罗沃斯基（A. Dobrovolskis）]（b）1997 年 3 月 7 日，投影在黄道面上的大约 7 000 颗小行星的位置（现在已知的小行星更多，但是把它们全部画出来会显得更混乱）。图中标示了地球、火星和木星的位置和轨道，中间的圆点表示太阳。图中所描绘的绝大多数小行星都位于主小行星带，但特洛伊天体位于木星的前后；阿登型（Aten）、阿波罗型（Apollo）、阿莫尔型（Amor）小行星均位于内太阳系，其轨道穿过火星和地球轨道。[图片来源：微型行星中心（Minor Planet Center，MPC）]

外小行星带会发生相反的情况，那里的小行星轨道受到附近木星的强烈干扰。外小行星带的小行星可能会获得很大的偏心率，使小行星在非常接近木星时被木星的引力散射到星际空间。围绕太阳运行的小行星在与木星轨道 3∶2 和 4∶3 共振时无这种现象，在这些共振轨道上聚集了相当数量的小行星：希尔达小行星（Hilda asteroids）每 2 个木星年运行 3 圈，图勒星（279 Thule）每 3 个木星年围绕太阳运行 4 圈。

9.1.1.2 近地天体（NEOs）

那些接近地球的天体吸引了人们很多注意，因为它们有可能与地球相撞（5.4.6 节）。这些潜在的撞击物属于近地天体（Near - Earth Objects，NEOs），近地天体是所有近日点在 1.3AU 以内的小行星和（非活跃/休眠）彗星的统称。近地天体有时也被称为行星穿越天体（就像它们在外太阳系的亲戚，半人马天体）。2013 年发现了第 10 000 颗近地天体

（NEO）。根据轨道的近日点（q）、远日点（Q）和半长轴（a），近地天体被细分为四类（图 9 - 2）。1.017 AU$<q<$1.3 AU 的近地天体被称为阿莫尔型小行星（Amor Asteroids），约占近地天体总数的 40%，以该小行星群中最著名的成员之一阿莫尔星（1221 Amor）命名，它们的半径范围约 15 km。$q<$1.017 AU，半长轴 $a>$1 AU 的近地天体称为阿波罗型小行星（Apollo Asteroids），约占近地天体总数的 50%，以该群族中原型阿波罗星（1862 Apollo）命名。目前发现的最大的阿波罗型小行星的半径为 4～5 km。阿登型小行星（Aten Asteroids）$a<$1 AU，$Q>$0.983 AU，数量不到近地天体总数的 10%。轨道完全在地球轨道内部的近地天体（$a<$1 AU，$Q>$0.983 AU）被称为阿迪娜型小行星（Atira Asteroids）[①]，以首颗发现的此类小天体阿迪娜星（163693 Atira）命名。这种小行星很难探测，只有少数已知。

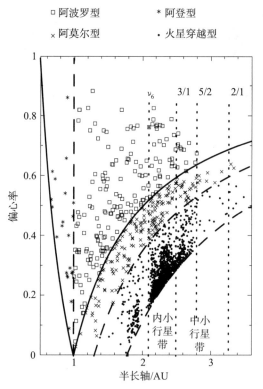

图 9 - 2 近地天体的轨道分布。实线和长虚线标记了图上列出的近地天体中不同族群的边界。短虚线标记了三个主要的与木星的平运动共振和 ν_6 长期共振位置。（Morbidelli 2002）

近地天体的动力学寿命相对较短，$\lesssim 10^7$ 年，因此近地天体的数量需要从更稳定的轨道上持续补充。数值模型表明，近地天体的主要来源区域是上面讨论的（柯克伍德空隙）主小行星带共振位置附近的混沌区。这些模型表明大约 35%～40% 的近地天体起源于靠近

[①] 也叫阿波希利型小行星（Apohele Asteroids）。原文使用的是阿波希利型，翻译时按照当前命名习惯，改称为阿迪娜型小行星。——译者注

小行星带内缘的 ν_6 共振区。近日点 $q>1.3$ AU，半长轴 2.06 AU$<a<$2.8 AU 的小行星可能在其偏心率的一个长期振荡周期（2.4.1 节）中穿过火星轨道。这些小行星被称为火星穿越（Intermediate Mars - Crossing，IMC）天体，约占近地天体的 20%～25%。另外约 20%～25% 在木星 3：1 共振处被向内发送。较小数量的近地天体起源于外小行星带，仅百分之几起源于海王星以外的区域。大多数近地天体的最终命运要么是抛射到星际空间中（近地天体的主要损失机制源自外小行星带），要么与太阳碰撞或被由太阳产生的潮汐撕裂或热蒸发破坏（近地天体的主要损失机制源自 ν_6 和 3：1 共振）。与行星和卫星碰撞的近地天体数量虽然少，但是很重要（5.4.6 节）。

　　一些天体（截至 2007 年 9 月共 27 个）与地球（6 个天体）、金星（4 个天体）和火星（17 个天体）的外部平运动共振为 3：2，当行星完成 3 个轨道周期时，它们绕太阳公转 2 圈。因此，这些天体被以动力学的方式保护起来，避免了与这些行星的交会，就像位于外小行星带的希尔达小行星和图勒星，以及位于柯伊伯带的冥族小天体（Plutinos）（见下文）。

　　将共振区确定为近地天体的源区域后，需要解决如何重新填充共振区，使天体的损失和供给保持平衡的问题。一种可能性是通过小行星带内的碰撞进行补给。这种碰撞通常是破坏性的（9.4.2 节），与原小行星相比，较小碎片的轨道发生的变化最大。小天体也容易受雅可夫斯基效应（2.7.3 节）的影响，这种效应可以显著改变其轨道参数。一般来说，千米级大小的天体在 100 万年的时间里半长轴漂移约 10^{-4} AU。虽然变化很显著，但同时也足够慢，新撞击碎片群族可能通过进一步撞击演化形成预期的天体族群撞击演化尺寸分布。在 9.4.1 节中会看到近地天体和主带小行星尺寸分布的斜率非常相似。

　　近地天体的另一个潜在来源是熄火彗星，它们形成了不挥发外壳且停止了活动。一些运行在地球穿越轨道的小行星与流星群有关，表明它们起源于彗星。此外，恩克彗星（2P/Encke）是典型的地球穿越轨道小行星。近地天体 1979 VA 看起来与威尔逊-哈灵顿彗星（107P/1949 Wilson - Harrington）是同一天体。1949 年，该天体被认定有一条彗尾，但自 1979 年以来，在所有可见期间都没有任何彗星活动的证据。这是第一个被"看到"从活跃彗星状态转变为非活跃小行星状态的天体。近体天体法厄同星（3200 Phaeton）似乎是双子座流星雨的母体，表明其过去有彗星活动。其他几个近地天体的轨道根数在过去 5 000 年里可能与流星雨有关。大约有 10%～15% 的近地天体可能是非活跃彗星，由于大部分近地天体是由偶发事件补充的，因此其总量可能会随时间显著波动。

9.1.1.3　特洛伊小行星

　　截至 2014 年 1 月，在木星三角拉格朗日点 L4 和 L5 附近已经发现了 6 000 多颗小行星。这些天体被称为特洛伊小行星。特洛伊小行星比主带小行星离太阳和地球都要远，反照率很低。因此，特洛伊天体比同等尺寸的主带小行星更难探测。对观测分布的推断表明，尺寸大于 15 km 的特洛伊小行星的数量约为主带小行星的一半。不过，由于特洛伊天体缺乏尺寸与主带最大天体尺寸相当的天体［目前发现最大的特洛伊天体赫克托星（624 Hektor）平均直径约 100 km]，其总质量比主带小行星小得多。海王星可能也有大量位于拉格朗日点附近的天体，但由于它们的亮度较低，目前已知的只有 9 个。

　　特洛伊天体的动力学特性在 2.2.2 节中进行了讨论。与海王星共轨的天体，特洛伊天体、4∶3 和 3∶2 共振天体，以及不在共振区附近的主带小行星占据着主要行星之间唯一已知的稳定（在整个太阳系演化期间）轨道。水星轨道内侧的轨道也很稳定，天王星和海王星轨道之间可能存在小的稳定区域（图 2-17），但在这些轨道位置内还没有观测到任何天体。已经发现了三颗千米大小的小行星在火星三角拉格朗日点的蝌蚪轨道上振动。长期共振（2.4.2 节）快速移除了火星 L4 和 L5 点附近轨道倾角过大或过小的天体。所有被观测到的火星特洛伊天体轨道倾角均在 $15° < i < 30°$ 范围内，这是火星 L4 和 L5 区域最稳定的部分，它们可能起源于太阳系早期。一些近地小行星，如克鲁特尼星（3753 Cruithne）和 2002 AA$_{29}$，相对地球运行在马蹄形轨道上（2.2.2 节），这种轨道锁定（orbital lock）极有可能在地质年代上是最近发生的。

9.1.2　海王星外天体、半人马天体

　　太阳系内绝大多数的小天体都是海王星外天体（Trans-Neptunian Objects，TNOs），它们的轨道全部或部分在海王星之外。1930 年发现了第一颗海王星外天体——冥王星（134340 Pluto）；冥王星直到 2006 年被重新分类为矮行星时才被分配编号，因此编号太大且很少使用。基于原始太阳星云在海王星轨道外的自然延伸，1949 年肯尼斯·埃塞克斯·埃奇沃斯[①]以及 1951 年（更重要）杰拉德·彼得·柯伊伯[②]提出了一个假设，认为大行星轨道外存在由众多小天体组成的星盘。因此，这个区域被称为柯伊伯带或埃奇沃斯-柯伊伯带。在 1992 年之前，除了冥王星和它的大卫星卡戎之外，没有发现其他柯伊伯带天体。1992 QB₁ 的发现标志着一系列搜索活动的开始，多年来已经发现了超过 1 000 颗海王星外天体。这些天体的轨道可分为几个动力学组，如图 9-3（a）所示。表 9-2 给出了已知最大海王星外天体的属性。

---

　　① 肯尼斯·埃塞克斯·埃奇沃斯（Kenneth Essex Edgeworth，1880 年 2 月 26 日—1972 年 10 月 10 日），爱尔兰理论天文学家。1943 年，他发表论文提到了海王星以外存在大量彗星。1948 年，他被选入爱尔兰皇家学院。1949 年，他发表论文，提出在很远的地方有大量的小天体，偶尔会有彗星进入太阳系内部。埃奇沃斯星（3487 Edgeworth）以他的名字命名。——译者注

　　② 杰拉德·彼得·柯伊伯（Gerard Peter Kuiper，1905 年 12 月 7 日—1973 年 12 月 23 日），荷兰天文学家、行星科学家、月面学家。1944 年，他在火星大气层中发现了二氧化碳，并在土卫六上方发现了甲烷夹杂的大气层。他于 1948 年发现了天卫五，1949 年发现了海卫二。他于 1960 年在亚利桑那大学创立了月球与行星实验室（Lunar and Planetary Laboratory，LPL）。20 世纪 60 年代，他帮助确定了阿波罗计划在月球上的着陆点。柯伊伯星（1776 Kuiper），以及水星、月球、火星上的三个撞击坑均以他的名字命名。——译者注

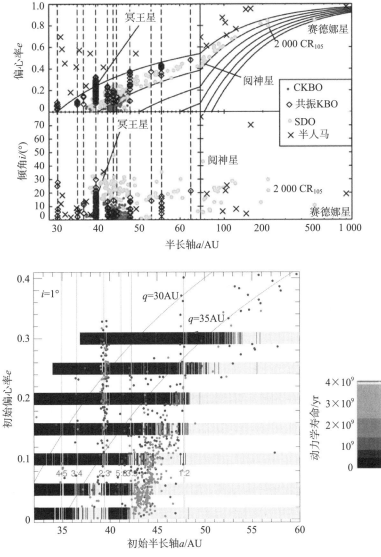

图 9-3　🪐　(a) 海王星外天体的轨道根数，时间超过 1000 万年。垂直虚线表示与海王星的平均运动共振区：1∶1、5∶4、4∶3、3∶2、5∶3、7∶4、9∶5、2∶1、7∶3、5∶2、3∶1，按与日心距离增加的顺序。实线曲线轨迹为近日点常数 $q = a(1-e)$。标明了几个天体：两个最大的柯伊伯带天体冥王星和阋神星（表 9-2），高 q 值的赛德娜星（90377 Sedna）和 2000CR$_{105}$。半长轴在 1 000 AU 附近的半人马天体是 2006 SQ$_{372}$。（Chiang et al. 2007）(b) 柯伊伯带中小粒子的动力学寿命，积分时长 40 亿年。每个粒子用一条窄垂直条带表示，该垂直条带的中心为粒子的初始偏心率和半长轴（所有天体的初始轨道倾角均为 1°）。每个条带的颜色代表粒子的动力学寿命。黄色的条带表示在 4×10^9 年的积分过程中存活的天体。黑色区域在这些时间尺度上特别不稳定。作为参考，重要的海王星平均运动共振区域用蓝色垂线表示，两条近日点距离常数 q 的曲线用红色表示。具有确定轨道的被观测柯伊伯带天体，如果 $i <$ 4°，用绿点表示；如果轨道倾角大于 4°，则用紫红色点表示。（Morbidelli and Levison 2007）

表 9-2　20 颗最近的微型行星（截至 2009 年，a＞6 AU）

编号	名称	临时编号	动力学ᵃ类别	M_v	半径ᵇ/km	A_0ᵇ	a/AU	e	i/(°)	P_{orb}/yr	P_{rot}/h
136199	阋神星	2003 UB$_{313}$	SDO	−1.21	1163±6	0.96	68.068	0.43	43.84	561.6	25.9
134340	冥王星		RKBO	−0.7	1153±10	0.5ᶜ	39.482	0.249	17.14	247.7	153.3
	冥卫一		卫星	1.3	606±1.5	0.375	39.482	0.249	17.14	247.7	153.3
136472	鸟神星	2005 FY$_9$	RKBO	−0.21	715±30	0.81	45.280	0.17	29.00	304.7	7.77
136108	妊神星	2003 EL$_{61}$	SDO	0.23	675±125	0.84	42.992	0.20	28.21	281.9	3.92
90377	赛德娜星	2003 VB$_{12}$	IOC	1.54	<800	>0.16	510.328	0.85	11.93	11529	10.27
84522		2002 TC$_{302}$	SDO	3.94	575±170	0.03	55.412	0.29	34.97	412.5	56.1
90482	亡神星	2004 DW	RKBO	2.19	450±40	0.28	39.098	0.23	20.58	246.4	13.19
50000	创神星	2002 LM$_{60}$	CKBO	2.50	422±100	0.2	43.546	0.04	7.99	287.4	8.84
55565		2002 AW$_{197}$	SDO	3.47	367±160	0.12	46.910	0.13	24.43	321.3	8.86
84922		2003 VS$_2$	RKBO	3.97	363±100	0.06	39.419	0.08	14.82	247.5	7.42
307261		2002 MS$_4$	SDO	3.76	363±60	0.08	41.963	0.14	17.70	271.8	
208996		2003 AZ$_{84}$	RKBO	3.77	343±50	0.12	39.287	0.18	13.57	247.5	13.42
55637		2002 UX$_{25}$	SDO	3.86	341±60	0.12	42.799	0.14	19.40	280.0	14.38
90568		2004 GV$_9$	SDO	4.02	338±35	0.08	41.899	0.07	21.98	271.2	5.86
28978	伊克西翁星	2001 KX$_{76}$	RKBO	3.6	325±130	0.12	39.723	0.25	19.63	250.4	
15874		1996 TL$_{66}$	SDO	5.46	288±60	0.035	83.733	0.58	23.96	766.2	
38628	雨神星	2000 EB$_{173}$	RKBO	4.84	262±13	0.05	39.522	0.28	15.47	248.5	5.28
20000	伐楼那星	2000 WR$_{106}$	CKBO	3.79	250±50	0.16	42.921	0.06	17.20	279.6	6.34
26375		1999 DE$_9$	RKBO	4.94	231±23	0.07	54.957	0.41	7.64	407.4	

数据来自 Stansberry et al. (2008), Brown et al. (2010), http://ssd.jpl.nasa.gov/.①

ᵃ CKBO：经典柯伊伯带天体；RKBO：共振柯伊伯带天体；SDO：黄道离散天体；IOC：内奥尔特云。

ᵇ 除冥王星/冥卫一外，所有天体的半径和反照率均来自斯皮策太空望远镜（热红外）数据。

ᶜ 由于冰盖的变化，在 0.44 至 0.61 之间随季节变化。

① 翻译时对照当前 http://ssd.jpl.nasa.gov/中能够检索到的信息，对除冥王星和冥卫一以外的轨道数据进行了更新，更新的轨道根数为 TDB=2459600.5（2022-1-21.0）时刻密切轨道根数。——译者注。

9.1.2.1 经典柯伊伯带天体（CKBOs）

在已知的海王星外天体中，大约有一半是经典柯伊伯带天体（Classical Kuiper Belt Objects，KBOs），它们运行在海王星外小偏心率（$e \lesssim 0.2$）的轨道上。大多数经典柯伊伯带天体的半长轴在 37AU 和 48AU 之间。存在两个族群，分别称为"冷群"[①]（$i < 4°$，约 35% 的经典柯伊伯带天体）和"热群"（$i > 4°$，约 65% 的经典柯伊伯带天体），各自呈现不同的光谱特征（9.3.4 节）。经典柯伊伯带的总质量是其最大成员冥王星的数倍。

许多经典柯伊伯带天体与海王星锁定在一个或多个平均运动共振区中。冥王星占据了与海王星平均运动共振为 2∶3 的区域。这种共振看起来很混沌（2.4.2 节），但这种混沌非常轻微，以至于冥王星的轨道稳定了几十亿年，甚至更久。除了冥王星，许多小天体（约占经典柯伊伯带天体总数的 30%）也在与海王星 2∶3 共振的区域；这些天体通常被称为冥族小行星（Plutinos）。除了 2∶3 外，有较多数量小天体的共振区域包括 3∶5、4∶7、1∶2 和 2∶5 [图 9-3（a）]。

9.1.2.2 黄道离散天体（SDOs）

越来越多的大偏心、非共振、近日点在海王星轨道之外的天体被探测到。这些天体被称为黄道离散天体（Scattered Disk Objects，SDOs）。已知最大的黄道离散天体是阋神星（136199 Eris），其大小和质量略大于冥王星（表 9-2）。已知经典柯伊伯带天体的数量是已知黄道离散天体数量的数倍，因为许多黄道离散天体运行在大偏心率的轨道上，大部分时间都在远日点附近，在那里它们非常暗淡。从观测到的数量上讲，黄道离散天体的总质量估计（非常粗略地）比经典柯伊伯带的质量大约一个数量级。根据哈雷彗星（1P/Halley）所受的引力摄动，可以推测在海王星轨道外的扁平环上分布的小天体中所含物质的上限约 $1M_\oplus$。

绝大多数黄道离散天体的近日点为 33 AU $\leqslant q \leqslant$ 40 AU。这些天体与巨行星非常接近，可能会因为行星的摄动而被放置在当前的轨道上，但它们距离海王星足够远，因此它们的轨道在数十亿年的时间尺度上是稳定的。尽管如此，偶尔也会有一些天体离海王星太近，以至于在行星穿越的轨迹上（下面讨论）向内散射，并在某些情况下成为彗星（第 10 章）。

海王星外天体赛德娜的近日点为 76 AU，远日点约为 900 AU，不可能由于当前轨道上已知行星的摄动而被散射到目前的轨道上，这可能还包括 2000 CR$_{105}$（$q = 44.4$ AU，$a = 221$ AU）。近日点远、偏心率大以及与海王星缺乏共振的组合表明其受到了目前已知行星之外的天体摄动。赛德娜星通常被认为是内奥尔特云的成员（10.2 节）。两个天体的

[①] 此处的"冷"和"热"这些术语并不是指温度，而是描述天体的轨道动力学特性。属于冷群的经典柯伊伯带天体轨道没有接近过海王星，没有受到海王星引力干扰，有近圆形的轨道，没有太大的倾角，轨道能量相对较小，绝对星等一般大于 6.5，光谱呈红色；属于热群的经典柯伊伯带天体曾明显受到海王星引力摄动，轨道偏心率大，轨道倾角大，轨道能量相对较大，绝对星等可小至约 4.5，光谱范围从蓝到红均有。有关"冷""热"柯伊伯带天体的进一步知识，可参阅 Levison and Stern（2001）、Gladman et al.（2001）、Brown（2001）、Levison and Morbidelli（2003）、Morbidelli et al.（2008）——译者注

轨道可能是由于一颗恒星经过时的摄动造成的（可能是当时幼年太阳系还未离开其拥挤的恒星"育婴室"），或者是由于一颗仍在外太阳系轨道上运行或已在几十亿年前逃逸到星际空间的未知恒星的摄动造成的。小型海王星外天体 2006 SQ$_{372}$（R 约为 25～50 km）的轨道非常有趣，近日点 $q = 24.17$ AU，半长轴 $a = 1\,015$ AU，即远日点离太阳将近 2 000 AU ［图 9-3（a）］。

9.1.2.3　半人马天体

半人马天体（Centaurs）在木星和海王星轨道之间运行（有时也穿越）。目前已知的此类天体有几十个，其中很多运行在大偏心率和/或倾角的轨道上。半人马天体处于混沌的行星穿越轨道，其动力学寿命为 10^6～10^8 年 ［图 9-3（b）］。动力学计算表明，它们正从海王星外区域（主要是离散盘，但也有经典柯伊伯带和共振区域）的天体转变成为短周期彗星（10.2 节）。半人马天体希达尔戈星（944 Hidalgo，$a = 5.8$ AU）长期以来一直被怀疑是一颗休眠彗星。它的轨道和光谱类型（红黑，D 型）[①] 都是典型的彗星特征。半人马天体凯龙星（2060 Chiron，$a = 13.7$ AU）呈暗中性色，像一颗 C 型小行星，其轨道穿过土星和天王星。计算表明，凯龙星每 10^4～10^5 年靠近土星一次。此时其轨道会受到明显的摄动，因此凯龙星以高混沌轨迹围绕太阳运行（图 2-11）。在 1987—1988 年，通过天体的亮度发现凯龙星出现了彗发（图 10-5）。从那以后，凯龙星也被归类为彗星，编号为 95P/Chiron。

海王星外天体、半人马天体和其他行星穿越天体模糊了微型行星和彗星之间的区别。挥发性的微型行星如果离太阳足够近，就会变成彗星，而彗星如果将其近地表的挥发性物质全部释放出来，进入休眠或惰性状态，就会看起来像微型行星。当一个天体至少在其部分轨道上不排气时，通常被认为是一颗微型行星。然而，许多休眠彗星可能隐藏在微型行星中，如主小行星带的几个天体偶尔喷射出尘埃（10.6.4 节）的例证。本文采用传统的观测定义，即当且仅当观测到彗发和/或彗尾时，称该天体为彗星。

9.2　物理性质的确定

不发射探测器探测很难确定微型行星的尺寸、质量和组成（1.2 节）。一些微型行星已经被探测器访问过（9.5 节）；不幸的是，这个小样本远远不足以评价大量天体的整体特征。整体特征的分析需要大量微型行星的数据，只能通过地基或近地望远镜［红外天文卫星（IRAS）、哈勃望远镜（HST）、斯皮策望远镜（Spitzer）］来实现。

一些较大的小行星可以通过哈勃望远镜，或者地面斑点干涉测量系统或自适应光学系统辨析（E.6 节），同时雷达技术也已用于辨析地球附近的小行星（附录 E.7）。对主星和次星在彼此前后经过时相互掩食（mutual events）的观测，已用于描述冥王星-冥卫一系统（9.5 节）。但大多数微型行星无法通过地基望远镜或哈勃望远镜辨析。对于这

---

① 9.3 节中讨论了光谱类型。

些天体，估计其尺寸的最好方法是使用恒星掩星，当一颗微型行星经过一颗恒星的前面时，星光会在一段时间内暂时被遮挡，遮挡持续时间与该天体的尺寸成正比。由于大多数半径小于几百千米的天体通常形状不规则（6.1节，图 5 - 94、图 9 - 5），恒星掩星技术的一个缺点是需要许多观测弦。尽管存在这些困难，但通过各种观测技术已确定了众多小行星和最大的柯伊伯带天体的有效尺寸、形状、反照率和表面结构。在下面的小节中，将通过特定的"独一无二的"技术以及不同观测的组合讨论对微型行星（特别是小行星）的了解。

9.2.1　半径和反照率

小行星反射光量与天体的视觉反照率乘以其投影（到天空的）表面积成正比［式（3 - 19）、（3 - 20）］。相反，总热辐射与吸收日照 $1 - A_b$（A_b 为球面反照率）和天体的投影表面积的乘积成正比。大致上，无大气天体的表面日照是平衡的，反射辐射和发射辐射之和等于接收的太阳辐射。因此，如果已知天体的可见光几何反照率和球面反照率之间的关系，测量热辐射和反射辐射就足以确定天体的大小和反照率。结合可见光和红外波长的测量来提取天体的尺寸和反照率的技术被称为辐射测量法（radiometry，附录 E.3）。

几何反照率与球面反照率之间存在相位依赖关系，即取决于天体表面光度和热特性的相位积分 q_{ph}［式（3 - 15）］。多数微型行星仅在有限的太阳相位角 ϕ 范围内可观测。从 $r_\odot \approx 1$ AU 起，海王星外天体仅在 $\phi \approx 0°$ 可见，而大多数主带小行星则在 $\phi \leqslant 30°$ 内可见。只有近地天体距离地球足够近时，才能在大相位角范围内观测到。因此，对于大多数天体，几何反照率和球面反照率之间的关系不能通过观测来确定。由于微型行星的热特性基本未知，大多数研究人员通常假设小行星与月球类似，为覆盖着一层厚松散颗粒风化层的球形天体，热惯量低（5.5.1节）[①]。具有这种特性的天体只辐射其夜半球吸收日照的一小部分，因此大相位角的热辐射很小。然而，假设一些大型小行星具有类似月球的特征，但是其半径和反照率与恒星掩星测量获得的半径不一致，说明月球和小行星之间的热辐射角分布存在差异。伽利略号飞越艾女星时，首次直接测量了小行星的相位积分和球面反照率（表 9 - 3），其数值与月球有很大不同。为了补偿这种差异，通常在式（3 - 20）（相角 $\phi \approx 0°$）中加入一个波束因子 η_ν

$$\mathcal{F}_{out} = \pi R^2 \eta_\nu \epsilon_\nu \sigma T^4 \qquad (9 - 2)$$

设 $\eta_\nu \approx 0.7 \sim 0.8$，对于半径超过 25 km 的小行星，其半径和反照率与独立的辐射测量、偏振测量和恒星掩星测量得出的值非常吻合。这表明，与月球相比，小行星的表面更加粗糙。

---

① 许多建模者使用全热物理模型。但当材料的热惯量［式（3 - 30）］和热趋肤深度［式（3 - 31）］未知时，此类模型的可靠性可能不会比式（9 - 2）中包含波束因子 η_ν 的标准月球模型高多少。

表 9 - 3　反照率和相位函数

天体	$A_{0,v}$	$q_{ph,v}$	A_v	A_b	Ref.
月球	0.113	0.611	0.069	0.123	1
火星	0.138	0.486	0.067	0.119	1
艾女星（243 Ida）	0.21	0.34	0.071	0.081	2
艾卫（Dactyl）	0.2	0.32	0.064	0.073	2
玛蒂尔德星（253 Mathilde）	0.047	0.28	0.013		3
爱神星（433 Eros）	0.29	0.39	0.11	0.12	4
加斯普拉星（951 Gaspra）	0.23	0.47	0.11		5
糸川星（25143 Itokawa）	0.53	0.13	0.069	0.07	6

$A_{0,v}$：在可见波长 v 处的几何反照率。

$q_{ph,v}$：在 v 处的相位积分。

A_v：$v(A_{0,v} \times q_{ph,v})$ 处的反照率。

A_b：球面反照率。

1：Veverka et al.（1988）；2：Veverka et al.（1996）；3：Clarket al.（1999）；4：Domingue et al.（2002）；5：Helfenstein et al.（1994）；6：Lederer et al.（2005）。

对于较小的天体，即使在式（9-2）中包含了波束因子 η_v 之后，通常也很难从辐射测量中得到与其他技术所得值一致的直径和反照率。有各种各样的原因可以解释这种困难：（ⅰ）天体可能非常非球面；（ⅱ）旋转和倾斜速率和方向改变了"观测"温度；（ⅲ）小行星可能没有风化层（9.2.3 节），在这种情况下，热惯性高得多，且多达 50% 吸收日晒可从其夜半球辐射；（ⅳ）小行星的表面可能富含金属。在后一种情况下，热辐射率可能低至 0.1，而热导率非常高。低辐射率将提高表面温度，并将大部分热辐射转移到更短的波长。除非在合适的波长观测到辐射，否则这种转移可能不会被注意到，而推导出的小行星属性可能存在明显错误。

9.2.2　形状

9.2.2.1　光变曲线分析

光变曲线（附录 E.1）表明大多数微型行星的自转周期在 4～16 h 之间。通过多年观测获得的不同视角的光变曲线，确定了许多小行星的形状、极点位置和自转方向（图 9-4）。对于大到足以从地面（使用自适应光学技术或雷达）分辨出来的天体，以及被哈勃望远镜观测到的天体，或已被探测器成像的小行星，由光变曲线推导的形状和高分辨率图像之间达到了极好的一致性（图 9-4）。

对比主带小行星和近地小行星的光变曲线，发现它们的振幅分布相似，说明这些天体总的形状分布是相似的。相比之下，特洛伊小行星通常表现出比主带小行星和近地小行星更大的平均光变曲线振幅，表明其形状更为细长。另一方面，尽管只有有限的柯伊伯带天体数据样本，但柯伊伯带天体通常比类似尺寸的小行星表现出更高比例的小振幅光变曲线和更长的旋转周期［尽管需要注意到妊神星（136108 Haumea）的自转周期小于 4 h］。

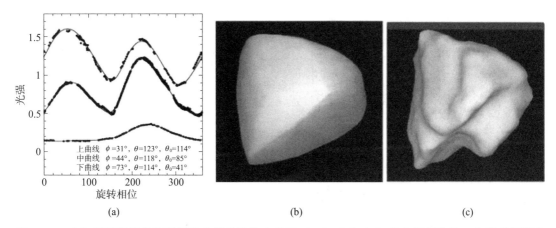

图 9 - 4　（a）不同观测条件下近地小行星格勒夫卡星（6489 Golevka）的太阳相位角 ϕ 和地球视距角 θ、太阳视距角 θ_0 的光变曲线。叠加在一起就是最匹配所有光变曲线数据组合的形状模型的模型曲线。（b）格勒夫卡星的形状模型，通过 30 条光变曲线反演得到［（a）为其子集］。（c）格勒夫卡星的形状模型（飞行平面视角，见图 9 - 5），根据 1995 年 5 月获得的阿雷西博射电望远镜延迟-多普勒观测重建。该近地小行星的尺寸为 0.35 km×0.25 km×0.25 km。［（a）由米科·卡萨莱宁（Mikko Kaasalainen）提供。（b）和（c）源自 Kaasalainen et al. 2002］

9.2.2.2　雷达数据

天体的形状也可以通过雷达观测来确定，详见附录 E.7。离地球非常近的近地天体其雷达回波可能非常强。对于这类天体，可以获得时间和频率（多普勒延迟）上的高分辨率观测，进行数据反演，恢复小行星的三维形状。全雷达信号反演需要 15 个参数与数据拟合；尽管有大量的自由参数，结果还是相当可靠的。在过去的几十年里，获得了几个近地天体和主带小行星的三维图像（图 9 - 5）。许多近地天体都很细长，实际上可能是相接双星。近地小行星图塔蒂斯星（4179 Toutatis，图 9 - 5）除了明显分成两部分的形状，还显示了一个有趣的旋转，它由两种运动组成，周期分别为 5.4 天和 7.3 天。这些运动以这样一种方式结合在一起，使得图塔蒂斯星相对于太阳的方向永远不会重复。它在太空中"翻滚"（9.4.6 节）。近地小行星地理星（1620 Geographos，图 9 - 8）显示了它细长的身体末端的特殊突起。它们可能是由于撞击产生的挖掘，以及随后天体表面引力和离心力比例产生了巨大变化，导致撞击喷出物发生沉积而形成的。相比之下，近地小行星格勒夫卡星（6489 Golevka）要圆得多。

M 型小行星的雷达反射率非常高。例如，主带小行星艳后星（216 Kleopatra）的雷达反射率约为 0.6。艳后星是一个狗骨头形状的天体［图 9 - 5（b）］，被金属风化层覆盖，其孔隙度与月球土壤相似。它的形状类似其他明显能看出分成两部分的天体，表明该天体曾经由两个独立的天体组成，可能通过温和的碰撞"融合"在一起，或者是由于分裂事件后碎片的低速下落，或者是由于双星系统的潮汐衰变。随着最近这颗小行星两颗小卫星的发现（9.4.4 节），其碰撞起源似乎得到了很好的证实。

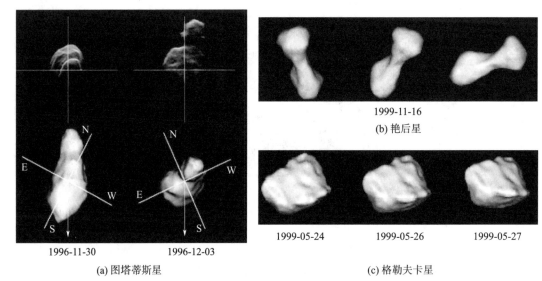

1996-11-30　　　　1996-12-03　　　　　　　1999-05-24　　　1999-05-26　　　1999-05-27

(a) 图塔蒂斯星　　　　　　　　　　　　　　　　(c) 格勒夫卡星

图 9 - 5　（a）近地小行星图塔蒂斯星在 1996 年两个日期的高分辨率延迟多普勒图像（上）及在天空平面对应的外观视图。使用灰度等级强调亮度对比。十字准星长 5 km，以图塔蒂斯质心为中心。雷达图像随时间延迟（距离）从上到下递增，多普勒频率（径向速度）从左到右递增。十字准星在天球切面上呈南北东西向排列。在底部的天空平面画面中，箭头与投影到天空的瞬时旋转矢量平行。（Ostro et al. 2002）（b）根据 1999 年 11 月 16 日的阿雷西博射电望远镜雷达图像重建的主带小行星艳后星的形状模型（天空平面视图）。比例尺为 100 km。（Ostro et al. 2000）（c）根据 1999 年 5 月 24 日、26 日和 27 日的阿雷西博射电望远镜延迟多普勒观测重建的近地小行星格勒夫卡星的形状模型（天空平面视图）。这颗小行星尺寸为 0.35 km×0.25 km×0.25 km。（Chesley et al. 2003）

9.2.3　风化层

大多数小行星都覆盖着一层风化层（5.4.2.4 节），尽管由各种观测结果证实与月球的风化层（9.2.1 节）相比具有不同性质。

9.2.3.1　冲效应

小行星反射光随相位角 ϕ 显示出了强烈的变化（图 9 - 6）。特别是，在小相位角 $\phi \lesssim 2°$ 时，可以看到亮度的异常增加，这被称为冲效应（opposition effect）。这种由于冲造成的亮度激增是由"阴影隐藏"和相干后向散射效应（coherent - backscatter effect）的结合引起的。后者表示小行星表面存在颗粒物质，即表面必须覆盖一层风化层（附录 E.1）。小行星的冲效应的特征似乎取决于它们的几何反照率，不同类型（9.3 节）的小行星表现出不同的关系（图 9 - 6）。

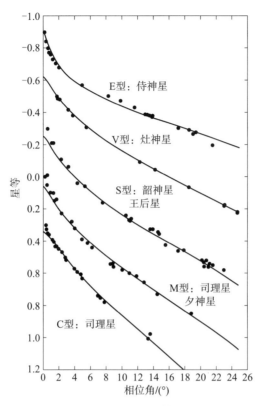

图 9-6　C 型、M 型、S 型、V 型和 E 型小行星在相对星等尺度下的冲效应。实线表示基于光度（如图所示）和偏振（图 9-7）数据的模型。(Muinonen et al. 2002)[1][2]

9.2.3.2　偏振

图 9-7 (a) 显示了谷神星的偏振度与相位角的函数关系。大多数小行星的偏振在 ϕ 较小时为负，在 $\phi \gtrsim 15° \sim 20°$ 时为正。这表明其表面粗糙、多孔或为颗粒状。相位角为 ϕ_{min} 时的最小偏振度 P_{Lmin}、$P_L = 0$ 处的相位角 ϕ_0、以及 P_L 相对于 $\phi(\phi_0$ 附近) 的斜率 h_p 可用于判断天体表面纹理和光学特性。C 型小行星的曲线最陡，V 型和 E 型小行星的曲线最平（$|P_{Lmin}|$ 和 h_p 最小）。大角度 ϕ 的偏振峰值可以诊断天体的表面纹理，但实际上除了与地球交会的天体，其他天体的偏振不可能从地球上观察到，斜率 h_p 似乎与几何反照率 A_0 直接相关，而与表面的性质无关［图 9-7 (b)］。因此，可以通过偏振-相位曲线确定几何反照率以及天体的直径。

图 9-7 (c) 显示了月球和陆地岩石（区域 I），岩石粉末和月壤细颗粒（区域 II）的 P_{Lmin} 与 ϕ_0 曲线；粒径在 30 μm 到 300 μm 之间的陨石和岩石位于这两个区域之间。因此，

---

　　① 图中各小行星的英文名称分别为：侍神星（44 Nysa）、灶神星（4 Vesta）、韶神星（6 Hebe）、王后星（20 Massalia）、司赋星（22 Kalliope）、夕神星（69 Hesperia）、司理星（24 Themis）。——译者注

　　② 图中王后星（20 Massalia）本是以法国城市马赛命名，19 世纪翻译时误译为王后星。此处按约定俗称维持原译。——译者注

除了几何反照率和半径外，还可以通过测量天体的偏振特性来确定其表面纹理。大的天体（如水星、月球和火星）位于Ⅱ区内，说明有细粒风化层。小行星位于Ⅰ区和Ⅱ区之间，表明是一种由粉碎的岩石和粗粒径物质组成的混合物。

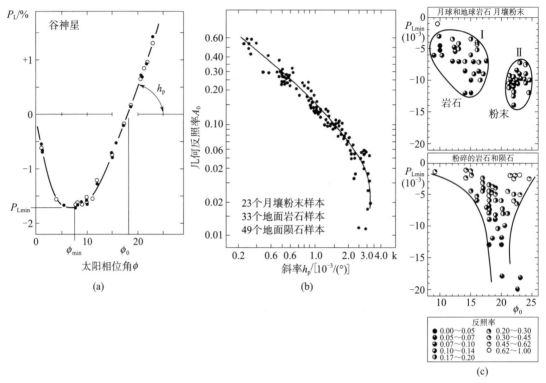

图 9-7　（a）谷神星线偏振度与太阳相位角 ϕ 的函数关系。显示了各个偏振参数的定义。（b）以每度相位角的极化百分比测量的斜率 h_p［（a）］与反照率 $A_{0,\phi=5°}$ 之间的关系，归一化为白色氧化镁表面的情况。因为这些暗天体的偏振值很大，接近于 1，在反照率 $A_0 < 0.06$ 时存在饱和效应。在 $A_0 > 0.06$ 时，h_p 与 A_0 的经验关系可以表示为 $\log A_0 = -0.93 \log h_p + 1.78$。（c）$P_{Lmin}$ 与 ϕ_0 关系图：上方的图为月球和陆地岩石（区域Ⅰ）、月壤粉末（区域Ⅱ）；下方的图为两个区域之间粒径在 30 μm 到 300 μm 的陨石和岩石。（所有图像均来自 Dollfus et al. 1989）

9.2.3.3　雷达回波

来自天体的雷达回波由于天体的旋转而发生多普勒增宽（附录 E.7）。然而，对于像月球和水星这样的天体，观测到的带宽通常小于最大值［式（E-8）中的 B_{max}］，因为信号主要由倾斜于雷达系统方向的地表斜坡的镜面反射主导。这些倾斜集中在投影圆盘的中心附近，那里天体旋转引起的多普勒偏移相对较小。与月球、水星或火星的雷达观测相比，观测到的小行星的光谱带宽并不比预期的边界到边界带宽（B_{max}，图 9-8）小很多，表示天体的表面非常粗糙。相比之下，同向圆极化（SC）下的雷达功率与反向圆极化（OC）下的雷达功率之比 SC/OC 一般较低。主带小行星通常 SC/OC<0.2。因此，小行星在超过米级尺度上看起来是非常不规则的天体，但在厘米尺度上却很平滑。近地天体的 SC/OC 比较高，为 0.2≲SC/OC≲0.5，因此其表面比主带小行星更粗糙。

由于雷达反照率与菲涅尔系数［式（E-6）］有关，可以从雷达回波中推导出材料的介电常数。这个参数产生关于天体表面层的组成和密实度的信息［式（3-118）、式（E-7）］。如果陨石确实与小行星类似，那么雷达反照率就能提供表面孔隙度的测量，从而判断出风化层是否存在。例如，如果假设某一特定小行星的陨石类似物是铁陨石，雷达反照率为 0.2 表明风化层材料的孔隙度为 50%（图 E-7）。然而，如果 C 型小行星的雷达反照率为 0.2，则表明该小行星并没有被风化层覆盖。

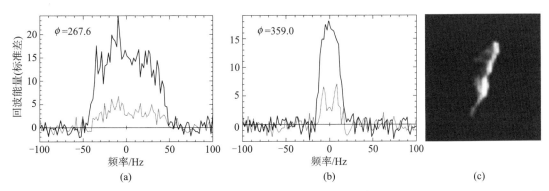

图 9-8　1994 年发射频率为 8 510 Hz 的金石雷达天线获得的近地小行星地理星（1620 Geographos）的雷达回波光谱（a）、（b）和雷达图像（c）。回波功率以标准差相对于小行星质心回波的估计频率的多普勒频率（Hz）绘制。实线和虚线分别为在 OC 和 SC 极化下的回波。光谱处于对应带宽极值的旋转相位 ϕ。雷达图像（右图）不同于常规的视觉图：它由向底部增加的时间延迟（距离）回波和向右侧增加的多普勒频率（视距速度）组成。（Ostro et al. 1996）

9.2.3.4　射电频谱

电磁辐射通常探测天体表面深处约 10 个波长的深度（3.4 节）。因此，用射电波段能够比可见光和红外线对小行星的地壳进行更深入的测量。多波长热发射数据与热物理模型的比较给出了深度与表层密度和温度的依赖关系。几颗主带小行星的射电频谱表明，这些天体基本被一层几厘米厚的蓬松（高度多孔）尘埃覆盖；在月球和水星上也观察到类似的尘埃层。这种覆盖在高度压实的风化层上的蓬松尘埃层的总体结构很可能是由小型流星体的撞击造成的，这些流星体在压实深层的同时，保持了顶层的低密度。

9.3　组成与分类

小行星就像陨石一样，表现为一组成分多样的大型岩石。一些小行星含有如碳水化合物和水合矿物等挥发性物质，而另一些小行星似乎完全由难熔硅酸盐和/或金属组成。一些小行星类似于原始岩石，而另一些则经历了不同程度的热过程。因为距离太阳更远，海王星外天体经历的热过程可能更少。根据宇宙的丰度比率，海王星外天体的组成很可能是冰和岩石质量大约各占一半的混合物。

小行星和海王星外天体的组成，包含了最终积聚成八大行星的星子形成和演化的环境线索。提取成分信息的主要手段是通过遥感光谱学。科学家获得了许多天体的可见光和近红外波段的反射光谱、红外波段的热光谱，以及无源射电和/或雷达数据。在 9.3.1～ 9.3.3 节中，总结了小行星分类方法，以及在理解这些类别、小行星组成和太空风化作用 之间关系方面的最新进展。在 9.3.4 节中讨论了海王星外天体的光谱多样性。

9.3.1 小行星的分类

半径 $R > 20$ km 的小行星的反照率（0.55 μm）直方图呈双峰分布，在 $A_0 \approx 0.05$ 和 0.18 处有明显的峰值。这些反照率与可见光和近红外波段的反射光谱在历史上被用来将 小行星分类［图 9-9（a），表 9-4］。最大的一类小行星是碳质或称 C 型小行星，大约占

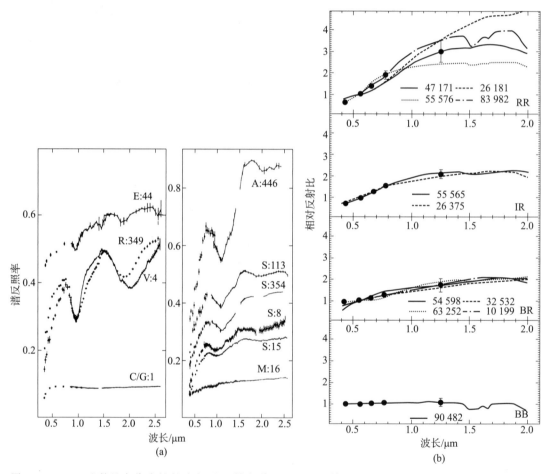

图 9-9　（a）少数具有代表性的小行星反射光谱。左图：谷神星（1 Ceres）（C/G 型），灶神星（4 Vesta）（V 型），侍神星（44 Nysa）（E 型）和邓鲍斯基星（349 Dembowska）（R 型）。右图：花神星（8 Flora）（S 型），司法星（15 Eunomia）（S 型），灵神星（16 Psyche）（M 型），羊神星（113 Amalthea）（S 型；偏置＋0.1），爱莲星（354 Eleonora）（S 型；偏置＋0.1）和恒神星（446 Aeternitas）（A 型；偏 置＋0.2）。（Gaffey et al. 1989）（b）四类海王星外天体的光谱：实心圆代表平均宽带反射数据，标准化 为 V 波段（0.55 μm）。每组都有观测良好的小行星模型，如编号所示。［图片来源：安东内拉·巴鲁奇 （Antonella Barucci）］

已知小行星的 40％。它们是在波长＞0.4 μm 区域反射光谱平坦（颜色中性）的暗天体，几何反照率 A_0 的典型值为 0.04～0.06。一些 C 型小行星在波长 3 μm 附近表现出吸收带，表明可能有以水合硅酸盐形式存在的水。碳质球粒陨石（CI，CM）的反射光谱与 C 型小行星非常相似，因此 C 型小行星可能富含碳（8.2 节和图 8 - 10）。它们是低温冷凝物，是几乎没有经过加热的原始天体。光谱相似但可以测量出不同的小行星归类为 B 型、F 型和 G 型小行星，与原始的 C 型小行星相比，B 型、F 型和 G 型小行星可能已经被加热到足以引起一些矿物变化的程度。

表 9 - 4　小行星分类类型

	低反照率型（$A_0 < 0.1$）：	
C	碳质小行星；表面成分与 CI 和 CM 陨石类似。主要分布在外主带（＞2.7AU）。光谱平坦，在波长＜0.4 μm 处紫外吸收；在波长＞0.4 μm 处轻微红化。子类：B 型，F 型，G 型
D	主要分布在主带最外层和特洛伊带。红色无特征光谱，可能是有机物质造成的
P	主要分布在外主带和主带最外层。光谱平坦略显红化，与 M 型类似，但反照率较低
K	类似 CV 和 CO 陨石。在波长＜0.75 μm 处具有陡峭的吸收特性；在波长 1 μm 处有轻微吸收，在 2 μm 处无吸收
T	稀有，成分未知；可能由 C 型演变而来。在波长＜0.85 μm 时中等吸收；在波长＞0.85 μm 时为平坦光谱
	中等反照率型（$0.1 < A_0 < 0.3$）：	
S	石质小行星，主要在主带内侧偏中部。在波长＜0.7 μm 处有吸收特征。在波长 1 μm 和 2 μm 附近弱吸收
M	石-铁或铁质小行星；光谱介于无特征平坦和红化之间
W	与 M 型类似，但在波长 3 μm 处有一个吸收带（表示水合作用）
Q	类似普通（H，L，LL）球粒陨石。吸收特征在波长 0.7 μm 附近
A	在波长＜0.7 μm 处有明显红化。在 1 μm 附近有很强的吸收特性
V	在波长＜0.7 μm 和 1 μm 附近有强吸收特性。类似玄武岩无球粒陨石。典型示例：灶神星
R	光谱介于 A 型和 V 型之间。类似于富含橄榄石的无球粒陨石。典型示例：邓鲍斯基星
	高反照率型（$A_0 > 0.3$）：	
E	顽辉石小行星。集中在主带内边缘附近。无特征，平坦略带红化的光谱
X	可见光谱与 P 型、M 型或 E 型相同，但吸收光谱为 0.49 μm 和 0.60 μm

已编目小行星的第二大类（30％～35％）是 S 型或石质小行星。这些天体相当明亮，几何反照率从 0.14 到 0.17 不等，有红化[①]特征。S 型小行星在波长＜0.7 μm 附近处有较强的吸收特征，表明有铁氧化物存在。S 型小行星在波长 1 μm 和 2 μm 附近有弱到中等的吸收光谱，表明含铁和镁硅酸盐的组合，如辉石 [（Fe，Mg）SiO$_3$] 和橄榄石 [（Fe，Mg）$_2$ SiO$_4$]，混合着纯金属镍铁。这些天体很可能是通过熔化结晶的，因此 S 型小行星通常被归类为火成天体。然而，正如下面所讨论的，目前还不清楚 S 型小行星是否确实是火成的，或者它们是否可能是表面被太空风化作用改变的原始天体；支持后者的证据越来越

---

① 红化（reddish），指光谱强度随波长增加而增强。与之对应的还有蓝化（bluish），即光谱强度随波长增加而减弱。——译者注

多（9.3.2 节）。

大约 5%～10% 的小行星被归类为 D 型和 P 型。D 型和 P 型小行星相当暗，$A_0 \approx 0.02 \sim 0.07$，平均比 S 型小行星略红一些。D 型和 P 型小行星均无光谱特征。它们可能代表着比碳质 C 型小行星更原始的天体。没有与它们的光谱类似的陨石。P 型和 D 型小行星的红色归因于有机化合物，可能是通过太空风化作用产生的。

M 型小行星的光谱与 P 型小行星相似，但反照率较高，$A_0 \approx 0.1 \sim 0.2$。M 型在可见波长的光谱缺乏硅酸盐吸收特性，使人联想到金属镍铁。它们的光谱类似于铁陨石和顽火辉石球粒陨石，这些陨石由镍铁颗粒组成，嵌在顽火辉石（$MgSiO_3$）中，是一种富镁硅酸盐。

一些反照率在 0.25～0.6 之间，非常明亮的小行星也已经被发现，并归为 E 型小行星，它们显示线性、平坦或略显红化的光谱。它们可能由顽火辉石或一些贫铁硅酸盐组成。

与 M 型和 E 型小行星类似的陨石表明，这些小行星通过熔融阶段经历了大量的热过程。它们通常被解释为被破坏的大型小行星的核心碎片。但在许多较大的 M 型和 E 型小行星（其中约 75% 的 $R \gtrsim 30$ km）中发现了波长 3 μm 附近的吸收带后，这种解释变得有些不准确。这些天体被重新归类为 W 型，因为"水"以水合作用的形式存在，具有原始而非火成岩天体的特征。这种 M 型/E 型和 W 型小行星之间明显的不匹配或对比令人费解。

一些小行星被归类为 X 型，包含了反照率从低到高，光谱类似于 P 型、M 型和 E 型的小行星。这些小行星的光谱不同于常规的 P 型、M 型和 E 型，因为它们在波长 0.49 μm 附近有较强的吸收带，在 0.60 μm 附近有较弱的吸收带，可能是由陨硫铁（FeS）产生的。

除了数量最大的小行星类型，还有一些小型的小行星类型，其中一些类型只包括几颗小行星。光谱不符合任何既定类型的小行星被称为 U 型或未分类小行星。R 型小行星邓鲍斯基星的光谱表明，它含有大量的橄榄石但只有很少或没有金属。它类似于一个未完全分异天体的上地幔中提取出金属后的硅酸盐残留物。

灶神星（V 型）在大型小天体中是独一无二的，因为它似乎被玄武岩物质覆盖。其光谱类似于钙长辉长无粒陨石（8.1 节），在波长 1 μm 和 2 μm 附近显示辉石吸收带，以及在波长 1.25 μm 处有来自斜长石［（CaAl，NaSi）$AlSi_2O_8$］的弱吸收带。除了灶神星外，人们还发现了几颗小型的 V 型小行星，它们的轨道与灶神星相似。这些小行星和钙长辉长无粒陨石，可能是在撞击灶神星的过程中被炸出来的，灶神星的高分辨率图像上可以看到撞击产生的 406 km 宽的撞击坑。

在主带中几乎没有发现 Q 型小行星，而大约 1/3 的近地天体要么是 Q 型，要么处于 Q 型和 S 型之间的"过渡区"。Q 型小行星光谱与 LL 型普通球粒陨石相匹配，一般有较深的吸收带，且与 S 型小行星光谱相比红化较弱。

小行星类型的"字母汤"（仍在增加并且有时划分不一致）可能会让非专业人士感到

困惑。要记住的最重要的类型是常见的 C 型小行星，它们比较暗，颜色中性，类似碳质球粒陨石，光谱呈亮红色的 S 型小行星在内小行星带很常见，深红色的 D 型小行星在日心距较大处很常见，M 型小行星（至少有一部分）富含金属。

9.3.2　太空风化

奇怪的是，似乎没有大的小行星类型与最常见的陨石样品普通球粒陨石的光谱相匹配，而与 LL 普通球粒陨石相匹配的 Q 型小行星光谱在近地天体中相对常见［如阿波罗星（1862 Apollo），布莱叶星（9969 Braille）］。原始的普通球粒陨石的母体在哪里？它们是否隐藏在小行星带中（也就是说，太小而无法被探测到）？另一种说法是，太空风化作用可能会改变小行星的光谱：太阳风粒子、太阳辐射和宇宙射线与行星体的相互作用可能会导致小行星表面物质的化学变化，从而"隐藏"小行星的真正组成。太空风化作用可能改变了 S 型小行星的表面组成，如果这样 S 型小行星可能是普通球粒陨石的母体。这一观点似乎得到了观察结果的支持：最小的 S 型小行星比更大的小行星更像普通球粒陨石，即它们似乎落在 S 型和 Q 型之间的过渡区域。如果较小的小行星是相对年轻的碎片，那么它们暴露在太空风化作用下的时间比较大的小行星要短，因此其光谱可能更接近普通球粒陨石。

会合-舒梅克号探测器（NEAR - Shoemaker）对一颗中等大小的 S 型近地小行星爱神星的观测表明，它的体积元素组成和可见光及近红外波长的光谱与普通球粒陨石非常相似。这一观测有力支持了太空风化作用改变/隐藏了 S 型小行星的原始成分的理论，但上述假设难以得到明确的证明，也不容易在实验室中模拟太空风化作用。太空风化作用显然会使天体表面变暗变红，但天体表面有时会因撞击，包括导致表土混合和侵蚀的微陨石撞击，而"恢复活力"。

9.3.3　空间分布

小行星分类类型与距日心距离有很强的趋势性（图 9 - 10）。高反照率的 E 型小行星只出现在小行星带的内缘附近。主带内部以 S 型小行星为主，主带中部以 M 型小行星为主，而暗的 C 型天体主要分布在主带外围。D 型和 P 型小行星仅在小行星带的最外层和特洛伊小行星中被发现。图 9 - 10（b）显示了火成岩天体（假设 S 型小行星为火成岩天体，见前一小节）和原始小行星随日心距的分布。该图显示了与日心距离的相关性：火成岩小行星在日心距离 $r_\odot < 2.7$ AU 处占主导地位，原始小行星在 $r_\odot > 3.4$ AU 处占主导地位。通过光谱表征的，由于加热经历了一些变化的变质岩小行星已经在整个主带被探测到。主带小行星水合相的光谱证据尤其强烈，而在日心距离大于 3.4 AU 的小行星则基本不存在这种光谱特征。

小行星类型与日心距离之间强相关性不可能是偶然发生的。一定是一种原生效应，尽管可能被随后的演化或动力学过程所修正，如果小行星确实是残存的星子，它们在空间中的分布可能会为我们了解太阳星云的温度、压强和化学成分提供帮助。C 型富碳（原始）小行星和 S 型贫碳（可能为火成岩小行星）小行星在空间分布上的差异与原始太阳星云中预期的温度结构在性质上一致。P 型和 D 型小行星可能比 C 型小行星更原始，可能是在更低的温度下形成的；不幸的是，人们对 P 型和 D 型小行星的组成了解不多，因为在地球陨石收集中只有一种光谱类似（类似于 D 型小行星的塔吉什湖陨石）。内主带小天体反射率高也符合内-中主带小天体温度更高的结果。

目前，尚不清楚形成后的演化（包括太空风化和动力学过程）在多大程度上掩盖了小行星成分的原始分布。然而，小行星在不同日心距下的分类类型的有序排列显然包含了太阳系形成历史的重要线索。虽然主小行星带和外小行星带的小行星分类类型与日心距具有这种趋势，但近地天体几乎在所有分类类型中都有代表，这表明小行星带中的许多位置都提供了近地天体族群的来源，正符合动力学论点的预期（9.1 节、2.3 节）。

在这里提醒读者关于小行星样本的统计数据。这些样本强烈偏向于附近明亮、高反照率的天体。因此，相对于 C 型小行星，S 型天体的数量过多，因为它们平均而言更亮且离太阳更近；由于同样的原因，对 D 型小行星的探测存在更强烈的偏差。事实上，一旦清除反照率偏差，C 型小行星可能大约占近地小行星和内主带小行星的 50％。

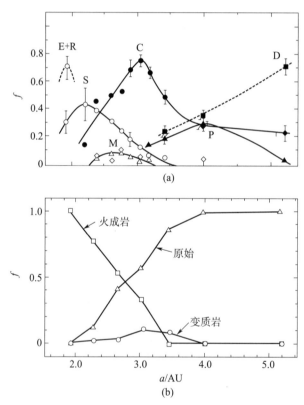

图 9-10　　（a）小行星分类相对日心距分布的曲线图。显示了 E 型、S 型、C 型、M 型、P 型和 D 型小行星分布与日心距的关系。为了清晰起见，数据点间绘制了平滑曲线。（b）火成岩小行星、原始小行星和变质岩小行星类型的分布与日心距的关系（此图假设 S 型小行星为火成岩小行星）。（来自 Bell et al. 1989）

9.3.4　海王星外天体光谱

根据可见光光谱，海王星外天体和半人马天体可以细分为 4 组：蓝灰（BB）、蓝红（BR）、中红（IR）和极红（RR）。蓝灰组包含相对于太阳来说是中性颜色的天体，而蓝红、中红和极红组包含逐渐变红的天体 [图 9-9（b）]。极红组包含半人马天体福鲁斯（5145 Pholus）、1992 QB_1（除冥王星/冥卫一外第一个探测到的海王星外天体）和遥远的天体赛德娜星，而冥王星、阋神星、凯龙星和亡神星（90482 Orcus）属于蓝灰组。将这些海王星外天体按组划分而非按类型划分，是为了将其与小行星区分开来，因为小行星的不同分类类型显然与组成和物理特性有关。目前尚不清楚海王星外天体的不同光谱特征是否反映了其包含不同的原始成分或经历了不同的表面处理程度。红色天体可能是因太空风化作用呈红色，而灰色天体可能是由于碰撞或类似彗星的活动（如凯龙星）翻搅出中性颜色的原始物质而重置了它们的"时钟"。对海王星外天体和半人马天体的调查仍然没有定论。所有冷群柯伊伯带天体呈现红色光谱特征，而热群柯伊伯带天体则呈现蓝灰色。半人马天体光谱具有双峰分布，本质上是蓝灰和极红天体，而黄道离散天体主要是蓝灰天体。

虽然大多数海王星外天体和半人马天体的反射光谱在可见波段相对没有特征，但它们在近红外波段上的特征非常丰富。最大的柯伊伯带天体冥王星和阋神星显示了最易挥发的 CH_4 冰和 N_2 冰的吸收带（图 9-11）。不过要注意的是，氮冰是很难看到的，阋神星上存在 N_2 冰的证据不像冥王星上那么明显。冥王星也显示出 CO 冰的吸收带。鸟神星（136472 Makemake）和赛德娜星都显示了无 N_2 冰的 CH_4 吸收带，而在妊神星、创神星（50000 Quaoar）和冥卫一上，仅探测到水冰的吸收带（加上创神星的 NH_3 冰）。一些天体上发现了更奇特的冰，如甲醇 [CH_3OH，福鲁斯星（5145 Pholus）和（55638）2002 VE_{95}] 和乙烷（C_2H_6，鸟神星和创神星）。

冥王星和海王星最大的卫星海卫一，据推测是被捕获的柯伊伯带天体（13.11 节），它们都有稀薄的大气，大气主要由 N_2 组成，并有微量 CH_4 和 CO（4.3.3.3 节）。其他大型海王星外天体也可能有大气层，但到目前为止还没有被发现。正如 4.8.1 节中所讨论的，大气层的持续存在取决于天体的引力和大气层的温度。同样，挥发性冰的保留也取决于引力和温度。对从大型柯伊伯带天体金斯逃逸的计算表明，冥王星、海卫一、阋神星和赛德娜星足够大、足够冷，足以持续存在 CH_4 冰、N_2 冰和 CO 冰，而海王星外天体、妊神星和鸟神星是挥发性物质保留的临界天体。较小的柯伊伯带天体早就通过大气逃逸失去了所有的 CO、CH_4 和 N_2。

未被 CH_4 冰覆盖的几个最大柯伊伯带天体显示出水冰深度吸收的特征，而较小的柯伊伯带天体光谱则更中性或具有较弱的水冰吸收特征。一些大型的柯伊伯带天体，如创神星、冥卫一、亡神星和妊神星，显示了结晶水冰的特征 [图 9-11（b）]。由于来自太阳和宇宙射线的高能光子的持续轰击会在 100 万～1 000 万年内将结晶冰转变成非结晶形式，这些天体存在结晶冰仍需解释。原则上，大型柯伊伯带天体中的放射性辐射热足以将非结晶态的冰转变成结晶状的冰，但需要某些机制 [可能是微陨石"翻耕"（5.4.2.4 节）或冰火山作用］将冰带上地表。虽然内生过程在大型柯伊伯带天体上可能是可行的，但在较小的柯伊伯带天体上必须使用非热外生机制来解释结晶冰的特征，除非这类天体是由较大天体的破坏形成的（例如在 9.4.2 节中讨论的妊神星碰撞家族成员）。

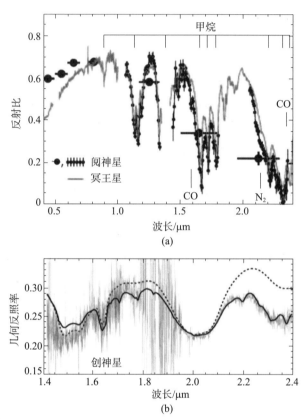

(a)

(b)

图 9 - 11　　（a）冥王星和阋神星的反射率光谱比较，阋神星光谱进行了缩放以便在 I 波段（0.8 μm）与冥王星的反射率光谱一致。大的实心圆显示了来自宽带观测的测光点。指出了甲烷、氮和一氧化碳冰吸收带的位置。（Brown et al. 2005a）　（b）凯克望远镜获得的创神星近红外光谱。由结晶水冰形成的 1.65 μm 的吸收带特征清晰可见，由最佳拟合水冰模型和红色连续体组成的光谱很好地拟合了 1～2.1 μm 区域，但在 2.2～2.4 μm 范围内拟合不足（虚线）。较宽的甲烷吸收带（2.32 μm 和 2.38 μm）和较窄的乙烷吸收带（2.37 μm 和 2.32 μm）（实线）可以很好地拟合这一区域。（Schaller and Brown 2007）

9.4　尺寸分布与碰撞

　　碰撞在小行星带和柯伊伯带的形成中发挥了重要作用，这样的碰撞在太阳系的早期历史中经常发生，而且关于最近的（地质意义上的）碰撞证据也越来越多。下一小节将讨论一些现象，这些现象影响了对微型行星形成和演化所处破坏性环境的认识。这些话题包括微型行星的总体尺寸分布、体积密度和行星际尘埃。

9.4.1　尺寸分布

微型行星的尺寸分布可以用一个有限半径范围内有效的幂律近似。尺寸分布可以用微分形式给出

$$N(R)\mathrm{d}R = \frac{N_0}{R_0}\left(\frac{R}{R_0}\right)^{-\zeta}\mathrm{d}R\,(R_{\min} < R < R_{\max}) \tag{9-3}$$

式中，R 为天体半径，$N(R)\mathrm{d}R$ 为半径在 R 和 $R+\mathrm{d}R$ 之间的天体数量，尺寸分布也可以以累积形式表示

$$N_>(R) \equiv \int_R^{R_{\max}} N(R')\mathrm{d}R' = \frac{N_0}{\zeta - 1}\left(\frac{R}{R_0}\right)^{1-\zeta} \tag{9-4}$$

式中，$N_>(R)$ 为半径大于 R 的天体个数，$R_{\max}$ 为最大天体的半径。式（9-3）、（9-4）中 ζ 为分布的幂律指数；R_0 为基准半径；N_0 为常数，取决于 R_0 的选择。

理论计算表明，如果碰撞过程是自相似的（即只依赖于碰撞体的速度和尺寸比），则碰撞相互作用的天体族群向 $\zeta = 3.5$ 的幂律尺寸分布演化。在这种稳定状态下，在一定质量体中被破坏的天体数量（由于磨削和灾难性破坏）等于在该质量体中被创建的天体的数量（由于吸积和聚集）。斜率 $\zeta = 3.5$ 意味着大部分质量源于最大的天体，而大部分表面积源于最小的天体（习题 9.3）。

图 9-12（a）显示了主带小行星、近地小行星和特洛伊小行星的尺寸分布。整体的小行星尺寸分布符合碰撞演化的幂律（$\zeta = 3.5$）。在小尺寸时，$N_>(R)$ 的平稳状态（即 $N(R)$ 的下降）是对小尺寸小行星的观测偏差造成的。另一种偏差是由于小行星的尺寸、反照率和轨道参数造成的。探测器、处理数据的软件以及被观测的天区会在生成的数据库中引入额外偏差。已经开发了对测量"消除偏差"的技术，因此数据可以与动力学模型一起使用，以提取关于太阳系过去和现在状况的信息。去偏差的主带小行星和近地天体族群如图 9-12（b）所示。这两个族群似乎有非常相似的斜率。

主带小行星的尺寸分布呈"波浪形"：在 R 约 2 km 到 50 km 处有突出的凸起。这种结构加上主带小行星和近地天体的幂律斜率，约束了小行星带动力学演化的模型。图 9-12（b）再现了由这种模型产生的尺寸-频率分布。这个模型包括了雅可夫斯基力对主带小天体的影响，这种影响使主带小天体补充了近地天体的族群，并解释了主带小行星和近地天体尺寸分布的相似性（9.1.1 节）。这个特殊的模型表明，主带小行星分布中的凸起是由原始主带的碰撞演化产生的"化石"，原始主带比现在的小行星带大得多（约 200 倍）。此外，许多较大的（$R\gtrsim 60$ km）小行星可能躲过了碎片化，可以追溯到行星形成的时期。

海王星外天体的累积尺寸分布如图 9-13 所示，并与 $\zeta \approx 3.5$ 的幂律进行了比较。这一幂律与 $m_r \gtrsim 23(R \lesssim 130$ km) 时海王星外天体的尺寸分布非常吻合，但更大的天体呈现出更陡的斜率。如果该族群经历了撞击演化且其中的小天体达到稳定状态，但大型天体未达到稳定状态，则可能会出现这种"双"幂律分布。冷经典柯伊伯带天体（斜率更陡）和热经典柯伊伯带天体＋黄道离散天体的尺寸分布略有不同。较热的族群比冷族群在更大的半径上与 $\zeta \approx 3.5$ 的斜率一致，也就是说，与冷经典柯伊伯带天体相比，热经典柯伊伯带

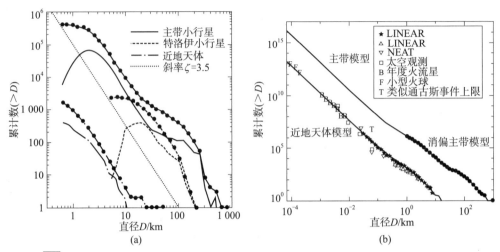

图 9-12　（a）$N_>(D)$ 时主带小行星、特洛伊天体和近地天体的累积尺寸分布（带点的黑线），叠加虚线对应 $\zeta = 3.5$ 的幂律尺寸分布 ［式 （9-4）］。$D \lesssim 300$ km 直径的各种曲线来自于 ASTORB 目录 （2009 年 2 月约 44 万颗天体，ftp：//ftp. lowell. edu/pub/elgb/astorb. html）；$D \gtrsim 300$ km 时使用表 9-1。将数据库中记录的绝对星等 M_v 使用关系式 （Bottke et al. 2005a）：$D(\mathrm{km}) = (1\,329/\sqrt{A_v})(10^{-M_v/5})$ 转换为直径，对于主带小行星和近地天体 $A_v = 0.092$，特洛伊天体 $A_v = 0.04$。这些点显示了每个分格的中心 （每个分格的宽度为 0.5 星等）。为了比较，红色曲线显示了三个族群的尺寸分布差异。（b）动力学演化模型 （实线）与主带小行星和近地天体去偏差分布的比较。大多数 $D \lesssim 100$ km 的天体源自 $D \gtrsim 100$ km 天体有限数量分解而来的碎片 （或碎片的碎片）。将近地天体模型的族群与望远镜、探测器探测到的地球大气中的火流星爆炸以及火球照片得出的估计数据进行了比较。符号 T 是对 50 m 近地天体数量上限的估计，来源于 1908 年通古斯大爆炸 （5.4.6 节）。（Bottke et al. 2005b）

天体中较大的天体达到了破坏和产生之间的稳定状态。这可以用一个事实来解释，即较热的海王星外天体所处的碰撞环境比冷海王星外天体所处的碰撞环境更为猛烈。如果有足够的时间和足够大密度的天体，整个海王星外天体族群应该演化为 $\zeta = 3.5$。

　　由于小型 （千米尺寸）的天体太暗无法直接探测，有几个研究小组进行了恒星掩星测量，以确定海王星外天体最小尺寸分布 （附录 E.5）。中美掩星计划由四个小型 （50 cm）自动望远镜组成，以 5 Hz 的频率监测约 1 000 颗恒星。当有天体经过恒星前方时，恒星的强度会暂时减弱 （被柯伊伯带天体部分遮挡的时间约 0.2 s）。在运行的前两年 （使用三架望远镜）没有探测到柯伊伯带天体，这限制了幂次 $\zeta < 4.6$ （图 9-13）。未来中美掩星计划和其他望远镜的观测可能会对 ζ 有更严格的限制。

9.4.2　碰撞和小行星族

　　柯伊伯带中典型的随机 （相对）速度 $\gtrsim 1$ km/s，而小行星之间的相对速度是几 km/s。这些数字比大多数微型行星的逃逸速度要大得多 （谷神星的逃逸速度为 0.5 km/s）。因此，大多数微型行星之间的碰撞应该是侵蚀性或破坏性的。碰撞的最终结果取决于天体的

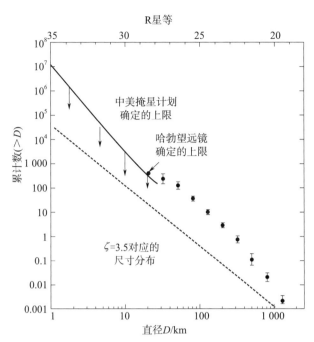

图 9 - 13　海王星外天体累积尺寸分布。带误差线的点来自 Bernstein et al.（2004），将海王星外天体数量密度作为亮度的函数进行了分级估计（68％可信区间的贝叶斯期望），亮度通过不变平面附近的红色滤光片观测（R 星等指在波长 680 nm 下观测到的星等）。实线是中美掩星计划（Zhang et al. 2008）确定的上限。假设 $r_\odot = 43$ AU，$A_v = 0.04$，根据 R 星等确定直径。虚线对应幂律 $\zeta = 3.5$ 的尺寸分布〔式（9-3）、式（9-4）〕

相对速度和强度/尺寸（13.5.3.2 节）。较大的微型行星和铁镍天体对破裂有最大的抵抗力。在超级灾难性碰撞中，碰撞天体完全碎裂，碎片分散到独立但相似的轨道中。在撞击之后，产生的天体在空间中紧密聚集。然而，由于轨道周期的微小差异，小行星碎片在轨道经度上迅速扩散（习题 9.10），行星环内的粒子也是如此（习题 11.7）。如果行星摄动较弱，主轨道根数 a、e 和 i 不会有很大变化，可以用来识别这样的星团。然而，木星会强烈摄动小行星带，并引起主要轨道根数的准周期变化。这些变化可以被计算并剔除，得到不随时间显著变化的固有轨道根数，从而代表更稳健的动力学参数。

　　主带小行星的固有倾角与半长轴的关系图（图 9 - 14）揭示了大量的群组。这些拥有几乎相同轨道根数的小行星集合有时被称为平山族（Hirayama families），以纪念第一个发现它们的日本天文学家平山清次[①]。每个族都以其最大的成员命名。在小行星带中已经发现了 50 多个族，还有一些特洛伊族和一个柯伊伯带天体（妊神星族）。各个族的成员通常也有相似的光谱特性，进一步支持了单一天体经历了灾难性碰撞的共同起源。在柯伊伯带的妊神星族中，光谱性质的相似性尤其引人注目。妊神星和它的两颗卫星（9.4.4

---

　　① 平山清次（Kiyotsugu Hirayama，1874 年 10 月 13 日—1943 年 4 月 8 日），日本天文学家。他因发现许多小行星的轨道非常相似，进而领导发展出"小行星族"的概念而出名。平山星（1999 Hirayama）以他的名字命名。——译者注

节）显示出不同寻常的深度水冰吸收特征线。随后的一些大型红外测量显示，大约还有 8 个柯伊伯带天体也具有类似的深度水冰吸收线。所有这些天体看起来在动力学上都是聚集的，因此它们可能是通过原妊神星的一次巨大撞击形成的。这些天体中有许多还显示有结晶水冰的证据。

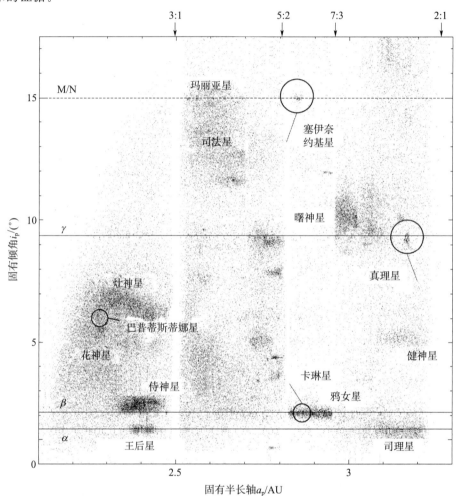

图 9 - 14　约 10^5 颗主带小行星的固有倾角与固有半长轴图，显示了许多具有相似的固有轨道元素的小行星族。这些小行星族代表了大型小行星碰撞后的残余物。水平线表示模型推导出的红外天文卫星（InfraRed Astronomical Satellite, IRAS）尘埃带的固有倾角，实线表示著名的 α、β 和 γ 带，虚线表示较弱的 M/N 和 J/K 带。文中提到了几个小行星族，如真理族（Veritas）、年轻的卡琳族（Karin）和巴普蒂斯蒂娜族（Baptistina，5.4.6 节）。3∶1、5∶2、7∶3 和 2∶1 柯克伍德间隙（在顶部表示）在图表上产生了显著的垂直间隙。（Nesvorný et al. 2003）

对单独小行星族成员轨道的逆向积分表明，至少有 7 个小行星族是在过去 1 000 万年的碰撞中形成的，其中 2 个是在过去 25 万年中形成的。这种灾难性的碰撞最终为近地天体带来了新的成员。约 1.6 亿年前一颗直径约 170 km 的主带小行星的灾难性破碎导致了巴普蒂斯蒂娜族（Baptistina）的诞生。随着时间的推移，动力学过程（即雅可夫斯基效应、YORP 效应）改变了碰撞产生的碎片的轨道，使它们能够撞击类地行星。有人认为，其中一个碎片可能撞击过地球，导致恐龙在 6 500 万年前（K - T 界线[①]，5.4.6 节）灭绝。另一个小行星带灾难性碰撞后果的鲜明实例是真理星族（Veritas）的形成。该族是 830 ± 50 万年前一颗 $R > 75$ km 的小行星破碎而形成。这次撞击可能是过去 10^8 年里最大的主带小行星破碎。真理星族成员的中位固有倾角为 9.3°，对应于红外天文卫星的一个主要尘埃带（图 9 - 14，9.4.7 节）；据推测此尘埃带是当前由这一破碎过程中产生的碎片持续碰撞研磨而产生的。此外，约 830 万年前地球海洋沉积物的 ^{3}He 含量增加了 4 倍；整个事件的过程持续了约 150 万年。^{3}He 可能是被太阳风注入到由最初的灾难性破碎产生的尘埃粒子中，由于坡印亭-罗伯逊阻力（2.7.2 节）和微粒阻力（2.7.5 节），尘埃粒子向地球轨道方向螺旋运动。

9.4.3　碰撞和碎石堆小行星

小行星带中众多族的存在说明有剧烈的碰撞环境。虽然导致小行星族形成的超级灾难性碰撞是罕见的，但导致天体只是断裂或破裂而非解体的较低能量撞击发生的频率要高得多（5.4 节）。后一种情况发生时，单个碎片的速度小于它们相互的逃逸速度，其中一些或大部分碎片合并成一个天体，形成一个碎石堆小行星。碎石堆小行星是由较小天体和内部孔隙在引力约束下组成的集合。碰撞碎片也可能形成双星或多星系统，在这些系统中，天体具有相似的尺寸和质量，或者一个较大的天体被一个或多个小卫星环绕运行。然而，这样的系统通常寿命不长。潮汐相互作用会让一对小行星经历大约 10^5 年的轨道演化［式（2 - 53）和（2 - 80）］。在同步轨道内部的卫星向内演化，使系统最终成为一个碎石堆组合体。同步轨道以外的卫星则向外演化。

正如下面几小节所讨论的，有强有力的证据表明，主带中的大多数小行星是碎石堆小行星，而不是单一致密天体：1）那些密度已经被精确测量的小行星（表 9 - 5）的密度明显低于具有类似光谱的陨石。2）基本没有半径 ≳100 m 的小行星自转周期小于 2 小时（图 9 - 20，只有一个 $R \approx 350$ m 的例外）。对于由引力聚集无强度的天体，其周期在最大自转速率附近急剧截止（习题 9.11），这表明除了最小的小行星外，所有小行星都太脆弱以至于无法在巨大的离心力下将自己凝聚在一起。3）许多小行星族都有几个尺寸相当的大型天体。如果族的母体是同等规模的碎石堆的碰撞模型，则可以再现目前观察到的尺寸和速度分布的小行星族，而如果母体为单一致密天体，碰撞模型产生的最大天体将远远大于任何其他天体。

基于数据和数值计算的结合，可以根据相对抗拉强度和孔隙度对微型行星进行"分类"，这两个参数决定了天体对撞击的反应。具有高抗拉强度和低孔隙度的天体，如整块岩石（即尺寸小于等于 100 m 的天体）或中度断裂的天体，对撞击的反应如 5.4 节所述，可能形成贯穿裂缝。低孔隙度、中等抗拉强度的高度断裂或破坏的天体较难破碎，因为断

[①]　白垩纪（K）-第三纪（T）界线，现在已改称白垩纪-古近纪界线（K - Pg 界线）。——译者注

层和接缝可能抑制撞击拉伸波的传播。碎石堆结构天体具有中高孔隙度，相对抗拉强度低，其撞击传递的能量迅速衰减，压实形成撞击坑。玛蒂尔德星（图 9 - 22）图像表明，这类天体上的撞击坑看起来与月球等天体上的撞击坑非常不同。

比目标天体小得多的撞击，包括（微）流星体的撞击，仅仅是粉碎近地表的岩石，从而创造出一层风化层，就像月球一样（5.4.2.4 节）。因此，预计较大的小行星会被一层厚厚的风化层所覆盖。在天体上产生的风化层数量上可能随着天体尺寸变化有系统差异；较大的天体会保留更大比例的碰撞喷出物，它们的寿命也更长，可以抵御超级灾难性的碰撞。根据不同研究组的计算，尺寸超过 100 km 的小行星将被一层厚达数米的风化层所覆盖，而尺寸小于 10 km 的小行星则可能被最多几厘米厚的风化层所覆盖。正如 9.2 节中所讨论的，对冲效应的光度观测，以及利用偏振测量、雷达和射电技术获得的数据表明，小行星（$R \gtrsim 25$ km）确实通常被一层风化层覆盖，但其尺寸分布与月球不同。

9.4.4 双星和多星系统

许多微型行星以引力结合成对的形式围绕太阳运行。当天体的大小相当时被称为双星，而当一个天体比另一个小得多时，较小的天体通常被称为较大天体的卫星。卫星和双星之间没有精确的边界，但圆限制性三体问题中拉格朗日点处稳定振动所需的质量比 $m_1/m_2 \gtrsim 25$（2.2.1 节）。因此，将尺寸比 $\gtrsim 3$（对于等密度天体）的系统称为主星-卫星系统；如果尺寸比 < 3，则称之为双星系统。在小行星带中，大多数"结合对"属于主星-卫星系统（质量相差很大），而许多已知的柯伊伯带"结合对"是双星系统（质量相似）。相对于物理尺寸，小行星带的"小行星对"通常比柯伊伯带的"小行星对"占据更近的轨道，而在太阳系的两个主要微型行星区域，轨道间距与希尔球的大小［式（2 - 31）］之比相当。

根据开普勒第三定律［式（2 - 13）］，可以确定一对小行星中单星的质量和密度。最终，对轨道更详细的观测也可能提供内部质量分布的信息（2.5 节）。一些较大的小行星的质量是根据它们对其他小行星日心轨道造成的摄动来估计的，另一些小行星通过探测器跟踪也得到了质量估计（9.4.5 节）。表 9 - 5 列出了已知密度的部分微型行星属性。

认为一颗微型行星可能有卫星的想法可以追溯到 20 世纪初，当时爱神星的光变曲线让人们怀疑其存在伴星。一些大型天体的不规则形状，如半径约 75 km × 150 km 的特洛伊小行星赫克托星，表明两个球形天体通过低速碰撞形成了组合体。详细的雷达观测显示，艳后星的形状类似哑铃（图 9 - 5），几个近地天体的形状类似接触的双星（9.2.2 节）。由于小行星之间的典型碰撞速度大约几 km/s，这种温和的碰撞只可能发生在灾难性碰撞产生的碎片之间。另一种可能是，如果大部分喷出物逃逸，一次大碰撞可能产生一个单一的连贯大型细长天体。

金星和地球上约 10% 的已知最大撞击坑（直径 ≥ 20 km）和火星上约 2% 的撞击坑是成对的［例如直径为 32 km 和 22 km 的清水湖撞击坑对（Clearwater Lakes crater pair）］，它们应当是由相似尺寸的天体几乎同时撞击形成的。这些撞击坑的尺寸和间隔太大，不可能是由撞击前被潮汐撕裂或碎片化的单个小行星造成的。这些成对撞击坑很可能是由双星小行星的撞击产生的。相比之下，木卫三［图 5 - 85（c）］、木卫四和月球表面的撞击坑链是由撞击前不久被木星或地球潮汐撕裂的天体残骸撞击的结果，表明原始天体的性质是碎石堆。

第一个被探测到的小行星卫星是艾卫（Dactyl），这是围绕艾女星（243 Ida）运行的一个小天体，由伽利略号于 1993 年拍摄（图 9 - 15）。这一发现使人们重新开始了对小行星伴星的搜索，1998 年利用加拿大-法国-夏威夷光学望远镜（Canada - France - Hawaii telescope，CFHT）上的自适应光学系统，在香女星（45 Eugenia）周围的轨道上发现了一颗卫星。虽然对小行星光变曲线的分析长期以来一直表明存在双星天体，但通过此类观测发现的第一个被广泛接受的双星小行星是近地天体 1994 AW$_1$。它的光变曲线显示了两个具有不同周期和振幅的组成部分，可以很好地与日食/掩星双星模型相匹配。

图 9 - 15　伽利略号拍摄的 S 型小行星艾女星及其卫星艾卫的图像。艾女星大约 56 km 长。图中艾女星右侧的小天体艾卫直径约 1.5 km，距离艾女星约 100 km。（NASA/Galileo PIA000136）

截至 2013 年 1 月，已有超过 200 颗微型行星被确定为多星系统。约 2% 的主带小行星和 R ＞10km 特洛伊小行星是已知的双星或多星，其中大多数是通过 8～10 m 望远镜的自适应光学直接成像发现的（图 9 - 16）。超过 10% 的海王星外天体属于多星系统，其中大多数是在哈勃望远镜图像上发现的。小倾角轨道的双星柯伊伯带天体比大倾角轨道的双星柯伊伯带天体要多得多。双星在近地天体中所占的比例最大，R ＞100 m 的天体中占比约为 15%，大多数通过雷达技术（图 9 - 17）和/或光变曲线分析发现。双星系统可能在近地天体中比主带小行星更常见，因为与地球和其他类地行星的近距离交会可能会潮汐干扰一个复合天体，类似于木星对舒梅克-列维 9 号彗星（5.4.5 节）的潮汐干扰。这种破坏性事件产生的碎片可能会演化成一个双星系统，并在稍后返回时撞击行星。

林神星（87 Sylvia）、香女星、慧神星（93 Minerva）和狗骨状的艳后星，以及已知的第三大柯伊伯带天体妊神星都是三星系统（图 9 - 18）。随着四颗小卫星的发现，冥王星现在有五颗已知的卫星（图 9 - 19）。这些多星系统强化了碰撞起源模型。

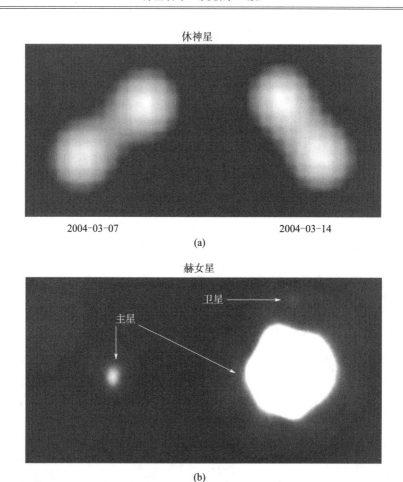

图 9 - 16　双星系统：(a) 2004 年甚大望远镜（Very Large Telescope，VLT）上的自适应光学系统拍摄的 C 型双星小行星休神星（90 Antiope）。两个组成部分尺寸几乎相同（尺寸比为 0.95），平均半径为 42.9 km，间隔 171 km，旋转周期为 16.1 h，推导出的密度为 1.25 g/cm³，表明孔隙度为 30%。（改编自 Descamps et al. 2007）(b) 2003 年 12 月 6 日，凯克望远镜自适应光学系统拍摄的 C 型小行星赫女星（121 Hermione）及其小卫星。赫女星是原神星族（Cybele）的一员。左边的图像显示了主星。虽然在这张图片中看不出几何形状，但赫女星的形状像一个"雪人"。右边的图像光强度已被拉伸，以显示微弱的伴星。此图中散射光使主星看起来比实际大很多，并且有一个不真实的形状。北方向上，东方向左。（Marchis et al. 2005a）

　　质量比的分布和轨道特征为微型行星的起源、碰撞历史和潮汐演化提供了约束条件。纯粹的二体引力相互作用不能将无界轨道转化为有界轨道，反之亦然。暂时捕获可能是由于与太阳的三体相互作用（图 2 - 6）或天体非球形摄动，但为了长期稳定，能量必须以热量的形式消散，或被另一个或多个天体从系统中永久移除。破坏性或大型陨石碰撞（或与行星的强烈潮汐交会）产生的碎片通过引力或碰撞相互作用，可以形成稳定的结合对。这个相互作用的过程与火箭发射过程中的二次点火类似[①]。当两个相互慢慢靠近的天体与第三个天体发生物理碰撞或引力相互作用时，也可能失去能量成为结合对。

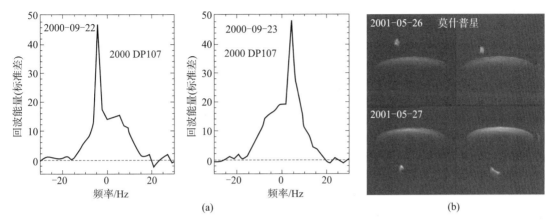

(a) (b)

图 9-17　(a) 2000 年 9 月—10 月近地小行星（185851）2000 DP$_{107}$ 的金石雷达回波（左图）。光谱显示出一个叠加在宽频带上的窄尖峰。宽频带的回波表示快速旋转的主星。窄峰以不同的速度移动，表明存在一个较小的和/或缓慢旋转的次星。窄带回波在负频率和正频率之间振荡，代表了围绕系统质心旋转天体的多普勒频移变化。数据的光谱分辨率为 2 Hz。这是通过雷达测量探测到的第一个双星近地小行星。（Margot et al. 2002）（b）2001 年在阿雷西博天文台获得的 4 幅双星近地小行星莫什普星[②]（66391 Moshup）的延迟多普勒雷达图像。图幅垂直为 5.6 km，水平为 18.6Hz。自转和公转方向为逆时针。扁平的主星的直径为 1.5 km，自转周期为 2.8 小时。0.5 km 的椭圆形次星以近圆轨道围绕主星运行，轨道半径为 2.5 km，周期为 17.4 小时，其长轴指向主星。（Ostro et al. 2006）

　　一个天体对另一个天体产生的潮汐作用（2.6 节）和雅可夫斯基效应（2.7.3 节）也可以消耗能量。虽然这些过程太慢，无法产生大量的捕获物，但它们可以在地质时间尺度上实质性地改变捕获天体的轨道。与侵入天体的相互作用也能改变结合对的相互轨道。小的（相对于结合对中小的天体）、运动缓慢的（相对于结合对相对轨道速度）侵入天体倾向于去除能量，使结合对更紧密，而大的、运动快速的侵入天体可以撕裂系统。大而缓慢移动的天体经过结合对的轨道时，可以捕获其中的一个成员，从而使其最初的同伴逃脱，这个过程被称为交换反应。这些不同的双星形成机制所需要的天体数量可以用来约束早期太阳系的条件。

　　考虑到形成双星和多星系统的各种情况，以及主带小行星和特洛伊小行星，近地天体和海王星外天体之间的差异，各种小天体区域中可能存在不同的主导过程。在主带和特洛伊小行星区域，撞击场景是最可能发生的过程，而捕获场景则更有可能在海王星外天体发生。由于近地天体的动力学寿命（约 1 000 万年）远短于碰撞破坏的时间尺度（约 1 亿

---

　　① 当碎片从小行星表面离开时，它要么速度足够快，逃逸到绕太阳的独立轨道上，要么会重新撞击小行星。为了实现稳定的环绕，碎片必须在远离小行星表面的位置时改变其轨道。与之类似，如果火箭只在大气层中工作（近似为一个脉冲），有效载荷要么被发射到逃逸轨道，要么位于和地球表面相交的椭圆轨道，因此为了进入大气层上方的稳定环绕轨道，火箭也必须在大气层上方再次点火。——译者注

　　② 即临时编号为 1 999 KW$_4$ 的小行星。该小行星于 2003 年获得永久编号，2019 年获得命名。——译者注

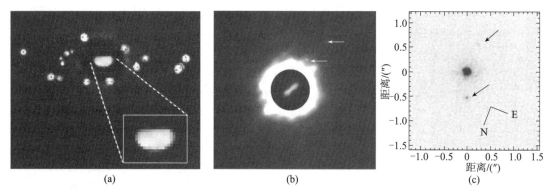

图 9-18　三星系统：(a) 2004 年甚大望远镜的自适应光学系统拍摄的 P 型小行星林神星。虚线对应两个卫星的轨道。这张图片由 9 次单独的观测结果合成，每次在夜间拍摄，使用了非锐化滤镜（一种数字锐化过程）。北方向上，东方向左。插图显示了林神星主星的形状。主星周围的暗斑是滤镜处理造成的伪影。主星跨度为 0.2″（长轴）。(Marchis et al. 2005b) (b) 世界时 2008 年 9 月 19 日观测到的 M 型小行星艳后星和两个小卫星（用箭头表示），使用的是凯克望远镜上的自适应光学系统。在主星散射光的背景下，小卫星刚刚可见。中央的黑色圆圈中显示了主星的狗骨形状［图 9-5 (a)］。［图片来源：弗朗克·马尔基斯（Franck Marchis）］(c) 由凯克望远镜的自适应光学系统获得的海王星外天体三星系统妊神星的图像。波前检测由激光导星完成（17.5 星等天体本身作为倾斜参考星，附录 E.6）。两个卫星用箭头表示。(Brown et al. 2005b)

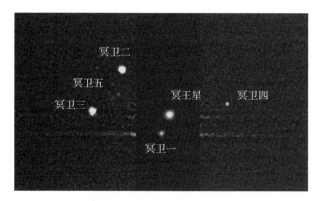

图 9-19　六星系统：冥王星的哈勃望远镜图像，包括它的大卫星冥卫一（卡戎，Charon），小卫星冥卫二（妮克丝，Nix）和冥卫三（许德拉，Hydra），以及最近发现的小卫星冥卫四（刻耳柏洛斯，Kerberos）和冥卫五（斯堤克斯，Styx），如图所示。这幅图像经过处理，大大增强了这四个小卫星相对于冥王星和冥卫一的亮度。冥王星-冥卫一可以被认为是由四颗小卫星环绕的近距离双星。从冥王星和冥卫一发出的四个线性特征是由望远镜的光学镜头产生的衍射峰值。［HST/NASA、ESA、马克·肖沃特（Mark Showalter）、SETI Institute］

年），因此近地天体群族中的双星形成可能由旋转破坏所主导，例如由行星间的潮汐相互作用、彗星喷射或 YORP 效应（2.7.4 节）。

9.4.5　质量和密度

确定一个天体的质量需要观察引力的相互作用，例如一个天然或人造卫星围绕主星运行、一个双星系统或两个天体之间的引力交会。最有效的引力相互作用是在短距离上的长期交会，或者具有相似几何形状天体的重复交会，以便引力效应累积。引力摄动可以通过雷达测距和雷达回波频率的多普勒偏移（如果利用与小行星交会或绕小行星运行的探测器测量，则使用无线电发射机）精确测量。引力摄动也可以通过对被摄动天体在天空平面上的精确天文测量来获得，一旦知道了天体的质量，如果已知其尺寸和形状，就可以确定它的密度。如果一个天体的成分已知（例如通过光谱学），那么它的密度就能提供关于其内部结构的宝贵信息。在某些情况下，已知形状和旋转周期时，可以通过假设形状与天体在流体静力平衡时的形状一致（6.1.4 节）来估计天体的密度，例如伐楼那星。

虽然随着已证实的双星数量的不断增加，小行星和柯伊伯带天体的质量和密度清单在过去几年中显著扩展，但只有一部分微星行星族群的密度有较好的测量结果。表 9 - 5 总结了这些天体的参数，以及确定其质量/密度的方法。例如，灶神星的质量是根据它对阿雷特星（197 Arete）和海女星（17 Thetis）轨道的引力摄动确定的；后一颗小行星的轨道也明显受到了海妖星（11 Parthenope）的干扰，从而可以推导出海妖星的密度。艾女星、玛蒂尔德星、爱神星和糸川星的质量来自于探测器交会时获得的数据。

表 9 - 5　微型行星的尺寸和密度

天体	类型[a]	质量/10^{19} kg	R/km	ρ/(g/cm^3)	方法	参考文献
近地小行星						
494658（2000 UG$_{11}$）	R	$9.4^{+2}_{-4} \times 10^{-10}$	0.115 ± 0.15	$1.47^{+0.8}_{-0.6}$	双星系统	1
185851（2000 DP$_{107}$）	C	$4.3^{+7}_{-1} \times 10^{-8}$	0.4 ± 0.08	$1.62^{+0.3}_{-0.3}$	双星系统	1
莫什普星（66391 Moshup）	?	$(2.35 \pm 0.1) \times 10^{-7}$	0.6 ± 0.06	1.97 ± 0.024	双星系统	2
175706（1996 FG$_3$）	C		0.7	1.4 ± 0.3	双星系统	3
爱神星（433 Eros）	S	$(6.7 \pm 0.3) \times 10^{-4}$	18.7	2.67 ± 0.03	探测器探测	1
糸川星（25143 Itokawa）	S	$(3.5 \pm 0.1) \times 10^{-9}$	0.18 ± 0.01	1.9 ± 0.13	探测器探测	4
主带小行星						
谷神星（1 Ceres）	C/G	94.3 ± 0.7	467.6 ± 2.2	2.21 ± 0.04	轨道摄动	5
智神星（2 Pallas）	B	23.9 ± 0.6	256 ± 3	3.4 ± 0.9	轨道摄动	21
灶神星（4 Vesta）	V	26.7 ± 0.3	264.5 ± 5	3.44 ± 0.12	轨道摄动	1
健神星（10 Hygiea）	C	10 ± 4	203.6 ± 3.4	2.76 ± 1.2	轨道摄动	1
海妖星（11 Parthenope）	S	0.51 ± 0.2	76.7	2.72 ± 0.12	轨道摄动	1
司法星（15 Eunomia）	S	0.84 ± 0.22	127.7	0.96 ± 0.3	轨道摄动	1
司赋星（22 Kalliope）	M	0.81 ± 0.02	84.1 ± 1.4	3.35 ± 0.33	双星系统	6
香女星（45 Eugenia）	C	0.57 ± 0.01	96.5 ± 8	1.1 ± 0.1	多星系统	7
林神星（87 Sylvia）	P/X	1.48 ± 0.01	143	1.2 ± 0.1	多星系统	8

续表

天体	类型[a]	质量/10^{19} kg	R/km	$\rho/(g/cm^3)$	方法	参考文献
休神星（90 Antiope）	C	0.083 ± 0.002	42.9 ± 0.5	1.25 ± 0.05	双星系统	9
驶神星（107 Camilla）	C	1.11 ± 0.03	123 ± 7	1.4 ± 0.3	双星系统	7
赫女星（121 Hermione）	C	0.54 ± 0.03	104.5 ± 2.4	1.1 ± 0.3	双星系统	10
怂女星（130 Elektra）	G	0.66 ± 0.04	108 ± 8	1.3 ± 0.3	双星系统	11
艳后星（216 Kleopatra）	M	0.464 ± 0.002	67.5 ± 1	3.6 ± 0.2	多星系统	12
艾女星（243 Ida）	S	0.0042 ± 0.0006	15.7	2.6 ± 0.5	探测器探测	1
玛蒂尔德星（253 Mathilde）	C	0.0103 ± 0.0004	26.5	1.3 ± 0.2	探测器探测	1
艾玛星（283 Emma）	X	0.138 ± 0.003	80 ± 5	0.7 ± 0.2	双星系统	11
文岛星（379 Huenna）	C	0.0383 ± 0.002	49 ± 2	0.8 ± 0.1	双星系统	11
普尔科沃星（762 Pulcova）	C	0.14 ± 0.01	121.5 ± 1	0.9 ± 0.1	双星系统	7
特洛伊小行星						
帕特洛克鲁斯星（617 Patroclus）	P	0.136 ± 0.011	61×56	0.8 ± 0.2	双星系统	13
赫克托星（624 Hektor）	D	1 ± 0.1	$190\times100\times100$	1.6 ± 0.3	双星系统	14
海王星外天体						
伐楼那星（20000 Varuna）	CKBO		355	$0.99^{+0.09}_{-0.02}$	雅可比椭球[b]拟合	15
（26308）1998 SM$_{165}$	RKBO	0.68 ± 0.02	144 ± 18	$0.5^{+0.29}_{-0.14}$	双星系统	16
台神星（42355 Typhon）	SDO	0.096 ± 0.005	67 ± 7	$0.47^{+0.18}_{-0.10}$	双星系统	17
恶神星（47171 Lempo）	RKBO	1.44 ± 0.25	155 ± 18	$0.5^{+0.3}_{-0.2}$	双星系统	17
湮神星（65489 Ceto）	半人马	0.541 ± 0.042	87 ± 9	$1.37^{+0.65}_{-0.32}$	双星系统	18
亡神星（90482 Orcus）	RKBO	63.2 ± 0.1	450 ± 40	1.5 ± 0.3	双星系统	20
冥王星（134340 Pluto）	RKBO	1305 ± 62	1153 ± 10	2.03 ± 0.06	多星系统	17
冥卫一（Charon）	卫星	1521 ± 6.5	606.0 ± 1.5	1.65 ± 0.06	多星系统	17
妊神星（136108 Haumea）	SDO	421 ± 10	725	2.9 ± 0.4	多星系统	17
阋神星（136199 Eris）	SDO	1670 ± 20	1163 ± 6	2.52 ± 0.05	双星系统	17
1998 WW$_{31}$	CKBO	0.27 ± 0.04	67 ± 8	1.5 ± 0.5	双星系统	19
（139775）2001 QG$_{298}$	RKBO		120	$0.59\pm^{0.14}_{0.05}$	罗奇模型	15

[a] 小行星的光谱类型；海王星外天体（TNO）的动力学分类（CKBO：经典柯伊伯带天体；RKBO：共振柯伊伯带天体；SDO：黄道离散天体）。

[b] 雅可比椭球：见6.1.4.2节。

参考文献 1：Britt et al.（2002）。2：Ostro et al.（2006）。3：Mottola and Lahulla（2000）。4：Fujiwara et al.（2006）。5：Carry et al.（2008）。6：Descamps et al.（2008）。7：Marchis et al.（2008b）。8：Marchis et al.（2005b）。9：Descamps et al.（2007）。10：Marchis et al.（2005a）。11：Marchis et al.（2008a）。12：Descamps et al.（2010）。13：Mueller et al.（2010）。14：Marchis et al.（2006）。15：Lacerda 和 Jewitt（2007）。16：Spencer et al.（2006）。17：Noll et al.（2008）。18：Grundy et al.（2007）。19：Veillet et al.（2000）。20：Brown et al.（2010）。21：Carry et al.（2010）。

微型行星的密度在不同天体之间有很大的差异，测量值从约 0.5 g/cm³ 到 4 g/cm³ 不等。小行星密度与具有相似光谱的陨石密度的比较提供了关于小行星孔隙度的信息。三颗最大的小行星，谷神星、智神星和灶神星似乎是致密天体，没有足够的孔隙度，就像预期的那样。谷神星的测量形状与一个分异天体的流体静力学形状一致。不符合均匀天体的形状，强化了小行星天体早期分异模型。

许多 S 型小行星，如爱神星和艾女星，孔隙度约为 20%，而许多 C 型小行星（如玛蒂尔德星、林神星）和少数 M 型小行星（如灵神星）的孔隙度超过 30%，在某些情况下超过 50%。最多孔的天体可能具有松散固结的碎石堆结构。也许，相对于更原始的小行星，更"火成岩"类型的小行星有足够大的内部强度，使得这些天体在碰撞中不会完全被破坏，而是成为仍旧连贯但高度断裂（低孔隙度）的天体。最多孔天体的内部结构是未知的。当一个天体被完全粉碎时，最大的碎片具有最低的初始速度和最大的引力。因此，这些吸积物首先形成一个新组合天体的核心。这类小行星的核心可能由形状不规则、带有巨大空隙的大块碎片组成（尽管小碎片可能会滑过裂缝并填满空隙），而由较小碎片组成的外层可能孔隙较少。一旦能够可靠地确定 J_2 的重力力矩（6.1.4 节），就可以在大量非球形天体上对这种结构进行观测测试。

三个已知的最大柯伊伯带天体，阋神星、冥王星和妊神星（表 9-2），由于太大而不能保留大量孔隙，密度约为 2 g/cm³，表明是由相当数量的岩石和冰组成的致密天体。较小天体的密度接近 1g/cm³。由于这些天体的组成可能与较大的天体相似，它们的岩石和冰的质量比约为 0.5，所以它们一定是多孔的，就像原始的小行星一样。柯伊伯带天体相对较高的观测多样性和较低的内部密度表明了一个早期强烈的碰撞时代。数值计算也表明，柯伊伯带曾经的质量要比现在大（几百倍？），才能解释不断增加的大型柯伊伯带天体（$R \gtrsim 100$ km）观测数量。

9.4.6　旋转

超过 80% 的行星自转周期在 4~16 h 之间。自转周期小于 2 h 的小行星会将松散的物质抛离它们的赤道，因此不太可能存活（习题 9.11）。自转周期和小行星尺寸之间存在明显的相关性：半径小于 5 km 的小行星通常比较大的天体旋转得更快（图 9-20）。对于直径超过 1 km 的小行星，观测到的最短自转周期是 2.2 h，基本上等于理论极限。小行星自转矢量呈各向同性分布。

大型小行星（$R \gtrsim 60$ km）的自转速率很可能是由它们的碰撞历史决定的，因为它们的分布可以用麦克斯韦方程［式（4-75）］很好地拟合。相反，小天体的自转速率不符合麦克斯韦分布。小行星，特别是 0.1 km $\lesssim R \lesssim 10$ km 的近地天体，相对较多地呈现出缓慢转动的状态，而这个大小范围内的约 30% 的天体，包括几乎所有的近地小行星双星，自转周期 $P_{rot} \lesssim 4$ h（但大于 2.2 h）。许多较小的近地天体（$R \lesssim 100$ m）自转快得多。半径约 15 m 的小行星 1998 KY$_{26}$ 的自转周期只有 10.7 min。这样迅速旋转的天体一定是没有风化层的单一致密天体。一些自转周期特别长的小行星可能是由尚未被探测到的卫星潮汐作用（2.6 节）或 YORP 效应（2.7.4 节）造成的。

目前，对海王星外天体的旋转速率知之甚少。截至 2007 年 7 月，已经确定了大约 40

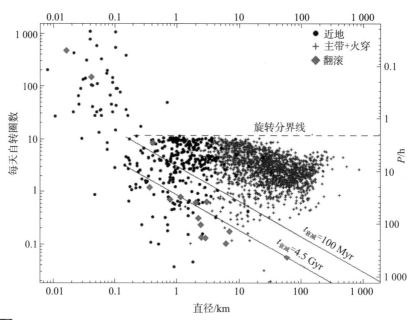

图 9 - 20 主带小行星和火星穿越小行星（Mars - Crossing）、近地天体和翻滚小行星的自转周期（右垂直轴）或旋转速率（左垂直轴）与直径的关系图。虚线表示密度为 3 g/cm³ 且受引力约束的天体的最大自转速率。(Pravec et al. 2007)

颗海王星外天体的自转周期。对于尺寸相似的海王星外天体和近地小行星来说，海王星外天体似乎有更长的自转周期，大约 8.2 h，而近地小行星约为 6.0 h。较小的海王星外天体可能比较大的海王星外天体旋转得快一些，但值得注意的是，妊神星的自转周期为 3.9 h。这种高旋转速率可能是在形成妊神星族的碰撞中被赋予的。

　　只要选择合适的坐标轴，任何天体的转动惯量张量［式（2 - 49）］都可以对角化（对于 $j \neq k$，可以写成 $I_{jk} = 0$ 的形式）；这些轴称为天体的主轴。均质三轴椭球体的主轴就是椭球体本身的轴，而球形对称天体的主轴可以选择穿过天体中心的任意三条互相正交的直线。给定自转角动量的最低能量状态是围绕天体最大转动惯量轴（短轴）的简单自转，见式（2 - 48）。绕天体转动惯量最小的轴（长轴）简单自转也是可能的，但需要更多的能量，天体内部由自转产生的应力引起能量耗散，因此不稳定（通常在很长的时间尺度上）。绕中间转动惯量轴的自转在动态（很短）时间尺度上是不稳定的。如果天体不绕其某一主轴旋转，则转动角动量与瞬时旋转轴不平行［式（2 - 47）］，从而使旋转轴变化，即天体发生无力矩进动（torque - free precession，6.1.4.3 节）；用通俗的话说是"摇摆"的。这种摇摆可以用欧拉方程定量描述。

　　进动摆动引起的内应力使行星的自转向最低能量状态衰减。将这一过程形象化的一个好方法是，将小行星想象成由弹簧连接在一起的刚性球的集合。弹簧随着自转轴的变化而振动，改变内应力，弹簧由于摩擦阻尼使机械能损失转化为热量。衰减时间尺度 $t_{衰减}$ 取决于密度 ρ、半径 R 和天体的刚性 μ_{rg}，形状相关因子 K_3^2 从在近球形天体时的约 0.01 到高

度细长天体时的约 0.1 之间变化，每个周期中天体内部振荡消耗的能量比例为 f_Q，与自转频率 ω_{rot} 之间的关系如下

$$t_{衰减} \approx \frac{\mu_{rg} f_Q}{\rho K_3^2 R^2 \omega_{rot}^3} \tag{9-5}$$

对于标称小行星参数，衰减时间尺度以十亿年为单位

$$t_{衰减} \sim \frac{0.7}{R^2} \left(\frac{2\pi}{\omega_{rot}}\right)^3 \tag{9-6}$$

式中，小行星半径单位为 km，自转周期 $2\pi/\omega_{rot}$ 的单位为天。由式（9-6）给出的衰减时间的分布上下限大约相差 10 倍。因此，对于快速旋转的大天体来说，进动会非常快地衰减，而小而慢的旋转天体可能长时间保持复杂的旋转状态（习题 9.13）。事实上，大多数已知的翻滚小行星的衰减时间至少与太阳系的年龄相等（图 9-20）。少数旋转得更快，如小尺寸的近地小行星 $2\,000\,WL_{107}$（R 约 20 m），$P_{rot} \approx 20\,min$。具有这些长衰减时间的翻滚小行星以及快速旋转的天体可能是由高能碰撞产生的。缓慢旋转的小天体的章动也可以通过 YORP 效应（2.7.4 节）激发，对于彗星来说，也可以通过放气来激发。几颗小行星和彗星的摇摆基本上是相似的，如图塔蒂斯星（4179 Toutatis）（9.2.2 节）。

9.4.7　行星际尘埃

行星际介质包含无数微小的尘埃颗粒，通过微弱的阳光反射可见，产生黄道光（zodiacal light）和对日照[①]。黄道光在晴朗无月的天空中可见，特别是在春秋两季日落后和日出前，朝着太阳的方向更容易看到。微小的尘埃颗粒聚集在本地的拉普拉斯平面（卫星轨道进动的平均或参考平面）上，将阳光向前散射，由此产生的黄道光几乎和银河系一样明亮。对日照在反太阳方向可见，是一种微弱的辉光，由行星际尘埃的后向散射光引起。黄道尘埃的总体积相当于半径 $1\sim5$ km 的球体。

行星际尘埃的存在以流星的形式进一步被"看到"。流星是厘米大小的尘埃颗粒在下落时，由于大气摩擦而被加热至白炽状态（5.4.3 节、8.3 节）而形成的，在夜空中呈条状光。在极好的条件下，每小时可以看到 $5\sim7$ 颗流星。极少数夜晚，会有更多的流星出现在太空中的一个点上：这种现象也被称为流星雨，通常以包含辐射点的恒星星座命名，如 8 月 11 日的英仙座（Perseids）流星雨和 11 月 17 日的狮子座（Leonids）流星雨。后者有时会出现壮观的流星暴，每小时多达 15 万颗流星！许多流星雨都与彗星轨道有关：排出气体的彗星留下的碎片在地球与彗星轨迹相交时被地球拦截。

研究表明，地球每年"吸积"大约 4×10^7 kg 的行星际尘埃。地球平流层的高空飞行器收集了行星间的尘埃颗粒［图 8-12（a）］。实验室分析表明，这些粒子的组成与球粒陨石总体上相似。有些尘埃粒子的 D/H 比远大于地球尘埃值，表明这些分子（甚至可能是尘埃

---

① 对日照（德语：Gegenschein；英语：counterglow），意为"反向的光"，是在夜晚的反日点出现的微弱光斑。像黄道光一样，对日照是阳光被行星际尘埃后向散射造成的现象。与黄道光的区别在这些尘埃粒子以高角度反射入射的阳光。参考资料：维基百科编者. 2021 对日照［G/OL］. 维基百科，（20210909）［2021-09-09］. -｛R｜https：//zh.wikipedia.org/wiki/对日照｝-. ——译者注

颗粒）是在星际介质中形成的，并在太阳星云中保留了它们的特性（10.7.1 节、13.4 节）。

　　红外天文卫星（IRAS）和最近发射的斯皮策（Spitzer）望远镜对尺寸在 $10\sim100\ \mu m$ 的行星际尘埃粒子的热辐射非常敏感，揭示了黄道尘埃云中相当可观的结构。图像上可见的明亮辐射条纹（图 9-21）被解释为环绕内太阳系的尘埃带。许多尘埃带都归因于彗星排气产生了与上面提到的流星雨有关的流星群。这些轨迹中有 8 条已被确定为短周期彗星。几个尘埃带呈"双重"结构。大约有 7 对这样的尘埃带横跨在黄道平面上（图 9-21）。红外天文卫星色温（约 200 K）和视差研究将这些尘埃带置于小行星带内。因为组成尘埃带的粒子具有相同的轨道倾角（相对本地的拉普拉斯平面），所以这些尘埃带被认为是成对的，但它们的交点在所有经度上都均匀分布。由于每个粒子花费大量时间在极值附近振荡（摇摆、钟摆或正弦曲线），同一轨道倾角的尘埃粒子的集合被视为一对跨越黄道平面的尘埃带，尘埃带的间隔取决于粒子的轨道倾角（11.3.1 节）。这些小行星尘埃带很可能是由小行星带内的侵蚀碰撞或小行星的灾难性破坏造成的。由于这种破坏导致了上面所讨论的新族群，一些尘埃带被视为与小行星族等同也就不足为奇了（图 9-14）。

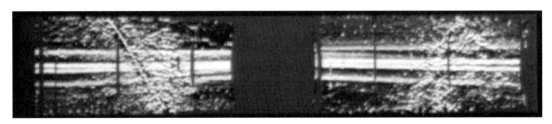

图 9-21　红外天文卫星约 $25\ \mu m$ 波段的天空图像，显示小行星带内有多个黄道尘埃带。在黄道面的上方和下方可以看到围绕内太阳系的平行尘埃带。两个中心带与鸦女星-司理星族（Koronis-Themis）有关，而 10°带可能来自曙神星族（Eos，图 9-14）。在中心带和外层 10°带之间的细带是 2 型尘埃尾迹。1 型尘迹起源于短周期彗星，2 型尘埃轨迹来源尚不清楚，可能表明一颗小行星的近期破碎。对角线形状特征是银河系平面。[图片来源：马克·V. 赛克斯（Mark V. Sykes）]

　　通过辐射压力，或者坡印亭-罗伯逊效应和/或太阳风（微粒）阻力（2.7 节），亚微米到厘米大小的物质从太阳系中被移除。因此，这些尘埃带粒子的轨道会随着时间的推移而改变，小颗粒会从行星际介质中消失。因此，由于单个的尘埃带最终一定会消失，新的尘埃带可能会形成。对尘埃带和小行星族的观测，结合碰撞理论和数值模拟，表明碰撞会频繁发生。预计每 100 年就有一颗 $R\gtrsim500$ m 的小行星破碎，每 10^5 年就有一颗 $R\gtrsim5$ km 的小行星破碎。这些碰撞，再加上彗星排气释放出的难熔颗粒，构成了行星际尘埃的一种来源。进入地球大气层的流星体的速度分布也表明这是来自彗星和小行星的粒子的混合体。然而，目前还不清楚哪种来源占主导地位。此外，计算表明，柯伊伯带产生的尘埃对内太阳的行星际尘埃也有贡献。虽然这些颗粒中约有 80% 应该是由巨行星从太阳系中喷射出来的，但其中一些可能会与地球相撞。

　　许多探测器对行星际尘埃粒子进行了原位观测。太阳神（Helios）1 号和 2 号空间探测器在日心距离 1 AU 到 0.3 AU 之间，伽利略号（Galileo）和尤利西斯号（Ulysses）在

0.7 AU 到 5 AU 之间，先驱者（Pioneers）10 号、11 号和卡西尼号（Cassini）在约 10 AU 以外观测过行星际尘埃粒子。在 3 AU 内，尘埃的空间密度分布大致与距离成反比，而木星轨道外的尘埃密度是恒定的。在地球轨道内，尘埃被分成三个动力学群体。小偏心率轨道上的尘埃起源于小行星带，而通常有大半长轴、在大偏心率轨道上的粒子来自于短周期的彗星。大量的微小粒子、β-流星体，似乎来自太阳方向，由辐射压力排出。

尤利西斯号、伽利略号和卡西尼号在靠近木星时，遇到了尺寸约 10 nm 的平行尘埃粒子流，它们以几百 km/s 的速度远离木星。谱仪（附录 E.10）鉴定出了氯化钠和硫化合物，巩固了粒子通过火山喷发从木卫一中喷射出来的假设。木星环是这种物质的第二个来源。卡西尼号从土星的 A 环和 E 环上探测到了类似的尘埃流。

一些探测器也探测到了行星际尘埃颗粒，它们的半径通常在 $0.1~\mu m$ 到 $1~\mu m$ 之间。这些粒子基本上与星际中性的氧和氢平行运动（1.1.6 节）。较小的颗粒似乎数量较少，这可能是由辐射压力和电磁力引起的"过滤"效应造成的。

对源自小行星带的尘埃颗粒的数值积分表明，20%～25% 的尘埃颗粒暂时被困在类地行星轨道外的共转共振中。观测表明地球被嵌在一个极其稀薄的宽度仅为零点几个天文单位的小行星尘埃粒子环中。这个环除了一个包含地球的空腔，在纵向上几乎是均匀的。地球在后随轨道方向上比在前导方向上更靠近空腔边缘，这解释了观测到的黄道带亮度在后随方向比在前导方向上有 3% 的增强。

9.5　被探测过的微型行星

已经获得了大约 6 颗小行星[①]的详细图像、光谱和其他原位探测数据：加斯普拉星（951 Gaspra）和艾女星由伽利略号飞往木星途中成像，近地小行星布莱叶星（9969 Braille）由深空 1 号（Deep Space）成像，玛蒂尔德星和近地小行星爱神星由会合-舒梅克号（NEAR-Shoemaker）成像，近地小行星糸川星由隼鸟号（Hayabusa）探测器成像，斯坦斯星由罗塞塔号成像。罗塞塔号在 2014 年到达最终目标丘留莫夫-格拉西缅科彗星（67P/Churyumov-Gerasimenko）前，将在 2010 年 10 月对司琴星[②]（21 Lutetia）成像。黎明号（Dawn）正在去往谷神星和灶神星的途中，新视野号（New Horizons）在前往柯伊伯带的途中将在 2015 年与冥王星相遇。旅行者 2 号已经探测了海王星的卫星海卫一，这可能是一个与柯伊伯带天体相似的天体（5.5.8 节）。

---

① 从原书 2015 年出版至本译著 2024 年出版，人类在小行星探测方面有了更新的进展：罗塞塔号实现了对司琴星的成像，黎明号也成功完成了对谷神星和灶神星的探测；新视野号在原书出版当年成功飞越冥王星，并探测了柯伊伯带天体；隼鸟 2 号对龙宫星（162173 Ryugu）进行了采样返回，冥王号（OSIRIS-REx）对贝努星（101955 Bennu）进行了采样返回；双小行星重定向任务（Double Asteroid Redirection Test，DART）成功探测了双生星（65803 Didymos），并通过撞击双卫一（Dimorphos）测试了小行星防御的效果。这些任务都传回了大量详细图像。——译者注

② 司琴星的英文 Lutetia 源自巴黎古地名的拉丁文，19 世纪翻译时误认为是掌管"琉特琴"（Lute）的女神，故译为司琴星。由于此名已流传多年，不宜变动，因此不再更名，也有按音译成"鲁特西亚星"。——译者注

玛蒂尔德星　　　　　　　　　　　　　加斯普拉星

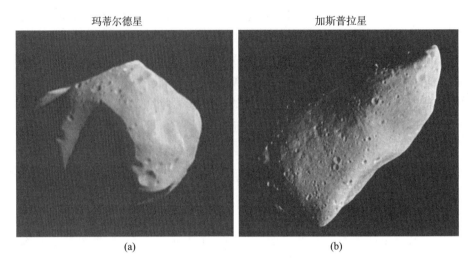

　　　　　　　(a)　　　　　　　　　　　　　　　(b)

图 9-22　　(a) C 型小行星玛蒂尔德星的拼接图像（4 幅）。如图所示，这颗小行星的尺寸为 59 km×
47 km。（NASA/NEAR，PIA02477）。（b）S 型小行星加斯普拉星的拼接图像（2 幅），尺寸为 19 km×
12 km×11 km。（NASA/Galileo，PIA00119）

9.5.1　加斯普拉星

　　加斯普拉星是一颗形状不规则的小型（$R=6.1 \pm 0.4$ km）S 型小行星 [图 9-22
(b)]，光谱呈异常红色并富含橄榄石。它的几何反照率是典型的 S 型小行星，$A_0=0.22$。
该天体很可能是在约 5 亿年前产生花神星族（Flora）时的母体（$R \gtrsim 100$ km）在发生灾难
性破坏期间产生的（8.2 节）。在伽利略号拍摄的加斯普拉星地表图像上，已经发现了 600
多个撞击坑。尺寸 D 大约位于 $0.2 \sim 0.6$ km 的撞击坑看起来相对年轻和新鲜。它们呈现
出 ζ 约为 $4 \sim 4.7$ 的尺寸-频率分布，即一个陡峭的形成函数。较大的撞击坑更浅，边缘更
缓和，坡度也更浅，ζ 约为 3.6，与预期的碰撞演化的撞击族群一致。对这些新撞击坑和陡
坡的一种解释是，加斯普拉星是被另一天体的灾难性破坏时产生的大量碎片击中的。数值
计算表明，这颗小行星可能被大约 1.6 亿年前产生巴普蒂斯蒂娜族（Baptistina）的母体
（R 约 $80 \sim 90$ km）的碎片撞击过（5.4.6 节）。

　　除了撞击坑，加斯普拉星上的沟槽有点让人想起在火卫一上看到的裂缝（5.5.4.6
节）。覆盖地表的沟槽和微妙的颜色/反照率变化表明，加斯普拉星被一层可能厚度为几十
米的风化层覆盖。

　　当伽利略号最接近这颗小行星时，行星际磁场突然向加斯普拉星的径向方向变化。由
于像加斯普拉星这样小的天体不太可能有活跃的磁发电机，伽利略号很可能探测到了类似
火星上的剩磁（7.5.3.2 节）。一些陨石，特别是铁和石铁物体，也被强烈磁化。加斯普
拉星可能是这些陨石按比例放大的版本，显示出其形成至今的剩磁。

9.5.2　艾女星和艾卫

　　艾女星是一颗形状不规则的 S 型小行星，它是鸦女星族（Koronis）的成员。伽利略

号数据中最令人惊讶的是一个几乎圆形的小卫星艾卫（平均直径为 0.7 km）在 85 km 的距离上绕着艾女星运行（图 9-15）。艾女星和艾卫具有非常相似的光度特性，但在光谱特性上有明显的差异。因此，它们的纹理一定是相似的，但艾卫的组成略有不同，可能含有比艾女星更多的辉石。这些差异没有超出鸦女星族其他成员的差异，说明可能是由分异引起了鸦女星母体成分的不均匀性。

艾女星 1 km 尺寸以上的撞击坑密度大约是加斯普拉星的 5 倍，撞击坑退化严重，说明年龄很大。撞击坑的密度和尺寸分布表明，艾女星的表面年龄约为 $(1\sim2)\times10^9$ 年。从撞击分布判断艾卫的寿命仅为 10^8 年量级，比艾女星年龄小得多。由于艾卫不太可能在过去的 10^8 年中被捕获，这颗卫星很可能是一颗"原始"伴星，与艾女星从鸦女星母体分离出来时同时被创造出来。不过原则上小卫星也可能是在对艾女星的一次大撞击之后形成的。虽然有这种可能：这对星体的年龄不到 10^8 年，在鸦女星母体解体后立即遭到了强烈的撞击，但不能解释艾女星表面撞击坑的退化状况，除非在艾女星的环境中，微陨石溅射的情况要严重得多。因此，艾女星和艾卫的共存仍然令人困惑。

根据对热惯性的估计，艾女星很可能被约 $50\sim100$ m 厚的风化层覆盖。伽利略号还在其表面探测到了约 17 块大岩石（大小为 $45\sim150$ m）。与地球、月球、火卫一和火卫二类似，这些石块可能是撞击喷出物。不过在艾女星上，这些石块也有可能是原始鸦女星母体的碎片，它们在母体解体后幸存下来，然后缓慢地重新聚集在艾女星上。

9.5.3　玛蒂尔德星

玛蒂尔德星是一颗 C 型小行星，几何反照率为 0.043 ± 0.005（图 9-22）。它的表面反照率非常均匀，这表明整个天体可能是均匀和无差异的，符合对原始天体的预期（如果小行星有一层薄暗覆盖层，撞击喷出物和撞击坑将导致反照率变化）。玛蒂尔德星的颜色与 CM 碳质球粒陨石相似，但密度（1.3 ± 0.2 g/cm³）远低于陨石，内部孔隙度为 $40\%\sim60\%$，即为碎石堆复合体。玛蒂尔德星的缓慢自转（$P_{rot}=17.4$ 天）让人们猜想它可能是潮汐消旋的双星系统。然而，会合-舒梅克号（可以探测直径超过 300 m 的卫星）没有探测到任何卫星。

会合-舒梅克号对玛蒂尔德星大约 50% 的表面进行了成像。发现了四个直径超过小行星平均直径 26.5 ± 1.3 km 的撞击坑。这些大撞击坑看起来相对较新（侧壁陡峭、边缘清晰），但没有显示出任何喷溅覆盖物的证据。此外，造成如此大的撞击坑的撞击物会扰乱整个天体的预期显然没有发生。正如在 9.4.3 节中所讨论的那样，爆炸流体动力学数值模拟和实验室实验表明，冲击到像玛蒂尔德星这样多孔天体的能量会迅速衰减，撞击坑是通过挤压而不是挖掘形成的。

跨度达 5 km 的撞击坑接近饱和极限，其尺寸分布与在艾女星上看到的相似，这表明玛蒂尔德星与艾女星年龄相似，约为 $(1\sim2)\times10^9$ 年。撞击坑形态从较深的新鲜撞击坑到较浅的退化撞击坑不等。这种形态范围也与表面成坑过程平衡相一致。

玛蒂尔德星表面没有发现水或水合特征。这颗小行星的光谱特性与充分加热后失去所有水和水合物质的默奇森陨石（CM）的光谱特性相匹配。这表明，要么玛蒂尔德星小行星形成于一个非常冷的区域，以至于其表面无水相变化，要么这颗小行星已被加热，所有水合物质均已散失。

9.5.4 爱神星

会合-舒梅克号已对 S 型近地小行星爱神星（平均半径 $R = 8.4$ km，$A_0 = 0.25 \pm 0.05$）进行广泛研究（图 9-23）。在环绕爱神星约一年后，会合-舒梅克号成为第一个降落在如此小的天体上的探测器。总的来说，形状不规则的爱神星表面凹凸不平，包括一个延伸超过约 10 km 的希莫勒斯（Himeros）凹陷和一个直径 5.3 km 的普赛克（Psyche）撞击坑。与艾女星一样，爱神星的表面布满了大量的撞击坑，但与类似月球的表面相比，直径小于 200 m 的撞击坑逐渐减少。这颗小行星表面还覆盖着大约 100 万个直径在 8 m 到 100 m 之间的喷溅物块。

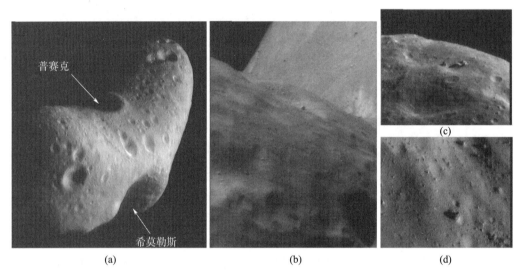

           （a）   （b）   （d）

图 9-23　由会合-舒梅克探测器拍摄的近地小行星爱神星。（a）2000 年 2 月 29 日在高度约 200 km 处拍摄的拼接图。显示了约 10 km 马鞍形的希莫勒斯和直径 5.3 km 的普赛克撞击坑。（NASA/NEAR，PI02923）（b）从 51 km 距离拍摄的希莫勒斯撞击坑特写，显示了一个跨度约 1.4 km 的区域。（NASA/NEAR，PI02928）（c）爱神星的地平线上布满了磨损、退化的撞击坑，并点缀着锯齿状的巨石。图像中心有棱角的巨石高约 60 m。这幅图像是在 50 km 的高度拍摄的；图像跨度 1.4 km，分辨率为 4 m。（NASA/NEAR，PI02912）（d）2000 年 10 月 6 日在距离 7 km 处拍摄的图像。该图像跨度约 350 m，显示出各种尺寸和形状的岩石，但一些撞击坑的底面很光滑，表明有细风化层的堆积。在图像中央右下方的巨石跨度约为 15 m。（NASA/NEAR，PI03118）

各个方向弯曲和线性的凹陷、山脊和陡坡表明这些特征是在多次事件中形成的。这些结构以及坡度高于静止角的峭壁，表明爱神星一定具有相当大的内聚强度。因此，爱神星虽然严重断裂，但一定是一个连贯的天体。凹槽形态、填满的撞击坑和条状岩石表明风化层深度达数十米。马鞍形的希莫勒斯凹陷，显示了大量物质坡移地貌。也有与流体"积水"到等位面相像的平坦的沉积区。也许地震振动使微小物质重新分布,尽管这似乎不是完整的答案。

爱神星的元素组成和光谱性质与普通球粒陨石相似。因此,太空风化作用可能确实"掩盖"了许多小行星的表面,而常见的 S 型小行星可能是普通球粒陨石的母体。这将解决存在已久的常见陨石明显没有母体的问题(9.3.2 节)。爱神星似乎是一个原始的未分异天体,密度为 2.67 ± 0.03 g/cm^3,内部孔隙度约为 20%。

9.5.5　糸川星

2005 年 9 月,隼鸟号进入近地小行星糸川星(三轴半径为 268 m×147 m×105 m)的环绕轨道。在大约 3 个月的时间里,隼鸟号在小行星表面 7 km 至 20 km 上空盘旋,并完成了两次表面接触,试图收集物质并将其于 2010 年带回地球。

遥感观测显示,该天体的形状和表面形貌与迄今为止所见的任何其他天体都不同。糸川星的形状像一只海獭(图 9 - 24),表面没有撞击坑的迹象,但却散落着巨石,其中一些尺寸可达 50 m。最大的一块巨石大约是这颗小行星自身尺寸的十分之一,位于天体末端附近,还有一块令人惊讶的黑色巨石位于这只水獭的头部。这些巨石可能来自于产生糸川星奇特形状的巨大撞击。虽然这颗小行星的表面有 80% 是粗糙的并布满了巨石,但剩下的20% 非常光滑且毫无特征。这些区域被砾石(毫米到厘米尺寸的碎石)覆盖,没有巨石。几乎看不见撞击坑的残留物,由于撞击引起的地震震动,撞击坑基本上填满了撞击碎片和细小物质,抹去了其痕迹。

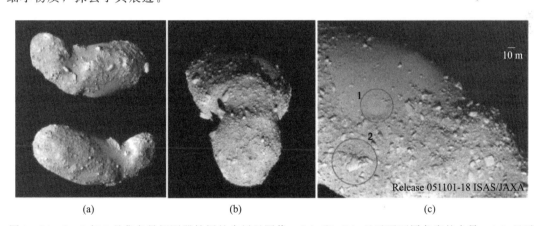

图 9 - 24　2005 年 9 月隼鸟号探测器拍摄的糸川星图像,(a) 和 (b) 显示了不同角度的全景,(c) 显示了从 4 km 处拍摄的细节图(图中 10 m 的尺寸条)。如图所示,小行星表面覆盖着巨石和看起来"裸露"的表面。在更高分辨率下,这些表面覆盖着粒度更细的风化层。在 (c) 中,上圆圈中为平滑的撞击坑,下圆圈中为一块巨石。(ISAS/JAXA)

光谱分析表明,糸川星的总成分与 LL 普通球粒陨石相似。再加上它的低密度(1.9 ± 0.13 g/cm^3),表明孔隙度约为 40%,也就是说,它是一堆被引力黏在一起的碎石。即使是很小的撞击也会使抛射速度远远超过 10 cm/s 的逃逸速度,也许随着时间的推移,大多数较小的颗粒已经离开了小行星，而巨石则继续堆积。

9.5.6 斯坦斯星

2008 年 9 月 5 日，在前往丘留莫夫-格拉西缅科彗星的途中，罗塞塔号飞掠了斯坦斯星（2867 Steins，图 9-25）。斯坦斯星是匈牙利族（434 Hungaria）成员，是一颗形状不规则的小型（半径约为 3 km×2 km）E 型小行星，平均视觉反照率为 35%，自转周期 6.05 h。在其北极附近有一个直径约 2 km 的"巨大"撞击坑。已经发现了 23 个撞击坑，其中一些已经退化，可能被风化层覆盖。最引人注目的是由大约 7 个撞击坑组成的撞击坑链，它们可能是由流星群或破碎天体的碎片造成的。在遇到斯坦斯星之前，这样的撞击坑链仅在大型卫星上被发现过（5.5.5.3 节）。

图 9-25 罗塞塔号于 2008 年 9 月 5 日在 800 km 外拍摄的斯坦斯星（半径约为 3 km×2 km）。（ESA，OSIRIS 小组 MPS/UPD/LAM/IAA/RSSD/INTA/UPM/DASP/IDA）

9.5.7 冥王星

因为是迄今为止最亮的柯伊伯带天体，且被发现的时间比海王星以外任何围绕太阳运行的天体都要长得多，所以人们对冥王星的了解比任何其他海王星外天体都要多。冥王星的尺寸约为月球的 2/3，而它最大的卫星冥卫一的尺寸约为冥王星的一半。冥王星的平均密度为 2.03 ± 0.06 g/cm，比预期的岩石/水-冰混合物在宇宙中的比例大（50∶50），这表明冥王星的质量组成中大约 70% 是岩石。这颗矮行星可能已分异，最重的元素（岩石、铁）组成了它的核心，上面覆盖着水冰地幔，顶部是最易挥发的冰。与冰卫星（6.3.5 节）一样，在地表以下约 100～200 km 的地方，水可能是液态的，特别是当冰与氨混合时。

由于冥王星和冥卫一在观测角度上看起来非常接近，在哈勃望远镜以前的时代，很难分别提取关于这两个天体各自的信息。在 20 世纪 80 年代中期，冥卫一在冥王星的前面和后面经过。这些相互事件使科学家能够分别提取冥王星和冥卫一的信息，并模拟冥王星表面反照率的空间分布。随后，获得了哈勃望远镜拍摄的空间分辨率图像（图 9-26），证实了冥王星的两极比赤道更亮，说明两极被冰覆盖，而赤道地区大部分冰已升华。

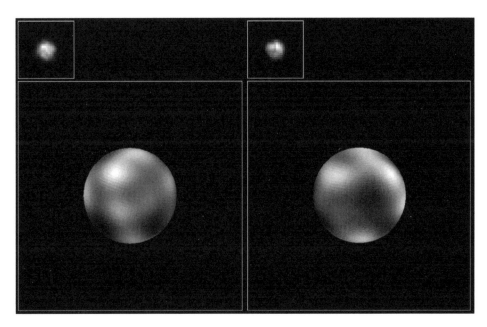

图 9 - 26　哈勃望远镜拍摄的冥王星表面照片，摄于 1994 年中期，时间为 6.4 天。顶部的两张小图是来自哈勃望远镜的实际图像，上为北。在哈勃望远镜的分辨率下，每像素超过 150 km，有 12 个主要的"区域"，这些区域的表面要么是亮的，要么是暗的。较大的图片（底部）是通过对哈勃望远镜数据进行计算机图像处理而形成的全球地图（贴图模式是图像增强技术的产物）。两幅图显示了冥王星的相反半球。冥王星表面的大部分特征（包括明显的北极冰盖）很可能是由复杂的霜冻分布产生的（霜冻随冥王星的轨道和季节周期在冥王星表面迁移），以及由冥王星的氮-甲烷大气中沉积的化学副产品形成。[图片来源：艾伦·斯特恩（Alan Stern）、马克·布伊（Marc Buie）、NASA/HST 和 ESA PIA00825]

　　20 世纪 90 年代初获得的冥王星红外光谱表明，它的表面覆盖着氮冰，并含有微量甲烷、乙烷和一氧化碳。虽然有几个位置有纯甲烷冰，但大多数甲烷冰溶解在氮冰基质中。$2.15\ \mu m$ 氮冰特征的高分辨率光谱显示，明亮（被冰覆盖）地区的表面温度为约 40K。热红外数据表明，较暗区域的表面温度约为 55～60 K。1988 年，冥王星在过近日点的前一年，将一颗 12 等恒星掩星，这颗恒星逐渐消失而不是突然消失，后来又重新出现，证明了表面存在气压在 $10\ \mu bar$ 至 $18\ \mu bar$ 之间的大气（4.3.3.3 节）。这样的气压与大气在结冰表面的升华平衡是一致的。与预期相反的是，当冥王星在过近日点之后的 13 年，又挡住了另一颗明亮的恒星时，大气压增加了约 2 倍，而大气温度却保持不变。这些变化表明冥王星表面温度升高了 1.3 K，说明可能由于巨大的热惯量导致了温度时滞。

　　两颗恒星掩星都表明，冥王星上层大气的温度为 106 K，再加上冥王星相对较低的引力，可能会导致气体的流体动力逃逸（4.8.3 节）。从冥王星逃逸的平均时间速率为（1～5）$\times 10^{27}$ mol/s 量级，按太阳系的年龄计算，相当于冥王星表面物质的总损失达数千米。

　　与覆盖冥王星表面的氮冰不同，冥卫一被水冰覆盖，这可能是因为所有甲烷和氮随着时间的推移已经逃逸（9.3.4 节）。人们对冥卫二和冥卫三的表面组成所知不多，只知道这两颗卫星与较大的冥卫一呈现相同的、本质上是灰色的颜色。这些小卫星的轨道和颜色强化了冥卫一是在一次巨大的碰撞中产生的理论，类似于月球的形成（13.11.2 节）。这种撞击可能会使冥王星处于比其原始组成更"干燥"的状态，并使所有三颗卫星都处于共面轨道。冥卫一随后向外迁移可以解释观察到的三颗卫星的轨道共振。

9.6　微型行星的形成和演化

对陨石和微型行星的研究提供了关于太阳系起源和演化的宝贵信息。然而，根据观测结果构建微型行星形成的通用模型并不简单，因为自第一批天体形成以来，已经发生了许多"改变"。微型行星的尺寸分布、许多小行星的高孔隙度、海王星外天体小行星中大量的双星和多星系统，以及大量的尘埃都表明碰撞从过去到现在是普遍存在的。

由于太空风化作用会逐渐改变天体的表面组成，对微型行星表面组成和特征的解释很混乱。例如，S 型小行星似乎是原始球粒陨石的母体，然而这些小行星的光谱表明它们曾经过热过程。海王星外天体光谱形状的差异也可能是太空风化作用造成的。一些海王星外天体中常见的红化光谱表示可能由太空风化作用产生的有机物质。相比之下，海王星外天体中的许多灰色天体可能经历了一些风化层的碰撞表土混合，重新设置了它们的"时钟"。另外，光谱的差异也可能是这些天体原始组成的真正差异。尽管具有这些复杂性，下面还是总结了当前对于小行星的起源和进化的了解；柯伊伯带和奥尔特云的起源和演化在 10.7 节中继续说明，所有结果都集中到第 13 章太阳系整体的起源和演化中讨论。

微型行星大概是由星子发展而来，类地行星也是如此。对于那些增长迅速且足够大的天体，吸积和辐射热导致物质部分熔化，造成分异（differentiation，5.2.2 节、13.6.2 节），即重物质下沉并形成天体的核。陨石分析表明，部分小行星存在分异（8.7 节）。因此，这些小行星可以被看做是未能聚集成一个单独天体的残余星子。目前，小行星带的质量太小，离形成全尺寸行星还差 3～4 个数量级。对小行星带起源和演化的数值模拟表明，这个区域最初的质量是现在的 150～250 倍。许多原始的物质/天体可能已经被行星特别是木星的引力影响从小行星带移走（13.9 节）。

柯伊伯带中的天体大概是以类似的方式形成的，较大的天体已分异。因为形成于离太阳更远的地方，海王星外天体比小行星有更高的冰/岩石质量比。然而，正如 10.4.4 节所讨论的那样，从星尘号任务返回的样品表明，包括富钙铝包体（CAIs）和球粒在内的高度难熔物质分布在整个太阳星云中。吸积的数值模拟表明，柯伊伯带在形成时期的质量是现在的大约 100 倍。

当前微型行星的族群只是其曾经的一小部分，大部分丢失的物质通过引力散射从太阳系喷射出来。

碰撞逐渐将天体研磨成越来越小的碎片，最小的尘埃颗粒被坡印亭-罗伯逊阻力和辐射力带走。雅可夫斯基效应影响了 $\gtrsim 10$ km 的小行星碎片轨道，补充了主小行星带的混沌共振区。一旦进入混沌轨道，它们随后就会被推入行星穿越轨道，补充近地天体数量。一些海王星外天体轨道的调整同样产生了行星穿越天体——半人马天体——这些天体最终补充了短周期彗星数量。今天存在的那些较大的小行星可能碰巧已经逃脱了灾难性的碰撞。如果这种大天体在其生命周期中碎裂，它们可能可以合并回一个单一的天体。对于尺寸≲50 km 的小行星来说，重新聚集则更加困难。

几乎不可能发展出一致的理论来解释今天观测到小行星多样性的所有方面。注意灵神星的存在，它是一颗大型金属小行星，可能是一个巨大分异天体的残留物，该天体外壳被无数次撞击剥离，只剩核心。另一个极端情况是灶神星，它似乎保存了薄玄武岩外壳。

星子之间的碰撞可能会导致母星碎裂并可能剥离分异天体的地幔，仅留下这些天体富含金属的核。较大的 M 型小行星可能就是这种暴露的小行星核。由于铁镍核的材料强度比硅酸盐地幔的强度大得多，因此富含金属的小行星在多次碰撞中幸存下来，而橄榄石地幔碎片更容易被摧毁。不过由于来自分异微型行星外壳的陨石也远比富含橄榄石的陨石更常见，除非金属小行星暴露在比灶神星更容易发生碰撞的环境中，否则很难形成一致的场景。一种模型表明，内主带最常见的金属小行星在类地行星区域吸积、分异，被剥离地幔，并在行星形成时代末期被喷射到小行星带。

各种类型小行星以太阳为中心的分布遵循常规凝聚顺序：高温的凝聚体在小行星带的内部区域被发现，而低温凝聚体通常在更远的距离上绕太阳运行。以水合硅酸盐形式存在的结合水，只在少数 C 型、W 型和 E 型小行星上发现过，在 D 型和 P 型中未见。硅酸盐的水合作用可能发生在母星中，而不是在太阳星云中。在 300 K 的温度下可以发生水相改变。D 型和 P 型小行星缺乏水合硅酸盐可能是由于没有足够的热来熔化和调动水造成的。火成岩小行星、变质岩小行星和原始小行星与日心距离的关系（图 9 - 14）表明，随着日心距离的增加，加热机制的效率迅速下降。虽然对于较大的天体来说，吸积和辐射热更有效，但无论是长期放射性同位素的吸积还是衰变，都不可能提供足够的能量来熔化典型的小行星大小的天体（习题 13.23 和习题 13.24）。像 ^{26}Al 这样寿命极短的放射性核可能在太阳系形成的早期就提供了足够的能量。另一种模型涉及太阳活跃的金牛座 T 型星阶段的电磁感应加热（13.3.3 节）。虽然这一过程许多方面仍然高度不确定，但计算表明，电磁感应加热可能会熔化内小行星带 $R \gtrsim 50$ km 的天体。

尽管对海王星外天体的了解还很少，但近年来在了解海王星外天体族群的起源和进化方面取得了很大进展，部分原因是发现了许多这样的天体，并至少对较大天体的环境（双星/多星系统）和表面特征进行了详细的跟踪观察。最有趣的是结晶水冰的吸收特性，柯伊伯带中的结晶水冰组分在约 1 000 万年时间尺度上是不稳定的。这可能是一些大型柯伊伯带天体中间歇喷泉活动的迹象吗？在较小的柯伊伯带天体中，很可能是由一些非热外生机制引起的，如流星撞击。

9.7　延伸阅读

关于小行星、海王星外天体和行星际尘埃的优秀综述论文如下：

McFadden, L., P. R. Weissman, and T. V. Johnson, Eds., 2007. Encyclopedia of the Solar System，2nd Edition. Academic Press，San Diego. 982pp.

更深入的专题论文包括：

Bottke，W. F.，Jr.，A. Cellino，P. Paolicchi，and R. P. Binzel，Eds.，2002. Asteroids Ⅲ. University of Arizona Press，Tucson. 785pp.

Barucci，M. A.，H. Boenhardt，D. P. Cruikshank，and A. Morbidelli，Eds.，2008. The Solar System beyond Neptune. University of Arizona Press，Tucson. 592pp.

Cruikshanket al. and Chiang et al. and Jewitt et al. in Reipurth，B. D. Jewitt，and K. Keil，Eds.，2007. Protostars and Planets V. University of Arizona Press，Tucson. 951pp.

有关欧拉方程和其他动力学的进一步讨论可参阅：

Goldstein，H.，2002. Classical Mechanics，3rd Edition. Addison Wesley，MA. 638pp.

9.8　习题

习题 9.1 I

图 9-1（b）显示了超过 7 000 颗小行星的瞬时位置。

（a）解释为什么柯克伍德间隙在图中不易被探测到，而在图 9-1（a）中则清晰可见。

（b）讨论图 9-1（a）径向和纵向结构的动力学原因。

习题 9.2 E

计算与木星 3∶1、5∶2、7∶3、2∶1 和 3∶2 共振的位置（提示：见第 2 章）。使用图 9-1（a）确定这些共振中哪些产生了间隙，哪些导致了小行星族群的集中。

习题 9.3 E

（a）证明如果在式（9-3）中指数 $\zeta=4$，那么质量在半径的相等对数间隔内被平分。

（b）证明如果 $\zeta<3$，则小行星带的大部分质量包含在少数几个大的天体中，也就是说，半径在 $0.5R_{max} \sim R_{max}$ 范围内的小天体所包含的质量比其他小天体的总和还要多。

（c）对于哪个 ζ 值，可以在相等的对数大小间隔内找到相等的积分横截面面积？

习题 9.4 E

如果一组具有相同密度的天体的微分尺寸-频率分布可以用半径为 $N(R)dR \propto R^{-\zeta}$ 的幂律充分描述，那么它也可以被描述为质量为 $N(m)dm \propto m^{-x}$ 的幂律。推导 ζ 和 x 之间的关系。

习题 9.5 I

（a）利用观测到的大型小行星数量（表 9-1）和观测到的尺寸-频率分布的斜率估计

主带内半径为 $R > 1$ km 的小行星数，$\zeta = 3.5$。

（b）给定一颗半径为 100 km 的小行星，多久会被半径为 1 km 或更大的小行星撞击一次？假设这些小行星均匀分布在主带内的半长轴上。

（c）某一半径为 X（km）的小行星多久会被半径为 Y（km）或更大的小行星撞击一次？

（d）半径为 1 km 或更大的小行星，多久会撞击一次主带中任意一颗半径为 100 km 的小行星？

习题 9.6 I

（a）计算主带的平均横向光学深度。提示：用 2.1 AU 和 3.3 AU 之间的圆环区域划分小行星的投影表面积。使用式（9-3）、（9-4）和习题 9.5（a）给出的尺寸-频率分布，如果有必要，假设（并解释）R_{min} 和 R_{max} 的合理值。

（b）计算黄道附近主带中被小行星占据的空间（即体积）的比例。

习题 9.7 E

一颗"典型"小行星在 2.8 AU 距离绕太阳运行，倾角为 15°，偏心率为 0.14。计算两个小行星的典型碰撞速度。提示：计算单颗小行星相对于太阳系拉普拉斯平面圆形轨道的速度，并乘以 $\sqrt{2}$ 得到平均相遇速度。

习题 9.8 E

（a）计算半径为 R（km），密度为 ρ（g/cm³）的球形小行星或柯伊伯带天体的引力结合能（erg）。

（b）多大尺寸的小行星的引力结合能等于物理内聚力（岩石的断裂应力 ≈ 100 MPa）？

（c）非球形小行星比同等质量的球形小行星引力结合更紧密还是更不紧密？

（d）可被 1 000 Mt TNT 当量炸药（1 Mt TNT $= 4.18 \times 10^{22}$ erg）破坏的最大致密球形小行星的半径是多少？

（e）如果小行星是碎石堆（没有强度）会如何？

（f）用 1 000 000 Mt TNT 重复（d）和（e）。

习题 9.9 I

小行星 A 的半径为 R_A，密度为 $\rho = 3$ g/cm³。小行星 B 密度也为 $\rho = 3$ g/cm³，需要最小多大的 $R_B(R_A)$ 才能对小行星 A 造成灾难性破坏？计算中，可以假设碰撞速度为 7.5 km/s，而破坏需要的动能等于引力加上物理结合能。请评价这些假设引起的误差方向和大小。

习题 9.10 I

（a）计算一对轨道半长轴分别为 2.8 AU 和 2.802 8 AU 的小行星之间的会合周期

（相合之间的时间）。

（b）假设 $a=2.8028$ AU 的小行星的近心点为 2.8 AU。计算其在近心点相对于局部圆轨道的速度。如果另一颗小行星在圆轨道上运行，则此速度是两个天体路径相交时的相对速度。

（c）比较（b）中计算的速度与小行星的典型相对速度以及从半径为 100 km 的岩质小行星逃逸的速度（$\rho=2.5$ g/cm^3）。

（d）利用上述计算结果解释为什么小行星家族的成员（由灾难性碰撞形成）彼此不一定很接近。在确定小行星家族成员时，哪些参数最有用？

习题 9.11 E

考虑一颗密度为 $\rho=3$ g/cm^3，半径 $R=100$ km 的球形小行星。小行星被一层松散的风化层所覆盖。这颗小行星在不失去其赤道上风化层的情况下所能拥有的最短自转周期是多少？

习题 9.12 I

（a）估计你能靠自己的力量将自己推入轨道的最大小行星的尺寸。

（b）除小行星尺寸外，还必须考虑哪些变量？

（c）怎样才能把自己发射到一个稳定的轨道上？

习题 9.13 E

估算以下半径和旋转周期的小行星摆动的衰减时间：

（a）$R=200$ km，$2\pi/\omega_{rot}=16$ h。

（b）$R=20$ km，$2\pi/\omega_{rot}=4$ h。

（c）$R=2$ km，$2\pi/\omega_{rot}=4$ h。

（d）$R=2$ km，$2\pi/\omega_{rot}=4$ d。

（e）$R=15$ m，$2\pi/\omega_{rot}=10$ min。

习题 9.14 E

用什么技术来估计微型行星的直径？简要描述每种技术，并评价其优缺点。

习题 9.15 E

（a）考虑图 9-27（a）所示的小行星可见光变曲线。假设热红外波长处的光变曲线形状相似。能得到哪些关于这颗小行星的形状、尺寸、反照率和自转周期的信息？

（b）考虑图 9-27（a）可见光变曲线和图 9-27（b）中的红外曲线。能得到哪些关于这颗小行星的形状、尺寸、反照率和自转周期的信息？

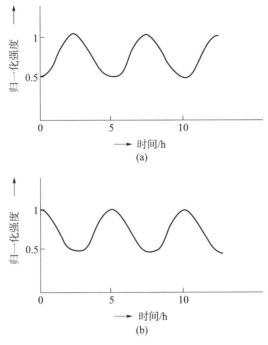

图 9 - 27 习题 9.15 的假想光变曲线

习题 9.16 I

考虑一颗三轴椭球形状的小行星，其轴比为 $a = 2b = 3c$。这颗小行星绕其短轴旋转，并有一个明亮的小点（高反照率）。绘制这颗小行星的可见光和红外光变曲线：

（a）假设光点在极点，小行星的旋转轴垂直于视线。

（b）假设光点在极点，小行星的旋转轴平行于视线。

（c）假设光点在沿赤道的长轴一端而小行星的旋转轴垂直于视线。

习题 9.17 I

（a）为了计算未知小行星的半径和反照率，需要在红外线和可见光波段进行观测。用一句话解释为什么要这样。

（b）假设球面反照率和几何反照率相等，红外辐射率为 0.9，小行星为球形且快速旋转。这颗小行星与日心的距离为 2.5 AU，与地心的距离为 1.5 AU。红外辐射通量（频率积分）为 9.2×10^{-9} erg/（cm^2·s），可见光辐射通量为 1.6×10^{-9} erg/（cm^2·s）。确定小行星的温度、球面反照率和半径。提示：见 3.1 节。

习题 9.18 E

（a）S 型、C 型和 D 型小行星的光谱有什么区别？

（b）每个类型的大多数成员在哪里运行？

习题 9.19 I

对小行星 A1 和 A2 的观测表明，它们的轨道为圆形，周期分别为 4.4 年和 6.0 年。假设每颗小行星都是球形，半径为 50 km。测得几何反照率分别为：$A_{01} = 0.245$，$A_{02} = 0.049$。

（a）计算小行星轨道的半长轴。

（b）假设每个小行星都覆盖着一层风化层，使太阳反射率的相位积分 $q_{ph,v}$ 等于月球的相位积分。从测量的几何反照率来估计这两颗小行星的视觉反照率。

（c）计算这两颗小行星的平均次表层温度和赤道表面温度，假设它们是快速旋转的小行星。提示：见 3.1 节。

（d）A1 和 A2 应归类为哪些主要类型？详细解释答案。

习题 9.20 I

在之前的问题中，假设小行星 A1 和 A2 的相位积分类似于月球的相位积分。如果相位积分的值是月球相位积分的一半，假设所有其他分量都相等，计算"射束因子"$\eta_{v=ir}$。

习题 9.21 E

班贝格星的雷达截面积为 4 500 km^2。班贝格星的半径为 120 km，假设雷达后向散射增益 $g_r = 1$。

（a）确定班贝格星的雷达反射率。

（b）班贝格星风化层的介电常数是多少？

（c）确定班贝格星风化层的密度和孔隙度。假设班贝格星地壳中固体岩石的密度和介电常数分别为 $\rho_o = 2.6$ g/cm^3 和 $\varepsilon_o = 6.5$。

习题 9.22 I

在观测时，班贝格星的地心距离为 0.83 AU，日心距离为 1.78 AU，班贝格星的球面反照率是 0.10，这颗小行星在 3.6 cm 波段观测到的总辐射量是 1.31 mJy。

（a）测定 3.6 cm 波段处班贝格星的亮温 T_b。

（b）比较 T_b 与班贝格星地表以下几米的预期平衡温度，推导出射电辐射率。

（c）比较习题 9.21 中的射电辐射率和雷达反射率，并对结果进行评价。

习题 9.23 E

地球每年截获大约 4×10^7 kg 行星际尘埃。用上述质量估计一个球形天体的等效半径（假设密度为 3 g/cm^3）。

习题 9.24 E

（a）计算冥王星和冥卫一近日点的表面温度，假设这两个天体都快速旋转，并与太阳辐射场保持平衡。提示：参见 3.1.2.2 节。

（b）计算冥王星和冥卫一的逃逸速度，并将这些数字与 N_2、CH_4 和 H_2O 分子的逃逸速度进行比较。

（c）给出（a）和（b）中的答案，定性解释冥王星和冥卫一表面冰层覆盖的差异。

第 10 章　彗　星

"由此可以看出这三组数据所对应的轨道根数的一致性，如果它们是三个不同的彗星，那么这将是一个奇迹……因此，如果它按照我们已经说过的话，在 1758 年前后再次回归，届时坦诚的后人一定会把这一发现归功于英国人的贡献。"

——埃德蒙·哈雷，《彗星天文学概要》，1705 年

　　彗星（comet）的出现常常出乎意料，有时甚是壮观，在历史上激发了许多人的兴趣。一颗明亮的彗星用肉眼很容易就能看到，它的尾巴可以在天空中延展 45°以上（图 10-1）。彗星这个名字来源于希腊语 $\kappa\omega\mu\eta\tau\eta\varsigma$，意思是"多毛的家伙"，以描述彗星最突出的特征：长尾。最早的彗星记录可以追溯到约公元前 600 年的中国[①]。在毕达哥拉斯[②]时代（公元前 550 年），彗星被认为是游荡的行星，但亚里士多德[③]（公元前 330 年）和后来的自然哲学家认为彗星是某种大气现象。因此彗星非常可怕，通常被认为是不祥之兆。在纪念 1066 年诺曼征服[④]的贝叶挂毯上，描绘了哈雷彗星（1P/Halley）回归（图 10-2）。

　　第谷·布拉赫[⑤]（Tycho Brahe）在 1577 年对彗星进行了第一次详细的科学观测。布拉赫确定了明亮的彗星 C/1577 VI 的视差[⑥]小于 15 弧分，进而得出结论，彗星一定比月球

　　[①]　原文为"约公元前 6000 年"，经与原书作者确认，应更正为"约公元前 600 年"。对应记录应为《春秋》对鲁文公十四年（公元前 613 年）的记载："……秋七月，有星孛入于北斗……"。"星孛"是中国古代对彗星的称呼。——译者注

　　[②]　毕达哥拉斯（希腊语：$\Pi\upsilon\theta\alpha\gamma\acute{o}\rho\alpha\varsigma$，拉丁化：Pythagoras，前 570 年—前 495 年），古希腊哲学家、数学家和音乐理论家。他是勾股定理的发现者之一。毕达哥拉斯星（6143 Pythagoras）以他的名字命名。——译者注

　　[③]　亚里士多德（希腊语：$A\rho\iota\sigma\tau o\tau\acute{\epsilon}\lambda\eta\varsigma$，拉丁化：Aristotélēs，前 384 年 6 月 19 日—前 322 年 3 月 7 日），古希腊哲学家。他的著作牵涉许多学科，包括了物理学、形而上学、诗歌、音乐、生物学、经济学、逻辑学、政治、伦理学等。亚里士多德关于物理学的思想深刻地塑造了中世纪的学术思想，其影响力延伸到了文艺复兴时期，最终被牛顿物理学取代。亚里士多德星（6123 Aristoteles）以他的名字命名。——译者注

　　[④]　1066 年法国诺曼底公爵威廉为争夺英格兰王位继承权对英格兰的入侵及征服。——译者注

　　[⑤]　第谷·布拉赫（Tycho Brahe，1546 年 12 月 14 日—1601 年 10 月 24 日），丹麦天文学家。他在 1572 年—1574 年观测到了超新星爆发并转暗过程（后称为第谷超新星），并根据超新星的视差不变，确定超新星位于月球轨道以外，推翻了亚里士多德的天体不变学说。他于 1577 年对彗星的观测确认了彗星轨道不是完美圆周并且彗星在月球以外，推翻了亚里士多德认为彗星是大气现象的学说。他没有接受日心说，而认为太阳绕地球运动，其他行星绕太阳运动。第谷的时代没有望远镜，他是最后一位用肉眼观测天象的主要天文学家。他一生积累了大量高精度观测数据，开普勒后来基于第谷的观测数据提出了行星运动三定律。第谷·布拉赫星（1677 Tycho Brahe）以他的名字命名。——译者注

　　[⑥]　观察者从一个位置移动到另一个位置所看到的物体相对于背景的视运动称为视差。在天文学中，年视差是由于地球绕太阳运行而使物体看起来移动的角度的一半。日视差是由于地球绕地轴自转而使物体移动的角度的一半。

(a)

(b)

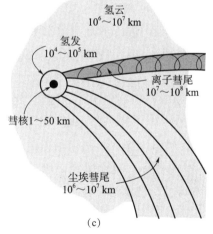

(c)

图 10-1　　(a) 1976 年 3 月 9 日业余天文学家约翰·拉博德（John Laborde）拍摄的威斯特彗星（C/West，1976 Ⅵ）。黄色或"白色"尘埃彗尾和蓝色离子彗尾（右下）都很明显。（图片来源：约翰·拉博德）　　(b) 1997 年 4 月美国犹他州天生桥国家保护区上方观察到的海尔-波普彗星（C/Hale -Bopp 1995 O1）。　（图片来源：特里·阿科姆（Terry Acomb）/约翰·丘马克（John Chumack）/照片研究公司）　　(c) 彗星的示意图，显示了其彗核、彗发、彗尾和氢云

图 10-2　🔲纪念 1066 年诺曼征服的贝叶挂毯的一部分，其中描绘了哈雷彗星。当征服者威廉从诺曼底入侵英格兰时，这颗彗星非常明亮。这颗彗星被认为是英国国王哈罗德的不祥之兆。拉丁文"Isti Mirant Stella"意为"众人惊叹于此星"。（Beatty et al, 1999）

远得多。埃德蒙·哈雷[①]利用牛顿的万有引力理论计算了到 1698 年为止观测到的 24 颗彗星的轨道。他指出，1531 年、1607 年和 1682 年的彗星回归相隔 75～76 年，而轨道的描述参数大致相同。因此他预言下一个回归出现在 1758 年，后来人们将这颗彗星命名为哈雷彗星，并注意到它从公元前 240 年到 1986 年已经回归了 30 次，并且发现了除公元前 164 年外的所有回归记录。到 20 世纪初，天文学家每年发现 3～4 颗彗星；随着 20 世纪 80 年代更强大的照相机（CCD）的发展，彗星的发现率增加到每年 20～25 颗，在 21 世纪的前 10 年，地基望远镜的发现率上升到每年 40～50 颗。此外，1995 年 12 月发射的太阳和日光层天文台（SOHO）于 2009 年 1 月 2 日发现了其第 1 600 颗彗星，即平均每年 100 多颗彗星（大部分是掠日彗星，10.6.4 节）。

　　彗星的示意图如图 10-1（c）所示。这个直径一般只有几千米的小彗核（necleus）通常被大彗发（coma）遮挡而不可见，彗发为直径 10^4～10^5 km 的气体和尘埃云。肉眼无法看到的是巨大的氢彗发（hydrogen coma），范围在 10^6～10^7 km 之间，环绕着彗核和可见的气体/尘埃彗发。辐射压力将彗星彗发中的微小尘埃颗粒向太阳外驱赶（2.7.1 节）；这

---

　　① 埃德蒙·哈雷（Edmond Halley，1656 年 11 月 8 日—1742 年 1 月 14 日），英国天文学家、地理学家、数学家、气象学家和物理学家。1676 年—1677 年，哈雷在南大西洋圣赫勒拿建造了一座天文台，对南天星空进行了观测，基于观测数据于 1679 年发表了包含 341 颗南天恒星的详细数据的《南天星表》（Catalogus Stellarum Australium）。他记录了水星凌日，并意识到类似的金星凌日可以用来确定地球、金星和太阳之间的距离。哈雷 1678 年当选皇家学会会士，自 1720 年起担任第二任格林尼治天文台台长、皇家天文学家。哈雷鼓励并资助牛顿出版了《自然哲学的数学原理》。除了哈雷彗星，还有一颗小行星哈雷星（2688 Halley）以他的名字命名。——译者注

些尘埃颗粒形成了淡黄色的尘埃彗尾（dust tail），就像彗发一样，在反射的阳光中也能看到。恩克彗星（2P/Encke）和其他一些少数彗星的可见的彗发以 C_2 发射为主。当尘埃颗粒的日心距离相对于彗核的日心距离增大时，它们的移动速度就变慢了（角动量守恒），这就导致尘埃彗尾的弯曲方向与彗星的运动方向相反。与弯曲的淡黄色彗尾不同，一些彗星在反太阳方向显示出一条笔直的、通常为蓝色的彗尾［图 10 - 1（a）］。这条尾巴由束缚在行星际磁力线上的离子组成，并被太阳风拖曳。离子彗尾的长度可达 10^8 km，蓝色主要由 CO^+ 离子的发射产生。

　　彗星与陨石和小行星一起，提供了关于太阳系起源的关键信息。彗星起源于外太阳系，那里的太阳热量极小，并且它们的尺寸相对较小（≲ 几十千米）。由此，彗星是太阳系中最原始的天体之一，可以提供有关它们所形成区域的热化学和物理条件的关键信息。因为彗核被笼罩在尘埃和气体的彗发中，所以确定彗核组成将相当复杂。此外，在光学波段下可以观察到的气体分子通常不位于彗核中，而是从这些母分子中经几步分解和电离分离出来的。一般通过红外和射电波段的光谱对母分子进行研究。本章将讨论彗星基于观测得到的物理和化学性质，以及有关彗星如何形成和演化以及在何处形成和演化的推论。

10.1　系统命名法

　　彗星以发现者命名。当一个人或一个团体发现多颗彗星时，则在名字后面跟随着数字[①]。彗星也会被赋予一个包括它们被重新发现或通过近日点年份的名称。这些名称的形式在 1995 年发生了变化，因此文献中包含了两种格式。

　　根据旧的格式，当彗星被发现或再次被发现时（在回归中第一次看到），它被赋予一个基于发现年份的临时名称，后面是一个字母，字母作为年度被发现的序号，例如，1994c 代表 1994 年发现的第三颗彗星。几年后，将给出一个最终名称，在这个名字后面是其通过近日点的年份，以及一个按近日点日期顺序排列的罗马数字，以区别于同一年通过近日点的其他彗星，例如科胡特克彗星（C/Kohoutek 1973 XII）。短周期彗星前面有一个"P/"，例如哈雷彗星（P/Halley）和恩克彗星（P/Encke）。已消失的彗星，例如，与太阳或某颗行星相撞的彗星，或简单解体的彗星，前面都是"D/"，这种最著名的天体是舒梅克-列维 9 号彗星（D/Shoemaker - Levy 9）（5.4.5 节、10.6.4 节）。

　　与旧的系统相比，现行的系统避免了重复。发现（或再发现）的年份后面是一个字母，表示彗星首次被观测的某个半月（不使用 I），随后是一个数字，以区别于同一时期看到的其他彗星。长周期彗星的名字前面现在加上了"C/"，短周期彗星则根据它们最初发现的时间给出了一个数字。因此，1P/1682 Q1 代表在 1682 年回归的哈雷彗星，并表明它最初是在 1682 年 8 月下半月被发现的。请注意，短周期彗星在新旧系统中的每次回归都

---

① 近年来，这些数字从长周期彗星和动力学新彗星的名称中被删除，但短周期彗星仍然保留。

有不同的命名，但短周期彗星的名称和编号保持不变[①]。

当某个彗星分裂时（10.6.4 节），每个碎片都保有母彗星的名称，后面跟随大写字母，从字母 A 开始表示最先通过近日点的碎片，例如施瓦斯曼-瓦赫曼 3 号彗星的第 1 个碎片为 73P/Schwassmann – Wachmann 3A。如果某个碎片进一步分裂，则通过角标区分，例如舒梅克-列维 9 号彗星的 Q 碎片进一步分裂后就用 Q_1 和 Q_2 区分。

10.2　彗星的轨道和来源

许多彗星在极为偏心的轨道上运行，例如 $e \approx 0.999\,9$，所以这些彗星轨道周期中只有一小部分在内行星区域度过；大多数时候彗星都居于太阳系寒冷的外部区域（2.1 节）。轨道周期大于 200 年的彗星被归类为长周期（Long – Period，LP）彗星，而轨道周期小于 200 年的彗星被称为短周期（Short – Period，SP）彗星。如果某颗彗星的轨道表明自身是首次进入内太阳系（即行星区域），则被称为动力学新彗星（dynamically new comet）。

截至 2014 年 5 月，SOHO 和类似探测器记录到约 2 700 颗彗星。除此之外，2008 年彗星轨道目录（Marsden and Williams，2008）还包含了 1 359 颗特定彗星的 2 218 次回归的 2 325 条轨道，其中 415 颗是短周期彗星，其中 200 颗已被多次观测到通过近日点（数据不一致是因为有些彗星有多个组成部分，并且周期性彗星每次通过近日点时都会根据观测被计算出轨道）。

10.2.1　影响彗星运动的非引力项

太阳和行星的引力是彗星轨道的决定性因素[②]，但大多数所观测到的活跃彗星的实际轨道都以微小却显著的方式偏离了这些轨道。这些变化可以使彗星两次通过近日点的时间相对提前或推迟许多天。对这些非引力效应的观测是惠普尔[③] 1950 年提出彗核"脏雪球"模型的主要动机（10.6 节）。非引力作用力来源于彗星冰层升华时逸出的气体和尘埃对彗核附加的动量。这一过程类似于火箭推进（附录 F.1），但这种效应的影响要小得多，因为每条轨道上只有一小部分彗星质量损失，质量逃逸的速度很慢，并且在彗星轨道不同阶段所施加的力会产生相反的影响。非引力作用力与小天体上的雅可夫斯基效应有一些相似之处，如 2.7.3 节所述。

彗星非引力加速的标准模型（也称为对称模型）基于以下假设：冰从旋转的彗核中以一个特定的速率蒸发，这个速率仅取决于日心距，因此关于近日点对称。彗星的运动方程写成

---

① 例如，对于短周期彗星哈雷彗星来说，发现（或再发现）的年份和字母的命名每次都会改变，但 1P/Halley 这个名称和编号不会变。——译者注

② 相对论效应对于具有较近近日点距离的彗星不可忽略，并且包含在大多数高精度轨道计算中。

③ 弗雷德·劳伦斯·惠普尔（Fred Lawrence Whipple，1906 年 11 月 5 日—2004 年 8 月 30 日），是美国著名的天文学家和彗星研究的先驱者之一。惠普尔星（1940 Whipple）以他的名字命名。——译者注

$$\frac{\mathrm{d}^2 \boldsymbol{r}_{\odot}}{\mathrm{d}t^2} = -\frac{GM_{\odot}}{r_{\odot}^2} \hat{\boldsymbol{r}}_{\odot} + \nabla \mathcal{R} + A_1 \eta(r_{\odot}) \hat{\boldsymbol{r}}_{\odot} + A_2 \eta(r_{\odot}) \hat{\boldsymbol{T}} + A_3 \eta(r_{\odot}) \hat{\boldsymbol{n}}$$

$$\eta(r_{\odot}) = \eta_1 \left(\frac{r_{\odot}}{r_{\odot 0}} \right)^{-\eta_2} \left[1 + \left(\frac{r_{\odot}}{r_{\odot 0}} \right)^{-\eta_3} \right]^{-\eta_4}$$

$$(10-1)$$

$\mathcal{R}$ 表示行星摄动函数 [式 (2-32)]，A_1、A_2 和 A_3 是非引力加速度系数；$\hat{\boldsymbol{r}}$、$\hat{\boldsymbol{T}}$ 和 $\hat{\boldsymbol{n}}$ 是单位矢量，$\hat{\boldsymbol{r}}$ 指向太阳径向向外的方向，$\hat{\boldsymbol{T}}$ 垂直于彗星轨道平面内的 $\hat{\boldsymbol{r}}$（在近日点沿彗星轨道相切），$\hat{\boldsymbol{n}}$ 垂直于彗星的轨道。彗星活动随日心距的变化用 $\eta(r_{\odot})$ 近似，在式 (10-1) 中定义。加速度的单位是 AU/天^2。对于水冰，目前式 (10-1) 中定义的常数值为：$r_{\odot 0} =$ 2.808 AU，$\eta_1 = 0.111\,262$，$\eta_2 = 2.15$，$\eta_3 = 5.093$，$\eta_4 = 4.6142$。η_3 和 η_4 的数值较大表明非引力作用力的大小在 $r_{\odot 0}$ 附近急剧下降；η_2 略大于 2 意味着非引力作用力的增加速度略快于靠近太阳时的太阳辐射。

A_1、A_2 和 A_3 的值是由单个彗星的观测值确定的。A_1 通常比 A_2 和 A_3 大得多，因为大部分气体是由彗星靠近日下点的部分释放出来的，并大致垂直于表面逸出。然而，在标准模型中，非引力作用力的径向部分关于近日点对称，因此这部分引力在近日点之后返回彗星的轨道能量与近日点之前带走的能量相同。切线方向所施加的力被认为是彗星正午和最大出气时间之间的热惯性的结果，尽管它更可能是由自身出气的不对称性引起的。无论哪种情况，它都不会受到接近和离开两个方向运动相互抵消的影响。相反，如果彗星自转与公转方向相同，非引力作用力的切向分量会在沿彗星运动方向上产生加速度分量（习题 10.6）。这样的加速度增加了彗星的轨道能量，从而延长了它的轨道周期。对于逆向旋转的彗星，情况正好相反。因此，即使 A_2 比 A_1 小得多，切向项也是标准理论中最重要的项。对于大多数彗星来说，由于对称性，垂直于轨道的力会随着时间的推移而抵消，它们不会产生任何显著的长期效应，因此式 (10-1) 的最后一项通常被忽略或在量级上可忽略。

A_1 和 A_2 的值会在不同的长时间间隔和短时间间隔内拟合，并且解不一定为常数。在经过充分研究的彗星中，大约有一半彗星轨道的 A_2 几乎是恒定的，或者在多次回归中仅有缓慢变化。然而，对于那些 A_2 表现出更快变化的彗星来说，标准理论显然被打破了。由于单个活动位置在不同季节活跃性不同，彗星表面活动区域的不均匀分布会导致彗星运动产生明显的季节性效应。在这种情况下，不仅标准理论不适用，而且非引力作用力的径向分量比切向分量重要得多（习题 10.7）。

彗星的运动显然与它作为一个天体的演化密切相关。彗星活动强烈依赖于日心距离。气体的释放反过来改变了彗星的轨道，尽管其影响不大。

10.2.2 奥尔特云

为了推断动力学新彗星的来源区域，奥尔特[①]在 1950 年绘制了 19 颗长周期彗星逆半

---

① 扬·亨德里克·奥尔特 (Jan Hendrik Oort, 1900 年 4 月 28 日-1992 年 11 月 5 日)，荷兰天文学家，在银河系结构和动力学、射电天文学方面做出了许多重要的贡献。奥尔特星 (1691 Oort) 以他的名字命名。——译者注

长轴 $1/a_0$ 的分布图。根据这个小样本，奥尔特假设在现在被称为奥尔特云的地方存在大约 10^{11} 颗"可观测"彗星。

图 10 - 3 显示了更多长周期彗星原始的 $1/a_0$ 分布。半长轴的倒数度量了单位质量的轨道能量 $GM_\odot/2a_0$。原始轨道是彗星进入行星区域并受到行星摄动和非引力作用力影响之前的轨道。$1/a_0$ 中的正值表示有界轨道，负值表示双曲线轨道。然而，图 10 - 3 所示的少数双曲线轨道几乎肯定不是来自星际空间的彗星（习题 10.1 和习题 10.2）。$1/a_0$ 为负值可能是由于轨道根数计算中的错误，也可能是由于未计入的非引力作用力（10.2.1 节）。

在日心距离 $\gtrsim 10^4$ AU 的地方存在奥尔特云的证据是在 $0\sim 10^{-4}$ AU^{-1} 之间的大尖峰。由于穿过内太阳系，其尖峰比 $1/a$ 上的典型摄动要窄得多（约 5×10^4 AU^{-1}），这个尖峰代表了首次进入行星区域的奥尔特云中的彗星。这些彗星的半长轴为 $1\times 10^4 \sim 5\times 10^4$ AU，除了银河潮汐场的一个小特征外，随机分布在天球上。这些彗星的轨道是高度偏心的椭圆，当穿过太阳系的行星区域时，它们看起来几乎是抛物线。相比之下，短周期彗星通常是顺行轨道，偏心率不那么大，并且似乎集中在黄道面附近（倾角 $i \lesssim 35°$）。

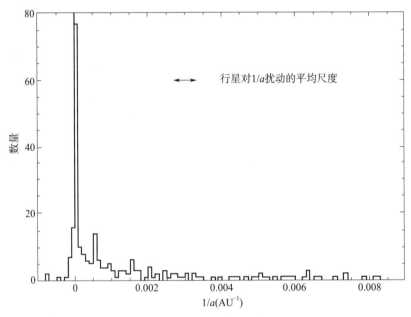

图 10 - 3　2003 年版彗星轨道目录中所有长周期彗星的原始半长轴倒数 $1/a_0$ 的分布。图中显示了彗星通过内太阳系时 $1/a$ 的典型摄动。（改编自 Levison and Dones 2007）

经典奥尔特云中彗星的数量可以通过观测到的动力学新彗星的通量来估计。计算比绝对星等 $H_{10}=11$ 更亮的天体（有关 H_{10} 的定义参见 10.3.1 节），预计经典奥尔特云中彗星总数约 $10^{11}\sim 10^{12}$ 颗。由于轨道受到银河潮汐场、附近恒星或与巨大分子云近距离接触的摄动，奥尔特云中的彗星可能进入内太阳系，并作为动力学新长周期彗星被观测。银河潮汐是将彗星从奥尔特云中送入行星区域的最重要摄动，但由于它改变了轨道角动量而不是轨道能量，因此不会将彗星带离太阳轨道。

经典的奥尔特云中，被经过的恒星抛射的彗星的动力学寿命大约是太阳系年龄的一半。由于分子云参数的不确定性，与巨型分子云相遇的重要程度就更难以估计，但对于从太阳系抛射出彗星，巨型分子云的作用可能是恒星作用效率的数倍。这表明和太阳系的年龄相比，奥尔特云是相对年轻的，或者需要补充，至少偶尔需要。原则上，补充可以从内部进行，例如通过在 $10^3 \sim 10^4$ AU 之间的看不见的内奥尔特云补充，或者从星际介质中捕获。由于星际交会速度（$20 \sim 30$ km/s）相当高，因此极不可能捕获到星际彗星。相反，巨大内奥尔特云的存在是太阳系形成的自然结果；动力学模型显示，从行星区域抛射出的星子会产生内奥尔特云，其初始族群约为外（经典）奥尔特云的 $5 \sim 10$ 倍（图 10-4，10.7.2 节）。在"正常"情况下，内奥尔特云对在内太阳系中观测到的新彗星通量基本上没有贡献，因为它几乎没有受到干扰。然而，由接近某颗恒星和巨型分子云引起的大摄动，可能会产生持续几百万年的彗星雨（comet showers），大约每 10^8 年一次，并重新补充外奥尔特云。

当彗星穿过太阳系的行星区域时，行星的引力摄动将它们的轨道分散在 $1/a$ 的空间中。在一颗彗星的轨道转变为短周期彗星轨道之前，它可能大约需要返回行星区域 400 次。动力学计算表明，不到 0.1% 的长周期彗星演化为短周期彗星。

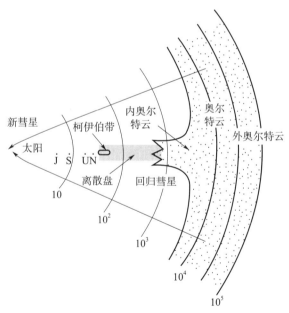

图 10-4 内外奥尔特云结构示意图。巨行星和柯伊伯带的位置如图所示。请注意，距离尺度为对数关系。（改编自 Levison and Dones 2007）

10.2.3 柯伊伯带

彗星向内演化时，通常保持其轨道倾角。大多数短周期彗星具有较小的轨道倾角和顺行的特点。因此，有人认为，大多数短周期彗星来自海王星轨道以外的扁平环形天体，而不是来自奥尔特云。随后在柯伊伯带发现了 1 000 多个天体，以及许多半人马天体，它们沿着穿越巨行星轨道的不稳定路径转移，这是支持该假设的有力证据（9.1 节）。

　　巨行星为柯伊伯带天体在形成短周期彗星的过程中向太阳偏转提供了主要摄动。强烈的相互作用通常从接近海王星开始。黄道离散天体可能是短周期彗星的主要来源，因为它们的路径可能比经典或共振柯伊伯带天体更靠近海王星。然而，在相对稳定的轨道上，柯伊伯带天体之间的碰撞会产生碎片，更容易受到巨行星的强烈摄动。

　　半人马天体的轨道穿越土星、天王星和/或海王星的轨道（图 2-11、图 9-3），高度不稳定。大多数半人马天体的近日点位于 8～11 AU 之间，远日点位于 19～36 AU 之间。轨道偏心率为 0.4～0.6。半人马天体的典型动力学寿命为 10^6～10^8 年。由于日心距离大时很难对天体进行观测，因此目前已知的半人马天体要明显比短周期彗核大。尽管如此，对这些天体开展详细研究很重要，因为它们代表了柯伊伯带天体（它们理论上是小行星，因为没有彗发）和短周期彗星之间的联系。第一个被发现的半人马天体是凯龙星，随后观察到了彗星活动，如图 10-5 所示，因此也被赋予了彗星编号 95P/Chiron。

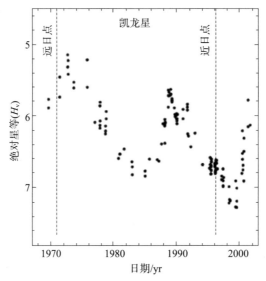

图 10-5　凯龙星的星等随时间变化的图表清楚地显示了其亮度的巨大变化。有趣的是，凯龙星在远日点比近日点更亮。［数据来自许多不同的观察者，由 Bus et al.（2001）和 Duffard et al.（2002）汇编］

10.2.4　彗星和小行星的轨道

　　彗星之所以保留了冰，是因为它们大部分的地质时期都距离太阳很远，因此处于深度冰冻中。一旦被充分加热，这些冰就会离开彗星。如果一颗彗星失去了所有近表层的冰，它可能会休眠或消亡，成为一颗小行星。然而，它的轨道通常透露了它在外太阳系的发源地。木星引力是大多数穿越或经过其轨道附近的天体的主要摄动力。由于木星轨道的偏心率很小，受摄动小天体的雅可比积分［式（2-28）］在这些相互作用下几乎守恒。此外，由于木星的质量也比太阳的质量小得多，因此这个小天体的轨道根数有一个简单的函数，这个函数几乎是恒定的（除了接近木星时）。这个常数就是下式描述的蒂塞朗参数[①]（Tisserand parameter）

$$C_{\mathrm{T}} \equiv \frac{a_{\mathrm{J}}}{a} + 2\cos i \sqrt{\frac{a}{a_{\mathrm{J}}}(1 - e^2)} \qquad (10-2)$$

式中，a、e 和 i 是小天体的主要日心轨道参数，a_{J} 是木星轨道半长轴。由于 C_{T} 几乎是常数，式（10-2）有助于确定相隔多年观测到的两颗彗星是否可能是同一天体。

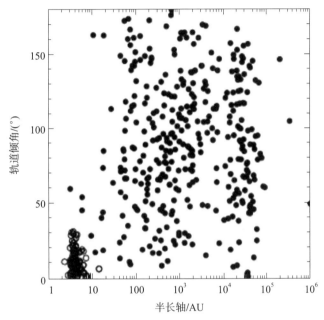

图 10-6　2003 年版彗星轨道目录中所有彗星的 a-i 分布。$C_{\mathrm{T}} > 2$ 的彗星用空心圆表示，$C_{\mathrm{T}} < 2$ 的彗星用实心圆表示。（Levison and Dones，2007）

在圆限制性三体问题中，$C_{\mathrm{T}} > 3$ 的天体不能穿过木星轨道。大多数小行星轨道的特征是 $C_{\mathrm{T}} > 3$，彗星起源的天体通常 $C_{\mathrm{T}} < 3$；$C_{\mathrm{T}} \approx 3$ 的天体可以是小行星或彗星。许多彗星的倾角与半长轴的关系图（图 10-6）显示了 $C_{\mathrm{T}} < 2$ 的天体倾角的各向同性分布。这一族群包括哈雷族彗星（Halley Family Comets，HFC），彗星的远日点在 7.4～40 AU 之间，轨道周期在 20～200 年之间。$2 < C_{\mathrm{T}} < 3$ 的天体通常位于黄道面内，因此被称为黄道彗星（Ecliptic Comets，EC）。这些彗星通常穿过木星的轨道；当它们的远日点在木星轨道附近时，它们被称为木星族彗星（Jupiter Family Comets，JFC）。这个族群包含了大部分黄道彗星。$C_{\mathrm{T}} > 3$ 且进入木星轨道之内的彗星被归类为恩克型彗星，其原型为恩克彗星（2P/Encke），半长轴 $a = 2.22$ AU，偏心率 $e = 0.85$，倾角 $i = 11.8°$。$C_{\mathrm{T}} > 3$ 且半长轴 $a > 5.2$ AU 的彗星被称为凯龙型彗星，原型为凯龙星（95P/Chiron）。

---

① 弗朗索瓦·费利克斯·蒂塞朗（François Félix Tisserand，1845 年 1 月 13 日—1896 年 10 月 20 日），法国天文学家。他于 1893—1895 年间担任法国天文学会主席。蒂塞朗星（3663 Tisserand）和月球上的蒂塞朗撞击坑以他的名字命名。——译者注

10.2.4.1　主带彗星

主带小行星埃尔斯特-皮萨罗星（7968 Elst – Pizarro）在被观测到尘埃彗尾后更名为埃尔斯特-皮萨罗彗星（133P/Elst – Pizarro）。该天体每 5.6 年接近近日点时，喷射一次尘埃，估计喷射速度约为 100 m/s。它可以因为升华保持活跃数周至数月。截至 2014 年 4月，已知的此类天体约有 10 个，表 10 – 1 中列出了其中第一批待识别的天体。这些天体一起被称为主带彗星。它们不来自柯伊伯带或奥尔特云，但肯定是冰小行星。主带小行星上的任何冰，如果被一层 1～100 m 厚的风化层所覆盖，那么在整个太阳系的岁月中都会受到保护，防止升华。碰撞可能会使冰暴露出来，导致在日心距离小于 3AU 时发生升华。埃尔斯特-皮萨罗彗星和林尼尔 52 号彗星（176P/LINEAR，小行星编号 118401）都是司理星族的成员。据报告，还有另外 3 个近地天体发生了质量损失（9.1.1 节）。这些天体合在一起构成了一个新的小行星"类别"，称为活跃小行星。

表 10 – 1　主带彗星的轨道根数

彗星编号	小行星编号	a/AU	e	$i/(°)$
133P/Elst Pizarro	7968	3.157	0.163	1.386
238P/Read		3.273	0.311	1.188
176P/Linear	118401	3.194	0.193	0.238
P/2008 R1 (Garradd)		2.726	0.342	15.9

10.3　彗发和彗尾的形成

彗星活动主要缘于太阳加热，因此彗星在日心距离较大时通常不活跃，只有靠近太阳时才开始产生彗发和彗尾。彗核被冰覆盖，当彗星接近太阳时，冰升华（直接从固态蒸发）产生的气体从表面逸出，同时带走尘埃。气体和尘埃形成了彗星的彗发，并将彗核隐藏起来而不可见。彗星通常在彗发形成后才被发现，因为那时它足够明亮，用相对较小的望远镜即可看到。许多彗星在穿过木星轨道时仍不活跃，尽管有些彗星甚至在天王星轨道以外的地方也表现出活跃特性。在极端情况下，坦普尔 1 号彗星（9P/Tempel 1）的轨道周期为 5.3 年，近日点和远日点距离分别为 1.4 AU 和 4.7 AU，在其轨道的很大部分上均不活跃；而舒梅克 1987o 彗星（C/1987 H1）、舒梅克 1984f 彗星（C/1984 K1）和塞尔奈斯彗星（C/Cernis 1983 O1）在距离超过 20 AU 时仍有尘埃彗发/彗尾。施瓦斯曼-瓦赫曼 1 号彗星（29P/Schwassmann – Wachmann 1）在 5.4～6.7 AU 之间围绕太阳运行，它的亮度会突然增加，有时高达 1 000 倍。如果存在少量汽化温度较低的冰，则可能会发生这种爆发。在动力学新彗星上，非晶态水冰转化为结晶冰也可能引发亮度增加（10.6.3 节）。

10.3.1 亮度

彗星的视亮度 B_ν 随日心距离 $r_\odot$ 和到观察者的距离 r_Δ 而变化，这种关系通常近似为

$$B_\nu \propto \frac{1}{r_\odot^\zeta r_\Delta^2} \qquad (10-3)$$

不活跃的天体，例如小行星，其指数 $\zeta=2$，但彗星通常表现出 $\zeta>2$，这是因为彗星的气体生成速率（即每秒释放的气体量）随日心距离的减小而增加。虽然有些彗星在很大的日心距离范围内，确实遵循 $r_\odot$ 幂律，但还有一些彗星在许多区间内显著偏离 $r_\odot$ 幂律。当日心距离下降到 3 AU 以下时，大多数彗星会明显变亮。根据观测到的彗星亮度与其日心距离之间的关系，可以推断出水冰是大多数彗星的主要挥发性物质。非引力作用力的强度在 2.8 AU 以外急剧下降，进一步提供了水冰占主导地位的证据。对于彗星主要由水冰组成的更为有力的证据来自羟基（OH）发射，这是水的主要光解产物：$H_2O+h\nu \rightarrow OH+H$。相对于其他可见光发射，309 nm 波长下的羟基发射非常强。

海尔-波普彗星（C/Hale-Bopp）是一颗异常明亮的彗星，在它上面能够观测到 9 种不同分子的产生率随日心距离（0.9～14 AU）的变化情况，如图 10-7 所示。近日点之前的数据分为三个时期，表达了随日心距变化的不同趋势，在近日点之后，大多数分子的产生率遵循单一的幂律。正如预期的那样，在日心距离为 3 AU 的范围内，OH 是最丰富的物质。在更远的距离，彗星的亮度主要由比水更容易挥发的气体升华所主导。一氧化碳（CO）是最易挥发的物质，在远距离的情况下对产生率占主导地位。CO 以及挥发性较低的物质甲醇（CH_3OH）、氰化氢（HCN）、乙腈（CH_3CN）和硫化氢（H_2S）在日心距离较远的接近过程，产生率缓慢增加，在 $r_\odot>3$ AU 的指数 $\zeta=2.2$。在 3 AU 到 1.6 AU 之间的接近过程，CO 产生率停滞或有所下降（$\zeta \approx 0$）。也许在那个时候，所有的 CO 都已从彗核的上层蒸发，大部分太阳能用于水冰升华，而不是加热彗星外壳的深层。在 $r_\odot<1.5$ AU 时，近日点前后分别为 $\zeta \approx 4.5$ 和 $\zeta \approx 3.4$，可以看出许多物质的产生率有显著提高。某些物质产生率的演化表明，除了有源自彗核的颗粒蒸发外［如 CO、甲醛（H_2CO）、一硫化碳（CS）］，还有彗发中的颗粒蒸发，和/或彗发中物质之间的化学反应［如异氰化氢（HNC）］。

彗星的亮度通常表示为可见光波长下的视星等 m_ν。在黑暗的天空中，肉眼只能看到 6 等恒星。星等的标度为对数，5 个星等之差等同于亮度相差 100 倍，即 $m_\nu=0$ 的恒星比 $m_\nu=5$ 的恒星亮 100 倍。彗星的 m_ν 与其绝对星等 M_ν 关系如下

$$m_\nu=-2.5\log B_\nu=M_\nu+2.5\zeta\log r_{\odot AU}+5\log r_{\Delta AU} \qquad (10-4)$$

式中，$r_{\Delta AU}$ 是以 AU 为单位的地心距离。如果彗星距离观测者和太阳的距离均为 1 AU，则彗星的绝对星等等于其视星等。彗星通常在近日点后几天达到最大亮度，亮度变化显示在近日点之前和之后不对称（后者在图 10-7 中很明显）。在新旧彗星的明亮程度上可以观察到显著的差异。动力学新彗星通常在它们的接近阶段逐渐变亮，这一过程从较大的日心距离（$r_{\odot AU} \lesssim 5$，$\zeta \approx 2.5$）开始。相比之下，大多数处于接近阶段的短周期彗星在较远

距离时亮度不高，但当它们接近近日点时可能会"爆发"（平均 $\zeta \approx 5$）。通常取 $\zeta \approx 4$，相应推导的彗星绝对星等估计值表示为 H_{10}。

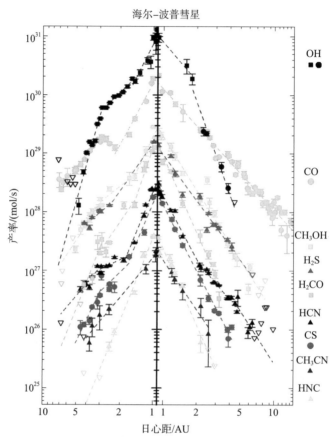

图 10-7 ![图标]亚毫米波长下观察到的海尔-波普彗星中 9 种不同分子产生率随时间的演化。幂律拟合（虚线）叠加在数据上。（Biver et al. 2002）

10.3.2 气体产生率

假设只有太阳加热，彗核表面的能量平衡由下式给出

$$(1 - A_b) \frac{\mathcal{F}_\odot \, e^{-\tau}}{r_{\odot AU}^2} \pi R^2 = 4\pi R^2 \, \epsilon_{ir} \sigma T^4 + \frac{Q L_s}{N_A} + 4\pi R^2 K_T \frac{\partial T}{\partial z} \qquad (10-5)$$

左边项为从太阳接收到的能量，A_b 为球面反照率，$\mathcal{F}_\odot$ 为太阳常数，τ 为彗发的光学深度，$r_{\odot AU}$ 为以 AU 为单位的日心距，R 为假定为球形的彗星的半径。右侧的第一项表示热红外再辐射造成的损失（3.1.2 节），最后两项分别表示冰升华的损失和热传导到彗核所造成的损失。对于大多数的冰，热红外发射率 ϵ_{ir} 接近 1。符号 L_s 代表每摩尔升华潜热，N_A 代表阿伏加德罗常数。右侧的最后一项表示进入表面的热传导，其中 K_T 为导热系数，对于彗星来说，该系数通常非常小，因此经常被忽略。在 $r_\odot < 2.5$ AU 内的水分子的气体产生率 Q（分子/s）通常可近似为

$$Q \approx \frac{1.2 \times 10^{18} \pi R^2}{r_{\odot AU}^2} \tag{10-6}$$

彗星半径 R 的单位为 cm。式（10-6）是在假设 $A_b = 0.1$ 的情况下推导出来的。相对日心距的平均变化，更优的估计是 $Q \propto r_{\odot}^{-5}$，如图 10-7 的幂律拟合所示。然而，对于大多数彗星来说，散射非常大，通常认为式（10-6）给出的简化形式就足够了。

假设气体有一定的喷发速度（例如热膨胀，10.3.3 节），温度和彗发密度均可以独立确定。考虑两种极端情况：a）在日心距离较大时，用于升华的能量可以忽略不计，彗发的温度可以通过日射和再辐射之间的平衡（平衡温度）来确定。b）在较小的日心距离下，所有能量都用于蒸发，蒸发率随 $r_{\odot}^{-2}$ 变化。从彗核逸出的气体最初与表面具有相同的温度。这并非平衡的黑体温度，因为逸出的气体带走了大量的热量作为升华潜热。温度由控制蒸发的气体决定。如果出气主要由单一气体主导，并且如果地球上接收到的通量与彗发中（母体）分子的数量成正比，则可以推断出母体物质的产生率和潜热。如果升华由 CO 主导，则在 0.2 AU $< r_{\odot} <$ 2.5 AU 时，彗核的表面温度在 30～45 K 之间；对于 CO_2，温度在 85～115 K 之间；对于水则随着距离不同而变化，在 0.2 AU 时为 210 K，在 1 AU 时为 190 K，在 10 AU 时为 90 K。

由于彗星面向太阳的一侧比背向太阳一侧更热，因此气体主要在向阳一侧演化，从许多地基彗星观测中可以真实看出这一点。探测器对几颗彗星的探测证实了其活动主要来自向阳侧，挥发物和夹带尘埃通常局限于表面的几个小区域进行释放，如图 10-8 所示。尽管深度撞击号在坦普尔 1 号彗星上的几个斑点中发现了水冰，但这些斑点与喷流并不一致，也不能解释 H_2O 的总生成率。这些喷射可能是次表层冰升华的结果。无论其确切来源如何，不对称排气和喷流都会产生非引力作用力，从而如 10.2.1 节所述，干扰彗星的轨道。

图 10-8　乔托号在约 600 km 距离对哈雷彗星彗核的成像。这张合成图像的分辨率从右下角的 800 m 到左上角喷流底部的 80 m 不等。彗核范围约为 16 km×8 km。图像中可见的（尘埃）喷射指向向阳方向。（图片来源：哈雷多色相机团队、ESA）

10.3.3　气体喷发

气体以热膨胀速度 v_o 离开彗核，即

$$\frac{1}{2}\mu_a m_{amu} v_o^2 = \frac{3}{2}kT \tag{10-7}$$

式中，$\mu_a m_{amu}$ 表示分子质量。在 $r_\odot$ 约 1 AU 附近，典型的膨胀速度约为 0.5 km/s，远大于彗星的逃逸速度（习题 10.12）。由于 $r_\odot \approx 3$ AU 处天体的平衡温度大致等于水冰的升华温度，因此彗发通常在日心距离 $r_\odot \lesssim 3$ AU 生长得较好。事实上，在日心距离 $r_\odot < 3$ AU 时出现生长良好的彗发，证明大多数彗星的挥发性成分主要由水冰构成（10.3.1 节）。

从彗核释放出来的气体膨胀进入附近的真空，并迅速达到超声速。气体流量可使用质量、动量和能量守恒方程（7.1.2.2 节）进行计算，包括这些量的来源和去向。终端速度，也就是气体在距离彗星很远的地方的速度，通常会在距离彗核几十千米的范围内达到。数值计算表明，在日心距离 1 AU 附近，母分子的终端速度通常在 0.5～2 km/s 之间。图 10-9 总结了哈雷彗星的模型计算，以及使用乔托号探测器获得的测量结果。在距离彗核 100 km 的范围内，由于水分子是有效的冷却剂，电子温度可能是几十开尔文。由于电子–中性粒子碰撞频繁，电子和中性粒子应该具有相同的温度。

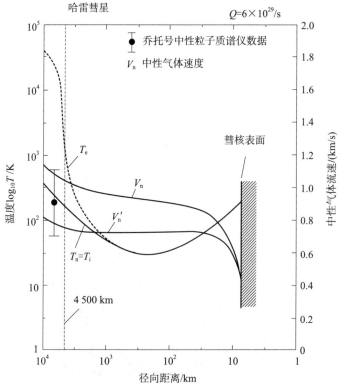

图 10-9　哈雷彗星彗发内部各种参数的模型：电子和中性气体温度，分别为 T_e 和 T_n，以及有（V'_n）和没有（V_n）水分子红外辐射冷却的膨胀速度。（Ip and Axford 1990）

彗发中的气体密度大约随着与彗核距离的平方而减小,在碰撞半径 $\mathcal{R}_c$ 处,气流变成无碰撞自由分子流,而不是流体动力流。$\mathcal{R}_c$ 的位置可以定义为向外运动的粒子有 50% 的概率逃逸到无穷远而不与另一个粒子碰撞的位置

$$\int_{\mathcal{R}_c}^{\infty} \frac{\mathcal{Q}\,\sigma_x}{4\pi r^2 v_o}\,dr = 0.5 \tag{10-8}$$

式中,r 是彗星中心距离,σ_x 是碰撞截面。注意,$\mathcal{R}_c$ 在某些方面与逸散层底高度 z_{ex} [式 (4-73)] 相似,但在这两种情况下,背景气体流速和重力场强度相差很大。超过碰撞半径时,新产生的电子有很大的剩余动能,因此电子温度升高。在彗星中心距离为 $4\,000 \sim 5\,000$ km 时,电子温度可能上升到几百开尔文。

对于彗发中的喷流和壳层等结构以及气体的产生速率,需要更真实(更复杂)的模型来解释。气体既可能来自彗核,也可能来自彗发中的颗粒,还可能来自彗发中发生的化学反应。真实的模型还需要考虑在彗核-彗发界面间的物理条件。例如,彗核附近的气体喷发对表面拓扑结构和孔隙度以及其旋转(速率、方向及其变化)非常敏感。尘埃又额外增加了模型的复杂程度。经历与尘埃的摩擦以及气体和尘埃之间的能量交换,气流在彗核之上最初的几十米处减慢。还有越来越多的证据(10.3.1 节)表明,尘埃是气体(例如 CO、H_2CO、HCN、CN)的一个来源,并且尘埃的存在可能会改变气体的化学成分(例如 H_2O 重新凝聚到尘埃颗粒上)。

彗星彗发中的能量进一步受到辐射冷却过程和大量分子通过光解加热的影响。气流通常不是绝热的(3.2.2.3 节),因为气体温度和喷发速度都会因与分子和自由基(即 OH 自由基和快速 H 原子)的碰撞而改变。观测和数值计算表明,距离彗核 $\gtrsim 10^3 \sim 10^4$ km 处,重分子的喷发速度显著增加。一颗类似哈雷彗星的彗星在 $r_\odot \approx 1$ AU 时,从彗核至距离其约 $1\,000$ km 处,气体的喷发可以用流体动力学理论描述。在距离彗核很远的地方,碰撞仍然很重要,直至距离彗核 $\gtrsim 5 \times 10^4$ km 处,才达到自由分子流(习题 10.13)。

10.3.4 彗发气体的演化结果

除了在内部约 100 km 内,彗星的彗发对于大多数波长都是光学薄的。因此,彗发中的所有分子基本上都受到可见光和紫外波长太阳光的照射。因此,分子和自由基抗离解和电离的平均寿命随 $r_\odot^2$ 而变化。因此,某种分子种类的寿命 t_ℓ 由下式给出

$$\frac{1}{t_\ell} = \frac{1}{r_{\odot\,AU}^2} \int_0^{\lambda_T} \sigma_x(\lambda)\,\mathcal{F}_\odot(\lambda)\,d\lambda \tag{10-9}$$

式中,$\mathcal{F}_\odot(\lambda)$ 是 1 AU 处波长范围 $(\lambda, \lambda+d\lambda)$ 内的太阳通量,$\sigma_x(\lambda)$ 是光化裂解截面,λ_T 是光化裂解的阈值波长(通常在紫外波段)。虽然太阳的光通量在可见光波段几乎是恒定的,但在紫外波段,它在时间和空间上的变化都很大。此外,抗光化裂解的截面并不总是已知的,因此要限制单个分子的寿命则不那么容易。

彗星彗核的主要挥发性成分是水冰。水分子在 $r_\odot \approx 1$ AU 处的典型寿命约为 $(5 \sim 8) \times 10^4$ s。水的主要(约 90%)初始光解产物为 H 和 OH。OH 分子在解离过程中获得的平均速度为 1 km/s,H 原子约为 18 km/s。其他解离产物为激发的氧(约 5%)与 H_2、

H_2O^+、OH^+、O^+ 和 H^+。一小部分 H_2O 分子在碰撞半径内解离。在这个区域产生的 OH 自由基通过与其他分子的多次碰撞而迅速热化，轻得多的 H 原子则没有被热化。OH 自由基在 $r_\odot \approx 1$ AU 的典型寿命为 $(1.6\sim1.8) \times 10^5$ s。OH 主要通过太阳的莱曼 α 光子（121.6 nm）分解为 O 原子和 H 原子，H 原子在这个过程中获得的平均速度为 7 km/s。

H_2O 和 OH 离解产生的 H 原子形成一个大的氢彗发（hydrogen coma），其范围为数千万（10^7）km。氢通过光电离或与太阳风质子的电荷交换反应（4.8.2 节）而最终损耗。观察结果表明，两个过程中后者效率较高。由于电荷交换反应取决于不断变化的太阳风性质（7.1.1 节），因此 H 原子的寿命有显著变化，从大约 3×10^5 s 至大约 3×10^6 s。

无论分子的光解截面如何，最终所有的气体种类都会被电离，并被太阳风吹走。

10.3.5　彗发与彗尾夹带的尘埃

各种大小和成分的尘埃颗粒夹带在喷发的彗星气体中，然而，可以被拖出彗星核的表面的颗粒，具有一个最大尺寸或质量。这种颗粒的最大半径 $R_{d,\max}$ 取决于气体产生率 Q、表面温度 T、彗核半径（假设为球形）R 以及彗核密度 ρ 和尘埃颗粒密度 ρ_d，如下所示

$$R_{d,\max} = \frac{9\mu_a v_o Q}{64 N_A G \rho \rho_d R^3} \tag{10-10}$$

式中，N_A 是阿伏加德罗常数，μ_a 是气体的分子量，G 是引力常数，v_o 是喷发速度（习题 10.25）。如果气体分子的平均自由程大于尘埃颗粒尺寸，则式（10-10）有效。在日心距离小于十分之几 AU 时，这个假设可能无效，必须用气动阻力公式（2-69）和（2-70）代替拖曳力。可以从表面上拖动的最大粒子是

$$R_{d,\max} = \left(\frac{27 \nu_v \rho_g v_o}{8\pi R G \rho \rho_d} \right)^{1/2}$$

$$\tag{10-11}$$

式中，200～300 K 之间的动态黏度 $\nu_v \rho_g$ 约为

$$\nu_v \rho_g \approx 10^{-6} \, g/(cm \cdot s) \tag{10-12}$$

为了获得从彗星表面拖曳出的最大尺寸颗粒的数量级估计值，想象一个半径 $R=1$ km 的球形彗核，它主要由密度 $\rho = \rho_d = 1$ g/cm^3 的致密水冰组成。这颗假设的彗星在 $r_\odot = 1$ AU 处拖曳出的冰粒子的最大尺寸约 10 cm（习题 10.26）。在彗星爆发期间，由于部分"尘埃壳"被抛入太空，颗粒尺寸可能会更大。冰粒子会类似于彗核表面的冰，受到升华效应的影响。冰尘颗粒的寿命取决于颗粒的介电常数［吸收率，式（3-109）］，因为这决定了颗粒的温度，从而决定了升华速率。根据吸收率的不同，其寿命可以在许多数量级上变化。

因此，彗星对行星际环境造成了严重的"污染"，包括气体和尘埃。虽然这些气体的寿命很短，但尘埃颗粒可能会在周围停留更长时间。特别是，稍大的粒子受太阳光压的影响最小，可能在很长一段时间内与彗星具有共同的轨道特性。这些粒子被视为流星群或彗星尘埃轨迹（9.4.7 节）。

10.3.6　粒子尺寸分布

彗星彗发和尘埃尾中的粒子大小分布可以通过不同波长的观测加以限制。下面总结了基于反射太阳光中光学和红外波长的观测结果，包括偏振特性数据，对于热辐射成分的红外观测，以及厘米波长的雷达回波。

10.3.6.1　光学-红外观测结果

彗星尘埃尾的可见光谱和近红外光谱通常类似于太阳光谱，包括夫琅和费吸收线，这是因为彗星彗发和/或彗尾中的尘埃粒子对太阳光进行了散射。因此，推导出的黑体温度约 6 000 K，即太阳的温度。图 10-10 显示了海尔-波普彗星的光谱。在减掉太阳光谱后，彗星光谱通常为中性至微红色。瑞利散射（3.2.3.4 节）的缺失（即没有蓝色）表明，没有太多比可见光波长小得多的粒子，因此颗粒尺寸的下限约为 0.1 μm。在 1 AU 的日心距离处，尘埃粒子的热发射在波长 3 μm 以上的光谱中占主导地位。距离越远，尘埃粒子越冷，反射光和热发射之间的"交叉"波长转移到更长的波长。

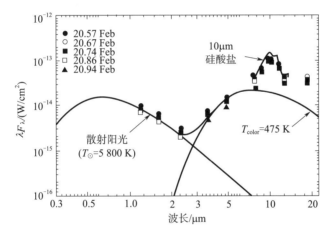

图 10-10　海尔-波普彗星的光谱。在短至 3 μm 的波长处，可以看到颗粒上反射的太阳光与 5 800 K 的黑体光谱（即太阳温度）非常吻合。在右边，彗发（475 K 黑体曲线）的热辐射占主导地位。粗实线显示硅酸盐发射特征。数据于 1995 年 2 月在 $r_\odot$ =1.15 AU 和 r_Δ = 1.64 AU 处获得。（改编自 Williams et al.，1997）

假设太阳辐射和向外再辐射之间达到平衡（3.1.2 节），则快速旋转的暗颗粒的平衡温度变为（习题 10.22）

$$T_{eq} = \frac{280}{\sqrt{r_{\odot AU}}} \left(\frac{1-A_b}{\epsilon_\nu} \right)^{1/4} \approx \frac{280}{\sqrt{r_{\odot AU}}} \qquad (10-13)$$

式中，A_b 是颗粒的球面反照率，ϵ_ν 是发射率，$r_{\odot AU}$ 是以 AU 为单位的日心距离。$[(1-A_b)/\epsilon_\nu]^{1/4}$ 通常接近于 1，但尺寸 $2\pi R/\lambda < 1$ 的粒子除外，R 为粒子半径，λ 为峰值辐射波长，对应于 T_{eq}。微米大小的颗粒在紫外和可见光波长下可以有效吸收，接近太阳黑体（普朗克）曲线峰值，而在红外波长下发射效率相对较低（3.1.2.2 节）。对于这些粒子（1-

A_b)/ϵ_{ir} > 1，且观察温度或色温（color temperature）高于平衡温度。因此，观察到的热谱可以用来确定颗粒的大小。许多彗星在 3.5～8 μm 处的色温比在 8～20 μm 处的色温高，一些彗星在 7～8 μm 左右出现热发射的峰值。这些观察结果表明彗星颗粒的分布尺寸小于几微米。硅酸盐的发射特征（接近 10 μm 和 18 μm）对晶粒尺寸有独立的限制。只有当产生这种发射的颗粒半径小于约 5 μm 时，才能观察到这种发射特征。因此，彗星尾部的大部分尘埃颗粒半径可能介于约 0.1 μm 和几 μm 之间。但是，请注意，尽管大部分的表面积均源于这些小颗粒，但大部分质量源于较大（厘米大小）的颗粒（见下文），即使这些颗粒的数量要少得多（9.4.1 节，习题 9.3）。

在可见光波长和红外波长同时观测可用于估算尘埃粒子的球面反照率（附录 E.3）；然而，结果在很大程度上取决于颗粒的散射相函数。有迹象表明粒子反照率很低，大约在 0.02～0.05 之间，并且在高活动期间可能会增加。一些观测结果表明，反照率随着离彗核的距离以及日心距离的增加而增加。

粒子散射的光通常是偏振光，因此线偏振通量密度的观测可用于提取有关尘埃颗粒的附加信息（附录 E.4）。偏振测量的优点是被标准化为总强度，因此由偏振随日心距离的变化和随彗发内部的变化，可以得到有关尘埃粒子物理性质的信息。图 10-11 显示了偏振度 P_L[式（E-1）]随太阳相位角 ϕ（太阳-彗星-观测者）变化的曲线图。P_L 可以是正的，也可以是负的。一般在 ϕ 为 0～20° 的范围内为负值，在 $\phi \approx 10°$ 附近有最小值 -2%，近似以斜率 $h = 0.2 \sim 0.4\%/$（°）线性增加，在 $\phi \approx 90 \sim 100°$ 附近达到最大正值。P_L 的最大值随波长的增加而增加，但超过 2 μm 后又会减小。不同彗星的 P_L 值有所不同，较低者最大值约为 10%～15%，高者最大值则接近 20%～25%，而海尔-波普彗星的值可能更高。偏振度通常在爆发后增加，如 C/1999 S4 Linear 在其近日点破裂期间（图 10-11）。彗发内 P_L 的变化很明显，例如哈雷彗星和海尔-波普彗星。海尔-波普彗星在其彗核附近（<2 000 km）显示出较低的 P_L 值，包括在 $\phi = 8°$ 时 P_L 为极低值 -5%。对于百武 2 号彗星（C/Hyakutake 1996 B2）和塔比尔彗星（C/Tabur 1996 Q1），P_L 随距离的增加逐渐降低（距离彗核 5 000～8 000 km），但对于哈雷彗星和海尔-波普彗星，P_L 在增加。这些变化很可能是由于尘埃粒子的物理性质梯度造成的。偏振测量排除了尺寸 ≲0.1 μm 的颗粒的显著贡献，这与观察到的瑞利散射的缺失现象一致。

10.3.6.2 雷达观测结果

对较大的颗粒最好在较长的波长下观察，或者通过远红外-毫米波的热辐射观察，或者通过使用雷达技术观察（附录 E.7）。在彗星雷达实验中，通常发射一个单频信号，该信号在反射时被多普勒增宽。回波带宽由天体的大小和形状、旋转速率和旋转轴的方向决定。此外，彗发中的大颗粒（厘米大小）可以大幅加宽信号，因为它与"天体"的半径成正比。使用这些技术已经探测到大约十几颗彗星，其中大约一半的彗星，包括 IRAS-荒贵-阿尔科克彗星（C/1983 Ⅶ IRAS-Araki-Alcock）、百武 2 号彗星和塔特尔彗星（8P/Tuttle），已观测到来自彗核的强窄带雷达回波和弱得多的宽带回波（图 10-12）。宽带信号是源于彗星周围光晕中 ≈厘米大小的颗粒。正如预期的那样，信号是极化的，OC 信号

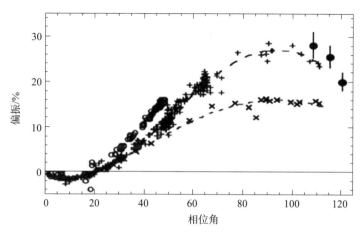

图 10-11 在窄带红色滤光片中测量的各种彗星线偏振度的相位关系。"×"偏振最大值较低的彗星；"＋"偏振最大值较高的彗星；"o"海尔-波普彗星；"•"碎裂的 C/1999 S4 Linear 彗星。(Kolokolova et al.，2004)

（附录 E.7）对于彗核和光晕来说都更强。如图 10-12 所示，IRAS-荒贵-阿尔科克彗核的光谱很宽，类似于许多小行星的光谱（图 9-8），表明其表面粗糙。

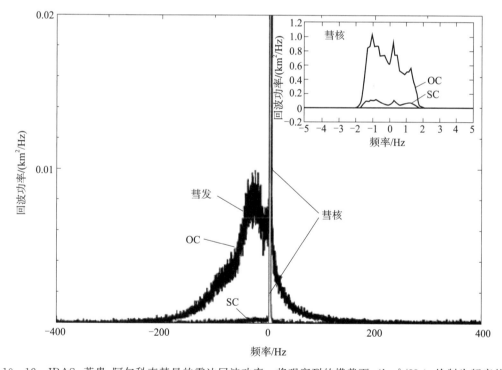

图 10-12 IRAS-荒贵-阿尔科克彗星的雷达回波功率。将观察到的横截面（km²/Hz）绘制为频率的函数。强烈的尖峰是来自彗核的后向散射，而"边缘"则归因于彗发中大块冰粒的反射。右上为放大后的彗核的雷达回波（注意 y 轴上的比例）。(改编自 Harmon et al.，1989)

偏振比 μ_c 会产生关于表面粗糙度的信息。在 3.5 cm 处测得百武 2 号彗星偏振比最高，$\mu_c = 0.5$，表明其表面覆盖着卵石大小的碎石。IRAS-荒贵-阿尔科克彗星雷达回波中较低功率的边缘（skirt）被归因于大颗粒的雷达反射。其中的小偏振比，μ_c 大约为 0.014，表示最大颗粒半径大约为 $\lambda/2\pi$，对于 λ 约 13 cm 的情况，最大颗粒半径为几厘米。如 10.3.5 节所述，这些大颗粒仍可能夹带在喷发的气体中。

10.3.7　尘尾形态

彗星中尘埃与气体的质量比通常在 0.1 到 10 之间。如前一小节所述，已检测到多种尺寸的尘埃颗粒。尺寸分布主要由最小的颗粒主导，其尺寸小至 0.1 μm，在反射的阳光下"可见"。热红外测量表明，大多数颗粒半径约小于 5 μm，同时雷达的观测表明存在更大（cm 大小）的颗粒。尽管这些大颗粒的总数远小于 μm 大小的颗粒，但大部分质量都包含在较大的颗粒中。亚微米大小的颗粒几乎达到逸出气体的速度（约 1 km/s），但较大的粒子几乎无法达到彗核的引力逃逸速度（约 1 m/s）。尘埃从气体中分离，在几十个彗核半径的距离处受到太阳光压的影响。

如 2.7.1 节所述，作用在（亚）微米大小尘埃颗粒上的太阳光压将颗粒沿着相对于彗核的轨迹从太阳向外"吹"。不同大小和不同释放时间的颗粒在尘埃尾部（dust tail）空间上分离。彗尾形成的示意图如图 10-13 所示。图 10-13（a）中的虚线是以零速度发射的尘埃颗粒的轨迹。颗粒的初始速度通常不为零，因此其轨迹与所示略有不同。确切的路径还取决于太阳光压和太阳引力之比 β［式（2-56）］。因此，尘埃轨道取决于大小、形状、成分和初始速度。如阴影区域所示，在不同时间释放的粒子集合到一起形成一个弯曲的尾部。

在给定时刻连接相同比率 β 的颗粒的线称为等力线（syndynes）［图 10-13（a）中的尾部，图 10-13（b）、（c）中的虚线］。尾部的宽度等于 $2v_d t$，其中 v_d 是从表面释放时彗星参考系中尘埃颗粒的速度，t 是释放后的时间。尘埃颗粒也可根据释放时间进行分类，无论其尺寸大小或 β 的数值。这些点的轨迹称为等时线，这些由图 10-13（b）、（c）中的实线表示。其中数字表示尘埃释放后的时间（以天为单位）。

不同大小的尘埃颗粒同时喷射会导致尘埃尾部的不均匀性，尤其是尘埃喷流（dust jets）：高度准直的结构，在较远距离处会变成流光（streamer，在彗核处汇聚的条带，比直或略微弯曲）。条纹状彗尾很少被观察到，所谓的条纹（striae）是距离彗核较远的平行窄带，不在彗核内汇聚（图 10-14）。它们通常在向光面与彗星-太阳连线相交，最大可能起源于大颗粒的瞬间破坏。因此，条纹是在破坏时同时从母体不同位置喷出的颗粒轨迹[①]。麦克诺特彗星（C/McNaught 2006 P1）的图像里显示了醒目的条纹［图 10-14（a）］。

[①]　实际上学术界对于条纹的形成有几种理论，尚未达成统一认识。——译者注

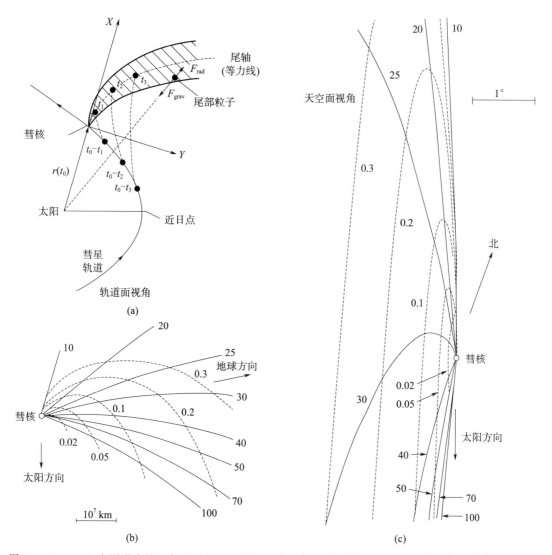

图 10-13　（a）尘尾形成的示意图。在观测时间 t_0 之前的不同时间 t_1、t_2 和 t_3 从彗核释放的尘埃颗粒的轨迹显示为虚线曲线。（改编自 Finson and Probstein 1968）（b）、（c）1957 年 4 月 28 日，在轨道视图平面（b）和天空平面（c）上观察阿兰德-罗兰彗星（C/1957 Ⅲ，Arend-Roland）的等时线（实线，以天为单位的时段）和等力线（虚线，以 β 值表示）。后一种视图解释了反尾部的形成。（Sekanina 1976）

　　尽管尘埃尾部总是指向远离太阳的方向，但在一些罕见的情况下，彗尾似乎指向太阳，如海尔-波普彗星的图像所示［图 10-14（c）］。这种逆向彗尾是由太阳、观测者和彗星之间的特殊观察几何关系引起的，这种关系下它的正常尘埃彗尾在对向太阳方向变得可见。在阿兰德-罗兰彗星（C/1957 Ⅲ）和科胡特克彗星（C/Kohotek 1973 Ⅻ）中也观察到逆向彗尾现象；在阿兰德-罗兰彗星的逆向彗尾可见时计算的等时线和等力线见图 10-13（b）（在轨道平面内）和图 10-13（c）（投影到天空平面上）。

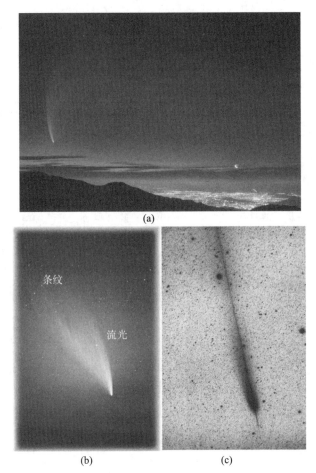

图 10 - 14 　　(a) 麦克诺特彗星可能是近来最上镜的彗星，具有一个非常长且不寻常的尘埃彗尾。这张照片拍摄于智利安第斯山脉，可以俯瞰圣地亚哥的城市灯光。在右下角可以看到新月。[图片来源：圣埃芬·吉萨尔（Stephane Guisard），ESO PR 照片 05h/07]（b）1976 年 3 月拍摄的威斯特彗星，同时显示流光和条纹。这张照片拍摄大约一周后，彗核分裂成四块。（图片来源：藤井旭）(c) 1998 年 1 月 5 日，用 ESO 1m 施密特望远镜拍摄的这张海尔-波普彗星的底片显示了一条逆向彗尾[①]。逆向彗尾是照片底部附近的窄刺，在边缘区域延伸超过 4°，朝着太阳的方向。在 1 h 的曝光过程中，一颗人造卫星穿过了这片区域——它的轨迹可以在彗星右侧看到，是一条非常细的线。[图片来源：吉多·皮萨罗（Guido Pizarro），ESO 出版社照片 05a/98]

　　由于图 10 - 14（c）中的照片是在地球穿过海尔-波普彗星的轨道平面时拍摄的，因此这张图像还显示了颈线结构（neck - line structure），这是沿太阳-彗星连线的一个狭窄且非常直的特征，是由沿彗星轨道的尘埃颗粒反射的阳光造成的，图中为"侧面"视角（比较 11.3.1 节中行星环的侧面视角）。该特征的真实长度取决于精确的观察几何关系，可能达到长度≳1 AU。由于这些颗粒被限制在彗星的轨道上，它们的轨道没有因为光压向外

---

　　① 　也叫彗翎。——译者注

演化，因此这些颗粒必然相对较大（$>100\ \mu m$）。

10.4　彗星的组成

　　由于彗核经常被气体和尘埃的彗发所覆盖，因此很难直接通过远程观测确定其成分。取而代之的是，联合使用分子、自由基（图 10 - 15）和尘埃颗粒的光谱线测量与详细的喷发模型（10.3.3 节），间接推断彗核的组成成分。关于不断变化的新彗星的信息完全依赖于这种遥感技术。

　　除此之外还可以进行原位测量，科学家们已经利用这种方式对一些周期性彗星进行过探测。乔托号和维加号[①]探测器使用质谱仪测量了哈雷彗星的气体和尘埃成分（附录 E.10）。不幸的是，由于不同物质的质量可能相同，因此采用质谱仪数据进行物质鉴别受到一定限制。例如，$\mu_{amu} = 28$ 处峰值对应的主要成分可能包含 CO、N_2 和 C_2H_4。因此，这些数据在某种程度上仍取决于遥感测量和/或理论论证。星尘号任务使用了一种更直接的方法，对维尔特 2 号彗星（81P/Wild 2）彗发进行采样返回（10.4.4 节）。

　　对彗星表面演化物质的遥感探测和原位取样都提供了彗星最外层的信息，这些外层可能经历了一些化学过程。为了对原始物质进行取样，人们希望在理想情况下，能破坏或挖掘一颗彗星。深度撞击任务便进行了这样的尝试［图 10 - 38（b）］。深度撞击任务由两个探测器组成：一个是含铜量 49% 的撞击器，以最大限度减少与彗星主要成分（水）的化学反应；另一个是飞越探测器。撞击器的质量为 370 kg，配备有自动导航系统和照相机，以 10.34 km/s 的速度撞击彗星坦普尔 1 号彗星。撞击挖掘或升华了大量彗星表面下的物质，这些物质的排放物通过飞越探测器、罗塞塔号探测器、哈勃望远镜、斯皮策望远镜和地面望远镜进行远程观测（10.4.3.2 节）。撞击形成了一个宽约 200 m，深 30～50 m 的撞击坑。2011 年，星尘号飞越坦普尔 1 号彗星，拍摄了撞击产生的撞击坑图像。

　　有时，大自然会有所帮助——当彗星分裂时，其内部会暴露出来，从而可以远程观测彗星的整体组成。目前针对施瓦斯曼-瓦赫曼 3 号彗星的单个碎片，已经进行了详细观测（10.4.3.2 节、10.6.4 节）。

　　接下来的小节将讨论从观测中提取产率和丰度的技术。10.4.3 节概述了彗星的气体成分，10.4.4 节讨论了尘埃颗粒的成分。看起来平均而言，彗星的整体成分（气体＋尘埃）在大约 2 倍的范围内与太阳的组成相似，但惰性气体、氢（相差约 700 倍）和氮（相差约 3 倍）除外。由于所有已知陨石的所有挥发性（CHON）成分与太阳中的含量相比都严重不足（8.1 节），因此彗星尘埃可被视为有史以来可采集的最"原始"的早期太阳系物质。

---

　　① 任务的名称"Vega"来自于俄语"Венера"（Venera，金星）和"Галлей"（Gallei，哈雷），因此该计划也可以被称为金星-哈雷计划。——译者注

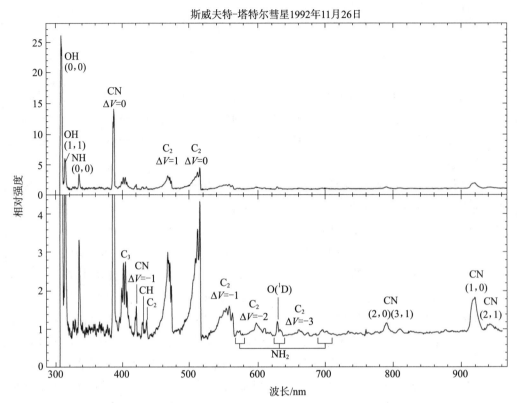

图 10 - 15　1992 年 11 月 26 日获得的斯威夫特-塔特尔彗星（109P/Swift - Tuttle）的光学/近红外 CCD 光谱，当时该彗星 $r_\odot = 1$ AU，$r_\Delta = 1.32$ AU。光谱中已经剔除了太阳光谱，以表征彗星的发射光谱。2 像素分辨率对于蓝色约为 0.7 nm，对于红色约为 1.4 nm。图片上半部是根据最强特征缩放的光谱，而下半部的 y 轴已放大，以突出较弱的特征。（改编自 Feldman et al.，2004）

10.4.1　哈瑟模型

　　为了从彗星观测中得出气体产率，需要建立气体喷发和各种单分子的时间演化（例如起源、分解、电离）模型。最简单和最广泛使用的方法是哈瑟模型（Haser model）。该模型假设径向喷发各向同性和分子寿命有限。直接从彗核演化而来的母分子的密度分布可以写成

$$N_p(r) = \frac{Q_p}{4\pi r^2 v_p} e^{-r/\mathcal{R}_p} \tag{10-14}$$

式中，N 是数量密度，$\mathcal{R}_p = v_p t_{\ell p}$ 是标度长度，$t_{\ell p}$ 是母分子的寿命。下标 p 代表母分子。如果子分子，即分解产生的分子（下标为 d），继续像母分子一样，以径向速度 $v_d = v_p$ 向外移动，则子分子的分布为

$$N_d(r) = \frac{Q_p}{4\pi r^2 v_d} \frac{\mathcal{R}_d}{\mathcal{R}_d - \mathcal{R}_p} (e^{-r/\mathcal{R}_d} - e^{-r/\mathcal{R}_p}) \tag{10-15}$$

　　然而，更可能的是，来自母分子的分解产物在母体的参照系中以各向同性的方式喷射。结果，并非所有的分子都是径向向外运动的；一些自由基实际上向内朝向彗核移动。

因此，子分子的速度分布可能与哈瑟模型预测的速度分布有很大不同。如果大多数自由基是在碰撞区内形成的（母体寿命短，总喷气量高），则哈瑟模型通常是一个很好的近似值。然而，如果很大一部分自由基是在碰撞区之外形成的（总喷气量低，母体寿命长），那么子分子的速度分布会显著影响"观察到的"谱线的形状。这种情况可以用随机过程（蒙特卡罗）模型更好地建模。

图 10-16 显示了母分子和子分子的观察曲线：HCN 的观测波长为 3 mm，OH 的观测波长为 18 cm。在 OH 谱线上叠加了基于哈瑟模型和随机游走模型的曲线。很明显，没有观察到由于哈瑟气体喷发而预测的 OH 排放降低；观察到的发射正如随机游走模型所预期的那样，通常会朝着谱线中心而不是边缘增加。相比之下，HCN 曲线与哈瑟模型非常吻合。

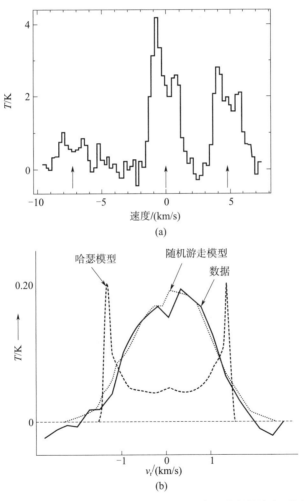

图 10-16　（a）使用 BIMA 射电望远镜阵列在 89 GHz 的频率下获得的海尔-波普彗星 HCN 谱线。该谱线是在 1997 年 4 月 3 日 HCN 发射峰值时由 $11'' \times 8''$ 波束拍摄得到的。请注意，每个超精细线（由箭头指示）都是分开的，这与哈瑟模型的预期一致。每条线中较强的蓝移成分表明，面向观察者的一侧（也就是面向太阳的一侧）的产气量较高。（Wright et al. 1998）（b）观察到奥斯汀彗星（C/Austin）的 OH 曲线（18 cm，实线），并根据哈瑟模型（虚线）和随机游走模型（点线）叠加计算出彗星喷气的曲线。（改编自 Bockelee-Morvan and Gerard 1984）

10.4.2　激发和发射光谱

彗星彗发中的大多数原子和分子都处于基态。当一个原子或分子被激发时，它通常会通过发射光子以回到一个较低的能量状态。主要的发射机制是荧光（fluorescence）：吸收一个太阳光子，激发一个原子或分子，然后在单步或多步衰减过程中自发发射。其他发射机制包括碰撞激发（与中性粒子、离子或电子）和母体分子的分解（辐射或碰撞），这会使观察到的自由基处于激发状态。

10.4.2.1　荧光辐射

彗星光谱中最强的谱线是共振跃迁，即原子/分子基态和第一激发能级之间的跃迁。发射线的亮度由分子数乘以 g 因子或每个分子的发射率决定。如果大多数或所有分子都处于基态，且激发是由简单荧光引起的，则可以计算激发分子的太阳光子的吸收率 g_a，并将其乘以波长 λ_{ul} 处特定跃迁的适当分支比，以确定 g

$$g = g_a \frac{A_{ul}}{\sum_{j \leqslant u} A_{jl}}$$

$$(10-16)$$

$$g_a = \frac{B_{lu} \mathcal{F}_\odot(\lambda_{lu})}{r_{\odot AU}^2}$$

式中，B_{lu} 和 A_{jl} 分别是基态和激发态跃迁的爱因斯坦系数（3.2.3.3 节），u 为上限，l 为基态，$l < j \leqslant u$。太阳通量密度 $\mathcal{F}_\odot(\lambda_{lu})$ 是在地球轨道上吸收波长 λ_{lu} 处测量得到的。注意，在纯共振的情况下，$g = g_a$；在共振荧光的情况下，上能级的退激发可能通过一个以上的跃迁发生，并且 $g < g_a$。对于许多分子类型，多个电子能级被填充，并且 g 因子的计算相当复杂。一旦已知给定跃迁的 g 因子或发射率，发射分子的气柱密度 N_c 可根据观察到的亮度进行计算

$$N_c = \frac{B_\nu}{g} \frac{4\pi}{\Omega_s}$$

$$(10-17)$$

用 B_ν 表示彗星的亮度［光子/（cm²s）］，Ω_s 是接收辐射的立体角。如果激发是通过简单的共振荧光，则分子种类的气体产生率仅与亮度有关

$$Q = \frac{4\pi r_\Delta^2 B_\nu}{g t_\ell}$$

$$(10-18)$$

t_ℓ 是发射分子的寿命。请注意，产生的 $g t_\ell$ 不取决于日心距离。如果激发不是简单的共振荧光，那么情况更为复杂，因为许多能级都可能会被填充。在这种情况下，计算中必须包括每个激发/退激发的过程。

10.4.2.2　碰撞激发

由于彗发中的密度通常很低，因此中性粒子之间的碰撞一般并不重要，除非非常靠近彗核。中性粒子间典型的碰撞截面 σ_x 与分子大小 R 成正比，$\pi(R_1 + R_2)^2 \approx 10^{-15} \text{cm}^2$。碰撞之间的时间范围 t_c 由下式给出

$$t_c = \frac{1}{N\sigma_x v_o} \tag{10-19}$$

v_o 表示分子的热速度，N 表示数量密度。彗核附近分子的典型碰撞率约为 10 次/s（习题 10.16）；在距彗星中心 10^3 km 时，碰撞率大约变为彗核附近的 10^{-4}。在 1 AU 时，处于非基态的水对太阳光子的典型吸收率约为 10^{-3}/s。因此，中性粒子的碰撞激发通常并不重要，除非离彗核很近。与离子或电子的碰撞更为重要，因为有效截面 $\gtrsim 10^3$ 个中性粒子，而且电子的速度比中性粒子或离子的速度高得多。因此，距离彗核 $\lesssim 10^3$ km 内，彗发中的碰撞激发（collisional excitation）可能很重要。碰撞中可用的能量是分子的动能。以 0.1 km/s 的热速度，一个水分子可以转移 1.5×10^{-15} erg，或小于 0.001 eV。这种能量不足以激发振动跃迁或电子跃迁，但它可以激发转动跃迁，这种跃迁可以在射电波长上观察到。

10.4.2.3　太阳光压

太阳光压通过吸收和再发射太阳光子而作用于分子。净效应是彗发向尾部移位。太阳光压引起的原子/分子加速为

$$\frac{d^2 r_\odot}{dt^2} = \frac{h}{\mu_a m_{amu} r_\odot{}^2} \sum_i \frac{g_i}{\lambda_i} \tag{10-20}$$

式中，h 是普朗克常数，$\mu_a m_{amu}$ 是分子质量，g_i 是跃迁 i 的 g 因子，λ_i 是吸收光子的波长。对于氢原子，莱曼 α 为最重要的跃迁，它导致彗星的氢云相对于彗核的位置偏移约 10^6 km。在气体均匀各向同性流出的情况下，数据中应该可以看到这种大小的位移。然而，彗星的气体流出通常表现出很大的各向异性，这使得很难将任何位移归因于某些特定的过程。

10.4.2.4　摆动效应

尽管各种激发过程所涉及的时间尺度强烈表明荧光是主要的发射机制，但摆动效应（swings effect）为荧光提供了更有力的证据。当彗星绕太阳运行时，其日心速度会发生变化。太阳光谱由许多夫琅和费吸收线组成，这些吸收线产生于光球层上方稍冷的大气层中。在彗星的参考系中，太阳光谱具有多普勒频移，夫琅和费吸收线在激发频率中进进出出。因此，g 因子［式（10-13）］取决于彗星日心速度的径向分量。彗星羟基谱线在紫外波长的相对强度与夫琅和费吸收线光谱多普勒频移到彗星参考系之间存在极好的相关性。如果在适当的多普勒频移频率下，且太阳辐射没有因太阳自身大气中的吸收效应而减弱，那么彗星谱线就很强。如果激发频率处的太阳强度很弱或为零，则彗星谱线将很弱或不存在。

彗星彗发中的原子/分子相对于彗核有一定的速度，因此，它们的日心径向速度与彗核略有不同。因此，在每个分子的参考系中，太阳光谱的多普勒位移量略有不同。这导致了对摆动效应的一些修正，通常被称为格林斯坦效应。格林斯坦[①]效应（Greenstein

---

①　杰西·伦纳德·格林斯坦（Jesse Leonard Greenstein，1909 年 10 月 15 日—2002 年 10 月 21 日），美国天文学家。格林斯坦星（4612 Greenstein）以他的名字命名。——译者注

effect）可能会导致彗星彗发的某一面变得更亮，这可能表现为光谱线曲线的不对称（习题 10.17）。

10.4.3　气体的组成

根据彗星的气态彗发，推断出彗星有以下基本成分：水及其产物；碳、氮和硫化合物；以及较重的元素，如碱和金属。惰性气体丰度、分子正仲比和同位素比进一步约束了彗星形成的位置。本小节根据彗发气体推断彗星成分。根据光谱学和原位探测数据得出的尘埃颗粒成分组成见 10.4.4 节。

10.4.3.1　各种形式的水

1）水。尽管长期以来一直认为彗星的主要组成是水冰，但直到 1985 年 12 月，柯伊伯机载天文台（KAO）在红外波段观测了哈雷彗星，才发现了 H_2O。在 2.7 μm 附近检测到了 10 条基本的 ν_3 振动波段发射线，这是一个从地面无法观察到的波长区域。该光谱与旋转弛豫水气的太阳红外荧光模型一致，并且水生产率似乎每天都在变化，与可见光光变曲线一致。后来，在海尔-波普彗星（图 10-17）和哈特雷 2 号彗星上，用红外空间天文台（ISO）观测到了相同的振动波段。凯克望远镜在 2～5 μm 波长范围内的高光谱分辨率数据显示，几颗彗星中存在非共振荧光发射波段（热波段）。除了测量水的产率，这些数据还限制了 H_2O 的旋转温度和空间分布。

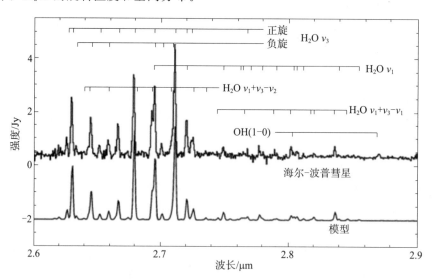

图 10-17　红外空间天文台（ISO）观测到海尔-波普彗星 2.7 μm 附近的 ν_3 发射波段光谱。（Bockelee Morvan et al.，2004）

遍及彗发空间的大部分水蒸气旋转温度都很低，因此射电频率特别适合彗星观测。在 IRAS-荒贵-阿尔科克彗星（C/IRAS-Araki-Alcock）和海尔-波普彗星（C/Hale-Bopp）的地面观测中，获得了对 22 GHz 旋转线的初步探测结果。由于地球的大气层中含有水蒸气，因此从大气层上方进行的观测更为成功：利用亚毫米波天文卫星（SWAS）和奥丁天文/气象学联合卫星（Astronomy/Aeronomy Odin satellite）观测到了几颗彗星的 557 GHz 谱线。罗塞塔号探测器于 2014 年到达了丘留莫夫-格拉西缅科彗星（67P/Churyumov-Gerasimenko），它配备了一个 190 GHz 和 562 GHz 的辐射计，以确定表面和近表面温度的变化，以及彗星上 H_2O、CO、NH_3 和 CH_3OH 升华时的演化过程，同时罗塞塔号也加入了这颗彗星的奔日之旅。

在许多彗星中都检测到了 H_2O^+ 和 H_3O^+ 离子。由于 H_2O^+ 的发射在光谱中为红色部分，偶尔会看到红色而非蓝色的离子尾。

2）分子氢（molecular hydrogen）。解离后，H_2O 的一小部分会使 O 处于激发 ^1D 或 ^1S 状态[1]，或 O^+ 离子状态。这个过程同时产生分子氢。利用远紫外光谱探测器（FUSE）观测了林尼尔彗星（C/2001 A_2 Linear）中 H_2 莱曼系的三条线，得出了与 H_2O 离解模型预期值一致的柱丰度。

3）氢。彗星的莱曼 α（$\lambda = 121.6$ nm）图像揭示出一个巨大的氢原子云。图 10-18 显示了威斯特彗星产生的氢云。氢云的大小约为 10^7 km。它的不对称形状可能是由太阳光压造成的。喷发模型表明速度分布有两个峰值，$v \approx 7$ km/s 和 $v \approx 18$ km/s，与 OH 和 H_2O 分解的预期速度一致（10.3.3 节、10.3.4 节）。云的范围表明，氢原子的寿命决定于与太阳风质子的电荷交换反应。

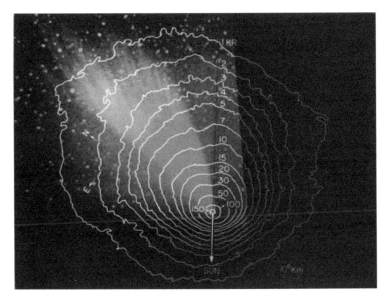

图 10-18 威斯特彗星氢云（莱曼 α）叠加在彗星照片上的等密度线。奥帕尔和卡拉瑟斯观测到了莱曼 α 发射（Opal and Carruthers，1977），而库奇米（S. Koutchmy）在同一天拍摄到了彗星的可见照片。（图片来源：库奇米、Fernandez and Jockers 1983）

---

① 参见 3.2.3 节和第 3 章的延伸阅读部分。

4）氧。已经检测到了原子氧的几种跃迁，发出的谱线包括红色的双峰（$^1D-^3P$；630.0 nm，636.4 nm）和绿色的（$^1S-^1D$；557.7 nm）禁线（forbidden line）[①]。大约5％的 H_2O（和 OH）分子以激发态（^1D 或 ^1S）产生 O 原子。大约95％的时间里，处于 ^1S 态（寿命<1 s）的原子通过 ^1D 态（寿命<1 s）衰变为基态 ^3P（寿命约130s），产生绿线和红线。剩下的5％直接衰变为基态，发射紫外线（297.7 nm，295.8 nm）。虽然原则上 CO 和 CO_2 也可能是氧禁线的母体，但人们认为距离彗核约 10^5 km 内，水即便不唯一，也是主要的母体分子。与荧光发射相反，这种快速发射对每个 O 原子只发生一次。因此，这些谱线是原子母体分子的丰度和分布（原子在衰变之前不能在激发态中移动很远）的极好示踪剂。

5）羟基。在紫外（波长约 300 nm）和射电频率（1 665 MHz 和 1 667 MHz）中可广泛观察到 OH 自由基。在 3 μm 附近检测到了快速 OH 发射，对应于高激发旋转能级的能量跃迁。这很可能对应于在水分子离解时处于激发状态的 OH 自由基。太阳光子激发 OH 分子，OH 分子退激发时，在 300 nm 左右呈现出多条紫外谱线。不同谱线的相对强度清楚地表现出摇摆效应和格林斯坦效应。基态的旋转能级被分成两个能级，每个能级都被超精细结构效应再次分割（3.2.3.2 节）。在接近 18 cm 处的射电波段可以观察到四条谱线，其中最强的是 1 665 MHz 和 1 667 MHz 的跃迁。这些谱线的强度在很大程度上取决于彗星的日心径向速度（摆动和格林斯坦效应）。通常，这些基态能级将按照其统计权重的比例布居（3.2.3 节）。由于两条谱线之间的跃迁是高度禁止的，因此可能会形成强烈的粒子数反转（population inversion，又称布居反转、居量反转），即相对于热化学平衡条件，上层（激发）能级的粒子数远远多于下层（图 10-19）。3K 宇宙微波背景辐射可以诱发微波激射作用，即刺激发射。当夫琅和费吸收线多普勒频移到激发频率时，OH 分子不被激发。在这种情况下，OH 的基态能级发生反粒子数反转，分子吸收来自 3K 背景辐射的光子。因此，根据日心速度，OH 可以在发射（微波激射）中看到，也可以在银河系背景下的吸收中看到。图 10-20 显示了太阳夫琅和费线谱中预期的粒子数反转与羟基观测值的比较。其匹配程度令人震惊，但并不完美。与计算值的偏差可以解释为对夫琅和费吸收光谱、格林斯坦效应、彗星的不对称排气以及气体产率波动的认知不足。

基态能级的粒子数布居对碰撞也很敏感。在碰撞半径内的内彗发中，跃迁被"冷激"：OH 分子通过碰撞被热化，微波激射活动停止。这种效应应该表现为彗发周围 OH 分布的"空洞"。科学家们可能已经在哈雷彗星的高分辨率射电图像中观察到这个洞（图 10-21）。

10.4.3.2　碳化合物

在可见光和紫外波长下，从各类含碳物质（例如 C、C_2、C_3、CH、CH_2、CN、CO 和相关离子）中观察到了许多发射线。所有这些都来自彗核中的冰。通过识别这些冰并对

[①]　原子可能被激发到亚稳态。从这种状态到较低能级的衰变被称为"禁止跃迁"，因为在地球上这种原子是通过碰撞实现退激发的（de-excited）。"禁止跃迁"的自发衰变时间非常长：几秒到数千年。在很少发生碰撞的行星际介质中，原子最终会自发衰变，发射禁线。

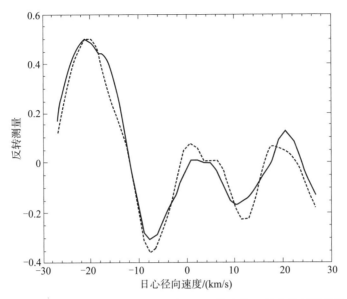

图 10 - 19　粒子数反转，$i = (n_u - n_1)/(n_u + n_1)$，对于 OH 基态的 Λ 级作为彗星的日心速度的函数（单位 km/s）。当反转测量值为正时，OH 出现在发射（微波激射）中；当反转测量为负时，在吸收中观察到 OH（图 10 - 20 和图 10 - 21）。图示了两种抽运模型[①]的结果：Despois et al.（1981）的实线和 Schleicher（1983）的虚线。（改编自 de Pater et al.，1991b）

其进行特征分析，可以获取有关彗星中形成冰的条件信息。

除了尘埃颗粒外，观察到的碳的母体物质可能还有 CO_2（二氧化碳）、HCN（氰化氢）、CH_4（甲烷）和更复杂的分子，如 H_2CO（甲醛）和 CH_3OH（甲醇），至少已在几颗彗星中检测到这些物质。CO_2 的生成率仅为水的百分之几，而 CO 的生成率在不同的彗星中则从 1‰ 到超过 30% 不等。乔托号对哈雷彗星的原位探测显示约 1/3 的 CO 直接由彗核释放（称为"天然"源），而剩余的分子则来自"扩展"源区，可能是尘埃颗粒或彗发中的复杂分子。甲醛也有天然和扩展来源。

CO 和 CO_2 的寿命比水的寿命大约长一个数量级，因此大多数分子进入自由分子流动区域。大部分 CO 和 CO_2 被电离；这些离子被太阳风加速并带走。在许多彗星中都观察到了 CO^+ 和 CO_2^+ 离子。CO^+ 离子的排放产生了显眼的亮蓝色离子彗尾。

对于大多数彗星来说，碳链分子 C_2 和 C_3 相对于 CN（氰基）的丰度变化大约不到 2，但有些彗星的 C_2 和 C_3 则少了大约一个数量级。对施瓦斯曼-瓦赫曼 3 号彗星的单个碎片的观察表明，其 C_2 和 C_3 丰度较低，表明这些化合物在彗星内部的含量可能较低。施瓦斯曼-瓦赫曼 3 号彗星是一颗木星系彗星，在 1995 年通过近日点期间发生了分裂（10.6.4 节）。近红外观察表明，在其 B 碎片和 C 碎片中，几种碳氢化合物、甲醛和甲醇，以及 C_2 和 C_3 的丰度均比"正常"彗星中看到的要低许多（约为 5）。

①　Pumping model，也有译为泵浦模型。——译者注

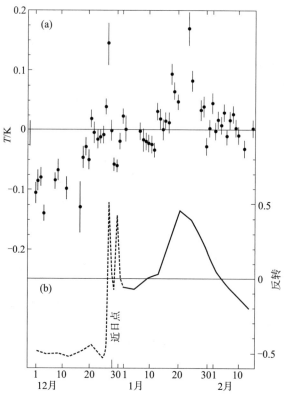

图 10-20　（a）1973—1974 年科胡特克彗星的射电 OH 数据与（b）紫外抽运模型预测的反转测量值作为时间函数的比较。（Biraud et al.，1974）

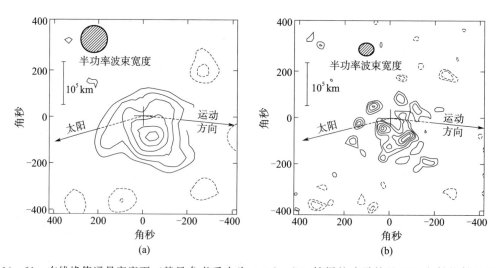

图 10-21　在线峰值通量密度下（彗星参考系中为 0.0 km/s）拍摄的哈雷彗星 OH 发射的射电图像。中间的十字表示彗核的位置。阴影椭圆表示光束的分辨率。低分辨率图像（a）的轮廓级别为 4.9、7.8、10.8、13.7、16.7 和 18.6 mJy/束；对于高分辨率图像（b），它们为 4.4、6.0、7.7、9.3 和 10.4 mJy/束。虚线轮廓表示负值，这表明发射区域比这里显示的要大得多（是文章原文中所讨论的"缺失短间距问题"）。（de Pater et al，1986）

　　尽管所有动力学类型的彗星中都发现了正常的碳链丰度，但几乎所有碳链含量低的彗星都是木星族彗星，因此它们可能起源于柯伊伯带（10.2.3 节）。因此，形成 C_2 和 C_3 母星的环境条件一定与奥尔特云彗星和部分柯伊伯带彗星（但不是全部）形成的区域相匹配。如果 C_2 和 C_3 是由大型碳氢化合物产生的，那么许多木星族彗星可能起源于一个温度很低的区域，以至无法通过化学过程产生这些大分子。

　　CH_4、CO、C_2H_6（乙烷）以及 H_2CO 和 CH_3OH 的（相对）丰度有助于描述彗核中的冰，从而提供有关早期太阳星云状况的关键信息。在星际介质（InterStellar Medium，ISM）中，甲醇的含量通常是甲醛的几十倍。在越来越多的彗星中检测到了这两种类型，其丰度通常高达水的百分之几（图 10 - 22），CH_3OH 的丰度最多是 H_2CO 的几倍，远低于星际介质中测得的丰度。

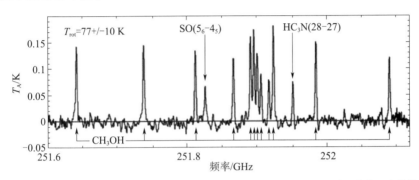

图 10 - 22　1997 年 2 月 21 日，加州理工学院亚毫米波天文台（CSO）观测到的海尔-波普彗星光谱。图中显示了 CH_3OH 的 12 条 $J_3 - J_2$ A 谱线，以及 SO（一氧化硫）的 $5_6 - 4_5$ 谱线，以及 254.7 GHz 的图像边带中 HC_3N（氰基乙炔）的 J（28－27）谱线。（Lis et al.，1997）

　　星际介质凝聚相的 CH_4/CO 丰度比通常约为 1，变化最大到 10 左右。气相中的丰度比要小得多，约为 $0.001 \sim 0.01$。在少数彗星（主要是动力学新彗星，以及木星系彗星坦普尔 1 号彗星）中已经测量到 CH_4/CO 比率约为 0.1，即星际介质中冷凝相和气相比的中间值。C_2H_6（乙烷）和 C_2H_2（乙炔）显示出丰度分别约为水的 0.6% 和 $0.2\% \sim 0.4\%$，相当于甲烷气体的丰度。然而，类似的 C_2H_6 和 CH_4 丰度与处于热化学平衡的原始太阳（或低级的巨行星）星云的生成机制不一致，这种情况会导致 $C_2H_6/CH_4 \lesssim 10^{-3}$。

　　因此，与星际介质相比，彗星中的 CH_3OH/H_2CO 的比率较低（或 H_2CO 较高），而彗星中的 C_2H_6/CH_4 比率较高。后者可以通过冰粒上的 C_2H_2 在并入彗核之前的氢化过程（H 原子加入到分子种类中的化学反应）来解释。如果这种过程很常见，那么 CO 也应该被氢化。涉及 H^+ 辐照（辐解）的实验室实验表明，H_2O/CO 冰混合物中的 CO 可以转化为甲酰基 HCO。该种类具有高度活性，并形成甲醛和甲醇，其比例取决于氢的密度和环境温度。HCOOH（甲酸）和长链分子也可以通过这种方式产生。彗星中的低 CH_3OH/H_2CO 比和高 C_2H_6/CH_4 比，以及大分子的探测，都表明了冰粒在并入彗核之前的氢化化学作用。在海尔 - 波普彗星中，在（亚）毫米波长处检测到 CH_3CHO（乙醛）、$HCOOCH_3$（甲酸甲酯）、HCOOH（甲酸）和 $HOCH_2CH_2OH$（乙二醇）等大分子，而乔托号上的离子质谱仪在原位检测到分子量高达 120 的分子。这些分子可能来自尘埃颗粒或（CH_2O）$_n$［聚合甲醛，PolyOxyMethylene（POM）］。

10.4.3.3　氮化合物

挥发性氮的主要潜在储层是 N_2、HCN（氰化氢）和 NH_3（氨气）。分子氮（N_2）在可见光谱范围内不允许振动或转动跃迁，但可在波长 95.9 nm 处发出荧光，然而，远紫外光谱探测仪（FUSE）仅能测量出上限（H_2O 的 0.2%）。虽然在 391 nm 附近检测到 N_2^+，这表明了 N_2 相对于 H_2O 的丰度约为 0.02%，但这些测量结果受到质疑。

氨气容易分解：$NH_3 \rightarrow NH_2 + H \rightarrow NH + H + H$。在许多彗星中已检测到 NH 和 NH_2，并表明 NH_3 的生成率为 H_2O 的 0.3%～1%。在 IRAS-荒贵-阿尔科克彗星、百武 2 号彗星和海尔-波普彗星中直接观察到了氨气，其典型丰度（相对于水）从百武 2 号彗星的0.3% 到海尔-波普彗星的约 1.5%，以及 IRAS-荒贵-阿尔科克彗星的 6%。这些数据表明，对于不同的彗星，其 NH_3 产率可能会有很大差异。

在许多彗星上已观察到氰化氢并直接进行了成像。它似乎既起源于彗核，又作为一个分布源，也就是说，它的一部分可能来自尘埃颗粒。其产率为水的 0.3%～0.6%。例如百武 2 号彗星和海尔-波普彗星中观察到 HNC（异氰化氢），其含量约为 HCN 的 5～6 倍，与温暖分子云中的比率非常相似。根据海尔-波普彗星中 HNC/HCN 的比值随着日心距离的减小而相对增加，有人认为，大部分 HNC 是在彗发中通过 $HCNH^+$ 离子的解离电子复合产生的。

氮也以 CN（氰基）的形式存在于尘埃颗粒中（CHON，10.4.4 节）。虽然 CN 的一个可能来源是 HCN，但 HCN 的产率似乎不到 CN 的一半。彗星间 CN 产率的不同与彗星中的尘埃/气体比密切相关，CN 的排放揭示了不止一颗彗星中存在喷流和壳层。因此，大约 20%～50% 的 CN 被认为直接来自尘埃颗粒。

在把所有可用氮加起来之后，N/C 丰度比和 N/O 丰度比相对于太阳的相关比率似乎减少了 1/3～1/2。

10.4.3.4　硫化合物

虽然对哈雷彗星和海尔-波普彗星的估计表明，总体 S/O 比略高于太阳值，但对彗星中硫的总体丰度还没有确定的测量结果。虽然在许多彗星中观察到了 S（硫自由基）和 CS（一硫化碳）的紫外跃迁，但关于可能的母体分子的数据却要少得多。CS_2（二硫化碳）在 1 AU 下的寿命为几分钟，最有可能是 CS 的母体；已经测量的每个种类的丰度都是 H_2O 的 0.1%～0.2%。由于 S 和 O 在化学上非常相似，人们可能会认为彗星的硫中有相当大一部分以 H_2S（硫化氢）的形式存在。在几颗明亮的彗星上使用毫米波探测到过这种分子，其丰度与水相比变化为 0.1%～1.5%。其他含硫分子的丰度低于 H_2O 的 1% ［例如 SO、SO_2、OCS（羰基硫）、H_2CS（硫代甲醛）、NS（一硫化氮）］。由于 S_2（二硫）是一种非常低温的凝聚体，对该分子的探测可能有助于约束彗星形成理论（10.7.1 节）。然而，由于其寿命极短（约 450 s），对其观察非常困难。1983 年，在 IRAS-荒贵-阿尔科克彗星爆发期间首次探测到 S_2，这是一颗非常接近地球的彗星（r_Δ 约 0.03 AU）。13 年后，用哈勃望远镜在百武 2 号彗星中观测到 S_2，这是另一颗非常接近地球的彗星（r_Δ 约 0.06 AU）。此后，使用极其灵敏的探测器，在其他几颗彗星中测量到了 S_2，其典型丰度为水的 0.001%～0.005%。它可能存在于大多数（即便不是所有的）长周期彗星中。

10.4.3.5　碱和金属

在几颗飞至距离太阳约 1.4 AU 之内的长周期彗星中，可以看到钠的发射。辐射揭示出钠原子彗尾，其范围相当广泛（图 10 - 23）。因为钠的沸点约 1 150 K，观察到的原子可能被束缚在复杂的分子中，而不是固体钠的形式。海尔-波普彗星模型表明，发射的钠原子起源于彗核附近，其产生率与基于太阳 Na/O 丰度的预期值相比低了 0.3%。

钙、钾和金属的发射线仅在掠日彗星中观察到，这些彗星进入距离太阳 0.1 AU 的范围内。在 $r_\odot <0.1\sim0.2$ AU，出现钾的谱线，在日心距离更小处，可以看到 Fe、Ni、Co、Mn、V、Cr、Cu、Si、Mg、Al、Ti、Ca 和 Ca^+ 的发射线。对于这些线的发现支持了这样一个假设，即尘埃颗粒在离太阳足够近时会蒸发。在一颗掠日彗星——池谷-关彗星（C/Ikeya - Seki，1965 - Ⅷ）中，对相关元素丰度进行了测量，发现其与碳质球粒陨石中的元素丰度相似。

图 10 - 23　在左图中，海尔-波普彗星的细直钠尾非常突出，它记录了钠原子的荧光（D 线）发射。右侧显示了等离子体和尘埃彗尾的传统图像。(Cremonese et al.，1997)

10.4.3.6　同位素丰度比和正仲比

为了更好地理解太阳系如何形成和演化，我们想知道有多少以颗粒和冰的形式存在的星际物质被合并而且保留在正在形成的天体中。使用各类同位素丰度比（8.7.2 节）和氢的正仲比，可能有助于解决彗星冰是否直接形成的问题，即通过原始太阳星云内的组成气体的简单冷凝，或者这些冰是否起源于星际介质，并随后并入太阳星云。

氢分子的正仲比（Ortho - to - Para Ratio，OPR）取决于分子的旋转分布。在高温下，粒子数与其统计权重 $2I+1$ 保持平衡，自旋 $I=1$ 表示正旋，$I=0$ 表示负旋。例如，水在高温下的正仲比为 3。根据观察到的正仲比得出的典型自旋温度约 30 K（图 10-24），对应于目前的太阳系条件下 $r_⊙$ 约 100 AU 处的平衡温度。由于气相反应生成水分子只能在高温下进行，因此低自旋温度值表明水分子是在颗粒上形成的，此时水分子将与颗粒的温度平衡。

同位素丰度比提供了彗星或其组成颗粒形成的时间和区域的分馏效应信息。尤其是从 HDO（半重水）/H_2O 测得的 D/H 比提供了重要的宇宙成因信息。如上所述，如果彗星水是在低温下形成的，那么任何 HDO/H_2O 分馏也一定是在这种低温下发生的。在寒冷的星际云中，氘分馏通过离子-分子反应和颗粒表面化学反应实现。在这样的云中可观察到，与氢分子相比，这些过程导致某些对象的 D/H 比显著（数量级）增强。相比之下，原始太阳星云中的氘分馏可能是通过中性粒子之间的反应发生的，这取决于温度、压强和时间。在太阳系外围较低的温度和压强下，氘的分馏率太低，无法达到平衡状态。计算表明，在这种情况下，D/H 比不应远超过原太阳值的三倍。

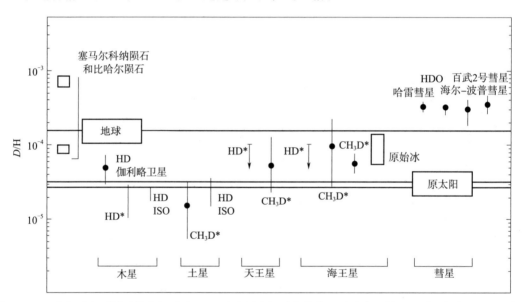

图 10-24 太阳系中不同天体的氘/氢比。地球和原太阳系的数值显示为水平线。星号（例如 HD*）表示地面观测。（改编自 Bockelee Morvan et al.，1998）

通过乔托号上离子和中性质谱仪的测量，精确测定了哈雷彗星中水的 D/H 比。其测量值为 $(3.2\pm3)\times10^{-4}$。从百武 2 号彗星和海尔-波普彗星地面观测中得出了类似的值（图 10-24）。这些比值几乎比原太阳系的值高一个数量级，它们类似于在某些分子云的热核心中测得的结果，在这种分子云中，恒星的质量比太阳大得多。也许彗星中的水冰是原始的星际水，因此（没有挥发）被并入彗星中。这种情况将与正仲比测量结果一致。这也会导致在其他对象中的高 D/H 富集。在海尔-波普彗星中测量到氰化氢中的富集系数为 10，但在甲醛等对象中没有测量到这种富集。行星际尘埃粒子（Interplanetary Dust Particles，IDPs）中的 D/H 比，可能来自彗星，通常会增加到 250～500 倍。另一方面，在几种星尘颗粒（10.4.4 节）中测得的 D/H 比（与碳相关）与之相似，或与地球值相比最多增加约 3 倍，即富集程度远低于行星际尘埃粒子中的富集程度。D/H 比和正仲比测量都可以与太阳星云中星际水的物理混合和有限的再处理相一致。这种混合模型也会与 ^{12}C/^{13}C、^{14}N/^{15}N、^{32}S/^{34}S 和 ^{16}O/^{18}O 的同位素比观测结果相一致。在许多彗星中已确定过上述内容，包括哈雷彗星、海尔-波普彗星和池谷彗星（C/Ikeya，1963 A1），都是通过对 HCN 和 CS 中稀有同位素的原位测量和地面观测两种方式确定的。各个彗星的探测结果相差≤2 倍，都与地球值一致。

10.4.3.7 惰性气体

惰性气体如果存在于彗星中并能够被探测到，将产生有关彗星形成环境的宝贵信息。星尘号任务（10.4.4 节）带回的几个耐熔质颗粒被加热到 1 500 K 以上，进行氦和氖（如果存在）脱气。结果两种气体均被检测到。同位素 ^{20}Ne/^{22}Ne 的测量结果范围为 9～10.7，与地球大气中的测量值 9.8 相似，也与原始碳质陨石中的测量值相似（范围为 10.1～10.7），低于起源号探测器带回的样本中测得的太阳风值（13.9 ± 0.8）。相比之下，星尘号样品中 ^{3}He/^{4}He［(2.7±0.2)×10^{-4}］约为陨石［(1.45 ± 0.15)×10^{-4}］和木星［(1.66 ± 0.05)×10^{-4}］中测量值的两倍。高的 ^{3}He/^{4}He 可能表明太阳风后来增加了氦。星尘号颗粒和陨石中含有惰性气体的碳质载体起源于同一环境，这似乎是合理的，这种介质一定很热，含有高离子通量，将惰性气体注入颗粒之中。

10.4.4 尘埃的组成

彗星尘埃颗粒的结构和矿物学是由它们形成时的化学和物理过程决定的，因此对这些颗粒的分析可能会揭示行星形成时太阳星云的状况。在过去的十年里，通过地面和空间望远镜上安装的最先进的中红外探测器，以及对星尘号任务带回的所捕获的行星际尘埃颗粒和彗星颗粒进行了原位采样和实验室分析，人们对彗星和行星际尘埃颗粒的了解有了长足的进步。

用乔托号和维加号探测器上的碰撞电离质谱仪对尘埃颗粒的成分进行了原位测量。许多颗粒主要由轻元素 C、H、O、N 组成，统称为 CHON 颗粒。硅酸盐颗粒的含量大致相同。取样总量中，大约有一半的样品中的碳与岩石组成元素的比率在 0.1 到 10 之间，而另一半的碳与岩石组成元素的比率平均分布在 CHON 颗粒和硅酸盐颗粒之间。

通过远程检测，发现越来越多的彗星排放硅酸盐和碳。图 10 - 25（a）显示了海尔-波普彗星和坦普尔 1 号彗星的 8～13 μm 光谱，图 10 - 25（b）显示了 5～35 μm 光谱。无特征的 10 μm 连续发射源于非晶碳颗粒。11.2 μm 的特征和 11.8 μm 的肩峰表明富含镁的结晶橄榄石，这表明至少一小部分硅酸盐物质一定是晶体形式。宽的 10 μm 特征是非晶态橄榄石的特征，而 9.3 μm 和 10.5 μm 的峰与辉石的光谱相匹配。5～35 μm 光谱中的发射峰来自结晶镁橄榄石（富镁橄榄石），一些光谱结构表明存在结晶顽辉石（富镁辉石）。这些尘埃似乎富含镁，与哈雷彗星的原位探测结果相似。发射很强，表明产生它们的颗粒半径小于 1 μm，或者颗粒可能是多孔聚集体，其中嵌入了小晶体。

这种晶体结构一直困扰着研究人员。晶体可以直接从太阳星云中冷凝出来，但需要

1 200 ~1 400 K 的温度。或者，非晶颗粒退火可以变成晶粒，但这个过程仍然需要超过
1 000 K 的温度。

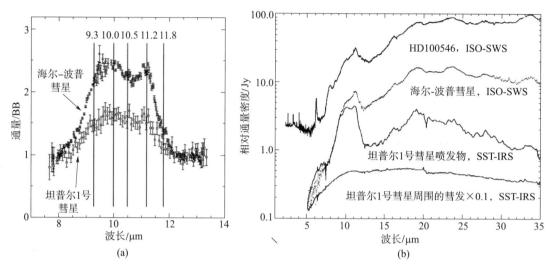

图 10 - 25　　（a）海尔-波普彗星和坦普尔 1 号彗星在撞击后约一小时的撞击诱发喷射物的 8~13 μm 光谱
中的结晶硅酸盐特征。两个光谱都被一个最佳匹配的黑体光谱分割。哈雷彗星的光谱非常相似。（Harker
et al.，2005）（b）斯皮策望远镜获得的坦普尔 1 号彗星撞击前和撞击后一小时的 5~35 μm 光谱对比，
以及海尔-波普彗星和年轻恒星天体 HD100546 的 ISO 光谱对比。在图中，将光谱除以 10、1、2.7 和 10
（从下到上）的因子。注意对数刻度。结晶镁橄榄石的大致位置用虚线表示。光谱由它们的黑体光谱归一
化。（改编自 Lisse et al.，2007）

　　图 10 - 25 所示的光谱仅适用于少数彗星，主要是长周期彗星或奥尔特云彗星。坦普
尔 1 号彗星呈现了一种特殊情况。这是一颗木星族的彗星，是深度撞击任务的目标。在撞
击之前，彗星的中红外辐射主要由彗发的热辐射所主导［图 10 - 25（b）］。该光谱中
10 μm 发射特征的缺失及其约 235 K 色温表明彗发中大尘埃颗粒占优势（10.3.6.1 节）。
在撞击后大约一小时，可以看到清晰的排放特征，当时一定有半径约 0.2 μm 量级的小尘
埃颗粒，由非晶质橄榄石、辉石和碳以及结晶橄榄石组成。单个元素的相对丰度比与碳质
球粒陨石中的相对丰度比一致。

　　彗星光谱与行星际尘埃颗粒的光谱进行了比较，行星际尘埃颗粒是 1~10 μm 多孔聚
集体，主要由非晶质硅酸盐和碳（8.5 节）组成，但也包含微小（亚微米）晶体，这些晶
体在光谱中产生晶体特征。当这些晶体被非晶质物质覆盖时，发射则消失。因此，人们可
能想知道，是否深度撞击任务使这些聚集体破碎，或者是否原始的次表层晶体被从彗星的
次表层中发掘出来。越来越多的证据支持后一种假设。

　　2006 年 1 月 15 日，星尘号任务将彗星物质带回地球。该任务于 1999 年发射，于
2004 年 1 月 2 日与维尔特 2 号彗星交会。在穿越维尔特 2 号彗星的彗发时，星尘号获取了
数千个直径为 5~300 μm 的颗粒。这些颗粒被限制在气凝胶中。气凝胶是一种高度多孔的
二氧化硅"泡沫"，其密度与空气相当（图 10 - 26）。撞击气凝胶的颗粒逐渐变慢，不会发

生大的熔化或蒸发 [图 10 - 26 (b)、(c)]。回收的颗粒是不同矿物的组合，尤其是结晶硅酸盐矿物橄榄石和辉石，以及一些陨硫铁（FeS）。同位素分析表明，大多数物质与内太阳系发现的物质相似，只有少数是异常的太阳系前物质颗粒。

(a)

(b)

图 10 - 26 ⬤ (a) 一块类似于星尘号任务的气凝胶。[图片来源：NASA 摄影师玛丽亚·加西亚（Maria Garcia），1997 年] ⬤ (b) 在星尘号任务的气凝胶中捕获的维尔特 2 号彗星的粒子轨迹。这条轨迹大约 1 mm 长，粒子从顶部进入。撞击的力量击碎了小岩石，沿着轨迹可以看到碎片（所有的黑点）。这些颗粒为亚微米大小。⬤ (c) 从气凝胶中捕获并回收的几个颗粒的特写。（改编自 Brownlee et al.，2006）

截至 2007 年 11 月分析的星尘号任务颗粒中，H、C、N、O 和 Ne 的同位素组成表明，彗星颗粒是非平衡的聚集体，由来自不同储层的物质组成。一种星尘号的颗粒由在 CAIs（钙铝夹杂物，8.5 节）陨石中发现的高温矿物组成。许多其他碎片在矿物学和同位素上也与 CAIs 有关。尤其是氧的同位素 $^{17}O/^{16}O$ 与 $^{18}O/^{16}O$ 的丰度比（图 8-16）表明，这些比值遵循 CAI 混合线，而不是质量相关分馏的预期值。如 8.6 节所述，CAIs 在高温下凝结，$T>1\,400\,K$，即很可能靠近太阳。这种颗粒的存在，再加上氧同位素和高温矿物学数据，为早期太阳星云强烈的径向混合提供了很有说服力的证据。在太阳附近形成的颗粒必然是径向向外输送到海王星轨道之外，并在那里组成彗星。虽然理论上中间平面内的湍流混合可能会导致这种输送，但 X 风模型（8.7 节）可以更直接地解释这种大规模径向混合：在这种模型中，CAIs 和球粒被抛在弹道轨道上。

10.5　彗星的磁场

虽然彗星释放的升华气体是中性的，但最终所有的原子和分子都会电离。主要的电离过程是光电离和与太阳风质子的电荷交换。彗星离子和电子与行星际磁场相互作用，并"覆盖"彗星周围的磁力线，如图 10-27 所示。

这个过程会激发一个与金星周围磁场类似的磁场。下文描述了一颗靠近太阳（1～2 AU 范围内）大气层非常完备的活跃彗星的磁场形态，如图 10-28 所示。

10.5.1　形态

由于彗星的引力场非常弱，中性气体从彗核以超声速向外膨胀（10.3.2 节）。当中性粒子电离时，它们会被太阳风中的强电场加速（7.1.3 节）

$$\boldsymbol{E}_{sw} \approx - \frac{\boldsymbol{v}_{sw} \times \boldsymbol{B}_{sw}}{c} \tag{10-21}$$

太阳风的典型速度 v_{sw} 约 400 km/s，在 $r_\odot \approx 1$ AU 处的行星际磁场 $B_{sw} \approx 5 \times 10^{-5}$ Gs。彗星离子或直接（如果 $\boldsymbol{B}_{sw} \perp \boldsymbol{v}_{sw}$）或间接（如果 $\boldsymbol{B}_{sw} \parallel \boldsymbol{v}_{sw}$）地通过等离子体的不稳定性被加速到太阳风的速度。离子围绕着局部磁力线旋转。太阳风对这些重离子的吸收增加了太阳风的质量。根据动量守恒定律，太阳风（暂时）变慢了。由于质量增加，当太阳风积累了约 1%（按数量计）的彗星离子，会形成无碰撞反向激波：弓形激波。请注意彗星弓形激波（由质量增加引起）和行星的逆流弓形激波之间的区别，行星弓形激波是由于太阳风绕行星或其磁层不可穿透的边界流动而形成的（7.1 节）。在彗星弓形激波的下游，太阳风是亚声速的，就像在行星磁鞘中一样，并继续与彗星的大气相互作用。弓形激波 $\mathcal{R}_{bs}$ 的大致位置取决于气体产生率 Q，并与太阳风动量 $\rho_{sw} v_{sw}$ 成反比。利用弓形激波前平面平行超声速流的质量、动量和能量方程以及彗星的质量负荷，推导出了以下彗星弓形激波的脱体距离的公式

$$\mathcal{R}_{bs} = \frac{Q \mu_a m_{amu} \alpha (\gamma^2 - 1)}{4\pi v_o \rho_{sw} v_{sw}} \tag{10-22}$$

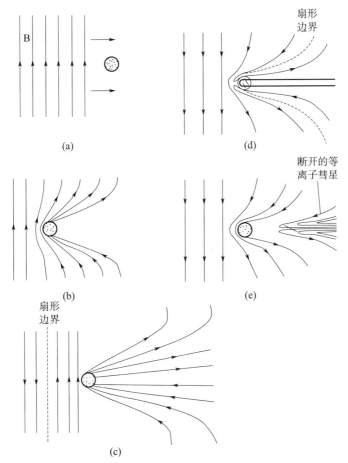

图 10 - 27　阿尔文[①]的悬垂磁场模型，其中行星际磁力线被彗星电离层引起变形。从（a）到（c）显示了围绕彗星的行星际磁力线逐渐悬垂到磁尾中。当彗星在行星际磁场中遇到扇形边界时（磁场方向相反，虚线），彗尾就会断开，如（c）到（e）所示

式中，$v_。$ 表示中性粒子的流出速度，α 表示电离率，γ 表示比热比（对于磁化流，$\gamma = 2$），ρ_{sw} 和 v_{sw} 表示远离彗星的太阳风密度和速度。对于哈雷彗星，在 $r_\odot \approx 0.9$ AU 时，$\mathcal{Q} \approx 10^{30}$ 分子/s，$\mathcal{R}_{bs} \approx 10^6$ AU（习题 10.23）。

　　流出的彗星中性粒子与进入的太阳风发生碰撞，从而减慢了太阳风的速度。彗顶（cometopause）或碰撞顶（collisionopause）将无碰撞的太阳风等离子体流与彗星气体分离，彗星气体是碰撞占主导地位的气流。在彗顶，大量动量通过流出的彗星中性粒子和太阳风离子之间的碰撞传递。虽然这一边界层尚未完全清楚，但人们普遍认为，彗顶内的区域主要由彗星离子（尤其是 H_2O^+ 和 H_3O^+）和压缩的行星际磁场控制；相比之下，太阳

---

　　① 　汉尼斯·奥洛夫·哥斯达·阿尔文（Hannes Olof Gösta Alfvén，1908 年 5 月 30 日—1995 年 4 月 2 日），瑞典等离子体物理学家、天文学家，致力于磁流体动力学领域的研究，其成果被广泛应用于天体物理学、地质学等学科。1970 年诺贝尔物理学奖得主。初为工程师，后来转为研究及教授等离子学及电子工程。阿尔文星（1778 Alfvén）以他的名字命名。——译者注

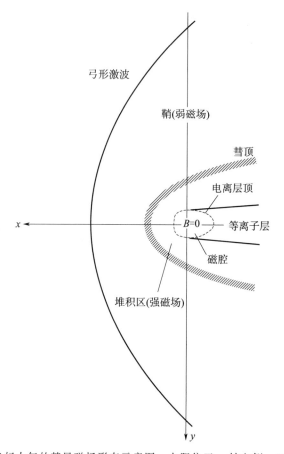

图 10 - 28　一个具有良好大气的彗星磁场形态示意图。太阳位于 x 轴左侧。（改编自 Neubauer 1991）

风等离子体装载着距离彗核很远的地方产生的彗星离子，占据了彗顶之外的区域。维加号探测器在哈雷彗星上游约 10^5 km 遇到了彗顶，此时彗星位于 $r_\odot \approx 0.8$ AU 处。它的位置可以估算为

$$\mathcal{R}_{cp} \approx \frac{\sigma_x \mathcal{Q}}{4\pi v_0} \tag{10 - 23}$$

式中，σ_x 表示离子-离子碰撞截面。

　　在彗顶内部，磁场被高度压缩，因此内部的磁压力和外部的超声速太阳风冲压压力之间存在近似的压力平衡

$$\frac{B_c^2}{8\pi} = \rho_{sw} v_{sw}^2 \tag{10 - 24}$$

式中，B_c 表示彗顶内部的磁场强度。

　　乔托号探测器上的磁强计实验设备在哈雷彗星的彗顶内发现了一个明确的边界，距离彗星中心 4 700 km，磁场突然降至零。这个边界被称为电离层顶，这是一个将彗星等离子体与受污染的太阳风等离子体分开的切向连接中断。电离层顶内部没有磁场：彗核被一个磁腔包围。腔体外部的磁场和腔体内部的热压之间存在近似的压力平衡。

在电离层顶的内部，模型预测了内激波的存在，内激波使向外超声速流动的彗星离子减速，并将其转移到尾部；然而，没有任何探测器观测到这种激波。与行星磁尾一样，磁尾的两个"裂片"之间被一个中性层分开，这是由行星际磁力线折叠而成。当国际彗星探索者号穿过贾可比尼-秦诺彗星（21P/Giacobini－Zinner）尾部的中性层时，磁场的极性发生了逆转，与在行星磁层中穿过中性层时的预期相同。

10.5.2　等离子彗尾

彗星离子在背向太阳方向形成离子或等离子体彗尾。这条彗尾的长度通常超过 10^7 km，而主彗尾的直径大约为 10^7 km。等离子彗尾通常看起来是蓝色的，这是大量长寿命的 CO^+ 离子荧光跃迁的结果，不过偶尔也会因为 H_2O^+ 的发射而看到红色的离子彗尾。彗尾通常由细丝、射线和明亮的结组成，其结构在几分钟到几小时的时间尺度上发生变化。这些结是由增加的密度引起的，它们的运动可以沿着彗尾向下。典型的速度 $\lesssim$ 100 km/s；这显然比彗星的喷发速度大得多，但比太阳风的速度小。在靠近彗核的彗星头部，H_2O^+ 离子的多普勒频移表明其速度为 $20\sim40$ km/s；等离子体显然是沿着彗尾加速的，在距离彗核 $>10^7$ km 的地方达到太阳风的速度。在与彗星中心距离相同的位置，主彗尾密度的集中通常伴随着相邻丝状物的增强。

在富含气体的彗星中，人们经常可以看到等离子体包层的尾部射线。图 10－29 为经过处理的百武 2 号彗星图像，显示了彗发周围"覆盖"的光线（比较图 10－27 所示的场线覆盖）。在图 10－29 中还显示了单个光线。

图 10－29　1996 年 4 月 8 日用 30 cm 的反射式望远镜，进行了 60 s 曝光获得的百武 2 号彗星图像。对图像进行处理，显示出彗核的射线结构和喷流。[图片来源：蒂姆·普克特（Tim Puckett）]

　　彗星等离子彗尾的精细结构取决于行星际介质及其磁场。人们经常可以在等离子彗尾中看到大扰动（图 10-30），彗星在某些时候似乎失去了它的彗尾，并开始形成一个新的彗尾。这类事件被归因于行星际磁场突然反转引起的"断开"或磁重联事件。当彗星遇到行星际扇形边界或穿过日球层电流面时，就会发生这种逆转（图 10-27）。

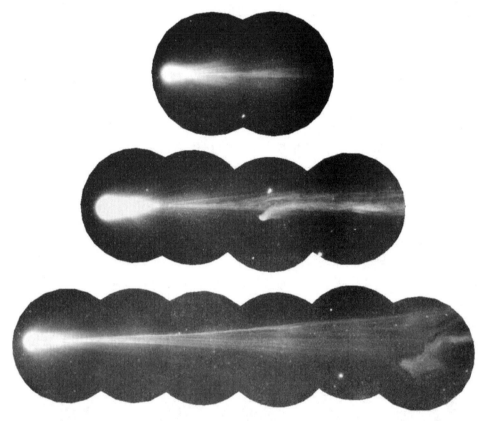

图 10-30　1996 年 3 月拍摄的一个壮观的百武 2 号彗星彗尾断开事件。第一张照片拍摄于美国东部时间 3 月 24 日 19：40，第二张照片拍摄于美国东部时间 3 月 25 日 18：00，第三张照片拍摄于美国东部时间 3 月 26 日 15：50。彗尾长度超过 1 000 万千米。［图片来源：沼泽茂美（Shigewi Numazawa）］

10.5.3　X 射线发射

　　通过软 X 射线（$E < 1$ keV）和极紫外（EUV）光子的发射，可以看到太阳风和彗星大气之间的相互作用。1996 年，当 ROSAT 和 EUVE 卫星观测百武 2 号彗星时，发现了这种发射（图 10-31）。从那时起，在许多彗星上都观测到了这种发射。发射通常从彗核向太阳方向移动。对于百武 2 号彗星，峰值发射移动了约 20 000 km，但对于最活跃的彗星来说，这一距离可能超过 10^6 km。X 射线是通过高电荷的太阳风重离子（C^{+q}、O^{+q}、N^{+q}、Si^{+q}、Ne^{+q}，$q = 4$、5、6、7、…）和彗星中性粒子的电荷交换相互作用而产生的：

$$O^{+6} + H_2O \rightarrow O^{+5} + H_2O^+ + h\nu \qquad (10-25)$$

式（10-25）的反应使重太阳风离子处于激发状态，同时将彗星中性粒子（H_2O、OH、O、H、…）变成离子。

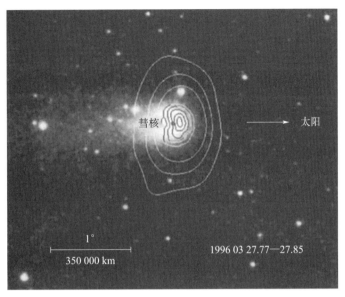

图 10-31 用 ROSAT（Röntgen）卫星观测到的百武 2 号彗星的 X 射线发射图像。图像显示了高能带（0.1～2.0 keV 内等值线）和低能带（0.09～0.2 keV 外等值线）的测量强度，以等值线形式叠加在 ROSAT 观测期间用普通相机拍摄的光学图像上。（图片来源：马克斯·普朗克地外物理学研究所）

10.6 彗核

直接对彗核进行观测很困难（除非距离行星际探测器很近），因为在彗核周围形成彗发之前，彗星通常是看不见的。因此，大多数观测，即使在相对较大的日心距离上，也在一定程度上受到彗发的污染（习题 10.27）。虽然彗发的亮度（分布）模型可用于从数据中减去彗发，但这可能会引入重大误差。尽管存在这些问题，从地球观测中已经获得了对彗核的大小和反照率的估计值。大多数彗星的反照率很低，在可见光波长范围内反射率介于 ≲2% 至 6% 之间。反射光谱在可见-红外波长范围（380～850 nm）通常向较长波长的方向呈现一个平滑略微向上的斜率。

10.6.1 尺寸、形状和旋转

图 10-32 显示了 65 颗黄道彗星（10.2.4 节）和 11 颗倾角分布更为各向同性的彗星（基本上是长周期彗星）的尺寸分布。典型的彗星半径介于 ≲1 km 到 10 km 之间。然而，这可能主要是一种观测效应：较小的天体数量更多，但难以探测，较大的天体更罕见，但仍在质量分布中占主导地位。在半径 $R > 1.6$ km 时，黄道彗星数量最符合 $\zeta = 2.9 \pm 0.3$ 的幂律分布［式（9-3）］，这可能比小行星和海王星外天体的尺寸分布略为平坦（9.4.1

节），也比碰撞演化的天体总量（ζ＝3.5）的预期更平坦。如 9.4.1 节中详细讨论的，在稳态情况下，在某个质量块中被破坏的天体数量等于在该质量块中产生的天体数量。在吸积阶段，预计会出现更陡的分布，而较缓的斜率表明，基于碰撞过程的天体的损失比预期的要大。事实上，基于以下原因，人们可能会期望彗星的斜率较缓：1）非碰撞碎裂在彗星中很常见，例如分裂（10.6.4 节）；2）在每次通过近日点期间，彗核被升华过程侵蚀。一颗典型的黄道彗星的半径在其寿命的一半时间内可能会损失 400 m。特别是对于小彗星，这将大大降低 ζ 值。由于原行星盘散射的光学深度，长周期小彗星稀少的原因可能是由于很少有小天体飞到奥尔特云（10.7.2 节）。

　　由于彗核很小，它们很可能不是球形的（6.1 节）。事实上，探测器遇到的四颗彗星显示出不规则的形状，在大多数情况下相当细长（表 10-2）。

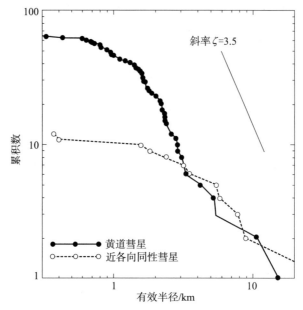

图 10-32　65 颗黄道彗星（上曲线）和 11 颗近各向同性彗星（下曲线）的彗核大小累积分布。图中显示了碰撞演化的天体群的幂律斜率 ζ＝3.5。［改编自 Lamy et al. 2004；图片来源：I. 托斯（I. Toth）］

表 10-2　探测器近距离观测的前四颗彗星

彗星	探测器	年	图像分辨率	q/AU	P_{orbit}/yr	$R_1 \times R_2 \times R_3$/km	A_v	P_{rot}/h
哈雷彗星	乔托号[a]	1986	45 m	0.59	75.3	$7.21 \times 3.70 \times 3.70$	0.04	177.6
坦普尔 1 号彗星	深度撞击号	2005	5 m	1.51	5.5	$8.2 \times 4.9 \times 3.5$	0.04	40.83
包瑞利彗星	深空 1 号	2001	47 m	1.35	6.4	$4.0 \times 1.60 \times 1.60$	0.03	25.0
维尔特 2 号彗星	星尘号	2004	20 m	1.60	6.4	$2.75 \times 2.0 \times 1.65$	0.03	12.3 或 25

　　[a]1986 年，另外四个探测器飞越了哈雷彗星：大型探测器维加 1 号（Vega-1）和维加 2 号（Vega-2），以及较小的彗星号（Suisei）和先锋号（Sakigaki）探测器（表 F-2）。这些探测器最接近的距离从 3 000～200 000 km 不等。探测器首次与彗星相遇发生在 1985 年 9 月，当时国际彗星探索者号（International Cometary Explorer）穿过贾可比尼-秦诺彗星（21P/Giacobini-Zinner）尾部。

测量彗星的旋转特性非常重要，因为彗星的彗发通常支配着天体的反射光，除非在日心距离较大的地方，那里的大多数彗星非常微弱，很难被探测到。由于彗星表面的活动区域并非均匀分布，这些斑点的旋转会使彗发亮度产生周期性的变化，可以用于估计旋转周期。雷达测量可以通过彗发进行探测，但彗星必须非常接近地球才能被观测到。大多数彗星的自转周期在几小时到几天之间，通常比主带小行星的周期稍长（9.4.6 节）。

彗星自转的物理性质与小行星自转的物理性质类似（9.4.6 节），但更复杂的是，彗星的气体逸出会产生改变旋转角动量矢量的力矩。因此，与小行星相比，处于或（地质学意义上的）近期处于活动状态的彗星更有可能表现出复杂的非主轴旋转状态。此外，气体喷发引起的彗核加速旋转可能会导致一些彗星分裂成两个或多个碎片（10.6.4 节），这可能会瞬间改变旋转速率。

1986 年由三个探测器获得的哈雷彗星彗核的特写图像，结合从地面观察到的彗发亮度变化研究，排除了哈雷彗星纯粹围绕自身短主轴或长主轴进行旋转的状态。因此，哈雷彗星处于复杂的旋转状态，其瞬态旋转轴绕其旋转角动量矢量进动。哈雷彗星自转的细节没有被完全约束，但最可能的旋转状态是它在以约 7.3 天的周期绕长轴自转，同时长轴以一个约 3.7 天的周期绕角动量矢量进动。

10.6.2　远离太阳时的变化

由于彗星很小，而且富含挥发物，它们不可能经历过太多的热演化，因此被认为是太阳系中所观测到的最原始的天体。然而，彗星的外层在柯伊伯带或奥尔特云中可能经历了重大的变化过程。高能带电粒子的轰击使彗星表面的分子破碎。轻氢原子可能逃逸到行星际空间，通过冰基质迁移形成 H_2，和/或通过交换反应在水和其他对称分子中启动自旋转换。较重的原子/分子留在表面上，并可能形成新的富碳物质（例如 CHON 颗粒、烃链），这些物质通常是深色和红色的。带电粒子的穿透深度取决于其能量；低能质子（1～300 keV）穿透彗壳约 10 μm，而能量为 GeV 的粒子穿透深度为 1～2 m（如果彗星的密度为 1 g/cm^3）。由此产生的耐熔表层被称为辐射彗幔（irradiation mantle），大概有 1 m 厚。这在厚度上相当于当近日点距离小于约 1.5 AU 时，在每次通过近日点过程中平均损失的物质（10.6.3 节）。因此，对于许多木星系彗星来说，表面物质的损失相对于辐射彗幔的厚度可以忽略不计。但对于一些彗星来说，这是高度相关的，例如，对于最近近日点距离显著减小的维尔特 2 号彗星。高能光子（紫外线和 X 射线）对彗星表面辐射的可见效应类似于带电粒子（材料变暗和变红）所引起的效果，但仅适用于表面最上方几微米。

除了上述辐射损伤外，彗星的表面还受到侵蚀和/或太阳系碎片以及星际颗粒的影响。经过恒星的加热和超新星爆炸也可能会影响奥尔特云中的彗星。

10.6.3　冰的升华

动力学新彗星之前从未进入过太阳系内部，其表面可能有高度挥发性的冰。一旦达到升华温度，这种挥发性物质就会升华并从表面脱离出来。这一点，再加上日球层外银河宇宙线 45 亿年辐射所造成的不稳定物质爆发，解释了在较大日心距离处的新彗星具有相对较高的活跃性。相比之下，一颗古老的周期性彗星已经失去了大部分或全部挥发性表面物质。这样的彗星被尘埃壳（dust crust）所覆盖。这种壳由尘埃颗粒堆积而成，这些尘埃颗粒太重，以至于升华气体无法将其从表面拖出。这种尘埃壳通常在彗星离开太阳时形成，此时升华逐渐停止。在彗星返回内太阳系时，一旦次表层的冰达到升华温度，腔内的气压就会增加。当气压足够高时，一部分尘埃壳被吹走，露出新鲜的冰。这种效应会使许多周期性彗星在接近近日点时的活动突然增加。在每一次经过近日点时，一颗典型的彗星只升华掉一层约 1 m 厚的冰（习题 10.14、习题 10.15），与彗星的大小相比很小。然而，周期性彗星最终会形成厚厚的尘埃壳，它们的活动性会下降到很低，以至于即使在近日点附近也无法观测到彗发。这种不再活跃的彗星被归类为小行星。

　　人们可能会认为彗星中最易挥发的近表面物质在到达近日点之前很长时间就会升华。这种活动可被用来解释彗星在较大日心距离下增亮的现象（如图 10−7）。尽管如此，当彗星到达近日点时，高挥发性气体的产率仍然很大。也许其中一些分子以固态笼形水合物的形式被"捕获"，笼形水合物中一个客体分子占据水冰晶格中的一个格子。最初，彗核中的水冰可能是非晶质的，而不是结晶的，因为彗星在很大日心距离的位置形成，温度非常低（10.7 节）。非晶质冰很容易捕获大量的客体分子。水冰结晶的时间尺度很大，并且与温度成指数关系。在 140 K 的温度下，非晶质冰在大约一小时内转化为晶体结构，但在约 75 K 的温度下，这个过程大约需要 400 亿年。这种反应是放热且不可逆的。当一颗新彗星进入内太阳系过程中，在约 5 AU 距离下，非晶质冰在一定程度上转化为晶体结构。由于反应是放热的，一个热前沿（heat front）传播到彗核中，因此一次可能会转化 10～15 m 的冰。这一转变可能会提供足够的能量，从一颗新彗星上"吹走"原有的彗壳，这可以解释在较大日心距离下突然变亮的现象。被困在非晶质冰中的客体分子被释放。升华温度较低的物质会通过结晶冰扩散，并逃逸到太空中。其他分子可能在彗核表面附近重新聚集。这些冰穴到离太阳更近的地方可能升华，并在较小的日心距离下引起爆发。

10.6.4　分裂和解体

　　彗星有时拥有多个在空间上分离的核。彗星的引力场太弱，从而无法将这些彗核约束在二体或多体系统中。进一步说，它们可能是由最近的分裂事件形成的。在过去 170 年中，观测到 40 多颗彗星的分裂，其中包含 100 多个分裂事件。第一个明确的实例是 1845年/1846 年的比拉彗星（3D/Biela，1846 Ⅱ）。彗星解体后，最明亮的碎片留下了一个较大的伴星，它演化为一颗独立的彗星。1852 年，比拉彗星再次返回地球时，它作为一颗双彗星出现。自那以后，两颗彗星都没有出现过，但在 1872 年，当地球穿过比拉彗星轨道时，出现了一场强烈的流星雨，这表明这颗彗星的"死亡"。在接下来的一个世纪里，这场流星雨的强度逐渐减弱。

　　在许多分裂的彗星中，只有微小的碎片与主核分离，这样的小碎片最多能持续存在几个星期。由于彗星分裂释放出大量尘埃并暴露出新鲜的冰，因此通常伴随着彗星亮度的

"爆发"和尘埃排放的暂时增加。事实上,观测到彗星亮度的突然增加往往被视为"分裂"事件的证据。在威斯特彗星(图 10 - 33)的可见光光变曲线中可以看到一个明显的例子,其中在近日点通过之前亮度的突然增加归因于主彗核的部分碎裂。4 块碎片(3 块微弱,1 块明亮)存活了数月。与此同时,威斯特彗星尘埃彗尾图像显示,尘埃发射大量增加,表现为宽条幅的形式。条纹的存在(10.3.7 节)也暗示了碎裂,因为形成条纹的颗粒起源于早期彗星碎裂的大碎片的解体。有史以来观测到的最不寻常的爆发来自 2007 年霍姆斯彗星(17P/Holmes)。它在一夜之间变亮,亮度为 2.8~17,也就是说亮度增加了将近一百万倍。1892 年,这颗彗星在被埃德温·霍姆斯[①]发现时(该彗星因此以他命名)也出现了一次大爆发。大多数分裂事件发生在彗星接近太阳时。有些彗星,比如施瓦斯曼-瓦赫曼 3 号彗星,甚至在木星轨道之外也会频繁爆发。

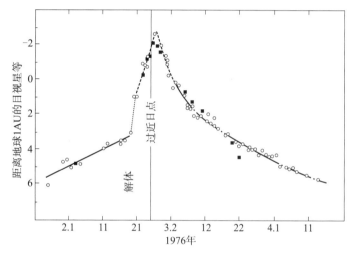

图 10 - 33　威斯特彗星的光照曲线,显示了分裂事件的证据(如图所示)。(Sekanina and Farrell 1978)

对于彗核分裂原因,最为人熟知的是与太阳或行星近距离接触时的潮汐扰动。彗核也可能由于快速旋转的离心应变而分裂,可能发生在太阳系的任何地方。热应力,例如由热波传播引起的热应力,例如由非晶态冰转化为晶态冰(10.6.3 节)引起的热应力,即使距离太阳几十 AU,也可能导致彗星分裂或部分碎裂。当冰在地下气穴中升华时,如果气压超过彗核物质的抗拉强度,可能会导致"间歇泉"喷发。虽然这必然会导致局部的物质喷发,但在这个过程中,彗核也可能被完全破坏。破坏或分裂事件的另一个可能原因是与行星际巨石的碰撞。虽然这类事件最常在小行星带发生,但还没有观测到彗星在穿过这一区域时的分裂。

一个令人意想不到的分裂彗星的例子为舒梅克-列维 9 号彗星,最初发现它绕木星运行,后来坠入木星(1994 年 7 月,5.4.5 节)。地基图像和哈勃望远镜图像显示了 20 多个彗核,它们像珍珠串在一起(图 5 - 41)。轨道计算表明,这颗彗星在 1930 年左右被木星

---

① 　埃德温·霍姆斯(Edwin Holmes,1839 年—1919 年),英国业余天文学家。——译者注

捕获，在离木星如此近（$1.3R_1$）之前，它肯定已经绕木星混沌地旋转了几十圈，以至于在1992 年 7 月彗星接近木星后，潮汐力对其形成干扰。对该效应的模拟表明，母体物质的强度较低，体积密度在 $0.3\sim0.7$ g/cm^3 之间。单个亚千米大小的团块一定是由松散的物质团组成。潮汐破碎模型预测，最大的碎片来自原始核的中心，最终应该位于碎片链的中心附近。在舒梅克-列维 9 号彗星和其他彗星以及卫星上的撞击坑链中，可以观察到这种大小与位置的图案（图 5-85）。

1995 年，施瓦斯曼-瓦赫曼 3 号彗星在经过近日点时，具有一次巨大的爆发活动，分裂成至少 5 块。在 5.4 年后的下一次回归中，发现了碎片 B 和 C。2006 年，具有非常理想的观察几何关系，看到了三十多个单独的碎片组成的链，最大的直径达数百米。其中一些在 2006 年回归期间进一步分裂（图 10-34），下一次回归是否还有碎片能存活尚有待观察。

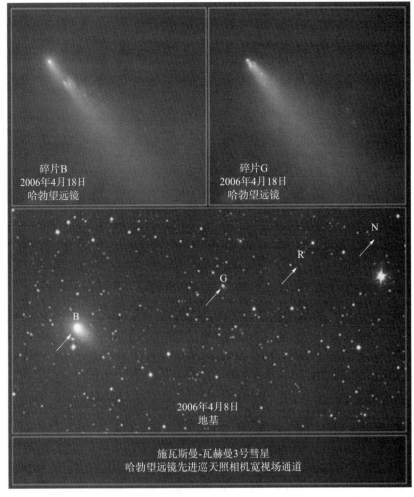

图 10-34　施瓦斯曼-瓦赫曼 3 号彗星的解体。上图显示了在大爆发活动后不久碎片 B 和 G 的"第二代"碎片。这些原始碎片是在 1995 年的一次分裂事件中产生的。下图显示了更大的视野，显示了一些原始碎片。[图片来源：哈尔·韦弗（Hal Weaver）和 NASA/HST]

许多彗星从视野中消失，对于大多数彗星来说，原因未知。它们通常会像林尼尔彗星（C/1999 S4 Linear）那样完全分解吗？这颗彗星在接近近日点时解体，所有的碎片（最初超过 20 个）在几周内消失。目前尚不清楚这些冰是否又进一步碎裂，或者因为所有的冰都蒸发而变得不可见。彗星也可能会突然进入休眠状态而逐渐变得模糊。当活动区域不再受到阳光照射时，例如当它们进入阴影时，它们可能会突然停止升华。根据对近地天体轨道特征的分析，这个群体中可能有许多休眠彗星。

掠日彗星的近日点距离 $< 2.5R_\odot$。截至 2009 年 8 月，业余天文学家在太阳和日球天文台探测器（SOHO）图像上发现了 1 685 颗掠日彗星。其中大多数具有相似的轨道性质，属于克鲁兹掠日彗星族。这个彗星族是以海因里希·克鲁兹[①]命名的，他在 19 世纪首次对掠日彗星进行了广泛的观测。他认为这些彗星是大约两千年前分裂的单个天体的碎片。除了克鲁兹彗星族之外，现在已经在 SOHO 掠日彗星中发现了其他几个家族［例如克拉赫特（Kracht）彗星族、马斯登（Marsden）彗星族和迈耶（Meyer）彗星族］。大多数掠日彗星无法在通过近日点时存活下来——它们会完全蒸发或分裂，或与太阳碰撞（图 10 - 35）。SOHO 彗星在空间/时间上不是随机分布的。特别是，发现许多成对的彗星相差一天经过同一个近日点。这种成对的彗星和掠日彗星明显聚集的回归表明，家族成员在其轨道上的不同位置发生了碎裂事件，也就是说，并不局限于发生在通过近日点时。

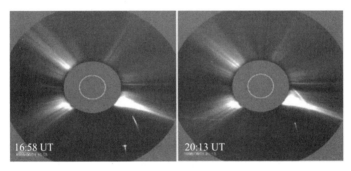

图 10 - 35　太阳和日球天文台（SOHO）探测器上的 LASCO 日冕仪在 1998 年 6 月 1 日和 2 日观测到两颗彗星连续紧密地坠入太阳大气层。内侧几个太阳半径的区域被日冕仪遮挡。圆圈用来表示太阳圆盘的大小和位置。（图片来源：SOHO/LASCO 联合体、ESA 和 NASA）

10.6.5　彗核的结构

彗核的组成和结构最初是通过观测它们释放到彗发、等离子彗尾和尘埃彗尾的物质，以及动力学观测，特别是非引力作用力和彗核分裂来确定的。这种观察促使惠普尔在 1950 年提出了他的脏雪球（dirty snowball）理论。在他的模型中，彗核是一个松散结合的凝聚体，由散布着陨石尘埃的冻结挥发性物质组成。这些砾岩可以通过热过程和烧结（sintering）结合成单个固体。烧结是一个过程，通过该过程沿着接近但低于其熔化温度的颗粒材料的颗粒接触位置形成弱化学键。然而，对经历潮汐破坏的舒梅克-列维 9 号彗星的观测表明，原始天体的抗拉强度一定小于干雪，对于密度为 0.6 g/cm³ 的 1～2 km 大小的天体，强度≤100 Pa。因此，彗星核一定保留了其碎石堆的成分，而不是转变成一个单一的凝聚体。

探测器近距离拍摄了四颗彗星（表 10-2，图 10-8、图 10-36 至图 10-38），其中一颗的空间分辨率高达 5 m。这些图像使我们对彗核的表面和内部结构有了更深入的了解。第一颗详细成像的彗星是哈雷彗星（图 10-8）。乔托号的图像显示了哈雷彗星极低的反照率，$A_v = 0.04$，这现在看起来是彗星普遍存在的（或至少是典型的）特征。哈雷彗星是一个细长的土豆形天体，覆盖着撞击坑、山谷和山丘。

深空 1 号对包瑞利彗星（19P/Borrelly）的成像显示了一个复杂的表面，具有多种形态特征（图 10-36）。有几个黑点的典型表面反照率仅为 0.012～0.015，不到最亮区域 0.045 的三分之一。最值得注意的是这颗彗星上的平顶方山，它似乎与一些活跃的喷流有关。几条垂直于彗星长轴的脊线可能是由于受到压缩导致缩短，在这种情况下，彗核应该具有一定的拉伸强度。在拍摄的照片中没有发现撞击坑。

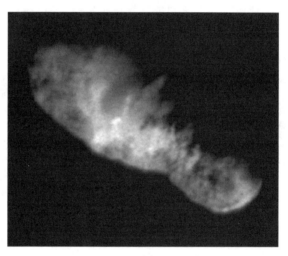

图 10-36　深空 1 号于 2001 年 9 月 22 日拍摄的包瑞利彗星图像。这张图片揭示了各种地形和表面纹理，包括平滑、起伏的平原，这些似乎是彗发中看到的尘埃喷流的来源。边缘附近的崎岖地形包含非常暗的斑块，与周围区域相比，这些斑块是升高的。阳光从图像底部照射进来。（NASA/JPL，PIA03500）

星尘号（图 10-37）拍摄的维尔特 2 号彗星和深度撞击号（图 10-38）拍摄的坦普尔 1 号彗星的图像揭示了这些彗星表面的结构，这是以前从未见过或预料到的。虽然这两颗彗星都属于木星族彗星，但维尔特 2 号彗星在 20 世纪 70 年代才被抛入其目前 a 和 q 均较小的轨道，因此只有少数几次回归；而坦普尔 1 号彗星至少自 1867 年以来一直属于木星族。维尔特 2 号彗星的圆形外形表明，这颗彗星不是碰撞碎片，与探测器拍摄的其他三颗彗核形成对比，它们的形状更像土豆。维尔特 2 号彗星和坦普尔 1 号彗星都有存在撞击坑的证据。

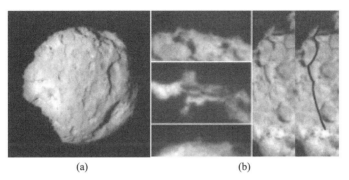

图 10 - 37　星尘号探测器拍摄的维尔特 2 号彗星的图像突出了构成其表面的各种特征。（a）从彗星的全貌可以看到许多洼地。（b）这些高分辨率图像显示了彗星边缘（左侧）的各种小尖顶和台地，以及右侧的一个 2 km 长的悬崖（由最右侧的黑线勾勒）。（NASA/JPL 加州理工学院，PIA06285，PIA06284）

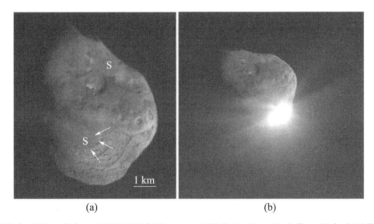

图 10 - 38　深度撞击号对坦普尔 1 号彗星撞击前（a）和撞击后（b）的成像。该合成图像是通过将所有图像缩放到 5 m，并将图像对齐到固定点来构建的。撞击点的分辨率最高，因为撞击器在撞击前大约 4 s 才获取图像。平滑区域用字母 S 表示，箭头突出显示一个明亮的（由于观察几何结构）陡坎，这表明平滑区域高于粗糙地形。（NASA/JPL/UMD，PIA0242，PIA0237）

维尔特 2 号彗星的彗核主要被凹陷所主导（图 10 - 37）。其中一些被描述为坑晕撞击坑，圆形的中央坑被"喷射物"所包围；而另一些被描述为平底撞击坑，被陡峭悬崖所包围。这两种类型的撞击坑都可以通过实验室的陨石实验复制出来，但这两种撞击坑都要求目标具有足够的强度，也就是说，这颗彗星必须是一个内聚体，而不是一个碎石堆。在边缘处可以看到数十米到 100 m 高的特征，让人联想到尖顶、尖塔或岩柱（像尖塔，但厚度可变，像图腾柱）（图 10 - 37）。这些特征可能是侵蚀残留物，环境已通过升华等方式被侵蚀。类似的过程可能导致在包瑞利彗星上形成台地，其中的活动显然与一些台地有关。这些尖顶也可能是喷气孔导管，类似于火山作用。然而，在彗星上，它们必须是由低温间歇泉过程形成的，在那里逸出的蒸气"排"在管道上，从而用灰尘和挥发性较小的物质硬化管道。

　　坦普尔1号彗星的图像看起来完全不同。几十个直径为 $40\sim400$ m 的圆形地貌覆盖着地表。这些数据显示了与撞击坑数量一致的尺寸分布。更引人入胜的为平滑区域，一些区域被几十米高的悬崖包围。一个这样的区域似乎在边缘被侵蚀掉，露出另外的更为古老的下一层。坦普尔1号彗星的彗核似乎由不确定成因的地质地层分层。撞击、升华、质量损耗和消融在塑造这颗彗星上如此显著的形态学特征方面起到了很重要的作用，对于其他彗星也一样。

　　在飞越坦普尔1号彗星和维尔特2号彗星之前，彗核的结构模型虽然本质上仍然是一个"脏雪球"，但正趋向于一个经历了碰撞过程或原始的冰星子碎石堆的结构模型（图10-39）。现在，建模者将彗星设想为层状结构，称为 TALPS（Thin Active Layers on a Passive Substrate，被动基底上的薄活跃层），由一个核心和一堆随机堆叠的层组成。彗核也许是由这些模型的某种组合所组成。探测器获取的图像还充分表明，彗星是多种多样的：其中一些内部强度几乎为零，另一些具有相当大的内聚性。

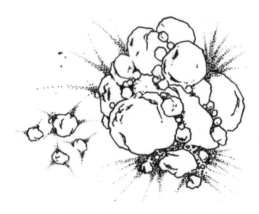

图 10-39　根据碎石堆模型绘制的彗核示意图，其中单个碎片通过热过程或烧结轻黏合。（Weissman 1986）

10.7　彗星的形成

　　除非彗星在近期受行星引力摄动进入逃逸轨道，否则无法在明显的双曲线轨道上观测到彗星（图10-3），这就提出了一个令人信服的论点，即彗星是太阳系的真正成员，起源于太阳系。彗星的挥发性表明它们不可能在靠近太阳的地方形成。虽然彗星被认为是太阳系中最原始的天体，但它们确实在亿万年的时间尺度上发生了变化（10.6.2节），这使得从彗星观测中提取有关原始太阳星云状况的信息变得非常具有挑战性。

10.7.1　化学条件

　　彗星是一组成分多样的天体，尘埃与气体的比率、不同分子类型的相对丰度（10.4节）以及亮度和成分随时间的明显变化都证明了这一点。然而，彗星有一个共同点：它们都由冰（水冰和更易挥发的物质种类）和尘埃组成。在彗星尘埃颗粒中发现了硅酸盐和更易挥发的 CHON 粒子，以及极为耐火的矿物，比如嵌在碳质球粒陨石中的 CAIs。

在彗星中检测到的最易挥发的物质种类是 S_2、N_2^+ 和 CO。彗星形成区域的最高环境温度可以通过这些气体的冷凝温度来估算，如果这些气体直接冷凝，那么 S_2 的冷凝温度为 20 K，N_2（N_2^+ 的母体分子）的冷凝温度为 22 K，CO 的冷凝温度为 25 K。这些数值加上水的低自旋温度（约 30 K，10.4.3.6 节），表明彗星形成于温度较低的区域（$\leqslant$ 30 K），相当于日心距离 $r_\odot > 20$ AU 的太阳星云中，即在天王星轨道之外。

碳氢化合物、甲醛和甲醇的相对丰度，以及许多同位素比率和惰性气体丰度（10.4.3 节），表明彗星的冰形成于原始太阳系星云的外部区域。然而，彗星显然是由凝聚在太阳星云内许多不同区域的物质以及一些星际颗粒组成的（10.4.4 节）。显然，径向混合一定有效，一些星际颗粒一定是在没有蒸发的情况下进入太阳星云。各种不同同位素的比值，包括 D/H 比值、氧同位素，以及高温矿物，可能符合一种形成模型，该模型包括太阳星云中星际水的物理沿太阳径向混合和有限再处理。

10.7.2　动力学条件

人们普遍认为存在两个彗星来源：柯伊伯带（包括离散盘）和奥尔特云。彗星的组成将其起源置于行星形成盘之外的区域。近圆形轨道上的柯伊伯带天体很可能在其当前位置附近形成。由于恒星形成的模型表明奥尔特云中的气体和尘埃密度太小，从而无法形成星子，因此奥尔特云中的彗星很可能是在现有巨行星占据的区域内或其附近形成的。现在奥尔特云中的天体和离散盘都是在近圆形轨道上形成的，随后又受到巨行星的摄动。

动力学模拟表明，只要巨行星的摄动起主导作用，则小天体的近日点就保持在行星区域内，并且其轨道倾角变化不大，即天体保持在黄道面附近。当天体到达超过 10 000 AU 的距离时，来自银河系潮汐引力的摄动会抬升其近日点，离开行星区域，因此天体可以被"存储"在奥尔特云中（图 10-40）。恒星的摄动也能提升近日点。目前，银河系场是奥尔特云中彗星的主要摄动源（10.2.2 节），但如果巨行星是在太阳系嵌入致密星团（年轻恒星的常见环境）时形成的，那么来自附近恒星的摄动会大得多。这种增强的恒星摄动可能将具有较小远日点的天体的轨道与行星摄动分离，从而形成内奥尔特云，并解释了赛德娜星（9.1 节）的异常轨道（$a=468$ AU，$q=76$ AU）。

奥尔特云和柯伊伯带已经作为彗星来源存在了 40 多亿年。其中的冰状天体偶尔会受摄动进入轨道，从而进入行星区域。银河潮汐、路过的恒星和巨大的分子云形成了对奥尔特云的主要摄动，而外行星的共振摄动（有时借助于轨道变化的碰撞）则是柯伊伯带天体的主要摄动，或者更准确地说，是离散盘中的柯伊伯带天体、黄道离散天体的主要摄动（9.1 节）。

当这些冰状天体接近太阳时，它们最易挥发的成分升华并从彗核中演化出来，带走了更多耐熔的尘埃，并产生了在视觉上可能非常壮观的彗星。由于行星的引力摄动，大多数彗星很快从太阳系射出。一些彗星撞向太阳而坠毁，而另一些彗星则会释放出所有的挥发物或完全解体，从而结束它们的活动寿命。少数彗星与行星相撞。彗星的源区正在逐渐耗

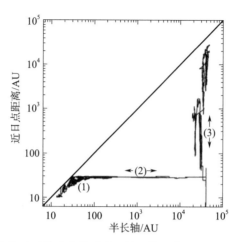

图 10 - 40　天体演化进入奥尔特云时的动力学过程。该天体开始于两大行星之间的近圆轨道上。在演化的初始阶段（1），该天体在巨行星区域仍处于中等偏心轨道。海王星最终将其向外散射，然后在半长轴（2）的反方向上进行随机游动。当轨道几乎变成抛物线时，银河潮汐力可以将其近日点提升到行星区域上方（3）。（Levison and Dones 2007）

尽，但从当前到 60 亿年后太阳主序（氢燃烧）寿命的结束，被送到行星区的彗星的平均供应率最多可能会下降几分之一。

10.8　延伸阅读

推荐以下关于彗星的书籍：

Krishna Swamy，K. S.，1986. Physics of Comets. World Scientific Publishing Co. Pte. Ltd.，Singapore. 273pp.

Huebner，W. F.，Ed.，1990. Physics and Chemistry of Comets. Springer - Verlag，Berlin. 376pp.

Festou，M. C.，H. U. Keller，and H. A. Weaver，2004. Comets Ⅱ. University of Arizona Press，Tucson，733pp.

推荐这篇综述：

Brandt，and by Levison and Dones in McFadden，L.，P. R. Weissman，and T. V. Johnson，Eds.，2007. Encyclopedia of the Solar System，2nd Edition. Academic Press，San Diego. 982pp.

亚利桑那大学出版社关于原初恒星和行星的系列丛书有一些很好的综述，例如：

Wooden，D.，S. Desch，D. Harker，H. - P. Gail，and L. Keller，2007. Comet grains and implications for heating and radial mixing in the protoplanetary disk. In Protostars and Planets V. Eds. B. Reipurth，D. Jewitt，and K. Keil. University of Arizona Press，Tucson，pp. 815 - 830.

发表在 *Science* 和 *Icarus* 上介绍探测器飞越彗星的特刊：

Deep Impact：Science，310 ♯5746（2005），and Icarus，187 ♯2 and 191 ♯1（2007）.

Stardust. I：Encounter with C/Wild 2. Science，304 ♯5678（2004），and II：Stardust samples. Science，314 ♯5806（2006）.

最新的彗星轨道目录：

Marsden，B. G. ，and G. V. Williams，2008. Catalogue of Cometary Orbits，17th Edition. The International Astronomical Union，Minor Planet Center and Smithsonian Astrophysical Observatory，Cambridge，MA.

10.9 习题

习题 10.1 E

对于一颗最初处于日心轨道且未受到大行星摄动，且非引力作用力很可能会产生影响的彗星，估算 $1/a_0$ 的最大负值。可以假设彗星的初始轨道偏心很大，以至于可以将其视为抛物线，彗星排气量为其质量的 0.1%，不对称性为 10%，并且这种排气发生在近日点 0.2 AU 处的一次爆发中。

习题 10.2 I

画一个星际彗星的 $1/a_0$ 的理论直方图。可以假设星际彗星相对于太阳在"无限远"的速度分布（或者更准确地说，速率分布，因为方向无关紧要）与邻近恒星的速度分布相当，后者可以近似为麦克斯韦平均速度 30 km/s，即

$$N(v) \propto \frac{v}{v_*} \mathrm{e}^{-(v/v_*)^2} \tag{10-26}$$

式中，$v_* = 30$ km/s。

习题 10.3 E

利用马斯登和威廉姆斯彗星目录最新版本中的数据，或通过网络数据：http://cfa-www. harvard. edu/iau/或 http://pdssbn. astro. umd. edu/，绘制短周期彗星的 $1/a$ 直方图。

习题 10.4 I

估算预期观测的星际彗星的频率。假设奥尔特云包含 10^{12} 颗彗星，并且这些彗星足够大，如果它们到达太阳系内部，就可以被观测到，喷出的彗星数量是太阳系过去曾喷出的彗星数量的 5 倍。假设行星系产生和释放的彗星数量与恒星的质量成正比，太阳系在这方面是平均的。此外，假设太阳附近的恒星质量密度为 $0.065M_\odot/\mathrm{pc}^3$（1 pc = 3.1 ×

10^{18} cm），彗星相对于太阳的"无限远"的典型速度与邻近恒星的速度相当，即 30 km/s，且彗星必须在距离太阳 2 AU 以内才能被看见。

（a）忽略太阳的引力聚焦，即彗星的轨迹近似为直线。

（b）引入太阳的引力聚焦，即考虑彗星围绕太阳的双曲线轨道运行。

（c）假设我们可以观测到所有距离太阳 5AU 范围内的彗星，重复（a）和（b）。

习题 10.5 E

通过式（10-4）的第一部分，天体的星等（亮度）与其通量密度有关。假设可见光反照率为 0.04，半径为 150 km，计算日心距离为 40 AU、70 AU 和 150 AU 的柯伊伯带天体的视星等。提示：这些距离的太阳通量是多少？

习题 10.6 I

使用图表和/或公式表达，在标准（对称）非引力作用力模型的假设下，彗星排气产生的切向加速度可以使彗星的轨道周期产生长期变化，但径向加速度却不能。

习题 10.7 E

证明如果季节性变化破坏了彗星近日点排气的对称性，那么非引力作用力的径向分量长期可以改变彗星的轨道周期。

习题 10.8 E

假设一颗彗星在近日点的速度为 40 km/s。近日点距离为 1 AU。计算彗星远日点距离、在远日点的速度以及轨道周期。

习题 10.9 E

如果小行星和彗星在 $r_{\triangle}=2$ AU 和 $r_{\odot}=3$ AU 时视亮度相同，当它们都在 $r_{\triangle}=2$ AU 和 $r_{\odot}=2$ AU 处被观察到时，哪个天体更亮，大约亮多少？

习题 10.10 E

X 彗星被发现时，其视星等 $m_v=21.0$。此时 $r_{\odot}=r_{\triangle}=10$ AU。

（a）计算彗星的绝对星等 H_{10}。

（b）估计彗星到达近日点 $r_{\odot}=0.3$ AU 时的 m_v，此时 $r_{\triangle}=1$ AU。

习题 10.11 E

计算一颗彗星在日心距离为 15 AU 时的表面温度，其球面反照率 $A_b=0.1$。

习题 10.12 I

在距离 $r_{\odot}=1$ AU 时，排气主要由 H_2O 主导，彗星表面温度为 190 K。升华潜热为

$L_s \approx 5 \times 10^{11}$ erg/mol。假设球面反照率 $A_b = 0.1$，红外发射率 $\epsilon_{ir} = 0.9$。

（a）推导式（10-6），并用它来确定这颗彗星的气体产率。

（b）计算气体的热膨胀速度，并将其与典型彗星（半径 1～10 km）的逃逸速度进行比较。

习题 10.13 E

（a）进行式（10-8）中的积分，并求解碰撞半径 $\mathcal{R}_c$。

（b）使用上述结果计算哈雷彗星在距离太阳 1 AU 处的碰撞半径。假设彗星排气速度约 10^{30} 分子/s，终端膨胀速度 $v = 1$ km/s，典型的分子半径为 0.15 nm。

习题 10.14 E

彗星的近日点距离是 1 AU，远日点距离是 15 AU。下面对彗星的平均收缩率进行非常粗略的计算。

（a）计算彗星的轨道周期。

（b）计算彗星每次绕太阳运行时会损失的冰厚度为多少米。提示：为了简化计算，可以假设在 1/10 彗星轨道周期内，冰从彗星表面升华，该周期内的平均彗星距离为 1.5 AU，彗星冰的密度为 0.6 g/cm³。

习题 10.15 I

假设习题 10.14 中的彗星在 3 AU 内活跃，在日心距离较大时是惰性的。通过利用开普勒第二定律和第三定律，以及气体产率关于日心距离的函数［式（10-（6）］，计算彗星在每圈轨道中损失的冰厚度。

习题 10.16 E

彗星主要由水冰组成。当冰升华时，水分子以热膨胀速度离开表面。假设彗星在 $r_\odot = 6$ AU，水的升华温度为 200 K。

（a）计算热膨胀速度。

（b）H_2O 分子的典型寿命为 6×10^4 s，对于 OH 为 2×10^5 s，对于 H 为 10^6 s。假设 OH 的喷发速度等于 H_2O 的喷发速度，对于 H，其平均为 12 km/s。计算 H_2O、OH 和 H 彗发的典型尺寸。

（c）假设这颗彗星是完美的球形均匀彗星，半径为 10 km。计算碰撞半径 $\mathcal{R}_c$。

（d）当颗粒密度超过 1×10^6 分子/cm³ 时，与 OH 分子的碰撞如此之多，以至于这些分子很快被热化。计算彗发密度超过 1×10^6 分子/cm³ 时的半径。

（e）计算距离彗星中心 20 km 的碰撞间隔时间，在 100 km、1 000 km 和 10^4 km 的距离重复计算。

（f）比较（c）、（d）、（e）中的答案，并对结果进行讨论。

习题 10.17 I

日心距为 1 AU 的彗星显示出气体产生率 $Q = 10^{29}$ 分子/s。排气由 H_2O 主导。

（a）绘制 H_2O 数量密度与彗星距离的函数关系图。假设流出速度为 1 km/s 且水分子的寿命为 6×10^4 s。

（b）假设所有 H_2O 分子都分解成 OH 和 H，OH 的寿命为 1.7×10^5。根据哈瑟模型，绘制 OH 数量密度关于距离彗星距离的函数。

（c）定性分析矢量模型（vectorial model）[①] 中的 $N_d(r)$ 与哈瑟模型中给出的有何不同？使用图表和相关文字大致进行描述。

习题 10.18 I

假设彗星的 OH 亮度与 OH 分子的数量 N_d 成比例，并且望远镜无法分辨该彗星。我们以 1 667.0 MHz 的频率接收 OH 的发射。共有 15 个频率通道，以彗星的静止频率 1 667.0 MHz 为中心（即 1 667.0 MHz 时彗星的速度为零），每个通道的宽度为 1.11 kHz。假设哈瑟模型准确地表示气体喷发，计算习题 10.16 中彗星的曲线（以相对数字表示，作为频率和气体流速的函数）。

习题 10.19 I

利用哈瑟模型的假设，从式（10-14）推导式（10-15）。提示：追踪分子通过以彗星为中心的同心球的总流量。

习题 10.20 E

彗星 X 在 CO（151.0 nm）、C_I（165.7 nm）和 OH（309.0 nm）跃迁中被观测到，而其地心距离 $r_\Delta = 0.8$ AU，日心距离 $r_\odot = 0.4$ AU。$r_\odot = 1$ AU 处三种分子的 g 因子分别为 2.2×10^{-7}、2.5×10^{-5} 和 1.2×10^{-3}。各种分子的寿命（在 $r_\odot = 1$ AU 处）约分别为：1×10^6 s、2.5×10^5 s 和 1.6×10^5 s。CO、C_I 和 OH 的观测亮度分别为 30、770 和 105 000 光子/cm² s。假设这颗彗星在望远镜光束中无法分辨，并且它在空间中占 10 角分。

（a）计算三种成分的柱密度。

（b）假设这颗彗星球对称，并且在所有方向上都均匀地排气。测定所有三种化合物的产气速率 Q。比较结果，并对相似性/差异进行讨论。

习题 10.21 E

以一颗围绕太阳运行的彗星为例。分子从彗核扩散的速度为 1 km/s。

---

① 原书作者在本书中并未专门提到矢量模型，译者查阅资料后认为这个模型应当是 Combi and Delsemme（1980）提出的平均随机游走模型（average random walk model，10.4.1 节图 10-16 中提到）和 Festou（1981）提出的矢量模型。——译者注

（a）当彗星日心速度的径向分量 $v_r = -20$ km/s 时，绘制出你期望观察到的在 1 667 MHz 的频率下的 OH 曲线。提示：使用图 10 - 19 所示的反转测量图。

（b）对 $v_r = -8$ km/s 重复绘制。

（c）对 $v_r = -14$ km/s 重复绘制。

习题 10. 22 E

推导式（10 - 13）。提示：假设颗粒为球形，并在所有方向上均匀辐射。

习题 10. 23 E

近似计算哈雷彗星在 $r_\odot = 0.9$ AU 的弓形激波的脱体距离。假设一颗冰彗星的产率为 10^{30} 分子/s，太阳风密度为 5 质子/cm³，速度为 400 km/s。根据分子寿命估算电离率。

习题 10. 24 I

彗星 X 位于近抛物线轨道上，近日点为 0.5 AU。计算在近日点附近释放颗粒的（广义）偏心率关于 β 的函数。给出在释放后的最初几天内，颗粒和彗核之间距离关于 β 和 t 的函数。

习题 10. 25 I

推导式（10 - 10）。提示：将来自气压的向上力设置为等于来自引力的向下力，并求解 $R_{d,\,max}$。

习题 10. 26 E

计算在日心距离为 3 AU、1 AU 和 0.3 AU 时，半径为 1 km 的冰彗星表面通过气体阻力释放的最大冰粒子的大小。列出并解释你所有的假设。

习题 10. 27 E

假设彗发由 10 μm 的颗粒组成，这些颗粒来自彗星表面 10 cm 厚的均匀层，彗星的成分是 50% 的冰和 50% 的灰尘，颗粒的反照率与彗核的反照率相同，从而对彗星彗发和彗核的相对亮度做出非常粗略的估计。利用你的结果，讨论从地面观测活跃彗核的可能性。

第 11 章　行星环

> "它（土星）被一个薄而平的环包围着，这个环和它没有任何接触，并且向黄道倾斜。"

　　　　　　　　　　　　　　　　　——克里斯蒂安·惠更斯，1655 年以拉丁语的字谜形式出版

　　太阳系中的四颗巨行星都被称为行星环的扁平环形结构所包围。行星环由大量的小卫星组成，这些卫星由于靠近行星而无法合并为大卫星。

　　1610 年，当伽利略·伽利雷首次观测到土星环时，他认为它们是围绕土星运行的两颗巨大卫星。然而，这些"卫星"看起来似乎是位置固定的，与他之前观察到的木星的四颗卫星不同。此外，1612 年伽利略再次对土星进行观测时，土星的"卫星"已经完全消失。人们提出了许多理由来解释土星的"奇怪附属物"，它每 15 年就生长、缩小并消失一次［图 11 - 1（a）］。1656 年，克里斯蒂安·惠更斯[①]最终得出了正确的解释，即土星的奇怪附属物是土星赤道平面上物质组成的一个扁平圆盘，当地球穿过圆盘所处的平面时，这些物质看起来就消失了［图 11 - 1（b）］。[②]

　　三个多世纪以来，土星是唯一已知拥有环的行星。虽然土星的环相当宽，但从地球上探测到的环系统中几乎没有什么结构（图 11 - 2）。对于理解行星环物理特性方面，观测和理论均进展缓慢。但是，在 1977 年 3 月，对恒星 SAO 158687 的掩星，揭示了天王星狭窄的不透明环（图 11 - 3），开启了对于行星环探索的黄金时代。旅行者号于 1979 年首次拍摄并研究了木星宽大而纤细的环系统（11.3.1 节）。先驱者 11 号和旅行者 1 号、旅行者 2 号分别在 1979 年、1980 年和 1981 年获得了土星壮观的环系统的特写照片（图 11 - 4；11.3.2 节）。海王星环最显著的特征是方位上不完整的弧，它是 1984 年由恒星掩星发现的。旅行者 2 号在 1986 年获得了天王星环的高分辨率图像（11.3.3 节），并于 1989 年获得了海王星环的高分辨率图像（11.3.4 节）。技术的进步使得从地面和地球轨道上在更大

---

①　克里斯蒂安·惠更斯（Christiaan Huygens，1629 年 4 月 14 日—1695 年 7 月 8 日），荷兰物理学家、天文学家和数学家。惠更斯一生研究成果丰富，在多个领域都有所建树，许多重要著作是在他逝世后才发表的，《惠更斯全集》共有 22 卷，由荷兰科学院编辑出版。天文学方面，他于 1655—1656 年间发现了土星光环和卫星六。数学方面，他于 1657 年发表《论赌博中的计算》（De ratiociniis in ludo aleae），被认为是概率论诞生的标志。力学方面，他提出了摆的周期公式，设计并制造了摆钟，研究了完全弹性碰撞。物理学方面，他提出了光的波动学说，提出了惠更斯-菲涅耳原理。小行星惠更斯星（2801 Huygens）就是以他的名字命名的。——译者注

②　惠更斯宣布发现时的字谜原文是"aaaaaaa ccccc d eeeee g h iiiiiii llll mm nnnnnnnnn oooo pp q rr s ttttt uuuuu"。这种字谜是将一句话中组成各单次的字母全部重新排列而成，是当时学者们经常使用的一种方法：在有所发现而又未能确认时，先公布谜语，待研究尘埃落定之后再宣布谜底。这样既证实了自己发现的优先权，又不给潜在的竞争者以更多的提示。惠更斯后来出版了《土星系统》一书，并公布字谜原文为"Annulo cingitur, tenui, plano, nusquam cohaerente, ad eclipticam inclinato."。上述内容引自曹军（2024）。——译者注

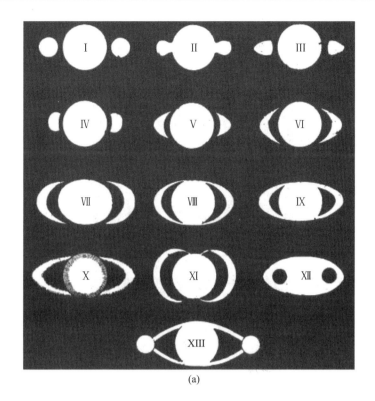

(a)

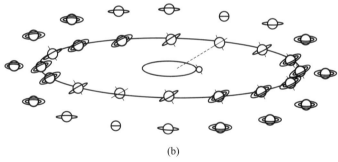

(b)

图 11-1 （a）17 世纪的土星及其环的示意图。Ⅰ：伽利略，1610 年；Ⅱ：沙伊纳，1614 年；Ⅲ：里奇奥利，1641 年和 1643 年；Ⅳ至Ⅶ：哈维尔，理论形式；Ⅷ、Ⅸ：里奇奥利，1648—1650 年；Ⅹ：迪维尼，1646—1648 年；Ⅺ：丰塔纳，1636 年；Ⅻ：比安卡尼，1616 年；加森迪，1638—1639 年；ⅩⅢ：丰塔纳及其他在罗马的人，1644—1645 年。（Huygens，1659）（b）根据惠更斯模型，土星及其环在一个土星轨道上的示意图。

的波长范围内对行星环进行研究成为现实，其精度比以前获得的要高得多。20 世纪 90 年代末，伽利略号从木星轨道获得了木星环的高分辨率图像，而新视野号在 2007 年飞往冥王星的途中，姿态转向木星时，从各种不同的相位角获得了有价值的图像。2004 年，卡西尼号在土星轨道上开始对土星环进行深入的、多方面的研究。哈勃望远镜的观测和地面上先进技术望远镜提供了有关所有四个行星环系统的新信息。最后，人们对环的理论认识突飞猛进。尽管取得了这些进步，比起 20 世纪 70 年代中期的科研人员，我们对行星环有更多悬而未决的问题！

　　本章总结了目前对行星环的观测和理论认识。首先解释环为什么存在，以及为什么它们通常比大卫星距离行星更近（图 11-5）。接下来给出了一个更详细的观测总结，然后是一些观察到的特征的理论模型。最后讨论了行星环系统的演化和行星环形成的模型。

图 11-2　在土星一半以上轨道中的土星及土星环（如 20 世纪中叶地面拍摄的照片）

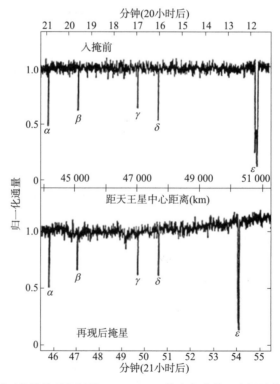

图 11-3　观察到穿过天王星及其环的恒星 SAO158687 的光变曲线。在恒星从行星后面入掩和出掩之前，都可以清楚地看到恒星被五个环掩星对应的光变曲线的凹陷。其中四对特征相对天王星对称，但最外层对的位置、深度和持续时间表明 ε 环既不是圆的，也不是均匀的。（改编自 Elliot et al.，1977）

图 11-4　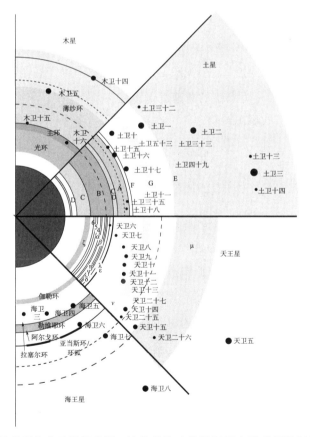这张接近自然色图像显示了土星及其光环，卡西尼号探测器在 2004 年 10 月拍摄了这个景象。图像分辨率为 38 km，相位角为 72°。这张图片通过红色、绿色和蓝色滤镜拍摄的共计 126 张图像拼接而成。环中明显的同心间隙卡西尼环缝是一个 3 500 km 宽的区域，与两侧明亮的 B 环和 A 环相比，环中粒子的数量要少得多。注意环和螺纹状 F 环之间的不明显的颜色变化。环的阴影使得土星寒冷、蓝色北半球部分变得黑暗，土星也对部分环造成了阴影。　（NASA/JPL/卡西尼成像操作中心实验室，PIA06193）

图 11-5　四颗巨型行星的环和内卫星示意图。这些系统已根据行星赤道半径进行了缩放。长虚线曲线表示轨道运动与行星旋转同步的半径。短虚线曲线显示了密度为 1 g/cm³ 的颗粒的洛希极限位置。[图片来源：朱迪思·K. 伯恩斯（Judith K. Burns）]

11.1　潮汐力和洛希极限

靠近行星的强大潮汐力导致轨道上的碎片形成行星环，而不是卫星。卫星离行星越近，它受到的潮汐力就越强。如果距离太近，那么行星施加在卫星离行星最近（或最远）的点上的引力与施加在卫星中心上的引力之间的差值大于卫星自身的引力。在这种情况下，除非通过机械强度将其连接在一起，否则卫星会被撕裂，从而形成行星环。

为了更为定量地理解潮汐干扰，做出以下假设：

1）该系统由一个大的主天体（行星）和一个小的次级天体（卫星）组成。

2）轨道是圆形的，卫星的自转周期等于其轨道周期，卫星的倾角为零。（这些假设使分析变得简单得多，因为在旋转坐标系中可以转化为静态问题。）

3）卫星是球形的，行星可以被视为质点。

4）卫星仅靠引力结合在一起。

在围绕质量为 M_p 的行星运行的轨道上，每单位物质质量上的"外力"为引力，有

$$\boldsymbol{g}_{\rho} = \frac{GM_p}{r^2}\hat{\boldsymbol{r}} \tag{11-1}$$

和离心力

$$\boldsymbol{g}_n = n^2 r \hat{\boldsymbol{r}} \tag{11-2}$$

式中，原点在行星的中心，n 为系统的角速度。

随系统旋转的坐标系的稳态给出

$$n^2 r \hat{\boldsymbol{r}} - \frac{GM_p}{r^2}\hat{\boldsymbol{r}} = 0$$
$$n^2 = \frac{GM_p}{r^3} \tag{11-3}$$

注意，式（11-3）表明开普勒第三定律适用于圆轨道。

引力和旋转坐标系效应（"离心力"）之和称为有效重力；局部有效重力矢量垂直于旋转坐标系内的等势面。在距行星中心距离为 r 且沿半长轴为 a 的圆形轨道运行的天体所感受到的有效重力 $\boldsymbol{g}_{eff}$ 为

$$\boldsymbol{g}_{eff} = GM_p\left(\frac{r}{a^3} - \frac{1}{r^2}\right)\hat{\boldsymbol{r}} \tag{11-4}$$

作用在这样一个天体上的（有效）潮汐力为

$$\frac{d\,\boldsymbol{g}_{eff}}{dr} = GM_p\left(\frac{1}{a^3} + \frac{2}{r^3}\right)\hat{\boldsymbol{r}} \approx \frac{3GM_p}{a^3}\hat{\boldsymbol{r}} \tag{11-5}$$

式中，最后一步中假设 $r^3 \approx a^3$ [①]。请注意，式（11-5）与式（2-46）不同，因为它还包

① 只要卫星的大小远小于其轨道的大小，即 $R_s \ll a$，在这个阶段的推导中，近似 $r \approx a$ 是成立的。在求导数之前不能使用它，因为这会忽略梯度，梯度是潮汐力的本质。

括离心力的贡献。卫星自身的引力只是平衡了行星表面的潮汐力，此时

$$\frac{GM_s}{R_s^2} = \frac{3GM_pR_s}{a^3} \tag{11-6}$$

下标 s 指的是卫星。

在某个行星中心距离得到

$$\frac{a}{R_p} = 3^{1/3}\left(\frac{\rho_p}{\rho_s}\right)^{1/3} = 1.44\left(\frac{\rho_p}{\rho_s}\right)^{1/3} \tag{11-7}$$

上面的推导做了一些简化的假设。现在回顾一下这些假设的准确性，以评估计算的适用性：

1）使用了小卫星/大行星近似，以忽略卫星对行星的影响，并忽略包含卫星半径与其轨道半长轴之比的高次幂的项。对于太阳系内的天体来说，这个假设非常准确。

2）所有已知的内卫星的偏心率都很低，所以采用圆轨道的近似值非常好。所有行星附近的卫星都是同步旋转的，并且倾角很小。年轻的卫星还没有时间进行潮汐消旋，因此自转速度很快，稳定性就会降低。

3）尽管巨行星明显是扁圆的，但它们的引力势与质点引力势的偏差对潮汐稳定性计算只有 $\mathcal{O}(1\%)$ 的影响。一个更大的影响是由于行星的引力拖曳，卫星沿着行星-卫星连线被拉伸（图 2-20）。这种拉伸使卫星的尖端更加远离其中心，这既降低了自身重力的大小，又增加了潮汐力。1847 年，洛希[①]对液体（完全可变形）卫星进行了自洽分析，并获得了

$$\frac{a_R}{R_p} = 2.456\left(\frac{\rho_p}{\rho_s}\right)^{1/3} \tag{11-8}$$

这样一个受重力约束的流体卫星将填满其整个洛希瓣，延伸至其内部拉格朗日点 L_1，距离卫星中心一个希尔半径 R_H（2.2.3 节）。这种卫星的形状介于杏仁和球体之间，体积大约等于半径为 R_H 的球体的三分之一。这里 a_R 被称为潮汐干扰的洛希极限（Roche's limit）。

4）大多数小天体具有显著的内部一致性，例如，小卫星并不总是球形的。小天体的内摩擦力和/或抗拉强度允许半径小于约 100 km 的卫星在洛希极限内保持稳定。环的颗粒通常非常小，其内部强度超过自身重力几个数量级，证明颗粒不是松散的聚集体，可以在洛希极限内保持良好的连续性。

洛希极限的概念以半定量的方式解释了为什么观察到的环都在巨行星附近，小卫星距离稍远，大卫星则在较远的距离（图 11-5）。然而，一些环和卫星的散布意味着在决定行星卫星系统的精确配置时还有其他重要的因素。在 11.7 节中将回到关于环/卫星系统的起源和演化的理论。

11.2　环的扁平化与扩散

一个环绕行星运行的环粒子，每一个轨道周期内通过行星赤道面两次，除非它的轨道

---

① 爱德华·阿尔贝·洛希（Édouard Albert Roche，1820 年 10 月 17 日—1883 年 4 月 18 日），法国数学家、天文学家。他提出了洛希极限、洛希瓣的概念。洛希星（38237 Roche）以他的名字命名。——译者注

因与另一个粒子的碰撞或环的自身引力而改变方向。粒子在每次垂直振动期间经历的平均碰撞次数是环的光学深度 τ 的数倍（习题 11.6，在物理上很薄但光学上较厚的自引力环中，碰撞可能更频繁）。行星环中粒子的典型轨道周期为 6～15 h。由于 τ 在土星（和天王星）最显著的环中为 $\mathcal{O}$（1），碰撞非常频繁。碰撞消耗能量，但保持角动量。因此，粒子会在时间尺度上沉淀成一个薄盘，有

$$t_{\text{flat}} = \frac{\tau}{\mu} \tag{11-9}$$

式中，μ 为粒子垂直振动的频率。

扁圆行星产生的扭矩会改变轨道粒子的轨道角动量。这些扭矩导致绕扁圆行星的倾斜轨道进动（2.5.2 节）。当与环粒子之间的碰撞耦合时，行星和环之间的角动量可能会长期转移。只有环中沿行星自转轴的角动量分量是守恒的。平行于行星赤道的圆盘的任何净角动量都会迅速消散（即，通过行星赤道隆起和环之间的扭矩返给行星）。当高速碰撞迅速衰减相对运动时，环在几圈轨道周期的时间尺度上进入行星的赤道平面（如果 $\tau \ll 1$，大约经历 τ^{-1} 圈轨道）。

有几种机制可以保持圆盘的非零厚度。有限的粒子大小表明，即使是在行星赤道平面的圆形轨道上的粒子也会以有限的速度碰撞，此时一个内部粒子追上一个更远方向的移动速度较慢的粒子。除非碰撞是完全非弹性的，也就是说除非两个粒子黏在一起，否则所包含的部分能量会转化为随机粒子运动。这些碰撞的最终结果是圆盘的扩展。从另一个角度来看，圆盘的扩展是在非弹性碰撞中维持粒子速度弥散所需的能量来源。缓慢移动的粒子之间的引力散射是另一个将能量从有序圆周运动转化为随机速度的过程，在这种情况下，没有因物理碰撞的非弹性而造成损失。外部能量源也可能有助于维持粒子的随机速度，防止非弹性碰撞造成的能量损失，尤其是在与卫星的强轨道共振附近（11.4 节）。

作为持续碰撞的结果，环沿着径向扩展。由于扩散是一个随机游走过程，扩散时间尺度为

$$t_{\text{d}} = \frac{\ell^2}{\nu_{\text{v}}} \tag{11-10}$$

式中，ℓ 为径向长度范围（环或特定小环的宽度）；ν_{v} 为黏度，ν_{v} 取决于粒子速度的弥散 c_{v} 以及局部光学深度，ν_{v} 近似为

$$\nu_{\text{v}} \approx \frac{c_{\text{v}}^2}{2} \frac{\mu}{1+\tau^2}\left(\frac{\tau}{1+\tau^2}\right) \approx \frac{c_{\text{v}}^2}{2n}\left(\frac{\tau}{1+\tau^2}\right) \tag{11-11}$$

式（11-11）是在假设环粒子的行为类似于扩散气体的情况下推导出来的，因此只有当粒子在碰撞之间相对彼此移动几倍于其直径时才有效。如果填充因子较大，即如果粒子之间的典型距离不远大于粒子大小，则此近似无效。致密、τ 较高的环的黏度取决于其他因素，包括非弹性碰撞的粒子大小和恢复系数（碰撞后两个粒子的相对速度与碰撞前的相对速度之比）。

式（11-10）中，$\ell = 6 \times 10^9$ cm（土星主环的近似径向范围），黏度为 $\nu_{\text{v}} = 100$ cm²/s

时，产生一个与太阳系年龄相当的扩散时间尺度。对于较小的 ℓ，时间尺度要短得多（习题 11.9）。即使在黏度大大低于上述值的行星环区域，黏性扩散也应能迅速消除任何细微的密度变化，除非其他过程在中和黏度。因此，光学深度厚的行星环系统中的大多数结构必然被主动维持，但在最大长度的尺度除外，因为在那里它可能是由"初始"条件形成的。

虽然在大多数情况下，黏性在破坏行星环的结构，但在行星环的某些区域，可能会发生黏性不稳定性。如果黏性扭矩 $\nu_v \sigma_\rho$ 是表面密度的递减函数，则环在径向上不稳定成团

$$\frac{\mathrm{d}}{\mathrm{d}\sigma_\rho}(\nu_v \sigma_\rho) < 0 \rightarrow 不稳定 \tag{11-12}$$

如果表面密度与光学深度成正比，则可将式（11-11）和式（11-12）组合以产生稳定条件

$$\frac{\tau}{c_v}\frac{\mathrm{d}c_v}{\mathrm{d}\tau} + \frac{1}{\tau^2 + 1} < 0 \rightarrow 不稳定 \tag{11-13}$$

由于 c_v 和 τ 为正，式（11-13）表明，如果环粒子的速度弥散随着光学深度的增加而迅速降低，则环是黏性不稳定的。冰粒子低速撞击的实验结果表明，c_v 确实随着 τ 的增加而减小。如果下降幅度足够大，则表明更多的粒子能够从光学深度较低的区域扩散到光学深度较高的区域，反之亦然。因此，密度扰动会因扩散而放大，并可能形成"小环"。如果光学深度的发散倾向于超调，而不是接近非均匀平衡构型，那么这种不稳定性被称为黏性超稳定性。当黏性应力随表面密度以某种方式变化，从而使轨道运动的开普勒切变产生的能量可以被引导到不断增长的振荡中时，就会出现黏性超稳定。

由于式（11-13）中的第二项始终为正，并随着 τ 的增加而减小，因此在光学深度较高的区域，如土星 B 环，最有可能出现黏性不稳定性或超稳定性。如此，式（11-11）可能无法很好地近似高 τ 区的黏度，因此该理论尚无法预测。

当粒子的速度弥散很小，以至于图姆尔稳定性参数（Toomre's stability parameter），即

$$Q_T \equiv \frac{\kappa c_v}{\pi G \sigma_\rho} \tag{11-14}$$

小于 1 时，集体引力效应很重要。这里 κ 是粒子的径向频率［对于扁圆行星赤道面附近的轨道，κ 略小于 n，见式（2-43）］，并且 σ_ρ 是环的表面质量密度。环粒子的速度弥散与环的高斯尺度高度 H_z 有关

$$c_v = H_z \mu \tag{11-15}$$

当 $Q_T < 1$ 时，圆盘对波长的轴对称聚集不稳定，有

$$\lambda = \frac{4\pi G \sigma_\rho}{\kappa^2} \tag{11-16}$$

对于土星环的典型参数，λ 大约为 10～100 m。然而，数值模拟表明，Q_T 约 <2 时会发生聚集，这些团块搅动粒子速度，从而使 Q_T 保持大于 1。

11.3　观测结果

虽然所有行星环系统中的粒子被相同的基本物理过程所控制，但每个系统都有其独特的特征。大多数环位于洛希极限之内或附近。然而，在潮汐不那么恶劣的环境中，也可以观察到短暂的尘埃颗粒组成的纤细的环。在图 11 – 6～图 11 – 10 和图 11 – 17～图 11 – 19 的随意检视中可以看出，行星环系统动力学结构的差异非常明显[①]。土星环的粒子具有很高的反照率，而其他环系统中的粒子通常相当暗。颗粒大小从亚微米级的尘埃到大到足以被视为卫星的天体。事实上，在大的环粒子和小的卫星之间没有根本的分界线。目前一个有用的可操作的定义是，被视为单个目标的天体被定义为卫星并给定名称，而（较小的）仅被检测为集合系综的天体被称为环粒子。当超高分辨率的环图像揭示出小的天体为不同的实体时，这种定义将过时；此时，需要一个新的定义，可能是基于一个天体在引力作用下清除自身周围缝隙的能力（11.4.3 节）。

我们对环的性质的了解几乎完全是从环粒子对各种波长的光子的散射、反射、吸收或发射中获得的，不过还有少量数据可以从环对带电粒子的吸收以及探测器穿过行星环系统非常脆弱区域时的微粒子撞击中获得。

对穿过部分透明环的星光和（探测器）射电信号的观测，即恒星掩星和射电掩星（附录 E.5 节），提供了沿观测视线的光学深度的直接测量。在最简单的模型中，环可以近似为一个具有正常光学深度 τ 的均匀盘，其中粒子被广泛分离（与其大小相比）。对于此类环，观测到的视线光学深度 τ_{sl} 由

$$\tau_{sl} = \ln(I_0/I) = \tau/\sin B_{oc} = \tau/\mu_\theta \tag{11-17}$$

给出（3.2.3.4 节）。

式中，I_0 为未发生掩星的恒星（或射电信号）强度；I 为观测到的星光强度；B_{oc} 为朝向恒星方向与环平面之间的角度；$\sin B_{oc}$ 为从视线光学深度 τ_{sl} 转换为垂直入射角光学深度 τ 的投影因子。

式（11 – 17）中的最后一个等式使用行星大气的表达方式 $\mu_\theta \equiv \cos\theta$，$\theta = 90° - B_{oc}$ 是视线（即朝向被掩恒星）与环平面法线之间的角度 [图 11 – 28（a）]。式（11 – 17）基于环的模型，该模型中环是一种平面均匀的介质，透明度非零且有限，类似于云。对于不在单层中的粒子的统一分布，因子 $\sin B_{oc}$ 会根据观察到的视线长度校正光学深度，该长度始终大于环的垂直厚度。如果环粒子的位置不相关，且环是方位对称的，并且如果单个粒子与单个掩星积分周期中采样的环面积相比较小，则式（11 – 17）给出了所有 B_{oc} 的环法向光学深度的相同值。然而，颗粒分布与均匀轴对称分布的偏差可能导致 τ 的计算值取决于观察几何结构和分辨率。低光学深度环通常遵循式（11 – 17），而观察到的这种简单行为

---

① 请注意，不同环系统之间的差异通常比大多数处理过的图像中看起来的差异更大。通常选择相机曝光和各种图像处理技术来补偿图像整体亮度的变化，并通过拉伸或过滤这些数据，使结构更明显。因此，经过处理的图像通常会将环显示为相当突出的特征，其内部亮度变化有序统一，即使许多真实环在亮度上非常微弱并几乎一致。

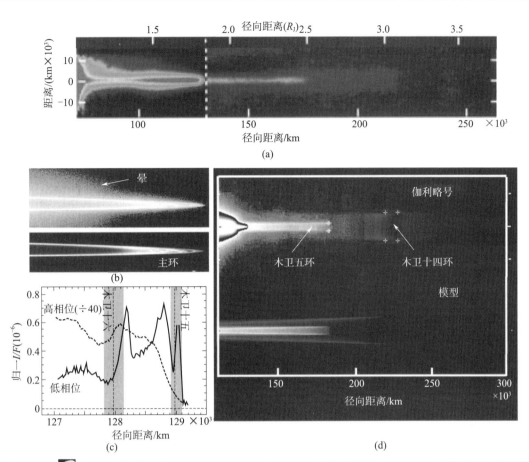

图 11-6　![图标]木星环系统的图像。(a) 2002—2003 年，10 m 凯克望远镜在 2.27 μm 处拍摄了整个环系统，当时环处于侧向位置。0.6″视场（半峰全宽，FWHM）对应的分辨率约为 1 800 km。与主环＋晕（左侧）相比，用于显示薄纱环（右侧）的图像部分的亮度对比度进行了增强。（改编自 de Pater et al.，2008）。(b) 伽利略号拍摄的木星环系统图像经过处理，以突出晕（上图）和主环（下图）。（NASA/伽利略号，PIA01622）。(c) 在后向散射光和前向散射光中，对伽利略号的木星主环图像进行径向扫描。灰色带表示嵌入卫星木卫十六和木卫十五轨道周围宽度约为希尔半径［式（2-31）］3 倍的区域。(Burns et al.，2004)。(d) 上部：由四幅伽利略图像构成的木星薄纱环拼接图。图像是通过透明滤光片（中心波长＝0.611 μm，通带＝0.440 μm）在木星阴影内近前向散射光（相位角 177°～179°，高度角 0.15°处，即几乎位于侧面）下获得的。两个薄纱环的顶部和底部边缘的亮度大约是其中间核心部分的两倍，尽管显示图像时使用的对数刻度减弱了这种差异。两个薄纱环上有十字，显示了木卫五和木卫十四的偏心和倾斜运动的四个极限。下部：由木卫五和木卫十四喷射物形成的碎片环模型。每个环都是由在其源卫星上不断产生的物质组成，并以均匀的速率向内衰减，保持其初始倾角，但节点随机。（改编自 Burns et al.，1999）

的偏差表明高 τ 环往往是成块的。

　　本节总结了行星环粒子的性质和行星环中的结构。11.4～11.6 节中给出了一些行星环结构的理论解释；造成和维持粒径分布的机制尚未在理论上得到很好的解释，但本文结合观察结果讨论了一些一般原则。

11.3.1　木星环

　　木星的环系统非常微弱，所以好的图像大多是在环处于侧向时拍摄的，此时所有粒子在相机中融合成为一条直线。在这种观察几何关系下，光学深度薄的环比部分开口的环亮得多。木星的环系统包括四个主要组成部分：主环、晕和两个薄纱环（图 11 - 6 和表 11 - 1）。由于木星环在前向散射光中比后向散射光中更显明亮，因此其表面积和光学深度主要由尘埃主导，即使大部分质量都在较大的天体中（有关前向散射光与后向散射光的讨论，请参见式（3 - 82）～（3 - 87））。主环的法向光学深度 τ 大约为 10^{-6} 的量级，是木星环中最显著的组成，尤其是在后向散射光中——这表明了在环的这一组成部分中宏观物质的比例更大。

　　探测器和地基图像揭示了主环径向结构的变化，伽利略号和新视野号的几张图像显示了有趣的方位弧状特征。主环的主要部分称为主环环带（Main Ring Annulus），约为800 km 宽，位于木卫十五和木卫十六轨道之间。事实上，它在木卫十五的轨道［卫星本身似乎在这清除出了一个缝隙，如图 11 - 6（c）所示］以外扩展了约 100 km。环的组成很可能符合幂律微分粒径分布［式（9 - 3）和式（9 - 4）］，对于半径小于 15 μm 的颗粒 $\zeta \approx 2$，更大的颗粒则更陡。"母体大小的天体"（半径超过约 5 cm），包括木卫十六和木卫十五，被限制于该主环环带内并构成约 15% 的光学深度。主环的大部分质量都包含在这样大的天体中。环的红色（与小卫星的红色非常相似）只能部分解释为环中尘埃群的光散射。较大的粒子必然明显为红色，就像木卫十六一样，以充分解释环在后向散射光中的颜色。

表 11 - 1　木星环系统的性质[a]

	晕[b]	主环	木卫五环	木卫十四环	木卫十四扩展
径向位置（$R_{2\!\!\!J}$）	1.4～1.71	1.72～1.806	1.8～2.55	1.8～3.10	3.1～3.8
径向位置/km	100 000～122 400	122 400～129 100	122 400～181 350	122 400～221 900	221 900～270 000
垂直厚度/km	约 5×10^4	30～100	约 2 300	约 8 500	约 9 000
标称光学深度	几×10^{-6}	几×10^{-6}	约 10^{-7}	约 10^{-8}	约 10^{-9}
颗粒大小	（亚）μm	宽分布	宽分布	宽分布	

　　[a] 数据来自 Ockert Bell et al.（1999）和 de Pater et al.（1999、2008）。
　　[b] 引用的数字基于伽利略号的数据（前向散射光中的可见光数据）。相对于主环，晕的亮度要低得多，在更长的波长和后向散射光中，晕的空间限制更大。

　　木星环的径向轮廓线在前向散射光和后向散射光中非常不同，如图 11 - 6 所示。虽然后向散射光的轮廓线突出了宏观天体，但前向散射光中的轮廓线揭示了微小尘埃颗粒的分布。这些尘埃颗粒可能是通过宏观天体之间的碰撞和微流星体对宏观天体的撞击产生的。宏观天体控制着后向散射光中看到的信号。微米级尘埃的数量似乎在木卫十五的轨道内增加，贯穿主环的主要部分，正如在该区域预期产生的尘埃那样。主环的视垂直厚度从 $\lesssim$ 30 km 最多至 100 km，取决于太阳相位角。

主环环带向内是一个约 4 000 km 宽的延伸段，由坡印亭-罗伯逊阻力向内部输送的微米级尘埃组成。物理上很薄的主环在 $1.71R_2$ 处停止，再向内是晕，向内延伸至 $1.4R_2$。其法向光学深度与主环非常相似，τ 大约为 10^{-6} 量级。虽然大多数晕的粒子位于环平面几千千米以内，但晕的完整范围接近 40 000 km。晕的内外边界的位置与洛伦兹共振（Lorentz resonance）一致。洛伦兹共振由带电粒子上的电磁力产生，并在 11.5.2 节中讨论。可能在与木星 3∶2 洛伦兹共振（位于 $1.712R_2$）位置的行星磁场的相互作用下，晕内的粒子增加了倾斜角度。与 2∶1 洛伦兹共振（位于 $1.407R_2$）的第二次相互作用，能够扰动粒子进入木星大气层的轨道。在 $1.4R_2$ 的内部，粒子密度太低，以至于无法从地面检测到。伽利略号的图像显示，在离该行星更近的地方有一个微弱的扩展晕。

更为微弱的薄纱环（τ 约 10^{-7}）由几个部分组成 [图 11 - 6（a）（d）]：木卫五环紧邻于木卫五轨道的内侧；从侧面看，这个环在前向和后向散射光中的亮度几乎是一致的。木卫十四的内部是木卫十四环，比木卫五环更暗更厚。在木卫十四的外部直至 $\lesssim 3.8R_2$，人们可以（尽管几乎没有）区分出物质，亮度约为木卫十四环的 10%（木卫十四为 $3.11R_2$，木卫五为 $2.54R_2$）。在高分辨率的伽利略号图像 [图 11 - 6（d）] 中，薄纱环的上边缘和下边缘比其中间核心部分亮得多。每个薄纱环的峰值亮度的垂直位置，以及在后向散射光中看到的垂直范围，与木星中心的距离成正比。这些特征表明粒子来自边界卫星（11.6.3 节）。在木卫五和木卫十四轨道内部的一些物质"团块"表明存在更大的粒子，这些粒子也是环物质的来源。

木星环的质量很难约束。环系统中的尘埃成分质量很小。在后向散射辐射中观察到的宏观粒子显然做出了更大的贡献，但这一贡献具有几个数量级是不确定的（习题 11.11）。在木星与太阳的距离处，冰状环粒子会迅速蒸发，因此木星的环粒子必然由更难熔的物质组成。但这种颗粒的寿命也很短。高能离子和（微）陨石撞击的溅射将微米大小的粒子的寿命限制在 $\lesssim 10^3$ 年；通过 11.5 节中讨论的过程，（亚）微米级粒子的轨道演化也是非常迅速的。除非在一个非常特殊的时间对环进行观察，否则需要一个可持续的粒子源。主环和薄纱环中尘埃颗粒的主要形成机制被认为是环周围小卫星的侵蚀（可能是微流星体造成的），该模型基于环的形态和垂直结构（11.6.3 节）。上述讨论的木星环的红色，也印证了卫星是环粒子的来源。

11.3.2　土星环

土星的环系统是太阳系中最厚重、最大、最明亮、最多样化的（图 11 - 4、图 11 - 8 和图 11 - 10）。在其他系统中观察到的大多数环的现象也存在于土星环中。表 11 - 2 列出了土星环的大尺度结构和体特性。土星环和内卫星的示意图如图 11 - 5 所示。

表 11 - 2　土星环系统的性质[a]

	D 环	主环				F 环	G 环	E 环
		C 环	B 环	卡西尼环缝	A 环			
径向位置（R_h）	1.08～1.23	1.23～1.53	1.53～1.95	1.95～2.03	2.03～2.27	2.32	2.73～2.90	3.7～11.6
径向位置/km	65 000～74 500	74 500～91 975	91 975～117 507	117 507～122 340	122 340～136 780	140 219	166 000～173 200	180 000～700 000
垂直厚度		<4 m	<100 m	<50 m	<100 m			10^3～2×10^4 km（随径向位置增加）
正常光学深度	约 10^{-4}～10^{-3}	0.05～0.2	1～10	0.1～0.15	0.4～1	1	10^{-6}	10^{-7}～10^{-5}
颗粒大小	μm～100 μm	mm～m	cm～10 m	1～10 cm	cm～10 m	μm～cm	μm～cm	约 1 μm

　　[a] 主环数据主要来自 Cuzzi et al.（1984）；暗环的数据主要来自 Burns et al.（1984）、de Pater et al.（2004b）和 Horányi et al.（2009）；D 环数据来自 Showalter（1996）。有关（最近发现的）土卫九环的少数已知属性，请参阅正文。

11.3.2.1　径向结构

　　通过地球上的中小型望远镜观察，土星似乎被两个环包围（图 11 - 2）。两个环中靠内的较亮的一个称为 B 环，靠外的称为 A 环。分隔这两个明亮环的黑暗区域称为卡西尼环缝（Cassini division），以卡西尼命名，他在 17 世纪 70 年代发现了这个环缝。卡西尼环缝并不是一个真正的间隙，而是一个环的光学深度仅为周围 A 环和 B 环光学深度 10% 左右的区域。一台视野良好的大型望远镜可以探测到微弱的 C 环（它位于 B 环的内部）。在良好的观测条件下，也可以从地基望远镜探测到位于 A 环外部区域几乎为空的恩克[①]环缝（Encke gap）。A 环、B 环和 C 环以及卡西尼环缝被统称为土星的主环或土星的经典环系统。C 环的内部是极为纤细的 D 环，由旅行者号和卡西尼号探测器拍摄成像，但尚未从地基探测到。狭窄、多股、扭结的 F 环位于 A 环外缘 3 000 km 外，A 环和 F 环之间的区域称为洛希环缝（Roche division）。几个纤细的尘埃环位于远远超出土星的洛希极限（假设粒子密度等于无孔水冰的密度）的区域；目前为止，最突出的是相当窄的 G 环和非常宽的 E 环。

　　已知最大的土星环与土星最大的不规则卫星土卫九有关。土卫九环的延伸范围至少为（125～207）R_h。该环的垂直范围为 $40R_h$，与土卫九沿其轨道的垂直运动一致，以及环的中平面与土星绕太阳的轨道平面一致，而不是与该行星的赤道平面一致。环的法向光学深度约为 2×10^{-8}，与木星的木卫十四环相似，尽管更厚的土卫九环中的粒子密度仅为木卫十四环的几百分之一。这个巨大环的粒子的形成可能来源于对土卫九的撞击喷射。

---

　　① 约翰·弗朗茨·恩克（Johann Franz Encke，1791 年 9 月 23 日—1865 年 8 月 26 日），德国天文学家。他曾经计算过彗星的周期，这颗彗星后来被命名为恩克彗星（2P/Encke），也是已知公转周期最短的彗星之一。——译者注

仔细观察，经典的土星环系统已知成分非常不均匀，表现为径向和方位变化（图 11 - 7～图 11 - 9、图 11 - 11、图 11 - 22、图 11 - 24、图 11 - 30、图 11 - 32、图 11 - 34）。这种结构的特征与它所在区域的整体光学深度有关。具有中等光学深度 $\tau \approx 1/2$ 的 A 环，有许多外观相对一致的区域 ［图 11 - 9（a）］。A 环中所观测到的特征比土星环系统其他地方的大多数结构更容易理解。A 环的大部分结构是由外部卫星的共振扰动引起的（11.4.2 节）。恩克环缝由嵌入的小卫星土卫十八维持，微小的小卫星土卫三十五清除了 A 环外缘附近狭窄的基勒①环缝（Keeler gap）；11.4.3 节讨论了通过嵌入小卫星清除环缝的理论。B 环和 A 环的外缘由土卫一 2∶1 和土卫十 7∶6 共振维持，这是环系统中最强的共振（11.4.1 节）。光学深度厚的 B 环（以及 A 环内部的高光学深度区域）在径向上显示不规

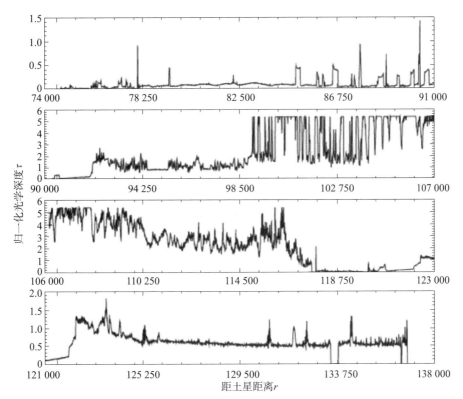

图 11 - 7　2006 年 11 月，卡西尼号紫外线成像光谱仪（Ultraviolet Imaging Spectrograph，UVIS）通过土星主环观测天坛座 α（箕宿杆二），获得土星主环的光学深度曲线。星光方向与环平面之间的夹角为 $B_{oc} = 54.43°$。该图显示了正常光学深度 τ，通过将 10 km 分辨率的直接测量倾斜光学深度平均值乘以 $\sin B_{oc}$ 来计算。观测到的星光波长范围为 110～190 nm。请注意，各条线之间的光学深度范围不同，曲线的径向范围有一小部分重叠，并且所示的 B 环中 $\tau = 5.5$ 的区域不允许足够的光通过，以确定光学深度的下限。［乔希•科尔威尔（Josh Colwell）和卡西尼号 UVIS 团队］

---

① 　詹姆斯•爱德华•基勒（James Edward Keeler，1857 年 9 月 10 日—1900 年 8 月 12 日），美国天文学家。他是最先使用摄影技术观察星系的天文学家之一，并首先从观测角度证明土星环不是一个天体。基勒星（2261 Keeler）以他的名字命名。——译者注

则结构［图 11-9（b）］；这种结构的原因尚不清楚。光学深度薄的 C 环和卡西尼环缝包含几个环缝［图 11-9（c）］，可能由嵌入的小卫星产生。在 C 环和卡西尼环缝中观察到的大范围光学深度变化的原因尚不清楚。

（a）　　　　　　　　　　　　　　　　　　　　　（b）

图 11-8 ▨ 卡西尼号使用透明滤光片拍摄的土星环图像，距离土星约 900 000 km，分辨率 48 km。（a）从环平面以南 9°的环的亮光面来看，光学深度厚的 B 环和 A 环看起来最亮。（b）从环平面以北 8°的环的背光面来看，中等光学深度的区域，如 C 环和卡西尼环缝最为明显。在这种几何关系中，环主要通过阳光的漫透射发亮，因此环的光学深度厚的部分（不允许阳光通过）和非常薄的光学区域（不散射阳光）都显得黑暗。该视频由 34 张照片组成，从图（a）开始到图（b）结束，这些图是卡西尼号在穿过环平面的 12 h 内拍摄的。在探测器拍摄的图像之间插入了额外的图，以平滑序列运动。6 个卫星在序列中穿过视场。第一个大的天体是土卫二，它从左上角移动到中间偏右。在视频的后半部分看到的第二个大的天体是土卫一，从右到左。［卡西尼成像小组和 NASA/JPL/卡西尼操作成像中心实验室（CICLOPS），PIA08356］

　　D 环非常微弱，由许多小环组成［图 11-9（d）］。在旅行者号和卡西尼号两次观测之间的 25 年间，其中一些小环的外观发生了重大变化。特别有趣的是一种规则的周期性结构，其波长在十年间从约 60 km 降低至一半。这一结构在轨道半径 73 200～74 000 km 之间延伸，看起来是一个初始倾斜环的轨道节线退行［式（2-41）和（2-42）］而产生的垂直波纹，这个环可能是 1984 年初，由一个环绕日心的撞击物与 D 环碰撞形成。

　　G 环有一个鲜明的内边界和一个微弱向外扩散的延展。在 G 环内，卡西尼号发现了一段明亮的（相对于环的其余部分）弧线。该弧中经度方向上约束的物质被困在与卫星土卫一的 7∶6 共转偏心共振中。非常小的卫星土卫五十三（R 约 250 m）在 G 环内运行，这可能是其中许多粒子的来源。其他微弱的窄环和弧，包括与小卫星土卫三十三、土卫四十九和土卫三十二相关的特征，已经在主环外部进行过观察。

　　虽然 E 环也非常缥缈，但它非常宽，以至于当环系统几乎处于侧向时，可以很容易地从地球上观察到（图 11-10）。E 环的内边界相当陡峭，位于土卫二轨道内约 12 000 km。E 环的峰值强度位于距离土卫二轨道约 10 000 km 处。E 环的密度在这个位置之外逐渐下降，直到它消失在 $8.0R_h$ 附近的空间背景中。卡西尼号在土星环平面远至 $18R_h$ 的位置处遇到了尘埃。土卫二南极的间歇泉（5.5.6.2 节）提供了 E 环的大部分物质（11.5 节和 11.6 节）。

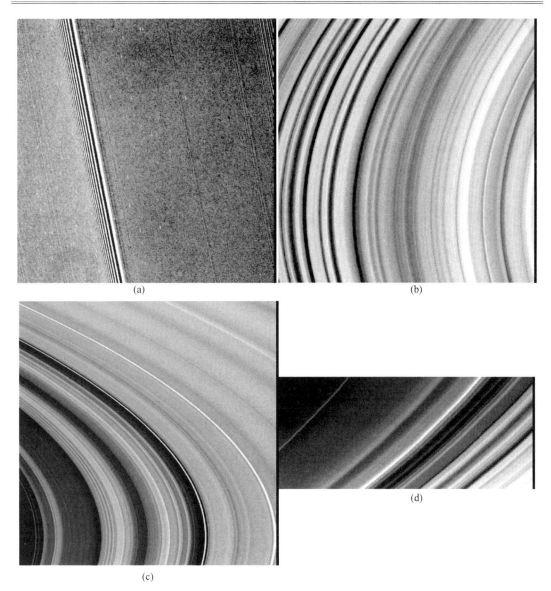

图 11-9 卡西尼号探测器拍摄的土星 A 环、B 环、C 环和 D 环部分的近距离图像分别显示在（a）～（d）中。（a）在这张大幅拉伸（对比增强）的图像中可以看到，土星 A 环上一个相当平淡的约 800 km 宽的区域的阳照面上有几十个螺旋桨形状的特征（11.3.2.5 节）。土卫十六的 9∶8 内林德布拉德共振（11.4 节）激发了显著的密度波，该波距离土星中心 128 946 km。这个波向外传播，远离行星。图 11-24 显示了 A 环内结构拉伸较小、较宽的高分辨率图像。〔图片来源：杰夫·库齐（Jeff Cuzzi）和 NASA〕。（b）这张图像（λ=0.75 μm）显示了距离土星 107 200～1157 00 km 的 B 环阳照面的中部到外部，分辨率为 6 km。（NASA/JPL/卡西尼操作成像中心实验室，PIA07610）。（c）以 4.7 km 分辨率显示的土星内环的特征平台和振荡结构。图像中间的黑暗特征是科伦坡环缝，其中包含与土星最大的卫星土卫六共振的明亮狭窄的科伦坡细环。卡西尼号的这张图像从环平面上方 9°的高度观察了光环的阳照面。（NASA/JPL/卡西尼操作成像中心实验室，PIA06537）。（d）卡西尼号的土星 D 环图像，距离 272 000 km，分辨率为 13 km。C 环的内边缘在图像右下角的明亮区域可见。（NASA/JPL/卡西尼操作成像中心实验室，PIA07714 的一部分）

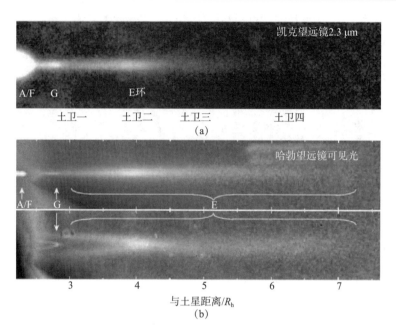

图 11-10　土星纤细的 E 环和 G 环的图像。土星在左边。(a) 1995 年 8 月 8 日至 10 日，用凯克望远镜拍摄的红外照片（λ＝2.3 μm）。即使在这张接近侧向的环的暗面视图中，主环仍然比 E 环和 G 环亮得多。(de Pater et al.，2004b)。(b) 哈勃望远镜可见光波长下的土星 G 环和 E 环图像，在 1995 年 8 月的侧立时看到的（上图），1995 年 11 月，背光面以 2.5°打开（下图）。G 环是相对明亮和狭窄的环，其环脊出现在图像的最左侧。E 环更宽、更为分散。［图片来源：J. A. 伯恩斯（J. A. Burns）、D. P. 汉密尔顿（D. P. Hamilton）和 M. R. 肖沃特（M. R. Showalter）］

11.3.2.2　在不同方位的变化

粗略地讲，土星环在经度方向上是一致的，也就是说，土星环的特征随行星距离的变化比随经度的变化大得多。据推测，这是通过开普勒剪切消除方位角结构的时间尺度比径向扩散的时间尺度要短得多的结果（习题 11.7）。然而，在土星环中观察到了各种类型的重要的方位结构。土星环中最壮观的经度结构是被称为轮辐（spoke）的近径向特征（图 11-34），详见 11.5.3 节。

几个窄环和环边是偏心的。由于行星的四极引力矩（以及更高阶的引力矩）而缓慢进动的开普勒椭圆，能够很好地模拟其中一些特征［式（2-44）］。然而，如 B 环（图 11-11）和 A 环的外边缘以及恩克环缝的边缘（图 11-30）等一些特征是由卫星共振控制的多波瓣图案；11.4.3 节中描述了产生此类特征的动力机制。

土星狭窄的 F 环（图 11-32）呈现出几种不寻常特征，这些特征在时间尺度上从几小时到几年不等。环由一个光学深度相对较厚的中心核心组成，周围环绕着一个相当分散的多股结构、各种各样的团块，以及与附近的卫星土卫十六有关的一系列规则的经度方向上的通道。F 环位于中等多孔性冰的洛希极限附近，在其内部似乎正在发生大范围的吸积、破裂和环—卫星间相互作用。形成 F 环结构的关键因素包括土卫十六的引力扰动，以及与一系列小得多的卫星或团块的碰撞，这些卫星或团块穿过并高速撞击 F 环。恩克环缝中的

图 11 - 11　旅行者 2 号在四个不同经度上拍摄的土星 B 环的偏心外边缘。在所有图像中都可以看到环的亮面（土星位于左侧）。图像的左侧显示了 B 环的最外部分，右侧显示了卡西尼环缝的内部。中间两片取自东部环脊的高分辨率（＜8 km）图像，外部两片来自西部环脊的高分辨率图像。将 B 环与卡西尼环缝分隔开的间隙宽度最多可达 140 km。这些变化是由土卫一在其 2∶1 内林德布拉德共振附近施加的扰动引起的。在可变宽度间隙内，还可以看到 B 环和偏心惠更斯环的精细结构变化。所有图片均在约 7 h 内拍摄。（Smith et al.，1982）

　　小环与小卫星土卫十八的轨道半径相同，它与 F 环共有一些经度方向变化的特征。

　　在与土星卫星垂直共振的环位置，观测到了与太阳、环、探测器几何关系相关方位方向上亮度的变化。这些变化由螺旋弯曲波产生（11.4.2 节）。在共振激发的螺旋密度波中也发现了微妙的方位变化。

　　A 环的反射率表现出一种内在的经度变化，称为方位不对称性。这种图案并不关于环脊（每个环中距离行星盘最远的部分）对称；从粒子轨道的方向测量，低相位角（如从地球）下观察到的最小亮度却出现在每个环脊前约 24°。方位不对称的振幅在 A 环的中部最大，在较低的环倾角处最大，此处亮度峰值比亮度最低值要高约 40%。这些不对称性也可以在射电波波长上看到，使用甚大天线阵（Very Large Array，VLA；图 11 - 12）和卡西尼号上辐射计获得的图像中，土星发射的射电波（热辐射）在环的粒子上发生散射。雷达实验设备以及不同几何形状的恒星掩星剖面之间的对比也揭示了这些结构。

11.3.2.3　局部结构

　　上文中描述的方位不对称性是由短暂的自引力物质团块（self - gravitating clump）引起的，这些团块有时被称为自引力尾流（self - graity wake），或者更易令人误解的名称密度尾流（density wake）。自引力团块是细长的（通过开普勒剪切）、暂时的、光学深度较大的环颗粒群。这些颗粒群因局部引力而在大颗粒或颗粒团块附近形成（图 11 - 13）。开普勒剪切导致这样的尾流在行星环中被拖曳约 23°。B 环中也存在自引力团块。

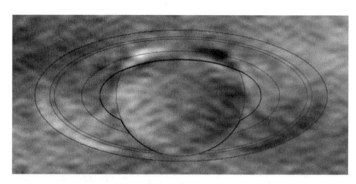

图 11 - 12　土星的 3.6 cm 甚大天线阵（VLA）获得的残余不对称图如图 4 - 37（d）所示。在射电波长下，这些环是可见的，因为它们反射来自行星的热射电辐射。这张特殊的图像是通过从原始图像中减去关于极轴的数据的转置而生成的。（改编自 Dunn et al.，2007）

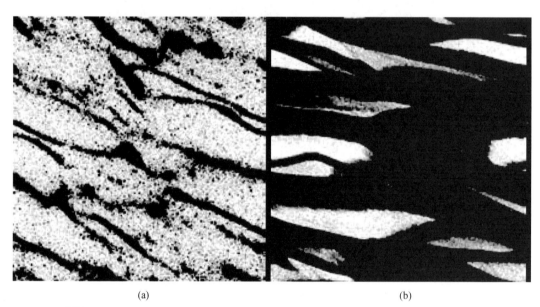

(a)　　　　　　　　　　　　　　　　　　　　　　　　(b)

图 11 - 13　土星环内两个局部斑块的 N 体模拟。这些颗粒是光滑、非弹性的硬球，具有与速度相关的恢复系数，内部颗粒密度为 0.45 g/cm³。土星位于图像底部下方。（a）A 环在距离土星中心 130 000 km 的地方。模拟区域的一边为 389 m。粒度分布为 dN/dR ∝ R⁻³，颗粒大小从 0.256 m 到 2.56 m 不等。如果颗粒随机分布，τ 将为 0.7。粒子的引力聚集导致时间平均 τ =0.47。表面质量密度为 42.4 g/cm³，接近 A 环密度波的测量值。（b）B 环距离土星中心 100 000 km 处。模拟区域的一边为 1 000 m。这些粒子的半径都是 1 m。如果粒子随机分布，τ 将为 4.0。引力聚集产生的时间平均 τ =2.14，标准差为 ±0.68。该结构由长而不透明的团块组成，团块之间有近乎清晰的间隙，这与卡西尼号 UVIS 观测到的土星 B 环的恒星掩星相一致。这些自引力尾流的内部密度与软木塞的密度相似。表面质量密度为 240 g/cm³。［来自科罗拉多大学斯图亚特·罗宾斯（Stuart Robbins）和格伦·斯图尔特（Glen Stewart）的模拟］

　　通过比较在多种几何关系中获得的高 τ 区的掩星测量数据，可以观测到黏性超稳定性（11.2 节）所引起的团块。光学深度随观察角度的变化比式（11 - 17）预测的要小，而且它还取决于投射到环平面的观察路径的方向。

11.3.2.4　厚度

土星环相对于其径向范围来说非常薄。通过旅行者 2 号对环观测时利用恒星掩星探测到的一些环边界的突变，以及旅行者 1 号的无线电信号通过环传输后的衍射图案，获得了几个环边缘的局部厚度上限约为 150 m 的结论。根据螺旋弯曲波和密度波的黏性阻尼、自引力团块模型和 B 环外缘的特征对环厚度进行估计，得到的范围从 1 m 到数十米不等。

从地球角度看，环侧向出现时，从环反射的光量等于一块厚度为 1 km 的、反射率与环的阳照面相当的板反射的光量。这样的厚度太小，从而无法通过地面望远镜进行分辨。这种有效厚度可能主要是由 F 环决定的，F 环在接近环平面穿越处非常明亮，并且可能相对于土星的赤道面翘曲或略微倾斜。还有一些因素对环的侧向亮度产生了影响，包括主环的实际厚度、弯曲波中环平面的局部波纹（11.4.2 节）、土星卫星使环平面在更大范围内逐渐扭曲，以及尘埃飞扬的外环（主要是 E 环）等。

11.3.2.5　微粒的性质

土星主环系统中的粒子较其他行星环中的粒子更是被广泛认知。土星主环反射的红外光谱与水冰的光谱相似，这表明其主要成分为水冰。土星环的高反照率表明杂质很少，并且没有在微观层面上很好地混合。

环粒子之间频繁的碰撞导致粒子聚集和侵蚀。与尺度无关的吸积和碎裂过程导致粒子数与粒子大小符合幂律分布。这种幂律分布在小行星带和大多数有足够粒子尺寸信息的行星环的大范围半径内都能观测到。因此，粒径数据分布通常符合如下形式［见式（9-3）］

$$N(R)\mathrm{d}R = \frac{N_0}{R_0}\left(\frac{R}{R_0}\right)^{-\zeta}\mathrm{d}R\,(R_{\min} < R < R_{\max}) \tag{11-18}$$

否则为零。式中，$N(R)\mathrm{d}R$ 为半径在 R 和 $R + \mathrm{d}R$ 之间的粒子数；N_0 和 R_0 为归一化常数。

该分布的特征是由其幂律指数 ζ 的值，以及最小粒径 $R_{\min}$ 和最大粒径 $R_{\max}$ 的值所决定。所有半径符合均匀幂律分布表明大半径粒子或小半径粒子的质量无限大（习题 11.10）；因此，这种幂律分布必须在大半径和/或小半径处截断。请注意，如果分布足够陡峭（ζ 显著大于 4），则尺寸上限的值对系统的总质量或表面积不是非常重要，并且如果分布足够缓（ζ 显著小于 3），则尺寸下限不是主要因素。目前尚未获得显示单个环粒子的图像，但图 11-14 显示了土星环内部的想象视图。

波长为几厘米的雷达信号从土星环上反射回来。这些环的高雷达反射率表明它们表面的很大一部分由直径至少几厘米的粒子组成。旅行者 1 号和卡西尼号发送穿过环的射电信号，通过比较两个波长的光学深度和信号的衍射图，给出了颗粒大小的信息。这些数据的组合表明在光学深度厚的 B 环和内 A 环的粒子尺寸范围从约 5 cm 到 5~10 m，在相同的对数大小间隔内面积大致相等（即 $\zeta \approx 3$），且大部分质量都在最大的粒子中。粒径分布中对于 5 cm$<R<$5 m 的幂律指数为 2.8$<\zeta<$3.4，对于 $R>$10 m 的 $\zeta>$5。C 环和外 A 环也含有大量略小于 5 cm 的颗粒。尝试利用基本原理（使用赫兹弹性固体理论）推导特征

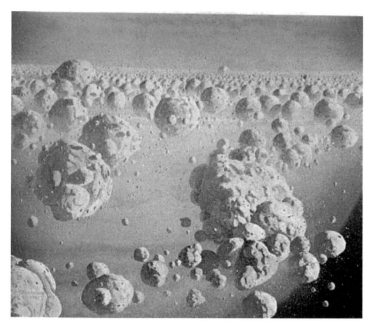

图 11 - 14　土星环内部的想象图，显示宏观粒子为松散结合的团聚合体。［W. K. 哈特曼（Hartmann）绘制］

颗粒尺寸的方法并未成功。

　　微米大小的尘埃颗粒在尺寸上与可见光的波长相当，因此它们优先向前向散射。微米大小的颗粒在尘埃飞扬的外环和 F 环中最常见，在 B 环（图 11 - 34）的轮辐中也占主导地位，并且在基勒环缝外部的 A 环最外层中十分明显。在轮辐上看到的微米大小的尘埃很可能被较大的环粒子迅速重新聚集，导致轮辐消失。

　　半径为几千米的小卫星可以清除环中的间隙，间隙宽度是小卫星自身半径的几倍（11.4.3 节）。嵌入的卫星土卫三十五和土卫十八（图 11 - 30）的平均半径分别为 4 km 和 14 km，密度非常低，≤0.5 g/cm³，意味着高孔隙度。小一些卫星的引力效应不足以清除一个间隙。取而代之的是，非常小的天体被一个低密度区域包围，该区域的两侧几千米范围内密度增强。

　　螺旋桨形状的特征［propeller - shaped features，图 11 - 9（a）和图 11 - 15（a）］提供了许多间接证据，证明天体半径约为 20～250 m（若假设其密度与水冰相当）。这些天体的大小介于符合幂律尺寸分布的环粒子上限和能够清除轨道周围间隙的小卫星之间。尽管产生螺旋桨状特征的天体太小，从而无法直接探测到，但它们对周围环物质的引力效应通过以类似于图 2 - 7 所示的方式扰动粒子的轨迹，显示了它们的存在。受扰动的环粒子群之间的碰撞使情况复杂化，并产生了观察到的特征，这些特征在环的阳照面和非阳照面上都很明亮。2009 年，在土星春分点附近，卡西尼号拍摄了大约十几个螺旋桨状特征的阴影。科学家只在土星的 A 环内观测到螺旋桨状特征，绝大多数在 A 环内的中部三个约 1 000 km 的区域内。产生螺旋桨特征的天体非常罕见，因此它们在环的这些区域内只占一小部分质量。它们可能由一颗土卫十八大小的小卫星破裂形成。

　　在 2009 年春分附近，卡西尼号拍摄了单个大的环粒子及其阴影［图 11 - 15（b）］。这个天体在 B 环的最外层的轨道运行，其阴影的长度表明它突出于环平面上方 200 m。附近环物质中没有任何特征与这个巨大的粒子有关。

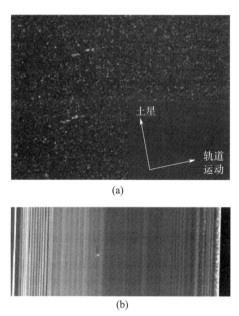

(a)

(b)

图 11 - 15　　（a）在这张卡西尼号拍摄的高度拉伸的土星 A 环图像上，可以看到螺旋桨状的特征。这些螺旋桨特征的端和端的间距为 5 km，是由环粒子的引力扰动产生的。这些粒子太小，无法在这张分辨率为 52 m 的图像中直接看到。［图片来源：马克·肖沃特（Mark Showalter）和 NASA/JPL］。（b）在土星接近 2009 年 8 月春分时，卡西尼号拍摄到这张图像，土星 B 环外部的一个小天体在土星环上投下阴影。这个新天体位于 B 环外缘向内约 480 km 处，是通过检测其穿过环的阴影发现的。阴影长度为 41 km，表明该天体在环平面上方突出约 200 m。如果天体与环绕它的环物质在同一平面上运行（这很可能），那么它的直径必须大约为 400 m。该视图是在相位角为 120°时获得的。图像分辨率为 1 km。（NASA/JPL/空间科学研究所）

　　土星环的光谱取决于颗粒的组成和大小分布，包括环颗粒风化层，即覆盖在环中较大（cm 级至 m 级大小）巨石上的颗粒和冰晶。在红外谱段，水冰吸收带的深度表明，环中的冰非常纯净。吸收最深的是 A 环，意味着最纯净的冰和最大的颗粒尺寸；B 环的吸收比卡西尼环缝和 C 环更深。环与环之间可以看到微小但显著的颜色变化。光学上很薄的区域尤其是卡西尼环缝和 C 环内的粒子，看起来更"脏"，颜色更中性（红色更少）。这些差异可能是低 τ 区的粒子通过撞击微流星体而更快地受到污染的结果，（光学深度高的区域中的粒子部分地相互保护，免受这种轰击），并且因为引力聚焦，在离行星更近处日心碎片的撞击通量更高（13.5.3.2 节）。

　　E 环的颜色明显为蓝色［图 11 - 16（a）］，与红色的木星尘埃环和土星的 G 环形成对比［图 11 - 16（b）］。蓝色表示粒径分布主要由微小颗粒所主导。在土星 E 环中，粒子半径集中在 1 μm 附近；因此，这个粒子群不是碰撞演化的。E 环颗粒是在土卫二的水冰火山或间歇泉的羽流中形成的冰晶（5.5.6 节）。在土卫二与土星的距离上，辐射压力（来自太阳光）以及作用在带电粒子上的磁力对 1 μm 的颗粒散布到宽广的环上的分散作用比对更大或更小尺寸的颗粒要更为有效（11.5.1 节）。如果从土卫二喷出的水产生了较宽的颗粒尺寸分布，那么其他尺寸的颗粒仍将聚集在其母卫星轨道附近，并且大多数颗粒会很快再次撞击卫星，或者通过相互碰撞被碾碎。因此，E 环较为狭窄的尺寸分布可能是 1 μm 颗粒具有存活优势的结果，而不是单分散颗粒形成机制。此外，土卫二射出的约 1～1.5 μm 半径粒子的数值模型表明，周围的等离子体将粒子向外拖曳，这与观察到的 E 环峰值密度轻微向外位移相一致。

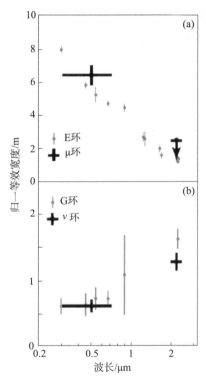

图 11-16　土星 E 环和天王星 μ 环（a）及土星 G 环和天王星 ν 环（b）的极低分辨率光谱。天王星环的测量结果显示为深黑色，土星环显示为灰色。水平条表示平均波长的范围；竖线表示 ±1σ 的不确定性。纵轴根据等效宽度绘制亮度，等效宽度是具有相同总亮度且反射率 I/F ＝1（3.1.2.1 节）的假设环的宽度。E 环的值在强度上向下缩放，以匹配可见光中的 μ 环值。ν 环和 G 环都是径向积分，以相同的比例绘制。（de Pater et al.，2006b）

11.3.2.6　质量

　　土星环的质量比太阳系内任何其他环系统的质量都要大得多，但其质量仍然太小，从而无法通过其对卫星或探测器的引力效应来测量。因此，它必须从更间接的理论论证中推导出来。目前已经使用了几种不同的技术，所有这些技术都给出了类似的答案，这增强了对结果的信心。

　　螺旋密度波和螺旋弯曲波的波长与环的局部表面质量密度成正比；因此可以推导出看

到波的地方的质量。该分析背后的理论在 11.4 节中给出，习题 11.14 中给出了该技术的示例练习。在 B 环中观察到的两个波位置的面密度 σ_ρ 约为 50～80 g/cm²。对 A 环内数十个波的分析，揭示了 A 环的面密度在内环到中环约为 50 g/cm²，靠近环的外缘下降到 ≲ 20 g/cm²。光学深度薄的 C 环和卡西尼环缝的测量值约为 1 g/cm²。由于可观测到的螺旋波只覆盖土星环的一小部分面积，为了估计环系统的质量，假设在给定的环区域内不透明度 σ_ρ/τ 是恒定的。只要有几个波彼此靠近（这样就可以被验证），这种近似就是正确的。不过，必须注意的是，卫星向波中输入的能量可能会使强波传播的区域有些反常。B 环外缘的大幅度偏心率可能是由土卫一的共振强迫和环自身引力共同造成的；基于该模型的计算表明，B 环外缘（光学深度厚度）附近的面密度约为 100 g/cm²，与密度波结果一致。宇宙射线与环系统相互作用产生的粒子通量表明平均面密度为 100 ～ 200 g/cm²，是密度波估计平均值的几倍。如果 B 环光学深度厚部分（图 11-7）的表面密度（该部分未观察到密度波）显著高于波区域的表面密度，则可以对这些值进行调节。

　　土星环系统的总质量估计（使用螺旋波导出的局部表面密度和表面密度与光学深度成正比的假设）为：$M_\mathrm{环}$ 约为 $5 \times 10^{-8} M_\mathrm{h}$，与 $M_\mathrm{土卫一}$ 接近。其中土卫一是土星近球形卫星中最内侧、最小的卫星，其平均半径为 196 km（表 1-5）。根据旅行者号射电掩星测量得出的颗粒大小分布表明：假设颗粒密度等于固体水冰的密度，环的质量比上值小 40%。这些估计的不确定性很大，因此不能严格限制这些由近乎纯净的水冰组成的土星环粒子的孔隙度。此外，环的质量可能比上述任何一项测量结果都要大得多，因为环在局部尺度上的凝结打破了光学深度和局部质量密度之间的简单关系。因此，大量质量可能"隐藏"在某些环区域中，这些区域由光学深度厚（且相对较大）的团块组成，团块之间有开放空间。

11.3.3　天王星环

　　天王星环系统中的大部分物质被限制在 9 个狭窄的环中，这些环的轨道位于距离行星中心（1.64～2.01）$R_\mathrm{土}$ 之间（表 11-3、图 11-3、图 11-17 和图 11-18）。在 20 世纪 70 年代末的地基观测中，天王星环遮掩了恒星而使其变弱时发现了这 9 个光学厚的环。大多数为 1～10 km 宽，偏心率为 10^{-3}，倾角 ≲0.06°。最外层的环（即 ϵ 环）是最宽并且偏心率最大的环，$e = 8 \times 10^{-3}$，宽度从近天点 20 km 到远天点 96 km 不等。由于 ϵ 环在光学上很厚，宽度的差异导致环的亮度明显不对称，远天点处的环的亮度是近天点处的两倍以上 [图 11-18（c）]。大多数环边（包括 ϵ 环的内边界和外边界）与环宽相比非常清晰，但在少数情况下，观察到光学深度逐渐下降。主天王星环系统还包括窄的、中等光学深度的尘埃 λ 环。宽的、径向变化的、光学深度较低的尘埃片散布在光学深度较厚的天王星环中（图 11-17）。主环的内部是宽而细的 ζ 环。

表 11-3　天王星环系统的性质[a]

	ζ 环	6、5、4、α、β、γ、η、δ 环	λ 环	ϵ 环	ν 环	μ 环
径向位置（$R_\mathrm{土}$）	1.55	约 1.64～1.90	1.96	2.01	2.63	3.82

续表

	ζ 环	6、5、4、α、β、γ、η、δ 环	λ 环	ϵ 环	ν 环	μ 环
径向位置/km	约 39 600	约 41 837~48 300	50 024	51 149	67 300	97 700
径向宽度（大部分窄环）/km	3 500[b]	1~10	约 2	约 20~96	3 800	17 000
正常光学深度	约 10^{-6}~10^{-3}	约 0.3~0.5	0.1	0.5~2.3	约 6×10^{-6}	约 8×10^{-6}
颗粒大小	（亚）μm	约 10 cm~10 m	（亚）μm	约 10 cm~10 m	μm	（亚）μm

[a] 数据来自 French et al.（1991）、Esposito et al.（1991）、de Pater et al.（2006a，b）、Showalter and Lissauer（2006）。

[b] ζ 环中较暗的部分径向延伸≳5 000 km，朝向天王星。

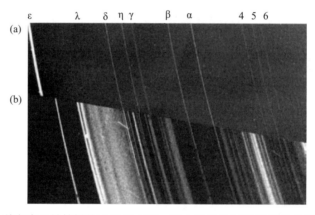

图 11-17　1986 年，旅行者 2 号拍摄的天王星主环。图中显示的区域范围为从行星中心约 40 000 km（右）到约 50 000 km（左）之间。(a) 两个低相位角（21°）、高分辨率（10 km）图像的拼接图。这颗行星的 9 个窄的、光学深度厚的环清晰可见，非常窄的中等光学深度的 λ 环几乎可以检测到。(NASA/旅行者 2 号，PIA00035)。(b) 高相位角（172°）视角。前向散射几何关系显著增强了微米级尘埃粒子的可见性。这些条纹是在这 96 s 曝光中被跟踪的恒星图像。(PIA00142)

在每个具有非零测量偏心率的天王星环内（包括ϵ环），e 随距离行星的距离而增加，偏心率梯度 $a(de/da)$ 约为 0.5。其中两个天王星环无法用进动的开普勒椭圆来很好地模拟。δ 环看起来像一个以天王星为中心的椭圆，而 γ 环将一个标准的偏心椭圆图样与粒子的时间相干径向运动（即所有经度的近天点时间都是相关的，因此环似乎是"呼吸的"）相结合。λ 环的方位变化周期为 72°（五瓣对称）。

根据粒径分布和假设的 1 g/cm^3 颗粒密度估算，ϵ环的质量为 $(1\sim5)\times10^{19}$ g。通过环自身引力维持ϵ环偏心的动力学模型得出的质量估计约为 5×10^{18} g，但这种估计可能不太准确，因为这些模型不能充分再现环结构的某些方面。天王星其他所有环的总质量可能为ϵ环的几分之一。

9 个光学深度厚的天王星环中的粒子尺寸分布与土星主环系统中的粒子尺寸分布相似，除了下限更接近约 10 cm，大约比土星环大一个数量级。因此，颗粒大小从约 10 cm 到约 10 m。天王星环的粒子非常暗，可见光—近红外波段的环粒子反射率约为 0.04。它们看起来与最暗的小行星和碳质球粒陨石一样暗。然而，它们可能由辐射致暗的冰组成。这类冰是嵌入冰中的复杂碳氢化合物的混合物，包括 CH_4、CO 和 CO_2。这些碳氢化合物是通过溅射过程去除 H 原子而产生的。这种辐射致暗的冰也可以解释彗星核的低反照率（10.6.1 节）。

哈勃望远镜发现了两个宽的、光学深度较低的天王星环，位于该行星 9 个主环的外部（图 11-18）。最外层的 μ 环的宽度超过 15 000 km。与土星的 E 环一样，μ 环明显呈蓝色（图 11-16），表明颗粒尺寸分布是由亚微米级物质主导。其峰值强度与微小卫星天卫二十六的轨道一致，可能是其粒子的来源。另一个环（ν 环）宽度不到 4 000 km。它有一种"正常"的红色，表明微米级和更大颗粒的比例要大得多。它与任何已知的卫星都不重合。散布在主环之间的纤细物质的大部分表面被亚微米和微米大小的颗粒所覆盖［图 11-17（b）］。

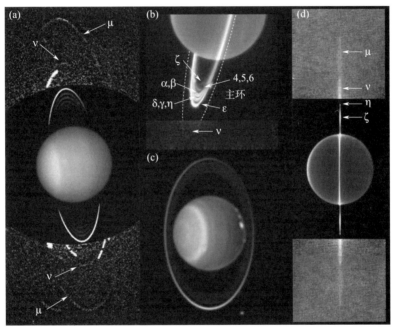

图 11-18　（a）2003 年哈勃望远镜在可见光波段拍摄的几张图像，其合成图显示了环绕天王星的整个环系统。距离行星最近的区域经过了不同的处理，以显示非常微弱的特征，特别是新发现的 μ 环和 ν 环，如图所示。由于长时间的曝光，这些卫星被抹去，在环系统内呈弧形出现。［图片来源：NASA/ESA，马克·肖沃特（Mark Showalter）］。（b）2005 年 8 月在凯克望远镜上用自适应光学系统拍摄的 2.3 μm 合成图像。此处仅显示环的南侧，以强调主环系统、内 ζ 环和外 ν 环。（改编自 de Pater et al.，2006b）。（c）这张天王星的哈勃望远镜图像，由 0.9 μm、1.1 μm 和 1.7 μm 的图像（网页彩色图像上的蓝色、绿色和红色）组成，于 1998 年 8 月 8 日由哈勃近红外相机和多目标光谱仪拍摄。ϵ 环的不对称性清晰可见，右下角有一个卫星，北半球（右）有许多云。［图片来源：埃里希·卡科什卡（Erich Karkoschka）和 NASA/ESA］。（d）2007 年 7 月 26 日至 27 日，在凯克望远镜上使用自适应光学系统拍摄的 2.3 μm 合成图像，当时环（几乎）是边缘对着观测者。可以看到环的"暗"面，即太阳和地球位于环的两侧。在这个几何关系下，大多数主环都非常暗（不可见），而环中的尘埃则很亮。主环的亮端与 η 环重合；ζ 环非常明亮，ν 环和 μ 环都可见。［I. 德帕特（I. de Pater）、H. B. 哈梅尔（H. B. Hammel）和 M. 肖沃特（M. Showalter）；详情见 de Pater et al.，2007］

11.3.4　海王星环

海王星的环系统非常多样，在半径和经度方向上都显示出结构特征（图 11 - 19 和图 11 - 20）。环系统最显著的特征是亚当斯[①]环（Adams ring）内一组光学深度为 $\tau \approx 0.1$ 的弧。这些弧的范围约 1°到约 10°各不相同，并在经度范围按 40°分组；它们大约 15 km 宽。在亚当斯环内的其他经度，$\tau \approx 0.003$，与勒维耶[②]环（Le Verrier ring）所测量的光学深度相当。海王星的其他环则更加纤细。几个中等大小的卫星在海王星环内运行；科学家认为这些卫星是观测到的大部分径向和纵向环结构的成因。海王星环系统已知组成部分的示意图如图 11 - 20 所示；环位置和光学深度见表 11 - 4。

表 11 - 4　海王星环系统的性质[a]

	伽勒环	勒维耶环	拉塞尔环	阿拉戈环	无名环	亚当斯环
径向位置（R_Ψ）	1.7	2.15	2.23	2.31	2.50	2.54
径向位置/km	42 000	53 200	55 200	57 200	61 953	62 933
径向宽度/km	2 000	约 100	4 000			15（弧中）
正常光学深度	约 10^{-4}（尘埃）	约 0.003	约 10^{-4}			0.1（弧中） 0.003（其他）
尘埃含量	?（未发现大的粒子）	约 50%				约 50%（弧中） 约 30%（其他）

[a]数据来自 Porco et al. （1995）。

哈勃望远镜和凯克望远镜获得的图像显示，弧的排列随时间变化。拖尾弧，即博爱弧（Fraternité），似乎是稳定的，并以与卫星海卫六共振的速率运行（11.4.4 节）。自 1989 年（旅行者号飞越）以来，前导弧的位置不断变化，亮度降低；它们在 2003 年几乎消失了。

海王星环中的粒子非常暗（至少在弧中）而且非常红。它们可能和天王星环中的粒子一样暗，但海王星环粒子的性质不太受现有数据的限制。微米大小尘埃的光学深度的占比非常高，约为 50%，而且似乎每个环都不同。现有有限的数据甚至不足以对海王星环的质量做出数量级的估计，尽管它们表明海王星环的质量明显小于天王星环［除非它们包含大量未被发现的大（$\gtrsim 10$ m）颗粒，考虑到缺乏较小的宏观环颗粒，这是不可能的］。

[①]　约翰·柯西·亚当斯（John Couch Adams；1819 年 6 月 5 日—1892 年 1 月 21 日），英国数学家与天文学家。亚当斯最为知名的成就是通过数学计算预测了海王星的存在与位置。亚当斯星（1996 Admas）以他的名字命名。——译者注

[②]　于尔班·让·约瑟夫·勒维耶（Urbain Jean Joseph Le Verrier，1811 年 3 月 11 日—1877 年 9 月 23 日），法国数学家、天文学家。主要贡献是计算出海王星的轨道，根据其计算，柏林天文台的伽勒观测到了海王星。勒维耶星（1997 Leverrier）以他的名字命名。——译者注

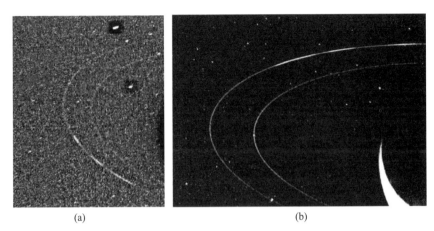

(a) (b)

图 11 - 19　海王星的两个最突出的环，亚当斯环（包括更大光学深度的弧）和勒维耶环，如旅行者 2 号所见。（a）在这张 FDS 11350.23（FDS 编号指的是旅行者号飞行数据系统的时间线。每张图像都有一个唯一的 FDS 编号）图像中，光环看起来很微弱。这张图像是在后向散射光（相位角 15.5°）下拍摄的，分辨率为 19 km。图像上部的海卫七由于其轨道运动而出现条纹。视场中另一个明亮的天体是恒星。为了显示海王星微弱的、光学深度较低的暗环，需要长时间曝光（111s）和大范围拉伸，导致这张图像看起来噪声很多。（NASA/旅行者 2 号，PIA00053）。（b）这幅前向散射光（相位角 134°）图像 FDS 11412.51 的曝光时间为 111 s，分辨率为 80 km。前向散射光中的环比后向散射光中的环要亮得多，这表明环的光学深度的很大一部分由微米级的尘埃组成。（NASA/旅行者 2 号，PIA01493）

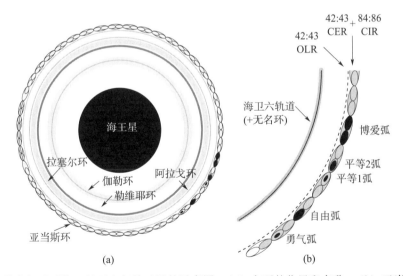

(a) (b)

图 11 - 20　从南极观看海王星环和相关卫星的示意图：（a）主环的位置和名称；（b）亚当斯环中弧的模型（当 1989 年旅行者 2 号与海王星交会时出现）；这些弧是海卫六 42∶43 共转偏心共振（Corotation Eccentricity Resonance，CER）和 84∶86 共转倾斜共振（Corotation Indination Resonance，CIR）的平动填充中心。图中所示的两个共振（CER＋CIR）的位置不是标称 CIR 的位置，而是观察到的弧平均运动的位置。［图片来源：卡尔・默里（Carl Murray）］

11.4　行星环与卫星的相互作用

对行星环的观测揭示了复杂且多样的结构，这些结构主要沿径向方向，长度尺度范围大，与单纯的理论预期的光滑、无结构的环形成鲜明对比（11.2 节）。人们对于某些类型的环结构的形成过程已经有了很好的理解。对其他特征也有部分或推测性的解释，但许多结构的成因仍然难以捉摸。理论和观测之间一致性最好的案例被认为是由已知卫星的引力扰动产生的环特征，本节首先研究这种模型。

11.4.1　共振

在物理学的许多领域，一个常见的过程是共振激励：当一个振子被一个周期几乎等于振子固有频率的变化作用力激励时，即使作用力的振幅很小，响应也可能很大［式（2-35）和式（2-36）］。对行星环来说，扰动力是行星的一个卫星的引力，通常比行星本身的引力小得多。

当环粒子的径向（或垂直）频率等于卫星水平（或垂直）力的分量的频率时，就会发生共振，就像在以粒子轨道频率旋转的坐标系中所检测到的那样。在这种情况下，当共振粒子经历卫星作用力的特定相位时，它将反复接近其径向（垂直）振荡中同一相位。这种情况使得来自卫星的连续"踢"能够增强粒子的径向（垂直）运动，并由此产生显著的受迫振荡。由于受到最连贯影响，最接近共振的粒子具有最大的偏心率（倾斜）；对于线性区域内的非相互作用粒子，受迫的偏心率（倾角）与共振距离成反比。环粒子之间的碰撞和环的自引力使情况复杂化，行星环的强迫共振可以产生各种特征，包括环缝和螺旋波，这些将在下面的小节中详细讨论。

通过将卫星的引力势分解为傅里叶分量，可以计算出任何给定卫星共振的位置和强度。扰动（受迫）频率 ω_f 可以写成卫星角频率、垂直频率和径向频率的整数倍之和

$$\omega_f = m_\theta n_s + m_z \mu_s + m_r \kappa_s \qquad (11-19)$$

式中，方位对称数 m_θ 为非负整数，m_z 和 m_r 为整数，对于 m_z，水平力为偶数，垂直力为奇数。下标 s 指卫星。

将粒子置于距行星 $r = r_L$ 的距离，如果 r_L 满足以下条件，则该粒子处于水平（林德布拉德）共振状态

$$\omega_f - m_\theta n(r_L) = \pm \kappa(r_L) \qquad (11-20)$$

如果其径向位置 r_v 满足下面的条件，则会发生垂直共振

$$\omega_f - m_\theta n(r_v) = \pm \mu(r_v) \qquad (11-21)$$

当式（11-20）对下（上）符号有效时，将 r_L 称为内（外）林德布拉德[①]共振或水平

[①]　贝蒂尔·林德布拉德（Bertil Lindblad，1895 年 11 月 26 日—1965 年 6 月 25 日），瑞典天文学家，银河系结构和星系动力学方面的先驱，1948—1952 年任国际天文联合会主席。他于 1927 年发表了著名的关于银河系较差自转的论文，为荷兰天文学家扬·奥尔特进一步建立银河系自转的理论奠定了基础。1942 年，他首先提出了密度波理论，用于解释旋涡星系的旋臂结构。林德布拉德星（1448 Lindblad）以他的名字命名。——译者注

共振，通常分别缩写为 ILR（Inner Lindblad Resonance） 和 OLR（Outer Lindblad Resonance）。如果公式（11-21）对下（上）符号有效，则半径 r_v 称为内（外）垂直共振 IVR（OVR）。由于土星的所有大型卫星都在主环系统之外围绕该行星运行，因此卫星的角频率 n_s 小于粒子的角频率，内部共振比外部共振更为重要。在土星环内，轨道方向频率、径向频率和垂直频率之间的差异最多只有几个百分点[①]。因此，当 $m_\theta \neq 1$ 时，可用近似值 $\mu \approx n \approx \kappa$ 获得比率

$$\frac{n(r_{L,v})}{n_s} \approx \frac{m_\theta + m_z + m_r}{m_\theta - 1} \qquad (11-22)$$

$(m_\theta + m_z + m_r)/(m_\theta - 1)$ 通常用于识别给定的共振。如果 $n = \mu = \kappa$，则内部水平共振和垂直共振将重合：$r_L = r_v$。由于土星的扁率，$\mu > n > \kappa$ [式（2-41）、式（2-42）]，所以位置 r_L 和 r_v 不重合，并且 $r_v < r_L$。

卫星的强迫强度最低程度上取决于卫星的质量 M_s、偏心率 e 和倾角 i，即 $M_s e^{|m_r|} \sin^{|m_z|} i$。水平共振最强为 $m_z = m_r = 0$，形式为 $m_\theta/(m_\theta - 1)$。垂直共振最强为 $m_z = 1$，$m_r = 0$，形式为 $(m_\theta + 1)/(m_\theta - 1)$。这种轨道共振的位置和强度可以根据已知的卫星质量、轨道参数和土星重力场来计算。到目前为止，土星环系统中的大部分强共振位于外 A 环内（图 11-21 和图 11-22），靠近激发它们的卫星轨道。

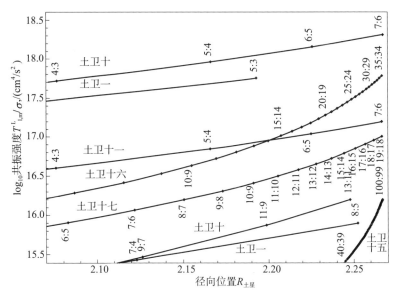

图 11-21　土星五颗最大的"环卫星"在土星 A 环中主要林德布拉德共振的位置和强度，这些卫星的轨道位于该行星质量更大的球形卫星的内部，它们是：土卫十、土卫十一、土卫十七、土卫十六和土卫十五，还包括最内层的球形卫星土卫一。轨道离 A 环越近的卫星，其共振间隔越近，向外强度增长越快。[图片来源：马特·蒂斯卡雷诺（Matt Tiscareno）]

---

① 圆盘自引力可以显著增加垂直薄环中粒子的垂直频率。然而，自引力不会改变局部圆盘中平面的垂直频率，这是垂直共振的相关量。

　　受迫共振导致轨道角动量从土星环到其卫星的长期转移。这些力矩在土星环中产生了两类结构：环缝/环边界、螺旋密度波和弯曲波。土星两个主要环的外缘由环系统中两个最强的共振维持。B 环的外缘位于土卫一的 2∶1 ILR，形状像一个以土星为中心的两瓣椭圆形（图 11-23）。A 环的外缘与同轨道卫星土卫十和土卫十一的 7∶6 共振一致，并具有七瓣图案，符合理论预期。为了使共振消除环缝或保持清晰的环边缘，它必须施加足够的扭矩来抵消环的黏性扩散。在光学深度较低的 C 环中，中等扭矩的共振会产生环缝，但在光学深度较高的 A 环和 B 环中，强度相似的共振会激发螺旋密度波。

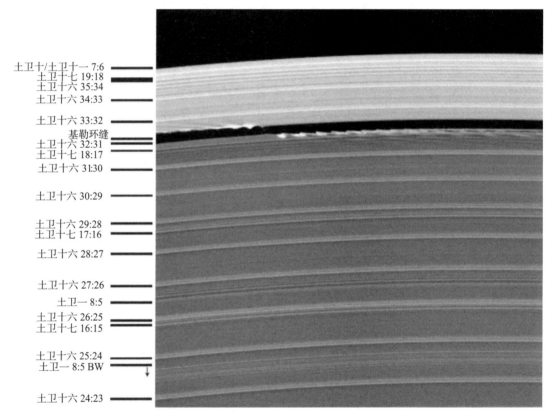

图 11-22　卡西尼号拍摄的土星 A 环外侧明亮表面的图像，左侧标记了强烈的卫星共振和基勒环缝的位置。土卫十/土卫十一的 7∶6 ILR 限制了 A 环的外边缘。在这幅图像上可以看到向内传播的土卫一 8∶5 弯曲波和向外传播的土卫一 8∶5 密度波的前几个波峰和波谷，而附近小卫星共振处较高 m_θ 密度波的波长较短［式（11-25）］，在本版本中无法清楚分辨。微小的卫星土卫三十五位于中心的左侧，它对基勒环缝边缘的影响非常显著。［图片 PIA07809 来自 NASA/JPL/CICLOPS，由马特·蒂斯卡雷诺（Matt Tiscareno）注释］

　　在土星低光学深度布满尘埃的 G 环的高相位角图像中，可以观察到交替的明暗特征。这些特征相对于方位方向略微倾斜，似乎是由土卫一 8∶7 ILR 生成的。模型要求共振激发的粒子偏心率逐渐衰减，以便与观测结果相匹配。D 环和洛希环缝也有类似的结构。对于这些特征，没有在适当的位置运行的卫星以解释这些特征，但激发的频率可以与土星大

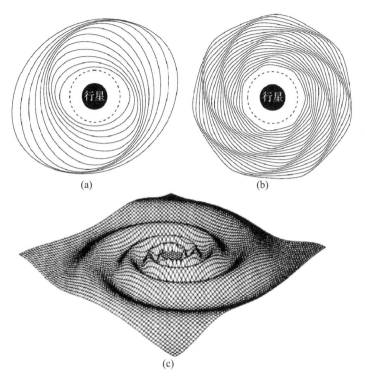

图 11 - 23　（a）和（b）图显示了共面粒子轨道示意图，该轨道在与外部卫星共振附近产生尾随螺旋密度波。（a）与 2∶1（m=2）内林德布拉德共振相关的双臂螺旋密度波。（b）与 7∶6（m=7）内林德布拉德共振相关的七臂密度波。该图案随卫星的角速度旋转，并由精确共振向外传播（用虚线圆圈表示）。（Murray and Dermott，1999）（c）向内传播的螺旋弯曲波示意图，显示了双臂螺旋垂直位移随角度和半径的变化。在土星环中观察到的螺旋波缠绕得更紧密。（Shu et al.，1983）

气中的云和土星磁场中的不对称相对应；作用于带电颗粒上的洛伦兹共振（11.5.2 节）可能是其中一些结构的成因。

　　在环的光学深度薄的区域的强共振处，观测到了几乎空的环缝和嵌入的、光学深度厚的小环。紧邻 B 环的外面有一个具有不透明的偏心小环的环缝（图 11 - 11）。在土星 C 环最强共振区的环缝中也观察到了类似的小环。在共振强迫颗粒环的数值模拟中可定性地重现相似的特征。然而，请注意，在非共振位置也观察到嵌入了小环的环缝。

11.4.2　螺旋波

　　在土星环内，已在数十个位置观测到外部卫星引力扰动产生的螺旋密度波，并且也已在天王星环内初步探测到。在土星环内的几个位置也检测到了类似的弯曲波。螺旋波是行星环中理解的最为充分的结构形式之一，在诊断行星环的特性时非常有用，如表面质量密度 σ_ρ 和局部厚度等性质。然而，与土星环内密度波激发相关的角动量转移，导致了比太阳系的年龄要短得多的土星 A 环和内卫星的特征轨道演化的时间尺度，这造成了一个重大的理论难题。

　　螺旋密度波（spiral density waves）是由偏心轨道上流线粒子聚集而产生的水平密度振荡［图 11 - 23（a）（b）］。相反，螺旋弯曲波（spiral bending waves）是由粒子轨道倾斜引起的环平面的垂直波纹［图 11 - 23（c）］。这两种类型的螺旋波都是在与卫星共振时激发的，并且因为环盘内粒子自引力的共同作用而传播（图 11 - 24）。环粒子沿着非常接近开普勒椭圆的路径移动，其中一个焦点位于土星的中心。然而，由波的作用力引起的小扰动在粒子偏心率/近行星点（密度波的情况下）或倾斜/节点（弯曲波的情况下）之间形成相干关系，从而产生所观察到的螺旋图案。

图 11 - 24　在这幅卡西尼号拼接图像中，可以看到土星 A 环的一部分阳照面，这些图像是在探测器进入土星轨道后以 940 m 分辨率拍摄的，土星在左侧。在其他均匀背景下，可以看到卫星引力扰动产生的各种特征。上图中最突出的特征是朝向行星内部方向传播的土卫一 5∶3 弯曲波和远离土星方向传播的土卫一 5∶3 密度波。这两个波的位置之间的分离是由于土星扁率造成的轨道不闭合导致的。其他密度波是由土卫十/土卫十一、土卫十七和土卫十六激发的。下图中的黑暗区域是恩克环缝；恩克环缝的扇形内边缘以及与之相关的朝向内部的卫星尾流都是由小卫星土卫十八产生的。（Lovett et al.，2006 和 NASA/JPL）

11.4.2.1　弯曲波理论

在相对于环平面倾斜的轨道上运行的卫星，激发了环粒子在垂直于平均环平面方向上的运动。粒子的垂直偏移通常非常小（土星环中最多约 400 m，主要由土卫六和太阳的扰动引起），在数万千米的范围内连贯变化，使环产生了类似帽子边缘的扭曲。然而，在垂直共振下，粒子的自然垂直振动频率 $\mu(r)$ 等于卫星垂直于环中平面拖曳粒子的频率。此类相干垂直扰动可产生显著的平面外运动（2.3.2 节）。环的盘面的自引力提供了一种恢复力，将卫星在共振时施加在环上的扭矩分配到环的附近（但不是共振）区域。这个过程使弯曲波远离共振传播，形成波纹螺旋图案。旋臂的数量等于 m_θ 的值。$m_\theta > 1$ 时，弯曲波向土星传播；$m_\theta = 1$ 时，节点弯曲波从行星向外传播出去。

在无黏线性理论中，当忽略黏性阻尼且假定弯曲环的中平面的斜率很小时，局部环的中平面相对于拉普拉斯平面的高度由菲涅耳积分[①]给出，计算并绘制如图 11-25 所示。在渐近远场近似下，远离共振的振荡波长为

$$\lambda = \frac{4\pi^2 G\sigma_\rho}{m_\theta{}^2 \left[\omega_f - n(r)\right] - \mu^2(r)} \tag{11-23}$$

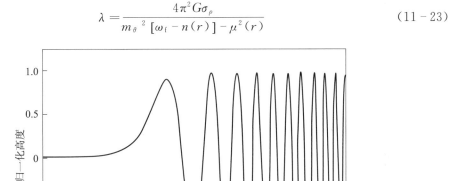

图 11-25　作为共振距离函数的无阻尼线性螺旋弯曲波的理论高度剖面。长度和高度刻度以任意单位表示。（改编自 Shu et al, 1983）

对于 $m_\theta > 1$ 的情况，式（11-23）可以通过将环粒子的轨道近似为开普勒 $n(r) \approx (GM_p/r^3)^{1/2} \approx \mu(r)$ 来简化；对于 $m_\theta = 1$ 的情况，可以通过近似地将开普勒行为的偏离完全归因于土星引力势的四极项来简化。得出的公式如下

---

①　各种应用数学教材对菲涅耳积分均有描述。

$$\begin{cases} \lambda(r) \approx 3.08 \left(\dfrac{r_{\mathrm{v}}}{R_{\mathrm{h}}}\right)^4 \dfrac{\sigma_\rho}{m_\theta - 1} \dfrac{1}{r_{\mathrm{v}} - r}, (m_\theta > 1) \\[3mm] \lambda(r) \approx 54.1 \left(\dfrac{r_{\mathrm{v}}}{R_{\mathrm{h}}}\right)^6 \sigma_\rho \dfrac{1}{r_{\mathrm{v}} - r}, (m_\theta = 1) \end{cases} \tag{11-24}$$

式中，λ、r 和 r_{v} 的单位为 km，σ_ρ 的单位为 g/cm²。式（11-24）提供了从测量的波长推断面密度的方法（习题 11.14b）。

环粒子之间的非弹性碰撞会抑制弯曲波。速度越大，引起的阻尼越快。弯曲波的阻尼率可用于估计环的黏度，可使用式（11-11）和式（11-15）将其转换为环的厚度估计。

11.4.2.2　密度波理论

在围绕土星的任意轨道上运行的卫星，其引力都有一个分量，它会产生环粒子的本轮（径向和方位）运动。然而，与卫星在倾斜轨道上引起的垂直偏移一样，行星本轮偏移通常非常小。林德布拉德（水平）共振［式（11-20）］附近出现了例外，其中相干扰动能够激发显著的本轮运动。环盘的自引力以一种类似于垂直共振情况的方式，提供了一种恢复力，使密度波能够从林德布拉德共振传播出去。在土星环中发现的几乎所有密度波都是在内部林德布拉德共振下激发，并向外传播远离行星的，但 A 环外部的一些波列是在土卫十八（在恩克环缝内运行）的外部林德布拉德共振下激发的，因此朝着土星传播。

螺旋密度波的理论类似于螺旋弯曲波的理论，用面密度的微小扰动 $\Delta\sigma_\rho / \sigma_\rho$ 替换圆盘的斜率 $\mathrm{d}Z/\mathrm{d}r$。与式（11-23）类似，根据线性理论（$\Delta\sigma_\rho / \sigma_\rho \ll 1$）有如下关系

$$\lambda = \frac{4\pi^2 G \sigma_\rho}{m_\theta^2 \left[\omega_{\mathrm{f}} - n(r)\right] - \kappa^2(r)} \tag{11-25}$$

式（11-24）给出的近似值也适用于密度波，前提是 r_{v} 被 r_{L} 所替代。在土星环中检测到了 $m_\theta = \mathcal{O}(100)$ 的螺旋密度波，尽管最强的密度波的 m_θ 要小得多。相比之下，大多数螺旋星系有 2～4 个旋臂。

在土星环中观测到的最显著的密度波的 $\Delta\sigma_\rho / \sigma_\rho \approx 1$。在如此大的振幅下，线性理论失效，需要一个非线性的模型。非线性理论的主要结果如下：1）非线性密度波与线性模型预测的平滑正弦模式相偏离，并达到很高的峰值（图 11-26）；2）理论波的曲线具有宽而浅的波谷，其表面密度从未下降到周围值的一半以下，并且在定性上与观测到的波相似（对比图 11-26 和图 11-29）；3）土星卫星施加的非线性力矩与使用线性理论计算的力矩相似。

11.4.2.3　土星环中的螺旋波

行星环中的螺旋波缠绕得非常紧密，典型的缠绕角（winding angle，偏离圆度）为 $10^{-5} \sim 10^{-4}$ rad（与在大多数螺旋星系中为 $\gtrsim 10^{-1}$ rad 相比较）。这种波的波长很短，大约 10 km 量级。在旅行者号和卡西尼号的图像中，可以看到密度波波峰和波谷之间的亮度对比，无论是在环的向光面（图 11-24）上的反射光中，还是在环平面黑暗面上的太阳光漫发射中。由于亮度依赖于当地的太阳仰角，弯曲波在环的向光面的探测器图像上（图 11-24）可见。弯曲波出现在光环的背光面的图像上，因为其倾斜光学深度（阳光通过其漫

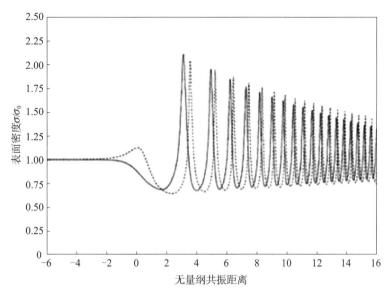

图 11-26 阻尼非线性螺旋密度波的理论表面密度剖面图。实线和虚线表示在不同方位绘制的同一波的两个剖面。(改编自 Shu et al.，1985)

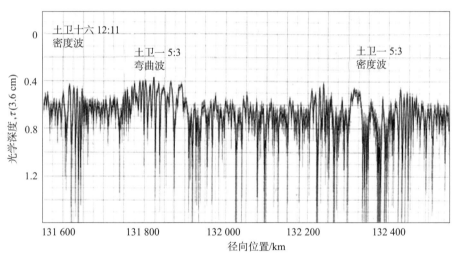

图 11-27 土星 A 环射电掩星数据中观察到的波特征示例。实线为测量的法向光学深度 $\tau(r)$，绘制方向为向下增加。灰色阴影区域表示测量的 70% 置信度限。(Rosen，1989)

射）取决于环的局部坡度。

在旅行者号和卡西尼号射电掩星数据中都检测到了密度波和弯曲波（图 11-27）。掩星实验可以观察到密度波，因为粒子流线的聚集增加了波峰的光学深度 τ。弯曲波的振荡使垂直于环平面的光学深度保持不变，但可以检测到，因为环平面的倾斜会导致观察到变化的倾斜光学深度（图 11-28）。类似地，当某些目标恒星从环后面经过时，探测器也观察到了光的减弱（图 11-29）。

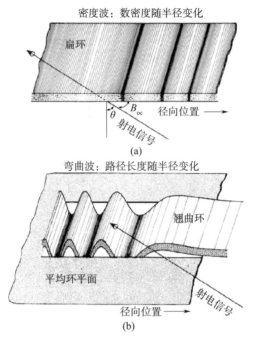

图 11 - 28　（a）螺旋密度波和（b）弯曲波射电掩星示意图。（改编自 Rosen et al.，1991）

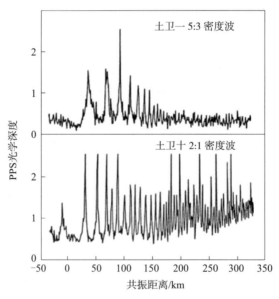

图 11 - 29　从旅行者 2 号的光偏振仪系统（PPS）对天蝎座 δ（房宿三）的恒星掩星观测到的土卫一 5：3 和土卫十 2：1 密度波，$B_{oc} = 28.7°$，绘制以使 $\tau(r)$ 向上增加。注意由非线性引起的尖峰和宽平低谷（图 11 - 26）。有关掩星测量的光学深度的解释信息，请参见图 11 - 7 的标题。（Esposito，1993）

迄今为止，已在土星环中识别出 5 个弯曲波和约 100 个密度波以及激发它们的共振，并且已被用来进行分析以确定环的局部表面质量密度。光学深度厚的 A 环和 B 环中大多数波位置的面密度约为 $30\sim60\ \mathrm{g/cm^2}$。光学深度薄的 C 环和卡西尼环缝中的测量值约为 $1\ \mathrm{g/cm^2}$。由于光学深度比约为 10，面密度较大的幅度差异意味着 C 环和卡西尼环缝的平均粒径小于 B 环和 A 环的平均粒径。

为确定环的黏度和局部厚度的上限，还分析了螺旋密度波和弯曲波的阻尼特性。A 环的局部厚度似乎只有几十米或更小，C 环的厚度 $\lesssim 5\ \mathrm{m}$。由于波动非线性和圆盘特性的不均匀性，使得通过螺旋波阻尼测量得到的黏度相较使用相应的技术所估计的圆环表面质量密度的可靠度要低。

总之，共振激发的螺旋密度波和弯曲波是行星环中理解的最为透彻的特征之一。波看起来可以从所有强卫星共振中传播，除了那些产生间隙的共振。这些波的位置在观测不确定性范围内（某些情况下小于 $1/10^5$）与预测值一致。波长的行为也符合理论，并且波长分析已被用于获得环表面质量密度的最佳可用估计值。螺旋波的阻尼行为似乎非常复杂，理论研究表明，阻尼率可能对粒子碰撞特性非常敏感。

11.4.2.4　角动量输运

旅行者号和卡西尼号发现了许多密度波，这些密度波是由在环附近轨道运行的小卫星激发的。这些单独共振的扭矩远小于土卫一 2∶1 共振的扭矩，但这些扭矩之和具有可比拟的量级。观察到的这些波的振幅与理论预测相一致（在一个量级内）。

在一段与太阳系的年龄相比要短的时间尺度内，环对内卫星施加的反扭矩导致了这些卫星的远离；目前的估计表明，在过去约 2×10^8 年，土卫十五、土卫十七、土卫十六和土卫十/土卫十一都应该在 A 环的外缘。像土卫十六这个相对较大的卫星，位于非常接近 A 环的位置，其旅程发生在 $\lesssim 2\times10^7$ 年的尺度。与质量更大的外卫星的共振锁定可以减缓小型内卫星的向外远离；然而，从环粒子中移除的角动量将在 $<10^9$ 年内迫使整个 A 环进入 B 环。如果扭矩的计算是正确的，并且如果没有目前未知的力来平衡它们，那么小的内卫星或环必然是"新的"，即比太阳系的年龄年轻得多。然而，土星环为"最近"起源的推理则极不可能。在 11.7 节中讨论行星环系统的起源时会回到这个问题。

11.4.3　守护作用

卫星和环通过密度波实现角动量共振传输，从而相互排斥。与环的黏性扩散一样，大部分角动量向外转移，大部分质量向内转移（在这种情况下，环和卫星被视为同一个总能量和角动量库的一部分）。这是耗散天体物理盘系统的一个普遍结果，因为在圆形（接近）开普勒轨道上的一个散开的物质盘，对于固定的总角动量而言，比更径向集中的物质具有更低的能量状态。类似地，从内卫星到轨道更远的卫星的能量共振传输释放了用于潮汐加热的能量（习题 2.29），而相反方向的传输几乎总是不稳定的（即共振锁定只是暂时的）。

现在考虑守护[①]（Shepherding）的过程，即卫星排斥其附近轨道上的环物质。这种相互作用的本质是，环粒子受到附近卫星的引力扰动进入偏心轨道，环粒子之间的碰撞减弱

----

① 也称牧羊作用、牧羊犬作用。——译者注

了轨道偏心率。最终的结果是环和卫星之间的长期排斥。相互作用的细节取决于单个共振是否主导角动量传输，或者取决于卫星和环是否非常接近以至于单个共振无关紧要；其要么是因为共振重叠，要么是因为环和卫星之间的同步周期太长，以至于碰撞减弱了连续几次接近之间的扰动。然而，在这两种情况下，基本定性描述的许多方面是相同的。

当卫星和环粒子彼此靠近时，卫星对环粒子施加其最大的力矩。因此，在一次交会中，大多数相互作用都发生在"合"的位置附近。如果环粒子和卫星最初都在圆形轨道上，则每个环粒子受到的扰动只能取决于其半长轴。通过雅可比参数守恒［式（2-28）］，环粒子中诱发的偏心偏移振幅 ae 远大于其半长轴的变化。此外，对于给定的卫星和粒子的半长轴，任何诱发的偏心率只能取决于粒子相对其经过卫星的位置时的轨道经度。因此，如果可以用一个脉冲来近似交会过程，且卫星初始将环粒子发往内侧，这些粒子将执行本轮运动。粒子与卫星交会后经过 1/4 周期达到近心点，经过 3/4 周期达到远心点，经过 1 个周期再次与卫星交会，经过 5/4 周期再次达到近心点等等。半径与时间的曲线图将是正弦曲线。事实上，环边缘的形状正好代表了这样一个曲线图。只要粒子半长轴的差异与诱发的本轮运动的大小相比很大，粒子相对于卫星的运动几乎是恒定的。因此，沿边缘的距离本质上是对时间的度量，归一化为会合速度。诱发的振荡的波长是在一个本轮周期内环和卫星的相对运动的距离

$$\lambda_{\text{edge}} = 3\pi \left| \Delta a \right| \frac{n}{\kappa} \approx 3\pi \left| \Delta a \right| \qquad (11-26)$$

式中，$\Delta a \equiv a_r - a_s$ 为环和卫星轨道半长轴的间隔（图 11-30）。振荡幅度的计算更为复杂。交会前后的扰动几乎相互抵消，除了二阶项（力矩），这是由于粒子在交会时被拉得稍微靠近卫星，因此经过最近的交会点后的力矩比之前稍大。最初在围绕质量为 M_p 的行星的圆形轨道上运行的粒子，受到质量为 M_s 的卫星引力拖曳而激发的偏心率为

$$e \approx 2.24 \frac{M_s}{M_p} \left(\frac{a}{\Delta a} \right)^2 \qquad (11-27)$$

如果环或卫星具有初始偏心率，或者如果 ae 与 $|\Delta a|$ 相比不为小量，则形状和振幅会有所不同。但只要势为开普勒势且 $|\Delta a| \ll a$，则波长保持不变。在旅行者号和卡西尼号的图像中，可以看到小卫星土卫十八激发的恩克环缝的波浪状边缘（图 11-24）。该图案满足式（11-26）给出的波长关系，并且根据观察到的波幅通过式（11-27）估算了土卫十八的质量。同样，在基勒环缝中也观察到了土卫三十五激发的边缘波（图 11-22）。根据式（11-26），土星 F 环中纵向变化的特征长度尺度可与附近的卫星土卫十六所预测的波长相契合，但情况比恩克环缝和基勒环缝的边缘更加混乱和复杂。

可观测到的土卫十八与土星 A 环相互作用的表现延伸到了恩克环缝的波浪边缘以外。土卫十八还会激发比环缝边缘更远的环粒子的偏心率，产生一种随着与小卫星距离的增加而振幅减小、波长增加的图案。粒子响应随半长轴的变化会产生卫星尾流，这可由环的光学深度的径向变化（图 11-24）而观测到。尾流可用于获得土卫十八的质量估计值，相比从恩克环缝波状边缘振幅的现有测量值所得到的估计值，该值更为准确。

为了更详细地研究守护作用，后续分析转入原点与卫星位置固连的坐标系（以卫星轨

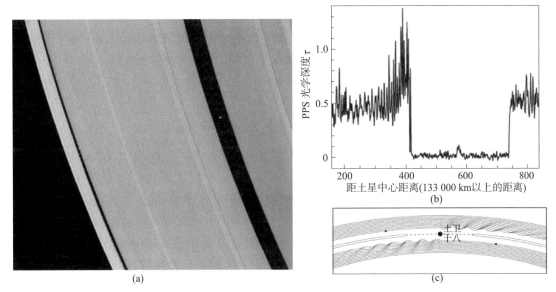

图 11-30 （a）这张卡西尼号拍摄的土星 A 环图像显示了在恩克环缝内形成间隙的土卫十八和基勒环缝内形成间隙的土卫三十五。在这里可以很容易地看到半径为 14 km 的土卫十八。土卫三十五，半径只有 4 km，尽管它在周围的环物质中产生的边缘波使它的存在变得很明显，但只是一个斑点。土卫十八还会在恩克环缝的边缘产生波（图 11-24）。然而，尽管土卫十八的质量比土卫三十五大，但土卫十八距离其环缝边缘的距离要比土卫三十五远。这导致土卫十八的边缘波波长更长 [式（11-26）]，振幅更小，因此更难看到，除非方位角方向缩短。这张图从环平面南部大约 24° 朝向环的阳照面。分辨率为 5 km，相位角为 21°。（NASA/JPL/CICLOPS，PIA08926）（b）旅行者号对恩克环缝及其周围区域的恒星掩星曲线所获得的光学深度。A 环内侧紧靠缝隙的区域的振荡的规律性图案，表现了土卫十八尾迹引起的光学深度变化的横截面。这些数据来自同一恒星掩星的不同部分，用于绘制图 11-29。（Showalter，1991）（c）土卫十八在土星环恩克环缝边缘及其附近形成的图案的示意图。这种图样在随小卫星轨道频率旋转的框架内保持不变。为了清晰起见，径向刻度相对于角度刻度被大大放大

道频率旋转的坐标系）。在分析中，假设卫星的轨道是圆形的，位于环的外部。进一步假设环和卫星轨道半长轴的距离很小 $|\Delta a| \ll a$，但它们之间的距离足够远，以至于卫星的扰动会将环的轨道半径改变 $ae \ll |\Delta a|$。在与卫星相合的短暂时间间隔内，环粒子之间的相互作用被忽略，基本上所有的角动量传输都在此期间发生，但由于粒子间的碰撞，环粒子的轨道在与卫星的连续交会之间被假设为圆形。请注意，在下一次与卫星交会之前，环粒子的偏心率一定通过碰撞衰减，至少部分衰减，否则可能会发生反向角动量传输，并且在很长一段时间内，净力矩为零。该系统如图 11-31 所示。

当环粒子接近一个离行星轨道较远的卫星时，它们会被其引力向前拉，从而增加粒子的能量（和角动量），并使其轨道更接近卫星轨道。力的大小与 $M_s/\Delta a^2$ 成正比。然而，在环粒子经过卫星后，拖曳会朝向相反的方向，并带走能量和角动量。对于一阶项，力会相互抵消，但由于会合前的扰动，粒子的轨道稍微接近离开过程中的卫星轨道，会存在一个小的不对称性。因此，作用力的二阶项表现为净力矩。更详细的分析给出了力矩的大小

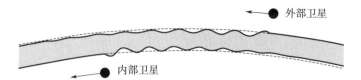

图 11 - 31　两颗卫星守护行星环的示意图。当粒子经过卫星时，环粒子的偏心率会增大。粒子间碰撞随后偏心率衰减，使粒子的轨道较交会时距离卫星更远。最靠近卫星运行的粒子受到的影响最大。（Murray and Dermott，1999）

$$T_g \approx 0.40 \frac{\Delta a}{|\Delta a|} \sigma_\rho \left[\frac{GM_s}{n(\Delta a)^2} \right]^2 \qquad (11-28)$$

　　因此，卫星将（其两侧）物质推开。两个卫星之间的环物质被促使进入二者之间的狭窄环带。环带应该靠近较小的卫星，以便力矩平衡。黏性扩散使这个环带保持了有限宽度。土星的 F 环被限制在土卫十六和土卫十七之间，但其他额外过程显然也在产生所观察到的复杂特征（图 11 - 32）。守护卫星天卫六和天卫七限制了天王星的 ϵ 环，尽管在这种情况下，环边缘由这些卫星的各自的"孤立"共振所维持。天王星的其他窄环也被认为受到守护力矩的限制；一些环边缘可能通过与天卫六和天卫七的共振得以保持，但尚未观察到这个模型中所需要的来保持天王星大部分窄环位置的小卫星。

图 11 - 32　　卡西尼号在环平面上方 6°～7°拍摄到的土星多股的 F 环及其伴随卫星的阳照面。内卫星土卫十六的质量比外卫星土卫十七大，轨道更靠近环，因此会产生更强的扰动。请注意，这些非球形卫星的长轴指向行星。这与预期一致，因为这是同步自转卫星的最低能量状态。（NASA/JPL/CICLOPS，PIA07712）

那嵌入环平面中间的小卫星呢？两侧的物质都被清除了，因此在其周围形成环缝。扩散可以填充环缝并模糊边缘，但光学深度梯度可以在与典型粒子碰撞距离相当的长度尺度上发生，从而产生陡峭的边缘。如果一个卫星太小，那么它无法清除比它自身尺寸更大的空间，因此无法形成环缝。如上所述，土卫十八清除了恩克环缝，而较小的土卫三十五维持着基勒环缝。

11.4.4　经度约束

海王星的亚当斯环包含以开普勒速率环绕运行的显著弧形特征（图 11 - 19 和图 11 - 20）。这些弧已经至少被持续观察了数年，超过了它们在开普勒剪切作用下的寿命（习题 11.7）。因此，一定有某种机制在约束环粒子。一个或多个卫星的林德布拉德共振和共转共振的组合能够对环的半径和经度进行限制。

共转共振最突出的例子是 1∶1 共振。木星的 1∶1 共转共振是对特洛伊小行星（2.3.2.2 节和 9.1 节）限制的原因，这些小行星在围绕木星的三角拉格朗日点的"蝌蚪"轨道上摆动。对于行星环这样的耗散碰撞系统，类似形式的约束是不稳定的。三角拉格朗日点 L_4 和 L_5 是势能极大值点，因此对于大多数形式的耗散（包括粒子间碰撞）都是不稳定的。由于这种碰撞，一个环将逐渐在半径和经度上扩展。如果附近或接近共振轨道上的第二个卫星在林德布拉德共振时对环施加守护力矩，则弧环可以被限制在卫星的一个三角形拉格朗日点附近。

偏心或倾斜轨道上的卫星具有不同模式速度的共转力矩，这些力矩可以在不同于卫星的轨道半径处提供方位限制。虽然这种共转共振通常比 1∶1 共振弱得多，但在将近开普勒势（如太阳系中所有 4 个有环行星的共转共振）中，这些其他共转共振与附近的林德布拉德共振有关，后者可以提供抵消耗散所需的扭矩。因此，一个弧形环可以被一个卫星的共转共振和林德布拉德共振所限制。实际上，在动力学模型中，海王星亚当斯环的弧整个或部分由附近的海卫六的 42∶43 共转共振和林德布拉德共振所限制。在亚当斯环内绕轨道运行的大颗粒可能起到产生弧的精细结构的作用。

11.5　尘埃环物理学

到目前为止所分析的环粒子运动只考虑了引力和物理碰撞力。而这些是尺寸 $\gtrsim 1~mm$ 的环粒子上的主导力，微米大小的尘埃则受到电磁力的显著影响。辐射压力（主要是坡印亭-罗伯逊阻力，2.7.2 节）影响行星环中所有长寿命的小粒子。行星的磁场可能对带电尘埃粒子的运动产生重要影响，在轨道和长期时间尺度上都会产生重大影响。

11.5.1　太阳光压力

关于辐射压力对太阳系粒子运动的影响，见 2.7 节。第 2 章集中讨论了日心轨道上的粒子。本节集中讨论与行星中心轨道的粒子有关的辐射压力。在大多数情况下，直接来自太阳的辐射超过了行星反射和发射的辐射。

辐射压力对大多数以行星为中心的颗粒轨道几乎没有影响。即使太阳辐射力与太阳引力之比 $\beta \equiv F_r/F_g \gtrsim 1$，但行星的引力通常远大于太阳的引力，所以扰动很小。当进入和离开行星阴影时，小颗粒轨道的形状略有改变，粒子上的力也会发生变化。然而，在大多数情况下，这些力的净效应随着时间的推移而抵消，它们不会产生任何粒子轨道的长期演化。位于土星 E 环中，半径约为 $(1 \pm 0.3)\,\mu m$ 的粒子有一个明显的例外。在土卫二轨道上，洛伦兹力（11.5.2 节）对带电的 $1\,\mu m$ 颗粒产生的近质心点进动率与土星扁率（2.5.2 节）产生的进动在符号上相反，在大小上近似相等。由于进动率的抵消，在这个狭窄的尺寸间隔内，粒子的近质心点进动速度非常慢，因此扰动会在许多轨道上累积，以至于辐射压力可以将微米级尘埃的近圆形轨道改变为高度偏心的轨道。土卫二的喷发（5.5.6 节）是 E 环中粒子的来源，该模型解释了 E 环的巨大径向范围（由偏心轨道上的粒子产生）和粒子尺寸分布的异常狭窄的原因。

相比之下，坡印亭-罗伯逊阻力导致行星环内的微小粒子在更大的参数空间范围内发生实质性演化。轨道半长轴和偏心率的长期变化率分别如下所示

$$\begin{cases} \dfrac{\mathrm{d}a}{\mathrm{d}t} = -\dfrac{a}{t_{\mathrm{pr}}} \dfrac{5 + \cos^2 i_*}{6} \\[2mm] \dfrac{\mathrm{d}e}{\mathrm{d}t} = 0 \end{cases} \tag{11-29}$$

式中，i_* 为粒子轨道相对于行星围绕太阳的轨道平面的倾角；特征衰变时间 t_{pr} 近似是一个粒子吸收相当于其自身质量的太阳辐射的时间，由下式给出

$$t_{\mathrm{pr}} = \frac{1}{3\beta} \frac{r_\odot}{c} \frac{r_\odot}{GM/c^2} \approx 530 \frac{r_{\odot\mathrm{AU}}^2}{\beta} \quad （单位为 \mathrm{yr}） \tag{11-30}$$

式中，$r_\odot$ 为行星—太阳距离；$r_{\odot\mathrm{AU}}$ 为以天文单位表示的距离。

因此，除了微小的短周期变化外，轨道偏心率是恒定的，粒子的半长轴以指数方式减小。这与日心轨道中的粒子形成了对比，它们的偏心率会因坡印亭-罗伯逊阻力［式（2-63）］而减小，并且它们的半长轴在接近太阳时减小得更快［式（2-62）］。与太阳系的年龄相比，式（11-30）给出的微观颗粒的坡印亭-罗伯逊衰减时间很短，即使是海王星轨道上的颗粒也是如此。木星的环粒子被认为是来自木星卫星的喷射物，随后通过坡印亭-罗伯逊阻力向内旋转，从而形成非常宽的环。

11.5.2　带电粒子

环粒子在其行星附近的轨道上运行，处于强行星磁场捕获的高密度高能带电粒子为特征的环境中。由于电子的热速度要大得多，因此不带电的尘埃颗粒受到电子撞击的频率比受到离子撞击的频率要更高。颗粒由此获得了足够的负电荷，从而实现它们通过静电吸引和排斥来累积额外的电子和离子的速率之间的平衡。对于行星环中微米级的颗粒的典型参数来说，在不到一个轨道周期内即可实现平衡。在木星环中，颗粒在电势 $\varPhi_\mathrm{V} \approx -10\ \mathrm{V}$ 处达到平衡。一个颗粒能积聚的电荷取决于它与其他颗粒的接近程度以及带电粒子的环境；

如果其他颗粒在等离子体的德拜屏蔽长度（Debye Shielding Length，超过该特征距离，颗粒的电场被等离子体中具有相反电荷的颗粒抵消，7.1.2.1 节）内，则它们有助于排斥额外的电子，并且可以使每个颗粒以较少的电荷保持给定的电位。对于半径为 R 的孤立粒子，电势 Φ_V 和电荷 q 的关系为

$$\Phi_V = -\frac{q}{R} \tag{11-31}$$

其他充电机制，如光电子电流，会干扰 q 的平衡值。粒子电荷的随机变化对粒子运动的影响很小；然而，进入和离开土星阴影或在大偏心率轨道上运行的颗粒所经历的电荷的系统性变化会显著影响颗粒轨道。

行星磁层中带电粒子的运动受捕获等离子体以及行星磁场本身的影响。对于非常小的粒子来说，电力和磁力是最重要的，因为随着粒子半径的增加，质量的增加比平均电荷的增加快得多。带电粒子与尘埃颗粒的碰撞导致了等离子体和尘埃之间的角动量交换，这一过程称为等离子体拖曳。拖曳力取决于颗粒相对于等离子体的速度。等离子体随行星的磁场旋转，因此在共转半径 r_c 处轨道运行的颗粒不会相对于等离子体移动，因此感觉不到拖曳。在 r_c 内部绕轨道运行的颗粒会向等离子体损失能量和角动量，并向内螺旋，而 $r > r_c$ 的颗粒会获得能量，并向外螺旋（除非坡印亭-罗伯逊阻力的能量损失超过等离子体拖曳的能量增益，就像木星环的情况一样）。木星的共转半径位于 $r_c = 2.24R_{\jupiter}$、薄纱环内。虽然大多数木星环是由坡印亭-罗伯逊阻力（11.6.3 节）将木星卫星上的粒子喷射物带入木星内部形成的，但木卫十四薄纱环微弱的外延可能是由阴影共振而形成的，这个共振由于尘埃粒子进入木星阴影时突然失去光电充电而产生。

带电尘埃颗粒通过洛伦兹力［式（7-44）］受到行星磁场的作用

$$\boldsymbol{F}_L = \frac{q}{c}\boldsymbol{v} \times \boldsymbol{B} \tag{11-32}$$

洛伦兹力将带电尘埃颗粒耦合到磁场中。洛伦兹力对位于行星附近的木星环尤其重要，因为木星环有许多小粒子，而且木星的磁场非常强，并相对于其旋转轴有所倾斜。对于典型的环粒子，木星的洛伦兹力大约是木星引力的 1‰（习题 11.18）。磁场相对于旋转轴的倾斜表明不在 r_c 轨道上运行的粒子在相对于磁场移动时会受到时变力（图 11-33）。在某些位置，粒子经历洛伦兹力变化的频率与粒子的本轮频率或垂直频率相当，从而导致洛伦兹共振。洛伦兹共振与 11.4.1 节中讨论的引力共振有许多共同之处，但也有一些不同之处。洛伦兹力影响粒子的平均运动，因此轨道切向、径向和垂直方向的频率是荷质比的函数。因此，洛伦兹共振的位置随粒子大小（轻微）变化，这与严格定义的引力通约性相反。木星环中洛伦兹共振的强迫效应与土星环中垂直共振和林德布拉德共振的强迫效应也有很大不同。自引力和碰撞在土星环中很重要，而在木星环系统中自引力可以忽略不计，碰撞非常罕见。（亚）微米大小的向内迁移粒子的轨道在垂直于环平面的方向上受到位于 $1.71R_{\jupiter}$ 的强洛伦兹 3∶2 共振的显著扰动。这些轨道变得更加倾斜，从而形成晕。在洛伦兹 2∶1 共振的位置，即 $1.40R_{\jupiter}$，粒子轨道再次受到扰动，这次到达撞击行星的轨道，导致环粒子的损失。在 $1.40R_{\jupiter}$ 以内，环的法向光学深度大幅减少。

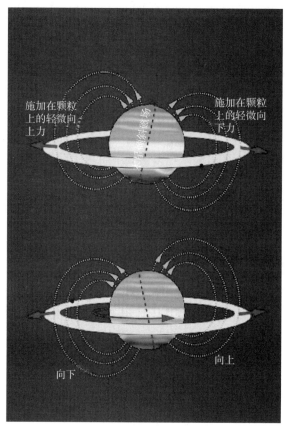

图 11-33　此图显示了磁力（如箭头所示）对带电环粒子的影响。由于木星的偶极磁场（虚线显示）从行星的自转轴（在图中是垂直的）倾斜约 10°，这种平面外力的方向取决于粒子在环平面中的位置以及木星的旋转方向。木星的方向如上图所示，带电环粒子上的磁力对木星左（右）侧的粒子有轻微的向上（向下）的作用力。5 h 后，木星旋转 180° 后，这种情况发生了逆转（进入下图中所示的方向）。因此，每个带电的环颗粒都会经历一个振荡的垂直力；这些力的周期取决于轨道半径，因此在某些位置，周期变成粒子轨道周期的倍数，从而导致洛伦兹共振。[图片来源：J. A. 伯恩斯（J. A. Burns）]

11.5.3　土星环上的轮辐

　　轮辐的产生与电和磁效应有关，它是唯一已知的主要呈放射状的行星环特征。它们位于 B 环的中心，在那里粒子与土星磁场同步运行。轮辐在后向散射中比周围的颜色暗，但在前向散射中更亮（图 11-34）。轮辐的强烈前向散射外观表明微米和亚微米大小的尘埃颗粒是其重要组成部分。当环平面与太阳的倾角很小时，轮辐的后向散射对比度最大；小倾角下的能见度增强说明尘埃的垂直厚度大于宏观颗粒层的厚度。

　　轮辐形成速度很快，在几分钟到几十分钟的时间尺度上，最初表现为指向土星中心的线性特征。只要轮辐上添加了新的物质，其中一条边缘就会保持径向（并随着土星磁场的周期而演化）。轮辐中的尘埃基本上以开普勒速率运行，因此轮辐在老化时会变得模糊不

(a)   (b)

图 11-34 旅行者号拍摄的两张土星 B 环轮辐图像。两幅图像都显示了环的阳照面，但由于观测的相位角不同，轮辐看起来非常不同。在后向散射光下拍摄的帧（a）中，轮辐看起来很暗，而在帧（b）中，轮辐比周围的环物质亮，后者在前向散射光下成像，分辨率约为 80 km。图像中的黑点是网格标记。（在旅行者号相机的光学系统中，有一个称为"网格标记"的黑点网络。这些黑点叠加在从旅行者号发回的每幅图像上，用于纠正相机中的几何畸变。在已发布的图像中，它们通常会被局部平均亮度所取代。然而，如果仔细观察，几乎总能找到它们。大多数早期的探测器图像都使用了网格标记，但 CCD 像机不需要标记，因为 CCD 摄像机本质上更稳定。） （NASA；a：PIA02275；b：旅行者 1 号，FDS 34956.55）

清。随着尘埃被更大的环粒子重新聚集，并在大约 1/4～1/3 的轨道周期内从人们的视野中消失。轮辐在所有方位角出现，但频率不同。轮辐的形成最常发生在土星环从土星阴影中出现后不久。轮辐的形成也与磁场经度密切相关，而与土星赤道附近某些云层特征的经度弱相关，在那里强风会导致一场风暴，使得自转周期相对于土星磁场的自转周期减少约 5%。相比环对太阳光照射更为开放时的观测，在土星春分点附近观测到的轮辐数量要多得多。关于轮辐形成的物理机制，目前尚无共识。

11.6 陨石轰击

行星环具有非常大的面质比，因此受到遍布整个太阳系的小杂散碎片流的猛烈轰击和显著影响。这些碎片可以改变行星环的轨道和组成，并可能导致行星环系统的形成和破坏。

当超高速尘埃撞击一个环粒子时，会产生相对其自身质量约 $10^4 \sim 10^5$ 倍的撞击喷射物。撞击产生的碎片中的一部分在环中永久性的消失，要么是飞行于偏离行星或与行星相交的轨道上，要么是被蒸发或电离并随后逃逸。然而，在大多数情况下，大部分喷射物被环系统重新吸积，尽管不一定与它起源的行星保持相同的距离。本节首先考虑流星体撞击引起的质量、成分和环的角动量变化，然后讨论喷射物的弹道传输及其在形成环结构中可能发挥的作用。最后作者认为来自卫星的撞击喷射物是环物质的来源之一。

11.6.1　行星际碎片的吸积

行星际撞击物为环系统添加了物质，但也从环中移除了物质。净效应尚不确定；可能会导致增加或损失，这取决于许多因素，包括撞击速度、与行星大气层接近的程度、行星引力势阱内的深度，以及相关物质的脆弱性和挥发性。撞击物的通量也很不确定，但与土星环在太阳系中被相当自身质量的物质轰击相符，因此撞击产生的物质损失和增加可能是行星环系统演化的一个重要因素。

行星环拥有巨大的净轨道角动量，因为所有粒子都在同一个方向上运行。对于光学深度厚的环系统，来自日心轨道的撞击碎片基本上不会为其提供净角动量。［光学深度薄的环则增加了一个净负角动量通量，因为逆行的天体有更大的碰撞概率（习题 11.20）。］从环系统中消失的喷射物通常带有"正"角动量。因此，在大多数情况下，行星际撞击物的净效应是导致环系统失去（特定）角动量，从而缓慢向内衰减。

撞击碎片可以通过三种方式改变行星环的矿物学成分：平均而言，进入行星环系统的新物质在成分上大致为太阳物质（除了挥发物的大量消耗）。环中更易挥发和脆弱的成分最先从环系统中流失。其中一些挥发物可以以气态暂时停留在环附近，形成环大气。冲击期间的高压和高温会产生化学和矿物学变化（5.4.2 节）。

行星环上可观测的最有趣的行星际碎片化学结果很可能是土星环的"污染"。观测表明土星环几乎是纯净的水冰。在光学深度较低的区域观察到其余物质的比例最大，这些区域应该受到了行星际碎片最大比例的污染。通过将观测到的所有土星环暗化现象归因于行星际碎片，估算出土星环的年龄约为 10^8 年。虽然流星体通量和蒸发/损失分数的不确定性非常高，但有趣的是，这个时间尺度与通过密度波扭矩估计的年龄一致，并表明土星的环系统并非原始的。

11.6.2　弹道输运

超高速撞击产生的大部分喷射物以远小于环粒子绕行轨道的速度离开环粒子。因此，这些碎片在小偏心率和倾角的轨道上运行，并且除非环光学深度非常小，否则大多数喷射物会在几个轨道周期内重新撞击环粒子。环的给定区域通过该过程获得和损失物质的速率取决于其光学深度和相邻区域（在喷射物的"投掷距离"内）的光学深度。这种弹道输运（ballistic transport）可以形成结构，尤其是在环光学深度的突变边界附近。弹道输运的数值模拟成功地再现了 C 环和 B 环之间以及卡西尼环缝和 A 环之间边界处的斜坡状结构（图 11-35），并为此类特征提供了最为合理的解释。

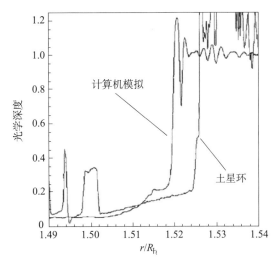

图 11-35　对土星光学深度薄的 C 环到光学深度厚的 B 环过渡区的观测结果与数百万年流星体轰击产生的弹道输运模式的数值模拟结果之间的比较。观测到的光学深度曲线图是从旅行者 1 号拍摄的环相对行星边缘的图像中获得的。模拟中的初始轮廓假定为锐利的边缘，但也考虑到了黏性扩散会使这种边缘扩散的趋势。请注意，在两条曲线中，B 环内边缘的锐度和位于其内部的渐变之间的相似性。[图片来源：理查德·杜里森（Richard Durisen）；有关模拟的详细信息，请参阅 Durisen et al.，1996]

11.6.3　卫星喷出物提供的质量

行星环的质量 M_{ring} 会因卫星受到撞击而增加

$$\frac{\mathrm{d}M_{\text{ring}}}{\mathrm{d}t} = f_{\text{i}} Y_{\text{e}} Y_{\text{i}} \pi R^2 \tag{11-33}$$

式中，R 为卫星半径；f_{i} 为超高速撞击物的质量通量密度；Y_{i} 为撞击产额或喷射质量与投射物质量之比，通常量级为 $40 v_{\text{i}}^2$（即与动能大致成正比），撞击速度 v_{i} 以 km/s 为单位；基于超高速撞击坑实验的经验拟合，逃离卫星的喷射物的分数 Y_{e} 可以近似为

$$Y_{\text{e}} \approx \left(\frac{v_{\text{min}}}{v_{\text{e}}}\right)^{9/4} \tag{11-34}$$

式中，v_{min} 为喷射物发射的最低速度（通常为 $10\sim100$ m/s）；v_{e} 为逃逸速度。

对于一个独立的卫星，$v_{\text{e}} \propto R$，而且对于大小与木星的小内卫星相似的球体约为 $10\sim100$ m/s。利用这些近似值，可以证明 $Y_{\text{e}} \propto R^{-9/4}$，因此

$$\begin{cases} \dfrac{\mathrm{d}M_{\text{rings}}}{\mathrm{d}t} \propto R^{-1/4} & (v_{\text{e}} > v_{\text{min}}) \\[2mm] \dfrac{\mathrm{d}M_{\text{rings}}}{\mathrm{d}t} \propto R^2 & (v_{\text{e}} < v_{\text{min}}) \end{cases} \tag{11-35}$$

因此，即使较小卫星的表面积很小，也比较大的卫星提供了更多的物质，因为大卫星的引力势阱较深。如果卫星位于洛希极限附近或之内，撞击产生的喷射物损失甚至更大。环物质的最佳来源是一颗 $v_{\text{e}} \approx v_{\text{min}}$ 的卫星。如果卫星的密度为 2 g/cm³、表面被软的风化

层覆盖，且其半径为 $R \approx 5 \sim 10\ \mathrm{km}$，则是环物质的最佳来源，该半径大致相当于木卫十五和天卫二十六的大小。

木星卫星木卫十四、木卫五、木卫十六和木卫十五受到撞击产生的喷射物通过坡印亭-罗伯逊阻力向内迁移，形成了木星环系统的形态。喷射物的初始轨道与母卫星的轨道类似。当粒子由于坡印亭-罗伯逊阻力缓慢向内旋转时，轨道进动迅速（在 $2.5R_2$ 和 $3.1R_2$ 时分别运行 4 个月和 8 个月）；同时，轨道的倾斜也得以保留。在相对较短的时间内，粒子轨道的集合类似于一个甜甜圈，其垂直厚度由母卫星的倾角决定。顶部和底部边缘最亮，因为粒子的大部分时间都处于其转折点附近。木卫十四、木卫五、木卫十六/木卫十五的轨道倾角分别为 1.1°、0.4°、0.0°。因此，木卫十四环的垂直范围最大，如图 11-6 所示，而木星的主环位于赤道平面上。虽然木卫十四和木卫五的薄纱环向内延伸超过了木卫十六，但主环仍然比它们显得更为突出。

11.7 行星环的起源

环系统是原卫星吸积盘残余物的原始结构（追溯到行星形成时代，约 4.5×10^9 年前）？还是最近形成的较大卫星或行星际碎片破裂的结果？在远短于太阳系年龄的时间尺度上所发生的各种演化过程表明，纤细的、以尘埃为主的、狭窄的环，在地质学上一定非常年轻。然而，从事实推断，土星主环不太可能起源于如此近的年代。

微米大小的尘埃很快被从环上清除。某些损耗机制会导致颗粒从环系统中被永久去除。导致颗粒永久性损失的过程包括：1）溅射，这在木星尘埃中起主导作用；2）气体阻力，这对围绕天王星运行的粒子很重要，因为天王星有热延展的大气层；3）坡印亭-罗伯逊阻力。其他尘埃去除机制还允许循环利用，如在土星轮辐组成的尘埃中起主导作用的大颗粒的再吸积。在所有环系统中，尘埃需要不断补充，这表明存在宏观的母体颗粒。尘埃质量非常小，在大多数情况下，在地质时期可能存在准稳定态。

如果环不能持续存在很长时间，为什么在四颗巨大的行星周围均可观察到它们？这个问题与土星环系统的情况最为相关，因为它的质量远远超过其他行星的环。在木星、天王星和海王星的情况中，更容易将当前的环/卫星系统视为亿万年来的物质的破坏、再吸积（尽可能靠近行星）和逐渐净损失的遗留物。11.6 节说明了木星的环系统是由小卫星的撞击喷射物形成的。事实上，该理论表明，所有在行星附近运行的小卫星（包括火卫一和火卫二）都应该形成一个环。

研究一下行星环内部宏观粒子的一些特殊的起源假设。一个孤立天体在经过行星附近时可能会受到潮汐力而分裂（如舒梅克-列维 9 号彗星，见 10.6.4 节）。然而，在大多数情况下，绝大多数碎片会逃离行星或与行星相撞。此外，这样的起源假设并不能解释为什么所有四个行星环系统都沿顺行方向运行。而且这种机制并不容易解决"短时间尺度"的问题，因为行星际碎片的通量在地质时期已经大幅减少（至少在内太阳系，从月球撞击坑的放射性同位素测年中获得了"真实数据"；见 5.4.4.1 节）。因此，环粒子最有可能（可能是第二代或之后一代）是绕行星盘的产物。

行星环可能是由于卫星离行星太近而被潮汐应力破碎产生的碎片，或是由于被撞击破坏而产生的碎片且由于潮汐力而没有重新吸积。对于观察到的环是近期卫星分裂产物的假设，存在两个难题：为什么环是最近形成的，即为什么现在是特殊的？卫星能否在行星环所在的半径处形成或是向内移动到此处？对于一个天体来说，吸积比保持在一起更为困难（习题 11.2）。一颗环的母卫星的形成必须超出行星的洛希极限之外，然后再向内漂移。只有在与行星自转周期同步的轨道内的卫星（除非卫星轨道逆行），才会发生朝向行星的潮汐衰减。但对于木星和土星，洛希极限在同步轨道之外。然而，在所有四个行星环系统中都存在散布着环粒子的卫星（习题 11.3 和习题 11.4），这有力地证明了该模型的可行性，尤其是木星、天王星和海王星的环，它们的质量比附近的卫星要小（或者，对于天王星，环的质量可能与附近的卫星相当）。

因此，行星环中一个主要的突出问题是土星主环系统的起源和年龄。土星环为地质学上近期起源的最有力证据是环和附近卫星由共振力矩导致（负责密度波激发）的轨道演化，以及对行星际碎片吸积形成的环污染。对于卫星力矩的有效性测试尤其重要，因为模型还表明，在其他的、未全面观测的、天体物理盘系统的演化中，如双星系统中的原行星盘和吸积盘，通过共振力矩和密度波的角动量传输是一个重要因素。例如，密度波力矩可能会在约 $10^5 \sim 10^6$ 年时间尺度上导致原行星盘中年轻行星的轨道发生重大演化（13.8节）。

11.8　总　结

行星环是多种多样的。木星的环很宽，但非常纤细。从木星环系统观测到的大部分光都是从微米大小的硅酸盐尘埃中散射出来的。土星的主环宽而光学深度厚，大部分区域被厘米-米级的天体覆盖，这些天体主要由水冰组成；土星宽大的外环纤细，由微米大小、富含冰的颗粒组成。天王星环中的大部分质量限制于窄环的粒子中，这些粒子大小与土星主环系统中的天体相似，但颜色要深得多。海王星最亮的环很窄，经度变化很大；在海王星周围也观察到了更多纤细的、更宽的环。海王星环中微米级尘埃的比例大于土星环和天王星环，但小于木星环。海王星环中的粒子反照率非常低。

土星主环系统被分为四个主要部分的原因，以及主要的环的边界成因，在很大程度上仍然无法解释，但有两点特殊。旅行者号证实了 B 环外缘与土卫一的 2∶1 内林德布拉德共振的经典认识，并从理论上解释了该边缘意外的陡峭和非圆度。A 环的外缘已经被确定为同轨道卫星土卫十和土卫十一 7∶6 共振的位置。因此，环系统中两个最强的共振负责两个主要环的外边界。

对于环的内部边界解释的尝试并不那么成功。为了保持内边界，必须向环粒子上转移正的角动量。如果角动量从外卫星向内转移，则必须提供超过圆轨道所需能量的多余能量。由于这种能量损失会迅速抑制扰动卫星的偏心率（或倾角），因此这种机制不会在很长一段时间内有效，必须有其他一些过程来维持内边缘。外环的边界不存在这个问题；在这种情况下，角动量向外转移会导致非圆轨道能量的增加，这种能量可以通过粒子间碰撞耗散［卫星间轨道共振的稳定性与潮汐演化存在类似的情况。如果共振对的内卫星潮汐向外推进的速度更快，则有多余的能量可用，并能够导致潮汐加热（习题 2.29），而如果外卫星从行星潮汐后退的速度更快，则锁定不稳定]。超高速微流星体对环粒子的撞击和破坏性撞击产生的弹道输运有可能再次产生 A 环和 B 环内边缘的形态，但它需要特殊的初始条件，而且并不能解释为什么这些边缘被定位到所观察到的位置。

卫星产生环（木星环系统、土星 E 环、天王星 μ 环），并且造成了大部分已确定的环结构。电磁力影响小颗粒的运动。一些结构由环内的内部不稳定性产生，环物质的弹道输运也可能起到重要作用。然而，这些过程并不能解释行星环系统中观察到的所有多样性，确认行星环中其他结构产生的机制，仍然是一个活跃的研究领域。

11.9　延伸阅读

以下综述图书全面概述了当时对行星环的了解：

Greenberg，R.，and A. Brahic，Eds.，1984. Planetary Rings. University of Arizona Press，Tucson. Particular attention should be given to the articles by Cuzzi et al. (Saturn's rings)，Burns et al. (ethereal rings)，and Shu (spiral waves).

近期介绍单个环系统的综述：

Grün，E.，I. de Pater，M. Showalter，F. Spahn，and R. Srama，2006. Physics of dusty rings：History and perspective. Planetary and Space Science，54，837 - 843.

Burns，J. A.，D. P. Simonelli，M. R. Showalter，D. P. Hamilton，C. C. Porco，H. Throop，and L. W. Esposito，2004. Jupiter's ring - moon system. In Jupiter：Planet，Satellites and Magnetosphere. Eds. F. Bagenal，T. E. Dowling，and W. McKinnon. Cambridge University Press，Cambridge. pp. 241 - 262.

Cuzzi，J. N.，et al.，2002. Saturn's rings：Pre - Cassini status and mission goals. Space Science Reviews，118，209 - 251.

French，R. G.，P. D. Nicholson，C. C. Porco，and E. A. Marouf，1991. Dynamics and structure of the uranian rings. In Uranus. Eds. J. T. Bergstrahl，E. D. Miner，and M. S. Matthews. University of Arizona Press，Tucson，pp. 327 - 409.

de Pater，I.，M. Showalter，and B. Macintosh，2008. Structure of the jovian ring from Keck observations during RPX 2002 - 2003. Icarus，195，348 - 360.

Showalter，M. R.，I. de Pater，G. Verbanac，D. P. Hamilton，and J. A. Burns，2008. Properties and dynamics of Jupiter's gossamer rings from Galileo，Voyager，Hubble and Keck images. Icarus，195，361 - 377.

Porco，C. C.，P. D. Nicholson，J. N. Cuzzi，J. J. Lissauer，and L. W. Esposito，

1995. Neptune's ring system. In Neptune. Ed. D. P. Cruikshank. University of Arizona Press，Tucson，pp. 703 - 804.

11.10　习题

习题 11.1 E

（a）由式（11 - 6）推导式（11 - 7）。（提示：回想一下，分析假设行星是球形的。）

（b）由式（2 - 31）推导式（11 - 7）。

习题 11.2 I

在 11.1 节中，通过将卫星的自引力与卫星表面上某一点（位于连接行星中心与卫星中心的直线上）的行星潮汐力设为相等，估算了在行星附近运行的球形卫星的潮汐稳定性极限。这项研究的结果直接适用于球形卫星吸积落在其表面适当点上的更小粒子的能力。对两个大小和质量相同的球形天体的相互吸引进行类似的分析，它们的中心位于穿过行星中心的一条线上。这个结果被称为吸积半径（Accretion Radius）。对吸积半径、单个球形天体的潮汐破裂半径［式（11 - 7）］和可变形天体洛希潮汐极限［式（11 - 8）］之间的定性相似性和定量差异进行讨论。

习题 11.3 E

计算每个巨行星的洛希极限，作为卫星密度的函数。将计算结果与观测到的一些行星的内卫星和环的位置与大小进行比较，并进行讨论。

习题 11.4 E

计算海王星六颗内卫星所需的密度，假设每颗卫星的密度都刚好位于洛希极限之外。这些密度现实吗？是什么让这些卫星在一起的？

习题 11.5 E

为什么行星环如此扁平？为什么它们总是在行星的赤道平面上运行？

习题 11.6 E

如果一个环有一个法向光学深度 τ，那么使用几何光学近似，一个光子垂直于环平面传播，穿过环而不与环粒子碰撞的概率为 $e^{-\tau}$。对于这个问题，可以假设环粒子分离的很好，并且它们的中心位置是不相关的。

（a）以与环平面成 θ 角接近环的光中，有多少部分会穿过环而不与粒子碰撞？

（b）环粒子与其他环粒子碰撞的横截面大于与光子碰撞的横截面。假设所有环粒子具有相同的大小，沿环平面法向移动的环粒子通过环而不发生碰撞的概率是多少？

（c）平均来说，一条垂直于环平面的线可以穿过多少个环粒子？

（d）平均而言，一个垂直于环平面的粒子与多少个环粒子碰撞？（当开普勒轨道上的环粒子在每个轨道上两次通过环平面时，结果是稀疏环中粒子在每个轨道上碰撞次数的两倍。粒子随机速度的面内分量会使碰撞频率增加一小部分，其值取决于水平速度弥散与垂直速度弥散的比率。对于足够薄且质量足够大的环，局部自引力可以增加粒子轨道的垂直频率，并结合单个粒子的引力，将大大增加粒子碰撞频率。）

习题 11.7 E

（a）使用以下参数计算开普勒剪切将环在 360° 经度范围内展开所需的时间：

（ⅰ）宽度 1 km，轨道距离土星 80 000 km。

（ⅱ）宽度 100 km，轨道距离土星 80 000 km。

（ⅲ）宽度 1 km，轨道距离土星 120 000 km。

（ⅳ）宽度 2 km，轨道距离海王星 63 000 km。

（b）假设黏度 $\nu_v = 100 \ cm^2/s$，计算（a）部分中环宽度加倍的径向扩散时间。这些时间如何随黏度变化（给出函数形式)？

（c）比较（a）和（b）部分的结果，并对所观察到的环随半径的变化比随经度的变化大得多的现象进行讨论。

习题 11.8 I

考虑这样一种情况，在靠近洛希极限的偏心倾斜轨道上的一个小卫星，被超高速撞击破坏。碎片最初范围是相当局部的，与轨道速度相比，速度散布很小。利用前一题的结果，描述碎片群的后续演化。

习题 11.9 I

假设一个独立的小环在 $t = 0$ 时位于距土星中心 100 000 km 的轨道上，宽度 $\Delta r = 20 \ km$，全厚度 $2H = 2c_v/\mu = 20 \ m$，光学深度 $\tau = 1$。符号 c_v 和 μ 分别代表速度散布和垂直频率，以及 $\mu \approx n$。在 $t = 10^3$ 年和 $t = 10^8$ 年时，环的大概宽度是多少？

应使用式（11-11）给出的黏度公式和扩散关系

$$[\Delta r(t)]^2 = [\Delta r(0)]^2 + \nu_v t \tag{11-36}$$

可以对 H 和 τ 的时间演化做出任何合理的假设。（选择一些方便的情况，并证明其合理性。）用简单的单位说明所得到的答案。

习题 11.10 E

假设行星环中粒子的微分尺寸分布满足有限范围内幂律分布［式（11-18）］。

（a）对于（ⅰ）质量和（ⅱ）表面积在半径每翻 1 倍的半径区间中相等的情况，分别

计算 ζ 的临界值。对于较大的 ζ（更陡的分布），大多数质量或表面积包含在小颗粒中，而对于较小的 ζ，大多数包含在分布中最大的天体中。（提示：此问题要在尺寸分布上积分。）

（b）证明无论 ζ 取何值，都不可能同时存在 $R_{\min}=0$ 和 $R_{\max}=\infty$。

习题 11.11 E

（非常粗略地）估计木星环系统和相关内卫星的质量。在本题（a）～（c）部分中，可以假设环粒子的密度为 1g/cm^3。

（a）假设粒子半径在环内为 $0.5\,\mu\text{m}$，其他区域为 $1\,\mu\text{m}$，估算环系统三部分中每一部分的尘埃质量。使用表 11-1 中给出的光学深度。

（b）估算主环中宏观粒子的质量，假设粒子半径为：

（ⅰ）全部 5 cm；

（ⅱ）全部 5 m；

（ⅲ）从 5 cm 到 5 m，以 $N(R)\propto R^{-3}$ 的幂律分布；

（ⅳ）从 5 cm 到 5 m，以 $N(R)\propto R^{-2}$ 的幂律分布；

（ⅴ）从 1 cm 到 500 m，以 $N(R)\propto R^{-3}$ 的幂律分布；

（ⅵ）从 1 cm 到 500 m，以 $N(R)\propto R^{-2}$ 的幂律分布。

（c）使用表 1-5 中给出的尺寸估算卫星木卫十六的质量。

（d）将假设密度带来的不确定性与粒径分布所带来的不确定性进行比较。

习题 11.12 I

小卫星土卫十八运行在土星环的恩克环缝内。

（a）使用开普勒轨道近似计算土卫十八的 2：1 内林德布拉德共振的位置。

（b）更精确地计算土卫十八的 2：1 内林德布拉德共振的位置。

（c）这个共振是在土星环内吗？如果是，请说明是哪个环。

（d）这种共振能激发什么样的波？它会有多少个旋臂？

习题 11.13 E

土星的赤道半径 $R_{\text{h}}=60\,330$ km，其引力矩为 $J_2=1.63\times10^{-2}$，$J_4=-9.17\times10^{-4}$。

（a）使用开普勒轨道近似计算土卫二 3：1 内林德布拉德（水平）共振的位置。

（b）这个共振位于土星的环系统之内吗？如果是，在哪个环？

习题 11.14 D

（a）比习题 11.13 更准确地计算土卫二 3：1 内林德布拉德共振的位置。说明使用的近似值。

（b）如果环的面密度为 50 g/cm^2，计算由该共振激发的密度波预期波峰的位置。可以假设一个波峰发生在准确的共振处。讨论这是否为合理的假设。

（c）使用开普勒近似轨道计算土卫二 3：1 内垂直共振的位置。

（d）更准确地计算土卫二 3：1 内部垂直共振的位置。说明所使用的近似值。

习题 11. 15 E

小卫星土卫十八的轨道位于 325 km 宽的恩克环缝的中间。计算土卫十八在恩克环缝边缘的土星 A 环中激发的波纹的波长和振幅。

习题 11. 16 E

想象一下，建立一个半径为 5 km（大约旧金山大小）的土星环比例模型。这个模型的局部厚度为多少？最高弯曲波对应的波纹高度是多少？A 环有多宽？F 环的宽度是多少？

习题 11. 17 E

简要解释行星环守护作用是如何工作的，以及为什么在小行星带中不会发生守护作用。

习题 11. 18 I

计算木星环中电势为 -10 V 的无屏蔽带电粒子的洛伦兹力与引力之比，作为颗粒大小、密度以及与木星距离的函数。假设木星的磁场可以近似为表面磁场强度为 4 Gs 的偶极子。

习题 11. 19 E

假设土星环上的轮辐呈放射状，从 $r = 1.6\,R_h$ 延伸到 $r = 1.9\,R_h$。计算轮辐两端粒子的轨道周期。在 $r = 1.6\,R_h$ 的粒子完成四分之一的轨道后，绘制轮辐。

习题 11. 20 I

向行星环移动的光子与环粒子相互作用的概率取决于光子路径与环平面之间的角度（习题 11.6），但它并不（显著）取决于光子速度的面内分量是在粒子轨道的方向上还是与它们相反，因为光子的移动速度比环形粒子快得多。然而，行星际碎片的速度仅略大于环粒子的速度，因此在确定碰撞概率时，不能忽略这些碎片通过环盘时的粒子运动。通过将碎片的速度分解为行星中心系中的圆柱极坐标，推导出撞击概率的公式，作为速度（相对于环粒子的轨道速度）、方向和环的法向光学深度 τ 的函数。

第 12 章　系外行星

> "既然'世界是一个世界还是多个世界'是自然界中最奇妙、最崇高的问题之一，也是人类渴望理解的问题，那么我们理应去探究它。"
>
> ——大阿尔伯特，13 世纪

本书的前 11 章涵盖了行星的特性和变化的一般方面，并具体地描述了太阳系中的各天体。现在把注意力转向更遥远的行星：围绕除太阳之外的恒星运行的行星系统有什么特点？有多少行星是典型的行星？它们的质量和组成是什么？各个行星的轨道参数是什么？围绕同一恒星运行的多个行星轨道相互有何关联？恒星的质量、组成和多重性等特性与围绕它们运行的行星系统的特性之间有什么关系？这些问题很难回答，因为太阳系以外的行星［通常被称为系外行星（exoplanets）］比太阳系内的行星更难观测。

太阳系小天体的发现迫使天文学家决定一个天体小到什么程度仍算是行星（第 9 章）。与之类似，探测围绕其他恒星运行的亚恒星天体，让天文学家思考行星尺寸的上限。本书采用与国际天文联合会（International Astronomical Union，IAU）当前的命名法一致的定义：

- 恒星（star）：自持聚变足以使热压力与引力平衡［对于同太阳的成分组成一致的恒星，质量应 $\gtrsim 0.075 M_\odot \approx 80 M_\jupiter$；成为恒星的天体的最小质量通常称为氢燃烧极限（hydrogen burning limit）］。

- 恒星遗迹（stellar remnant）：死亡的恒星——不再发生聚变（或聚变很少，以至于天体不再主要靠热压力支撑）。

- 褐矮星（brown dwarf）：具有大量氘聚变的亚恒星天体——该天体初始氘存量的一半以上最终被聚变破坏。

- 行星（planet）：聚变可忽略不计（$\lesssim 0.012 M_\odot \approx 13 M_\jupiter$，精确值取决于成分），且围绕一个或多个恒星和/或恒星遗迹运行。

引力收缩是巨行星和褐矮星辐射能量的主要来源。这些天体会随着年龄的增长而收缩和（在初始升温后）冷却（图 12-1），因此它们的光度和质量之间没有特定关系。

20 世纪 90 年代的视向速度巡天观测表明，在太阳之外，许多行星围绕着众多的恒星运行。其中大多数行星的质量和轨道组合都与太阳系的行星大相径庭。截至 2009 年，天文学家发现的所有围绕附近恒星运行的系外行星都会导致恒星反射运动[1]的变化，这种运

---

[1]　恒星反射运动（stellar reflex motion，也被称为 stellar reflex 或 astrometric reflex motion）是指在天文学中，当一颗恒星有一个或多个行星绕它公转时，这些行星的引力作用会导致恒星也产生微小的扰动。这种扰动可以被探测到并用来推算行星的存在及轨道参数。——译者注

动与太阳系行星系统相比，振幅更大，周期更短。因此迄今为止的巡天结果偏向于探测到大质量短周期的行星。

12.1 行星、褐矮星和低质量恒星的物理学和尺寸

核反应将小质量恒星内核温度维持在接近 $T_{\text{nucl}} \approx 3 \times 10^6$ K（13.2.2 节），因为在 T_{nucl} 附近的聚变率与 T^{10} 大致成正比。位力定理［式（2-77）］可以用来证明这类恒星的半径一定与质量近似成正比。在平衡状态下，热能和引力势能处于平衡状态

$$\frac{GM_\star^2}{R_\star} \sim \frac{M_\star k T_{\text{nucl}}}{m_{\text{amu}}} \qquad (12-1)$$

因此

$$R_\star \propto M_\star \qquad (12-2)$$

恒星的平均密度为

$$\rho_\star \propto M_\star^{-2} \qquad (12-3)$$

在低密度下，恒星的静力结构主要由引力和热压力之间的平衡决定。在足够高的密度下，另一个压力源变得尤为重要。因为电子具有半整数的自旋，所以必须服从泡利不相容原理（Pauli exclusion principle），禁止占据相同的量子态。因此，电子依次填满了最低的可用能态。那些被迫进入更高能级的电子产生简并压力（degeneracy pressure）。简并压力与 $\rho^{5/3}$ 成正比，当其大小与理想气体压力［同密度和温度乘积成正比，即 ρT；见式（3-34）］相当或大于理想气体压力时，简并压力非常重要。在 T_{nucl} 附近，当密度超过几百克每立方厘米时，简并压力占主导地位。

主要由简并压力支撑的天体称为致密天体（compact objects）。在致密天体中，位力定理表明简并粒子（就褐矮星来说，指电子）的能量与引力势能相当

$$\rho^{5/3} R^3 \sim \frac{GM^2}{R} \qquad (12-4)$$

因此有以下关系（习题 12.1）

$$R \propto M^{-1/3} \qquad (12-5)$$

如果给致密天体增加更多质量，则其会收缩。质量最大的冷褐矮星的半径确实比质量较小的同类天体略小。年轻的褐矮星可能是炽热和膨胀的，这取决于它们的年龄和形成环境，如图 12-1 所示。

对于质量较小的天体，一个分子中的电子与另一个分子中的电子产生的电磁斥力，即库仑力（Coulomb pressure），相对于简并压力起着更大的作用。库仑力的特点是密度恒定，表明这类天体的半径关系如下

$$R \propto M^{1/3} \qquad (12-6)$$

库仑力和简并压力的共同作用导致所有冷褐矮星、与太阳成分一致的巨行星以及最小质量恒星的半径，都和木星半径近似（图 6-25）。最大尺寸的冷行星预计 $M_{\text{p}} \approx 4 M_{\text{2}}$。

$1 M_\oplus$ 量级的行星主要由硅酸盐、铁和 H_2O 组成，这类行星受到压力被压缩，进而使

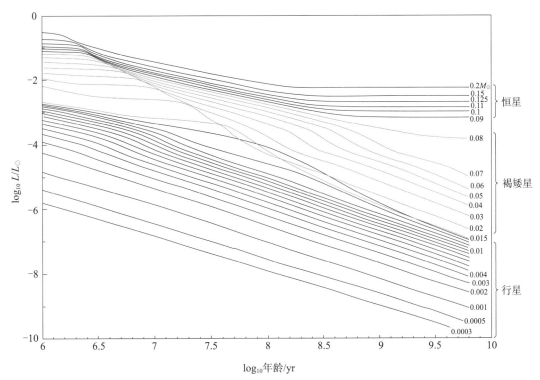

图 12-1 超低质量恒星和亚恒星天体（M 型和 L 型矮星）在形成后的理论光度（以 $\mathcal{L}_\odot$ 为单位）演化图（以年为单位）。这些天体模型初始条件较为炽热和膨胀，假设了一个太阳的金属丰度并仅考虑单独演化。恒星、褐矮星和行星分别显示为上、中、下三组曲线。大多数曲线中天体质量都以 $M_\odot$ 为单位进行标注；最低的三条曲线分别对应土星的质量、木星质量的一半和木星的质量。所有的亚恒星天体的发光都会减弱，因为它们由大天体变成尺寸为 R 的更致密天体的引力收缩过程会通过辐射释放能量。$M \gtrsim 0.012\,M_\odot$ 的天体在 $10^6 \sim 10^8$ 年之间由于氘燃烧（初始氘的质量分数假设为 2×10^{-5}）而表现稳定。在质量最大的天体中，氘燃烧发生得最早且最快。当恒星到达氢燃烧的主序时，它们的亮度最终会趋于平稳，而一些刚刚超过氘燃烧极限的曲线则会出现两次交叉，因为较小质量的天体在较晚的时候才能达到足够的温度进行氘燃烧，并且需要更长的时间来耗尽它们的氘。与此相反，褐矮星和行星的光度则会无限地下降。对于较年轻的天体（特别是年龄 $\lesssim 10^8$ 年的巨行星），如果它们在成长过程中辐射了大部分的吸积能量，那么它们的光度可能会比上图显示的数值小得多。（Burrows et al.，1997）

平均密度增加数十个百分点。对于给定的组成，行星半径随质量变化大致关系为：当 $1M_{\text{☾}} < M_p < 1M_\oplus$ 时，$R \propto M_p^{0.3}$；当 $1M_\oplus < M_p < 10M_\oplus$ 时，$R \propto M_p^{0.27}$。在该范围内，由类似地球混合物组成的行星的半径，预计比相同质量由类似地球混合物和 H_2O（图 12-2 和图 12-3）组成的行星的半径小 20%。给定质量的多种不同混合物组成的行星具有相同的半径，因此，无法通过测量质量和半径唯一确定超级地球的组成。给定质量的岩石行星的最大半径对应于图 12-3 中的"硅酸盐地幔"顶点。半径更大的行星必然意味着它含有水或其他较轻的成分。

在距离恒星非常近的轨道上运行的行星受到强烈的恒星加热作用。这种加热作用阻碍了富含气体的内行星气体包层上部的对流。在木星质量水平的富含氢的近距行星中保留的

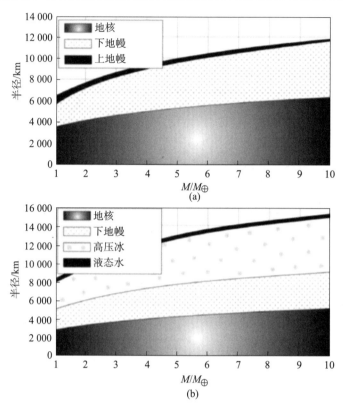

图 12-2　（a）地球组分的行星和（b）由 H_2O 和地球组分混合的相等（质量）的海洋行星的半径。图例显示了行星的各个层。地壳属于地球组分行星的上地幔部分，而地球的水量在这个图的尺度上微不足道。对于富含水的热行星，图上方显示为高压冰区域的部分被液态水所替代。而对于富含水的冷行星，图上方显示为液态水的区域被冰所取代。[图片来源：索廷（Sotin）；详见 Sotin et al.，2007]

逾熵（excess entropy，多余的熵），让这些行星的半径比相同质量、组成和年龄但较冷的行星高几十个百分点。对于质量较小的行星，这种影响更大。需要注意的是，如果一颗行星在辐射掉其大部分初始吸积能量并收缩至半径接近 $1R_{2}$（这一过程需要数千万年）以后，迁移到一颗恒星附近，那么当行星处于较冷的环境中其半径可能只会略有增加，因为恒星的加热只会影响和扩大行星外层原本已经冷却至新 T_{eff} 以下的大气。

　　距离恒星非常近的行星的大气动力学也与太阳系行星的大气动力学有所不同。为了说明热巨行星大气和冷巨行星大气截然不同的动力学机制，有必要引入辐射时间常数（radiative time constant）的概念。辐射时间常数是一个时间尺度，给定气压水平下，大气在这个尺度上可以大幅冷却。它取决于局部温度和上层的光学深度。太阳系巨行星的辐射时间尺度接近轨道的时间尺度，这些行星每公转 1 圈，自转超过 10^4 圈，因此这些行星的大气没有日变化，并且随季节的变化（如果有的话）非常缓慢。距离恒星仅约 0.05 AU 的巨行星，其辐射时间尺度可能小得多［因为能量含量与 T 成正比，辐射与 T^4 成正比；见式（3-1）、式（3-11）以及习题 12.2］，大约为几小时量级，与轨道周期相当或小于轨道周期。因此，动力学过程和辐射在大气中发生"竞争"，以重新分配热量。

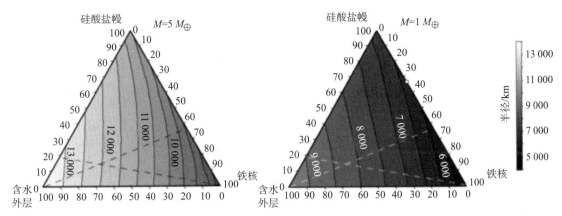

图 12 - 3　三元图显示了 $1M_\oplus$ 和 $5M_\oplus$ 的行星的组成、质量和半径之间的关系。黑线表示半径，增量为 500 km。三种最可能组分（铁核、硅酸盐幔和含水外层）的不同混合物产生了不同大小的行星。三元图的每个顶点都表示行星由单一成分构成，对应半径由灰度表示。三个顶点对应单一的水、铁或硅酸盐，而三角形的对边对应于该组分含量为 0%。因此，连接铁核和硅酸盐地幔的这条边表示无水行星。在 $1M_\oplus$ 图中，地球的组成由一个基本在这条线上的圆圈表示。形成于太阳星云成分盘中的行星，由在任何特定温度以上凝结的所有物质组成（图 13 - 13），或由在一定温度范围内凝结的物质的混合物组成，这类行星位于两条虚线之上。［图片来源：迪亚娜·巴伦西亚（Diana Valencia）］

12.2　探测系外行星

在 20 世纪 90 年代之前，人类理解行星是如何形成的能力受到了限制，因为我们只观察过一个行星系统——我们自己的太阳系。在过去的 15 年间，科学家已发现了数百颗系外行星，在未来几十年里还可能会发现更多的系外行星。目前科学家正在使用各种方法探测其他恒星周围的行星，或研究将来可能用于探测系外行星的各种方法。由于遥远的行星极其暗弱，大多数方法都是间接的，即通过行星对其所环绕恒星的影响来探测行星。不同的探测方法对不同类型的行星有不同的灵敏度，提供了互补的信息，因此这些方法中的大部分或全部很可能为理解行星系统特征的多样性提供有价值的贡献。本节对探测技术进行简要回顾。

12.2.1　脉冲星计时法

首批系外行星是通过脉冲星计时法（pulsar timing）探测确认的。脉冲星是磁化的旋转中子星[1]，对地球的观察者来说，它发射的射电波表现为周期性的脉冲。脉冲周期可以被非常精确地确定，最稳定的脉冲星是已知的最佳时钟之一。对于快速旋转的毫秒级脉冲星来说，脉冲到达地球的平均时间可以被非常精确地测量，其频繁的脉冲提供了丰富的数

_____

[1]　"中子星"、白矮星和一些黑洞都是恒星遗迹，而不是真正的恒星。就像冷褐矮星一样，简并压力平衡了中子星和白矮星的重力。黑洞是时空连续体中的奇点，没有任何力可以平衡黑洞的引力。

据。即使脉冲是周期性发射的，但如果脉冲星和望远镜之间的距离非线性变化，那么脉冲到达接收器的时间不是等间隔的。地球围绕太阳的公转和地球的自转导致了这些变化，而科学家可以计算出变化并将其从数据中扣除。如果处理后的数据还存在周期性变化，则表明可能存在围绕脉冲星运行的伴星。

脉冲星计时法有效地测量了脉冲星至一条相对太阳系质心的恒速轨道的距离。因此，它只揭示了脉冲星运动的一个维度。通过脉冲星计时法最容易探测到的行星是大质量行星，它们的轨道平面靠近视线方向，轨道周期与可用计时测量的间隔长度相当或略小。

有些变星以非常有规律的周期进行脉动。这种脉动会导致恒星的亮度发生周期性的变化。在地球上观测到这些振荡的时间间隔是变化的，与一颗脉冲星在响应围绕它的行星引力拖曳下所做的运动相关。可以通过使用脉动时间测量来推断行星的存在，与脉冲星计时法的原理相同。然而，恒星脉动计时法的精度远不如脉冲星计时法的精度，因此可探测的最小行星质量要大得多。

12.2.2　视向速度法

视向速度（radial velocity）测量是探测主序星周围行星最成功的方法。通过拟合恒星光谱中大量特征的多普勒频移，可以精确测量恒星朝向观测者或远离观测者移动的速度。除去观测者相对于太阳系质心的运动和其他已知运动后，就得到了由围绕目标恒星的行星对目标恒星产生的视向运动。

围绕恒星运行的质量为 M_p 的行星，引起质量为 $M_\star$ 的恒星径向速度变化的振幅 K 为

$$K = \left(\frac{2\pi G}{P_{orb}}\right)^{1/3} \frac{M_p \sin i}{(M_\star + M_p)^{2/3}} \frac{1}{\sqrt{1-e^2}} \qquad (12-7)$$

式中，P_{orb} 为轨道周期；i 为轨道平面法线与视线之间的夹角；e 为轨道的偏心率。

与脉冲星计时法的情况一样，视向速度测量得到的结果是行星质量（除以 $M_\star^{2/3}$；根据光谱特征，恒星质量的估计精度通常约为 10%）和轨道平面与天球切面夹角的正弦值，以及轨道的周期和偏心率的乘积。这项技术对大质量行星和短周期轨道行星最为灵敏（图 12-4）。目前对光谱稳定的恒星可实现 $1 m/s$ 的精度（代表 $3/10^9$ 的多普勒频移）。在这种精度下，可以探测到围绕类太阳的恒星运行的类木行星，尽管探测需要较长的观测基线（与该行星的轨道周期相当）。在非常接近恒星的轨道上，小到几个 $M_\oplus$ 的行星也可以被探测到；然而，在 1 AU 轨道运行的类地行星超出了这项技术目前所预想的能力。精确的视向速度测量需要大量的谱线，因此对于最热的恒星（光谱类型 A、B 和 O）来说是无法实现的，因为它们的光谱特征比像太阳这样较冷恒星的光谱特征少得多。恒星自转和固有变化（包括星斑）是视向速度测量的主要噪声源。

12.2.3　天体测量法

通过观测行星引发的恒星投射到天球切面上的摆动进而可能探测到行星。这种天体测量（astrometric）技术对围绕相对靠近地球的恒星运行的大质量行星最为灵敏。摆动的振

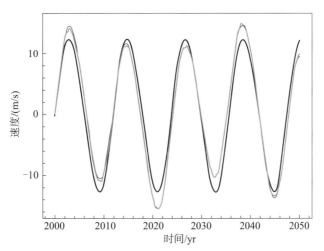

图 12-4　太阳受到木星（近似正弦的窄蓝色曲线）、木星和土星（微弱的绿色曲线）以及所有八大行星加上冥王星（粗的红色曲线）的拖曳力影响导致的速度变化。木星的拖曳力在影响速度变化方面占主导地位，而土星的影响比木星小得多，但仍然远超其余所有行星的总和。通过粗红色曲线中的短周期变化可以发现，地球和金星的拉力很明显。［图片来源：埃莉萨·V. 金塔纳（Elisa V. Quintana）］

幅 $\Delta\theta$ 为

$$\Delta\theta \leqslant \frac{M_{\mathrm{p}}}{M_{\star}} \frac{a}{r_{\odot}} \tag{12-8}$$

式中，$r_{\odot}$ 为恒星与太阳系的距离；a 为轨道的半长轴。

　　如果 $r_{\odot}$ 和 a 以相同的单位进行测量，则式（12-8）中 $\Delta\theta$ 的单位为弧度；如果 $r_{\odot}$ 以秒差距（parsec，缩写为 pc）为单位，a 以 AU 为单位，那么 $\Delta\theta$ 的单位是角秒。例如，1颗质量为 $1M_{2}$ 的行星在 5 AU 的距离围绕 1 颗质量为 $1M_{\odot}$ 的恒星运行，恒星距离地球10 pc（1pc＝3.26 光年＝2.06×10^5 AU＝$3.085\ 7 \times 10^{18}$ cm），将产生振幅为 0.5 mas（毫角秒）的天体测量摆动。虽然恒星在天球切面上的路径取决于行星所有的轨道根数（2.1.3 节），但式（12-8）中的等号适用于圆形和位于天球切面上的轨道。由于恒星的运动可以在二维空间中检测到，因此可以测量行星轨道的平面，故不存在类似式（12-7）中的 $\sin i$ 的模糊性，由此，天体测量法比视向速度法可以更好地估计行星的质量。

　　由于恒星运动的振幅较大，因此使用天体测量法（图 12-5）最终更容易探测到运行在距离恒星较远轨道上的行星，但发现这些行星需要更长的观测基线，因为它们的轨道周期更长。天体测量系统需要相当长时间的稳定性，以减少可能导致错误探测的噪声。拥有自适应光学技术的单台地基望远镜最佳长期精度可优于 1 mas。ESA 于 2013 年 12 月发射的盖亚望远镜预计将天文观测精度提高两个数量级。目前，天体测量法尚未探测到系外行星，但依巴谷卫星（Hipparcos）在 20 世纪 90 年代初获得的数据表明，采用视向速度测量法观测到的几个候选褐矮星实际上是小质量的恒星伴星，它们的轨道平面几乎在天球切面上。

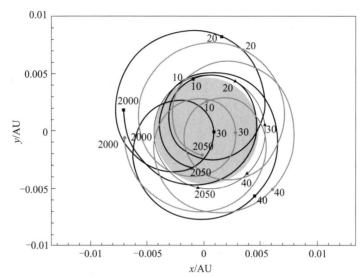

图 12 - 5　　21 世纪上半叶太阳受到木星（窄的蓝色椭圆，浅色日期）、木星和土星（浅绿色曲线），以及所有八大行星和冥王星（粗的深红色曲线，深色日期）的影响的运动曲线。图中显示出太阳盘（黄色阴影部分）用以比较。从这个角度看，太阳做逆时针运动，每 10 年完成近似一次完整的椭圆运动。木星的牵引力在短期变化中占主导地位，但土星、天王星和海王星对太阳位置的影响要比它们对太阳速度的影响更大（图 12 - 4）。类地行星引起的太阳运动非常微小。[图片来源：埃莉萨·V. 金塔纳（Elisa V. Quintana）]

12.2.4　凌星光度法

　　如果地球位于一颗系外行星的轨道平面内或附近，则从地球上看，该行星在每一圈轨道上都会在其围绕的恒星圆盘前面经过一次。精确的光度测量法（photometry）可以探测到系外行星的凌星。可通过这种凌星的周期性、近似方阱形状和相对光谱中性的特性，将其与旋转调制的星斑和内在的恒星易变性区分开来。凌星观测可获得被探测行星的大小和轨道周期。尽管几何因素限制了该技术可检测的行星的数量比例，但在一个望远镜的视场内可以探测到数以千计的恒星，因此使用凌星光度法进行探测是非常高效的。

　　忽略整个恒星盘的亮度变化（由边缘变暗、星斑等引起），凌星深度（即恒星视光度下降的比例）表达式为

$$\frac{\Delta \mathcal{L}}{\mathcal{L}} = \left(\frac{R_{\mathrm{p}}}{R_{\star}}\right)^2 \qquad (12-9)$$

对于要观测的凌星，从视线方向来看，轨道法线必须接近 90°，

$$\cos i < \frac{R_{\star} + R_{\mathrm{p}}}{r} \qquad (12-10)$$

式中，$R_{\star}$ 和 R_{p} 分别为恒星和行星的半径；r 为行星与观察者距离最近时两个天体之间的距离。

　　观测到随机方向上行星的凌星的概率 $\mathcal{P}_{\mathrm{tr}}$ 如下

$$\mathcal{P}_{tr} = \frac{R_\star + R_p}{a(1-e^2)} \qquad (12-11)$$

中心凌星（central transit）（即行星中心阻挡来自恒星盘中心的光）的持续时间为

$$T_{tr} = \frac{R_\star + R_p}{\pi a} \frac{1-e^2}{1+e\cos\varpi} \qquad (12-12)$$

式中，近点经度 ϖ 是相对视线进行测量的。忽略持续时间不到中心凌星时间一半的难以探测到的凌星（有时被误称为掠射凌星），1 颗行星在距离半径 $R_\odot$ 的恒星 1AU 的轨道上运行，从前面经过恒星盘的概率为 0.4%，而 1 颗行星在 0.05 AU 处从同一颗恒星前面经过的概率为 8%。

地球大气层的闪烁和多变性将光度精度限制在大约千分之一星等（1 毫星等，即 mmag），从地面可探测到木星大小的行星（而不是地球大小的行星）凌星。在大气层上方观测可以实现更高的精度，可能探测到像地球这样小的行星。

凌星技术的一个主要优点在于许多以这种方式探测到的行星也可以通过视向速度法观测到，从而得到行星质量（通过凌星法可以得到倾角）。这种综合和互补的测量提供了行星的密度，这对于行星组成的研究来说是一个特别有价值的数据。

天基光度望远镜还可以探测到 1 颗内巨行星在绕恒星运行时反射的正弦相位调制，前提是该行星不会引起经过其轨道的恒星光球外观的变化。采用凌星光度法和反射光光度法对系外行星的观测可以得到反照率和相位变化。类似的热红外观测可以揭示行星温度随经度的变化。

12.2.5　凌星时间变分法

对于 1 颗在开普勒轨道上运行的行星，连续两次凌星之间的时间间隔保持不变。然而，受到其他行星（伴星或褐矮星）摄动的行星并不在纯粹的开普勒轨道上运行。这种受摄行星的凌星周期并不严格。周期变化的幅度取决于摄动天体的质量和两个天体的相对轨道。共振轨道（2.3.2 节）对凌星的时间序列会引起特别大的变化。

观察凌星时间的不规则性可以发现看不见的行星。对食双星或行星凌星的精确计时有可能揭示出看不见的伴星的质量和轨道。然而，唯一确定这些看不见的行星的质量和轨道特性要困难得多。如果观测到一个系统中有两个或两个以上的行星凌星，那么凌星计时变化（Transit Timing Variations，TTVs）有可能得到行星质量和轨道偏心率界限的较为准确的估计值。

12.2.6　微引力透镜法

根据爱因斯坦的广义相对论，来自远处恒星的光线经过光源和观察者之间的大质量天体（透镜）时，其路径会发生弯曲。弯曲的角度通常非常小，这种效应称为微引力透镜效应（microlensing）。当光源发出的光线比爱因斯坦环（Einstein ring）半径 R_E 更靠近视线时，透镜会将光线放大一个相当大的倍数。R_E 由下式给出

$$R_{\mathrm{E}} = \sqrt{\frac{4GM_{\mathrm{L}}r_{\Delta\mathrm{L}}}{c^2}} \left(1 - \frac{r_{\Delta\mathrm{L}}}{r_{\Delta\mathrm{S}}}\right)^{1/2} \tag{12-13}$$

式中，M_{L} 为透镜的质量；c 为光速；$r_{\Delta\mathrm{L}}$ 和 $r_{\Delta\mathrm{S}}$ 分别为从地球到透镜和光源的距离。

　　微引力透镜效应被用于研究银河系内微弱的恒星和亚恒星质量天体的分布。在微引力透镜效应事件期间，光源的亮度可在几个星期内增加数倍，而增亮模式可用于确定（以概率方式）透镜的特性。如果导致透镜效应的恒星有行星伴星，那么这些质量较小的天体可以在观测的光变曲线上产生特征性的尖峰，只要视线位于行星的爱因斯坦环内部［非常小，见式（12-13）］（图12-6）。在有利的观测条件下，可以探测到像地球一样大小的行星。

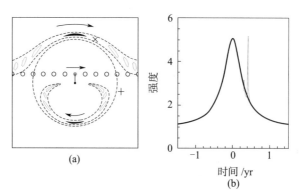

图12-6　🎬📖 微引力透镜事件的示意图，说明来自遥远光源的光线被拥有行星的透镜恒星弯曲的效果。（a）图像（虚线椭圆）显示了光源（实心圆）的几个不同位置，以及主透镜（点）和爱因斯坦环（长虚线圆圈）。光源相对于透镜从左向右移动，其弯曲光线的图像以顺时针方向移动，如箭头所示。当光源位于填充圆圈的位置时，填充椭圆对应于光源的图像。如果主透镜在其中一幅图像的路径附近（即在短虚线内）有一颗行星，则行星将干扰来自光源的光线，从而产生对单透镜光变曲线的偏差。（b）对于单个恒星质量透镜（实线）和一颗恒星带有行星［位于（a）中×（虚线）位置］的情况，显示了望远镜接收到的光源的光量随时间的变化放大。如果行星位于（a）中＋位置，则不会有可检测到的干扰，由此产生的光变曲线与实心曲线基本相同。时间单位为 R_E/V，其中 V 是光源光线相对于天球切面上透镜的速度。［图片来源：斯科特·高迪（Scott Gaudi）］

　　微引力透镜法可获得行星和恒星的质量比和投射间隔的信息。这项技术能够探测具有多颗行星和多颗恒星的系统。由于影响微引力透镜光变曲线的参数很多，因此单个微引力透镜行星的性质（特别是轨道偏心率和倾角）通常只能在统计意义上进行估计。然而，在某些特殊情况下，例如非常高倍率的微引力透镜事件，可能会推导出有关行星的其他信息。由于这些遥远的系统非常暗弱，对通过微引力透镜（使用其他技术，因为针对给定系统产生第二次可观测的微引力透镜事件的机会非常渺茫）探测到的行星进行后续观测非常困难。但是，当透镜恒星发出的光与源恒星发出的光可以区分开时，就可以确定该行星围绕的恒星的质量。对许多微引力透镜事件的详细监测，可以获得银河系内行星分布的非常有用的数据集。

12. 2. 7　直接成像法

系外行星是非常微弱的天体，它们位于更明亮的天体（它们所环绕的一颗或多颗恒星）附近，这使得它们极难成像。轨道和尺寸与太阳系行星相似的系外行星反射的星光大约是恒星亮度的十亿分之一，然而在热红外谱段中亮度对比度约为 3 个数量级，更有利于观测（图 12 - 7）。望远镜光学系统和大气变化对光的衍射增加了直接探测系外行星的难度。但是，在 1994 年，与 $0.6M_\odot$ 的恒星葛利斯（Gliese 229）的投影距离为 30 AU 的位置，一颗约 $30M_2$ 的褐矮星的伴星首次在热红外谱段中成像。随后，那些距离恒星更近和/或质量小得多的亚恒星天体也在热红外谱段中成像（图 12 - 8）。科学家采用光谱方法研究过许多亚恒星伴星。干涉测量法（附录 E.6.3）和调零技术（即通过选择正确的参数，可以把恒星图像的亮度降低到接近零的水平）的进步，将最终可以对类似太阳系行星的系外行星进行成像和光谱研究。

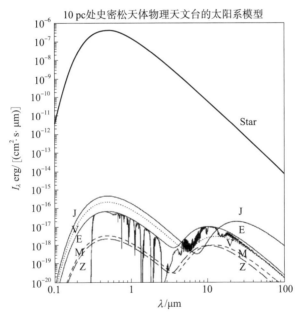

图 12 - 7　🌓太阳（Star）、木星（J）、金星（V）、地球（E）、火星（M）和黄道云（Z）的光谱能量分布。这些天体由均匀反照率的黑体近似，另外还有一条显示地球大气吸收特征的曲线。（Des Marais et al.，2002）

在红外谱段，对许多不围绕恒星运行的亚恒星天体进行成像。这类新发现天体的质量可能低于氘燃烧极限。科学家用"自由漂浮的巨行星"（free - floating giant planets）来描述这些天体，尽管它们在许多方面似乎更像小质量的恒星和褐矮星，而不是太阳系的行星。

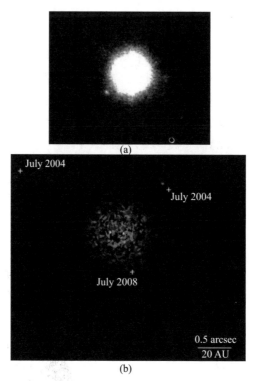

图 12 - 8 　（a）这张图片显示了在 1.2 μm 的热红外谱段观测的年轻（500 万～1 000 万年）的 2MASS 1207 - 3932 AB 系统。较亮的天体显然是一颗褐矮星。在 8 点钟方向的较暗天体（在这个波长下的亮度要低 600 倍，而且在天空平面上大约有 40 AU 的距离）很可能低于 $13M_{2_1}$，即低于行星/褐矮星的边界。（Mohanty et al.，2007）。（b）采用凯克 2 号望远镜，在 2008 年夏天所拍摄的 HR 8799 系统的近红外彩色图像（1.2 μm、1.6 μm 和 2.2 μm）。伴星 b 在东北方向距离恒星 68 AU，c 在西北方向距离恒星 38 AU，d 在西南方向距离恒星 24 AU（北为上，东为左）。所有这三个伴星基本上都是亚恒星，质量约为 $(7\sim 10)M_{2_1}$，半径约为 $(1.2\sim 1.3)R_{2_1}$，T_{eff} 温度约为 900 K。早期观测结果（图中的 "+"）显示了所有三个伴星的逆时针开普勒轨道运动。这些轨道似乎偏心率很小，而且几乎是正面观察。［图片来源：加拿大国家研究中心/马洛伊斯（C. Marois）］

12. 2. 8　其他探测方法

探测和研究系外行星还包括其他几种方法。对附近恒星凌星的行星可被探测为在恒星圆盘高分辨率图像上移动的黑点，而此类图像可以通过干涉测量法获得。类似于从木星（7.5 节）探测到的射电辐射可以揭示系外行星的存在。极高光谱分辨率和信噪比（Signal - to - Noise Ratio，SNR）的光谱包含了来自恒星和行星的光，可用于识别行星大气中稳定存在但在恒星中不存在的气体，通过此类信号的多普勒变化可得到行星轨道参数。最后，来自外星文明的人工信号（12.6 节）可能会泄露他们所居住的行星的存在。（外星可能愿意向我们提供更多的信息！）

12.2.9　系外行星特征

如果不与外星文明接触，那么对系外行星的详细研究，特别是类似地球的较小的行星，则需要技术的进步。如果一颗行星是通过凌星光度法和视向速度法探测到的，则可以计算它的密度。行星大气微弱的顶层可以透过来自恒星的连续辐射，但在某些谱段会吸收辐射，进而在这些谱段产生更深的凌星信号。凌星期间拍摄的光谱与在凌星之外拍摄的光谱进行比较，可以得到有关该行星大气组成和温度的信息。

大多数在其围绕的恒星前方凌星的行星也会在恒星后方经过；由于行星一般来说比它们围绕的恒星小得多，因此它们的圆盘通常会被完全掩蔽，这一事件被称为掩星［occultation，但通常不太准确地称为"次食"（secondary eclipse）］。行星表面亮度一般远低于恒星的亮度，因此次食的深度远小于凌星。在红外谱段，深度比较小，因为在红外谱段行星亮度占恒星亮度较大比例（图 12 - 7）。

在未来的几十年里，我们应该能够在反射的星光（使用日冕照相法）和热红外谱段（使用干涉测量法）中拍摄到类似地球的系外行星的图像。我们还应能够通过光谱测定大气和表面特性，正如目前对褐矮星大气所做的工作（图 12 - 9）。这些进步最有可能在太空中实现，而不受地球大气层的干扰。

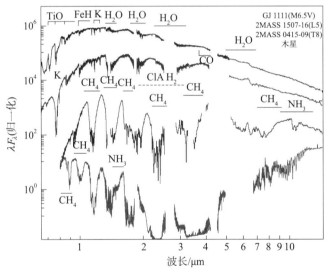

图 12 - 9　观测到的 1 颗 M 型的褐矮星、具有两种不同光谱类型（L 型和 T 型）的褐矮星，以及木星的光谱，说明了大气化学和光谱的变化。在小质量的氢氦为主的天体（如巨行星）随着时间推移而冷却时，可以看到大气化学和光谱的变化。水和难溶的双原子物质在 M 型褐矮星的光谱中占主导地位。在 L 型和 T 型矮星中，水的吸收带逐渐变深，出现了甲烷，而难溶气体在凝结成固体颗粒后消失。在更低的温度下，氨气出现，所有的水都在木星上凝结成云。M 型褐矮星的有效温度约为 2 900 K，L5 型褐矮星为 1 600 K。T8 型褐矮星为 700 K，而木星为 130 K。木星在 3.5 μm 以下的光谱完全是反射的太阳光。［图片来源：马克・马利（Mark Marley）和迈克・库欣（Mike Cushing）］

12.3　系外行星观测结果

20 世纪 60 年代，科学家发现了围绕巴纳德星（Barnard）运行的第一颗行星，接着又发现了两颗与木星质量相当的行星，这一事件被大肆宣扬。巴纳德星距离太阳只有 6 光年，但由于它很暗淡，因此仍然无法用肉眼看到，它是太阳最近的单星（只有半人马座 α 星的三星系统距离太阳更近）。然而，所谓的巴纳德星的行星的天体测量证据在 20 世纪 70 年代遭到质疑。随后关于通过天体测量发现第一颗系外行星的说法继续占据报纸头条，但经不起进一步分析或额外数据的支持。

12.3.1　脉冲星行星

第一批系外行星是在 20 世纪 90 年代初由亚历山大·沃尔兹詹[1]和戴尔·弗雷尔[2]发现的。沃尔兹詹和弗雷尔发现脉冲星 PSR B1257＋12（自转/脉冲周期为 6 ms）的脉冲到达时间呈现周期性的变化，在考虑了望远镜相对于太阳系引力中心运动后这些变化仍然存在，他们将这些变化归因于脉冲星的两个伴星。一个行星的轨道周期为 66.54 天，其质量与轨道相对于天球切面的倾角的乘积为 $M_p \sin i = 3.4\, M_\oplus$；另一颗行星的周期为 98.21 天，$M_p \sin i = 2.8 M_\oplus$（这些质量假设脉冲星的质量是太阳的 1.4 倍）。这两颗行星的轨道偏心率都约为 0.02。随后的观测表明，这两个天体的相互扰动对它们的轨道产生了影响，从而证实了行星假说，并表明这两颗行星 $i \approx 50°$（图 12-10）。此外，数据表明存在一个周期为 25 天、月球质量相当的天体，它在两个近共振行星的内部轨道运行。

第 4 颗被探测到的脉冲星行星是 1 颗约 $2.5 M_{2}$ 天体，运行在距离脉冲星/白矮星双星 PSR B1620-26（周期 191.4 天）约 23 AU 的轨道。该系统位于低金属度球状星团梅西叶 4 内部（Messier 4，M4）。

脉冲星计时已经被证明是一种非常灵敏的行星天体检测器，但它只适用于那些围绕罕见的、明显非太阳类恒星残骸的行星。已知脉冲星行星的数量极少，这是由于可用的搜索目标少，而围绕脉冲星运行的行星频率较低所共同导致。

12.3.2　视向速度探测

1995 年，米歇尔·马约尔[3]和迪迪埃·奎洛兹[4]（Didier Queloz）发现了第一颗围绕

① 亚历山大·沃尔兹詹（Alexander Wolszczan，1946 年 4 月 29 日—），波兰天文学家。——译者注
② 戴尔·弗雷尔（Dale Frail，1961 年—），加拿大天文学家。——译者注
③ 米歇尔·居斯塔夫·爱德华·马约尔（Michel Gustave Édouard Mayor，1942 年 1 月 12 日—），瑞士天文学家。2019 年因发现系外行星飞马座 51b 获诺贝尔物理学奖，与迪迪埃·奎洛兹分享一半奖金。米歇尔马约尔星（125076 Michelmayor）以他的名字命名。——译者注
④ 迪迪埃·奎洛兹（Didier Queloz，1966 年 2 月 23 日—），瑞士天文学家。2019 年因发现系外行星飞马座 51b 获诺贝尔物理学奖，与米歇尔·马约尔分享一半奖金。奎洛兹星（177415 Queloz）以他的名字命名。——译者注

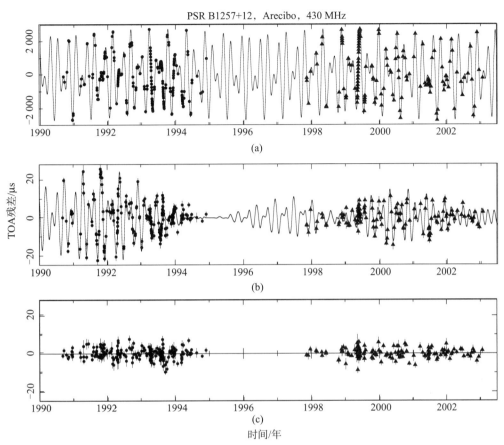

图 12 - 10　用阿雷西博射电望远镜在 430 MHz 频率下测量的来自 PSR B1257＋12 的脉冲到达时间
（Times of Arrivals，ToAs）建模得到的最佳拟合残差。（a）这些点表示没有行星情况下的标准脉冲星计
时模型的残差，曲线显示了与这些数据最佳拟合的三行星开普勒模型。请注意，此图的垂直比例是下面
两个图垂直比例的 100 倍。（b）这些点表示与这些数据最佳拟合的三行星开普勒模型的残差，曲线显示
了残差随两颗较大行星之间引力扰动的增加而发生的变化。（c）包含摄动的最佳拟合的三行星模型的残
差。（Konacki and Wolszczan，2003）

在除太阳以外的主序星——飞马座 51（51 Pegasi，室宿增一）运行的行星[①]，行星主要参
数为 $M_p \sin i = 0.47 M_2$，$P_{orb} = 4.23$ 天（图 12 - 11）。在接下来的 14 年里，视向速度测量发
现了 300 多个 $M_p \sin i < 13 M_2$ 的天体，它们围绕太阳以外的主序星运行。这些行星中的
绝大多数至少具有以下三个特征中的两个，每一个特征都有助于提高它们的可探测性：1）
它们的质量超过土星；2）它们的轨道半长轴 $\lesssim 3$ AU；3）它们在很大的时间尺度上主导
着所围绕恒星的视向速度的变化（因此，这些恒星附近质量最大的行星与第二大的行星质
量之比，大于木星与土星的质量之比）。

　　系外行星尚未被正式命名。它们通常使用一种惯例，这个惯例是对多星系统所使用的命

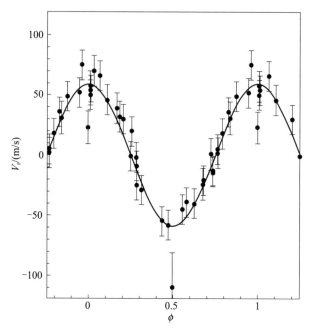

图 12-11　对飞马座 51（带误差带的点）径向速度测量数据拟合得到轨道相位函数（实线）。使用这些数据发现了第一颗围绕非太阳的主序星的行星。为了清楚起见，图中显示了 1.5 个周期。[改编自 Mayor and Queloz 1995；图片来源：迪迪埃·奎洛兹（Didier Queloz）]

名系统的扩展。许多不同的算法被用来命名单个恒星；大多数基于目录标识符和编号，少数基于发现者。对于最亮的恒星，通常使用经典名称或带有希腊字母前缀的星座名称。然而，在一个多星系统中，标准的做法是在主星的名字后面加一个"A"，在次星的名字后面加一个"B"，诸如此类。系外行星以类似的方式命名，使用以"b"开头的小写字母，并按照行星被探测到的顺序进行分配。因此，飞马座 51 的行星被命名为"51 Peg b"。

　　这些被发现的行星中许多后来被称为祝融星（vulcans）。祝融星曾经被认为是在太阳到水星轨道之间运行的假想行星，其轨道周期不到一个星期 [木星大小的祝融星通常被称为热木星（hot Jupiters），这一术语可能过分强调了这些行星与太阳系最大行星的相似性]。大多数祝融星的轨道几乎是圆形的，与预期一致，这是因为如此接近恒星的偏心轨道应该被潮汐力相对快速地衰减（2.6 节）。少数祝融星的轨道具有相当大的偏心率，可能是由系统中的第三个天体（在某些情况下，尚未被观测到的另一颗行星、褐矮星或恒星伴星）造成的。

12.3.3　凌星行星

　　许多祝融星以及一些更遥远的行星，都是通过视向速度法（$M_p\sin i$）和凌星光度法（i

和 R_p [①]）观测到的。这些行星的密度可以通过这些数据计算出来，并且可以对它们的组成进行有根据的猜测。

巨型祝融星 HD 209458 b 是第一颗在凌星中被观测到的系外行星。目前，已经在太空中多个波长条件下观测到了 HD 209458 b 凌星（图 12 - 12）。这颗行星的轨道周期是 3.525 天，质量为 $0.63M_{2}$，半径为 $(1.35 \pm 0.05)R_{2}$，这表明其主要由氢气和氦气组成，而且由于它吸收的强烈的恒星辐射阻止了它的收缩，所以其外壳比较大。观测到的光变曲线和模型光变曲线之间的差异，允许探测到一个大小与土星相似的行星环系统，或者探测到小至 $1.5R_{\oplus}$ 的卫星，但是至今没有发现任何关于环或卫星的证据。

凌星曲线的形状受到各谱段中恒星边缘变暗的影响。边缘变暗导致恒星边缘看起来比恒星中心区域更暗。因此，当行星靠近恒星边缘时，它只遮挡了恒星的一小部分光线。当行星向恒星亮度最大的中心区域移动时，它所遮挡的恒星光线越来越大。这表明即使在大多数凌星事件中，行星所占据的几何区域大小保持不变，凌星曲线的中心也总是比边缘深。如果恒星的亮度均匀，那么凌星的曲线自始至终显得很平坦。恒星边缘变暗的程度随波长变化而变化；这是因为在恒星的边缘，我们是沿着一条斜线看向恒星大气的，而光学深度等于 1 的点在恒星大气中的位置更高、温度更低。当观察恒星的中心时，会看到恒星大气的深处，那里的温度更高。恒星边缘和中心之间的亮度差可以近似为两个普朗克函数之间的差值。在短波段，温度的微小变化会产生巨大的亮度变化，而恒星边缘看起来比恒星的中心要暗得多。在这些波长下，边缘变暗会使凌星呈现平滑的曲线形状。向长波段方向移动［图 12 - 12（b）中上方的曲线］，观测转移到瑞利-金斯公式的尾部，两个黑体之间的差异变小。随着边缘变暗量的减少，凌星曲线的角度越来越大，呈现近似方形。

某些质量约 $1M_{2}$ 的祝融星（包括 HD 209458 b）半径明显大于 $1R_{2}$（图 12 - 13），这接近所有"冷"宇宙成分天体（即氢-氦为主，见表 8 - 1、图 6 - 25）的最大可能半径。因此，这些行星一定是温暖的。此外，假设它们（形成后）已被从外层加热，则它们的大部分生命期内必须保持温暖（12.1 节）。这些行星由于受到更大的恒星通量的作用而产生更高的平衡温度，这可以解释一些观测到的巨型祝融星的半径，但某些其他行星的半径太大，从而必然被额外的过程加热（图 12 - 13）。科学家已经提出了三种机制：1）大气对向外辐射的不透明度较高，加上表面以下光学深度较大的地方有大量的能量源；2）恒星加热或潮汐耗散产生向内部推送的波动；3）重元素梯度分布的内部结构抑制了对流冷却。

祝融星 HD 149026 b 的质量为 $0.36M_{2}$，半径为 $(0.725 \pm 0.03)R_{2}$，这表明其一半以上的质量由比氢重的元素组成。在了解阻止 HD 209458 b 以及与其类似行星缩小的物理过程，以及确定这一过程是否影响其他凌星的祝融星（包括影响程度）之前，无法对巨型祝融星的组成进行更多的定量描述。已知的五颗质量最小和尺寸最小的凌日行星中（截至 2010 年初），三颗比海王星尺寸稍大、质量更大，分别是格利泽 436b（Gliese 436b）、

---

①　由于在行星边缘以高度倾斜的角度观察时，即使是非常脆弱的大气区域也有很高的光学深度，因此估计巨型祝融星的凌日半径比行星 1 bar 气压处对应的半径大 1%～4%。这种描述通常用来定义太阳系内缺少固体表面的行星尺寸。

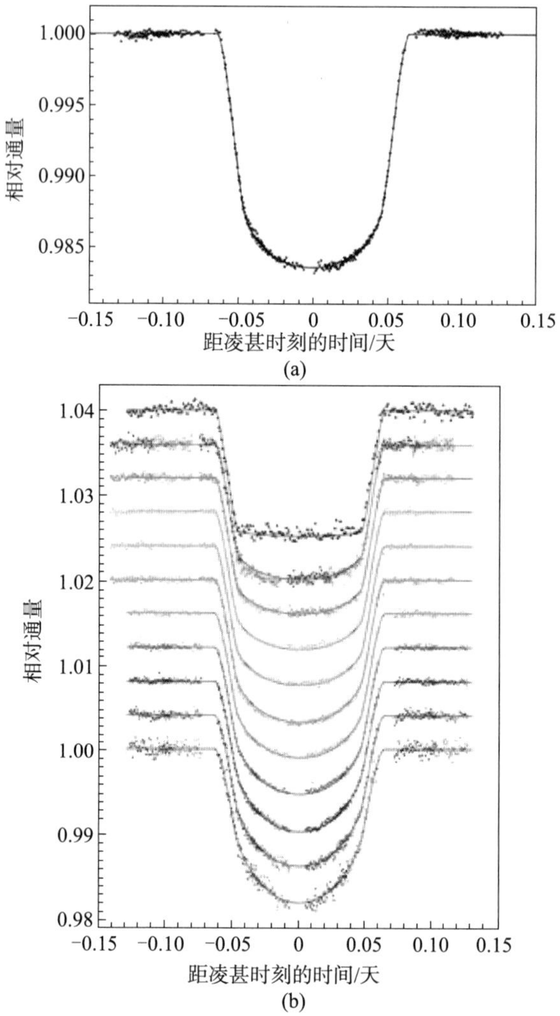

图 12－12 对 HD 209458 b 行星共进行 9 次凌星的空间观测获得的数据。请注意，哈勃望远镜因为部分轨道受到地球干扰而无法观测到完整的凌星。（a）2000 年 4 月 25 日—5 月 12 日，哈勃望远镜以 610 nm 的平均波长观测到 HD 209458 b 四次凌星的部分叠加的光变曲线。图中的点表示单个测量值，而实线是对一颗圆形行星从一颗边缘变暗的恒星前面经过的模型的拟合。每分钟进行一次采样，单次采样精度约为 0.01%。对曲线形状的拟合，可以得到恒星和行星直径、轨道倾角以及描述恒星边缘变暗的一个参数的估计值。[图片来源：蒂姆·布朗（Tim Brown）]。（b）11 个不同谱段下的光变曲线，为清晰起见，相互垂直偏移。2007 年 12 月 23 日，使用斯皮策望远镜在平均波长 8 μm 下观测到了最上面的光变曲线。向下的 5 条曲线分别是使用哈勃望远镜在 2003 年 5 月 31 日（曲线左侧）和 2003 年 7 月 5 日（曲线右侧）观测到的两次凌星的合成曲线，平均波长分别为 971 nm、873 nm、775 nm、677 nm 和 581 nm。最下面的 5 条曲线是使用哈勃望远镜在 2003 年 5 月 3 日（曲线左侧）和 2003 年 6 月 25 日（曲线右侧）观察到的两次凌星的合成曲线，平均波长分别为 540 nm、485 nm、430 nm、375 nm 和 320 nm。每条凌星曲线的形状是由恒星的边缘变暗决定的，在较短的波长下更为明显（见正文）。[图片来源：希瑟·克努特森（Heather Knutson）]

HAT - P - 11b 和开普勒 4b（Kepler 4b）。因此，这三颗系外行星（按质量）一定主要由重元素组成，但也有大量氢气/氦气成分，占每颗行星体积的一半以上。格利泽 1214 b（Gliese 1214 b）尺寸更小，质量更轻，并且受相同成分的限制。CoRoT - 7b 更小，可能主要由岩石或岩石与轻质成分的混合物组成。

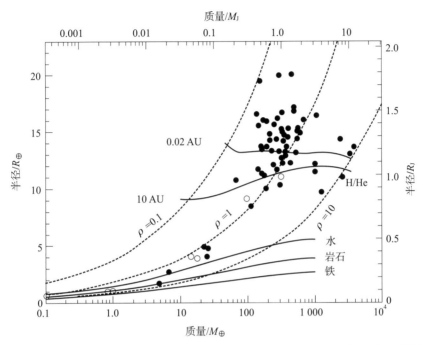

图 12 - 13 理论行星和观测行星的质量-半径关系。太阳系的行星显示为空心点。凌星系外行星由实心点表示。实心曲线代表特定成分的 45 亿年古老行星模型。图中氢/氦（H/He）行星的两条曲线说明恒星辐射的影响；曲线上标记了与假设 $1M_\odot$ 恒星的距离。 ［图片来源：乔纳森·福特尼（Jonathan Fortney）］

　　HD 189733 及其凌星的巨型祝融星的组合光度，已在热红外（即行星的光度主要是其自身热辐射而非反射星光的波长）谱段下观测了行星轨道周期一半以上的时间，包括凌星和掩星（图 12 - 14 和图 12 - 15）。这些数据提供了行星温度关于星下点经度的函数信息。在一些凌日行星上，大气的风似乎能迅速地重新分配热量，而在其他情况下，则存在着巨大的昼夜对比。在后一种情况下，大气迅速冷却（12.1 节），以至于风无法在行星周围有效地重新分配能量，而气团在从星下点经过后大幅冷却。几十颗行星的红外光度已经通过掩星附近和掩星期间进行的差异测量而得出（图 12 - 16）。

　　HD 209458 b 凌星深度随波长的变化，说明这颗巨型祝融星上层大气中存在钠元素。在莱曼 α 射线（图 3 - 7）波长处的凌星深度非常大，表明与该行星相关的氢延伸的区域大于该行星的希尔球的尺寸［式（2 - 31）］；这表明氢正以相当快的速度逃离该行星，尽管还没有快到在该行星迄今为止的寿命期内带走其大部分质量的程度。这个系统在次食期间及其附近的红外光谱表明，该行星大气中存在硅酸盐。HD 189733b 的近红外透射光谱揭

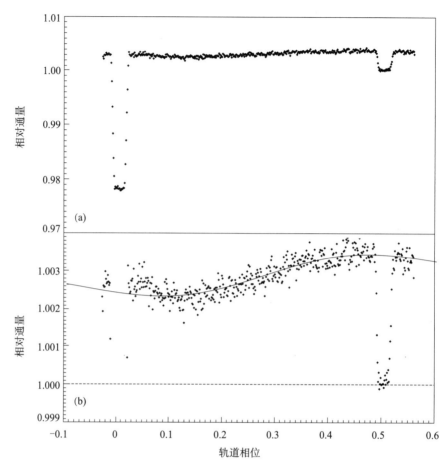

图 12-14 对来自恒星 HD 189733 及其凌星的巨型祝融星的组合 8 μm 辐射的光度观测。轨道相位相对于凌甚测量。观测到的通量被归一化为单独恒星的通量，图（a）中的范围足够大以显示凌星的全部深度，而图（b）显示了一个放大的视图，突显了行星遮掩时产生的较小变化（以轨道相位 0.5 为中心），以及当面向恒星的半球进入视野时，行星发出的辐射的增加。请注意，凌星光变曲线几乎是平底的，因为恒星在 8 μm 处边缘几乎没有变暗。（Knutson et al.，2007）

示了这颗行星大气中存在甲烷。

　　随着恒星的旋转，恒星盘中一半的气体向我们移动，而另一半的气体则远离我们。因此，行星凌星可以通过阻挡来自旋转星盘的蓝移或红移光线，来影响恒星的视向速度。这就是众所周知的罗西特-麦克劳克林效应[①]（Rossiter - McLaughlin effect）。沿顺行方向运行的行星最初会阻挡恒星盘的蓝移部分，导致明显的红移，然后就会出现相反的情况（图 12-17）。对于非中心凌星，行星轨道相对于恒星赤道的倾角可通过罗西特-麦克劳克林效

[①] 理查德·阿尔弗雷德·罗西特（Richard Alfred Rossiter，1886 年 12 月 19 日—1977 年 1 月 26 日），美国天文学家，1928—1952 年任拉蒙特-侯赛因天文台台长。

迪安·本杰明·麦克劳克林（Dean Benjamin McLaughlin，1901 年 10 月 25 日—1965 年 12 月 8 日），美国天文学家，提出了火星上火山活动改变火星表面部分区域反照率，产生了类似月海的较暗反照率特征的理论。麦克劳克林星（2024 McLaughlin）以他的名字命名。——译者注

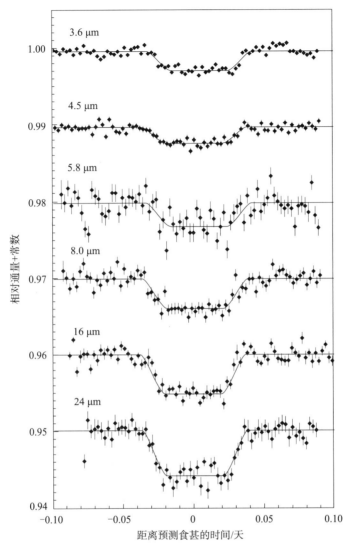

图 12-15　在红外不同波长下，对 HD 189733 b 行星从恒星的后面经过阶段之前、期间和之后对其进行光度观测。在较长的波长下，食的深度更大，因为行星的辐射在恒星的输出中所占的比例更大（图 12-7）。请注意，食的光变曲线都是几乎平底的。(Charbonneau et al.，2008)

应的不对称性来确定。截至 2009 年底，已经在十几颗行星上发现了罗西特-麦克劳克林效应。其中绝大多数像在太阳系中一样，在恒星赤道面附近顺行方向运行，但也有少数行星沿着大倾角轨道运行（甚至可能是逆行）。

12.3.4　脉动星行星

第一颗在脉动星附近被观测到的行星是飞马座 V391 b。这颗行星 $M_p \sin i = 3.2\ M_{2|}$，轨道半长轴约为 1.7 AU，偏心率较小。被围绕的恒星是一颗目前质量约为 $0.5 M_\odot$ 的后红巨星阶段的氦燃烧恒星；模型显示这颗恒星为主序星时的质量约为 $0.85 M_\odot$，这表明该行星过去的轨道要小得多（2.8 节；习题 12.9）。

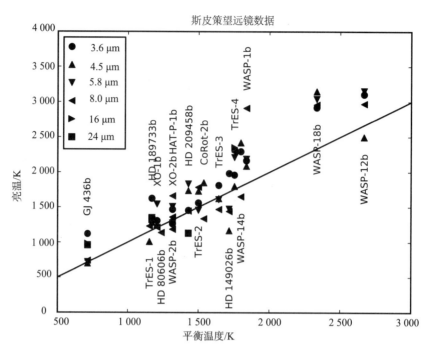

图 12-16　近距离系外行星从恒星后面经过被观测到，对该系外行星测量得到的亮温 T_b（3.1.2 节）与预测的平衡温度 T_{eq}（3.1.2.2 节）进行比较。T_b 数适用于特定波长下的亚恒星半球，并从斯皮策空间望远镜掩星测量中获得。T_{eq} 值假设球面反照率（与波长无关的反射率）$A_b = 0$（这导致 T_{eq} 被高估，尽管如果行星反照率低，T_{eq} 值很小），行星表面均匀发射［式（3-21）；面向恒星的半球的实际温度可能比这个行星范围内的平衡平均温度高出约 $2^{1/4}$ 倍］，发射率 $\epsilon = 1$。这条线表示 $T_b = T_{eq}$。较热的行星往往远高于这条线，这可能是由于它们的上层大气中形成了一种暗吸收体［如氧化钛（TiO）］。（由 J. 哈林顿于 2014 年 1 月根据 Harrington et al.，2007 改编和更新）

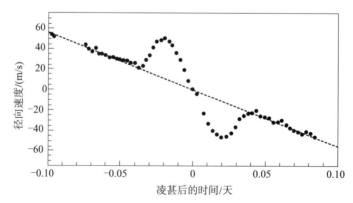

图 12-17　HD 189733 恒星在其巨大的祝融星凌星期间及其附近的视向速度变化。虚线是对凌星外数据的开普勒拟合，观测到的径向速度变化完全是由于恒星的轨道运动。先高后低的速度异常是罗西特-麦克劳克林效应，这是旋转恒星表面偏食引起的明显的多普勒频移。速度变化的对称性表明，恒星自旋角动量和轨道角动量（都投射到天球切面上）几乎是一致的。［图片来源：乔希·温（Josh Winn）］

12. 3. 5　微引力透镜探测

第一颗通过微引力透镜法探测到的行星是一颗 $2.6M_J$ 的天体，距离一颗约 $0.63M_\odot$ 的恒星约 4.3 AU（在天球切面上）（图 12－18）。截至 2014 年，通过微引力透镜法探测到了另外的 20 多颗行星，其中有些行星的质量只有地球的几倍。OGLE－06－109L 系统特别有趣，因为它有两颗行星，类似于一个微缩太阳系：恒星及其内外行星的质量略小于太阳、木星和土星，它们之间的空间（在天球切面上）比太阳系三个最大成员之间空间的一半还要少。

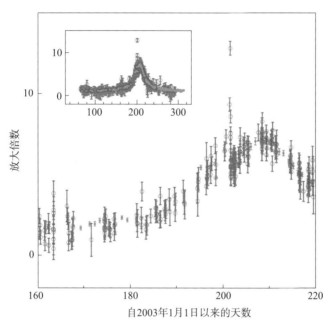

图 12－18　OGLE 2003－BLG－235/MOA 2003－BLG－53 微引力透镜事件的光变曲线。OGLE 和 MOA 测量值分别显示为小填充圆和大空心圆。主图显示了 2003 年 8 月的完整数据集，插入图显示了 2003 年全年的数据。亮度的整体上升主要是由于光线被透镜恒星弯曲，但在事件中点前一星期出现的高窄峰值是由该恒星及其 $(2\sim 3)M_J$ 行星的综合引力拖曳造成的。［图片来源：伊恩·邦德（Ian Bond）］

12. 3. 6　多行星系统

目前已知近 30 多颗恒星拥有两颗或更多的行星，其中大多数行星的质量大致与木星质量相同（图 12－19）。在围绕仙女座 υ 星（天大将军六）的轨道上已经探测到 3 颗木星质量的行星（图 12－20）。最内侧轨道的天体是一颗祝融星；另外两颗行星离恒星远得多，并沿偏心轨道运行。动力学计算表明，最外层的两颗行星至少满足 $\sin i > 1/5$，系统才能在恒星 2.5×10^9 年的年龄内保持稳定。

在动力学上，部分系外行星与围绕同一颗恒星运行的其他已知行星是孤立的，比如仙女座 υ 星的内行星。然而，其他巨行星的周期更为相似，一些成对的巨行星彼此处于低阶平均运动共振之中。围绕格利泽 876（Gliese 876）恒星运行的两颗巨行星被锁定在 2∶1 的轨道平均运动共振中，由于它们相对于其围绕的 $M_\odot/3$ 的恒星来说质量较大，因此具有特别强的相互作用。考虑这些扰动的视向速度数据的拟合（图 12-21），远远优于仅考虑开普勒运动响应的数据。此外，这两颗行星的轨道周期只有一个月和两个月（表 12-1），因此科学家已经对它们的运动跟踪了多圈轨道。科学家已经探测到这些行星的相互摄动，这些摄动可以确定行星轨道的倾角。科学家还探测到一颗小的（$M_\mathrm{p}\sin i \approx 6M_\oplus$）行星格利泽 876 d（Gliese 876 d），在离这颗恒星非常近的轨道上运行。

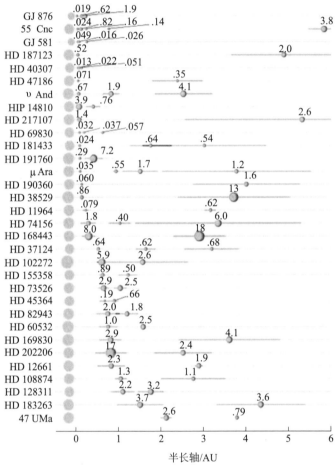

图 12-19 ![icon]通过视向速度测量（截至 2014 年 3 月）发现的具有三颗或三颗以上行星的 14 颗恒星以及一颗多行星脉冲星系统所具有的行星半长轴和质量图。所描述的行星的半径与 $(M\sin i)^{1/3}$ 成正比，数值以相对于 $M_\oplus$ 的比例进行描述。以行星半长轴为中心的水平线显示了每颗行星从近点到远点的偏移。恒星的半径与 $M_\star^{1/3}$ 成正比（比例常数与用于行星的比例常数不同）。请注意，质量小于 $0.1M_\mathrm{木}$ 的行星数量众多，这与它们在整个视向速度测量的样本中数量较少形成鲜明对比（图 12-23）。这说明较小的行星比巨行星更有可能在多行星系统中被发现。[图片来源：杰森·赖特（Jason Wright）]

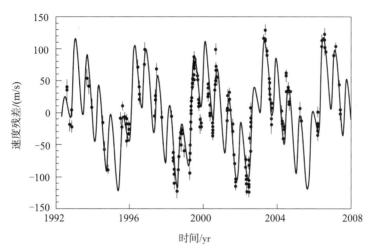

图 12-20　减去因其内行星（仙女座 υ 星 b，轨道周期仅为 4.6 天）引起的恒星运动后，仙女座 υ 星的视向速度变化关于时间的函数。图中显示了单次测量的不确定度。实心曲线表示仙女座 υ 星对另外两颗轨道周期更长的巨行星的模型响应，即仙女座 υ 星 c 以及仙女座 υ 星 d。［图片来源：黛布拉·菲舍尔（Debra Fischer）］

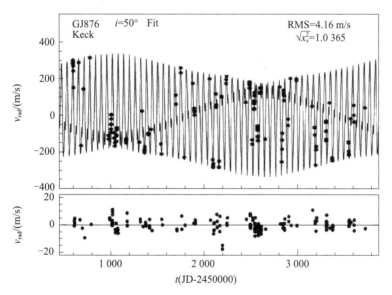

图 12-21　图中显示了微弱的 M 矮星格利泽 876 的视向速度随时间的变化曲线。通过改变围绕恒星运行的三颗相互作用行星的参数来计算通过大多数点的曲线，以最佳拟合这些数据（其值类似于表 12-1 中列出的最新结果）。各点的误差带表示测量速度的固有不确定性。主曲线下方的点显示了数据与最佳拟合模型的偏差。［图片来源：欧亨尼奥·里维拉（Eugenio J. Rivera）］

表 12 - 1　格利泽 876 的行星系统（Rivera et al. 2010）

	周期/天	半长轴 a/AU	偏心率 e	近点幅角 ω/(°)	M_p[a]
d	1.938	0.021	0.21	234	$6.8\,M_\oplus$
c	30.09	0.130	0.260	49	$0.71M_{2\!\!\!\!l}$
b	61.12	0.208	0.032	50	$2.28M_{2\!\!\!\!l}$
e	124.26	0.33	0.055	239	$14.6M_\oplus$

[a] 表中所示的实际质量是基于行星系统是一个最佳倾角 $i = 59.5°$ 的平面系统的假设。

12.4　系外行星统计

系外行星的发现丰富了我们的数据库，使已知行星的数量远远超过了一个数量级。已发现的系外行星的分布高度倾向于那些使用多普勒视向速度技术（图 12 - 4）最容易探测到的行星，这是迄今为止发现系外行星最有效的方法。这些系外行星系统与太阳系大相径庭；然而，目前还不知道太阳系的行星系统是标准的、相当非典型的，还是介于两者之间。

尽管如此，从已有的系外行星数据中可以提取出一些无偏统计信息：大约 0.7% 的类太阳恒星（晚期 F、G 和早期 K 光谱类单主序恒星，它们的色球是静止状态，即光球不活跃）在 0.1 AU 范围内存在质量超过土星的行星。大约 7% 的类太阳恒星在 3 AU 内存在质量比木星更大的行星。只有大约 1% 的小质量恒星 [M 矮星，质量为 $(0.3 \sim 0.5)M_\odot$] 在 2 AU 范围内存在巨行星。大多数在距离恒星约 0.1 AU 范围内运行的行星，其轨道偏心率很小，在这个区域内潮汐圆化的时间尺度小于恒星年龄。半长轴介于 0.1AU 和 3 AU 之间的巨行星的轨道偏心率的中位数约为 0.26，其中一些行星在非常偏心的轨道上运行（图 12 - 22）。在类太阳恒星 5 AU 范围内，与木星质量相近的行星比几倍木星质量的行星更为常见，而质量 $\gtrsim 10M_{2\!\!\!\!l}$ 的亚恒星伴星很少（图 12 - 23）。类太阳恒星附近质量为约 $(10 \sim 60)M_{2\!\!\!\!l}$ 的天体稀少，这种现象被称为褐矮星荒漠（brown dwarf desert）。

与贫金属恒星相比，金属丰度较高的恒星更有可能在几个 AU 范围内拥有巨行星，拥有此类行星的概率大致随恒星金属丰度的平方而变化（图 12 - 24）。太阳本身的金属丰度比临近太阳的大多数约 $1M_\odot$ 的恒星都高。至少在 $(0.3 \sim 1.5)M_\odot$ 的范围内，更大质量的恒星似乎更可能拥有在几个 AU 内运行的巨行星。

如果可探测的巨行星随机分布在恒星附近（即如果在给定恒星周围可探测的行星的存在与该恒星周围其他行星的存在无关），那么多行星系统更为常见。尽管如此，更多的恒星只有一颗被确认的行星，而且在大多数情况下，这些"单一"行星的质量（$M\sin i$）肯定比恒星可能拥有的周期为几年或更短时间的任何其他伴星都要大得多。这与太阳系形成鲜明对比：在太阳系中，大小相当的行星的轨道周期是其相邻行星的 2～3 倍。因此，这些系外行星系统似乎比太阳系更稳定，这可能表明不同的机制在形成过程中非常重要。

与木星和土星一样，大多数凌星的系外巨行星主要由氢元素组成。然而，HD 149026 b

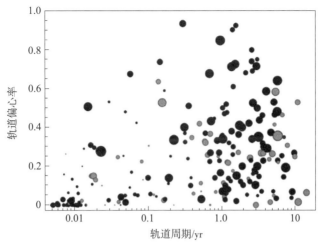

图 12 - 22　使用视向速度法发现的主序星的 438 颗系外行星和小质量褐矮星伴星的偏心率与轨道周期的关系图（截至 2014 年 3 月）。图中点的大小与 $(M_p \sin i)^{1/3}$ 成正比，灰色的点表示已知多行星系统中的行星。几乎所有周期不到一个星期的行星的偏心率都很小（接近 0），这可能是潮汐阻尼的结果，而轨道周期较长的行星的偏心率通常比太阳系中的巨行星大得多。[图片来源：杰森·赖特（Jason Wright），数据来自 exoplanets.org]

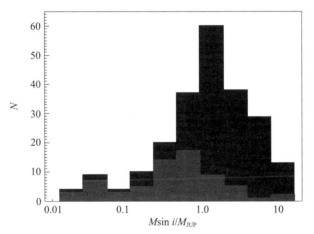

图 12 - 23　视向速度测量所观测到的行星和小质量褐矮星的数量与最小行星质量（$M_p \sin i$）的函数关系的直方图，与图 12 - 22 源自同一数据集。从左到右每个直方对应的最小质量是前一个的 2 倍。底部的蓝色区域代表轨道周期小于 30 天的行星，深色区域表示周期更长的行星的数量。由于更大质量的行星更容易被探测到，分布中超过 $(1 \sim 2)M_{\text{沐}}$ 的尾部是真实的数据，而更小质量的尾部则是观测选择效应的结果。同样，在较短的周期内，分布向较小质量转移是由于距离恒星较近的行星的视向速度扰动较大 [式（12 - 7）]，以及自最高精度的视向速度探测开始以来，这些行星所覆盖的轨道数量较多。[图片来源：杰森·赖特（Jason Wright），数据来自 exoplanets.org]

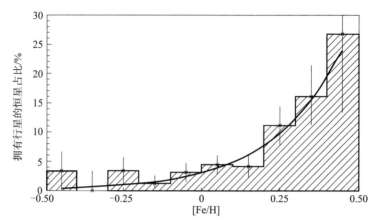

图 12 - 24　图中显示了拥有轨道周期小于 4 年的巨行星的类太阳恒星的占比作为恒星金属丰度的函数。金属丰度是在对数刻度上进行测量的，0 点对应于太阳的取值。（Fischer and Valenti，2005）

的质量比土星稍大，它的"氢＋氦"元素含量与重元素相当。因此，HD 149026 b 的主体成分介于土星和天王星之间，就"金属"总量而言，它比太阳系中的任何行星都更为丰富。

凌星观测也产生了一个重要的负面结果：哈勃望远镜对球状星团杜鹃座 47（47 Tucanae）中的大量恒星进行了光度测量，未能检测到任何凌星的内巨行星。如果这类行星存在的频率与银河系太阳系附近类太阳恒星拥有的行星频率相同，那么预计会有约 17 个这样的凌星天体。随后，在杜鹃座 47 的外缘（光晕）对短周期凌星行星进行了地基搜索，也没有发现任何行星；基于巨型祝融星的出现频率等于太阳系附近恒星的行星出现频率的假设，本次搜索的预期是大约 7 颗。在杜鹃座 47 中很少有凌星行星，对此最好的解释是因为该球状星团中的恒星金属丰度（重元素含量）非常低。

12.5　行星和生命

自古以来，人们一直思考的最基本问题之一是人类在宇宙中的地位：我们是孤独的吗？人们从各种角度探讨了这个问题，类似的推理产生了不同的答案。亚里士多德认为，地球是古希腊宇宙学四个"元素"中密度最大的一个，它朝着宇宙的中心下落，因此不可能存在其他世界；相反，德谟克利特[①]和其他早期的原子论学者推测，物理定律的普遍性意味着天空中必然存在无数类地行星。

20 世纪初，持续进行了一场关于火星生命（高级生命或者其他生命）可能性的重大科学辩论。火星气候比地球任何其他邻居都更像地球，但随着对目前火星表面状况了解得越多，生命的机会似乎就越加渺茫。然而，最新的理论和观测结果表明，早期火星可能和

---

①　德谟克利特（希腊语：Δημόκριτος，拉丁化：Democritus，公元前 460 年—前 370 年或前 356 年），古希腊哲学家。他是古代唯物思想的重要代表，原子论的创始者，并由原子论入手，进一步建立了认识论。德谟克利特星（6129 Demokritos）以他的名字命名。——译者注

早期地球一样适合生命存在（4.9 节），并且这种生命的后代可能在火星表面的深处生存。火星的微生物甚至可能通过陨石传播到地球，并且可能是我们非常遥远的祖先！

　　传统的、极端人类中心论的观点表明，一颗行星若要适于居住，其表面必须长期存在液态水。这一单一因素不太可能是必要的或充分的。然而，它为类似地球生命的宜居性提供了一个有用的指导。小质量到中等质量恒星的主序阶段提供了长期存在的轨道空间区域，在此区域行星可以在其表面保持液态水；这些区域称为连续宜居带（continuously habitable zone）。对于质量较大的恒星，连续宜居带的寿命更短；此外，尽管无论何种恒星类型，在宜居带内的行星接收到的辐射量相同，但"品质"是不同的，因为质量更大的恒星辐射的能量在较短波长上占比更大。后主序恒星产生的短寿命宜居带距离恒星较远，这种恒星内核燃烧氦，并像红巨星一样明亮发光。

　　可想而知，更大的紫外辐射通量可以加速生物进化，足以弥补几个 $M_\odot$ 恒星较短的寿命。在光谱的另一端，最小、最暗的恒星可以存活数万亿年，但它们几乎所有的光度都是在红外波长下发射的，而且它们的光度因发射大耀斑而变化。此外，岩石类的宜居带行星的轨道非常接近这些暗淡的恒星，除非它们的轨道偏心率非常大（2.6.2 节），否则它们的自转将被潮汐锁定。潮汐锁定的行星没有昼夜循环，如果它们的大气层稀薄，那么就会在行星寒冷、永远黑暗的半球冻结。

　　对于多个约 $1M_\oplus$、处于小偏心率轨道上的行星系统，该系统长期稳定所需的最小间距与恒星持续宜居带的宽度相当。因此，轨道稳定性的论点支持大多数恒星可能有一颗甚至两颗表面存在液态水的行星的可能性，但除非温室效应在很大程度上补偿了与恒星增加的距离，否则单个恒星周围不太可能有更多的宜居行星（尽管可以想象，一颗与恒星适当距离的巨行星可能拥有数颗 $1M_\oplus$ 的卫星）。

　　由于撞击可能产生破坏，因此撞击频率是影响行星宜居性的一个重要因素。40 亿年前，对太阳系类地行星的撞击率比现在大几个数量级（5.4.4.1 节）。在另一个行星系统中，巨大的撞击通量可能会继续存在，使具有类似地球成分和辐射通量的行星成为生物体的不利栖息地。地球上的生命由于数十亿年的温和气候而繁衍生息。当太阳系的年龄大约是如今十分之一时，火星表面气候曾经似乎足够温和，液态水可以在火星表面流动（4.9.2 节），但在当今的纪元里，低气压和通常较低的温度表明液态水在火星表面将不稳定。金星太热，大气中以大量二氧化碳为主；我们无法确定年轻的金星是否有类似地球的温和气候。事实上，由于恒星演化模型预测太阳年轻时的亮度比现在低了 25%（1.3 节），我们不明白为什么地球在 40 亿年前温度足够高，可以被液态海洋覆盖，更不用说火星了（4.9.1 节）。

　　地球的二氧化碳在大气、海洋、生命、化石燃料和碳酸盐岩之间在大范围时间尺度上循环（4.9 节）。碳酸盐岩是最大的储层，它们是由与水有关的反应产生的，在某些情况下，生物体起到催化剂的作用，而在其他情况下则不然。当板块在地幔中被俯冲和加热时，二氧化碳从碳酸盐中被回收到大气中。碳酸盐在火星等地质不活跃的星球上不容易被回收；与之相反，在金星这样缺乏地表水的行星上无法形成硅酸盐。给定成分的更大的行星保持地质活跃的时间更长，因为它们的表面积与质量比更小，使它们能够更长期地保留来自吸积和放射性衰变产生的热量。确定行星宜居性所涉及的变量数量之多，导致我们无法进行完备的讨论，但图 12 - 25 中总结了一些主要问题。

图 12 - 25　对与地球组成相同、大小不同的行星进行理论上的比较。（左）较小的行星密度会比较小，因为内部的压强会比较低。这样的行星表面积与质量之比更大，所以它的内部冷却得更快。其较小的表面重力和更坚硬的壳层将允许出现比地球上更高的山脉和更深的山谷。对生命来说，最重要的是迷你地球的大气层表面气压小得多，这是如下 4 个因素的结果：更大的表面积与质量之比，更低的表面重力，更多的挥发物被封存在壳层中（因为壳层的循环较少）以及更多的大气挥发物逃往太空。这表明除其他事项外，由于大气中的温室气体减少，表面温度降低。部分补救措施可以改善这样一个小质量行星的宜居性：（1）把它移到距离恒星更近的地方，这样就需要更少的温室效应来保持表面温度的舒适；（2）增加额外的大气挥发物；（3）包含比地球占比更多的长寿命放射性内核，以维持壳层的循环。（中）地球，我们美好的家园。（右）一个与地球组成相同、体积更大的行星，其密度更大，内部温度更高。它更大的表面重力和更有韧性的壳层将产生低缓的地形。它将有更大的大气压，而且，除非它的温室效应强大到足以蒸发掉行星上的水，否则海洋会厚得多，可能覆盖整个行星表面。一些补救措施可以改善这样一个质量行星的可宜居性。（1）把它移到距离恒星更远的地方。（2）包括较小比例的大气挥发物。目前尚不清楚的是，在一定范围内，更活跃的壳层回收将是一个问题，但如果该行星有较少的放射性同位素储存，壳层活动就会减少。（3）给它一个宽阔的、具有光学深度厚度的环。只要该行星有一个中等到较大的倾角，这样的环就会在该行星"一年"的大部分时间里对其产生阴影（图 11 - 2 和图 11 - 4）。（Lissauer, 1999）

12.6　搜寻地外文明计划

搜寻地外文明计划（Search for Extra - Terrestrial Intelligence，SETI）是一项旨在探测来自外星生命形式的信号的一次尝试。对这种信号的清晰探测可能像历史上任何其他科学发现一样，改变人类的世界观。由于我们的社会正处于技术的初级阶段，另一种能够跨越星际距离通信的文明可能比我们的文明要先进得多——将我们的技术与仅仅千年前的技术进行比较，然后外推至数百万年或十亿年的未来！因此，与外星人的对话可能以难以想象的方式改变我们的社会。

SETI 使用的主要仪器是射电望远镜。大多数射电波在星际介质中传播时损耗很小，而且许多波长也很容易穿过地球大气层。它们易于生成和检测。因此，射电似乎是星际通信的一种极好的手段，无论数据是在不同恒星周围的文明群体之间交换，还是向银河系广播，以便到达处于技术初级阶段的未知社会。用于本地用途的信号，如地球上的雷达和电视，也会逃逸并在很远的距离被探测到。

1960 年，弗兰克·德雷克[①]进行了第一次有计划的 SETI 射电望远镜观测。从那时起，接收机、数据处理能力和射电望远镜的改进使 SETI 的搜索能力大约每年提高一倍。尽管约 10^{14} 倍的改进相当令人赞叹，但只搜索了极小部分的方向和频率，所以 SETI 的支持者对于成功之日的到来并不气馁。

12.7　总结

在发现系外行星之前，行星的形成模型表明，大多数单个太阳类型的恒星拥有与太阳系极为相似的行星系统。随后的观察表明，大自然比人类的想象更有创造力。人们认识到，随机因素在行星生长中非常重要，即使原行星盘最初非常相似，类地行星的数量（以及是否存在小行星带）也因恒星而异。在星周气体扩散之前，巨行星大气很难吸积，这表明许多行星系统可能缺少气态巨行星。太阳系巨行星（特别是海王星）的小偏心率很难解释，因此具有大偏心轨道的行星的系统被认为是可能的，尽管研究人员没有冒险去估计这类系统的详细特征。如果木星的质量是由行星的间隙清除能力和黏性流入之间的平衡决定的，则有可能出现类似于木星的最大行星质量（13.7.2 节），尽管有人指出，黏度值可能因星盘不同而异。科学家还设想了一些巨行星向其母星（13.8 节）的轨道迁移，但由于随着行星接近恒星，迁移率增加，预计此类行星将被其恒星吸积，而且这些理论没有预测到存在大量轨道周期从几天到几周不等的巨行星。

因此必须承认，基于太阳系观测的理论模型无法预测视向速度测量所探测到的行星类

---

① 弗兰克·唐纳德·德雷克（Frank Donald Drake，1930 年 5 月 28 日—2022 年 9 月 2 日），美国天文学家与天体物理学家，以创立搜寻地外文明计划与发明德雷克方程式（Drake 1961）及阿雷西博信息（David 1980）而闻名于世。弗兰克德雷克星（4772 Frankdrake）以他的名字命名。——译者注

型。但这样的行星相当稀少，只出现在少数星系中。视向速度测量偏向于探测靠近恒星轨道的大质量行星，而类似于太阳系的行星则尚未被探测到。因此，大多数类似太阳的单个恒星都有可能拥有与太阳系非常相似的行星系统。此外，尽管理论上的研究表明，类地行星可能围绕着大多数类太阳恒星生长，但如果大多数星系中也包含迁移到中心恒星的巨行星，这些类地行星通常可能会丢失。

　　发现一颗大小、质量、恒星和轨道与太阳系类似的系外行星，除了开普勒号（Kepler）探测器的测光技术外，目前无法在其他技术中实现。虽然距离 10 pc（秒差距）的类似地球的天体比哈勃望远镜观测到的最暗天体更亮，但与其相邻的巨大且极为明亮的类太阳恒星使得探测这样一颗行星具有非同寻常的挑战性。太阳的半径是地球的 100 倍，质量是地球的 30 万倍，亮度是地球的 $10^6 \sim 10^{10}$ 倍（图 12 - 7）。

　　目前仍然不知道有液态水流动的类地行星出现的概率如何，是罕见的，还是对于太阳型恒星是常态，还是出现频率中等。尽管如此，即使行星迁移摧毁了一些有希望存在生命的系统，但根据液态水标准，符合长期持续可居住条件的行星预计也将相当普遍，如果人类是银河系中唯一的高级生命形式，生物和/或本地行星因素比天文因素更有可能成为主要的限制因素。

12.8　延伸阅读

　　以下是对行星探测技术和早期结果较好的综述，重点是视向速度法：

Marcy, G. W., R. P. Butler, D. Fischer, S. Vogt, J. T. Wright, C. G. Tinny and H. R. A. Jones, 2005. Observed properties of exoplanets: Masses, orbits and metallicities. Prog. Theor. Phys. Supp., 158, 24 - 42.

Udry, S., D. Fischer and D. Queloz, 2007. A decade of radial - velocity discoveries in the exoplanet domain. In Protostars and Planets V. Eds. B. Reipurth, D. Jewitt and K. Keil. University of Arizona Press, Tucson, pp. 685 - 699.

　　系外行星百科全书提供了系外行星研究的一般概况，以及行星发现的最新消息：http://exoplanet.eu.

　　两个先进的视向速度行星搜索团队的网站：http://exoplanets.org 和 http://exoplanets.eu.

　　对生命和它所在的行星之间的关系进行更深入的讨论：Lissauer, J. J. and I. de Pater, 2013. Fundamental Planetary Science: Physics, Chemistry and Habitability. Cambridge University Press, Cambridge.

12.9　习题

习题 12.1 I

对于小型天体来说，质量和尺寸之间的关系由式（12-6）给出。当一颗行星的质量增加时，物质将被压缩。当内部压强变得非常大时，物质就会变成简并态，白矮星就是这样。考虑一颗白矮星的中心压强为 P_c，它可以由式（6-1）计算，就像你在习题 6.3 中所做的那样。在高压极限下，状态方程［式（6-5）］中的多方常数 n 为 2/3。证明对于白矮星有 $M \propto R^{-3}$。

习题 12.2 E

估算大气温度为 1 500 K 的行星与气压水平相当的大气温度为 100 K 的行星的大气辐射时间尺度（热能下降一半所需的时间）之比。你可以假设热容和辐射效率是相同的，所以你只需要考虑高于 1 bar 的压强水平的热能含量和行星的黑体亮度。

习题 12.3 E

一颗质量 $M_p = 2M_{\mathrm{J}}$ 的行星围绕一颗 $1M_\odot$ 的恒星在半径为 4 AU 的圆形轨道上运行。太阳系位于轨道平面上。写出由行星引起的恒星视向速度变化的公式，并绘制出结果曲线。

习题 12.4 E

一颗质量 $M_p = 2M_{\mathrm{J}}$ 的行星围绕一颗 $1M_\odot$ 的恒星在半径为 4 AU 的圆形轨道上运行。太阳系平面与轨道平面夹角为 60°。写出由行星引起的恒星视向速度变化的公式，并绘制出结果曲线。

习题 12.5 I

一颗质量 $M_p = 2M_{\mathrm{J}}$ 的行星在半长轴 $a = 4$ AU、偏心率 $e = 0.5$ 的轨道上围绕一颗 $1M_\odot$ 的恒星运行。太阳系平面与轨道平面夹角为 60°，轨道椭圆的长轴与视线垂直。计算恒星视向速度的极值，估计其他几个点，并绘制出结果曲线。

习题 12.6 E

一颗质量 $M_p = 2M_{\mathrm{J}}$ 的行星在半径为 4 AU 的圆形轨道上围绕一颗 $1M_\odot$ 的恒星运行，恒星距离太阳 4 pc，由此引起的天体测量摆动的振幅是多少？

习题 12.7 E

计算从另一个（随机定位的）行星系可以观测到金星凌日和木星凌日的概率。

习题 12.8 I

（a）计算地球在 $0.5~\mu m$ 处反射的光与太阳在相同波长下发射的光的比率。

（b）计算地球在 $20~\mu m$ 处发出的热辐射与太阳在相同波长处发出的热辐射的比率。

（c）对木星重复上述计算。

习题 12.9 E

当恒星位于主序星阶段，估算系外行星飞马座 V391 b（12.3.4 节）的半长轴。

习题 12.10 E

考虑类太阳恒星的半径为 $1R_\odot$、有效温度为 $6\,000$ K，它有一颗半径约为木星半径、有效温度为 $1\,500$ K 的近距离巨行星。

（a）使用波长积分黑体辐射公式［式（3-12）］计算行星与其恒星的（辐射热）光度比。

（b）计算两个天体在 $24~\mu m$ 波长下发射的红外通量之比。你可以使用式（3-4）瑞利–金斯公式近似。

（c）想象一下，你用空间望远镜测量行星和恒星发射的总通量。然后，行星从恒星后面经过，这样你就看不到它对系统总通量的贡献。你要测量的总通量下降的百分比是多少？现代红外探测器可以测量 0.1% 左右的变化。请简述这样一颗巨大的祝融星在其恒星后面通过是否可以被探测到。

（d）重复（b），但波长分别改为 $5~\mu m$ 和 $0.5~\mu m$。注意，在这些较短的波长下，必须使用完整的黑体公式［式（3-3）］。

所有波长都同样适合探测从恒星后面经过的行星吗？为什么可以？或者为什么不可以？

习题 12.11 E

想象一颗与地球半径相同的类地行星，与一颗光度 $\mathcal{L}=10^{-3}L_\odot$ 的冷 M 型恒星距离为 0.03 AU。

（a）计算这颗行星的平衡温度。它位于宜居带吗？

（b）在距离恒星如此近的轨道上运行的行星很可能被"潮汐锁定"，并保持一侧始终朝向恒星（就像月球保持一侧朝向地球一样）。在（a）中计算的平衡温度实际上是整个行星的平均温度。假设这颗行星没有大气层，定性地描述一下表面温度是如何随行星上的位置而变化的。讨论行星上哪些位置可能"宜居"和"不宜居"。

习题 12.12 E

正如习题 2.14 和习题 2.15 所证明的那样，牛顿的万有引力理论在太阳系大多数情况下都非常精确，而广义相对论最容易观察到的效应是轨道进动。系外行星围绕恒星的轨道距离比水星至太阳的距离更近，所以系外行星运行速度要快得多，而且它们还受到更大的引力场的影响，因此相对论与牛顿定律预测的轨道的偏差应该更大。牛顿引力的一阶（弱场）广义相对论修正意味着近点进动式（2-79）给出的速率进行。计算近点的广义相对论进动：

(a) 凌日行星格利泽 436 b，其中 $M_{\star}=0.45M_{\odot}$，$M_{p}=0.069\,2M_{2}$，$e=0.16$，$P_{orb}=2.644$ 天。

(b) 高度偏心行星 HD 80606 b，其中 $M_{\star}=0.9\,M_{\odot}$，$M_{p}\sin i=4.3M_{2}$，$e=0.93$，$P_{orb}=111.5$ 天。

习题 12.13 E

使用表 G-1 中给出的数据估算开普勒 11 g 的平衡温度：

(a) 假设 $A_{b}=0.5$ 并且有有效的全球热量再分配。

(b) 假设 $A_{b}=0.05$ 并且有有效的全球热量再分配。

(c) 假设在日下点，$A_{b}=0.5$ 且无热量再分配。

(d) 假设詹姆斯·韦伯望远镜在 $3\,\mu m$ 附近测量到这颗行星的亮温为 400 K。

讨论从这些信息可以得到关于这个星球的哪些情况。

习题 12.14 I

下面列出了 5 颗假设的凌星行星的半径和质量。说明与这些测量值一致的成分范围。在某些情况下，误差条带允许的范围包括一些不太可能的或不符合实际的成分。这些情况是什么，为什么？

(a) $R_{p}=(3\pm1)R_{\oplus}$，$M_{p}=(3\pm1)M_{\oplus}$。

(b) $R_{p}=(1\pm0.5)R_{\oplus}$，$M_{p}=(3\pm1)M_{\oplus}$。

(c) $R_{p}=(12\pm2)R_{\oplus}$，$M_{p}=(300\pm100)M_{\oplus}$。

(d) $R_{p}=(3\pm1)R_{\oplus}$，$M_{p}=(30\pm10)M_{\oplus}$。

(e) $R_{p}=(2\pm0.2)R_{\oplus}$，$M_{p}=(10\pm1)M_{\oplus}$。

第 13 章　行星的形成

"因此，通过对行星运动的深思，我们得出结论：太阳大气最初由于过热超出了所有行星的轨道，并在目前的范围内不断收缩。"

——皮埃尔·西蒙·拉普拉斯，《宇宙系统论》，1796 年

太阳系的起源是最基本的科学问题之一。它与宇宙的起源、星系的形成、生命的起源和进化一起，是理解我们从何而来的关键。因为很难在星际距离探测和研究行星，所以我们只有太阳系中行星的详细知识。来自其他行星系统的数据现在开始提供进一步的约束（第 12 章）。但是，尽管 99% 以上的已知行星围绕太阳以外的恒星运行，但用于指导建模者开展行星形成建模的大部分数据都来自太阳系内的天体。行星形成的模型是利用太阳系的详细信息，辅以对系外行星、星周盘和恒星形成区域的天体物理观测而建立的。这些模型与观测一起被用来估计银河系中行星系统的丰富性和多样性，包括那些可能拥有有利于生命形成和演化条件的行星（12.5 节）。

13.1　太阳系的约束

任何关于太阳系起源的理论都必须要能解释以下观测结果。

轨道运动、间隔和行星旋转：大多数行星和小行星的轨道几乎是共面的，这个平面靠近太阳的旋转赤道。这些行星以近圆轨道绕太阳顺行（与太阳自转的方向相同）。大多数行星自转方向与公转方向相同，且倾角小于 30°。金星和天王星是例外（表 1-2 和表 1-3）。大行星被限制在距离日心 ≲30 AU 的范围内，轨道之间的距离随着与太阳距离的增加而增加（表 1-1）。大多数围绕太阳运行的较小天体（小行星、柯伊伯带天体等）的轨道偏心率和倾角更大（表 9-1 和表 9-2），自转轴方向更为随机。除了位于距太阳 2.1~3.3 AU 之间的小行星带和以日-木系统三角拉格朗日点为中心的区域外，行星际空间中几乎没有杂散物质。但是，这并没有对行星形成的时期产生重大限制，因为这些空区域内的大多数轨道对行星摄动不稳定的时间尺度与太阳系的年龄相比较短（图 2-17）。因此，最初轨道穿过这些区域的天体可能会与行星或太阳发生碰撞，或被太阳系抛出。因此，在某种意义上，当前行星之间的距离是所能允许的最近距离。

角动量分布：尽管行星的质量占太阳系质量 ≲0.2%，但太阳系中超过 98% 的角动量存在于巨行星的轨道运动中。相比之下，巨行星卫星系统的轨道角动量远小于行星本身的自转角动量。

年龄：对球粒陨石中钙铝难熔包体（CAIs）进行同位素 $^{207}\text{Pb}/^{206}\text{Pb}$ 定年的结果表明，

太阳系中已知最古老的固体的年龄为 45.68 亿年。用其他同位素系统定年的结果与之类似。球粒以及大多数起源于小天体的分异陨石的凝固时间仅比此晚了数百万年（8.7 节）。月球和地球上形成的岩石要更年轻一些：月岩的年龄通常在 30～44 亿年之间，地球岩石则 ≲40 亿年，虽然已经发现了一些年龄约 44 亿年的地球矿物颗粒。

行星的尺寸和密度： 相对较小的类地行星和小行星，主要由岩石物质组成，距离太阳最近。未压缩（零压力）密度（6.1 节）随着日心距离的增加而减小，这表明在离太阳较近的行星中，较重的元素［如金属和其他难熔（高冷凝温度）物质］比例较大。在更远的距离会发现巨大的木星和土星，以及略小一些的天王星和海王星，这些行星的低密度意味着轻质物质。木星和土星主要由两种最轻的元素组成——氢和氦（木星中 H 和 He 的质量分数约 90%，土星中约 80%），而天王星和海王星含有相对大量的冰和岩石（H 和 He 的质量分数约 10%～15%）。

小天体的形状和密度： 较小的天体往往形状更不规则。这是因为它们引力较弱，但也表明它们要么从未熔化，要么在再凝固后遭受破坏性碰撞。半径为 $R \lesssim 100$ km 的天体往往密度较低（对于给定的表面成分），这表明微观和/或宏观尺度上孔隙度较大。

小行星带： 在火星和木星的轨道之间有无数的小行星。它们的总质量约为月球质量的 1/20。除了最大的那些小行星（$R \gtrsim 100$ km）外，这些天体的大小分布与碰撞演化的天体的预期大小分布相似（第 9 章）。

柯伊伯带： 太阳系中大多数小天体的轨道都在海王星之外。这些天体集中在距日心 35～50 AU 的扁平圆盘内。

彗星： 有一批富含冰块的固体在 $\gtrsim 10^4$ AU 处围绕太阳运转，通常被称为奥尔特云。在这片"云"中大约有 10^{12}～10^{13} 个大于 1 km 的天体。除了星系潮汐力产生的轻微扁平化之外，这些天体在太阳周围呈各向同性分布。柯伊伯带和散射盘代表了第二个彗星库，并提供了大多数木星族彗星。

卫星： 包括所有巨行星在内的大多数行星都有天然卫星。几乎所有接近行星的卫星都是在一个与行星旋转赤道面紧密对齐的平面上以顺行的方式运行。它们被行星同步旋转锁定，因此轨道周期等于自转周期。大多数较小、距离较远的卫星（以及距离海王星不太远的大卫星海卫一）以逆行方式围绕该行星运行，和/或以大偏心率和大倾角的轨道运行（表 1-4）。行星卫星主要由不同比例的岩石和冰的混合物组成。木星的伽利略卫星模拟了一个微型行星系，卫星距离行星越远密度越小。

行星环： 所有四颗巨行星都有环系统在其赤道面上运行。环粒子沿着顺行轨道前进，大多数环位于最大型卫星的内部。

小行星的卫星： 许多围绕太阳运行的小天体都有卫星。在某些情况下，主天体和次天体的大小相似，而在另一些情况下，有一个天体占主导地位。柯伊伯带内小行星的卫星大小和轨道的分布与小行星带内的情况不同（9.4.4 节）。

陨石： 陨石显示出大量的光谱和矿物学多样性。原始陨石中许多包裹体的晶体结构反映了快速加热和冷却事件。球粒陨石中所含的星际颗粒表明原行星盘的某些部分仍然很冷；而在太阳系中明显形成的高温包裹体表明，其他部分受到了更热的条件的影响。单个陨石中具有不同热历史的颗粒的混合表明了原行星盘内固体物质的大量混合。大多数陨石的年龄分布差别不大，表明增长期很短；球粒陨石中各种短寿命核的衰变产物的存在表明固体物质迅速增长。在行星形成时期，也有证据表明（局部）磁场的数量级为 1 Gs。

同位素组成：虽然元素丰度在太阳系各天体之间有很大差异，但同位素比却非常一致。即使是大块陨石样本也是如此。已观察到的大多数同位素变化可以用质量分馏（8.4节）或放射性衰变的产物来解释。其中一些衰变产物表明，当它们所处的物质凝固时，存在短寿命放射性核素。同位素比的相似性表明存在一个良好的混合环境。然而，一些原始陨石中氧同位素比率和少量微量元素的小范围变化表明原行星星云在分子水平上没有完全混合，即一些前太阳系颗粒没有蒸发。

分异和熔化：所有主要行星、许多小行星以及大多数（如果不是所有的话）大型卫星的内部都发生了分异，大多数较重的物质都局限在它们的核心。这表明这些天体在过去某个时期是温暖的。

行星大气组成：构成类地行星和行星卫星大气的大部分元素可以在太阳系天体上普遍存在的温度下形成可冷凝的化合物；氢和惰性气体的丰度远远低于太阳。巨行星大气主要由 H_2 和 He 组成，但大多数（如果不是全部的话）形成冰的元素的丰度有所增加，并且在巨行星中从木星到土星再到天王星/海王星依次增加。

表面结构：大多数行星和卫星显示出许多撞击坑，以及过去的构造和/或火山活动的证据。目前有几个天体显示出火山活动的迹象。其他天体表面似乎布满了撞击坑。按照目前的撞击速率，在太阳系的历史中不可能产生如此高密度的撞击坑。

13.2 核合成简述

构成恒星、行星、生命的原子核形成于各种天体物理环境中。核合成模型，加上陨石和其他天体的观测数据，提供了有关太阳系中物质历史的线索。核合成的两个最重要的环境是极早期的宇宙和恒星内部。然而，其他环境对某些同位素很重要；例如，高能宇宙射线可以轰开原子核，而这种散裂过程是一些稀有奇数质量数轻同位素的主要来源。此外，许多同位素是通过放射性衰变形成的（8.6.1节）。

13.2.1 原初核合成

宇宙起源于大约 137 亿年前一次能量极高的热大爆炸（big bang）。非常年轻的宇宙充满了快速移动的粒子。有数不清的质子（普通氢原子核，^1H，或者更准确地说是 $^1p^+$）和中子（^1n）。自由中子不稳定，半衰期为 10.3 min，并通过以下反应衰变

$$^1n \xrightarrow[t_{1/2} = 10.3min]{} {}^1p^+ + e^- + \bar{\nu}_e \tag{13-1}$$

式中，e^- 为电子；$\bar{\nu}_e$ 为反（电）中微子。

质子和中子碰撞，有时融合在一起形成氘（^2H）核，但在最初的几分钟内，宇宙背

景（黑体）辐射场的能量非常之大，以至于氘核在形成后很快就被光解。大约三分钟后，温度冷却到氘可以稳定足够长的时间以至于可以与质子、中子和其他氘核合并。在接下来的几分钟内，宇宙中大约四分之一的重子物质（核子）凝聚成 α 粒子（^{4}He）；大部分重子物质仍然是质子，少量形成氘、轻氦（^{3}He）和氚（^{3}H，衰变为 ^{3}He，半衰期为 12 年），以及极少量但在天体物理学上意义重大的稀有轻元素锂、铍和硼①以及微量重元素。大爆炸核合成并没有超出氦的范围，因为当黑体辐射冷却到足以使原子核保持稳定时，宇宙的密度已经下降得太低，聚变无法继续形成更重的原子核。大约 70 万年后，黑体辐射已经冷却到足以让电子与剩余的质子和宇宙早期形成的较大的原子核相结合，从而产生原子。

13.2.2　恒星核合成

　　大多数重于硼的原子核，以及一小部分氦原子核，都是在恒星内部产生的。像太阳这样的主序星通过核反应将物质转化为能量，最终将氢原子核转化为 α 粒子。在正常（非简并）恒星中，热压力的作用会对抗重力压缩。原恒星和年轻恒星在辐射热能时收缩，这种收缩导致恒星核心的压强和密度增加。收缩一直持续，直到核心变得足够热，可以通过热核聚变产生能量。聚变反应的速率随着温度的升高而急剧增加，因为只有麦克斯韦-玻尔兹曼分布［式（4-15）］高速尾部的极少数原子核具有足够的动能，能够具有一定（非无穷小的）概率通过库仑排斥产生的势垒，发生量子隧穿。如果聚变进行得太快，核会膨胀并冷却；如果聚变不能提供足够的能量，核就会收缩并加热；通过这种方式，可以保持反应的平衡（1.3 节）。氘聚变需要比普通氢聚变更低的温度，因此它首先发生，并迅速耗尽恒星的氘，尽管大量氘如果不与低热区对流混合，可以留在恒星的外部（较冷）部分。极低质量天体（褐矮星，12.1 节）的核心会变得非常致密，从而在达到足以以显著速率发生聚变的温度之前，简并电子压力会阻止它们分崩离析。

　　在与太阳质量相当或者更小的主序星中，主要反应序列是质子-质子链反应（pp-chain），其主要分支如下

$$\begin{cases} 2(^1\mathrm{H}+^1\mathrm{H}\rightarrow{}^2\mathrm{H}+e^++\nu_e), \\ 2(^2\mathrm{H}+^1\mathrm{H}\rightarrow{}^3\mathrm{He}+\gamma), \\ ^3\mathrm{He}+^3\mathrm{He}\rightarrow{}^4\mathrm{He}+2^1\mathrm{H}+2\gamma \end{cases} \tag{13-2}$$

式中，e^+ 为正电子；ν_e 为（电）中微子；γ 为光子。

　　在 $T_{\mathrm{nucl}}=3\times10^6$ K 附近（12.1 节），质子-质子链反应速率明显提升。在接近太阳核心的温度 $T\approx15\times10^6$ K 时，聚变速率大约正比于 T^4。虽然 1 500 万 K 等离子体中的聚变速率对温度变化的敏感性不如 T_{nucl} 附近（在 T_{nucl} 附近聚变速率大约正比于 T^{10}），但太阳核心中的能量生成仍然随温度而急剧变化。这种急剧的温度依赖关系表明聚变就像一个有效的恒温器：如果核心变得太热，它就会膨胀、冷却，产生的能量就会下降；如果核心太冷，它就会收缩，直到绝热压缩将其加热到足以使聚变率产生足够的能量来平衡向外输送

---

　　① 宇宙射线核合成是锂、铍和硼的另一个主要来源。

的能量。此外，聚变速率对温度高度敏感表明更大质量的主序星核心温度只要略有升高，就可以产生比较小恒星更高的光度。

如果主序星比太阳更重，核心温度就会更高，占主导地位的反应过程会变成对温度更为敏感的 CNO 催化循环。CNO 循环的主要反应过程为

$$\begin{cases} {}^{12}\mathrm{C} + {}^{1}\mathrm{H} \rightarrow {}^{13}\mathrm{N} + \gamma, \\ {}^{13}\mathrm{N} \xrightarrow[t_{1/2}=10\mathrm{min}]{} {}^{13}\mathrm{C} + \mathrm{e}^{+} + \nu_{e}, \\ {}^{13}\mathrm{C} + {}^{1}\mathrm{H} \rightarrow {}^{14}\mathrm{N} + \gamma, \\ {}^{14}\mathrm{N} + {}^{1}\mathrm{H} \rightarrow {}^{15}\mathrm{O} + \gamma, \\ {}^{15}\mathrm{O} \xrightarrow[t_{1/2}=2\mathrm{min}]{} {}^{15}\mathrm{N} + \mathrm{e}^{+} + \nu_{e}, \\ {}^{15}\mathrm{N} + {}^{1}\mathrm{H} \rightarrow {}^{12}\mathrm{C} + {}^{4}\mathrm{He} \end{cases} \tag{13-3}$$

注意，虽然式（13-3）中给出了两个逆 β 衰变的半衰期，但 CNO 循环中四个聚变反应的时间尺度取决于所涉及核的温度和丰度（密度）。

最稳定的原子核是 ${}^{56}\mathrm{Fe}$（图 13-1），比它轻的元素聚变可以释放能量。然而，α 粒子（氦原子核）与较重原子核（最重至 $Z=28$）的聚变需要更高的温度才能克服库仑势垒（Coulomb barrier，除非原子核非常接近，否则原子核之间的电磁斥力使强力无法发挥作用，图 13-2）。此外，原子质量为 5 或 8 的核素都不稳定，因此从氦中产生碳需要立即发生两次连续聚变：首先，一对 α 粒子结合产生一个（高度不稳定，$t_{1/2} = 2 \times 10^{-16}$ s）${}^{8}\mathrm{Be}$ 原子核，然后在该原子核衰变之前和另一个 α 粒子聚变

$$\begin{aligned} {}^{4}\mathrm{He} + {}^{4}\mathrm{He} &\leftrightarrow {}^{8}\mathrm{Be}, \\ {}^{8}\mathrm{Be} + {}^{4}\mathrm{He} &\rightarrow {}^{12}\mathrm{C} + \gamma \end{aligned} \tag{13-4}$$

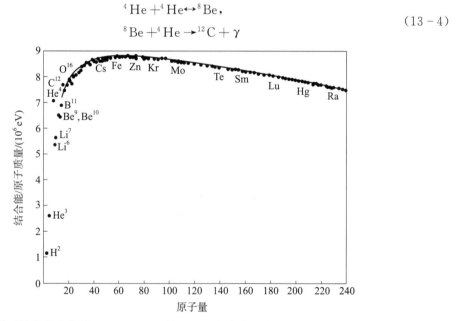

图 13-1　每个核子的核结合能关于原子量的函数。对于大多数元素，只绘制最稳定的同位素。注意，${}^{4}\mathrm{He}$、${}^{12}\mathrm{C}$ 以及稍重的 α 粒子倍数的原子，位于一般曲线上方，表明稳定性更高。峰值出现在 ${}^{56}\mathrm{Fe}$ 处，表明铁是最稳定的元素。（Lunine，2005）

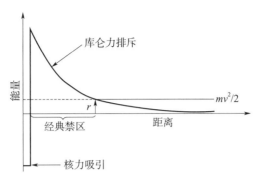

图 13 - 2　除非原子核非常靠近，否则原子核之间的电磁斥力使强力无法发挥作用（强力的作用范围非常小）。（改编自 Shu，1982）

　　这种三重 α 过程与上述质子-质子链反应和 CNO 循环相比，需要更高的密度。当质量足够大的恒星（$\gtrsim 0.25 M_\odot$）耗尽其核心的氢供应时，氦聚变发生，因此在恒星主序阶段保持平衡的恒温机制不再活跃。氢聚变发生在氢耗尽的核心周围，恒星产生的总能量大大超过主序阶段，因此其外层膨胀并冷却，恒星变成红巨星。

　　碳之后的核聚变不需要像三重 α 过程那样立即发生两次连续反应，因此可能发生在密度较低的环境中，但库仑势垒的增加表明需要更高的温度和更大的恒星质量。可通过连续添加 α 粒子进行聚变，或者在更高温度下碳核之间也可以直接发生反应

$$
\begin{cases}
{}^{12}\mathrm{C} + {}^{4}\mathrm{He} \rightarrow {}^{16}\mathrm{O} + \gamma \\
{}^{16}\mathrm{O} + {}^{4}\mathrm{He} \rightarrow {}^{20}\mathrm{Ne} + \gamma \\
{}^{20}\mathrm{Ne} + {}^{4}\mathrm{He} \rightarrow {}^{24}\mathrm{Mg} + \gamma \\
{}^{12}\mathrm{C} + {}^{12}\mathrm{C} \rightarrow {}^{24}\mathrm{Mg} + \gamma
\end{cases}
\tag{13-5}
$$

　　由 3～10 个 α 粒子组成的原子核非常稳定，并且容易产生，因此它们相对丰富。这种形式的较大原子核质子太多，并迅速发生逆 β 衰变（发射正电子），从而将自身转化为更富中子的原子核。尽管如此，原子序数为偶数的重元素往往比奇数元素更丰富（表 8-1）。所有稳定核素的质子数和中子数如图 13-3 所示。

　　上述类型的反应可产生大量元素，直到反应的结合能达到峰值（铁的结合能）。由于库仑势垒（图 13-2）太大，更大质量的元素（如铅和铀）无法以这种方式大量产生。这种大质量的核主要是由自由中子的加入而产生，这些中子不带电，因此不需要克服电排斥。自由中子通过以下反应释放

$$
\begin{cases}
{}^{4}\mathrm{He} + {}^{13}\mathrm{C} \rightarrow {}^{16}\mathrm{O} + {}^{1}\mathrm{n} \\
{}^{16}\mathrm{O} + {}^{16}\mathrm{O} \rightarrow {}^{31}\mathrm{S} + {}^{1}\mathrm{n}
\end{cases}
\tag{13-6}
$$

　　添加中子不会直接产生新的元素，但如果添加足够的中子，原子核会变得不稳定，通过 β 衰变成为原子序数更高的元素。吸收中子产生的核素混合取决于中子通量。当连续中子吸收之间的时间足够长，使大多数不稳定核衰变时，产生的核素混合物位于核稳定谷深处，在那里，中子和质子的混合物具有给定核子总数的核的最大结合能；这种"慢"型重

元素核合成被称为慢（中子捕获）过程[①]。原子质量为 209 的原子核可以通过慢过程形成。核反应的快（中子捕获）过程[②]链发生在爆炸性核合成（如核坍缩超新星和中子星与其他中子星和黑洞并合）期间，此时中子通量非常高，并产生更富中子的元素分布。铀和其他天然存在的重元素是通过快过程核合成产生的。稀有的富质子重核是由质子丰富过程[③]核合成产生的。详细的核物理计算表明，质子丰富过程核合成最可能的解释是在高温（10^9 K）环境中通过部分核光致离解去除中子。另一种模型是由高中微子通量引起的 β衰变。

　　请注意，通过恒星核合成产生的大多数元素从未从它们的母恒星中释放出来；只有恒星风、新星爆发和超新星爆发喷出的物质才能丰富星际介质并形成下一代的恒星和行星。在单个星际颗粒和整个太阳系中发现的元素和同位素的分布表明了恒星核合成发生的各种环境，以及物质从恒星释放的条件。

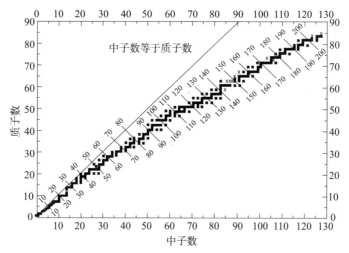

图 13-3　稳定原子核的分布，以原子序数 vs. 中子数绘制。绘制了代表等量质子和中子的对角线，以供参考。垂直于该对角线的短线表示具有相同原子量的核素。长寿命但不稳定的同位素用"×号"表示。（改编自 Lunine，2005）

13.3　恒星形成简述

　　与目前关于恒星形成的理论类似，人们普遍认为太阳系是在一个稠密（按照星际空间的标准）分子云中"诞生"的，这是引力坍缩的结果。本章的剩余部分将回顾关于恒星形成、围绕（原始）恒星的圆盘形成的最新观点，以及这类圆盘的演化和行星的吸积（增长）。

---

①　又称为 s-过程。——译者注

②　又称为 r-过程。——译者注

③　又称为 p-过程。——译者注

13.3.1 分子云核

银河系包含大量寒冷、稠密的分子云（图 13 - 4），其大小从质量（$10^5 \sim 10^6$）$M_\odot$ 的巨型系统到（$0.1 \sim 10$）$M_\odot$ 的小核不等。小核通常嵌在较大的复合体中，并在分子线跃迁（如 CO、NH_3、HCN、CS 或 H_2CO）的射电波长处观察到。分子云的典型温度大约 $10 \sim 30$ K，密度为每立方厘米几千个分子。形成恒星的核心密度可能比这大 $10 \sim 1\,000$ 倍，温度仅 $\leqslant 10$ K。分子云主要由 H_2 和可能存在的 He 组成（冷氦极难远程探测，因为这种惰性气体在化学上是惰性的，并且紧紧抓住它的电子）。还存在许多其他分子，包括 CO、CN、CS、SiO、OH、H_2O、HCN、SO_2、H_2S、NH_3、H_2CO 以及许多其他 H、C、N 和 O 的组合，其中一些分子中含有十几个原子。然而，所有这些较大质量的分子加在一起，只占分子云总质量的一小部分。

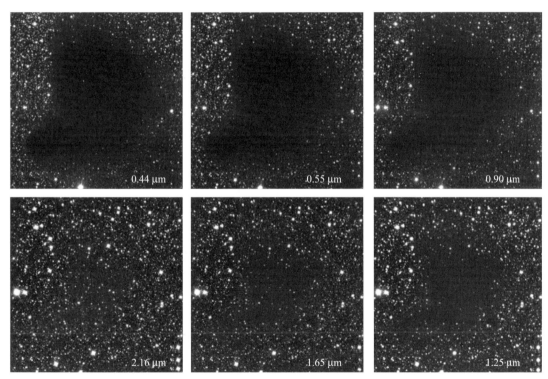

图 13 - 4　位于蛇夫座恒星形成区的巴纳德 68 球状星团的天空区域，在六个不同的波段成像，沿顺时针方向表示从蓝色到近红外光谱区域。上面的三幅显示了使用 VLT（Very Large Telescope，甚大望远镜）获得的波长分别为 0.44 μm、0.55 μm 和 0.90 μm 的图像；下面的三幅长波图像是用 NTT（New Technology Telescope，新技术望远镜）通过近红外滤光片（1.25 μm、1.65 μm 和 2.16 μm）拍摄的。云层造成的遮蔽随着波长的增加而显著减弱，这表明大部分尘埃以亚微米颗粒的形式存在。由于云的外部区域密度低于内部区域，因此云的视大小也随着波长的增加而减小，更多的背景恒星穿过外部区域发光。（欧洲南方天文台新闻稿照片 29b/99）

典型的星际云是稳定的，不会坍塌。它的内部压力（由磁场、湍流运动和旋转增加的普通气压）足以平衡自身重力向内侧的拉力。如果不是因为周围温度较高（约 10^4 K）和密度较低（约 0.1 个原子/cm³）的气体的平衡压力，这种超压会导致云层膨胀。

在可以忽略磁压力和外部压力的平衡系统中，位力定理指出，引力势能 E_G 等于动能 E_K 的 -2 倍（习题 2.5）。气体云的动能主要是热能，除非它是高度湍动或快速旋转的。当 $|E_G| > 2E_K$ 时，气体云可能会在自身重力作用下坍缩。可以求解此类云的最小质量，即金斯质量 M_J（习题 13.1）

$$M_J \approx \left(\frac{kT}{G\mu_a m_{\text{amu}}}\right)^{3/2} \frac{1}{\sqrt{\rho}} \tag{13-7}$$

如果热压是支撑气体云唯一手段，那么气体云在 $M > M_J$ 时将坍缩。注意，如果气体云中的密度增加，临界质量 M_J 将减小。密度低但质量大的云可能会坍缩成星系；质量较小、密度较高的云可能会坍缩成星团或单个恒星。在分子云中观察到的核心密度似乎足以在引力作用下坍缩成恒星质量的天体。然而，小而冷（10 K）的分子云的密度需要超过约 10^{-11} g/cm³（约 10^{13} 个原子/cm³），才能通过引力坍缩形成木星质量的天体。这比观测到的星际云密度要大得多。

当一个临界稳定的分子云通过星系的旋臂时会被压缩；这种压缩可能足以触发坍塌。因为星系中的云和恒星的旋转速度比螺旋密度波的旋转速度要快，分子云会穿过旋臂。其他可能触发引力坍缩的现象是（超）新星爆炸。超新星爆炸中，气体和尘埃的外壳被抛入太空，以及恒星发生外流或扩展 HⅡ（电离氢）区域。坍缩将引力势能转化为坍缩物质的动能。如果在有序运动或随机热运动中保留该能量，则可能实现位力平衡，并停止坍缩。然而，如果这种能量通过辐射等途径丢失，那么分子云就会变得更加不稳定。一旦引力坍缩开始，密度就会增加，导致坍缩的速度加快。

对分子云核心的观测表明，它们比上述简单的图像要复杂得多。许多核并不是球形。磁场、湍流和较小程度的旋转都会阻止坍缩。分子云核心的典型寿命只有几十万年，比太阳系附近的星际气体从星系的一个旋臂到下一个旋臂所需的时间少两个数量级以上。

13.3.2　分子云核心坍缩

对于处于平衡状态的分子云，压强梯度（有时是磁力）平衡引力。相反，当分子云中的压强梯度和其他力相对于引力足够小，甚至可以忽略时，云（或核心）在自由落体时间尺度 t_{ff} 上坍缩（习题 13.2）

$$t_{\text{ff}} = \left(\frac{3\pi}{32G\rho}\right)^{1/2} \tag{13-8}$$

自由落体的解并不直接适用于恒星的形成，因为压强很重要，至少最初如此，但它给出了坍缩时间尺度的下限，在某些情况下，这是一个很好的近似。式（13-8）表明，密度较高的团块坍缩速度更快，这可能导致分离和碎裂。由于观察到核心中心附近密度最大，因此内部塌陷最快，产生了由内而外的坍缩。如果气体温度上升到热压平衡重力的程度，分子云核心的坍缩就可以停止；数值模拟表明，这只发生在比观测到的分子云核小得多的尺寸上。旋转还可以防止物质继续崩塌，导致在中心生长或碎裂的原恒星周围形成一个圆盘。

当离心力平衡引力时，旋转成为主导效应。除非角动量在坍缩过程中被重新分配，否则具有初始比角动量 L_s 的物质与圆盘半径 r_c 的关系为 $r_c \approx L_s^2/GM$，其中 M 是内部质量（如果质量球对称分布，则关系将是精确的）。如果核心快速旋转，它可能会分裂成两个或更多的子云，其中角动量被分配到相互环绕的碎片中。每一个子云都可能坍缩成一颗恒星，形成一个双星或多星系统。大多数恒星都是在这样的双星或多星系统中观测到的。角动量较小的核可能只形成一颗恒星。由于分子云的核心必须收缩几个数量级才能形成恒星，因此，即使是最初非常缓慢旋转的团块，其角动量也远大于最终恒星在不解体的情况下所能承受的角动量。因此，预计在其形成的某个阶段，几乎所有的单恒星，可能还有许多双星/多星系统，都被一个扁平的物质盘所包围。虽然恒星可能包含了核心的大部分初始质量，但大部分角动量都在圆盘中。回想一下，在今天的太阳系中，99.8% 的质量存在于太阳中，但超过 98% 的角动量存在于行星轨道中。

当一个稠密的核心坍缩时，其温度由于引力势能转化为动能而升高。如果云核心在红外波长足够透明，那么大部分热能就会被辐射出去，核心保持相对较低的温度。不断增加的密度最终使核心不透明，因此热能无法再逸出。释放的引力势能随后加热在核心中心生长的原恒星，从而形成内部压强，直到达到流体静力学平衡 [引力和压强梯度之间的平衡；式（3 - 33）]。当原恒星内部的温度足够高时（约 10^6 K），核反应开始 [氘转化为氦；式（13 - 2）]。这个过程产生的能量足以暂时阻止进一步收缩。当氘供应耗尽时，恒星收缩并加热，直到中心温度达到约 10^7 K，在这个温度下，^{1}H 聚变 [式（13 - 2）] 速率足以防止进一步坍缩。

在这些吸积阶段，原恒星被云层外层的尘埃挡住了视线。在引力坍缩的早期阶段，尘埃相对较冷（约 30 K），因此发射红外辐射，其分布峰值接近 100 μm。当原恒星形成时，尘埃的内层会急剧升温，正如在较短的红外波长下观察到的那样。

13.3.3　恒星形成的观测

在几个分子云中观察到了许多年轻恒星。这些恒星的年龄通过以下方式估算：恒星群的运动年龄（区域大小除以恒星的相对速度）、赫罗[①]图（Hertzsprung - Russell，H - R）上单个恒星的年龄（图 1 - 7）以及恒星光谱中锂吸收线的存在和强度（锂被对流向下输送到可以被质量 $\leqslant 1M_\odot$ 的恒星中的热核反应破坏的深度）。这些方法都给出了经过充分研究的恒星形成区域中最年轻的年龄 $\leqslant 10^7$ 年。此外，观测结果表明，形成恒星的同一过程也会产生质量明显低于氢聚变所需最小质量的天体（12.1 节）。

仍在向主序收缩的年轻恒星称为主序前星。在这些恒星中，发现了金牛座 T 型星，以

---

① 埃纳尔·赫茨普龙（Ejnar Hertzsprung，1873 年 10 月 8 日—1967 年 10 月 21 日），丹麦天文学家。他最早提出绝对星等的概念，1905 年提出恒星有巨星和矮星之分，1913 年以统计视差的方式对数颗造父变星的距离进行研究。赫茨普龙星（1693 Hertzsprung）以他的名字命名。——译者注

亨利·诺利斯·罗素（Henry Norris Russell，1877 年 10 月 25 日—1957 年 2 月 18 日），美国天文学家。1913 年他发表了关于恒星的亮度、颜色和光谱之间的统计关系。罗素星（1762 Russell）以他的名字命名。——译者注

首个发现的这类恒星（即金牛座 T）命名。金牛座 T 型星通常出现在稠密的气体和尘埃中。许多金牛座 T 型星的光度在短短几个小时的时间尺度上以不规则的方式发生很大变化。金牛座 T 型星的光谱能量分布比黑体光谱宽得多，有强烈的发射线控制，并显示出强恒星风的存在。大多数金牛座 T 型星都有大的星斑[①]，星斑的存在使恒星光变曲线发生变化，可以通过光度变化测量恒星的自转周期。根据观测结果，深嵌式金牛座 T 型星的典型自转周期只有几天，比太阳当前的 27 天周期短得多，不过依然是恒星自转解体所需时间的几倍（习题 9.11）。金牛座 T 型星发射的 X 射线也比同样质量的年老恒星多得多；这表明在恒星形成过程中会发生能量非常高的非平衡过程。

恒星的形成和早期演化可能是非常不稳定和剧烈的过程。气体的偶极外向流（bipolar outflows）垂直于正处于吸积状态的恒星周围的盘面，以大约 100 km/s 的速度喷出。这种气体与周围星际介质的相互作用产生了激波，使我们观测到被称为赫比格-阿罗[②]天体（Herbig - Haro，HH）的明亮发射星云。在猎户座 FU 型变星中可以看到爆发，这可能与几十年来恒星吸积率增加（$\gtrsim 100$ 倍）有关。

13.3.4　星周盘的观测

在 25%～50% 太阳质量的主序前星（包括金牛座 T 型星）中观察到红外波长的过量发射，表明星周物质从恒星延伸到数十或数百个 AU（图 13 - 5）。一些星周盘缺乏近红外辐射，这表明这些星周盘内部存在缝隙。这种近红外辐射的缺失在稍老的天体中更普遍。星周尘埃盘的解析图像——这类尘埃盘的最直接证据——来自哈勃望远镜和毫米波观测。毫米波数据表明，一些质量约 $(0.001 \sim 0.1) M_\odot$（假设观测到的尘埃以星际丰度比与气体混合）之间的原恒星周围围绕着盘状结构。在一些年轻恒星周围也观察到了这样的大质量星周盘，但在年老恒星周围只看到了质量小得多的星周盘（图 13 - 6）。哈勃望远镜图像揭示了年轻恒星周围半径为 100 AU 量级的盘状结构；这些结构称为原行星盘（图 13 - 7）。哈勃望远镜拍摄的 HD 141569 和 HR 4796A 的星周盘（图 13 - 8）似乎包含中心空洞。HD 141569 的原行星盘大约 750 AU 宽，在靠近中心的地方有深色的环，表明这个区域缺少物质。这些物质可能已经被吸积到行星上，或者被行星的守护力矩推开。HR 4796A 周围狭窄的尘埃环可以通过守护作用（11.4.3 节）和/或一颗看不见的行星吸积或散射尘埃粒子来解释，这些尘埃粒子的轨道会因坡印亭-罗伯逊阻力而衰减（2.7.2 节）。

通过远红外测光法观测到了织女星和许多其他年轻主序星附近的固体粒子组成的冷岩屑盘。这些星周盘通常从恒星延伸几百 AU，但它们的光学深度很小，观测到的粒子可能只包含和月球质量相当的物质。虽然这些星周盘（circumstellar disk）的辐射区域主要分布的是小尘埃，但这些小粒子不可能在恒星的生命周期内存活，因此也必须存在较大的

---

① 相当于出现在其他恒星上的太阳黑子。——译者注

② 乔治·霍华德·赫比格（George Howard Herbig，1920 年 1 月 2 日—2013 年 10 月 12 日），美国天文学家。赫比格星（11754 Herbig）以他的名字命名。——译者注

吉列尔莫·阿罗·巴拉扎（Guillermo Haro Barraza，1913 年 3 月 21 日—1988 年 4 月 26 日），墨西哥天文学家。——译者注

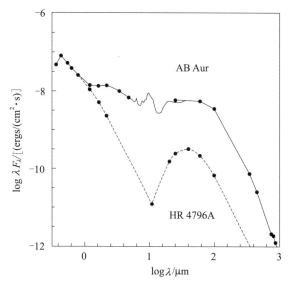

图 13-5 御夫座 AB 的宽带光谱，标准化为恒星光球。御夫座 AB 是一颗年龄约 200 万年的赫比格 Ae/Be 型星（相当于质量为太阳几倍的金牛座 T 型星）和一颗年龄约 800 万年的恒星 HR 4796A ［如图 13-8 (b) 所示］。HR 4796A 的星周盘被认为是由 "大型" 天体碰撞产生的碎片组成，是已知最亮的星周盘；图中波长 ≲ 10 μm 处没有过量的辐射，这表明在距恒星 40 AU 的范围内有强烈的尘埃疏散。(Furlan et al.，2006)

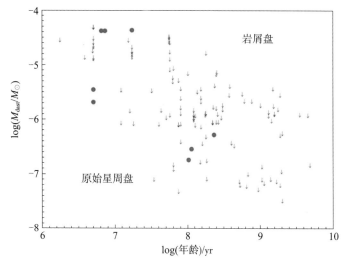

图 13-6 质量约 1 $M_\odot$ 的恒星的星周盘中尘埃质量和恒星年龄的关系图。实心圆表示观测值，向下箭头表示（3σ）上限。注意，只有在年龄小于 2 000 万年的恒星周围才能观测到比地球质量更大的尘埃盘；这些巨大的星周盘很可能是原始星周盘，包含的气体量比观测到的尘埃多两个数量级。较老的岩屑盘可能缺乏气体。根据在 1.2 mm、2.7 mm 和 3 mm 处的观察结果计算星周盘质量。［图片来源：维罗尼卡·罗卡塔利亚塔（Veronica Roccatagliata）］

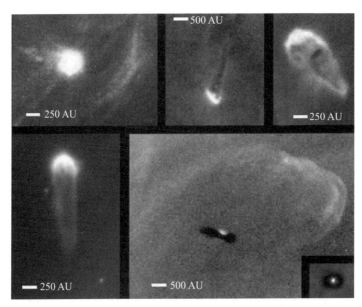

图 13-7　猎户座星云中有星周盘的年轻恒星。上面一行和左下角的图像显示了由气体和尘埃组成的星周盘，它们被附近大质量恒星的紫外线辐射光致蒸发。下面一行的另外两张图片显示了与年轻恒星相关的星周盘遮住背景热气体光线的轮廓。请注意，这些星周盘的大小远远大于我们太阳系的行星区域。〔NASA/哈勃望远镜图像，J. 巴利（Bally）、D. 戴文（Devine）和 R. 萨瑟兰（Sutherland）拍摄〕

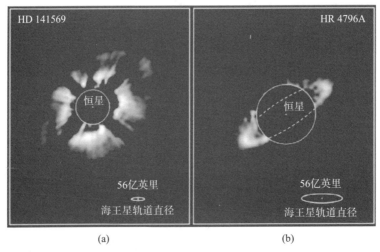

图 13-8　年轻恒星的星周盘图像。在这两种情况下，都使用了日冕仪来阻挡来自恒星的光线。（a）HD 141569 星周盘的近红外图像，HD 141569 位于 320 光年之外天秤座。一条暗环把大约 750 AU 宽的星周盘分隔成一个明亮的内部区域和一个较暗的外部区域。这个环可能是盘中行星形成的结果。〔图片来源：哈勃望远镜/NASA 的 B. 史密斯（Smith）和 G. 施耐德（Schneider）〕。（b）围绕年轻（≲ 1 000 万年）恒星 HR 4796A 的尘埃环的近红外图像。这个环距中心恒星约 40 AU，宽度<17 AU。这个环表明在围绕恒星的轨道上存在着看不见的行星。　〔图片来源：哈勃望远镜/NASA 的 E. 贝克林（Becklin）和 A. 温伯格（Weinberger）〕

（源）粒子。这些星周盘通常在较年轻的主序星周围更为突出，但一些较老的恒星也有相当明亮的星周盘。第一张围绕主序星的星周尘埃盘的图像是用地面 CCD 相机拍摄绘架座 β（又称老人增四）得到的。这张 1500 AU 宽的星周盘的哈勃望远镜图像（图 13-9）显示，其内部翘曲，这一特征可能是由附近一个或多个行星或倾斜轨道上的褐矮星的引力造成的。

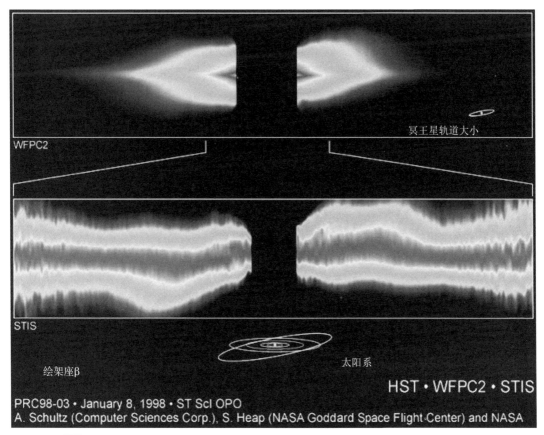

图 13-9 　绘架座 β 星周盘内部的哈勃望远镜图像。日冕仪挡住了中心恒星明亮的光芒。星周盘中的翘曲可能是由一个或多个看不见的伴星（有可能是行星）的引力引起的。[图片来源：阿尔·舒尔茨（Al Schultz），哈勃望远镜/NASA]

13.4　原行星盘的演化

根据对银河系当前恒星形成的观测，假设太阳系形成于一个分子云中。生长中的太阳及其周围的圆盘被称为原始太阳星云；该星云内的原行星盘形成行星系统。根据行星中目前的难熔元素丰度以及整个星云中元素丰度和太阳中的丰度一致的假设，可以得出原行星盘的最小质量约 $0.02M_\odot$。实际质量可能要大得多，因为这种混合物中的一些（也许是大部分）难熔成分最终并没有并入行星。太阳星云的历史可以分为三个阶段：注入阶段、内部演化阶段和清扫阶段。

13.4.1　注入阶段

当分子云核心变得足够稠密，其自身重力超过热、湍流和磁支撑时，它开始坍缩。坍缩是由内而外进行的，并一直持续到云层物质耗尽，或者强烈的恒星风使气流逆转。注入阶段的持续时间与核心自由落体坍缩时间相当，约 $10^5 \sim 10^6$ 年。

最初，相对于核中心具有低比角动量的气体和尘埃落向中心，形成原恒星。最终，具有高比角动量的物质落向原恒星，但由于离心力无法到达。从本质上说，这种物质的轨道与中心的压强支撑恒星不相交。然而，当气体和尘埃混合物落在系统的赤道面上时，会遇到从另一个方向落下的物质，垂直于该平面的运动就会抵消。这种运动中的能量在正在形成的原行星盘中以热的形式消散，原行星盘特别是其内部可能会发生显著的加热。在原行星盘内部，物质已经深入到势阱中。所得的原行星盘的赤道面大致垂直于初始坍缩分子云核的旋转轴。核心角动量的方向决定了原行星盘的平面，而角动量的大小决定了物质在原恒星和原行星盘之间的分配。

考虑一团从无穷远处落到半径为 $r_\odot$ 的圆轨道上的气体。单位质量引力势能的一半转化为轨道动能

$$\frac{GM_{原恒星}}{2r_\odot} = \frac{v_c^2}{2} \tag{13-9}$$

另一半转化为热。如果 $M_{原恒星} = 1M_\odot$，那么在 $r_\odot = 1$ AU 处，圆轨道速度 $v_c = 30$ km/s。如果系统中没有能量逃逸，氢气温度会变为约 7×10^4 K（习题 13.3）。然而，由于辐射冷却的时间尺度比加热时间短得多，因此实际上从未达到如此高的温度。

气体下降到星云的中间平面时达到超声速。当气体被吸积到圆盘上时，它的速度会因为通过激波阵面而突然减慢。星云中达到的最高温度取决于物质通过的激波结构。原行星盘形成的模型表明，原行星盘的典型波后温度在 1 AU 处约为 1 500 K，在 10 AU 处约为 100 K。当所有力平衡时，即朝向中心的引力与向外的离心力平衡，朝向中间平面的引力与向外的气压梯度平衡，系统达到平衡态。假设恒星的引力主导着原行星盘的引力，并且 z 方向上的温度变化可以忽略，则垂直方向上的气体密度和压强变化由

$$\begin{cases} \rho_{g_z} = \rho_{g_{z_0}} e^{-z^2/H_z^2} \\ P_z = P_{z_0} e^{-z^2/H_z^2} \end{cases} \tag{13-10}$$

给出，其中高斯标高 H_z 为

$$H_z = \sqrt{\frac{2kTr_\odot^3}{\mu_a m_{amu} GM_\odot}} \tag{13-11}$$

注意到当 $d\ln T/d\ln r_\odot < 3$ 时，H_z 随着日心距离增加而增加（$dH_z/dr_\odot > 0$）。

13.4.2　星盘动力学演化

除非坍缩的分子云的旋转可以忽略不计，否则大量的物质会落在原行星盘内。原行星

盘内角动量的重新分布可以为恒星提供额外的质量（图 13 - 10）。原行星盘的结构和演化主要由角动量和热量的传输效率决定。角动量和质量可通过以下方式传输。

磁力矩：如果磁场线从恒星穿过原行星盘，则原行星盘有共转的趋势，即比恒星的自转周期更快的物质失去角动量，而旋转速度较慢的物质获得角动量。如果原行星盘中的气体被充分电离，那么磁力线会让恒星同原行星盘耦合，而气体往往位于太阳星云的最内层，那里的温度很高。因此，一颗快速旋转的恒星的自转速度会因来自原行星盘内部的磁制动（magnetic braking）力矩而减慢，在原行星盘内部，电离气体与恒星磁场耦合，但会因与以开普勒速率运行的中性气体频繁碰撞而减慢。角动量从恒星向外转移到原行星盘，但由于原行星盘中缺少电离气体以及距离较远处的恒星磁力线较弱，角动量向更大半径的转移受到抑制。

观测和详细的建模表明，原行星盘并非一直延伸到恒星表面。相反，在共转点附近（corotation point，原行星盘中的开普勒轨道角速度等于恒星的旋转角速度），恒星和原行星盘之间的磁相互作用将原行星盘的一些气体输送到恒星上，并以高速离心驱动、携带大量角动量的偶极外向流将其他气体排出。[尽管这种偶极风（bipolar wind）集中在恒星的两极附近，但气体的运动并不完全平行于恒星的旋转轴，因此它能够带走角动量。]角动量的损失解释了为什么观测到原恒星的旋转速度远低于解体速度（13.3.3 节）。随着气体排出的固体颗粒受到明亮星光的短暂而强烈的加热；这一过程可能产生在大多数原始陨石中发现的球粒和 CAI（8.7.2 节）。

引力力矩：局部或全局引力不稳定性可能导致原行星盘内物质的快速运输。如 11.2 节所述，如果图姆尔[①]参数 $Q_T < 1$ [式（11 - 14）；注意，对于气态原行星盘，用声速代替速度弥散]，则薄旋转原行星盘对局部轴对称摄动不稳定。当 $Q_T \lesssim 1$ 时，也会出现非轴对称的局部不稳定性。这些不稳定性可以产生螺旋密度波，在动力学时间尺度上传输质量和角动量，直到再次达到稳定构型。这将原行星盘的质量限制在小于或与原恒星质量相当的范围内。在大多数情况下，全局单臂螺旋不稳定性将原行星盘质量限制在恒星质量的 1/3 以下。

大型原行星可能会清除其轨道周围的环形间隙，并在原行星盘内的共振位置激发密度波（图 13 - 23），这些密度波向外传递角动量。这种过程在土星环（11.4 节）中已经被观察到，尽管规模要小得多。如果原恒星有足够的角动量，其最低能量结构将是三轴椭球（即具有三个不相等主轴的椭球体，因此不是圆柱对称；参见 6.1.4.2 节），这将让原行星盘呈现不对称和旋转的引力势，与原行星的引力势非常相似。这样会引发共振和密度波，将角动量从原恒星传输到原行星盘。然而，观察结果表明：对于质量约 $1M_\odot$ 的原恒星，其旋转速度通常太慢，无法变成三轴椭球。

黏性力矩：由于分子大致以开普勒轨道围绕原恒星旋转，靠近中心的分子比远离中心的分子移动得更快。气体分子之间的碰撞加速了外部分子，从而使它们向外运动，减慢了

---

① 艾拉·图姆尔（Alar Toomre，1937 年 2 月 5 日—），美国天文学家、数学家。他的研究重点是星系动力学。——译者注

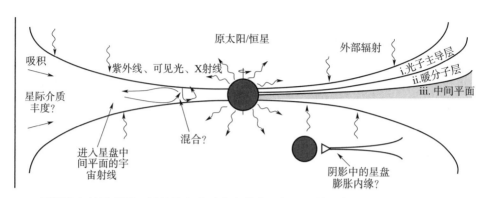

图 13 - 10　原行星盘的示意图，原行星盘受到来自其中心恒星和较远但较亮恒星的辐射。（Pudritz et al.，2007）

内部分子的运动速度，而内部分子则向中心运动。净效应是大部分物质向内扩散，角动量向外转移，原行星盘作为一个整体展开。

　　式（11 - 10）给出了原行星盘演化的扩散时间尺度，其中长度的尺度 ℓ 等于原行星盘的半径（或所考虑的原行星盘部分）。因此，如果运动黏度大致不变，则原行星盘内部的黏性扩散速度更快。不幸的是，原行星盘中黏度的大小不确定性高达几个数量级。原行星盘中气体的热运动产生有序的分子黏度 ν_m 的量级为

$$\nu_m \sim \ell_{fp} c_s \tag{13 - 12}$$

式中，ℓ_{fp} 为分子的平均自由程；c_s 为声速。

　　这种分子黏度太小，在原行星盘的整个寿命期内无法产生显著的黏性演化（习题 13.5）。然而，如果湍流（如由星云中的对流引起）起作用，它可能在原行星盘中传输大量的质量和角动量。湍流的物理学极其复杂，人们对其了解甚少。由于湍流速度不太可能超过声速，并且涡流大小可能不大于原行星盘标高，因此吸积盘的湍流黏度通常被参数化为

$$\nu_v = \frac{2}{3} \alpha_v c_s H_z \tag{13 - 13}$$

式中，无量纲黏度参数 $\alpha_v \lesssim 1$。基于光学深度厚的圆盘中对流的理论估计，α_v 介于 10^{-4} 和 10^{-2} 之间，这表明原行星盘（至少是其内部）有显著的黏性演化（习题 13.7）。

　　因此，原行星盘的演化速率可能取决于其垂直于中间平面的光学深度。在水星轨道以内的原恒星附近，原行星盘太热以至于颗粒无法凝结，星际颗粒全部蒸发。该区域不透明度的主要来源是 H_2O 和 CO 分子中的分子跃迁以及原子氢电离过程。距离恒星较远时，星云的温度远低于 2 000 K，微米大小的尘埃是不透明度的主要来源。罗斯兰平均（Rosseland mean）（能量平均）不透明度的大小大致与温度的二次方成正比，除了大量蒸发时偶尔出现急剧下降（图 13 - 11）。原行星盘的表面辐射能量并因此冷却。原行星盘中某些部分可能会因受到垂直于原行星盘中间平面的对流的影响而变得不稳定，从而允许热量从原行星盘的热中间平面对流传输到表面，然后辐射到空间中。由该对流引起的湍流也

可能在径向方向上混合物质，距离与最大对流涡流的大小相当。在大多数情况下，星云中的温度随着离太阳距离的增加而降低，而对于 $r_\odot \lesssim 100\,\text{AU}$，则随着离星云中间平面距离的增加而降低。

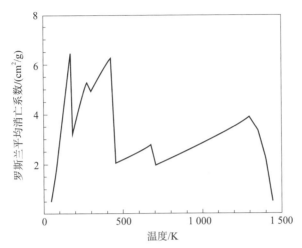

图 13-11 气体和尘埃太阳成分混合物的罗斯兰平均不透明度是温度的函数。假设尘埃的尺寸分布与星际颗粒的尺寸分布相似；如果凝聚物质包含在宏观物体中，则不透明度较低。这些计算中不包括气体对不透明度的贡献，但对于原行星盘中出现的低压而言，与温度低于 $1\,400\,\text{K}$ 时的尘埃不透明度相比，气体不透明度较小。（改编自 Pollack et al.，1994）

原行星盘的部分电离区域受到磁旋转不稳定性的影响，这可能导致磁流体动力学湍流，从而产生较强的黏性。据预测，原行星盘内的大部分区域都被充分电离，这些不稳定性才会有效。中心恒星发射的光子电离了原行星盘的内部区域，原行星盘的表面及其较薄的遥远区域被来自其他恒星和宇宙射线的光子电离。然而，距离恒星只有几 AU 的原行星盘中间平面附近的物质可能充分屏蔽了这些辐射源，因此它没有足够大的电离区域来使磁旋转不稳定性有效。因此，原行星盘中磁旋转不稳定性活跃的区域可能会相对快速地发生黏度演化，而物质则堆积在低黏度的非电离死区中。

13.4.3 原行星盘中的化学状态

原行星盘的化学成分很重要，因为它决定了形成星子的原材料。原行星盘是星际物质形成行星的区域，它是动态演化的：随着原行星盘中的物质被中心恒星吸积，原行星盘冷却，星子形成，随着行星形成以及原行星盘最终分散，它们内部的物理条件以及化学成分随着时间的推移而发生变化，留下一个像太阳系的行星系统。彗星和球粒陨石是太阳系原行星盘形成星子时代的遗迹。

原行星盘的初始化学状态取决于星际介质中气体和尘埃的组成以及坍缩阶段的后续化学过程。化学成分随时间和至中心（原）恒星的距离而变化。因为太阳和它的原行星盘是由相同的原材料形成的，所以太阳中元素的丰度告诉我们原行星盘的原始元素组成是什么。但由于太阳太热，分子不稳定，因此它无法提供有关这些元素在盘中驻留时的化合物的信息。

尽管正在冷却和演化的原行星盘的化学演化过程中仍存在许多不确定性，但很明显，硅酸盐和富含金属的冷凝物几乎存在于整个盘中，而冰只存在于外部。由于形成冰的元素比太阳和星际介质中的难熔元素更为丰富（表 8 - 1），因此原始太阳星云的外部比内部包含更多的物质。在水星轨道内侧，温度太高，不可能存在固体。然而，复杂的不平衡化合物以及前太阳系难熔和挥发性颗粒（8.7.2 节、10.4.4 节、10.7.1 节）的存在，表明基本平衡冷凝模型过于简单。

13.4.3.1　平衡凝结

星际物质并入星子时的化学演化是理解行星形成的基础。气体在进入原行星盘时通过激波阵面后冷却，但随后当星盘中的物质从正上方增加或星盘的动力学演化使其更接近原恒星时，气体会被加热。可以计算出特定区域的化学成分，在这个区域内星云物质经历了足够高的温度（$>2\,000$ K）可以完全蒸发和分解所有进入的星际气体和尘埃。在如此高的温度下，因为化学反应速率比原行星盘的冷却速率快，所以可以假设化学反应处于热力学平衡。这种情况很可能发生在原恒星附近。

当星云冷却到低于化学反应时间与冷却时间尺度相当的温度时，化学反应变得更加复杂。不同种类反应物的冻结温度不同。例如，CO/CH_4 和 N_2/NH_3 比率对星云中温度和压强很敏感。在太阳星云模型给出的低压下，碳以热力学上最稳定的形式存在：在 $T \gtrsim 700$ K 下是 CO，在较低温度下则是 CH_4。氮最稳定的形式在 $T \gtrsim 300$ K 时是 N_2，在较低温度下是 NH_3。因此，如果原行星盘处于热力学平衡，CO 和 N_2 将在温暖的内部星云中占主导地位，而 CH_4 和 NH_3 将分别是 C 和 N 在寒冷的外部星云中的首选形态（图 13 - 12）。有几条证据表明太阳星云处于不平衡状态。例如，冥王星和海卫一上存在的 N_2 和 CO 冰表明，外太阳系星云没有足够的时间进行化学平衡。尽管 NH_3 的凝结温度明显高于 CH_4，但彗星中 N/C 比与它们太阳丰度（10.4.3 节）相比的亏损也表明这些物质没有达到化学平衡。

当原行星盘冷却时，元素从气体中冷凝出来，并在不同温度下发生化学反应（图 13 - 13 和图 13 - 14）。难熔矿物，如稀土元素（Rare Eeath Elements，REE）和铝、钙和钛的氧化物（如刚玉 Al_2O_3 和钙钛矿 $CaTiO_3$），在约 $1\,700$ K 温度下冷凝。在约 $1\,400$ K 时，铁和镍冷凝形成合金；在稍低的温度下，出现镁硅酸盐，包括镁橄榄石（Mg_2SiO_4）和顽火辉石（$MgSiO_3$）。进一步冷却后，在温度 $T \lesssim 1\,200$ K 时，出现第一批长石；最初是较难熔的化合物，如斜长石钙长石（$CaAl_2Si_2O_8$），后来（T 约 $1\,100$ K）是钠和钾长石 [（Na, K）$AlSi_3O_8$]。请注意，由于基本上所有铝都是在更高的温度下从气体中冷凝出来的，因此铝只有在小颗粒中才能被包裹在长石中，而小颗粒可以与周围的气体达到平衡。如果颗粒生长比冷却快，则会形成不同的矿物。如果保持化学平衡，随着温度的下降，气体和粉尘中会发生化学反应，如铁与 H_2S 在约 700 K 温度下反应生成陨硫铁（FeS），与水在约 500 K 温度下形成氧化铁（$Fe+H_2O \rightarrow FeO+H_2$）。FeO 与顽火辉石和镁橄榄石等化合物之间的反应形成中等铁含量的橄榄石和辉石 [如（Mg, Fe）$_2SiO_4$；（Mg, Fe）SiO_3]。

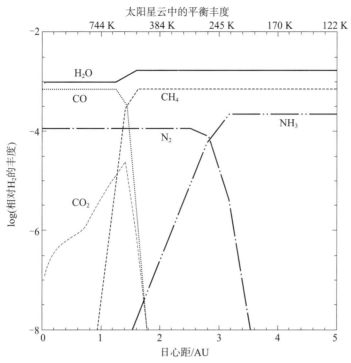

图 13-12　计算在 5 AU 处开始形成冰凝聚物时 C、O 和 N 的热力学稳定形式。在这个计算中，原行星盘的质量吸积率是每年 $10^{-7}M_\odot$。请注意，观测到的来自彗星的冰丰度（10.4.3 节）与化学平衡中的预期值有很大差异，这表明不平衡过程在彗星形成的原行星盘区域中起着重要作用。此外，尽管斯皮策望远镜在行星盘中观察到非常温暖（约 1 000 K）的 CO 和 H_2O，如图所示，但这并不一定表明化学平衡。在这些原行星盘中还发现了其他一些复杂分子，如 NH_3。　（图片来源：莫妮卡·克雷斯（Monika Kress））

　　水在 500 K 以下起着极其重要的作用，并在 200 K 以下的温度冷凝为纯水冰。假设保持平衡，氨和甲烷气体分别在略低于冰冷凝的温度下冷凝为水合物和笼形包合物（NH_3·H_2O、CH_4·$6H_2O$）。在温度低于约 40 K 时，CH_4 和 Ar 以冰的形式存在。

13.4.3.2　失衡过程

　　低温下，诸如 $CO+3H_2 \rightarrow CH_4+H_2O$、$N_2+3H_2 \rightarrow 2NH_3$ 和形成水合硅酸盐之类的反应在热力学上是有利的，但它们具有较高的活化能。这是一种动力学抑制反应，因为它们需要很长时间才能达到平衡，比星云演化所允许的时间还要长。［这些反应更有可能在密度更高的环行星星云（circumplanetary nebula）下达到平衡。］由于无法假设平衡，低温下的冷凝序列相当不确定。如果保持平衡，水蒸气与橄榄石和辉石反应形成水合硅酸盐［如蛇纹石 $Mg_6Si_4O_{10}(OH)_8$、滑石 $Mg_3Si_4O_{10}(OH)_2$］和氢氧化物［如水镁石 $Mg(OH)_2$］。尽管在某些陨石中富含水合硅酸盐（8.5 节），但在陨石中发现的大多数水合硅酸盐似乎是由含冰小行星吸积后形成，而不是由原行星盘中的水合反应形成的。"非平衡"的 CO 和 N_2 可以在约 60 K 以下与水冰形成包合物，如果足够冷的话，它们会被物理上

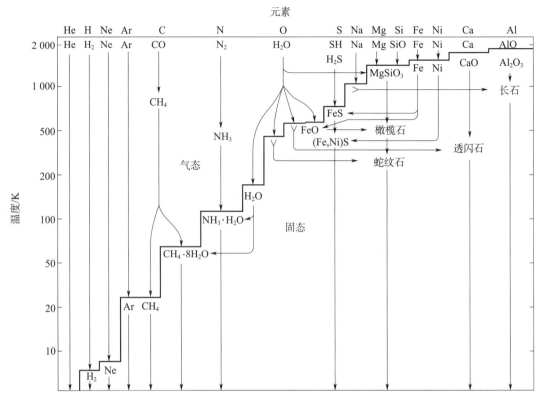

图 13-13　2 000 K 至 5 K 太阳星云物质完全平衡冷却期间主要反应流程图。图上方列出了 15 种最丰富的元素，正下方是 2 000 K 时每个元素的主要气体种类。阶梯曲线将气体与凝聚相分离。（Barshay and Lewis，1976）

"困"在水冰中。在 $T \lesssim 25$ K 时，CO 和 N_2 凝结成冰。

在原行星盘外部区域的低气体密度（$\rho \lesssim 10^{-9}$ g/cm³）和低温特征下，达到平衡所需的时间可能比冷却和凝结时间更长，甚至可能超过星盘的寿命。因此，许多化学反应可能受到动力学抑制，无法达到（甚至接近）平衡，而星云外层中的化学反应取决于涉及星际介质成分的反应动力学。在引力坍缩开始时，星际介质中大约 40% 的碳以尘埃的形式存在，约 10% 包含在多环芳烃（Polycyclic Aromatic Hydrocarbons，PAHs）中，而大多数气相 C 以 CO 分子的形式存在。星际中的氮预计是气态 N_2，但相当一部分氮也以 NH_3 的形式存在。原行星盘外部寒冷区域的 CO 和 N_2 可能从未转化为 CH_4 和 NH_3，同样，星际颗粒也可能从未蒸发。因此，彗星冰中的 NH_3 和 CH_4 可能来自星际。

在 8.7 节、10.3 节和 10.4 节中看到，陨石和彗星中的 D/H 比远高于原太阳中的数值，陨石中的 $^{15}N/^{14}N$ 比也是如此。观测到彗星中水的核自旋温度约 30 K，表明水在冷颗粒上形成，而不是从气相直接凝结（10.4.3.6 节）。如果某些物质形成于寒冷的星际云中，那么就可以解释高分馏温度和低自旋温度。通过冰粒上物质加入彗星前的氢化过程，已经可以解释 $CH_4 : CO : C_2H_6$ 和 $H_2CO : CH_3OH$ 的（相对）丰度，以及一些大分子的存在（10.4.3.2 节）。伽利略号探测器发现了木星大气中中等挥发性元素 C、N、S 大约是

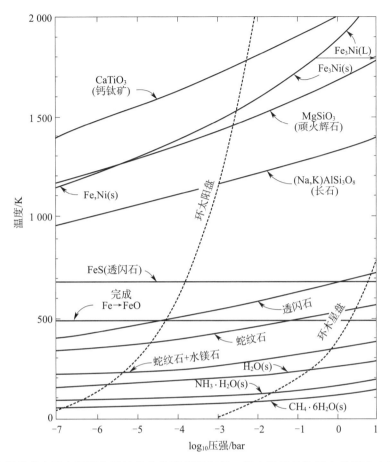

图 13-14 太阳组成介质中凝聚物质的热化学平衡稳定场。图中所示的物质在线下方主要为固态，在较高温度下主要为气态。虚线是环太阳和环木星星盘的估计温度-压强分布。(Prinn, 1993)

太阳中的 $3\sim6$ 倍，还发现了惰性气体 Ar、Kr 和 Xe（压强大约 10 bar）。由于这些元素具有广泛的冷凝温度范围，因此小范围的增多表明这些元素由星子引入，这些星子在足够低的温度下冷凝，使这些元素被捕获在水冰中或稳定为固体。

一些原行星盘模型解释了中心恒星吸积物质时分子丰度的演化。在这种模型中，CO、N_2 和其他气体以及星际颗粒都是从星际介质中引入的。当它们离恒星足够近，温度很高时，化学平衡就变得很重要，但在离太阳较远的地方（离太阳 $\gtrsim$ 几 AU），不平衡是常态。宇宙射线和 X 射线电离可能起重要作用。宇宙射线和 X 射线在原行星盘中形成的离子影响着分子类型的演化。例如，CO 通过此类反应转化为 CO_2、H_2CO 和 CH_4，而 N_2 转化为 NH_3 和 HCN。因此，随着时间的推移，即使平衡反应（$CO \rightarrow CH_4$，$N_2 \rightarrow NH_3$）受到动力学抑制，CO 和 N_2 的丰度也会降低，降低的速率取决于电离速率。如果温度低到足以使气体冻结，这些气体可能会吸附到颗粒上。当颗粒向内朝恒星迁移时，冰可能再次升华。因此，这种更先进的模型可以解释某些冰（即 CH_4、CO 和 CO_2）在彗星中的共存，以及原行星盘中存在的星际颗粒（这些颗粒中相当一部分水分子来自星际）。化学反应极其复杂，太阳系形成的详细模型也变得越来越精密。

13.4.4　清扫阶段

由于行星之间没有留下任何气体，因此气体必然是在行星演化的某个阶段被清除掉的。在金牛座 T 型星活跃期，来自附近热恒星（图 13-7）和/或早期太阳的紫外线辐射（称为光致蒸发）可能通过烧蚀原行星盘表面清除了气体。前主序太阳在原太阳形成约 100～1 000 万年后，经历了恒星演化的金牛座 T 型星阶段。气体损失的时间是有关巨行星生长的一个关键问题，但并不直接受到限制；因此，人们通常认为气态原行星盘的寿命与年轻恒星周围典型的大质量尘埃盘的寿命相同，≤1 000 万年。注意，太阳系中四颗巨行星的岩石和冰组成元素的质量大致相同，但它们的 H 和 He 丰度相差 100 倍。这可能是原行星盘内气体消散时间不同的结果。

13.5　固体天体的增长

13.5.1　时间尺度限制

球粒陨石含有太阳系中已知的最古老的岩石。如第 8 章所述，大多数球粒陨石（原始陨石）的年龄为 45.6 亿年，它们形成于太阳系历史最初 ≤500 万年的时期。陨石中灭绝放射性核素的证据表明，构成太阳系的物质含有最近核合成同位素的混合物。特别地，原行星盘中活跃的 ^{26}Al（$t_{1/2}=72$ 万年）表明，在最后一次注入新的核合成物质后，到第一种固体行星物质形成之间不会超过几百万年，这一时间尺度与分子云核心坍缩所需的时间尺度相似。陨石中的短寿命同位素可能是在一颗渐近巨星支（Asysptotic Giant Branch，AGB）恒星中产生的。太阳星云的引力坍缩可能是由附近渐近巨星支恒星的强风触发的。然而，其他模型表明，^{26}Al 和其他一些短寿命同位素是在早期太阳系中通过活跃的原太阳对原行星盘内部的固体粒子进行粒子辐照而产生的（8.6.4 节）。

根据一些陨石中存在接近纯的 ^{22}Ne（可能来自 ^{22}Na 衰变，$t_{1/2}=2.6$ 年；8.6.4.2 节），以及在几种不同元素中测得的同位素比（即 D/H、^{15}N/^{14}N；8.7 节），表明一些星际颗粒在太阳星云内的"旅程"中幸存下来，并被纳入陨石物质中。当星际颗粒落在中间平面并穿过吸积激波时会显著升温，大多数星际颗粒可能在到达原行星盘（至少在其内部）之前完全蒸发。

13.5.2　星子形成

当气态物质组成的原行星盘冷却时，各种化合物凝结成极其微小的颗粒。对于与太阳组成相同的原行星盘来说，第一批大量的冷凝物是硅酸盐和铁化合物。在太阳系行星系统外部区域较低的温度下，大量的水冰和其他冰可以凝结（13.4.3 节）。在这些区域，也可能有相当一部分先前存在的来自星际介质和恒星大气的冷凝物。随后，固体颗粒主要通过相互碰撞而增长。

亚厘米大小颗粒增长的微观物理过程与行星吸积后期重要的动力学过程截然不同。人们对与颗粒团聚相关的机械和化学过程知之甚少。来自烟囱研究和数值模型的数据表明，这些颗粒可能形成由范德华力连接在一起的松散堆积分形结构（图 13 - 15）。然而，大多数原始陨石与这些研究的主题不同，因为它们含有球粒，球粒是尺寸约 1mm 的小型火成包裹体（8.1 节）。大量的球粒表明大部分假设的蓬松（多孔）聚集体在被纳入更大的天体之前被迅速加热和冷却。球粒形成模型存在许多种，但尚未达成共识（8.7.2 节）。

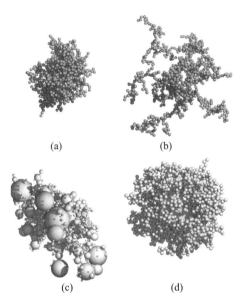

图 13 - 15　通过尘埃颗粒碰撞凝聚的数值模拟产生的分形聚集体示例。在弹道粒子-团簇凝聚（Ballistic Particle - Cluster Agglomeration，BPCA）过程中，单个粒子在线性轨迹上的随机方向上发生随机碰撞，种子粒子通过聚集单个粒子而增长（碰撞-粘贴过程）。弹道团簇-团簇凝聚过程通过等质量聚集体的凝聚进行（同样是在随机方向的线性轨迹上发生随机碰撞）。(a) 具有 1024 个单分散球形颗粒的弹道粒子-团簇凝聚；简单的弹道粒子-团簇凝聚过程会产生分形维数为 3.0 的聚集体。(b) 具有 1 024 个单分散球形颗粒的弹道粒子-团簇凝聚；这些聚集体的分形维数为 1.9。(c) 具有 2 001 个球形成分颗粒的弹道粒子-团簇凝聚，遵循幂律尺寸分布，指数为 -3.15。(d) 具有 2 000 个单分散球形颗粒的弹道粒子-团簇凝聚，聚集在一个大球形核上。(Blum et al.，1994)

原行星盘中小颗粒的运动与气体强烈耦合。对于太阳系原行星盘中存在的参数状态，爱泼斯坦阻力定律［式（2 - 70）］很好地描述了小于 1cm 的气体和固体粒子之间的耦合。当颗粒凝结时，恒星引力的垂直分量会导致尘埃沉积到原行星盘的中间平面。颗粒的加速度可以表示为

$$\frac{\mathrm{d}v_z}{\mathrm{d}t} = -\frac{\rho_{\mathrm{g}} c_{\mathrm{s}}}{R\rho} v_z - n^2 z \qquad (13 - 14)$$

式中，v_z 为颗粒在 z 方向的速度（垂直于原行星盘的中间平面）；ρ_{g} 为气体密度；ρ 为颗粒密度；R 为颗粒半径；c_{s} 为当地声速，约等于热气体速度（因此 $c_{\mathrm{s}} \propto T^{1/2}$）；$n = \sqrt{GM_{\odot}/r_{\odot}^3}$，为开普勒轨道角速度。

式（13-14）描述了一个阻尼振子的行为。大型固体物体的垂直运动几乎是正弦运动，ρ_g项为振荡提供了阻尼。相比之下，这里考虑的小颗粒是高度过阻尼的，它们相对于气体的运动非常缓慢——右侧两项在量级上都比左侧的加速度项大得多。忽略这个小加速度，平衡沉降速度为

$$v_z = -\frac{n^2 z \rho R}{\rho_g c_s} \tag{13-15}$$

注意到对于给定密度的粒子，沉降速率与颗粒半径成正比，远离中间平面的颗粒ρ_g较小〔式（13-10）〕，沉降速度远快于靠近中间平面的颗粒。

在距离日心1 AU处，原行星盘的温度约为500～800 K，在中间平面附近的气体密度$\rho_g \approx 10^{-9} \text{ g/cm}^3$。$H_2$为主的星云热速度$c_s \approx 2.5 \times 10^5 \text{ cm/s}$。对于密度为1 g/cm^3的1 μm颗粒，$v_z \approx 0.03(z/H_z)$，单位为cm/s。在这种沉降速率下，在中间平面的一个气体标高内的1 μm大小颗粒，需要约100万年下降到中间平面的一半，或者大约1 000万年下降99.9％的距离。如此长的沉降时间与基于陨石年代测定的颗粒凝结和成长为星子的时间尺度不一致。因此，必须有其他过程在起作用。

在下降至原行星盘中间平面期间，颗粒的碰撞生长增加了式（13-15）中的颗粒半径R，从而把沉降时间缩短了几个数量级，不同的沉降速度增加了不同尺寸颗粒之间的碰撞速率。对于蓬松的分形团聚体，随着粒径的增大，沉降速率逐渐增大，但这些低密度团聚体的碰撞截面越大，又会减慢沉降速率。目前的模型表明（太阳星云类地行星区域的估计参数），1 AU处大部分固体物质凝聚成宏观尺寸的天体耗时$\lesssim 10^4$年。大多数天体被限制在原行星盘中间平面附近的一个相对较薄的区域内，其中凝聚物质的密度与气体的密度相当或超过气体的密度。

在更大的尺度上，从厘米大小的粒子到千米大小的星子的增长主要取决于不同天体之间的相对运动。原行星盘中（亚）厘米大小物质的运动与气体强烈耦合（图13-16）。原行星盘中的气体一部分受到径向气压梯度的支撑，以抵抗恒星引力，因此气体围绕恒星旋转的速度略低于开普勒速率。气体受到的"有效"重力为〔式（2-71）〕

$$g_{\text{eff}} = -\frac{GM_\odot}{r_\odot^2} - \frac{1}{\rho_g}\frac{\text{d}P}{\text{d}r_\odot} \tag{13-16}$$

式（13-16）右侧第二项是由压强梯度产生的加速度。对于圆轨道，有效重力必然被离心加速度平衡，$g_{\text{eff}} = -r_\odot n^2$。因为气压梯度远小于重力，可以把气体角速度$n_{\text{gas}}$近似为

$$n_{\text{gas}} \approx \sqrt{\frac{GM_\odot}{r_\odot^3}}(1-\eta) \tag{13-17}$$

式中

$$\eta \equiv \frac{-r_\odot^2}{2GM_\odot \rho_g}\frac{\text{d}P}{\text{d}r_\odot} \approx 5 \times 10^{-3} \tag{13-18}$$

对于估计的原行星盘参数，气体旋转大约比开普勒速度慢0.5％。

因此，以（接近）开普勒速度运动的大粒子会遇到逆风，逆风会带走它们的部分轨道角动量，并使它们螺旋向内地朝向恒星运动。小颗粒漂移较小，因为它们与气体的耦合非

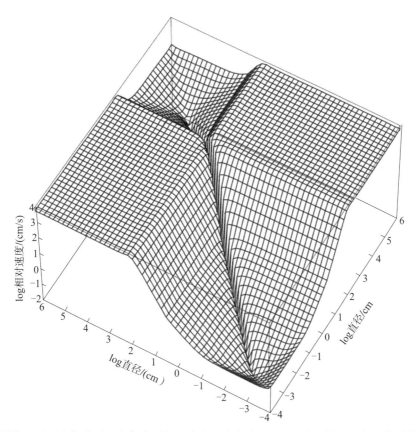

图 13-16　图中显示了在部分承压的气态原行星盘内，密度为 2 g/cm³ 的颗粒对之间的轨道恒定相对速度（cm/s）与粒子大小之间的函数。图中展示的尺寸范围为 1 μm～10 km；相对速度是由热运动（尺寸＜10 μm 时占主导地位）以及气体阻力带来的径向和横向速度引起的。原行星盘参数适用于非摄动最小质量太阳星云中 1 AU 处的中间平面：气体密度 $\rho_g = 3.4 \times 10^{-9}$ g/cm³，$T = 320$ K，$\Delta v = 61.7$ m/s。图中狭窄的"山谷"是由于大小相等的物体具有相同的速度。[图片来源：斯图尔特·J. 魏登斯林（Stuart J. Weidenschiling）]

常强，因此它们遇到的逆风非常缓慢。千米大小的星子向内漂移也非常缓慢，因为它们的表面积与质量之比很小。在一个轨道周期内，与自身质量大致相同的气体发生碰撞的粒子出现向内漂移的峰值速率（图 13-17）。在太阳星云的类地行星区域，米级大小的天体向内漂移的速度最快（习题 13.9），高达约 10^6 km/年。因此，一个位于 1 AU 处的米级大小的天体将在 100 年内以螺旋轨迹向内接近太阳！由于（径向和方位）速度的差异，（亚）厘米级的小颗粒可以被较大的天体清扫，而米级星子上的气体阻力可能会引起相当大的径向运动。这种径向迁移可以将固体从行星区域移除，或者将各种大小的粒子聚集在一起以提高吸积率。因此，幸存下来形成行星的物质必须相当快速地完成大小从厘米量级到千米量级的转变，除非它被限制在一个薄薄的以尘埃为主的子星盘中，气体在该子星盘内以开普勒速度被拖动。

　　两种不同假说描述了该尺寸范围内的增长。首先，如果星云是静止的，尘埃和小颗粒

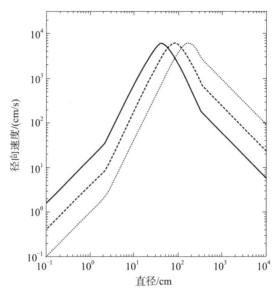

图 13 - 17　原行星盘中固体粒子的向内径向漂移率与粒子尺寸的函数关系，图中画出了三个密度值的函数：0.5 g/cm³（点线）、2.0 g/cm³（虚线）和 7.9 g/cm³（实线）。气体参数与图 13 - 16 相同。具有小质量/表面积比的微小颗粒与气体强烈耦合，并被迫以（接近）其角速度移动。当气体速度小于开普勒轨道速率时，固体粒子会感觉到（原）太阳引力的残余分量，并以气体阻力平衡径向加速度的最终速度向内沉降。因此，更大或更密集的粒子在此区域漂移得更快。具有较大质量/表面积比的天体以（接近）开普勒轨道运行，速度比气体快。它们经历了"逆风"，导致轨道衰变；尺寸较大或密度较大的物体受此阻力的影响较小，因此衰减率随粒子半径的增大而减小。径向速度在这些区域之间的过渡处达到峰值，对应的尺寸大小约为 1 m。图中斜率突变是由不同克努森数和雷诺数的阻力定律之间的转换引起的。［图片来源：斯图尔特·J. 魏登斯林（Stuart J. Weidenschiling）］

会沉降到一层薄薄的区域中，在这个区域中引力不稳定，因而尘埃和小颗粒发生聚集，星子很可能就是由于这种不稳定而形成的。由这种机制产生的星子具有以下量级的质量

$$M_{星子} \sim \frac{16\pi^2 G^2 \sigma_\rho{}^3}{n^4} \tag{13-19}$$

式中，σ_ρ 为不稳定发生时粒子层的面质量密度。

　　在太阳星云内侧区域形成的星子半径约 1 km，更大的星子在离太阳更远的地方形成（习题 13.10）。然而，目前的模型表明，气体和固体之间的相互作用产生了足够的湍流，从而防止颗粒层变得薄到导致引力不稳定，至少在太阳星云的类地行星区域是这样的。根据第二种情况，尘埃子星盘区域永远不会变得引力不稳定。相反，湍流星云通过简单的二体碰撞持续增长。在这种情况下，在星子的形成和从星子到行星的吸积之间没有明显界限。分子力可以通过凝聚形成约 1 km 大小的星子，因为约 10^3 erg/g 的范德华（化学）结合能相当于 1 km 大小天体的引力结合能。当星子的大小达到约 1 km 时，它们之间的相互引力摄动变得很重要。

　　在湍流的原行星盘中，固体从毫米级到千米级的增长带来了特殊的问题。在这个尺寸

范围内粒子间碰撞的物理机制尚不清楚。此外，由于米级粒子的气体阻力，轨道衰减率很高，这表明在这个尺寸范围内的增长必须非常迅速。固体颗粒可能集中在涡流中（在湍流中充当临时节点），从而导致更快的增长。一小部分颗粒可能在偶然的情况下成长为固体星子，这些星子可能随后以小颗粒的形式扫过许多倍于其质量的物体。不同的星子形成模型为星子的初始种群产生了各种各样的尺寸分布。在某些情况下，可能会出现远大于 1km 的星子。

星子较大的径向运动可以解释在陨石成分中观察到的一些异常现象，其中单个陨石的同位素不同成分必须在到日心不同距离的地方单独凝聚，并以固体形式聚集在一起。然而，请注意，目前关于星子形成的理论显然过于简单。例如，星子生长模型没有考虑球粒的形成和其他可能发生在湍流星云中的剧烈的和破坏性的事件。

13.5.3　从星子到行星胚胎

控制星子成长为行星的主要因素与控制尘埃积聚为星子的主要因素不同。大于约 1km 大小的天体与 10 m 天体相比，所受到的迎风阻力仅略大一点（对于被认为代表太阳星云类地行星区域的参数而言），并且由于其更大的质量-表面积比，它们与路径中的气体相互作用而导致的轨道衰减要小得多（图 13-17）。原行星盘中千米大小和更大天体对开普勒轨道的主要摄动是相互引力作用和物理碰撞。这些相互作用会导致星子的吸积（在某些情况下还会导致侵蚀和碎裂）。引力碰撞能够激发星子的随机速度，达到群中最大普通星子的逃逸速度。质量最大的星子具有最大的引力增强碰撞截面，几乎所有与它们碰撞的物体都会被吸积。如果大多数星子的随机速度仍然比最大天体的逃逸速度小得多，那么这些大型行星胚胎（也称为原行星）增长极为迅速。固体天体的尺寸分布偏差变得非常明显，在一个被称为失控吸积的过程中，一些大型天体的增长速度远远快于其所在群体的其他天体。最终行星胚胎在其引力范围内吸积大部分（缓慢移动的）固体，失控的增长阶段结束。下面将详细研究从千米大小的星子到 $10^3 \sim 10^4$ km 大小的行星胚胎的增长过程。

13.5.3.1　星子速度

星子速度的分布是控制行星增长速率的关键因素之一。星子速度的改变受三方面影响：相互引力作用、物理碰撞（可能是部分弹性的，导致反弹或碎裂，或完全非弹性的，导致吸积）和气体阻力。引力散射和（几乎）弹性碰撞将轨道粒子有序相对运动（开普勒剪切）中的能量转换为随机运动。这些相互作用还倾向于降低群中最大天体的随机速度（相对于原行星盘中间平面圆形轨道的速度），增加较小天体的随机速度，这一过程称为动力摩擦。非弹性碰撞和气体阻力抑制了轨道偏心率和倾角，对小星子尤为如此。

利用基于气体运动学理论的统计方法（称为盒中粒子近似法）来计算星子的演化。盒中粒子近似忽略单个星子轨道的细节，而是遵循星子均方速度的演化（取决于星子大小）。概率密度函数用于描述星子总体轨道根数的分布。在星子积累的最后阶段，星子的数量最终变得足够少，从而可以对单个星子轨道的直接进行 N 体数值积分。

13.5.3.2　碰撞与吸积

星子之间的物理碰撞会导致星子大小分布发生变化。固体之间的物理碰撞可导致相对完整的吸积、碎裂或非弹性反弹；中间结果也是可能的。碰撞的结果取决于星子的内部强度、恢复系数以及碰撞的动能。质量为 m_1 和 m_2、半径为 R_1 和 R_2 的两个物体碰撞的速度为

$$v_i = \sqrt{v^2 + v_e^2} \qquad (13-20)$$

式中，v 为 m_2 在距离碰撞很远的地方相对 m_1 的速度；v_e 为它们在碰撞点的相互逃逸速度，有

$$v_e = \sqrt{\frac{2G(m_1 + m_2)}{R_1 + R_2}} \qquad (13-21)$$

因此，撞击速度至少与逃逸速度一样大，对于一个 $10\ \text{km}$ 大小的岩石体来说，逃逸速度约 $6\ \text{m/s}$。回弹速度等于 ϵv_i，其中恢复系数 $\epsilon \leqslant 1$。如果 $\epsilon v_i < v_e$，那么这些天体仍然受到引力的束缚，很快就会重新碰撞和吸积。净破坏要求物体碎裂（取决于物体的内部强度），并且反弹后的速度大于逃逸速度。由于星子的相对速度通常小于群中最大共同体的逃逸速度，因此群中最大的天体可能会吸积与其碰撞的绝大部分物质，除非 ϵ 非常接近于 1。非常小的星子最容易破碎。群中最大的天体的吸积速率和碰撞速率基本相同。与气体共同旋转的亚厘米大小的颗粒可能以远高于这些星子逃逸速度的速度撞击千米大小的星子。这一过程可能对星子造成"喷砂"侵蚀。

计算星子碰撞率的最简单模型完全忽略了它们围绕太阳的运动。当两个粒子的中心间距等于其半径之和时，就会发生碰撞。行星胚胎质量 M 的平均增长率为

$$\frac{\mathrm{d}M}{\mathrm{d}t} = \rho_s v \pi R^2 \mathcal{F}_g \qquad (13-22)$$

式中，v 为大小天体之间的平均相对速度；ρ_s 为星子群的体积质量密度，并假设行星胚胎的半径 R 远大于星子的半径。

式（13-22）中的最后一项是引力增强因子，在圆锥曲线拼接近似中，该因子为

$$\mathcal{F}_g = 1 + (v_e/v)^2 \qquad (13-23)$$

引力增强因子源自二体双曲线接触过程中接近距离与渐近无扰碰撞参数 b[①] 的比值（图 13-18），可以根据星子相对于行星胚胎的角动量和能量守恒定律推导得出（习题 13.11）。在圆锥曲线拼接中，通常在近距离接触期间外，忽略星子和行星胚胎相互间的影响，而在这种近距离接触期间，忽略太阳对天体的影响。因此，这种近似将问题简化为对星子的二体问题进行计算。

为方便起见，通常用星子的面密度而不是星群的体密度来描述行星的增长率。如果原太阳的引力是垂直方向上的主导力，并且如果星子之间的相对速度是各向同性的，则星子

---

① 对轨道力学熟悉的读者不难意识到，这是临界碰撞的双曲线轨道在其 B 平面中 $\boldsymbol{B}$ 矢量的模，即该双曲线渐近线与 B 平面（过双曲线焦点，垂直于双曲线渐近线的平面）交点到双曲线焦点的距离。——译者注

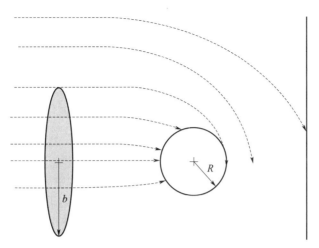

图 13-18　吸积行星对星子轨道的引力聚焦示意图。与行星相切碰撞的临界轨道具有一个大于行星半径的无扰动碰撞参数 $(b > R)$。[改编自 Brownlee and Kress，2007]

盘的垂直高斯标高 H_z [式（13-11）] 为

$$H_z = \frac{1}{\sqrt{3}} \frac{v}{n} \tag{13-24}$$

面密度 σ_ρ，也称为星盘中固体的柱密度（$\mathrm{g/cm^2}$），可以写为

$$\sigma_\rho = \sqrt{\pi} \rho_s H_z = \sqrt{\frac{\pi}{3}} \frac{\rho_s v}{n} \tag{13-25}$$

式（13-22）～式（13-25）可用来表示行星胚胎半径的增长率

$$\frac{\mathrm{d}R}{\mathrm{d}t} = \frac{\mathrm{d}M/\mathrm{d}t}{4\pi\rho_p R^2} = \sqrt{\frac{3}{\pi}} \frac{\sigma_\rho n}{4\rho_p} \mathcal{F}_g \tag{13-26}$$

式中，ρ_p 为行星胚胎的密度。因此如果 $\mathcal{F}_g$ 是常数，行星胚胎半径增长的速率也是常数。

　　星子的随机速度是由引力搅拌和非弹性碰撞阻尼之间的平衡决定的。如果大部分质量包含在最大物体中，则平衡速度弥散度与最大物体的逃逸速度相当，这表明 $\mathcal{F}_g < 10$。假设原始地球的 $\mathcal{F}_g = 7$，在最小质量模型中，在 1 AU 距离处，面密度 $\sigma_\rho = 10 \mathrm{~g/cm^2}$，$n = 2 \times 10^{-7}/\mathrm{s}^{-1}$，$\rho_p = 4.5 \mathrm{~g/cm^3}$，这表明地球的增长时间为 2 000 万年。因为在行星增长的后期阶段，吸积率由于相当一部分的星子已经被吸积而下降，所以更详细的计算得出的时间接近 1 亿年。

　　然而，对于巨行星来说，以这种方式计算的增长时间要大得多。对于最小质量星云，其面密度随着日心距离的增加大约以 $r^{-3/2}$ 下降，除了在约 4 AU 处由水冰凝结产生的突变（突变前后相差约 3 倍）。在日-木距离处，最小质量星云的面密度 $\sigma_\rho \approx 3 \mathrm{~g/cm^2}$。木星的重元素质量约为 $(15 \sim 25) M_\oplus$，这导致生长时间超过 1 亿年。用类似计算估计的海王星增长时间是太阳系年龄的许多倍（习题 13.13）。因为木星和土星要在太阳星云中的气体被清除之前形成，因此它们至少是在约 1 000 万年内形成的。由此可见，巨行星的增长必然涉及其他因素。

13.5.3.3　失控增长

当星子之间的相对速度与逃逸速度相当或大于逃逸速度，即 $v \gtrsim v_e$ 时，增长率与 R^2 近似成正比，并且星子的演化路径在整个尺寸分布上呈现出有序增长。当相对速度很小时，$v \ll v_e$，可以通过重写原行星半径的逃逸速度来表明，增长率与 R^4 成正比［式（13-21）～式（13-23）］。在这种情况下，行星胚胎成长比任何其他星子都迅速，这可能导致失控增长（runaway growth，见图 13-19 和习题 13.15）。在速度弥散受质量为 m 的星子控制的星盘中，质量为 M 的胚胎的生长速率变化为 $\mathrm{d}M/\mathrm{d}t \propto M^{4/3}m^{-2/3}$。如果胚胎主导着搅拌，那么 $\mathrm{d}M/\mathrm{d}t \propto M^{2/3}$；在这种情况下，如果单个胚胎控制其自身区域的速度，尽管所有质量的胚胎相对于周围的星子继续失控增长，但较大的胚胎比较小的胚胎需要更长的时间才能将质量增加一倍；行星胚胎快速增长的阶段被称为寡头式增长（oligarchic growth）。一个失控的胚胎可以长得比周围的星子大得多，以至于它的 $\mathcal{F}_g$ 可以超过 1 000；然而，胚胎的三体搅拌阻止了 $\mathcal{F}_g$ 继续增长。

失控吸积需要较低的随机速度，因此星子的径向偏移较小。所以，行星胚胎的引力俘获区仅限于星子轨道可以通过引力摄动与行星胚胎相交的环形区域。因此，当行星胚胎消耗了其引力范围内的大部分星子时，快速增长就会停止。大约 4 倍行星胚胎希尔球范围内的星子最终将与行星胚胎足够接近，从而使其被吸积（除非其半长轴与胚胎的半长轴非常相似，在这种情况下，它们可能被锁定在蝌蚪或马蹄形轨道上，从而避免接近行星胚胎，2.2.2 节）。在一个宽度为 $2\Delta r_\odot$ 的环形空间内吸积所有星子的行星胚胎的质量为

$$M = \int_{r_\odot - \Delta r_\odot}^{r_\odot + \Delta r_\odot} 2\pi r' \sigma_\rho(r')\mathrm{d}r' \approx 4\pi r_\odot \Delta r_\odot \sigma_\rho(r_\odot) \qquad (13-27)$$

设 $\Delta r_\odot = 4R_H$［式（2-38）］，并推广到任意质量 $M_\star$ 的恒星，可以得到孤立质量 M_i（isolation mass，单位：g），即行星胚胎在轨道上通过失控吸积所能达到的最大质量

$$M_i \approx 1.6 \times 10^{25} (r_{\mathrm{AU}}^2 \sigma_\rho)^{3/2} \left(\frac{M_\odot}{M_\star}\right)^{1/2} \qquad (13-28)$$

其中，σ_ρ 的单位是 g/cm^2。对于最小质量的太阳星云，在地球的吸积带中，失控吸积的停止质量约 $6M_{\mathbb{C}}$，在木星的吸积带中约 $1M_\oplus$。

只有当额外质量扩散到行星的吸积区时，失控增长才能持续超过式（13-28）给出的孤立质量。这种扩散有三种可能的机制：星子间的散射、相邻吸积区行星胚胎的摄动和气体阻力。或者，行星胚胎的径向运动可能会把它带到没有耗尽星子的区域。原行星盘气体成分中螺旋密度波激发产生的引力矩有可能诱发行星的快速径向迁移（13.8 节）。气体的引力聚焦也能极大地提高行星胚胎向内漂移的速率。

在外太阳系，失控增长的限制没有类地行星区域苛刻。如果 5 AU 处凝聚物质的面密度 $\gtrsim 10$ g/cm^2，木星核心的失控增长可能会持续下去，直到它达到快速捕获其巨大气体包层所需的质量。外太阳系的"过剩"固体物质可能随后通过巨行星的引力散射被抛射到奥尔特云或星际空间。

相比之下，在太阳引力势阱深处运行的小型类地行星不可能抛射出大量物质。因此，除非外部因素，如一个或多个巨行星通过类地行星带向太阳迁移（13.8.1 节）改变了演

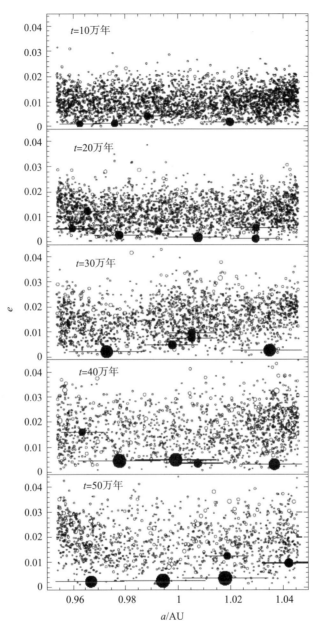

图 13-19　星子系统在 $a-e$ 平面上的快照。这些圆代表星子，它们的半径与星子的半径成正比。该系统最初由 4 000 个星子组成，其总质量为 1.3×10^{27} g。初始质量分布为幂律分布，其中质量 2×10^{23} g$\leqslant$ $m\leqslant 4\times10^{24}$ g 范围内，指数 $\zeta=-2.5$。假设物理碰撞总是导致吸积，用 N 体积分器跟踪该系统的演化。星子的数量为 2 712（$t=10$ 万年）、2 200（$t=20$ 万年）、1 784（$t=30$ 万年）、1 488（$t=40$ 万年）和 1 257（$t=50$ 万年）。实心圆表示质量大于 2×10^{25} g 的行星胚胎，从每个行星胚胎中心开始的直线向外和向内各延伸 $5R_{\rm H}$。（Kokubo and Ida，1999）

化，否则在失控吸积期，类地行星带中的固体总质量可能不会远大于类地行星的当前质量。这表明在失控吸积之后的高速增长是产生类地行星当前形态所必需的阶段。

13.6　类地行星的形成

13.6.1　行星堆积最后阶段的动力学

失控和寡头增长的自限性表明在半长轴上以一定的间隔形成巨大的行星胚胎。将这些胚胎凝聚成少量大间隔排布的类地行星，必然需要一个以大轨道偏心率、显著的径向混合和巨大撞击为特征的阶段。在快速增长阶段结束时，大部分原始质量包含在大型天体中，因此它们的随机速度不再受到与较小星子能量均分的强烈抑制。相互引力散射可以将行星胚胎的相对速度提升到与最大胚胎的表面逃逸速度相当的数值，这足以确保它们各自吸积成独立的行星。较大的速度表明较小的碰撞截面，因此吸积时间较长［式（13-26）］。

一旦行星胚胎的轨道因为相互摄动而相交，它们随后的轨道演化将受到近距离接触时的引力和剧烈、高度非弹性碰撞的影响。利用行星胚胎轨道的 N 体积分研究了这一过程。积分过程考虑了巨行星的引力效应，但忽略了许多肯定也存在于类地行星区域的小型天体，并假设物理碰撞总是导致吸积（即不考虑碎片）。这种近似几乎肯定是不合理的，因为许多天体的旋转速率超过了解体所需的速率，但这种近似用于最大的那些天体，比用于较小的天体更合适。最初在类地行星带的天体很少丢失；相比之下，小行星区域的大多数行星胚胎是由木星摄动和相互引力散射共同作用而从系统中抛射出来的。当试图通过仿真重现太阳系时，通常把大约 $2M_\oplus$ 的类地行星带中的物质，分为（不一定相等）数百个天体。最终结果是在大约 10^8 年的时间尺度上形成了 2～5 颗类地行星（图 13-20）。部分系统看起来与太阳系非常相似，但大多数系统的类地行星更少，并且这些行星的轨道偏心率更大。太阳系有可能碰巧接近类地行星分布的静止端。或者，由于计算限制而忽略的（诸如碎裂和与剩余小碎片群的引力相互作用等）过程，可能会降低类地行星系综的特征偏心率和倾斜度。

这些 N 体仿真的一个重要结果是，虽然在仿真中保留了行星最终日心距离与其大部分成分起源区域之间的一些相关性，但是由于连续的近距离接触，行星胚胎轨道的半长轴随机游走，整个类地行星区域的物质因此广泛混合，减少了星子形成时可能存在的任何化学梯度。尽管如此，这些动力学研究表明水星的高铁丰度不太可能来自太阳星云的化学分馏。

无数行星胚胎相互吸积成少数的行星，这必然导致大小相当的原行星之间发生多次碰撞。水星的硅酸盐幔部可能被一次或多次这样的巨大撞击部分剥离，留下了一个富含铁的核心。吸积模拟也支持月球起源的大碰撞假说（13.11.2 节）；在吸积的最后阶段，会发现一颗地球大小的行星通常与多个像月球大小的天体相撞，并经常与一个火星大小的天体相撞。巨行星自转轴的倾角为吸积期发生大碰撞提供了独立的证据。

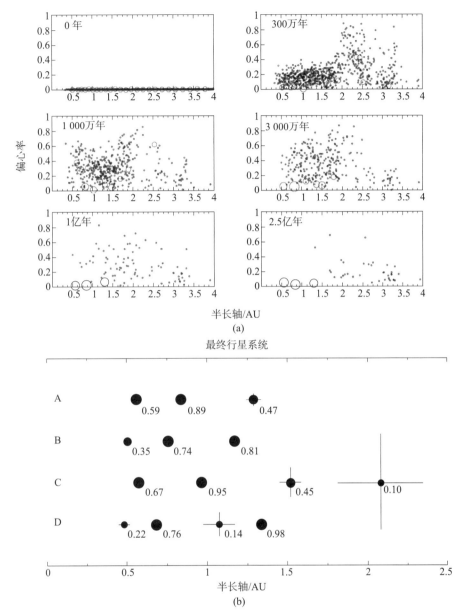

图 13 - 20　（a）使用 N 体代码模拟太阳系中类地行星生长的最后阶段，该代码假设所有物理碰撞都会导致合并。仿真伊始，有 25 个与火星一样大的行星胚胎、约 1 000 颗质量分别为 $0.04M_{\odot}$ 的星子，以及当前轨道上的木星和土星。行星胚胎和星子被表示为圆，其半径与天体的半径成正比，其位置显示在所示时间的 $a - e$ 相空间。（b）由行星吸积最后阶段的四个不同天体模拟产生的人造类地行星系统。最终的行星由以行星半长轴为中心的实心圆表示。穿过每个圆的水平线从行星的近日点延伸到其远日点；从行星中心向上和向下延伸的垂直线的长度表示其垂直于相同比例不变平面的偏移。每个圆圈右下角的数字代表行星的最终质量，单位为 $M_{\oplus}$。例如，模拟 A 中最外层的行星 $a = 1.29$ AU，$e = 0.035$，$i = 1.55°$，$M_p = 0.47M_{\oplus}$。（a）部分所示的模拟结果见行 A。用于这四个仿真的初始星盘非常相似，不同的结果来自于吸积动力学的随机变化。计算详情见 O' Brien et al.（2006）。　　　［图片来源：大卫 · 奥布莱恩（David O'Brien）］

13. 6. 2　吸积加热与行星分异

撞击星子为行星提供了能量和质量，这种能量可以加热一颗正在成长的行星。放射性元素的衰变（8.6.1 节）也会加热行星体，在太阳系历史的最初几百万年中（习题 13.26），诸如 ^{26}Al 这样的短寿命核素对生长中的天体最为重要，而钾、钍和铀在数十亿年的时间尺度上占主导地位（习题 13.24）。一颗被加热的行星，甚至是一颗小的星子，如果含有足够数量的短寿命放射性同位素，可能会变得足够温暖，以至于行星部分融化，密度更高的物质下沉，使行星分异。

成长中的行星可利用的非放射产生的能量，由吸积的星子（它们在"无限远"时提供动能，并在星子落在行星表面时释放势能）、行星收缩时释放的引力势能（对压力增加的响应）或分异、衰变和放热化学过程提供。主要的能量损失机制是对空间的辐射，尽管如果行星温度显著升高或水结冰，它也可能通过吸热反应冷却，或因膨胀而损失引力势能。能量可能通过传导在行星内部传输，或者如果行星（部分或完全）熔化，则通过对流传输。行星内部的能量传输对全球和局部热收支都很重要，因为辐射损失只能发生在行星的表面或大气中。

热传导在行星距离上是相当缓慢的过程，且对流仅发生在充分熔融能够产生流体运动的区域内（6.1.5.2 节）。因此，在一阶近似下，一颗不断增长的固体行星的温度是由沉积在行星表面的吸积能量、放射性衰变和表面辐射损失之间的平衡确定的。一旦某一区域被深埋在表面之下，其温度就会缓慢变化（除非短寿命放射性核素足够丰富或发生大规模熔化和分异）。对于逐渐吸积的过程，可以通过平衡吸积能量源与物质吸积时的辐射损失来近似确定给定半径处的温度。对于类地行星所需的 10^8 年吸积时间而言，这样的估计表明远低于熔化和分异一颗 $\lesssim 1 M_{\oplus}$ 行星所需的热量（习题 13.19）。

然而，现代行星增长理论表明，类地行星的大部分质量都聚集在半径大于等于100 km的星子中。撞击物将约 70% 的动能作为热量沉积于撞击点正下方的目标岩石中，剩余约 30% 的动能被溅射物带走。如果撞击物很大，它可能会将深埋的热量提升到表面附近，能量可能会因此被辐射出去。一个更重要的影响是，热量可能被厚厚的溅射物覆盖层掩埋。由于这种大型撞击产生的溅射物覆盖层足够厚，因此大部分撞击产生的热量仍被掩埋。因此，行星会变得相当温暖，温度会随着半径的增加而迅速升高（习题 13.19）。吸积能量可以导致行星（但不是小行星）大小的天体分异。

行星胚胎在吸积固体时可以形成原始大气。当一颗正在成长的行星的质量达到约 $0.01 M_{\oplus}$ 时，撞击的能量足以使水蒸发，而 NH_3 和 CO_2 的撞击挥发可能会更早发生。当原行星的半径达到约 $0.3 R_{\oplus}$ 时，吸积星子会发生完全脱气。一个对于向外辐射过程来说光学深度厚的巨大原始大气，可以捕获撞击星子提供的能量。这个过程被称为覆盖效应（blanketing effect），能够使原行星表面温度升高，甚至超过温室效应。太阳辐射决定了大气层顶部的温度，并在较低的高度被散射和吸收。大气为撞击星子释放的热量提供了部分隔热层，因此表面变得相当热。

　　计算表明，当一颗不断增长的行星的质量超过 $0.1M_\oplus$ 时，原始大气的覆盖效应变得非常重要。当行星质量为 $0.2M_\oplus$ 时，行星表面温度会超过约 1 600 K，这是大多数行星物质的熔化温度。因此行星表面熔化，熔化的表面上新增加的星子也会熔化。重物质向下迁移，而轻元素浮在顶部。这种分异过程释放了行星内部的大量引力能；再加上行星质量增加所产生的绝热压缩，可以释放出足够的能量，导致行星内部的大部分熔化，从而使行星在整个过程中发生分异。

13.6.3　大气挥发物的吸积（和损失）

　　在太阳系中许多较小的行星和卫星周围有一层薄薄的大气，其质量远远小于每个天体质量的 1%。这些大气主要由高原子序数元素（$Z \geqslant 3$）组成。类地行星和其他小天体的大气层很可能是由固体星子吸积的物质排出的。类地行星大气起源的问题不仅要关注挥发物的来源，同时也要关注挥发物的损失。星子撞击到被原始大气包围的不断增长的行星上，可能导致以下现象（5.4.3 节）：

　　1）如果星子小到足以被大气阻力阻止或被冲压压力破坏，那么它们的所有动能都会留在大气中。目前，大多数半径小于几十米的岩石天体都在类似地球大气层的大气中燃烧殆尽，并将其全部能量储存在大气层中。

　　2）由较大的撞击星子产生的溅射物被大气减速，并将动能传递给大气，相互作用相当复杂。但请注意，与固体表面相比，大气具有较大的可压缩性，并且气体的温度和气压可以升到非常高的状态。此外，来自大气撞击的能量在数十秒内释放到一个扩展区域内。

　　3）如果撞击物较大，传递到大气中的能量可能足以通过流体动力学逃逸吹走部分大气（4.8.3 节）。如果撞击物的尺寸与大气标高相当或大于大气标高，则冲击侵蚀会吹走大部分大气，即大气质量等于撞击物扫过的质量（4.8.3 节）。同一个撞击物也可能为正在吸积的行星添加挥发物。该质量是否大于从大气中吹出的质量取决于撞击物的大小、挥发物成分和大气密度。半径约 100 km 且挥发物含量为 1% 的撞击物，在单位面积的大气质量与地球上的海洋相似的情况下，可在冲击侵蚀和挥发物吸积之间取得平衡。一个体积相似、挥发性成分为 0.01% 的撞击物群体可以保持当今地球大气层的平衡。图 13－21 显示了在冲击侵蚀和挥发物添加之间处于平衡状态的大气单位面积质量和撞击物半径、挥发物含量之间的函数关系。大气吹扫更可能发生在像火星这样较小的行星上。一颗成长中的行星在吸积期可能会数次失去大气层，因为与大型星子的碰撞非常常见。

　　除冲击侵蚀外，大气气体可能通过金斯逃逸而损失（4.8.1 节）。特别是像 H 和 He 这样的轻元素很容易从地球大气层的顶部逃逸，而较重的气体可能在早期炽热的原始大气中以这种方式逃逸。现今的类地行星大气很可能是在吸积期结束时，由于炽热行星排气和小型星子的撞击而形成的。

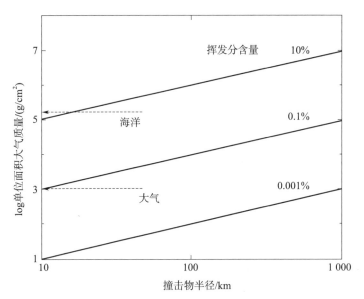

图 13-21 $1M_{\oplus}$ 行星大气的单位表面积质量，与不同挥发物含量、撞击物半径之间的平衡状态示意图。箭头表示当前地球海洋和大气单位表面积的质量。（Hunten et al.，1989）

13.7 巨行星的形成

木星和土星中含有大量的 H_2 和 He，这表明这些行星是在约 1 000 万年内，原行星盘中的气体被清除前形成的。任何巨行星的形成理论都必须考虑到这些时间尺度。此外，形成理论应解释这些行星的元素和同位素组成以及行星之间的变化，它们是否存在内部热通量，它们的轴向倾斜，以及它们的环和卫星系统的轨道和组成特征。本节将讨论巨行星自身的形成；13.11.1 节中会着重介绍卫星和环系统的构成。

组成太阳的混合物中，比氦重的元素质量占比<2%。然而，对于木星、土星和天王星/海王星来说，这些巨行星的重元素含量分别是太阳中含量的 5 倍、15 倍和 300 倍。因此，所有四颗巨行星吸积固体物质的效率都比周围星云中的气体要高得多。此外，四颗巨行星之间，重元素的总质量仅相差几倍，而 H 和 He 的质量在木星和天王星/海王星之间相差约两个数量级。

表 4-6 显示了巨行星大气的组成。从木星到海王星，重元素含量越来越大[①]。质量和成分之间的这种渐进的、近乎单调的关系，为所有行星和较小天体的形成提供了统一的假设。此外，观测到的系外行星的连续性表明，尽管恒星系之间不太相似，但是系外行星有着和太阳系内行星相似的形成方式。

[①] 根据 NH_3 丰度得出的氮混合比可能构成该规则的例外。但如果氮以 N_2 而不是 NH_3 的形式存在，其丰度可能与其他重元素的丰度相似。我们还注意到，只有伽利略号探测器在木星上直接探测到可能以 H_2S 形式存在的硫。

巨行星大气中的 D/H 比可能为这些行星的形成历史提供重要线索。从甲烷-D1 气体（CH_3D）[1] 测得的木星和土星的 D/H 比与星际 D/H 比一致，为 2×10^{-5}。由于木星质量的 90% 和土星质量的 75% 由 H 和 He 组成，人们确实会期望 D/H 比与星际数值一致。天王星和海王星的 H 质量分数只有大约 10%。天王星和海王星上观测到的 D/H 值（图 10-24）高于星际值，这可归因于氘与冰储层的交换。

人们提出了各种各样的模型来解释巨行星和褐矮星的形成。恒星形成区域中年轻致密天体的质量函数（天体丰度作为质量的函数）向下延伸，穿过褐矮星的质量范围，直到低于氘燃烧极限。这一观察结果，加上没有令人信服的理论表明产生恒星的坍缩过程不能同时产生亚恒星天体，强烈表明大多数孤立的（或遥远的伴星）褐矮星和孤立的大行星质量天体是通过与恒星相同的坍缩过程形成的。

根据类似的推理，褐矮星荒漠〔在类太阳恒星几个 AU 以内，质量约 $(10 \sim 50)M_{\text{J}}$ 的褐矮星出现的频率远远比行星出现的几率低，12.4 节〕强烈表明，绝大多数系外巨行星的形成机制与恒星不同。在太阳系中，质量小于地球的天体几乎全部由可凝结物质组成，即便是质量约 $15M_{\oplus}$ 的天体也主要由可凝结物质组成[2]。

大多数研究人员青睐的巨行星形成理论是核吸积模型，在该模型中，行星的初始生长阶段与类地行星类似，但当行星变得足够大（几倍 $M_{\oplus}$ 时），它能够从周围的原行星盘中积累大量的气体。除了核吸积模型之外，唯一受到关注的巨行星形成设想是星盘不稳定性假说，在该假说中，一颗巨型气态原行星直接通过原行星盘中的引力不稳定性产生的团块收缩形成。由于观测到的褐矮星荒漠和反对通过碎片形成木星质量天体的理论观点，类似恒星的直接准球形坍缩被认为是不可行的。

13.7.1　星盘不稳定假说

数值计算表明，在引力不稳定到一定程度的星盘中可以形成 $1M_{\text{J}}$ 的团块〔$Q_T \lesssim 1$，见式（11-14）〕。然而，弱引力不稳定性会激发螺旋密度波；密度波传递角动量，导致星盘扩展，降低其表面密度，使其更稳定。要使星盘高度不稳定，需要快速冷却和/或质量吸积。因此，能够收缩成行星大小天体的长寿命团块只能在具有高度非典型物理特性的原行星盘中产生。此外，气体不稳定性将产生大量与恒星组成一致的行星，需要一个单独的过程来解释太阳系中较小的天体以及木星和土星中的重元素占比。在这种情况下，像天王星、海王星这类中等组成的存在，以及以 HD 149026 b 为代表的大密度系外行星的存在尤其难以解释。

与贫金属恒星相比，富金属恒星更有可能在几个天文单位的范围内拥有巨行星（图 12-24）；这一趋势与拥有足够的可冷凝物质来形成一个大质量核心的要求是一致的，但与通过引力不稳定性形成长寿命团块所需的星盘快速冷却的要求相反。

---

①　即甲烷中一个 H 被 D 替代。——译者注

②　"可冷凝"的最佳定义是组分的比熵与材料形成液体或固体的比熵之比。即使原行星盘内的氢和氦被等温压缩到 1bar 级的压强，温度只有几十 K，它们的熵也远远超过凝结所需。因此，H_2 和 He 保持气态。

上面列出的几点并不排除巨型气态原行星的另一种形成可能：木星（可能还有土星）通过引力不稳定性形成，随后通过吸积星子积累了过量的重元素。然而，通过星盘不稳定性形成质量像木星和土星的天体的可能性还没有得到令人信服的证明，因为引力不稳定性可能产生密度波，从而重新分配质量并稳定星盘，而非束缚行星质量团。此外，上面讨论的质量和组成的渐进发展过程为太阳系中至少四颗巨行星的形成提供了一个统一的假设。尽管如此，一些巨行星可能是通过星盘不稳定性形成的，特别是在原行星盘远离中心恒星的区域，那里的开普勒剪切很小，轨道时间尺度很长。

13.7.2　核吸积

核吸积模型依赖于星子凝聚和气体引力聚集的共同作用。根据这一设想，气态巨行星的初始生长阶段与类地行星相同：尘埃向原行星盘的中间平面沉降，聚集成（至少）千米大小的星子，并通过相互间的非弹性碰撞继续成长为更大的固体天体。随着这颗（原）行星的成长，它的引力势阱加深，当它的逃逸速度超过周围星盘中气体的热速度时，它的周围开始积聚一层气体包层。气体包层最初在光学上很薄，与周围的原行星盘等温，但随着质量的增加，气体包层在光学上变厚而且变热。当行星的引力从周围的星盘吸引气体时，现有包层的热压限制了吸积。在行星成长的大部分时期，其气体积累的主要限制是行星辐射掉由星子吸积和包层收缩提供的引力能；这种能量损失对于包层进一步收缩并允许更多气体到达行星引力主导的区域是必要的。行星气体包层的大小通常是行星希尔球半径 $R_{\rm H}$ 的百分之几十，其大小由式（2-31）给出。最终，行星质量和能量辐射的增加使得包层迅速收缩。此时，限制行星增长速度的因素变成了来自周围原行星盘的气流。

一颗正在形成的巨行星吸积固体的速度和方式，极大地影响了行星吸引气体的能力。最初，吸积的固体形成了行星的核心，使气体能够在其周围聚集。根据计算，气体吸积率随行星总质量增长而快速增大，这表明核心的快速增长是行星在原行星盘消散之前积累大量气体的一个关键因素。行星持续吸积固体增加了自身引力势阱的深度，从而缩短了行星的生长时间，也因为（从沉入核心或靠近核心的固体中）向包层提供额外的热能，以及由于包层上部释放的颗粒增加了大气不透明度，产生了一定的抵消作用。最先进的模型为原行星盘巨行星区域的固体吸积提供了一系列不同的预测，但主要问题仍有待回答。

一颗质量约 $1M_{\oplus}$ 的行星能够从原行星盘中捕获大气，因为它表面的逃逸速度比盘中气体的热速度要大。然而，这样的大气非常稀薄并且受热压影响向外膨胀到行星引力范围的极限，从而限制了进一步吸积气体。在这一阶段，控制行星演化的关键因素是其辐射能量的能力，从而使其包层收缩并允许更多气体进入行星的引力域。在星子失控吸积期（13.5.3节），这颗（原）行星的质量迅速增加（图13-22）。内部温度和热压也会增加，从而阻止星云气体落到原行星上。当引力俘获区的星子耗尽时，星子吸积率、温度和热压降低。这使得气体能够更快地落在行星上。气体积累速率逐渐增加，直到行星中气体与固体物质的质量相当。随后，气体吸积的速度加快，并发生失控气体吸积。

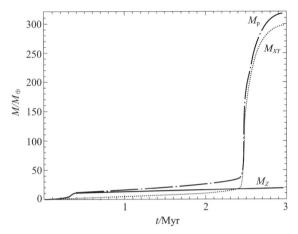

图 13 - 22　基于核吸积模型的特定模拟，显示了一颗增长到 $1M_{\jupiter}$ 的巨行星的质量关于时间的函数。行星的总质量由点划线表示，固体成分的质量由实线表示，虚线表示气体质量。在最初的 4×10^5 年中，固体核通过失控吸积快速增长。一旦行星吸积了其引力范围内几乎所有的凝聚物质，固体增长的速度就会降低。包层逐渐累积，其沉降速率取决于其辐射吸积能量的能力。最终，这颗行星变得足够冷和巨大，以至于可以迅速吸积气体。该模拟是针对距离质量为 $1M_{\odot}$ 的恒星 5.2 AU 处生长的行星，固体的局部表面质量密度等于 10 g/cm^2。(Lisssauer et al.，2009)

　　一旦一颗行星的质量大到引力足以大幅压缩自身包层，其吸积额外气体的能力就只受到可用气体量的限制。流体动力学的极限允许气体在质量为 $10M_{\oplus} \lesssim M_p \lesssim 1M_{\jupiter}$ 的行星快速流动。随着行星的成长，它通过吸积物质和施加引力矩改变了原行星盘。这些过程可能导致间隙的形成，并最终导致行星与周围气体隔离（图 13 - 23）。在土星环内观察到了小卫星通过类似过程清除的间隙（图 11 - 24、图 11 - 30）。

　　当限制行星积累气体速率的因素从内部热压转变为星盘提供气体的能力时，行星开始收缩。最初，收缩在开尔文-亥姆霍兹时间尺度 t_{KH} 上迅速发生，t_{KH} 是行星引力势能 E_G 与其光度 $\mathcal{L}$ 的比值

$$t_{KH} \equiv \frac{E_G}{\mathcal{L}} \sim \frac{GM^2}{R\mathcal{L}} \tag{13-29}$$

　　包层内的温度迅速升高，因此，尽管行星的大小有所减小，但原行星的光度仍保持大致恒定。在此期间，剧烈的对流让包层充分混合，使重元素均匀分布。几千年后（对于木星/土星而言），由于流体包层的不可压缩性增加导致收缩减慢，温度和光度随时间降低。包层的缓慢冷却是巨行星向太空释放的多余热能的主要来源。

　　天王星和海王星所含 H_2 和 He 比木星和土星少的事实表明，太阳系最外层的两颗行星从未达到气体失控吸积条件，这可能是由于星子吸积速度较慢所致。根据式（13 - 26），固体的吸积速率取决于凝结物的表面密度和轨道频率，两者均随日心距离的增加而减小。

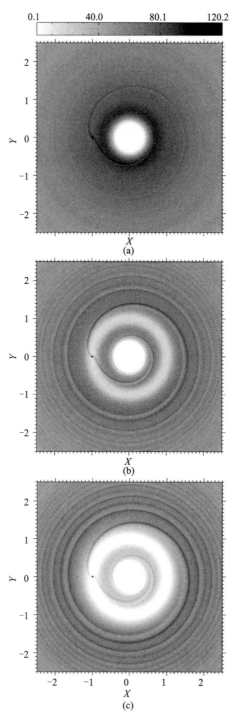

图 13 - 23　气体星周盘的表面密度，其中包含一颗位于距离 $1M_\odot$ 恒星 5.2 AU 圆轨道上的行星。星盘标高与到恒星的距离之比为 $H_z/r = 1/20$，黏度为 $\nu_v = 1\times10^{15}$ cm²/s。距离刻度以行星的轨道距离为单位，标尺以 g/cm² 为单位给出表面密度。行星位于（-1，0）处，恒星位于（0，0）处。(a) $M_p = 10M_\oplus$；(b) $M_p = 0.3M_{2\!\!1}$；(c) $M_p == 1M_{2\!\!1}$。计算详情见 D'Angelo et al.（2003）。[图片来源：吉纳罗·德安杰洛（Gennaro D'Angelo）]

巨行星大气的当前组成在很大程度上取决于行星包层中有多少重物质与轻物质混合。一旦核心质量超过约 $0.01M_\oplus$，温度就会升高到足以使水蒸发到原行星包层中。当吸积继续时，包层变得越来越厚，后期吸积的星子越来越难以穿透不断增长的包层。这些星子在巨行星的包层中升华，从而大大提高了外层区域的重元素含量。

13.8　行星迁移

13.8.1　原行星盘的引力牵引

由于原行星盘和行星之间的角动量交换，行星轨道可以向它们的恒星迁移（或在某些情况下远离）。与行星环附近的卫星类似（11.4 节），原行星会远离与它们相互作用的星盘物质。原行星盘边缘外的行星只被推向一个方向，而其他行星则受到部分抵消的力矩作用。一般认为大多数原行星盘中的净力矩为负，因此行星对原行星盘的角动量减小，并向中心恒星靠近。如果行星的质量小到对原行星盘只有微小摄动，那么行星迁移的时间尺度 $a/|\dot{a}|$ 与行星质量和局部星盘质量成反比，并与星盘纵横比的平方 $(H_z/r)^2$ 成正比。这种线性区域内的径向运动称为 1 型迁移（Type 1 migration）。对于超过几倍 $M_\oplus$ 的核，1 型迁移速度很快。在最小质量的太阳星云中，一个距离中心恒星 5 AU 处质量为 $10M_\oplus$ 的行星将在约 10 万年的时间尺度上向恒星靠近，这至少比巨行星的形成时间和原行星盘寿命短一个数量级。因此，线性理论预测的 1 型迁移很难解释通过核吸积形成巨行星的过程，因为它表明海王星质量范围内的大多数行星都会被它们的恒星吞掉。

然而，三维数值流体力学的计算表明，当 $M_p \approx (5 \sim 20)M_\oplus$ 时〔取决于原行星盘厚度 H_z，由式（13-11）给出〕，原行星盘对行星摄动产生非线性响应。这种非线性导致迁移时间比线性区域中预测的迁移时间长得多。因此，行星可能能够通过固体的失控吸积开始生长，当其质量增加到几倍 $M_\oplus$ 时，会通过向内迁移而增大，然后增大速度由于与原行星盘的非线性相互作用而减慢，当其质量达到大约 $10M_\oplus$ 时迁移停止（取决于星云的局部条件）。这样一个停滞的核可能会在相对温和的环境中积聚气体。

一旦（原始）行星的质量达到约 $1M_J$，即当 $R_H/H_z \gtrsim 1$ 时，原行星盘和行星之间表现出较强的非线性相互作用。这也对应于形成间隙的热条件（受行星引力强烈影响的区域大小与原行星盘的厚度相当）。当行星在原行星盘上打开一个缺口后，会不可避免地发生轨道迁移。2 型迁移通常比 1 型迁移慢，其速度不随行星质量而变化，除非行星的质量与当地原行星盘的质量相当或更大。一旦行星的质量与原行星盘的质量相似，惯性效应就变得非常重要，迁移速度也会减慢。

对经典金牛座 T 型星的观测表明，原恒星盘内部区域的气体由于吸积到年轻恒星上而不断耗尽。如果没有质量供应，行星轨道内部的表面密度和潮汐角动量转移率会降低。在原行星外部，因为行星的潮汐力矩阻止气体向内黏性扩散，这些量保持不变。内外盘之间的不平衡导致行星轨道向内迁移。如果行星的质量小于原行星盘的质量，则其轨道迁移与原行星盘的黏性演化相耦合（13.4.2 节），据估计其时间尺度约 100 万年。

这些考虑导致了一种猜测，潮汐演化可能会导致一些初生原巨行星向主恒星迁移并最终与其合并。这种"婴儿死亡"将一直持续，直到星云中残余气体不再能够引起原巨行星轨道的任何重大演化。

原行星盘引起的迁移是轨道周期为几年或更短时间的巨型系外行星的最可能的解释，尤其是那些非常接近其恒星的巨型祝融星（13.12 节）。相比之下，太阳系中的巨行星没有显示出类似向内迁移的证据。行星形成模型是为了解释太阳行星系统的结构而发展起来的，因此，这些模型可能存在更基本的问题，这些问题是由我们特定的有利观察位置带来的偏见造成的。太阳系可能确实代表了一个有偏样本（包括糟糕的统计数据），因为它包含了一个适合生命进化的行星，能够提出有关其他行星系统的问题！

13.8.2 星子散射

行星也可以因为受到其清除自身引力范围内大量星子的反作用而迁移。柯伊伯带内的轨道分布和奥尔特云的存在为太阳系内四颗巨行星的星子迁移（planetesimal - induced migration）提供了强有力的证据。该过程不同于 13.8.1 节中讨论的各种迁移类型下与气体星盘的相互作用，其机制如下：天王星和海王星的引力激发使周围星子具有大偏心率，那些近日点足够小的星子可以被"传递"到次内层的行星，从而获得前一颗行星的角动量。通过这种方式，星子从海王星向内传递到天王星、土星，最后传递到木星，木星的质量足以将它们从太阳系或太阳周围的近抛物线路径上抛射出去。当近抛物线路径上的天体距离太阳大约 10^4 AU 时，其日心速度会变得非常慢，以至于银河系的潮汐力和附近恒星的牵引力可以将它们的近日点从行星区域提升至奥尔特云中。其他巨行星的质量也足以从太阳系抛射出星子或把星子抛射进奥尔特云中；然而，直接抛射的特征时间尺度比将星子向内送入木星控制的时间尺度要长。

对于圆轨道上的行星，角动量 L 的变化与半长轴 a 的变化有如下关系

$$\Delta L = \frac{1}{2} M_p \sqrt{\frac{GM_\odot}{a}} \Delta a \qquad (13-30)$$

所以，木星作为最内侧和最大的巨行星，迁移距离最短；而海王星迁移距离最远。

当海王星向外迁移时，它会激发与其外部平均运动共振的天体的偏心率。柯伊伯带天体的轨道分布，特别是许多偏心率约为 0.3 的冥族小天体（包括冥王星），为海王星向外迁移几个 AU 提供了有力的证据。这种迁移量需要几十 $M_\oplus$ 的星子盘。

将小天体从外太阳系驱逐到奥尔特云和星际空间，导致木星向内迁移，迁移量可能只有十分之几 AU。相比之下，其他的巨行星相对太阳向外迁移，它们的摄动导致向内至木星穿越轨道的星子比直接向外进入奥尔特云和更远的轨道的星子要多。

13.9 绕太阳运行的小天体

13.9.1 小行星带

火星和木星之间运行着数千颗半径 >10 km 的小行星（第 9 章），但这些天体的总质

量 $< 10^{-3} M_{\oplus}$。这个质量比一颗在平滑变化的原行星盘中约 3 AU 处的行星预计的吸积要少几个数量级。为什么小行星区域的剩余质量如此之小？为什么这些质量分布在如此多的天体中？为什么大多数小行星的轨道比大行星的轨道偏心率更大，相对于太阳系不变平面的倾角也更大？为什么小行星的成分如此丰富（根据光谱观测结果和地球上发现的各种各样的陨石）？

许多小行星发生了分异。吸积加热和长寿命放射性核素不能提供足够的能量来产生分异所需的熔化。分异所需的能源可能源自电磁感应加热（8.7.1 节）和短寿命放射性核素（尤其是 ^{26}Al）的衰变。半长轴观测到的小行星光谱类型分离（图 9 - 10）为小行星带内可能发生的星子混合量设定了上限。

几乎可以肯定，小行星带质量损耗的原因是因为接近木星，这也是造成小行星当前轨道性质的原因。被木星散射到小行星带的大型行星胚胎或木星的直接共振摄动，能够激发小行星带星子和行星胚胎的偏心率和轨道倾角。许多曾经存在于火星和木星之间轨道的小天体中的物质可能因此会穿越木星轨道，并因此被抛射出太阳系或被木星吸积。其他的星子可能被高速碰撞磨成尘埃，甚至有一些星子会蒸发。在小行星带内与木星轨道共振位置附近形成的行星胚胎可能已经被共振泵送到大偏心率轨道上，并对附近不与木星轨道共振的天体产生了摄动；轨道迁移以及原行星盘气体成分的扩散，可以通过在小行星区域的大部分区域扫过共振位置来增强这些摄动。

木星轨道的变化是由与残余星子盘或其他行星的引力相互作用引起的，在清理小行星带的某些部分方面起了重要作用。木星轨道的这种变化可能有助于将一些小行星（可能是源自木星轨道外部的天体）移动到木星特洛伊地区，即木星轨道上与木星相位前后相差 60°的区域。

13.9.2　彗星的来源

目前关于奥尔特云形成的理论表明，大量形成于距离太阳约 3～30 AU 的小星子受到来自巨行星的引力摄动，而从行星区域抛射出来。考虑到将天体从行星区域输送到奥尔特云的低效率以及在整个太阳系历史中不断有质量损失，从行星区域喷出的固体物质的质量可能为（10～ 1 000）$M_{\oplus}$。这表明最小质量的原行星盘（13.5 节）比形成太阳系行星系统的原行星盘的实际质量小得多。

柯伊伯带的存在表明，在海王星轨道之外一定存在星子。因此，海王星轨道外观测不到的大质量行星［如表 1 - 3 和表 9 - 5 所示，冥王星和阋神星（136199 Eris）的质量都小于海王星质量的 2×10^{-4} 倍］，不能仅仅用太阳系这个区域缺乏物质来解释。对该区域内天体的总质量、大小分布和轨道特征进行更好的观测估计，可能会对原行星盘外部松散区域的吸积过程动力学提供有益的约束。

13.10　行星的旋转

行星自转的起源是天体演化学中最基本的问题之一。事实证明，这也是最难回答的问题之一。行星通过吸积物质的相对运动积累旋转角动量（习题13.18）。行星从星子吸积的随机性允许行星在任何方向的净旋转角动量有一个随机分量。由于行星可能仅通过极少数撞击就积累了质量和旋转角动量的很大一部分，因此随机效应在确定行星旋转时可能非常重要。根据观测到的行星旋转特性，在吸积期撞击每颗行星的最大天体预计为行星最终质量的 1%～10%。

一颗行星在一个由小星子组成的面密度均匀的原行星盘内的圆形轨道上吸积时，积累的净自转角动量很少（图 13-24）。一颗行星如果部分清除了原行星盘中的一个间隙，并由此在其吸积区边缘吸积了更大一部分的物质，就可能积累足够的顺行角动量，从而能够解释太阳系中观测到的行星旋转速率。如果星子轨道由于气体阻力而向原行星缓慢衰减，也会导致快速顺行旋转。或者，大型天体的随机撞击可能是类地行星旋转角动量的主要来源（对于水星，则是太阳施加的潮汐力矩，2.6.2 节），观测到的小自转倾角是偶然现象。

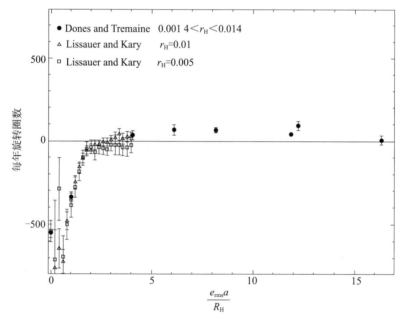

图 13-24　类地行星在面密度均匀的二维原行星盘中吸积，每轨旋转圈数与星子偏心率的均方根 e_{rms} 之间的函数关系，该偏心率已经根据行星希尔球的大小归一化。负值表示反向旋转。不同的符号表示不同的数值实验集，误差条来自统计不确定性。请注意，无论星子均方根偏心率的值如何，均匀原行星盘上的小星子吸积均不能产生地球和火星的快速顺行旋转的观测结果。［图片来源：卢克·多恩斯（Luke Dones）］

木星和土星主要由通过流体动力学方式吸积的氢和氦组成，这种吸积流导致顺行旋转，与控制星子动力学的流动截然不同。巨行星自转的非零倾角可能是由巨大的撞击产生的。自转轨道共振也可能使部分或所有巨行星的旋转轴倾斜。土星自转轴和海王星轨道平面的进动周期相似，并且很可能在柯伊伯带质量还更大时就已经经历过共振。土星目前27°的自转轴倾角可能是通过这种共振产生的。

13.11　行星和小行星的卫星

13.11.1　巨行星的卫星

巨行星的卫星和行星环在许多方面类似于微型行星系统。它们都围绕着中心行星运行，其中多数较大的天体在接近圆形的共面顺行轨道上运行，它们的间距有一定的规律性。

离巨行星最近的卫星（接近洛希极限）一般都很小。在行星的潮汐力足以撕裂仅靠自身引力维系的卫星的区域，行星环占据主导地位。较大卫星的轨道与行星的距离从几个到几十个行星半径不等。所有四颗巨行星的卫星系统的外侧区域都存在大偏心率和大倾角的小型天体。行星卫星的多样性表明它们有多种形成机制。

巨行星的卫星系统由规则卫星和不规则卫星组成。规则卫星在行星赤道面附近的小偏心率顺行轨道上运行。它们的轨道靠近行星，位于行星的希尔球范围内。这些性质意味着规则卫星形成于围绕行星赤道平面运行的星盘内。不规则卫星通常在大偏心率、大倾角轨道上运行，轨道位于行星规则卫星系统的外部；大多数不规则卫星都很小。大部分（如果不是全部的话）不规则卫星是从日心轨道捕获的。

目前已经提出了几种捕获不规则卫星的模型。一种可能是由于原行星包层中的气体阻力或并入吸积盘，导致附近天体减速。大多数这样的星子最终都会成为行星自身的一部分，但还有一些星子幸存下来成为被捕获的卫星。气体阻力只有在行星形成时期才是一种可行的捕获机制，但另外两种被提出的机制——双星潮汐扰动和与规则卫星的碰撞——在行星形成以后也依然可行。通过潮汐扰动和碰撞捕获的卫星通常围绕行星的轨道偏心率较大。然而，海王星的大卫星海卫一位于大倾角的逆行轨道上，但偏心率非常小。海卫一很可能被这些机制之一捕获，随后由于其巨大的质量和接近海王星的位置，轨道不断受到潮汐圆化（见 2.6 节）。

巨行星的规则卫星可能是由环绕行星的气体/尘埃盘中的固体吸积过程形成的。这些星盘可能由原行星包层外部的物质或直接从原行星盘捕获的物质组成。在一个围绕巨行星的最小质量"亚星云"盘内，固体吸积速率非常快（习题 13.30）。巨行星的行星周盘内，气体密度超过了附近的原行星盘，温度也更高。因此，化学反应进一步趋于平衡。这就解释了木星和土星周围，规则卫星和不规则卫星的总体组成差异。当考虑了年轻木星的高亮度时，该模型自然地解释了伽利略卫星的密度随距木星距离的增加而减少的原因。土星和天王星周围的卫星密度不会随着距离的增加而有系统地变化；但是这些质量较小的行星从未像年轻的木星那样明亮。由于潮汐力阻止物质在行星的洛希极限范围内积聚，因此巨行星周围形成了环状物。然而请注意，目前看到的大多数（如果不是所有的话）环系统都不是原始的（11.7 节）。

冰卫星和冥王星的岩石/（岩石＋冰）质量分数为这些天体的形成位置提供了线索。图 13‐25 显示了对各种卫星和冥王星中岩石质量分数估计情况，以及原行星盘和行星周盘中岩石预期质量分数范围，在原行星盘中 CO 比 CH_4 丰富得多（13.4.3 节），而 CH_4 可能在行星周盘中占主导地位。质量分数的范围是由太阳组成中 C/O 比的不确定性（介于 0.43 和 0.60 之间）引起的。更大的卫星（木卫三、木卫四、土卫六）所含的岩石要多于所预期的行星周盘中吸积结果；然而在吸积过程中，挥发性物质的蒸发和逸出可能耗尽了冰。天王星卫星也含有大量的岩石成分。木卫一和木卫二（未显示）主要由岩石组成。由于这些卫星在高温下距离木星非常近的地方形成，因此可用于吸积的水冰更少。海卫一和冥王星/冥卫一具有非常相似的高岩石质量分数，这与富含 CO 的太阳星云的预期一致。如果这些小天体在分异后受到较大撞击，也会损失大量挥发性物质。

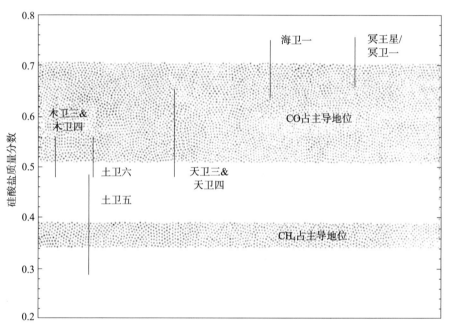

图 13-25　外太阳系天体中岩石（硅酸盐、金属和其他难熔化合物）与岩石＋冰的质量比。单个天体的范围表示密度和内部模型假设的不确定性。阴影区域表示太阳成分混合物在外太阳系温度下的预期成分，假设碳主要以一氧化碳或甲烷的形式存在。（Lunine and Tittemore，1993）

　　太阳系中四颗巨行星的卫星系统所表现出的各种各样的特性表明，随机过程对于卫星的形成可能比目前的模型所显示的它们在行星成长中的过程更为重要。对这种差异的一种可能解释是，卫星系统受到日心轨道上星子的猛烈轰击，这可能会使卫星碎裂并产生新卫星。因此，必须谨慎地解释卫星形成的确定性模型。

　　类地行星和较小的天体可能从未拥有富含气体的行星周盘；因此，火星、地球、小行星和柯伊伯带天体的卫星起源还需要其他解释。

13.11.2　月球的形成

　　月球是一个非常奇特的天体。月球/地球的质量比大大超过任何其他卫星/行星（尽管冥卫一/冥王星和各种其他卫星/小行星的质量比更大，见表 9-5），这就提出了一个问题，即这么多物质是如何被放置在环绕地球的轨道上的。月球的密度大约比未压缩的地球密度小 25%（表 6-1）。然而，月球上的挥发性物质（往往密度较低）严重枯竭，钾的丰度不到地球的一半，水也很少。低平均密度和缺乏挥发物的组合意味着月球不仅仅是能够在一定温度以上凝结的太阳成分物质的混合物。更确切地说，月球的整体成分类似于地球的地幔，尽管挥发物已经消耗殆尽。如果月球有一个大的铁质核心，则可以理解月壳和月幔的整体成分，但月球的核心相当小（6.3.1 节）。迄今为止，对月球起源的俘获、共吸积和裂变模型均已进行了非常详细的研究，但没有一个模型能够以直接的方式同时满足动力学和化学约束。

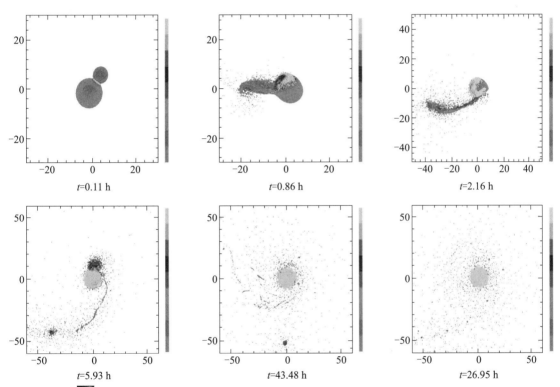

图 13-26 ▨ 这些计算机生成的图像显示了一颗火星大小的原行星与原地球以 9 km/s 的速度碰撞后的第一天的演化过程。该接触速度对应于零相对接近速度 $v_\infty = 0$，并且小于从地球逃逸的速度，因为碰撞发生时两个天体的中心相距约 $1.5 R_\oplus$。碰撞的角动量是掠射碰撞的 73%。这两个天体在撞击前都已分异。这次碰撞产生了一个 1.62 倍月球质量的环地球盘；金属铁只占星盘质量的 5%。仿真采用光滑粒子流体动力学（smooth particle hydrodynamics，SPH）程序，共有 60 000 个粒子。粒子按温度染色，在每幅图中标有时间。计算细节可参阅 Canup（2004）。［图片来源：罗宾·克纳（Robin Canup）］

　　最受认可的假设是大碰撞模型，在该模型中，地球与火星大小或更大的行星胚胎发生碰撞，将月球质量（或更多）的物质抛射到地球轨道上（图 13-26）。假设两个天体在撞击前均已分异，该模型将解释月球成分与地幔成分之间的明显相似之处，同时解释月球上为何会缺乏挥发性物质。挥发性物质会被撞击完全蒸发，并在环地球盘内保持气态，使大部分挥发性物质逃逸到行星际空间。一定范围内的撞击物和撞击参数，可以让大约一倍月球质量的物质进入超出地球洛希极限的轨道，这些质量主要源自撞击物和地球的外壳。一旦这些物质冷却到足以形成凝聚体，它就可以迅速积聚成一个巨大的卫星（图 13 - 27）。冥王星卫星系统可能也源于这种大撞击。

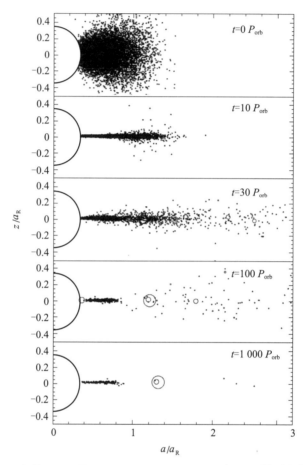

图 13 - 27　在 $t=0P_{orb}$、$10P_{orb}$、$30P_{orb}$、$100P_{orb}$、$1\,000\,P_{orb}$ 时 r - z 平面上的原月球盘快照，其中 P_{orb} 是洛希极限处的开普勒轨道周期。星盘粒子的初始数量为 10 000，星盘质量是当前月球质量的 4 倍。以坐标原点为中心的半圆代表地球。圆圈表示盘粒子，其大小与粒子的物理大小成比例。水平刻度以洛希极限半径 a_R 为单位显示盘粒子的半长轴［见式（11 - 8）］。请注意环绕地球的巨大的、短暂的环。（Kokubo et al.，2000）

13. 11. 3　小天体的卫星

火卫一和火卫二在成分上与 C 类小行星相似（5.5.4.6 节）。由于这两颗卫星在火星赤道平面上运行，它们很可能是一个由单个或多个星子捕获而形成的小星盘吸积而成。与巨行星的不规则卫星和小天体的卫星一样，环火星盘的物质捕获可能是通过双星交换反应或靠近火星的两颗星子之间的碰撞实现的。单个或多个星子的潮汐破裂也是形成这种星盘的可行机制。还有一种可能性：它们被几乎完好无损地捕获，随后与撞击它们表面而产生的碎片环进行了长时间的相互作用，降低了它们的轨道偏心率和倾角。

小行星双星和柯伊伯带双星的相对大小和轨道表明，其中一些双星是由于碰撞而形成的，而另一些双星可能起源于三个或更多天体的相互接近过程，并且该双星能够通过引力将机械能传递给一个或多个天体。

13.12 系外行星形成模型

迄今为止观测到的大多数系外巨行星的轨道与木星、土星、天王星和海王星的轨道大不相同（12.4 节），因此提出了新的模型来解释它们。有人认为，这些行星中的大多数，特别是巨型祝融星，形成于距离恒星较远处，随后向内迁移到它们目前的短周期轨道。在发现系外行星之前，科学家已经对行星轨道的衰减进行了研究，但没有人预测恒星附近的巨行星，因为随着行星接近恒星，迁移速度预计会增加，因此认为行星大幅向内移动且随后没有丢失的机会很小（13.8 节）。有人提出了两种能够阻止行星距离恒星不到 0.1 AU 的可能机制：恒星反作用盘力矩产生的潮汐力矩；或者，一旦行星处于接近恒星的一个几乎空旷的区域内，星盘力矩就会大幅度降低。然而，轨道周期从 15 天到 3 年不等的巨行星数量大得多，它们受到的恒星潮汐力矩可以忽略不计，并且这一模型更难解释为何这些行星位于被磁吸积（13.4.2 节）清除的星盘区域之外。也许原行星盘（至少内侧几 AU）被从内向外清除，使迁移的行星滞留。

一些系外巨行星运行在偏心率相当大的轨道上（图 12 - 22）。这些偏心轨道可能是大质量行星之间随机引力散射（随后并合或抛射到星际空间，见图 13 - 28）、恒星双星伴星的摄动（如果现在的单个恒星曾经属于不稳定的多恒星系统，那么也可能不再存在这个作用），或者是行星和原行星盘之间复杂且目前缺少约束的相互作用（13.8.1 节）的结果。

已知的系外行星样本存在强烈的偏差。大多数类似太阳的恒星都可能有与太阳系非常相似的行星系。尽管如此，如果巨行星（即使质量相对适中的天王星）在 1AU 附近轨道运行或迁移路径通过 1AU 附近是常态，那么宜居带内的类地行星可能比之前认为的数量更少。不过巨行星可能有大卫星，而这些卫星本身可能适宜居住。

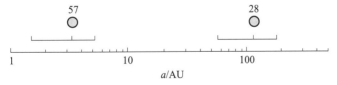

图 13 - 28 一个巨行星的并合系统被混沌散射破坏，大部分行星被送入星际空间，仅剩如图所示的两颗行星。行星的质量以 $M_\oplus$ 为单位，其近拱点、半长轴和远拱点如图所示。在这个系统中，内行星的质量是外行星的两倍，它决定了恒星的径向速度特征，对于几十年或更短时间的观测来说尤为明显。（改编自 Levison et al.，1998）

13.13　以观测发展理论

目前关于行星在星周盘内通过星子吸积而增长的理论，极好地解释了所观测的许多太阳系和系外行星的性质，但对其他一些性质的解释不够完整或不太令人满意。

13.13.1　太阳系的动力学状态

在一个扁平的星子盘内，行星吸积的动力学模型会产生具有较小的偏心率、几乎全都共面的行星轨道，除了在太阳系的外边缘。固体行星之间通过相互引力摄动从而具有的让其他行星进入穿越轨道的能力，决定了它们的最终大小和间距。这种摄动通常由弱共振的强迫振动引起，摄动作用的时间尺度比 13.5.3 节中讨论的大部分星子相互作用时间长得多。更大质量的原行星盘可能产生更大但数量更少的行星。随机过程在行星吸积中很重要，因此几乎相同的初始条件可能导致完全不同的结果。例如，我们所处的太阳系中有四颗类地行星，而不是三颗或五颗，这一事实可能只是运气使然。

木星很大程度上阻止了在小行星带中形成行星。木星的共振可能直接搅动了小行星带中的星子，或者可能让大型的失败行星胚胎从 5 AU 处向太阳系内侧运动。由此产生的搅动可能会阻止行星进一步增长和/或将一颗已经形成的行星从太阳系中抛射出去。

巨行星从行星区域中抛射出大量的固体天体。其中大多数逃出了太阳系，但有 ≳10% 最终落入奥尔特云中。在过去的 $4.5×10^9$ 年里，星系潮汐、经过的恒星和巨型分子云的摄动使奥尔特云彗星的轨道随机化。除了星系潮汐势引起的小范围扁化外，奥尔特云几乎是球形的，既有顺行天体，也有逆行天体。柯伊伯带可能是海王星轨道外运行的星子在原位形成的。柯伊伯带的动力学结构表明，海王星在行星形成的最后阶段缓慢地向外迁移了几个 AU。在这一逐渐迁移过程中，海王星可能将天体捕获至共振状态并激发它们的偏心率，从而产生了观测到的与海王星 2∶3 共振的冥族小天体，以及共振的柯伊伯带天体（图 9 - 3）。

木星和土星的顺行旋转可以解释为气体吸积的确定性结果，而其他行星的顺行旋转可能源自吸积区的扩展，或者纯属偶然。大型天体的随机撞击和/或行星间的自转-轨道共振产生了行星自转倾角。

如果巨行星有围绕它们运行的星盘，就可以了解它们规则卫星系统的总体特征；有多个模型解释这种环行星盘形成的原因。原太阳/原行星盘内质量和角动量（通过难以准确描述的黏性、引力和/或磁力矩）向外传输，再加上随后太阳风去除了太阳大部分自转角动量，共同造就了当前太阳系的角动量分布。

早期太阳系的高轰击率和当前时代的低轰击率是行星形成过程的碎片不断被清除的结果。早期高轰击率导致行星、小行星和卫星的古老表面布满撞击坑。巨大的撞击导致了月球的形成，剥离了水星的外层，并可能改变了天王星的旋转方向。一些大的星子可能被行星捕获，如海王星附近的海卫一。

13.13.2　行星的组成

总的来说，行星的质量和体积组成可以理解为行星在一个星盘内生长的结果，而这个星盘的温度和表面密度随着与太阳距离增大而降低。类地行星是岩石行星，因为较易挥发的元素不能在离太阳如此近的地方凝结（或以固体形式存在），而彗星和巨行星的卫星则因为生长在较冷的环境中而保留着冰。水冰在约 4 AU 以外区域的凝结为外行星提供了足够的质量，从而捕获太阳星云中大量 H_2 和 He。日心距离越大，吸积时间越长，加上适时消失的气体，这可能是巨行星气体含量随轨道半长轴增大而减少的原因。

一些固体物质在原行星盘内发生显著的径向输运，从而混合了太阳星云不同区域凝聚和/或在前太阳系时代幸存下来的物质。这种混合有助于解释球粒陨石的主要成分，这些陨石既含有难熔包裹体，也含有富含挥发性的颗粒，以及星尘号返回的维尔特 2 号彗星（81P/Wild）样品中包含的非常难熔的太阳系凝结物（10.4.4 节）。径向和垂直混合可能聚集了陨石物质。这些物质的凝结温度范围过大，以至于无法用任何时间和位置的平衡凝结来解释挥发份逐渐减少。关于陨石许多细节特征（特别是球粒的形成和剩磁）的解释仍然存在争议。（公认的）星子假说解释了原始陨石的年龄相似性，以及所有太阳系岩石（其成分可能在某一点上经历了与原始陨石相似的阶段）年龄与之相同或更年轻。

所有的行星在吸积期温度都很高。目前的类地行星以广泛的构造和/或火山活动的形式显示了这一早期高温时代的证据。木星、土星和海王星因吸积和分异加热而产生过量的热辐射。新形成的炽热行星排出气体，再加上小行星带和彗星来源区域后期的补充，共同形成了类地行星的大气层。

13.13.3　系外行星

虽然现在太阳系外的行星比太阳系内的行星多得多，但这些行星的数据少得多，探测统计数据有很大的偏差，手头的数据相对较新，尚未被用来约束多个行星形成模型。系外行星的轨道为证明原行星盘中的径向迁移是一个重要的过程提供了强有力的证据。行星和它们形成的星盘之间的引力相互作用可以提供这些轨道变化所需的力矩。星盘-行星的相互作用如此强大，以至于很难解释为什么如此多的巨行星没有一路向内迁移并被它们的恒星吞噬。许多系外行星的偏心率大得令人惊讶。总体而言，迄今为止系外行星的发现表明，大自然比理论家更具创造性，让人很难预测！

13.13.4　总结

星子假说为类地行星、巨行星的核心以及太阳系中较小天体的生长提供了一个可行的理论。至少在没有双星伴星的年轻恒星周围，形成行星大小的固体天体应该是一个常见事件。如果环脉冲星盘内有足够的尺度和质量，行星可以通过类似的机制形成。形成包含大量 H_2 和 He 的巨行星需要行星核心快速增长，这样才能在气体扩散出原行星区域之前实现引力捕获。根据本章概述的场景，任何给定区域中最大的天体都是最有效的吸积体，其质量"偏离"了附近天体的质量分布，因为它比典型天体质量翻倍的速度更快。假设原行星盘的质量是太阳星云"最小质量"模型给出的质量的几倍，几个大型固体原行星如此快速地吸积，可能在约 10^6 年内形成巨行星的核心。因此，尽管关于巨行星起源的模型必须比类地行星吸积的模型更不确定（因为需要考虑更广泛的物理过程，以解释巨行星的大量气体成分和固体富集），但是也对巨行星的形成有了基本的了解。

13.14 延伸阅读

原恒星和行星系列丛书包含了关于分子云、恒星和行星形成的综述论文；该系列的最新一卷是：

Reipurth，B.，D. Jewitt，and K. Keil，Eds.，2007. Protostars and Planets V. University of Arizona Press，Tucson. 951pp.

以下是一本关于恒星形成的综合教材：

Stahler，S. W.，and F. Palla，2005. The Formation of Stars. Wiley - VCH，Weinheim，Germany. 865pp.

以下几篇论文涉及太阳系形成的不同方面：

Lin，D. N. C.，1986. The nebular origin of the Solar System. In The Solar System：Observations and Interpretations. Ed. M. G. Kivelson. Rubey Vol. IV. Prentice Hall，Englewood Cliffs，NJ，pp. 28 - 87.

Lissauer，J. J.，1993. Planet formation. Annu. Rev. Astron. Astrophys.，31，129 - 174.

Lissauer，J. J.，1995. Urey Prize lecture：On the diversity of plausible planetary systems. Icarus，114，217 - 236.

Lissauer，J. J.，O. Hubickyj，G. D'Angelo，and P. Bodenheimer，2009. Models of Jupiter's growth incorporating thermal and hydrodynamics constraints. Icarus，199，338 - 350.

以下是一篇关于类地天体大气层形成的优秀论文：

Ahrens，T. J.，J. D. O'Keefe，and M. A. Lange，1989. Formation of atmospheres during accretion of the terrestrial planets. In Origin and Evolution of Planetary and Satellite Atmospheres. Eds. S. K. Atreya，J. B. Pollack，and M. S. Matthews. University of Arizona Press，Tucson，pp. 328 - 385.

以下文献描述了太阳星云中的平衡化学：

Prinn，R. G.，and B. Fegley，Jr.，1989. Solar nebula chemistry：Origin of planetary，satellite and cometary volatiles. In Origin and Evolution of Planetary and Satellite Atmospheres. Eds. S. K. Atreya，J. B. Pollack，and M. S. Matthews. University of Arizona Press，Tucson，pp. 78 - 136.

以下文献提供了一个相当详细的原行星盘演化的化学模型：

Aikawa，Y.，T. Umbebayashi，T. Nakano，and S. M. Miyama，1999. Evolution of molecular abundances in protoplanetary disks with accretion flow. Astrophys. J.，519，705 – 725.

恒星内核合成的全面回顾（大部分仍然是最新的）可参见：

Clayton，D. D.，1983. Principles of Stellar Evolution and Nucleosynthesis. University of Chicago Press. 612pp.

关于原初核合成的一个极好科普：

Weinberg，S.，1988. The First Three Minutes. Basic Books，New York. 198pp.

13.15 习题

习题 13.1 E

（a）对于密度为 ρ，半径为 R 的均匀球状分子云，计算其引力势能。

（b）对于组成与太阳一致，密度为 ρ，温度为 T 的星际云，计算其金斯质量 M_J。（提示：设引力势能等于－2 倍星际云动能，求解星际云半径。）

（c）证明如果星际云等温坍缩，它会随着收缩变得越来越不稳定。

（d）证明如果星际云坍缩过程中的引力势能转化为自身的热，它会随着收缩变得越来越稳定。

习题 13.2 E

对于一个密度为 ρ 的均匀球形分子云，推导其自由落体引力坍缩的时间方程。［式（13-8）］（提示：对于初始静止在距离中心 r 处的气团，其轨迹可以近似为一个半长轴 $r/2$ 的大偏心率椭圆。）

习题 13.3 E

考虑一个 H_2 分子从无穷远处落到距离质量为 $1M_\odot$ 恒星 1 AU 的圆轨道上。

（a）计算 1 AU 处的圆轨道速度，并据此计算分子在 1 AU 圆轨道上运动的机械能（动能＋势能）。注意分子静止在无穷远处时的总能量为零。

（b）假设分子的能量没有辐射损失，计算氢气的温升。

习题 13.4

对于一个薄的等温星周盘，证明其密度在垂直自身中间平面方向上的变化为

$$\rho = \rho_0 e^{-z^2/H_z^2} \tag{13-31}$$

式中，高斯标高由式（13-11）给出。（提示：考虑压力与恒星引力在垂直于中间平面方向上的分量平衡。）

习题 13.5 E

（a）计算原行星盘半径 10^{14} cm 处的分子黏度，其中平均自由程 $\ell_{fp} = 10$ cm，声速 $c_s = 1$ km/s。

（b）这种星盘的黏性吸积时间尺度是多少？

习题 13.6 E

如果一个具有习题 13.5 中所列参数的湍流盘，其黏性演化时间为 10^6 年，计算其 α_v。

习题 13.7 I

（a）黏性星周盘内的向内扩散会导致吸积。这个吸积的时间尺度相当于所关心的半径和恒星半径之间的扩散时间尺度［式（11-10）］。对于标高 $H_z = 0.1r$ 且声速 $c_s = 10^5 r_{AU}^{-1/2}$（单位为 cm/s）的原行星盘，推导其黏性吸积时间尺度（年）关于黏度参数 α_v 以及半径 r_{AU} 的方程。

（b）对于所得到的方程，分别在 1 AU 和 5 AU 处取 $\alpha_v = 0.01$ 进行计算并分析计算结果。

习题 13.8 I

原行星盘中的冰/岩比取决于元素组成和化学状态。在本题中，你将根据各种假设计算冰/岩比。

（a）假设无水岩石由 SiO_2、MgO、FeO 和 FeS 组成，消耗了除含量最丰富的氧以外的所有的 Si、Mg、Fe 和 S 元素。参考表 8-1 中列出的元素丰度，计算可与较轻元素结合形成 CO 和 H_2O 等化合物的氧含量。用每 10^6 个硅原子中可用的氧原子数来表示答案。

（b）计算岩石总原子量/硅原子量。将计算结果增加 10%，以大致解释未包含在计算中的低丰度岩石形成元素。

（c）假设所有的碳都以 CO 的形式存在，计算水冰质量（用水冰总原子量/硅原子量表示）、水冰/岩石质量比、（水＋CO 冰）/岩石质量比和（水＋CO＋N_2 冰）/岩石质量比。

（d）假设所有的碳都以 CH_4 的形式存在，计算水冰质量、水冰/岩石质量比、（水＋CH_4 冰）/岩石质量比和（水＋CH_4＋NH_3 冰）/岩石质量比。

（e）如果 O 的丰度比表 8-1 中列出的数据多 10%，重复上述计算。（这个数据在已知太阳系丰度的不确定性范围内，可能比各种原行星盘之间的差异要小得多。）

习题 13.9 E

（a）一个半径为 R 的粒子在 1 AU 的距离绕一颗 $1M_\odot$ 的恒星运动，假设原行星盘的

密度为 10^{-9} g/cm³，$\eta = 5 \times 10^{-3}$，计算它一年中穿过（碰撞）的气体总量。

（b）假设粒子的密度为 3 g/cm³，若粒子在运行一周中恰好穿过了等于自身质量的气体，计算其轨道半径。

习题 13. 10 E

估算在静止（非湍流）原行星盘中围绕 $1M_\odot$ 恒星运行中，由于引力不稳定性形成的星子质量和半径。假设星盘中固体物质的面密度为 $\sigma_\rho = 10 r_{AU}^{-1}$ g/cm²。

（a）当距离为 1 AU 时，计算星子质量和半径。

（b）当距离为 5 AU 时，计算星子质量和半径。

（c）当距离为 5 AU，并且面密度翻倍（水冰凝结的原因）时，计算星子质量和半径。

习题 13. 11 E

对于半径为 R、质量为 M 的行星胚胎，推导其对于无穷远处速度为 v 的小星子的二体引力吸积截面。（提示：利用角动量和能量守恒。首先确定与行星胚胎碰撞的星子的最大无摄动碰撞参数，对应的轨道近心点距离为 R。）

习题 13. 12 E

（a）对于一个半径 $R = 4\,000$ km、质量 $M = 10^{27}$ g 的行星胚胎，计算其增长速率 $\mathrm{d}R/\mathrm{d}t$。该行星胚胎位于距离质量为 $3M_\odot$ 恒星 2 AU 处的原行星盘中，原行星盘的面密度 $\sigma_\rho = 10$ g/cm²、温度 $T = 300$ K、速度弥散度 $v = 1$ km/s。星子和行星胚胎的交会过程可以采用二体近似。

（b）什么会阻止（或至少严重减缓）这样一个行星胚胎的增长？此时它的质量是多少？（提示：见习题 13.16。）

习题 13. 13 E

假设海王星在最小质量星云中原位有序生长（即非失控吸积；取 $\mathcal{F}_g = 10$），计算海王星的生长时间。（提示：将海王星的质量分布在 25～35AU 的环带中，以此确定面密度。）这个模型是否真实？为什么？

习题 13. 14 I

两个质量各为 10^{21} g 的小行星发生碰撞并吸积（即假设为完全非弹性碰撞）。它们的初始轨道分别为 $a_1 = 2.75$ AU，$e_1 = 0.1$，$i_1 = 10°$；$a_2 = 3.0$ AU，$e_2 = 0.0$，$i_2 = 0°$。

（a）计算碰撞后天体在吸积和能量耗散后的轨道根数。（提示：转化为笛卡儿坐标系并利用动量守恒求解。）

（b）实际情况下，这样的碰撞是否可能导致吸积或破坏？为什么？

习题 13.15 I

考虑一组比较小的天体中的一些相对大的星子。假设所有天体的密度都相同，速度弥散度与小天体的逃逸速度相当。

（a）证明这些大星子的碰撞截面（和吸积率）正比于其半径的四次方。

（b）利用上述结果证明最大星子质量翻倍的速度最快，并因此"失控"于其他天体的质量分布。

习题 13.16 E

式（13－28）给出了绕 $1M_\odot$ 恒星的行星失控增长的孤立质量为 $M_i \approx 10^{24}(r_{\mathrm{AU}}^2 \sigma_\rho)^{3/2}$，单位为 g。将此式推广至任意质量的恒星。

习题 13.17 I

假设一个行星系统，它形成于一个与太阳星云大小相同的行星盘中，但其面质量密度只有太阳系的一半。假设这颗恒星的质量为 $1M_\odot$，并且没有任何恒星伴星。试给出系统中行星的最终数量、大小和间距，并解释你的理由。引用公式并尽可能量化。

习题 13.18 I

质量为 M、半径为 R 的行星最初以零倾角和旋转周期 P_{rot} 沿前进方向旋转。它的北极被一个质量为 m 的天体沿切向撞击，质量为 m 的天体在碰撞前的速度与从行星表面逃逸的速度相比很小。

（a）推导出撞击后行星自转周期和倾角的表达式。假设撞击物被行星完全吸收。

（b）对于 $M = M_\oplus$、$R = R_\oplus$、$P_{\mathrm{rot}} = 10^5$ s，$m = 0.02M_\oplus$，计算对应结果。

（当然，真正的切向撞击很可能会发生"跳离"而不是被吸收，但即使只是一个从水平方向看约 10° 的轨迹，考虑到以此速度，大多数溅射物也都可以被捕获。在极点的撞击物本身也是一个奇异情况，不过这两种效应加在一起，只会让给定质量的天体与任意几何体碰撞时所提供的角动量增加一个因子，由此使数学计算变得更容易。）

习题 13.19 E

考虑地球吸积的一个简单模型。假设原始地球的半径从某时刻起线性增长直至 t_{acc} 后吸积结束，即 $R(t) = (t/t_{\mathrm{acc}})R_\oplus$。忽略大碰撞（掩埋热喷射物）和任何可能的大气（防止表面自由辐射到太空）绝缘效应。为进一步简化，忽略压缩性、热传导和内部热源，并设发射率 $\epsilon = 1$。地球增长过程中，表面能量平衡（单位面积）通过式（6－31）进行量化。

（a）描述式（6－31）中三项各自的物理含义。

（b）假设吸积材料初始温度 $T_0 = 300$ K，固体粒子的平均密度 $\rho = 4.5$ g/cm³，热容 $c_p = 10^7$ erg/(g·K)。对于 $t_{\mathrm{acc}} = 1$ 亿年和 100 万年，假设 dR/dt 为常数，给出行星温度关

于其半径的近似函数关系。

（c）当吸积结束时 $T(R_{\oplus}) = 2\,000$ K 的情况，求解 t_{acc}。

习题 13. 20 I

式（6-31）中严重遗漏了对行星内部热输运的描述项。在简单模型中，外层比内层温暖，所以对流被抑制。（如果考虑可变吸积速率的可能性，例如一个大天体的撞击使得热量被埋藏在表面之下，那么温度可以随着半径而迅速减小从而允许某些位置发生对流。然而，快速对流只能在流体中发生，并且如果行星熔化，则还必须包括分异产生的热效应。尽管速度较慢，固态对流可能发生在略低于自身熔点的物质中，特别是在冰卫星中，从而将热量以足够快的速度带出以防止熔化。因此在任何情况下，都将忽略对流。）因为光子的平均自由程非常小，所以固体行星内的辐射与传导相比可以忽略不计。可通过在式（6-31）右侧添加传导项来包括传导过程。然而，这需要知道温度关于位置和时间的函数，因为传导改变了表面以下的温度。更简单的方法是检查无限大传导率极限。在这个极限下，天体是等温的，所以，温度和以前一样只是时间的函数。式（6-31）最后一项可以改写为

$$\frac{1}{4\pi R^2} \frac{\mathrm{d}}{\mathrm{d}t} \left[\frac{4\pi}{3} \rho R^3 c_{\text{p}} (T - T_{\text{n}}) \right] \qquad (13-32)$$

（a）利用式（13-32）中给出的导数，推导除了右侧一个额外项以外等价于式（6-31）的方程。

（b）定性描述新增项对行星表面温度的影响。

（c）假设传导率无限大，当吸积结束时间分别为 $t_{\text{acc}} = 1$ 亿年和 100 万年时，近似求解行星表面温度。

习题 13. 21 I

假设地球是均匀的，并且其吸积得很快（或者大的撞击将热量埋得很深），以至于辐射损失可以忽略不计。在传导率为零和传导率无限大的情况下分别求出地球的初始温度分布。

习题 13. 22 E

如果地球从最初的均匀密度分布转变为三分之一的地球质量包含在密度为周围地幔两倍的地核中，假设传导率无限大，计算温升。

习题 13. 23 I

对于半径 50 km 和 500 km 的小行星，分别重复前面 4 道题。

习题 13. 24 I

当前，太阳系行星系统中大部分放射性衰变产生的加热源自四种同位素的衰变，一种

是钾，一种是钍，两种是铀。球粒陨石元素丰度见表 8-1。《CRC 化学和物理手册》中给出了同位素分数和衰变特性。

(a) 这四种同位素分别是什么？每个原子衰变时分别释放出多少能量？每克衰变分别释放多少能量？一克纯同位素产生能量的速率分别是多少？以自然产生的同位素比率计算，每克元素的释放速率分别是多少？注：其中一些同位素衰变为其他短半衰期的同位素（如氡）。必须遵循衰变链，直到达到稳定（或非常长寿命）的同位素，沿路径添加每次衰变的能量贡献。

(b) 由这些能量源组成的每克球粒陨石（或相当于把每克地球作为一个整体，忽略地球中挥发性元素钾含量低于 CI 球粒的事实）的产热率分别是多少？

(c) 45.6 亿年前，这些能量源的产热率分别是多少？

(d) 已知的放射性同位素很多。到目前为止，这些同位素有哪些共同特征使得它们到目前为止是最重要的同位素？（提示：这四个同位素都具备两个非常重要的特征，四个同位素中的三个共同具备另一个特征。）

习题 13.25 E

(a) 假设初始温度为 300 K 且系统没有能量损失，以上一个问题中计算的太阳系早期产热速率进行放射性衰变，需要多长时间才能产生足够的热量来熔化球粒陨石成分的岩石？

(b) 放射性衰变需要多长时间能够产生与半径 500 km 的小行星吸积产生的引力势能相同的能量？对于半径 50 km 的小行星呢？

习题 13.26 I

放射性同位素 ^{26}Al 是通过各种核合成过程形成的，并在星际空间中被观测到。它的半衰期为 72 万年；因此，地球上没有任何太阳系起源时合成的 ^{26}Al。

(a) 要想现在还有 1 个 ^{26}Al 原子存在，45.6 亿年前必须要产生多少克纯 ^{26}Al？一些原始陨石中存在已灭绝的 ^{26}Al 的证据。由于同位素在化学上（几乎）无法区分，所以整个太阳系的同位素比率几乎是一致的。这一规则的主要例外是氘，氘的质量是氢的两倍，往往优先占据较重分子的位置；大气气体则是这一规则的另一例外，因为较轻的同位素更容易逸出。其他同位素变化是由放射性衰变引起的。^{26}Al 的衰变产物为 ^{26}Mg。在一些富铝陨石包裹体中发现了过量的 ^{26}Mg（相比其他 Mg 同位素）；这些检测结果表明包裹体凝聚过 ^{26}Al。

(b) 如果在 45.6 亿年前行星形成时期，^{26}Al 衰变产生的热量与习题 13.24 中提到的四种放射性同位素产生的热量相等，需要 $^{26}Al/^{27}Al$ 的比率是多少？

(c) 如果 ^{26}Al 衰变产生的热量足以熔化球粒陨石（假设没有热量损失），需要 $^{26}Al/^{27}Al$ 的比率是多少？释放 90% 的能量需要多长时间？

习题 13. 27 I

（a）估计最小的冰卫星半径，它可能由于吸积加热而熔化。在计算中可以假设（1）卫星为纯水冰；（2）冰的比热为 2×10^7 erg/（g·K），潜热为 10^9 erg/g 以及（3）吸积是快速的（或巨大的撞击掩埋了释放的热量），吸积天体的随机速度很小。

（b）计算结果与观测到的球形卫星和非球形卫星之间的"边界"吻合程度如何？其他哪些热源可能很重要？如何大幅降低能源需求？

习题 13. 28 E

描述并绘制火星以下情况吸积后的温度分布图。

（a）仅有吸积加热。

（b）仅有放射性加热。

（c）假设火星从没有放射性物质的微小星子缓慢增长而来（＞1 亿年）。火星会发生分异吗？为什么？

习题 13. 29 I

根据前十个问题中描述的计算结果，关于小行星和类地行星的加热、熔化和分异能得出什么结论？

习题 13. 30 E

（a）通过将木星四颗大卫星的质量分布在与其当前轨道相当的区域上，计算最小质量的环木星原卫星盘中固体的表面密度。

（b）利用式（13-26）确定木卫一和木卫四的生长时间，取 $\mathcal{F}_g = 2$。

附录 A   符号列表

符号	含义	符号	含义
a	轨道半长轴	$D_{\mathcal{LL}}$	径向扩散系数
a_{AU}	行星轨道半长轴(单位 AU)	e	(广义)偏心率
A	表面积	e, e^-	电子
$\mathcal{A}$	轨道围成的面积,截面积	e^+	正电子
A_0	几何反照率(正面反射率)	E	总能量
A_b	球面反照率	$E, \boldsymbol{E}$	电场强度和矢量
A_v	可见波长反照率	E_G	引力势能
A_ν	频率 ν 下的反照率	E_K	动能
$A_{0,\nu}$	频率 ν 下的几何反照率	E_{rot}	旋转动能
A_{rdr}	雷达反照率	E_{sw}	太阳风中 $\boldsymbol{v}_{sw} \times \boldsymbol{B}_{sw}$ 产生的电场
b	碰撞参数	$\varepsilon_e, \varepsilon_v$	增强因子;蒸发;负荷参数
b_m	轨道的半短轴	EW	等效宽度
B	环开度角	f	真近点角
$B, \boldsymbol{B}$	磁场强度和矢量	f_p	相空间密度
B, B_ν	频率 ν 处的亮度	f_C	科氏参数
B_e	磁赤道处的磁场强度	f_{osc}	振子强度
B_0	表面磁场强度	$\boldsymbol{F}$	力
B_{oc}	遮掩信号与环平面之间的角度	$\boldsymbol{F}_c$	向心力
B_{sw}	太阳风中的磁场强度	F_f	驱动力的幅度
c	真空中的光速	$\boldsymbol{F}_g$	重力
c_s	声速	$\boldsymbol{F}_{g,eff}$	有效重力
c_v	速度弥散/色散	$\boldsymbol{F}_D$	阻力
c_A	阿尔文速度	$\boldsymbol{F}_L$	洛伦兹力
c_P	定压比热容	$\boldsymbol{F}_T$	潮汐力
c_V	定积比热容	$\boldsymbol{F}_Y$	雅可夫斯基力
C	常数	$\boldsymbol{F}_{rad}$	辐射力
C_D	阻力系数	$\mathcal{F}$	通量
C_H	传热系数	$\mathcal{F}_e$	增强因子
C_J	雅可比常数	$\mathcal{F}_g$	重力增强因子
C_P	恒压下的热容(或分子热)	$\mathcal{F}_\nu$	频率 ν 下的磁通密度
C_T	蒂塞朗参数	$\mathcal{F}_\odot$	太阳常数
C_V	定容下的热容(或分子热)	g, g_i	g 因子或发射率
C_{mn}	谐波系数	g_B	布格异常
D	直径	g_n	向心加速度
D_i	物质 i 的分子扩散系数	g_p	重力加速度
D_{st}	全球地磁扰动的平均值	g_r	雷达后向散射增益

续表

符号	含义	符号	含义
g_{fa}	自由空气重力异常	ℓ	特征长度或深度比例
g_{hg}	亨尼-格林斯坦相函数中的不对称参数	ℓ_{fp}	平均自由程
g_{eff}	有效重力加速度	$L, \boldsymbol{L}$	角动量大小和矢量
G	引力常数	$L_1 - L_5$	拉格朗日(平衡)点
G_t	增益雷达发射机	L_D	罗斯贝变形半径
h	普朗克常数	L_e	电子趋肤深度
$\hbar$	归一化普朗克常数,$h/2\pi$	L_s	升华/凝结潜热
h	垂直标度长度	L_s	火星太阳经度
h_i	熵间距	L_T	热趋肤深度
h_p	极化斜率	$\mathcal{L}_\odot$	太阳光度
h_{cp}	撞击坑峰高度	$\mathcal{L}_\star$	恒星光度
H	标高	$\mathcal{L}$	光度
H	焓	$\mathcal{L}$	麦基文参数
H_{10}	绝对星等	m	质量
H_z	高斯标高	m_v	(可见)视星等
$\mathcal{H}$	加热速率	m_H	氢原子质量
$\mathcal{H}_\nu$	爱丁顿通量	m_{amu}	原子质量单位的质量
i	倾角	m_{gm}	1克分子量质量
I, I_{jk}	惯量(沿轴 j、k)	M	质量
I_B	$J_B/2mv$ 的积分	M_p	行星质量
I_ν	比强度	M_s	天体总质量
j	粒子的微分能量通量	M_v	绝对星等(可见光波长)
j_ν	质量发射系数	M_J	金斯质量
j_{ν_0}	中心线的质量发射系数	$M_\star$	恒星质量
J	光解速率	$M_\odot$	太阳质量
$\boldsymbol{J}$	电流	$M_\oplus$	地球质量
J, J_ν	频率为 ν 的平均强度	$\mathcal{M}_0$	磁声波马赫数
J_i	动作变量	$\mathcal{M}_B$	磁偶极矩
J_n	引力矩	$\mathcal{M}_R$	里氏震级
$\boldsymbol{J}_u$	能流矢量	n	中子
J_B	第二绝热不变量	n	中子能级
k	玻尔兹曼常数	n	折射率
$\boldsymbol{k}$	波矢	n	天体在轨道上平均角速度
k_d	扩散率	n_0	洛施密特数(表 C-3)
k_T	潮汐勒夫数	n_{po}	多变指数
k_{ri}	反应 i 的化学反应率	n_s	矿物中的结构位置数
K_m	不可压缩模量	N	粒子数密度(cm^{-3})
K_{po}	多变常数	N	布伦特-韦伊塞莱(浮力)频率
K_T	热导率	N_c	柱密度(cm^{-2})
$\mathcal{K}$	涡流扩散系数	N_A	阿伏加德罗常数(表 C-3)
$\mathcal{K}_\nu$	$\mathcal{K}$积分	$\mathcal{N}_u$	努塞尔数

续表

符号	含义	符号	含义
$\mathcal{O}$	阶	R_c	场线曲率半径
$\boldsymbol{p}$	动量	R_d	尘粒半径
p	作为下标：极化、行星、粒子	R_e	赤道半径
p, p^+	质子	R_p	极半径
p_r	辐射压力产生的动量	R_s	最接近距离
p_{sw}	太阳风运动的动量	R_{CF}	距离形状中心半径
P	压力	R_{CM}	距离质量中心半径
P_c	圆极化	R_E	爱因斯坦环半径
P_n	勒让德多项式	R_H	希尔球半径
P_L	线极化	R_L	回旋、拉莫尔半径
P_{orb}	轨道周期	$R_\oplus$	地球半径
P_{rot}	自转周期	$R_\star$	恒星半径
P_{yr}	轨道周期（年）	R_{gas}	普适气体常数
$\mathcal{P}$	总功率（表面积通量积分）	R_{Sch}	史瓦西半径
q	电荷	$R_\parallel$	入射平面线极化菲涅耳反射系数
q	与中心距离	$R_\perp$	入射平面线法线方向极化菲涅耳反射系数
q_r	旋转参数	$\mathcal{R}$	摄动函数
q_T	潮汐系数	$\mathcal{R}$	里德伯常数
$q_{ph,\lambda}$	在波长 λ 上的相位积分	$\mathcal{R}_c$	碰撞半径
Q	热量	$\mathcal{R}_d$	子分子标尺长度
Q_J	焦耳加热	$\mathcal{R}_p$	母分子标尺长度
Q_T	图姆尔稳定参数	$\mathcal{R}_{bs}$	行星/彗星与弓形激波的距离
Q_{pr}	辐射压力系数	$\mathcal{R}_{cp}$	彗核到彗顶的距离
$\mathcal{Q}$	气体产生速率	$\mathcal{R}_{mp}$	磁层顶的距离
$r, \boldsymbol{r}$	距离，间隔向量	$\mathfrak{R}_a$	瑞利数
r_c	同自转方向半径	$\mathfrak{R}_e$	雷诺数
r_e	场线的赤道跨越距离	$\mathfrak{R}_m$	磁雷诺数
r_g	导向中心	$\mathfrak{R}_o$	罗斯贝数
r_v	竖直共振位置	S	熵
r_L	林德布拉德（水平）共振位置	S_v	源函数
r_{AU}	以 AU 为单位的距离	t	时间
r_{Bohr}	玻尔半径	t_c	碰撞间隔时间
r_Δ	从观测者（或地球）的距离	t_d	扩散时间尺度
$r_\odot$	日心距	t_d	欧姆耗散时间尺度（7.1 节）
$r_{\odot AU}$	日心距（AU）	t_m	平均寿命
$r_{\Delta AU}$	从观测者（或地球）的距离（AU）	t_ℓ	寿命
r_{CM}	质心距离	$t_{1/2}$	核素半衰期
r_{cr}	临界半径	t_{cf}	撞击坑形成时间
R	天体半径	t_{damp}	阻尼时间尺度
R_λ	光谱分辨率，$\lambda / \Delta\lambda$	t_{ff}	自由落体时间尺度
R_0	菲涅尔反射系数	t_{KH}	开尔文-黑尔姆霍尔兹时间尺度

续表

符号	含义	符号	含义
t_{pr}	坡印亭-罗伯逊阻力导致的衰减时间	x,y,z	笛卡儿坐标轴
t_{rx}	弛豫时间	r,φ,θ	球坐标系
t_ϖ	过近心点时间	u,v,w	沿着 x,y,z 轴的风速
$\tan\Delta$	损耗角正切，ϵ_i/ϵ_r	α	粒子的俯仰角
T	温度	α_e	位于磁赤道的粒子俯仰角
T_a	大气温度	α_i	组分 i 的热扩散参数
T_b	亮温度	α_l	粒子的损失锥
T_e	有效温度	α_R	罗斯兰平均吸收系数
T_m	熔融温度	α_v	黏度参数
T_s	表面温度	α_ν	集群灭绝系数
T_g	幅值扭矩	β	光压与引力的比值，F_{rad}/F_g
T_{cr}	临界温度	β_{cp}	微粒与辐射拖曳的比值
T_{eq}	平衡温度	δ_{jk}	克罗内克 δ（沿着 j,k 轴）
T_{tr}	三相点	γ	光子
u_a	湮灭率	γ	比热，C_P/C_V
u_ν	辐射密度	γ_c	李雅普诺夫指数
u_{ij}	变形或位移分量	γ_c^{-1}	李雅普诺夫时标
U	总能量	γ_r	相对论修正因子 $[1-(v^2/c^2)]^{-1/2}$
$v,\boldsymbol{v}$	速度值和速度矢量	γ_T	热惯量
v'	转动坐标系中的速度	δ_{gT}	地形校正因子
v_c	环绕轨道速度	Δ	弓形激波厚度
v_e	逃逸速度	Δh_g	大地水准面异常高程
v_g	波群速度	$\Delta\Phi_d$	形变势
v_h	水平风速	ϵ	扁率（几何扁率）
v_i	冲击速度	ϵ,ϵ_ν	频率 ν 下的发射率
v_o	热速度	ϵ_i	介电常数的虚部
v_r	速度的视向分量	ϵ_r	介电常数的实部
v_P	纵波速度	ϵ_{ij}	应变
v_S	横波速度	ϵ_{ir}	红外发射率
v_θ	速度的切向分量	ζ	幂次分布律的指数
v_{ph}	波相速度	$\eta(r),\eta_i$	非引力参数
v_{sw}	太阳风速度	$\eta_\nu(\phi)$	频率 ν，相位角 ϕ 下的束流因子
v_∞	终端速度	θ	视线和表面法线的夹角
V	体积	θ	余纬度
$V(1,0)$	在 1 AU 和 0 相位角的目视等效星等	Θ	位温
X_i	组分 i 的分数浓度	θ_B	磁轴倾角
Y_e	喷射逃逸的部分	κ	本轮（视向）频率
Y_i	喷射物质量与撞击物质量的比值	κ_ν	质量吸收系数
z_{ex}	高度逸散层底	κ_{ν_0}	位于线心的质量吸收系数
Z	原子序数	λ	波长
Z_p	配分函数	λ_D	德拜长度

续表

符号	含义	符号	含义
λ_m	平均经度	τ_{sl}	沿着相对于环的法线倾斜的路径的光学深度
λ_T	光化裂解的阈值波长	ϕ	太阳相位(太阳—目标—观测者)角
λ_{esc}	逃逸参数	ϕ	经度,方位角
λ_{np}	磁北极的经度	ϕ_{sc}	散射角(从光子看过去；$\phi = 180° - \phi_{sc}$)
$\lambda_{\text{Ⅲ}}$	基于木星磁场自转周期的经度	Φ_c	离心势
Λ_2	反应系数	Φ_g	引力势
μ	垂直振荡的频率	Φ_i	在大气中向上的粒子通量
μ_a	以原子质量为单位的分子量	Φ_ℓ	极限流量
μ_b	磁矩,μ_B / γ_r	Φ_B	磁通量
μ_c	圆极化率	Φ_J	金斯逃逸速率
μ_i	种类 i 的化学势或者部分摩尔自由能	Φ_T	潮汐势
μ_r	约化质量	Φ_V	电位
μ_B	第一绝热不变量	Φ_ν	线形
μ_θ	$\equiv \cos\theta$	ψ	天体倾角(自转轴和轨道天极的夹角)
μ_{rg}	刚性模量	ω	近心点幅角
ν	频率	ω_e	回旋频率(电子)
ν_c	临界频率	ω_f	受迫频率
ν_e	电子碰撞频率	ω_i	回旋频率(离子)
ν_i	离子的碰撞频率	ω_o	振荡器频率,波频率
ν_e	电子中微子	ω_p	等离子体频率
$\bar{\nu}_e$	电子反中微子	ω_{pe}	电子等离子体频率
ν_m	分子黏度	ω_{pi}	离子等离子体频率
ν_v	运动黏度	ω_B	回旋,拉莫尔频率
$\nu_v \rho$	动力黏度	ω_{Be}	电子回旋频率
ρ	密度	ω_{Bi}	离子回旋频率
ρ_d	尘粒密度	ω_{rot}	自旋角速度
ρ_g	气体密度	ω_{LHR}	下混杂共振频率
ρ_p	(原)行星密度	ω_{UHR}	上混杂共振频率
ρ_s	群体星子的体积质量密度	Ω	升交点经度
$\rho_\star$	恒星密度	Ω_s	立体角
σ	斯特藩-玻尔兹曼常数	ϖ	近心点经度
σ_c	柯林电导率	ϖ_v	涡量/涡度
σ_h	霍尔电导率	ϖ_ν	频率 ν 下的单散射比
σ_o	电导率	ϖ_{pv}	位势涡量/涡度
σ_p	彼得森电导率	$\odot$	太阳
σ_x	(分子)剖面	☿	水星
σ_ν	质量散射系数	♀	金星
σ_ρ	表面质量密度	⊕	地球
σ_{xr}	雷达剖面	☾	月球
τ	光学深度	♂	火星

续表

符号	含 义	符号	含 义
♃	木星	♇	冥王星
♄	土星		彩图
♅	天王星		视频
♆	海王星		

附录 B 缩写列表

英文缩写	英文全称	中文翻译
ACR	Anomalous Cosmic Rays	异常宇宙线
AGU	American Geophysical Union	美国地球物理学会
AKR	Auroral Kilometric Radiation	极光千米波辐射
ALH	ALlen Hills, meteorite recovery area in Antarctica	艾伦山, 南极陨石回收区
AOA	Amoeboid Olivine Aggregate	蠕虫状橄榄石集合体
AU	Astronomical Unit	天文单位
BCCA	Ballistic Cluster – Cluster Agglomeration	弹道群聚-群聚团
BIF	Banded Iron Formations	条带状铁建造
bKOM	broadband KilOMetric radiation	宽带千米波辐射
BLG	BuLGe (thick central portion of the Milky Way galaxy)	银河系核球(银河系厚的中心部分)
BPCA	Ballistic Particle – Cluster Agglomeration	弹道粒子-群聚团
CA	Closest Approach	最接近时刻
CAI	Calcium – Aluminum Inclusion (found in chondritic meteorites)	(在球粒陨石中发现的)钙-铝夹杂物
CAPE	Convective Available Potential Energy	对流有效位能
CCD	Charge Coupling Device	电荷耦合器件
CER	Corotation Eccentricity Resonance	共转偏心率共振
CI, CM, CO, CV, CR, CH, CB, CK	types of Carbonaceous chondrite meteorites	碳质球粒陨石类型
CICLOPS	Cassini Imaging Central Laboratory for OPerationS	卡西尼成像操作中心实验室
CIRS	Composite InfraRed Spectrometer	复合红外光谱仪
CME	Coronal Mass Ejection	日冕物质抛射
CNO	Carbon Nitrogen Oxygen (hydrogen fusion catalyst) cycle	碳氮氧(氢聚变催化剂)循环
CP	Chondritic Porous (type of interplanetary dust particle)	球粒状多孔(行星际尘埃粒子的类型)
CSO	Caltech Submillimeter Observatory	加州理工学院亚毫米波天文台

续表

英文缩写	英文全称	中文翻译
DAM	DecAMetric radiation	十米波辐射
DIM	DecIMetric radiation	分米波辐射
DISR	Descent Imager/Spectral Radiometer	降落相机/光谱辐射计
DS2	Dark Spot 2 (on Neptune)	暗斑2(位于海王星)
EC	Ecliptic Comets	黄道彗星
EH，EL	Enstatite chondrite meteorites (with High and Low iron abundances)	顽辉石球粒陨石（高铁丰度和低铁丰度）
EL	Equilibrium Level	均衡水平
ENA	Energetic Neutral Atom	高能中性原子
ESA	European Space Agency	欧[洲]空[间]局
ESO	European Southern Observatory	欧洲南方天文台
EUV	Extreme UltraViolet wavelengths	极紫外波长
EUVE	Extreme UltraViolet Explorer	极紫外探测器
FDS	Flight Data System	飞行数据系统
FUSE	Far Utraviolet Spectroscopic Explorer	远紫外光谱探测器
FWHM	Full Width at Half Maximum	半峰全宽
GCM	General Circulation Model	大气环流模型
GCMS	Gas Chromatograph Mass Spectrometer (on the Huygens probe)	气相色谱质谱仪（安装于惠更斯号探测器上）
GDS	Great Dark Spot (on Neptune)	大暗斑(位于海王星)
GEMS	Glass with Embedded Metal and Sulfides	嵌入金属和硫化物的玻璃
GRS	Great Red Spot (on Jupiter)	大红斑(位于木星)
H－H	Herbig－Haro objects	赫比格-阿罗天体
H－R	Hertzsprung－Russell (color－luminosity diagram for stars)	赫罗图(恒星的颜色-光度图)
HD	Henry Draper (who assembled an important star catalog)	亨利・德雷伯（汇编了一份重要的星表）
HED	Howardite－Eucrite－Diogenite (achondrite meteorite types from asteroid 4 Vesta)	霍华德石-白云石-双晶石（来自灶神星的无球粒陨石）
HF	Higher Frequency emissions	高频辐射
HFC	Halley Family Comets	哈雷族彗星
HiRISE	High Resolution Imaging Science Experiment (on MRO)	高分辨率成像科学试验设备（安装于 MRO）

续表

英文缩写	英文全称	中文翻译
HOM	HectOMetric radiation	百米波辐射
HRSC	High Resolution Stereo Camera（on Mars Express）	高分辨率立体相机（安装于火星快车）
HST	Hubble Space Telescope	哈勃望远镜
IAU	International Astronomical Union	国际天文学联合会
ICE	International Cometary Explorer	国际彗星探测器
ICME	Interplanetary Coronal Mass Ejection	行星际日冕物质喷射
IDP	Interplanetary Dust Particle	行星际尘埃粒子
ILR	Inner Lindblad Resonance	内林德布拉德共振
IMF	Interplanetary Magnetic Field	行星际磁场
IMP - 1	Interplanetary Monitoring Platform	行星际监测平台
INMS	Ion and Neutral Mass Spectrometer（on Cassini）	离子-中性质谱仪（安装于卡西尼号）
IR	InfraRed	红外
IRAS	InfraRed Astronomical Satellite	红外天文卫星
IRTF	InfraRed Telescope Facility	红外望远镜
ISM	InterStellar Medium	星际介质
ISO	Infrared Space Observatory	红外空间天文台
ISRO	Indian Space Research Organisation	印度空间研究组织
ITCZ	InterTropical Convergence Zone	热带辐合带
IVR	Inner Vertical Resonance	内部垂直共振
JAXA	Japan Aerospace eXploration Agency	日本航天局
JFC	Jupiter Family Comets	木星族彗星
JPL	Jet Propulsion Laboratory	喷气推进实验室
K - T	Cretacious - Tertiary	白垩纪—第三纪
KAO	Kuiper Airborne Observatory	柯伊伯机载天文台
KBO	Kuiper Belt Object	柯伊伯带天体
KREEP	Potassium（K）,Rare Earth Elements,Phosphorus（P）	钾（K）,稀土元素,磷（P）
LCL	Lifting Condensation Level	抬升凝结高度
LCROSS	Lunar CRater Observation and Sensing Satellite	月球撞击坑观测与遥感卫星
LFC	Level of Free Convection	自由对流高度
LH	Left - Hand sense（of circular polarization）	左旋圆极化
LHR	Lower Hybrid Resonance	下混杂共振

续表

英文缩写	英文全称	中文翻译
LINEAR	LIncoln laboratory Near – Earth Asteroid Research project	林肯实验室近地小行星研究计划
LL	Low – iron，Low – metal chondrite meteorites	低铁，低金属度球粒陨石
LORRI	LOng Range Reconnaissance Imager	远距离勘测成像仪
LP	Long – Period comets（Porb＞200 yr）	长周期彗星（周期＞200 年）
LRO	Lunar Reconnaissance Orbiter	月球勘测轨道器
LT	Local Time（on planet）	（行星的）地方时
LTE	Local Thermodynamic Equilibrium	局部热动平衡
LWS	Long Wavelength Spectrometer（on Keck）	长波长谱仪（安装于凯克望远镜）
M^3	Moon Mineralogy Mapper	月球矿藏勘测器
2MASS	2 Micron All – Sky Survey	2 微米全天巡天
MBA	Main Belt Asteroid	主带小行星
MC	Mars Crossing	火星穿越
MER	Mars Exploration Rovers	火星探险漫游者
MESSENGER	MErcury Surface，Space GEochemistry，ENvironment，and Ranging spacecraft	信使号（水星表面、空间地球化学、环境和测距探测器）
MGS	Mars Global Surveyor	火星全球勘测者
MIMI	Magnetospheric IMaging Instrument（on the Cassini spacecraft）	磁层成像仪（安装于卡西尼号探测器上）
mini – TES	mini Thermal Emission Spectrometer	迷你热辐射光谱仪
MOA	Microlensing Observations in Astrophysics	天体物理学微引力透镜效应观测
MOC	Mars Orbiter Camera	火星轨道器相机
MOLA	Mars Orbiter Laser Altimetry	火星轨道器激光高度计
MRO	Mars Reconnaissance Orbiter	火星勘测轨道器
NASA	National Aeronautics and Space Administration（of the United States）	美国国家航空航天局
NEA	Near – Earth Asteroid	近地小行星
NEAR	Near – Earth Asteroid Rendezvous spacecraft	近地小行星交会探测器
NEAT	Near – Earth Asteroid Tracking project	近地小行星跟踪计划
NEO	Near – Earth Object	近地小天体
NIMS	Near Infrared Mapping Spectrometer（on the Galileo spacecraft）	近红外测绘光谱仪（安装于伽利略号探测器上）

续表

英文缩写	英文全称	中文翻译
nKOM	narrowband KilOMetric radiation	窄带千米波辐射
NKR	Neptune Kilometric Radiation	海王星千米波辐射
NTC	NonThermal Continuum	非热连续
NTT	New Technology Telescope	新技术望远镜
OC	radar echo with 'Opposite sense' Circular polarization	反向圆极化的雷达回波
OC	Oort Cloud comets	奥尔特云彗星
OGLE	Optical Gravitational Lensing Experiment	光学引力透镜试验
OLR	Outer Lindblad Resonance	外林德布拉德共振
Omode	Ordinary mode of propagation	传播的普通模式
OPR	Ortho – to – Para Ratio	正仲比
OTD	Offset Tilted Dipole	补偿倾斜多普勒
OVR	Outer Vertical Resonance	外部垂向共振
PA	Position Angle	位置角
PAH	Polycyclic Aromatic Hydrocarbons	多环芳烃
PIA	Photo Identification Access（JPL）	图像识别访问（JPL）
POM	PolyOxyMethylene (formaldehyde polymer：$(-CH2-O-)_n$)	聚甲醛（甲醛聚合物：$(-CH2-O-)_n$）
PPS	PhotoPolarimeter Subsystem (instrument on the Voyager spacecraft)	偏振测光计分系统（安装在旅行者号探测器上）
pp –	proton – proton (hydrogen fusion)chain	质子-质子(氢聚变)链
PREM	Preliminary Reference Earth Model	初步参考地球模型
PSR	PulSaR	脉冲星
P waves	Primary, push, or pressure seismic waves	初次，推力或压力地震波
QP	Quasi – Periodic bursts	准周期暴
REE	Rare Earth Elements (elements with atomic numbers 57 – 70)	稀土元素(原子序数 57 – 70 的元素)
RH	Right – Hand sense (of circular polarization)	右旋圆极化
RKBO	Resonant KBO	共振柯伊伯带天体
ROSAT	Röntgen SATellite	伦琴 X 射线天文台
RPWS	Radio and Plasma Wave Science	无线电和等离子波科学
SAMPEX	Solar Anomalous and Magnetospheric Particle EXplorer	太阳异常和磁层粒子探测器
SAO	Smithsonian Astrophysical Observatory	史密松天体物理天文台

续表

英文缩写	英文全称	中文翻译
SC	radar echo with 'Same sense' Circular polarization	同向圆极化雷达回波
SCET	SpaceCraft Event Time	航天器事件时间
SDO	Scattered Disk Object	散盘型天体
SED	Saturn Electrostatic Discharges	土星静电放电
SETI	Search for ExtraTerrestrial Intelligence	地外文明探索
SKR	Saturn's Kilometric Radiation	土星千米波辐射
SL9	Comet D/Shoemaker – Levy 9	舒梅克-列维 9 号彗星
SMM	Solar Maximum Mission	太阳活动极大期任务
SMOW	Standard Mean Ocean Water	标准平均大洋水
SOHO	SOlar and Heliospheric Observatory	太阳和日球层探测器
SP	Short – Period comets ($P_{orb}<200$ yr)	短周期彗星(周期<200 年)
STIS	Hubble Space Telescope Imaging Spectrograph	哈勃望远镜成像摄谱仪
SWAS	Submillimeter Wave Astronomy Satellite	亚毫米波天文卫星
S waves	Secondary,shake,or shear seismic waves	二次震动或剪切地震波
TAOS	Taiwan – America Occultation Survey	中美掩星计划[①]
TDV	Transit Duration Variation	凌星持续变化
TES	Thermal Emission Spectrometer	热辐射光谱仪
THEMIS	Time History of Events and Macroscale Interactions during Substorms in Earth's magnetosphere (5 spacecraft)	忒弥斯探测器,地球磁层亚暴过程中的事件时间历史和宏观交互(5 个探测器)
TNO	Trans – Neptunian Object	海王星外天体
TRACE	Transition Region And Coronal Explorer	过渡区和日冕探测器
TTV	transit timing variation	凌星计时变化
UED	Uranus Electrostatic Discharges	天王星静电放电
UFO	Unidentified Flying Object	不明飞行物
UHR	Upper Hybrid Resonance	上混杂共振
UKR	Uranus Kilometric Radiation	天王星千米波辐射
UV	UltraViolet wavelengths	紫外波长
UVIS	UltraViolet Imaging Spectrograph (on the Cassini spacecraft)	紫外成像摄谱仪(安装于卡西尼号探测器上)

① 国立中央大学天文研究所. 中美掩星计划〔EB/OL〕.〔2021 – 09 – 13〕. https://www.astro.ncu.edu.tw/project/taos.php.

续表

英文缩写	英文全称	中文翻译
VIMS	Visual and Infrared Mapping Spectrometer (on the Cassini spacecraft)	可见和红外测绘光谱仪 （安装于卡西尼号探测器上）
VIRTIS	Visible and InfraRed Thermal Imaging Spectrometer (on Venus Express)	可见和热红外成像光谱仪 （安装于金星快车探测器上）
VLA	Very Large Array radio telescope	甚大阵射电望远镜
VLBI	Very Long Baseline Interferometry	甚长基线干涉测量
VLF	Very Low Frequency emissions	甚低频辐射
VLT	Very Large Telescope	甚大望远镜
WMAP	Wilkinson Microwave Anisotropy Probe satellite	威尔金森微波各向异性探测器卫星
X mode	extra‑ordinary mode of propagation	传播的非常模式
YORP	Yarkovsky‑O'Keefe‑Radzievskii‑Paddack effect	YORP 效应

附录 C　单位和常数

表 C-1　前缀

前缀	英文	中文读法	国际单位制下的数值
q	quecto—	亏	10^{-30}
r	ronto—	柔	10^{-27}
y	yocto—	幺	10^{-24}
z	zepto—	仄	10^{-21}
a	atto—	阿	10^{-18}
f	femto—	飞	10^{-15}
p	pico—	皮	10^{-12}
n	nano—	纳	10^{-9}
μ	micro—	微	10^{-6}
m	milli—	毫	10^{-3}
c	centi—	厘	10^{-2}
d	deci—	分	10^{-1}
da	deca—	十	10
h	hecto—	百	10^{2}
k	kilo—	千	10^{3}
M	mega—/million	兆	10^{6}
G	giga—/billion	吉	10^{9}
T	tera—	太	10^{12}
P	peta—	拍	10^{15}
E	exa—	艾	10^{18}
Z	zetta—	泽	10^{21}
Y	yotta—	尧	10^{24}
R	ronna—	容	10^{27}
Q	quetta—	昆	10^{30}

表 C-2　单位

符号	英文	中文名称	CGS 单位制下的数值
Å	angstrom	埃	10^{-8} cm
μm	micrometer	微米	10^{-4} cm
m	meter	米	100 cm

续表

符号	英文	中文名称	CGS 单位制下的数值
km	kilometer	千米	10^5 cm
L	liter	升	10^3 cm^3
kg	kilogram	千克	10^3 g
t	tonne	吨	10^6 g
J	joule	焦耳	10^7 erg
eV	electron volt	电子伏特	1.602×10^{-12} erg
W	watt	瓦特	10^7 erg/s
N	newton	牛顿	10^5 dyne
atm	atmosphere	大气压	1.013 25 bar
Pa	pascal	帕斯卡	10 dyne/cm^2
bar		巴	10^6 dyne/cm^2
Hz	hertz	赫兹	1/s
Ω	ohm	欧姆	1.1126×10^{-12} esu
mho	ohm^{-1}	姆欧	8.988×10^{11} esu
A	ampere	安培	2.998×10^9 esu
γ	gamma	伽马	10^{-5} gauss
T	tesla	特斯拉	10^4 gauss
Jy	jansky	扬斯基	10^{-23} erg/(cm^2 · Hz · s)

表 C - 3　物理常数

符号	CGS 单位制下数值	国际单位制下的数值	符号含义
c	$2.997\,925 \times 10^{10}$ cm/s	$2.997\,925 \times 10^8$ m/s	光速
G	6.674×10^{-8} dyn · cm^2/g^2	6.674×10^{-11} m^3/(kg · s^2)	引力常数
h	$6.626\,069 \times 10^{-27}$ erg · s	$6.626\,069 \times 10^{-34}$ J · s	普朗克常数
k	$1.380\,650 \times 10^{-16}$ erg/deg	$1.380\,650 \times 10^{-23}$ J/deg	玻尔兹曼常数
m_e	$9.109\,382 \times 10^{-28}$ g	$9.109\,382 \times 10^{-31}$ kg	电子质量
m_p	$1.672\,622 \times 10^{-24}$ g	$1.672\,622 \times 10^{-27}$ kg	质子质量
m_{amu}	$1.660\,539 \times 10^{-24}$ g	$1.660\,539 \times 10^{-27}$ kg	原子质量单位
n_o	2.686×10^{19} cm^{-3}	2.686×10^{25} m^{-3}	洛施密特常数
N_A	$6.022\,142 \times 10^{23}$ mole^{-1}	$6.022\,142 \times 10^{23}$ mole^{-1}	阿伏加德罗常数
r_{Bohr}	$5.291\,77 \times 10^{-9}$ cm	$5.291\,77 \times 10^{-11}$ m	玻尔半径/原子单位
R_{gas}	8.3145×10^7 erg/(deg · mole)	8.3145 J/(deg · mole)	理想气体常数
$\mathcal{R}$	$1.097\,373 \times 10^5$ cm^{-1}	$1.097\,373 \times 10^7$ m^{-1}	里德伯常数
q	4.803×10^{-10} esu	$1.602\,176 \times 10^{-19}$ C	电子电量
σ	5.6704×10^{-5} erg/(cm^2 · deg^4 · s^1)	5.6704×10^{-8} W/(m^2 · deg^4)	斯特藩-玻尔兹曼常数

表 C−4 材料性质

符号	CGS 单位制下数值	国际单位制下的数值	符号含义
ρ	1.293×10^{-3} g/cm^3	1.293 kg/m^3	空气在标准状况[a]下密度
ν_v	0.134 cm^2/s	1.34×10^{-5} m^2/s	空气在标准状况[a]下运动黏度
c_P	1.0×10^7 erg/(g·deg)	1.0×10^3 J/(kg·deg)	空气在标准状况[a]下等压比热容
c_V	7.19×10^6 erg/(g·deg)	7.19×10^2 J/(kg·deg)	空气在标准状况[a]下等容比热容
c_P	1.2×10^7 erg/(g·deg)	1.2×10^3 J/(kg·deg)	岩石的典型比热容
L_v	2.50×10^{10} erg/g	2.50×10^6 J/kg	水的汽化比潜热
L_s	2.83×10^{10} erg/g	2.83×10^6 J/kg	水冰的升华比潜热

[a]标准状况，指标准温度（273 K）和压强（1 bar）。

表 C−5 天文常数

符号	CGS 单位制下数值	国际单位制下的数值	符号含义
AU	1.496×10^{13} cm	1.496×10^{11} m	天文单位
ly	9.4605×10^{17} cm	9.4605×10^{15} m	光年
pc	3.086×10^{18} cm	3.086×10^{16} m	秒差距
$M_\odot$	1.989×10^{33} g	1.989×10^{30} kg	太阳质量
$R_\odot$	6.96×10^{10} cm	6.96×10^8 m	太阳半径
$\mathcal{L}_\odot$	3.827×10^{33} erg/s	3.827×10^{26} J/s	太阳光度
$\mathcal{F}_\odot$	1.37×10^6 erg/(cm^2·s)	1.37×10^3 J/(m^2·s)	太阳常数
$M_\oplus$	5.976×10^{27} g	5.976×10^{24} kg	地球质量
$R_\oplus$	6.378×10^8 cm	6.378×10^6 m	地球赤道半径
g_p(eq)	978 cm/s^2	9.78 m/s^2	地球赤道海平面重力
g_p(pole)	983 cm/s^2	9.83 m/s^2	地球两极海平面重力

附录 D 元素周期表

图例说明

原子序数 → 19
元素名称 → 钾（K）
元素符号 → K
常见化合价 → +1
原子量 → 39.0983(1)
英文名称 → potassium

非金属元素
类金属元素
人造元素

表头：电子层 / 第18族电子数

元素周期表

周期\族	1	2	3	4	5	6	7	8	9	10	11	12	13	14	15	16	17	18
1	1 H 氢 hydrogen 1.008 [1.00784,1.00811]																	2 He 氦 helium 4.002602(2)
2	3 Li 锂 lithium 6.94 [6.938,6.997]	4 Be 铍 beryllium 9.0121831(5)											5 B 硼 boron 10.81 [10.806,10.821]	6 C 碳 carbon 12.011 [12.0096,12.0116]	7 N 氮 nitrogen 14.007 [14.00643,14.00728]	8 O 氧 oxygen 15.999 [15.99903,15.99977]	9 F 氟 fluorine 18.998403163(6)	10 Ne 氖 neon 20.1797(6)
3	11 Na 钠 sodium 22.98976928(2)	12 Mg 镁 magnesium 24.305 [24.304,24.307]											13 Al 铝 aluminium 26.9815384(3)	14 Si 硅 silicon 28.085 [28.084,28.086]	15 P 磷 phosphorus 30.973761998(5)	16 S 硫 sulfur 32.06 [32.059,32.076]	17 Cl 氯 chlorine 35.45 [35.446,35.457]	18 Ar 氩 argon 39.95
4	19 K 钾 potassium 39.0983(1)	20 Ca 钙 calcium 40.078(4)	21 Sc 钪 scandium 44.955908(5)	22 Ti 钛 titanium 47.867(1)	23 V 钒 vanadium 50.9415(1)	24 Cr 铬 chromium 51.9961(6)	25 Mn 锰 manganese 54.938043(2)	26 Fe 铁 iron 55.845(2)	27 Co 钴 cobalt 58.933194(3)	28 Ni 镍 nickel 58.6934(4)	29 Cu 铜 copper 63.546(3)	30 Zn 锌 zinc 65.38(2)	31 Ga 镓 gallium 69.723(1)	32 Ge 锗 germanium 72.630(8)	33 As 砷 arsenic 74.921595(5)	34 Se 硒 selenium 78.971(8)	35 Br 溴 bromine 79.904 [79.901,79.907]	36 Kr 氪 krypton 83.798(2)
5	37 Rb 铷 rubidium 85.4678(3)	38 Sr 锶 strontium 87.62(1)	39 Y 钇 yttrium 88.90584(1)	40 Zr 锆 zirconium 91.224(2)	41 Nb 铌 niobium 92.90637(1)	42 Mo 钼 molybdenum 95.95(1)	43 Tc 锝 technetium (98)	44 Ru 钌 ruthenium 101.07(2)	45 Rh 铑 rhodium 102.90549(2)	46 Pd 钯 palladium 106.42(1)	47 Ag 银 silver 107.8682(2)	48 Cd 镉 cadmium 112.414(4)	49 In 铟 indium 114.818(1)	50 Sn 锡 tin 118.710(7)	51 Sb 锑 antimony 121.760(1)	52 Te 碲 tellurium 127.60(3)	53 I 碘 iodine 126.90447(3)	54 Xe 氙 xenon 131.293(5)
6	55 Cs 铯 caesium 132.90545196(6)	56 Ba 钡 barium 137.327(7)	57~71 镧系 La-Lu lanthanoids	72 Hf 铪 hafnium 178.49(2)	73 Ta 钽 tantalum 180.94788(2)	74 W 钨 tungsten 183.84(1)	75 Re 铼 rhenium 186.207(1)	76 Os 锇 osmium 190.23(3)	77 Ir 铱 iridium 192.217(2)	78 Pt 铂 platinum 195.084(9)	79 Au 金 gold 196.966570(4)	80 Hg 汞 mercury 200.592(3)	81 Tl 铊 thallium 204.38 [204.382,204.385]	82 Pb 铅 lead 207.2(1)	83 Bi 铋 bismuth 208.98040(1)	84 Po 钋 polonium (209)	85 At 砹 astatine (210)	86 Rn 氡 radon (222)
7	87 Fr 钫 francium (223)	88 Ra 镭 radium (226)	89~103 锕系 Ac-Lr actinoids	104 Rf 𬬻 rutherfordium (267)	105 Db 𬭊 dubnium (268)	106 Sg 𬭳 seaborgium (269)	107 Bh 𬭛 bohrium (270)	108 Hs 𬭶 hassium (277)	109 Mt 鿏 meitnerium (278)	110 Ds 𫟼 darmstadtium (281)	111 Rg 𬬭 roentgenium (282)	112 Cn 鿔 copernicium (285)	113 Nh 鿭 nihonium (286)	114 Fl 𫓧 flerovium (289)	115 Mc 镆 moscovium (290)	116 Lv 𫟷 livermorium (293)	117 Ts 鿬 tennessine (294)	118 Og 鿫 oganesson (294)

镧系 (lanthanoids)

57 La 镧 lanthanum 138.90547(7)	58 Ce 铈 cerium 140.116(1)	59 Pr 镨 praseodymium 140.90766(1)	60 Nd 钕 neodymium 144.242(3)	61 Pm 钷 promethium (145)	62 Sm 钐 samarium 150.36(2)	63 Eu 铕 europium 151.964(1)	64 Gd 钆 gadolinium 157.25(3)	65 Tb 铽 terbium 158.925354(8)	66 Dy 镝 dysprosium 162.500(1)	67 Ho 钬 holmium 164.930328(7)	68 Er 铒 erbium 167.259(3)	69 Tm 铥 thulium 168.934218(6)	70 Yb 镱 ytterbium 173.045(10)	71 Lu 镥 lutetium 174.9668(1)

锕系 (actinoids)

89 Ac 锕 actinium (227)	90 Th 钍 thorium 232.0377(4)	91 Pa 镤 protactinium 231.03588(1)	92 U 铀 uranium 238.02891(3)	93 Np 镎 neptunium (237)	94 Pu 钚 plutonium (244)	95 Am 镅 americium (243)	96 Cm 锔 curium (247)	97 Bk 锫 berkelium (247)	98 Cf 锎 californium (251)	99 Es 锿 einsteinium (252)	100 Fm 镄 fermium (257)	101 Md 钔 mendelevium (258)	102 No 锘 nobelium (259)	103 Lr 铹 lawrencium (266)

注：1. 括号内数据是放射性元素已知最稳定的同位素的质量数，这些放射性元素在自然界中很少见或未发现（Holden et al., 2018）。
2. 原子量按照国际纯粹与应用化学联合会最新发布数据确定。

附录 E　观测技术

本附录简要总结了行星科学各方面的观测技术。系外行星特有的观测技术在 12.2 节中讨论。在最后的扩展阅读部分，提供了更广泛的参考资料。

E.1　光度测量法

光度测量法是一种光子计数技术，用于测量天体的亮度。亮度测量的时间序列可以组成光变曲线（photometric lightcurve），该曲线显示了如天体绕其自转轴旋转时亮度的变化等信息（图 9-4）。

小行星反射太阳光的亮度可以看成是随相位角 ϕ 变化的函数，它的曲线图通常在 $\phi \lesssim$ 2°处强度突然增加，被称为冲效应（opposition effect）。月球的冲效应非常大，如图 E-1 所示；相位角 ϕ 从约 2°左右降到 0°，强度增加约 20%。这就是为什么"满月"看起来比接近满月的凸月要明亮得多。从观测目标的角度看，当太阳和观察者位于同一方向时，冲效应可以部分归因于阴影的遮挡。然而，相位角效应的实验室仿真表明，这并不是事实的全部。在任何颗粒物质中，多次反射会将入射波散射到各个方向。在相位角为零时，波会产生叠加干涉，反射强度会被显著放大。这个过程称为相干后向散射效应（coherent backscatter effect）。阴影遮挡和相干后向散射效应都有助于产生冲效应。对于月球来说，相干后向散射效应在相位角 $\phi < 2$°的冲附近产生窄峰；而在 $\phi < 20$°位置的较宽部分可以用阴影遮挡的理论来解释。

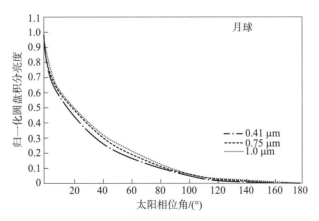

图 E-1　月球的亮度为不同波长下太阳相位角的函数。小相位角（$\phi < 5$°）的数据来自克莱门汀号探测器的观测数据。（Buratti et al.，1996）

E.2　光谱测量法

光谱测量法（Spectroscopy）将光的色散作为波长的函数。例如，光谱可用于推导气态和固态天体的成分、大气的温度和压强（4.3 节），并且通过多普勒频移（12.2.2 节）可以得到天体的视向速度。当光谱分辨率满足 $R_\lambda \equiv \lambda / \Delta\lambda \approx$ 几百时，对于表面反射光谱来说是足够的（λ 是波长，$\Delta\lambda$ 是光谱分辨率），但对于大气来说，最小的光谱分辨率 $R_\lambda \approx$ 几千，通常建议 $R_\lambda \approx$ 几倍$\times$（$10^4 \sim 10^5$），这是因为气体中的谱线通常比固体中的谱线窄得多。覆盖多个波长的宽带光谱由不同波长的单个数据点组成；此类数据通常通过标准宽带滤光片（表 E-1）或特定波长的窄带滤光片获得。

表 E-1　天文学中滤光片命名

波段	中心波长	半峰全宽[a]
可见/红外		
U	357 nm	65nm
B	436 nm	100 nm
V	537 nm	94 nm
R	644 nm	151 nm
I	805 nm	150 nm
Z	1.0 μm	0.2 μm
J	1.21 μm	0.3 μm
H	1.65 μm	0.3 μm
K	2.2 μm	0.4 μm
L	3.5 μm	0.6 μm
M	4.7 μm	0.5 μm
N	10.5 μm	5.2 μm
Q	20.1 μm	7.8 μm
射电		
W	0.4 cm	约 0.1 cm
V	0.6 cm	约 0.1 cm
Q	0.7 cm	约 0.1 cm
Ka	1 cm	0.1 cm

续表

波段	中心波长	半峰全宽[a]
K	1.3 cm	约 0.1 cm
Ku	2 cm	约 0.1 cm
X	3.6 cm	约 0.2 cm
C	6.3 cm	约 0.4 cm
S	13 cm	约 3 cm
L	21 cm	约 4 cm
P	90 cm	约 15 cm

[a] 半峰全宽（FWHM），给出了每个滤光片的近似宽度。在射电波长下，半峰全宽表示射电天文台使用的波长范围的近似大小。

E.3　辐射测量法

天体形状的不规则性和表面反照率的变化都会影响光变曲线的形状。天体反射阳光的亮度与天体的投影面积 A 和其在频率 ν 下的平均反照率 A_ν 的乘积成正比。天体热辐射的变化为 $A(1-A_b)$，A_b 为球面反照率（3.1.2.1 节）。如果已知 A_ν 和 A_b 之间的关系，则通过测量反射光可见波长的光变曲线以及对天体热辐射敏感波长上的光变曲线的组合，能够：1）确定天体的大小和反照率，这种技术被称为辐射测量；2）区分由天体形状引起的振幅变化和天体表面反照率变化引起的振幅变化。形状不规则的天体在每个自转周期显示为一条带有两个最大值和两个最小值的光变曲线，然而单一天体上的反照率变化可能会产生单峰光变曲线。在不同视角下获得的多条光变曲线被用于确定天体的极点位置及其自转方向（图 9-4）。然而，可能需要很多年才能收集足够多的不同视角的数据，以确定小行星的自转方向。

E.4　偏振测量法

固体表面反射的光线的线极化取决于散射的几何形状、折射率和纹理。当非极化的光线（如阳光）从粗糙表面反射或散射时，它就会被（部分）线极化。极化程度由下式给出

$$P_L = \frac{I_\perp - I_\parallel}{I_\perp + I_\parallel} \tag{E-1}$$

式中，$I_\perp$ 和 $I_\parallel$ 为测量的垂直和平行于散射平面的强度分量。

月球［以及被相对较暗的颗粒物质覆盖的其他天体（如小行星）］在整个圆盘上的极化几乎是恒定的，仅取决于相位角 ϕ 和频率 ν。

E.5　掩星测量法

当一个天体从另一个天体前方经过时，望远镜接收到的总光量会减少。如果中间的天体阻挡了来自远处天体的所有光线，则该事件称为掩星（occultation）；如果只有一部分光线被遮挡，则称为凌星（transit）。因此，日全食是一种掩星，而日环食则被归类为凌星（也被称为凌日）。恒星的光变曲线可以揭示掩星和凌星的情况。如果遮挡光线天体的速度及其到望远镜的距离是已知的，那么这些事件可以用来确定遮挡光线天体的大小。科学家已采用这种方法测量了一些小行星的尺寸。此外，这项技术发现了天王星和海王星的环（11.3 节），以及冥王星周围的大气（4.3.3.3 节）。这种技术的一种变体，即感兴趣的目标被另一个天体遮挡，实现了木卫一热点的精确天文测量（5.5.5.1 节）。当一个系统中的两个天体（两颗卫星，或双星系统中主星和伴星）从彼此前后经过时，掩星/凌星称为相互事件（mutual events）。这种相互事件已被用来描述冥王星-冥卫一系统（9.5 节）。系外行星在其主星前方的凌星事件可以用来确定系外行星的大小和轨道平面。科学家通过在这类事件中进行光谱测量，已探测到一些系外行星的大气成分（第 12 章）。

行星、卫星、小行星和柯伊伯带天体对明亮恒星的掩星相对少见，但当此类掩星发生时，人们可以从光变曲线中推断出重要信息，如（有多条弦）遮挡光线天体的大小和形状，行星环的光学深度和精确位置，大气存在与否、范围（标高）及其温度、压强和密度分布。恒星掩星是在紫外、可见光和红外波段进行的。射电掩星是通过来自探测器（如旅行者号、卡西尼号）发射的射电信号，经过如土星环以及巨行星、金星、火星和土卫六的大气层等实现的。

图 E-2 显示了拥有大气层和环的行星的中心掩星示意图。星光穿过环时首先变暗。对这些信号的分析可以得到环的光学深度和范围。当光线穿过大气层时会产生折射，如图 E-3 所示。折射弯曲角 θ 随着光线接近行星而增大。因此，光线在地球附近发散。在恒星掩星过程中，星光的强度会因为大气气体的吸收和星光在大气中的折射而降低。这两种影响不能分开。在射电掩星过程中，大气折射在射电信号的相位（或频率）中引入延迟（或偏移），可以对其进行高精度测量。因此，折射弯曲角可以独立于星光强度的变化而被确定。利用这些信息，可以分别确定由于折射和大气气体吸收引起的星光强度降低。射电掩星测量的动态范围通常为（$10^3 \sim 10^4$）：1，而恒星掩星测量的动态范围可能为 10：1。

弯曲角 θ 取决于垂直于穿过大气的光线路径的折射率梯度，这是大气密度梯度产生的结果。当折射弯曲角 θ 等于 $H/r_\triangle$，地球上接收到的强度衰减因子为 2，其中 H 为标高 [式（4-2）]，$r_\triangle$ 为地心距。在等温大气中或者如果热分布剖面已知（如通过热红外光谱反演），则通过对掩星光变曲线的分析可确定大气的平均分子量与海拔高度关系的函数。由于巨行星大气中的平均分子量主要由氢气和氦气决定，因此已使用热红外光谱和射电掩星数据的分析来估计这些行星大气中的氦丰度。对于射电掩星来说，如果成分已知，可以确定热分布剖面和密度分布剖面。

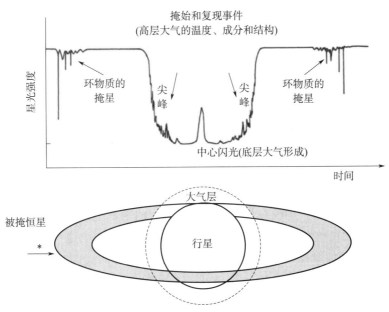

图 E-2　带有环的行星中心掩星的光变曲线。上方的曲线显示了当恒星沿着下方所示的路径运行时，从地球上观察到的恒星的光强。（改编自 Elliot，1979）

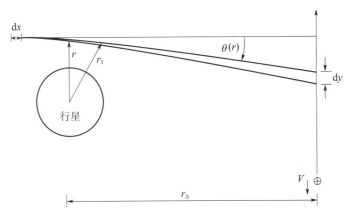

图 E-3　具有扩展大气的行星对恒星或射电源掩星的几何关系图。射线的折射弯曲角 θ 随着与行星的距离增加而减小。如图所示，地球沿 Y 轴运动，射线的发散情况为 dy。（改编自 Hunten and Veverka，1976）

　　当一颗恒星正好从天体中心的后面经过时，会形成一个短暂的中心闪光（central flash），它是由行星边缘整个圆周的光线汇聚而成。对于扁圆行星，闪光的详细结构提供了大气形状的信息。在掩星实验中，虽然通常可以忽略大气中星光的消光，但大气的消光会降低中心闪光的幅度。因此，这些信号可用于确定大气中的消光。

　　如图 E-2 所示，在恒星掩星和一些远距离射电观测中，大气密度即使只有几个百分点的变化也会产生尖峰。因此，检测此类尖峰可用来分析大气结构。

最后，在分析由尖锐边缘引起的掩星信号时［如当固态天体、窄环或微小天体（约千米量级大小，如 TNOs，即海王星外天体）的边缘从恒星前面经过］必须考虑菲涅耳衍射。

E.6 高分辨率成像

地基望远镜的空间分辨率受两个因素限制。第一个是光学衍射，它将波长 λ 处的分辨率（FWHM：半峰全宽）限制为 $1.22 \times \lambda/D$（单位为 rad），D 表示望远镜直径。对于波长 1 μm 的信号来说，10 m 望远镜的衍射极限为 $0.026''$。第二个限制是视宁度，即地球大气中的湍流导致图像模糊。即使在最佳地点使用最大的地基望远镜，视宁度也将分辨率限制在 $0.4'' \sim 1''$。发射直径为 2.4 m 的哈勃望远镜主要是为了克服这一限制，此外，还可以观测无法穿透大气层的紫外线，并进行精确的光度测量。

在进入大气层之前，来自远处光源的光会形成平面波。光速与折射率成反比（7.4.2 节），光速的波动基本上与大气温度的波动成正比。这种波动在不同大气层之间的界面上很常见，在界面上风会产生湍流。因此，穿过大气层不同部分的光以不同的速度传播，这就使原来的平面波前[1]（wave front）产生变形（图 E-4）。波前相位波动也取决于波长，因为波矢量与波长成反比，$|\boldsymbol{k}| = 2\pi/\lambda$。因此，波长越长，波前扰动越小，对图像质量的损害越小。斑点成像和自适应光学技术的发展使克服大气视宁度成为可能。

E.6.1 斑点成像

斑点成像（speckle imaging）是指通过在软件中进行后处理，校正大气湍流的影响。这个技术需要在望远镜上多次曝光，每次曝光时间足够短（$\leqslant 200 \sim 300$ ms），使大气湍流变化不大。这些图像经过仔细校准后被叠加在一起。

E.6.2 自适应光学技术

自适应光学（Adaptive Optics，AO）技术，即通过实时监测大气扭曲并通过变形镜方法补偿入射光束中的波前误差，可以克服视宁度影响（图 E-4）。这种技术使波前再次平面化，从而克服了大气中视宁度的影响，因此人们可以在望远镜的衍射极限下成像。本书中的许多图像都是使用自适应光学技术获得的［如图 4-36（b）、图 5-78、图 9-18、图 11-18（b）(d)］。

---

[1] 波在介质中传播时，经相同时间所到达的各点所连成的直线、曲线或曲面称为"波阵面"，最前方的波阵面称为"波前"。——译者注

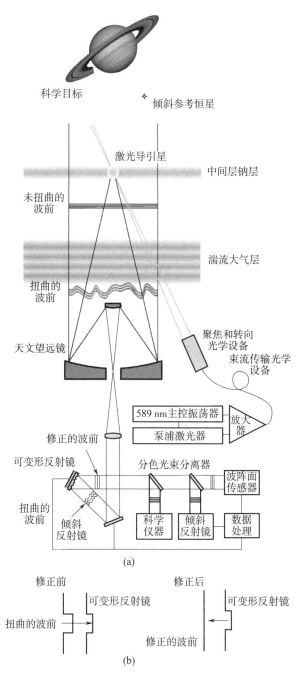

科学目标

倾斜参考恒星

激光导引星

中间层钠层

未扭曲的
波前

湍流大气层

扭曲的
波前

天文望远镜

聚焦和转向
光学设备

束流传输光学
设备

589 nm主控振荡器

放大器

泵浦激光器

修正的波前

可变形反射镜

分色光束分离器

波阵面
传感器

扭曲的
波前

倾斜
反射镜

科学
仪器

倾斜
反射镜

数据
处理

(a)

修正前

可变形反射镜

扭曲的波前

修正后

可变形反射镜

修正的波前

(b)

图 E-4 （a）自适应光学（AO）技术示意图。入射的未受干扰的波前被大气湍流所扭曲。扭曲可以通过观测感兴趣的天体附近的一颗明亮的导引星来测量。导引星可以是自然的恒星，也可以是激光信标。激光能够通过诱导钠的荧光，在天空中的大多数位置产生一个导引星。钠自然存在于大气层中间层的一个薄层中，高度约为海拔 90 km。[图片来源：沃尔夫冈·哈肯伯格（Wolfgang Hackenberg）和安德烈亚斯·奎伦巴赫（Andreas Quirrenbach）]。（b）使用波前传感器测量的来自导引星的扭曲波前，可以使用一个可变形反射镜进行补偿。在每个时间点上，镜子的变形与入射的波前相同，但幅度只有一半

E. 6. 3　干涉测量

　　望远镜的分辨率可以通过在接收器的输入端连接两个天线的输出来提高，两个天线之间的距离为 r_0。这个系统被称为干涉仪（interferometer）。干涉仪在射电天文中很常见（如甚大天线阵，Very Large Array，VLA），有时也用于红外波长。如图 E-5 所示，干涉仪对不可分辨源的响应是一种干涉图样，其中最大值由角度 λ/r（单位为 rad）所间隔，r 表示在天空投影的基线长度。如图 E-5 所示，通过将单个天线组合成干涉仪，输出可以按 λ/r 作为最小分辨率进行调制。该角度是干涉仪在投影基线 r 方向上的分辨能力。如果干涉仪沿东西方向建造，地球自转使投影到天空中的基线在一天内画出一个椭圆。这个椭圆的坐标通常称为 (u, v) 平面上的 u（天空中的东西方向）和 v（天空中的南北方向）坐标。椭圆的大小/形状决定了光源的角分辨率（尺寸越大，分辨率越高）。

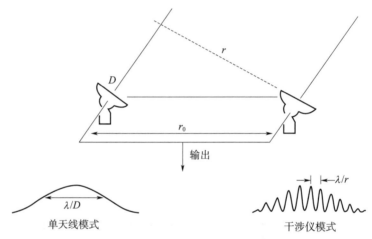

图 E-5　上图：一个双天线干涉仪的几何关系图。下图：干涉仪单天线对不可分辨射电源的响应（左）和整个干涉仪对不可分辨射电源的响应（右）。（改编自 Gulkis and de Pater，2002）

　　甚大阵由一个 Y 形轨道组成，每个臂上有 9 个天线。这些天线工作波长为厘米级，每个天线都与其他所有天线相互连接，形成一组干涉仪。因此，我们可以从 $27 \times 26/2 = 351$ 个独立的干涉仪对中收集数据，每个干涉仪对在 (u, v) 平面上绘制出各自独特的椭圆；换句话说，每个干涉对在其投影基线 r 上都有自己的瞬时分辨率。可以使用这样的天线阵列建立一张图像，同时显示射电源的大尺度和小尺度结构。在短间距内，整个天体都可以被“看到”，但由于在这个基线下分辨率较低，抹去了行星的细节。在较长的基线上，可以分辨出行星的细节，但该天体的大尺寸结构被“过度分解”，因此在图像上是不可见的，除非还包括短间距的数据。为了恢复天体的空间亮度分布，需要测量多对干涉仪接收到的条纹的振幅和相位（complex visibilities，称为复合可见度）。这种测量形成了（射电）天文学中傅里叶合成图的制图基础。而后，所有单个干涉仪对的响应（即可见数据）被划分为在 (u, v) 平面上具有均匀间隔的单元。然后对这些网格数据进行傅里叶变换，得到天空亮度分布图。图 4-35（b）（c）、图 4-37（d）和图 7-37 显示了射电干涉图像的示例。

E.7 雷达观测法

在典型的雷达实验中，已知特性（强度、极化、时间谱/频谱）的信号被发射，通常发射的持续时间等于往返传播的时间，被同一天线以近似的时长接收。与单基地雷达实验（Monostatic Radar Experiments）相比，还有一类双基地实验（bistatic experiments），即由一台望远镜连续发射信号，由另一台望远镜或望远镜阵列（如 VLA）接收。双基地实验也可以用探测器发射器或接收器代替路径的一端来进行。

传输频率是连续调整的，以便在已知天体星历且目标是点源的情况下，接收到的回波将是特定频率的尖峰。信号的任何频率扩展都可以归因于天体的自转和几何形状。

单位面积入射到天体上的雷达功率 $[erg/(cm^2 \cdot s)]$ 等于

$$\mathcal{P}_i = \frac{\mathcal{P}_t G_t}{4\pi r_t^2} \tag{E-2}$$

式中，$\mathcal{P}_i$ 为发射功率；G_t 为与各向同性的辐射器相比，发射天线在特定方向上的增益或"有效性"；r_t 为从发射器到天体的距离。对于地球上的发送和接收，从天体接收到的总功率（即频率积分）$\mathcal{P}_r$ 如下

$$\mathcal{P}_r = \frac{\mathcal{P}_i \sigma_{xr} A_r}{4\pi r_\Delta^2} = \frac{\sigma_{xr} A_r \mathcal{P}_t G_t}{16\pi^2 r_\Delta^4} \tag{E-3}$$

式中，A_r 为接收天线的有效孔径；r_Δ 为地心距离；σ_{xr} 为天体的雷达截面，有

$$\sigma_{xr} = A_{rdr} \pi R^2 \tag{E-4}$$

式中，A_{rdr} 为雷达反照率；πR^2 为目标的投影表面积。

对于一阶，固态天体的雷达截面等于等效后向散射介质球体的面积，$\sigma_{xr}/4\pi$ 表示每单位通量每球面度入射到目标的后向散射功率。请注意，对于地基测量，信号从地球传输到天体，然后从天体传输到地球，所以接收到的功率以距离的四次方衰减。因此，重要的是使雷达观测尽可能接近天体，例如，当天体处于冲[①]或者下合位置时进行地基观测，或在探测器与天体近距离交会时进行观测。

几何反照率 $A_{0,\nu}$（在射电频率下）与雷达反照率有关

$$A_{0,\nu} = \frac{A_{rdr}}{4} \tag{E-5}$$

因此，雷达截面可以反映目标的后向散射效率和目标大小。固体表面典型的雷达截面约为天体投影表面积的 10%，尽管有时（如木星的四大伽利略卫星）可能超过 1（图 E-6）。

雷达反照率等于垂直入射时的有效菲涅耳系数 R_0 [式（3-118）] 和雷达后向散射增益 g_r 的乘积

---

① 当太阳、地球和地球轨道以外的天体在太阳的同一侧时，天文学家定义天体处于"冲"的位置。当天体位于日地连线上且和地球分别在太阳的两侧时，它被定义处于"合"的位置。对于在地球轨道内侧围绕太阳运行的天体，该天体位于太阳和地球之间时，称为"下合"，而在太阳的另一侧时，称为"上合"。——译者注

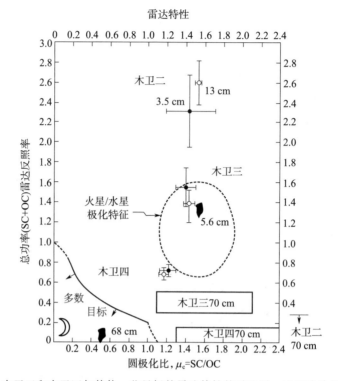

图 E-6　木卫二、木卫三和木卫四与其他一些目标的雷达特性的对比图。这些冰冷的伽利略卫星的总功率雷达反照率在波长 3.5～13 cm 不随波长变化，但反照率在波长为 70 cm 时则低得多。形状像格陵兰岛的实心符号表示该岛在波长 5.6 cm 和 68 cm 处的渗透特性。火星和水星上的大部分明亮地形区域被勾勒出来。（Ostro，2007）

$$A_{\mathrm{rdr}} = g_{\mathrm{r}} R_0^2 \qquad\qquad (E-6)$$

　　雷达后向散射增益通常接近 1，在这种情况下，雷达反照率可直接与被探测材料的介电常数 ϵ_{r} 有关，因此与表层的组成和致密性有关。

　　实验室测量表明，大多数月球和地球上的岩石粉末都遵循瑞利混合公式（Rayleigh mixing formula）

$$\frac{1}{\rho}\left(\frac{\epsilon_{\mathrm{r}}-1}{\epsilon_{\mathrm{r}}+2}\right) = \frac{1}{\rho_{\mathrm{o}}}\left(\frac{\epsilon_{\mathrm{ro}}-1}{\epsilon_{\mathrm{ro}}+2}\right) \qquad\qquad (E-7)$$

式中，ρ 和 ϵ_{r} 为岩石粉末的密度和介电常数；ρ_{o} 和 ϵ_{ro} 为其母岩的密度和介电常数。

　　地球陆地和月球岩石的典型值为 $\rho_{\mathrm{o}} = 2.8 \ \mathrm{g/cm^3}$ 和 $\epsilon_{\mathrm{ro}} = 6 \sim 8$。对固体和粉末陨石的此类测量（图 E-7）可用于分析来自小行星的雷达回波（9.2 节）。

　　如果雷达发射信号是圆极化的，且天体是一个光滑的球体，则反射时旋转方向相反，接收到的信号称为 OC（反向圆极化）信号。同向圆极化的功率 SC 通常表示有多次反射，因此，SC/OC 的比值是在与观测波长相当的尺度上测量近表面粗糙度的一种方法。主带小行星通常 SC/OC<0.2，而近地天体通常为更高的数值，$0.2 \lesssim \mathrm{SC/OC} \lesssim 0.5$，表示表面更粗糙。冰天体的圆极化率可能超过 1（图 E-6）。例如，这类数据显示水星的两极含有

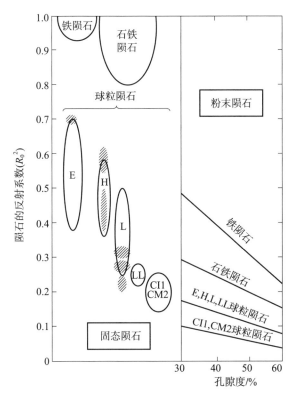

图 E-7　陨石类型（左）和粉末陨石的反射系数（右）与孔隙度的函数关系。（Ostro et al.，1991）

冰（5.5.2 节）。

由于天体的自转，雷达回波会被多普勒增宽。全带宽或最大带宽 $B_{\max}$（单位 Hz）取决于天体的大小（下面我们假设天体在空间上不可分辨），其自转周期为 P_{rot}，通过雷达观察到的几何关系如下

$$B_{\max} = \frac{8\pi R}{\lambda P_{\mathrm{rot}}} \sin\theta \tag{E-8}$$

式中，λ 为雷达波长；θ 为方位角，即自转矢量与视线之间的夹角。

OC 回波主要由沿雷达系统方向倾斜的表面斜坡的镜面反射所决定。对于如月球和水星等近球形天体，斜坡集中在投射圆盘的中心附近，在这里由天体自转引起的多普勒频移相对较小。因此，近球形天体的 OC 回波在小多普勒频移和相对较弱的翼（与镜面反射相反，称为漫反射回波功率）下显示出"镜面尖峰"，延伸至 $B_{\max}$。因此，雷达回波频谱的形状可用于获取有关天体大小、形状、自转状态和表面特征的信息（图 E-8）。

在双基地雷达实验中，当雷达回波被干涉仪（如 VLA）接收时，信号可以在每个频率通道中成像。尽管这些观测不会产生更高空间分辨率的图像，但由于多普勒红移和蓝移信号从天体中心向相反方向偏移，因此测量明确了天体自转方向（图 E-9）。

雷达回波可以用来提取天体的三维形状（9.2 节）；雷达图像如图 9-5、图 9-17 所

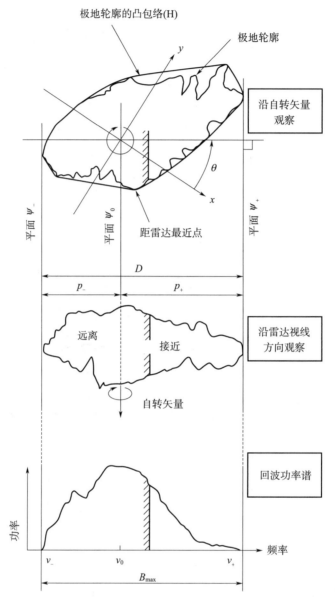

图 E-8　本图说明了回波功率和小行星形状之间的几何关系。上图显示了极地轮廓的凸多边形，即从极地看到的小行星的形状。中图显示了沿着雷达视线方向的视图。下图显示了实际的雷达回波。平面 Ψ_0 包含了视线和小行星的自转矢量。与 Ψ_0 相交的小行星任何部分的雷达回波都有一个多普勒频率 ν_0。频谱中的阴影条带的功率对应于来自小行星阴影条带的回波。小行星的极地轮廓可以从旋转相位充分分布的回波频谱中估算出来。（改编自 Ostro，1989）

示。在近距离交会期间，探测器发出的雷达回波可以反演生成天体（部分）的高角度分辨率地图，如金星（图 5-54）和土卫六（图 5-88 和图 5-89）。

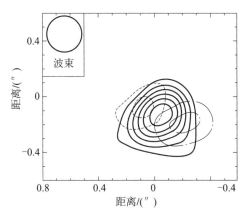

图 E-9　由双基地雷达系统获取的班贝格星（324 Bamberga）在频率 8 510 MHz 下的射电图像，其中金石天线用于发射信号，甚大阵天线用于接收和成像雷达回波。图中显示的是 1991 年 9 月 13 日的中心通道（实线轮廓）的雷达回波，以及多普勒频率为 −381 Hz（虚线轮廓；红移）和 +381 Hz（点状虚线；蓝移）的通道的雷达回波。等值线水平从 3 个到 19 个标准差，其中 1 个标准差为 5.5 mJy/每束。（de Pater et al.，1994）

E.8　主动荧光光谱法

　　天体表面的元素组成可以用 X 射线或 γ 射线荧光光谱（fluorescence spectroscopy）方法进行测定。利用这种技术，通过 α 粒子、高能 X 射线或 γ 射线轰击来激发靶材料。在退激发过程中，X 射线或 γ 射线发射出来并被观测。根据目标和检测的发射对象，人们将该技术称为 X 射线或 γ 射线荧光光谱法。在大多数情况下，一个元素最内层的电子壳层都参与了这个过程。如果 α 粒子用于激发，那么从目标反冲出来的这些粒子的能量分布以及 X 射线和 γ 射线（以测量为准）提供了有关岩石元素组成的信息，也就是说，它定量给出了岩石中组成矿物的不同化学元素。该方法已经用于火星车勇气号和机遇号。

　　原子核能够以类似原子的方式发出荧光。然而，不同之处在于反冲能量，即吸收或发射光子时动量守恒。在原子中的电子（去）激发的情况下，这种反冲能量非常小，因此很容易实现荧光。然而，对于原子核来说，这种反冲能量要大得多，因此通常不会出现荧光。然而，对于固体材料来说，反冲能量可以被整个晶体而不是单个原子吸收，在这种情况下，无反冲发射和吸收 γ 射线成为可能，原子核可以发出荧光。这被称为穆斯堡尔效应（Mössbauer）。在穆斯堡尔光谱法中，人们通过振动调制（即多普勒频移）激发源的能量来研究核线的超精细分裂。该方法对于研究含铁矿物非常有效，已被火星车机遇号用于分析赤铁矿"蓝莓"（5.5.4 节）。

E.9　核光谱法

行星（次）表面和大气的元素组成也可以通过核光谱法（nuclear spectroscopy）来确定，这涉及获得γ射线和中子的光谱。由于信号微弱，需要在行星表面以上0.1倍行星半径范围内，才能获得较好的计数率和空间分辨率。中子和γ射线测量提供了行星表面以下几十厘米的成分信息。

行星际空间包含大量高能粒子和宇宙射线，它们与行星表面和大气相互作用（7.1节）。银河宇宙射线是其中能量最大的（质子的能量约为0.01～10 GeV），因此，其在每平方厘米最大可穿透数百克的物质，在天体表面最深可穿透数米。银河宇宙线的通量与太阳活动是负相关的。这些粒子与天体表面物质的相互作用产生快中子，其中一部分中子在进入太空之前经历了各种过程（图E-10）。这些相互作用改变了逃逸到太空的中子的总能量，并产生特定能量的γ射线，特定能量取决于它们与原子的相互作用。此外，钾、钍和铀等放射性元素的衰变也会产生可以在太空中探测到的γ射线。因此，γ射线光谱提供了天体（次）表面（或大气）元素组成的"指纹"。

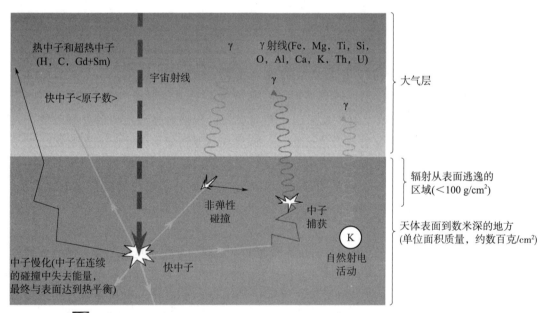

图E-10　图中说明了通过宇宙射线与天体（次）表面的相互作用以及放射性衰变产生的γ射线和中子。核光谱仪测量逃逸到太空中的γ射线和中子的通量和光谱。（改编自 Prettyman，2007）

中子通过与原子核的连续碰撞或吸收而损失部分或全部能量。逃逸到太空中的中子被归类为：1）热中子（thermal neutrons），它们经历了多次碰撞，因此能量较低，<0.1 eV。2）超热中子（epithermal neutrons），其能量介于约0.1eV和几个10^5 eV。3）快中子（fast neutrons），其能量损失很小（如果有的话）。弹性散射是行星环境中最重要的损耗机

制。中子在与质量为 μ_a（单位：amu）的原子核碰撞时可能损失的最大能量由下式给出

$$\Delta E = \left[1 - \left(\frac{\mu_a - 1}{\mu_a + 1}\right)^2\right]E \tag{E-9}$$

因此，中子在与氢（$\mu_a = 1$）碰撞时会失去所有能量，而在与碳碰撞时最多损失 28%。因此，当行星表面含有水时，中子会损失大量能量。然而，由于 H、Cl、Fe 和 Ti 元素对热中子具有较高的吸收截面，导致热通量本身就比较低，因此在含有水冰的表面测不到过量的热中子。给出氢丰度的最敏感的参数是超热中子通量，因为它仅取决于式（E-9）中给出的部分能量损失，而与风化层的成分无关。因此，中子的能谱产生了氢丰度的信息，从而间接地产生了行星表面附近水冰的信息。γ 射线提供了有关表面成分的额外信息。这些技术已被用于推断月球（5.5.1 节）和火星（5.5.4 节）上水冰的存在和空间分布。

E.10　质谱法

气体的成分可以用质谱仪（mass spectrometer）进行原位测量。质谱仪是一种仪器，可以在电场和磁场的作用下根据离子的质量-电荷比对离子进行分类和分离。离子被电场加速，它们的路径通过施加垂直于离子束运动方向的磁场而偏转成弧形。由于离子路径的曲率半径与其质量-电荷比成反比，因此较轻的离子比较重的离子偏转更多。通过这种方式，可以计算每个质量"箱"中的离子数量，从而提供质谱［图 4-10（b）］。这种方法只给出了质谱仪工作原理的一个例子；多年来，人们开发了几种不同类型的质谱仪。

为了对中性气体采样，质谱仪带有电离源。然后从这个源中提取离子（使用静电势），并集中到质谱仪中，在那里可以对它们进行分类和计数。在低密度环境中，例如在行星的高层大气中，质谱仪测量环境离子或仪器离子源中由环境中性粒子产生的离子。如卡西尼号轨道器上的质谱仪（离子和中性物质质谱仪——INMS）等仪器，可以连续测量环境离子和中性物质。因此，这些仪器被称为"离子质谱仪"和"中性质谱仪"。行星进入器（金星、火星、土卫六和木星）则携带中性质谱仪。

质谱技术的一个缺点是分子质量不能提供有关分子组成的唯一信息。特别是对于质量较高的分子，存在着模糊性。例如，二氧化碳（CO_2）和丙烷（C_3H_8）的分子量均为 44。这种模糊性可以通过极高的质量分辨率来克服。虽然探测器上的大多数质谱仪都是低分辨率仪器，但罗塞塔号携带的质谱仪的分辨率足以分辨出一氧化碳（CO）和氮气（N_2）。

E.11　延伸阅读

《太阳系百科全书》（*Encyclopedia of the Solar System*）（2007 年第二版）包含了大量在特定波长下描述太阳系的论文，或使用特定技术的论文。Eds. L. McFadden, P. Weissman, and T. V. Johnson. Academic Press, San Diego, 982pp：

Bhardwaj, A., and C. M. Lisse：X-rays in the Solar System, pp. 637-658.

de Pater, I., and W. S. Kurth：The Solar System at radio wavelengths, pp. 695-718.

Hendrix，A. R.，R. M. Nelson，D. L. Domingue：The Solar System at ultraviolet wavelengths，pp. 659 – 680.

Ostro，S. J.：Planetary radar，pp. 735 – 764.

Prettyman，T. H.：Remote chemical sensing using nuclear spectroscopy，pp. 765 – 786.

Tokunaga，A. T.，and R. Jedicke：New generation ground – based optical/infrared telescopes，pp. 719 – 734.

质谱仪的综述如下：

Mahaffy，P. R.，1998. Mass spectrometers developed for planetary missions. In Laboratory Astrophysics and Space Research. Eds. P. Ehrenfreund，H. Kochan，K. Krafft，V. Pironello. Kluwer Academic Publishers，Dordrecht，pp. 355 – 376.

对恒星掩星实验的非常好的综述如下：

Elliot，J. L.，1979. Stellar occultation studies of the Solar System. Annu. Rev. Astron. Astrophys.，17，445 – 475.

射电掩星技术如下：

Tyler，G. L.，1987. Radio propagation experiments in the outer Solar System with Voyager. Proc. IEEE，75，1404 – 1431.

Tyler，G. L.，I. R. Linscott，M. K. Bird，D. P. Hinson，D. F. Strobel，M. P̈atzold，M. E. Summers，and K. Sivaramakrishan，2008. The New Horizon radio science experiment（REX）. Space Sci. Rev.，140，217 – 259.

遥感和图像处理书籍如下：

Cox，A. N.，Ed.，2000. Allen's Astrophysical Quantities，4th Edition. Springer – Verlag，New York，Inc. 719pp.

Hanel，R. A.，B. J. Conrath，D. E. Jennings，and R. E. Samuelson，1992. Exploration of the Solar System by Infrared Remote Sensing. Cambridge University Press，Cambridge. 458pp.

Hardy，J. W.，1998. Adaptive Optics for Astronomical Telescopes. Oxford University Press，New York. 438pp.

Kraus，J. D.，1986. Radio Astronomy，2nd Edition. Cygnus Quasar Books，Powell，Ohio.

Perley，R. A.，F. R. Schwab，A. H. Bridle，1989. Synthesis Imaging in Radio Astronomy，NRAO Workshop No. 21，Astronomical Society of the Pacific. 509pp.

Schowengerdt，R. A.，2007. Remote Sensing，Models，and Methods for Image Processing. 3rd Edition. Elsevier，Academic Press，Burlington，MA. 515pp.

Thompson，A. R.，J. M.，Moran，G. W. Swenson，Jr.，2001. Interferometry and Synthesis in Radio Astronomy，2nd Edition. John Wiley and Sons，New York. 692pp.

在一系列论文中，对阴影遮挡和冲附近的相干后向散射效应进行了全面的综述，具体如下：

Hapke，B.，R. Nelson，and W. Smythe，1998. The opposition effect of the Moon：Coherent backscatter and shadow hiding. Icarus，133，89 - 97.

Helfenstein，P.，J. Veverka，and J. Hiller，1997. The lunar opposition effect：A test of alternative models. Icarus，128，2 - 14.

附录 F　行星际探测器

关于太阳系许多天体的很大一部分数据是通过探测器近距离研究所获得的。本附录从介绍火箭技术（火箭如何工作）的一个简短章节开始。附录 F.2 节中的表格列出了许多最重要的月球和行星际探测器以及空间天文观测信息。本附录还包括两张具有历史意义的探测器图示（图 F-1 和图 F-5），以及两张历史图像（图 F-2 和图 F-6）。

图 F-1　月球 3 号探测器效果图。探测器质量为 278 kg；长度为 130 cm，最大直径为 120 cm。探测器内部装有相机和胶片处理系统、无线电设备、推进系统、电池、姿态控制用的陀螺装置，以及用于温度控制的循环风扇。该探测器为自旋稳定，由地球直接使用无线电控制。太阳能电池安装在圆柱的外侧，为储存在探测器内部的化学电池提供能源。探测器没有用于调整航向的发动机。

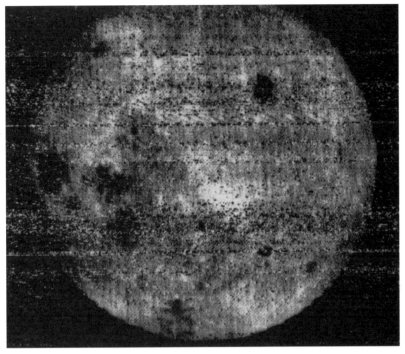

图 F-2　这张模糊的图像拍摄于 1959 年 10 月 7 日，它让人类第一次看到月球背面

F.1　火箭技术

　　尽管"火箭工程"的许多方面在实践中复杂得多，但"火箭科学"的原理非常简单。火箭通过高速喷射气体（或等离子体）来加速。动量守恒定理表明，速度为 v、质量为 M（包括推进剂）的火箭，排出的气体速度 v_{exp} 和速率 $\mathrm{d}M/\mathrm{d}t$ 满足下式

$$M\frac{\mathrm{d}\boldsymbol{v}}{\mathrm{d}t} = -\boldsymbol{v}_{\text{exp}}\frac{\mathrm{d}M}{\mathrm{d}t} + \boldsymbol{F}_{\text{ext}} \qquad (\text{F}-1)$$

式中，$\boldsymbol{F}_{\text{ext}}$ 为火箭上所有的外力。式（F-1）被称为火箭方程。

　　在一个均匀的引力场中，在没有其他外力的情况下产生加速度 $\boldsymbol{g}_{\text{p}}$，火箭方程简化为

$$\frac{\mathrm{d}\boldsymbol{v}}{\mathrm{d}t} = -\frac{\boldsymbol{v}_{\text{exp}}}{M}\frac{\mathrm{d}M}{\mathrm{d}t} + \boldsymbol{g}_{\text{p}} \qquad (\text{F}-2)$$

　　对式（F-2）进行积分，并在 $t=0$ 时设 $v=0$，得到

$$\boldsymbol{v} = -\boldsymbol{v}_{\text{exp}}\ln\frac{M_{0}}{M} - \boldsymbol{g}_{\text{p}}t \qquad (\text{F}-3)$$

式中，M_{0} 是 $t=0$ 时的质量，因为重力方向是向下的，所以式（F-3）中最后一项前面有负号。请注意，燃料快速燃烧是有好处的——在给定喷射速度和质量情况下，燃烧时间越短，速度越大。这就是为什么大推力火箭发动机被用来达到地球的逃逸速度；目前，只有使用化学推进才能获得如此大的推力（图 F-3）。

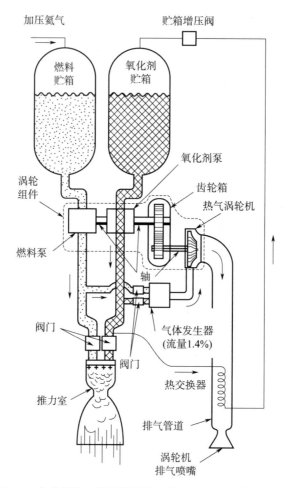

图 F‑3　化学推进火箭的示意图。（Sutton and Biblarz，2001）

　　对于自由空间中的加速度，火箭的最终速度并不取决于喷射速率。因此，电推进（图 F‑4）可以实现比化学火箭更高的排出速度（比冲），可以非常有效地改变环绕天体的轨道。行星际探测器的轨道在 2.1.5 节中讨论。

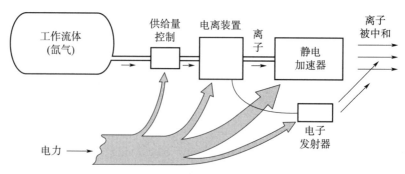

图 F‑4　电推进火箭的示意图。（Sutton and Biblarz，2001）

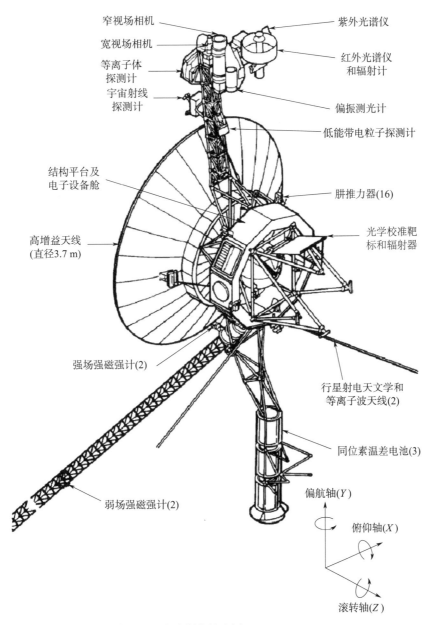

注：为更清楚地展示，图中探测器未绘制热控多层

图 F-5　旅行者号示意图。旅行者 1 号发回了木星、土星及其卫星的第一张高分辨率图像。旅行者 2 号是第一个，也是迄今为止唯一一个访问天王星和海王星的探测器。本书中出现的许多外行星及其卫星的照片都是由旅行者号窄视场（NA）和宽视场（WA）相机拍摄的（如图顶部所示）

图 F-6 📀 这张照片是一张垂直投影图，由 NASA 火星凤凰号着陆器上的表面立体成像仪（Surface Stereo Imager）相机拍摄的数百张照片拼接而成，并将其投影为俯视图。黑色圆圈是相机自身的安装位置。（NASA/JPL/亚利桑那大学/得州农工大学，PIA11719）

F.2　附表

　　表 F-1 中列出了重要的月球任务，表 F-2 中列出了行星际探测器。表 F-3 列出了对地球磁层和极光以及太阳和日光层进行探测的若干探测器。表 F-4 提供了空间天文台的列表。《太阳系百科全书》（*Encyclopedia of the Solar System*，2007）附录中列出了对太阳系天体观测的探测器的更完整的清单。

表 F-1　部分月球探测器

探测器	国家/组织	发射日期	类型	说明
月球 3 号	苏联	1959 年 10 月 4 日	飞掠	拍摄月球背面
徘徊者 7 号	美国	1964 年 7 月 28 日	撞击	传回 4 308 张照片
徘徊者 8 号	美国	1965 年 2 月 17 日	撞击	传回 7 137 张照片
徘徊者 9 号	美国	1965 年 3 月 21 日	撞击	传回 5 814 张照片
月球 9 号	苏联	1966 年 1 月 31 日	着陆器	软着陆,传回照片
月球 10 号	苏联	1966 年 3 月 31 日	轨道器	第一个月球轨道器
勘测者 1 号	美国	1966 年 5 月 30 日	着陆器	软着陆,传回 11 150 张照片
月球轨道器 1 号	美国	1966 年 8 月 10 日	轨道器	摄影测绘
月球 11 号	苏联	1966 年 8 月 24 日	轨道器	科学探测
月球 12 号	苏联	1966 年 10 月 22 日	轨道器	摄影测绘
月球轨道器 2 号	美国	1966 年 11 月 6 日	轨道器	摄影测绘
月球 13 号	苏联	1966 年 12 月 21 日	着陆器	表面科学探测
月球轨道器 3 号	美国	1967 年 2 月 4 日	轨道器	摄影测绘
勘测者 3 号	美国	1967 年 4 月 17 日	着陆器	表面科学探测
月球轨道器 4 号	美国	1967 年 5 月 4 日	轨道器	摄影测绘
月球轨道器 5 号	美国	1967 年 8 月 1 日	轨道器	摄影测绘
勘测者 5 号	美国	1967 年 9 月 8 日	着陆器	表面科学
勘测者 6 号	美国	1967 年 11 月 7 日	着陆器	表面科学
勘测者 7 号	美国	1968 年 1 月 8 日	着陆器	表面科学
月球 14 号	苏联	1968 年 4 月 7 日	轨道器	重力场制图
阿波罗 8 号	美国	1968 年 12 月 21 日	载人轨道器	人类首次进入深空
阿波罗 10 号	美国	1969 年 5 月 18 日	载人轨道器	2 个探测器;驶离,对接
阿波罗 11 号	美国	1969 年 7 月 16 日	载人着陆器	首次人类登月;22 kg 样品
阿波罗 12 号	美国	1969 年 11 月 14 日	载人着陆器	34 kg 样本返回
月球 16 号	苏联	1970 年 9 月 12 日	采样返回	首次无人采样返回(101 g)
月球 17 号	苏联	1970 年 11 月 10 日	月球车	第一个月球车
阿波罗 14 号	美国	1971 年 1 月 31 日	载人着陆器	42 kg 样品返回
阿波罗 15 号	美国	1971 年 7 月 26 日	载人月球车	77 kg 样品返回
月球 19 号	苏联	1971 年 9 月 28 日	轨道器	摄影测绘
月球 20 号	苏联	1972 年 2 月 12 日	采样返回	55 g 样本返回
阿波罗 16 号	美国	1972 年 4 月 16 日	载人月球车	95 kg 样本返回
阿波罗 17 号	美国	1972 年 12 月 10 日	载人月球车	111 kg 样品返回
月球 21 号	苏联	1973 年 1 月 8 日	月球车	月球车 2 号;行驶了 39 km
月球 22 号	苏联	1974 年 5 月 29 日	轨道器	摄影测绘
月球 24 号	苏联	1976 年 8 月 9 日	采样返回	170g 样品

续表

探测器	国家/组织	发射日期	类型	说明
克莱门汀号	美国	1994 年 1 月 25 日	轨道器	摄影测绘
月球勘探者号	美国	1998 年 1 月 6 日	轨道器	摄影测绘（＋撞击）
智慧 1 号	ESA	2003 年 9 月 27 日	轨道器	摄影测绘（＋撞击）
月亮女神	日本	2007 年 9 月 14 日	轨道器	摄影测绘
嫦娥一号	中国	2007 年 10 月 24 日	轨道器	摄影测绘
月船 1 号	印度	2008 年 10 月 22 日	轨道器	摄影测绘，雷达
月球勘测轨道器（LRO）	美国	2009 年 6 月 18 日	轨道器	摄影测绘
月球撞击坑观测和遥感卫星（LCROSS）	美国	2009 年 6 月 18 日	撞击器	同 LRO 一起发射
嫦娥二号	中国	2010 年 10 月 1 日	轨道器	摄影测绘
圣杯号	美国	2011 年 9 月 10 日	两个轨道器	重力测绘
月球大气与尘埃环境探测器（LADEE）	美国	2013 年 9 月 7 日	轨道器	大气和尘埃
嫦娥三号	中国	2013 年 12 月 1 日	着陆器	还包括一个小型月球车

表 F - 2　部分行星际探测器

探测器	国家/组织	发射日期	目标	类型	说明
水手 2 号	美国	1962 年 8 月 27 日	金星	飞掠	第一次金星近距离探测数据
水手 4 号	美国	1964 年 11 月 28 日	火星	飞掠	第一次火星近距离成像数据（21 张照片）
金星 4 号	苏联	1967 年 6 月 12 日	金星	探测器	大气层测量
水手 6 号	美国	1969 年 2 月 24 日	火星	飞掠	传回 75 张照片
水手 7 号	美国	1969 年 3 月 27 日	火星	飞掠	传回 125 张照片
金星 7 号	苏联	1970 年 8 月 17 日	金星	着陆器	首次软着陆
火星 2 号	苏联	1971 年 5 月 19 日	火星	轨道器＋着陆器	轨道器成功，着陆器失败
火星 3 号	苏联	1971 年 5 月 28 日	火星	轨道器＋着陆器	着陆器着陆后 20 s 后失败
水手 9 号	美国	1971 年 5 月 30 日	火星	轨道器	传回了许多照片
先驱者 10 号	美国	1972 年 3 月 3 日	木星	飞掠	第一次木星飞掠，1973 年 12 月 3 日
金星 8 号	苏联	1972 年 3 月 27 日	金星	着陆器	1972 年 7 月 22 日着陆
先驱者 11 号	美国	1973 年 4 月 6 日	木星	飞掠	1974 年 12 月 4 日，到达最近距离
			土星	飞掠	1979 年 9 月 1 日，第一次土星飞掠
火星 5 号	苏联	1973 年 7 月 25 日	火星	轨道器	1974 年 2 月 12 日绕轨道运行
水手 10 号	美国	1973 年 11 月 3 日	金星	飞掠	1974 年 2 月 5 日，到达最近距离
			水星	飞掠	1974 年至 1975 年，三次飞掠
金星 9 号	苏联	1975 年 6 月 8 日	金星	轨道器＋着陆器	首次表面成像
金星 10 号	苏联	1975 年 6 月 14 日	金星	轨道器＋着陆器	1975 年 10 月 25 日着陆

续表

探测器	国家/组织	发射日期	目标	类型	说明
海盗 1 号	美国	1975 年 8 月 20 日	火星	轨道器＋着陆器	首次火星表面长期科学探测
海盗 2 号	美国	1975 年 9 月 9 日	火星	轨道器＋着陆器	1976 年 9 月 3 日着陆
旅行者 2 号	美国	1977 年 8 月 20 日	木星	飞掠	1979 年 7 月 9 日,到达最近距离
			土星	飞掠	1981 年 8 月 26 日,到达最近距离
			天王星	飞掠	1986 年 1 月 24 日,第一次天王星飞掠
			海王星	飞掠	1989 年 8 月 24 日,第一次海王星飞掠
旅行者 1 号	美国	1977 年 9 月 5 日	木星	飞掠	1979 年 3 月 5 日,到达最近距离
			土星	飞掠	1980 年 11 月 12 日,到达最近距离
先驱者 12 号	美国	1978 年 5 月 20 日	金星	轨道器	1978 年 12 月 8 日进入轨道
先驱者 13 号	美国	1978 年 8 月 8 日	金星	探测器	1978 年 12 月 9 日,4 个探测器进入大气层
金星 11 号	苏联	1978 年 9 月 9 日	金星	着陆器	1978 年 12 月 25 日着陆
金星 12 号	苏联	1978 年 9 月 14 日	金星	着陆器	1978 年 12 月 21 日着陆
金星 13 号	苏联	1981 年 10 月 30 日	金星	着陆器	1982 年 2 月 27 日着陆
金星 14 号	苏联	1981 年 11 月 4 日	金星	着陆器	1982 年 3 月 5 日着陆
维加 1 号	苏联	1984 年 12 月 15 日	金星	气球＋着陆器	第一个金星气球
			哈雷彗星	飞掠	第一个彗核的图像
维加 2 号	苏联	1984 年 12 月 21 日	金星	气球＋着陆器	1985 年 6 月 15 日着陆
			哈雷彗星	飞掠	1986 年 3 月 9 日,到达最近距离
先驱者号（Sakigake）	日本	1985 年 1 月 8 日	哈雷彗星	飞掠	1986 年 3 月 11 日,到达最近距离
彗星号（Suisei）	日本	1985 年 8 月 18 日	哈雷彗星	飞掠	1986 年 3 月 8 日,到达最近距离,151 000 km
乔托号（Giotto）	ESA	1985 年 7 月 2 日	哈雷彗星	飞掠	1986 年 3 月 14 日,到达最近距离,596 km
火卫一 2 号	苏联	1988 年 7 月 12 日	火卫一	着陆器	火星＋火卫一成像;着陆前失败
麦哲伦号	美国	1989 年 5 月 5 日	金星	轨道器	全球雷达测绘仪
伽利略号	美国	1989 年 10 月 18 日	加斯普拉星	飞掠	1991 年 10 月 29 日,第一次小行星飞掠
			艾女星	飞掠	发现了第一颗小行星卫星艾卫
			木星	轨道器＋探测器	第一颗木星探测器,1995 年 12 月 7 日抵达
会合-舒梅克号（NEAR）	美国	1996 年 2 月 17 日	玛蒂尔德星	飞掠	1997 年 6 月 27 日,到达最近距离
			爱神星	轨道器	第一个小行星轨道器; 2000 年 2 月 14 日绕轨道飞行
火星全球勘测者（MGS）	美国	1996 年 11 月 7 日	火星	轨道器	1997 年 9 月 12 日进入轨道

续表

探测器	国家/组织	发射日期	目标	类型	说明
火星探路者（Mars Pathfinder）	美国	1996 年 12 月 2 日	火星	着陆器＋火星车	第一个火星车
卡西尼号（Cassini）	美国	1997 年 10 月 15 日	木星	飞掠	2000 年 12 月 30 日，到达最近距离
			土星	轨道器	2004 年 7 月 1 日进入轨道
惠更斯号	ESA	1997 年 10 月 15 日	土卫六	探测器/着陆器	与卡西尼号一起飞行；第一颗土卫六探测器
深空 1 号	美国	1998 年 10 月 24 日	布莱叶星	飞掠	1999 年 7 月 29 日，到达最近距离
			包瑞利彗星	飞掠	2001 年 9 月 22 日，到达最近距离
星尘号	美国	1999 年 2 月 6 日	维尔特 2 号彗星	采样返回	2004 年 1 月 2 日，到达最近距离/飞掠
			坦普尔 1 号彗星	飞掠	2011 年 2 月 14 日，到达最近距离
火星奥德赛号	美国	2001 年 4 月 7 日	火星	轨道器	2001 年 10 月 23 日进入轨道
隼鸟号	日本	2003 年 5 月 9 日	糸川星	轨道器	也采样返回了少量样品
火星快车	ESA	2003 年 6 月 2 日	火星	轨道器	2003 年 12 月 25 日进入轨道
勇气号	美国	2003 年 6 月 10 日	火星	轨道器	火星探测车 1 号
机遇号	美国	2003 年 7 月 7 日	火星	轨道器	火星探测车 2 号
罗塞塔号	ESA	2004 年 3 月 2 日	斯坦斯星	飞掠	2008 年 9 月 5 日，到达最近距离
			司琴星	飞掠	2010 年 7 月 10 日，到达最近距离
			丘留莫夫-格拉西缅科彗星	交会和着陆	2014 年 8 月 6 日抵达
信使号	美国	2004 年 8 月 3 日	水星	轨道器	2011 年 3 月 17 日进入轨道
深度撞击	美国	2005 年 1 月 12 日	坦普尔 1 号彗星	飞掠＋撞击器	2005 年 7 月 4 日撞击
			哈特雷 2 号彗星	飞掠	2010 年 11 月 4 日，到达最近距离；更名为 EPOXI
火星勘测轨道器（MRO）	美国	2005 年 8 月 12 日	火星	轨道器	2006 年 3 月 10 日进入轨道
金星快车	ESA	2005 年 11 月 9 日	金星	轨道器	2006 年 4 月 11 日进入轨道
新视野号	美国	2006 年 1 月 19 日	木星	飞掠	2007 年 2 月 28 日抵达近木点；在前往冥王星的途中
火星凤凰号	美国	2007 年 8 月 4 日	火星	着陆器	探索极区
黎明号	美国	2007 年 9 月 27 日	灶神星	轨道器	2011—2012 年进入轨道；在前往谷神星的途中

续表

探测器	国家/组织	发射日期	目标	类型	说明
好奇号	美国	2011 年 11 月 26 日	火星	火星车	火星科学实验室
火星轨道器	印度	2013 年 11 月 5 日	火星	轨道器	极低成本任务
火星大气与挥发物演化轨道器（MAVEN）	美国	2013 年 11 月 18 日	火星	轨道器	火星大气与挥发性演化

表 F - 3   部分磁层、太阳和日球层探测器

探测器	国家/组织	发射日期	目标	说明
探索者 1 号	美国	1958 年 1 月 31 日	地球轨道	发现范艾伦辐射带
行星际监控平台 8 号（IMP - 8）	美国	1973 年 10 月 26 日	太阳风	行星际监测平台 8 号
太阳神 1 号（Helios 1）	西德	1974 年 12 月 10 日	太阳风	监测太阳风和尘埃
太阳神 2 号（Helios 2）	西德	1976 年 1 月 15 日	太阳风	监测太阳风和尘埃
国际日地探测器 3 号/国际彗星探险者/（ISEE 3/ICE）	美国	1978 年 8 月 12 日	太阳风	监测太阳风。然后飞过贾可比尼-秦纳彗星的彗尾
太阳活动极大期任务（SMM）	美国	1980 年 2 月 14 日	太阳	太阳天文台:太阳活动极大期任务
尤利西斯号（Ulysses）	ESA/美国	1990 年 10 月 6 日	太阳	太阳极轨道
阳光号（Yokhoh）	日本	1991 年 8 月 30 日	太阳	地球轨道上运行的太阳天文台
太阳异常和磁层粒子探测器（SAMPEX）	美国	1992 年 7 月 3 日	高能粒子	磁层粒子探测器
风号（WIND）	美国	1994 年 11 月 1 日	太阳风/磁层	磁层和太阳风
太阳和日球层天文台（SOHO）	ESA	1995 年 12 月 2 日	太阳	发现了许多掠日彗星
极地卫星（POLAR）	美国	1996 年 2 月 24 日	地球极光	极地轨道
快速极光快照探测器（FAST）	美国	1996 年 8 月 21 日	地球极光	极地轨道
先进成分探测器（ACE）	美国	1997 年 8 月 25 日	太阳风	先进成分探测器
太阳过渡区与日冕探测器（TRACE）	美国	1998 年 4 月 2 日	太阳	地球的太阳同步轨道
磁层顶至极光全球成像探测器（IMAGE）	美国	2000 年 3 月 25 日	地球磁层	地球轨道
集群 2 号（CLUSTER Ⅱ）	ESA	2000 年 7 月 16 日	地球磁层	4 器进行联合研究
		2000 年 8 月 9 日	地球磁层	
起源号（Genesis）	美国	2001 年 8 月 8 日	太阳风	2004 年 9 月 8 日采样返回地球
高能太阳光谱成像探测器（RHESSI）	美国	2002 年 2 月 5 日	太阳耀斑	地球轨道天文台

续表

探测器	国家/组织	发射日期	目标	说明
日出号（Hinode）	日本/美国/英国	2006 年 9 月 23 日	太阳	地球极地轨道运行
日地关系天文台（STEREO）	美国	2006 年 10 月 25 日	太阳，日冕物质抛射	2 个探测器
忒弥斯号（THEMIS）	美国	2007 年 2 月 17 日	地球极光	5 个探测器进入地球轨道
		2010 年	月球、太阳风	两个探测器更名为阿尔忒弥斯号
太阳动力学天文台（SDO）	美国	2010 年 2 月 11 日	太阳	太阳动力学天文台
范艾伦探测器	美国	2012 年 8 月 30 日	地球辐射带	2 个探测器

表 F-4　部分空间天文台

探测器	国家/组织	发射日期	轨道	说明
国际紫外探测器（IUE）	美国/ESA	1978 年 1 月 26 日	低地球轨道	国际紫外线探测器
红外天文卫星（IRAS）	美国/英国/荷兰	1983 年 1 月 25 日	低地球轨道	红外天文卫星
哈勃望远镜（HST）	美国/ESA	1990 年 4 月 24 日	低地球轨道	哈勃望远镜
伦琴射线卫星（ROSAT）	德国	1990 年 6 月 1 日	低地球轨道	X 射线天文台
极紫外探测器（EUVE）	美国	1992 年 6 月 7 日	低地球轨道	极紫外探测器
红外空间天文台（ISO）	ESA	1995 年 11 月 17 日	低地球轨道	红外空间天文台
斯皮策号（Spitzer）	美国	2003 年 8 月 25 日	日心轨道	红外望远镜
科罗探测器（CoRoT）	法国/ESA	2006 年 12 月 27 日	地球极地轨道	搜寻系外行星
开普勒号（Kepler）	美国	2009 年 3 月 6 日	日心轨道	搜寻系外行星
赫歇尔号（Herschel）	ESA	2009 年 5 月 14 日	日-地 L_2 轨道	远红外和亚毫米

附录 G　行星科学近期进展

G.1　简介

附录 G 介绍了一些新的内容以对本书进行更新。重点关注的是过去几年的发现，也包括一些在第一次印刷中被遗漏的材料。我们将这些材料按照其与正文中相关章节的顺序进行排列。

本书第二版的第一次印刷选择了一些由 NASA 探测器发回的最壮观的图片列在附录 G，这些图片在 2009 年和 2010 年初向公众发布。该版本的附录 G 可在本书的网站 www. cambridge. org/depater 上获取。

查找最新的行星图像比较好的网络资源包括：

www. nineplanets. com/

www. nasa. gov/topics/solarsystem/index. html

saturn. jpl. nasa. gov/index. cfm

hubblesite. org/gallery/album/solar system

photojournal. jpl. nasa. gov/

G.2　动力学

（1）木星的准卫星

最近，科学家发现几颗小行星和彗星是木星的准卫星（2.2.4 节）。其中一些小行星作为准卫星将至少运行几千年。其他一些准卫星将很快过渡到马蹄形轨道或大振幅的蝌蚪形轨道。彗星的轨道更难以预测，这是因为作用在这些天体上小的非引力的力（10.2.1 节）可能会改变它们的速度，而微小的速度变化使它们在与木星的各种共轨构型之间转换。

（2）ν_6 长期共振

当小行星的近日点幅角以太阳系第 6 阶长期频率的速率进动时，就发生了 ν_6 长期共振，这在本质上与土星近心点的进动速率相同。由 ν_6 共振产生的扰动可以将小行星的偏心率改变至较大的值，以至于它们可以与火星甚至地球相撞。ν_6 共振在很大程度上是 2.1 AU 附近小行星带内边缘形成的原因。

（3）利多夫-古在机制

在圆限制性三体问题中，长期扰动可以改变小天体轨道的偏心率以及其相对于两个大质量天体轨道的倾角，但 $\sqrt{1-e^2}\cos i$ 的值保持不变。因此，轨道倾角可以用偏心率来换取。对于大的轨道倾角，$\cos^2 i < 3/5$，利多夫-古在机制 [Lidov - Kozai mechanism，有时简称为古在机制（Kozai mechanism）] 使近心点的幅角保持不变，并使偏心率和倾角产生较大的周期性变化。利多夫-古在机制导致一些小行星和彗星接近太阳，甚至与太阳相撞（10.6.4 节），并导致大倾角的不规则卫星与其行星发生碰撞。这也可能是导致一些系外行星（图 12 - 22）的大偏心率和一些热木星轨道相对于其恒星赤道平面的大倾角的机制之一（12.3.3 节和附录 G.12.5 节）。

（4）行星的混沌轨道

如 2.4.2 节所述，数值积分表明太阳系中八大行星的轨道是混沌的，其指数发散的时间尺度约为 500 万年。这种影响在内行星的轨道上最为明显。尽管如此混沌，在天体物理重要的时间尺度上，行星轨道不太可能发生重大变化。但是在 50 亿年前太阳系形成至约 1% 时，水星和金星处于接近位置，这可能导致水星与另一颗行星或太阳碰撞，或从太阳系中弹出。

在所有长期积分中观察到的混沌发散表明，天体力学的确定性方程预测行星未来位置的精度将始终受到其轨道测量精度的限制。例如，如果今天地球沿其轨道的位置不确定度为 1 cm，那么混沌运动特征的误差指数传播说明，即使在太阳和八大行星之间纯牛顿力学相互作用的框架内，我们也无法知道未来 2 亿年地球的轨道经度。当考虑到较小天体的引力影响时，情况就更加不可预测了。小行星对主要行星的轨道产生微小的扰动。这些扰动是可以说清楚的，并且不会对在数千万年的时间尺度上模拟行星轨道的精度产生不利影响。然而，与主要行星不同，小行星彼此靠近。两颗尺寸最大、质量最大的小行星谷神星和灶神星的接近，导致行星轨道后向积分的不确定性呈指数级增长，在 5 000 万至 6 000 万年前，其翻倍的时间 $<10^6$ 年。

（5）火卫一的轨道衰变

据观测，火星内卫星火卫一的轨道运动以 1.27×10^{-3}（°）/yr^2 的速度在加速。这种加速是由火卫一在火星上引起的潮汐隆起滞后造成的（2.6.2 节），这表明 $Q_{\male} = 83$。

（6）潮汐加热

作用在卫星上的潮汐将轨道能量转化为热量的速率，取决于该卫星的轨道和物理性质（如刚性）的复杂组合。对于伽利略卫星来说，决定平均能量耗散率的关键因素是控制那些导致卫星轨道偏心率增大的能量。然而，对于非平衡情况，例如在遥远的过去，海卫一被捕获到海王星的大偏心率轨道后，受到了大量潮汐热的注入，潮汐力对偏心率和近心点位置的强烈依赖性占主导地位，而且大部分加热发生得相当快。

G.3 太阳加热与能量传输

第 3 章介绍的基础物理学没有变化。对于希望获得基础热力学更多背景知识的学生，我们推荐新的高年级本科生教材《基础行星科学：物理、化学和宜居性》（J. J. Lissauer and

I. de Pater Eds 2013）中 3.1 节。该教材中的 4.6 节对温室效应进行了更多教学性的解释。

G.4 行星大气

（1）地球

如图 G-1 所示的条带状铁建造（Banded Iron Formations，BIF）（4.9.2.1 节）为数十亿年前地球大气中的低氧丰度提供了显著的证据。

图 G-1 ⊘ 格陵兰岛伊苏（Isua）地区地层 38 亿年前岩石的照片，显示条带状铁建造。构成这种岩石的矿物无法与地球当前的富氧大气形成平衡，但在 24 亿年以上的岩石地质记录中，条带状铁建造非常丰富。[图片来源：米尼克·罗辛（Minik Rosing）]

图 G-2 显示了地球在不同波长范围内反射的光谱。它展示了通过遥感观测可以了解到一个与地球大气相似的行星（即有人居住的行星）的信息。

（2）火星

图 G-3 显示了从火星轨道拍摄的沙尘暴（4.5.5.3 节）的壮观图像。

2012 年 8 月 6 日，好奇号火星车在盖尔撞击坑（Gale Crater）着陆。火星勘测轨道器（MRO）上的 HiRISE 相机捕捉到了好奇号及其降落伞的图像，如图 G-4 所示。该任务

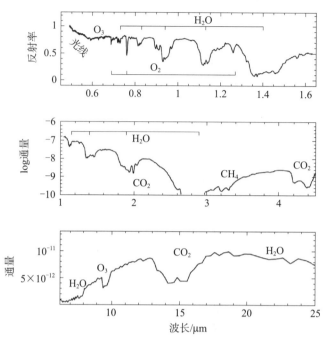

图 G-2　地球反射的阳光照亮了月球暗面，月球暗面又将其反射。上图显示了最终反射的光在可见波长范围内测量的光谱。短波长的增亮是由瑞利散射引起的（3.2.3.4 节）。中图显示了 NASA 的深度撞击号探测器测得的地球近红外（IR）光谱，其通量单位为 W/（$m^2 \cdot \mu m$）。下图显示的是 NASA 的火星全球勘测器在前往火星途中测得的中红外光谱，通量单位为 W/（$m^2 \cdot Hz$）。图中指出了主要的分子特征。（来自 Meadows and Seager，2010）

的首要科学目标是评估着陆区是否曾经或仍然具有有利于微生物生命的环境条件，包括其可居住性和可保存性。

　　好奇号火星车的火星样品分析仪（Sample Analysis at Mars，SAM）上的质谱仪，测量了氩同位素比率 $^{36}Ar/^{38}Ar = 4.2 \pm 0.1$ 和 $^{40}Ar/^{36}Ar =（1.9 \pm 0.3）\times 10^3$。与地球相比，较低的 $^{14}N/^{15}N$ 比值 173 ± 9 也得到了确认。这些同位素比，尤其是非放射成因 $^{36}Ar/^{38}Ar$ 的同位素比，强烈指示由于火星大气大量逃逸而产生的分异。非放射成因氩数也证明了 SNC（Shergottites 辉玻无球粒陨石，Nakhlites 辉橄无球粒陨石，Chassignites 纯橄无球粒陨石）（8.2 节）确实起源于火星。

　　火星样品分析仪的主要目标是测量甲烷气体的精确丰度（4.3.3.1 节）。目前还没有发现甲烷的迹象，这意味着甲烷丰度的上限约为 1 ppb（十亿分之一）。

　　（3）土星

　　土星显示出各种各样的大气现象，尽管这些特征通常不如木星上的显著。卡西尼号探测器拍摄的壮观图像如图 G-5 所示。从图中能够辨认出清晰的纬向带，以及土星北半球的一场极不寻常的风暴。虽然土星上的大风暴通常每隔几十年出现一次，但像这次这样巨大的风暴以前从未见过。土星环投射的阴影具有强烈的季节效应，2011 年北半球的强烈风暴可能与 2009 年 8 月春分后的季节变化有关。

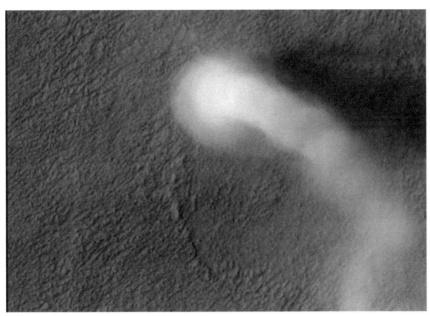

图 G-3　这张 MRO 图像显示了一个大约 20 km 高的火星沙尘暴，其沿着火星北部的亚马逊平原（Amazonis Planitia）地区蜿蜒前行。尽管它很高，但只有 70 m 宽。（图片来源：NASA/JPL/亚利桑那大学）

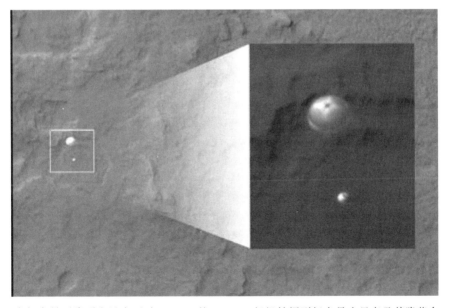

图 G-4　在好奇号下降到火星表面时，MRO 的 HiRISE 相机拍摄到好奇号火星车及其降落伞。在白色方框的中心位置可以看到降落伞和火星车。嵌入的图片是为了避免饱和而拉伸的火星车截图。（NASA/JPL/亚利桑那大学，PIA15978）

图 G-5　 卡西尼号于 2011 年 2 月 25 日拍摄的土星图片，大约是在土星北半球首次探测到强烈风暴的 12 个星期之后。人们观测到这个风暴在环绕整个行星的过程中正在超过自己。（NASA/JPL/空间科学研究所，PIA12826）

旅行者 2 号观测到土星电离层中电子密度的纬度变化，这被解释为是土星环中的水流入造成的。H_3^+ 旋转振动发射谱线的强度也有类似的纬度变化。如图 G-6 所示，在磁力线连接电离层和土星环的纬度区域的电子和 H_3^+ 密度，要低于磁力线穿过土星环隙的纬度区域的密度。土星环被一个由部分电离的水生成物组成的大气层包围。与水有关的离子和电子沿着磁力线进入电离层，通过快速化学重组降低局部电子密度。带电的水衍生粒子也会通过电荷交换耗尽 H_3^+。因此，这种带电荷的水粒子"雨"进入土星大气层，导致了 H_3^+ 丰度中的一系列亮带和暗带，其模式类似于土星环。

（4）天王星

自 2007 年天王星的春分以来，观测天王星的北极区域变得更加容易。由于新的图像处理技术的发展，已经获得了该地区离散云特征的惊人图像，如图 G-7 所示。使用两幅不同的近红外滤光片拍摄的图像，以确定云层和霾的高度。以 $1.6~\mu m$（蓝色和绿色）附近为中心的宽 H 滤光片对甲烷气体的弱吸收和强吸收都进行了采样，而窄的 Hcont 滤光片（红色）波长相近，但仅对甲烷的弱吸收区域进行采样。这些图像中的大多数特征都非常不明显，需要长时间曝光才能在背景噪声中检测到。但在长时间曝光期间，这些特征被行星自转和纬向风弄得模糊不清。为了解决这个问题，科学家拍摄了许多短曝光图像，并在平均化之前去除了自转和风的影响。当北极是春天时，这些极地特征是可见的；在南极的夏季和秋季，都看不到这样的特征。这项技术还发现了赤道以南以前从未见过的扇形波纹图案，类似于在水平风切变区域形成的不稳定性。

图 G-6　这幅艺术概念图说明了带电的水粒子从土星环中流入土星的大气层，导致大气亮度降低。这种带电的水粒子"雨"进入土星大气层，解释了为什么在土星的某些纬度电子密度和 H_3^+ 的丰度异常低。（PIA16842，凯克天文台/NASA/JPL/空间科学研究所/莱斯特大学）

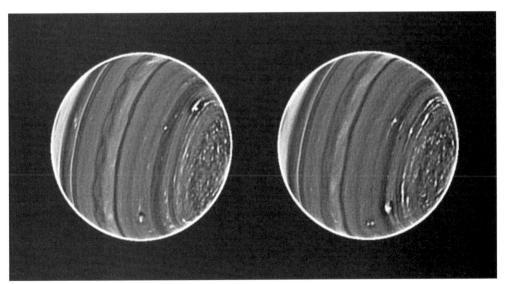

图 G-7　天王星的这两张图像是由多张图像合成的，左图由 2012 年 7 月 25 日拍摄的 117 张图像合成，右图由 2012 年 7 月 26 日拍摄的 118 张图像合成，所有这些图像都是用近红外的 NIRC2 相机与凯克 2 号（Keck II）望远镜上的自适应光学系统拍摄的。在每张图中，北极都在右侧。白色的特征是类似地球积雨云的高空云，而明亮的蓝绿色特征是类似卷层云的更薄的高空云。微红的色调表示更深的云层。〔劳伦斯·斯罗莫夫斯基（Lawrence Sromovsky）、帕特·弗莱（Pat Fry）、海蒂·哈梅尔（Heidi Hammel）、伊姆克·德·帕特（Imke de Pater）、凯克天文台〕

G.5　行星表面

（1）对木星的小型撞击

图 G-8 显示了哈勃望远镜拍摄的 2009 年 7 月撞击木星产生的大气碎片的图片。撞击物的大小估计为几百米。

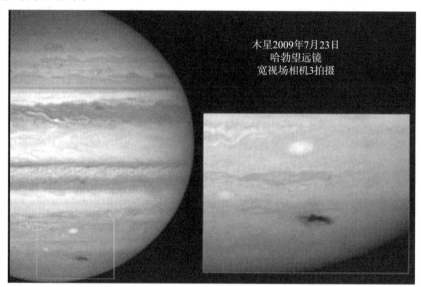

图 G-8　　　2009 年 7 月 19 日，与木星相撞的彗星或小行星所产生的大气碎片在哈勃望远镜拍摄的可见光图像中显得很暗。图像于撞击 4 天后拍摄。［NASA、ESA、哈梅尔（H. Hammel）和木星撞击小组］

目前，现代数字成像系统使业余天文学家能够从小天体（半径约 10 m）进入木星的过程中发现间或的闪光；示例如图 G-9 所示。由于无法直接探测到木星轨道附近和以外的亚千米级天体，因此对此类火流星的分析可能会使我们得到对外太阳系区域小天体数量更加可靠的估计。

（2）车里雅宾斯克流星爆炸

2013 年年初，一颗半径约为 10 m 的流星体进入地球大气层，在俄罗斯车里雅宾斯克市附近海拔约 20 km 的高空爆炸（图 G-10）。这次爆炸释放的能量大致相当于 0.5 Mt TNT 的能量，不到通古斯爆炸能量的十分之一（5.4.6 节），但由于爆炸发生在人口密集区，因此造成 1 000 多人严重受伤，需要就医。

（3）月球

月球两极附近撞击坑内的一些位置处于永久阴影中，如图 G-11 所示。这些区域可能会保持 40 K 的低温。根据一些探测器的数据［尤其是"月球撞击坑观测和遥感卫星（简称为 LCROSS）"的撞击］，部分阴影坑中含有微小的冰晶，这些冰晶与土壤混合在一起，其重量占比为几个百分点。这些冰一定是在月球形成后很长一段时间内由彗星和小行星带来的，因为月球总体上非常干燥。

图 G-9　业余天文学家安东尼·韦斯利（Anthony Wesley）拍摄的彩色合成图像，显示了 2010 年 6 月进入木星大气层的火流星的闪光（在 4 点钟方向）。（改编自 Hueso et al.，2010）

图 G-10　2013 年 2 月 15 日，在车里雅宾斯克上空看到陨石的轨迹。（美联社照片/Chelyabinsk.ru）

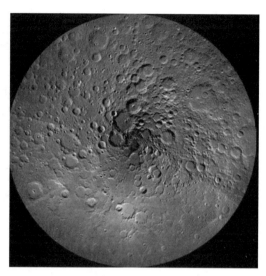

图 G‐11　月球北极的拼接图，由 LCROSS 上的广角相机在不同太阳高度角下拍摄的图像组成。显示了北纬 60°～90°的极地立体投影，包括永久阴影的撞击坑。（PIA14024，NASA 戈达德飞行中心/亚利桑那州立大学）

　　月球勘测轨道器（Lunar Reconnaissance Orbiter，LRO）进行了多年的高分辨率成像，获得了最新撞击坑形成事件前后的照片。在某些情况下，如图 G‐12 的两幅图像所示，新的撞击坑可能与从地球上观察到的撞击闪光有关。

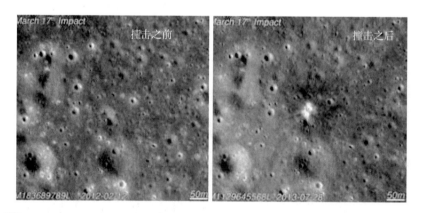

图 G‐12　🖊 2013 年 3 月 17 日形成的一个直径为 18 m 的月球撞击坑的前后图像。这个撞击坑和它产生的射线都比雨海（Mare Imbrium）周围地形要亮得多（NASA/亚利桑那州立大学/LORC）。相关的视频显示了产生该撞击坑的约 40 kg 的流星体撞击的闪光

　　（4）水星

　　水星表面的图像如图 G‐13 所示，其与月球的图像相似，这是因为在两个天体上，撞击坑是主要的地形。

　　水星的表面成分似乎与其他类地行星和月球非常不同。地基观测的微波数据和信使号

图 G - 13　信使号探测器拍摄的水星图像。图像中最引人注目的是数条巨大的射线，它们似乎来自于非常靠北的一个相对年轻的撞击坑。（NASA/JU/CIW，PIA11245）

探测器的 X 射线光谱都表明，水星表面的铁和钛的含量很低，结果约在同一数量级。水星表面的镁/硅比是地球大洋玄武岩和月球月海玄武岩中对应比值的 2～3 倍，而铝/硅和钙/硅的比值则低（约为 1/2）；对于这三个比例，与月球高地岩石的差异仍然在两倍左右，因此水星排除了类似月球的富含长石的地壳。这些比值由地基红外光谱数据推断出来，并由信使号的 X 射线光谱测定证实。也许更有趣的是，与地球、月球、火星、小行星和石质陨石的硅酸盐部分相比，硫（一种相当易挥发的元素）的丰度增加了一个数量级。这种表面成分，尤其是高挥发性成分，似乎与水星的传统形成场景不符；在这种场景中，一次巨大的撞击"轰炸"了水星的地幔（13.6.1 节）。表面成分表明，水星可能是由高度还原的但不强烈亏损挥发分的星子形成，也许是类似于彗星尘埃的物质。

　　信使号探测器上的 γ 射线光谱仪测量的放射性元素钾、钍和铀的丰度表明，钾/钍比与在其他类地行星上测量的结果相似（在月球上，钾/钍比低一个数量级，表明月球挥发物比地球少）。放射性元素是内部产生热量的主要长期来源，放射性元素的测量值表明，45 亿年之前产生的热量大约是当前的 4 倍。计算表明，自水星形成以来，内部热量的产生大幅下降，这与 38 亿年前晚期重轰击结束后不久的广泛火山活动一致。

　　水星上的火山活动似乎很普遍，如圆顶状地形、火山碎屑喷口和坑状撞击坑。平坦的平原似乎填满了撞击坑和海湾状的撞击坑边缘。在某些地方，火山平原的厚度超过 1 km，似乎是在多个侵位阶段形成的，呈溢流玄武岩风格，这与测量的表面成分一致，比玄武岩更难熔。最有趣的是不规则的浅洼地，它们被称为空洞（hollows），如图 G - 14 所示。许多空洞与撞击坑有关。这些空洞可能涉及近期通过升华、排气、火山喷发或太空风化（某些组合）而损失的挥发分。

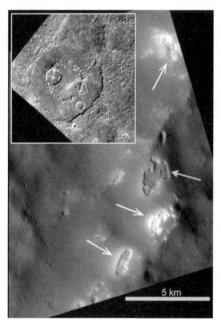

图 G-14　信使号拍摄的一类意想不到的较浅且不规则的凹陷（箭头指向位置），它们被称为空洞。一些空洞有明亮的内部和光晕。这张图片显示了一个未命名的直径为 170 km 的撞击盆地的峰-环山上的空洞（图片中的嵌入图）。(Blewett et al.，2011)

图 G-15 显示了极区附近永久阴影撞击坑中存在水冰的事实，该图为阿雷西博天文台获得的雷达反射数据与信使号拍摄的水星南极图像叠加在一起形成的合成图像。

（5）火星

火星上多变的冰盖、其他季节性的变化以及"运河"，使一些科学家确信火星上存在生命。虽然我们现在知道这颗红色行星的表面目前无人居住，但地下或者过去是否有生命是当今火星探测计划的核心，特别是在发送火星探测漫游者（Mars Exploration Rovers，MER）勇气号和机遇号以及更大的火星车好奇号的时候（图 G-4）。

勇气号的任务于 2010 年 3 月结束，而机遇号仍在行驶（已经运行了 10 年！）并勘察火星表面[①]。在探测完维多利亚撞击坑之后，它开始前往直径 22 km 的奋进撞击坑，并于 2011 年夏天抵达那里。维多利亚撞击坑和其他地点暴露的基岩层显示出富含硫酸盐的成分，表明在古代存在酸性水的时代。火星车到达奋进撞击坑边缘后，偶然发现了一条矿脉，如图 G-16 所示。矿脉富含钙和硫，可能由硫酸钙矿物石膏组成。这条矿脉表明，水一定是从岩石的地下裂缝中流过，形成了化学沉积物石膏（$CaSO_4 \cdot 2H_2O$）。

好奇号火星车于 2012 年在盖尔撞击坑着陆。它的目的是测试古代的含水环境是否也

---

① 机遇号在火星一直工作到 2018 年 6 月 12 日，受到 2018 年 6 月至 8 月间火星全球性沙尘暴影响，中断和地球的通讯，进入低电量休眠状态。此后 NASA 再未能恢复与机遇号的通信，于 2019 年 12 月 13 日正式宣布任务结束。机遇号从着陆火星到宣布任务结束共在火星工作了 15 年，行进了 45.16 km。——译者注

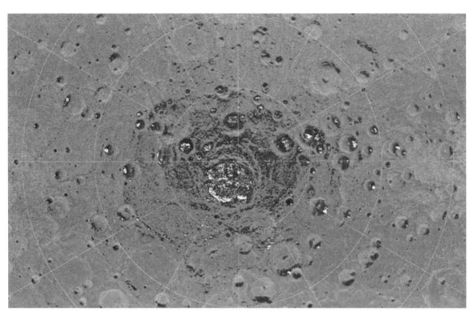

图 G-15　📡 由阿雷西博天文台制作的水星南极地区的最高分辨率的雷达图像，在信使号探测器获得的图像上显示为白色。这幅图像按水星表面被照亮的时间比例进行了着色。处于永久阴影中的区域为黑色。阿雷西博图像中的雷达明亮地形与所有处于永久阴影中的撞击坑都能匹配上。这张图片以极地立体投影的方式显示，每 5°的纬度和 30°的经度都被标出，顶部是 0°的经度。靠近水星南极的大坑赵孟頫坑（Chao Meng-Fu）直径为 180 km。（PIA15533，NASA/JU APL/CIW）

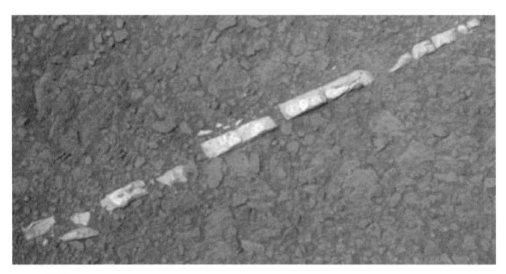

图 G-16　📡 NASA 火星车机遇号上的全景相机拍摄的一个矿脉的假彩色图像。该矿脉大约 2 cm 宽，45 cm长。机遇号发现它富含钙和硫，可能是硫酸钙矿物石膏。（NASA/JPL/Cornell，PIA15034）

适合居住。好奇号的数据显示，水曾经从盖尔撞击坑的边缘流入，汇集在中心山脉的底部，形成一个可能存在了数百万年的湖-溪-地下水系统。黏土矿物和湖泊沉积物表明，湖泊中的 pH 值为中度至中性，且盐的浓度非常低。数据进一步表明，撞击坑边缘的风化程度很低，表明气候普遍较冷和/或干燥。综上所述，好奇号的结果强烈地表明早期火星是宜居的，但生命是否确实存在仍然是一个很大程度上悬而未决的问题。

辐射对过去生命化学特征保存的影响也是一个非常重要的问题。根据好奇号运行第 1 年的测量结果进行推断，预测在约 6.5 亿年里，超过 100 个原子质量单位的有机分子数量将减少至千分之一。计算表明，在原始环境中积累的多种有机物仍有保存下来的可能，尽管信号可能已大幅减少。

（6）木卫二

哈勃望远镜于 2012 年 12 月拍摄的图像显示了木卫二南极上空水柱活动的证据。这些数据与两个 200 km 高的水气羽流吻合，其视线柱密度约为 0.1 cm^{-2}。在其他时间（2012 年 11 月和 1999 年）没有探测到羽流的事实表明，羽流活动的变化可能取决于表面应力随木卫二轨道相位的变化。当木卫二靠近远木点时，羽流出现；在近木点没有探测到羽流，这与潮汐模型的预测一致。

（7）土卫六

图 G - 17 显示了土卫六北部湖泊和海洋的合成图像。土卫六的湖泊和海洋中的液体主要是甲烷和乙烷。土卫六上的大多数液体位于北半球。事实上，土卫六上几乎所有的湖泊和海洋都落在一个约为 900 km×1 800 km 的长方形内。土卫六上只有 3% 的液态"雨"落在这个区域之外。

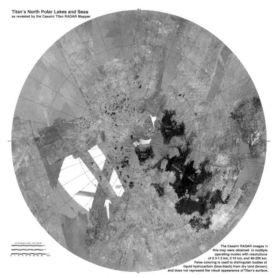

图 G - 17　　土卫六北方陆地上的湖泊和海洋的彩色拼接图。这些数据由卡西尼号的雷达设备从 2004 年到 2013 年探测得到。在这个投影中，北极位于中心位置。向下延伸到北纬 50°。在这个彩图中，液体显示为蓝色和黑色，其取决于雷达从表面反射的方式。陆地区域显示为黄色至白色。为了模拟土卫六的大气层，还添加了一层雾霾。北极上方和左边的区域点缀着较小的湖泊。这个地区的湖泊直径约为 50 km 或者更小。（PIA17655；NASA/JPLCaltech/ASI/USGS）

在 2006 年北半球冬季和 2012 年春季拍摄的图像显示，湖泊没有明显变化，这与预测了液态湖泊在未来几年稳定的气候模型一致。这表明北方的湖泊不是短暂的天气事件，其与 2010 年暴雨后赤道部分地区暂时变暗形成鲜明对比（图 G - 18）。

(a)

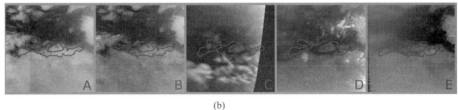

(b)

图 G - 18　（a）2010 年 9 月 27 日一场巨大的箭头形的风暴吹过土卫六赤道地区，它在土卫六的表面造成了巨大的暗色区域（可能是潮湿）。在这场风暴消散后，卡西尼号观察到土卫六表面在名为贝尔特（Belet）的沙丘区的南部边界发生了重大变化，如图（b）所示。（b）这一系列图像显示了土卫六表面由于（a）中暴雨造成的变化。这个变化覆盖了 50 万 km² 的区域。图像 A 拍摄于 2007 年 10 月 22 日，显示了这个区域在暴风雨之前的样子。图像 B 拍摄于 2010 年 9 月 27 日，巨大的箭头形云在左边，刚好在画面之外。箭头形云之后，表面迅速发生了广泛的变化，在图像 C（2010 年 10 月 14 日）和图像 D（2010 年 10 月 29 日）可以看到。到了 2011 年 1 月 15 日（图像 E），该地区大部分显得干燥和明亮，还有一个更小的区域仍然是黑暗的，也就是潮湿的。这些图像中最亮的地方是对流层中的甲烷云，也就是大气层的最低部分，在图像 B 的左边、图像 C 的下半部分和图像 D 的右边最为明显。（NASA/JPL/SSI）

G.6　行星内部

（1）月球

利用重力恢复和内部实验室（Gravity Recovery and Interior Laboratory，GRAIL，简称圣杯号）探测器的跟踪数据，确定月球引力场 420 阶和 420 次的球谐系数（对应于13 km 大小的质量块）。圣杯号任务由两个探测器组成，每个探测器都配备了重力测距系统，该系统通过卫星间测距测量探测器在月球表面上空飞行时距离的变化。与之前在低球谐级数（6.3.1 节）下的结果相比，圣杯号揭示了 80 阶（68 km）和 320 阶（17 km）之间超过 98% 的重力特征与地形有关；在任何一颗大行星上都没有观测到这个结果，尽管一旦获得足够高的全球重力图，水星可能会表现出类似的相关性。事实上，人们可以预期随着级数的增加，重力和地形有更好的相关性，因为岩石圈越来越能够在较短的波长上支持地形载荷，而不需要在深度上补偿质量。在 30～130km 的范围内，大多数相关性都与撞击坑有关。

从自由空气重力图中减去表面地形的预期信号后获得布格异常图（6.1.4.4 节），揭示了地下的重力结构。为了在重力和地形之间建立完美的相关性，布格地图在任何地方都为零。布格地图中的正异常和负异常可以通过地下密度的横向变化或地壳厚度的变化来解释。

根据圣杯号的数据，高地地壳的平均密度为 2.55 ± 0.02 g/cm^3，这远低于此前假设的密度 $2.8 \sim 2.9$ g/cm^3——这是月球上斜长岩地壳物质的典型特征。已确定横向变化高达 ± 0.25 g/cm^3。例如，南极-艾特肯盆地的密度为 2.80 g/cm^3，而在月球上两个最大的年轻撞击盆地东海（Mare Orientale）和莫斯科海（Mare Moscoviense）周围，可以看到密度低于平均值的区域。整体较低的密度为 2.55 g/cm^3，被归因于撞击导致月壳破裂。典型的月壳孔隙度高达近 20%，可以解释相比预期密度 $2.8 \sim 2.9$ g/cm^3 较低的原因。

借助圣杯号的高空间分辨率，可以识别出独特的重力特征，如撞击盆地环、复杂撞击坑的中央峰、火山地貌和较小的简单碗状撞击坑。月球质量瘤上方的自由空气重力场（6.3.1 节）已被详细描述，并揭示了一种靶心模式：具有中心正异常（即质量瘤被一个负环圈环绕）以及一个正外环带。数值模拟表明，这种模式是撞击后均衡调整和大量熔池的冷却和收缩，从撞击坑中发掘的自然结果。圣杯号进一步表明，在直径 417 km 的科罗廖夫环形山（Korolev）中，中央峰环包围着一个高布格异常区域，而周围的低布格异常位于撞击坑底部，与撞击坑侧壁不在同一位置。这表明撞击坑中心密度较高，而底部下面密度不足，这可能是由该区域的物质密度较低（可能为角砾状）造成的。

假设各处的月壳孔隙度为 12%，月幔密度为 3.22 g/cm^3。这些数据可用于绘制图 G-19 中显示的月壳厚度图。最薄的月壳厚度（<1 km）位于月球背面莫斯科海的内部；阿波罗 12 号和 14 号着陆点的厚度为 30 km。

（2）土卫二

如 4.3.3.3 节、5.5.6.2 节和 6.3.5.2 节所述，卡西尼号对土卫二南极起源一直备受

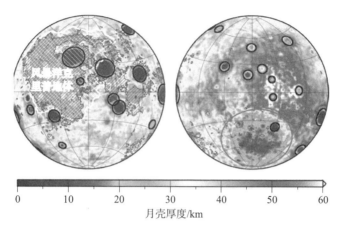

图 G-19　根据 NASA 圣杯号探测器获得的重力数据绘制的全月月壳厚度图。月球正面显示在左图；月球背面显示在右图。左图中，用白色勾勒出的区域是风暴洋克里普地体（Procellarum KREEP Terrane，PKT），它含有高丰度的钾、稀土元素和磷。除了南极—艾特肯盆地（右图的灰色圆圈），还有 12 个月壳变薄的撞击盆地，直径超过 200 km，用黑色圆圈标记。[PIA17674；NASA/JPLCaltech/S. 米利科维奇（S. Miljkovic）]

争议的活跃间歇泉进行了成像。解释起源的两个主要理论分别为南极下方存在驱动喷流的液态海洋，或存在驱动间歇泉的底辟构造。通过多普勒跟踪对卡西尼号的轨道进行了精确测量，确定了该卫星的四极子引力场和球谐系数 J_3。J_2/C_{22} 比值与流体静力平衡所需的 10/3 值略有不同，这表明卫星并非处于完全松弛的形状。惯量为 $0.335MR^2$，J_3 系数的值表明南极地区存在负质量异常，这在很大程度上被一个正的次表层异常所补偿，该异常与地表以下 30~40 km 的地下海洋相匹配，并从约南纬 50° 延伸至南极。

图 G-20 显示了土卫二在土星 E 环上的图像。

图 G-20　明亮冰物质的纤细条纹从土卫二向外延伸数万千米进入 E 环，而且土卫二活跃的南极喷流继续喷出物质。从卡西尼号的有利观测位置看过去，太阳几乎就在土星系的正后方，所以小颗粒被"照亮"，但土卫二本身是黑暗的。土卫三是可见的，位于土卫二左侧。该图像是在可见光下拍摄的，当时卡西尼号距离土卫二约 210 万 km。（NASA/JPL/SSI，PIA08321）

G.7　磁场和等离子体

（1）日球层顶

旅行者 1 号于 2012 年 8 月 25 日进入星际介质（Interstellar Medium，ISM），日心距为 121 AU。当时，带电粒子和异常宇宙射线强度突然下降，同时银河宇宙射线强度增加。2013 年 4 月，旅行者 1 号等离子体波仪器开始探测到局部产生的电子等离子体振荡，频率约为 2.6 kHz。该振荡频率对应于约 $0.08\ cm^{-3}$ 的电子密度，非常接近星际介质中的预期值。旅行者 1 号现在位于一个被称为扰动星际介质的区域。

（2）水星

与地球相比，水星的磁场非常弱，其表面磁场强度为 195 nT，略低于地球磁场强度的 1%。图 G-21 显示了基于信使号发现的水星磁层和等离子体群的示意图。

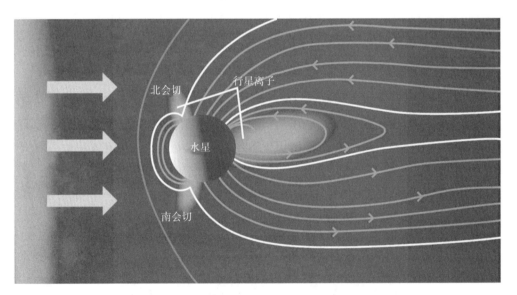

图 G-21　根据信使号的数据得出水星的磁场和等离子体布居的示意图。图中显示了重离子通量的最大值。（改编自 Zurbuchen et al.，2011）

（3）土星

在土星极光的图像中可以看到土卫二的极光足迹（图 G-22）。它与木卫一、木卫二和木卫三在木星上的足迹类似（图 7-39）。

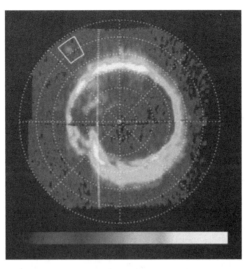

图 G-22 卡西尼号的紫外成像摄谱仪（UVIS）极紫外通道（EUV）获得的土星北部极光的极地投影图像，其中包括土卫二极光的足迹（白框内）。彩色条带显示了每个像素的极紫外发射。北极在中心；纬度圆圈相距 5°，白色虚线表示晨昏线。太阳位于左侧。（PIA13764；NASA/JPL/科罗拉多大学/中亚利桑那学院）

G.8 陨石

两颗 CM 碳质球粒陨石——2009 年的马里博（Maribo）和 2012 年的"萨特的磨坊"（Sutter's Mill）——与地球的交会速度约 28 km/s，远高于任何撞击前轨道已知的陨石。二者轨道蒂塞朗参数（10.2.4 节）$C_T \approx 3$，远日点均约为 4～5 AU。这种轨道与一些木星族彗星的轨道相似。奥盖尔陨石（Orgueil）是一种（非常原始的）CI 球粒陨石，于 1864 年坠落在法国。人们对奥盖尔火球的可见观测进行了分析，以估算撞击前的轨道。求解出的轨道在木星附近也有一个远日点，与木星系彗星的轨道相似。这些动力学结果支持了基于成分的论点，即彗星是某些球粒陨石的来源。

G.9 微型行星

图 G-23 显示了截至 2010 年行星际探测器拍摄的彗星和小行星的特写照片。

近地天体（9.1.1 节）的轨道距离地球不超过 800 万 km，如果撞击地球，其大小足以造成重大损害，被称为潜在危险小行星（Potentially Hazardous Asteroids，PHA）。半径大于 50 m 的 PHA 数量估计为 4 700±1 500。

（1）司琴星（21 Lutetia）

图 G-23 中最大的小行星是司琴星，它是由 ESA 的罗塞塔号探测器拍摄的。虽然被归类为 M 类小行星，但司琴星并没有在其表面显示出多少金属的迹象。此外，其光谱类似于碳质球粒陨石和 C 类小行星，与金属陨石完全不同。

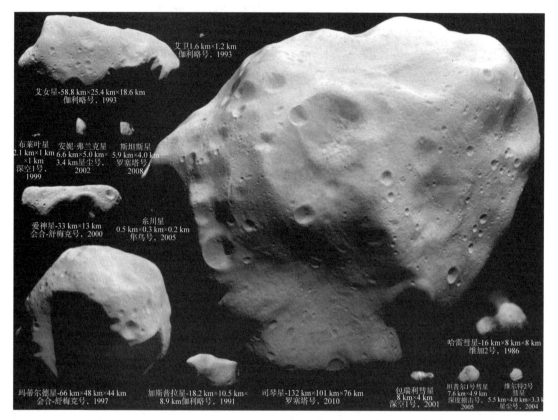

图 G - 23　由行星际探测器近距离拍摄的首批 4 颗彗星（右下）和 9 颗小行星的视图，它们以相同的比例显示。天体名称和尺寸（沿两轴或三轴的"直径"），以及成像探测器的名称和交会的年份，都列在每张图片下面。需要注意的是，尺寸范围很广。艾卫是艾女星的一颗卫星

　　司琴星具有复杂且形态多样的表面，有几个大的（几十千米）撞击坑和若干较小的撞击坑；它显然是一个非常古老的天体。司琴星被约 600 m 厚的风化层覆盖，而风化层通过沿着一些撞击坑侧壁的独特的滑坡结构显现出来。从图像中可以识别出许多其他结构，如凹坑、撞击坑链、山脊、悬崖和凹槽，其中一些呈放射状排列，另一些则同心围绕在相对年轻的撞击坑周围。

　　（2）灶神星（4 Vesta）

　　黎明号探测器围绕灶神星运行超过了一个地球年，然后继续前往谷神星。图 G - 24 显示了黎明号拍摄的灶神星完整圆盘图像。灶神星的平均半径为 265 km，是除谷神星外最大的小行星。由于灶神星的表面是玄武岩，因此它是一颗 V 类小行星，这在大型天体中独一无二。两条显著的辉石吸收带主导其光谱，就像 HED 无球粒陨石一样（8.7.1 节）。

　　灶神星表面地形的特征是其南极有一个直径 460 km 的撞击坑。黎明号发现了一个跨度约 100 km 的明显的中央峰，高出相对平坦的撞击坑底面 20～25 km。赤道附近可以看到一组与灶神星南极撞击坑有关的环形凹槽。一个更古老的盆地与南极撞击坑相抵；这个古老盆地中的凹槽自成一体。灶神星表面的许多其他凹陷也可能是大型撞击盆地的遗迹。

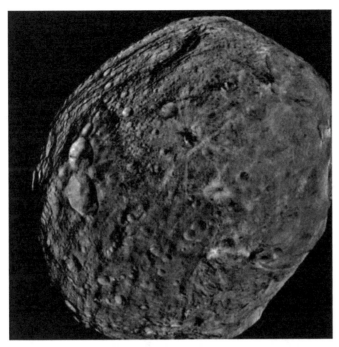

图 G-24　　NASA 的黎明号探测器在距离 5 000 km 处拍摄的大型小行星灶神星的全貌。北半球（左上）的多坑结构与南半球形成对比。造成这种差异的原因及小行星赤道附近的凹槽的来源，都是未知的。视频非常好地说明了赤道上的凹槽，同时也显示了灶神星南极附近直径约 460 km 的撞击坑。这张图片的分辨率约为 500 m。（NASA/JPLCaltech/UCLA/MPS/DLR/IDA，PIA14894）

图 G-25（a）显示了部分地表的更详细的视图，展现了一个带有滑坡的陡坡和陡坡侧壁的撞击坑。如图所示，这些较小的撞击坑具有简单的碗状形态；有些撞击坑有中央峰。

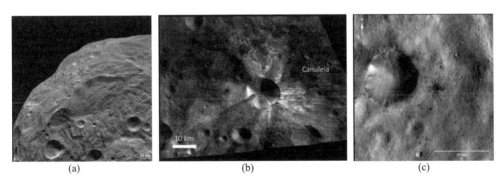

图 G-25　NASA 的黎明号探测器拍摄的灶神星的视图。（a）这张图片是通过相机的透明滤光片拍摄的，显示了一个陡坡，陡坡侧壁上有滑坡和垂直撞击坑。（b）从灶神星上的卡奴莉亚撞击坑（Canuleia）延伸出来的明亮物质的图像。这些明亮的物质似乎是在产生撞击的过程中被抛出撞击坑的，并延伸到撞击坑边缘以外的 20～30 km 处。（c）灶神星上的一个黑暗射线撞击坑和几个黑点的图像。（NASA/JPLCaltech/UCLA/MPS/DLR/IDA，a：PIA14716，b：PIA15235，c：PIA15239）

灶神星的反照率比大多数小行星都高，其表面有许多更为明亮和极暗的斑点，其中一些如图 G-25（b）和图 G-25（c）所示。明亮的区域主要出现在撞击坑内部和周围，但黑暗物质似乎也与撞击有关，并包括富碳化合物。

在类似灶神星的轨道上发现了几颗 V 类小行星（或类灶小行星）。这些小行星和 HED 陨石的母体可能是在产生南极撞击坑的撞击过程中喷射出来的。基于这个假设，这些 HED 陨石被用来建立一个灶神星起源和内部结构的模型。该模型表明灶神星在太阳系形成的最初 200 万年内吸积，将短寿命的放射性核素捕获在内部，其热量导致熔融、分异并形成铁核。黎明号的引力数据（图 G-26）表明确实存在半径约 110 km 的铁核。这与灶神星表面的矿物成分和撞击坑年代一致，与前述的形成场景一致。

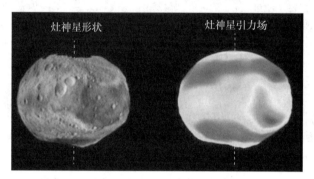

图 G-26　▨灶神星的重力场与它的表面地形密切相关。这个视频左侧显示的是带有凹槽和撞击坑的阴影地形，右侧是黎明号的重力实验的彩色轮廓数据。红色表示重力场高于平均水平的区域，蓝紫色表示重力场平均较弱的区域。最高的地形位于南半球深处的雷亚希尔维亚盆地（Rheasilvia）边缘，显示出特别强的重力场。虚线表示南北轴。地形模型是在距离表面 680 km 的位置拍摄的图像得到的，而重力数据是在距离表面 210 km 位置探测获得的。　（PIA15602；NASA/JPL-Caltech/UCLA/MPS/DLR/IDA）

（3）谷神星（1 Ceres）

据观察，水蒸气正从谷神星中逸出。水蒸气的源头是局部的和时变的。这些水似乎来自赤道附近的黑暗地区。

（4）鸟神星（136472 Makemake）

鸟神星是已知第三大海王星外天体，也是一颗冰矮星。尽管其甲烷-冰吸收带比冥王星或阋神星更强，但是其光谱与冥王星和阋神星类似。掩星测量显示鸟神星为半径 717 km × 710 km 的天体。鸟神星的自转周期为 7.77 h。其可见光反照率 $A_0 \approx 0.8$，位于冥王星和阋神星之间，表明表面为冰。然而，它的表面也有一个较小且较温暖的区域，反照率 A_0 约为 0.12。

当鸟神星的日心距离为 52.2 AU 时，恒星掩星测量结果显示大气产生的表面气压上限约为 100 nbar。假设鸟神星的温度等于其平衡温度，没有大气表明天体表面缺少氮冰，因为氮冰的蒸气压处于微巴水平。

（5）阋神星（136199 Eris）

这颗属于矮行星和海王星外天体的阋神星于 2005 年被发现。阋神星围绕太阳的轨道偏心率极大，$e = 0.44$，$i = 44°$。其卫星阋卫一（Dysnomia）的轨道表明，阋神星的质量比冥王星大 27%（表 9 - 2）。阋神星的大小是通过一个多恒星掩星实验确定的，该实验表明这颗矮行星是一个半径为 1 163 km 的较为规整的球形天体，因此它的密度约为 2.52 g/cm^3。

阋神星具有非常高的可见几何反照率，$A_0 = 0.96 \pm 0.07$。目前，阋神星接近它的远日点，距离太阳约 97 AU。在这样的距离上，人们不会期望阋神星有大气。不过，当阋神星接近其距离太阳 37.8 AU 的近日点时，可以期待冰从其表面升华。

（6）2012 VP$_{113}$

海王星外天体 2012 VP$_{113}$ 的近日点为 80 AU，半长轴为 266 AU（即远日点距离为 452 AU），它是迄今为止（2014 年 4 月）发现的第二个可能位于内奥尔特云的天体。第一个这样的天体是赛德娜星（9.1.2 节）。由于赛德娜星的近日点距离比 2012 VP$_{113}$ 小 4 AU，因此这个新发现的天体具有迄今为止的最大近日点距离。基于这一新观测和新的模拟，预计内奥尔特云的总质量约为 0.013$M_\oplus$，与柯伊伯带天体的总质量非常相似（0.01$M_\oplus$）。

G.10　彗星

图 G - 27 显示了一颗接近太阳的小彗星；在相关的视频中，人们可以看到彗星由于来自太阳的热量而完全蒸发。

（1）主带彗星

截至 2014 年 3 月，科学家已探测到约 10 颗主带彗星。此外，据报道，还有 3 颗大偏心率的天体［法厄同星（3200 Phaethon）、奥加托星（2201 Oljato）和威尔逊-哈灵顿彗星[①]（107P/Wilson Harrington）］质量出现损失，它们的远日点与木星轨道非常接近。这些天体的质量损失可归于多种原因：自转不稳定、撞击喷射、静电排斥、辐射压外扫、脱水应力和热断裂，以及 10.2.4 节中描述的冰升华。埃尔斯特-皮萨罗彗星（133P/Elst Pizarro）和里德彗星（238P/Read）被观测到的活动重复性表明了冰的升华，而沙伊拉星（596 Scheila）和彗星 P/2010 A2 活跃的原因很可能是最近的一次撞击，后者的活动也可能被解释为在达到自转不稳定后质量下降。自转不稳定性是彗星 P/2013 P5（图 G - 28）和彗星 P/2013 R3 质量脱落的最可能原因。

---

① 也同时具有小行星编号，称为威尔逊-哈灵顿星（4015 Wilson - Harrington）。——译者注

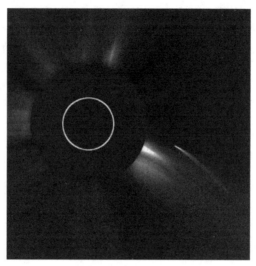

图 G - 27 　 2011 年 7 月 5—6 日，SOHO 探测器上的 LASCO 日冕仪捕捉到了一颗掠日的彗星，当时它正朝向太阳移动。内部几倍太阳半径范围的视野被日冕仪所遮挡。图中绘制的圆圈表示太阳圆盘的大小和位置。（图片来源：SOHO/LASCO 联盟；ESA 和 NASA）。太阳动力学观测站（Solar Dynamics Observatory，SDO）拍摄的相关视频显示彗星完全蒸发了

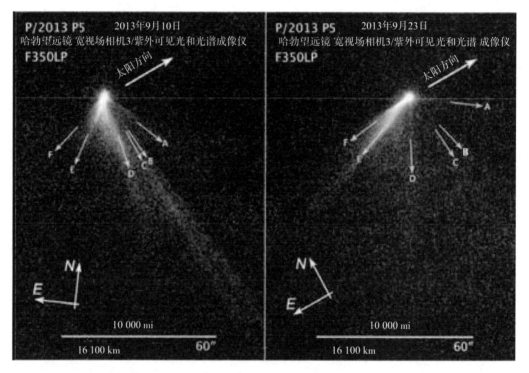

图 G - 28 　 在世界时 2013 年 9 月 10 日（左）和 23 日（右）拍摄的彗星 P/2013 P5 的综合图像。这颗主带彗星显示了一个不同寻常的 6 条彗尾的系统，不同彗尾用字母表示。哈勃望远镜相隔两周的观测显示了彗尾巨大的形态变化。每条彗尾都有各自的喷出日期，表明了持续的、偶然的质量喷发。（Jewitt et al.，2013）

（2）丘留莫夫-格拉西缅科彗星（67P/Churyumov - Gerasimenko）

2014 年 8 月 6 日，罗塞塔号探测器抵达丘留莫夫-格拉西缅科彗星。丘留莫夫-格拉西缅科彗星是一颗木星族彗星，其远日点为 5.68 AU，近日点为 1.24 AU。罗塞塔号正在利用遥感和原位测量相结合的方法研究彗星，以描述环境和彗核的特征。罗塞塔号在入轨前拍摄的图像如图 G - 29 所示。

图 G - 29　2014 年 8 月 3 日，罗塞塔号在接近丘留莫夫-格拉西缅科彗星时拍摄的图像。如图所示，这颗彗星是一个双叶形结构。它是一个"接触双星"（两颗彗星结合在一起），还是单颗彗星（其形状被升华的冰块雕琢而成），尚待进一步确定。（罗塞塔号/ESA）

（3）哈特雷 2 号彗星（103P/Hartley 2）

深度撞击号探测器的主要任务是在坦普尔 1 号彗星（9P/Tempel 1）（10.6.5 节）上制造并观测撞击坑。探测器后来改名为 EPOXI，并于 2010 年 11 月飞掠哈特雷 2 号彗星。哈特雷 2 号彗星的高分辨率图像（图 G - 30）显示，二氧化碳、尘埃和冰的空间分布非常相似，但水蒸气的分布不同，这意味着存在不同的源区域和形成过程。

G.11　行星环

NASA 的卡西尼号探测器持续传回揭示土星环性质的令人惊叹的数据。其中最有趣的发现是撞击环上形成的特征。图 G - 31 显示了在 2009 年春分点附近拍摄的 C 环波纹图案的图像，当时阳光从非常倾斜的角度把环照亮。图案的缠绕角度表明，它是由 1983 年左右使部分环倾斜的撞击形成的，很可能是导致相邻 D 环中波纹图案的相同撞击（11.3.2.1 节）。仿真建模表明，图 G - 32 中所示的云是由一个 1～10 m 的天体破碎后产生的碎片流产生的，该天体在拍摄图像前约 24 h 撞击了土星的 A 环。

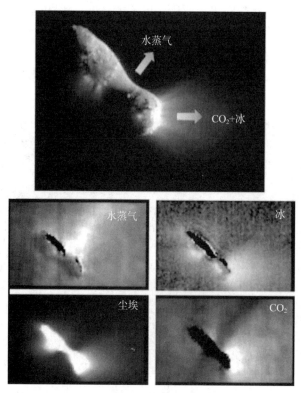

图 G-30　NASA 的 EPOXI 任务探测器对哈特雷 2 号彗星进行的红外扫描表明，二氧化碳、尘埃和冰块以类似的方式分布，并从彗核明显相同的位置发出。然而，水蒸气却有不同的分布。（PIA13628；NASA/JPLCaltech/UMD）

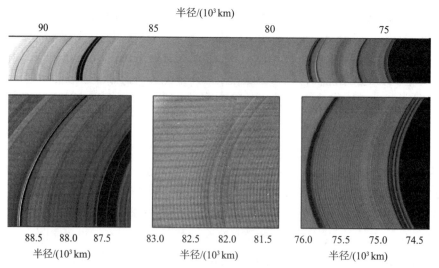

图 G-31　在卡西尼号第 117 圈轨道期间拍摄的土星 C 环的拼接图像以及选定的径向区域的特写图像，显示了延伸到整个 C 环的周期性明暗带。对每张特写图像的对比度都进行了调整，以加强带状结构的外观。特写图中的水平线是相机产生的伪影。（Hedman et al.，2011）

图 G-32 在卡西尼号接近土星春分/秋分点时拍摄的图像中，一个由土星 A 环上的小型撞击产生的喷射云明显具有一个长达数千千米的倾斜特征。(Tiscareno et al.，2013)

对伽利略号和新视野号探测器拍摄的木星主环图像的分析表明，垂直波纹与土星低光学深度内环中发现的波纹相似。最突出的图案似乎来源于 1994 年第三季度，所以归因于舒梅克-列维 9 号彗星（D/Shoemaker-Levy 9），该彗星于 1994 年 7 月撞击了木星（5.4.5 节）。彗星或其尘埃流经常撞击行星环，对行星环的改变在几十年中都可以探测到。

图 G-33 显示了土星 A 环中的螺旋桨状扰动，该扰动由一个大的环微粒/小卫星产生，半径可能约 500 m。

图 G-33 卡西尼号探测器在土星的 A 环拍摄到了一个螺旋桨状的扰动，这个扰动是由一个大的环微粒/小卫星产生，但因为其太小所以无法看到。这个天体半径可能为 500 m，位于图像的中心。在图像中，它将环的物质从黑色翼状结构中清除到其左边和右边。500 m 天体附近的受干扰物质反射的明亮阳光看起来像一个白色的飞机螺旋桨。螺旋桨结构的径向尺寸为 5 km。"黑翼"在方位角方向看起来有 1 100 km,而中间的螺旋桨结构长度为 110 km。这张图像已被重新投影，以使轨道上的物质向右移动，土星在下方。这张图像看到的是环的阳照面，分辨率为 1 km。(NASA PIA 12789)

在图 G-34 所示的卡西尼号图像的投影拼接图中，可以看到整个 F 环 360°的范围。11.4.3 节解释了约束的基本原理，但其他过程显然也在起作用，以产生观察到的复杂特征。

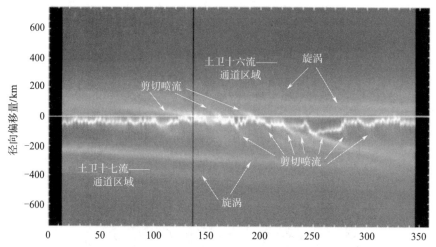

图 G-34　卡西尼号拍摄的土星的多股 F 环的拼接图，注释说明了附近的卫星土卫十六和土卫十七产生的显著的喷流、旋涡和通道。（Colwell et al. 2009）

（1）女凯龙星环

当女凯龙星（10199 Chariklo）的环掩星时，掩星曲线轮廓显示存在两个环（图 G-35）。环的等效半径为（124±9）km，轨道位于天王星和土星之间，远日点位于天王星轨道附近。环的宽度分别约为 7 km 和 3 km，其（标称）光学深度分别为 0.4 和 0.06，平均轨道半径分别为 391 km 和 405 km。环当前的方向与 2008 年侧立构型的方向一致，这可以用来简单解释 1997—2008 年环系统变暗，以及同一时期其光谱中的冰和其他吸收特征逐渐消失的现象。这意味着环中一部分由水冰组成。请注意，要使环位于洛希极限［式（11-8）］内部，环颗粒的密度必须远低于女凯龙星的密度。

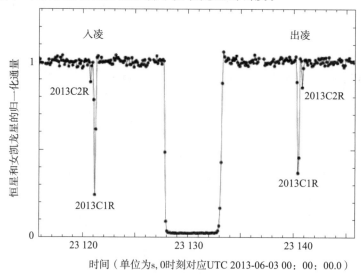

图 G-35　女凯龙星系统掩星的光变曲线。这些数据是在 2013 年 6 月 3 日使用丹麦的 1.54 m 望远镜（拉西亚天文台）以近 10 Hz 的频率拍摄获得的。在掩星之外恒星的通量和女凯龙星的通量之和已被归一化。中央的下降是由女凯龙星引起的，而两个次要事件 2013C1R 和 2013C2R 被观测到，首先在入凌阶段（在女凯龙星主掩星之前），然后在出凌阶段（在主掩星后）。（Braga-Ribas et al.，2014）

G.12 系外行星

G.12.1 系外行星的图像和光谱

已在热红外谱段中对大质量的年轻系外行星和褐矮星成像（图 G - 36），它们距离自己的中心恒星几个 AU 或更远。在大多数情况下，在一个单恒星系统中只有一个亚恒星天体被成像。但是 HR 8799 系统有 4 颗行星［外部 3 颗如图 12 - 8（b）所示］，基于恒星的年龄和行星的热光度（图 12 - 1），每颗行星质量约为 $(5\sim 10)M_2$。至少中间的一对行星（HR 8799c 和 HR 8799d）一定在近圆形的轨道上运行，才能使该系统在恒星形成后的数百万年中存活下来。从动力学角度来讲，这是一组紧密排列的行星，其轨道可能接近圆形且共面。但行星的质量以及外行星与恒星之间极大的距离对行星形成理论提出了重大挑战。

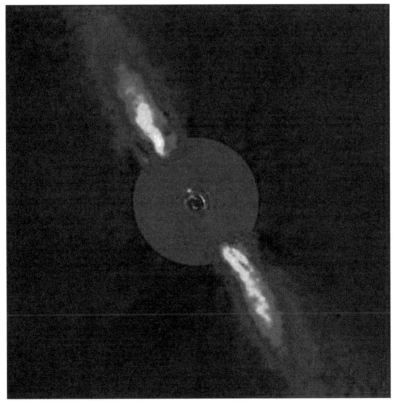

图 G - 36 这张合成图像展示了在近红外光谱中看到的绘架座 β 星（β Pictoris）附近的环境。这个非常微弱的结构是在非常仔细地减去了更明亮的恒星光环后显示出来的。图像的外部显示了来自尘埃盘的反射光；在 3.6 μm 处观察到的 b 行星（β Pictoris b）是该系统最内侧的部分。这颗行星的亮度不到绘架座 β 星的 10^{-3} 倍，与星盘平齐，投影距离为 8 AU。因为这颗行星还很年轻，所以它仍然很热，温度在 1 500 K 左右。图像的两部分都是由配备了自适应光学系统的 ESO 望远镜获得的。［ESO/A. M. 拉格朗日（A. M. Lagrange）等］

　　新的仪器和观测技术现在可以直接测量系外行星的热辐射光谱。图 G-37 显示了 HR 8799b 中等分辨率的光谱，它是这颗恒星的 4 颗已知行星中最外层的一颗。热的（$T_{eff} \approx$ 1 000 K）、年轻的（估计年龄为数千万年）行星显示出 H_2O、CO 和 CH_4 的吸收特征。在这些炽热的年轻天体中可以看到气态水，这与木星的情况不同，因为这些年轻天体的大气太热，无法形成水云；因此，在整个大气中都能发现 H_2O。尽管在 HR 8799b 中可以看到 CH_4，但这颗行星的大气层足够温暖，大气混合足够强烈（4.7 节），因此也允许存在相当数量的 CO。光谱的形状可以与模型进行比较，以估计这颗年轻行星的重力和温度。

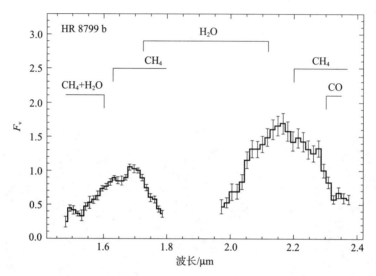

图 G-37　系外行星 HR 8799b 的近红外光谱，不确定度为 1σ。明显的水、甲烷和一氧化碳吸收带的位置被标出。［图片来源：特拉维斯·巴曼（Travis Barman）］

　　通过地基高分辨率光谱仪对热木星（巨型祝融星）的大气进行研究。在非常高的分辨率下，分子谱带被分解成单独的谱线，从而能够可靠地识别分子的类别。此外，虽然地球大气中分子的吸收在波长上是静态的，但系外行星的分子线会发生多普勒频移，偏移量约为 100 km/s。对于凌星行星而言，最大信号出现在凌星（透射光谱）和掩星前后，但不是在掩星期间（日间光谱）。日间光谱可以观察行星的热辐射，因此也可以研究非凌星行星，并且通过测定轨道速度的视向分量可以测量它们的质量和轨道倾角。近年来，甚大望远镜（Very Large Telescope）在透射光谱和日间光谱中探测到了几个热木星对 CO 的吸收，在 HD 189733b 的日间光谱中发现了 3.2 μm 波长附近的水吸收。

G.12.2　地面测量的系外行星统计数据

　　由视向速度检测到的轨道周期小于 50 天的行星的出现率与行星质量的函数关系，如图 G-38 所示。被探测到的行星的数量加上可能的候选行星，以及估计的未被探测到的这类天体的比例，代表了对于类太阳恒星在图中标注的质量范围内短周期行星的平均数量。

　　径向速度测量表明，虽然一般来说，多个巨行星系统比可探测到的巨行星在恒星周围随机分布更为常见，但在拥有热木星的恒星中，几乎没有发现其他行星。

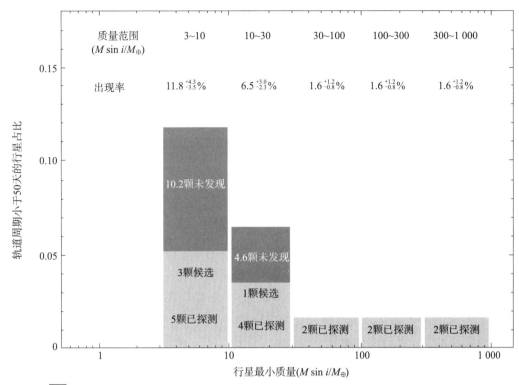

图 G‐38 轨道周期 $P < 50$ 天的行星的出现率是基于视向速度观测的行星最小质量的函数。直方图的底部（绿色）部分表示已确认的行星，而在两个最小质量区间的中间（黄色）和顶部（蓝色）的矩形分别代表候选行星和未被确认但可能的行星，修正系数表示未被探测到的行星的估计值。(Howard et al.，2010)

　　因为只有 20 多个已确认的行星探测结果，以及对大多数行星和主恒星属性的特征描述非常有限，所以在系外行星的统计特征方面，微引力透镜法不如视向速度法（见上文和 12.4 节）以及开普勒凌星法（G.3 节）那样能提供大量的结果。尽管如此，由于这些技术的互补性，微引力透镜技术可以对距离小质量恒星（银河系中最常见的恒星）几个 AU 的行星的运行频率进行最佳估计。质量为 $5M_\oplus < M_\mathrm{p} < 10M_4$、距离为 $0.5 \sim 10$ AU 的行星的平均数量（每颗恒星）为 $1.6^{+0.7}_{-0.9}$。在这些范围内，较小的行星比较大的行星更为常见（以每对数质量范围内测量的行星为单位），但较大的行星在总行星质量中所占比例更大。

G.12.3　NASA 的开普勒望远镜

　　近年来，寻找系外行星的主要努力来自 NASA 在 2009 年发射的开普勒望远镜。开普勒望远镜唯一的科学仪器是一个宽视场（105 平方度）的差分光度计，它监测了大约 16 万颗主序恒星的亮度，其中大多数恒星在 4 年内的占空比超过 85%。开普勒望远镜的目标是在主恒星的宜居带探测地球大小的行星，与地基凌星测量相比，这需要大样本量和对更大范围轨道间距的敏感性。

开普勒望远镜对大范围间隔的小型行星敏感，因此能够发现多行星系统。对于排列紧凑的行星系统、几乎共面的系统或具有偶然几何对齐的系统，开普勒望远镜能够探测多个行星的凌星。对于具有大间距行星或大相对倾角的系统，并非所有行星都会凌星，但一些非凌星行星仍然可以根据其引力扰动在一颗或多颗凌星行星上产生的凌星计时变化进行检测（12.2.5 节）。

开普勒望远镜的主要目标是对凌星的系外行星进行统计普查。在本小节的最后展示了这次普查的初步结果。此外，开普勒望远镜还发现了许多有趣的行星系统。下面将介绍一些亮点。

（1）著名行星和行星系

开普勒望远镜发现的首个主要系外行星是开普勒-9 行星系统，其中包括两颗轨道周期分别为 19.2 天和 38.9 天的凌星的近似巨行星。接近 2∶1 平均运动共振导致数十分钟的凌星计时变化。对凌星计时变化的分析确认了这些行星，并获得了它们的质量估计。每颗行星都比土星略小，质量也明显低于土星。这颗恒星还有一颗质量未知且小得多的凌星行星，轨道周期为 1.6 天。开普勒-18 与开普勒-9 类似，有两颗海王星质量的行星运行在接近 2∶1 的共振轨道，还有一颗较小的内行星。

开普勒望远镜发现的第一颗岩石行星是开普勒-10b，质量 $M_p = 4.6 M_\oplus$，半径 $R_p = 1.4 R_\oplus$，轨道周期只有 20 h。这颗行星的高密度是由较高的内部压力产生的压缩所导致，其整体特性与类地成分一致。

开普勒-11 是一颗类似太阳的恒星，有 6 颗凌星行星，其大小的范围约（1.8 ～ 4.2）$R_\oplus$。其中内侧 5 颗行星的轨道周期在 10～47 天之间，这表明它们是一个非常紧凑的动力学系统。使用凌星计时变化估计行星的质量。表 G-1 列出了这些行星的轨道和物理特性，其中还以太阳常数 $\mathcal{F}_\odot$ 为单位［地球截获的平均太阳通量；见式（3-17）］给出了每颗行星截获的恒星辐射通量，由此可估算行星的温度（习题 12.13）。这些行星都不是岩石类行星；大多数行星（如果不是全部的话）很大一部分的体积被轻气体氢气和氦气占据。对低密度的亚海王星系外行星（如开普勒-11 系统中的行星）的观测表明，H/He 可以主导一颗质量只有地球几倍的行星的体积。

表 G-1　开普勒-11 的行星系统

	周期/天	a /AU	e	i /(°)	R_p ($R_\oplus$)	M_p ($M_\oplus$)	ρ /(g/cm³)	$\mathcal{F}$($\mathcal{F}_\odot$)
b	10.304	0.091	0.04	89.6	1.8	1.9	1.72	125
c	13.024	0.107	0.03	89.6	2.9	2.9	0.66	92
d	22.685	0.155	0.004	89.7	3.1	7.3	1.28	44
e	32.000	0.195	0.01	88.9	4.2	8.0	0.58	27
f	46.689	0.250	0.01	89.5	2.5	2.0	0.69	17
g	118.381	0.466	<0.15	89.9	3.3	<25	—	4.8

开普勒-20e 是第一颗被证实围绕着太阳以外的主序恒星运行且比地球小的行星；其

轨道周期为 6 天，这表明它太热，不适合居住。开普勒-37b 仅略大于月球，它是被发现的第一颗绕正常恒星运行且比水星小的行星；它的轨道周期是 13 天，恒星的质量是太阳的 80%。

开普勒-36 拥有两颗行星，它们的半长轴相差不超过 10%，但它们的组成却截然不同。内侧的岩石行星开普勒-36b 的半径为 $1.5R_\oplus$，质量约为 $4.4M_\oplus$，而蓬松的开普勒-36c 的半径为 $3.7R_\oplus$，质量为 $8M_\oplus$，这表明后者的大部分体积都充满了 H/He。开普勒-78b 是所有已确认的系外行星中周期最短的一颗，周期为 8.5 h。这颗祝融星比地球略大，根据它对附近的主恒星引起的视向速度变化测量得到的质量表明，其具有岩石成分。

宜居带（circumstellar habitable zones）通常被定义为与恒星之间的距离，在该距离内，如果行星的大气层与地球的大气层相似，其适量接收的恒星辐射可以维持其表面的液态水储存。开普勒-62f 是第一颗已知的系外行星，其大小（$1.4R_\oplus$）和轨道位置表明它很可能是一个岩石行星，表面有稳定的液态水。

（2）多恒星系统中的行星

开普勒望远镜已经发现了几个环绕双星的凌星行星。开普勒-16（AB）b 是一颗具有土星大小 $[R_p=(0.753\,8\pm0.0025)R_2]$、土星质量 $[M_p=(0.333\pm0.016)M_2]$ 的行星，围绕一对紧密关联的恒星运行。这颗环绕双星的行星（circumbinary planet）在周期为 229 天的近圆形轨道上运行，以约 41 天为周期对两颗恒星形成食，其中一颗恒星的大小和质量约为太阳的 2/3，另一颗恒星的大小和质量不到太阳的 1/4。开普勒望远镜观测到这颗行星对两颗恒星产生凌星，因此可以很好地估计其大小。凌星和食的时间揭示了这三个天体相互的引力作用，从而可以测量质量。开普勒-34（AB）b 和开普勒-35（AB）b 是类似的绕双星行星。开普勒-47（AB）包含两颗相互运行周期为 7.45 天的恒星，而这两颗恒星又被三颗已知的凌星行星环绕，最外层行星的轨道周期为 303 天。

在一个双星/多星系统中，许多行星都是在围绕其中一颗恒星的近距离轨道上被探测到的，双星轨道的半长轴超过几十个 AU。视向速度测量表明，在单个恒星的几个 AU 内环绕的巨行星，与相距超过 100 AU 的双星周围的巨行星一样常见，而半长轴 35 AU<a_b< 100 AU 的双星则不太可能拥有这类行星。开普勒-132（AB）有两颗恒星，每颗都比太阳大一点，两颗恒星间隔约 500 AU。其中一颗恒星有两颗已知的凌星行星，另一颗有一颗凌星行星。

（3）候选开普勒行星

对开普勒望远镜前 3 年数据进行分析，发现了 3 500 多个候选系外行星，其中绝大多数可能是真正的系外行星。图 G-39 显示了开普勒候选行星的半径和周期，以及它们所在系统中的候选行星数量。图 G-40 显示了在不同大小和周期范围内拥有行星的小开普勒恒星的比例。

虽然对大多数候选开普勒行星的情况知之甚少，但该集合的统计特性提供了距离其恒星 0.5 AU 以内运行的行星轨道的关键信息。海王星大小的行星比木星大小的行星更常

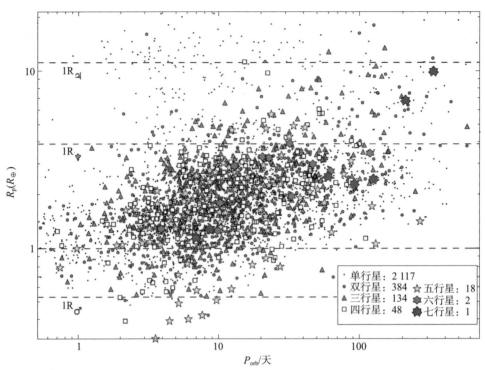

图 G-39　通过搜索开普勒望远镜前三年的数据发现的候选行星，被绘制在轨道周期-物理半径的坐标平面上。作为其特定恒星的唯一候选行星用黑点表示，双行星系统中的行星用绿色圆圈表示，三行星系统中的行星用蓝色三角形表示，四行星候选系统中的行星用开放的黑色方块表示，五行星系统中的行星用黄色五角星表示，六行星系统中的行星用橙色六角星表示，围绕开普勒-90 运行的七颗行星用红色的七角星表示。可以看出，在多行星系统中，巨行星的数量非常少。这些点的下包络的上升斜率是由轨道周期长的小型凌星行星的低 SNR 造成的（对这些凌日行星的观测很少）。［图片来源：丽贝卡·道森 (Rebekah Dawson)］

见；在一个给定（比例分数）大小的单元格中，行星的数量随着行星尺寸的减小而增加（至少为 $2R_{\oplus}$），低于该值时由于低信噪比导致调查不完整。每个对数周期的行星数量随周期的增加而增加；这种趋势的一个例外是，木星大小、周期为 4 天的行星数量过多，热木星数量见 12.3.2 节；较小的行星没有类似的周期集中现象。

　　开普勒望远镜前 3 年的数据检测到的近 1 500 颗候选凌星行星来自多个候选系统。共有 384 颗目标恒星带有 2 颗候选的凌星行星，134 颗恒星带有 3 颗行星，48 颗恒星带有 4 颗行星，17 颗恒星带有 5 颗行星，2 颗恒星带有 6 颗行星，1 颗（开普勒-90）恒星带有 7 颗行星。图 G-41 说明了使用开普勒望远镜前 3 年数据发现的具有 5 个或更多候选行星的 20 个系统的特征。

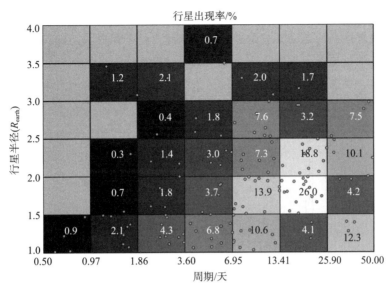

图 G - 40 　小型（M 型矮星）恒星周围小于海王星的行星的出现率（百分比）是行星半径和轨道周期的函数。每个单元格的彩色编码表示该单元内的行星的出现率（每颗恒星的平均行星数）。圆圈标志着（截至 2014 年年中）候选开普勒行星名单中的行星半径和周期。图中的出现率根据几何因子和探测小行星绕过暗淡和/或噪声大的恒星的难度进行了修正。[图片来源：考特尼·德瑞辛（Courtney Dressing）和大卫·夏邦诺（David Charbonneau）]

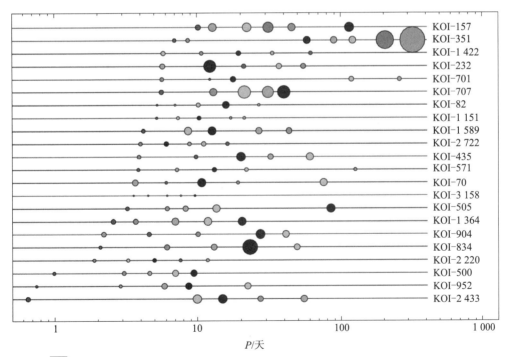

图 G - 41 　图中表示了通过搜索前 3 年的开普勒数据发现的由 5 颗或更多的行星组成的候选开普勒行星系统。每条线对应于一个系统，如右侧的标记。按照最内侧行星的轨道周期的顺序排列。行星的半径是相对的比例，并按每个系统内的大小递减来着色：红色、橙色、浅绿色、浅蓝色、深蓝色和深绿色。[图片来源：丹尼尔·法布里基（Daniel Fabrycky）]

如图 G-42 所示，观察到的周期比的分布意味着绝大多数行星对既不在低阶平均运动共振中，也不在低阶平均运动共振附近。尽管如此，处于共振状态的行星对和间隔稍远而不处于共振状态的行星对，特别是在 2∶1 和 3∶2 的共振附近，都有少量但在统计学上有意义的过剩现象。事实上，所有候选的行星系统都是稳定的，这一点通过数值积分得到了验证，数值积分假定了太阳系内行星的标准质量-半径关系。

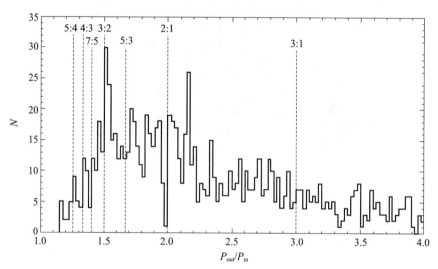

图 G-42　通过搜索开普勒望远镜前 3 年的数据发现的多行星系统中的所有行星对（不包括两个动态不稳定的候选对）的周期比直方图。周期比最高为 4。虚线标出了一阶（第 1 行给出的周期比）和二阶（第 2 行给出的周期比）共振。［图片来源：丹尼尔·法布里基（Daniel Fabrycky）］

开普勒望远镜的许多目标恒星带有一个或两个观测到的凌星候选行星，它们一定是多行星系统，其中存在其他行星，这些行星要么不是凌星行星，要么太小而无法被探测到。当考虑到有关凌星概率的几何因素和完整性（使用当前可用数据的行星可探测性）因素时，在 $1.5R_\oplus < R_p < 6R_\oplus$ 和 3 天 $< P <$ 125 天 范围内，大约 3%～5% 的开普勒目标恒星有多颗行星。开普勒望远镜观测到的大量候选多行星系统表明，许多围绕其他恒星的短周期轨道上的多行星系统几乎是共面的。

G. 12. 4　小型行星的质量-半径关系

同时测量行星的质量和半径会得到其组成的约束。行星的温度也会影响其半径。

图 G-43 显示了质量 $M_p < 20M_\oplus$ 的行星的质量-半径-温度的关系。仅有的其质量和半径测量值表明它们为岩石成分的系外行星，$R_p < 1.7R_\oplus$，除开普勒-36b 外，其他轨道周期都小于 1 天。所有已知质量和半径 $R_p > 3R_\oplus$ 的行星有很大一部分体积被 H_2 和/或 He 占据。大多数 $1.7R_\oplus < R_p < 3R_\oplus$ 的行星都可能富含水（可能还有其他天体物理上的"冰"），或者按质量来说主要是岩石化合物，但按体积来说 H/He 在占主导地位。

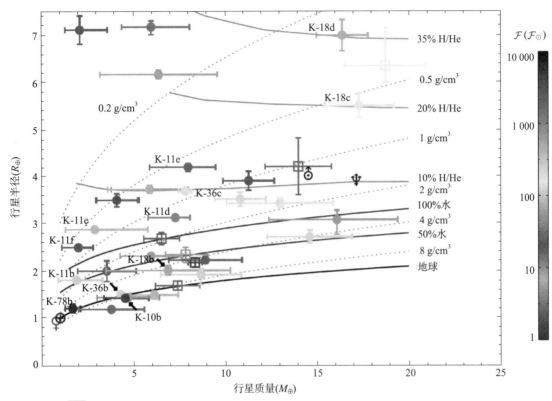

图 G‐43　小质量行星的质量-半径图。行星的符号分别表示金星、地球、天王星和海王星。开普勒行星用填充圆圈表示。这个范围内的其他凌星系外行星用开放的正方形表示，加上数字和字母表示文本中提到的行星。颜色代表行星截获的恒星辐射量，以太阳常数 $\mathcal{F}_\odot$ 为单位，如右侧的标尺所示（天王星和海王星收到的辐射能量远远少于其他行星，图中显示为黑色）。为了进行比较，绘制了年龄为 50 亿年并受到相当于 $100\,\mathcal{F}_\odot$ 通量影响的行星的质量-半径模型曲线，这些行星具有下面特定的各种成分。红色曲线显示的是类似地球的岩石/铁成分。蓝色曲线显示的是在一个类似地球内核上有 100% 的水和 50% 的水的模型。橙色曲线显示的是在具有类似地球成分的内核上，按质量计算 10%、20% 和 35% 的 H/He 的模型。灰色的点状曲线显示了密度恒定的位置。［图片来源：埃里克·洛佩兹（Eric Lopez）］

G.12.5　相对恒星赤道的轨道倾角

　　截至 2014 年年初，科学家已经在几十颗非开普勒行星上检测到了罗西特-麦克劳克林效应（Rossiter‐McLaughlin Effect，12.3.3 节），其中大部分是热木星。观察到的数值为热木星的起源提供了线索。其中绝大多数（包括图 12‐17 中的 HD 189733）已被发现在其恒星赤道面附近顺行运行，就像太阳系中的行星一样。但有些行星（图 G‐44）则是在大幅倾斜（在某些情况下甚至是逆行）的轨道上运行。大多数大倾角行星都围绕着较热由内部辐射主导的恒星运行；事实上，这种热恒星周围的轨道倾角为随机分布。相比之下，大多数围绕较冷恒星运行的热木星相对于其恒星赤道面的轨道倾角较小。较热恒星和较冷恒星之间的这种差异被解释为潮汐消散的结果：较冷恒星有更深的对流区，因此潮汐消散更迅速，从而更有效地抑制近地行星的轨道倾角。这一总体倾角分布表明，驱动热木星靠近其恒星的机制使倾角随机化，它的解释倾向于行星-行星散射和利多夫-古在共振（附录G.2），而不倾向于有序的原行星盘引起的迁移，因为只要恒星赤道靠近原行星盘的平面，有序迁移会使倾角变小。

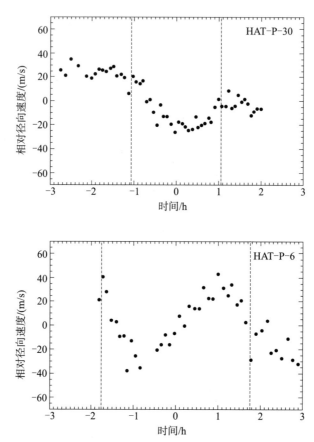

图 G-44　在 HAT-P-30（上图，数据来自 Johnson et al.，2011）、HAT-P-6（下图，数据来自 Albrecht et al. 2012）的巨大的祝融星凌星期间及其附近，这些恒星的视向速度的变化情况。曲线代表了对凌星之外的数据的开普勒拟合，对于这些数据，观察到的视向速度变化完全是由于恒星的轨道运动和最佳拟合的物理模型（允许行星轨道与恒星赤道面的任意倾角）造成的，这些模型考虑了罗西特-麦克劳克林效应。上图中高度不对称性的异常意味着一个几乎垂直的轨道，位移为 73.5°±0.9°，而下图中的模式意味着一个几乎逆行的轨道（165°±6°）。［图片来源：西蒙·阿尔布雷希特（Simon Albrecht）和乔希·温（Josh Winn）］

　　恒星自转轴相对于天平面的倾斜角度可以通过恒星质量和半径（光谱）、自转周期（开普勒目标的光斑调制）、光谱线的旋转加宽（在天平面上的自转轴最大，在极点上观察到的恒星为零）的组合来估计。这项技术以及利用凌星期间的星斑穿越模式和罗西特-麦克劳克林效应进行的估算，已被用于测量开普勒行星的轨道相对于恒星赤道的倾斜度。这些行星中的大多数都是海王星大小和更小的行星，轨道周期为数星期或数月，因此预计潮汐衰减最小。尽管如此，大多数单行星和多行星开普勒系统都在其恒星赤道平面附近运行，尽管也观测到过单行星和多行星的大倾角。

G.13　行星形成

如图 G - 45 所示，大部分凝聚发生在 1 200～1 300 K 和 200 K 以下的温度。图 G - 46 显示了太阳系以及太阳附近的银河宇宙射线中的元素的相对丰度。星际介质的成分与太阳系相似，但宇宙射线丰度受到散裂反应的强烈影响（13.2 节）。

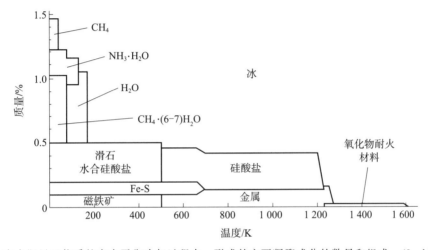

图 G - 45　在太阳星云物质的完全平衡冷却过程中，形成的主要凝聚成分的数量和组成。（Lodders，2010）

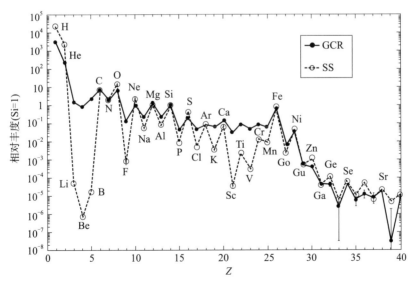

图 G - 46　银河宇宙射线（GCR，实线）和太阳系（SS，虚线）中相对于硅的元素丰度。（Israel，2012；改编自 George, et al.，2009 和 Rauch et al.，2009）。

　　地月潮汐演化的新模型表明，地月系统可能已经在地球公转轨道上损失了大量角动量。如果月球在出差[①]共振（evection resonance）中停留了相当长的时间，这种角动量转移就可能发生。当月球的近地点的进动周期等于地球绕太阳的轨道周期时（即 1 年），这种共振就会发生。如果发生这种角动量转移，它将消除巨大撞击参数的角动量约束（这种大撞击导致月球形成），允许更大范围的撞击物尺寸、碰撞参数和地球撞击前的自转状态。

　　[①]　在天文学中，出差（英语：evection，来自拉丁语，本义是"带出、带离"）是太阳对月球围绕地球公转运动造成的经度偏差（也称月行差，lunar inequality）。出差导致的月球黄经变化量约为±1.274°，周期约为 31.8 天。——译者注

参 考 文 献

[1] Ahrens，T. J.，J. D. O'Keefe，and M. A. Lange，1989. Formation of atmospheres during accretion of the terrestrial planets. In Origin and Evolution of Planetary and Satellite Atmospheres. Eds. S. K. Atreya，J. B. Pollack，and M. S. Matthews. University of Arizona Press，Tucson，pp. 328 – 385.

[2] Aikawa，Y.，T. Umbebayashi，T. Nakano，and S. M. Miyama，1999. Evolution of molecular abundances in protoplanetary disks with accretion flow. Astrophys. J.，519，705 – 725.

[3] Albrecht，S.，+12 co – authors，2012. Obliquities of hot Jupiter host stars：Evidence for tidal interactions and primordial misalignments. Astrophys. J.，757，18.

[4] Alvarez，W.，1997. T. Rex and the Crater of Doom. Princeton University Press，Princeton，NJ. 185pp.

[5] Anders，E.，and N. Grevesse，1989. Abundances of the elements：Meteoritic and solar. Geochim. Cosmochim. Acta，53，197 – 214.

[6] Anderson，J. D.，and G. Schubert，2007. Saturn's gravitational field，internal rotation，and interior structure. Science，317，1384 – 1387.

[7] Armstrong，J. C.，C. B. Leovy，and T. Quinn，2004. A 1 Gyr climate model for Mars：New orbital statistics and the importance of seasonally resolved polar processes. Icarus，171，255 – 271.

[8] Aschwanden，M. J.，2007. The Sun. In Encyclopedia of the Solar System，2nd Edition. Eds. L. McFadden，P. R. Weissman，and T. V. Johnson. Academic Press，San Diego，pp. 71 – 98.

[9] Asplund，M.，Grevesse，N.，Sauval，A. J. and Scott，P.，2009. The Chemical Composition of the Sun. Annual Review of Astronomy and Astrophysics，47，481 – 522.

[10] Atreya，S. K.，1986. Atmospheres and Ionospheres of the Outer Planets and Their Satellites. Springer – Verlag，Heidelberg. 224pp.

[11] Atreya，S. K.，J. B. Pollack，and M. S. Matthews，Eds.，1989. Origin and Evolution of Planetary and Satellite Atmospheres. University of Arizona Press，Tucson. 881pp.

[12] Atreya，S. K.，+7 co – authors，1999. A comparison of the atmospheres of Jupiter and Saturn：Deep atmospheric composition，cloud structure，vertical mixing，and origin. Planet. Space Sci.，47，1243 – 1262.

[13] Atreya，S. K.，P. R. Mahaffy，H. B. Niemann，M. H. Wong，and T. C. Owen，2003. Composition and origin of the atmosphere of Jupiter：An update，and implications for the extrasolar giant planets. Planet. Space Sci.，51，105 – 112.

[14] Bagenal，F.，1989. Torus – magnetosphere coupling. In Time Variable Phenomena in the Jovian System. Eds. M. J. S. Belton，R. A. West，and J. Rahe. Proceedings of a conference held in Flagstaff，August 25 – 27，1987，pp. 196 – 210.

[15] Bagenal，F.，1992. Giant planet magnetospheres. Annu. Rev. Earth Planet. Sci.，22，

289 – 328.

[16] Bagenal, F., T. E. Dowling, and W. B. McKinnon, Eds., 2004. Jupiter: The Planet, Satellites and Magnetosphere. Cambridge University Press, Cambridge. 719pp.

[17] Bagenal, F., Wilson, R. J., 2016. Jupiter Coordinate Systems. https://lasp.colorado.edu/home/mop/files/2015/02/CoOrd_systems12.pdf. Accessed 20 February 2023.

[18] Barshay, S. S., and J. S. Lewis, 1976. Chemistry of primitive solar material. Annu. Rev. Astron. Astrophys., 14, 81 – 94.

[19] Barth, C. A., +5 co – authors, 1992. Aeronomy of the current martian atmosphere. In Mars. Eds. H. H. Kieffer,

[20] B. M. Jakosky, C. W. Snyder, and M. S. Matthews. University of Arizona Press, Tucson, pp. 1054 – 1089.

[21] Barucci, M. A., H. Boenhardt, D. P. Cruikshank, and A. Morbidelli, Eds., 2008. The Solar System Beyond Neptune. University of Arizona Press, Tucson. 592pp.

[22] Beatty, J. K., C. C. Peterson, and A. Chaikin, Eds., 1999. The New Solar System, 4th Edition. Sky Publishing Co., Cambridge, MA and Cambridge University Press, Cambridge. 421pp.

[23] Becker, G. E., and S. H. Autler, 1946. Water vapor absorption of electromagnetic radiation in the centimeter wavelength range. Phys. Rev., 70, 300 – 307.

[24] Belcher, J. W., 1987. The Jupiter – Io connection: An Alfvénic engine in space. Science, 238, 170 – 176.

[25] Bell, J. F., D. R. Davis, W. K. Hartmann, and M. J. Gaffey, 1989. Asteroids: The big picture. In Asteroids II. Eds. R. P. Binzel, T. Gehrels, and M. S. Matthews. University of Arizona Press, Tucson, pp. 921 – 945.

[26] Bernath, P. F., 2005. Spectra of Atoms and Molecules. Oxford University Press, Oxford. 439pp.

[27] Bernstein, G. M., +5 co – authors, 2004. The size distribution of transneptunian objects. Astron. J., 128, 1364 – 1390.

[28] Bhardwaj, A., and C. M. Lisse, 2007. X – rays in the Solar System. Encyclopedia of the Solar System, 2nd Edition. Eds. L. McFadden, P. R. Weissman, and T. V. Johnson. Academic Press, San Diego, pp. 637 – 658.

[29] Bida, T., T. Morgan, and R. Killen, 2000. Discovery of calcium in Mercury's atmosphere. Nature, 404, 159 – 161.

[30] Biraud, F., +5 Co – authors, 1974. OH observation of Comet Kohoutek (1973f) at 18 cm wavelength. Astron. Astrophys., 34, 163 – 166.

[31] Bird, M. K., O. Funke, J. Neidhöfer, and I. de Pater, 1996. Multi – frequency radio observations of Jupiter at Effelsberg during the SL – 9 impact. Icarus, 121, 450 – 456.

[32] Bishop, J., +5 co – authors, 1995. The middle and upper atmosphere of Neptune. In Neptune. Ed. D. P. Cruikshank. University of Arizona Press, Tucson, pp. 427 – 488.

[33] Biver, N., +22 co – authors, 2002. The 1995 – 2002 long – term monitoring of Comet C/1995 O1 (HALE – BOPP) at radio wavelength. Earth, Moon and Planets, 90, 5 – 14.

[34] Blewett, D. T., + 17 co - authors, 2011. Hollows on Mercury: MESSENGER evidence for geologically recent volatile - related activity. Science, 333, 1856 - 1859.

[35] Blum, J., + 5 co - authors, 1994. Fractal growth and optical behaviour of cosmic dust. In Fractals in the Natural and Applied Sciences. Ed. M. M. Novak. Elsevier Science B. V. (North - Holland), pp. 47 - 59.

[36] Bockelee - Morvan, D., and E. Gerard, 1984. Radio observations of the hydroxyl radical in comets with high spectral resolution. Kinematics and asymmetries of the OH coma in C/Meier (1978XXI), C/Bradfield (1979X), and C/Austin (1982g). Astron. Astrophys., 131, 111 - 122.

[37] Bockelee - Morvan, D., + 11 Co - authors, 1998. Deuterated water in Comet C/1996 B2 (Hyakutake) and its implications for the origin of comets. Icarus, 133, 147 - 162.

[38] Bockelee - Morvan, D., J. Crovisier, M. J. Mumma, and H. A. Weaver, 2004. The composition of cometary volatiles. In Comets II. Eds. M. C. Festou, H. U. Keller, and H. A. Weaver. Arizona University Press, Tucson, pp. 391 - 423.

[39] Bolt, B. A., 1976. Nuclear Explosions and Earthquakes: The Partial Veil. San Francisco, California, Freeman, Cooper and Co.

[40] Bottke, W. F. Jr., A. Cellino, P. Paolicchi, and R. P. Binzel, Eds., 2002. Asteroids III. University of Arizona Press, Tucson. 785pp.

[41] Bottke, W. F., +6 co - authors, 2005a. The fossilized size distribution of the main asteroid belt. Icarus, 175, 111 - 140.

[42] Bottke, W. F., +6 co - authors, 2005b. Linking the collisional history of the main asteroid belt to its dynamical excitation and depletion. Icarus, 179, 63 - 94.

[43] Bouchez, A. H., M. E. Brown, and N. M. Schneider, 2000. Eclipse spectroscopy of Io's atmosphere, Icarus, 148, 316 - 319.

[44] Boyd, T. J. M., and J. J. Sanderson, 2003. The Physics of Plasmas. Cambridge University Press, Cambridge. 532pp.

[45] Braga - Ribas, F., + many co - authors, 2014. A ring system detected around the Centaur (10199) Chariklo. Nature, 508, 72 - 75.

[46] Brain, D. A., 2006. Mars Global Surveyor measurements of the martian solar wind interaction. Space Science Reviews, 126, 77 - 112.

[47] Brandt, J. C., 2007. Physics and chemistry of comets. Encyclopedia of the Solar System, 2nd Edition. Eds. L. McFadden, P. Weissman, and T. V. Johnson. Academic Press, Inc., pp. 557 - 588.

[48] Britt, D. T., D. Yeomans, K. Housen, and G. Consolmagno, 2002. Asteroid density, porosity, and structure. In Asteroids III, Eds. W. F. Bottke Jr., A. Cellino, P. Paolicchi, and R. P. Binzel. University of Arizona Press, Tucson, pp. 485 - 500.

[49] Brouwer, D., and G. M. Clemence, 1961. Methods of Celestial Mechanics. Academic Press, New York. 598pp.

[50] Brown, G. C., and A. E. Mussett, 1981. The Inaccessible Earth. George Allen and Unwin, London. 235pp. Brown, M. E., 2001. Potassium in Europa's atmosphere. Icarus, 151, 190 - 195.

[51] Brown，M. E. (2001). The inclination distribution of the Kuiper belt. Astron. J.，121，2804 – 2814.

[52] Brown，M. E.，C. A. Trujillo, and D. L. Rabinowitz，2005a. Discovery of a planetary – sized object in the scattered Kuiper belt. Astrophys. J. Lett.，635，L97 – L100.

[53] Brown，M. E.，+ 14 co – authors，2005b. Keck Observatory laser guide star adaptive optics discovery and characterization of a satellite to the large Kuiper belt object 2003 EL61. Astrophys. J. Lett.，632，L45 – L48.

[54] Brown，M. E.，D. Ragozzine，J. Stansberry, and W. C. Fraser，2010. The size，density，and formation of the Orcus – Vanth system in the Kuiper belt. Astron. J.，139，2700 – 2705.

[55] Brownlee，D. E.，and M. E. Kress，2007. Formation of Earth – like habitable planets. In Planets and Life：The Emerging Science of Astrobiology. Eds. W. T. Sullivan Ⅲ and J. A. Baross. Cambridge University Press，Cambridge，pp. 69 – 90.

[56] Brownlee，D.，+ many co – authors，2006. Comet 81 P/Wild 2 under a microscope. Science，314，1711 – 1716.

[57] Buratti，B. J.，J. K. Hillier, and M. Wang，1996. The lunar opposition surge：Observations by Clementine. Icarus，124，490 – 499.

[58] Burgdorf，M.，+ 6 co – authors，2003. Neptune's far – infrared spectrum from the ISO long – wavelength and short – wavelength spectrometers. Icarus，164，244 – 253.

[59] Burgdorf，M.，G. S. Orton，J. van Cleve，V. Meadows, and J. Houck，2006. Detection of new hydrocarbons in Uranus' atmosphere by infrared spectroscopy. Icarus，184，634 – 637.

[60] Burlaga，L. F.，+ 5 co – authors，2008. Magnetic fields at the solar wind termination shock. Nature，454，75 – 77.

[61] Burns，J. A.，P. L. Lamy, and S. Soter，1979. Radiation forces on small particles in the Solar System. Icarus，40，1 – 48.

[62] Burns，J. A.，M. R. Showalter, and G. E. Morfill，1984. The ethereal rings of Jupiter and Saturn. In Planetary Rings. Eds. R. Greenberg and A. Brahic，University of Arizona Press，Tucson，pp. 200 – 272.

[63] Burns，J. A.，+ 5 co – authors，1999. The formation of Jupiter's faint rings. Science，284，1146 –1150.

[64] Burns，J. A.，+6 co – authors，2004. Jupiter's ring – moon system. In Jupiter：Planet，Satellites and Magnetosphere，Eds. F. Bagenal，T. E. Dowling, and W. McKinnon. Cambridge University Press，Cambridge，pp. 241 – 262.

[65] Burrows，A.，+8 co – authors，1997. A non – gray theory of extrasolar giant planets and brown dwarfs. Astrophys. J.，491，856 – 875.

[66] Bus，S. J.，M. F. A'Hearn，E. Bowell, and S. A. Stern，2001. (2060) Chiron：Evidence for activity near aphelion. Icarus，150，94 – 103.

[67] Butler，B. J.，and R. J. Sault，2003. Long wavelength observations of the surface of Venus. IAUSS，1E，17B.

[68] 曹军，2024. 即将"消失"的土星光环. 天文爱好者，(6)，pp 56 – 60.

[69] Butler，B. J.，P. G. Steffes，S. H. Suleiman，M. A. Kolodner, and J. M. Jenkins，2001. Accurate and consistent microwave observations of Venus and their implications. Icarus，154，

226 - 238.

[70] Canup，R. M.，2004. Simulations of a late lunar - forming impact. Icarus，168，433 - 456.

[71] Carlson，R. W.，and the Galileo NIMS team，1991. Galileo infrared imaging spectroscopy measurements at Venus. Science，253，1541 - 1548.

[72] Carr，M. H.，1999. Mars: Surface and interior. In Encyclopedia of the Solar System. Eds. L. McFadden，P. R. Weissman，and T. V. Johnson. Academic Press，San Diego，pp. 291 - 308.

[73] Carry，B.，+7 co - authors，2008. Near - infrared mapping and physical properties of the dwarf - planet Ceres. Astron. Astrophys.，478，235 - 244.

[74] Carry，B.，+10 co - authors，2010. Physical properties of (2) Pallas. Icarus，205，460 - 472.

[75] Chamberlain，J. W.，and D. M. Hunten，1987. Theory of Planetary Atmospheres，Academic Press，New York. 481pp.

[76] Chandrasekhar，S.，1960. Radiative Transfer. Dover，New York. 392pp.

[77] Charbonneau，D.，+ 7 co - authors，2008. The broadband spectrum of the exoplanet HD 189733b. Astropyhs. J.，686，1341 - 1348.

[78] Chaussidon，M.，and M. Gounelle，2006. Irradiation processes in the early Solar System. In Meteorites and the Early Solar System II. Eds. D. S. Lauretta and H. Y. McSween. University of Arizona Press，Tucson，pp. 323 - 339.

[79] Chesley，S. R.，+9 co - authors，2003. Direct detection of the Yarkovsky effect via radar ranging to asteroid 6489 Golevka. Science，302，1739 - 1742.

[80] Chiang，E. I.，+5 co - authors. 2007. A brief history of transneptunian space. In Protostars and Planets V. Eds. B. Reipurth，D. Jewitt，and K. Keil. University of Arizona Press，Tucson，pp. 895 - 911.

[81] Clancy，R. T.，B. J. Sandor，and G. H. Moriarty - Schieven，2004. Icarus，168，116 - 121.
      Clark，B. E.，+10 co - authors，1999. NEAR photometry of asteroid 253 Mathilde. Icarus，140，53 - 65.

[82] Clark，R. N.，F. P. Fanale，and M. J. Gaffey，1986. Surface composition of natural satellites. In Satellites. Eds. J. A. Burns and M. S. Matthews. University of Arizona Press，Tucson，pp. 437 - 491.

[83] Clayton，D. D.，1983. Principles of Stellar Evolution and Nucleosynthesis，University of Chicago Press，Chicago. 612pp.

[84] Cole，G. H. A.，and M. M. Woolfson，2002. Planetary Science: The Science of Planets around Stars，Institute of Physics Publishing，Bristol and Philadelphia. 508pp.

[85] Colina，L.，R. C. Bohlin，and F. Castelli，1996. The 0.12 - 2.5 micron absolute flux distribution of the Sun for comparison with solar analog star. Astron. J.，112，307 - 315.

[86] Colwell，J. E.，+ 5 co - authors，2009. The structure of Saturn's rings. In Saturn from Cassini - Huygens. Eds. M. Dougherth，L. Esposito，and T. Krimigis. Springer，Heidelberg，pp. 375 - 412.

[87] Combi，M. R.，and Delsemme，A. H. 1980. Neutral cometary atmospheres. I - an average random walk model for photodissociation in comets. Astrophys. J.，237，633 - 640.

[88] Conrath，B. J.，+ 15 co - authors，1989a. Infrared observations of the Neptunian system. Science，246，1454 - 1459.

[89] Conrath，B. J.，R. A. Hanel，and R. E. Samuelson，1989b. Thermal structure and heat balance

of the outer planets. In Origin and Evolution of Planetary and Satellite Atmospheres. Eds. S. K. Atreya, J. B. Pollack, and M. S. Matthews. University of Arizona Press, Tucson, pp. 513 – 538.

[90] Coustenis, A., and R. D. Lorenz, 1999. Titan. In Encyclopedia of the Solar System. Eds. L. McFadden, P. R. Weissman, and T. V. Johnson. Academic Press, San Diego, pp. 377 – 404.

[91] Coustenis, A., + 10 co – authors, 1998. Titan's atmosphere from ISO observations: Temperature, composition and detection of water vapor. BAAS, 30, 1060.

[92] Coustenis, A., + 24 co – authors, 2007. The composition of Titan's stratosphere from Cassini/ CIRS mid – infrared spectra. Icarus, 189, 35 – 62.

[93] Cowley, S. W. H., 1995. The Earth's magnetosphere: A brief beginner's guide. EOS, 51, 525 – 529. Cox, A. N., Ed., 2000. Allen's Astrophysical Quantities, 4th Edition. Springer – Verlag, New York. 719pp.

[94] Cremonese, G., + 9 co – authors, 1997. Neutral sodium from Comet Hale – Bopp: A third type of tail. Astrophys. J. Lett., 490, L199 – L202.

[95] Cruikshank, D. P., + 6 co – authors, 2007. Physical properties of transneptunian objects. In Protostars and Planets V. Eds. B. Reipurth, D. Jewitt, and K. Keil. University of Arizona Press, Tucson, pp. 879 – 893.

[96] Cuzzi, J. N., + 6 co – authors, 1984. Saturn's rings: Properties and processes. In Planetary Rings. Eds. R. Greenberg and A. Brahic. University of Arizona Press, Tucson, pp. 73 – 199.

[97] Cuzzi, J. N., + 10 co – authors, 2002. Saturn's rings: Pre – Cassini status and mission goals. Space Science Reviews, 118, 209 – 251.

[98] Danby, J. M. A., 1988. Fundamentals of Celestial Mechanics, 2nd Edition. Willmann – Bell, Richmond, VA. 467pp.

[99] D'Angelo, G., W. Kley, and T. Henning, 2003. Orbital migration and mass accretion of protoplanets in three – dimensional global computations with nested grids. Astrophys. J., 586, 540 – 561.

[100] David, L., 1980. Putting our best signal forward. Cosmic Search, 2 (7), p. 3.

[101] Del Genio, A., + 6 co – authors, 2009. Saturn atmospheric structure and dynamics. In Saturn from Cassini – Huygens. Eds. M. Dougherty, L. Esposito, and T. Krimigis. Springer – Verlag, Berlin. 805pp.

[102] de Pater, I., 1981. Radio maps of Jupiter's radiation belts and planetary disk at $\lambda = 6$ cm. Astron. Astrophys., 93, 370 – 381. de Pater, I., and M. J. Klein, 1989. Time variability in Jupiter's synchrotron radiation. In Time Variable Phenomena in the Jovian System. Eds. M. J. S. Belton, R. A. West, and J. Rahe. Proceedings of a conference held in Flagstaff, August 25 – 27, 1987, pp. 139 – 150.

[103] de Pater, I., and W. S. Kurth, 2007. The Solar System at radio wavelengths. Encyclopedia of the Solar System, 2nd Edition. Eds. L. McFadden, P. Weissman, and T. V. Johnson. Academic Press, San Diego, pp. 695 – 718.

[104] de Pater, I., and D. L. Mitchell, 1993. Microwave observations of the planets: The importance of laboratory measurements. J. Geophys. Res. Planets, 98, 5471 – 5490.

[105] de Pater, I., and R. J. Sault, 1998. An intercomparison of 3 – D reconstruction techniques using

data and models of Jupiter's synchrotron radiation. J. Geophys. Res. Planets, 103, 19 973 –
19 984.

[106] de Pater, I., P. Palmer, and L. E. Snyder, 1986. The brightness distribution of OH around
Comet Halley. Astrophys. J. Lett., 304, L33 – L36.

[107] de Pater, I., P. N. Romani, and S. K. Atreya, 1989. Uranus' deep atmosphere revealed. Icarus,
82, 288 – 313.

[108] de Pater, I., F. P. Schloerb, and A. Rudolph, 1991a. CO on Venus imaged with the Hat Creek
Radio Interferometer. Icarus, 90, 282 – 298.

[109] de Pater, I., P. Palmer, and L. E. Snyder, 1991b. Review of interferometric imaging of comets.
In Comets in the Post – Halley Era. Eds. R. L. Newburn, and J. Rahe. A book as a result from an
international meeting on Comets in the Post – Halley Era, Bamberg, April 24 – 28, 1989, 175 – 207.

[110] de Pater, I., +5 co – authors, 1994. Radar aperturesynthesis observations of asteroids. Icarus,
111, 489 – 502.

[111] de Pater, I., F. van der Tak, R. G. Strom, and S. H. Brecht, 1997. The evolution of Jupiter's
radiation belts after the impact of Comet D/Shoemaker – Levy 9. Icarus, 129, 21 – 47. Erratum
(Fig. reproduction): 1998, 131, 231.

[112] de Pater, I., +6 co – authors, 1999. Keck infrared observations of Jupiter's ring system near
Earth's 1997 ring plane crossing. Icarus, 138, 214 – 223.

[113] de Pater, I., D. Dunn, K. Zahnle, and P. N. Romani, 2001. Comparison of Galileo probe data
with ground – based radio measurements. Icarus, 149, 66 – 78.

[114] de Pater, I., H. G. Roe, J. R. Graham, D. F. Strobel, and P. Bernath, 2002. Detection of the
Forbidden $a'\Delta \rightarrow X^3 \sum^-$ Rovibronic Transition on Io at 1.7 μm. Icarus, 156, 296 – 301.

[115] de Pater, I., +6 co – authors, 2004a. Keck AO observations of Io in and out of eclipse. Icarus,
169, 250 – 263.

[116] de Pater, I., S. Martin, and M. R. Showalter, 2004b. Keck near – infrared observations of
Saturn's E and G rings during Earth's ring plane crossing in August 1995. Icarus, 172, 446 – 454.

[117] de Pater, I., +8 co – authors, 2005. The dynamic neptunian ring arcs: Evidence for a gradual
disappearance of Libert? e and a resonant jump of Courage. Icarus, 174, 263 – 272.

[118] de Pater, I., S. G. Gibbard and H. B. Hammel, 2006a. Evolution of the dusty rings of Uranus.
Icarus, 180, 186 – 200.

[119] de Pater, I., H. B. Hammel, S. G. Gibbard, and M. R. Showalter, 2006b. New dust belts of
Uranus: One ring, two ring, red ring, blue ring. Science, 312, 92 – 94.

[120] de Pater, I., +8 co – authors, 2006c. Titan imagery with Keck AO during and after probe entry,
J. Geophys. Res., 111, E07S05.

[121] de Pater, I., H. B. Hammel, M. R. Showalter, and M. van Dam, 2007. The dark side of the
rings of Uranus. Science, 317, 1888 – 1890.

[122] de Pater, I., M. Showalter, and B. Macintosh, 2008. Keck observations of the 2002 – 2003
jovian ring plane crossing. Icarus, 195, 348 – 360.

[123] de Pater, I., +7 co – authors, 2010. HST and Keck AO images of vortices on Jupiter. Icarus,
210, 742 – 762.

[124] Dermott, S. F. , and C. D. Murray, 1981. The dynamics of tadpole and horseshoe orbits. I: Theory. Icarus, 48, 1 – 11.

[125] Descamps, P. , +19 co – authors, 2007. Figure of the double asteroid 90 Antiope from adaptive optics and lightcurve observations. Icarus, 187, 482 – 499.

[126] Descamps, P. , +18 co – authors, 2008. New determination of the size and bulk density of the binary asteroid 22 Kalliope from observations of mutual eclipses. Icarus, 196, 578 – 600.

[127] Descamps, P. , +18 co – authors, 2010. Triplicity, and physical characteristics of asteroid 216 Kleopatra, Icarus, 211, 1022 – 1033.

[128] Desch, M. D. , + 6 co – authors, 1991. Uranus as a radio source. In Uranus. Eds. J. T. Bergstrahl, A. D. Miner, and M. S. Matthews. University of Arizona Press, Tucson , pp. 894 – 925.

[129] Des Marais, D. - J. , + 9 co – authors, 2002. Remote sensing of planetary properties and biosignatures on extrasolar terrestrial planets. Astrobiology, 2, 153 – 181.

[130] Despois, D. , E. Gerard, J. Crovisier, and I. Kazes, 1981. The OH radical in comets: Observation and analysis of the hyperfine microwave transitions at 1667 MHz and 1665 MHz. Astron. Astrophys. , 99, 320 – 340.

[131] Dollfus, A. , M. Wolff, J. E. Geake, D. F. Lupishko, and L. M. Dougherty, 1989. Photopolarimetry of asteroids. In Asteroids II. Eds. R. P. Binzel, T. Gehrels, andM. S. Matthews. University of Arizona Press, Tucson, pp. 594 – 616.

[132] Domingue, D. L. , + 5 co – authors, 2002. Disk – integrated photometry of 433 Eros. Icarus, 155, 205 – 219.

[133] Dowling, T. E. , 1999. Earth as a planet: Atmosphere and oceans. In Encyclopedia of the Solar System. Eds. L. McFadden, P. R. Weissman, and T. V. Johnson. Academic Press, San Diego, pp. 191 – 208.

[134] Drake, F. D. 1961. Project Ozma. Physics Today, 14 (4): 40 – 46.

[135] Duffard. R. , +6 co – authors, 2002. New activity of Chiron: Results from 5 years of photometric monitoring. Icarus, 160, 44 – 51.

[136] Duncan, M. J. , and T. Quinn, 1993. The long – term dynamical evolution of the Solar System. Annu. Rev. Astron. Astrophys, 31, 265 – 295.

[137] Dunn, D. E. , I. de Pater and L. A. Molnar, 2007. Examining the wake structure in Saturn's rings from microwave observations over varying ring opening angles and wavelengths. Icarus, 192, 56 – 76.

[138] Durisen, R. H. , + 5 co – authors, 1996. Ballistic transport in planetary ring systems due to particle erosion mechanisms. III: Torques and mass loading by meteoroid impacts. Icarus, 124, 220 – 236.

[139] Dziewonski, A. M. , and D. L. Anderson, 1981. Preliminary reference Earth model. Phys. Earth Planet. Inter. , 25, 297 – 356.

[140] Ebel, D. S. , 2006. Condensation of rocky material in astrophysical environments. In Meteorites and the Early Solar System II. Eds. D. Lauretta et al. University of Arizona Press, Tucson, pp. 253 – 277, +4 plates.

[141] Elliot, J. L. , 1979. Stellar occultation studies of the Solar System. Annu. Rev. Astron.

Astrophys. , 17, 445 - 475.

[142] Elliot, J. L. , E. Dunham, and D. Mink, 1977. The rings of Uranus. Nature, 267, 328 - 330.

[143] Encrenaz, Th. , 2005. Neutral atmospheres of the giant planets: An overview of composition measurements. Space Sci. Rev. , 116, 99 - 119.

[144] Encrenaz, T. , ＋5 co - authors, 2004. The Solar System, 3rd Edition. Springer - Verlag, Berlin. ～500pp.

[145] Esposito, L. W. , 1993. Understanding planetary rings. Annu. Rev. Earth Planet. Sci. , 21, 487 - 521.

[146] Esposito, L. W. , A. Brahic, J. A. Burns, and E. A. Marouf, 1991. Particle properties and processes in Uranus' rings. In Uranus. Eds. J. T. Bergstrahl, E. D. Miner, and M. S. Matthews. University of Arizona Press, Tucson, pp. 410 - 465.

[147] Etheridge, D. M. , ＋5 co - authors, 1996. Natural and anthropogenic changes in atmospheric CO_2 over the last 1000 years from air in Antarctic ice and firn. J. Geophys. Res. , 101, 4115 - 4128.

[148] Fa, W. , and Cai, Y. , 2013. Circular polarization ratio characteristics of impact craters from Mini - RF observations and implications for ice detection at the polar regions of the Moon. Journal of Geophysical Research: Planets, 118, 1582 - 1608.

[149] Fa, W. , and Eke, V. R. 2018. Unravelling the mystery of lunar anomalous craters using radar and infrared observations. Journal of Geophysical Research: Planets, 123, 2119 - 2137.

[150] Farrington, O. , 1915. Meteorites, Their Structure, Composition and Terrestrial Relations. Chicago, published by the author.

[151] Feaga, L. M. , M. A. McGrath, and P. D. Feldman, 2002. The abundance of atomic sulfur in the amosphere of Io. Astrophys. J. , 570, 439 - 446.

[152] Feaga, L. M. , M. A. McGrath, P. D. Feldman, and D. F. Strobel, 2004. Detection of atomic chlorine in Io's atmosphere with the Hubble Space Telescope GHRS. Astrophys. J. 610, 1191 - 1198.

[153] Fedorov, A. V. , ＋7 co - authors, 2006. The Pliocene paradox (mechanisms for a permanent El Nino), Science, 312, 1485 - 1491.

[154] Feldman, P. D. , A. L. Cochran, and M. R. Combi, 2004. Spectroscopic investigations of fragment species in the coma. In Comets II. Eds. M. C. Festou, H. U. Keller, and H. A. Weaver. Arizona University Press, Tucson, pp. 425 - 447.

[155] Fernandez, J. A. , and K. Jockers, 1983. Nature and origin of comets. Rep. Prog. Phys. , 46, 665 - 772.

[156] Festou, M. C. 1981. The density distribution of neutral compounds in cometary atmospheres. I - Models and equations. Astronomy and Astrophysics, 95, 69 - 79

[157] Festou, M. C. , H. U. Keller, and H. A. Weaver, 2004. Comets II. University of Arizona Press, Tucson. 733pp.

[158] Finson, M. L. , and R. F. Probstein, 1968. A theory of dust comets. 1: Model and equations. Astrophys. J. , 154, 327 - 380.

[159] Fischer, D. A. , and J. Valenti, 2005. The planet - metallicity correlation. Astrophys. J. , 622, 1102 - 1117.

［160］ Flasar, F. M. , +45 co – authors, 2005. Temperatures, winds, and composition in the saturnian system. Science, 307, 1247 – 1251.

［161］ Fletcher, L. N. , +9 co – authors, 2007. Characterising Saturn's vertical temperature structure from Cassini/CIRS. Icarus, 189, 457 – 478.

［162］ Fletcher, L. N. , +6 co – authors, 2008. Deuterium in the outer planets: New constraints and new questions from infrared spectroscopy. AGU Fall Meeting Abstracts, ♯ P21B – 04.

［163］ Forbes, J. M. , F. G. Lemoine, S. L. Bruinsma, M. D. Smith, and X. Zhang, 2008. Solar flux variability of Mars' exosphere densities and temperatures. Geophys. Res. Lett. , 35, L01201.

［164］ Formisano, V. , S. Atreya, T. Encrenaz, N. Ignatiev, and M. Giuranna, 2004. Detection of methane in the atmosphere of Mars. Science, 306, 1758 – 1761.

［165］ Fowler, C. M. R. , 2005. The Solid Earth: An Introduction to Global Geophysics. 2nd Edition. Cambridge University Press, New York. 685pp.

［166］ French, R. G. , P. D. Nicholson, C. C. Porco, and E. A. Marouf, 1991. Dynamics and structure of the uranian rings. In Uranus. Eds. J. T. Bergstrahl, E. D. Miner, and M. S. Matthews. University of Arizona Press, Tucson, pp. 327 – 409.

［167］ Fujiwara, A. , + 21 co – authors, 2006. A rubble – pile asteroid Itokawa as observed by Hayabusa. Science, 312, 1330 – 1334.

［168］ Fulchignoni, M. , et al. , 2005. In situ measurements of the physical characteristics of Titan's environment. Nature, 438, 785 – 791.

［169］ Furlan, E. et al. , 2006. A survey and analysis of Spitzer Infrared Spectrograph spectra of T Tauri stars in Taurus. Astrophys, J. Supp. , 165, 568 – 605.

［170］ Gaffey, M. J. , J. F. Bell, and D. P. Cruikshank, 1989. Reflectance spectroscopy and asteroid surface mineralogy. In Asteroids II. Eds. R. P. Binzel, T. Gehrels, and M. S. Matthews. University of Arizona Press, Tucson, pp. 98 – 127.

［171］ Gautier, D. , and T. Owen, 1989. The composition of outer planet atmospheres. In Origin and Evolution of Planetary and Satellite Atmospheres. Eds. S. K. Atreya, J. B. Pollack, and M. S. Matthews. University of Arizona Press, Tucson, pp. 487 – 512.

［172］ Gautier, D. , B. J. Conrath, T. Owen, I. de Pater, and S. K. Atreya, 1995. The troposphere of Neptune. In Neptune and Triton. Eds. D. P. Cruikshank and M. S. Matthews, University of Arizona Press, Tucson. pp. 547 – 612.

［173］ George, J. S. , + 15 co – authors, 2009. Elemental composition and energy spectra of galactic cosmic rays during Solar Cycle 23. Astrophys. J. , 698, 1666 – 1681.

［174］ Ghil, M. , and S. Childress, 1987. Topics in Geophysical Fluid Dynamics: Atmospheric Dynamics, Dynamo Theory, and Climate Dynamics. Springer – Verlag, New York. 485pp.

［175］ Gibson, J. , W. J. Welch, and I. de Pater, 2005. Accurate jovian flux measurements at λ 1cm show ammonia to be sub – saturated in the upper atmosphere. Icarus, 173, 439 – 446.

［176］ Ginzburg, V. , and S. Syrovatskii, 1965. Cosmic magnetobremsstrahlung (synchrotron radiation). Annu. Rev. Astron. Astrophys. , 3, 297 – 350.

［177］ Gladman, B. , Kavelaars, J. J. , Petit, J. M. , Morbidelli, A. , Holman, M. J. , & Loredo, T. 2001. The structure of the Kuiper belt: Size distribution and radial extent. Astron. J. , 122,

1051 – 1066.

[178] Goldstein, H. , 2002. Classical Mechanics, 3rd Edition. Addison Wesley, MA. 638pp.

[179] Goody, R. M. , and J. C. G. Walker, 1972. Atmospheres. Prentice Hall, Englewood Cliffs, NJ. 160pp.

[180] Gosling, J. T. , 2007. The solar wind. In Encyclopedia of the Solar System. 2nd Edition. Eds. L. McFadden, P. R. Weissman, and T. V. Johnson. Academic Press, San Diego, pp. 99 – 116.

[181] Gradie, J. C. , C. R. Chapman, and E. F. Tedesco, 1989. Distribution of taxonomic classes and the compositional structure of the asteroid belt. In Asteroids II. Eds. R. P. Binzel, T. Gehrels, and M. S. Matthews. University of Arizona Press, Tucson, pp. 316 – 335.

[182] Graham, J. R. , I. de Pater, J. G. Jernigan, M. C. Liu, and M. E. Brown, 1995. W. M. Keck telescope observations of the Comet P/Shoemaker – Levy 9 fragment R Jupiter collision. Science, 267, 1320 – 1323.

[183] Greeley, R. , 1994. Planetary Landscapes. 2nd Edition. Chapman and Hall, New York, London. 286pp.

[184] Greeley, R. , +6 co – authors, 2004. Geology of Europa. In: Jupiter. The Planet, Satellites and Magnetosphere. Eds. F. Bagenal, T. E. Dowling, and W. B. McKinnon. Cambridge Planetary Science, Vol. 1. Cambridge University Press, Cambridge, pp. 329 – 362.

[185] Greenberg, R. , and A. Brahic, Eds. , 1984. Planetary Rings. University of Arizona Press, Tucson. 784pp.

[186] Grevesse, N. , M. Asplund, and A. J. Sauval, 2007. The solar chemical composition. Space Sci. Rev. , 130. 105 – 114.

[187] Grotzinger, J. , T. Jordan, F. Press, and R. Siever, 2006. Understanding Earth, 5th Edition. W. H. Freeman and Company, New York. 579pp.

[188] Grün, E. , I. de Pater, M. Showalter, F. Spahn, and R. Srama, 2006. Physics of dusty rings: History and perspective. Planet. Space Sci. , 54, 837 – 843.

[189] Grundy, W. M. , + 8 co – authors, 2007. The orbit, mass, size, albedo, and density of (65489) Ceto/Phorcys: A tidally – evolved binary Centaur. Icarus, 191, 286 – 297.

[190] Guillot, T. , 1999. Interiors of giant planets inside and outside the Solar System. Science, 286, 72 – 77.

[191] Guillot, T. , 2005. The interiors of giant planets: Models and outstanding questions. Annu. Rev. Earth Planet. Sci. , 33, pp. 493 – 530.

[192] Guillot, T. , G. Chabrier, D. Gautier, and P. Morel, 1995. Effect of radiative transport on the evolution of Jupiter and Saturn. Astrophys. J. , 450, 463 – 472.

[193] Guillot, T. , D. J. Stevenson, W. B. Hubbard, and D. Saumon, 2004. The interior of Jupiter. In Jupiter: Planet, Satellites and Magnetosphere. Eds. F. Bagenal, T. E. Dowling, and W. McKinnon. Cambridge University Press, Cambridge, pp. 19 – 34.

[194] Gulkis, S. , and I. de Pater, 2002. Radio astronomy, planetary. In Encyclopedia of Physical Science and Technology, 3rd Edition, Vol. 13. Academic Press, Inc. , Burlington, MA, pp. 687 – 712.

[195] Gurnett, D. A. , W. S. Kurth, A. Roux, S. J. Bolton, and C. F. Kennel, 1996. Evidence of a

　　　　 magnetosphere at Ganymede from Galileo plasma wave observations. Nature，384，535－537.

[196]　Gurnett, D. A. ，＋6 co－authors，2007. The variable rotation period of the inner region of Saturn's plasma disk. Science，316，442－445.

[197]　Hall，A. ，1878. Names of the satellites of mars. Astromical Notes，92，47－48.

[198]　Hamblin，W. K. ，and E. H. Christiansen，1990. Exploring the Planets. Macmillan Publishing Company，New York. 451pp.

[199]　Hamilton, D. P. ，1993. Motion of dust in a planetary magnetosphere：Orbit－averaged equations for oblateness，electromagnetic，and radiation forces with application to Saturn's E ring. Icarus，101，244－264.

[200]　Hammel, H. B. ，＋9 co－authors，1995. HST imaging of atmospheric phenomena created by the impact of Comet Shoemaker－Levy 9. Science，267，1288－1295.

[201]　Hanel, R. A. ，＋8 co－authers，1972. Infrared Spectroscopy Experiment on the Mariner 9 Mission：Preliminary Results. Science，175，305－308.

[202]　Hanel, R. A. ，B. J. Conrath，D. E. Jennings，and R. E. Samuelson，1992. Exploration of the Solar System by Infrared Remote Sensing. Cambridge University Press，Cambridge. 458pp.

[203]　Hapke, B. ，R. Nelson，and W. Smythe，1998. The opposition effect of the Moon：Coherent backscatter and shadow hiding. Icarus，133，89－97.

[204]　Hardy, J. W. ，1998. Adaptive Optics for Astronomical Telescopes. Oxford University Press，New York. 438pp.

[205]　Harker, D. E. ，C. E. Woodward，and D. H. Wooden，2005. The dust grains from 9P/Tempel 1 before and after the encounter with Deep Impact. Science，310，278－280.

[206]　Harmon, J. K. ，D. B. Campbell，A. A. Hine，I. I Shapiro，and B. G. Marsden，1989. Radar observations of Comet IRAS－Araki－Alcock. Astrophys. J. ，338，1071－1093.

[207]　Harmon, J. K. ，＋5 co－authors，1994. Radar mapping of Mercury's polar anomalies. Nature，369，213－215. Harrington, J. ，＋6 co－authors，2004. Lessons from Shoemaker－Levy 9 about Jupiter and planetary impacts. In Jupiter：Planet，Satellites and Magnetosphere. Eds. F. Bagenal，T. E. Dowling，and W. McKinnon. Cambridge University Press，Cambridge，pp. 158－184.

[208]　Harrington, J. ，＋5 co－authors，2007. The hottest planet. Nature，447，691－693. Hartmann, W. K. ，1989. Astronomy：The Cosmic Journey. Wadsworth Publishing Company，Belmont，CA. 698pp.

[209]　Hartmann, W. K. ，2005. Moons and Planets，5th Edition. Brooks/Cole，Thomson Learning，Belmont，CA. 428pp.

[210]　Hedman, M. M. ，J. A. Burns，M. W. Evans，M. S. Tiscareno，and C. C. Porco，2011. Saturn's curiously corrugated C ring. Science，332，708－711.

[211]　Helfenstein, P. J. ，et al. ，1994. Galileo photometry of asteroid 951 Gaspra. Icarus，107，37－60.

[212]　Helfenstein, P. ，J. Veverka，and J. Hiller，1997. The lunar opposition effect：A test of alternative models. Icarus，128，2－14.

[213]　Hendrix, A. R. ，R. M. Nelson，and D. L. Domingue，2007. The Solar System at ultraviolet wavelengths. In Encyclopedia of the Solar System，2nd Edition. Eds. L. McFadden，P. R.

Weissman，and T. V. Johnson. Academic Press，San Diego，pp. 659 – 680.

[214] Herzberg，G. ，1944. Atomic Spectra and Atomic Structure. Dover Publications，New York. 257pp.

[215] Hill，T. W. ，A. J. Dessler，and C. K. Goertz，1983. Magnetospheric models. In Physics of the Jovian Magnetosphere. Ed. A. J. Dessler. Cambridge University Press，Cambridge，pp. 353 – 394.

[216] Holden，N. E. et al. ，2018. IUPAC Periodic Table of the Elements and Isotopes (IPTEI) for the Education Community (IUPAC Technical Report) . Pure Appl. Chem. 90 (12)：1833 – 2092.

[217] Holman，M. J. ，1997. A possible long – lived belt of objects between Uranus and Neptune. Nature，387，785 – 788.

[218] Holton，J. R. ，1972. An Introduction to Dynamic Meteorology. Academic Press，New York. 319pp.

[219] Hood，L. ，and J. Jones，1987. Geophysical constraints on lunar bulk composition and structure：A reassessment. Proc. 17th Lunar Planet. Sci. Conf. ，Part 2. J. Geophys. Res. ，92，E396 – E410.

[220] Hood，L. ，and M. T. Zuber，2000. Recent refinements in geophysical constraints on lunar origin and evolution. In Origin of the Earth and Moon. Eds. R. Canup and K. Righter. University of Arizona Press，Tucson，pp. 397 – 409.

[221] Horányi，M. ，J. A. Burns，M. M. Hedman，G. H. Jones，and S. Kempf，2009. Diffuse Rings. In Saturn from Cassini – Huygens. Eds. M. K. Dougherlty，L. W. Esposito，and S. M. Krimigis，Springer – Verlag，Berlin，pp. 511 – 536.

[222] Howard，A. D. ，1967. Drainage analysis in geological interpretation：A summation. Am. Ass. Petrol. Geol. Bull. ，51，2246 – 2259.

[223] Howard，A. W. ，＋9 co – authors，2010. The occurrence and mass distribution of close – in super –Earths，Neptunes，and Jupiters. Science，330，653 – 655.

[224] Hubbard，W. B. ，1984. Planetary Interiors. Van Nostrand Reinhold Company Inc. ，New York. 334pp.

[225] Hubbard，W. B. ，M. Podolak，and D. J. Stevenson，1995. The interior of Neptune. In Neptune and Triton. Ed. D. P. Cruikshank. University of Arizona Press，Tucson，pp. 109 – 138.

[226] Huebner，W. F. ，Ed. ，1990. Physics and Chemistry of Comets. Springer – Verlag，Berlin. 376pp.

[227] Hueso，R. ，＋16 co – authors，2010. First Earth – based detection of a superbolide on Jupiter. Astrophys. J. Lett. ，721，L129 – L133.

[228] Hughes，W. J. ，1995. The magnetopause，magnetotail，and magnetic reconnection. In Introduction to Space Physics. Eds. M. G. Kivelson and C. T. Russell. Cambridge University Press，Cambridge，pp. 227 – 287.

[229] Hundhausen，A. J. ，1995. The solar wind. In Introduction to Space Physics. Eds. M. G. Kivelson，and C. T. Russell. Cambridge University Press，Cambridge，pp. 91 – 128.

[230] Hunten，D. M. ，2007. Venus：Atmosphere. In Encyclopedia of the Solar System，2nd Edition. Eds. L. McFadden，P. R. Weissman，and T. V. Johnson. Academic Press，San Diego，pp. 139 – 148.

[231] Hunten，D. M. ，and J. Veverka，1976. Stellar and spacecraft occultations by Jupiter：A critical

review of derived temperature profiles. In Jupiter. Ed. T. Gehrels. University of Arizona Press, Tucson, pp. 247 - 283.

[232] Hunten, D. M. , +5 co - authors, 1984. Titan. In Saturn. Eds. T. Gehrels and M. S. Matthews. University of Arizona Press, Tucson, pp. 671 - 759.

[233] Hunten, D. M. , T. H. Morgan, and D. E. Shemansky, 1988. The Mercury atmosphere. In Mercury. Eds. F. Vilas, C. R. Chapman, and M. S. Matthews. University of Arizona Press, Tucson, pp. 562 - 612.

[234] Hunten, D. M. , T. M. Donahue, J. C. G. Walker, and J. F. Kasting, 1989. Escape of atmospheres and loss of water. In Origin and Evolution of Planetary and Satellite Atmospheres. Eds. S. K. Atreya, J. B. Pollack, and M. S. Matthews. University of Arizona Press, Tucson. pp. 386 - 422.

[235] Huygens, C. , 1659. Systema Saturnia.

[236] Ingersoll, A. P. , 1999. Atmospheres of the giant planets. In The New Solar System. 4th Edition. Eds. J. K. Beatty, C. C. Petersen and A. Chaikin. Cambridge University Press and Sky Publishing Corporation, pp. 201 - 220.

[237] Ip, W. - H. , and W. I. Axford, 1990. The plasma. In Physics and Chemistry of Comets. Ed. W. F. Huebner. Springer - Verlag, Berlin, pp. 177 - 233.

[238] Israel, M. H. , 2012. Cosmic rays: 1912 - 2012. EOS, 93, 373 - 374. Jackson, J. D. , 1999. Classical Electrodynamics, 3rd Edition. John Wiley and Sons, New York. 641pp.

[239] Jacobs, J. A. , 1987. The Earth's Core, 2nd Edition. Academic Press, New York. 416pp.

[240] Jacobson, M. Z. , 1999. Fundamentals of Atmospheric Modeling. Cambridge University Press, New York. 656pp.

[241] Jacobson, R. , 2010. Orbits and masses of the Martian satellites and the libration of Phobos. Astron. J. , 139, 668 - 679.

[242] Jacobson, R. A. , + 6 co - authors, 2008. Revised orbits of Saturn's small inner satellites. Astron. J. , 135, 261 - 263.

[243] Jakosky, B. 1998. The Search for Life on Other Planets. Cambridge University Press, New York. 326pp.

[244] Jeanloz, R. , 1989. Physical chemistry at ultrahigh pressures and temperatures. Annu. Rev. Phys. Chem. , 40, 237 - 259.

[245] Jewitt, D. , L. Chizmadia, R. Grimm, and D. Prialnik, 2007. Water in the small bodies of the Solar System. In Protostars and Planets V. Eds. B. Reipurth, D. Jewitt, and K. Keil. University of Arizona Press, Tucson, pp. 863 - 878.

[246] Jewitt, D. , +4 co - authors, 2013. The extraordinary multi - tailed main - belt comet P/2013 P5. Astrophys. J. , 778, L21 - L24.

[247] Johnson, J. A. , + 22 co - authors, 2011. HAT - P - 30b: A transiting hot Jupiter on a highly oblique orbit. Astrophys. J. , 735, 24.

[248] Kaasalainen, M. , S. Mottola, and M. Fulchignoni, 2002. Asteroid models from disk - integrated data. In Asteroids III. Eds. W. F. Bottke Jr. , A. Cellino, P. Paolicchi, and R. P. Binzel. University of Arizona Press, Tucson, pp. 139 - 150.

[249] Karkoschka, E. , 1994. Spectrophotometry of the jovian planets and Titan at 300 to 1000 nm

wavelength: The methane spectrum. Icarus, 111, 174 – 192.

[250] Kary, D. M., and L. Dones, 1996. Capture statistics of short – period comets: Implications for Comet D/Shoemaker – Levy 9. Icarus, 121, 207 – 224.

[251] Kerridge, J. F., 1993. What can meteorites tell us about nebular conditions and processes during planetesimal accretion? Icarus, 106, 135 – 150.

[252] Kivelson, M. G., and F. Bagenal, 1999. Planetary magnetospheres. In Encyclopedia of the Solar System. Eds. P. R. Weissman, L. McFadden, and T. V. Johnson. Academic Press, Inc., New York. pp. 477 – 498.

[253] Kivelson, M. G. and F. Bagenal, 2007. Planetary magnetospheres. In Encyclopedia of the Solar System, 2nd Edition. Eds. L. McFadden, P. R. Weissman, and T. V. Johnson. Academic Press, San Diego, pp. 519 – 540.

[254] Kivelson, M. G., and C. T. Russell, Eds., 1995. Introduction to Space Physics. Cambridge University Press, Cambridge. 568pp.

[255] Kivelson, M. G., and G. Schubert, 1986. Atmospheres of the terrestrial planets. In The Solar System: Observations and Interpretations. Rubey Vol. IV. Ed. M. G. Kivelson. Prentice Hall, Englewood Cliffs, NJ, pp. 116 – 134.

[256] Klein, M. J., and M. D. Hofstadter, 2006. Long – term variations in the microwave brightness temperature of the Uranus atmosphere. Icarus, 184, 170 – 180.

[257] Klein, M. J., S. Gulkis, and S. J. Bolton, 1995. Changes in Jupiter's 13 – cm synchrotron radio emission following the impacts of Comet Shoemaker – Levy – 9. GRL, 22, 1797 – 1800.

[258] Klein, M. J., ＋6 co – authors, 2001. Cassini – Jupiter microwave observing campaign: DSN and GAVRT observations of jovian synchrotron radio emission. Planetary Radio Emissions, V, 221 – 228.

[259] Kliore, A. J., ＋6 co – authors, 2009. Midlatitude and high – latitude electron density profiles in the ionosphere of Saturn obtained by Cassini radio occultation observations. J. Geophys. Res., 114, CiteID A04315.

[260] Kloosterman, J. L., B. Butler, and I. de Pater, 2007. VLA observations of Jupiter's synchrotron radiation at 15 GHz. Icarus, 193, 644 – 648.

[261] Knutson, H. A., ＋8 co – authors, 2007. A map of the day – night contrast of the extrasolar planet HD 189733b. Nature, 447, 183 – 186.

[262] Kokubo, E., and S. Ida, 1999. Formation of protoplanets from planetesimals in the solar nebula. Icarus, 143, 15 – 27.

[263] Kokubo, E., R. M. Canup, and S. Ida, 2000. Lunar accretion from an impact – generated disk. In Origin of the Earth and Moon. Eds. R. M. Canup and K. Righter. University of Arizona Press, Tucson, pp. 145 – 163.

[264] Kolokolova, L., M. S. Hanner, A. – C. Levasseur – Regourd, and B. A. S. Gustafson, 2004. Physical properties of cometary dust from light scattering and thermal emission. In Comets II. Eds. M. C. Festou, H. U. Keller, and H. A. Weaver. University of Arizona Press, Tucson, pp. 577 – 604.

[265] Konackie, M. and A. Wolszczan, 2003. Masses and orbital inclinations of planets in the PSR B1257＋12 system. Astrophys. J., 597, 1076 – 1091.

［266］ Konopliv，A. S.，A. B. Binder，L. L. Hood，A. B. Kucinskas，W. L. Sjogren，and J. G. Williams，1998. Improved gravity field of the Moon from Lunar Prospector. Science，281，1476－1480.

［267］ Konopliv，A. S.，W. B. Banerdt，and W. L. Sjogren，1999. Venus gravity：180th degree and order model. Icarus，139，3－18.

［268］ Krasnopolsky，V. A.，B. R. Sandel，F. Herbert，and R. J. Vervack Jr.，1993. Temperature，N_2，and N density profiles of Triton's atmosphere：Observations and model. J. Geophys. Res.，98（E2），3065－3078.

［269］ Kraus，J. D.，1986. Radio Astronomy，2nd Edition. Cygnus Books，Powell，OH. 719pp.

［270］ Kring，D.，2003. Environmental consequences of impact cratering events as a function of ambient conditions on Earth. Astrobiology，3，133－152.

［271］ Krishna Swamy，K. S.，1986. Physics of Comets. World Scientific Publishing Co. Pte. Ltd.，Singapore. 273pp.

［272］ Krot，A. N.，E. R. D. Scott and B. Reipurth，Eds.，2005. Chondrites and the Protoplanetary Disk. ASP Conference Series，341，Astronomical Society of the Pacific，San Francisco. 1029pp.

［273］ Kurth，W. S.，1997. Whistler. In Encyclopedia of Planetary Sciences. Eds. J. H. Shirley and R. W. Fairbridge. Chapman and Hall，London，pp. 936－937.

［274］ Kurth，W. S.，and D. A. Gurnett，1991. Plasma waves in planetary magnetospheres. J. Geophys. Res.，96，18 977－18 991.

［275］ Kurth，W. S.，＋9 co－authors，2005. High spectral and temporal resolution observations of Saturn kilometric radiation. Geophys. Res. Lett.，32，L20S07.

［276］ Lacerda，P.，and D. C. Jewitt，2007. Densities of Solar System objects from their rotational light curves. Astron. J.，133，1393－1408.

［277］ Lambeck，K.，1988. Geophysical Geodesy：The Slow Deformations of the Earth. Oxford Science Publications，Oxford. 718pp.

［278］ Lamy，P. L.，I. Toth，Y. R. Fernández，and H. A. Weaver，2004. The sizes，shapes，albedos and colors of cometary nuclei. In Comets II. Eds. M. C. Festou，H. U. Keller，and H. A. Weaver. University of Arizona Press，Tucson，pp. 223－264.

［279］ Laskar，J.，T. Quinn，and S. Tremaine，1992. Confirmation of resonant structure in the Solar System. Icarus，95，148－152.

［280］ Lauretta，D. S.，and H. Y. McSween，Eds.，2006. Meteorites and the Early Solar System II. University of Arizona Press，Tucson. 942pp.

［281］ Lecacheux，A.，2001. Radio observations during the Cassini flyby of Jupiter. In Planetary Radio Emissions V. Eds. H. O. Rucker，M. L. Kaiser，and Y. Leblanc. Austrian Academy of Sciences Press，Vienna，pp. 1－13.

［282］ Lederer，S. M.，＋14 co－authors，2005. Physical characteristics of Hayabusa target asteroid 25143 Itokawa. Icarus，173，153－165.

［283］ Lellouch，E.，M. J. S. Belton，I. de Pater，S. Gulkis，and T. Encrenaz，1990. Io's atmosphere from microwave detection of SO_2. Nature，346，639－641.

［284］ Lellouch，E.，D. F. Strobel，and M. Belton，1995. Detection of SO in the atmosphere of Io. BAAS，27，1155.

[285] Lellouch, E., G. Paubert, D. F. Strobel, and M. Belton, 2000. Millimeter – wave observations of Io's atmosphere: The IRAM 1999 campaign. BAAS, 32, ♯35. 11.

[286] Lellouch, E., G. Paubert, J. L. Moses, N. M. Schneider, and D. F. Strobel, 2003. Volcanically emitted sodium chloride as a source for Io's neutral clouds and plasma torus. Nature, 421, 45 – 47.

[287] Levison, H. F., and Stern, S. A. 2001. On the size dependence of the inclination distribution of the main Kuiper belt. Astron. J., 121, 1730 – 1735.

[288] Levison, H. F., & Morbidelli, A. (2003). The formation of the Kuiper belt by the outward transport of bodies during Neptune's migration. Nature, 426, 419 – 421.

[289] Levison, H. F., and L. Dones, 2007. Comet populations and cometary dynamics. In Encyclopedia of the Solar System, 2nd Edition. Eds. L. McFadden, P. R. Weissman, and T. V. Johnson. Academic Press, San Diego, pp. 575 – 588.

[290] Levison, H. F., J. J. Lissauer, and M. J. Duncan, 1998. Modeling the diversity of outer planetary systems. Astron. J., 116, 1998 – 2014.

[291] Levy, E. H., 1986. The generation of magnetic fields in planets. In The Solar System: Observations and Interpretations. Rubey Vol. IV. Ed. M. G. Kivelson. Prentice Hall, Englewood Cliffs, NJ, pp. 289 – 310.

[292] Lewis, J. S., 1995. Physics and Chemistry of the Solar System, Revised Edition. Academic Press, San Diego. 556pp.

[293] Lewis, J. S., 2004. Physics and Chemistry of the Solar System, 2nd Edition. Elsevier, Academic Press, San Diego. 684pp.

[294] Li, X. D., and B. Romanowicz, 1996. Global mantle shear velocity model developed using nonlinear asymptotic coupling theory. J. Geophys. Res., 101, pp. 22 245 – 22 272.

[295] Lide, D. R., Ed., 2005. CRC Handbook of Chemistry and Physics, 86th Edition. CRC Press, Boca Raton, FL. 2544pp.

[296] Lillis, R. J., + 5 co – authors, 2008. An improved crustal magnetic field map of Mars from electron reflectometry: Highland volcano magmatic history and the end of the martian dynamo. Icarus, 194, 575 – 596.

[297] Lin, D. N. C., 1986. The nebular origin of the Solar System. In The Solar System: Observations and Interpretations, Rubey Vol. IV. Ed. M. G. Kivelson. Prentice Hall, Englewood Cliffs, NJ, pp. 28 – 87.

[298] Lindal, G. F., 1992. The atmosphere of Neptune: An analysis of radio occultation data acquired with Voyager 2. Astron. J., 103, 967 – 982.

[299] Lindal, G. F., + 5 co – authors, 1987. The atmosphere of Uranus: Results of radio occultation measurements with Voyager 2. J. Geophys. Res., 92, 14 987 – 15 002.

[300] Lipschutz, M. E., and L. Schultz, 2007. Meteorites. In Encyclopedia of the Solar System, 2nd Edition. Eds. L. McFadden, P. R. Weissman, and T. V. Johnson. Academic Press, San Diego, pp. 251 – 282.

[301] Lis, D. C., + 10 co – authors, 1997. New molecular species in Comet C/1995 O1 (Hale – Bopp) observed with the Caltech Submillimeter Observatory. Earth Moon Planets, 78, 13 – 20.

［302］ Lissauer, J. J. , 1993. Planet formation. Annu. Rev. Astron. Astrophys. , 31, 129 - 174.

［303］ Lissauer, J. J. , 1995. Urey Prize lecture: On the diversity of plausible planetary systems. Icarus, 114, 217 - 236.

［304］ Lissauer, J. J. , 1999. How common are habitable planets? Nature, 402, C11 - C14.

［305］ Lissauer, J. J. , and I. de Pater, 2013. Fundamental Planetary Science: Physics, Chemistry and Habitability. Cambridge University Press, Cambridge. 616pp.

［306］ Lissauer, J. J. , J. B. Pollack, G. W. Wetherill, and D. J. Stevenson, 1995. Formation of the Neptune system. In Neptune and Triton. Ed. D. P. Cruikshank. University of Arizona Press, Tucson, pp. 37 - 108.

［307］ Lissauer, J. J. , O. Hubickyj, G. D'Angelo, and P. Bodenheimer, 2009. Models of Jupiter's growth incorporating thermal and hydrodynamic constraints. Icarus, 199, 338 - 350.

［308］ Lissauer, J. J. , + 16 co - authors, 2013. All six planets known to orbit Kepler - 11 have low densities. Astrophys. J. , 770, 131.

［309］ Lisse, C. M. , K. E. Kraemer, J. A. Nuth, A. Li, and D. Joswiak, 2007. Comparison of the composition of the Tempel 1 ejecta to the dust in Comet C/Hale Bopp 1995 O1 and YSO HD100546. Icarus, 187, 69 - 86.

［310］ Lithgow - Bertelloni, C. , and M. A. Richards, 1998. The dynamics of cenozoic and mesozoic plate motions. Rev. Geophys. , 36, 27 - 78.

［311］ Lodders, K. , 2003. Solar System abundances and condensation temperatures of the elements. Astrophys. J. , 591, 1220 - 1247.

［312］ Lodders, K. , 2010. Solar System abundances of the elements. In Principles and Perspectives in Cosmochemistry, Astrophysics and Space Science Proceedings. Springer - Verlag, Berlin, pp. 379 - 417.

［313］ Lopes, R. M. C. , and T. K. P. Gregg, Eds. , 2004. Volcanic Worlds. Springer - Praxis, New York. 236pp.

［314］ Lopes, R. M. C. , and J. R. Spencer, Eds. , 2007. Io after Galileo: A New View of Jupiter's Volcanic Moon. Springer, Praxis Publishing, Chichester, UK. 342pp.

［315］ Lovett, L. , J. Horvath, and J. Cuzzi, 2006. Saturn: A New View. H. N. Abrams, New York. 192pp.

［316］ Luhmann, J. G. , 1995. Plasma interactions with unmagnetized bodies. In Introduction to Space Physics. Eds. M. G. Kivelson and C. T. Russell. Cambridge University Press, Cambridge, pp. 203 - 226.

［317］ Luhmann, J. G, and S. C. Solomon, 2007. The Sun - Earth connection. In Encyclopedia of the Solar System, 2nd Edition. Eds. L. McFadden, P. R. Weissman, and T. V. Johnson. Academic Press, San Diego, pp. 213 - 226.

［318］ Luhmann, J. G. , C. T. Russell, L. H. Brace, and O. L. Vaisberg, 1992. The intrinsic magnetic field and solarwind interaction of Mars. In Mars. Eds. H. H. Kieffer, B. M. Jakosky, C. W. Snyder, and M. S. Matthews. University of Arizona Press, Tucson, pp. 1090 - 1134.

［319］ Lunine, J. I. , 2005. Astrobiology: A Multi - Disciplinary Approach. Pearson Education, San Francisco. 586pp.

[320] Lunine, J. I. , and W. C. Tittemore, 1993. Origins of outer – planet satellites. In Protostars and Planets III. Eds. E. H. Levy and J. I. Lunine. University of Arizona Press, Tucson , pp. 1149 – 1176.

[321] Lyons, L. R. , and D. J. Williams, 1984. Quantitative Aspects of Magnetospheric Physics. Reidel Publishing Company, Dordrecht. 231pp.

[322] Madan, H. , 1877. The Satellites of Mars. Nature 16, 475.

[323] Mahaffy, P. R. , 1998. Mass spectrometers developed for planetary missions. In Laboratory Astrophysics and Space Research. Eds. P. Ehrenfreund, C. Krafft, H. Kochan, and V. Pironello. Kluwer Academic Publishing, Dordrecht, pp. 355 – 376.

[324] Malin, M. C. , and K. S. Edgett, 2000. Evidence for recent groundwater seepage and surface runoff on Mars. Science, 288, 2330 – 2335.

[325] Marchis, F. , +8 co – authors, 2002. High – resolution Keck adaptive optics imaging of violent volcanic activity on Io. Icarus, 160, 124 – 131.

[326] Marchis, F. , P. Descamps, D. Hestroffer, J. Berthier, and I. de Pater, 2005a, Mass and density of Asteroid 121 Hermione from an analysis of its companion orbit. Icarus, 178, 450 – 464.

[327] Marchis, F. , P. Descamps, D. Hestroffer and J. Berthier, 2005b. Discovery of the triple asteroidal system 87 Sylvia. Nature, 436, 822 – 824.

[328] Marchis, F. , +7 co – authors, 2006. Search of binary Jupiter – Trojan asteroids with laser guide star AO systems: A moon around 624 Hektor. BAAS, 38, #65.07.

[329] Marchis, F. , +7 co – authors, 2008a. Main belt asteroidal systems with eccentric mutual orbits. Icarus, 195, 295 – 316.

[330] Marchis, F. , +7 co – authors, 2008b. Main belt asteroidal systems with circular mutual orbits. Icarus, 196, 97 – 118.

[331] Marcy, G. W. , +6 co – authors, 2005. Observed properties of exoplanets: Masses, orbits and metallicities. Prog. Theor. Phys. Supp. , 158, 24 – 42.

[332] Margot, J. – L. , +7 co – authors, 2002. Binary asteroids in the near – Earth object population. Science, 296, 1445 – 1448.

[333] Marley, M. S. , and J. J. Fortney, 2007. Interiors of the giant planets. Encyclopedia of the Solar System, 2nd Edition. Eds. L. McFadden, P. Weissman, and T. V. Johnson. Academic Press, San Diego, pp. 403 – 418.

[334] Marsden, B. G. , and G. V. Williams, 2008. Catalogue of Cometary Orbits, 17th Edition. The International Astronomical Union, Minor Planet Center and Smithsonian Astrophysical Observatory, Cambridge, MA.

[335] Martin, S. , I. de Pater, J. Kloosterman, and H. B. Hammel, 2008. Multi – wavelength Observations of Neptune's Atmosphere. EPSC2008 – A – 00277.

[336] Mayor, M. , and D. Queloz, 1995. A Jupiter – mass companion to a solar – type star. Nature, 378, 355 – 359.

[337] McClintock, W. E. , +8 co – authors, 2009. MESSENGER observations of Mercury's exosphere: Detection of magnesium and distribution of constituents. Science, 324, 610 – 613.

[338] McEwen, A. S. , L. P. Keszthelyi, R. Lopes, P. M. Schenk, and J. R. Spencer, 2004. Lithosphere and surface of Io. In Jupiter. The Planet, Satellites and Magnetosphere. Eds. F.

Bagenal，T. E. Dowling，and W. B. McKinnon. Cambridge Planetary Science，Vol. 1. Cambridge University Press，Cambridge，pp. 313 – 334.

[339]　McFadden，L.，P. R. Weissman，and T. V. Johnson，Eds.，2007. Encyclopedia of the Solar System，2nd Edition. Academic Press，San Diego. 982pp.

[340]　McKinnon，W. B.，and R. L. Kirk，2007. Triton，In Encyclopedia of the Solar System，2nd Edition. Eds. L. McFadden，P. R. Weissman，and T. V. Johnson. Academic Press，San Diego，pp. 483 – 502.

[341]　McPherron，R. L.，1995. Magnetospheric dynamics. In Introduction to Space Physics. Eds. M. G. Kivelson and C. T. Russell. Cambridge University Press，Cambridge，pp. 400 – 458.

[342]　McSween，H. Y.，Jr.，1999. Meteorites and their Parent Planets，2nd Edition. Cambridge University Press，Cambridge. 322pp.

[343]　Meadows，V.，and S. Seager，2011. Terrestrial planet atmospheres and biosignatures. In Exoplanets. Ed. S. Seager. University of Arizona Press，Tucson，pp. 441 – 470.

[344]　Megnin，C.，and B. Romanowicz，2000. The 3D shear velocity structure of the mantle from the inversion of body，surface，and higher mode waveforms. Geophys. J. Int.，143，709 – 728.

[345]　Melosh，H. J.，1989. Impact Cratering：A Geologic Process. Oxford Monographs on Geology and Geophysics，No. 11. Oxford University Press，New York. 245pp.

[346]　Mewaldt，R. A.，R. S. Selesnick，and J. R. Cummings，1997. Anomalous cosmic rays：The principal source of high energy heavy ions in the radiation belts. In Radiation Belts：Models and Standards. Geophysical Monograph 97. Eds. J. F. Lemaire，D. Heyndericks，and D. N. Baker. American Geophysical Union，pp. 35 – 42.

[347]　Miller，R.，and W. K. Hartmann，2005. The Grand Tour：A Traveler's Guide to the Solar System，3rd Edition. Workman Publishing，New York. 208pp.

[348]　Mitchell，D. L.，1993. Microwave Imaging of Mercury's Thermal Emission：Observations and Models. Ph. D. Thesis，University of California，Berkeley.

[349]　Mitchell，D. L.，and I. de Pater，1994. Microwave imaging of Mercury's thermal emission：Observations and models. Icarus，110，2 – 32.

[350]　Mohanty，S.，R. Jayawardhana，N. Hulamo，and E. Mamajek，2007. The planetary mass companion 2MASS 1207 – 3932B：Temperature，mass，and evidence for an edge – on disk. Astrophys. J.，657，1064 – 1091.

[351]　Moore，J. M. ＋ 11 co – authors，2004. Callisto. In Jupiter：The Planet，Satellites and Magnetosphere. Cambridge Planetary Science，Vol. 1. Eds. F. Bagenal，T. E. Dowling，and W. B. McKinnon. Cambridge University Press，Cambridge，pp. 397 – 426.

[352]　Moore，W. B.，G. Schubert，J. D. Anderson，and J. R. Spencer，2007. The interior of Io. In Io after Galileo：A New View of Jupiter's Volcanic Moon. Springer – Praxis，Chichester，UK，pp. 89 – 108.

[353]　Morbidelli，A.，2002. Modern Celestial Mechanics：Aspects of Solar System Dynamics. Taylor and Francis/Cambridge Scientific Publishers，London. 368pp. （Out of print：see http：// www. oca. eu/morby/.)

[354]　Morbidelli，A.，and Levison，H. F.，2007. Kuiper belt：Dynamics. In Encyclopedia of the Solar

System, 2nd Edition. Eds. L. McFadden, P. R. Weissman, and T. V. Johnson. Academic Press, San Diego, pp. 589 - 604.

[355]　Morbidelli, A., Levison, H. F., & Gomes, R. 2008. The dynamical structure of the Kuiper belt and its primordial origin. In The solar system beyond Neptune, Eds. M. A. Barucci; H. Boehnhardt; D. P. Cruikshank; A. Morbidelli. University of Arizona Press, Tucson, pp. 275 - 292.

[356]　Morel, P., 1997. CESAM: A code for stellar evolution calculations. A&A Supp. Ser., 124, September 1997, 597 - 614.

[357]　Morgan, J., +18 co - authors + the Chicxulub Working Group, 1997. Size and morphology of the Chicxulub impact crater. Nature, 390, 472 - 476.

[358]　Moroz, V. I., 1983. Stellar magnitude and albedo data of Venus. In Venus. Eds. D. M. Hunten, L. Colin, T. M. Donahue, and V. I. Moroz. University of Arizona Press, Tucson, pp. 27 - 68.

[359]　Morrison, D., and T. Owen, 1996. The Planetary System. Addison - Wesley Publishing Company, New York. Morrison, D., and T. Owen, 2003. The Planetary System, 3rd Edition. Addison - Wesley Publishing Company, New York. 531pp.

[360]　Moses, J. I., +5 co - authors, 2005. Photochemistry and diffusion in Jupiter's stratosphere: Constraints from ISO observations and comparisons with other giant planets. J. Geophys. Res., 110, E08001.

[361]　Mottola, S., and F. Lahulla, 2000. Mutual eclipse events in asteroidal binary system 1996 FG3: Observations and a numerical model. Icarus, 146, 556 - 567.

[362]　Mueller, M., +7 co - authors, 2010. Eclipsing binary Trojan asteroid Patroclus: thermal inertia from Spitzer observations. Icarus, 205, 505 - 515.

[363]　Muinonen, K., J. Piironen, Y. G. Shkuratov, A. Ovcharenko, and B. E. Clark, 2002. Asteroid photometric and polarimetric phase effects. In Asteroids III. Eds. W. F. Bottke Jr., A. Cellino, P. Paolicchi, and R. P. Binzel. University of Arizona Press, Tucson, pp. 123 - 138.

[364]　Mumma, M. J., R. E. Novak, M. A. DiSanti, B. P. Bonev, and N. Dello Russo, 2004. Detection and mapping of methane and water on Mars. BAAS, 36, 1127.

[365]　Murchie, S. L., +10 co - authors, 2008. Geology of Caloris basin, Mercury: A view from MESSENGER. Science, 321, 73 - 76.

[366]　Murray, C., and S. Dermott, 1999. Solar System Dynamics. Cambridge University Press, Cambridge. 592pp.

[367]　Nair, H., M. Allen, A. D. Anbar, and Y. L. Yung, 1994. A photochemical model of the martian atmosphere. Icarus, 111, 124 - 150.

[368]　Ness, N. F., J. E. P. Connerney, R. P. Lepping, M. Schulz, and G. - H. Voigt, 1991. The magnetic field and magnetospheric configuration of Uranus. In Uranus. Eds. J. T. Bergstrahl, E. D. Miner, and M. S. Matthews. University of Arizona Press, Tucson, pp. 739 - 779.

[369]　Nesvorný, D., W. F. Bottke, H. F. Levison, and L. Dones, 2003. Recent origin of the Solar System dust bands. Astrophys. J., 591, 486 - 497.

[370]　Neubauer, F. M., 1991. The magnetic field structure of the cometary plasma environment. In Comets in the Post - Halley Era. Eds. R. L. Newburn, M. Neugebauer, and J. Rahe. A book

resulting from an international meeting on 'Comets in the Post – Halley Era', Bamberg, April 24 – 28, 1989, pp. 1107 – 1124.

[371] Nicholson, P. D., 2009. Natural satellites of the planets. In Observer's Handbook, Ed. P. Kelly, Royal Astron. Soc. Canada, pp. 24 – 30.

[372] Niemann, H. B., + 11 co – authors, 1998. The composition of the jovian atmosphere as determined by the Galileo probe mass spectrometer. J. Geophys. Res., 103, 22 831 – 22 845.

[373] Niemann, H. B., et al., 2005. The abundances of constituents of Titan's atmosphere from the GCMS instrument on the Huygens probe. Nature, 438, 779 – 784.

[374] Noll, K. S., W. M. Grundy, E. I. Chiang, J. – L. Margot, and S. D. Kern, 2008. Binaries in the Kuiper belt. In The Kuiper Belt, Space Science Series, University of Arizona Press, Tucson, pp. 345 – 363.

[375] O'Brien, D. P.. A. Morbidelli, and H. F. Levison, 2006. Terrestrial planet formation with strong dynamical friction. Icarus, 184, 39 – 58.

[376] Ockert – Bell, M. E., +6 co – authors, 1999. The structure of the jovian ring system as revealed by the Galileo imaging experiment. Icarus, 138, 188 – 213.

[377] Opal, C. B., and G. R. Carruthers, 1977. Lyman – alpha observations of Comet West/1975n. Icarus, 31, 503 – 508.

[378] Ostro, S. J., 1989. Radar observations of asteroids. In Asteroids II. Eds. R. P. Binzel, T. Gehrels, and M. S. Matthews. University of Arizona Press, Tucson, pp. 192 – 212.

[379] Ostro, S. J., 2007. Planetary radar. Encyclopedia of the Solar System, 2nd Edition. Eds. L. McFadden, P. R. Weissman, and T. V. Johnson. Academic Press, San Diego, pp. 735 – 764.

[380] Ostro, S. J., + 6 co – authors, 1991. Asteroid 1986 DA: Radar evidence for a metallic composition. Science, 252, 1399 – 1404.

[381] Ostro, S. J., +12 co – authors, 1996. Radar observations of asteroid 1620 Geographos. Icarus, 121, 44 – 66.

[382] Ostro, S. J., +8 co – authors, 2000. Radar observations of asteroid 216 Kleopatra. Science, 288, 836 – 839.

[383] Ostro, S. J., + 6 co – authors, 2002. Asteroid radar astronomy. In Asteroids III. Eds. W. F. Bottke Jr., A. Cellino, P. Paolicchi, and R. P. Binzel. University of Arizona Press, Tucson, pp. 151 – 182.

[384] Ostro, S. J., +15 co – authors, 2006. Radar imaging of binary near – Earth asteroid (66391) 1999 KW4. Science, 314, 1276 – 1280.

[385] Owen, T. C., 2023. Jupiter. Encyclopedia Britannica, https: //www. britannica. com/place/ Jupiter – planet. Accessed 20 February 2023.

[386] Palme, H., and W. N. Boynton, 1993. Meteoritic constraints on conditions in the solar nebula. In Protostars and Planets III. Eds. E. H. Levy and J. I. Lunine. University of Arizona Press, Tucson, pp. 979 – 1004.

[387] Parker, E. N., 1963. Interplanetary Dynamical Processes. Interscience, New York. 272pp.

[388] Pasachoff, J. M., and M. L. Kutner, 1978. University Astronomy. W. B. Saunders Company, Philadelphia. 851pp.

[389]　Peale, S. J. , 1976. Orbital resonances in the Solar System. Annu. Rev. Astron. Astrophys. , 14, 215 - 246.

[390]　Pedlovsky, J. , 1987. Geophysical Fluid Dynamics, 2nd Edition. Springer - Verlag, New York. 710pp.

[391]　Perly, R. A. , F. R. Schwab, and A. H. Bridle, 1989. Synthesis Imaging in Radio Astronomy, NRAOWorkshop No. 21, Astronomical Society of the Pacific. 509pp.

[392]　Perryman, M. A. C. , +22 co - authors, 1995. Parallaxes and the Hertzsprung - Russell diagram for the preliminary HIPPARCOS solution H30. Astron. Astrophys. , 304, 69 - 81.

[393]　Phillips, O. M. , 1968. The Heart of the Earth. Freeman, Cooper and Co. , San Francisco. 236pp.

[394]　Pieri, D. C. , and A. M. Dziewonski, 1999. Earth as a planet: Surface and interior. In Encyclopedia of the Solar System. Eds. P. R. Weissman, L. McFadden, and T. V. Johnson. Academic Press, Inc. , New York, pp. 209 - 245.

[395]　Pieri, D. C. , and A. M. Dziewonski, 2007. Earth as a planet: Surface and interior. In Encyclopedia of the Solar System, 2nd Edition. Eds. L. McFadden, P. R. Weissman, and T. V. Johnson. Academic Press, San Diego, pp. 189 - 212.

[396]　Pilcher, F. , S. Mottola and T. Denk, 2012. Photometric lightcurve and rotation period of Himalia (Jupiter VI) . Icarus, 219, 741 - 742.

[397]　Podosek, F. A. , and P. Cassen, 1994. Theoretical, observational, and isotopic estimates of the lifetime of the solar nebula. Meteoritics, 29, 6 - 25.

[398]　Pollack, J. B. , +5 co - authors, 1994. Composition and radiative properties of grains in molecular clouds and accretion disks. Astrophys. J. , 421, 615 - 639.

[399]　Porco, C. C. , P. D. Nicholson, J. N. Cuzzi, J. J. Lissauer, and L. W. Esposito, 1995. Neptune's ring system. In Neptune. Ed. D. P. Cruikshank. University of Arizona Press, Tucson, pp. 703 - 804.

[400]　Porco, C. C. , P. C. Thomas, J. W Weiss, and D. C. Richardson, 2007. Saturn's small inner satellites: Clues to their origins. Science, 318, 1602 - 1607.

[401]　Pravec, P. , A. W. Harris, and B. D. Warner, 2007. NEA rotations and binaries. Near - Earth Objects: Our Celestial Neighbors - Opportunity and Risk, Proceedings IAU Symposium No. 236. Eds. A. Milani, G. B. Valsecchi, and D. Vokrouhlický, pp. 167 - 176.

[402]　Press, F. , and R. Siever, 1986. Earth. W. H. Freeman and Company, New York. 626pp. Prettyman, T. H. , 2007. Remote chemical sensing using nuclear spectroscopy. In Encyclopedia of the Solar System, 2nd Edition. Eds. L. McFadden, P. R. Weissman, and T. V. Johnson. Academic Press, San Diego, pp. 765 - 786.

[403]　Prinn, R. G. , 1993. Chemistry and evolution of gaseous circumstellar disks. In Protostars and Planets III. Eds. E. H. Levy and J. I. Lunine. University of Arizona Press, Tucson, pp. 1014 - 1028.

[404]　Prinn, R. G. , and B. Fegley, Jr. , 1989. Solar nebula chemistry: Origin of planetary, satellite and cometary volatiles. In Origin and Evolution of Planetary and Satellite Atmospheres. Eds. S. K. Atreya, J. B. Pollack, and M. S. Matthews. University of Arizona Press, Tucson, pp. 78 - 136.

[405]　Pudritz, R. , P. Higgs, and J. Stone, 2007. Planetary Systems and the Origins of Life. Cambridge University Press, Cambridge, 315pp.

[406]　Putnis, A. , 1992. Mineral Science. Cambridge University Press, Cambridge. 457pp.

[407]　Quinn，T. R.，S. Tremaine，and M. Duncan，1991. A three million year integration of the Earth's orbit. Astron. J.，101，2287 – 2305.

[408]　Rauch，B. F.，+17 co – authors，2009. Cosmic – ray origin in OB associations and preferential acceleration of refractory elements: Evidence from abundances of elements 26Fe through 34Se. Astrophys. J.，697，2083 – 2088.

[409]　Rayner，J. T.，M. C. Cushing，and W. D. Vacca，2009. The IRTF Spectral Library: Cool stars. Astrophys. J. Supp.，185，289 – 432. See http: //irtfweb. ifa. hawaii. edu/~ spex/IRTF – Spectral – Library/.

[410]　Reipurth，B.，D. Jewitt，and K. Keil，Eds.，2007. Protostars and Planets V. University of Arizona Press，Tucson. 951pp.

[411]　Retherford，K. D.，H. W. Moos，and D. F. Strobel，2003. Io's auroral limb glow: Hubble Space Telescope FUV observations. J. Geophys. Res. 108，doi: 10. 1029/2002JA009710.

[412]　Rivera，E. J.，G. Laughlin，R. P. Butler，S. S. Vogt，N. Hagigihipour，and S. Meschiari，2010. The Lick – Carnegie Exoplanet Survey: a Uranus – mass fourth planet for GJ 876 in an extrasolar Laplace configuration. Astrophys. J.，719，890 – 899.

[413]　Roe，H. G.，I. de Pater，B. A. Macintosh，and C. P. McKay，2002. Titan's clouds from Gemini and Keck adaptive optics imaging. Astrophys. J.，581，1399 – 1406.

[414]　Roe，H. G.，T. K. Greathouse，M. J. Richter，and J. H. Lacy，2003. Propane on Titan. Astrophys. J.，597，L65 – L68.

[415]　Roederer，J. G.，1970. Physics and Chemistry in Space 2: Dynamics of Geomagnetically Trapped Radiation. Springer – Verlag，Berlin. 166pp.

[416]　Roederer，J. G.，1972. Geomagnetic field distortions and their effects on radiation belt particles. Rev. Geophys. Space Phys.，10，599 – 630.

[417]　Rosen，P. A.，1989. Waves in Saturn's rings probed by radio occultation. Ph. D. Thesis，Dept. of Electrical Engineering，Stanford University.

[418]　Rosen，P. A.，G. L. Tyler，E. A. Marouf，and J. J. Lissauer，1991. Resonance structures in Saturn's rings probed by radio occultation. II: Results and interpretation. Icarus，93，25 – 44.

[419]　Russell，C. T.，1995. A brief history of solar – terrestrial physics. In Introduction to Space Physics. Eds. M. G. Kivelson and C. T. Russell. Cambridge University Press，Cambridge，pp. 1 – 26.

[420]　Russell，C. T.，and M. G. Kivelson，2001. Evidence of sulfur dioxide，sulfur monoxide，and hydrogen sulfide in the Io exosphere，J. Geophys. Res.，106，33 267 – 33 272.

[421]　Russell，C. T.，D. N. Baker，and J. A. Slavin，1988. The magnetosphere of Mercury. In Mercury. Eds. F. Vilas，C. R. Chapman，and M. S. Matthews. University of Arizona Press，Tucson，pp. 514 – 561.

[422]　Rybicki，G. B.，and A. P. Lightman，1979. Radiative Processes in Astrophysics. John Wiley and Sons，New York. 382pp. Salby，M. L.，1996. Fundamentals of Atmospheric Physics. Academic Press，New York. 624pp.

[423]　Sault，R. J.，C. Engel，and I. de Pater，2004. Longitude – resolved imaging of Jupiter at $\lambda = 2$ cm. Icarus，168，336 – 343.

[424] Schaller, E. L., and M. E. Brown, 2007. Detection of methane on Kuiper Belt Object (50000) Quaoar. Astrophys. J. Lett., 670, L49 – L51.

[425] Schenk, P. M., C. R. Chapman, K. Zahnle, and J. M. Moore, 2004. Ages, interiors, and the cratering record of the Galilean satellites. In Jupiter: The Planet, Satellites and Magnetosphere. Cambridge Planetary Science, Vol. 1. Eds. F. Bagenal, T. E. Dowling, and W. B. McKinnon. Cambridge University Press, Cambridge, pp. 427 – 456.

[426] Schleicher, D. G., 1983. The fluorescence of cometary OH and CN. Ph. D. Dissertation, University of Maryland.

[427] Schloerb, F. P., 1985. Millimeter – wave spectroscopy of Solar System objects: Present and future. Proceedings of the ESO – IRAM – Onsala workshop on (sub) millimeter astronomy, Aspenas, Sweden, 17 – 20 June 1985. Eds. P. A. Shaver and K. Kjar. ESO Conference and Workshop Proceedings, 22, ESO, Garching, Munich, pp. 603 – 616.

[428] Schneider, N. M., W. H. Smyth, and M. S. McGrath, 1987. Io's atmosphere and neutral clouds. In Time Variable Phenomena in the Jovian System. Eds. M. J. S. Belton, R. A. West, and J. Rahe. NASA SP – 494, pp. 75 – 79.

[429] Schowengerdt, R. A., 2007. Remote Sensing, Models, and Methods for Image Processing, 3rd Edition. Elsevier Academic Press, Burlington, MA. 515pp.

[430] Schubert, G., D. L. Turcotte, and P. Olsen, 2001. Mantle Convection in the Earth and Planets. Cambridge University Press, Cambridge. 456pp.

[431] Schubert, G., J. D. Anderson, T. Spohn, and W. B. McKinnon, 2004. Interior composition, structure and dynamics of the Galilean satellites. In Jupiter: Planet, Satellites and Magnetosphere. Eds. F. Bagenal, T. E. Dowling, and W. McKinnon. Cambridge University Press, Cambridge, pp. 281 – 306.

[432] Schulz, M., and L. J. Lanzerotti, 1974. Physics and Chemistry in Space. 7: Particle Diffusion in the Radiation Belts. Springer – Verlag, Berlin. 215pp.

[433] Scott, E. R. D., and A. N. Krot, 2005. Thermal processing of silicate dust in the solar nebula: Clues from primitive chondrite matricies. Astrophys. J., 623, 571 – 578.

[434] Sears, D. W. G., and R. T. Dodd, 1988. In Meteorites and the Early Solar System. Eds. J. F. Kerridge and M. S. Matthews. University of Arizona Press, Tucson, pp. 3 – 31.

[435] Seiff, A., 1983. Thermal structure of the atmosphere of Venus. In Venus. Eds. D. M. Hunten, L. Colin, T. M. Donahue, and V. I. Moroz. University of Arizona Press, Tucson, pp. 215 – 279.

[436] Seiff, A., +9 co – authors, 1998. Thermal structure of Jupiter's atmosphere near the edge of a 5 – μm hot spot in the north equatorial belt. J. Geophys. Res., 103, 22 857 – 22 890.

[437] Seinfeld, J. H., and S. N. Pandis, 2006. Atmospheric Chemistry and Physics: From Air Pollution to Climate Change, 2nd Edition. John Wiley and Sons, New York. 1203pp.

[438] Sekanina, Z., 1976. Progress in our understanding of cometary dust tails. In The Study of Comets. Eds. B. Donn, M. Mumma, W. Jackson, M. A'Hearn, and R. Harrington. NASA SP – 393, pp. 893 – 942.

[439] Sekanina, Z., and J. A. Farrell, 1978. Comet West 1976. VI: Discrete bursts of dust, split

nucleus，flare‐ups，and particle evaporation. Astron. J. ，83，1675‐1680.

[440] Shoemaker，E. M. ，1960. Penetration mechanics of high velocity meteorites，illustrated by Meteor Crater，Arizona. Rep. of the Int. Geol. Congress，XXI Session，Norden，Copenhagen，Part XVIII，pp. 418‐434.

[441] Showalter，M. R. ，1991. Visual detection of 1981S13，Saturn's eighteenth satellite，and its role in the Encke gap. Nature，351，709‐713.

[442] Showalter，M. R. ，1996. Saturn's D ring in the Voyager images. Icarus，124，677‐689. Showalter，M. R. ，and J. J. Lissauer，2006. The second ring‐moon system of Uranus：Discovery and dynamics. Science，311，973‐977.

[443] Showalter，M. R. ，I. de Pater，G. Verbanac，D. P. Hamilton，and J. A. Burns，2008. Properties and dynamics of Jupiter's gossamer rings from Galileo，Voyager，Hubble and Keck images. Icarus，195，361‐377.

[444] Shu，F. H. ，1982. The Physical Universe：An Introduction to Astronomy. University Science Books，Berkeley，CA. 584pp. Shu，F. H. ，1991. The Physics of Astrophysics. Vol. I：Radiation. University Science Books，Mill Valley，CA. 429pp.

[445] Shu，F. H. ，J. N. Cuzzi，and J. J. Lissauer，1983. Bending waves in Saturn's rings. Icarus，53，185‐206.

[446] Shu，F. H. ，L. Dones，J. J. Lissauer，C. Yuan，and J. N. Cuzzi，1985. Nonlinear spiral density waves：Viscous damping. Astrophys. J. ，299，542‐573.

[447] Shu，F. H. ，H. Shang，and T. Lee，1996. Toward an astrophysical theory of chondrites. Science，271，1545‐1552.

[448] Smith，B. A. ，+28 co‐authors，1982. A new look at the Saturn system：The Voyager 2 images. Science，215，504‐537.

[449] Smith，D. E. ，M. Y. Zuber，G. A. Neumann，and F. G. Lemoine，1997. Topography of the Moon from the Clementine Lida. J. Geophys. Res. ，102，1591.

[450] Smith，M. D. ，2004. Interannual variability in TES atmospheric observations of Mars during 1999‐2003. Icarus，167，148‐165.

[451] Smrekar，S. E. ，and E. R. Stofan，2007. Venus：Surface and interior. Encyclopedia of the Solar System，2nd Edition. Eds. L. McFadden，P. R. Weissman，and T. V. Johnson. Academic Press，San Diego，pp. 149‐168.

[452] Solomon，S. C. ，+10 co‐authors，2008. Return to Mercury：A global perspective on MESSENGER's first Mercury flyby. Science，321，59‐62.

[453] Sotin，C. ，O. Grasset，and A. Mocquet，2007. Mass‐radius curve for extrasolar Earth‐like planets and ocean planets. Icarus，191，337‐351.

[454] Spencer，J. R. ，K. L. Jessup，M. A. McGrath，G. E. Ballester，and R. Yelle，2000. Discovery of gaseous S_2 in Io's Pele plume. Science，288，1208‐1210.

[455] Spencer，J. R. ，J. A. Stansberry，W. M. Grundy，and K. S. Noll，2006. A low density for binary Kuiper Belt Object (26308) 1998 SM165. BAAS，38，#34.01.

[456] Sprague，A. L. ，R. W. H. Kozlowski，D. M. Hunten，W. K. Wells，and F. A. Grosse，1992. The sodium and potassium atmosphere of the Moon and its interaction with the surface. Icarus，96，

27 – 42.

[457] Sromovsky, L. A. , P. M. Frye, T. Dowling, K. H. Baines, and S. S. Limaye, 2001. Neptune's atmospheric circulation and cloud morphology: Changes revealed by 1998 HST imaging. Icarus, 150, 244 – 260.

[458] Sromovsky, L. A. , + 7 co – authors, 2009. Uranus at Equinox: Cloud morphology and dynamics. Icarus, 203, 265 – 286.

[459] Stahler, S. W. , and F. Palla, 2005. The Formation of Stars. Wiley – VCH, Weinheim, Germany. 865pp.

[460] Stansberry, J. , +6 co – authors, 2008. Physical properties of Kuiper belt and Centaur objects: Constraints from Spitzer Space Telescope. In The Solar System beyond Neptune. Eds. M. A. Barucci, H. Boehnhardt, D. P. Cruikshank, and A. Morbidelli. University of Arizona Press, Tucson, pp. 161 – 179.

[461] Stein, S. , and M. Wysession, 2003. An Introduction to Seismology, Earthquakes and Earth's Structure. Wiley – Blackwell, Oxford. 498pp.

[462] Stern, S. A. , 2007. Pluto. In Encyclopedia of the Solar System, 2nd Edition. Eds. L. McFadden, P. R. Weissman, and T. V. Johnson. Academic Press, San Diego, pp. 541 – 556.

[463] Stevenson, D. J. , 1982. Interiors of the giant planets. Annu. Rev. Earth Planet. Sci. , 10, 257 – 295.

[464] Stevenson, D. J. , and E. E. Salpeter, 1976. Interior models of Jupiter. In Jupiter. Eds. T. Gehrels and M. S. Matthews. University of Arizona Press, Tucson, pp. 85 – 112.

[465] Stix, M. , 1987. In Solar and Stellar Physics, Lecture Notes Phys. , 292. Eds. E. H. Schröter and M. Schüssler. Springer, Berlin, Heidelberg, p. 15.

[466] Stone, E. C. , and E. D. Miner, 1989. The Voyager 2 encounter with the neptunian system. Science, 246, 1417 – 1421.

[467] Strobel, D. F. , and B. C. Wolven, 2001. The atmosphere of Io: Abundances and sources of sulfur dioxide and atomic hydrogen. Astrophys. Space Sci. , 277, 271 – 287.

[468] Strom, R. G. , 2007. Mercury. In Encyclopedia of the Solar System, 2nd Edition. Eds. L. McFadden, P. R. Weissman, and T. V. Johnson. Academic Press, San Diego, pp. 117 – 138.

[469] Stuart, J. S. , and R. P. Binzel, 2004. Bias – corrected population, size distribution, and impact hazard for the near – Earth objects. Icarus, 170, 295 – 311.

[470] Sutton, G. P. , and O. Biblarz, 2001. Rocket Propulsion Elements. Wiley Europe, Chichester, UK. 772pp.

[471] Svedhem, H. , D. V. Tiov, F. W. Taylor, and O. Witasse, 2007. Venus is a more Earth – like planet. Nature, 450, 629 – 632.

[472] Taylor, F. W. , +5 co – authors, 2004. The composition of the atmosphere of Jupiter. In Jupiter: Planet, Satellites and Magnetosphere. Eds. F. Bagenal, T. E. Dowling, and W. McKinnon. Cambridge University Press, Cambridge, pp. 59 – 78.

[473] Taylor, S. R. , 1975. Lunar Science: A Post – Apollo View. Pergamon Press, New York. 372pp.

[474] Taylor, S. R. , 1992. Solar System Evolution: A New Perspective. Cambridge University Press, Cambridge. 307pp.

［475］　Taylor，S. R.，2001. Solar System Evolution，2nd Edition. Cambridge University Press，Cambridge. 484pp.

［476］　Taylor，S. R.，2007. The Moon. In Encyclopedia of the Solar System，2nd Edition. Eds. L. McFadden，P. Weissman，and T. V. Johnson. Academic Press，San Diego，pp. 227 - 250.

［477］　Thomas，G. E.，and K. Stamnes，1999. Radiative Transfer in the Atmosphere and Ocean. Atmospheric and Space Science Series. Cambridge University Press，Cambridge. 517pp.

［478］　Thomas，P. C.，2010. Sizes，shapes，and derived properties of the saturnian satellites after the Cassini nominal mission. Icarus，208，395 - 401.

［479］　Thomas，P. C.，＋7 co - authors，1998. Small inner satellites of Jupiter. Icarus，135，360 - 371.

［480］　Thompson，A. R.，J. M. Moran，and G. W. Swenson Jr.，2001. Interferometry and Synthesis in Radio Astronomy，2nd Edition. John Wiley and Sons，New York. 692pp.

［481］　Tilton，G. R. 1988. Principles of radiometric dating. In Meteorites and the Early Solar System. Eds. J. F. Kerridge and M. S. Matthews. University of Arizona Press，Tucson，pp. 249 - 258.

［482］　Tiscareno，M. S.，P. C. Thomas and J. A. Burns，2009. The rotation of Janus and Epimetheus. Icarus，204，254 - 261.

［483］　Tiscareno，M. S.，＋10 co - authors，2013. Observations of ejecta clouds produced by impacts onto Saturn's rings. Science，340，460 - 464.

［484］　Tokunaga，A. T.，and R. Jedicke，2007. New generation ground - based optical/infrared telescopes. In Encyclopedia of the Solar System，2nd Edition. Eds. L. McFadden，P. R. Weissman，and T. V. Johnson. Academic Press，San Diego，pp. 719 - 734.

［485］　Townes，C. H.，and A. L. Schawlow，1955. Microwave Spectroscopy. McGraw - Hill，New York. 698pp. Turcotte，D. L.，and G. Schubert，2002. Geodynamics，2nd Edition. Cambridge University Press，New York. 456pp.

［486］　Tyler，G. L.，1987. Radio propagation experiments in the outer Solar System with Voyager. Proc. IEEE，75，1404 - 1431.

［487］　Tyler，G. L.，I. R. Linscott，M. K. Bird，D. P. Hinson，D. F. Strobel，M. Pätzold，M. E. Summers，and K. Sivaramakrishan，2008. The New Horizon radio science experiment（REX）. Space Sci. Rev.，140，217 - 259.

［488］　Udry，S.，D. Fischer and D. Queloz，2007. A decade of radial - velocity discoveries in the exoplanet domain. In Protostars and Planets V. Eds. B. Reipurth，D. Jewitt，and K. Keil. University of Arizona Press，Tucson，pp. 685 - 699.

［489］　Van de Hulst，H. C.，1957. Light Scattering by Small Particles. Wiley，New York.（Also Dover edition，1981，470pp.）

［490］　Vasavada，A. R.，and A. P. Showman，2005. Jovian atmospheric dynamics：An update after Galileo and Cassini. Rep. Prog. Physics，68，1935 - 1996.

［491］　Veillet，C.，＋8 co - authors，2000. The binary Kuiper - belt object 1998 WW31. Nature，416，711 - 713.

［492］　Veverka，J.，P. Helfenstein，B. Hapke，and J. D. Goguen，1988. Photometry and polarimetry of Mercury. In Mercury. Eds. F. Vilas，C. R. Chapman，and M. S. Matthews. University of Arizona Press，Tucson，pp. 37 - 58.

[493] Veverka, J., +10 co-authors, 1996. Dactyl: Galileo observations of Ida's satellite. Icarus, 120, 200 - 211.

[494] Waite, J. H., Jr., +20 co-authors, 2005. Ion Neutral Mass Spectrometer results from the first flyby of Titan. Science, 308, 982 - 986.

[495] Waite, J. H., Jr., +13 co-authors, 2006. Cassini ion and neutral mass spectrometer: Enceladus plume composition and structure. Science, 311, 1419 - 1422.

[496] Wasson, J. T., 1985. Meteorites: Their Record of Early Solar - System History. W. H. Freeman, New York. 274pp.

[497] 维基百科编者, 2021. 托林 (天文学) [G/OL]. 维基百科, (20211004) [2021 - 10 - 04]. - {R | https://zh. wikipedia. org/w/index. php? title = %E6%89%98%E6%9E%97 _ (%E5% A4%A9%E6%96%87%E5%AD%A6) &oldid=68050180} -

[498] Weinberg, S., 1988. The First Three Minutes. Basic Books, New York. 198pp.

[499] Weisberg, M. K., T. J. McCoy, and A. N. Krot, 2006. Systematics and evaluation of meteorite classification. In Meteorites and the Early Solar System II. Eds. D. S. Lauretta and H. Y. McSween Jr. University of Arizona Press, Tucson, pp. 19 - 52.

[500] Weissman, P. R., 1986. Are cometary nuclei primordial rubble piles? Nature, 320, 242 - 244.

[501] Wilcox, J. M., and N. F. Ness, 1965. Quasi - stationary corotating structure in the interplanetary medium. J. Geophys. Res., 70, 5793 - 5805.

[502] Williams, D. M., +9 co - authors, 1997. Measurement of submicron grains in the coma of Comet Hale -Bopp C/1995 O1 during 1997 February 15 - 20 UT1997. Astrophy. J. Lett., 489, L91 - L94.

[503] Williams, J., 1992. The Weather Book. Vintage Books, New York. 212pp.

[504] Wisdom, J., 1983. Chaotic behavior and the origin of the 3/1 Kirkwood Gap. Icarus, 56, 51 - 74.

[505] Wolf, R. A., 1995. Magnetospheric configuration. In Introduction to Space Physics. Eds. M. G. Kivelson and C. T. Russell. Cambridge University Press, Cambridge, pp. 288 - 329.

[506] Wong, M. H., +7 co - authors, 1996. Observations of Jupiter's 20 - cm synchrotron emission during the impacts of Comet P/Shoemaker - Levy 9. Icarus, 121, 457 - 468.

[507] Wong, M. H., P. R. Mahaffy, S. K. Atreya, H. B. Niemann, and T. C. Owen, 2004. Updated Galileo probe mass spectrometer measurements of carbon, oxygen, nitrogen and sulfur on Jupiter. Icarus, 171, 153 - 170.

[508] Wooden, D., S. Desch, D. Harker, H. - P. Gail, and L. Keller, 2007. Comet grains and implications for heating and radial mixing in the protoplanetary disk. In Protostars and Planets V. Eds. B. Reipurth, D. Jewitt, and K. Keil. University of Arizona Press, Tucson, pp. 815 - 830.

[509] Wright, M. C. H., +10 co - authors, 1998. Mosaiced images and spectra of J=1→0 HCN and HCO+ emission from Comet Hale - Bopp (1995 O1). Astron. J., 116, 3018 - 3028.

[510] Yelle, R. V., 1991. Non - LTE models of Titan's upper atmosphere. Astrophys. J., 383, 380 - 400.

[511] Yelle, R. V., and S. Miller, 2004. Jupiter's thermosphere and ionosphere, . In Jupiter: Planet, Satellites and Magnetosphere, Eds. F. Bagenal, T. E. Dowling, and W. McKinnon. Cambridge University Press, Cambridge, pp. 185 - 218.

[512] Yelle, R. V., D. F. Strobel, E. Lellouch, and D. Gautier, 1997. Engineering models for Titan's

atmosphere. In Huygens Science，Payload and Mission，ESA SP - 1177，pp. 243 - 256.

[513]　Yoder，C. F.，1995. Astrometric and geodetic properties of Earth and the Solar System. In GlobalEarth Physics：A Handbook of Physical Constants. AGU Reference Shelf 1，American Geophysical Union，pp. 1 - 31.

[514]　Youssef，A.，and P. S. Marcus，2003. The dynamics of jovian white ovals from formation to merger. Icarus，162，74 - 93.

[515]　Zahnle，K.，1996. Dynamics and chemistry of SL9 plumes. In The Collision of Comet Shoemaker - Levy 9 and Jupiter. Eds. K. S. Noll，H. A. Weaver，and P. D. Feldman. Space Telescope Science Institute Symposium Series 9，IAU Colloquium 156. Cambridge University Press，Cambridge，pp. 183 - 212.

[516]　Zahnle，K. J.，and N. H. Sleep，1997. Impacts and the early evolution of life. In Comets and the Origin and Evolution of Life. Eds. P. J. Thomas，C. F. Chyba，and C. P. McKay. Springer，New York，pp. 175 - 208.

[517]　Zarka，P.，and W. S. Kurth，2005. Radio wave emission from the outer planets before Cassini. Space Sci. Rev.，116，371 - 397.

[518]　Zarka，P.，+6 co - authors，1995. Radio emissions from Neptune. In Neptune and Triton. Eds. D. P. Cruikshank and M. S. Matthews. University of Arizona Press，Tucson，pp. 341 - 387.

[519]　Zarnecki，J. C.，+ 25 co - authors，2005. A soft solid surface on Titan as revealed by the Huygens Surface Science Package. Nature，438，792 - 795.

[520]　Zhang，Z. - W.，+ 24 co - authors，2008. First Results from the Taiwanese - American Occultation Survey (TAOS). Astrophys. J.，685，L157 - L160.

[521]　Zinner，E.，1998. Stellar nucleosynthesis and the isotopic composition of presolar grains from primitive meteorites. Annu. Rev. Earth Planet. Sci.，26，147 - 188.

[522]　Zuber，M. T.，+14 co - authors，2000. Internal structure and early thermal evolution of Mars from Mars Global Surveyor topography and gravity. Science，287，1788 - 1793.

[523]　Zurbuchen，T. H.，+ 14 co - authors，2011. MESSENGER observations of the spatial distribution of planetary ions near Mercury. Science，333，1859 - 1862.

原书索引中英文名词对照

英文	中文	英文	中文
D″ region	D″ 区	Adrastea	木卫十五
β – effect	β –效应	advection	平流
γ – ray fluorescence	γ 射线荧光	advective derivative	随体导数
^{3}He	氦 3	aeolian processes	风成作用
ν6 resonance	ν6 共振	aerodynamic drag	气动阻力
A		aerogel	气凝胶
'a'a lava	渣状熔岩	AGB star (asymptotic giant branch)	渐进巨星支恒星
ablation	烧蚀	aggregates	聚集体
absorption	吸收	airglow	气辉
absorption coefficient	吸收系数	Airy hypothesis	艾里假设
absorption line	吸收线	Aitken basin	艾特肯盆地
accretion zone	吸积带	albedo	反照率
achondrites	无球粒陨石	Bond	球面～
eucrite	钙长辉长～	geometric	几何～
HED	HED～	giant planets	巨行星的～
acid rain	酸雨	monochromatic	单色～
activation energy	活化能	terrestrial planets	类地行星的～
active region	活跃区	albite	钠长石
active sector	活跃地带	Aleutan islands	阿留申群岛
Adams – Williams equation	亚当-威廉姆斯方程	Alfvén velocity	阿尔文速度
adaptive optics（AO）	自适应光学	Alfvén waves	阿尔文波
adiabatic invariants	绝热不变量	ALH84001	ALH84001
first	第一～	allotropes	同素异形体
second	第二～	α decay	α 衰变
third	第三～	Amalthea	木卫五
adiabatic lapse rate	绝热递减率	amorphous ice	非晶质冰
dry	干～	Ampere's law	安培定律
giant planets	巨行星的～	amphibole	角闪石
superadiabatic	超绝热	andesite	安山岩
wet	湿～	angle of repose	静止角

续表

英文	中文	英文	中文
angular momentum	角动量	families	～族
anhydrous rock	无水岩石	Baptista	巴普蒂斯蒂娜族～
anion	阴离子	Eos	曙神星族～
anomalous cosmic rays	异常宇宙线	Flora	花神星族～
anorthite	钙长石	Hirayama	平山族～
anorthosite	斜长岩	Karin	卡琳族～
ansa	环脊	Koronis	鸦女星族～
antapex	背点	Themis	司理星族～
Antarctica	南极洲	Veritas	真理星族～
anticyclone	反气旋	formation	～形成
antipode	对极、对跖点	IMCs	中火星穿越天体
apex	向点	individual	单个小行星
Apollo program	阿波罗计划	1 Ceres	谷神星
Apollo spacecraft	阿波罗飞船	2 Pallas	智神星
apparition	回归	4 Vesta	灶神星
aqueous alteration	水相改变	8 Flora	花神星
arachnoid	蛛网膜	10 Hygiea	健神星
Archimedean spiral	阿基米德螺旋	11 Parthenope	海妖星
Archimedes principle	阿基米德原理	15 Eunomia	司法星
Ariel	天卫一	16 Psyche	灵神星
Aristotle	亚里士多德	19 Thetis	海女星
ash	火山砾	21 Lutetia	司琴星
asteroid belt	小行星带	44 Nysa	侍神星
asteroids	小行星	45 Eugenia	香女星
Amor asteroids	阿莫尔型～	87 Sylvia	林神星
Apohele asteroids	阿波希利型～、阿迪娜型～	90 Antiope	休神星
Apollo asteroids	阿波罗型～	93 Minerva	慧神星
Aten asteroids	阿登型～	113 Amalthea	羊神星
binaries	双～	121 Hermione	赫女星
satellites	～卫星	197 Arete	阿雷特星
collisions	～碰撞	216 Kleopatra	艳后星
composition	～组成	243 Ida	艾女星
density	～密度	253 Mathilde	玛蒂尔德星
differentiation	～分异	279 Thule	图勒星
dynamics	～动力学	324 Bamberga	班贝格星

续表

英文	中文	英文	中文
349 Dembowska	邓鲍斯基星	radar observations	～雷达观测
354 Eleonora	爱莲星	radio spectra	～无线电频谱
433 Eros	爱神星	regolith	～风化层
446 Aetarnitas	恒神星	rotation	～自转
624 Hektor	赫克托星	rubble pile	碎石堆～
944 Hidalgo	希达尔戈星	size distribution	～尺寸分布
951 Gaspra	加斯普拉星	spatial distribution	～空间分布
1620 Geographos	地理星	taxonomy	～分类
1862 Apollo	阿波罗星	Trojan asteroids	特洛伊～
1979 VA	1979 VA	types	～类型
2000 WL_{107}	2000 WL_{107}	A type	A 型～
2002 AA_{29}	2002 AA_{29}	C type	C 型～
2060 Chiron	凯龙星	D type	D 型～
2867 Steins	斯坦斯星	E type	E 型～
3753 Cruithne	克鲁特尼星	K type	K 型～
4015 Wilson‐Harrington	威尔逊-哈灵顿星	M type	M 型～
4179 Toutatis	图塔蒂斯星	P type	P 型～
5261 Eureka	尤里卡星	Q type	Q 型～
6489 Golevka	格勒夫卡星	R type	R 型～
7968 Elst Pizarro	埃尔斯特-皮萨罗星	S type	S 型～
9969 Braille	布莱叶星	T type	T 型～
118401 Linear	林尼尔星	U type	U 型～
25143 Itokawa	糸川星	V type	V 型～
Dactyl	艾卫	W type	W 型～
Hilda asteroids	希尔达～	X type	X 型～
P/2005 U1（Read）	里德星	asthenosphere	软流圈
interior	～内部	astrometry	天体测量学
lightcurves	～光变曲线	Atlas	土卫十五
magnetic field	～磁场	atmosphere	大气、大气层
modeling	～建模	baroclinic	斜压～
near‐Earth（NEA,NEO）	近地～	barotropic	正压～
orbital elements	～轨道根数	composition	～成分
orbits	～轨道	formation	～形成
origin	～起源	general	～总述
phase function	～相位角函数	impact	～冲击

续表

英文	中文	英文	中文
oxidizing	氧化～	black hole	黑洞
radiative equilibrium	～辐射平衡	blackbody	黑体
radiative transfer	～辐射传输	blackbody radiation	黑体辐射
reducing	还原～	blanketing effect	覆盖效应
star	恒星～	blue shift	蓝移
origins	～起源	body waves	体波
atmospheric blowoff	大气喷发	Bohr radius	玻尔半径
atmospheric tides	大气潮汐	Bohr theory	玻尔理论
atomic structure	原子结构	bolide	火流星
aurora	极光	Boltzmann's equation	玻尔兹曼方程
auroral zone	极光带	bomb	火山弹/火山块
azimuthal asymmetry	方位不对称性	Bouguer anomaly	布格异常
B		Bouguer correction	布格修正
ballistic trajectory	弹道轨迹	bounce motion	反弹运动
ballistic transport	弹道输运	bow shock	弓形激波
Balmer series	巴耳末系	Bowen's reaction series	鲍氏反应系列
barometric height distribution	气压高度分布	Bowen,N.L.	鲍温,诺曼·李维
basalt	玄武岩	Brackett series	布拉克特系
basic	基性岩	Brahe,T.	布拉赫,第谷
Beagle Rupus	小猎犬号断崖	breccia	角砾岩
Beer's law	比尔定律	monomict	单矿物～
Ben Reuven,A.	本-鲁文,亚伯拉罕	polymict	多矿物～
bending waves	弯曲波	Brewster angle	布儒斯特入射角
β decay	β衰变	brown dwarf	褐矮星
β Pictoris	绘架座β	brown dwarf desert	褐矮星荒漠
beta – meteoroids	β-流星体	Brunt – Väisälä frequency	布伦特-韦伊塞莱频率
Biermann,L.	比尔曼,路德维希	bulk composition	整体组成
big bang	大爆炸	bulk modulus	体积模量
binary collision parameter	二元碰撞参数	buoyancy frequency	浮力频率
binary exchange reactions	双星交换反应	Busse,F.J.	布塞,弗里德里希·赫尔曼
binary melt	二元熔体	butterfly diagram	蝴蝶图
binary stars	双星	C	
bipolar outflow	偶极外向流	CAI	富钙铝包体
bipolar wind	偶极风	calcite	方解石
Birkeland current	伯克兰电流	caldera	火山口

续表

英文	中文	英文	中文
Callisto	木卫四	C_2H_3CN (ethylcyanide)	C_2H_3CN(乙基氰化物)
atmosphere	～大气	chemical potential	化学势
craters	～撞击坑	chert	燧石
interior	～内部	Chicxulub crater	希克苏鲁伯撞击坑
magnetic field	～磁场	CHON particles	CHON 粒子
moment of inertia ratio	～转动惯量比	chondrites	球粒陨石
surface	～表面	carbonaceous	碳质～
Valhalla structure	～瓦尔哈拉结构	heat flow	～的热流
Caloris basin	卡洛里盆地	enstatite	顽火辉石～
Calypso	土卫十四	ordinary	普通～
CAPE	对流有效位能	chondrules	球粒
carbonaceous chondrite	碳质球粒陨石	chromofore	着色剂
carbonates	碳酸盐	cinder cone	渣锥
Cassini spacecraft	卡西尼号探测器	circumplanetary nebula	环行星星云
MIMI	～磁层成像仪	circumstellar disk	星周盘
Cassini,G.D.	卡西尼・乔瓦尼・多梅尼科	clathrate	笼形包合物
catalytic reactions	复合反应	Clausius – Clapeyron equation	克劳修斯-克拉珀龙方程
catastrophic disruption	灾难性破坏	Clementine spacecraft	克莱门汀号探测器
cation	阳离子	climateevolution	气候演化
centaurs	半人马天体	closure temperature	封闭温度
central flash	中心闪光	clouds	云
central peak	中央峰	aqueous solution cloud	水溶液～
central pit	中心坑	CH_4 (methane)	CH_4(甲烷)～
centrifugal force	离心力	H_2S (hydrogen sulfide)	H_2S(硫化氢)～
centrifugal interchange	离心交换	H_2SO_4 (sulfuric acid)	H_2SO_4(硫酸)～
CFHT (Canada – France – Hawaii Telescope)	加拿大-法国-夏威夷光学望远镜	NH_3 (ammonia)	NH_3(氨)～
C_2H_2 (acetylene)	C_2H_2(乙炔)	NH_4SH (ammonium hydrogensulfide)	NH_4SH(硫化氢铵)～
C_2H_4 (ethylene)	C_2H_4(乙烯)	C_2N_2 (cyanogen)	C_2N_2(氰)
C_2H_6 (ethane)	C_2H_6(乙烷)	CNO cycle	CNO 循环
chaos	混沌	CO_2 cycle	CO_2 循环
chaos terrain	混沌地形	coherent – backscatter effect	相干后向散射效应
Chapman reactions	查普曼反应	cold plasma	冷等离子体
charge exchange	电荷交换	cold trap	冷阱
Charon	冥卫一(卡戎)	collisional broadening	碰撞增宽
Pluto – Charon system	冥王星-～系统	collisional excitation	碰撞激发

续表

英文	中文	英文	中文
collisional radius	碰撞半径	OH（hydroxyl）	OH（羟基）
collisionopause	碰撞顶	ortho：para ratios	正仲比
color temperature	色温	oxygen	氧
cometopause	彗顶	sodium	钠
comets	彗星	sulfur	硫
albedo	～反照率	dust crust	尘埃外壳
alkalies	～碱金属	dust jets	尘埃喷流
anti-tailf	逆向彗尾、彗翎	dust tail	尘尾
Bond albedo	～球面反照率	dynamically new	动力学新～
bow shock	～弓形激波	ecliptic comets	黄道～
brightness	～亮度	Encke-type	恩克型～
Chiron-type	凯龙型～	formation	～形成
coma	彗发	free molecular flow	自由分子流
brightness	～亮度	gas production rate	气体产生率
formation	～形成	Halley family	哈雷族～
comet showers	～雨	hydrogen coma	氢彗发
composition	～组成	individual	单个～
carbon	碳	1P/Halley	哈雷～
CH_4（methane）	CH_4（甲烷）	2P/Encke	恩克～
CH_3OH（methanol）	CH_3OH（甲醇）	3D/Biela	比拉～
CHON particles	CHON 粒子	8P/Tuttle	塔特尔～
CO（carbon monoxide）	CO（一氧化碳）	9P/Tempel 1	坦普尔 1 号～
CO_2（carbon dioxide）	CO_2（二氧化碳）	17P/Holmes	霍姆斯～
D/H ratio	D/H 比（氘氢比）	19P/Borrelly	包瑞利～
dirty snowball	脏雪球	67P/Churyumov-Gerasimenko	丘留莫夫-格拉西缅科～
dust	尘埃	29P/Schwassmann-Wachmann 1	施瓦斯曼-瓦赫曼 1 号～
HCN（hydrogen cyanide）	HCN（氰化氢）	73P/Schwassmann-Wachmann 3	施瓦斯曼-瓦赫曼 3 号～
H_2CO（formaldehyde）	H_2CO（甲醛）	81P/Wild 2	维尔特 2 号～
hydrogen	氢	95P/Chiron	凯龙～
isotope ratios	同位素比	103P/Hartley 2	哈特雷 2 号～
molecular hydrogen	分子氢	107P/Wilson-Harrington	威尔逊-哈灵顿～
N_2（nitrogen）	N_2（氮气）	133P/Elst Pizarro	埃尔斯特-皮萨罗～
NH_3（ammonia）	NH_3（氨气）	176P/Linear	林尼尔 52 号～
nitrogen	氮	C/Arend-Roland（C/1957 III）	阿兰德-罗兰～
noble gases	稀有气体	C/Austin	奥斯汀～

续表

英文	中文	英文	中文
C/Cernis	塞尔奈斯～	size distribution	～尺寸分布
C/Hale – Bopp (C/1995 O1)	海尔–波普～	sodium tail	钠尾
C/Hyakutake (C/1996 B2)	百武2号～	spectra	～光谱
C/Ikeya (C/1963 A1)	池谷～	splitting	分裂
C/Ikeya – Seki (1965 VIII)	池谷–关～	streamers	流光
C/IRAS – Araki – Alcock (C/1983 VII)	IRAS –荒贵–阿尔科克～	striae	条纹
C/Kohoutek (C/1973 XII)	科胡特克～	Sun – grazing	掠日～
C/McNaught (C/2006 P1)	麦克诺特～	tail	彗尾
C/Shoemaker	舒梅克～	formation	～组成
C/Tabur (C/1996 Q1)	塔比尔～	talp model	层状模型
C/West (C/1976 VI)	威斯特～	temperature	温度
D/Shoemaker – Levy 9	舒梅克–列维9号～	terminal velocity	终端速度
238P/Read	里德～	thermal expansion	热膨胀
P/2008 R1 (Garradd)	杰拉德～	X – rays	X射线
interstellar	星际～	compact objects	致密天体
ion tail	离子尾	compressional waves	压缩波
ionization	电离	condensation	凝结
irradiation mantle	辐射彗幔	heterogeneous	异相～
Jupiter family	木星族～	homogeneous	均相～
linear polarization	～线偏振度	condensation flows	冷凝流
long – period	长周期～	conduction	传导
magnetosphere	～磁场	conglomerate	砾岩
main belt comets	主带～	conjunction	合
metals	～金属	inferior	上～
neck – line structure	颈线结构	superior	下～
nomenclature	系统命名法	conservation	守恒
nucleus	彗核	energy	能量～
origin	～起源	mass	质量～
parent molecules	母分子	momentum	动量～
photodissociation	光解	constituent relations	组分关系
radar	雷达	continent	大陆
rotation	～自转	continental drift	大陆漂移
shape	～形状	convection	对流
short – period	短周期～	free	自由～
size	～尺寸	stagnant lid	停滞盖层～

续表

英文	中文	英文	中文
Convective Available Potential Energy (CAPE)	对流有效位能	multiring	多环～
Cordelia	天卫六	simple	简单～
core nucleated accretion	核吸积	multiring basin	多环盆地
coremantle boundary	核幔边界	ray	射纹
core‐instability hypothesis	核不稳定假说	removal	～消除
Coriolis effect	科里奥利效应	secondary	次级～
Coriolis parameter	科里奥利参数	transient	瞬间
corona	冕、冕状物	Crater Lake	魁特湖（火山口湖）
coronal hole	冕洞	craton	克拉通
coronal mass ejection (CME)	日冕物质抛射	creep	蠕动
coronal streamer	日冕流光	creeping motion	蠕动
corpuscular drag	微粒阻力	Crisium basin	危海盆地
corundum	刚玉	critical argument	临界幅角
cosmic rays	宇宙射线	critical frequency	临界频率
exposure age	～暴露年龄	critical point	临界点
cosmic spherules	宇宙球粒	crust	地壳
Coulomb barrier	库仑势垒	crustal magnetic field	地壳磁场
Coulomb pressure	库仑力	cryosphere	冰冻层
coupling, magnetosphere‐ionosphere	磁层‐电离层耦合	cryovolcanism	低温火山作用
covalent bond	共价键	Cupid	天卫二十七
crater	撞击坑	Curie point	居里点
chains	～链	current	电流
collapse	～塌陷	Birkeland current	伯克兰～
compression stage	压缩阶段	Chapman‐Ferraro current	查普曼‐费拉罗～
contact stage	接触阶段	field aligned current	场向～
cratering rate	成坑率	neutral sheet	中性片～
dating	～定年	tail current	尾流
ejection stage	喷射阶段	current sheet	电流片
excavation stage	挖掘阶段	heliospheric	日球层～
formation	～形成	curve of growth	增长曲线
jetting	喷射	cycloidal ridges	摆线脊
modification	～变化	cyclone	气旋
morphology	～形貌	cyclostrophic balance	旋转平衡
complex	复杂～	cyclotron frequency	回旋频率
microcrater	微型～	cyclotron motion	回旋运动

续表

英文	中文	英文	中文
cyclotron radiation	回旋辐射	turbulent	湍流～
D		diffusion equation	扩散方程
Daphnis	土卫三十五	magnetic	磁～
Dawn spacecraft	黎明号探测器	radiative	辐射～
dawn-to-dusk electric field	晨昏电场	diffusion of particles	粒子扩散
dayglow	昼气辉	Dione	土卫四
dead zone	死区	disequilibrium chemistry	化学不平衡
Debye length	德拜长度	disk evolution, viscosity	原行星盘的黏性演化
Debye shielding length	德拜屏蔽长度	dispersion curves	频散曲线
Deep Impact mission	深度撞击任务	dispersion relation	色散关系
Deep Space 1 mission	深空 1 号任务	dissociation	离解
deflation	吹蚀	disturbing function	摄动函数
degeneracy	简并	doldrums	赤道无风带
degenerate matter	简并态物质	dolomite	白云石
Deimos	火卫二	domes	穹顶丘
Democritus	德谟克利特	Doppler broadening	多普勒增宽
dendritic pattern	树枝状	Doppler shift	多普勒频移
density wakes	密度尾流	Doppler width	多普勒宽度
density waves	密度波	Drake, F.	德雷克,弗兰克·唐纳德
density, uncompressed	未压缩密度	drift motion	漂移运动
depletion layer	耗尽层	drift shell	漂移壳
deposition	凝华	splitting	～分离
detachment	剥离	drift velocity	漂移速度
collisional	碰撞～	ductile	韧性
photodetachment	光～	dune	沙丘
D/H ratio	氘氢比	dunite	纯橄榄岩
diamond	金刚石	duricrust	硬壳层
diamond anvil press	金刚石砧压机	dust	尘埃
diapir	底辟	dust bands	尘埃带
differentiation	分异	dust stream	尘埃流
diffraction	衍射	dust trail	尘埃尾
diffuse transmission	漫透射	dwarf planet	矮行星
diffusion	扩散	IAU definition	国际天文联合会定义
eddy diffusion	涡流～	dynamical friction	动力摩擦
molecular	分子～		

续表

英文	中文	英文	中文
E		impact craters,double	成对撞击坑
E ring	E 环	interior	～内部
early bombardment era	早期轰击时期	internal heat	～内部热量
Earth	地球	ionosphere	～电离层
adiabatic lapse rate	～绝热递减率	D layer	D 层
AKR	～极光千米辐射	E layer	E 层
atmosphere	～大气	F2 layer	F2 层
basic parameters	～基本参数	jet stream	急流
CO₂(carbon dioxide)	CO₂(二氧化碳)	life	～生命
composition	～成分	lightning	～闪电
eddy diffusion	～涡流扩散	magnetic field	～磁场
NO (nitric oxide)	NO(一氧化氮)	generation	～产生
O₃(ozone)	O₃(臭氧)	parameters	～参数
oxygen	氧气	reversals	～反转
thermal structure	～热结构	magnetosphere	～磁层
aurora	～极光	drift motion	～漂移运动
bow shock	弓形激波	plasma	～等离子体
central pressure	～中心压强	storms	～暴
climate	～气候	magnetospheric plasma parameters	磁层等离子体参数
climate evolution	～气候演化	mantle	地幔
clouds	云	obliquity	～倾角
core	～核	orbit	～轨道
craters	～撞击坑	orbital elements	～轨道根数
crust	地壳	oxygen	氧气
EarthMoon system	地月系统	oxygen chemistry	氧化学
eddies	涡旋	oxygen compounds	氧化合物
eddy diffusion	涡流扩散	polar – night jet	极夜急流
general circulation model（GCM）	～大气环流模型	radio emission	～射电辐射
geoid	～大地水准面	radio signals	～射电信号
geophysical data	～物理数据	rocks	～岩石
global warming	全球变暖	satellites	～卫星
gravitational moments	～引力矩	orbital data	～轨道数据
gravity field	～重力场	physical data	～物理数据
heat flow	～热流	seismology	地震学
hydrodynamic escape	流体动力逃逸	surface	～表面

续表

英文	中文	英文	中文
tectonics	构造学	electrical skin depth	电子趋肤深度
temperature	～温度	electromagnetic induction	电磁感应
thermal spectrum	～热谱	electromagnetic induction heating	电磁感应加热
tides	～潮汐	electromagnetic radiation	电磁辐射
trade winds	～信风	energy	～能量
troposphere	～对流层	momentum	～动量
uncompressed density	～未压缩密度	electromagnetic spectrum	电磁频谱
volcanism	～火山作用	electron degeneracy pressure	电子简并压力
winds	～风	elements	元素
earthquakes	地震	chalcophile	亲铜～
eccentricity	偏心率	cosmic abundances	宇宙～丰度
forced	受迫～	deuterium	氘～
generalized	广义～	lithophile	亲石～
eclipse	食	siderophile	亲铁～
ecliptic	黄道	emission	发射
eclogite	榴辉岩	spontaneous	自发～
eddies	涡旋	stimulated	受激～
baroclinic	斜压～	emission coefficient	发射系数
Edgeworth,K.E.	埃奇沃斯,肯尼斯·埃塞克斯	emission line	发射线
Edgeworth – Kuiper belt	埃奇沃斯-柯伊伯带	emissivity	发射率
effective gravity	有效重力	Enceladus	土卫二
effusion rate	渗出速率	atmosphere	～大气
Einstein coefficients	爱因斯坦系数	E ring	E 环
Einstein ring	爱因斯坦环	surface	～表面
Einstein,A.	爱因斯坦,阿尔伯特	Encke gap	恩克环缝
ejecta	喷出物	endogenic process	内生过程
ejecta blanket	喷出覆盖物	endothermic reactions	吸热反应
ejecta curtain	喷射幕	energetic neutral atom（ENA）	高能中性原子
El Niño	厄尔尼诺	energy	能量
elasticity	弹性	conservation of	～守恒
electric currents	电流	transport	～输运
electric field	电场	energy density	能量密度
convection	对流～	energy flux	能量通量
corotational	共旋～	energy transitions	能量跃迁
electric field drift	电场漂移	enstatite	顽辉石

续表

英文	中文	英文	中文
enthalpy	焓	exogenic process	外生过程
entropy	熵	exoplanets	系外行星
epicenter	震中	individual	单个～
epicyclic frequency	本轮频率	υ Andromedae	仙女座 υ 星
Epimetheus	土卫十一	Barnard's star	巴纳德星
Epstein drag	爱泼斯坦阻力	CoRoT－7 b	CoRoT－7 b
equation of continuity	连续性方程	GJ 1214 b	GJ 1214 b
equation of state	状态方程	GJ 3470 b	GJ 3470 b
equipotential surface	等势面	Gliese 436 b	格利泽 436 b
equivalent width	等效宽度	Gliese 876	格利泽 876
Eris	阋神星	Gliese 1214 b	格利泽 1214 b
eruption rate	喷发速率	HAT－P－6	HAT－P－6
escape	逃逸	HAT－P－11 b	HAT－P－11 b
atmospheric	大气～	HAT－P－26 b	HAT－P－26 b
hydrodynamic	流体动力～	HAT－P－30	HAT－P－30
Jeans	金斯～	HD 80606 b	HD 80606 b
nonthermal	非热～	HD 97658 b	HD 97658 b
thermal	热～	HD 149026 b	HD 149026 b
escape parameter	逃逸参数	HD 189733 b	HD 189733 b
escape velocity	逃逸速度	HD 209458 b	HD 209458 b
Euler's equations	欧拉方程	Kepler－4 b	开普勒－4 b
Europa	木卫二	Kepler－11	开普勒－11
atmosphere	～大气	Kepler－36 b	开普勒－36 b
craters	～撞击坑	Kepler－78 b	开普勒－78 b
interior	～内部	V391 Pegasi b	飞马座 V391b
magnetic field	～磁场	51 Pegasi b	飞马座 51b
moment of inertia ratio	～转动惯量比	55 Cnc e	巨蟹座 55e
resonance	～共振	nomenclature	～系统命名法
rotation	～自转	exosphere	外逸层
surface	～表面	exothermic reactions	放热反应
tides	～潮汐	Explorer 1	探索者 1 号
eutectic behavior	共晶行为	extrasolar planets	系外行星
EUVE satellite	极紫外探测器	F	
evaporite	蒸发岩	Far－UV Spectroscopic Explorer,FUSE	远紫外光谱探测器
exobase	外逸层底	Faraday's law	法拉第定律

续表

英文	中文	英文	中文
faultf	断层	Fraunhofer lines	夫琅和费谱线
feldspar	长石	free oscillations	自由振荡
orthoclase	正～	free precession	自由进动
plagioclase	斜～	free – air correction	自由空气修正
felsic	长英质	free – air gravity anomaly	自由空气重力异常
field line curvature drift	场线曲率漂移	free – fall time	自由落体时间
field reversal	磁场反转	Fresnel coefficient	菲涅耳系数
fire fountains	熔岩喷泉	Fresnel limb darkening	菲涅耳临边变暗
fireball	火球	frozen – in magnetic field	冻结磁场
fission	裂变	FU Orionis stars	猎户座 FU 型变星
fission tracks	裂变径迹	fumarole	喷气孔
fluorescence	荧光	fusion，see nuclear fusion	聚变，见核聚变
fluorescence spectroscopy	荧光光谱	FWHM	半峰全宽
fluorine	氟	G	
flux	通量	g – factor	g 因子
flux density	通量密度	gabbro	辉长岩
flux tube	磁通管	galactic tide	银河系潮汐
flux tube interchange	磁通管交换	Galatea	海卫六
forbidden lines	禁线	galaxy（Milky Way）	银河系
forced eccentricities	受迫偏心率	Galilean satellites	伽利略卫星
formation	形成	interior	～内部
giant planets	巨行星～	temperature	～温度
Solar System	太阳系～	Galileo Galilei	伽利略·伽利雷
stars	恒星～	Galileo probe	伽利略号探测器
terrestrial planets	类地行星～	Galileo spacecraft	伽利略号探测器
forsterite	镁橄榄石	Ganymede	木卫三
fossil records	化石记录	atmosphere	～大气
Fourier heat law	傅里叶热定律	craters	～撞击坑
Fourier synthesis	傅里叶合成	gravity anomaly	～重力异常
fractal agregates	分形聚集体	interior	～内部
fractional crystallization	分离结晶	magnetic field	～磁场
fractionation	分馏	moment of inertia ratio	～转动惯量比
fragmentation	分裂	radio emission	～射电辐射
Frail，D.	弗雷尔，戴尔	resonance	～共振
Fraunhofer line spectrum	夫琅和费线状光谱	surface	～表面

续表

英文	中文	英文	中文
tides	～潮汐	gravitational enhancement factor	引力增强因子
gardening	表土混合	gravitational field drift	引力场漂移
gas drag	气体阻力	gravitational focusing	引力聚焦
gas instabilities	气体不稳定性	gravitational instability	引力不稳定性
gas production rate	气体产生率	gravitational moment	引力矩
gas retention age	气体保留年龄	gravitational potential	引力势
Gauss coefficients	高斯系数	gravitational torque	引力力矩
Gaussian distribution	高斯分布	gravity	引力、重力
gegenschein	对日照	effective	有效～
GEMS	嵌有金属和硫化物的玻璃	gravity assists	引力辅助
general relativity	广义相对论	gravity field	重力场
Genesis mission	起源号任务	gravity map	重力图
geoid	大地水准面	Great Red Spot	大红斑
geoid height anomaly	大地水准面高度异常	greenhouse effect	温室效应
geopotential	大地势	anti – greenhouse	反～
geostrophic balance	地转平衡	moist	潮湿的～
geyser	间歇泉	runaway	失控的～
giant gaseous protoplanets	巨型气态原行星	solid – state	固态～
giant planets	巨行星	Greenstein effect	格林斯坦效应
eddy diffusion	～涡流扩散	group velocity	群速度
gas giants	气态～	guiding center	导向中心
ice giants	冰巨星	gypsum	石膏
interior	～内部	gyro frequency	回旋/回转频率
Gibbs free energy	吉布斯自由能	gyro motion	螺旋运动
Giotto spacecraft	乔托号探测器	gyro radius	回旋周期
gneiss	片麻岩	gyrocenter	回旋/回转中心
Goldstone antenna	金石天线	H	
GPS (global positioning system)	全球定位系统	HxSy (hydrogen polysulfide)	多硫化氢
graben	地堑	H₁₀	绝对星等
gradation	分级	habitability	宜居性
gradient B drift	梯度 B 漂移	Hadley cell	哈德利环流
gram – mole	克摩尔	Venus	金星～
granite	花岗岩	Hadley Rillef	哈德利月溪
graphite	石墨	half – life	半衰期
gravitational collapse	引力坍缩	halides	卤化物

续表

英文	中文	英文	中文
halite	石盐	Himalayas	喜马拉雅山脉
Hall conductivity	霍尔电导率	Hipparcos	依巴谷号
Hall current	霍尔电流	HNO_3 (nitric acid)	HNO_3(硝酸)
Hall, A., Sr.	霍尔,阿萨夫	Hohmann ellipse	霍曼椭圆
Halley, E.	哈雷,埃德蒙	Hohmann transfer orbit	霍曼转移轨道
halomethane	卤代甲烷	homopause	均质层顶
Haser model	哈瑟模型	hoodoos	岩柱
Hawaii	夏威夷	horseshoe orbits	马蹄形轨道
Hayabusa spacecraft	隼鸟号探测器	horst	地垒
hazes	霾	hot spot	热点
HC_3N (cyanoacetylene)	HC_3N(氰基乙炔)	H_2SO_4 (sulfuric acid)	H_2SO_4(硫酸)
HCO_3^- (bicarbonates)	HCO_3^-(碳酸氢盐)	HST (Hubble Space Telescope)	哈勃望远镜
heat flow parameters	热流参数	hurricane	飓风
heat flux	热通量	Huygens probe	惠更斯号探测器
heat loss –	热损失	Huygens, C.	惠更斯,克里斯蒂安
heat sources ——	热源	hydrate minerals	水合矿物
gravitational –	引力~	hydrated silicates	水合硅酸盐
internal	内部~	hydrodynamic escape	流体动力逃逸
Heisenberg uncertainty principle	海森堡测不准原理	hydrogen bulge	氢隆起
Helene	土卫十二	hydrogen burning limit	氢燃烧极限
heliopause	日球层顶	hydrogenphase diagram	氢的相图
Helios spacecraft	太阳神号探测器	hydrostatic equilibrium	流体静力平衡
helioseismology	日震学	hydroxides	氢氧化物
heliosphere	日球层	hyperfine structure	超精细结构
helium depletion	氦耗尽	Hyperion	土卫七
Hellas basin	希腊盆地	hypervelocity impact	超高速撞击
hematite	赤铁矿	hypocenter	震源
Henyey – Greenstein phase function	亨耶-格林斯坦相函数	I	
Herbig – Haro objects	赫比格-阿罗天体	Iapetus	土卫八
Herschel	赫歇尔号	IAU definition of a planet	国际天文联合会对行星的定义
Hertzsprung – Russell (H – R) diagram	赫罗图	ice	冰
high pressure experiments	高压试验装置	CH (methane)	CH_4(甲烷)~
Hill radius	希尔半径	CO (carbon dioxide)	CO_2(二氧化碳)~
Hill sphere	希尔球	HO (water)	H_2O(水)~
Hill's problem	希尔问题	NH (ammonia)	NH_3(氨)~

续表

英文	中文	英文	中文
phase diagram	～的相图	interstellar medium	星际介质
Ice Age	冰期	interstellar radiation field	星际辐射场
Little Ice Age	小～	intertropical convergence zone（ITCZ）	热带辐合带
ice line	冰线	invariable plane	不变平面
ice/rock ratio	冰岩比	Io	木卫一
icy satellites	冰卫星	Amirani	阿米拉尼火山
photochemistry	～光化学	atmosphere	～大气
ideal gas law	理想气体定律	composition	～成分
IDPs	星际尘埃粒子	craters	～撞击坑
ilmenite	钛铁	dust stream	～尘埃流
IMAGE satellite	磁层顶-极光全球探测成像卫星	eclipse	食
Imbrium basin	雨海盆地	heat loss	～热损失
IMP spacecraft	行星际监测平台探测器	hot spots	～热点
impact crater	撞击坑	interior	～内部
impact cratering	陨石撞击	Loki	洛基火山
impact erosion	冲击侵蚀	magnetic field	～磁场
impacts	撞击	moment of inertia ratio	～转动惯量比
atmospheric effects	大气～效应	neutral cloud	～中性云
classification	～分类	Pele	佩蕾火山
oblique	倾斜～	photochemistry	～光化学
inclination	倾角	Pillan	皮兰火山
forced	受迫～	plasma torus	～等离子体圆环
incompatible elements	不相容元素	Prometheus	普罗米修斯火山
induced magnetotail	感应磁尾	resonance	～共振
inelastic collisions	非弹性碰撞	ribbon	条带
integral of motion	运动积分	sodium cloud	钠云
interference pattern	干涉图样	surface	～表面
interferometry	干涉测量	tides	～潮汐
interiors	内部	Tvashtar	陀湿多火山
internal heat	内部热量	volcanism	～火山作用
interplanetary coronal mass ejection（ICME）	行星际日冕物质抛射	ion－neutral reaction	离子-中性反应
interplanetary dust particles	行星际尘埃粒子	ionic bond	离子键
interplanetary medium	行星际介质	ionization	电离
interstellar cloud	星际云	ionopause	电离层顶
interstellar grains	星际颗粒	ionosonde	电离层探测仪

续表

英文	中文	英文	中文
ionosphere	电离层	thermal structure	～热结构
conductivity	～电导率	aurora	～极光
currents	～电流	central pressure	～中心压强
IRAS (InfraRed Astronomical Satellite)	红外天文卫星	clouds	～云
iron oxide	氧化铁	dynamics	～动力学
irreversible reactions	不可逆反应	formation	～形成
IRTF (InfraRed Telescope Facility)	红外望远镜	global upheaval	～全球剧变
isentrope	等熵线	gravitational moments	～引力矩
ISO	红外空间天文台	Great Red Spot	大红斑
isobar	等压线	heat flow	～热流
isochron diagram	等时线图	images	～图像
isostatic compensation	均衡补偿	impacts	撞击
isostatic equilibrium	重力均衡	infrared hot spot	红外热点
isotopes	同位素	interior	～内部
anomalies	～异常	internal heat	～内部热量
D/H ratio	氘氢比	ionosphere	～电离层
oxygen	氧～	irregular satellites	～不规则卫星
spectral lines	～谱线	lightning	～闪电
isotopic fractionation	同位素分馏	longitude system III	～第三经度系统
J		magnetic field	～磁场
Jacobi constant	雅可比常数	parameters	～参数
Jacobi ellipsoid	雅可比椭球	magnetosphere	～磁层
Jacobi – Hill stability	雅可比-希尔稳定性	plasma	～等离子体
jadeite	翡翠	magnetospheric plasma parameters	～磁层等离子体参数
Janus	雅努斯火山	orbital elements	～轨道根数
Jeans escape	金斯逃逸	photochemistry	～光化学
Jeans mass	金斯质量	physical data	～物理数据
joints	节理	radio emission	～射电辐射
Joule heating	焦耳加热	DAM	十米辐射
Jupiter	木星	HOM	百米辐射
5 μm hot spot	5 μm 热点	KOM	千米辐射
atmosphere	～大气	synchrotron radiation	同步辐射
basic parameters	～基本参数	VLF	甚低频辐射
composition	～成分	radio spectrum	～射电频谱
eddy diffusion	～涡流扩散	reflection spectrum	～反射光谱

续表

英文	中文	英文	中文
resonances	～共振	classical KBOs	经典柯伊伯带天体
rings	～环	composition	～成分
runaway growth	～失控增长	densities	～密度
satellites	～卫星	families	～族
orbital data	～轨道数据	formation	～形成
physical data	～物理数据	individual KBOs	单个～
SL9 impact	舒梅克-列维 9 号彗星撞击	2000 CR105	2000 CR105
small moons	～小卫星	2006 SQ372	2006 SQ372
temperature	～温度	50000 Quaoar	创神星
thermal structure	～热结构	90377 Sedna	赛德娜星
winds	～风	90482 Orcus	亡神星
K		136108 Haumea	妊神星
Kármán vortex street	卡门涡街	136199 Eris	阋神星
Kaguya mission	月亮女神号任务	136472 Makemake	鸟神星
KAO (Kuiper Airborne Observatory)	柯伊伯机载天文台	orbital elements	～轨道根数
karst topography	岩溶地貌	origin	～起源
Keck telescope	凯克望远镜	size,	～尺寸
Keeler gap	基勒环缝	size distribution	～尺寸分布
Kelvin – Helmholtz instability	开尔文-亥姆霍兹不稳定性	taxonomy	～分类
Kepler mission	开普勒任务	Kuiper, G.P.	柯伊伯, 杰拉德
Kepler's laws	开普勒定律	L	
Kepler, J.	开普勒, 约翰内斯	Lagrange, J.L.	拉格朗日, 约瑟夫·路易
kinetic inhibition	动力学抑制	Lagrangian points	拉格朗日点
kinetic theory	动力学理论	Lambert surface	朗伯表面
Kirchhoff's law	基尔霍夫定律	Lambert's exponential absorption law	朗伯指数吸收定律
Kirkwood gaps	柯克伍德间隙	Langmuir waves	朗缪尔波
Kirkwood, D.	柯克伍德, 丹尼尔	Laplace resonance	共振
komatiites	科马提岩	Laplace's equation	拉普拉斯方程
Kozai mechanism	古在机制	Laplacian plane	拉普拉斯平面
Kracht comets	克拉赫特彗星	Larissa	海卫七
KREEP	克里普岩	Larmor frequency	拉莫尔频率
Kreutz comets	克鲁兹彗星	Larmor radius	拉莫尔半径
Kreutz, H.	克鲁兹, 海因里希·卡尔·弗里德里希	laser beacon	激光信标
K – T boundary	K – T 界线, 白垩纪(K)-第三纪(T)界线	late heavy bombardment	晚期重轰击
Kuiper belt objects (KBO's)	柯伊伯带天体	latent heat	潜热

续表

英文	中文	英文	中文
lava channel	熔岩渠	Love number	勒夫数
lava lakes	熔岩湖	Love waves	勒夫波
lava tube	熔岩管	Lowell,P.	罗威尔,帕西瓦尔·罗伦斯
Legendre polynomials	勒让德多项式	Luna spacecraft	月球号探测器
lenticulae	暗斑	Lunar Prospector spacecraft	月球勘探者号探测器
Lenz's law	楞次定律	Lyapunov time	李雅普诺夫时间
Levy,D.	列维,大卫	Lyman α	莱曼 α
Lidov – Kozai mechanism	利多夫–古在机制	Lyman limit	莱曼极限
life	生命	Lyman series	莱曼系
lightcurves	光变曲线	**M**	
lightning	闪电	Mössbauer spectroscopy	穆斯堡尔光谱法
radio emisions	射电辐射	Maat Mons	玛阿特火山
limb darkening	临边变暗	Mab	天卫二十六
limestone	石灰岩	Maclaurin spheroid	麦克劳林球体
limiting flux	极限通量	mafic	镁铁质
limonite	褐铁矿	Magellan spacecraft	麦哲伦号探测器
Lindemann criterion	林德曼判据	magma	岩浆
line shape	线形	magmatic differentiation	岩浆分异
Ben Reuven	本–鲁文～	magnesiowüstite	镁方铁矿
Debye	德拜～	magnesium oxide	氧化镁
Lorentz	洛伦兹～	magnetic annihilation	磁场湮灭
Van Vleck – Weisskopf	范弗莱克–韦斯科夫～	magnetic anomaly model	磁异常模型
Voigt	福伊特～	magnetic braking	磁制动
line transitions	线跃迁	magnetic dipole field	磁偶极场
liquidus	液相线	magnetic (dipole) moment	磁偶极矩
lithophile elements	亲石元素	magnetic field	磁场
lithosphere	岩石圈	configuration	～形态
Loihi	罗希海底山	dynamo theory	磁发电机理论
longitude of periapse	近心点经度	generation	～产生
loops	环	induced	感应～
Lorentz force	洛伦兹力	interplanetary	行星际～
Lorentz resonances	洛伦兹共振	multipole expansion	多极子展开～
loss cone	损失锥	planetary parameters	行星参数
drift loss cone	漂移～	poloidal	极向场
loss tangent	损耗角正切	reversals	～倒转

续表

英文	中文	英文	中文
toroidal	环形场	Mariner spacecraft	水手号探测器
variability	～可变性	Mars	火星
magnetic induction equation	磁感应方程	atmosphere	～大气
magnetic pileup boundary	磁堆积边界	basic parameters	～基本参数
magnetic reconnection	磁重联	composition	～成分
magnetic storm	磁暴	eddy diffusion	涡流扩散
magnetism,remanent	剩磁	thermal structure	～热结构
magnetite	磁铁矿	aurora	～极光
magnetodisk	磁盘	blueberries	蓝莓
magnetohydrodynamic dynamo	磁流体发电机	Borealis basin	～北极盆地
magnetohydrodynamics（MHD）	磁流体动力学	canals	～运河
magnetopause	磁层顶	central pressure	～中心压强
magnetorotational instabilities	磁旋转不稳定性	channels	～河道
magnetosheath	磁鞘	climate evolution	～气候演化
magnetosonic Mach number	磁声波马赫数	clouds	～云
magnetosphere	磁层	CO spectrum	～一氧化碳光谱
comets	彗星～	craters	～撞击坑
plasma parameters	等离子参数	double	～对
storm	～暴	dichotomy	火星分界
substorm	～亚暴	dust	～尘埃
magnetospheric plasma	磁层等离子体	dust storms	～沙尘暴
losses	～损失	eddies	～涡旋
sources	～源	eddy diffusion	涡流扩散
magnetotail	磁尾	flood plains	～洪水平原
magnitude	星等	frost	～霜
absolute	绝对～	general circulation models	～大气环流模型
apparent	视～	geophysical data	～物理数据
Magnus,A.	大阿尔伯特（阿尔伯特·麦格努斯）	glaciers	～冰川
main sequence stars	主序星	gravitational moments	～引力矩
mantle	地幔	gullies	～冲沟
mantle boundary	幔边界	heat flow	～热流
marble	大理石	hematite	赤铁矿
Mare Imbrium	雨海	hydrodynamic escape	流体动力逃逸
Mare Orientale	东海	interior	～内部
Mariner 10 spacecraft	水手10号探测器	ionosphere	～电离层

续表

英文	中文	英文	中文
life	～生命	mass anomalies	质量异常
magnetic field	～磁场	mass extinction	大灭绝
meteorites	～陨石	mass fractionation	质量分馏
obliquity	～倾角	mass function	质量函数
obliquity variations	～倾角变化	mass movement	崩坏作用
orbital elements	～轨道根数	mass spectrometry	质谱法
outflow channels	外流河道	mass wasting	崩坏作用
photochemistry	～光化学	Mauna Loa	莫纳罗亚火山
polar caps	～极冠	Maunder minimum	蒙德极小期
polarization	极化	Maxwell Montes	麦克斯韦山脉
rampart craters	撞击坑	Maxwell's equations	麦克斯韦方程
rocks	岩石	Maxwellian distribution	麦克斯韦分布
rotation	～自转	Mayor, M.	马约尔, 米歇尔・居斯塔夫・爱德华
rovers	～巡视器	McIlwain's parameter	麦基文参数
satellites	～卫星	mean intensity	平均强度
orbital data	～轨道数据	mean lifetime	平均寿命
physical data	～物理数据	mean motion resonances	共振
surface	～表面	melt glass	熔融玻璃
tectonics	～构造学	Mercury	水星
temperature	～温度	atmosphere	～大气
thermal skin depth	～热趋肤深度	basic parameters	～基本参数
thermal spectrum	～热谱	composition	～成分
uncompressed density	～未压缩密度	central pressure	～中心压强
volcanism	～火山作用	craters	～撞击坑
winds	～风	formation	～形成
Mars Exploration Rovers	火星探测漫游者	geophysical data	～物理数据
Mars Express	火星快车	gravitational moments	～引力矩
Mars Express spacecraft	火星快车探测器	heat flow	～热流
Mars Global Surveyor spacecraft	火星全球勘测者	interior	～内部
Mars Odyssey spacecraft	火星奥德赛探测器	magnetic field	～磁场
Mars Pathfinder spacecraft	火星探路者探测器	generation	～产生
Mars Reconnaissance Orbiter	火星勘测轨道器	parameters	～参数
Mars rover Spirit	勇气号火星车	magnetospheric plasma parameters	～磁层等离子体参数
mascon	质量瘤	orbit	～轨道
mass	质量	orbital elements	～轨道根数

续表

英文	中文	英文	中文
phase function	相函数	Leonids	狮子座～
polarization	极化	Perseids	英仙座～
precession	～进动/岁差	Metis	木卫十六
radar image	～雷达图像	Meyer comets	迈耶尔彗星
radar observations	～雷达观测	MHD waves	磁流体动力学波
radio image	～射电图像	mica	云母
rotation	～自转	microlensing	微引力透镜效应
surface	～表面	micrometeorites	微陨石
tectonics	～构造学	mid – ocean ridge	洋中脊
temperature	～温度	migration	迁移
thermal skin depth	～热趋肤深度	Milankovitch cycles	米兰科维奇周期
tides	～潮汐	Mimas	土卫一
uncompressed density	～未压缩密度	surface	～表面
water – ice	～水冰	mineralogy	矿物学
mesopause	中间层顶	minerals	矿物
mesosiderites	中铁陨石	chemical classes	～化学分类
mesosphere	中间层	minimum mass protoplanetary disk	最小质量的原行星盘
MESSENGER spacecraft	信使号探测器	Miranda	天卫五
metallic hydrogen	金属氢	mirror point	镜像点
metallicity, stellar	恒星金属丰度	mixing ratio	混合比
meteor	流星	Mohorovičić discontinuity	莫霍界面
shower	～雨	Mohs scale of hardness	莫氏硬度
Meteor Crater	亚利桑那陨石坑	MOLA	火星轨道器激光高度计
meteor stream	流星群	molar heat capacity	摩尔热容
meteorites	陨石	molecular cloud	分子云
enstatite	顽辉石～	molecular viscosity	分子黏度
eucrite	钙长辉长无球粒～	molecules	分子
HED	HED～	lifetime	～寿命
iron	铁～	moment of inertia ratio	转动惯量比
L chondrites	L 型球粒～	Mono Lake	莫诺湖
primitive	原始～	monsoon	季风
stone	石～	Monte Carlo model	蒙特卡罗模型
stony – iron	石铁～	Moon	月球
meteorology	气象学	atmosphere	～大气
meteors	流星	basic parameters	～基本参数

续表

英文	中文	英文	中文
composition	～成分	N	
central pressure	～中心压强	N – body problem	N 体问题
craters	～撞击坑	Navier – Stokes equation	纳维-斯托克斯方程
Earth – Moon system	地月系统	NEAR（Near – Earth Asteroid Rendezvous）spacecraft	会合-舒梅克号探测器
Eu anomaly	铕异常	NEOs	近地天体
formation	形成	Neptune	海王星
gravitational moments	～引力矩	atmosphere	～大气
highlands	～高地	basic parameters	～基本参数
interior	～内部	composition	～成分
internal heat	～内部热量	eddy diffusion	～涡流扩散
loss tangent	损耗角正切	Great Dark Spot	大暗斑
magnetic field	～磁场	Little Dark Spot	小暗斑
maria	月海	Scooter	滑板车
meteorites	～陨石	central pressure	～中心压强
opposition effect	冲效应	clouds	～云
phase function	相位角函数	dynamics	～动力学
polarization	极化	eddy diffusion	～涡流扩散
rocks	～岩石	formation	～形成
seismology	～地震学	gravitational moments	～引力矩
surface	～表面	heat flow	～热流
symbol	～符号	images	～图像
tectonics	～构造学	interior	～内部
temperature	～温度	internal heat	～内部热量
thermal skin depth	～热趋肤深度	ionosphere	～电离层
tides	～潮汐	magnetic field	～磁场
uncompressed density	～未压缩密度	generation	～产生
moonquakes	月震	parameters	～参数
Mount Etna	埃特纳火山	magnetospheric plasma parameters	～磁层等离子体参数
Mount Everest	珠穆朗玛峰	orbit	～轨道
Mount Shasta	沙斯塔山	photochemistry	～光化学
Mount St. Helens	圣海伦火山	physical data	～物理数据
Mount Vesuvius	维苏威火山	radio emission	～射电辐射
mudstone	泥岩	reflection spectrum	～反射光谱
multiple scattering	多重散射	resonance	～共振
mutual events	相互掩食	rings	～环

续表

英文	中文	英文	中文
satellites	～卫星	Nusselt number	努塞尔数
orbital data	～轨道数据	nutation	章动
physical data	～物理数据		O
temperature	～温度	O_3(ozone)	O_3(臭氧)
thermal structure	～热结构	Oberon	天卫四
winds	～风	oblate	扁的
Nereid	海卫二	oblateness	扁率
neutron star	中子星	obliquity	倾角
neutrons	中子	Observing bands	观测波段
epithermal	超热～	observing techniques	观测技术
fast	快～	obsidian	黑曜岩
thermal	热～	occultation	掩星
New Horizons spacecraft，	新视野号探测器	occultation experiments	掩星试验
Newton's laws	牛顿定律	occultation techniques	掩星技术
Newton，I.	牛顿，艾萨克	ocean	海洋
N_2H_4(hydrazine)	N_2H_4(肼)	ocean acidification	海洋酸化
$(NH_4)_xS_y$(ammonium polysulfide)	$(NH_4)_xS_y$(多硫化铵)	Odin satellite	奥丁卫星
nightglow	夜气辉	Ohm's law	欧姆定律
Nimbus spacecraft	雨云系列气象卫星	Ohmic dissipation time	欧姆耗散时间
NO (nitric oxide)	NO(一氧化氮)	Ohmic heating	欧姆加热
noble gases	稀有气体	olivine	橄榄石
nongravitational force	非引力作用力	Olympus Mons	奥林匹斯山
nova	新星	Oort cloud	奥尔特云
nuclear fusion	核聚变	formation	～形成
nuclear spectroscopy	核光谱法	Oort，J.	奥尔特，扬·亨德里克
nuclear winter	核冬天	Ophelia	天卫七
nucleosynthesis	核合成	opposition	冲
CNO cycle	CNO 循环	opposition effect	冲效应
p－process	质子丰富过程，p-过程	optical depth	光学深度，光深
pp－chain	质子-质子链	orbital elements	轨道根数
r－process	快(中子捕获)过程，r-过程	Jacobi	雅可比～
s－process	慢(中子捕获)过程，s-过程	proper	固有～
nuclides	核素	orbital migration	轨道迁移
half－lives	半衰期	Orientale basin	东海盆地
nulling	调零	oxidation	氧化

续表

英文	中文	英文	中文
oxides	氧化物	phase angle	相角
ozone	臭氧	phase diagram	相图
P		hydrogen	氢～
P waves	P波	ice	冰～
pahoehoe	结壳熔岩	iron	铁～
PAHs	多环芳烃	phase function	相函数
palimpsests	变余结构	phase integral	相位积分
pallasites	橄榄陨铁	phase velocity	相速度
Pan	土卫十八	Phobos	火卫一
pancake – like domes	煎饼状穹顶丘	Phoebe	土卫九
Pandora	土卫十七	Phoenix spacecraft	凤凰号探测器
Pangaea	盘古大陆	phonons	声子
Pantheon Fossae	万神殿堑沟群	phosphates	磷酸盐
parallax	视差	photochemical equilibrium	光化学平衡
Parker spiral	帕克螺旋	photochemistry	光化学
Parker's solar wind solutions	帕克太阳风方程解	CH_4(methane)	CH_4(甲烷)
Parker, E.	帕克,尤金·纽曼	CO_2(carbon dioxide)	CO_2(二氧化碳)
partial pressure	分压	H_2(hydrogen)	H_2(氢气)
particle precipitation	粒子沉降	H_2S (hydrogen sulfide)	H_2S(硫化氢)
particle – in – a – box approximation	盒中粒子近似法	NH_3(ammonia)	NH_3(氨)
partition function	配分函数	PH_3(phosphine)	PH_3(膦)
Paschen series	帕申系	photodissociation	光解
Pauli exclusion principle	泡利不相容原理	photoelectrons	光电子
Pederson conductivity	彼得森电导率	photoevaporation	光致蒸发
Pederson current	彼得森电流	photoionization	光致电离
Pele	佩蕾火山	photolysis	光解作用
perfect gas law	理想气体定律	photometry	光度学
periclase	方镁石	photosphere	光球
peridotite	橄榄岩	pinnacles	尖塔
perigee	近地点	Pioneer spacecraft	先驱者号探测器
perihelion	近日点	Pioneer Venus Orbiter	先驱者号金星轨道器
permafrost	永冻层	pit	凹坑
perovskite	钙钛矿	pitch angle	投掷角
petrographic type	岩相类型	pitch angle diffusion	投掷角扩散
petrology	岩石学	Planck radiation	普朗克辐射

续表

英文	中文	英文	中文
planet	行星	Poisson's equation	泊松方程
IAU definition	～定义	polar cap	极冠
planet, dwarf	矮行星	polar wander	极移
IAU definition	～定义	polar wind	极风
planetary embryos	行星胚胎	polarimetry	偏振测量
planetary rotation	行星自转	pole star	极星
origin	～起源	Polydeuce	土卫三十四
planetesimals	星子	polygon	多边形
collisions	～碰撞	polymict	多矿物
formation	～形成	polytropic index	多方指数
timescales	～时间尺度	population inversion	布居反转
plasma	等离子体	Portia group	天卫十二
plasma drag	等离子体拖曳	post-glacial rebound	冰期后地壳反弹
plasma sheet	等离子体片	postperovskite	后钙钛矿
plasma waves	等离子体波	Poynting-Robertson drag	坡印亭-罗伯逊阻力
plasmapause	离子体层顶	pp-chain	质子-质子链
plasmasphere	等离子体层	Pratt hypothesis	普拉特假设
plasmoid	等离子体团	pre-main-sequence stars	主序前星
plasticity	塑性	precession	进动/岁差
plate tectonics	板块构造	lunisolar	日月岁差
playa	海滩	torque-free	无力矩进动
plutinos	冥族小天体	PREM model	初步参考地球模型
Pluto	冥王星	presolar grains	前太阳系颗粒
atmosphere	～大气	pressure broadening	压强增宽
basic parameters	～基本参数	pressure	压强
composition	～成分	primitive solar nebula	原始太阳星云
moons	～卫星	principal axes	主轴
orbit	～轨道	principal quantum number	主量子数
Pluto-Charon system	冥王星-冥卫一系统	prograde rotation	顺行自转
resonance	～共振	Prometheus	普罗米修斯火山
surface	～表面	prominence	日珥
symbol	～符号	proplyds	原行星盘
winds	～风	Proteus	海卫八
plutoids	类冥天体	proto-atmosphere	大气
Poincaré, H.	庞加莱,亨利	protoplanetary disk	原行星盘

续表

英文	中文	英文	中文
chemistry	～中的化学状态	radio waves	射电波
minimum mass	最小质量～	radioactive decay	放射性衰变
protoplanets	原行星	radioactive heating	放射性加热
protostar	原恒星	radioactivity	放射性
Proxima Centauri	半人马座比邻星	radiolysis	辐解
Puck	天卫十五	radiometry	辐射测量法
pulsar	脉冲星	radionuclide dating	放射性核素定年法
pumice	浮石	extinct nuclei	灭绝核定年法
Pwyll	浦伊尔撞击坑	extinct nuclide	灭绝核素定年法
pyrite	黄铁矿	rain	雨
pyroclast	火山碎屑	Rankine – Hugoniot conditions	兰金-雨贡纽条件
pyroxene	辉石	Rankine – Hugoniot relations	兰金-雨贡纽关系
Q		rarefaction wave	稀疏波
quartz	石英	Rayleigh distribution	瑞利分布
quasi – satellites	准卫星	Rayleigh mixing formula	瑞利混合公式
Queloz，D.	奎洛兹,迪迪埃	Rayleigh number	瑞利数
R		Rayleigh scattering	瑞利散射
radar observations	雷达观测	Rayleigh waves	瑞利波
bistatic	双基地～	Rayleigh – Jeans law	瑞利-金斯定律
monostatic	单基地～	Rayleigh – Taylor instability	瑞利-泰勒不稳定性
Radau – Darwin approximation	拉道-达尔文近似	reaction rate	反应速率
radial diffusion	径向扩散	recombination	重组
radiation	辐射	red giant	红巨星
radiation belts	辐射带	red shift	红移
radiation drag	辐射阻力	REE（Rare Earth Elements）	稀土元素
radiation field，moments	辐射场、矩	reference gravity formula	参考重力公式
radiation pressure	辐射压力	reflectance	反射率
radiative equilibrium	辐射平衡	regolith	风化层
radiative transfer	辐射传输	relative humidity	相对湿度
radiative – convective equilibrium	辐射-对流平衡	relativistic correction factor	相对论修正因子
radio astronomy	射电天文学	relativity	相对性
radio emissions	射电辐射	remanent ferromagnetism	剩磁
radio radiation	射电	reseau markings	网格标记
low frequency	低频～	resolution	分辨率
radio telescope	射电望远镜	resonance overlap criterion	共振重叠准则

续表

英文	中文	英文	中文
resonances	共振	primitive	原生岩
ν6	ν6 ～	sedimentary	沉积岩
Lindblad	林德布拉德～	volcanic	火山岩
Lorentz	洛伦兹～	ROSAT（Röntgen）satellite	伦琴射线卫星
secular	长期～	Rosetta spacecraft	罗塞塔号探测器
resonant orbits	共振轨道	Rossby deformation radius	罗斯贝变形半径
response coefficient	响应系数	Rossby number	罗斯贝数
retrograde	逆行	Rossby wave	罗斯贝波
reversible reactions	不可逆过程	Rosseland mean opacity	罗斯兰平均不透明度
Reynolds number	雷诺数	Rossiter – McLaughlin effect	罗西特-麦克劳克林效应
magnetic	磁性～	rotation	自转
Rhea	土卫五	origin	～起源
craters	～撞击坑	runaway accretion	失控增长
rheidity	流变性	rupes	断崖
rheology	流变学	Rydberg constant	里德伯常数
rhyolite	流纹岩	S	
Richter scale	里氏震级	S waves	S 波
ridged plains	脊状平原	salt	盐
rigidity modulus	刚性模量	saltation	跃移
rille	月溪	SAMPEX	太阳异常和磁层粒子探测器
ring atmosphere	环大气	San Andreas fault	圣安德烈亚斯断层
ring current	环电流	sandblasting	喷砂
Ring of Fire	环太平洋火山带	sandstone	砂岩
rings	环	satellite porosity	卫星孔隙度
ringwoodite	林伍德石	satellite wake	卫星尾流
river	河流	satellites	卫星
Roche limit	洛希极限	artificial	人造～
Roche, E.	爱德华·洛希	Galilean	伽利略～
rockets	火箭	irregular	不规则～
rocks	岩石	origin	～起源
extrusive	喷出岩	quasi – satellites	准～
igneous	火成岩	regular	规则～
intrusive	侵入岩	saturated air	饱和空气
metamorphic	变质岩	saturated vapor pressure	饱和蒸气压
plutonic	深成岩	H_2O（water）	水～

续表

英文	中文	英文	中文
saturation	饱和	Columbo gap	科伦坡环缝
Saturn	土星	D ring	D 环
atmosphere	大气	E ring	E 环
basic parameters	～基本参数	Encke gap	恩克环缝
composition	～成分	F ring	F 环
eddy diffusion	～涡流扩散	G ring	G 环
aurora	极光	Keeler gap	基勒环缝
central pressure	中心压强	particle size distribution	～粒度分布
clouds	云	Phoebe ring	土卫九环
dynamics	动力学	propeller features	螺旋桨特征
F ring	F 环	Roche division	洛希环缝
formation	形成	spokes	轮辐
gravitational moments	引力矩	satellites	卫星
heat flow	热流	orbital data	～轨道数据
images	图像	physical data	～物理数据
interior	内部	SED	土星静电放电
internal heat	内部热量	SKR	土星千米波辐射
ionosphere	电离层	small satellites	小卫星
lightning	闪电	temperature	温度
magnetic field	磁场	thermal structure	热结构
parameters	～参数	winds	风
plasma	～等离子体	scale height	标高
magnetospheric plasma parameters	磁层等离子体参数	giant planets	巨行星～
orbital elements	轨道根数	terrestrial planets	类地行星～
photochemistry	光化学	scarp	崖
physical data	物理数据	scattered disk	离散盘
radio emission	射电辐射	scattered disk objects	黄道离散天体
reflection spectrum	反射光谱	scattering	散射
resonance	共振	anisotropic	各向异性～
rings	环	Henyey – Greenstein	亨耶-格林斯坦～
atmosphere	～大气	isotropic	各向同性～
A ring	A 环	Mie scattering	米氏～
B ring	B 环	multiple	多重～
C ring	C 环	Rayleigh	瑞利～
Cassini division	卡西尼环缝	single	单～

续表

英文	中文	英文	中文
scattering angle	散射角	sidereal year	恒星年
scattering phase function	散射相位函数	siderophile elements	亲铁元素
schist	片岩	silica	二氧化硅
Schwarzchild radius	施瓦西半径	silicates	硅酸盐
scintillation	闪烁	silicic	硅质
sea floor spreading	海底扩张	single scattering albedo	单散射反照率
sea level,mean	海平面、平均海平面	sintering	烧结
secular resonances	长期共振	sinuous rille	蜿蜒的细沟
seeing	视宁度	size	尺寸
seeping	渗透	skin temperature	热表温度
seismic discontinuity	地震不连续面	slate	板岩
seismology	地震学	slumping motion	滑塌运动
SELENE spacecraft	月亮女神号	smog	烟雾气溶胶
self – compression model	自压缩模型	SMOW (standard mean ocean water)	标准平均大洋水
self – gravitating clumps	自引力物质团块	Snell's law of refraction	斯涅尔折射定律
self – shielding	自屏蔽	SOHO (Solar and Heliospheric Observatory)	太阳和日光层天文台
Serenitatis basin	澄海盆地	Sun – grazing	掠日
serpentine	蛇纹石	solar constant	太阳常数
serpentinite	蛇纹岩	solar cycle	太阳活动周期
serpentinization	蛇纹石化	solar eclipse	日食
SETI	搜寻地外文明计划	solar flare	太阳耀斑
shadow zone	阴影区	solar luminosity	太阳光度
shale	页岩	solar maximum	太阳活动极大期
shape	形状	Solar Maximum Mission	太阳活动极大期任务
shape of body	天体形状	solar nebula	太阳星云
shear modulus	剪切模量	solar sunspot cycle	太阳黑子周期
shell degeneracy	壳层简并	solar wind	太阳风
shell splitting	壳层分裂	magnetic field	～磁场
shepherding	守护	parameters	～参数
shield volcano	盾状火山	solar wind – planet interactions	太阳风-行星相互作用
shock wave	激波	solar wind sweeping	太阳风扫掠
shock wave experiment	激波试验	solidus	固相线
shocks	激波	sound speed	声速
Shoemaker,C.	舒梅克,卡罗琳·珍·斯贝勒蒙	source function	源函数
Shoemaker,G.	舒梅克,尤金·摩尔	South Atlantic Anomaly	南大西洋异常区

续表

英文	中文	英文	中文
South Pole Aitken Basin	南极-艾特肯盆地	storms	风暴
space weather	空间天气	strain	应变
space weathering	空间风化	stratigraphy	地层学
spallation	散裂	stratopause	平流层顶
spatter cones	飞溅锥	stratosphere	平流层
specific heat	比热	streamer	流光
specific intensity	比强度、光谱强度	strewn field	散落区域、散落带
specific volume	比体积	subduction zone	俯冲带
speckle imaging	斑点成像、散斑成像	sublimation	升华
spectroscopy	光谱学	Submillimeter Wave Astronomy Satellite (SWAS)	亚毫米波天文卫星
spectrum	光谱	substorms	亚暴
speed of light	光速	sulfates	硫酸盐
spheroidal mode	球型模态	sulfides	硫化物
spin – orbit resonance	自转轨道共振	Sun	太阳
spinel	尖晶石	photosphere	～光球
spiral arm of galaxy	星系的旋臂	spectrum	～光谱
spires	尖顶	sunspots	太阳黑子
Spitzer telescope	斯皮策望远镜	supernova	超新星
spokes	轮辐	supersaturation	过饱和
sputtering	溅射效应	surface	表面
standing waves	驻波	composition	～成分
star formation	恒星形成	radiative transfer	～辐射传输
Stardust mission	星尘号任务	surface gravity	表面重力
stars	恒星	surface waves	表面波
AGB	渐近巨星支～	Swings effect	摆动效应
luminosity	～光度	swirl albedo	旋涡反照率
main sequence	主序星	synchrone	等时线
variable	变星	synchronous orbit	同步轨道
statistical weight	统计权重	synchronous rotation	同步旋转
Stefan – Boltzmann law	斯特藩-玻尔兹曼常数	synchrotron radiation	同步辐射
stellar age	恒星年龄	syndyne	等力线
stellar wind	恒星风	synodic period	会合周期
steradian	球面度	synthetic Uranus	合成天王星
Stokes coefficients	斯托克斯系数	T	
Stokes equation	斯托克斯方程	T – Tauri stars	金牛座 T 型星

续表

英文	中文	英文	中文
tadpole orbits	蝌蚪轨道	thermal skin depth	热趋肤深度
TAOS	中美掩星计划	thermal structure	热结构
Taylor columns	泰勒柱	thermal tides	热潮汐
tectonic plates	构造板块	thermal wind equation	热风方程
tectonics	构造学	thermochemical equilibrium	热化学平衡
tektites	玻璃陨石	thermodynamic equilibrium	热力学平衡
Telesto	土卫十三	local	局部～
temperature	温度	thermodynamics, first law	热力学第一定律
brightness	亮度～	thermonuclear fusion	热核聚变
central	中心～	thermosphere	热层
effective	有效～	tholins	托林
equilibrium	平衡～	three – body problem	三体问题
equivalent potential	等效位温	tidal disruption	潮汐扰动
giant planets	巨行星～	tidal force	潮汐力
potential	位温	tidal heating	潮汐热
terrestrial planets	类地行星～	tides	潮汐
temperature gradient	温度梯度	tiger stripes	老虎条纹
terminal cataclysm	末期大灾难	Tisserand parameter	蒂塞朗参数
terminal ion	终端离子	Titan	土卫六
terminal velocity	终端速度	atmosphere	～大气
termination shock	终端激波	basic parameters	～基本参数
terrestrial age	陨石落地年龄	composition	～成分
Tethys	土卫三	eddy diffusion	～涡流扩散
Tharsis	塔尔西斯	clouds	～云
Tharsis region	塔尔西斯地区	cryovolcanism	～冰火山
Thebe	木卫十四	exosphere	～外逸层
THEMIS spacecraft	亚暴中事件的时间历史和宏观相互作用探测器	global circulation models (GCM)	～大气环流模型
thermal conductivity	热导率	greenhouse/anti – greenhouse effect	～温室效应/反温室效应
thermal diffusion equation	热扩散方程	Huygens probe	惠更斯号探测器
thermal diffusivity	热扩散系数	interior	～内部
thermal excitation	热激发	ionosphere	～电离层
thermal expansion coefficient	热膨胀系数	magnetic field	～磁场
thermal heat capacity	热容	mesosphere	～中间层
thermal inertia	热惯量	photochemistry	～光化学
thermal radiation	热辐射	surface	～表面

续表

英文	中文	英文	中文
satellites	～卫星	Venera spacecraft	金星探测器
orbital data	～轨道数据	Venus	金星
physical data	～物理数据	atmosphere	～大气
thermal structure	～热结构	basic parameters	～基本参数
UED	～静电放电	composition	～成分
winds	～风	eddy diffusion	～涡流扩散
Urey weathering	尤里风化	H_2SO_4(sulfuric acid)	硫酸
uv – plane	(u,v)平面	thermal structure	～热结构
V		catastrophic resurfacing	～灾难性表面更新
vacuum	真空	central pressure	～中心压强
valence electrons	价电子	climate evolution	～气候演化
Valhalla structure	瓦尔哈拉结构	clouds	～云
valley of nuclear stability	核稳定谷	CO spectrum	～一氧化碳光谱
Vallis Marineris	水手谷	craters	～撞击坑
Van Allen belts	范艾伦带	cryosphere	～冰冻层
Van Allen,J.	范艾伦,詹姆斯·阿尔弗雷德	erosion	～侵蚀
van der Waals force	范德华力	geophysical data	～物理数据
Van Vleck,J.H.	范弗莱克,约翰·哈斯布鲁克	gravitational moments	～引力矩
Van Vleck – Weisskopf profile	范弗莱克-韦斯科夫线形	heat flow	～热流
vapor partial pressure	蒸气分压	hydrodynamic escape	～流体动力逃逸
vapor plume	蒸气羽流	images	～图像
Vega (α Lyrae)	织女星(天琴座 α)	impact craters,double	成对撞击坑
Vega spacecraft	维加号探测器	interior	～内部
velocity	速度	ionosphere	～电离层
Alfvén	阿尔文～	life	～生命
drift	漂移～	lightning	～闪电
electric field	电场～	magnetic field	～磁场
field line curvature	场线曲率～	mesosphere	～中间层
gradient B	梯度 B ～	orbital elements	～轨道根数
gravity	引力～	photochemistry	～光化学
escape	逃逸～	polar collar	～极环
radial velocity measurements	径向～测量	superrotation	特快自转
sound	声速	surface	～表面
terminal	终端～	tectonics	～构造学
velocity dispersion	速度弥散	temperature	～温度

续表

英 文	中 文	英 文	中 文
thermal spectrum	～热谱	water	水
tides	～潮汐	wave theory	波理论
uncompressed density	～未压缩密度	wavefront	波前
volcanism	～火山作用	waves	波
winds	～风	gravity	重力～
Venus Express spacecraft	金星快车探测器	planetary	行星～
vernal equinox	春分点	Rossby	罗斯贝～
vertical frequency	垂直频率	seismic	地震～
vesicular rock	泡状岩	sound	声～
Viking spacecraft	维京号探测器	weathering	风化
virial theorem	位力定理	Weisskopf, V.F.	韦斯科夫, 维克托・弗雷德里克
vis viva equation	活力公式	Whipple, F.	惠普尔, 弗雷德・劳伦斯
viscoelastic relaxation time	黏弹性松弛时间	whistlers	哨声
viscoelasticity	黏弹性	white dwarf	白矮星
viscosity	黏度	Widmanstätten pattern	魏德曼花纹
viscous diffusion	黏性扩散	Wien law	维恩定律
viscous instability	黏性不稳定性	Wilson cycle	威尔逊旋回
viscous overstability	黏性超稳定性	wind equations	风的运动方程
visibility data	可见数据	wind shear	风切变
VLA (Very Large Array)	甚大阵射电望远镜	wind streak	风条痕
VLBI (very-long baseline interferometry)	甚长基线干涉测量法	winds	风
volcanic foam	火山泡沫	easterly	东～
volcanism	火山作用	westerly	西～
effusive	喷发式～	Wisdom, J.	威兹德姆, 杰克
explosive	爆破式～	Wolszczan, A.	沃尔兹詹, 亚历山大
volume mixing ratio	体积混合比	X	
vortex	涡旋	X-ray fluorescence	X射线荧光
vorticity	涡度	X-wind model	X风模型
potential	位势涡度、位涡	Y	
Voyager spacecraft	旅行者号探测器	Yarkovsky effect	雅可夫斯基效应
vugs	孔洞	Yellowstone	黄石
vulcan planets	祝融星	Yohkoh spacecraft	阳光号探测器
W		YORP	YORP效应
Walker circulation	沃克环流	Z	
warm plasma	热等离子体	Z machine	"Z"加速器

续表

英文	中文	英文	中文
zero – velocity surface	零速度面	zodiacal cloud	黄道云
zodiacal light	黄道光	zonal harmonics	带谐系数
zonal winds	纬圈急流	zoned crystals	带状晶体

(a)

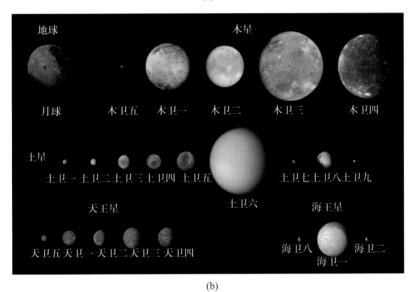

(b)

图 1-3

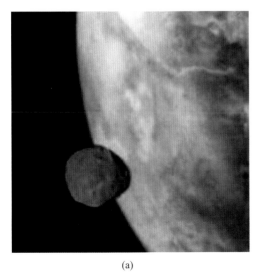

(a)

(b)

图 1-5

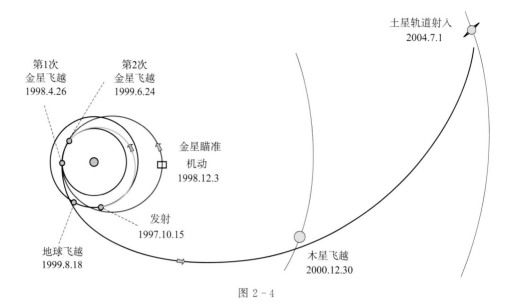

图 2 - 4

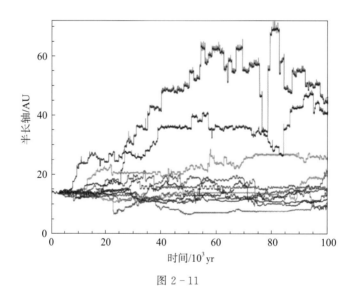

图 2 - 11

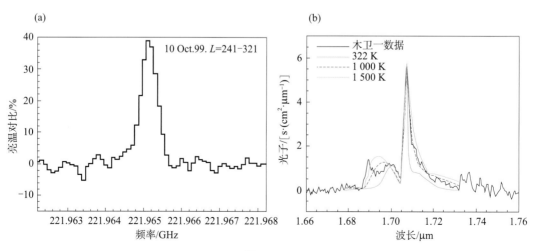

图 4 - 12

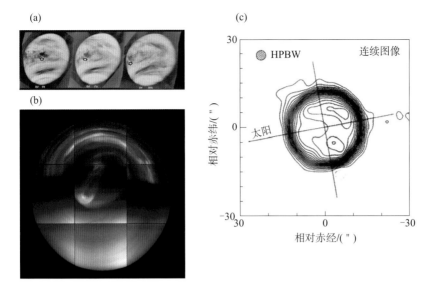

图 4 - 18

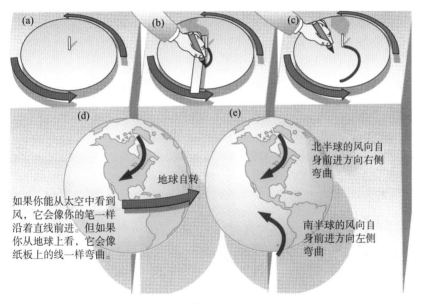

图 4 - 20

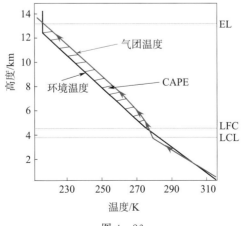

图 4 - 26

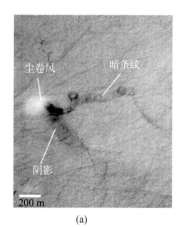

尘卷风　暗条纹

阴影

200 m

(a)

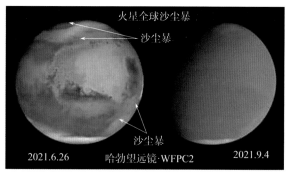

火星全球沙尘暴

沙尘暴

沙尘暴

2021.6.26　哈勃望远镜·WFPC2　2021.9.4

(b)

图 4 - 30

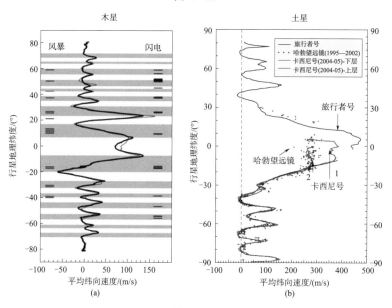

木星

风暴　闪电

土星

旅行者号
哈勃望远镜(1995—2002)
卡西尼号(2004-05)-下层
卡西尼号(2004-05)-上层

旅行者号

哈勃望远镜

卡西尼号

(a)　平均纬向速度/(m/s)

(b)　平均纬向速度/(m/s)

图 4 - 31

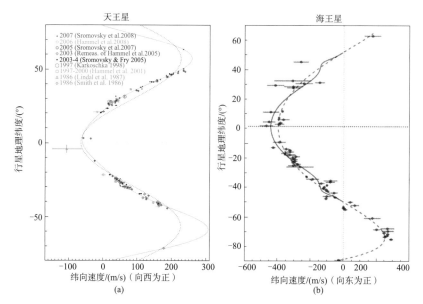

天王星

· 2007 (Sromovsky et al.2008)
○ 2006 (Hammel et al.2008)
● 2005 (Sromovsky et al.2007)
◇ 2003 (Remeas. of Hammel et al.2005)
· 2003-4 (Sromovsky & Fry 2005)
□ 1997 (Karkoschka 1998)
□ 1997-2000 (Hammel et al. 2001)
△ 1986 (Lindal et al. 1987)
◇ 1986 (Smith et al. 1986)

海王星

(a)　纬向速度/(m/s)（向西为正）

(b)　纬向速度/(m/s)（向东为正）

图 4 - 32

图 4 - 34

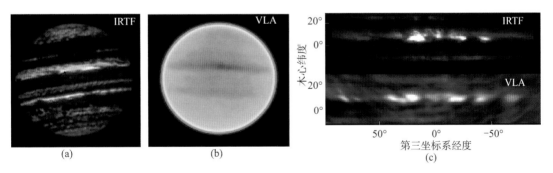

图 4 - 35

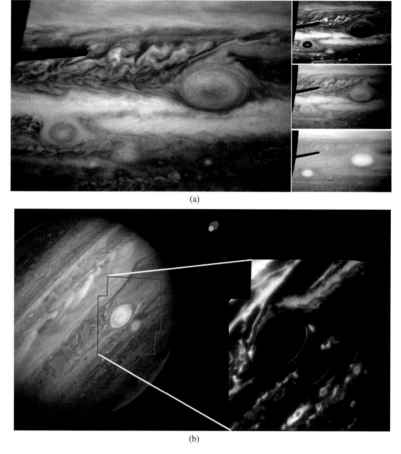

(a)

(b)

图 4 - 36

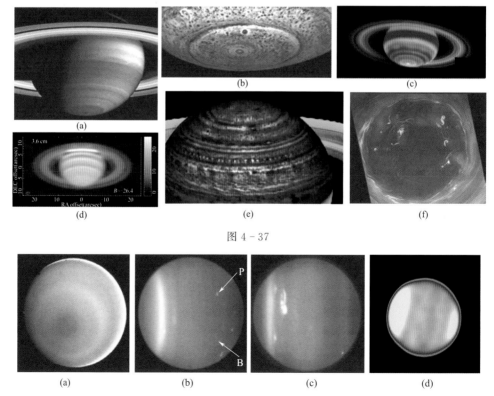

(a)

(b)

(c)

(d)

(e)

(f)

图 4 - 37

(a)

(b)

(c)

(d)

图 4 - 38

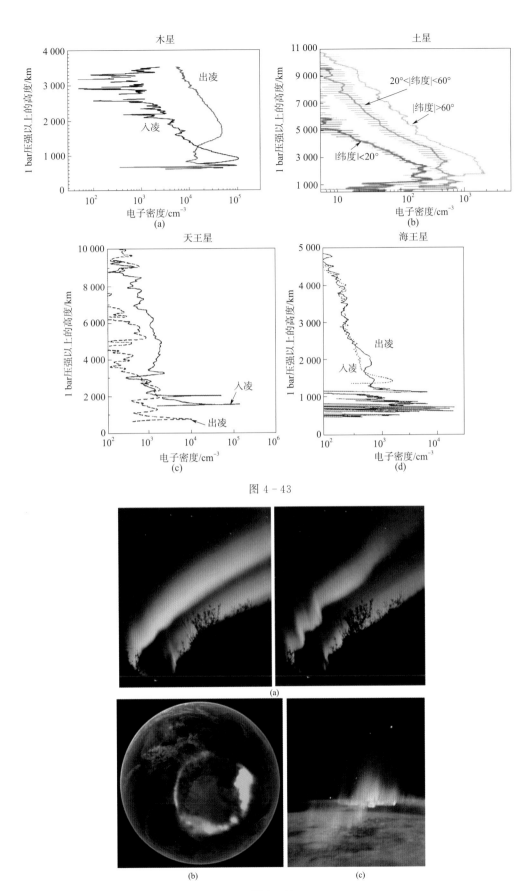

图 4 - 43

图 4 - 44

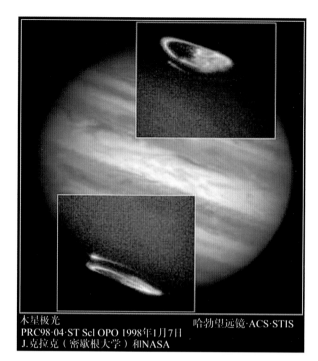

木星极光
PRC98·04·ST Scl OPO 1998年1月7日
J.克拉克（密歇根大学）和NASA

哈勃望远镜·ACS·STIS

图 4 - 45

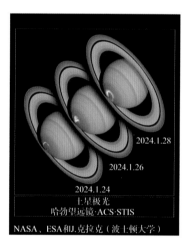

2024.1.28
2024.1.26
2024.1.24
土星极光
哈勃望远镜·ACS·STIS
NASA、ESA和J.克拉克（波士顿大学）

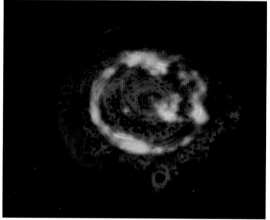

图 4 - 46

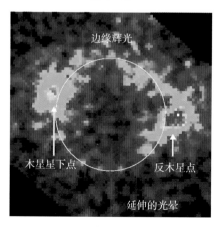

边缘辉光

木星星下点

反木星点

延伸的光晕

图 4 - 47

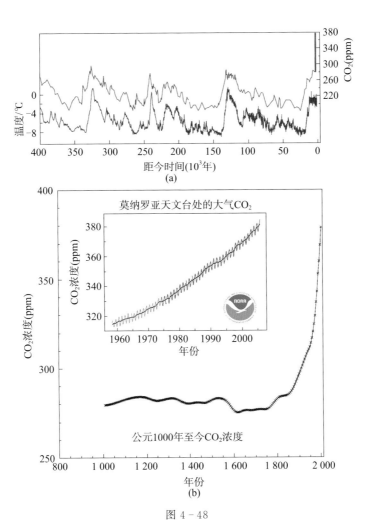

图 4 - 48

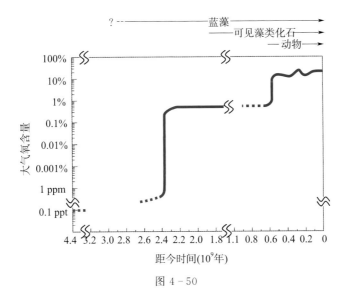

图 4 - 50

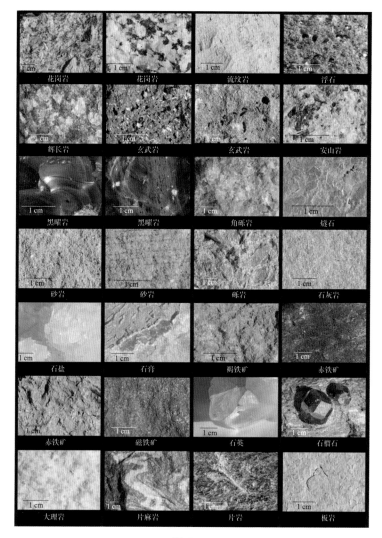

图 5 - 3

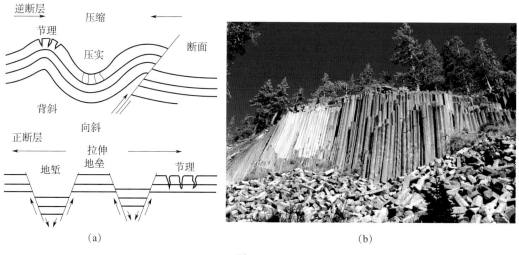

（a） （b）

图 5 - 10

图 5 - 13

图 5 - 14

图 5 - 19

图 5 - 20

(a)

(b)

图 5 - 21

(a)

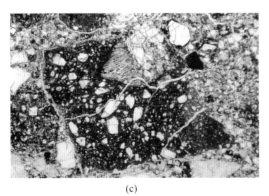

(c)

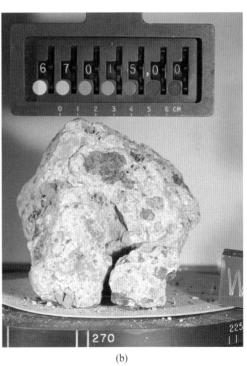

(b)

图 5 - 37

图 5－41

图 5－48

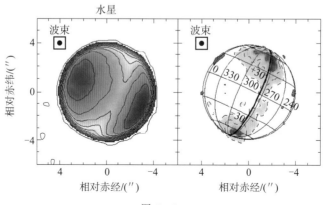

图 5－50

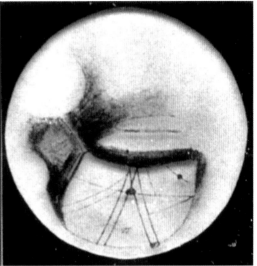

图 5 - 57

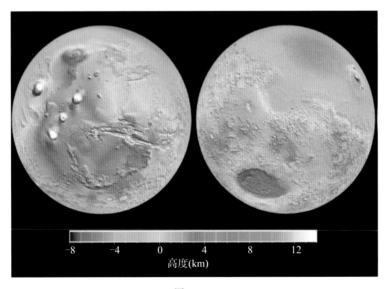

高度(km)

图 5 - 58

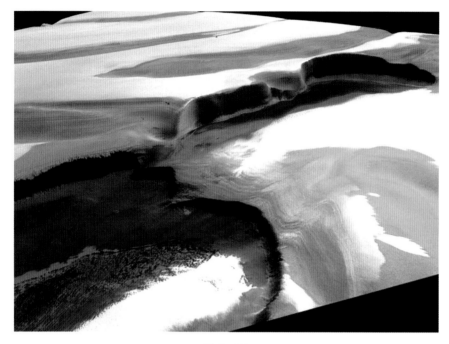

图 5 - 59

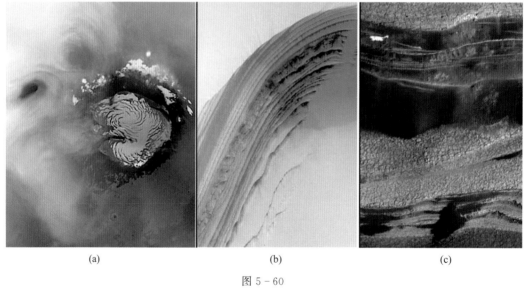

(a)   (b)   (c)

图 5 - 60

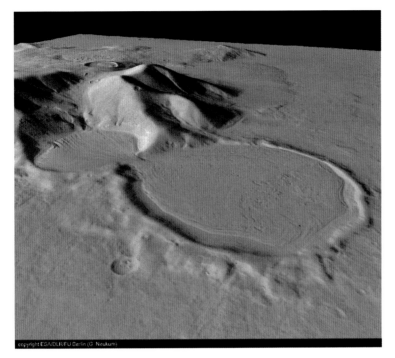

图 5 - 61

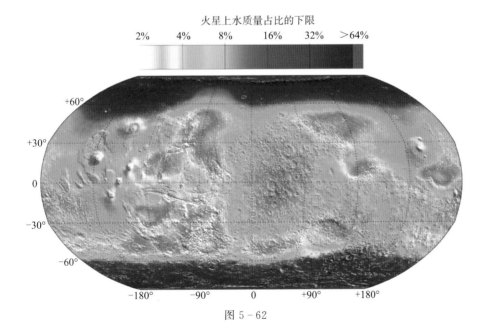

图 5 - 62

(a)

(b)

图 5 - 64

图 5 - 69

麦克默多全景图

赫斯本德山

黄金城

本垒

车辙

风成涟漪

多孔玄武岩

图 5-70

(a)

(b)   (c)

图 5 - 71

图 5 - 73

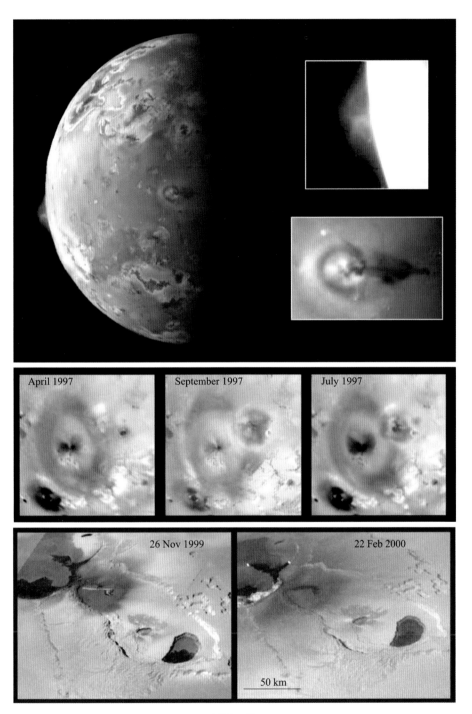

April 1997　　September 1997　　July 1997

26 Nov 1999　　22 Feb 2000

50 km

图 5 - 75

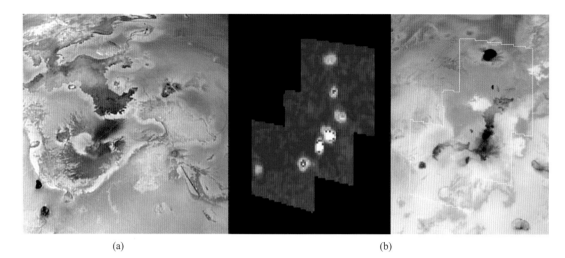

(a)   (b)

图 5 - 77

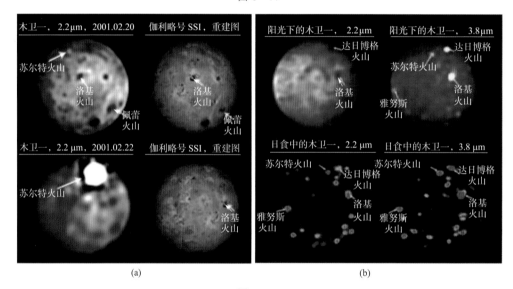

(a)   (b)

图 5 - 78

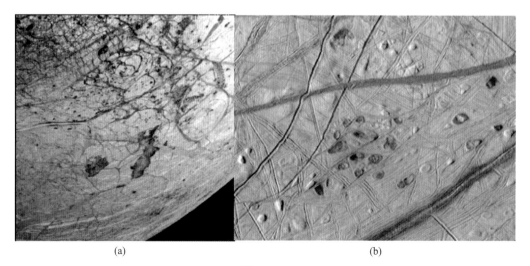

(a)   (b)

图 5 - 81

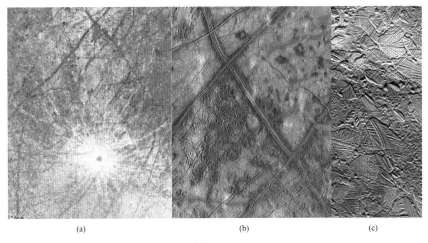

(a)   (b)   (c)

图 5 - 82

图 5 - 83

图 5 - 89

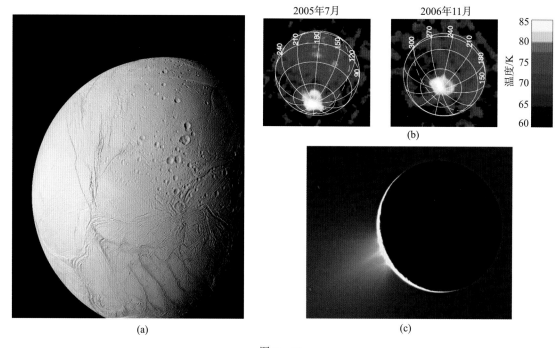

2005年7月　　　　2006年11月　　　温度/K

(a)　　　　　　　(b)　　　　　　　(c)

图 5 - 91

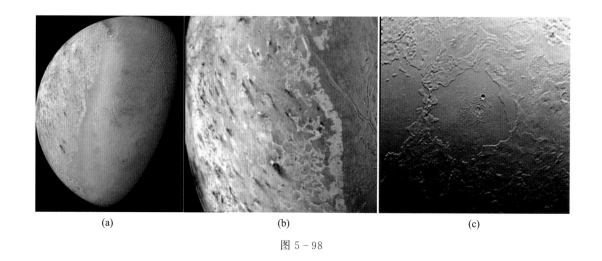

(a)　　　　　　　(b)　　　　　　　(c)

图 5 - 98

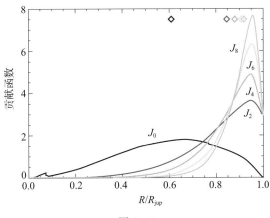

图 6 - 7

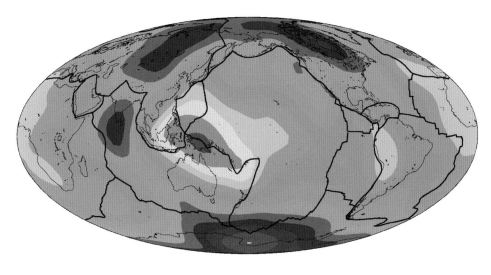

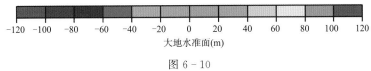

大地水准面(m)

图 6 - 10

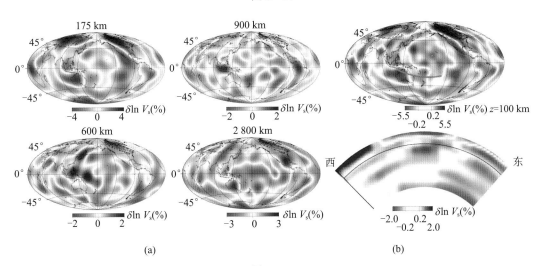

(a)   (b)

图 6 - 18

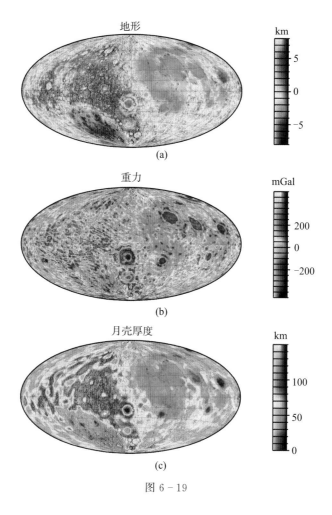

地形

km

(a)

重力

mGal

(b)

月壳厚度

km

(c)

图 6-19

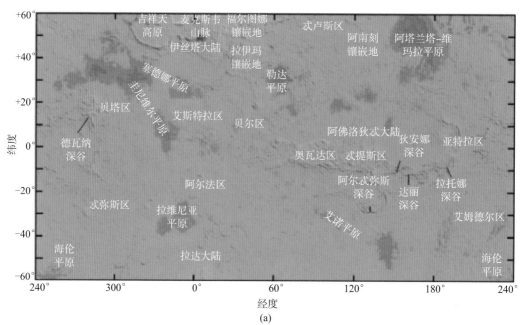

图 6-22

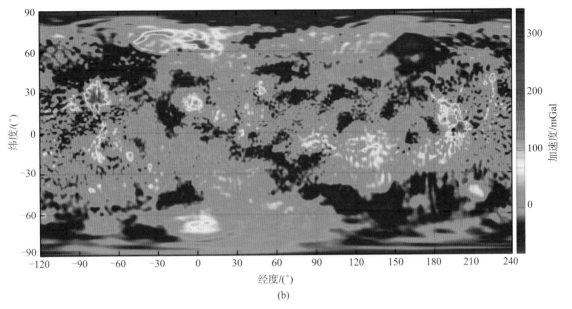

(b)

图 6 - 22（续）

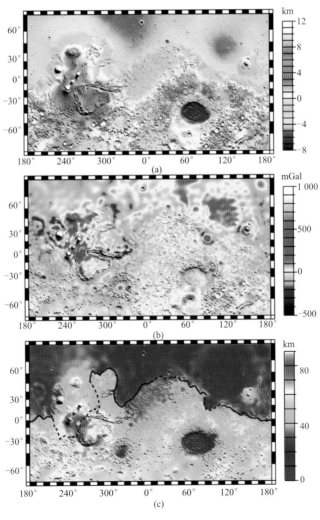

(a)

(b)

(c)

图 6 - 23

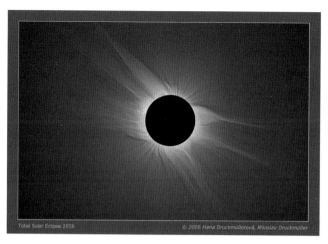

图 7 - 1

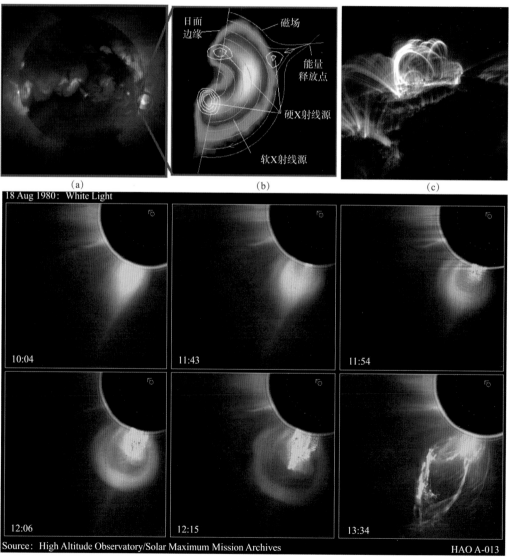

图 7 - 3

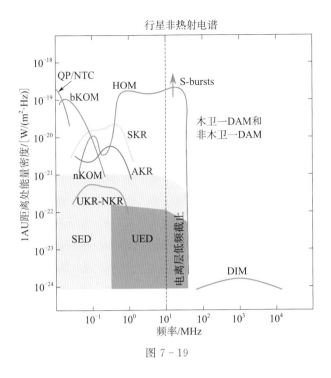

图 7 - 19

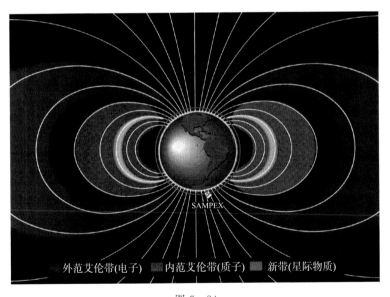

图 7 - 24

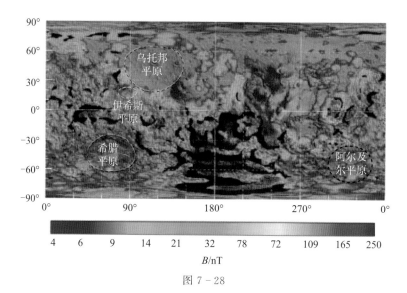

B/nT

图 7 - 28

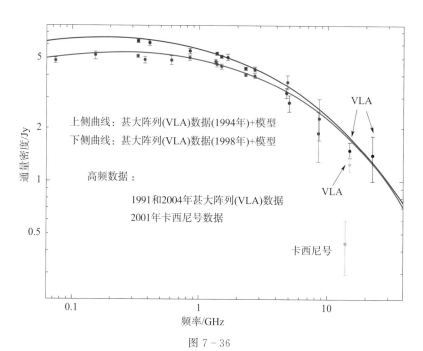

图 7 - 36

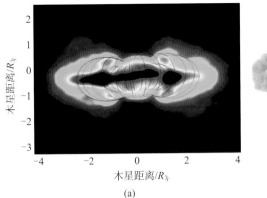

(a)	(b)

图 7 - 37

卡西尼号探测器的射电和等离子体波科学载荷(RPWS)
2000年第338天，12月3日

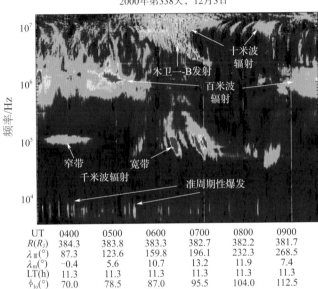

UT	0400	0500	0600	0700	0800	0900
$R(R_J)$	384.3	383.8	383.3	382.7	382.2	381.7
$\lambda_{III}(°)$	87.3	123.6	159.1	196.1	232.3	268.5
$\lambda_m(°)$	-0.4	5.6	10.7	13.2	11.9	7.4
LT(h)	11.3	11.3	11.3	11.3	11.3	11.3
$\phi_{Io}(°)$	70.0	78.5	87.0	95.5	104.0	112.5

图 7 - 38

伽利略号第1次飞越木卫三的等离子波仪器(PWS)数据

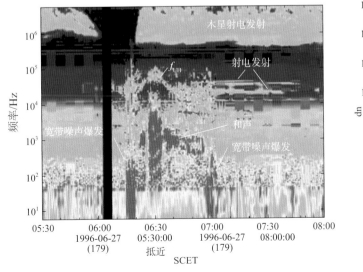

图 7 - 40

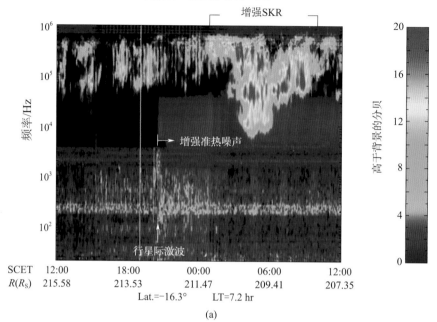

卡西尼号射电和等离子体波科学载荷(RPWS)
2004年第160—161天，6月8—9日

(a)

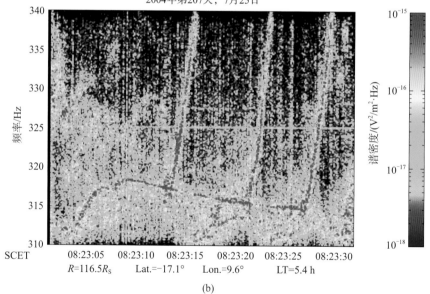

卡西尼号射电和等离子体波科学载荷(RPWS)
2004年第207天，7月25日

(b)

图 7-42

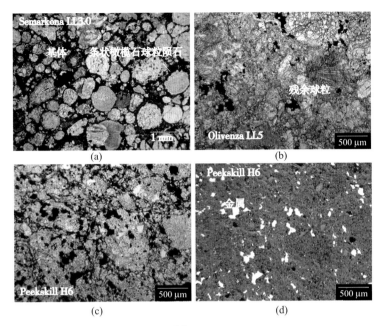

图 8 - 5

图 8 - 7

图 8 - 9

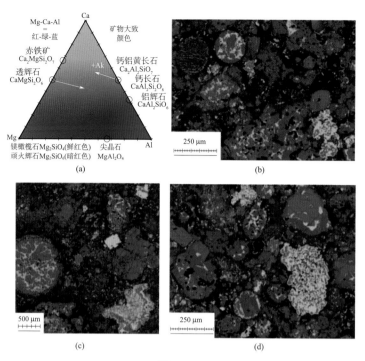

图 8 - 17

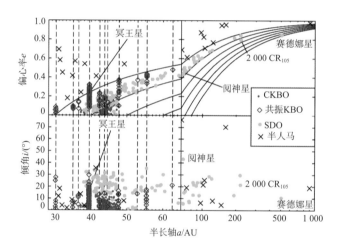

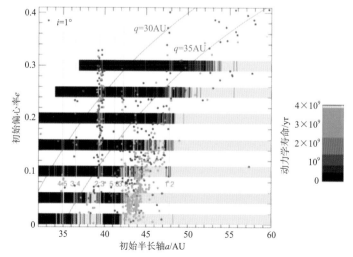

图 9 - 3

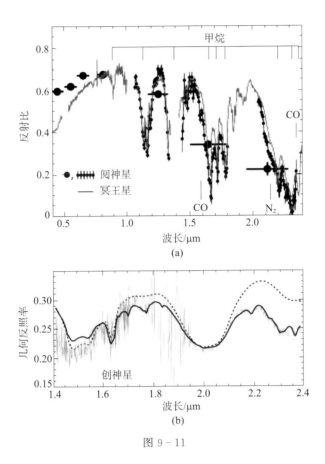

图 9 - 11

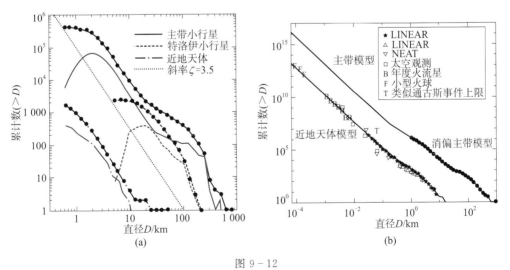

图 9 - 12

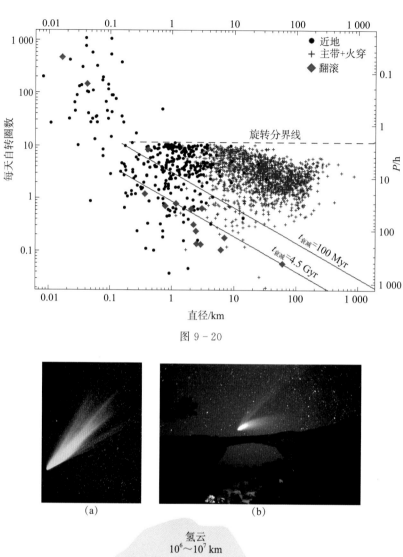

图 9 – 20

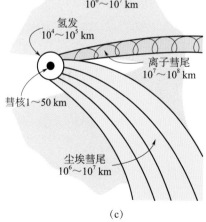

(a)　　　　　　　　(b)

(c)

图 10 – 1

图 10 - 2

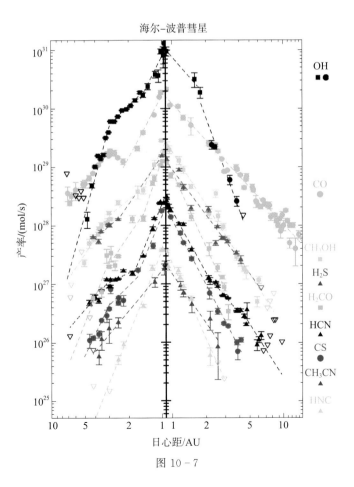

图 10 - 7

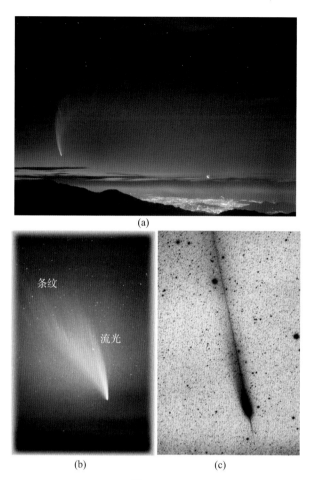

(a)

条纹

流光

(b)   (c)

图 10 - 14

(a)   (b)

图 10 - 26

图 11 - 4

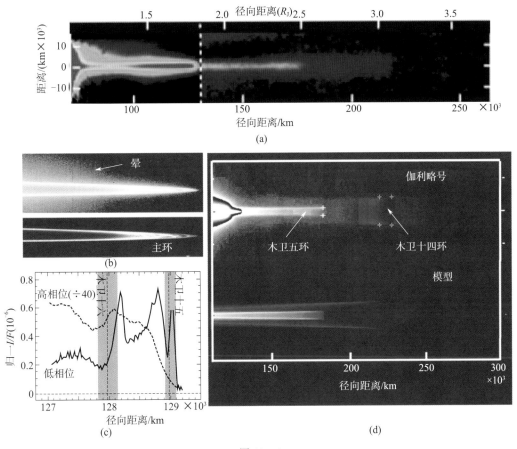

图 11 - 6

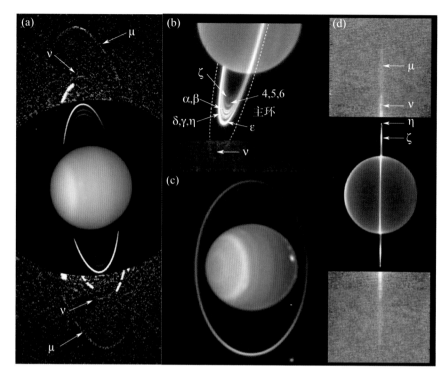

图 11－18

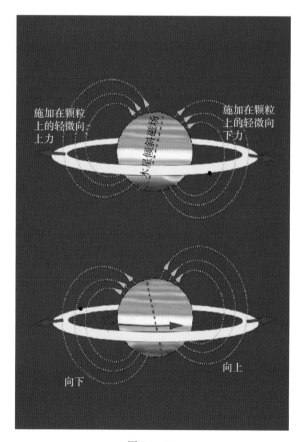

图 11－33

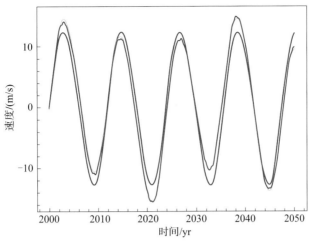

图 12 - 4

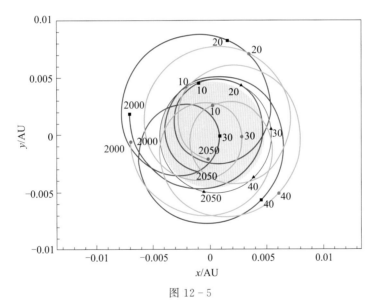

图 12 - 5

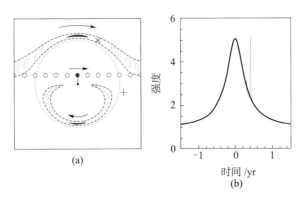

图 12 - 6

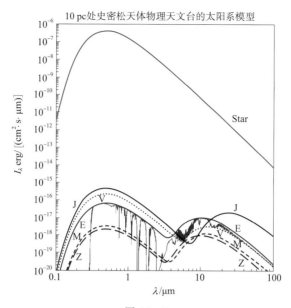

图 12 - 7

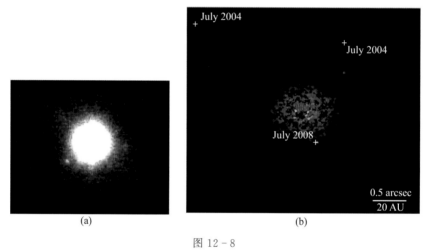

(a)   (b)

图 12 - 8

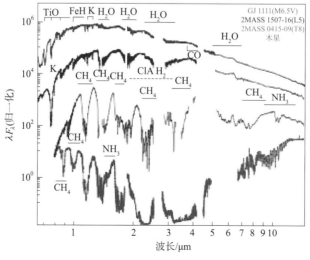

图 12 - 9

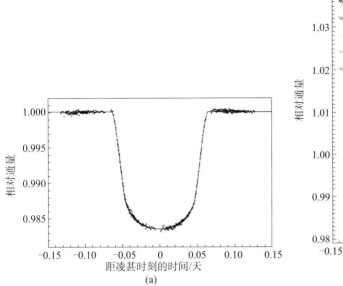

(a)

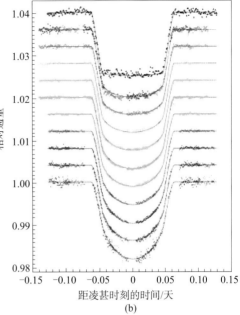

(b)

图 12 - 12

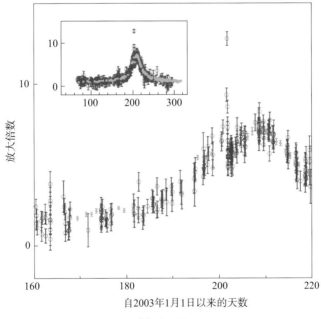

图 12 - 18

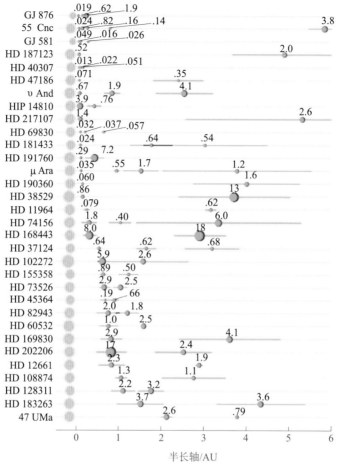

图 12 - 19

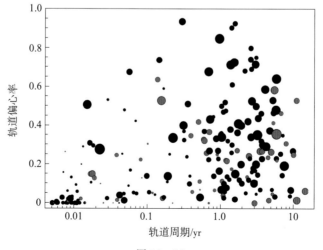

图 12 - 22

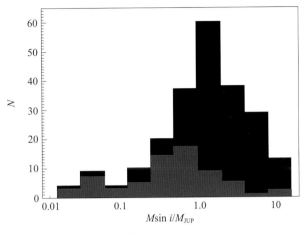

图 12 - 23

图 12 - 25

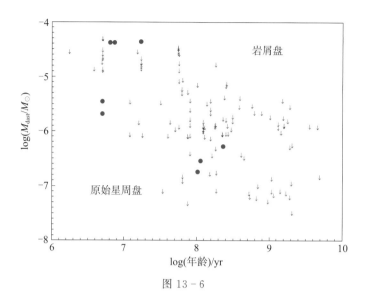

图 13-6

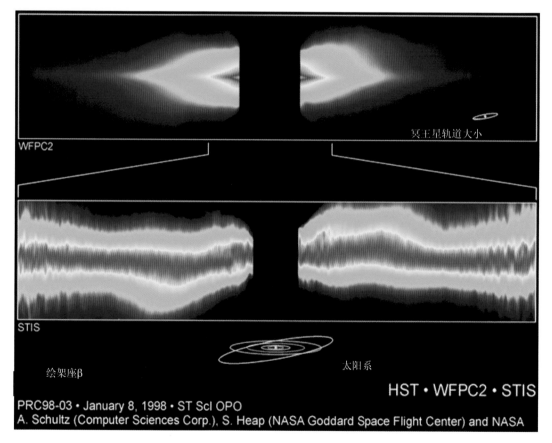

图 13-9

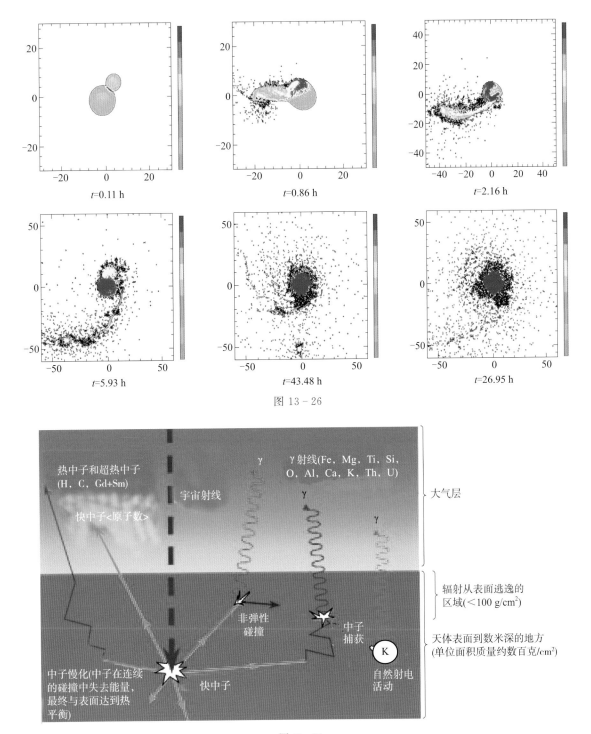

t=0.11 h　　　　　　　t=0.86 h　　　　　　　t=2.16 h

t=5.93 h　　　　　　　t=43.48 h　　　　　　　t=26.95 h

图 13 - 26

热中子和超热中子
(H，C，Gd+Sm)

宇宙射线

γ

γ射线(Fe，Mg，Ti，Si，
O，Al，Ca，K，Th，U)

大气层

快中子<原子数>

γ

γ

非弹性
碰撞

中子
捕获

辐射从表面逃逸的
区域(<100 g/cm²)

中子慢化(中子在连续
的碰撞中失去能量，
最终与表面达到热
平衡)

快中子

K

自然射电
活动

天体表面到数米深的地方
(单位面积质量约数百克/cm²)

图 E - 10

图 F - 6

图 G - 1

图 G - 3

图 G - 5

图 G‐6

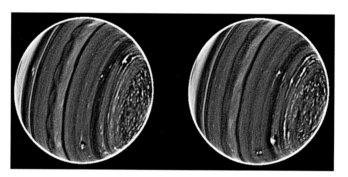

图 G‐7

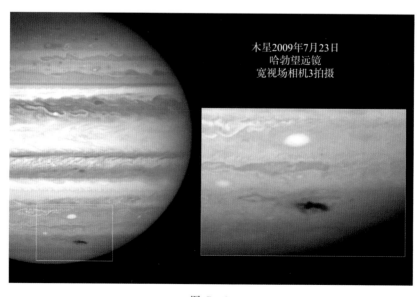

木星2009年7月23日
哈勃望远镜
宽视场相机3拍摄

图 G‐8

图 G - 9

图 G - 10

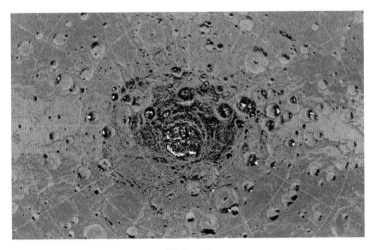

图 G - 15

图 G - 16

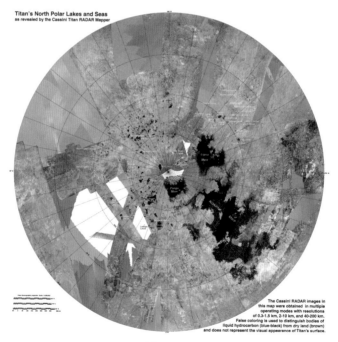

图 G - 17

(a)

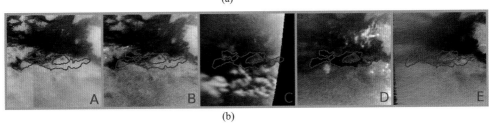

(b)

图 G - 18

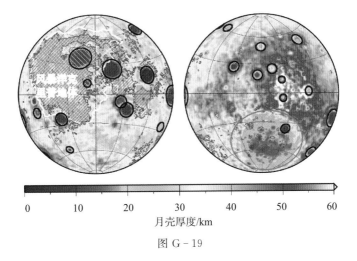

图 G - 19

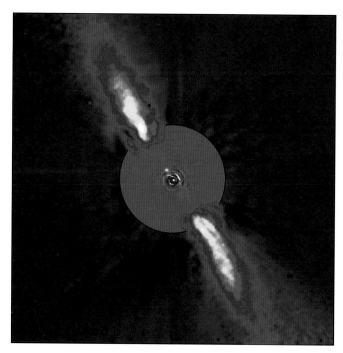

图 G - 36

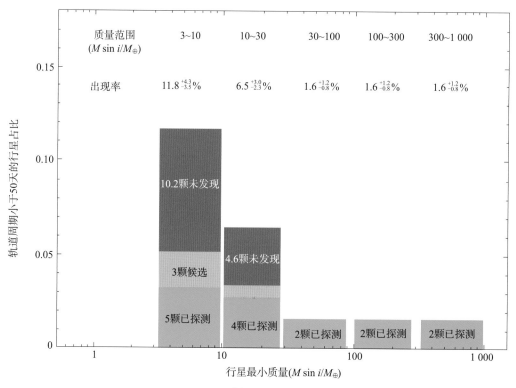

质量范围 $(M \sin i/M_{\oplus})$	3~10	10~30	30~100	100~300	300~1 000
出现率	$11.8^{+4.3}_{-3.5}\%$	$6.5^{+3.0}_{-2.3}\%$	$1.6^{+1.2}_{-0.8}\%$	$1.6^{+1.2}_{-0.8}\%$	$1.6^{+1.2}_{-0.8}\%$

图 G - 38

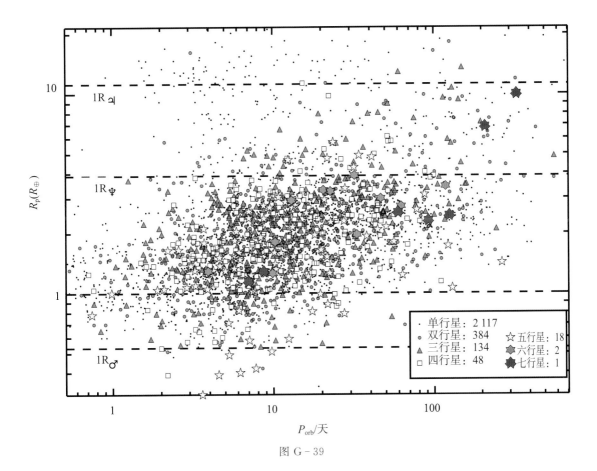

图 G-39

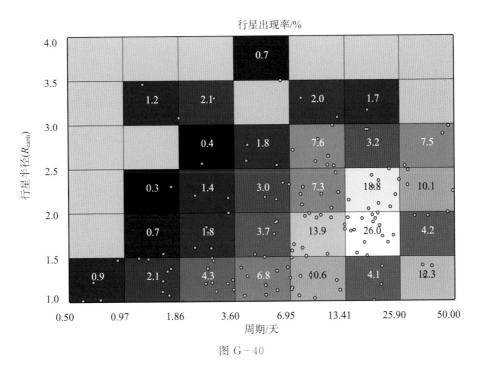

图 G-40

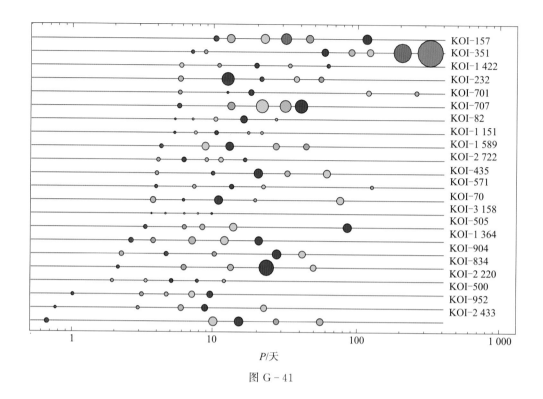

图 G-41

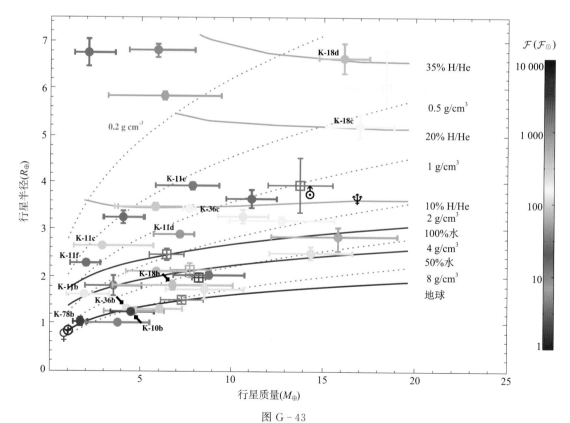

图 G-43